KRYSTALLOGRAPHISCHE

WINKELTABELLEN

VON

DR. VICTOR GOLDSCHMIDT.

Springer-Verlag Berlin Heidelberg GmbH

1897

KRYSTALLOGRAPHISCHE

WINKELTABELLEN

———

KRYSTALLOGRAPHISCHE

WINKELTABELLEN

VON

DR. VICTOR GOLDSCHMIDT.

Springer-Verlag Berlin Heidelberg GmbH

1897

ISBN 978-3-662-23413-6   ISBN 978-3-662-25465-3 (eBook)
DOI 10.1007/978-3-662-25465-3
Softcover reprint of the hardcover 1st edition 1897

Einleitung.

Es wurde dem Index der Krystallformen des Verfassers der Vorwurf gemacht, er sei unvollständig, da dem Formenverzeichniss die Winkeltabellen fehlen. Der berechtigte Wunsch, vollständige Winkeltabellen für die Gesammtheit der beobachteten Formen der Mineralien zu besitzen, war aber nicht erfüllbar wegen der Grösse der Aufgabe. Erst die zweikreisige Messung rückte die Ausführung in das Gebiet der Möglichkeit.

Bisher bestand eine Winkeltabelle aus dem Verzeichniss der Winkel von Fläche zu Fläche. Sollte sie vollständig sein, so hätte sie die Winkel aller Einzelflächen zu allen andern in allen möglichen Combinationen zu enthalten. Das sind für eine Combination von n Flächen $n(n-1)$ Winkel. Die Zahl der zwischen den Flächen der beobachteten Formen auftretenden Winkel ist aber so ungeheuer, dass auch die ausführlichsten Tabellen nur einige der wichtigsten Winkel aufnehmen konnten.

Anders gestaltete sich die Aufgabe bei Einführung des zweikreisigen Goniometers. Wir brauchen nicht mehr für jede Fläche die Winkel zu jeder anderen, mit der sie möglicherweise in Combination auftreten könnte, sondern nur je 2 Winkel $(\varphi\varrho)$, die die Lage der Fläche gegen einen festgewählten Pol und ersten Meridian fixiren. Wir haben nicht mehr Flächenwinkel, sondern **Positionswinkel.**

Die Positionswinkel $\varphi\varrho$ bilden den Inhalt dieser Tabellen. Aus weiter unten angeführten Gründen wurden 4 weitere Winkel $\xi_0\ \eta_0\ \xi\ \eta$ und 3 Coordinaten x y d für jede Form zugefügt; ausserdem Krystallsystem und Elemente für jede Krystallart. Letzteres ist nöthig zur Fixirung der Orientirung durch Pol und ersten Meridian.

Die vorliegende Winkeltabelle ist die erste, die sich das Ziel steckt, ein Ganzes zu sein, d. h. die nach ihrem Sinn nöthigen Winkel gleichmässig für alle beobachteten Formen aller bekannten Mineralien zu geben.

Der Zweck der Winkeltabellen ist ein theoretischer und ein praktischer.

1. Theoretisch. Sie geben eine Uebersicht der bei Mineralien beobachteten Positionswinkel sowie der Coordinaten der Flächenpunkte, und dadurch ein Mittel, die in diesen Winkeln und Coordinaten sich aussprechenden Gesetzmässigkeiten zu erkennen und zu discutiren.

Manche Gesetze zeigen sich in den Elementen und Symbolen, wie sie der Index liefert, andere in den Coordinaten und Winkeln. Die Daten der Winkeltabelle haben den Vorzug, dass sie unabhängig sind vom Krystallsystem, überhaupt von jeder Deutung ausser der gewählten Orientirung. Sie sind ausserdem gleichmässig für alle Formen aller Arten gegeben und somit direct vergleichbar.

Die Willkür in der Aufstellung ist störend für den Vergleich. Sie ist theilweise aufgehoben durch die Symmetrie, die der Gewohnheit nach, eine bestimmte Orientirung vorschreibt. Sie stört wenig, wenn der Pol beibehalten ist. Das ist stets der Fall im tetragonalen und hexagonalen System, häufig bei den anderen Systemen. Dann bleiben die Poldistanzen ϱd dieselben und alle φ ändern sich um den gleichen Winkel.

Der durch geänderte Aufstellung verursachten Störung wurde entgegengearbeitet durch Zufügung der Winkel $\xi_0\,\eta_0\,\xi\eta$ neben $\varphi\varrho$ (vgl. unten).

2. Praktisch sollen die Tabellen ein Hilfsmittel bei der Messung, Berechnung, Zeichnung und Identification der Krystalle sein.

Sie gewähren die Möglichkeit, Krystallarten durch Gleichheit der Winkel zu identificiren, sowie für die beobachteten Formen aller bekannten Mineralien aus den Messungen ohne Rechnung das Symbol zu finden. Einem bestimmten $\varphi\varrho$ einer Krystallart entspricht ein bestimmtes Symbol. Fehlt das gemessene $\varphi\varrho$ in der Tabelle, so ist die Form neu. Die rechtwinkligen Parallel-Coordinaten x y, wie die Polarcoordinaten dφ gestatten das unmittelbare Auftragen der Flächenpunkte in gnomonischer Projection. Umgekehrt lassen sich für die im Projectionsbild abgemessenen Coordinaten Symbol und Winkel in der Tabelle auffinden u. s. w.

Ein Motiv zur Herstellung der Winkeltabellen war ferner das, der zweikreisigen Messung und den mit ihr zusammenhängenden Reformen die Bahn zu ebnen. Ihrer Einführung war der Umstand hinderlich, dass man die durch Messung gefundenen Winkel meist nicht direct mit vorhandenen Verzeichnissen vergleichen konnte; während dies für einkreisige Messung wenigstens theilweise möglich war. Ohne die einmalige Durchführung der Rechnung durch das ganze Gebiet hätte sich die Ausrechnung der Winkel aus zerstreuten Arbeiten über die einzelnen Krystallarten zusammensetzen müssen. Sie und die Zusammenfassung zu einem Ganzen hätten Jahrzehnte dauern können und es wäre das Fehlen des Winkelcodex ein Hemmniss des Fortschritts gewesen.

Zählung der Winkel $\varphi\varrho$. Wir nehmen die Winkel ϱ stets $+$ vom Pol zum Aequator (Prismen) von o bis 90°. Den ersten Meridian vom Pol zur Fläche o ∞ (o1o) legen wir von links nach rechts und zählen die φ im Sinn des Uhrzeigers von o bis 180°, — φ im umgekehrten Sinn von o bis — 180°.

Gesammtform und Einzelflächen. Die Angabe $\varphi\varrho$ einer Fläche involvirt die $\varphi\varrho$ aller Einzelflächen der Gesammtform. Die ϱ sind gleich für alle

Flächen der Gesammtform. Die φ unterscheiden sich je nach der Symmetrieart (Krystallsystem). An Stelle der φ treten $\pm$ Ergänzungen zu 60°, 90°, 120°, 180°. Es ist also für eine Gesammtform nur nöthig ein $\varphi\varrho$ anzugeben. Wir nehmen das kleinste φ, d. h. das φ der Fläche, die im $+$ oder $-$ Sinn den kleinsten Winkelabstand vom ersten Meridian hat. Nur im regulären System sind für die durch Vertauschung der drei Axen erhaltenen drei Flächengruppen[1]) die $\varphi\varrho$ besonders auszurechnen.

Fläche und Gegenfläche haben den gleichen Projectionspunkt, somit das gleiche $\varphi\varrho$. Doch ist zu beachten, dass bei Umkehrung des Krystalls die Flächen der unteren Krystallhälfte in umgekehrter Ordnung folgen als ihre Gegenflächen der oberen Hälfte.

Zur **Bezeichnung der Einzelflächen** verwenden wir die Index 1.43 eingeführten Indices. Dieselben können wir den zu der Fläche gehörigen $\varphi\varrho$ beigeben. So mögen $\varphi^1, {}^2\varphi$.. zu den Flächen $a^1, {}^2a$.. gehören. Wir nennen auch wohl kurz eine Fläche $\varphi\varrho$ eine solche mit den Winkelcoordinaten $\varphi\varrho$ und $\varphi\varrho$ das **Winkelsymbol** der Fläche. In den einzelnen Systemen ergeben sich die φ aus φ^1 des ersten Quadranten resp. (im monoklinen System) aus φ^4 des vierten folgendermaassen.

Triklines System hat nur Fläche und Gegenfläche.

Monoklines System. (Fig. 1.)   **Rhombisches System.** (Fig. 2.)

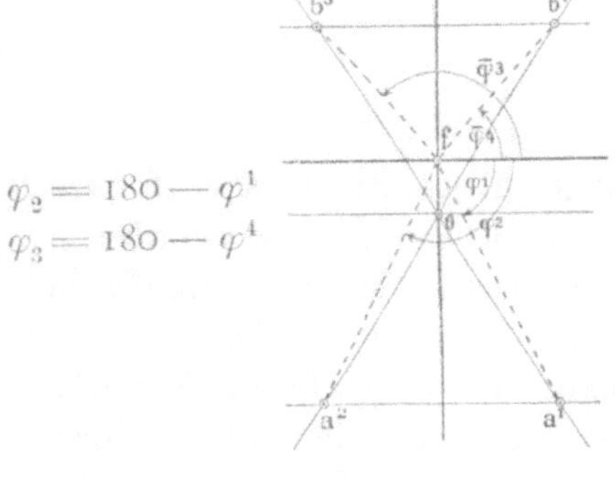

$$\varphi_2 = 180 - \varphi^1$$
$$\varphi_3 = 180 - \varphi^4$$

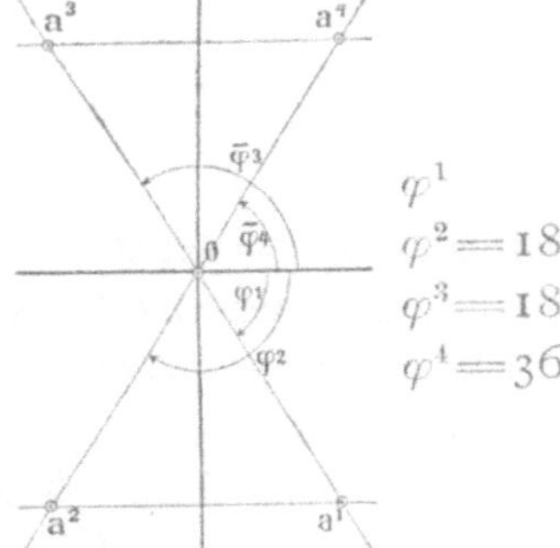

$$\varphi^1$$
$$\varphi^2 = 180 - \varphi^1$$
$$\varphi^3 = 180 + \varphi^1 = -\varphi^2$$
$$\varphi^4 = 360 - \varphi^1 = -\varphi^1$$

Fig. 1.   Fig. 2.

Tetragonales System. (Fig. 3.)

$$\varphi^1 \qquad\qquad \varphi^3 = 180 + \varphi^1 = -{}^2\varphi$$
$${}^1\varphi = 90 - \varphi^1 \qquad {}^3\varphi = 270 - \varphi^1 = -\varphi^2$$
$$\varphi^2 = 90 + \varphi^1 \qquad \varphi^4 = 270 + \varphi^1 = -{}^1\varphi$$
$${}^2\varphi = 180 - \varphi^1 \qquad {}^4\varphi = 360 - \varphi^1 = -\varphi^1$$

Fig. 3.

---

[1]) Vergl. Index 1. 25.

Hexagonales System. (Fig. 4.)

$$\varphi^1 \qquad \varphi^4 = 180 + \varphi^1 = -\,{}^3\varphi$$
$${}^1\varphi = 60 - \varphi^1 \qquad {}^4\varphi = 240 - \varphi^1 = -\,\varphi^3$$
$$\varphi^2 = 60 + \varphi^1 \qquad \varphi^5 = 240 + \varphi^1 = -\,{}^2\varphi$$
$${}^2\varphi = 120 - \varphi^1 \qquad {}^5\varphi = 300 - \varphi^1 = -\,\varphi^2$$
$$\varphi^3 = 120 + \varphi^1 \qquad \varphi^6 = 300 + \varphi^1 = -\,{}^1\varphi$$
$${}^3\varphi = 180 - \varphi^1 \qquad {}^6\varphi = 360 - \varphi^1 = -\,\varphi^1$$

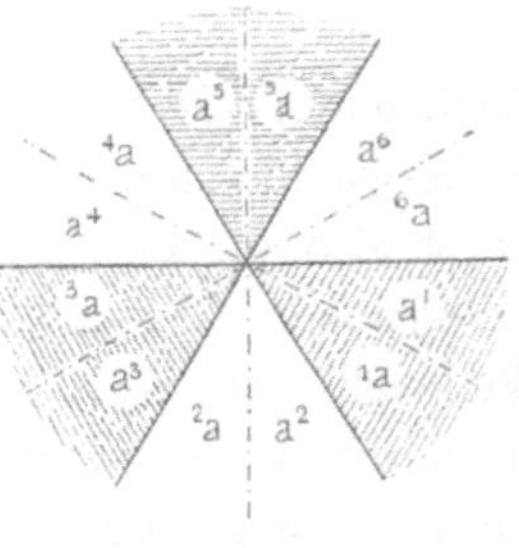

Fig. 4.

Reguläres System. Schreibt man, wie dies in der Winkeltabelle sowie in den Formenverzeichnissen des Index geschehen ist, für jede Gesammtform die drei Symbole G_1, G_2, G_3 an[1]), so ist der Krystall als tetragonal mit $p_0 = 1$ zu behandeln. (Eig. 5 und 6.)

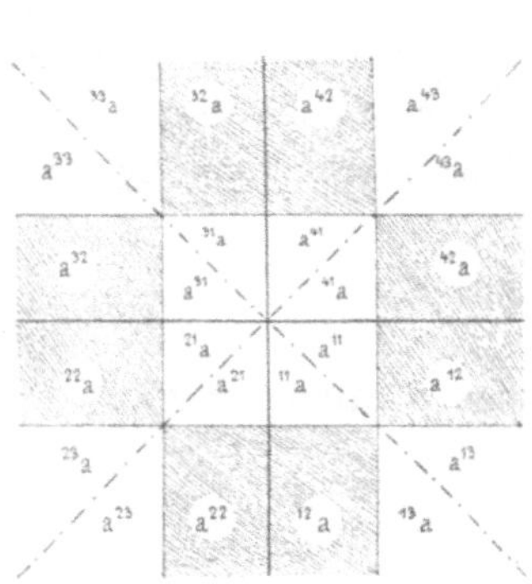

Fig. 5.

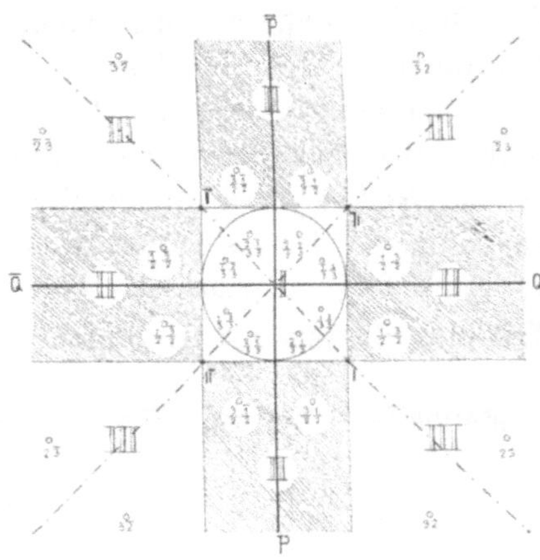

Fig. 6.

Vereinigung der hemiedrischen $\pm$ r l Formen. Diese lassen sich formell als Gruppen von Einzelflächen einer Gesammtform behandeln. Sie wurden in den Tabellen der Kürze wegen vereinigt. Bei Benutzung ist das φ richtig zu stellen durch Verlegen der Punkte in die richtigen Octanten (Dodekanten).

Feste Wahl der rechtwinkligen Coordinaten. Wir wollen für die Krystalle aller Systeme die rechtwinkligen Coordinaten a b c, die der zweikreisigen Messung zu Grunde liegen, folgendermaassen legen (Fig. 7 S. 5). c sei der Pol der Prismenzone, b der Projectionspunkt der Fläche o ∞ (010), a der Punkt, der von b c um 90° absteht; c b sei der erste Meridian. Die Strahlen aus dem Krystallmittelpunkt durch a b c mögen ebenfalls a b c heissen. Sie sind unsere rechtwinkligen Coordinaten-Axen.

Hilfswinkel und Coordinaten. Zwei Einwände liessen sich gegen eine solche Winkeltabelle erheben:

    1. Sie gestattet nur unvollkommen den Vergleich mit den Winkelangaben, in denen die bisherigen Beobachtungen niedergelegt sind.

---

[1]) Vergl. Index I. 25.

2. Sie ist nur für eine bestimmte Aufstellung des Krystalls unmittelbar zu gebrauchen.

Beiden Einwänden zugleich suchte ich durch Berechnung folgender Hilfs-winkel und Coordinaten zu begegnen. Dieselben wurden bereits Zeitschr. Kryst. 1893. 21. 224 als charakteristische Winkel und Längen empfohlen.

Es sei in der stereographischen Projection Fig. 7 und 13 (S. 5 und 29) und in der gnomonischen Fig. 14 (S. 29) $g = pq$ die Form, auf die sich unsere Angaben beziehen, so berechnen wir ausser $\varphi\varrho$:

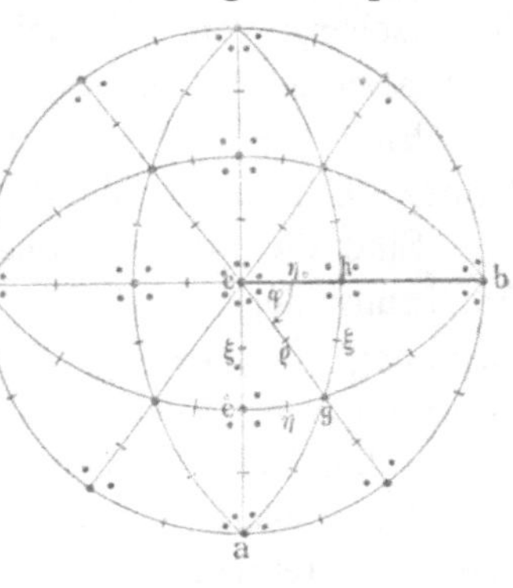

Fig. 7.

$$\xi_0 = ce = \sphericalangle\, o:po \qquad \xi = hg = \sphericalangle\, oq:pq$$
$$\eta_0 = ch = \sphericalangle\, o:oq \qquad \eta = eg = \sphericalangle\, po:pq$$

Ausserdem berechnen wir folgende Längen der gnomonischen Projection (Fig. 14):

xy, die rechtwinkligen Parallelcoor-dinaten
d, die lineare Poldistanz des Punktes pq,
für h = 1

wobei $h =$ Radius des Grundkreises $=$ Höhe der Projectionsebene über dem Krystallmittelpunkt ist. Im monoklinen und triklinen System, wo h von 1 verschieden ist, können wir schreiben

$$x' = \frac{x}{h}, \; y' = \frac{y}{h}, \; d' = \frac{d}{h} \text{ statt } x, y, d \text{ (für } h = 1)$$

Für die Prismen wurde statt $x = \infty$ der Werth $\frac{x}{y}$ eingeschrieben.

$d\,\varphi$ sind die Polarcoordinaten des Punktes pq in der Projectionsebene.

Ad I. Durch die Winkel $\varphi\varrho\,\xi_0\,\eta_0\,\xi\,\eta$ sind zugleich alle in Fig. 7 durch Striche oder Punkte angezeichneten Winkel gegeben. Das sind aber die meisten und wichtigsten der in den bisherigen Tabellen verzeichneten Winkel. Etwa fehlende berechnen sich leicht aus den gegebenen.

Damit ist der im ersten Einwand ausgedrückte Uebelstand im Wesent-lichen behoben.

Ad 2. Aenderung der Aufstellung. Jede Aenderung der Aufstellung lässt sich auf folgende drei Operationen zurückführen:[1])

1. Vertauschung der Axen unter sich,
2. Vergrösserung (Verkleinerung) der Längenelemente $p_0\,q_0$,
3. Verlegung der Basis.

Von den Aenderungen 2. und 3. werden nur die Symbole betroffen. Jede Form behält ihr $\varphi\varrho$ und damit auch die Hilfswinkel und Coordinaten. Es kommt nur als Störung die Vertauschung der Axen in Betracht.

Vertauschung der Axen. PQR seien die polaren Axen. Zwischen ihnen

---

[1]) Vergl. Index 1. 89.

sind drei Vertauschungen möglich: P mit Q, Q mit R, R mit P. Die Vertauschung der horizontalen Axen PQ macht keine Schwierigkeit. Es ist nur die Zählung von einem anderen Meridian begonnen. Drehen wir in der Horizontalebene um $\measuredangle\,\alpha$, so ist statt der φ zu setzen $\varphi + \alpha$. Die ϱ bleiben unverändert. Im tetragonalen und hexagonalen System kommt nur diese Art Vertauschung vor. Es sei denn, dass man zu einem speciellen Zweck eine nicht normale Aufstellung wählte.

Eine wesentliche Aenderung bringt nur die Vertauschung von R mit P oder Q, d. h. die Wahl einer andern Prismenzone, eines andern Pols.

Sind die zwei vertauschten Axen auf einander senkrecht, so liefert die Einführung der $\xi_0\,\eta_0\,\xi\eta$ neben $\varphi\varrho$ die entsprechenden Werthe nach der Vertauschung. Wir werden dies sogleich näher betrachten. Diesen Fall haben wir im rhombischen System und im monoklinen bei Projection auf die Symmetrieebene, d. i. Vertauschung QR.

Im regulären System giebt es nur eine normale Aufstellung, im hexagonalen und tetragonalen System sind Pol und Prismenzone vorgezeichnet, im rhombischen System haben wir nur Vertauschung auf einander senkrechter Axen, ebenso im monoklinen bei Projection auf die Symmetrieebene. Somit wirkt die Vertauschung der Axen störend nur in folgenden zwei Fällen.

Monoklines System: Vertauschung PR.

Triklines System: Vertauschung PR, QR.

Auch in diesen wenigen Fällen ist der Nachtheil nicht schlimm. Er wird durch folgende Umstände aufgehoben resp. durch entsprechende Vortheile compensirt:

1. Bei den meisten Krystallarten ist die Aufstellung durch den Gebrauch der letzten Zeit stabilisirt. So zwar, dass die bestentwickelte Axenzone zur Prismenzone gemacht ist. Das entspricht dem Bedürfniss der zweikreisigen Messung.

2. Das Bestehen einer Winkeltabelle im vorliegenden Sinn wird die Stabilität der Aufstellung vermehren.

3. Die Vertauschung der rechtwinkligen Axen c mit a oder b entspricht einer Polarstellung a oder b resp. Projection auf diese. Es fragt sich: Hat die Vertauschung von abc, die Projection auf a oder b neben c einen Werth für den allgemeinen Fall des triklinen Systems oder ist sie nur von Inter-

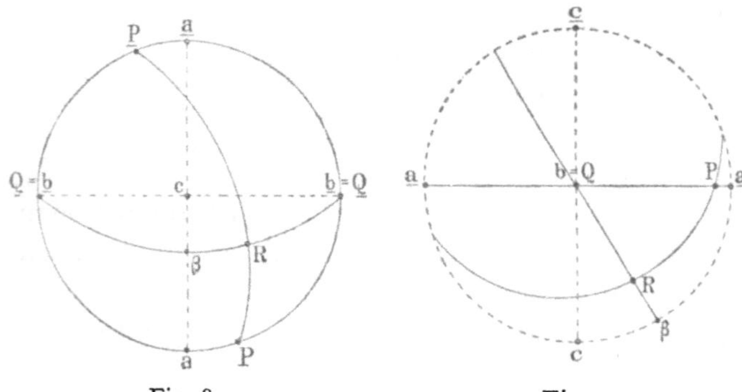

Fig. 8.   Fig. 9.

esse für Systeme mit rechtwinkligen Axen? Von den drei rechtwinkligen Axen ist nämlich nur b im triklinen System Normale einer krystallographischen Fläche. b = Q ⊥ o ∞ (im monoklinen System sind es ab). c ist Zonenaxe (Zone PQ), a liegt in Zone PQ 90⁰ von P ab (Fig. 8).

In der That ist diese Vertauschung von **grosser** Wichtigkeit, und zwar:

Zum Vergleich verwandter Substanzen in analoger Aufstellung.

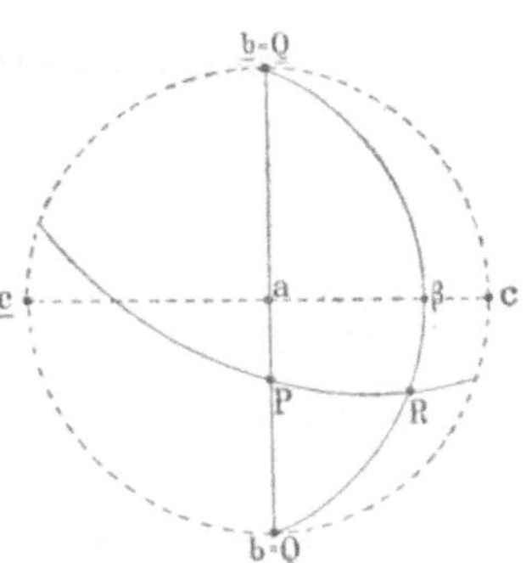

Fig. 10.

Zur Untersuchung und Erklärung von **Zwillingsbildungen.**

Zur Untersuchung **optischer** und sonst **physikalischer** Erscheinungen.
Zur Messung.

Fig. 8—10 zeigen die Aenderung der Lage der drei Pinakoidpunkte PQR sowie der Axenzonen PQ, QR, RP stereographisch bei Projection auf a, b, c.

Die Projection auf c (Fig. 8) liefert als Aequator die Axenzone QP, den ersten Meridian durch Q.

Die Projection auf b (Fig. 9) liefert Q als Pol, die Axenzone QP als ersten Meridian.

Die Projection auf a (Fig. 10) liefert den Meridian 90⁰ durch die Axenzone PQ. Darin 90⁰ von Q abstehend den Pol.

Wir können am Goniometer den Krystall in jeder dieser Aufstellungen befestigen. Dies ist besonders bei Messung von Zwillingen wichtig.

Ordnung der Vertauschung der Axen. Wir vollziehen die Vertauschung der Axen cyklisch in folgender Ordnung[1]): abc, bca, cab.

In Coordinaten; xy1, y1x, 1xy.

Daraus ergeben sich die **Transformations-Symbole:**

$$xy \ (\text{auf } c) = \frac{y\ 1}{x\ x} \ (\text{auf } a) = \frac{1\ x}{y\ y} \ (\text{auf } b).$$

Die Transformation giebt das Vorzeichen von xy, dadurch den Quadranten und den Sinn der Zählung von $\xi_0 \eta_0 \xi \eta$, sowie die Grösse von φ aus dem φ des ersten Quadranten.

Es ist:	$x\ \xi_0\ \xi$	$y\ \eta_0\ \eta$
im I Quadr.	+	+
„ II „	+	−
„ III „	−	−
„ IV „	−	+

---

[1]) Vgl. Zeitschr. Kryst. 1893, **22.** 20.

Die Symbole ändern sich durch die Vertauschung in folgende:

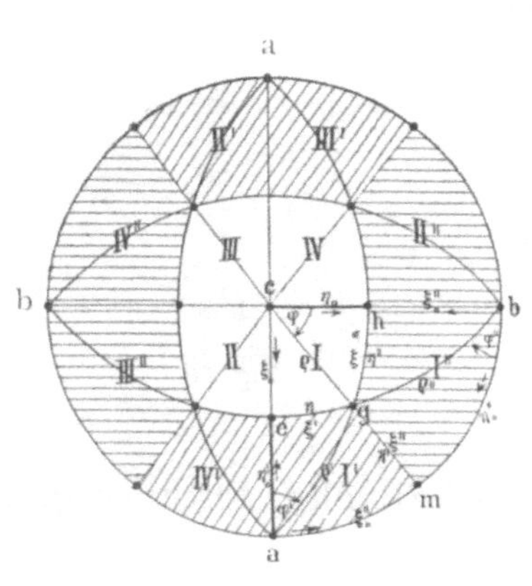

Fig. 11.

Fig. 11	Proj. c	Proj. a	Proj. b
c	o (001)	o ∞ (010)	∞ o (100)
b	o ∞ (010)	∞ o (100)	o (001)
a	∞ o (100)	o (001)	o ∞ (010)
e	p o (p01)	$o\frac{1}{p}$ (01p)	∞ p (1p0)
h	o q (0q1)	q ∞ (q10)	$\frac{1}{q}$ o (10q)
m	$\frac{p}{q}$ ∞ (pq0)	$\frac{q}{p}$ o (q0p)	$o\frac{p}{q}$ (0pq)
g	p q (pq1)	$\frac{q}{p}\frac{1}{p}$ (q1p)	$\frac{1}{q}\frac{p}{q}$ (1pq)
.	10 (101)	01 (011)	∞ (110)
.	01 (011)	∞ (110)	10 (101)
.	∞ (110)	10 (101)	01 (011)
.	1 (111)	1 (111)	1 (111)

Fig. 11 zeigt, welche Werthe die Stücke $\varphi\varrho\xi\eta\xi_0\eta_0$ in den drei Aufstellungen annehmen. Die Zahlen I II III IV zeigen den Quadranten für die drei Projectionen an. Was zur Projection auf a gehört, wurde mit dem Index (') bezeichnet, was zur Projection auf b gehört, durch (''). Die Pfeile zeigen den Sinn der $+$-Zählung an. Der erste Meridian ist durch eine stärkere Linie bezeichnet.

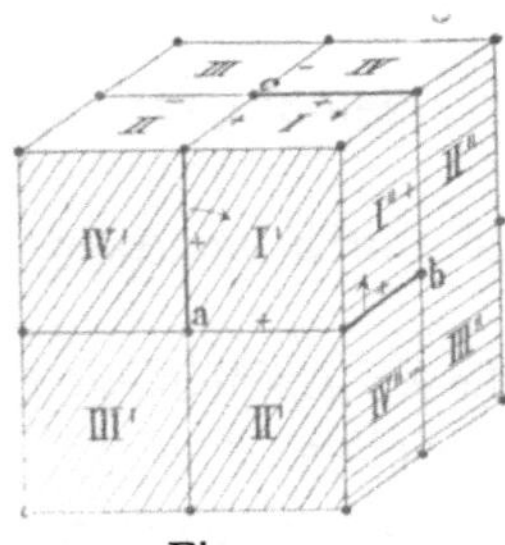

Fig. 12.

Uebersichtlicher noch als Fig. 11 ist die perspectivische Projection Fig. 12.

Die folgende Tabelle giebt die Umrechnung der Winkel $\varphi\varrho\xi_0\eta_0\xi\eta$ in die Projection auf a ($\varphi'\varrho'\xi_0'\eta_0'\xi'\eta'$) und auf b ($\varphi''\varrho''\xi_0''\eta_0''\xi''\eta''$).

φ	= bm	$= 90-\xi_0'$	$= \eta_0''$	φ'	= ch	$= 90-\xi_0''$	$= \eta_0$	φ''	= ae	$= 90-\xi_0$	$= \eta_0'$
ϱ	= cg	$= 90-\eta'$	$= 90-\xi''$	ϱ	= ag	$= 90-\eta''$	$= 90-\xi$	ϱ''	= bg	$= 90-\eta$	$= 90-\xi'$
ξ_0	= ce	$= 90-\eta_0'$	$= 90-\varphi''$	ξ	= am	$= 90-\eta_0''$	$= 90-\varphi$	ξ_0''	= bh	$= 90-\eta_0$	$= 90-\varphi'$
η_0	= ch	$= \varphi'$	$= 90-\xi_0''$	η_0'	= ae	$= \varphi''$	$= 90-\xi_0$	η_0''	= bm	$= \varphi$	$= 90-\xi_0'$
ξ	= hg	$= 90-\varrho'$	$= \eta''$	ξ'	= eg	$= 90-\varrho''$	$= \eta$	ξ''	= mg	$= 90-\varrho$	$= \eta'$
η	= eg	$= \xi'$	$= 90-\varrho''$	η'	= mg	$= \xi''$	$= 90-\varrho$	η''	= hg	$= \xi$	$= 90-\varrho'$

Wahl der Aufstellung. Für die Wahl der Aufstellung der einzelnen Krystallarten war eine principielle Frage zu entscheiden: Sollen die Aufstellungen des Index, die vielfach vom Ueblichen abweichen, beibehalten werden, d. h. sind die Principien,[1]) die dort maassgebend waren, auch hier entscheidend?

Das Formenverzeichniss des Index hatte den Zweck, in Verbindung

---

[1]) Index 1, 37.

mit der Projection eine Uebersicht der beobachteten Formen zu ermöglichen, ihre Beziehungen zu studiren, die sich in ihrer gegenseitigen Lage im Bild, wie in den Zahlenreihen, aussprechen. Dazu war es vortheilhaft, die zwei bestentwickelten Axenzonen zu Domen zu machen, die schwächstentwickelte zu Prismen. Bei der gnomonischen Projection, die der Symbolisirung des Index zu Grunde liegt, liegen die Prismenpunkte für die Discussion besonders ungünstig, nämlich im Unendlichen. Der Verband mit den Nachbarn ist zerrissen durch Ueberspringen von $+\infty$ in $-\infty$.

Die übliche Aufstellung dagegen stellt die bestentwickelte Axenzone aufrecht und macht sie zur Prismenzone, solange nicht Rücksichten auf die Symmetrie im Weg stehen. Der Grund dieser Bevorzugung war ein mehrfacher.

I. Anschauung. Die stärkstentwickelte Axenzone liefert häufig langgestreckte Flächen am einen Ende aufsitzend, am andern mit kleinen Flächen abschliessend. Der Gegensatz führte zur Unterscheidung von Prismen und terminalen Flächen. Der Anthropomorphismus wirkte mit. Er stellte die Prismen aufrecht, sah in ihnen den Körper, in dem mit kleinen Flächen besetzten freien Ende den Kopf und in dem aufsitzenden Ende den Fuss.

Danach erschien es beispielsweise unnatürlich, d. h. dem Anthropomorphismus zuwider, beim Epidot die Zone der langgestreckten Flächen senkrecht zur Symmetrieebene quer zu legen. Manche Autoren haben es auch nicht gethan, z. B. Hausmann.[1]) Sie haben danach das monokline System in zwei Gruppen gespalten.

2. Die einkreisige Messung nahm Zone nach Zone einzeln vor, zunächst die wichtigste, und stellte sie senkrecht zum Theilkreis. Diese wichtigste erste Stellung am Instrument blieb die Hauptstellung.

3. Bisher sind zwei Projectionsarten vorzugsweise im Gebrauch: die stereographische und die Quenstedt'sche. Beide geben der aufrechten Zone einen Vorzug. In der stereographischen sind die Prismenpunkte am bequemsten einzutragen; ihr Winkelabstand lässt sich im Bild direct als Bogen messen. In der Quenstedt'schen Projection ist der Projectionspunkt der Prismenzone der Coordinaten-Anfang. Die Winkel zwischen den Prismenflächen erscheinen im Bild, wenigstens bei rechtwinkligen Axen, direct zwischen den Tracen.

Für die Zwecke des Index waren die Vortheile für die dort getroffene Wahl über die Nachtheile überwiegend. Die Unbequemlichkeit des Abweichens vom Usus durch Vertauschung der Axen war leicht zu beheben durch Vertauschen der Zahlen im dreiziffrigen Symbol, sowie entsprechend der Elemente $p_0 \, q_0$ I, $\lambda \, \mu \, \nu$ resp. $a_0 \, b_0 \, c_0$, $\alpha \, \beta \, \gamma$. Deshalb entschloss ich mich dort oft zu einer vom Ueblichen abweichenden Aufstellung, trotz der Voraussicht, dabei vielfach dem Widerspruch der Fachgenossen zu begegnen.[2])

---

[1]) Handbuch der Min. 1847, 2, S. XVII u. XVIII. Hausmann unterscheidet nach der Lage der Symmetrieebene ein klinorhombisches System, Beispiel Pyroxen S. 463, und ein orthorhomboidisches, Beispiel Epidot S. 561.

[2]) Vergl. Index 1. 37. und Vorwort.

Für die **Winkeltabelle** lag die Frage anders. Hier traten wichtige Gründe hinzu und sprachen für die Wahl der am häufigsten und besten ausgebildeten Zone zur Prismenzone. Nämlich:

1. Die Aufstellung ist bequem zum Polarstellen am zweikreisigen Goniometer.

2. Ist nur diese Zone rundum ausgebildet, die anderen Flächen an deren einem Ende sitzend, so genügt ein Aufsetzen in normaler Stellung zur Durchführung der Messung.

3. Die Einführung der Winkeltabelle im vorliegenden Sinn (Positions-Winkel) ist eine radicale Reform. Die neue Tabelle soll statt der vorhandenen Tabellen der Flächenwinkel, zum Theil neben diesen verwendet werden. Der Vergleich beider ist aber nicht immer ein unmittelbarer; er wurde durch Einführung der Hilfswinkel $\xi_0 \eta_0 \xi \eta$ erleichtert. Immerhin bedarf er der Gewöhnung. Eine von dem Usus abweichende Aufstellung würde den Anschluss erschweren und wäre der Einführung ein Hinderniss.

Gegen diese Vortheile treten die Nachtheile zurück. Die Aenderungen gegen die Aufstellungen des Index bestehen nur in Vertauschung der Axen. Man kann die dreizahligen Symbole der Winkeltabellen auch in solchem Fall unmittelbar aus denen des Index ablesen und umgekehrt, indem man die drei Zahlen umstellt. Ausserdem ist für jede Form die Buchstabenbezeichnung beibehalten. Die Identification macht also keine Schwierigkeit. Die Elemente für die Aufstellung der Winkeltabelle sind in dieser bei jeder Krystallart angeschrieben. Die Transformation steht im Index und, wo dies nicht der Fall ist, in den „Bemerkungen" der Winkeltabelle.

Die Rücksicht auf das Studium der Beziehungen der Formen in Bild und Zahlen, die für den Index Hauptsache war, ist hier nicht wichtig. Es ist nicht ein Instrument zu allen Zwecken gleich geeignet; je nach dem Zweck, dem es dient, ist es einzurichten. Wir ändern die Aufstellung nach Bedarf, wir projiciren den gleichen Krystall verschieden in Anschauung, Bild und Symbolen, je nach den Fragen, die wir an ihn richten.

Wahl der Elemente. Die Angabe der Elemente für fast alle Krystallarten schwankt. In der Regel in engen Grenzen; in weiten Grenzen da, wo die Mineralien einer isomorphen Gruppe zu einer Art zusammengefasst sind, z. B. bei den Pyroxenen. Es ist nicht möglich, die Winkeltabelle für alle diese Variationen zu machen. Die nöthige Ergänzung ist in den Publikationen über Special-Untersuchungen niederzulegen. Als Unterlage für die Winkeltabellen wurden die best gesicherten oder mittleren Werthe genommen; im allgemeinen nach der im Index geschehenen Wahl, unter Berücksichtigung der Angaben E. S. Dana's, der in seinem System eine kritische Wahl der Elemente nach den gleichen Principien durchgeführt hat.

Grösse der Aufgabe. Bevor ich an die Arbeit ging, versuchte ich, durch Schätzung ein Bild von der Grösse derselben zu gewinnen. Dies geschah auf Grund folgender Zählungen aus dem Index. Es fanden sich:

Regulär:	85 Mineralien mit	680 Formen
Tetragonal:	46 „ „	518 „
Hexagonal:	94 „ „	1367 „
Rhombisch:	158 „ „	2329 „
Monoklin:	127 „ „	2137 „
Triklin:	28 „ „	501 „
Zusammen:	538 Arten mit	7532 Formen.

Für jede Form zwei Winkel $\varphi\varrho$, also im Ganzen ca. 15 000 Winkel.
Das Zutreten der Hilfswinkel $\xi_0\,\eta_0\,\xi\,\eta$ vermehrt
    die Zahl auf das dreifache, also auf ·. . . ca. 45 000 Winkel.
Dazu die Coordinaten x y d, gibt für jede Form
    neun Stücke. Zusammen . . . . ca. 67 500 Stücke.

Im regulären System sind die Winkel für alle Krystallarten gleich. Es genügt deshalb die einmalige Ausrechnung für jedes Symbol. Dagegen liefert jede Form durch die Vertauschung der Axen drei Einzelsymbole $G_1\,G_2\,G_3$, z. B.: $(123)=\dfrac{2}{3}\dfrac{1}{3},\ \dfrac{3}{2}\dfrac{1}{2},\ 32$. Für jedes von diesen waren die Winkel besonders zu berechnen. Dadurch wurde die Ersparniss kleiner:

Beobachtet im regulären System 85 Arten mit 680 Formen:
        Sie erfordern: $9\times680=6120$ Stücke
Darunter 129 verschiedene Formen:[1]
        Sie erfordern: $3\times9\times129=3483$ „
        Erspart: 2637 Stücke

Die Ersparniss ist nicht bedeutend. Es blieben ca. 65 000 Stücke.

Von diesen entfällt eine grosse Zahl zur Berechnung. Nämlich solche, die durch die Symmetrieverhältnisse der Krystallart (Krystallsystem) gegeben sind. Ich schätzte diese auf die Hälfte, was sich als annähernd richtig erwies. Danach blieben:

    Zur Berechnung . . . . . . ca. 33 000 Stücke
    davon . . . . ca. 22 000 Winkel
                      ca. 11 000 Coordinaten
    In die Tabelle einzutragen waren . ca. 65 000 Stücke
    dazu die Elemente[2] . . . . . ca. 5 000 Stücke
        Also in Summa ca. 70 000 Stücke

Es fragte sich, ob diese grosse Arbeit ausführbar sei. Versuche zeigten,

---

[1] Vergl. Index 1. 140.

[2] Elemente:

Tetragonal	$46\times4=$	184
Hexagonal	$94\times6=$	564
Rhombisch	$158\times12=$	1896
Monoklin	$127\times18=$	2286
Triklin	$28\times17=$	476
		5406

dass ein fleissiger Rechner in einem Tage ca. 100 Winkel mit zugehörigen Coordinaten, also etwa 150 Stücke bestimmen kann. Daraus ergibt sich die Arbeitzeit zu etwa 220 Tagen. Für ausfallende Zeit, Revision und Reinschrift rechnete ich das Doppelte und glaubte so, in $1^1/_2 - 2$ Jahren, die Arbeit bezwingen zu können.

Anfangs ging es rascher vorwärts, als ich gehofft hatte. Ich fand in Herrn Ph. M. Kettner in Prag einen fleissigen und zuverlässigen Mitarbeiter. Er arbeitete sich in die Rechnung ein und nahm sich zeitweise mehrere Hilfsarbeiter an, die er instruirte und deren Arbeit er revidirte. So gelang es, die Hauptmasse der Rechnung sowie einen Theil der Reinschrift in der kurzen Zeit von Anfang März bis Anfang November 1895, also in 8 Monaten, zu bewältigen. Leider musste dann Herr Kettner aus Gesundheitsrücksichten die Arbeit niederlegen. Dadurch gelang die Fertigstellung des Ganzen erst im November 1896.

Die Rechnungen wurden in geschlossenem Schema (Tabellen) geführt. Wo sie nicht ganz einfach waren, enthielten sie eine Controle in sich.

Schemas zur Ausrechnung der Tabellen. Die Ausrechnung wurde nach festem Schema in Tabellenform geführt, so zwar, dass für jede Form die nöthigen Winkel $\varphi \varrho \xi_0 \eta_0 \xi \eta$ und die Coordinaten x y d resp. x:h, y:h, d:h in einer Zeile entstehen. Die gleiche Zeile enthält eine Controle der ganzen Rechnung und in complicirten Fällen Untercontrolen einzelner Operationen. Durch die Controle ist die Richtigkeit der Rechnung gesichert. Fehler können nur entstehen durch Einführen falscher Werthe und Symbole resp. deren Logarithmen. Nur bei ganz einfachen Rechnungen wurde die Controle weggelassen. So bei den Prismen und den Domen der hochsymmetrischen Systeme. Die Controle besteht darin, dass der gleiche Werth auf zwei verschiedenen Wegen gewonnen wird.

Der Kopf jeder Columne gibt den für alle Zeilen gleichmässigen Inhalt an, zugleich die Operation, die auszuführen ist, um diesen Werth zu erhalten, und öfters eine Vorschrift über die Controle.

Beispiel:

9
$\lg \dfrac{x}{y} =$
$\lg t g \varphi$
$5 - 6 =$
$6 - 7$

Das bedeutet Col. 9 enthält für jede Zeile den Werth $\lg t g \varphi = \lg \dfrac{x}{y}$. Er wird erhalten durch $5 - 6$ d. h. durch Subtraktion des Inhalts der Col. 6 von Col. 5. Die Differenz der Col. 6 und 7 liefert den gleichen Werth (Controle).

Im Folgenden sind die Formeln zur Berechnung der Tabellen und die Controlformeln sowie die Köpfe der angewandten Schemas nebst einem Zahlenbeispiel zusammengestellt. Sie sind an sich verständlich.

Formeln zur Berechnung der Winkeltabellen.[1]

		$\frac{x}{h}=\mathrm{tg}\,\xi_o$	$\frac{y}{h}=\mathrm{tg}\,\eta_o$	$\frac{x}{y}=\mathrm{tg}\,\varphi$	$\frac{d}{h}=\mathrm{tg}\,\varrho$	$\sin\xi$	$\sin\eta$	Bemerkungen
Triklin	pq	$\frac{x_o+pp_o\sin\nu}{h}$	$\frac{y_o+qq_o+pp_o\cos\nu}{h}$	$\frac{x}{y}$	$\frac{x}{h\sin\varphi}=\frac{y}{h\cos\varphi}$	$\sin\varphi\sin\varrho$	$\cos\varphi\sin\varrho$	
	oq	$\frac{x_o}{h}$	$\frac{y_o+qq_o}{h}$	"	"	"	"	
	po	$\frac{x_o+pp\sin\nu}{h}$	$\frac{y_o+pp_o\cos\nu}{h}$	"	"	"	"	
	∞q	∞	∞	$\frac{p_o\sin\nu}{qq_o+pp_o\cos\nu}$	∞	$\sin\varphi$	$\cos\varphi$	$\xi_o=\eta_o=\varrho=90°$
Monoklin	pq	$\frac{pp_o+e}{h}$	$\frac{qq_o}{h}$	$\frac{x}{y}$	$\frac{x}{h\sin\varphi}=\frac{y}{h\cos\varphi}$	$\sin\varphi\sin\varrho$	$\cos\varphi\sin\varrho$	
	oq	$\frac{e}{h}$	"	"	"	"	"	$\frac{x}{h}=$const; $\xi_o=$const.
	po	$\frac{pp_o+e}{h}$	o	∞	$\frac{x}{h}$	$\sin\varrho$	o	$\xi_o=\xi=\varrho$
	∞q	∞	∞	$\frac{p_o}{qq_o}$	∞	$\sin\varphi$	$\cos\varphi$	$\xi_o=\eta_o=\varrho=90; \xi=\varphi; \eta=90-\varphi$
Rhombisch ($h=1$)	pq	pp_o	qq_o	$\frac{x}{y}$	$\frac{x}{\sin\varphi}=\frac{y}{\cos\varphi}$	$\sin\varphi\sin\varrho$	$\cos\varphi\sin\varrho$	
	oq	o	"	o	qq_o	o	$\sin\varrho$	$\eta_o=\eta=\varrho; \varphi=o$
	po	pp_o	o	∞	pp_o	$\sin\varrho$	o	$\xi_o=\xi=\varrho; \varphi=90$
	∞q	∞	∞	$\frac{p_o}{qq_o}$	∞	$\sin\varphi$	$\cos\varphi$	$\xi_o=\eta_o=\varrho=90; \xi=\varphi; \eta=90-\varphi$
Tetragonal ($h=1$)	pq	pp_o	qp_o	$\frac{p}{q}$	$\frac{x}{\sin\varphi}=\frac{y}{\cos\varphi}$	$\sin\varphi\sin\varrho$	$\cos\varphi\sin\varrho$	$\mathrm{tg}\,\varrho=p_o\sqrt{p^2+q^2}$
	p	pp_o	pp_o	1	$\frac{x}{2}\sqrt{2}$	$\frac{1}{2}\sqrt{2}\sin\varrho$	$\frac{1}{2}\sqrt{2}\sin\varrho$	$x=y; \varphi=45; \mathrm{tg}\,\varrho=pp_o\sqrt{2}; \xi_o=\eta_o; \xi=\eta$
	oq	o	qp_o	o	qp_o	o	$\sin\varrho$	$\eta=\eta_o=\varrho$
	∞q	∞	∞	$\frac{1}{q}$	∞	$\sin\varphi$	$\cos\varphi$	$\xi_o=\eta_o=\varrho=90; \xi=\varphi; \eta=90-\varphi$

[1] Ueber die Bedeutung der in der Berechnung auftretenden Werthe pq, $p_o\,q_o$, h, e, ν vergl. Index 1. S. 15, sowie Index 3. Vorwort VII.

		$\frac{x}{h}=\mathrm{tg}\,\xi_0$	$\frac{y}{h}=\mathrm{tg}\,\eta_0$	$\frac{x}{y}=\mathrm{tg}\,\varphi$	$\frac{d}{h}=\mathrm{tg}\,\varrho$	$\sin\xi$	$\sin\eta$	Bemerkungen.
Hexagonal ($h=1$)	pq	$p\frac{p_0}{2}\sqrt{3}$	$(p+2q)\frac{p_0}{2}$	$\frac{x}{y}$	$\frac{x}{\sin\varphi}=\frac{y}{\cos\varphi}$	$\sin\varphi\sin\varrho$	$\cos\varphi\sin\varrho$	$\mathrm{tg}\,\varrho=p_0\sqrt{p^2+pq+q^2}$
	p	$,,$	$\frac{3}{2}pp_0$	$\frac{1}{3}\sqrt{3}$	$pp_0\sqrt{3}$	$\frac{1}{2}\sin\varrho$	$\frac{1}{2}\sqrt{3}\sin\varrho$	$\varphi=30$
	oq	o	qp_0	o	qp_0	o	$\sin\varrho$	$\eta=\eta_0=\varrho$
	∞q	∞	∞	$\frac{\sqrt{3}}{2q+1}$	∞	$\sin\varphi$	$\cos\varphi$	$\xi_0=\eta_0=\varrho=90;\ \xi=\varphi;\ \eta=90-\varphi$
Regulär ($h=1$)	pq	p	q	$\frac{p}{q}$	$\frac{p}{\sin\varphi}=\frac{q}{\cos\varphi}$	$\sin\varphi\sin\varrho$	$\cos\varphi\sin\varrho$	$\mathrm{tg}\,\varrho=\sqrt{p^2+q^2}$
	p	p	p	1	$p\sqrt{2}$	$\frac{1}{2}\sqrt{2}\sin\varrho$	$\frac{1}{2}\sqrt{2}\sin\varrho$	$x=y=p;\ \varphi=45;\ \xi_0=\eta_0;\ \xi=\eta$
	oq	o	q	o	q	o	$\sin\varrho$	$\eta=\eta_0=\varrho$
	∞q	∞	∞	$\frac{1}{q}$	∞	$\sin\varphi$	$\cos\varphi$	$\xi_0=\eta_0=\varrho=90;\ \xi=\varphi;\ \eta=90-\varphi$

Controlformeln.

Die wichtigste zur Controle verwendete Formel ist die folgende:

$$\sin\xi_0\,\sin\eta_0=\mathrm{tg}\,\xi\,\mathrm{tg}\,\eta$$

Ausserdem wurden folgende Relationen zu gelegentlichen Controlen verwendet.

$\frac{x}{h}=\mathrm{tg}\,\xi_0=\sin\varphi\,\mathrm{tg}\,\varrho$ $\frac{y}{h}=\mathrm{tg}\,\eta_0=\cos\varphi\,\mathrm{tg}\,\varrho$	$\frac{x}{y}=\frac{\sin\xi}{\sin\eta}=\mathrm{tg}\,\varphi$	$\sin\xi=x\cos\varrho$ $\sin\eta=y\cos\varrho$	$\cos\varrho=\cos\xi_0\cos\eta=\cos\xi\cos\eta_0$
$\varphi=$ const. für die Radialzonen ausser im monoklinen und triklinen System. $x,\xi_0=$ const. für Quer Parall. Zon. aller Systeme. $y,\eta_0=$ const. für Längs Parall. Zon. ausser triklin.		$\cos\xi_0=\mathrm{ctg}\,\eta_0\,\mathrm{tg}\,\eta$ $\cos\eta_0=\mathrm{ctg}\,\xi_0\,\mathrm{tg}\,\xi$ $\varrho>\xi_0>\xi$ $\varrho>\eta_0>\eta$	$\sin\varphi\sin\varrho=\sin\xi_0\cos\eta$ $\cos\varphi\sin\varrho=\sin\eta_0\cos\xi$

Köpfe der Schemas und Zahlenbeispiele.

Regulär. pq (p<q) Controle.

	1	2	3	4	5	6	7	8	9	10	11	12	13	14	15	16	17	18	19
Symb. pq= xy	$\lg p=$ $\lg x=$ $\lg\operatorname{tg}\xi_0$	$\lg q=$ $\lg y=$ $\lg\operatorname{tg}\eta_0$	$\lg\dfrac{p}{q}=$ $\lg\operatorname{tg}\varphi$	$\lg\sin\varphi$ aus 3	φ aus 3	$\lg\dfrac{p}{\sin\varphi}$ $=\lg\operatorname{tg}\varrho$ $=\lg 7$ $1-4$	$\sqrt{p^2+q^2}$ lg s.Tab. S. 22-23	ϱ aus 6	$\lg\cos\varrho$	$\lg p\cos\varrho$ $=$ $\lg\sin\xi$ $1+9$	$\lg q\cos\varrho$ $=$ $\lg\sin\eta$ $2+9$	ξ_0 arc.tg aus 1	η_0 arc.tg aus 2	ξ arc.sin aus 10	η arc.sin aus 11	d $=\operatorname{tg}\varrho$ aus 6	$\lg\sin 12$ $\lg\sin 13$	$\lg\operatorname{tg} 14$ $\lg\operatorname{tg} 15$	$\Sigma 17$ $\Sigma 18$
$\dfrac{2}{3}\ \dfrac{4}{3}$	982391	012494	969897	965052	26°33·9	017339	$\frac{1}{3}\sqrt{20}$	56°08·7	974592	956983	987086	33°41·4	53°07·8	21°48·1	47°58·1	1·4907	974405 990309	960206 004507	964714 964713

Regulär. p1. (p<1) $y=q=1$; $\xi_0=\varphi$; $\eta_0=45°$; $\varrho+\eta=90°$ (Controle).   Controle.

	1	2	3	4	5	6	7	8	9	10	11	12
Symb. p1= xy	$\lg p=$ $\lg x=$ $\lg\operatorname{tg}\varphi$	$\lg\sin\varphi$ aus 1	φ aus 1	$\lg\dfrac{p}{\sin\varphi}$ $=\lg\operatorname{tg}\varrho$ $=\lg 5$ $1-2$	$\sqrt{p^2+1}$ lg s.Tab. S. 22-23	ϱ aus 4	$\lg p\cos\varrho$ $=$ $\lg\sin\xi$ $1+8$	$\lg\cos\varrho$ $=$ $\lg\sin\eta$ aus 4	ξ arc.sin aus 7	η arc.sin aus 8	d $=\operatorname{tg}\varrho$ aus 4	$\lg\cos\xi$ aus 9 $=$ 8—984949
$\dfrac{1}{2}\ 1$	969897	965052	26°33·9	004845	$\frac{1}{2}\sqrt{5}$	48°11·4	952287	982390	19°28·2	41°48·6	1·1180	997443 997441

Regulär. 1q (1<q) $x=p=1$; $\xi_0=45°$; $\eta_0=90-\varphi$; $\varrho+\xi=90°$ (Controle)   Controle.

	1	2	3	4	5	6	7	8	9	10	11	12
Symb. 1q= xy	$\lg\dfrac{1}{q}=$ $\lg\operatorname{tg}\varphi$	$\lg\sin\varphi$ aus 1	φ aus 1	$\lg\dfrac{1}{\sin\varphi}$ $=\lg\operatorname{tg}\varrho$ $=\lg 5$ aus 2	$\sqrt{1+q^2}$ lg s.Tab. S. 22-23	ϱ aus 4	$\lg\cos\varrho$ $=$ $\lg\sin\xi$ aus 4	$\lg\dfrac{1}{q}\cos\varrho$ $=$ $\lg\sin\eta$ $7-1$	ξ arc.sin aus 7	η arc.sin aus 8	d $=\operatorname{tg}\varrho$ aus 4	$\lg\cos\eta$ $=$ 7—984949
12	969897	965052	26°33·9	034948	$\sqrt{5}$	65°54·3	961093	991196	24°05·7	54°44·2	2·2360	976143 976144

Regulär. $p\,(p=q)$ $x=y=p;\ \varphi=45°;\ \xi_0=\eta_0;\ \xi=\eta$

Controle.   Controle.

Symb. $p=q$ $x=y$	1 $\lg p=$ $\lg\mathrm{tg}\,\xi_0$	2 $\lg p\,\sqrt{2}$ $\lg\mathrm{tg}\,\varrho$ $1+015051\cdot$	3 ϱ aus 2	4 $\lg\cos\varrho$ $=\Sigma 9$ aus 2,9	5 $\lg p\cos\varrho$ $=\lg\sin\xi$ $1+4$	6 $\xi_0=\eta_0$ arc.tg aus 1	7 $\xi=\eta$ arc.sin aus 5	8 d $=\mathrm{tg}\,\varrho$ aus 2	9 $\lg\cos\xi_0$ $\lg\cos\xi$ aus 6,7
$\frac{1}{2}$	969897	984948	35°15·9	991195 991195	961092	26°33·9	24°05·7	0·7071	995154 996041

Tetragonal $pq\ (p<q)$

Name	Element	Buchst. Symb.	1 $\lg p$	2 $\lg q$	3 $\lg x=$ $\lg pp_0=$ $\lg\mathrm{tg}\,\xi_0$ $1+\lg p_0$	4 $\lg y=$ $\lg q\,p_0=$ $\lg\mathrm{tg}\,\eta_0$ $2+\lg p_0$	5 $\lg\dfrac{p}{q}=$ $\lg\mathrm{tg}\,\varphi=$ $1-2=3-4$ $=12-13$	6 $\lg\sin\varphi$	7 $\lg\cos\varphi$	8 φ	9 $\lg\dfrac{pp_0}{\sin\varphi}=$ $\lg\dfrac{qp_0}{\cos\varphi}=$ $\lg\mathrm{tg}\,\varrho=$ $3-6=4-7$
cheelit	$\lg p_0=018639$	$x\ \frac{1}{6}\frac{2}{3}$	922185	982391	940824	001030	939794	938477·	998683·	14°02·1	002346·

Tetragonal p $(p=q)$

Name	Element	Buchst. Symb.	1 $\lg p$	2 $\lg x=$ $\lg pp_0=$ $\lg\mathrm{tg}\,\xi_0$ $1+\lg p_0$	3 $\lg pp_0\,\sqrt{2}$ $=\lg\mathrm{tg}\,\varrho$ $2+015051$
Zirkon	$\lg p_0=980638$	$F\ \frac{1}{3}$	952288	932926	947977

Tetragonal oq

Name	Element	Buchst. Symb.	1 $\lg q$	2 $\lg y=$ $\lg q\,p_0=$ $\lg\mathrm{tg}\,\varrho$ $1+\lg p_0$	3 ϱ aus 2	4 y aus 2
Anatas	$\lg p_0=024971$	$\gamma\ o\ \frac{9}{2}$	065321	090292	82°52·3	7·9968

Regulär   **oq**

Symb. oq = xy	lg q = lg tg ϱ	ϱ
0 $\frac{1}{2}$	969897	26°33·9

Regulär   **∞ q**

Symb. ∞ q	lg q = lg ctg φ	φ
∞ 2	030103	26°33·9

Regulär   Controle.

ϱ von oq $+$ ϱ von o $\frac{1}{q}$ = 90°

φ von ∞ q $+$ φ von ∞ $\frac{1}{q}$ = 90°

ϱ von oq = φ von ∞ $\frac{1}{q}$

Controle.

10	11	12	13	14	15	16	17	18	19	20	21	22	23
lg sin ϱ	ϱ	lg sin φ · sin ϱ = lg sin ξ 6+10	lg cos φ · sin ϱ = lg sin η 7+10	ξ₀ arc tg aus 3	η₀ arc tg aus 4	ξ arc sin aus 12	η arc sin aus 13	x aus 3	y aus 4	d = tg ϱ aus 9	lg sin ξ₀ lg sin η₀ aus 14,15	lg tg ξ lg tg η aus 16,17	Σ21 = Σ22
86090	46°32·8	924567·	984773·	14°21·5	45°40·7	10°08·4	44°46·2	0·2560	1·0240	1·0555	939445· 985457	925251· 999651	924902 924902

Controle.   Controle.

4	5	6	7	8	9	10	11
lg cos ϱ = Σ11 aus 3,11	ϱ aus 3	lg sin ξ₀ = lg tg ξ aus 2	ξ₀ = η₀ arc tg aus 2	ξ = η arc tg aus 3	x = y aus 2	d = tg ϱ aus 3	lg cos ξ₀ lg cos ξ aus 7,8
998107 998106	16°47·7	931959	12°02·9	11°47·6	0·2134	0·3018	999032· 999073·

Tetragonal   **∞ q**

Symb.	lg q = lg ctg φ	φ
∞ 2	030103	26°33·9

Hexagonal   pq $(p>q)$

Name	Elemente	Buchst. Symb. pq	1 $\lg q$	2 $\lg(2p+q)$	3 $\lg x=\lg q\frac{p_0}{2}\sqrt{3}$ $=\lg\operatorname{tg}\xi_0$ $1+\lg\frac{p_0}{2}\sqrt{3}$	4 $\lg y=\lg\frac{p_0}{2}(2p+q)$ $=\lg\operatorname{tg}\eta_0$ $2+\lg\frac{p_0}{2}$	5 $\lg\frac{x}{y}=\lg\operatorname{tg}\varphi=\frac{6-7}{3-4}$	6 $\lg\sin\varphi$	7 $\lg\cos\varphi$	8 φ
Quarz $\lg p_0=010382$ $\lg\frac{p_0}{2}=980279;\ \lg p_0\frac{\sqrt{3}}{2}=004135$		$\mathfrak{A}:+\frac{2}{3}\frac{1}{6}$	922185	017609	926320	997888	928432	927642	999210'	10°53

Hexagonal   p $(p=q)$ $\varphi=30°$

Name	Elemente	Buchst. Symb.	1 $\lg p$	2 $\lg x=\lg\frac{pp_0}{2}\sqrt{3}$ $=\lg\operatorname{tg}\xi_0$ $1+\lg\frac{p_0}{2}\sqrt{3}$	3 $\lg y=\lg p\frac{3}{2}p_0$ $=\lg\operatorname{tg}\eta_0$ $1+\lg\frac{3}{2}p_0$	4 $\lg pp_0\sqrt{3}=\lg\operatorname{tg}\varrho=7-8$ $1+\lg p_0\sqrt{3}=2+030103$	5 $\lg\sin\varrho$ aus 4	6 ϱ aus
Eisenglanz $\lg p_0=995819;\ \lg p_0\sqrt{3}=019675$ $\lg\frac{3}{2}p_0=013428,\ \lg\frac{p_0}{2}\sqrt{3}=989572$		$a\cdot-\frac{1}{5}$	930103	919675	943531	949778	947728'	17°28

Controle der Elemente: $\lg p_0+\lg\frac{3}{2}p_0=\lg p_0\sqrt{3}+\lg\frac{p_0}{2}\sqrt{3}$

Hexagonal   po

Name	Element	Buchst. Symb.	1 $\lg p$	2 $\lg pp_0=\lg\operatorname{tg}\varrho$ $1+\lg p_0$	3 ϱ aus 2	4 $y=\operatorname{tg}\varrho$ aus 2
Calcit $\lg p_0=975552$		$\lambda\ 20$	030103	005655	48°43·2	1·1391

Rhombisch   pq

Name	Elemente	Buchst. Symb.	1 $\lg p$	2 $\lg q$	3 $\lg x=\lg pp_0=\lg\operatorname{tg}\xi_0$ $1+\lg p_0$	4 $\lg y=\lg qq_0=\lg\operatorname{tg}\eta_0$ $2+\lg q_0$	5 $\lg\frac{pp_0}{qq_0}=\lg\operatorname{tg}\varphi$ $6-7=12-13$ $3-4$	6 $\lg\sin\varphi$ aus 5	7 $\lg\cos\varphi$ aus 5	8 φ aus
Baryt $\lg p_0=020720$ $\lg q_0=011846$		$\xi\frac{1}{2}2$	969897	030103	990617	041949	948668	946716	998048	17°0

Controle

9	10	11	12	13	14	15	16	17	18	19	20	21	22	23
$g\dfrac{x}{\sin\varphi}=$ $g\dfrac{y}{\cos\varphi}=$ $\lg\operatorname{tg}\varrho$ $3-6=4-7$	$\lg\sin\varrho$	ϱ	$\lg\sin\varphi\cdot\sin\varrho$ $=\lg\sin\xi$ $6+10$	$\lg\cos\varphi\cdot\sin\varrho$ $=\lg\sin\eta$ $7+10$	ξ_0 arc tg aus 3	η_0 arc tg aus 4	ξ arc sin aus 12	η arc sin aus 13	x aus 3	y aus 4	d $=\operatorname{tg}\varrho$ aus 9	$\lg\sin\xi_0$ $\lg\sin\eta_0$ aus 14, 15	$\lg\operatorname{tg}\xi$ $\lg\operatorname{tg}\eta$ aus 16·17	$\Sigma 21=$ $\Sigma 22$
998678	984278	44°07·7	911920	983488·	10°24·2·	43°36·4·	7°33·6·	43°08·2	0·1833	0·9525·	0·9700	925602 983866	912298 997172	90946 90947

Controle

7	8	9	10	11	12	13	14	15	16	17	18
$\lg\dfrac{1}{2}\sin\varrho$ $=\lg\sin\xi$ $5+969897$	$\lg\dfrac{\sqrt{3}}{2}\sin\varrho$ $=\lg\sin\eta$ $5+993753$	ξ_0 arc tg aus 2	η_0 arc tg aus 3	ξ arc sin aus 7	η arc sin aus 8	x aus 2	y aus 3	d $=\operatorname{tg}\varrho$ aus 4	$\lg\sin\xi_0$ $\lg\sin\eta_0$ aus 9,10	$\lg\operatorname{tg}\xi$ $\lg\operatorname{tg}\eta$ aus 11,12	$\Sigma 16=$ $\Sigma 17$
917625·	941481·	8°56·4	15°14·4·	8°37·8	15°03·8·	0·1573	0·2724·	0·3146	919144· 941975·	918119 943000	961120 961119

Hexagonal $p\infty$

Symb.	1	2	3	4	5
	$2p+1$	$\lg(2p+1)$	$\lg\dfrac{\sqrt{3}}{2p+1}$ $=\lg\operatorname{tg}\varphi$ $023856-2$	φ aus 3	$\dfrac{x}{y}$ $=\operatorname{tg}\varphi$ aus 3
$\dfrac{3}{2}\infty$	4	060206	963650	23°24·8	0·4330

Controle

9	10	11	12	13	14	15	16	17	18	19	20	21	22	23
$\lg\dfrac{pp_0}{\sin\varphi}=$ $\lg\dfrac{qq_0}{\cos\varphi}=$ $\lg\operatorname{tg}\varrho$ $3-6=4-7$	$\lg\sin\varrho$ aus 9	ϱ aus 9	$\lg\sin\varphi\cdot\sin\varrho=$ $\lg\sin\xi$ $6+10$	$\lg\cos\varphi\cdot\sin\varrho=$ $\lg\sin\eta$ $7+10$	ξ_0 arc tg aus 3	η_0 arc tg aus 4	ξ arc sin aus 12	η arc sin aus 13	x aus 3	y aus 4	d $=\operatorname{tg}\varrho$ aus 9	$\lg\sin\xi_0$ $\lg\sin\eta_0$ aus 14,15	$\lg\operatorname{tg}\xi$ $\lg\operatorname{tg}\eta$ aus 16,17	$\Sigma 21$ $=\Sigma 22$
043901	·997300	70°00·2	944016	995348	38°51·5	69°09·7	15°59·6	63°57.0	0·8057	2·6272	2·7480	979754 997061·	045731 031086	976815· 976817

Additional information of this book

(Krystallographische Winkeltabellen; 978-3-662-23413-6; 978-3-662-23413-6_OSFO1) is provided:

http://Extras.Springer.com

Additional information of this book

(Krystallographische Winkeltabellen; 978-3-662-23413-6; 978-3-662-23413-6_OSFO2) is provided:

http://Extras.Springer.com

Triklin oq

Name	Elemente	Buchst. Symb.	1	2	3	4	5	6	7	8	9
			qq_0	$y=$ y_0+qq_0	$\lg y$	$\lg\dfrac{y}{h}=$ $\lg\mathrm{tg}\,\eta_0$ $=7+9$	$\lg\dfrac{x}{y}=$ $\lg\mathrm{tg}\,\varphi$ $=6-7$	$\lg\sin\varphi$	$\lg\cos\varphi$	φ	$\lg\dfrac{x}{h\sin\varphi}$ $\lg\dfrac{y}{h\cos}$ $=\lg\mathrm{tg}$ $\lg\dfrac{x_0}{h}-$
				$1+y_0$	$\lg 2$	$3-\lg h$	$\lg\dfrac{x_0}{h}-4$	aus 5	aus 5	aus 5	$=4-$
Kupfervitriol $q_0=0\cdot4974$		$v\ 01$	$0\cdot4974$	$0\cdot9189\cdot$	996327	002475	945569	943866	998298	$15°56\cdot2$	004178
$y_0=0\cdot4215\cdot$; $\lg h=993852$		$q\ 0\bar{2}$	$\bar{0}\cdot9948$	$\bar{0}\cdot5732$	975831	981979	966065	961934	995869	$24°35\cdot8$	986110
$\lg\dfrac{x_0}{h}=\lg\mathrm{tg}\,\xi_0=948044$											

Anm. Ueber die Vorzeichen und den Werth von φ vergl. Anm. zu pq triklin. Bei oq bestimmt eispiel liegt v im 1ten, q im 2ten Quadranten. Danach ist bei v alles $+$, bei q ist $\eta_0\eta\,y-$ und statt des

Triklin ∞q

Name	Elemente	Buchst. Symb.	1	2	3	4	5	6
			qq_0	qq_0+ $p_0\cos\nu$	$\lg(qq_0+$ $p_0\cos\nu)$	$\lg\dfrac{x}{y}=$ $\lg p_0\sin\nu$ $-\lg y$ $=\lg\mathrm{tg}\,\varphi$ $\lg p_0\sin\nu$	φ	$\dfrac{x}{y}$
				$1+p_0\cos\nu$	aus 2	-3	aus 4	aus 4
Kupfervitriol $q_0=0\cdot4974$		$t\ \infty\ \dfrac{1}{2}$	$0\cdot2487$	$0\cdot4152$	961826	032753	$64°48\cdot4\cdot$	$2\cdot1258$
$\lg p_0\sin\nu=994579$; $p_0\cos\nu=0\cdot1665$		$h\ \infty\ \bar{2}$	$\bar{0}\cdot9948$	$\bar{0}\cdot8283$	991819	002760	$46°49\cdot1$	$\bar{1}\cdot0656$

Anm. $\dfrac{x}{y}$ ist $-$, wenn $qq_0+p_0\cos\nu$ (Col. 2) $-$ ist. In dem Fall ist statt des berechneten φ zu setzen $180-\varphi$. In unserem Beisp. bei h ist $\varphi=180-46°49\cdot1=133°10\cdot9$.

Controle.

10	11	12	13	14	15	16	17	18	19	20	21	22	23
$\sin\varrho$	ϱ	$\lg\sin\varphi\cdot\sin\varrho = \lg\sin\xi$	$\lg\cos\varphi\cdot\sin\varrho = \lg\sin\eta$	ξ_0 const. arc tg aus $\dfrac{x_0}{h}$	η_0 arc tg aus 4	ξ arc sin aus 12	η arc sin aus 13	$x' = \dfrac{x}{h} = \dfrac{x_0}{h}$ const. aus $\lg\dfrac{x_0}{h}$	$y' = \dfrac{y}{h}$ aus 4	$d' = \dfrac{d}{h} = \operatorname{tg}\varrho$ aus 9	$\lg\sin\xi_0$ $\lg\sin\eta_0$ aus 14·15	$\lg\operatorname{tg}\xi$ $\lg\operatorname{tg}\eta$ aus 16·17	$\Sigma 21 = \Sigma 22$
aus 9	aus 9	6+10	7+10										
6937	47°45·1	930803	985235	16°49·2	46°37·9	11°43·6	45°22·8	0·3023	1·0586	1·1010	946144 986151	931717 000576	032295 032293
6911	35°59·4	938845	972780	„	33°26·4	14°09·5	32°17·8	„	0̄·6604	0·7263	946144 974120	940184 980080	920264 „

das Vorzeichen des constanten x = x₀ mit y (Col. 2) den Quadranten des Flächenpunktes. In unserer berechneten $\varphi = 24°35·8$ ist zu setzen $180 — 24°35·8 = 155°24·2$.

Hilfstabelle zur Berechnung von ϱ

in den hochsymmetrischen Systemen.

Wir haben die Formeln:

Regulär: $\mathrm{tg}\,\varrho = \sqrt{p^2 + q^2}$

Tetragonal: $\mathrm{tg}\,\varrho = p_0\sqrt{p^2 + q^2}$

Hexagonal: $\mathrm{tg}\,\varrho = p_0\sqrt{p^2 + pq + q^2}$

Für gebrochene pq, also für $\dfrac{p}{n}\dfrac{q}{n}$:

Regulär: $\mathrm{tg}\,\varrho = \dfrac{1}{n}\sqrt{p^2 + q^2}$

Tetragonal: $\mathrm{tg}\,\varrho = p_0\dfrac{1}{n}\sqrt{p^2 + q^2}$

Hexagonal: $\mathrm{tg}\,\varrho = p_0\dfrac{1}{n}\sqrt{p^2 + pq + q^2}$

Die Werthe $\lg\dfrac{1}{n}\sqrt{p^2 + q^2}$ und $\lg\dfrac{1}{n}\sqrt{p^2 + pq + q^2}$ sind hier für $pq = 1$ bis 10 ausgerechnet.

Regul. Tetrag. pq	Hexag. pq	$\dfrac{\sqrt{p^2+q^2}}{\sqrt{p^2+pq+q^2}}$	$\lg\sqrt{}$	$\lg\tfrac{1}{2}\sqrt{}$	$\lg\tfrac{1}{3}\sqrt{}$	$\lg\tfrac{1}{4}\sqrt{}$	$\lg\tfrac{1}{5}\sqrt{}$	$\lg\tfrac{1}{6}\sqrt{}$	$\lg\tfrac{1}{7}\sqrt{}$	$\lg\tfrac{1}{8}\sqrt{}$	$\lg\tfrac{1}{9}\sqrt{}$
11	—	$\sqrt{2}$	015051	984948	967339	954845	945154	937236	930541	924742	919627
—	11	$\sqrt{3}$	023856	993753	976144	963650	953959	946041	939346	933547	928432
21	—	$\sqrt{5}$	034948	004845	987236	974742	965051	957133	950438	944639	939524
—	21	$\sqrt{7}$	042255	012152	994543	982049	972358	964440	957745	951946	946831
31	—	$\sqrt{10}$	050000	019897	002288	989794	980103	972185	965490	959691	954576
—	31	$\sqrt{13}$	055697	025594	007985	995491	985800	977882	971187	965388	960273
41	—	$\sqrt{17}$	061522	031419	013810	001316	991625	983707	977012	971213	966098
—	32	$\sqrt{19}$	063937	033834	016225	003731	994040	986122	979427	973628	968513
42	—	$\sqrt{20}$	065051	034948	017339	004845	995154	987236	980541	974742	969626
—	41	$\sqrt{21}$	066111	036008	018399	005905	996214	988296	981601	975802	970687
51	—	$\sqrt{26}$	070748	040645	023036	010542	000851	992933	986238	980439	975324
—	42	$\sqrt{28}$	072358	042255	024646	012152	002461	994543	987848	982049	976934
52	—	$\sqrt{29}$	073120	043017	025408	012914	003223	995305	988610	982811	977696
—	51	$\sqrt{31}$	073856	043753	026144	013650	003959	996041	989346	983547	978432
53	—	$\sqrt{34}$	076574	046471	028862	016368	006677	998759	992064	986265	981150
61	43	$\sqrt{37}$	078410	048307	030698	018204	008513	000595	993900	988101	982986
—	52	$\sqrt{39}$	079553	049450	031841	019347	009656	001738	995043	989244	984129
62	—	$\sqrt{40}$	080103	050000	032391	019897	010206	002288	995593	989794	984679
54	—	$\sqrt{41}$	080639	050536	032927	020433	010742	002824	996129	990330	985215
—	61	$\sqrt{43}$	081673	051570	033961	021467	011776	003858	997163	991364	986249
63	—	$\sqrt{45}$	082660	052557	034948	022454	012763	004845	998150	992351	987236
71	—	$\sqrt{50}$	084948	054845	037236	024742	015051	007133	000438	994639	989524
64	62	$\sqrt{52}$	085800	055697	038088	025594	015903	007985	001290	995491	990376
72	—	$\sqrt{53}$	086214	056111	038502	026008	016317	008399	001704	995905	990790
—	71	$\sqrt{57}$	087793	057690	040081	027587	017896	009978	003283	997484	992369
73	—	$\sqrt{58}$	088171	058068	040459	027965	018274	010356	003661	997862	992747
65	54	$\sqrt{61}$	089266	059163	041554	029060	019369	011451	004756	998957	993842
—	63	$\sqrt{63}$	089967	059864	042255	029761	020070	012152	005457	999658	994543
81} 74}	—	$\sqrt{65}$	090645	060542	042933	030439	020748	012830	006135	000336	995221

Regul. Tetrag. pq	Hexag. pq	$\dfrac{\sqrt{p^2+q^2}}{\sqrt{p^2+qp+q^2}}$	$\lg\sqrt{}$	$\lg\tfrac{1}{2}\sqrt{}$	$\lg\tfrac{1}{3}\sqrt{}$	$\lg\tfrac{1}{4}\sqrt{}$	$\lg\tfrac{1}{5}\sqrt{}$	$\lg\tfrac{1}{6}\sqrt{}$	$\lg\tfrac{1}{7}\sqrt{}$	$\lg\tfrac{1}{8}\sqrt{}$	$\lg\tfrac{1}{9}\sqrt{}$
—	72	$\sqrt{67}$	091303	061200	043591	031097	021406	013488	006793	000994	995879
82	—	$\sqrt{68}$	091625	061522	043913	031419	021728	013810	007115	001316	996201
83	81	$\sqrt{73}$	093166	063063	045454	032960	023269	015351	008656	002857	997742
75	—	$\sqrt{74}$	093461	063358	045749	033255	023564	015646	008951	003152	998037
—	64	$\sqrt{76}$	094040	063937	046328	033834	024143	016225	009530	003731	998616
—	73	$\sqrt{79}$	094881	064778	047169	034675	024984	017066	010371	004572	999457
84	—	$\sqrt{80}$	095154	065051	047442	034948	025257	017339	010644	004845	999730
91	—	$\sqrt{82}$	095690	065587	047978	035484	025793	017875	011180	005381	000266
—	82	$\sqrt{84}$	096214	066111	048502	036008	026317	018399	011704	005905	000790
92	—	$\sqrt{85}$	096471	066368	048759	036265	026574	018656	011961	006162	001047
85	—	$\sqrt{89}$	097469	067366	049757	037263	027572	019654	012959	007160	002045
93	—	$\sqrt{90}$	097712	067609	050000	037506	027815	019897	013202	007403	002288
—	65 } 91 }	$\sqrt{91}$	097952	067849	050240	037746	028055	020137	013442	007543	002528
—	74	$\sqrt{93}$	098424	068321	050712	038218	028527	020609	013914	008115	003000
94	—	$\sqrt{97}$	099338	069235	051626	039132	029441	021523	014828	009029	003914
10·1	—	$\sqrt{101}$	100216	070113	052504	040010	030319	022401	015706	009907	004792
—	92	$\sqrt{103}$	100642	070539	052930	040436	030745	022827	016132	010333	005218
10·2	—	$\sqrt{104}$	100851	070748	053139	040645	030954	023036	016341	010542	005427
95	—	$\sqrt{106}$	101265	071162	053553	041059	031368	023450	016755	010956	005841
10·3	75	$\sqrt{109}$	101871	071768	054159	041665	031974	024056	017361	011562	006447
—	10·1	$\sqrt{111}$	102266	072133	054554	042060	032369	024451	017756	011957	006842
—	84	$\sqrt{112}$	102461	072358	054749	042155	032564	024646	017951	012152	007037
87	—	$\sqrt{113}$	102654	072551	054942	042448	032757	024839	018144	012345	007230
10·4	—	$\sqrt{116}$	103223	073120	055511	043017	033326	025408	018713	012914	007799
9·6	93	$\sqrt{117}$	103409	073306	055697	043203	033512	025594	018899	013100	007985
—	10·2	$\sqrt{124}$	104671	074568	056959	044465	034774	026856	020161	014362	009247
10·5	—	$\sqrt{125}$	104845	074742	057133	044639	034948	027030	020335	014536	009421
—	76	$\sqrt{127}$	105190	075087	057478	044984	035293	027375	020680	014881	009766
—	85	$\sqrt{129}$	105529	075426	057817	045323	035632	027714	021019	015220	010105
97	—	$\sqrt{130}$	105697	075594	057985	045491	035800	027882	021187	015388	010273
—	94	$\sqrt{133}$	106192	076089	058480	045986	036295	028377	021682	015883	010768
10·6	—	$\sqrt{136}$	106677	076574	058965	046471	036780	028862	022167	016368	011253
—	10·3	$\sqrt{139}$	107150	077047	059438	046944	037253	029335	022640	016841	011726
98	—	$\sqrt{145}$	108068	077965	060356	047862	038171	030253	023558	017759	012644
—	86	$\sqrt{148}$	108513	078410	060801	048307	038616	030698	024003	018204	013089
10·7	—	$\sqrt{149}$	108659	078556	060947	048453	038762	030844	024149	018350	013235
—	95	$\sqrt{151}$	108949	078846	061237	048743	039052	031134	024439	018640	013525
—	10·4	$\sqrt{156}$	109656	079553	061944	049450	039759	031841	025146	019347	014232
10·8	—	$\sqrt{164}$	110742	080639	063030	050536	040845	032927	026232	020433	015318
—	96	$\sqrt{171}$	111650	081547	063938	051444	041753	033835	027140	021341	016226
—	10·5	$\sqrt{175}$	112152	082049	064440	051946	042257	034337	027642	021843	016728
10·9	—	$\sqrt{181}$	112884	082781	065172	052678	042987	035069	028374	022575	017460
—	97	$\sqrt{193}$	114278	084175	066566	054072	044381	036463	029768	023969	018854
—	98	$\sqrt{217}$	116823	086720	069111	056617	046926	039008	032313	026514	021399
—	10·7	$\sqrt{219}$	117022	086919	069310	056816	047125	039207	032512	026713	021598
—	10·8	$\sqrt{244}$	119369	089266	071657	059163	049472	041554	034859	029060	023945
—	10·9	$\sqrt{271}$	121648	091545	073936	061442	051751	043833	037138	031339	026224

Tabelle der rationalen Brüche.

Die folgende Tabelle thut gute Dienste bei Ausrechnung der Winkel aus den Symbolen,
sowie bei Bestimmung rationaler Indices aus den gerechneten Decimalbrüchen.

Zahl	Decim.-Bruch	log	log recip.	Reciprok
$\frac{1}{2}$	0·5000	969897	030103	2
$\frac{1}{3}$	0·3333	952288	047712	3
$\frac{2}{3}$	0·6667	982391	017609	$\frac{3}{2}$
$\frac{1}{4}$	0·2500	939794	060206	4
$\frac{3}{4}$	0·7500	987506	012494	$\frac{4}{3}$
$\frac{1}{5}$	0·2000	930103	069897	5
$\frac{2}{5}$	0·4000	960206	039794	$\frac{5}{2}$
$\frac{3}{5}$	0·6000	977815	022185	$\frac{5}{3}$
$\frac{4}{5}$	0·8000	990309	009691	$\frac{5}{4}$
$\frac{1}{6}$	0·1667	922185	077815	6
$\frac{5}{6}$	0·8333	992082	007918	$\frac{6}{5}$
$\frac{1}{7}$	0·1429	915490	084510	7
$\frac{2}{7}$	0·2857	945593	054407	$\frac{7}{2}$
$\frac{3}{7}$	0·4286	963202	036798	$\frac{7}{3}$
$\frac{4}{7}$	0·5714	975696	024304	$\frac{7}{4}$
$\frac{5}{7}$	0·7143	985387	014613	$\frac{7}{5}$
$\frac{6}{7}$	0·8572	993305	006695	$\frac{7}{6}$
$\frac{1}{8}$	0·1250	909691	090309	8
$\frac{3}{8}$	0·3750	957403	042597	$\frac{8}{3}$
$\frac{5}{8}$	0·6250	979588	020412	$\frac{8}{5}$
$\frac{7}{8}$	0·8750	994201	005799	$\frac{8}{7}$
$\frac{1}{9}$	0·1111	904576	095424	9
$\frac{2}{9}$	0·2222	934679	065321	$\frac{9}{2}$
$\frac{4}{9}$	0·4444	964782	035218	$\frac{9}{4}$
$\frac{5}{9}$	0·5556	974473	025527	$\frac{9}{5}$
$\frac{7}{9}$	0·7778	989086	010914	$\frac{9}{7}$
$\frac{8}{9}$	0·8889	994885	005115	$\frac{9}{8}$
$\frac{3}{10}$	0·3000	947712	052288	$\frac{10}{3}$
$\frac{7}{10}$	0·7000	984510	015490	$\frac{10}{7}$
$\frac{9}{10}$	0·9000	995424	004576	$\frac{10}{9}$
$\frac{1}{11}$	0·0909	895861	104139	11
$\frac{2}{11}$	0·1818	925964	074036	$\frac{11}{2}$
$\frac{3}{11}$	0·2727	943573	056427	$\frac{11}{3}$
$\frac{4}{11}$	0·3636	956067	043933	$\frac{11}{4}$
$\frac{5}{11}$	0·4545	965758	034242	$\frac{11}{5}$
$\frac{6}{11}$	0·5455	973676	026324	$\frac{11}{6}$
$\frac{7}{11}$	0·6364	980371	019629	$\frac{11}{7}$
$\frac{8}{11}$	0·7273	986170	013830	$\frac{11}{8}$
$\frac{9}{11}$	0·8182	991285	008715	$\frac{11}{9}$
$\frac{10}{11}$	0·9091	995861	004139	$\frac{11}{10}$

Zahl	Decim.-Bruch	log	log recip.	Reciprok
$\frac{1}{12}$	0·0833	892082	107918	12
$\frac{5}{12}$	0·4167	961979	038021	$\frac{12}{5}$
$\frac{7}{12}$	0·5833	976592	023408	$\frac{12}{7}$
$\frac{11}{12}$	0·9167	996221	003779	$\frac{12}{11}$
$\frac{1}{13}$	0·0769	888606	111394	13
$\frac{2}{13}$	0·1538	918709	081291	$\frac{13}{2}$
$\frac{3}{13}$	0·2308	936318	063682	$\frac{13}{3}$
$\frac{4}{13}$	0·3077	948812	051188	$\frac{13}{4}$
$\frac{5}{13}$	0·3846	958603	041497	$\frac{13}{5}$
$\frac{6}{13}$	0·4615	966421	033579	$\frac{13}{6}$
$\frac{7}{13}$	0·5385	973116	026884	$\frac{13}{7}$
$\frac{8}{13}$	0·6154	978915	021085	$\frac{13}{8}$
$\frac{9}{13}$	0·6923	984030	015970	$\frac{13}{9}$
$\frac{10}{13}$	0·7692	988606	011394	$\frac{13}{10}$
$\frac{11}{13}$	0·8462	992745	007255	$\frac{13}{11}$
$\frac{12}{13}$	0·9231	996524	003476	$\frac{13}{12}$
$\frac{1}{14}$	0·0714	885387	114613	14
$\frac{3}{14}$	0·2143	933099	066901	$\frac{14}{3}$
$\frac{5}{14}$	0·3571	955284	044716	$\frac{14}{5}$
$\frac{9}{14}$	0·6429	980811	019189	$\frac{14}{9}$
$\frac{11}{14}$	0·7857	989526	010474	$\frac{14}{11}$
$\frac{13}{14}$	0·9286	996781	003219	$\frac{14}{13}$
$\frac{1}{15}$	0·0667	882391	117609	15
$\frac{2}{15}$	0·1333	912494	087506	$\frac{15}{2}$
$\frac{4}{15}$	0·2667	942597	057403	$\frac{15}{4}$
$\frac{7}{15}$	0·4666	966901	033099	$\frac{15}{7}$
$\frac{8}{15}$	0·5333	972700	027300	$\frac{15}{8}$
$\frac{11}{15}$	0·7333	986530	013470	$\frac{15}{11}$
$\frac{13}{15}$	0·8666	993785	006215	$\frac{15}{13}$
$\frac{14}{15}$	0·9333	997004	002996	$\frac{15}{14}$
$\frac{1}{16}$	0·0625	879588	120412	16
$\frac{3}{16}$	0·1875	927300	072700	$\frac{16}{3}$
$\frac{5}{16}$	0·3125	949485	050515	$\frac{16}{5}$
$\frac{7}{16}$	0·4375	964098	035902	$\frac{16}{7}$
$\frac{9}{16}$	0·5625	975012	024988	$\frac{16}{9}$
$\frac{11}{16}$	0·6875	983727	016273	$\frac{16}{11}$
$\frac{13}{16}$	0·8125	990982	009018	$\frac{16}{13}$
$\frac{15}{16}$	0·9325	997197	002803	$\frac{16}{15}$
$\frac{1}{17}$	0·0588	876955	123045	17
$\frac{1}{18}$	0·0556	874473	125527	18

Winkel φ

Im regulären, tetragonalen, hexagonalen System ist φ unabhängig vom Element der Krystallart.

p : q, p < q	φ tetrag.	φ hexag.
1 : 1	45°00	30°00
1 : 2	26 33.9	19 06.4
1 : 3	18 26.1	13 53.8
2 : 3	33 41.4	23 24.8
1 : 4	14 02.2	10 53.6
3 : 4	36 52.2	25 17.1
1 : 5	11 18.6	8 56.9
2 : 5	21 48.1	16 06.1
3 : 5	30 57.8	21 47.2
4 : 5	38 39.6	26 19.6
1 : 6	9 27.7	7 35.3
5 : 6	39 48.3	26 59.7
1 : 7	8 07.8	6 35.2
2 : 7	15 56.7	12 13.0
3 : 7	23 11.9	16 59.7
4 : 7	29 44.7	21 03.1
5 : 7	35 32.2	24 30.2
6 : 7	40 36.1	27 27.4
1 : 8	7 07.5	5 49.0
3 : 8	20 33.3	15 17.7
5 : 8	32 00.3	22 24.6
7 : 8	41 11.1	27 47.7
1 : 9	6 20.4	5 12.5
2 : 9	12 31.7	9 49.6
4 : 9	23 57.7	17 28.8
5 : 9	29 03.3	20 38.0
7 : 9	37 52.5	25 52.3
8 : 9	41 38.0	28 03.3
1 : 10	5 42.6	4 42.8
3 : 10	16 41.9	12 43.8
7 : 10	34 59.5	24 11.0
9 : 10	41 59.2	28 15.5
1 : 11	5 11.7	4 18.4
2 : 11	10 18.3	8 12.8
3 : 11	15 15.3	11 44.5
4 : 11	19 59.0	14 55.2
5 : 11	24 26.7	17 47.0
6 : 11	28 36.5	20 21.7
7 : 11	32 28.3	22 41.3
8 : 11	36 01.7	24 47.5
9 : 11	39 17.3	26 41.7

p : q, p < q	φ tetrag.	φ hexag.
10 : 11	42°16.4	28°25.5
1 : 12	4 45.8	3 58.4
5 : 12	22 37.2	16 37.6
7 : 12	30 15.4	21 21.6
11 : 12	42 30.6	28 33.7
1 : 13	4 24.7	3 40.2
2 : 13	8 44.8	7 03.1
3 : 13	12 59.7	10 09.5
4 : 13	17 06.2	13 00.2
5 : 13	21 04.9	15 36.5
6 : 13	24 46.5	17 59.5
7 : 13	28 18.1	20 10.4
8 : 13	31 36.4	22 10.3
9 : 13	34 41.7	24 00.4
10 : 13	37 34.1	25 41.6
11 : 13	40 14.2	27 14.7
12 : 13	42 42.5	28 40.6
1 : 14	4 05.1	3 25.1
3 : 14	12 05.7	9 30.9
5 : 14	19 39.2	14 42.3
9 : 14	32 44.1	22 50.8
11 : 14	38 09.4	26 02.2
13 : 14	42 52.7	28 46.5
1 : 15	3 49.3	3 11.9
2 : 15	7 35.6	6 10.7
4 : 15	14 55.9	11 31.0
7 : 15	25 01.0	18 08.6
8 : 15	28 04.3	20 02.0
11 : 15	36 15.2	24 55.4
13 : 15	40 54.8	27 38.3
14 : 15	43 01.5	28 51.5
1 : 16	3 34.6	3 00.2
3 : 16	10 38.4	8 26.6
5 : 16	17 21.2	13 10.4
7 : 16	23 37.7	17 16.2
9 : 16	29 21.4	20 49.0
11 : 16	34 30.5	23 53.8
13 : 16	39 05.6	26 34.9
15 : 16	43 09.1	28 56.0
1 : 17	3 22.0	2 50.0
2 : 17	6 42.6	5 29.8

p : q, p < q	φ tetrag.	φ hexag.
3 : 17	10°00.4	7°59.6
4 : 17	13 14.4	10 20.0
5 : 17	16 23.4	12 31.2
6 : 17	19 26.4	14 33.8
7 : 17	22 22.8	16 28.4
8 : 17	25 12.1	18 15.5
9 : 17	27 53.8	19 55.6
10 : 17	30 27.9	21 29.2
11 : 17	32 54.3	22 56.8
12 : 17	35 13.0	24 18.9
13 : 17	37 24.3	25 35.9
14 : 17	39 28.3	26 48.1
15 : 17	41 25.4	27 56.0
16 : 17	43 15.8	28 59.1
1 : 18	3 10.8	2 40.8
5 : 18	15 31.4	11 55.6
7 : 18	21 15.0	15 44.8
11 : 18	31 25.6	22 04.0
13 : 18	35 50.2	24 40.7
17 : 18	43 21.8	29 03.2
1 : 19	3 00.8	2 33.4
2 : 19	6 00.5	4 57.0
3 : 19	8 57.3	7 13.4
4 : 19	11 53.3	9 22.0
5 : 19	14 44.6	11 23.2
6 : 19	17 31.5	13 17.3
7 : 19	20 13.5	15 04.7
8 : 19	22 50.0	16 45.8
9 : 19	25 20.8	18 20.9
10 : 19	27 45.5	19 50.5
11 : 19	30 04.1	21 14.8
12 : 19	31 41.0	22 34.3
13 : 19	34 22.8	23 49.3
14 : 19	36 23.1	25 00.1
15 : 19	38 17.4	26 06.8
16 : 19	40 06.1	27 10.0
17 : 19	40 53.1	28 09.8
18 : 19	43 31.1	29 06.3
1 : 20	2 52.0	2 25.3
1 : 21	2 43.6	2 18.4
1 : 22	2 39.8	2 12.2

Revision der Elemente und Symbole. Zehn Jahre sind seit dem Erscheinen des ersten Bandes des Index der Krystallformen verflossen und über fünf Jahre seit dem Abschluss dieses Buches. Der Gedanke lag nahe, mit der Herstellung der Winkeltabellen eine Revision und Ergänzung der Elemente und Symbole des Index bis auf heute durchzuführen. Diese Ergänzung ist in der Hauptsache geschehen. Ich habe die neuen Beobachtungen an bekannten wie neuen Arten verfolgt und in meinem Handexemplar des Index vermerkt, ebenso Correcturen und Nachträge zu diesem Buch verzeichnet. Diese wurden bei Herstellung der Winkeltabellen benutzt. Ferner wurden die neueren Bände der wichtigsten Zeitschriften excerpirt. Besonders sorgfältig wurde auch E. S. Dana's ausgezeichnetes System of Mineralogy, 1892, benutzt.

Jedoch wurde von dem Streben, Vollständigkeit zu erzielen, abgesehen; ebenso wurden Formen weggelassen, bei denen die Entscheidung über Aufnahme eingehendere kritische Untersuchung erfordert hätte. Jch glaubte der Sache besser zu dienen, indem ich mich hier beschränkte. Das Eingehen in alle Einzelheiten hätte viel Zeit erfordert und bei geringem Gewinn das Zustandekommen dieses ohnehin grossen Unternehmens gefährdet.

Angabe der Winkel auf halbe Minuten. Die Ausrechnung erfolgte auf die erste Decimale der Minuten; doch erschien es den Bedürfnissen am besten entsprechend, diese auf $^1/_2$ Minute abzurunden. Für die Werthe in der Nähe von $^1/_2$ wurde ein Punkt gesetzt und zwar für 0.3, 0.4, 0.5, 0.6, 0.7; dagegen wurden 0.8, 0.9 für 1 gerechnet, 0.1, 0.2 weggelassen.

Controle. Sie bezog sich auf die richtige Einführung der Elemente und Symbole, dann auf die richtige Ausführung der Rechnung, ferner auf den Vergleich der berechneten Winkel mit den publicirten Winkelangaben, endlich auf Revision von Reinschrift und Druck. Alle diese Arten der Controle wurden sorgfältig angewendet. Wenn sich trotzdem noch unrichtige Daten finden, so wolle man sie der Grösse des Unternehmens zu Gute halten und den Verfasser durch Mittheilung aufgefundener Fehler verpflichten.

Möge es dem vorliegenden neuen Werkzeug krystallographischer Arbeit vergönnt sein, kräftig zur Förderung unserer Wissenschaft mitzuwirken.

Heidelberg, 16. Juli 1896.

Winkeltabellen.

Erklärung der Zeichen.

Die Bedeutung der Zeichen $\varphi\,\varrho\,\xi_0\,\eta_0\,\xi\,\eta\,$ x y d und ihrer Vorzeichen ist aus dem beistehenden stereographischen und gnomonischen Bild ersichtlich.

Die Längen x y d sind für

$$h = 1$$

berechnet (vergl. Seite 5). Zur Vermeidung von Verwechselungen mit x y d für $r_0 = 1$ wurde im monoklinen und triklinen System, wo h von r_0 verschieden ist, x′ y′ d′ für x y d (h = 1) gesetzt.

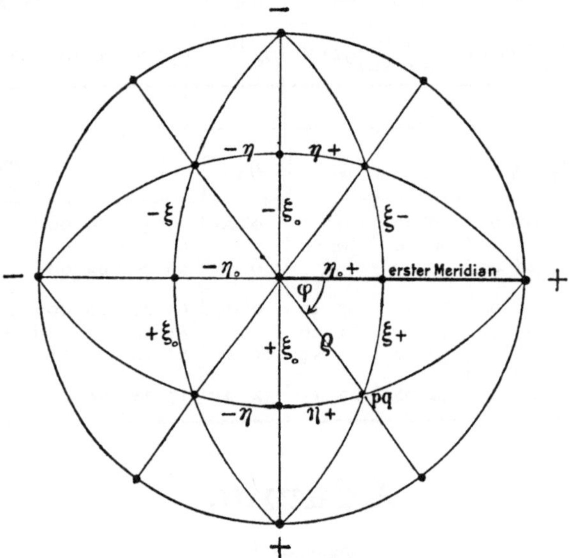

Fig. 13. Stereographische Projection.

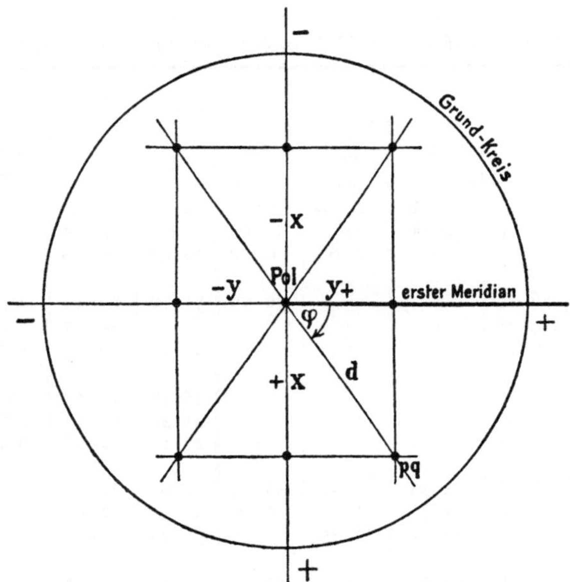

Fig. 14. Gnomonische Projection.
Radius des Grundkreises $= h = 1$.

Abichit.

Monoklin.

a $=$ 1·9069	lg a $=$ 028033	lg $a_0 =$ 969479	lg $p_0 =$ 030521	$a_0 =$ 0·4952	$p_0 =$ 2·0193
c $=$ 3·8507	lg c $=$ 058554	lg $b_0 =$ 941446	lg $q_0 =$ 057954	$b_0 =$ 0·2597	$q_0 =$ 3·7980
$\left.\begin{matrix}\mu =\\ 180-\beta\end{matrix}\right\}$ 80°30	$\left.\begin{matrix}\lg h =\\ \lg\sin\mu\end{matrix}\right\}$ 999400	$\left.\begin{matrix}\lg e =\\ \lg\cos\mu\end{matrix}\right\}$ 921761	$\lg\dfrac{p_0}{q_0} =$ 972567	h $=$ 0·9863	e $=$ 0·1650

No.	Buch-staben	Symb.	Miller	φ	ϱ	ξ_0	η_0	ξ	η	x' (Prismen) (x : y)	y'	d' = tg ϱ
1	c	o	001	90°00	9°30	9°30	0°00	9°30	0°00	0·1673	o	0·1673
2	a	∞o	100	,,	90 00	90 00	,,	90 00	,,	∞	,,	∞
3	m	∞	110	28 00	,,	,,	90 00	28 00	62 00	0·5317	∞	,,
4	r	$+1$o	101	90 00	65 42	65 42	0 00	65 42	0 00	2·2147	o	2·2147
5	s	$-\tfrac{3}{2}$o	$\bar{3}$02	90 00	71 00	$\bar{7}$1 00	,,	$\bar{7}$1 00	,,	2·9037	,,	2·9037
6	t	-1	$\bar{1}$11	$\bar{2}$6 01	76 52	$\bar{6}$1 59	75 27	$\bar{2}$5 18	61 04	$\bar{1}$·8801	3·8506	4·2852
7	p	$-\tfrac{1}{3}$	$\bar{1}$13	$\bar{2}$1 52	54 08	$\bar{2}$7 15·	52 04·	$\bar{1}$7 34	48 46	$\bar{0}$·5151·	1·2835·	1·3831

Adamin.

Rhombisch.

a $=$ 0·9733	lg a $=$ 998825	lg $a_0 =$ 013346	lg $p_0 =$ 986654	$a_0 =$ 1·3597	$p_0 =$ 0·7354
c $=$ 0·7158	lg c $=$ 985479	lg $b_0 =$ 014521	lg $q_0 =$ 985479	$b_0 =$ 1·3970	$q_0 =$ 0.7158

No.	Buch-staben	Symb.	Miller	φ	ϱ	ξ_0	η_0	ξ	η	x (Prismen) (x : y)	y	d = tg ϱ
1	c	o	001	—	0°00	0°00	0°00	0°00	0°00	0	0	0
2	b	o∞	010	0°00	90 00	,,	90 00	,,	90 00	,,	∞	∞
3	a	∞o	100	90 00	,,	90 00	0 00	90 00	0 00	∞	0	,,
4	k	4∞	410	76 19·	,,	,,	90 00	76 19·	13 40·	4·1097	∞	,,
5	m	2∞	210	64 03	,,	,,	,,	64 03	25 57	2·0548	,,	,,
6	n	$\tfrac{5}{3}$∞	530	59 43	,,	,,	,,	59 43	30 17	1·7124	,,	,,
7	r	∞	110	45 46·	,,	,,	,,	45 46·	44 13·	1·0274	,,	,,
8	s	∞$\tfrac{5}{3}$	350	31 39	,,	,,	,,	31 39	58 21	0·6164	,,	,,
9	t	∞2	120	27 11·	,,	,,	,,	27 11·	62 48·	0·5137	,,	,,
10	l	o1	011	0 00	35 35·	0 00	35 35·	0 00	35 35·	0	0·7158	0·7158
11	f	$\tfrac{5}{6}$o	506	90 00	31 30	31 30	0 00	31 30	0 00	0·6128	0	0·6128
12	d	1o	101	,,	36 20	36 20	,,	36 20	,,	0·7354	,,	0·7354
13	o	1	111	45 46·	45 44·	,,	35 35·	30 53	29 58	,,	0·7158	1·0263

Adelit.

Monoklin.

a $=$ 1·0989	lg a $=$ 004096	lg a_o $=$ 984667	lg p_o $=$ 015333	a_o $=$ 0·7025	p_o $=$ 1·4234
c $=$ 1·5642	lg c $=$ 019429	lg b_o $=$ 980571	lg q_o $=$ 017546	b_o $=$ 0·6393	q_o $=$ 1·4978
$\left.\begin{array}{l}\mu = \\ 180 - \beta\end{array}\right\}$ 73°15	$\left.\begin{array}{l}\text{lg h} = \\ \text{lg sin }\mu\end{array}\right\}$998117	$\left.\begin{array}{l}\text{lg e} = \\ \text{lg cos }\mu\end{array}\right\}$945969	lg $\dfrac{p_o}{q_o}$ $=$ 997787	h $=$ 0·9576	e $=$ 0·2882

No.	Buch-staben	Symb.	Miller	φ	ϱ	ξ_o	η_o	ξ	η	x' (Prismen) $(x : y)$	y'	d' $= \operatorname{tg}\varrho$
1	c	0	001	90°00	16°45	16°45	0°00	16°45	0°00	0·3010	0	0·3010
2	a	∞0	100	″	90 00	90 00	″	90 00	″	∞	∞	∞
3	M	∞	110	43 32·	″	″	″	43 32·	46 27·	0·9503	″	″
4	f	01	011	10 53·	57 53	16 45	57 24·	9 12·	56 16	0·3010	1·5642	1·5929
5	d	−2	2̄21	40 30	76 20·	69 29	72 16·	39 07·	48 38·	2̄·6718	3·1286	4·1141

Aeschynit.

Rhombisch.

a $=$ 0·4816	lg a $=$ 968269	lg a_o $=$ 985500	lg p_o $=$ 014500	a_o $=$ 0·7161	p_o $=$ 1·3963
c $=$ 0·6725	lg c $=$ 982769	lg b_o $=$ 017231	lg q_o $=$ 982769	b_o $=$ 1·4870	q_o $=$ 0·6725

No.	Buch-staben	Symb.	Miller	φ	ϱ	ξ_o	η_o	ξ	η	x (Prismen) $(x : y)$	y	d $= \operatorname{tg}\varrho$
1	c	0	001	—	0°00	0°00	0°00	0°00	0°00	0	0	0
2	a	0∞	010	0°00	90 00	″	90 00	″	90 00	″	∞	∞
3	b	∞0	100	90 00	″	90 00	0 00	90 00	0 00	∞	0	″
4	m	∞	110	64 17	″	″	90 00	64 17	25 43	2·0764	∞	″
5	t	∞$\frac{5}{3}$	350	51 15	″	″	″	51 15	38 45	1·2458	″	″
6	r	∞2	120	46 04·	″	″	″	46 04·	43 55·	1·0382	″	″
7	n	∞3	130	34 41·	″	″	″	34 41·	55 18·	0·6921·	″	″
8	v	02	021	0 00	53 22	0 00	53 22	0 00	53 22	0	1·3450	1·3450
9	d	10	101	90 00	54 23·	54 23·	0 00	54 23·	0 00	1·3963·	0	1·3963
10	o	1	111	64 17	57 10	″	33 55	49 12·	21 23	″	0·6725	1·5498

Akanthit.

Rhombisch.

$a = 0·6886$	$\lg a = 983797$	$\lg a_0 = 984037$	$\lg p_0 = 015963$	$a_0 = 0·6924$	$p_0 = 1·4442$
$c = 0·9945$	$\lg c = 999760$	$\lg b_0 = 000240$	$\lg q_0 = 999760$	$b_0 = 1·0055$	$q_0 = 0·9945$

No.	Buchstaben	Symb.	Miller	φ	ϱ	ξ_0	η_0	ξ	η	x (Prismen) (x : y)	y	$d = \mathrm{tg}\,\varrho$
1	c	0	001	—	0°00	0°00	0°00	0°00	0°00	0	0	0
2	b	0∞	010	0°00	90 00	"	90 00	"	90 00	"	∞	∞
3	a	$\infty 0$	100	90 00	"	90 00	0 00	90 00	0 00	∞	0	"
4	τ	2∞	210	71 00	"	"	90 00	71 00	19 00	2·9044	∞	"
5	m	∞	110	55 27	"	"	"	55 27	34 33	1·4522	"	"
6	a	$\infty 2$	120	35 59	"	"	"	35 59	54 01	0·7261	"	"
7	d	01	011	0 00	44 50·	0 00	44 50·	0 00	44 50·	0	0·9945	0·9945
8	v	$\frac{1}{3}0$	103	90 00	25 42·	25 42·	0 00	25 42·	0 00	0·4814	0	0·4814
9	o	10	101	"	55 18	55 18	"	55 18	"	1·4442	"	1·4442
10	γ	$\frac{5}{4}0$	504	"	61 01	61 01	"	61 01	"	1·8052·	"	1·8052
11	u	20	201	"	70 54	70 54	"	70 54	"	2·8884	"	2·8884
12	e	30	301	"	77 00	77 00	"	77 00	"	4·3326	"	4·3326
13	x	$\frac{1}{3}$	113	55 27	30 18·	25 42·	18 20·	24 33·	16 38	0·4814	0·3315	0·5845
14	p	1	111	"	60 18	55 18	44 50·	45 41	29 31	1·4442	0·9945	1·7537
15	z	$\frac{5}{4}$	554	"	65 28·	61 01	51 11	48 32	31 04	1·8052·	1·2431	2·1918
16	k	12	121	35 59	67 52	55 18	63 18·	32 58	48 33	1·4442	1·9890	2·4580
17	s	13	131	25 50	73 12·	"	71 28	24 39	59 31	"	2·9834	3·3147
18	ω	14	141	19 57	76 42·	"	75 53·	19 24	66 10·	"	3·9780	4·2320
19	π	16	161	13 36·	80 45	"	80 29	13 25·	73 36	"	5·9669	6·1391
20	μ	$\frac{1}{2}1$	122	35 59	50 52	35 50	44 50·	27 07	38 52·	0·7221	0·9945	1·2290
21	n	21	211	71 00	71 52·	70 54	"	63 58·	18 01·	2·8884	"	3·0548
22	δ	24	241	35 59	78 30	"	75 53·	35 09	52 27·	"	3·9780	4·9161
23	ϑ	$\frac{1}{3}2$	163	13 36·	63 57·	25 42·	63 18·	12 12	60 50·	0·4814	1·9890	2·0464
24	χ	$\frac{1}{2}\frac{1}{4}$	214	71 00	37 22·	35 50	13 57·	35 01·	11 23·	0.7221	0·2486	0·7637
25	β	$\frac{1}{2}\frac{5}{2}$	152	16 11·	68 53	"	68 05·	15 05	63 36·	"	2·4862	2·5890
26	r	$\frac{1}{3}\frac{2}{3}$	123	35 59	39 20	25 42·	33 32·	21 51·	30 51	0·4814	0·6630	0·8194
27	λ	$\frac{1}{3}\frac{4}{3}$	143	19 57	54 40	"	52 58·	16 10	50 04	"	1·3260	1·4107
28	ε	$\frac{1}{3}\frac{8}{3}$	183	10 17	69 39	"	69 20·	9 38	67 18	"	2·6520	2·6959
29	h	$\frac{1}{2}\frac{5}{2}$	125	35 59	26 10·	16 06·	21 41·	15 01·	20 55	0·2888·	3·9780	0·4916
30	l	$\frac{5}{4}\frac{3}{4}$	534	67 33	62 53·	61 01	36 43	55 21	19 52	1·8052·	0·7459	1·9533

Alaun.

(Kali-Alaun.   Ammoniak-Alaun.)

Regulär.

No.	Buchstaben	Symb.	Miller	φ	ϱ	ξ_0	η_0	ξ	η	x (Prismen) (x : y)	y	d $=$tgϱ
1	c	0	001	—	0°00	0°00	0°00	0°00	0°00	0	0	0
		0∞	010	0°00	90 00	"	90 00	"	90 00	"	∞	∞
2	e	$0\frac12$	012	"	26 34	"	26 34	"	26 34	"	0·5000	0·5000
		02	021	"	63 26	"	63 26	"	63 26	"	2·0000	2·0000
		∞2	120	26 34	90 00	90 00	90 00	26 34	"	0·5000	∞	∞
3	d	01	011	0 00	45 00	0 00	45 00	0 00	45 00	0	1·0000	1·0000
		∞	110	45 00	90 00	90 00	90 00	45 00	"	1·0000	∞	∞
4	q	$\frac12$	112	"	35 16	26 34	26 34	24 05·	24 05·	0·5000	0·5000	0·7071
		12	121	26 34	65 54·	45 00	63 26	"	54 44	1·0000	2·0000	2·2360
5	p	1	111	45 00	54 44	"	45 00	35 16	35 16	"	1.0000	1·4142
6	u	$\frac12 1$	122	26 34	48 11·	26 34	"	19 28	41 48·	0·5000	"	1·1180
		2	221	45 00	70 31.	63 26	63 26	41 48·	"	2·0000	2·0000	2·8284

Allaktit.

Monoklin.

a $=$ 0·6128	lg a $=$ 978732	lg a$_0$ $=$ 026383	lg p$_0$ $=$ 973617	a$_0$ $=$ 1·8357	p$_0$ $=$ 0·5447
c $=$ 0·3338	lg c $=$ 952349	lg b$_0$ $=$ 047651	lg q$_0$ $=$ 952131	b$_0$ $=$ 2·9958	q$_0$ $=$ 0·3321
$\left.\begin{array}{l}\mu =\\180-\beta\end{array}\right\}$ 84°16·	$\left.\begin{array}{l}\text{lg h} =\\ \text{lg sin}\,\mu\end{array}\right\}$999782	$\left.\begin{array}{l}\text{lg e} =\\ \text{lg cos}\,\mu\end{array}\right\}$899893	lg $\frac{p_0}{q_0}$ $=$ 021486	h $=$ 0·9950	e $=$ 0·0998

No.	Buchstaben	Symb.	Miller	φ	ϱ	ξ_0	η_0	ξ	η	x′ (Prismen) (x : y)	y′	d′ $=$tgϱ
1	b	0∞	010	0°00	90°00	0°00	90°00	0°00	90°00	0	∞	∞
2	a	∞0	100	90 00	"	90 00	0 00	90 00	0 00	∞	0	"
3	g	9∞	910	86 07·	"	"	90 00	86 07·	3 52·	14·7603	∞	"
4	k	3∞	310	78 30·	"	"	"	78 30·	11 29·	4·9201	"	"
5	l	2∞	210	73 02·	"	"	"	73 02·	16 57·	3·2801	"	"
6	f	$\frac32$∞	320	67 52·	"	"	"	67 52·	22 07·	2·4600·	"	"
7	n	∞	110	58 37·	"	"	"	58 37·	31 22·	1·6400·	"	"
8	o	∞$\frac43$	340	50 53·	"	"	"	50 53·	39 06·	1·2300	"	"
9	r	∞5	150	18 09·	"	"	"	18 09·	71 50·	0·3280	"	"

No.	Buch-staben	Symb.	Miller	φ	ϱ	ξ_0	η_0	ξ	η	x' (Prismen) (x : y)	y'	d' $=$tgϱ
10	e	$+10$	101	90°00	32°56	32°56	0°00	32°56	0°00	0·6477·	0	0·6477·
11	p	$+\frac{5}{4}0$	504	"	38 07	38 07	"	38 07	"	0·7845	"	0·7845
12	h	-10	$\bar{1}$01	90 00	24 05·	$\bar{2}$4 05	"	$\bar{2}$4 05·	"	$\bar{0}$·4471·	"	0·4471·
13	d	$+1$	111	62 44	36 05	32 56	18 27·	31 34	15 39	0·6477	0·3338	0·7287
14	i	$+1\frac{5}{2}$	252	37 49	46 34	"	39 51	26 26·	35 00·	"	0·8345	1·0564
15	m	$+14$	141	25 53	56 01·	"	53 10	21 13	48 15·	"	1·3352	1·4841

Alloklas.

Rhombisch.

a $=$ 0·7356	lg a $=$ 986664	lg a$_0$ $=$ 012289	lg p$_0$ $=$ 987711	a$_0$ $=$ 1·327	p$_0$ $=$ 0·7536
c $=$ 0·5543	lg c $=$ 974375	lg b$_0$ $=$ 025625	lg q$_0$ $=$ 974375	b$_0$ $=$ 1·804	q$_0$ $=$ 0·5543

No.	Buch-staben	Symb.	Miller	φ	ϱ	ξ_0	η_0	ξ	η	x (Prismen) (x : y)	y	d $=$tgϱ
1	b	0∞	010	0°00	90°00	0°00	90°00	0°00	90°00	0	∞	∞
2	e	01	011	"	29 00	"	29 00	"	29 00	"	0·5543	0·5543
3	f	10	101	90 00	37 00	37 00	0 00	37 00	0 00	0·7535	0	0·7535

Alstonit.

Rhombisch.

a $=$ 0·591	lg a $=$ 977159	lg a$_0$ $=$ 990295	lg p$_0$ $=$ 009705	a$_0$ $=$ 0·7997	p$_0$ $=$ 1·2504
c $=$ 0·739	lg c $=$ 986864	lg b$_0$ $=$ 013136	lg q$_0$ $=$ 986864	b$_0$ $=$ 1·3532	q$_0$ $=$ 0·7390

No.	Buch-staben	Symb.	Miller	φ	ϱ	ξ_0	η_0	ξ	η	x (Prismen) (x : y)	y	d $=$tgϱ
1	a	0∞	010	0°00	90°00	0°00	90°00	0°00	90°00	0	∞	∞
2	m	∞	110	59 25	"	90 00	"	59 25	30 35	1·6920	"	"
3	k	01	011	0 00	36 28	0 00	36 28	0 00	36 28	0	0·7390	0·7390
4	i	02	021	"	55 55	"	55 55	"	55 55	"	1·4780	1·4780
5	p	1	111	59 25	55 27	51 21	36 28	45 09·	24 46·	1·2504	0·7390	1·4524
6	h	2	221	"	71 00	68 12·	55 55	54 29·	28 45·	2·5008	1·4780	2·9049

Altait.

Regulär.

No.	Buch-staben	Symb.	Miller	φ	ϱ	ξ_0	η_0	ξ	η	x (Prismen) (x : y)	y	d $=\mathrm{tg}\,\varrho$
1	c	$\begin{cases} 0 \\ 0\infty \end{cases}$	001 / 010	— / 0° 00	0° 00 / 90 00	0° 00 / „	0° 00 / 90 00	0° 00 / „	0° 00 / 90 00	0 / „	0 / ∞	0 / ∞

Alunit.

Hexagonal. Rhomboedrisch - hemiedrisch.

| c = 1·2523 | lg c = 009770 | lg a_0 = 014085 | lg p_0 = 992162 | a_0 = 1·3831 | p_0 = 0·8349 | (G_2) |

No.	Buch-staben	Symb.	Bravais	φ	ϱ	ξ_0	η_0	ξ	η	x (Prismen (x : y)	y	d $=\mathrm{tg}\,\varrho$
1	c	0	0001	—	0° 00	0° 00	0° 00	0° 00	0° 00	0	0	0
2	d	∞0	10$\bar1$0	0° 00	90 00	„	90 00	„	90 00	„	∞	∞
3	e	∞	11$\bar2$0	30 00	„	„	„	30 00	60 00	0·5773	„	„
4	t f	± 2	22$\bar4$1	„	70 55·	55 20	68 14	28 12	54 56	1·4460	2·5046	2·8920
5	s	$+\frac{6}{5}$	6·6·$\bar{12}$·5	„	60 02·	40 56·	56 21·	25 40·	48 37	0·8676	1·5027	1·7352
6	r	$+1$	11$\bar2$1		55 20	35 52	51 23·	24 17	45 25·	0·7230	1·2523	1·4460
7	q	$+\frac{6}{7}$	6·6·$\bar{12}$·7	„	51 06	31 47	47 01·	22 54	42 22·	0·6197	1·0734	1·2395
8	v	$+\frac{3}{4}$	33$\bar6$4	„	47 19·	28 28	43 12·	21 34	39 32·	0.5423	0·9392	1·0845
9	w	$+\frac{7}{9}$	7·7·$\bar{14}$·9	„	48 21·	29 21	44 15	21 56·	40 20	0·5624	0·9740	1·1247
10	p	$+\frac{1}{64}$	1·1·$\bar2$·64	„	1 17·	0 39	1 07	0 39	1 07	0·0113	0·0196	0·0226

Alvit.

Tetragonal.

| $\left.\begin{array}{c} c \\ p_0 \end{array}\right\}$ = 0·637 | lg c = 980414 | lg a_0 = 019586 | a_0 = 1·5699 |

No.	Buch-staben	Symb.	Miller	φ	ϱ	ξ_0	η_0	ξ	η	x (Prismen) (x : y)	y	d $=\mathrm{tg}\,\varrho$
1	a	0∞	010	0° 00	90° 00	0° 00	90° 00	0° 00	90° 00	0	∞	∞
2	m	∞	110	45 00	„	90 00	„	45 00	45 00	1·0000	„	„
3	s	1	111	„	42 01	32 30	32 30	28 15	28 15	0·6370	0·6370	0·9008

Amalgam.

Regulär.

No.	Buch-staben	Symb.	Miller	φ	ϱ	ξ_0	η_0	ξ	η	x (Prismen) (x : y)	y	d $=\mathrm{tg}\,\varrho$
I	c	0	001	—	0°00	0°00	0°00	0°00	0°00	0	0	0
		0∞	010	0°00	90 00	"	90 00	"	90 00	"	∞	∞
2	a	$0\frac{1}{3}$	013	"	18 26	"	18 26	"	18 26	"	0·3333	0·3333
		03	031	"	71 34	"	71 34	"	71 34	"	3·0000	3·0000
		$\infty3$	130	18 26	90 00	90 00	90 00	18 26	"	0·3333	∞	∞
3	e	$0\frac{1}{2}$	012	0 00	26 34	0 00	26 34	0 00	26 34	0	0·5000	0·5000
		02	021	"	63 26	"	63 26	"	63 26	"	2·0000	2·0000
		$\infty2$	120	26 34	90 00	90 00	90 00	26 34	"	0·5000	∞	∞
4	d	01	011	0 00	45 00	0 00	45 00	0 00	45 00	0	1·0000	1.0000
		∞	110	45 00	90 00	90 00	90 00	45 00	"	1·0000	∞	∞
5	q	$\frac{1}{2}$	112	"	35 16	26 34	26 34	24 05·	24 05·	0·5000	0·5000	0·7071
		12	121	26 34	65 54·	45 00	63 26	"	54 44	1·0000	2·0000	2·2360
6	p	1	111	45 00	54 44	"	45 00	35 16	35 16	"	1·0000	1·4142
7	u	$\frac{1}{2}1$	122	26 34	48 11·	26 34	"	19 28	41 48·	0·5000	"	1·1180
		2	221	45 00	70 31·	63 26	63 26	41 48·	"	2·0000	2·0000	2·8284
8	x	$\frac{1}{3}\frac{2}{3}$	123	26 34	36 42	18 26	33 41·	15 30	32 18·	0·3333	0·6667	0·7453
		$\frac{1}{2}\frac{3}{2}$	132	18 26	57 41·	26 34	56 18·	"	53 18	0·5000	1·5000	1·5811
		23	231	33 41·	74 30	63 26	71 34	32 18·	"	2·0000	3·0000	3·6055

Amarantit.

Triklin.

$p_0 = 0·7467$	$\lambda = 84°16$	$a = 0·7691$	$\alpha = 95°38$	$x_0 = 0·0069$	$d = 0·1001$
$q_0 = 0·5784$	$\mu = 88\ 53$	$b = 1$	$\beta = 90\ 24$	$y_0 = 0·0999$	$\delta = 3°56$
$r_0 = 1$	$\nu = 82\ 43$	$c = 0·5738$	$\gamma = 97\ 13$	$h = 0·9950$	

No.	Buch-staben	Symb.	Miller	φ	ϱ	ξ_0	η_0	ξ	η	x' (Prismen) (x : y)	y'	d' $=\mathrm{tg}\,\varrho$
I	c	o	001	3°56·	5°45	0°24	5°44	0°23	5°44	0·0069	0·1004	0·1006
2	b	$o\infty$	010	0 00	90 00	0 00	90 00	0 00	90 00	0	∞	∞
3	a	∞o	100	82 43	"	90 00	"	82 43	7 17	7·818	"	"
4	M	$\infty\bar{\infty}$	$1\bar{1}0$	123 08·	"	"	90 00	56 51·	$\bar{3}3$ 08·	$\bar{1}$·5314	"	"
5	d	$o\bar{1}$	$0\bar{1}1$	0 35	34 17	0 24	34 17	0 20	34 17	0·0069	0·6817	0·6818
6	h	$o\bar{\frac{1}{2}}$	$0\bar{1}2$	177 58	10 46·	"	$\bar{1}0$ 46·	0 23	$\bar{1}0$ 46·	"	$\bar{0}$·1903	0·1904
7	e	$o\bar{1}$	$0\bar{1}1$	179 10·	25 41	"	$\bar{2}5$ 41	0 21·	$\bar{2}5$ 41	"	$\bar{0}$·4809	0·4810
8	f	$o\bar{2}$	$0\bar{2}1$	179 37·	46 44	"	46 44	0 16·	46 43·	"	$\bar{1}$·0622	1·0623
9	x	10	101	75 24·	37 49·	36 55	11 04	36 24	8 53	0·7514	$\bar{0}$·1956	0·7764
10	p	$1\bar{1}$	$1\bar{1}1$	117 10·	40 11	36 55	$\bar{2}1$ 05·	35 02	$\bar{1}7$ 08	0·7514	$\bar{0}$·3857	0·8446
II	n	12	121	28 57	57 12.	"	53 38·	24 00·	47 21·	"	1·3583	1·5523
12	o	$\bar{1}1$	$\bar{1}11$	$\bar{5}1$ 04·	43 28	$\bar{3}6$ 24·	30 .46·	$\bar{3}2$ 21·	25 36·	$\bar{0}$·7375	0·5955·	0·9479

Amblygonit.

Triklin.

$p_0 = 1\cdot0270$	$\lambda = 67°38$	$a = 0\cdot7334$	$\alpha = 108°51$	$x_0 = 0\cdot1255$	$d = 0\cdot4006$
$q_0 = 0\cdot7885$	$\mu = 75\ 30$	$b = 1$	$\beta = 97\ 48$	$y_0 = 0\cdot3804$	$\delta = 18°16$
$r_0 = 1$	$\nu = 69\ 35$	$c = 0\cdot7633$	$\gamma = 106\ 27$	$h = 0\cdot9162$	

No.	Buch-staben	Symb.	Miller	φ	ϱ	ξ_0	η_0	ξ	η	x' (Prismen) $(x:y)$	y'	$d' = \mathrm{tg}\,\varrho$
1	c	0	001	18°16	23°37	7°48	22°33	7°12·	22°21·	0·1370	0·4152	0·4372
2	a	∞0	100	69 35	90 00	90 00	90 00	69 35	20 25	2·6865	∞	∞
3	m	∞	110	40 00·	"	"	"	40 00·	49 59·	0·8789	"	"
4	M	$\infty\bar{\infty}$	$\bar{1}$10	114 05·	"	"	90 00	65 54·	$\bar{2}$4 05·	$\bar{2}$·2368	"	"
5	z	$\infty\bar{2}$	$\bar{1}$20	141 41·	"	"	"	38 18·	$\bar{5}$1 41·	$\bar{0}$·7899	"	"
6	e	0$\bar{2}$	0$\bar{2}$1	174 00·	52 42	7 48	$\bar{5}$2 32·	4 46	$\bar{5}$2 17·	0·1370	$\bar{1}$·3053	1·3125
7	l	10	101	55 49·	55 08	49 54	38 52·	42 45	27 26·	1·1874	0·8061	1·4352
8	h	$\bar{1}$0	$\bar{1}$01	88 29	42 25·	$\bar{4}$2 25	1 23·	$\bar{4}$2 24·	1 01·	$\bar{0}$·9135	0·0242	0·9138

Amphibol.

Monoklin.

$a = 0\cdot5482$	$\lg a = 973894$	$\lg a_0 = 027104$	$\lg p_0 = 972896$	$a_0 = 1\cdot8666$	$p_0 = 0\cdot5357·$
$c = 0\cdot2937$	$\lg c = 946790$	$\lg b_0 = 053210$	$\lg q_0 = 945291$	$b_0 = 3\cdot4049$	$q_0 = 0\cdot2837$
$\left.{\mu = \atop 180-\beta}\right\}75°02$	$\left.{\lg h = \atop \lg\sin\mu}\right\}998501$	$\left.{\lg e = \atop \lg\cos\mu}\right\}941205$	$\lg\dfrac{p_0}{q_0} = 027605$	$h = 0\cdot9661$	$e = 0\cdot2583$

No.	Buch-staben	Symb.	Miller	φ	ϱ	ξ_0	η_0	ξ	η	x' (Prismen) $(x:y)$	y'	$d' = \mathrm{tg}\,\varrho$
1	c	0	001	90°00	14°58	14°58	0°00	14°58	0°00	0·2673	0	0
2	b	0∞	010	0 00	90 00	0 00	90 00	0 00	90 00	0	∞	∞
3	a	∞0	100	90 00	"	90 00	0 00	90 00	0 00	∞	0	"
4	n	3∞	310	79 59·	"	"	90 00	79 59·	10 00·	5·6646	∞	"
5	q	2∞	210	75 10	"	"	"	75 10	14 50	3·7764	"	"
6	δ	$\tfrac{4}{3}\infty$	430	68 20	"	"	"	68 20	21 40	2·5176	"	"

No.	Buch-staben	Symb.	Miller	φ	ϱ	ξ_0	η_0	ξ	η	x' (Prismen) (x : y)	y'	d' =tg ϱ
7	m	∞	110	62°05'	90°00	90°00	90°00	62°05'	27°54'	1·8882	∞	∞
8	e	∞3	130	32 11	"	"	"	32 11	57 49	0·6294	"	"
9	x	∞5	150	20 41'	"	"	"	20 41'	69 18'	0·3776'	"	"
10	Y	∞7	170	15 06	"	"	"	15 06	74 54	0·2697	"	"
11	d	01	011	42 18'	21 39'	14 58	16 22	14 23	15 50'	0·2673	0·2937	0·3971
12	z	02	021	24 28	32 50	"	30 26	12 59	29 34'	"	0·5874	0·6454
13	u	03	031	16 53	42 38	"	41 23	11 20'	40 24'	"	0·8811	0·9207
14	s	04	041	12 49	50 18'	"	49 36	9 50	48 37	"	1·1748	1·2048
15	f	+20	201	90 00	54 00	54 00	0 00	54 00	0 00	1·3765	0	1·3765
16	l	+10	101	"	39 25	39 25	"	39 25	"	0·8219	"	0·8219
17	h	$+\tfrac{2}{3}$0	203	"	32 29'	32 29'	"	32 29'	"	0·6369	"	0·6369
18	w	−10	$\bar{1}$01	90 00	16 01'	$\bar{1}$6 01'	"	$\bar{1}$6 01'	"	$\bar{0}$·2872	"	0·2872
19	t	−20	$\bar{2}$01	"	40 05'	$\bar{4}$0 05'	"	$\bar{4}$0 05'	"	$\bar{0}$·8417	"	0·8417
20	k	+1	111	70 20	41 07	39 26'	16 22	38 15'	12 47	0·8219	0·2937	0·8728
21	p	$+\tfrac{1}{2}$	112	74 54'	29 25'	28 34'	8 21	28 19	7 21	0·5447	0·1468	0·5641
22	r	−1	$\bar{1}$11	$\bar{4}$4 21'	22 20	$\bar{1}$6 01'	16 22	$\bar{1}$5 24'	15 46	$\bar{0}$·2872	0·2937	0·4108
23	o	−2	$\bar{2}$21	$\bar{5}$5 05'	45 45	$\bar{4}$0 05'	30 26	$\bar{3}$5 58'	24 12	$\bar{0}$·8418	0·5874	1·0264
24	y	+1·10	1·10·1	15 38	71 51	39 26'	71 12.	14 50'	66 13	0·8219	2·9370	3·0497
25	g	+15	151	29 14	59 17	"	55 45	24 49'	48 36	"	1·4685	1·6828
26	v	+13	131	43 00'	50 18'	"	41 23	31 39'	34 14'	"	0·8811	1·2050
27	P	+12	121	54 27	45 17'	"	30 26	35 19'	24 24'	"	0·5874	1·0102
28	i	−13	$\bar{1}$31	$\bar{1}$8 03	42 49'	$\bar{1}$6 01'	41 23	$\bar{1}$2 09'	40 15'	$\bar{0}$·2774	0·8811	0·9267
29	ϱ	−15	$\bar{1}$51	$\bar{1}$1 04	56 14'	"	55 45	$\bar{9}$ 11	54 41	"	1·4685	1·4963
30	a	$-\tfrac{3}{2}\tfrac{1}{2}$	$\bar{3}$12	$\bar{7}$5 25	30 15'	$\bar{3}$9 26'	8 21	$\bar{3}$9 11	7 17	$\bar{0}$·5453	0·1468	0·5833
31	β	$+\tfrac{1}{2}\tfrac{3}{2}$	132	51 02	35 00'	28 34'	23 46'	26 29'	21 09	0·5447	0·4405'	0·7005

Analcim.

Regulär.

No.	Buch-staben	Symb.	Miller	φ	ϱ	ξ_0	η_0	ξ	η	x (Prismen) (x : y)	y	d =tg ϱ
1	c	0	001	—	0°00	0°00	0°00	0°00	0°00	0	0	0
		0∞	010	0°00	90 00	"	90 00	"	90 00	"	∞	∞
2	e	0$\tfrac{1}{2}$	012	"	26 34	"	26 34	"	26 34	"	0·5000	0·5000
		02	021	"	63 26	"	63 26	"	63 26	"	2·0000	2·0000
		∞2	120	26 34	90 00	90 00	90 00	26 34	"	0·5000	∞	∞
3	d	01	011	0 00	45 00	0 00	45 00	0 00	45 00	0	1·0000	1·0000
		∞	110	45 00	90 00	90 00	90 00	45 00	"	1·0000	∞	∞
4	q	$\tfrac{1}{2}$	112	"	35 16	26 34	26 34	24 05'	24 05'	0·5000	0·5000	0·7071
		12	121	26 34	65 54'	45 00	63 26	"	54 44	1·0000	2·0000	2·2360
5	p	1	111	45 00	54 44	"	45 00	35 16	35 16	"	1·0000	1·4142
6	w	$\tfrac{2}{3}$1	233	33 41'	50 14'	33 41'	"	25 14'	39 45'	0·6667	"	1·2019
		$\tfrac{3}{2}$	332	45 00	64 45'	56 18'	56 18'	39 45'	"	1·5000	1·5000	2·1213

Anatas.

Tetragonal.

$\left.\begin{array}{c} c \\ p_0 \end{array}\right\}$ = 1·7771	lg c = 0·24971	lg a₀ = 9·75029	a₀ = 0·5627

No.	Buch-staben	Symb.	Miller	φ	ϱ	ξ_0	η_0	ξ	η	x (Prismen) (x : y)	y	d = tg ϱ
1	c	0	001	—	0° 00	0° 00	0° 00	0° 00	0° 00	0	0	0
2	a	0∞	010	0° 00	90 00	″	90 00	″	90 00	″	∞	∞
3	m	∞	110	45 00	″	90 00	″	45 00	45 00	1·0000	″	″
4	o	0⅐	017	0 00	14 14·	0 00	14 14·	0 00	14 14·	0	0·2538	0·2538
5	u	0⅕	015	″	19 34	″	19 34	″	19 34	″	0·3554	0·3554
6	u₁	0·5⁄19	0·5·19	″	25 04	″	25 04	″	25 04	″	0·4676	0·4676
7	x	0⅓	013	″	30 38·	″	30 38.	″	30 38·	″	0·5923	0·5923
8	e	01	011	″	60 38	″	60 38	″	60 38	″	1·7771	1·7771
9	q	02	021	″	74 17	″	74 17	″	74 17	″	3·5541	3·5541
10	d	03	031	″	79 22·	″	79 22·	″	79 22·	″	5·3312	5·3312
11	γ	0⁹⁄₂	092	″	82 52·	″	82 52·	″	82 52·	″	7·9968	7·9968
12	G	0¹³⁄₂	0·13·2	″	85 03	″	85 03	″	85 03	″	11·5510	11·5510
13	g	07	071	″	85 24·	″	85 24	″	85 24	″	12·4397	12·4397
14	E	08	081	″	85 58·	″	85 58·	″	85 58·	″	14·2167	14·2167
15	ϱ	1⁄40	1·1·40	45 00	3 35·	2 32·	2 32·	2 32·	2 32·	0·0444	0·0444	0·0628
16	?ν	1⁄28	1·1·28	″	5 07·	3 38	3 38	3 37·	3 37·	0·0634	0·0634	0·0897
17	μ	1⁄14	1·1·14	″	10 10·	7 14	7 14	7 10·	7 10·	0·1269	0·1269	0·1795
18	l	1⁄10	1·1·10	″	14 06·	10 04·	10 04·	9 55·	9 55·	0·1777	0·1777	0·2513
19	a	1⁄9	119	″	15 36	11 10	11 10	10 57·	10 57·	0·1974	0·1974	0·2792
20	π	1⁄8	118	″	17 26·	12 31·	12 31·	12 14	12 14	0·2221	0·2221	0·3141
21	v	1⁄7	117	″	19 44·	14 14·	14 14·	13 49	13 49	0·2538	0·2538	0·3589
22	V	3⁄20	3·3·20	″	20 39·	14 55·	14 55·	14 26·	14 26·	0·2665	0·2665	0·3770
23	i	1⁄6	116	″	22 43·	16 30	16 30	15 51	15 51	0·2962	0·2962	0·4189
24	r	1⁄5	115	″	26 41	19 34	19 34	18 31	18 31	0·3554	0·3554	0·5026
25	f	1⁄4	114	″	32 08·	23 57	23 57	22 06	22 06	0·4442	0·4442	0·6283
26	F	5⁄19	5·5·19	″	33 28·	25 04	25 04	22 57·	22 57·	0·4676	0·4676	0·6614
27	n	2⁄7	227	″	35 41	26 55	26 55	24 21·	24 21·	0·5077	0·5077	0·7180
28	z	1⁄3	113	″	39 57	30 38·	30 38·	27 00·	27 00·	0·5923	0·5923	0·8377
29	ψ′	2⁄5	225	″	45 09	35 24·	35 24·	30 05	30 05	0·7108	0·7108	1·0052
30	Ψ	5⁄12	5·5·12	″	46 19	36 31	36 31	30 45·	30 45·	0·7404	0·7404	1·0471
31	χ	3⁄7	337	″	47 07·	37 17·	37 17·	31 12·	31 12·	0·7616	0·7616	1·0770
32	X	5⁄11	5·5·11	″	48 48	38 56	38 56	32 08·	32 08·	0·8078	0·8078	1·1423
33	k	1⁄2	112	″	51 29	41 37·	41 37·	33 35	33 35	0·8885	0·8885	1·2566
34	ε	3⁄5	335	″	56 27	46 50	46 50	36 06·	36 06·	1·0662	1·0662	1·5079
35	η	2⁄3	223	″	59 10	49 50	49 50	37 23	37 23	1·1847	1·1847	1·6754

No.	Buch-staben	Symb.	Miller	φ	ϱ	ξ_0	η_0	ξ	η	x (Prismen) (x : y)	y	d $=\mathrm{tg}\,\varrho$
36	p	1	111	45°00	68°18	60°38	60°38	41°04·	41°04·	1·7771	1·7771	2·5132
37	P	$1\frac{5}{8}$	15·15·8	"	78 01	73 17·	73 17·	43 46	43 46	3·3320	3·3320	4·7121
38	w	2	221	"	78 45·	74 17	74 17	43 54·	43 54·	3·5541	3·5541	5·0263
39	δ	3	331	"	82 26·	79 22·	79 22·	44 30·	44 30·	5·3312	5·3312	7·5395
40	τ	$\frac{1}{3}1$	133	18 26	61 54·	30 38·	60 38	16 12	56 49	0·5923	1·7771	1·8732
41	?y	$\frac{1}{3}\frac{3}{4}$	4·9·12	23 57·	55 34	"	53 07	19 34	48 54·	"	1·3328	1·4585
42	β	$\frac{1}{3}\frac{5}{6}$	256	21 48	57 55	"	55 58	18 20·	51 52·	"	1·4809	1·5950
43	h	$\frac{1}{3}\frac{5}{3}$	153	11 18·	71 41	"	71 20·	10 44	68 34·	"	2·9618	3·0204
44	t	$\frac{1}{3}7$	1·21·3	2 43·	85 24·	"	85 24	2 43	84 39·	"	12·440	12·454
45	φ	$\frac{1}{9}\frac{1}{3}$	139	18 26	31 59	11 10	30 38·	9 38·	30 10	0·1974	0·5923	0·6244
46	H	$\frac{3}{13}\frac{1}{3}$	9·13·39	34 41·	35 46·	22 18	"	19 26	28 43·	0·4101	"	0·7205
47	σ	$\frac{1}{10}\frac{1}{5}$	1·2·10	26 34	21 40·	10 04·	19 34	9 30·	19 17·	0·1777	0·3554	0·3974
48	b	$\frac{2}{3}6$	2·18·3	6 20·	84 40·	49 50	84 38·	6 19	81 44	1·1847	10·662	10·7280
49	ω	$\frac{2}{3}\frac{13}{2}$	4·39·6	5 51·	85 04·	"	85 03	5 50	82 22	"	11·551	11·6117
50	ϑ	$\frac{3}{2}\frac{5}{2}$	352	30 58	79 04·	69 26	77 19	30 20·	57 21	2·6656	4·4430	5·1812
51	B	$\frac{3}{2}\frac{17}{2}$	3·17·2	10 00·	86 16	"	86 12·	9 59	79 19·	"	15·105	15·339
52	C	$\frac{3}{20}\frac{1}{4}$	3·5·20	30 58	27 23·	14 55·	23 57·	13 41·	23 14	0·2666	0·4443	0·5181
53	D	$\frac{1}{4}\frac{11}{4}$	1·11·4	5 11·	78 29	23 57·	78 26	5 05·	77 23·	0·4443	4·8870	4·9070
54	s	$\frac{1}{19}\frac{5}{19}$	1·5·19	11 18·	25 30	5 20·	25 04	4 50·	24 58	0·0935	0·4677	0·4769

Andalusit.

Rhombisch.

$a = 0·9861$	$\lg a = 999392$	$\lg a_0 = 014727$	$\lg p_0 = 985273$	$a_0 = 1·4033$	$p_0 = 0·7124$
$c = 0·7025$	$\lg c = 984665$	$\lg b_0 = 015335$	$\lg q_0 = 984665$	$b_0 = 1·4235$	$q_0 = 0·7025$

No.	Buch-staben	Symb.	Miller	φ	ϱ	ξ_0	η_0	ξ	η	x (Prismen) (x : y)	y	d $=\mathrm{tg}\,\varrho$
1	c	0	001	—	0°00	0°00	0°00	0°00	0°00	0	0	0
2	a	0∞	010	0°00	90 00	"	90 00	"	90 00	"	∞	∞
3	b	∞0	100	90 00	"	90 00	0 00	90 00	0 00	∞	0	"
4	l	2∞	210	63 45·	"	"	90 00	63 45·	26 14·	2·0282	∞	"
5	i	$\frac{3}{2}$∞	320	56 41	"	"	"	56 41	33 19	1·5211·	"	"
6	m	∞	110	45 24	"	"	"	45 24	44 36	1·0141	"	"
7	n	∞2	120	26 53	"	"	"	26 53	63 07	0·5070·	"	"

No.	Buchstaben	Symb.	Miller	φ	ϱ	ξ_0	η_0	ξ	η	x (Prismen) (x : y)	y	d $= \operatorname{tg}\varrho$
8	t	$0\frac{1}{3}$	013	0° 00	13° 11	0° 00	13° 11	0° 00	13° 11	0	0·2342	0·2342
9	s	01	011	”	35 05·	”	35 05·	”	35 05·	”	0·7025	0·7025
10	v	$0\frac{5}{4}$	054	”	41 17	”	41 17	”	41 17	”	0·8781	0·8781
11	u	$0\frac{3}{2}$	032	”	46 30	”	46 30	”	46 30	”	1·0538	1·0538
12	τ	03	031	”	64 37	”	64 37	”	64 37	”	2·1075	2·1075
13	r	10	101	90 00	35 29	35 29	0 00	35 29	0 00	0·7124	0	0·7124
14	x	$\frac{1}{2}$	112	45 24	26 34·	19 36·	19 21	18 34·	18 18·	0·3562	0·3512·	0·5003
15	p	1	111	”	45 01	35 28	35 05·	30 14·	29 46·	0·7124	0·7025	1·0005
16	k	12	121	26 53	57 35·	”	54 33·	22 26·	48 51	”	1·4050	1·5753

Andorit.

Rhombisch.

a = 0·9776	lg a = 999016	lg a_0 = 005064	lg p_0 = 994936	a_0 = 1·1237	p_0 = 0.8899
c = 0·8700	lg c = 993952	lg b_0 = 006048	lg q_0 = 993952	b_0 = 1·1495	q_0 = 0·8700

No.	Buchstaben	Symb.	Miller	φ	ϱ	ξ_0	η_0	ξ	η	x (Prismen) (x : y)	y	d $= \operatorname{tg}\varrho$
1	b	0∞	010	0° 00	90° 00	0° 00	90° 00	0° 00	90° 00	0	∞	∞
2	a	$\infty 0$	100	90 00	0 00	90 00	0 00	90 00	0 00	∞	”	”
3	n	2∞	210	63 57	90 00	”	90 00	63 57	26 03	2·0458	”	”
4	t	$\frac{4}{3}\infty$	430	53 45	”	”	”	53 45	36 15	1·3639	”	”
5	m	∞	110	45 39	”	”	”	45 39	44 21	1·0229	”	”
6	l	$\infty\frac{3}{2}$	230	34 17·	”	”	”	34 17·	55 42·	0.6819	”	”
7	d	$\frac{1}{2}0$	102	90 00	23 59·	23 59.	0 00	23 59·	0 00	0·4450	0	0·4450
8	o	10	101	”	41 40	41 40	”	41 40	”	0·8899	”	0.8899
9	v	$\frac{3}{2}0$	302	”	53 09·	53 09·	”	53 09·	”	1·3352	”	1·3352
10	r	$1\frac{3}{4}$	434	53 45	47 49	41 40	33 07·	36 42	25 59	0·8899	0·6525	1·1035
11	s	$1\frac{3}{2}$	232	34 17·	57 40	”	52 32·	28 25·	44 16·	”	1·3050	1·5796
12	q	$\frac{3}{2}\frac{3}{4}$	634	63 57	56 03·	53 09·	33 07·	48 11·	21 22	1·3352	0.6525	1·5858

Anglesit.

Rhombisch.

a = 0·7852	lg a = 989498	lg a₀ = 978459	lg p₀ = 021541	a₀ = 0·6089	p₀ = 1·6421
c = 1·2894	lg c = 011039	lg b₀ = 988961	lg q₀ = 011039	b₀ = 0·7755	q₀ = 1·2894

No.	Buch-staben	Symb.	Miller	φ	ϱ	ξ_0	η_0	ξ	η	x (Prismen) (x : y)	y	d =tgϱ
1	c	0	001	—	0°00	0°00	0°00	0°00	0°00	0	0	0
2	a	0∞	010	0°00	90 00	"	90 00	"	90 00	"	∞	∞
3	b	$\infty0$	100	90 00	"	90 00	0 00	90 00	0 00	∞	0	"
4	M	4∞	410	78 53·	"	"	90 00	78 53·	11 06·	5·0943	∞	"
5	N	3∞	310	75 20	"	"	"	75 20	14 40	3·8206·	"	"
6	O	$\frac{5}{2}\infty$	520	72 34	"	"	"	72 34	17 26	3·1839·	"	"
7	λ	2∞	210	68 34	"	"	"	68 34	21 26	2·5471	"	"
8	P	$\frac{7}{4}\infty$	740	65 50	"	"	"	65 50	24 10	2·2287	"	"
9	i	$\frac{3}{2}\infty$	320	62 22	"	"	"	62 22	27 38	1·9103·	"	"
10	Q	$\frac{4}{3}\infty$	430	59 30·	"	"	"	59 30·	30 29·	1·6981	"	"
11	R	$\frac{10}{9}\infty$	10·9·0	54 45	"	"	"	54 45	35 15	1·4151	"	"
12	m	∞	110	51 51·	"	"	"	51 51·	38 08·	1·2736	"	"
13	S	$\infty\frac{10}{9}$	9·10·0	48 54	"	"	"	48 54	41 06	1·1462	"	"
14	T	$\infty\frac{8}{7}$	780	48 06	"	"	"	48 06	41 54	1·1143·	"	"
15	U	$\infty\frac{9}{7}$	790	44 43·	"	"	"	44 43·	45 16·	0·9905·	"	"
16	h	$\infty\frac{4}{3}$	340	43 41	"	"	"	43 41	46 19	0·9552	"	"
17	δ	$\infty\frac{3}{2}$	230	40 20	"	"	"	40 20	49 40	0·8490·	"	"
18	V	$\infty\frac{8}{5}$	580	38 31	"	"	"	38 31	51 29	0·7960	"	"
19	n	$\infty2$	120	32 29·	"	"	"	32 29·	57 30·	0·6368	"	"
20	$\varkappa$	$\infty3$	130	23 00	"	"	"	23 00	67 00	0·4245	"	"
21	W	$\infty\frac{7}{2}$	270	20 00	"	"	"	20 00	70 00	0·3639	"	"
22	A	$0\frac{1}{16}$	0·1·16	0 00	4 36·	0 00	4 36·	0 00	4 36·	0	0·0806	0·0806
23	α	$0\frac{1}{8}$	018	"	9 09·	"	9 09·	"	9 09·	"	0·1611·	0·1611·
24	j	$0\frac{2}{11}$	0·2·11	"	13 11·	"	13 11·	"	13 11·	"	0·2344·	0·2344
25	B	$0\frac{2}{9}$	029	"	15 59·	"	15 59·	"	15 59·	"	0·2865·	0·2865·
26	v	$0\frac{1}{3}$	013	"	23 15·	"	23 15·	"	23 15·	"	0·4298	0·4298
27	φ	$0\frac{1}{2}$	012	"	32 48·	"	32 48·	"	32 48·	"	0·6447	0·6447
28	x	$0\frac{3}{5}$	035	"	37 43·	"	37 43·	"	37 43·	"	0·7736·	0·7736·
29	o	$0\,1$	011	"	52 12	"	52 12	"	52 12	"	1·2894	1·2894
30	ϑ	$0\,2$	021	"	68 48·	"	68 48·	"	68 48·	"	2·5788	2·5788
31	β	$0\,3$	031	"	75 30·	"	75 30·	"	75 30·	"	3·8682	3·8682
32	k	$\frac{1}{24}0$	1·0·24	90 00	3 55	3 55	0 00	3 55	0 00	0·0684	0	0·0684
33	E	$\frac{1}{22}0$	1·0·22	"	4 16	4 16	"	4 16	"	0·0746·	"	0·0746

No.	Buchstaben	Symb.	Miller	φ	ϱ	ξ_0	η_0	ξ	η	x (Prismen) (x : y)	y	d $=\mathrm{tg}\,\varrho$
34	F	$\frac{1}{15}$O	1·0·15	90°00	6°15	6°15	0°00	6°15	0°00	0·1095	0	0·1095
35	G	$\frac{1}{8}$O	108	„	11 36	11 36	„	11 36	„	0·2052·	„	0·2052·
36	H	$\frac{2}{15}$O	2·0·15	„	12 21	12 21	„	12 21	„	0·2189·	„	0·2189·
37	I	$\frac{1}{7}$O	107	„	13 12	13 12	„	13 12	„	0·2346	„	0·2346
38	K	$\frac{1}{6}$O	106	„	15 18·	15 18·	„	15 18·	„	0·2737	„	0·2737
39	l	$\frac{1}{4}$O	104	„	22 19	22 19	„	22 19	„	0·4105·	„	0·4105·
40	e	$\frac{1}{3}$O	103	„	28 41·	28 41·	„	28 41·	„	0·5474	„	0·5474
41	d	$\frac{1}{2}$O	102	„	39 23·	39 23·	„	39 23·	„	0·8210·	„	0·8210·
42	Θ	$\frac{1}{6}$	116	51 51·	19 11	15 18·	12 07·	14 59	11 42·	0·2737	0·2149	0·3480
43	f	$\frac{1}{4}$	114	„	27 34	22 19	17 52	21 20·	16 36·	0·4105	0·3223·	0·5220
44	g	$\frac{1}{3}$	113	„	34 50	28 41·	23 15·	26 42	20 39·	0·5474	0·4298	0·6960
45	r	$\frac{1}{2}$	112	„	46 14	39 23·	32 48·	34 36·	26 29	0·8211	0·6447	1·0439
46	z	1	111	„	64 24·	58 39·	52 12	45 11	33 51	1·6418	1·2894	2·0878
47	τ	2	221	„	76 32	73 04	68 48·	49 54	36 55	3·2843	2·5788	4·1757
48	ξ	3	331	„	80 56	78 31·	75 30·	50 57·	37 34·	4·9264	3·8682	6·2636
49	Δ	4	441	„	83 10·	81 20·	79 01·	51 20·	37 49	6·5686	5·1576	8·3514
50	ν	1 $\frac{1}{2}$	212	68 34	60 27	58 39·	32 48·	54 04·	18 32	1·6418	0·6447	1·7642
51	t	12	121	32 29·	71 53·	„	68 48·	30 42	53 17·	„	2·5788	3·0572
52	ε	13	131	23 00	76 37	„	75 30·	22 20	63 34·	„	3·8682	4·2024
53	ξ̱	$\frac{1}{12}$I	1·12·12	6 03·	52 21·	7 47·	52 12	4 47·	51 56·	0·1368·	1·2894	1·2966
54	q	$\frac{1}{6}$I	166	11 59	52 49	15 18·	„	9 31·	51 12	0·2737	„	1·3181
55	π	$\frac{1}{5}$I	155	14 17·	53 04·	18 11	„	11 23	50 46·	0·3284	„	1·3306
56	χ	$\frac{1}{4}$I	144	17 40	53 32	22 19	„	14 07·	50 01·	0·4105·	„	1·3532
57	ψ	$\frac{1}{3}$I	133	23 00	54 29	28 42	„	18 32·	48 31	0·5474	„	1·4008
58	y	$\frac{1}{2}$I	122	32 29·	56 48·	39 23·	„	26 43	44 54	0·8211	„	1·5286
59	ι	$\frac{2}{3}$I	233	40 20	59 24·	47 35·	„	33 51·	41 00·	1·0948	„	1·6915
60	ω	$\frac{1}{2}\frac{1}{4}$	214	68 34	41 25	39 23·	17 52	38 00·	13 59·	0·8211	0·3223	0·8821
61	s	$\frac{1}{2}\frac{3}{2}$	132	23 00	64 33	„	62 39·	20 40	56 13	„	1·9341	2·1012
62	ζ	$\frac{1}{2}$2	142	17 39·	69 43·	„	68 48·	16 32	63 21·	„	2·5788	2·7064
63	J	$\frac{1}{20}\frac{1}{2}$	1·10·20	7 15·	33 01·	4 41·	32 48·	3 57	32 43·	„	0·6447	0·6499
64	μ	$\frac{1}{4}\frac{1}{2}$	124	32 29·	37 23·	22 19	„	19 02	30 49	0·4105·	„	0·7643
65	L	$\frac{1}{3}\frac{1}{2}$	236	40 20	40 13·	28 41·	„	24 42·	29 29·	0·5474	„	0·8457
66	p	$\frac{3}{4}\frac{1}{2}$	324	62 22	54 16	50 55·	„	45 59·	22 07	1·2316	„	1·3901
67	ϱ	$\frac{3}{2}$2	342	43 41	74 20	67 54·	68 48·	41 41	44 07·	2·4632	2·5788	3·5670
68	γ	$\frac{1}{3}\frac{2}{3}$	123	32 29·	45 32·	28 41·	40 41	22 32·	37 01	0·5474	0·8596	1·0191
69	a	$\frac{1}{3}\frac{4}{3}$	143	17 39·	61 00	„	59 49	15 23·	56 27	„	1·7192	1·8042
70	b	$\frac{1}{13}\frac{11}{13}$	1·11·13	6 36·	47 41	7 12	47 29·	4 52·	47 16	0·1263	1·0910·	1·0983
71	c	$\frac{1}{6}\frac{1}{3}$	126	32 29·	27 00	15 18·	23 15·	14 07	22 31	0·2737	0·4298	0·5095
72	ð	$\frac{5}{2}$3	562	46 42	79 57	76 18·	75 30·	45 46·	42 28·	4·1054	3·8682	5·6406
73	w	$\frac{1}{8}\frac{1}{4}$	128	32 29·	20 55	11 36	17 52	11 03·	17 31·	0·2052·	0·3223·	0·3822
74	e	4 $\frac{9}{2}$	892	48 32·	83 29·	81 20·	80 13·	48 07·	41 08	6·5686	5·8023	8·7644
75	f	$\frac{7}{2}$4	782	48 06	82 37·	80 08	79 01·	47 34·	41 29	5·7475	5·1576	7·7223

$No.$	Buch-staben	Symb.	Miller	φ	ϱ	ξ_0	η_0	ξ	η	x (Prismen) (x : y)	y	d $=\mathrm{tg}\,\varrho$
76	g	$5\frac{11}{2}$	10·11·2	49° 11	84° 44	83° 03·	81° 58·	48° 54	40° 36·	8·2107	7·0917	10·849
77	h	56	561	46 42	84 56	"	82 38	46 28	43 05	"	7·7364	11·281
78	i	$\frac{9}{2}5$	9·10·2	48 54	84 10·	82 17·	81 11	48 33·	40 51	7·3896	6·4470	9·8066
79	u	$\frac{1}{6}\frac{2}{3}$	146	17 39·	42 03·	15 18·	40 41	11 43·	39 39·	0·2737	0·8596	0.9021
80	k	67	671	47 30·	85 43	84 12·	83 40·	47 20	42 20·	9·8528	9·0258	13·362
81	m	$\frac{11}{2}6$	11·12·2	49 25	85 11·	83 41	82 38	49 11	40 24·	9·0317	7·7364	11·892
82	n	78	781	48 06	86 17·	85 01·	84 28	47 58	41 48	11·4955	10.3150	15·445
83	o	7·10	7·10·1	41 43	86 41	"	85 34	41 38	48 10·	"	12·8940	17·274
84	p	$\frac{1}{8}\frac{3}{4}$	168	11 59	44 40·	11 36	44 02·	8 23·	43 27	0.2052·	0·7681·	0·9886
85	q	8·10	8·10·1	45 32	86 53·	85 39	85 34	45 27	44 23	13·1370	12·8940	18·408
86	t	$\frac{4}{5}\frac{3}{5}$	435	59 30·	56 44·	52 43·	37 43·	46 06	25 06·	1·3137	0·7736·	1·5246
87	r	$\frac{2}{5}\frac{9}{5}$	295	15 48	67 29	33 18	66 41·	14 34	62 43·	0·6568	2·3209	2·4120
88	s	$\frac{7}{2}\frac{9}{2}$	792	38 57·	82 22	77 58	80 13·	38 33	50 25	4·6918	5·8023	7·4618

Anhydrit.

Rhombisch.

a $=$ 0·8932	lg a $=$ 995095	lg a₀ $=$ 995061	lg p₀ $=$ 004939	a₀ $=$ 0·8925	p₀ $=$ 1·1204
c $=$ 1·0008	lg c $=$ 000034	lg b₀ $=$ 999966	lg q₀ $=$ 000034	b₀ $=$ 0·9992	q₀ $=$ 1·0008

$No.$	Buch-staben	Symb.	Miller	φ	ϱ	ξ_0	η_0	ξ	η	x (Prismen) (x : y)	y	d $=\mathrm{tg}\,\varrho$
1	a	0·	001	—	0° 00	0° 00	0° 00	0° 00	0° 00	0	0	0
2	b	0∞	010	0° 00	90 00	"	90 00	"	90 00	"	∞	∞
3	c	∞0	100	90 00	"	90 00	0 00	90 00	0 00	∞	0	"
4	d	$0\frac{1}{2}$	012	0 00	26 35	0 00	26 35	0 00	26 35	0	0·5004	0·5004
5	?a	$0\frac{2}{3}$	023	"	33 42·	"	33 42·	"	33 42·	"	0·6672	0·6672
6	τ	$0\frac{4}{5}$	045	"	38 41	"	38 41	"	38 41	"	0·8006	0·8006
7	s	01	011	"	45 01·	"	45 01·	"	45 01·	"	1·0008	1·0008
8	μ	$0\frac{5}{3}$	053	"	59 03·	"	59 03·	"	59 03·	"	1·6680	1·6680
9	?ϱ	02	021	"	63 27	"	63 27	"	63 27	"	2·0016	2·0016
10	σ	03	·031	"	71 34·	"	71 34	"	71 34	"	3·0023	3·0023
11	w	$\frac{1}{5}0$	105	90 00	12 38	12 38	0 00	12 38	0 00	0·2241	0	0·2241
12	t	$\frac{1}{4}0$	104	"	15 39	15 39	"	15 39	"	0·2801	"	0·2801

No.	Buchstaben	Symb.	Miller	φ	ϱ	ξ_0	η_0	ξ	η	x (Prismen) (x : y)	y	d =tg ϱ
13	v	$\frac{1}{3}$O	103	90°00	20°29	20°29	0°00	20°29	0°00	0·3735	0	0·3735
14	e	$\frac{2}{5}$O	205	„	24 08·	24 08·	„	24 08·	„	0·4482	„	0·4482
15	u	$\frac{1}{2}$O	102	„	29 15·	29 15·	„	29 15·	„	0·5602	„	0·5602
16	β	$\frac{5}{9}$O	509	„	31 54	31 54	„	31 54	„	0·6224·	„	0·6224·
17	g	$\frac{3}{5}$O	305	„	33 54·	33 54·	„	33 54·	„	0·6722·	„	0·6722·
18	q	$\frac{2}{3}$O	203	„	36 45·	36 45·	„	36 45·	„	0·7469·	„	0·7469·
19	x	$\frac{3}{4}$O	304	„	40 02·	40 02·	„	40 02·	„	0·8403·	„	0·8403·
20	l	$\frac{4}{5}$O	405	„	41 52·	41 52·	„	41 52·	„	0·8963·	„	0·8963·
21	r	1O	101	„	48 15	48 15	„	48 15	„	1·1204·	„	1·1204·
22	k	$\frac{4}{3}$O	403	„	56 12	56 12	„	56 12	„	1·4939	„	1·4939
23	γ	$\frac{5}{3}$O	503	„	61 50	61 50	„	61 50	„	1·8674	„	1·8674
24	i	2O	201	„	65 57	65 57	„	65 57	„	2·2409	„	2·2409
25	h	$\frac{5}{2}$O	502	„	70 21	70 21	„	70 21	„	2·8012	„	2·8012
26	o	1	111	48 13·	56 21	48 15	45 01·	38 22·	33 41	1·1204	1·0008	1·5023
27	n	12	121	29 14·	66 27	„	63 27	26 36	53 07	„	2·0016	2·2938
28	f	13	131	20 28	72 40	„	71 34·	19 30	63 26	„	3·0024	3·2046

Annerödit.

Rhombisch.

a = 0·4037	lg a = 960606	lg a_0 = 004855	lg p_0 = 995145	a_0 = 1·1183	p_0 = 0·8942
c = 0·3610	lg c = 955751	lg b_0 = 044249	lg q_0 = 955751	b_0 = 2·7701	q_0 = 0·3610

No.	Buchstaben	Symb.	Miller	φ	ϱ	ξ_0	η_0	ξ	η	x (Prismen) (x : y)	y	d =tg ϱ
1	c	0	001	—	0°00	0°00	0°00	0°00	0°00	0	0	0
2	b	0∞	010	0°00	90 00	„	90 00	„	90 00	„	∞	∞
3	a	∞0	100	90 00	„	90 00	0 00	90 00	0 00	∞	0	„
4	g	∞	110	68 01	„	„	90 00	68 01	21 59	2·4770·	∞	„
5	m	∞3	130	39 33	„	„	„	39 33	50 27	0·8257	„	„
6	z	∞5	150	26 21·	„	„	„	26 21·	63 38·	0·4954	„	„
7	l	0$\frac{1}{2}$	012	0 00	10 14	0 00	10 14	0 00	10 14	0	0·1805	0·1805
8	k	01	011	„	19 51	„	19 51	„	19 51	„	0·3610	0·3610
9	e	20	201	90 00	60 47·	60 47·	0 00	60 47·	0 00	1·7884·	0	1·7884·
10	u	1	111	68 01	43 57·	41 48	19 51	40 04	15 03·	0·8942·	0·3610	0·9643
11	s	2	221	„	62 35·	60 47·	35 49·	55 24·	19 24·	1·7884·	0·7220	1·9287
12	β	12	121	51 05	48 58·	41 48	„	35 56·	28 17·	0·8942·	„	1·1493
13	o	13	131	39 33	54 33	41 48	47 17	31 14·	38 55	0·8942·	1·0830	1·4044
14	n	21	211	78 35·	61 16·	60 47·	19 51	59 16	9 59·	1.7884·	0·3610	1·8245

Antimon.

Hexagonal.   Rhomboedrisch-hemiedrisch.

$c = 1\cdot3236$	$\lg c = 012176$	$\lg a_0 = 011680$	$\lg p_0 = 994567$	$a_0 = 1\cdot3086$	$p_0 = 0\cdot8824$	(G_2)

No.	Buch-staben	Symb.	Bravais	φ	ϱ	ξ_0	η_0	ξ	η	x (Prismen) (x : y)	y	d $=\mathrm{tg}\,\varrho$
1	c	0	0001	—	0°00	0°00	0°00	0°00	0°00	0	0	0
2	b	∞	10$\bar1$0	0°00	90 00	"	90 00	"	90 00	"	∞	∞
3	r	$+1$	10$\bar1$1	30 00	56 48	37 23	52 56	24 44	46 26·	0·7642	1·3236	1·5284
4	z	$+\frac{1}{4}$	11$\bar2$4	"	20 54·	10 49	18 18·	10 17	18 00·	0·1910	0·3309	0·3821
5	e	$-\frac{1}{2}$	$\bar1\bar1$22	"	37 23	20 54·	33 30	17 40·	31 43·	0·3821	0·6618	0·7642
6	s	-2	$\bar2\bar2$41	"	71 53	56 48	69 18·	28 22·	55 24	1·5284	2·6472	3·0567
7	x	$-\frac{7}{8}\frac{1}{8}$	$\bar7\bar1$88	6 35	39 47	5 27·	39 36	4 12·	29 28·	0·0955	0·8273	0·8328

Antimonblende.

Rhombisch.

$a = 1\cdot3212·$	$\lg a = 012098$	$\lg a_0 = 018983$	$\lg p_0 = 981017$	$a_0 = 1\cdot5482$	$p_0 = 0\cdot6459$
$c = 0\cdot8534$	$\lg c = 993115$	$\lg b_0 = 006885$	$\lg q_0 = 993115$	$b_0 = 1\cdot1718$	$q_0 = 0\cdot8534$

No.	Buch-staben	Symb.	Miller	φ	ϱ	ξ_0	η_0	ξ	η	x (Prismen) (x : y)	y	d $=\mathrm{tg}\,\varrho$
1	p	∞0	100	90°00	90°00	90°00	0°00	90°00	0°00	∞	0	∞
2	δ	$\frac{1}{4}$0	104	"	9°10·	9 10·	"	9 10·	"	0·1615	"	0·1615
3	u	$\frac{1}{3}$0	103	"	12 09	12 09	"	12 09	"	0·2153	"	0·2153
4	s	$\frac{1}{2}$0	102	"	17 54	17 54	"	17 54	"	0·3229·	"	0·3229·
5	λ	$\frac{2}{3}$0	203	"	23 18	23 18	"	23 18	"	0·4306	"	0·4306
6	ω	$\frac{3}{4}$0	304	"	25 51	25 51	"	25 51	"	0·4844	"	0·4844
7	ϱ	$\frac{5}{3}$0	503	"	47 06·	47 06·	"	47 06·	"	1·0765	"	1·0765
8	o	20	201	"	52 15·	52 15·	"	52 15·	"	1·2918	"	1·2918
9	σ	$\frac{7}{3}$0	703	"	56 26	56 26	"	56 26	"	1·5071·	"	1·5071·
10	Σ	1	111	37 07	46 56·	32 51·	40 28·	26 10	35 38	0·6459	0·8534	1·0703
11	Θ	13	131	14 09·	69 15·	"	68 40	13 13·	65 03·	"	2·5602	2·6404
12	Δ	23	231	26 46·	70 46·	52 15·	"	25 10·	57 27·	1·2918	"	2·8675

Antimonglanz.

Rhombisch.

$a = 0\cdot9926$	$\lg a = 999677$	$\lg a_0 = 998906$	$\lg p_0 = 001094$	$a_0 = 0\cdot9751$	$p_0 = 1\cdot0253$
$c = 1\cdot0179$	$\lg c = 000771$	$\lg b_0 = 999229$	$\lg q_0 = 000771$	$b_0 = 0\cdot9824$	$q_0 = 1\cdot0179$

No.	Buchstaben	Symb.	Miller	φ	ϱ	ξ_0	η_0	ξ	η	x (Prismen) (x : y)	y	d $=\mathrm{tg}\,\varrho$
1	c	0	001	—	0°00	0°00	0°00	0°00	0°00	0	0	0
2	b	0∞	010	0°00	90 00	"	90 00	"	90 00	0	∞	∞
3	a	$\infty0$	100	90 00	"	90 00	0 00	90 00	0 00	∞	0	"
4	h	3∞	310	71 41·	90 00	"	90 00	71 41·	18 18·	3·0928	∞	"
5	n	2∞	210	63 36·	"	"	"	63 36·	26 23·	2·0149	"	"
6	ι	$\tfrac{3}{2}\infty$	320	56 30·	"	"	"	56 30·	33 29·	1·5000	"	"
7	k	$\tfrac{4}{3}\infty$	430	53 20	"	"	"	53 20	36 40	1·3433	"	"
8	m	∞	110	45 13	"	"	"	45 13	44 47	1·0075	"	"
9	ϰ	$\infty\tfrac{6}{5}$	560	40 01	"	"	"	40 01	49 59	0·8395·	"	"
10	r	$\infty\tfrac{4}{3}$	340	37 04·	"	"	"	37 04·	52 55·	0·7556	"	"
11	d	$\infty\tfrac{3}{2}$	230	33 53	"	"	"	33 53	56 07	0·6716·	"	"
12	l	$\infty\tfrac{5}{3}$	350	31 09	"	"	"	31 09	58 51	0·6185·	"	"
13	o	$\infty2$	120	26 44	"	"	"	26 44	63 16	0·5037·	"	"
14	χ	$\infty\tfrac{5}{2}$	250	21 57	"	"	"	21 57	68 03	0·4030	"	"
15	q	$\infty3$	130	18 34	"	"	"	18 34	71 26	0·3358	"	"
16	i	$\infty4$	140	14 08	"	"	"	14 08	75 52	0·2518·	"	"
17	t	$\infty5$	150	11 23·	"	"	"	11 23·	78 36·	0·2014·	"	"
18	ϑ	$\infty6$	160	9 06·	"	"	"	9 06·	80 53·	0·1679	"	"
19	Θ	$\infty7$	170	8 11·	"	"	"	8 11·	81 48·	0·1439	"	"
20	γ	$0\tfrac{1}{3}$	013	0 00	18 44·	0 00	18 44·	0 00	18 44·	c	0·3393	0·3393
21	x	$0\tfrac{1}{2}$	012	"	26 58·	"	26 58·	"	26 58·	"	0·5089·	0·5089·
22	N	$0\tfrac{2}{3}$	023	"	34 09·	"	34 09·	"	34 09·	"	0·6786	0·6786
23	u	01	011	"	45 30·	"	45 30·	"	45 30·	"	1·0179	1·0179
24	Q	$0\tfrac{4}{3}$	043	"	53 37	"	53 37	"	53 37	"	1·3572	1·3572
25	I	$0\tfrac{5}{3}$	053	"	59 59	"	59 59	"	59 59	"	1·6965	1·6965
26	Π	02	021	"	63 50·	"	63 50·	"	63 50·	"	2·0358	2·0358
27	j	03	031	"	71 52	"	71 52	"	71 52	"	3·0537	3·0537
28	Y	04	041	"	76 12	"	76 12	"	76 12	"	4·0716	4·0716
29	g	$0\tfrac{9}{2}$	092	"	77 41	"	77 41	"	77 41	"	4·5805·	4·5805·
30	R	$\tfrac{1}{6}0$	106	90 00	9 42	9 42	0 00	9 42	0 00	0·1709	0	0·1709
31	L	$\tfrac{1}{3}0$	103	"	18 52·	18 52·	"	18 52·	"	0·3418·	"	0·3418·
32	y	$\tfrac{1}{2}0$	102	"	27 09	27 09	"	27 09	"	0·5127·	"	0·5127·
33	Σ	$\tfrac{2}{3}0$	203	"	34 21·	34 21·	"	34 21·	"	0·6836·	"	0·6836·
34	z	10	101	"	45 43·	45 43·	"	45 43·	"	1·0255	"	1·0255
35	Φ	90	901	"	83 49	83 49	"	83 49	"	9·2296	"	9·2296
36	w	13	131	18 34	72 45·	45 43·	71 52	17 42	64 52·	1·0255	3·0537	3·2213

No.	Buch-staben	Symb.	Miller	φ	ϱ	ξ_0	η_0	ξ	η	x (Prismen) (x : y)	y	d =tgϱ
37	v	$1\,2$	121	26° 44	66° 19	45 43·	63° 50·	24° 20	54° 52	1·0255	2·0358	2·2795
38	η	$1\tfrac{5}{3}$	353	31 09	63 14	"	59 29	27 30·	49 49·	"	1·6965	1·9824
39	τ	$1\tfrac{4}{3}$	343	37 04·	59 33	"	53 37	31 18·	43 27·	"	1·3572	1·7011
40	β	$1\tfrac{7}{6}$	676	40 48·	57 29·	"	49 54	33 27	39 39·	"	1·1876	1·5691
41	p	1	111	45 13	55 19	"	45 30·	35 42·	35 24	"	1·0179	1·4449
42	ε	$1\tfrac{7}{8}$	878	49 01·	53 38·	"	41 41·	37 26·	31 52·	"	0·8907	1·3583
43	Z	$1\tfrac{5}{6}$	656	50 24	53 05	"	40 18·	38 01·	30 38	"	0·8482·	1·3309
44	a	$1\tfrac{3}{4}$	434	53 20	51 58	"	37 21·	39 11	28 03·	"	0·7634·	1·2785
45	Δ	$1\tfrac{2}{3}$	323	56 30·	50 53	"	34 09·	40 19	25 21	"	0·6786	1·2297
46	λ	$1\tfrac{1}{3}$	313	71 41·	47 12·	"	18 44·	44 09·	13 19·	"	0·3393	1·0802
47	ξ	3	331	45 13	77 00·	71 59·	71 52	43 45	43 21	3·0765	3·0537	4·3347
48	η	$\tfrac{9}{10}$	9·9·10	"	52 26·	42 42·	42 29·	34 14	33 57	0·9229·	0·9161	1·3004
49	ʒ	$\tfrac{4}{5}$	445	"	49 08	39 22	39 09·	32 28	32 11·	0·8204	0·8143	1·1559
50	ζ	$\tfrac{2}{3}$	223	"	43 55·	34 21·	34 09·	29 30	29 15·	0·6836·	0·6786	0·9633
51	π	$\tfrac{1}{2}$	112	"	35 51	27 09	26 58·	24 33·	24 22	0·5127·	0·5089·	0·7225
52	s	$\tfrac{1}{3}$	113	"	25 43	18 52·	18 44·	17 56	17 48	0·3418·	0·3393	0·4816
53	v	$\tfrac{2}{7}$	227	"	22 26	16 20	16 13	15 43	15 35·	0·2930	0·2908·	0·4128
54	f	$\tfrac{5}{19}$	5·5·19	"	20 49	15 06	14 59·	14 36·	14 30	0·2698·	0·2678·	0·3802
55	μ	$\tfrac{1}{4}$	114	"	19 51·	14 23	14 16·	13 57	13 51	0·2563·	0·2544·	0·3612
56	𝔤	$\tfrac{3}{13}$	3·3·13	"	18 26·	13 19	13 13	12 58·	12 52·	0·2366·	0·2349	0·3334
57	𝔥	$\tfrac{3}{17}$	3·3·17	"	14 18·	10 15·	10 11	10 06	10 01·	0·1809·	0·1796·	0·2550
58	G	$\tfrac{1}{4}\,1$	144	14 08	46 23·	14 23	45 30·	10 11	44 36	0·2563·	1·0179	1·0497
59	t	$\tfrac{1}{3}\,1$	133	18 34	47 02·	18 52·	"	13 28·	43 55·	0·3418·	"	1·0738
60	‾H	$\tfrac{2}{5}\,1$	255	21 57	47 39·	22 18	"	16 02·	43 17	0·4102	"	1·0975
61	K	$\tfrac{2}{3}\,1$	233	33 53	50 48	34 21·	..	25 36	40 02·	0·6836·	"	1·2262
62	u	$2\,1$	211	63 36·	66 24·	64 00·	"	55 10·	24 02·	2·0510	"	2·2897
63	σ	$\tfrac{2}{3}\,3$	213	"	37 21	34 21·	18 44·	32 55	15 39	0·6836·	0·3393	0·7632
64	f	$\tfrac{1}{2}\tfrac{1}{4}$	214	"	29 47·	27 09	14 16·	26 25·	12 45	0·5127·	0·2544·	0·5724
65	A	$3\,6$	361	26 44	81 41	71 59·	80 42	26 26	62 05·	3·0765	6·1074	6·8387
66	m	$\tfrac{5}{3}\tfrac{10}{3}$	5·10·3	"	75 15	59 40	73 35	25 47·	59 44	1·7092	3·3931	3·7992
67	n	$\tfrac{2}{3}\tfrac{4}{3}$	243	"	56 39	34 21·	53 37	22 04·	48 15	0·6836·	1·3572	1·5197
68	e	$\tfrac{1}{3}\tfrac{2}{3}$	123	"	37 13·	18 52·	34 09·	15 47·	32 42	0·3418·	0·6786	0·7598
69	ℓ	$\tfrac{2}{3}\,2$	263	18 34	65 02	34 21·	63 50·	16 46·	59 15	0·6836·	2·0358	2·1476
70	T	$5\,2$	521	68 20·	79 43·	78 58	"	66 08·	21 17·	5·1276	"	5·5169
71	ð	$\tfrac{2}{3}\tfrac{2}{9}$	629	71 41·	35 45·	34 21·	12 45	33 42	10 34·	0·6836·	0·2262	0·7201
72	M	$\tfrac{4}{3}\tfrac{1}{3}$	413	76 04	54 38	53 49	18 44·	52 19·	11 19·	1·3673·	0·3393	1·4088
73	V	$\tfrac{10}{9}\tfrac{10}{3}$	10·30·9	18 34	74 23·	48 44	73 35	17 51·	65 55·	1·1395	3·3931	3·5793
74	X	$4\,3$	431	53 20	78 56	76 18	71 52	51 55·	35 52·	4·1020	3·0537	5·1139
75	Ψ	$\tfrac{8}{9}\tfrac{2}{9}$	829	76 04	43 12·	42 21	12 45	41 38·	9 29·	0·9116	0·2262	0·9392
76	e	$\tfrac{2}{3}\tfrac{8}{3}$	283	14 08	70 20·	34 21·	69 46·	13 18	65 57	0·6836·	2·7144	2·7992
77	φ	$\tfrac{1}{3}\tfrac{4}{3}$	143	"	54 27·	18 52·	53 37	11 27·	52 05·	0·3418·	1·3572	1·3996
78	ψ	$\tfrac{1}{6}\tfrac{2}{3}$	146	"	34 59	9 42	34 09·	8 03	33 46·	0·1709	0·6786	0·6998

No.	Buchstaben	Symb.	Miller	φ	ϱ	ξ_0	η_0	ξ	η	x (Prismen) (x : y)	y	d = tg ϱ
79	i	$\frac{2}{3}$4	2·12·3	9°32	76°23	34°21·	76°12	9°15·	73°26	0·6836·	4·0716	4·1287
80	ϱ	$\frac{1}{3}\frac{5}{3}$	153	11 32·	59 59	18 52·	59 29	9 51	58 05	0·3418·	1·6965	1·7306
81	E	$\frac{10}{3}$5	10·15·3	33 53	80 44	73 41·	78 53	33 23	55 01	3·4184	5·0895	6·1310
82	Γ	$\frac{1}{2}\frac{2}{3}$	346	37 04·	40 23	27 09	34 09·	22 59·	31 07·	0·5127·	0·6786	0·8506
83	ω	$\frac{5}{3}\frac{2}{3}$	523	68 21	61 28	59 40	,,	54 44	18 55	1·7092	,,	1·8390
84	W	$\frac{20}{9}\frac{10}{3}$	20·30·9	33 53	76 15	66 18·	73 35	32 47·	53 44·	2·2790	3·3930	4·0874
85	D	5$\frac{20}{3}$	15·20·3	37 04·	83 17·	78 58	81 37	36 46·	52 24·	5·1275·	6·7862	8·5066
86	δ	$\frac{1}{3}\frac{3}{12}$	4·5·12	38 52	28 34·	18 52·	22 59	17 28	21 52	0·3418·	0·4241·	0·5447
87	a	3$\frac{10}{3}$	9·10·3	42 12	77 41	71 59·	73 35	41 01	46 22	3·0765	3·3930	4·5801
88	b	$\frac{2}{3}\frac{5}{3}$	253	21 57	61 20	34 21·	59 29	19 08·	54 28	0·6836·	1·6965	1·8291
89	c	$\frac{2}{3}\frac{7}{3}$	273	16 03·	67 58·	,,	67 10	14 51·	62 58·	,,	2·3751·	2·4715
90	Ω	$\frac{5}{3}\frac{8}{3}$	583	32 12	72 41	59 40	69 46·	30 34·	53 53·	1·7092	2·7144	3·2077
91	Ξ	$\frac{5}{3}\frac{11}{3}$	5·11·3	24 36·	76 18·	,,	75 00	23 51·	62 03	,,	3·7323	4·1051
92	?F	$\frac{7}{3}$4	7·12·3	30 26·	78 02·	67 19	76 12	29 43	57 30	2·3929	4·0716	4·7227

Antimonsilber.

Rhombisch.

a = 0·5775	lg a = 976155	lg a$_0$ = 993431	lg p$_0$ = 006569	a$_0$ = 0·8596	p$_0$ = 1·1633
c = 0·6718	lg c = 982724	lg b$_0$ = 017276	lg q$_0$ = 982724	b$_0$ = 1·4886	q$_0$ = 0·6718

No.	Buchstaben	Symb.	Miller	φ	ϱ	ξ_0	η_0	ξ	η	x (Prismen) (x : y)	y	d = tg ϱ
1	c	0	001	—	0°00	0°00	0°00	0°00	0°00	0	0	0
2	a	0∞	010	0°00	90 00	,,	90 00	,,	90 00	,,	∞	∞
3	b	∞0	100	90 00	,,	90 00	0 00	90 00	0 00	∞	0	,,
4	m	∞	110	59 59	,,	,,	90 00	59 59	30 01	1·7316	∞	,,
5	n	∞2	120	40 53	,,	,,	,,	40 53	49 07	0·8658	,,	,,
6	q	∞3	130	29 59·	,,	,,	,,	29 59·	60 00·	0·5772	,,	,,
7	r	∞5	150	19 06	,,	,,	,,	19 06	70 54	0·3463	,,	,,
8	e	01	011	0 00	33 53·	0 00	33 53·	0 00	33 53·	0	0·6718	0·6718
9	p	02	021	,,	53 20·	,,	53 20·	,,	53 20·	,,	1·3436	1·3436
10	d	10	101	90 00	49 19	49 19	0 00	49 19	0 00	1·1633	0	1·1633
11	z	$\frac{1}{2}$	112	59 59·	33 53·	30 11	18 34	28 52·	16 11·	0·5816·	0·3359	0·6717
12	y	1	111	,,	53 20	33 53·	49 19	44 00	23 39	1·1633	0·6718	1·3433
13	x	$\frac{3}{2}$	332	,,	63 36·	60 11	45 13	50 52	26 37	1·7449	1·0077	2·0150
14	s	$\frac{1}{3}$1	133	29 59·	37 48	21 11·	33 53·	17 50·	32 03·	0·3877·	0·6718	0·7757

Apatit.

Hexagonal.   Pyramidal-hemiedrisch.

$c = 1\cdot2708$	$\lg c = 010408$	$\lg a_0 = 013448$	$\lg p_0 = 992799$	$a_0 = 1\cdot3629$	$p_0 = 0\cdot8472$	(G_1)

No.	Buchstaben	Symb.	Bravais	φ	ϱ	ξ_0	η_0	ξ	η	x (Prismen) (x : y)	y	d $=$ tg ϱ
1	c	0	0001	—	0°00	0°00	0°00	0°00	0°00	0	0	0
2	a	∞	$10\bar{1}0$	0°00	90 00	"	90 00	"	90 00	"	∞	∞
3	b	∞	$11\bar{2}0$	30 00	"	90 00	"	30 00	60 00	0·5773	"	"
4	h	2∞	$21\bar{3}0$	19 06·	"	"	"	19 06·	70 53·	0·3464	"	"
5	k	4∞	$41\bar{5}0$	10 53·	"	"	"	10 53·	79 06·	0·1924	"	"
6	τ	$\frac{1}{6}0$	$10\bar{1}6$	0 00	8 02	0 00	8 02	0 00	8 02	0	0·1412	0·1412
7	σ	$\frac{1}{3}0$	$10\bar{1}3$	"	15 46	"	15 46	"	15 46	"	0·2824	0·2824
8	ζ	$\frac{5}{12}0$	$5\cdot0\cdot\bar{5}\cdot12$	"	19 26·	"	19 26·	"	19 26·	"	0·3530	0·3530
9	r	$\frac{1}{2}0$	$10\bar{1}2$	"	22 57·	"	22 57·	"	22 57·	"	0·4236	0·4236
10	η	$\frac{3}{5}0$	$30\bar{3}5$	"	26 56·	"	26 56·	"	26 56·	"	0·5083	0·5083
11	ε	$\frac{3}{4}0$	$30\bar{3}4$	"	32 26	"	32 26	"	32 26	"	0·6354	0·6354
12	x	10	$10\bar{1}1$	"	40 16·	"	40 16·	"	40 16·	"	0·8472	0·8472
13	a	$\frac{3}{2}0$	$30\bar{3}2$	"	51 48	"	51 48	"	51 48	"	1·2708	1·2708
14	y	20	$20\bar{2}1$	"	59 27	"	59 27	"	59 27	"	1·6944	1·6944
15	w	$\frac{7}{3}0$	$70\bar{7}3$	"	63 10	"	63 10	"	63 10	"	1·9768	1·9768
16	z	30	$30\bar{3}1$	"	68 31·	"	68 31·	"	68 31·	"	2·5416	2·5416
17	π	40	$40\bar{4}1$	"	73 33·	"	73 33·	"	73 33·	"	3·3888	3·3888
18	χ	$\frac{1}{12}$	$1\cdot1\cdot\bar{2}\cdot12$	30 00	6 58·	3 30	6 02·	3 29	6 02	0·0611	0·1059	0·1223
19	φ	$\frac{1}{6}$	$11\bar{2}6$	"	13 44·	6 58·	11 57·	6 49·	11 52·	0·1223	0·2118	0·2446
20	ω	$\frac{1}{4}$	$11\bar{2}4$	"	20 09	10 23·	17 37·	9 55	17 21	0·1834	0·3177	0·3668
21	v	$\frac{1}{2}$	$11\bar{2}2$	"	36 16	20 09	32 26	17 12·	30 49	0·3668	0·6354	0·7337
22	s	1	$11\bar{2}1$	"	55 43·	36 16	51 48	24 24·	45 42	0·7337	1·2708	1·4674
23	d	2	$22\bar{4}1$	"	71 11	55 43·	68 32·	28 15	55 03·	1·4674	2·5416	2·9348
24	i	$1\frac{1}{2}$	$21\bar{3}2$	19 06·	48 15·	20 09	46 38·	14 08	44 50	0·3668	1·0590	1·1207
25	m	21	$21\bar{3}1$	"	65 57·	36 16	64 43·	17 23·	59 39	0·7337	2·1180	2·2415
26	ψ	$\frac{7}{3}1$	$7\cdot3\cdot\bar{10}\cdot3$	17 00	68 16·	"	67 23	15 45·	62 40·	"	2·4004	2·5101
27	n	31	$31\bar{4}1$	13 54	71 52·	"	71 22	13 11·	67 18	"	2·9653	3·0547
28	ϱ	41	$41\bar{5}1$	10 53·	75 33·	"	75 18	10 32·	71 58·	"	3·8124	3·8824
29	o	$\frac{3}{2}\frac{1}{2}$	$31\bar{4}2$	13 54	56 47	20 08·	56 00	11 35·	54 18·	0·3668	1·4826	1·5274
30	q	43	$43\bar{7}1$	25 17.	79 01	65 34	77 53	24 47·	62 34	2·2011	4·6596	5·1535

Apophyllit.

Tetragonal.

$\left.\begin{matrix} c \\ p_0 \end{matrix}\right\}$ = 1·2515	lg c = 009743	lg a_0 = 990257	a_0 = 0·7990

No.	Buch-staben	Symb.	Miller	φ	ϱ	ξ_0	η_0	ξ	η	x (Prismen) (x : y)	y	d =tgϱ
1	c	O	001	—	0°00	0°00	0°00	0°00	0°00	O	O	O
2	a	O∞	010	0°00	90 00	"	90 00	"	90 00	"	∞	∞
3	m	∞	110	45 00	"	90 00	"	45 00	45 00	1·0000	"	"
4	r	∞2	120	26 34	"	"	"	26 34	63 26	0·5000	"	"
5	y	∞3	130	18 26	"	"	"	18 26	71 34	0·3333	"	"
6	f	$0\frac{1}{8}$	018	0 00	8 53·	0 00	8 53·	0 00	8 53·	O	0·1564	0·1564
7	e	$0\frac{1}{6}$	016	"	11 47	"	11 47	"	11 47	"	0·2085	0·2085
8	v	$0\frac{1}{5}$	015.	"	14 03	"	14 03	"	14 03	"	0·2503	0·2503
9	s	$0\frac{1}{2}$	012	"	32 02	"	32 02	"	32 02	"	0·6257	0·6257
10	i	0I	011	"	51 22·	"	51 22·	"	51 22·	"	1·2515	1·2515
11	x	$\frac{1}{10}$	1·1·10	45 00	10 02	7 08	7 08	7 04·	7 04·	0·1251	0·1251	0·1770
12	d	$\frac{1}{5}$	115	"	19 29·	14 03	14 03	13 39	13 39	0·2503	0·2503	0·3540
13	φ	$\frac{2}{7}$	227	"	26 49·	19 40·	19 40·	18 36·	18 36·	0·3575	0·3575	0·5057
14	z	$\frac{1}{3}$	113	"	30 32·	22 38·	22 38·	21 03·	21 03·	0·4171	0·4171	0·5900
15	χ	$\frac{2}{3}$	223	"	49 43	39 50·	39 50·	32 38·	32 38·	0·8343	0·8343	1·1799
16	p	I	111	"	60 32	51 22·	51 22·	38 00	38 00	1·2515	1·2515	1·7699
17	τ	$1\frac{5}{3}$	353	30 58	67 39	"	64 23	28 25	52 28·	"	2·0858	2·4325
18	σ	12	121	26 34	70 20	"	68 13·	24 54·	57 23	"	2·5030	2·7984
19	α	13	131	18 26	75 49	"	75 05	17 51·	66 53·	"	3·7545	3·9575
20	ϱ	26	261	"	82 48	68 13·	82 25	18 17	70 15·	2·5030	7·5090	7·9152

Aragonit.

Rhombisch.

a = 0·6224	lg a = 979407	lg a_0 = 993638	lg p_0 = 006362	a_0 = 0·8637	p_0 = 1·1578
c = 0·7206	lg c = 985769	lg b_0 = 014231	lg q_0 = 985769	b_0 = 1·3877	q_0 = 0·7206

No.	Buch-staben	Symb.	Miller	φ	ϱ	ξ_0	η_0	ξ	η	x (Prismen) (x : y)	y	d =tgϱ
1	c	O	001	—	0°00	0°00	0°00	0°00	0°00	O	O	O
2	a	O∞	010	0°00	90 00	"	90 00	"	90 00	"	∞	∞
3	b	∞O	100	90 00	"	90 00	0 00	90 00	0 00	∞	O	"

No.	Buch-staben	Symb.	Miller	φ	ϱ	ξ_0	η_0	ξ	η	x (Prismen) (x : y)	y	d $=$tgϱ
4	m	∞	110	58°06	90°00	90°00	90°00	58°06	31°54	1·6067	∞	∞
5	a	$0\frac{1}{3}$	013	0 00	13 30·	0 00	13 30·	0 00	13 30·	0	0·2402	0·2402
6	x	$0\frac{1}{2}$	012	"	19 49	"	19 49	"	19 49	"	0·3603	0·3603
7	k	01	011	"	.35 46·	"	35 46·	"	35 46·	"	0·7206	0·7206
8	$\varkappa$	$0\frac{4}{3}$	043	"	43 51·	"	43 51·	"	43 51·	"	0·9608	0·9608
9	l	$0\frac{3}{2}$	032	"	47 13·	"	47 13·	"	47 13·	"	1·0809	1·0809
10	i	02	021	"	55 14·	"	55 14·	"	55 14.	"	1·4412	1·4412
11	v	03	031	"	65 10·	"	65 10·	"	65 10·	"	2·1617	2·1617
12	h	04	041	"	70 52	"	70 52	"	70 52	"	2·8824	2·8824
13	?A	$0\frac{13}{3}$	0·13·3	"	72 14·	"	72 14·	"	72 14·	"	3·1226	3·1226
14	e	05	051	"	74 29·	"	74 29·	"	74 29·	"	3·6030	3·6030
15	q	06	061	"	76 58·	"	76 58·	"	76 58·	"	4·3235	4·3235
16	β	$0\frac{13}{2}$	0·13·2	"	77 57	"	77 57	"	77 57	"	4·6838	4·6838
17	χ	07	071	"	78 47	"	78 47	"	78 47	"	5·0441	5·0441
18	ν	08	081	"	80 09·	"	80 09·	"	80 09·	"	5·7647·	5·7647
19	λ	09	091	"	81 14	"	81 14	"	81 14	"	6·4853	6·4853
20	j	0·12	0·12·1	"	83 24	"	83 24	"	83 24	"	8·6470	8·6470
21	ε	0·13	0·13·1	"	83 54·	"	83 54·	"	83 54·	"	9·3676	9·3676
22	ϑ	0·14	0·14·1	"	84 20·	"	84 20·	"	84 20·	"	10·088	10·088
23	μ	0·16	0·16·1	"	85 02·	"	85 02·	"	85 02·	"	11·529	11·529
24	ϱ	0·20	0·20·1	"	86 02	"	86 02	"	86 02	"	14·412	14·412
25	η	0·24	0·24·1	"	86 41·	"	86 41·	"	86 41·	"	17·294	17·294
26	d	$\frac{1}{2}$0	102	90 00	30 04	30 04	0 00	30 04	0 00	0·5789	0	0·5789
27	g	$\frac{3}{4}$0	304	"	40 58	40 58	"	40 58	"	0·8683	"	0·8683
28	u	10	101	"	49 11	49 11	"	49 11	"	1·1578	"	1·1578
29	f	20	201	"	66 38·	66 38·	"	66 38·	"	2·3155	"	2·3155
30	$\varDelta$	15	151	17 49	75 12	49 11	74 29·	17 12·	66 59·	1·1578	3·6030	3·7843
31	s	12	121	38 46·	61 35·	"	55 14·	33 25·	43 17·	"	1·4412	1·8486
32	p	I	111	58 06	53 45	"	35 46·	43 12·	25 13·	"	0 7206	1·3637
33	π	24·24	24·24·1	"	88 15	87 56·	86 41·	58 03·	31 53	27·786	17·294	32·725
34	δ	14·14	14·14·1	"	87 00	86 28	84 20·	57 58·	31 51	16·209	10·088·	19·092
35	Θ	10·10	10·10·1	"	85 48·	85 04	82 06	57 51·	31 48	11·578	7·2060	13·634
36	σ	9	991	"	85 20·	84 31	81 14	57 48	31 47	10·420	6·4853	12·273
37	γ	8	881	"	84 46	83 50·	80 09·	57 43	31 45	9·2622	5·7647	10·909
38	ψ	7	771	"	84 01	82 58	78 47	57 36	31 42	8·1044	5·0441	9·5460
39	ω	$\frac{13}{2}$	13·13·2	"	83 34	82 26	77 57	57 31·	31 40·	7·5254	4·6838	8·8640
40	ι	6	661	"	83 02	81 48·	76 58·	57 25·	31 38	6·9466	4·3235	8·1822
41	ζ	4	441	"	79 37	77 49	70 52	56 37·	31 19	4·6311	2·8824	5·4548
42	B	$\frac{3}{2}$	332	"	63 57	60 04	47 13·	49 42·	28 20·	1·7366	1·0809	2·0455
43	o	$\frac{1}{2}$	112	"	34 17·	30 04	19 49	28 34·	17 19	0·5789	0·3603	0·6819
44	n	$\frac{1}{2}$1	122	38 45·	42 45	"	35 46·	25 09·	31 57	"	0·7206	0·9243
45	Σ	$\frac{3}{2}$3	362	"	70 10	60 04	65 10·	36 06	47 10	1·7366·	2·1617	2·7730

No.	Buchstaben	Symb.	Miller	φ	ϱ	ξ_0	η_0	ξ	η	x (Prismen) (x : y)	y	d $=\mathrm{tg}\,\varrho$
46	t	$\frac{2}{3}\frac{4}{3}$	243	38° 45·	50° 56·	37° 40	43° 51·	29° 06	37° 15·	0·7718·	0·9608	1·2324
47	r	$\frac{1}{3}\frac{2}{3}$	123	„	31 38·	21 06	25 39·	19 11	24 08·	0·3859	0·4804	0.6162
48	τ	$\frac{1}{4}\frac{1}{2}$	124	„	24 48	16 08·	19 49	15 14	19 05·	0·2894·	0·3603	0·4622
49	H	$\frac{1}{5}\frac{2}{5}$	125	„	20 17·	13 02	16 05	12 32·	15 41	0·2315·	0·2882	0·3697
50	ξ	$\frac{1}{6}\frac{1}{3}$	126	„	17 07·	10 55·	13 30·	10 37·	13 16	0·1929·	0·2402	0·3081
51	φ	$\frac{4}{5}\frac{2}{5}$	425	72 43	44 07·	42 48·	16 05	41 40	11 56·	0·9262	0·2882	0·9700
52	y	$\frac{2}{5}\frac{1}{5}$	215	„	52 25·	24 51	8 12	24 37·	7 27	0·4631	0·1441	0·4850
53	E	$\frac{1}{2}\frac{3}{2}$	132	28 10·	50 48	30 04	47 13·	21 27·	43 05·	0·5789	1·0808·	1·2261
54	Γ	$\frac{1}{8}\frac{5}{8}$	158	17 49	25 19	8 14	24 15	7 31	24 01·	0·1447	0·4503	0·4731
55	Y	$\frac{9}{2}6$	9·12·2	50 18·	81 36	79 08	76 58·	49 34·	39 11	5·2099	4·3234	6·7703
56	$\varLambda$	$\frac{12}{5}\frac{17}{5}$	12·17·5	48 35·	74 53·	70 12·	67 48	46 24	39 40·	2·7786	2·4500	3·7045
57	z	$\frac{25}{2}\frac{27}{2}$	25·27·2	56 05·	86 43	86 03	84 08	55 57	33 51	14·472	9·7280	17·438
58	w	$\frac{25}{24}\frac{9}{8}$	25·27·24	„	55 28	50 20	39 03	43 08	27 21⁻	1·2060	0·8106	1·4531
59	Φ	56	561	53 14·	82 07	80 12	76 58·	52 31·	36 21	5·7888	4·3234	7·2252

Ardennit.

Rhombisch.

a = 0·4663	lg a = 966867	lg a_0 = 017243	lg p_0 = 982757	a_0 = 1·4874	p_0 = 0·6723
c = 0·3135	lg c = 949624	lg b_0 = 050376	lg q_0 = 949624	b_0 = 3·1898	q_0 = 0·3135

No.	Buchstaben	Symb.	Miller	φ	ϱ	ξ_0	η_0	ξ	η	x (Prismen) (x : y)	y	d $=\mathrm{tg}\,\varrho$
1	b	0∞	010	0° 00	90° 00	0° 00	90° 00	0° 00	90° 00	0	∞	∞
2	a	$\infty 0$	100	90 00	„	90 00	0 00	90 00	0 00	∞	0	„
3	n	$\frac{3}{2}\infty$	320	72 44	„	„	90 00	72 44	17 16	3·2168	∞	„
4	m	∞	110	65 00	„	„	„	65 00	25 00	2·1445	„	„
5	l	$\infty 2$	120	47 00	„	„	„	47 00	43 00	1·0722·	„	„
6	e	10	101	90 00	33 55	33 55	0 00	33 55	0 00	0·6723	0	0·6723
7	o	1	111	65 00	36 34	„	17 24·	32 41	14 35	„	0·3135	0·7418
8	u	$1\frac{2}{3}$	323	72 44	35 09	„	11 48·	33 21	9 50	„	0·2090	0·7041

Argyrodit.

Regulär.

No.	Buchstaben	Symb.	Miller	φ	ϱ	ξ_0	η_0	ξ	η	x (Prismen) (x : y)	y	d =tg ϱ
1	d	{ 01	011	0°00	45°00	0°00	45°00	0°00	45°00	0	1·0000	1·0000
		∞	110	45 00	90 00	90 00	90 00	45 00	„	1·0000	∞	∞
2	?m	{ $\frac{1}{3}$	113	„	25 14·	18 26	18 26	17 33	17 33	0·3333	0·3333	0·4714
		13	131	18 26	72 27	45 00	71 34	„	64 45·	1·0000	3·0000	3·1623
3	p	1	111	45 00	54 44	„	45 00	35 16	35 16	„	1·0000	1·4142

Arksutit.

Tetragonal.

$\left.\begin{array}{c}c\\p_0\end{array}\right\}$ = 1·015	lg c = 000647	lg a$_0$ = 999353	a$_0$ = 0·9852

No.	Buchstaben	Symb.	Miller	φ	ϱ	ξ_0	η_0	ξ	η	x (Prismen) (x : y)	y	d =tg ϱ
1	p	1	111	45°00	55°08	45°25·	45°25·	35°28	35°28	1·0150	1·0150	1·4354

Arsen.

Hexagonal.   Rhomboedrisch - hemiedrisch.

c = 1·4013	lg c = 014653	lg a$_0$ = 009203	lg p$_0$ = 997044	a$_0$ = 1·2360	p$_0$ = 0·9342	(G$_2$)

No.	Buchstaben	Symb.	Bravais	φ	ϱ	ξ_0	η_0	ξ	η	x (Prismen) (x : y)	y	d =tg ϱ
1	c	0	0001	—	0°00	0°00	0°00	0°00	0°00	0	0	0
2	r	+1	$11\bar{2}1$	30°00	58 17	38 58·	54 29	25 10·	47 27	0·8090	1·4013	1·6181
3	z	+$\frac{1}{4}$	$11\bar{2}4$	„	22 01·	11 26	19 18·	10 48·	18 57	0·2023	0·3503	0·4045
4	e	−$\frac{1}{2}$	$1\bar{1}22$	„	38 58·	22 01·	35 01	18 20	33 00·	0·4045	0·7006	0·8090
5	h	−$\frac{3}{2}$	$\bar{3}\bar{3}62$	„	67 36·	50 30·	64 33·	27 32	53 12	1·2136	2·1020	2·4271

Arsenit.

Regulär.

No.	Buchstaben	Symb.	Miller	φ	ϱ	ξ_0	η_0	ξ	η	x (Prism n) (x : y)	y	d =tg ϱ
1	p	1	111	45°00	54°44	45°00	45°00	35°16	35°16	1·0000	1·0000	1·4142

Arsenkies.

Rhombisch.

a = 0·6802	lg a = 983264	lg a₀ = 975654	lg p₀ = 024346	a₀ = 0·5709	p₀ = 1·7517
c = 1·1915	lg c = 007610	lg b₀ = 992390	lg q₀ = 007610	b₀ = 0·8393	q₀ = 1·1915

No.	Buch-staben	Symb.	Miller	φ	ϱ	ξ_0	η_0	ξ	η	x (Prismen) (x:y)	y	d = tg ϱ
1	c	o	001	—	0°00	0°00	0°00	0°00	0°00	0	0	0
2	a	o∞	010	0°	90 00	"	90 00	"	90 00	"	∞	∞
3	b	∞0	100	90 00	"	90 00	0 00	90 00	0 00	∞	0	"
4	m	∞	110	55 46·	"	"	90 00	55 46·	34 13·	1·4701·	∞	"
5	μ	∞⁴⁄₃	340	47 47·	"	"	"	47 47·	42 12·	1·1026	"	"
6	ν	∞⁷⁄₃	370	32 13	"	"	"	32 13	57 47	0·6300·	"	"
7	w	0 1⁄16	0·1·16	0 00	4 15·	0 00	4 15·	0 00	4 15·	0	0·0744·	0·0744·
8	y	0 1⁄8	018	"	8 28	"	8 28	"	8 28	"	0·1489·	0·1489·
9	β	0 1⁄6	016	"	11 14	"	11 14	"	11 14	"	0·1986	0·1986
10	ϱ	0 1⁄5	015	"	13 24	"	13 24	"	13 24	"	0·2383	0·2383
11	r	0 1⁄4	014	"	16 35	"	16 35	"	16 35	"	0·2979	0·2979
12	ω	0 2⁄7	027	"	18 48	"	18 48	"	18 48	"	0·3404·	0·3404·
13	q	0 1⁄3	013	"	21 39·	"	21 39·	"	21 39·	"	0·3971·	0·3971·
14	s	0 1⁄2	012	"	30 47	"	30 47	"	30 47	"	0·5957·	0.5957·
15	u	0 2⁄3	023	"	38 27·	"	38 27·	"	38 27·	"	0·7943·	0·7943·
16	l	01	011	"	49 59·	"	49 59·	"	49 59·	"	1·1915	1·1915
17	k	02	021	"	67 14	"	67 14	"	67 14	"	2·3830	2·3830
18	t	03	031	"	74 22	"	74 22	"	74 22	"	3·5745·	3·5745·
19	e	10	101	90 00	60 16·	60 16·	0 00	60 16·	0 00	1·7517	0	1·7517
20	g	1	111	55 46·	64 44	"	49 59·	48 24	30 34·	"	1·1915	2·1185
21	h	3	331	"	81 03·	79 13·	74 22	54 46	33 45	5·2551	3·5745·	6·3555
22	v	1 1⁄2	212	71 13	61 36·	60 16·	30 47	56 24	16 27·	1·7517	0·5957·	1·8502
23	x	3⁄2 1⁄2	312	77 13·	69 38	69 10	"	66 06·	11 58	2·6275	"	2·6942
24	i	32	321	65 36·	80 10	79 13·	67 14	63 48·	24 07	5·2551	2·3830·	5·7701

Astrophyllit.

Rhombisch.

a = 0·9902	lg a = 999572	lg a₀ = 932269	lg p₀ = 067731	a₀ = 0·2102	p₀ = 4·757
c = 4·7101	lg c = 067303	lg b₀ = 932697	lg q₀ = 067303	b₀ = 0·2123	q₀ = 4·710

$No.$	Buch-staben	Symb.	Miller	φ	ϱ	ξ_0	η_0	ξ	η	x (Prismen) (x : y)	y	d $=\mathrm{tg}\,\varrho$
1	b	0∞	010	0°00	90°00	0°00	90°00	0°00	90°00	0	∞	∞
2	m	∞	110	45 17	”	”	”	45 17	44 43	1·0099	”	”
3	g	$0\frac{3}{8}$	038	0 00	60 29	”	60 29	0 00	60 29	0	1·7663	1·7663
4	q	10	101	90 00	78 07·	78 07·	0 00	78 07·	0 00	4·7568	0	4·7568
5	l	1	111	45 17	81 30	”	78 08	44 39	44 06	”	4·7101	6·6940
6	z	$1\frac{1}{6}$	616	80 38	78 17	”	38 08	75 02	9 10·	”	0·7850	4·8210
7	x	$1\frac{1}{2}$	212	63 39·	79 20	”	66 59·	61 43·	25 51	”	2·3550·	5·3077
8	i	$1\frac{3}{4}$	434	53 24	80 25	”	74 11·	52 20	36 00·	”	3·5326	5·9248

Atakamit.

Rhombisch.

a = 0·6613	lg a = 982040	lg a₀ = 994447	lg p₀ = 005553	a₀ = 0·8800	p₀ = 1·1364
c = 0·7515	lg c = 987593	lg b₀ = 012407	lg q₀ = 987593	b₀ = 1·3307	q₀ = 0·7515

$No.$	Buch-staben	Symb.	Miller	φ	ϱ	ξ_0	η_0	ξ	η	x (Prismen) (x : y)	y	d $=\mathrm{tg}\,\varrho$
1	c	0	001	0°00	0°00	0°00	0°00	0°00	0°00	0	0	0
2	a	0∞	010	”	90 00	”	90 00	”	90 00	”	∞	∞
3	b	$\infty 0$	100	90 00	”	90 00	0 00	90 00	0 00	∞	0	”
4	x	$\infty 4$	140	20 42·	”	”	90 00	20 42·	69 17·	0·3870	∞	”
5	k	$\infty 3$	130	26 45	”	”	”	26 45	63 15	0·5041	”	”
6	s	$\infty 2$	120	37 05·	”	”	”	37 05·	52 54·	0·7561	”	”
7	l	$\infty\frac{3}{2}$	230	45 14	”	”	”	45 14	44 46	1·0081	”	”
8	t	$\infty\frac{6}{5}$	560	51 34	”	”	”	51 34	38 26	1·2601	”	”
9	m	∞	110	56 31·	”	”	”	56 31·	33 28·	1·5121·	”	”
10	d	$0\frac{2}{3}$	023	0 00	26 36·	0 00	26 36·	0 00	26 36	0	0·5010	0·5010
11	e	01	011	”	36 55·	”	36 55·	”	36 55·	”	0·7515	0·7515
12	i	$0\frac{10}{9}$	0·10·9	”	39 52	”	39 52	”	39 52	”	0·8350	0·8350
13	o	02	021	”	56 22	”	56 22	”	56 22	”	1·5030	1·5030
14	g	03	031	”	66 05	”	66 05	”	66 05	”	2·2545	2·2545
15	u	10	101	90 00	48 39	48 39	0 00	48 39	0 00	1·1364	0	1·1364
16	h	20	201	”	66 15	66 15	”	66 15	· ”	2·2728	”	2·2728
17	n	12	121	37 05·	62 02·	48 39	56 22	32 11·	44 48	1·1364	1·5030	1·8843
18	r	1	111	56 31·	53 43·	”	36 55·	42 15	26 24	”	0·7515	1·3624
19	w	$\frac{9}{2}$	992	”	80 44	78 56	73 31·	55 24·	32 59	5·1136·	0·3381·	6·1308
20	z	3	331	”	76 15	73 39	66 05	54 07	32 24	3·4092	2·2545	4·0873
21	q	2	221	”	69 51	66 15	56 22	51 32·	31 11	2·2728	1·5030	2·7248
22	f	21	211	71 42	67 19·	”	36 55·	61 10·	16 50·	”	0·7515	2·3938
23	y	32	321	66 12·	74 58·	73 39	56 22	62 05·	22 56	3·4092	1·5030	3·7258
24	v	$\frac{7}{2}3$	762	60 27	77 40	75 53	66 05	58 12	28 48	3·9774	2·2545	4·5719

Atelestit.

Monoklin.

$a = 0·9334$	$\lg a = 997007$	$\lg a_0 = 979250$	$\lg p_0 = 020750$	$a_0 = 0·6201$	$p_0 = 1·6125$
$c = 1·5051$	$\lg c = 017757$	$\lg b_0 = 982243$	$\lg q_0 = 015249$	$b_0 = 0·6644$	$q_0 = 1·4207$
$\left.\begin{array}{l}\mu =\\ 180-\beta\end{array}\right\}\,70°43$	$\left.\begin{array}{l}\lg h =\\ \lg\sin\mu\end{array}\right\}997492$	$\left.\begin{array}{l}\lg e =\\ \lg\cos\mu\end{array}\right\}951883$	$\lg \dfrac{p_0}{q_0} = 005501$	$h = 0·9439$	$e = 0·3302$

No.	Buch-staben	Symb.	Miller	φ	ϱ	ξ_0	η_0	ξ	η	x' (Prismen) $(x:y)$	y'	d' $=\operatorname{tg}\varrho$
1	c	0	001	90°00	19°17	19°17	0°00	19°17	0°00	0·3498·	0	0·3498·
2	b	0∞	010	0 00	90 00	0 00	90 00	0 00	90 00	0	∞	∞
3	a	∞0	100	90 00	,,	90 00	0 00	90 00	0 00	∞	0	,,
4	l	3∞	310	73 38	,,	,,	90 00	73 38	16 22	3·4051	∞	,,
5	m	∞	110	48 37	,,	,,	,,	48 37	41 23	1·1350	,,	,,
6	e	01	011	13 05	57 05·	19 17	56 24	10 57·	54 51·	0·3499	1·5051	1·5452
7	d	$+$10	101	90 00	64 05	64 05	0 00	64 05	0 00	2·0581·	0	2·0581
8	p	$-$10	ī01	90 00	53 38·	5̄3 38·	,,	5̄3 38·	,,	1·3585·	,,	1·3585·
9	o	$+$1	111	53 49·	68 35	64 05	56 24	48 43	33 20	2·0581	1·5051	2·5498
10	q	$+1\tfrac{1}{3}$	313	76 18	64 44	,,	26 38·	61 28·	12 22	,,	0.5017	2·1184

Atopit.

Regulär.

No.	Buch-staben	Symb.	Miller	φ	ϱ	ξ_0	η_0	ξ	η	x (Prismen) $(x:y)$	y	d $=\operatorname{tg}\varrho$
1	c	$\left\{\begin{array}{l}0\\0\infty\end{array}\right.$	001 / 010	— / 0°00	0°00 / 90 00	0°00 / ,,	0°00 / 90 00	0°00 / ,,	0°00 / 90 00	0 / ,,	0 / ∞	0 / ∞
2	d	$\left\{\begin{array}{l}01\\\infty\end{array}\right.$	011 / 110	,, / 45 00	45 00 / 90 00	,, / 90 00	45 00 / 90 00	,, / 45 00	45 00 / ,,	,, / 1·0000	1·0000 / ∞	1·0000 / ∞
3	p	1	111	,,	54 44	45 00	45 00	35 16	35 16	,,	1.0000	1·4142

Auripigment.

Rhombisch.

$a = 0·6030$	$\lg a = 978032$	$\lg a_0 = 995147$	$\lg p_0 = 004853$	$a_0 = 0·8943$	$p_0 = 1·1182$
$c = 0·6743$	$\lg c = 982885$	$\lg b_0 = 017115$	$\lg q_0 = 982885$	$b_0 = 1·4830$	$q_0 = 0.6743$

No.	Buchstaben	Symb.	Miller	φ	ϱ	ξ_0	η_0	ξ	η	x (Prismen) (x : y)	y	d =tg ϱ
1	a	0∞	010	0°00	90°00	0°00	90°00	0°00	90°00	0	∞	∞
2	b	$\infty 0$	100	90 00	"	90 00	0 00	90 00	0 00	∞	0	"
3	t	7∞	710	85 04·	"	"	90 00	85 04·	4 55·	11·6086	∞	"
4	s	$\tfrac{3}{2}\infty$	320	68 06	"	"	"	68 06	21 54	2·4875	"	"
5	m	∞	110	58 54·	"	"	"	58 54·	31 05·	1·6583·	"	"
6	u	$\infty 2$	120	39 40	"	"	"	39 40	50 20	0·8292	"	"
7	o	10	101	90 00	48 11·	48 11·	0 00	48 11·	0 00	1·1182	0	1·1182
8	p	1	111	58 54·	52 33	"	33 59·	42 50	24 12	"	0·6743	1·3058
9	β	$1\tfrac{3}{2}$	232	47 52	56 27	"	45 19·	38 10·	33 59·	"	1·0114	1·5078
10	v	12	121	39 40	60 17	"	53 26·	33 40	41 57	"	1·3486	1·7519

Axinit.

Triklin.

$p_0 = 1\!\cdot\!2810$	$\lambda = 90°05$	$a = 0\!\cdot\!7812$	$\alpha = 91°49$	$x_0 = -0\!\cdot\!1387$	$d = -0\!\cdot\!1387$
$q_0 = 0\!\cdot\!9915$	$\mu = 97°46$	$b = 1$	$\beta = 82°01$	$y_0 = -0\!\cdot\!0014$	$\delta = 89°24$
$r_0 = 1$	$\nu = 102°30$	$c = 0\!\cdot\!9771$	$\gamma = 102°38$	$h = 0\!\cdot\!9903$	

No.	Buchstaben	Symb.	Miller	φ	ϱ	ξ_0	η_0	ξ	η	x' (Prismen) (x : y)	y'	d' =tg ϱ
1	m	0	001	90°34·	7°58·	$\bar{7}$°58·	$\bar{0}$°05	$\bar{7}$°58·	$\bar{0}$°04.	$\bar{0}$·1401	$\bar{0}$·0014	0.1401
2	c	0∞	010	0 00	90 00	0 00	90 00	0 00	90 00	0	∞	∞
3	M	$\infty 0$	100	102 30	"	90 00	"	77 30	$\bar{1}$2 30	$\bar{4}$·5107	"	"
4	w	∞	110	60 16·	"	"	"	60 16·	29 43·	1·7511	"	"
5	u	$\infty\bar{\infty}$	$\bar{1}$10	135 24·	"	"	90 00	44 35·	$\bar{4}$5 24·	$\bar{0}$·9857	"	"
6	K	$\infty\tfrac{\bar{11}}{9}$	$9\!\cdot\!\bar{1}1\!\cdot\!0$	139 58·	"	"	"	40 01·	$\bar{4}$9 58·	$\bar{0}$·8399	"	"
7	a	$\infty\tfrac{\bar{4}}{3}$	$\bar{3}$40	141 58·	"	"	"	38 01·	$\bar{5}$1 58·	$\bar{0}$·7820	"	"
8	H	$\infty\tfrac{\bar{3}}{2}$	$\bar{2}$30	144 40·	"	"	"	35 19·	$\bar{5}$4 40·	$\bar{0}$·7088	"	"
9	β	$\infty\tfrac{\bar{5}}{3}$	$\bar{3}$50	147 03	"	"	"	32 57	$\bar{5}$7 03	$\bar{0}$.6481	"	"
10	l	$\infty\bar{2}$	$\bar{1}$20	151 23	"	"	"	28 37	$\bar{6}$1 23	$\bar{0}$·5533	"	"
11	h	$\infty\bar{3}$	$\bar{1}$30	158 58	"	"	"	21 02	$\bar{6}$8 58	$\bar{0}$·3846	"	"
12	e	01	011	$\bar{7}$ 58·	45 16·	$\bar{7}$ 58·	44 59·	$\bar{5}$ 39·	44 43	$\bar{0}$·1401	0·9998	1.0095
13	z	$0\tfrac{\bar{1}}{2}$	$0\bar{1}2$	$\bar{1}$64 24·	27 32	"	$\bar{2}$6 39·	$\bar{7}$ 08	$\bar{2}$6 26·	"	$\bar{0}$·5021	0·5213
14	L	$0\tfrac{\bar{4}}{5}$	$0\bar{4}5$	$\bar{1}$70 06	39 10	"	$\bar{3}$8 44·	$\bar{6}$ 14	$\bar{3}$8 28·	"	$\bar{0}$·8024	0·8146
15	B	$0\tfrac{\bar{5}}{6}$	$0\bar{5}6$	$\bar{1}$70 29	40 17	"	$\bar{3}$9 53·	$\bar{6}$ 08	$\bar{3}$9 37	"	$\bar{0}$·8358	0·8475
16	r	$0\bar{1}$	$0\bar{1}1$	$\bar{1}$72 02·	45 21	"	$\bar{4}$5 04·	$\bar{5}$ 39	$\bar{4}$4 48	"	$\bar{1}$·0026	1·0123
17	π	$0\bar{2}$	$0\bar{2}1$	$\bar{1}$76 00	63 32	"	$\bar{6}$3 29	$\bar{3}$ 35	$\bar{6}$3 15·	"	$\bar{2}$·0039	2·0088
18	φ	$0\bar{3}$	$0\bar{3}1$	$\bar{1}$77 20	71 36·	"	$\bar{7}$1 35·	$\bar{2}$ 32	$\bar{7}$1 25·	"	$\bar{3}$·0051	3·0083

No.	Buchstaben	Symb.	Miller	φ	ϱ	ξ_0	η_0	ξ	η	x' (Prismen) (x : y)	y'	d' =tgϱ
19	g	$\frac13$0	103	108°38·	16°30·	15°41	$\bar5$°24·	15°37	$\bar5$°12·	0·2808	$\bar0$·0947	0·2964
20	f	$\frac12$0	102	106 03·	27 04·	26 09·	$\bar8$ 03	25 56	$\bar7$ 14	0·4912	$\bar0$·1413	0·5111
21	a	10	101	104 04	49 10	48 18	$\bar{15}$ 42·	47 13	$\bar{10}$ 36	1·1224	$\bar0$·2813	1·1572
22	b	$\bar1$0	$\bar1$01	$\bar{78}$ 46	55 02	$\bar{54}$ 30·	15 33·	$\bar{53}$ 29·	9 11	$\bar1$·4025	0·2785	1·4299
23	μ	$\bar2$0	$\bar2$01	$\bar{78}$ 10	69 50	$\bar{69}$ 26	29 10·	$\bar{66}$ 44·	11 06	$\bar2$·6651	0·5584	2·7229
24	ψ	$\frac13$	113	49 36	20 14·	15 41	13 26·	15 16·	12 57·	0·2808	0·2390	0·3687
25	o	$\frac12$	112	53 49	31 19	26 09·	19 45·	24 48·	17 52	0·4911	0·3592	0·6085
26	δ	$\frac{\bar1}{2}$	$\bar1\bar1$2	$\bar{115}$ 08·	40 26	$\bar{37}$ 38·	$\bar{19}$ 54	$\bar{35}$ 57	$\bar{15}$ 59·	$\bar0$·7713	$\bar0$·3620	0·8520
27	V	$\frac{\bar1}{2}\frac12$	$\bar1$12	$\bar{50}$ 21	45 03	„	32 35	$\bar{33}$ 01	26 50	„	0·6391	1·0017
28	Y	I	111	57 19·	53 08	48 18	35 45	42 20	25 35·	1·1224	0·7198	1·3335
29	x	$1\bar1$	$1\bar1$1	138 48·	59 36	„	$\bar{52}$ 03·	34 37	$\bar{40}$ 28	„	$\bar1$·2825	1·7043
30	n	$\bar1$	$\bar1\bar1$1	$\bar{117}$ 16	57 38	$\bar{54}$ 30·	$\bar{35}$ 51·	$\bar{48}$ 39·	$\bar{22}$ 46	$\bar1$·4026	$\bar0$·7228	1·5778
31	$\varkappa$	$\bar2$	$\bar2\bar2$1	$\bar{118}$ 27	71 44·	$\bar{69}$ 26	$\bar{55}$ 18	$\bar{56}$ 36·	$\bar{26}$ 54	$\bar2$·6651	$\bar1$·4441	3·0312
32	σ	12	121	33 06·	64 03	48 18	$\bar{59}$ 50·	29 25	48 52	1·1224	1·7210	1·9947
33	W	$1\frac{\bar3}{2}$	$2\bar3$2	147 48·	64 36·	„	$\bar{60}$ 43	28 46	$\bar{49}$ 52	„	1·7831	2·1069
34	s	$1\bar2$	$1\bar2$1	153 49·	68 32·	„	$\bar{66}$ 21	24 14·	$\bar{56}$ 38·	„	$\bar2$·2836	2·5446
35	i	$1\bar3$	$1\bar3$1	161 08	73 56	„	$\bar{73}$ 04	18 06	$\bar{65}$ 24·	„	$\bar3$·2848	3·4713
36	d	$\bar1\bar2$	$\bar1\bar2$1	$\bar{140}$ 52	65 46·	$\bar{54}$ 30·	$\bar{59}$ 53	$\bar{35}$ 08·	$\bar{45}$ 01·	$\bar1$·4026	$\bar1$·7239	2·2224
37	ϱ	23	231	44 19	73 40·	67 15	67 44	42 06	43 22	2·3850	2·4424	3·4137
38	q	21	211	79 33	67 35·	„	23 45	65 23·	9 39·	„	0·4399	2·4252
39	ν	$2\bar1$	$2\bar1$1	123 14	70 40·	„	$\bar{57}$ 23	52 07·	$\bar{31}$ 08·	„	$\bar1$·5624	2·8511
40	t	$\bar2\bar3$	$\bar2\bar3$1	$\bar{132}$ 32	74 32·	$\bar{69}$ 26	$\bar{67}$ 45·	$\bar{45}$ 15	$\bar{40}$ 40	$\bar2$·6651	$\bar2$·4452	3·6169
41	ξ	$\frac{\bar1}{3}2$	$\bar1\bar6$3	$\bar{163}$ 38	63 20	$\bar{29}$ 17·	$\bar{62}$ 22·	$\bar{14}$ 35	$\bar{59}$ 01·	$\bar0$·5610	$\bar1$·9105	1·9912
42	ε	$\frac{\bar1}{2}\frac{\bar3}{2}$	$\bar1$32	$\bar{150}$ 30	57 26·	$\bar{37}$ 38·	$\bar{53}$ 44·	$\bar{24}$ 31·	$\bar{47}$ 11·	$\bar0$·7714	$\bar1$·3632	1·5664
43	ϑ	$\frac{3}{2}\frac{\bar1}{2}$	$3\bar1$2	$\bar{92}$ 19	63 50	$\bar{63}$ 49	$\bar4$ 42	$\bar{63}$ 44·	$\bar2$ 04·	$\bar2$·0338	$\bar0$·0823	2·0355
44	τ	$\frac{\bar1}{3}\frac{\bar8}{3}$	$\bar1$83	$\bar{167}$ 43·	69 14·	$\bar{29}$ 17·	$\bar{68}$ 48	$\bar{11}$ 28	66 01	$\bar0$·5610	$\bar2$·5781	2·6383
45	ζ	$\frac25\frac15$	215	76 37	20 33·	20 02·	4 57·	19 58·	4 39·	0·3649	0·0688	0·3751

Baddeleyit.

(Brazilit.)

Monoklin.

a $=$ 0·9859	lg a $=$ 999383	lg a₀ $=$ 028549	lg p₀ $=$ 971451	a₀ $=$ 1·9297	p₀ $=$ 0·5182
c $=$ 0·5109	lg c $=$ 970834	lg b₀ $=$ 029166	lg q₀ $=$ 970326	b₀ $=$ 1·9573	q₀ $=$ 0·5050
$\left.\begin{array}{l}\mu =\\ 180-\beta\end{array}\right\}$ 81°15	$\left.\begin{array}{l}\text{lg h}=\\ \text{lg sin}\,\mu\end{array}\right\}$999492	$\left.\begin{array}{l}\text{lg c}=\\ \text{lg cos}\,\mu\end{array}\right\}$918220	lg $\frac{p_0}{q_0}$ $=$ 001125	h $=$ 0·9884	e $=$ 0·1521

No.	Buchstaben	Symb.	Miller	φ	ϱ	ξ_0	η_0	ξ	η	x' (Prismen) (x : y)	y'	d' =tg ϱ
1	c	0	001	90°00	8°45	8°45	0°00	8°45	0°00	0·1539	0	0·1539
2	b	0∞	010	0 00	90 00	0 00	90 00	0 00	90 00	0	∞	∞
3	a	∞0	100	90 00	0 00	90 00	0 00	90 00	0 00	∞	0	„
4	m	∞	110	45 44·	90 00	„	90 00	45 44·	44 15·	1·0262	∞	„
5	l	∞2	120	27 10	„	„	„	27 10	62 50	0·5131	„	„
6	d	02	021	8 34	45 56·	8 45	45 37	6 08	45 17	0·1539	1·0218	1·0333
7	h	+10	101	90 00	34 08·	34 08·	0 00	34 08·	0 00	0·6782	0	0·6782
8	r	−10	$\bar{1}$01	90 00	20 19·	$\bar{2}$0 19·	„	$\bar{2}$0 19·	„	$\bar{0}$·3704	„	0·3704
9	x	+1	111	53 00·	40 20	34 08·	27 04	31 08	22 55	0·6782	0·5109	0·8491
10	y	−1	$\bar{1}$11	$\bar{3}$5 57	32 15·	$\bar{2}$0 20	„	$\bar{1}$8 15·	25 36	$\bar{0}$·3705	„	0·6311
11	n	−2	$\bar{2}$21	$\bar{4}$1 12·	53 38	$\bar{4}$1 49	45 37	$\bar{3}$2 02	37 17·	$\bar{0}$·8947	1·0218	1·3581

Baryt.

Rhombisch.

a = 0·8152	lg a = 991126	lg a_0 = 979280	lg p_0 = 020720	a_0 = 0·6206	p_0 = 1·6114
c = 1·3136	lg c = 011846	lg b_0 = 988154	lg q_0 = 011846	b_0 = 0·7613	q_0 = 1·3136

No.	Buchstaben	Symb.	Miller	φ	ϱ	ξ_0	η_0	ξ	η	x (Prismen) (x : y)	y	d =tg ϱ
1	c	0	001	—	0°00	0°00	0°00	0°00	0°00	0	0	0
2	b	0∞	010	0°00	90 00	„	90 00	„	90 00	„	∞	∞
3	a	∞0	100	90 00	„	90 00	0 00	90 00	0 00	∞	0	„
4	τ	4∞	410	78 29	„	„	90 00	78 29	11 31	4·9067·	∞	„
5	β	3∞	310	74 48	„	„	„	74 48	15 12	3·6801	„	„
6	λ	2∞	210	67 49·	„	„	„	67 49.	22 10·	2·4534	„	„
7	Π	$\frac{5}{3}$∞	530	63 56	„	„	„	63 56	26 04	2·0445	„	„
8	η	$\frac{3}{2}$∞	320	61 28·	„	„	„	61 28·	28 31·	1·8400·	„	„
9	h	$\frac{5}{4}$∞	540	56 53·	„	„	„	56 53·	33 06·	1·5333·	„	„
10	m	∞	110	50 49	„	„	„	50 49	39 11	1·2267	„	„
11	N	∞$\frac{3}{2}$	230	39 16·	„	„	„	39 16·	50 43·	0·8178	„	„
12	n	∞2	120	31 31·	„	„	„	31 31·	58 28·	0·6133·	„	„
13	χ	∞3	130	22 14·	„	„	„	22 14·	67 45·	0·4089	„	„
14	L	∞4	140	17 03	„	„	„	17 03	72 57	0·3066·	„	„
15	E	∞5	150	13 47	„	„	„	13 47	76 13	0·2453·	„	„
16	a	$0\frac{1}{12}$	0·1·12	0 00	6 15	0 00	6 15	0 00	6 15	0	0·1094·	0·1094·
17	α	$0\frac{1}{8}$	018	„	9 19·	„	9 19·	„	9 19·	„	0·1642	0·1642
18	S	$0\frac{1}{4}$	014	„	18 11	„	18 11	„	18 11	„	0·3284	0·3284
19	A	$0\frac{1}{3}$	013	„	23 39	„	23 39	„	23 39	„	0·4378·	0·4378·
20	φ	$0\frac{1}{2}$	012	„	33 18	„	33 18	„	33 18	„	0·6568	0·6568
21	Y	$0\frac{2}{3}$	023	„	41 12·	„	41 12·	„	41 12·	„	0·8757	0·8757

No.	Buch-staben	Symb.	Miller	φ	ϱ	ξ_0	η_0	ξ	η	x (Prismen) (x : y)	y	d $=$ tgϱ
22	?B	$0\frac{5}{6}$	056	0°00	47°35	0°00	47°35	0°00	47°35	o	1·0946·	1·0946·
23	ε	$0\frac{8}{9}$	089	"	49 25·	"	49 25·	"	49 25·	"	1·1676·	1·1676·
24	o	01	011	"	52 43	"	52 43	"	52 43	"	1·3136	1·3136
25	i	02	021	"	69 10	"	69 10	"	69 10	"	2·6271·	2·6271·
26	ψ	03	031	"	75 45·	"	75 45·	"	75 45·	"	3·9407	3.9407
27	x	04	041	"	79 13·	"	79 13·	"	79 13·	"	5·2543·	5·2543·
28	Ω	05	051	"	81 20·	"	81 20·	"	81 20·	"	6·5653	6·5653
29	j	07	071	"	83 47·	"	83 47·	"	83 47·	"	9·1952	9·1952
30	g	0·10	0·10·1	"	85 39	"	85 39	"	85 39	"	13·136	13·136
31	K	$\frac{1}{9}$o	109	90 00	10 09	10 09	0 00	10 09	0 00	0·1790·	0	0·1790·
32	W	$\frac{1}{8}$o	108	"	11 23·	11 23·	"	11 23·	"	0·2014·	"	0·2014·
33	w	$\frac{1}{6}$o	106	"	15 02	15 02	"	15 02	"	0·2685·	"	0·2685·
34	σ	$\frac{1}{5}$o	105	"	17 52	17 52	"	17 52	"	0·3223	"	0·3223
35	l	$\frac{1}{4}$o	104	"	21 56·	21 56·	"	21 56·	"	0·4028·	"	0·4028·
36	g	$\frac{1}{3}$o	103	"	28 14·	28 14·	"	28 14·	"	0·5371	"	0·5371
37	c	$\frac{3}{8}$o	308	"	31 08·	31 08·	"	31 08·	"	0·6042·	"	0·6042·
38	ϰ	$\frac{2}{5}$o	205	"	32 48	32 48	"	32 48	"	0·6445·	"	0·6445·
39	d	$\frac{1}{2}$o	102	"	38 51·	38 51·	"	38 51·	"	0·8057	"	0·8057
40	V	$\frac{5}{8}$o	508	"	45 12	45 12	"	45 12	"	1·0071	"	1·0071
41	O	$\frac{2}{3}$o	203	"	47 03	47 03	"	47 03	"	1·0742	"	1·0742
42	r	$\frac{4}{5}$o	405	"	52 13	52 13	"	52 13	"	1·2892	"	1·2892
43	h	$\frac{23}{24}$o	23·0·24	"	57 04·	57 04·	"	57 04·	"	1·5442	"	1·5442
44	u	1o	101	"	58 10·	58 10·	"	58 10·	"	1·6114	"	1·6114
45	D	$\frac{3}{2}$o	302	"	67 31·	67 31·	"	67 31·	"	2·4170	"	2·4170
46	U	2o	201	"	72 45·	72 48·	"	72 45·	"	3·2228	"	3·2228
47	c	$\frac{1}{20}$	1·1·20	50 49	5 56	4 36·	3 40·	4 36	3 45	0·0805·	0·0657	0·1039
48	j	$\frac{1}{10}$	1·1·10	"	11 44·	9 09	7 29	9 04·	7 23·	0·1611	0·1313	0·2079
49	H	$\frac{1}{9}$	119	"	13 00·	10 09	8 18	10 03	8 10·	0·1790·	0·1459	0·2310
50	k	$\frac{1}{8}$	118	"	14 34	11 23·	9 19·	11 14·	9 08·	0·2014	0·1642	0.2599
51	P	$\frac{1}{6}$	116	"	19 06·	15 02	12 21	14 42	11 56·	0·2685	0·2189	0.3465
52	v	$\frac{1}{5}$	115	"	22 34·	17 52	14 43	17 19	14 02·	0·3222	0·2627	0·4158
53	q	$\frac{1}{4}$	114	"	27 28	21 56·	18 11	20 56·	16 56·	0·4028	0·3284	0·5197
54	f	$\frac{1}{3}$	113	"	34 43·	28 14.	23 39	26 12	21 05·	0·5371	0·4378	0·6930
55	r	$\frac{1}{2}$	112	"	46 06·	38 51·	33 17	33 57·	27 05	0·8057	0·6568	1·0395
56	R	$\frac{2}{3}$	223	"	54 11·	47 03	41 12·	38 56·	30 49·	1·0743	0·8757	1·3860
57	ʒ	$\frac{3}{4}$	334	"	57 19·	50 23·	44 34·	40 43·	32 08	1·2085	0·9852	1·5592
58	z	1	111	"	64 18·	58 10·	52 43	44 18·	34 42·	1·6114	1·3136	2·0790
59	p	4	441	"	83 08·	81 11	79 13·	50 18·	38 51	6·4453	5·2544	8·3160
60	δ	$1\frac{1}{4}$	414	78 29	58 42	58 10·	18 11	56 51	9 49·	1·6114	0·3284	1·6445
61	ω	$1\frac{1}{3}$	313	74 48	59 05	"	23 39	55 53	13 00	"	0.4378	1·6698
62	ν	$1\frac{1}{2}$	212	67 49·	60 07	"	33 17	53 24·	19 06	"	0·6568	1·7402
63	Σ	12	121	31 31·	72 01·	"	69 09·	29 49·	54 10·	"	2·6272	3·0820

No.	Buch-staben	Symb.	Miller	φ	ϱ	ξ_0	η_0	ξ	η	x (Prismen) (x : y)	y	d $= \operatorname{tg} \varrho$
64	Φ	13	131	22° 14·	76° 47	58° 10·	75° 45·	21° 37	64° 18	1·6114	3·9407	4·5274
65	T	14	141	17 03	79 41	"	79 13·	16 46	70 09	"	5·2544	5·4959
66	Ξ	15	151	13 47	81 35·	"	81 20·	13 38	73 54	"	6·5680	6·7627
67	ψ	$\frac{1}{6}$1	166	11 33·	53 17	15 02	52 43	9 14·	51 45	0·2685	1·3136	1·3407
68	Q	$\frac{1}{5}$1	155	13 47	53 31·	17 52	"	11 03	51 21	0·3222	"	1·3525
69	ϱ	$\frac{1}{4}$1	144	17 03	53 57	21 56·	"	13 43	50 37·	0·4028	"	1·3740
70	J	$\frac{1}{3}$1	133	22 14·	54 50	28 14·	"	18 01·	49 10	0·5371	"	1·4192
71	y	$\frac{1}{2}$1	122	31 31·	57 01	38 51·	"	26 01	45 39	0·8057	"	1·5410
72	$\mathfrak{d}$	$\frac{3}{4}$1	344	42 38	60 44·	50 23·	"	36 12·	39 56·	1·2085	"	1·7850
73	s	$\frac{1}{2}\frac{3}{2}$	132	22 14·	64 50	38 51·	63 05·	20 02	56 54·	0·8057	1·9703	2·1287
74	ξ	$\frac{1}{2}$2	142	17 03·	70 00	"	69 09·	15 59·	63 57	"	2·6272	2·7479
75	ι	$\frac{1}{6}\frac{1}{2}$	136	22 14·	35 21·	15 02	33 17	12 39	32 23	0·2685	0·6568	0·7096
76	μ	$\frac{1}{4}\frac{1}{2}$	124	31 31·	37 37	21 56·	"	18 36·	31 21	0·4028	"	0·7705
77	Δ	$\frac{5}{2}\frac{1}{2}$	524	71 56·	64 44	63 36	"	59 17·	16 17	2·0142	"	2·1186
78	γ	$\frac{3}{2}\frac{1}{2}$	312	74 48	68 14	67 31·	"	63 40	14 05·	2·4170	"	2·5047
79	t	$\frac{11}{6}\frac{1}{2}$	11·3·6	77 28	71 43	71 18	"	67 57·	11 53·	2·9542	"	3·0263
80	$\mathfrak{g}$	$\frac{1}{3}\frac{7}{6}$	276	19 19	58 22·	28 14·	56 52·	16 21·	53 28·	0·5371	1·5325	1·6237
81	G	$\frac{1}{3}\frac{5}{3}$	153	13 47	66 04·	"	65 27	12 35	62 35·	"	2·1893	2·2542
82	Λ	$\frac{3}{2}$3	362	31 31·	77 47·	67 31·	75 45·	30 44	56 25·	2·4170	3·9407	4·6230
83	X	$\frac{3}{2}\frac{3}{10}$	15·3·10	80 44·	67 47·	"	21 30·	66 01·	8 34	"	0·3940·	2·4490
84	$\mathfrak{f}$	$\frac{3}{4}\frac{3}{2}$	364	31 31·	66 36·	50 23·	63 05·	28 40·	51 28·	1·2085	1·9703	2·3115
85	Γ	$\frac{1}{12}\frac{2}{3}$	1·8·12	8 43	41 32·	7 39	41 12·	5 46	40 57·	0·1342	0·8757	0·8860
86	π	$\frac{3}{2}\frac{1}{6}$	916	84 49·	67 36·	67 31·	12 21	67 02·	4 47	2·4170	0·2189	2·4269
87	F	$\frac{1}{6}\frac{2}{3}$	146	17 03	42 29·	15 15	41 12·	11 25·	40 13·	0·2685·	0·8757·	0·9160
88	ζ	$\frac{1}{4}\frac{5}{4}$	154	13 47	59 24	21 56·	58 39·	11 50	56 42·	0·4028·	1·6420	1·6907
89	ϑ	$\frac{1}{6}\frac{7}{6}$	176	9 56·	57 16	15 15	56 52·	8 21	55 57·	0·2685·	1·5325	1·5559
90	$\mathfrak{b}$	$\frac{7}{6}\frac{7}{24}$	28·7·24	78 29	62 28	61 59·	20 58	60 20	10 12	1·8800	0·3831·	1·9186
91	$\mathfrak{v}$	$\frac{2}{3}\frac{1}{3}$	213	67 49·	49 14·	47 03	23 39	44 32·	16 36·	1·0743	0·4378·	1·1601
92	C	$\frac{3}{4}\frac{1}{2}$	324	61 28·	53 59	50 23·	33 18	45 17·	22 43	1·2085	0·6568	1·3755
93	Z	$\frac{1}{8}\frac{1}{4}$	128	31 31·	21 04	11 23·	18 11	10 50	17 50·	0·2014	0·3284	0·3852
94	t	$\frac{3}{4}\frac{3}{2}$	364	"	66 36·	50 23·	63 05·	28 40·	51 28·	1·2085	1·9704	2·3115
95	$\mathfrak{m}$	$\frac{1}{7}\frac{5}{7}$	157	13 47	44 00·	12 58	43 10·	9 32	42 26	0·2302	0·9383	0·9661
96	$\mathfrak{n}$	$\frac{2}{11}\frac{5}{11}$	2·5·11	26 08	33 37·	16 20	30 50·	14 07	29 49	0·2930	0·5971	0·6651

Barytocalcit.

Monoklin.

a = 1·2507	lg a = 009716	lg a₀ = 016897	lg p₀ = 983103	a₀ = 1·4756	p₀ = 0·6777
c = 0·8476	lg c = 992819	lg b₀ = 007181	lg q₀ = 987001	b₀ = 1·1798	q₀ = 0·7413
$\left.\begin{array}{l}\mu = \\ 180-\beta\end{array}\right\}$ 61°00	$\left.\begin{array}{l}\text{lg h} = \\ \text{lg sin}\,\mu\end{array}\right\}$ 994182	$\left.\begin{array}{l}\text{lg e} = \\ \text{lg cos}\,\mu\end{array}\right\}$ 968557	lg $\frac{p_0}{q_0}$ = 996102	h = 0·8746	e = 0·4848

No.	Buchstaben	Symb.	Miller	φ	ϱ	ξ_0	η_0	ξ	η	x' (Prismen) $(x:y)$	y'	$d' = \mathrm{tg}\,\varrho$
1	h	0	001	90°00	29°00	29°00	0°00	29°00	0°00	0·5543	0	0·5543
2	m	∞	110	42 26	90 00	90 00	90 00	42 26	47 34	0·9141	∞	∞
3	r	∞3	130	16 57	„	„	„	16 57	73 03	0·3047	„	„
4	y	$\infty\tfrac{5}{2}$	250	20 05	„	„	„	20 05	69 55	0·3656	„	„
5	s	01	011	33 11	45 22	29 00	40 17	22 55	36 33	0·5543	0·8476	1·0128
6	v	02	021	18 06·	60 43·	„	59 28	15 43·	56 01	„	1·6952	1·7835
7	c	—10	$\bar{1}$01	90 00	12 26	$\bar{1}$2 26	0 00	$\bar{1}$2 26	0 00	$\bar{0}$·2205·	0	0·2205·
8	p	—20	$\bar{2}$01	„	44 52	44 52	„	44 52	„	$\bar{0}$·9954	„	0·9954

Barytsalpeter.

Regulär. Tetartoedrisch.

No.	Buchstaben	Symb.	Miller	φ	ϱ	ξ_0	η_0	ξ	η	x (Prismen) $(x:y)$	y	$d = \mathrm{tg}\,\varrho$
1	c	0	001	—	0°00	0°00	0°00	0°00	0°00	0	0	0
		0∞	010	0°00	90 00	„	90 00	„	90 00	„	∞	∞
2	a	$\pm0\tfrac{1}{3}$	013	„	18 26	„	18 26	„	18 26	„	0·3333	0·3333
		±03	031	„	71 34	„	71 34	„	71 34	„	3·0000	3·0000
		$\pm\infty3$	130	18 26	90 00	90 00	90 00	18 26	„	0·3333	∞	∞
3	e	$\pm0\tfrac{1}{2}$	012	0 00	26 34	0 00	26 34	0 00	26 34	0	0·5000	0·5000
		±02	021	„	63 26	„	63 26	„	63 26	„	2·0000	2·0000
		$\pm\infty2$	120	26 34	90 00	90 00	90 00	26 34	26 34	0·5000	∞	∞
4	d	01	011	0 00	45 00	0 00	45 00	0 00	45 00	0	1·0000	1·0000
		∞	110	45 00	90 00	90 00	90 00	45 00	„	1·0000	∞	∞
5	l	$-\tfrac{1}{5}$	115	„	15 47·	11 18·	11 18·	11 06	11 06	0·2000	0·2000	0·2828
		-15	151	11 18·	78 54	45 00	78 41·	„	74 12·	1·0000	5·0000	5·0989
6	m	$+\tfrac{1}{3}$	113	45 00	25 14·	18 26	18 26	17 33	17 33	0·3333	0·3333	0·4714
		$+13$	131	18 26	72 27	45 00	71 34	„	64 45·	1·0000	3·0000	3·1623
7	M	$+\tfrac{3}{8}$	338	45 00	27 56·	20 33·	20 33·	19 21	19 21	0·3750	0·3750	0·5303
		$+1\tfrac{3}{8}$	383	20 33·	70 39	45 00	69 26·	„	62 03·	1·0000	2·6667	2·8480
8	q	$\pm\tfrac{1}{2}$	112	45 00	35 16	26 34	26 34	24 05·	24 05·	0·5000	0·5000	0·7071
		±12	121	26 34	65 54·	45 00	63 26	„	54 44	1·0000	2·0000	2·2360
9	p	±1	111	45 00	54 44	„	45 00	35 16	35 16	„	1·0000	1·4142
10	u	$-\tfrac{1}{2}1$	122	26 34	48 11·	26 34	„	19 28	41 48·	0·5000	„	1·1180
		-2	221	45 00	70 31·	63 26	63 26	41 48·	„	2,0000	2·0000	2·8284
11	ψ	$\pm\tfrac{1}{4}\tfrac{1}{2}$	124	26 34	29 12·	14 02	26 34	12 36·	25 52·	0·2500	0·5000	0·5590
		$\pm\tfrac{1}{2}2$	142	14 02	64 07·	26 34	63 26	„	60 47·	0·5000	2·0000	2·0615
		±24	241	26 34	77 23·	63 26	75 58	25 52·	„	2·0000	4·0000	4·4721
12	z	$+\tfrac{1}{5}\tfrac{3}{5}$	135	18 26	32 18·	11 18·	30 58	9 44	30 28	0·2000	0·6000	0·6325
		$+\tfrac{1}{3}\tfrac{3}{5}$	153	11 18·	59 32	18 26	59 02	„	57 41·	0·3333	1·6667	1·6996
		$+35$	351	30 58	80 16	71 34	78 41·	30 28	„	3·0000	5·0000	5·8310

Beegerit.

Regulär.

No.	Buch-staben	Symb.	Miller	φ	ϱ	ξ_0	η_0	ξ	η	x (Prismen) (x : y)	y	d $=\operatorname{tg}\varrho$
1	c	$\begin{cases} 0 \\ 0\infty \end{cases}$	001 010	— 0°00	0°00 90 00	0°00 ,,	0°00 90 00	0°00 ,,	0°00 90 00	0 ,,	0 ∞	0 ∞
2	p	I	111	45 00	54 44	45 00	45 00	35 16	35 16	1·0000	1·0000	1·4142

Belonesit.

Tetragonal.

$$\left.\begin{matrix} c \\ p_0 \end{matrix}\right\} = 0{\cdot}6605 \qquad \lg c = 9{\cdot}81987 \qquad \lg a_0 = 0{\cdot}18013 \qquad a_0 = 1{\cdot}5140$$

No.	Buch-staben	Symb.	Miller	φ	ϱ	ξ_0	η_0	ξ	η	x (Prismen) (x : y)	y	d $=\operatorname{tg}\varrho$
1	a	0∞	010	0°00	90°00	0°00	90°00	0°00	90°00	0	∞	∞
2	m	∞	110	45 00	,,	90 00	,,	45 00	45 00	1·0000	,,	,,
3	p	I	111	,,	43 03	33 26·	33 26·	28 51·	28 51·	0·6605	0·6605	0·9341

Bertrandit.

Rhombisch.

$$a = 0{\cdot}5688 \quad \lg a = 9{\cdot}75496 \quad \lg a_0 = 9{\cdot}97877 \quad \lg p_0 = 0{\cdot}02123 \quad a_0 = 0{\cdot}9523 \quad p_0 = 1{\cdot}0501$$

$$c = 0{\cdot}5973 \quad \lg c = 9{\cdot}77619 \quad \lg b_0 = 0{\cdot}22381 \quad \lg q_0 = 9{\cdot}77619 \quad b_0 = 1{\cdot}6742 \quad q_0 = 0{\cdot}5793$$

No.	Buch-staben	Symb.	Miller	φ	ϱ	ξ_0	η_0	ξ	η	x (Prismen) (x : y)	y	d $=\operatorname{tg}\varrho$
1	b	0	001	—	0°00	0°00	0°00	0°00	0°00	0	0	0
2	c	0∞	010	0°00	90 00	,,	90 00	,,	90 00	,,	∞	∞
3	a	$\infty 0$	100	90 00	,,	90 00	0 00	90 00	0 00	∞	0	,,
4	h	3∞	310	79 16	,,	,,	90 00	79 16	10 44	5·2742·	∞	,,
5	g	∞	110	60 22	,,	,,	,,	60 22	29 38	1·7582	,,	,,
6	f	$\infty 3$	130	30 22·	,,	,,	,,	30 22·	59 37·	0·5860·	,,	,,
7	i	$0\frac{4}{9}$	049	0 00	14 52	0 00	14 52	0 00	14 52	0	0·2654·	0·2654·
8	e	01	011	,,	30 51	,,	30 51	,,	30 51	,,	0·5973	0·5973
9	η	02	021	,,	50 04	,,	50 04	,,	50 04	,,	1·1946	1·1946
10	d	03	031	,,	60 50	,,	60 50	,,	60 50	,,	1·7919	1·7919
11	δ	$\frac{1}{2}0$	102	90 00	27 42	27 42	0 00	27 42	0 00	0·5250·	0	0·5250·
12	x	$\frac{1}{2}3$	162	16 20	61 50	,,	60 50	14 21	57 47	,,	1·7917·	1·8673

Beryll.

Hexagonal.

c = 0·8643	lg c = 993666	lg a₀ = 030190	lg p₀ = 976057	a₀ = 2·0040	p₀ = 0·5762	(G$_I$)

No.	Buch-staben	Symb.	Bravais	φ	ϱ	ξ_0	η_0	ξ	η	x (Prismen) (x : y)	y	d = tg ϱ
1	c	0	0001	—	0°00	0°00	0°00	0°00	0°00	0	0	0
2	a	∞0	$10\bar{1}0$	0°00	90 00	„	90 00	„	90 00	„	∞	∞
3	b	∞	$11\bar{2}0$	30 00	‥	90 00	‥	30 00	60 00	0·5773	‥	‥
4	ζ	13∞	$13·1·\overline{14}·0$	3 40	„	„	‥	3 40	86 20	0·0641	‥	„
5	ε	5∞	$51\bar{6}0$	8 57	„	„	‥	8 57	81 03	0·1575	‥	„
6	i	2∞	2130	19 06·	‥	„	„	19 06·	70 53·	0·3464	‥	„
7	ϱ	$\tfrac{1}{14}$0	$1·0·\bar{1}·14$	0 00	2 21·	0 00	2 21·	0 00	2 21·	0	0·0412	0·0412
8	ψ	$\tfrac{1}{12}$0	$1·0·\bar{1}·12$	„	2 45	‥	2 45	„	2 45	‥	0·0480	0·0480
9	τ	$\tfrac{2}{5}$0	$20\bar{2}5$	„	12 58·	‥	12 58·	„	12 58·	‥	0·2305	0·2305
10	π	$\tfrac{1}{2}$0	$10\bar{1}2$	„	16 04·	‥	16 04·	„	16 04·	‥	0·2881	0·2881
11	p	10	$10\bar{1}1$	„	29 57	‥	29 57	„	29 57	‥	0·5762	0·5762
12	r	$\tfrac{3}{2}$0	$30\bar{3}2$	„	40 50	‥	40 50	„	40 50	‥	0·8643	0·8643
13	u	20	$20\bar{2}1$	„	49 03	‥	49 03	„	49 03	‥	1·1524	1·1524
14	ϑ	30	$30\bar{3}1$	„	59 57	‥	59 57	„	59 57	‥	1·7286	1·7286
15	λ	$\tfrac{7}{2}$0	$70\bar{7}2$	„	63 37·	‥	63 37·	„	63 37·	‥	2·0167	2·0167
16	t	40	$40\bar{4}1$	„	66 32·	‥	66 32·	„	66 32·	‥	2·3058	2·3058
17	Ω	50	$50\bar{5}1$	„	70 51·	‥	70 51·	„	70 51·	‥	2·8810	2·8810
18	x	$\tfrac{15}{2}$0	$15·0·\overline{15}·2$	‥	76 58	‥	76 58	„	76 58	‥	4·3215	4·3215
19	T	12·0	$12·0·\overline{12}·1$	„	81 46	‥	81 46	„	81 46	‥	6·9143	6·9143
20	e	$\tfrac{39}{2}$0	$39·0·\overline{39}·2$	‥	84 55	„	84 55	„	84 55	‥	1·1236	1·1236
21	ω	$\tfrac{1}{12}$	$1·1·\bar{2}·12$	30 00	4 45	2 23	4 07	2 22·	4 07	0·0416	0·0720	0·0832
22	q	$\tfrac{3}{10}$	$3·3·\bar{6}·10$	„	16 40	8 31	14 32	8 14·	14 23	0·1497	0·2593	0·2994
23	σ	$\tfrac{1}{3}$	$1·1·\bar{2}·3$	„	18 24	9 26·	16 04·	9 05	15 52	0·1663	0·2881	0·3327
24	o	$\tfrac{1}{2}$	$11\bar{2}2$	‥	26 31	14 00·	23 22·	12 54	22 45	0·2495	0·4321	0·4990
25	D	$\tfrac{2}{3}$	$22\bar{4}3$	‥	33 38	18 24	29 57	16 05	28 40	0·3327	0·5762	0·6653
26	δ	$\tfrac{5}{7}$	$5·5·\overline{10}·7$	„	35 29	19 37	31 41·	16 52·	30 11	0·3564	0·6173	0·7128
27	d	$\tfrac{3}{4}$	$33\bar{6}4$	„	36 49	20 31	32 57	17 26	31 51·	0·3742	0·6482	0·7485
28	s	1	$11\bar{2}1$	‥	44 56·	26 31	40 50	20 41	37 43	0·4990	0·8643	0·9980
29	f	3	$33\bar{6}1$	„	71 32	56 15·	68 54·	28 18·	55 13·	1·4970	2·5928	2·9940
30	Φ	6	$6·6·\overline{12}·1$	‥	80 31	71 32	79 05	29 33	58 40	2·9940	5·1857	5·9880
31	Δ	$\tfrac{2}{3}\tfrac{1}{3}$	$21\bar{3}3$	19 06·	26 56	9 26·	25 39	8 31·	25 20·	0·1663	0·4802	0·5082
32	g	$1\tfrac{1}{5}$	$51\bar{6}5$	8 57	32 41	5 42	32 22	4 49	32 14·	0·0998	0·6338	0·6416
33	χ	$1\tfrac{7}{9}$	$9·7·\overline{16}·9$	25 52·	41 39	21 12·	38 40	16 51·	36 43·	0·3881	0·8003	0·8894
34	A	$\tfrac{8}{7}1$	$8·7·\overline{15}·7$	27 48	46 56·	26 31	43 26	19 55	40 16	0·4990	0·9466	1·0701
35	B	?$\tfrac{5}{4}1$	5494	26 20	48 22	‥	45 14·	19 21·	42 03·	„	1·0084	1,1251

No.	Buchstaben	Symb.	Bravais	φ	ϱ	ξ_0	η_0	ξ	η	x (Prismen) (x:y)	y	d =tgϱ
36	v	21	$2\bar13\bar1$	19°06·	56°44	26°31	55°14	15°53	52°11·	0·4990	1·4405	1·5245
37	n	31	$3\bar14\bar1$	13 54	64 18	"	63 37·	12 30	61 00·	"	2 0167	2·0775
38	ν	51	$5\bar16\bar1$	8 57	72 41	"	72 29	8 32·	70 34	"	3·1691	3·2082
39	m	$\frac{11}{2}1$	$11\cdot2\cdot1\bar3\cdot2$	8 13	74 01·	"	73 52	7 53·	72 05	"	3·4572	3·4930
40	w	71	$718\bar1$	6 35	77 03	"	76 58	6 25	75 30	"	4·3215	4·3502
41	β	11·1	$11\cdot1\cdot1\bar2\cdot1$	4 18·	81 26·	"	81 25	4 15·	80 25·	"	6·6263	6·6451
42	y	13·1	$13\cdot1\cdot1\bar4\cdot1$	3 40	82 41·	"	82 40·	3 38·	81 49	"	7·7786	7·7946
43	h	19·1	$19\cdot1\cdot2\bar0\cdot1$	2 32·	84 55	"	84 54	2 32	84 19·	"	11·236	11·247
44	γ	$\frac{71}{44}$	$718\bar4$	6 35	47 24	7 06·	47 12·	4 50·	46 59·	0·1247	1·0804	1·0876
45	z	$\frac{42}{33}$	$426\bar3$	19 06·	45 28	18 24	43 50·	13 29·	42 20·	0·3327	0·9603	1·0163
46	k	42	$426\bar1$	"	71 50·	44 56·	70 51·	18 07	63 52·	0·9980	2·8810	3·0489
47	Σ	16·8	$16\cdot8\cdot2\bar4\cdot1$	"	85 19	75 56	85 02·	19 02·	70 21	3·9920	11·524	12·196
48	X	$\frac{36}{5}\frac{24}{5}$	$26\cdot24\cdot\bar50\cdot5$	23 25	80 35	67 20·	79 45	23 05	64 52	2·3952	5·5315	6·0279
49	?Ψ	$\frac{9}{8}\frac{7}{8}$	$9\cdot7\cdot1\bar6\cdot8$	25 52·	45 01	23 35	42 00	17 58·	39 31·	0·4366	0·9003	1·0006

Beryllonit.

Rhombisch.

a = 0·5724	lg a = 975770	lg a₀ = 001813	lg p₀ = 998187	a₀ = 1·0426	p₀ = 0·9591
c = 0·5490	lg c = 973957	lg b₀ = 026043	lg q₀ = 973957	b₀ = 1·8215	q₀ = 0·5490

No.	Buchstaben	Symb.	Miller	φ	ϱ	ξ_0	η_0	ξ	η	x (Prismen) (x:y)	y	d =tgϱ
1	c	0	001	—	0°00	0°00	0°00	0°00	0°00	0	0	0
2	b	0∞	010	0°00	90 00	"	90 00	"	90 00	0	∞	∞
3	a	$\infty0$	100	90 00	"	90 00	0 00	90 00	0 00	∞	0	"
4	g	4∞	410	81 51·	"	"	90 00	81 51·	8 08·	6·9880	∞	"
5	h	3∞	310	79 12	"	"	"	79 12	10 48	5·2410	"	"
6	i	2∞	210	74 01·	"	"	"	74 01·	15 58·	3·4940	"	"
7	j	$\frac{3}{2}\infty$	320	69 07	"	"	"	69 07	20 53	2·6204·	"	"
8	m	∞	110	60 13	"	"	"	60 13	29 47	1·7470	"	"
9	k	$\infty\frac{3}{2}$	230	49 21	"	"	"	49 21	40 39	1·1646·	"	"
10	l	$\infty2$	120	41 08	"	"	"	41 08	48 52	0·8735	"	"
11	n	$\infty3$	130	30 13	"	"	"	30 13	59 47	0·5823	"	"
12	o	$\infty4$	140	23 35·	"	"	"	23 35·	66 24·	0·4367·	"	"

No.	Buch-staben	Symb.	Miller	φ	ϱ	ξ_0	η_0	ξ	η	x (Prismen) (x : y)	y	d =tgϱ
13	π	∞5	150	19°15'	90°00	90°00	90°00	19°15'	70°44'	0·3494	∞	∞
14	p	∞6	160	16 14	"	"	"	16 14	73 46	0·2911'	"	"
15	q	∞12	1·12·0	8 17	"	"	"	8 17	81 43	0·1456	"	"
16	α	$0\frac{1}{4}$	014	0 00	7 49	0 00	7 49	0 00	7 49	0	0·1372'	0·1372'
17	β	$0\frac{1}{3}$	013	"	10 22	"	10 22	"	10 22	"	0·1830	0·1830
18	γ	$0\frac{1}{2}$	012	"	15 21	"	15 21	"	15 21	"	0·2745	0·2745
19	δ	$0\frac{2}{3}$	023	"	20 06	"	20 06	"	20 06	"	0·3660	0·3660
20	ε	01	011	"	28 46	"	28 46	"	28 46	"	0·5490	0·5490
21	ζ	$0\frac{3}{2}$	032	"	39 28	"	39 28	"	39 28	"	0·8235	0·8235
22	η	02	021	"	47 40'	"	47 40'	"	47 40'	"	1·0980	1·0980
23	ϑ	03	031	"	58 44	"	58 44	"	58 44	"	1·6470	1·6470
24	$\varkappa$	04	041	"	65 31	"	65 31	"	65 31	"	2.1960	2·1960
25	λ	05	051	"	69 59	"	69 59	"	69 59	"	2·7450	2·7450
26	μ	06	061	"	73 07	"	73 07	"	73 07	"	3·2940	3·2940
27	d	$\frac{1}{2}$0	102	90 00	25 37	25 37	0 00	25 37	0 00	0·4795'	0	0.4795'
28	e	10	101	"	43 48	43 48	"	43 48	"	0·9591	"	0·9591
29	f	20	201	"	62 28	62 28	"	62 28	"	1·9182	"	1·9182
30	ψ	$\frac{1}{2}$	112	60 13	28 55'	25 37	15 21	24 49	13 54	0·4795'	0·2745	0·5526
31	v	1	111	"	47 51'	43 48	28 46	40 03	21 37	0·9590	0·5490	1·1051
32	s	2	221	"	65 39'	62 28'	47 40'	52 15	26 55	1·9182	1·0980	2·2102
33	$\varDelta$	3	331	"	73 13	70 50	58 44	56 11'	28 24	2·8773	1·6470	3·3154
34	u	$1\frac{1}{2}$	212	74 01'	44 56	43 48	15 21	42 46	11 12	0·9590	0·2745	0·9976
35	φ	$1\frac{3}{2}$	232	49 21	51 39	"	39 28'	36 31	30 43'	"	0·8235	1·2641
36	w	12	121	41 08	55 33	"	47 40'	32 51	38 24	"	1·0980	1·4579
37	x	13	131	30 13	62 19	"	58 44	26 27'	49 55'	"	1·6470	1·9059
38	y	14	141	23 35'	67 21	"	65 31	21 40'	57 45	"	2·1960	2·3963
39	z	15	151	19 15'	71 01'	"	69 59	18 10'	63 13	"	2·7450	2·9077
40	ω	16	161	16 14	73 45	"	73 07	15 34	67 11	"	3·2940	3·4308
41	χ	$\frac{1}{2}$1	122	41 08	36 05'	25 37	28 46	22 48	26 20	0·4795'	0·5490	0·7289
42	r	21	211	74 01'	63 23	62 28'	"	59 15'	14 14.	1·9182	"	1·9952
43	R	41	411	81 51'	75 32	75 23'	"	73 26'	7 53	3·8364	"	3·8754
44	t	23	231	49 21	68 25	62 28'	58 44	44 52'	37 17	1·9182	1·6470	2·5282
45	τ	$\frac{1}{3}$2	163	16 14	48 50	17 44	47 40'	12 09	46 17	0·3197	1·0980	1·1436
46	Q	$\frac{1}{2}$2	142	23 35'	50 09	25 37	"	17 53'	44 43	0·4795'	"	1·1981
47	T	42	421	74 01'	75 56	75 23'	"	68 50'	15 29	3·8364	"	3·9904
48	σ	$\frac{1}{2}\frac{3}{2}$	132	30 13	43 37	25 37	39 28'	20 19	36 36	0·4795'	0·8235	0·9530
49	ϱ	$\frac{1}{3}\frac{2}{3}$	123	41 08	25 55	17 44	20 06	16 42'	19 13	0·3197	0·3660	4·8595

Berzeliit.

Regulär.

No.	Buch-staben	Symb.	Miller	φ	ϱ	ξ_0	η_0	ξ	η	x (Prismen) (x : y)	y	d =tgϱ
1	c	0	001	—	0° 00	0° 00	0° 00	0° 00	0° 00	0	0	0
		0∞	010	0° 00	90 00	„	90 00	„	90 00	„	∞	∞
2	e	0½	012	„	26 34	„	26 34	„	26 34	„	0·5000	0·5000
		02	021	„	63 26	„	63 26	„	63 26	„	2·0000	2·0000
		∞2	120	26 34	90 00	90 00	90 00	26 34	„	0.5000	∞	∞
3	d	01	011	0 00	45 00	0 00	45 00	0 00	45 00	0	1·0000	1·0000
		∞	110	45 00	90 00	90 00	90 00	45 00	„	1·0000	∞	∞
4	q	½	112	„	35 16	26 34	26 34	24 05·	24 05·	0·5000	0·5000	0·7071
		12	121	26 34	65 54·	45 00	63 26	„	54 44	1·0000	2·0000	2·2360

Beudantit.

Hexagonal. Rhomboedrisch - hemiedrisch.

c = 1·1842	lg c = 007342	lg a$_0$ = 016514	lg p$_0$ = 989733	a$_0$ = 1·4626	p$_0$ = 0·7895	(G$_2$)

No.	Buch-staben	Symb.	Bravais	φ	ϱ	ξ_0	η_0	ξ	η	x (Prismen) (x : y)	y	d =tgϱ
1	c	0	0001	—	0° 00	0° 00	0° 00	0° 00	0° 00	0	0	0
2	V v	± 5	5·5·$\bar{10}$·1	30° 00	81 40·	73 41·	80 25	29 39	58 58·	3·4185	5·9209	6·8369
3	u	− 4	$\bar{4}\bar{4}$81	„	79 38·	69 55	78 05	29 28	58 25	2·7347	4·7368	5·4695
4	t	− ⁵⁄₂	$\bar{5}$·$\bar{5}$·10·2	„	73 41·	59 40	71 20	28 40·	56 13	1·7092	2·9605	3·4185
5	s	− 2	$\bar{2}\bar{2}$41	„	69 55	53 49	67 06·	28 00·	54 25·	1·3674	2·3684	2·7348
6	R r	± 1	11$\bar{2}$1	„	53 49·	34 21·	49 49	23 48	44 21	0·6837	1·1842	1·3674

Beyrichit.

Hexagonal. Rhomboedrisch - hemiedrisch.

c = 0·3277	lg c = 951548	lg a$_0$ = 072306	lg p$_0$ = 933939	a$_0$ = 5·2852	p$_0$ = 0·2185	(G$_2$)

No.	Buch-staben	Symb.	Bravais	φ	ϱ	ξ_0	η_0	ξ	η	x (Prismen) (x : y)	y	d =tgϱ
1	a	∞0	10$\bar{1}$0	0° 00	90° 00	0° 00	90° 00	0° 00	90° 00	0	∞	∞
2	b	∞	11$\bar{2}$0	30 00	„	90 00	„	30 00	60 00	0·5773	„	„
3	i	2∞	21$\bar{3}$0	19 06·	„	„	„	19 06·	70 53·	0·3464	„	„
4	r	+ 1	11$\bar{2}$1	30 00	20 43·	10 43	18 08·	10 11·	17 51	0·1892	0·3277	0·3784
5	e	− ½	$\bar{1}\bar{1}$22	„	10 43	5 24	9 18·	5 20	9 16	0·0946	0·1638	0·1892

Bieberit.

Monoklin.

a = 1·1814	lg a = 007240	lg a_0 = 988705	lg p_0 = 011294	a_0 = 0·7710	p_0 = 1·2970
c = 1·5323	lg c = 018534	lg b_0 = 981465	lg q_0 = 017095	b_0 = 0·6526	q_0 = 1·4824
$\left.\begin{array}{l}\mu =\\180-\beta\end{array}\right\}$ 75° 20	$\left.\begin{array}{l}\lg h =\\\lg \sin\mu\end{array}\right\}$ 998561	$\left.\begin{array}{l}\lg e =\\\lg \cos\mu\end{array}\right\}$ 940346	lg $\dfrac{p_0}{q_0}$ = 994199	h = 0·9674	e = 0·2532

No.	Buch-staben	Symb.	Miller	φ	ϱ	ξ_0	η_0	ξ	η	x′ (Prismen) (x . y)	y′	d′ =tgϱ
1	c	0	001	90° 00	14° 40	14° 40	0° 00	14° 40	0° 00	0·2617	0	0·2617
2	b	0∞	010	0 00	90 00	0 00	90 00	0 00	90 00	0	∞	∞
3	m	∞	110	41 11	„	90 00	„	41 11	48 49	0·8749	„	„
4	e	0⅓	013	27 08	29 51	14 40	27 03·	13 07	26 17·	0·2617	0·5107·	0·5739
5	o	01	011	9 41·	57 15	„	56 52	8 08·	56 00	„	1·5323	1.5545
6	f	+⅓0	103	90 00	35 19·	35 19·	0 00	35 19·	0 00	0·7086·	0	0·7086·
7	v	+10	101	„	58 02	58 02	„	58 02	„	1·6025	„	1·6025
8	t	—10	$\overline{1}$01	90 00	47 10·	$\overline{4}$7 10·	„	$\overline{4}$7 10·	„	$\overline{1}$·0790	„	1·0790
9	n	+12	121	27 36·	73 52·	58 02	71 55·	26 26	58 21	1·6024	3·0646	3·4582
10	p	+1	111	46 17	65 43·	„	56 52	41 12·	39 03	„	1·5323	2·2171
11	v	—12	$\overline{1}$21	$\overline{1}$9 24	72 53·	$\overline{4}$7 10·	71 55·	$\overline{1}$8 30·	64 21·	$\overline{1}$·0790	3·0646	3·2489

Binnit.

Regulär. Tetraedrisch-hemiedrisch.

No.	Buch-staben	Symb.	Miller	φ	ϱ	ξ_0	η_0	ξ	η	x (Prismen) (x : y)	y	d =tgϱ
1	c	0	001	—	0° 00	0° 00	0° 00	0° 00	0° 00	0	0	0
		0∞	010	0° 00	90 00	„	90 00	„	90 00	„	∞	∞
2	d	01	011	„	45 00	„	45 00	„	45 00	„	1·0000	1·0000
		∞	110	45 00	90 00	90 00	90 00	45 00	„	1·0000	∞	∞
3	μ	$\frac{1}{10}$	1·1·10	„	8 03	5 42·	5 42·	5 41	5 41	0·1000	0·1000	0·1414
		1·10	1·10·1	5 42·	84 19	45 00	84 17·	„	81 57	1·0000	10·000	10·050
4	s	$\frac{1}{7}$	117	45 00	11 25·	8 07·	8 07·	8 03	8 03	0·1429	0·1429	0·2020
		17	171	8 08	81 57	45 00	81 52	„	78 35·	1·0000	7·0000	7·0710
5	r	$\frac{1}{6}$	116	45 00	13 15·	9 27·	9 27·	9 20	9 20	0·1667	0·1667	0·2357
		16	161	9 27·	80 40	45 00	80 32	„	76 44	1·0000	6·0000	6·0827
6	k	$\frac{1}{4}$	114	45 00	19 28	14 02	14 02	13 38	13 38	0·2500	0·2500	0·3535
		14	141	14 02	76 22	45 00	75 58	„	70 32	1·0000	4·0000	4·1231
7	q	$\frac{1}{2}$	112	45 00	35 16	26 34	26 34	24 05·	24 05·	0·5000	0·5000	0·7071
		12	121	26 34	65 54·	45 00	63 26	„	54 44	1·0000	2·0000	2·2360

$No.$	Buchstaben	Symb.	Miller	φ	ϱ	ξ_0	η_0	ξ	η	x (Prismen) (x : y)	y	d $=\lg\varrho$
8	p	1	111	45°00	54°44	45°00	45°00	35°16	35°16	1·0000	1·0000	1·4142
9	φ	$\tfrac{1}{4}1$	144	14 02	45 52	14 02	,,	10 01·	44 08	0·2500	,,	1·0308
		4	441	45 00	79 58·	75 58	75 58	44 08	,,	4·0000	4·0000	5·6567
10	w	$\tfrac{2}{3}1$	233	33 41·	50 14·	33 41·	45 00	25 14·	39 45·	0·6667	1·0000	1·2019
		$\tfrac{3}{2}$	332	45 00	64 45·	56 18·	56 18·	39 45·	,,	1·5000	1·5000	2·1213
11	x	$\tfrac{1}{3}\tfrac{2}{3}$	123	26 34	36 42	18 26	33 41·	15 30	32 18·	0·3333	0·6667	0·7453
		$\tfrac{1}{2}\tfrac{3}{2}$	132	18 26	57 41·	26 34	56 18·	,,	53 18	0·5000	1·5000	1·5811
		23	231	33 41·	74 30	63 26	71 34	32 18·	,,	2·0000	3·0000	3·6055

Bismit.

Rhombisch.

a $=$ 0·8166	lg a $=$ 991201	lg a_0 $=$ 970863	lg p_0 $=$ 029137	a_0 $=$ 0·5112	p_0 $=$ 1·9560
c $=$ 1·5973	lg c $=$ 020338	lg b_0 $=$ 979662	lg q_0 $=$ 020338	b_0 $=$ 0·6261	q_0 $=$ 1·5973

$No.$	Buchstaben	Symb.	Miller	φ	ϱ	ξ_0	η_0	ξ	η	x (Prismen) (x : y)	y	d $=\operatorname{tg}\varrho$
1	c	0	001	—	0°00	0°00	0°00	0°00	0°00	0	0	0
2	m	∞	110	50°46	90 00	90 00	90 00	50 46	39 14	1·2246	∞	∞
3	q	$0\tfrac{1}{2}$	012	0 00	38 36·	0 00	38 36·	0 00	38 36·	0	0·7986	0·7986
4	r	$0\tfrac{2}{3}$	023	,,	46 48	,,	46 48	,,	46 48	,,	1·0649	1·0649
5	s	01	011	,,	57 57	,,	57 57	,,	57 57	,,	1·5973	1·5973
6	t	02	021	,,	72 37	,,	72 37	,,	72 37	,,	3·1946	3·1946

Blei.

Regulär.

$No.$	Buchstaben	Symb.	Miller	φ	ϱ	ξ_0	η_0	ξ	η	x (Prismen) (x ; y)	y	d $=\operatorname{tg}\varrho$
1	c	0	001	—	0°00	0°00	0°00	0°00	0°00	0	0	0
		0∞	010	0°00	90 00	,,	90 00	,,	90 00	,,	∞	∞
2	f	$0\tfrac{1}{4}$	014	,,	14 02	,,	14 02	,,	14 02	,,	0·2500	0·2500
		04	041	,,	75 58	,,	75 58	,,	75 58	,,	4·0000	4·0000
		$\infty 4$	140	14 02	90 00	90 00	90 00	14 02	,,	0·2500	∞	∞
3	d	01	011	0 00	45 00	0 00	45 00	0 00	45 00	0	1·0000	1·0000
		∞	110	45 00	90 00	90 00	90 00	45 00	,,	1·0000	∞	∞
4	q	$\tfrac{1}{2}$	112	,,	35 16	26 34	26 34	24 05·	24 05·	0·5000	0·5000	0·7071
		12	121	26 34	65 54·	45 00	63 26	,,	54 44	1·0000	2·0000	2·2360
5	p	1	111	45 00	54 44	,,	45 00	35 16	35 16	,,	1·0000	1·4142
6	A	$\tfrac{1}{5}1$	155	11 18·	45 34	11 18·	,,	8 03	44 26·	0·2000	,,	1·0198
		5	551	45 00	81 57	78 41·	78 41·	44 26·	,,	5·0000	5·0000	7·0710

Bleiglanz.

Regulär.

No.	Buch-staben	Symb.	Miller	φ	ϱ	ξ_0	η_0	ξ	η	x (Prismen) (x : y)	y	d = tg ϱ
1	c	0	001	—	0°00	0°00	0°00	0°00	0°00	0	0	0
		0∞	010	0°00	90 00	"	90 00	"	90 00	"	∞	∞
2	a	$0\frac{1}{10}$	0·1·10	"	5 42·	"	5 42·	"	5 42·	"	0·1000	0·1000
		0·10	0·10·1	"	84 17·	"	84 17·	"	84 17·	"	10·000	10·000
		∞10	1·10·0	5 42·	90 00	90 00	90 00	5 42·	"	0·1000	∞	∞
3	a	$0\frac{1}{3}$	013	0 00	18 26	0 00	18 26	0 00	18 26	0	0·3333	0·3333
		03	031	"	71 34	"	71 34	"	71 34	"	3·0000	3·0000
		∞3	130	18 26	90 00	90 00	90 00	18 26	"	0·3333	∞	∞
4	d	01	011	0 00	45 00	0 00	45 00	0 00	45 00	0	1·0000	1·0000
		∞	110	45 00	90 00	90 00	90 00	45 00	"	1·0000	∞	∞
5	β	$\frac{1}{36}$	1·1·36	"	2 15	1 35·	1 35·	1 35·	1 35·	0·0267	0·0267	0·0393
		1·36	1·36·1	1 35·	88 24·	45 00	88 24·	"	87 45	1·0000	36 000	36·014
6	γ	$\frac{1}{15}$	1·1·15	45 00	5 23	3 49	3 49	3 48·	3 48·	0·0667	0·0667	0·0943
		1·15	1·15·1	3 49	86 11·	45 00	86 11	"	84 37	1·0000	15·000	15·033
7	ν	$\frac{1}{12}$	1·1·12	45 00	6 43·	4 45·	4 45·	4 45	4 45	0·0833	0·0833	0·1179
		1·12	1·12·1	4 46	85 15	45 00	85 14	"	83 17	1.0000	12·000	12 041
8	μ	$\frac{1}{10}$	1·1·10	45 00	8 03	5 42·	5 42·	5 41	5 41	0·1000	0·1000	0·1414
		1·10	1·10·1	5 42·	84 19	45 00	84 17·	"	81 57	1·0000	10·000	10·050
9	ϑ	$\frac{1}{9}$	119	45 00	8 56	6 20·	6 20·	6 18	6 18	0·1111	0·1111	0·1571
		19	191	6 20·	83 42	45 00	83 39·	"	81 04	1·0000	9·0000	9·0552
10	ϰ	$\frac{2}{15}$	2·2·15	45 00	10 40·	7 35·	7 35·	7 31·	7 31·	0·1333	0·1333	0 1886
		$1\frac{15}{2}$	2·15·2	7 35·	82 28·	45 00	82 24·	"	79 20·	1·0000	7·5000	7·5662
11	r	$\frac{1}{6}$	116	45 00	13 15·	9 27·	9 27·	9 20	9 20	0·1667	0·1667	0·2357
		16	161	9 27·	80 40	45 00	80 32	"	76 44	1·0000	6·0000	6·0827
12	l	$\frac{1}{5}$	115	45 00	15 47·	11 18·	11 18·	11 06	11 06	0·2000	0·2000	0·2828
		15	151	11 18·	78 54	45 00	78 41·	"	74 12·	1·0000	5·0000	5·0989
13	k	$\frac{1}{4}$	114	45 00	19 28	14 02	14 02	13 38	13 38	0·2500	0·2500	0·3535
		14	141	14 02	76 22	45 00	75 58	"	70 32	1·0000	4·0000	4·1231
14	m	$\frac{1}{3}$	113	45 00	25 14·	18 26	18 26	17 33	17 33	0.3333	0·3333	0.4714
		13	131	18 26	72 27	45 00	71 34	"	64 45·	1·0000	3·0000	3·1623
15	q	$\frac{1}{2}$	112	45 00	35 16	26 34	26 34	24 05·	24 05·	0·5000	0·5000	0·7071
		12	121	26 34	65 54·	45 00	63 26	"	54 44	1·0000	2·0000	2·2360
16	n	$\frac{2}{3}$	223	45 00	43 19	33 41·	33 41·	29 01	29 01	0·6667	0 6667	0.9428
		$1\frac{3}{2}$	232	33 41·	60 59	45 00	56 18·	"	46 41	1·0000	1.5000	1·8028
17	t	$\frac{3}{4}$	334	45 00	46 41	36 52	36 52	30 58	30 58	0·7500	0·7500	1·0606
		$1\frac{4}{3}$	343	36 52	59 02	45 00	53 08	"	43 19	1 0000	1·3333	1·6667

No.	Buch-staben	Symb.	Miller	φ	ϱ	ξ_0	η_0	ξ	η	x (Prismen) (x : y)	y	d =tgϱ
18	p	1	111	45°00	54 44	45°00	45°00	35°16	35°16	1·0000	1·0000	1·4142
19	A	$\frac{1}{5}$1	155	11 18·	45 33·	11 18·	„	8 03	44 26·	0·2000	„	1·0198
		5	551	45 00	81 57	78 41·	78 41·	44 26·	„	5·0000	5·0000	7·0710
20	φ	$\frac{1}{4}$1	144	14 02	45 52	14 02	45 00	10 01·	44 08	0·2500	1·0000	1·0308
		4	441	45 00	79 58·	75 58	75 58	44 08	„	4·0000	4·0000	5·6567
21	v	$\frac{1}{3}$1	133	18 26	46 30·	18 26	45 00	13 16	43 29·	0·3333	1·0000	1·0541
		3	331	45 00	76 44	71 34	71 34	43 29·	„	3·0000	3·0000	4·2426
22	u	$\frac{1}{2}$1	122	26 34	48 11·	26 34	45 00	19 28	41 48·	0·5000	1·0000	1·1180
		2	221	45 00	70 31·	63 26	63 26	41 48·	„	2·0000	2·0000	2·8284
23	Ψ	$\frac{4}{7}$1	477	29 44·	49 02	29 44·	45 00	22 00	40 58	0·5714	1·0000	1·1517
		$\frac{7}{4}$	774	45 00	68 00	60 15·	60 15·	40 58	„	1·7500	1·7500	2·4748
24	χ	$\frac{4}{5}$1	455	38 39·	52 01	38 39·	45 00	29 30	37 59	0·8000	1.0000	1·2807
		$\frac{5}{4}$	554	45 00	60 30	51 20·	51 20·	37 59	„	1·2500	1·2500	1·7677
25	Ω	$\frac{1}{8}\frac{1}{4}$	128	26 34	15 37	7 07·	14 02	6 55	13 56	0·1250	0·2500	0·2795
		$\frac{1}{2}$4	182	7 07·	76 04	26 34	75 58	„	74 23	0·5000	4·0000	4·0311
		28	281	14 02	83 05	63 26	82 52·	13 56	„	2·0000	8·0000	8·2462
26	x	$\frac{1}{3}\frac{2}{3}$	123	26 34	36 42	18 26	33 41·	15 30	32 18·	0·3333	0·6667	0·7453
		$\frac{1}{2}\frac{3}{2}$	132	18 26	57 41·	26 34	56 18·	„	53 18	0·5000	1·5000	1·5811
		23	231	33 41·	74 30	63 26	71 34	32 18·	„	2·0000	3·0000	3·6055

Bleioxyd.

Rhombisch.

a = 0·6706	lg a = 982646	lg a$_0$ = 983684	lg p$_0$ = 016316	a$_0$ = 0.6860	p$_0$ = 1.4560
c = 0·9764	lg c = 998963	lg b$_0$ = 001037	lg q$_0$ = 998963	b$_0$ = 1.0242	q$_0$ = 0.9764

No.	Buch-staben	Symb.	Miller	φ	ϱ	ξ_0	η_0	ξ	η	x (Prismen) (x : y)	y	d =tgϱ
1	c	0	001	—	0°00	0°00	0°00	0°00	0°00	0	0	0
2	b	∞0	100	90°00	90 00	90 00	„	90 00	„	∞	„	∞
3	α	0$\frac{1}{2}$	012	0 00	26 01·	0 00	26 01·	0 00	26 01·	0	0·4882	0·4882
4	r	1	111	56 09	60 18	55 31	44 19	46 10·	28 56	1·4560	0·9764	1·7531
5	t	$\frac{2}{3}$1	233	44 50	54 00·	44 09	„	34 47	35 01	0·9706·	„	1·3768
6	s	$\frac{4}{5}$1	455	50 01·	56 39·	49 21	„	39 48·	32 27·	1·1648	„	1·5199

Blödit.

Monoklin.

a = 1·3494	lg a = 013014	lg a₀= 030374	lg p₀ = 969626	a₀= 2·0125	p₀=0·4969
c = 0·6705	lg c = 982640	lg b₀= 017360	lg q₀ = 981888	b₀= 1·4914	q₀=0·6590
$\left.{\mu \atop 180-\beta}\right\}79°22$	$\left.{\lg h \atop \lg \sin\mu}\right\}999248$	$\left.{\lg e \atop \lg\cos\mu}\right\}926605$	$\lg \dfrac{p_0}{q_0} = 987738$	h = 0·9828	e =0·1845

No.	Buchstaben	Symb.	Miller	φ	ϱ	ξ_0	η_0	ξ	η	x' (Prismen) (x : y)	y'	d' $=\mathrm{tg}\,\varrho$
1	c	0	001	90°00	10°38	10°38	0°00	10°38	0°00	0·1877·	0	0·1877·
2	b	0∞	010	0 00	90 00	0 00	90 00	0 00	90 00	0	∞	∞
3	a	∞0	100	90 00	..	90 00	0 00	90 00	0 00	∞	0	..
4	λ	3∞	310	66 09	..	..	90 00	66 09	23 51	2·2620	∞	..
5	n	2∞	210	56 27	..	..	..	56 27	33 33	1·5080	..	..
6	l	$\frac{3}{2}$∞	320	48 31	..	..	..	48 31	41 29	1·1310	"	"
7	m	∞	110	37 01	"	"	"	37 01	52 59	0·7540	"	"
8	τ	∞$\frac{5}{4}$	450	31 06	"	"	"	31 06	58 54	0·6032	"	"
9	ν	∞2	120	20 39·	"	"	"	20 39·	69 20·	0·3770	"	"
10	μ	∞3	130	14 06·	"	..	"	14 06·	75 53·	0·2513	"	"
11	d	01	011	15 38·	34 51	10 38	33 50·	8 52	33 23	0·1877·	0·6705	0·6963
12	e	02	021	7 58	53 33	"	53 17·	6 24	52 48·	..	1·3410	1·3541
13	r	−10	$\bar{1}$01	90 00	17 38	$\bar{1}$7 38	0 00	$\bar{1}$7 38	0 00	$\bar{0}$·3178·	0	0·3178·
14	q	−20	$\bar{2}$01	"	39 28	$\bar{3}$9 28	"	$\bar{3}$9 28	"	$\bar{0}$·8234	"	0·8234
15	p	+1	111	45 57·	43 58	34 44	33 50·	29 56	28 51·	0·6933	0·6705	0·9645
16	t	−31	$\bar{3}$11	$\bar{6}$3 13·	56 06·	$\bar{5}$3 02·	"	$\bar{4}$7 49·	21 57·	$\bar{1}$·3290	"	1·4886
17	s	−21	$\bar{2}$11	$\bar{5}$0 50·	46 43	$\bar{3}$9 28	"	$\bar{3}$4 22	27 22	$\bar{0}$·8234·	"	1·0619
18	u	−1	$\bar{1}$11	$\bar{2}$5 22	36 34·	$\bar{1}$7 38	"	$\bar{1}$4 47·	32 35	$\bar{0}$·3178·	"	0·7420
19	f	−$\frac{1}{4}$1	$\bar{1}$44	5 13·	33 57	3 30·	"	2 55	33 47·	0·0613	"	0·6733
20	z	+13	131	19 01	64 49·	34 44	63 34	17 09	58 50	0·6933	2·0115	2·1276
21	o	+12	121	27 20	56 28·	"	53 17	22 30·	47 46·	"	1·3410	1·5096
22	v	−1$\frac{1}{2}$	$\bar{2}$12	$\bar{4}$3 28·	24 48	$\bar{1}$7 38	18 32	$\bar{1}$6 48·	17 43	$\bar{0}$·3178·	0·3352·	0·4620
23	x	−12	$\bar{1}$21	$\bar{1}$3 20	54 02	"	53 17	$\bar{1}$0 45·	51 57·	"	1·3410	1·3782
24	y	−2	$\bar{2}$21	$\bar{3}$1 33	57 34	$\bar{3}$9 28	"	$\bar{3}$6 12·	45 59·	$\bar{0}$·8234	"	1·5737
25	w	−$\frac{1}{2}$	$\bar{1}$12	$\bar{1}$0 59	18 51·	$\bar{3}$ 43·	18 32	$\bar{3}$ 32	18 30	$\bar{0}$·0651	0·3352·	0·3415

Boleit.

Regulär.

No.	Buch-staben	Symb.	Miller	φ	ϱ	ξ_0	η_0	ξ	η	x (Prismen) (x : y)	y	d $=$ tg ϱ
1	c	{ 0	001	—	0° 00	0° 00	0° 00	0° 00	0° 00	0	0	0
		0∞	010	0° 00	90 00	"	90 00	"	90 00	"	∞	∞
2	e	{ 0½	012	"	26 34	"	26 34	"	26 34	"	0·5000	0·5000
		02	021	"	63 26	"	63 26	"	63 26	"	2·0000	2·0000
		∞2	120	26 34	90 00	90 00	90 00	26 34	"	0·5000	∞	∞
3	d	{ 01	011	0 00	45 00	0 00	45 00	0 00	45 00	0	1·0000	1·0000
		∞	110	45 00	90 00	90 00	90 00	45 00	"	1·0000	∞	∞
4	p	1	111	"	54 44	45 00	45 00	35 16	35 16	"	1·0000	1·4142

Boracit.

Regulär.   Tetraedrisch-hemiedrisch.

No.	Buch-staben	Symb.	Miller	φ	ϱ	ξ_0	η_0	ξ	η	x (Prismen) (x : y)	y	d $=$ tg ϱ
1	c	{ 0	001	—	0° 00	0° 00	0° 00	0° 00	0° 00	0	0	0
		0∞	010	0° 00	90 00	"	90 00	"	90 00	"	∞	∞
2	f	{ 0¼	014	"	14 02	"	14 02	"	14 02	"	0·2500	0·2500
		04	041	"	75 58	"	75 58	"	75 58	"	4·0000	4·0000
		∞4	140	14 02	90 00	90 00	90 00	14 02	"	0·2500	∞	∞
3	a	{ 0⅓	013	0 00	18 26	0 00	18 26	0 00	18 26	0	0·3333	0·3333
		03	031	"	71 34	"	71 34	"	71 34	"	3·0000	3·0000
		∞3	130	18 26	90 00	90 00	90 00	18 26	"	0·3333	∞	∞
4	d	{ 01	011	0 00	45 00	0 00	45 00	0 00	45 00	0	1·0000	1·0000
		∞	110	45 00	90 00	90 00	90 00	45 00	"	1·0000	∞	∞
5	qq.	{ ±½	112	"	35 16	26 34	26 34	24 05·	24 05·	0·5000	0·5000	0·7071
		±12	121	26 34	65 54·	45 00	63 26	"	54 44	1·0000	2·0000	2·2360
6	pp.	±1	111	45 00	54 44	"	45 00	35 16	35 16	"	1·0000	1·4142
7	Π.	{ −1/16·1	1·16·16	3 34·	45 03·	3 34·	"	2 32	44 56·	0·0625	"	1·0019
		16·16	16·16·1	45 00	87 28	86 25·	86 25·	44 56·	"	16·000	16·000	22·627
8	C.	{ −⅛1	188	7 07·	45 13·	7 07·	45 00	5 03	44 46·	0·1250	1·0000	1·0078
		−8	881	45 00	84 57	82 52·	82 52·	44 46·	"	8·0000	8·0000	11·314
9	φ	{ +¼1	144	14 02	45 52	14 02	45 00	10 01·	44 08	0·2500	1·0000	1·0308
		+4	441	45 00	79 58·	75 58	75 58	44 08	"	4·0000	4·0000	5·6567
10	Σ	{ +⅖1	255	21 48	47 07·	21 48	45 00	15 47·	42 52·	0·4000	1·0000	1·0771
		+5/2	552	45 00	74 12·	68 12	68 12	42 52·	"	2·5000	2·5000	3·5355
11	z	{ +⅕⅗	135	18 26	32 18·	11 18·	30 58	9 44	30 28	0·2000	0·6000	0·6325
		+⅓5/3	153	11 18·	59 32	18 26	59 02	"	57 41·	0·3333	1·6667	1·6996
		+35	351	30 58	80 16	71 34	78 41·	30 28	"	3·0000	5·0000	5·8310

Borax.

Monoklin.

a $=$ 1·0995	lg a $=$ 004120	lg a_0 $=$ 998966	lg p_0 $=$ 001034	a_0 $=$ 0·9765	p_0 $=$ 1·0241
c $=$ 1·126	lg c $=$ 005154	lg b_0 $=$ 994846	lg q_0 $=$ 003309	b_0 $=$ 0·8881	q_0 $=$ 1·0792
$\left.\begin{array}{c}\mu =\\ 180-\beta\end{array}\right\}$ 73°25	$\left.\begin{array}{c}\text{lg h} =\\ \text{lg sin}\,\mu\end{array}\right\}$ 998155	$\left.\begin{array}{c}\text{lg e} =\\ \text{lg cos}\,\mu\end{array}\right\}$ 945547	lg $\dfrac{p_0}{q_0}$ $=$ 997725	h $=$ 0·9584	e $=$ 0·2854

No.	Buch-staben	Symb.	Miller	φ	ϱ	ξ_0	η_0	ξ	η	x' (Prismen) (x : y)	y'	d' $=$ tg ϱ
1	c	0	001	90°00	16°35	16°35	0°00	16°35	0°00	0·2978	0	0·2978
2	b	0∞	010	0 00	90 00	0 00	90 00	0 00	90 00	0	∞	∞
3	a	∞0	100	90 00	"	90 00	0 00	90 00	0 00	∞	0	"
4	m	∞	110	43 30	"	"	90 00	43 30	46 30	0·9489·	∞	"
5	n	$\frac{7}{5}$∞	750	53 02	"	"	"	53 02	36 58	1·3285·	"	"
6	s	02	021	7 32	66 14·	16 35	66 03·	6 53·	65 08·	0·2978	2·2520	2·2716
7	e	$-$10	$\bar{1}$01	$\bar{9}$0 00	$\bar{3}$7 37·	$\bar{3}$7 37·	0 00	$\bar{3}$7 37·	0 00	$\bar{0}$·7707·	0	0·7707·
8	o	$-\frac{1}{2}$	$\bar{1}$12	$\bar{2}$2 47	31 24·	$\bar{1}$3 18·	29 23	$\bar{1}$1 38·	28 43	$\bar{0}$·2365	0·5630	0·6106
9	z	$-$1	$\bar{1}$11	$\bar{3}$4 23·	45 54	$\bar{3}$7 37·	48 23·	$\bar{2}$7 06	41 43·	$\bar{0}$·7707·	1·1260	1·3645

Botryogen.

Monoklin.

a $=$ 0·6522	lg a $=$ 981438	lg a_0 $=$ 003964	lg p_0 $=$ 996036	a_0 $=$ 1·0955	p_0 $=$ 0·9128
c $=$ 0·5953	lg c $=$ 977474	lg b_0 $=$ 022526	lg q_0 $=$ 972241	b_0 $=$ 1·6798	q_0 $=$ 0·5277
$\left.\begin{array}{c}\mu =\\ 180-\beta\end{array}\right\}$ 62°26	$\left.\begin{array}{c}\text{lg h} =\\ \text{lg sin}\,\mu\end{array}\right\}$ 994767	$\left.\begin{array}{c}\text{lg e} =\\ \text{lg cos}\,\mu\end{array}\right\}$ 966537	lg $\dfrac{p_0}{q_0}$ $=$ 023795	h $=$ 0·8865	e $=$ 0·4628

No.	Buch-staben	Symb.	Miller	φ	ϱ	ξ_0	η_0	ξ	η	x' (Prismen) (x : y)	y'	d' $=$ tg ϱ
1	c	0	001	90°00	27°34	27°34	0°00	27°34	0°00	0·5220·	0	0·5220·
2	b	0∞	010	0 00	90 00	0 00	90 00	0 00	90 00	0	∞	∞
3	m	∞	110	59 58	"	90 00	"	59 58	30 02	1·7296	"	"
4	f	∞2	120	40 51	"	"	"	40 51	49 09	0 8648	"	"
5	v	0$\frac{2}{3}$	023	52 45·	33 15·	27 34	21 39	25 53	19 23	0·5220·	0·3969	0·6558
6	x	$-$10	$\bar{1}$01	$\bar{9}$0 00	26 55	$\bar{2}$6 55	0 00	$\bar{2}$6 55	0 00	$\bar{0}$·5076	0	0·5076
7	n	$-$1	$\bar{1}$11	$\bar{4}$0 27·	38 02·	"	30 46	$\bar{2}$3 34	27 57·	"	0·5953	0·7824

Bournonit.

Bournonit.

Rhombisch.

a = 0·9380	lg a = 997220	lg a₀ = 001946	lg p₀ = 998054	a₀ = 1·0458	p₀ = 0·9562
c = 0·8969	lg c = 995274	lg b₀ = 004726	lg q₀ = 995274	b₀ = 1·1150	q₀ = 0·8969

No.	Buch-staben	Symb.	Miller	φ	ϱ	ξ_0	η_0	ξ	η	x (Prismen) (x : y)	y	d =tgϱ
1	c	0	001	—	0°00	0°00	0°00	0°00	0°00	0	0	0
2	a	0∞	010	0°00	90 00	”	90 00	”	90 00	”	∞	∞
3	b	∞0	100	90 00	”	90 00	0 00	90 00	0 00	∞	0	”
4	η	3∞	310	72 38	”	”	90 00	72 38	17 22	3·1983	∞	”
5	e	2∞	210	64 52·	”	”	”	64 52·	25 07·	2·0837	”	”
6	l	$\frac{3}{2}$∞	320	57 59	”	”	”	57 59	32 01	1·5991	”	”
7	R	$\frac{7}{5}$∞	750	56 10·	”	”	”	56 10·	33 49·	1·4925·	”	”
8	Π	$\frac{11}{8}$∞	11·8·0	55 16·	”	”	”	55 16·	34 43·	1·4427	”	”
9	ϑ	$\frac{4}{3}$∞	430	54 52·	”	”	”	54 52·	35 07·	1·4215	”	”
10	M	$\frac{9}{7}$∞	970	53 53	”	”	”	53 53	36 07	1·3707	”	”
11	k	$\frac{5}{4}$∞	540	53 07	”	”	”	53 07	36 53	1·3327	”	”
12	m	∞	110	46 50	”	”	”	46 50	43 10	1·0661	”	”
13	Ψ	∞$\frac{6}{5}$	560	41 41	”	”	”	41 41	48 19	0·8884	”	”
14	w	∞$\frac{4}{3}$	340	38 38·	”	”	”	38 38·	51 21·	0·7996	”	”
15	a	∞$\frac{3}{2}$	230	35 24	”	”	”	35 24	54 36	0·7107·	”	”
16	f	∞2	120	28 03·	”	”	”	28 03·	61 56·	0·5330·	”	”
17	i	∞3	130	19 34	”	”	”	19 34	70 26	0·3553·	”	”
18	Ξ	∞$\frac{10}{3}$	3·10·0	17 44	”	”	”	17 44	72 16	0·3198	”	”
19	Φ	∞4	140	14 55·	”	”	”	14 55·	75 04·	0·2665	”	”
20	L	∞5	150	12 02	”	”	”	12 02	77 58	0·2132	”	”
21	d	∞6	160	10 04·	”	”	”	10 04·	79 55·	0·1777	”	”
22	$\varkappa$	0$\frac{1}{3}$	013	0 00	16 38·	0 00	16 38·	0 00	16 38·	0	0·2989·	0·2989·
23	γ	0$\frac{2}{3}$	023	”	30 52·	”	30 52·	”	30 52·	”	0·5979·	0·5979·
24	n	01	011	”	41 53·	”	41 53·	”	41 53·	”	0·8969	0·8969
25	$\frac{3}{6}$	02	021	”	60 51·	”	60 51·	”	60 51·	”	1·7938	1·7938
26	Σ	03	031	”	69 37	”	69 37	”	69 37	”	2·6907	2·6907
27	j	$\frac{1}{5}$0	105	90 00	10 49·	10 49·	0 00	10 49·	0 00	0·1912·	0	0·1912·
28	t	$\frac{1}{4}$0	104	”	13 26·	13 26·	”	13 26·	”	0·2390·	”	0·2390·
29	ε	$\frac{1}{3}$0	103	”	17 40·	17 40·	”	17 40·	”	0·3187·	”	0·3187·
30	F	$\frac{2}{5}$0	205	”	20 56	20 56	”	20 56	”	0·3824·	”	0·3824·
31	x	$\frac{1}{2}$0	102	”	25 33	25 33	”	25 33	”	0·4781	”	0·4781
32	h	$\frac{2}{3}$0	203	”	32 31	32 31	”	32 31	”	0·6374·	”	0·6374·
33	o	10	101	”	43 43	43 43	”	43 43	”	0·9562	”	0·9562

No.	Buch-staben	Symb.	Miller	φ	ϱ	ξ_0	η_0	ξ	η	x (Prismen) (x : y)	y	d $=$ tgϱ
34	C	$\frac{5}{3}$ 0	503	90°00	57°53'	57°53'	0°00	57°53'	0°00	1·5936	0	1·5936
35	z	20	201	„	62 23'	62 23'	„	62 23'	··	1·9123	··	1·9123
36	δ	30	301	„	70 47	70 47	„	70 47	··	2·8685	··	2·8685
37	ζ	40	401	··	75 20'	75 20'	··	75 20'	··	3·8238	··	3·8238
38	v	21	211	64 52	64 40	62 23'	41 53'	54 55	22 34	1·9124	0·8969	2·1122
39	D	$\frac{3}{2}$ 1	322	57 59	59 24'	55 07	··	46 52'	27 09'	1·4342'	··	1·6916
40	y	1	111	46 50	52 40	43 43	··	35 26'	32 57	0·9562	··	1·3110
41	Y	$\frac{3}{5}$ 1	355	32 36'	46 47'	29 50'	··	23 07'	37 53	0·5737	··	1·0647
42	π	$\frac{1}{2}$ 1	122	28 03'	45 28	25 33	··	19 35'	38 58'	0·4781	··	1·0163
43	λ	$\frac{1}{4}$ 1	144	14 55'	42 52	13 26'	··	10 05'	41 06	0·2394	··	0·9282
44	N	$1\frac{1}{11}$	11·1·11	85 07'	43 49	43 43	4 39'	43·37'	3 22'	0·9562	0·0815'	0·9596
45	s	$1\frac{1}{2}$	212	64 52'	46 34	··	24 09	41 06	17 57'	··	0·4484'	1·0561
46	V	$1\frac{5}{4}$	454	40 27'	55 50	·· —	48 16	32 28'	39 01	··	1·1211	1·4735
47	Q	$1\frac{3}{2}$	232	35 24	58 47'	··	53 22'	29 42	44 12	··	1·3453	1·6505
48	ϱ	12	121	28 03'	63 48'	··	60 51'	24 58	52 21'	··	1·7938	2·0327
49	g	2	221	46 50	69 07'	62 23'	··	42 57'	39 44	1·9124	··	2·6219
50	Γ	$\frac{8}{5}$	885	··	64 30'	56 50	55 08	41 10'	38 08	1·5299	1·4350'	2·0975
51	μ	$\frac{3}{2}$	332	··	63 03	55 07	53 22'	40 33	37 34'	1·4342'	1·3453	1·9664
52	Θ	$\frac{17}{12}$	17·17·12	··	61 42	53 34	51 48	39 57'	37 02'	1·3546	1·2706	1·8572
53	Z	$\frac{4}{3}$	443	··	60 13'	51 53'	50 06	39 16	36 26	1·2749	1·1958	1·7480
54	K	$\frac{5}{4}$	554	··	58 36'	50 05	48 16	38 30'	35 44	1·1952	1·1211	1·6387
55	χ	$\frac{3}{4}$	334	··	44 31	35 39	33 55'	30 45'	28 40	0·7171'	0·6726'	0·9832
56	p	$\frac{2}{3}$	223	··	41 09	32 31	30 52'	28 41	26 45'	0·6374'	0·5979'	0·8740
57	E	$\frac{5}{8}$	558	··	39 20	30 52	29 16'	27 32	25 41'	0·5976	0·5605'	0·8194
58	S	$\frac{5}{9}$	559	··	36 04	27 58'	26 29	25 26	23 45	0·5312	0·5040'	0·7283
59	P	$\frac{10}{19}$	10·10·19	··	34 36'	26 43	25 16	24 28	22 52	0·5032'	0·4720'	0·6900
60	u	$\frac{1}{2}$	112	··	33 15	25 33	24 09	23 34	22 01'	0·4781	0·4484'	0·6555
61	φ	$\frac{1}{3}$	113	··	23 36'	17 40'	16 38'	16 59	15 54	0·3187'	0·2989'	0·4370
62	Ω	$\frac{1}{4}$	114	··	18 09	13 26'	12 38'	13 08	12 18	0·2394	0·2242	0·3277
63	A	$\frac{1}{2}\frac{1}{7}$	7·2·14	75 00	26 20	25 33	7 18	25 22	6 35'	0·4781	0·1281	0·4950
64	B	$\frac{1}{2}\frac{1}{6}$	316	72 38	26 36'	„	8 30	25 18'	7 41	„	0·1495	0·5009
65	ξ	$\frac{1}{2}\frac{1}{4}$	214	64 52'	27 50	„	12 38'	25 00'	11 26	„	0·2242	0·5281
66	Δ	$\frac{1}{2}\frac{2}{7}$	7·4·14	61 48'	28 28'	··	14 22'	24 51	13 01	„	0·2562'	0·5424
67	G	$\frac{1}{2}\frac{1}{3}$	326	57 59	29 25	··	16 38'	24 36'	15 05'	··	0·2989'	0·5639
68	ω	$\frac{1}{2}\frac{2}{3}$	346	38 38'	37 26	··	30 52'	22 18'	28 20'	··	0·5979'	0·7656
69	J	$\frac{1}{3}\frac{2}{3}$	123	28 03'	34 07	17 40'	„	15 18	29 40	0·3187'	„	0·6776
70	O	$\frac{2}{3}\frac{1}{3}$	213	64 52'	35 09	32 31	16 38'	31 25	14 09	0·6374'	0·2989'	0·7041
71	T	32	321	57 59	73 32	70 47	60 51'	54 24	30 33'	2·8685	1·7938	3·3832
72	U	$\frac{3}{4}\frac{1}{4}$	314	72 38	36 55	35 39	12 38'	34 59	10 19'	0·7171'	0·2242	0·7514
73	W	43	431	54 52'	77 56	75 21	69 37	53 07	34 14'	3·8247	2·6907	4·6764
74	H	$\frac{2}{5}\frac{7}{5}$	275	71 49'	76 03	··	51 28	67 14'	17 37	··	1·2556	4·0256
75	X	$\frac{7}{3}\frac{4}{3}$	743	61 48'	68 26'	65 51'	50 06	55 03'	26 04	2·2311	1·1958	2·5314

Braunit.

Tetragonal.

$\left.\begin{matrix} c \\ p_0 \end{matrix}\right\} = 1\cdot4032$	$\lg c = 014712$	$\lg a_0 = 985288$	$a_0 = 0\cdot7126$

No.	Buch-staben	Symb.	Miller	φ	ϱ	ξ_0	η_0	ξ	η	x (Prismen) (x : y)	y	d $= \operatorname{tg}\varrho$
1	c	o	001	—	0°00	0°00	0°00	0°00	0°00	o	o	o
2	m	o∞	010	0°00	90 00	"	90 00	"	90 00	"	∞	∞
3	a	∞	110	45 00	"	90 00	"	45 00	45 00	1·0000	"	"
4	e	01	011	0 00	54 31·	0 00	54 31·	0 00	54 31·	o	1·4032	1·4032
5	s	02	021	"	70 23·	"	70 23·	"	70 23·	"	2·8064	2·8064
6	o	$\frac{3}{8}$	338	45 00	36 39·	27 45	27 45	24 58	24 58	0·5226	0·5226	0·7442
7	n	$\frac{1}{2}$	112	"	44 46·	35 03	35 03	29 52·	29 52·	0·7016	0·7016	0·9922
8	l	2	221	"	75 51·	70 23·	70 23·	43 17·	43 17·	2·8064	2·8064	3·9688
9	σ	$\frac{1}{5}1$	155	11 18·	55 03	15 40·	54 31·	9 15	53 29·	0·2806	1·4032	1·4309
10	y	$\frac{1}{3}1$	133	18 26	55 56·	25 04	"	15 11	51 48·	0·4677	"	1·4791
11	x	13	131	"	77 18	54 31·	76 38	17 58	67 44·	1·4032	4·2096	4·4373
12	i	$\frac{1}{4}\frac{3}{4}$	134	"	47 58	19 20	46 27·	13 35	44 48	0·3508	1·0524	1.1093
13	?t	$\frac{3}{8}\frac{7}{8}$	378	23 12	53 11	27 45	50 50·	18 23	47 22·	0·5262	1·2278	1·3358

Breithauptit.

Hexagonal.

$c = 0\cdot7471$	$\lg c = 987338$	$\lg a_0 = 036518$	$\lg p_0 = 969729$	$a_0 = 2\cdot3184$	$p_0 = 0\cdot4981$	(G_I)

No.	Buch-staben	Symb.	Bravais	φ	ϱ	ξ_0	η_0	ξ	η	x (Prismen) (x : y)	y	d $= \operatorname{tg}\varrho$
1	c	o	0001	—	0°00	0°00	0°00	0°00	0°00	o	o	o
2	a	∞0	$10\bar{1}0$	0°00	90 00	"	90 00	"	90 00	"	∞	∞
3	i	10	$10\bar{1}1$	"	26 28·	"	26 28·	"	26 28·	"	0·4981	0·4981
4	w	30	$30\bar{3}1$	"	56 12·	"	56 12·	"	56 12·	"	1·4942	1·4942
5	v	40	$40\bar{4}1$	"	63 21	"	63 21	"	63 21	"	1·9923	1·9923
6	s	14·0	$14\cdot0\cdot\overline{14}\cdot1$	"	81 50·	"	81 50·	"	81 50·	"	6·9730	6·9730

Brewsterit.

Monoklin.

$a = 0\cdot4049$	$\lg a = 960735$	$\lg a_0 = 968266$	$\lg p_0 = 031734$	$a_0 = 0\cdot4816$	$p_0 = 2\cdot0765$
$c = 0\cdot8408$	$\lg c = 992469$	$\lg b_0 = 007531$	$\lg q_0 = 992380$	$b_0 = 1\cdot1893$	$q_0 = 0\cdot8391$
$\left.\begin{matrix}\mu =\\180-\beta\end{matrix}\right\}86°\,20$	$\left.\begin{matrix}\lg h =\\ \lg \sin \mu\end{matrix}\right\}999911$	$\left.\begin{matrix}\lg e =\\ \lg \cos \mu\end{matrix}\right\}880585$	$\lg \dfrac{p_0}{q_0} = 039354$	$h = 0\cdot9979$	$e = 0\cdot0639\cdot$

No.	Buchstaben	Symb.	Miller	φ	ϱ	ξ_0	η_0	ξ	η	x' (Prismen) $(x:y)$	y'	d' $=\operatorname{tg}\varrho$
1	c	o	001	90°00	3°40	3°40	0°00	3°40	0°00	0·0641	0	0·0641
2	b	o∞	010	0 00	90 00	0 00	90 00	0 00	90 00	0	∞	∞
3	a	∿0	100	90 00	··	90 00	0 00	90 00	0 00	∞	0	··
4	m	∞	110	68 00	··	”	90 00	68 00	22 00	2·4747·	∞	··
5	t	∞2	120	51 03·	··	”	”	51 03·	38 56·	1·2373·	”	”
6	e	$0\frac{1}{12}$	0·1·12	42 27	5 25·	3 40	4 00·	3 39·	4 00	0·0641	0·0700·	0·0949

Bromsilber.

Regulär.

No.	Buchstaben	Symb.	Miller	φ	ϱ	ξ_0	η_0	ξ	η	x (Prismen) $(x:y)$	y	d $=\operatorname{tg}\varrho$
1	c	{ o	001	—	0°00	0°00	0°00	0°00	0°00	0	0	0
		o∞	010	0°00	90 00	”	90 00	”	90 00	”	∞	∞
2	d	{ 01	011	”	45 00	”	45 00	”	45 00	”	1·0000	1·0000
		∿	110	45 00	90 00	90 00	90 00	45 00	”	1·0000	∿	∞
3	p	1	111	”	54 44	45 00	45 00	35 16	35 16	”	1·0000	1·4142

Brongniardit.

Regulär.

No	Buchstaben	Symb.	Miller	φ	ϱ	ξ_0	η_0	ξ	η	x (Prismen) $(x:y)$	y	d $=\operatorname{tg}\varrho$
1	d	{ 01	011	0°00	45°00	0°00	45°00	0°00	45°00	0	1·0000	1·0000
		∞	110	45 00	90 00	90 00	90 00	45 00	”	1·0000	∞	∞
2	p	1	111	”	54 44	45 00	45 00	35 16	35 16	”	1·0000	1·4142

Brookit.

Rhombisch. (?)

$a = 0·8416$	$\lg a = 992511$	$\lg a_0 = 994995$	$\lg p_0 = 005005$	$a_0 = 0·8911$	$p_0 = 1·1222$
$c = 0·9444$	$\lg c = 997516$	$\lg b_0 = 002484$	$\lg q_0 = 997516$	$b_0 = 1·0589$	$q_0 = 0·9444$

No.	Buch-staben	Symb.	Miller	φ	ϱ	ξ_0	η_0	ξ	η	x (Prismen) (x : y)	y	d =tg ϱ
1	c	0	001	—	0°00	0°00	0°00	0°00	0°00	0	0	0
2	b	0∞	010	0°00	90 00	"	90 00	"	90 00	"	∞	∞
3	a	$\infty 0$	100	90 00	"	90 00	0 00	90 00	0 00	∞	0	"
4	M	9∞	910	84 39·	"	"	90 00	84 39·	5 20·	10·694	"	"
5	N	7∞	710	83 08·	"	"	"	83 08·	6 51·	8·3174	"	"
6	?p	$\frac{11}{2}\infty$	11·2·0	81 18	"	"	"	81 18	8 42	6·5350	∞	"
7	k	4∞	410	78 07	"	"	"	78 07	11 53	4·7528	"	"
8	?e	$\frac{9}{4}\infty$	940	69 29·	"	"	"	69 29·	20 30·	2·6734	"	"
9	l	2∞	210	67 10·	"	"	"	67 10·	22 49·	2·3764	"	"
10	a	$\frac{3}{2}\infty$	320	60 42·	"	"	"	60 42·	29 17·	1·7823	"	"
11	m	∞	110	49 55	"	"	"	49 55	40 05	1·1882	"	"
12	φ	$\infty 2$	120	30 43	"	"	"	30 43	59 17	0·5941	"	"
13	ψ	$0\frac{1}{2}$	012	0 00	25 16·	0 00	25 16·	0 00	25 16·	0	0·4722	0·4722
14	T	$0\frac{8}{9}$	089	"	40 01	"	40 01	"	40 01	"	0·8395	0·8395
15	δ	01	011	"	43 21·	"	43 21·	"	43 21·	"	0·9444	0·9444
16	d	$0\frac{4}{3}$	043	"	51 32·	"	51 32·	"	51 32·	"	1·2592	1·2592
17	t	02	021	"	62 06	"	62 06	"	62 06	"	1·8888	1·8888
18	y	$\frac{1}{4}0$	104	90 00	15 40	15 40	0 00	15 40	0 00	0·2805	0	0·2805
19	x	$\frac{1}{2}0$	102	"	29 18	29 18	"	29 18	"	0·5610·	"	0·5610·
20	ω	$\frac{3}{5}0$	305	"	33 57	33 57	"	33 57	"	0·6733	"	0·6733
21	χ	$\frac{1}{4}\frac{1}{2}$	124	30 43	28 46·	15 40	25 16·	14 14	24 27	0·2805·	0·4722	0·5493
22	e	$\frac{1}{2}1$	122	"	47 41·	29 17·	43 21·	22 11·	39 28·	0·5611	0·9444	1·0985
23	n	12	121	"	65 31·	48 17·	62 06	27 42	51 29·	1·1222	1·8888	2·1970
24	p	$\frac{1}{2}\frac{2}{9}$	9·4·18	69 29·	30 55·	29 17·	11 51	28 46·	10 22·	0·5611	0·2098·	0·5990
25	v	$\frac{1}{2}\frac{1}{3}$	326	60 42	32 45·	"	17 28·	28 09	15 21	"	0.3148	0·6434
26	P	$\frac{1}{2}\frac{5}{14}$	7·5·14	58 59·	33 12·	"	18 38·	28 00	16 23·	"	0·3373	0·6546
27	z	$\frac{1}{2}$	112	49 55	36 15	"	25 16·	26 54	22 23	"	0·4722	0·7333
28	q	$\frac{1}{2}\frac{3}{4}$	234	38 23	42 06	"	35 18·	24 36	31 42·	"	0·7083	0·9036
29	$\varkappa$	$\frac{1}{2}\frac{3}{2}$	132	21 36·	56 43·	"	54 47	17 56	51 01	"	1·4166	1·5237
30	λ	$\frac{1}{2}2$	142	16 32·	63 05·	"	62 06	14 42·	58 44·	"	1·8888	1·9704
31	o	1	111	49 55	55 43	48 17·	43 21·	39 12·	32 08·	1·1222	0·9444	1·4667
32	s	$\frac{3}{2}1$	322	60 42	62 36·	59 17	"	50 44·	25 45	1·6832	"	1·9300
33	g	$1\frac{4}{9}$	949	69 29·	50 09	48 17·	22 46	45 58·	15 36	1·1222	0·4197·	1·1981
34	q	$1\frac{4}{3}$	343	41 42·	59 20	"	51 32·	34 54·	39 57	"	1·2592	1·6866
35	w	$1\frac{7}{2}$	272	18 45	74 01	"	73 10	18 00	65 33	"	3·3055	3·4907
36	h	15	151	13 22	78 21·	"	78 02·	13 05·	72 20·	"	4·7220	4·8535

No.	Buchstaben	Symb.	Miller	φ	ϱ	ξ_0	η_0	ξ	η	x (Prismen) (x : y)	y	d $=\mathrm{tg}\,\varrho$
37	i	$\frac{3}{2}\,2$	342	41°42'	68°26	59°17	62°06	38°13'	43°58'	1·6832	1·8888	2·5300
38	?u	$\frac{7}{4}\,2$	784	46 07	69 51	63 01	"	42 35	40 36	1·9638	"	2·7247
39	r	2	221	49 55	71 10'	65 59	"	46 24	37 33	2·2443	"	2·9333
40	π	$\frac{1}{4}\,\frac{1}{3}$	3·4·12	41 42'	22 52	15 40	17 28'	14 59	16 51'	0.2805'	0·3148	0·4217
41	ε	$\frac{1}{4}\,\frac{3}{4}$	134	21 36'	37 18	"	35 18'	12 53'	34 17'	"	0·7083	0·7618
42	f	$\frac{3}{2}\,5$	3·10·2	19 37	78 43	59 17	78 02'	19 13'	67 29	1·6832	4·7220	5·0130
43	Ω	$\frac{1}{12}\,\frac{11}{6}$	1·22·12	3 05'	60 01'	5 20'	59 59'	2 40'	59 53	0·0743	1·7314	1·7340
44	$\mathfrak{r}$	$\frac{1}{3}\,\frac{4}{9}$	349	41 42'	29 21	20 30'	22 46	19 02	21 27'	0·3740'	0·4197'	0·5622
45	Σ	$\frac{1}{3}\,\frac{5}{6}$	256	25 25	41 04	"	38 12	16 23	36 23'	"	0·7870'	0·8714
46	D	$\frac{2}{7}\,\frac{11}{14}$	4·11·14	18 34'	38 03	14 00	36 34'	11 19'	35 45	0·2493'	0·7420'	0·7828
47	ϑ	$\frac{5}{18}\,\frac{7}{9}$	5·14·18	22 59'	38 35	17 19	36 18	14 06	35 02'	0·3117	0·7345'	0·7979
48	$\varDelta$	$\frac{4}{13}\,\frac{10}{13}$	4·10·13	25 25	38 48'	19 03	36 00	15 36'	34 28'	0·3453	0·7264'	0·8043

Brucit.

Hexagonal. Rhomboedrisch-hemiedrisch.

$c = 1\cdot5208$	$\lg c = 018207$	$\lg a_0 = 005649$	$\lg p_0 = 000598$	$a_0 = 1\cdot1389$	$p_0 = 1\cdot0139$	(G_2)

No.	Buchstaben	Symb.	Bravais	φ	ϱ	ξ_0	η_0	ξ	η	x (Prismen) (x : y)	y	d $=\mathrm{tg}\,\varrho$
1	c	0	0001	—	0°00	0°00	0°00	0°00	0°00	0	0	0
2	'z	$-\frac{1}{3}$	$\bar1\bar123$	30°00	30 20'	16 19	26 53	14 38	25 56'	0·2927	0·5069	0·5854
3	e	$-\frac{1}{2}$	$\bar1\bar122$	"	41 17	23 42	37 15	19 15'	34 51	0·4390	0·7604	0·8780
4	r	$+1$	$11\bar2\bar1$	"	60 20'	41 17	56 40'	25 45	48 48'	0·8780	1·5208	1·7561
5	h	$-\frac{7}{5}$	$\bar7·\bar7·14·5$	"	67 52	50 52'	64 50'	27 35'	53 20'	1·2292	2 1291	2·4585
6	p	$+2$	$22\bar4\bar1$	"	74 06'	60 20'	71 48	28 44'	56 24	1·7561	3·0416	3·5122
7	t	-4	$\bar4\bar481$	"	81 54	74 06'	80 40	29 40	59 01'	3·5122	6·0831	7·0243

Brushit.

Monoklin.

$a = 0\cdot6221$	$\lg a = 979386$	$\lg a_0 = 026047$	$\lg p_0 = 973953$	$a_0 = 1\cdot8217$	$p_0 = 0\cdot5489'$
$c = 0\cdot3415$	$\lg c = 953339$	$\lg b_0 = 046661$	$\lg q_0 = 953156$	$b_0 = 2\cdot9283$	$q_0 = 0\cdot3400'$
$\left.\begin{matrix}\mu =\\ 180-\beta\end{matrix}\right\}\,84°45$	$\left.\begin{matrix}\lg h =\\ \lg\sin\mu\end{matrix}\right\}\,999817$	$\left.\begin{matrix}\lg e =\\ \lg\cos\mu\end{matrix}\right\}\,896143$	$\lg\dfrac{p_0}{q_0} = 020797$	$h = 0\cdot9958$	$e = 0\cdot0915$

No.	Buchstaben	Symb.	Miller	φ	ϱ	ξ_0	η_0	ξ	η	x' (Prismen) (x : y)	y'	d' $=\mathrm{tg}\,\varrho$
1	b	0∞	010	0°00	90°00	0°00	90°00	0°00	90°00	0	∞	∞
2	p	3∞	310	78 20	"	90 00	"	78 20	11 40	4·8429'	0	"
3	n	01	011	15 03'	19 28'	5 15	18 51'	4 58	18 47	0·0919	0·3415	0·3536
4	c	-30	$\bar301$	$\bar90$ 00	57 22'	$\bar57$ 22'	0 00	$\bar57$ 22'	0 00	$\bar1$·5619	0	1·5619

Bunsenit.

Regulär.

No.	Buchstaben	Symb.	Miller	φ	ϱ	ξ_0	η_0	ξ	η	x (Prismen) (x : y)	y	d =tgϱ
1	c	o 0∞	001 010	— 0°00	0°00 90 00	0°00 "	0°00 90 00	0°00 "	0°00 90 00	o "	o ∞	o ∞
2	p	1	111	45 00	54 44	45 00	45 00	35 16	35 16	1·0000	1·0000	1·4142

Buntkupfererz.

Regulär.

No.	Buchstaben	Symb.	Miller	φ	ϱ	ξ_0	η_0	ξ	η	x (Prismen) (x : y)	y	d =tgϱ
1	c	o 0∞	001 010	— 0°00	0°00 90 00	0°00 "	0°00 90 00	0°00 "	0°00 90 00	o "	o ∞	o ∞
2	d	01 ∞	011 110	" 45 00	45 00 90 00	" 90 00	45 00 90 00	" 45 00	45 00 "	" 1·0000	1·0000 ∞	1·0000 ∞
3	q	½ 12	112 121	" 26 34	35 16 65 54·	26 34 45 00	26 34 63 26	24 05· "	24 05· 54 44	0·5000 1·0000	0·5000 2·0000	0·7071 2·2360
4	p	1	111	45 00	54 44	"	45 00	35 16	35 16	"	1·0000	1·4142

Calcit.

Hexagonal.   Rhomboedrisch - hemiedrisch.

c = 0·8543	lg c = 993161	lg a₀ = 030695	lg p₀ = 975552	a₀ = 2·0275	p₀ = 0·5695	(G₂)

No.	Buchstaben	Symb.	Bravais	φ	ϱ	ξ_0	η_0	ξ	η	x (Prismen) (x : y)	y	d =tgϱ
1	o	o	0001	—	0°00	0°00	0°00	0°00	0°00	o	o	o
2	a	∞	10$\bar{1}$0	0°00	90 00	"	90 00	"	90 00	"	∞	∞
3	b	∞	11$\bar{2}$0	30 00	"	90 00	"	30 00	60 00	0·5773	"	"
4	ψ	$\tfrac{4}{3}$∞	43$\bar{7}$0	25 17	"	"	"	25 17	64 43	0·4724	"	"
5	ζ	$\tfrac{5}{2}$∞	52$\bar{7}$0	16 06	"	"	"	16 06	73 54	0·2887	"	"
6	ϑ	4∞	41$\bar{5}$0	10 53·	"	"	"	10 53·	79 06·	0·1924	"	"
7	π	10	10$\bar{1}$1	0 00	29 40	0 00	29 40	0 00	29 40	o	0·5696	0·5696
8	$\varkappa$	$\tfrac{7}{4}$()	70$\bar{7}$4	"	44 54·	"	44 54·	"	44 54·	"	0·9967	0·9967
9	λ	20	20$\bar{2}$1	"	48 43	"	48 43	"	48 43	"	1·1391	1·1391

No.	Buchstaben	Symb.	Bravais	φ	ϱ	ξ_0	η_0	ξ	η	x (Prismen) (x : y)	y	d $= \operatorname{tg} \varrho$
10	α	40	40$\overline{4}$1	0°00	66°18	0°00	66°18	0°00	66°18	0	2·2782	2·2782
11	ω	$\frac{16}{3}$0	16·0·$\overline{16}$·3	"	71 46·	"	71 46·	"	71 46·	"	3·0375	3·0375
12	ξ	60	60$\overline{6}$1	"	73 41·	"	73 41·	"	73 41·	"	3·4173	3·4173
13	β	70	70$\overline{7}$1	"	75 55	"	75 55	"	75 55	"	3·9867	3·9867
14	γ	80	80$\overline{8}$1	"	77 37	"	77 37	"	77 37	"	4·5563	4·5563
15	δ	90	90$\overline{9}$1	"	78 57·	"	78 57·	"	78 57·	"	5·1258	5·1258
16	ε	12·0	12·0·$\overline{12}$·1	"	81 40·	"	81 40·	"	81 40·	"	6·8344	6·8344
17	a·	$-\frac{1}{5}$	$\overline{1}$1 25	30 00	11 09·	5 38	9 42	5 33	9 39	0·0986	0·1709	0·1972
18	d·	$+\frac{1}{4}$	11$\overline{2}$4	"	13 51	7 02	12 03·	6 52·	11 58	0·1233	0·2136	0·2466
19	β·	$-\frac{7}{20}$	$\overline{7}$·$\overline{7}$·14·20	"	19 03	9 47·	16 39	9 23·	16 25	0·1726	0·2990	0·3453
20	e· γ·	$\pm\frac{2}{5}$	22$\overline{4}$5	"	21 32	11 09·	18 52	10 34·	18 32	0.1973	0·3417	0·3946
21	f· δ·	$\pm\frac{1}{2}$	11$\overline{2}$2	"	26 15	13 51	23 08	12 46·	22 31·	0·2466	0·4271	0·4932
22	g·	$+\frac{4}{7}$	4·4·$\overline{8}$·7	"	29 24·	15 44·	26 01	14 12·	25 10	0·2818	0·4882	0·5637
23	ε·	$-\frac{3}{5}$	$\overline{3}$365	"	30 37	16 29	27 08·	14 45	26 10·	0·2960	0·5126	0·5919
24	h· ζ·	$\pm\frac{2}{3}$	22$\overline{4}$3	"	33 20	18 12	29 40	15 57	28 25	0·3288	0·5695	0·6576
25	η·	$-\frac{4}{5}$	$\overline{4}\overline{4}$85	"	38 17	21 32	34 21	18 02·	32 27	0.3946	0·6834	0·7892
26	ϑ·	$-\frac{7}{8}$	$\overline{7}$·$\overline{7}$·14·8	"	40 48	23 20·	36 46·	19 04	34 27·	0·4316	0·7475	0·8632
27	p· $\varkappa$·	± 1	11$\overline{2}$1	"	44 36·	26 15	40 30·	20 33·	37 27·	0·4932	0·8543	0·9865
28	λ·	$-\frac{8}{7}$	8·$\overline{8}$·16·7	"	48 25·	29 24·	44 19	21 58	40 23	0·5637	0·9764	1·1274
29	μ·	$-\frac{6}{5}$	$\overline{6}$·$\overline{6}$·12·5	"	49 48·	30 37	45 42·	22 27·	41 25	0·5919	1·0252	1·1838
30	ν·	$-\frac{5}{4}$	$\overline{5}$·$\overline{5}$·10·4	"	50 57·	31 39·	46 53	22 51	42 16	0·6165	1·0679	1·2331
31	ξ·	$-\frac{4}{3}$	$\overline{4}\overline{4}$83	"	52 45	33 20	48 43	23 27	43 35	0·6576	1·1391	1·3153
32	π·	$-\frac{7}{5}$	$\overline{7}$·$\overline{7}$·14·5	"	54 05·	34 37·	50 06	23 53·	44 32·	0·6905	1·1960	1·3811
33	ϱ·	$-\frac{3}{2}$	$\overline{3}$362	"	55 57	36 30	52 02	24 28·	45 51	0·7399	1·2814	1·4797
34	σ·	$-\frac{11}{7}$	$\overline{11}$·$\overline{11}$·22·7	"	57 10·	37 46·	53 19	24 51	46 52	0·7751	1·3425	1·5501
35	τ·	$-\frac{13}{8}$	$\overline{13}$·$\overline{13}$·26·8	"	58 02·	38 42·	54 14	25 06	47 17·	0·8015	1·3882	1·6030
36	A·	$-\frac{9}{5}$	$\overline{9}$·$\overline{9}$·18·5	"	60 36·	41 36	56 58	25 49·	48 59·	0·8878	1·5377	1·7756
37	φ·	-2	$\overline{2}\overline{2}$41	"	63 07·	44 36·	59 39·	26 29	50 34·	0·9865	1·7086	1·9729
38	χ·	$-\frac{9}{4}$	$\overline{9}$·$\overline{9}$·18·4	"	65 45	47 48·	62 31	27 07	52 09	1·1098	1·9222	2·2195
39	k· ψ·	$\pm\frac{5}{2}$	5·5·$\overline{10}$·2	"	67 55·	50 57·	64 54·	27 36	53 22·	1·2331	2·1357	2·4662
40	ω·	$-\frac{11}{4}$	$\overline{11}$·$\overline{11}$·22·4	"	69 46	53 36	66 56·	27 59	54 21	1·3564	2·3493	2·7127
41	l· Γ·	± 3	33$\overline{6}$1	"	71 20	55 57	68 41	28 16·	55 08	1·4797	2·5629	2·9594
42	Δ·	$-\frac{7}{2}$	$\overline{7}$·$\overline{7}$·14·2	"	73 51	59 55	71 30·	28 42	56 17	1·7263	2·9901	3·4526
43	m· Θ·	± 4	44$\overline{8}$1	"	75 47	63 07·	73 41·	28 59·	57 05	1·9729	3·4172	3·9458
44	Λ·	$-\frac{9}{2}$	9·9·18·2	"	77 18	65 45	75 25	29 11·	57 39·	2·2195	3·8443	4·4390
45	n· Ξ·	± 5	5·5·$\overline{10}$·1	"	78 32·	67 55·	76 49·	29 20·	58 04·	2·4662	4·2715	4·9323
46	o·	$+\frac{11}{2}$	11·11·$\overline{22}$·2	"	79 33·	69 46	77 59	29 27	58 24	2·7127	4·6986	5·4255
47	y·	$+6$	6·6·$\overline{12}$·1	"	80 24·	71 20	78 57·	29 32·	58 38·	2·9594	5·1258	5·9188
48	q·	$+7$	7·7·$\overline{14}$·1	"	81 45·	73 51	80 30·	29 39·	58 59·	3·4526	5·9801	6·9053
49	Π·	-8	8·8·16·1	"	82 46·	75 47	81 40·	29 44·	59 13·	3·9458	6·8344	7·8917
50	B·	-9	9·9·18·1	"	83 34·	77 18·	82 35·	29 47·	59 23	4·4390	7·6887	8·8780
51	r·	$+10·10$	10·10·$\overline{20}$·1	"	84 12·	78 32·	83 19·	29 50	59 30	4·9323	8·5430	9·8646

No.	Buch-staben	Symb.	Bravais	φ	ϱ	ξ_0	η_0	ξ	η	x (Prismen) (x : y)	y	d $= \mathrm{tg}\,\varrho$
52	Σ·	−11·11	1̄1·1̄1·22·1	30°00	84°44	79°33·	83°55·	29°51·	59°35	5·4255	9·3972	10·851
53	s·	+13·13	13·13·2̄6·1	„	85 32·	81 08	84 51·	29 54	59 42	6·4120	11·106	12·824
54	Φ·	−14·14	1̄4·1̄4·28·1	„	85 51·	81 45·	85 13	29 55	59 44·	6·9053	11·960	13·811
55	t·	+16·16	16·16·3̄2·1	„	86 22·	82 46·	85 49	29 56	59 48	7·8917	13·669	15·783
56	Ψ·	−17·17	1̄7·1̄7·34·1	„	86 35	83 12	86 03·	29 56·	59 49·	8·3850	14·523	16·770
57	u·	+19·19	19·19·3̄8·1	„	86 56·	83 54·	86 23·	29 57	59 51·	9·3712	15·862	18·743
58	Z·	+22·22	22·22·4̄4·1	„	87 21·	84 44	86 57	29 58	59 53·	10·851	18·784	21·702
59	z·	+28·28	28·28·5̄6·1	„	87 55·	85 51·	87 36·	29 58·	59 56	13·811	23·921	27·621
60	z:	$-\frac{4}{5}\frac{1}{5}$	4̄1̄55	10 53·	27 34	5 38	27 08·	5 01	27 01·	0·0986	0·5126	0·5220
61	u:	$-\frac{11}{13}\frac{2}{13}$	1̄1·2̄·13·13	8 13	27 58·	4 20·	27 44	3 50·	27 40	0·0759	0·5257	0·5312
62	y:	$-\frac{7}{8}\frac{1}{8}$	7̄1̄88	6 35	28 15·	3 31·	28 06	3 07	28 03	0·0616	0·5339	0·5375
63	x:	$+1\frac{1}{10}$	10·1·1̄1·10	4 43	30 58	2 49·	30 53	2 25·	30 51	0·0493	0·5980	0·6001
64	v:	$+1\frac{1}{5}$	516̄5	8 57	32 23	5 38	32 04	4 46·	31 56·	0·0986	0·6265	0·6342
65	t:	$+1\frac{1}{4}$	415̄4	10 53·	33 07·	7 02	32 39	5 55·	32 27	0·1233	0·6407	0·6525
66	g:	$+1\frac{1}{3}$	314̄3	13 54	34 23·	9 20	33 36	7 48	33 15	0·1644	0.6645	0·6845
67	w:	$+1\frac{2}{5}$	527̄5	16 06	35 25·	11 09·	34 21	9 15	33 50·	0·1973	0·6834	0·7114
68	f:	$+1\frac{5}{11}$	11·5·1̄6·11	17 47	36 17	12 38	34 57	10 25	34 18	0·2242	0·6990	0·7340
69	e:	$+1\frac{1}{2}$	213̄2	19 06·	37 00	13 51	35 27	11 21·	34 39	0·2466	0·7119	0·7534
70	q:	$+1\frac{4}{7}$	7·4·1̄1·7	21 03	38 07	15 44·	36 13	12 48·	35 10·	0·2818	0·7323	0·7846
71	α:	$+1\frac{3}{5}$	538̄5	21 47	38 34	16 29	36 31	13 22·	35 22·	0·2960	0·7404	0·7973
72	c:	$+1\frac{5}{8}$	8·5·1̄3·8	22 24·	38 57·	17 08	36 47	13 52	35 32·	0·3083	0·7475	0·8086
73	b:	$+1\frac{2}{3}$	325̄3	23 25	39 36·	18 12	37 12·	14 40·	35 48·	0·3288	0·7594	0·8275
74	a:	$+1\frac{7}{10}$	10·7·1̄7·10	24 11	40 07·	19 03	37 33·	15 18·	36 00·	0·3453	0·7689	0·8428
75	β:	$+1\frac{8}{11}$	11·8·1̄9·11	24 47·	40 33	19 44	37 50	15 49	36 10	0·3587	0·7766	0·8555
76	d:	$+1\frac{4}{5}$	549̄5	26 19·	41 39·	21 32	38 34	17 09	36 34	0·3946	0·7973	0·8897
77	A:	$+\frac{13}{10}1$	13·10·2̄3·10	25 41·	48 41	26 15	45 42·	19 00	42 36	0·4932	1·0252	1·1377
78	B:	$+\frac{7}{5}1$	7·5·1̄2·5	24 30	49 56·	„	47 15·	18 30·	44 08·	„	1,0821	1·1892
79	C:	$+\frac{3}{2}1$	325̄2	23 25	51 08·	„	48 43	18 01·	45 36·	„	1·1391	1·2413
80	γ:	$+\frac{25}{16}1$	25·16·4̄1·16	22 46·	51 52	„	49 35·	17 44	46 29·	„	1·1746	1·2740
81	D:	$+\frac{8}{5}1$	8·5·1̄3·5	22 24·	52 18	„	50 06	17 33·	47 00·	„	1·1960	1·2938
82	E:	$+\frac{7}{4}1$	7·4·1̄1·4	21 03	53 56	„	52 02	16 53	48 58·	„	1·2814	1·3731
83	F: g:	$\pm 2\,1$	213̄1	19 06·	56 26	„	54 55	15 49·	51 56	„	1·4238	1·5069
84	δ:	$+\frac{29}{14}1$	29·14·4̄3·14	18 37	57 05·	„	55 40·	15 32·	52 43	„	1·4645	1·5454
85	I:	$+\frac{17}{8}1$	17·8·2̄5·8	18 15·	57 34·	„	56 13·	15 20·	53 17	„	1·4950	1·5743
86	G: Λ	$\pm\frac{11}{5}1$	11·5·1̄6·5	17 47	58 14	„	56 58	15 03·	54 03·	„	1·5377	1·6149
87	H: Q	$\pm\frac{5}{2}1$	5·2·7̄·2	16 06	60 39	„	59 39·	13 59·	56 52·	„	1·7086	1·7784
88	J: ℭ:	$\pm 3\,1$	314̄1	13 54	64 02	„	63 21·	12 28	60 46·	„	1·9933	2·0535
89	K: Θ	$\pm 4\,1$	415̄1	10 53·	69 02	„	68 41	10 10	66 29·	„	2·5629	2·6099
90	L:	$+\frac{35}{8}1$	35·8·4̄3·8	10 04·	70 28·	„	70 11·	9 29·	68 07	„	2·7764	2·8199
91	ε:	$+\frac{19}{4}1$	19·4·2̄3·4	9 22	71 44·	„	71 30·	8 53·	69 33	„	2·9901	3·0305
92	M:	$+5\,1$	516̄1	8 57	72 30	„	72 17·	8 32	70 24	„	3·1324	3·1710
93	N:	$+\frac{11}{2}1$	11·2·1̄3·2	8 13	73 51	„	73 41·	7 53	71 55·	„	3·4172	3·4526

No.	Buchstaben	Symb.	Bravais	φ	ϱ	ξ_0	η_0	ξ	η	x (Prismen) (x : y)	y	d $=\mathrm{tg}\,\varrho$
94	O:	$+61$	$61\bar{7}1$	7°35·	75°00·	26°15	74°53	7°18	73°14	0·4932	3·7019	3·7347
95	P: Ψ	± 71	$71\bar{8}1$	6 35	76 54·	"	76 49·	6 25	75 22·	"	4·2715	4·2999
96	Q:	$+\frac{15}{2}1$	$15\cdot2\cdot\bar{17}\cdot2$	6 10·	77 41·	"	77 37	6 02	76 15	"	4·5563	4·5829
97	R:	$+81$	$81\bar{9}1$	5 49	78 23	"	78 19·	5 42	77 02	"	4·8410	4·8661
98	ζ:	$+\frac{17}{2}1$	$17\cdot2\cdot\bar{19}\cdot2$	5 30	79 00·	"	78 57·	5 23·	77 44	"	5·1258	5·1495
99	S:	$+91$	$9.1.\bar{10}\cdot1$	5 12·	79 34	"	79 31·	5 07·	78 21·	"	5·4105	5·4330
100	η:	$+\frac{19}{2}1$	$19\cdot2.\bar{21}\cdot2$	4 57	80 04·	"	80 02·	4 52·	78 55·	"	5·6954	5·7166
101	T:	$+10\cdot1$	$10\cdot1\cdot\bar{11}\cdot1$	4 43	80 32·	"	80 30·	4 39	79 26·	"	5·9801	6·0004
102	U:	$+13\cdot1$	$13\cdot1\cdot\bar{14}\cdot1$	3 40	82 36·	"	82 35·	3 38·	81 45	"	7·6887	7·7044
103	V:	$+16\cdot1$	$16\cdot1\cdot\bar{17}\cdot1$	3 00	83 56	"	83 55·	2 59	83 14	"	9·3972	9·4103
104	W:	$+\frac{35}{2}1$	$35\cdot2\cdot\bar{37}\cdot2$	2 45·	84 26	"	84 25·	2 44·	83 48	"	10·252	10·263
105	X:	$+19\cdot1$	$19\cdot1\cdot\bar{20}\cdot1$	2 32·	84 51·	"	84 51·	2 32	84 16	"	11·106	11·117
106	$\mathfrak{a}$:	$+\frac{8}{5}\frac{2}{5}$	$8\cdot2\cdot\bar{10}\cdot5$	10 53·	46 14	11 09·	45 42·	7 50·	45 10	0·1973	1·0252	1·0440
107	$\mathfrak{b}$:	$+\frac{7}{4}\frac{1}{4}$	$71\bar{8}4$	6 35	47 04	7 02	46 53	4 49	46 40	1·2331	1·0679	1·0750
108	$\mathfrak{c}$:	$-2\frac{1}{5}$	$\bar{10}\cdot\bar{1}\cdot11\cdot5$	4 43	50 12	5 38	50 06	3 37	49 58	0·0986	1·1960	1·2001
109	$\mathfrak{d}$:	$-2\frac{2}{7}$	$14\cdot\bar{2}\cdot16\cdot7$	6 35	50 51·	8 01·	50 40	5 06	50 23·	0·1409	1·2204	1·2257
110	$\mathfrak{e}$:	$-2\frac{1}{2}$	$4\bar{1}52$	10 53·	52 32	13 51	52 02	8 37·	51 12·	0·2466	1·2847	1·3050
111	$\mathfrak{f}$:	$-2\frac{2}{3}$	$\bar{6}\bar{2}83$	13 54	53 51	18 12	53 02·	11 11	51 37	0·3288	1·3289	1·3690
112	$\mathfrak{z}$:	$-2\frac{4}{5}$	$\bar{10}\cdot\bar{4}\cdot14\cdot5$	16 06	54 54	21 32	53 48·	13 07	51 48·	0·3946	1·3669	1·4227
113	$\mathfrak{h}$:	$-2\frac{8}{7}$	$\bar{14}\cdot\bar{8}\cdot22\cdot7$	21 03	57 29·	29 24·	55 40·	17 38	51 54·	0·5637	1·4645	1·5692
114	$\mathfrak{i}$:	$-2\frac{5}{4}$	$\bar{8}\cdot\bar{5}\cdot13\cdot4$	22 24·	58 16	31 39·	56 13·	18 55	51 50·	0·6165	1·4950	1·6172
115	$\mathfrak{k}$:	$-2\frac{7}{5}$	$\bar{10}\cdot\bar{7}\cdot17\cdot5$	24 11	59 19·	34 37·	56 58	20 38	51 41	0·6905	1·5377	1·6857
116	$\mathfrak{m}$:	$-2\frac{5}{3}$	$\bar{6}\cdot\bar{5}\cdot11\cdot3$	26 59·	61 05·	39 25·	58 13	23 25	51 16	0·8202	1·6137	1·8110
117	$\mathfrak{n}$:	$-\frac{7}{2}2$	$\bar{7}\cdot\bar{4}\cdot11\cdot2$	21 03	69 59·	44 36·	68 41	19 43·	61 16·	0·9865	2·5629	2·7462
118	$\mathfrak{o}$:	-42	$4\bar{2}\bar{6}1$	19 06·	71 38·	"	70 39	18 06	63 44·	"	2·8477	3.0137
119	$\mathfrak{p}$:	-52	$\bar{5}\bar{2}71$	16 06	74 18	"	73 41·	15 29	67 39	"	3·4172	3·5568
120	$\mathfrak{q}$: T	∓ 82	$8\cdot\bar{2}\cdot\bar{10}\cdot1$	10 53·	79 09·	"	78 57·	10 42	74 40·	"	5·1258	5·2199
121	$\mathfrak{r}$:	$-11\cdot2$	$\bar{11}\cdot\bar{2}\cdot13\cdot1$	8 13	81 45·	"	81 40·	8 07·	78 23	"	6·8344	6·9051
122	$\mathfrak{A}$:	$-\frac{5}{2}\frac{3}{2}$	$\bar{5}\bar{3}82$	21 47	63 21·	36 30	61 37	19 22·	56 06	0·7398	1·8510	1·9933
123	$\mathfrak{B}$:	$-\frac{13}{5}\frac{7}{5}$	$\bar{13}\cdot\bar{7}\cdot20\cdot5$	20 10·	63 27·	34 37·	61 59	17 58	57 07	0·6905	1·8794	2·0023
124	$\mathfrak{C}$:	$-\frac{8}{3}\frac{4}{3}$	$\bar{8}\cdot\bar{4}\cdot12\cdot3$	19 06·	63 32·	33 20	62 13·	17 02·	57 46	0·6576	1·8985	2·0091
125	$\mathfrak{E}$:	$-\frac{11}{4}\frac{5}{4}$	$\bar{11}\cdot\bar{5}\cdot16\cdot4$	17 47	63 39	31 39·	62 31	15 53·	58 34	0·6165	1·9222	2·0186
126	$\mathfrak{D}$:	$-\frac{20}{7}\frac{8}{7}$	$\bar{20}\cdot\bar{8}\cdot28\cdot7$	16 06	63 48	29 24·	62 53	14 24·	59 33	0·5637	1·9527	2·0325
127	$\mathfrak{F}$: M	$\mp\frac{16}{5}\frac{4}{5}$	$\bar{16}\cdot\bar{4}\cdot20\cdot5$	10 53·	64 24·	21 32	64 00	9 49	62 20	0·3946	2·0503	2·0880
128	$\mathfrak{G}$:	$-\frac{7}{2}\frac{1}{2}$	$\bar{7}\bar{1}82$	6 35	65 03·	13 51	64 54·	5 58	64 15	0·2466	2·1357	2·1500
129	$\mathfrak{H}$:	$+4\frac{4}{7}$	$28.4\cdot\bar{32}\cdot7$	"	67 51·	15 44·	67 43·	6 07	66 56·	0·2818	2·4408	2·4571
130	Γ:	$+\frac{19}{4}4$	$19\cdot16\cdot\bar{35}\cdot4$	27 10	76 58	63 07·	75 25	26 25	60 05	1.9729	3·8443	4·3210
131	Δ:	$+54$	$54\bar{9}1$	26 20	77 20	"	75 55	25 38·	60 58·	"	3·9867	4·4483
132	Σ:	$+\frac{26}{5}4$	$26\cdot20\cdot\bar{46}\cdot5$	25 41·	77 36·	"	76 17·	25 03	61 39·	"	4·1006	4·5505
133	Θ:	$+\frac{16}{3}4$	$16\cdot12.\bar{28}\cdot3$	25 17	77 47·	"	76 32	24 40·	62 05·	"	4·1766	4·6192
134	Φ:	$+\frac{11}{2}4$	$11\cdot8\cdot\bar{19}\cdot2$	24 47·	78 00	"	76 49·	24 13	62 37·	"	4·2715	4·7050
135	Λ:	$+\frac{40}{7}4$	$40\cdot28\cdot\bar{68}\cdot7$	24 11	78 16	"	77 10·	23 39	63 16·	"	4·3935	4·8161

No.	Buchstaben	Symb.	Bravais	φ	ϱ	ξ_0	η_0	ξ	η	x (Prismen) (x : y)	y	d =tgϱ
136	𝔈:	+64	6·4·10·1	23°25	78°37	63°07·	77°37	22°55·	64°06	1·9729	4·5563	4·9651
137	𝔓:	+74	7·4·11·1	21 03	79 41	"	78 57·	20 41·	66 39·	"	5·1258	5·4924
138	𝔍:	+10·4	10·4·14·1	16 06	82 00	"	81 40·	15 56·	72 04	"	6·8344	7·1135
139	𝔎:	+16·4	16·4·20·1	10 53·	84 31·	"	84 25·	10 50·	77 49·	"	10·252	10·440
140	ℜ:	$-5\frac{5}{4}$	20·5·$\overline{2}$5·4	"	72 57	31 39·	72 40	10 24·	69 51·	0·6164	3·2036	3·2624
141	𝔘:	$+\frac{40}{7}\frac{16}{7}$	40·16·$\overline{5}$6·7	16 06	76 10·	48 25·	75 38	15 37·	68 54	1·1274	3·9054	4·0649
142	𝔙:	$+\frac{32}{5}\frac{8}{5}$	32·8·$\overline{4}$0·5	10 53·	76 32	38 17	76 17·	10 35·	72 44·	0·7892	4·1006	4·1759
143	𝔚:	$-8\frac{5}{4}$	$\overline{3}$2·$\overline{5}$·37·4	7 09	78 35	31 39·	78 29·	7 00·	76 33	0·6165	4·9122	4·9507
144	𝔛:	−84	8·$\overline{4}$·12·1	19 06·	80 35	63 07·	80 02·	18 50·	68 46·	1·9729	5·6954	6·0274
145	𝔏:	−85	8·$\overline{5}$·13·1	22 24	81 13	67 55·	80 30·	22 08	66 00·	2·4662	5·9801	6·4686
146	ℨ:	−11·8	11·8·19·1	24 47·	83 56	75 46·	83 19·	24 38·	64 31·	3·9458	8·5430	9·4102
147	Q:	$-\frac{14}{3}\frac{7}{3}$	14·$\overline{7}$·21·3	19 06·	74 07·	49 01	73 15	18 21	65 21	1·1509	3·3223	3·5160
148	a:	$-\frac{12}{8}\frac{1}{2}$	$\overline{1}$9·$\overline{4}$·23·8	9 22	56 34·	13 51	56 13·	7 48·	55 26	0·2466	1·4960	1·5152
149	b:	$-\frac{11}{4}\frac{1}{2}$	$\overline{1}$1·$\overline{2}$·13·4	8 13	59 55	"	59 39·	7 06	58 55	"	1·7086	1·7263
150	c:	$-5\frac{1}{2}$	$\overline{1}$0·$\overline{1}$·11·2	4 43	71 34	"	71 30·	4 28·	71 00	"	2·9901	3·0002
151	d:	$-\frac{13}{2}\frac{1}{2}$	$\overline{1}$3·$\overline{1}$·14·2	3 40	75 27	"	75 25	3 33	75 00	"	3·8443	3·8522
152	e:	$-\frac{29}{4}\frac{1}{2}$	$\overline{2}$9·$\overline{2}$·31·4	3 18	76 50·	"	76 49·	3 13	76 26·	"	4·2715	4·2786
153	g:	$-\frac{19}{2}\frac{1}{2}$	$\overline{1}$9·$\overline{1}$·20·2	2 32·	79 48	"	79 47·	2 30	79 29·	"	5·5529	5·5582
154	S	$+\frac{25}{4}\frac{5}{2}$	25·10·$\overline{3}$5·4	16 06	77 19·	50 57·	76 49·	15 42	69 36·	1·2331	4·2715	4·4460
155	U	+62	6281	13 54	76 19	44 36·	75 55	13 30	70 35·	0·9865	3·9867	4·1071
156	W	$-\frac{13}{5}\frac{4}{5}$	$\overline{1}$3·$\overline{4}$·17·5	13 00	60 18·	21 32	59 39·	11 16·	57 49·	0·3946	1·7086	1·7536
157	Z	$+\frac{8}{5}\frac{4}{5}$	8·4·$\overline{1}$2·5	19 06·	50 19·	"	48 43	14 35·	46 39·	"	1·1391	1·2055
158	N	$+\frac{20}{11}\frac{8}{11}$	20·8·$\overline{2}$8·11	16 06	52 17·	19 44	51 10·	12 40·	49 28·	0·3587	1·2426	1·2934
159	X	$-\frac{23}{7}\frac{8}{7}$	$\overline{2}$3·8·31·7	14 23·	66 12·	29 24·	65 31·	13 09	62 24·	0·5637	2·1967	2·2679
160	Y	$-\frac{56}{13}\frac{20}{13}$	$\overline{5}$6·$\overline{2}$0·76·13	14 42·	71 30	37 11·	70 55·	13 56	66 32	0·7588	2·8915	2·9894
161	R	$-\frac{16}{7}\frac{8}{7}$	$\overline{1}$6·8·24·7	19 06·	59 51·	29 24·	58 25·	16 26·	54 48	0·5637	1·6272	1·7221
162	V	$-\frac{12}{5}\frac{6}{5}$	$\overline{1}$2·$\overline{6}$·18·5	"	61 03·	30 37	59 39·	16 38·	55 47	0·5919	1·7086	1·8082
163	Γ	$-\frac{20}{3}\frac{2}{3}$	$\overline{2}$0·$\overline{2}$·22·3	4 44	75 58	18 12	75 55	4 34·	75 12·	0·3288	3·9867	4·0003
164	Ξ	$-\frac{173}{4}\frac{31}{20}$	85·31·116·20	14 57·	71 21	37 24	70 44·	14 09	66 15·	0·7645	2·8619	2·9622

Caledonit.

Rhombisch.

$a = 0{\cdot}9180$	$\lg a = 996284$	$\lg a_0 = 981464$	$\lg p_0 = 018536$	$a_0 = 0{\cdot}6526$	$p_0 = 1{\cdot}5324$
$c = 1{\cdot}4067$	$\lg c = 014820$	$\lg b_0 = 985180$	$\lg q_0 = 014820$	$b_0 = 0{\cdot}7109$	$q_0 = 1{\cdot}4067$

No.	Buch-staben	Symb.	Miller	φ	ϱ	ξ_0	η_0	ξ	η	x (Prismen) (x : y)	y	d $=\mathrm{tg}\,\varrho$
1	c	0	001	—	0° 00	0° 00	0° 00	0° 00	0° 00	0	0	0
2	a	0∞	010	0° 00	90 00	"	90 00	"	90 00	"	∞	∞
3	m	∞	110	47 27	"	"	"	47 27	42 33	1·0893	"	"
4	k	$0\tfrac{1}{6}$	016	0 00	13 11·	"	13 11·	0 00	13 11·	0	0·2344·	0·2344·
5	i	$0\tfrac{1}{5}$	015	"	15 43	"	15 43	"	15 43	"	0·2813·	0·2813·
6	ψ	$0\tfrac{1}{3}$	013	"	25 07·	"	25 07·	"	25 07·	"	0·4689	0·4689
7	f	$0\tfrac{1}{2}$	012	"	35 07	"	35 07	"	35 07	"	0·7033·	0·7033·
8	$\varkappa$	$0\tfrac{2}{3}$	023	"	43 09·	"	43 09·	"	43 09·	"	0·9378	0·9378
9	e	01	011	"	54 35·	"	54 35·	"	54 35·	"	1·4067	1·4067
10	δ	02	021	"	70 26	"	70 26	"	70 26	"	2·8134	2·8134
11	d	10	101	90 00	56 52·	56 52·	0 00	56 52·	0 00	1·5324	0	1·5324
12	x	20	201	"	71 55·	71 55·	"	71 55·	"	3·0647	"	3·0647
13	τ	$\tfrac{1}{3}$	113	47 27	34 44	27 03·	25 07·	24 49	22 40	0·5108	0·4689	0·6934
14	s	$\tfrac{2}{3}$	223	"	54 12	45 36·	43 09·	36 41·	33 16	1·0215	0·9378	1·3867
15	r	1	111	"	64 19·	56 52·	54 35·	41 36	37 33	1·5323	1·4067	2·0801
16	v	$\tfrac{7}{4}$	774	"	74 38·	69 33	67 53·	45 16	40 42	2·6816	2·4617	3·6402
17	t	2	221	"	76 29	71 55·	70 26	45 45	41 06·	3·0647	2·8134	4·1603
18	l	$\tfrac{1}{2}$ 1	122	28 34·	58 01·	37 27·	54 35·	23 56	48 09	0.7662	1·4067	1·6018

Cancrinit.

Hexagonal.   Holoedrisch.

$c = 0{\cdot}7637$	$\lg c = 988292$	$\lg a_0 = 035564$	$\lg p_0 = 970683$	$a_0 = 2{\cdot}2680$	$p_0 = 0{\cdot}5091$	(G_1)

No.	Buch-staben	Symb.	Bravais	φ	ϱ	ξ_0	η_0	ξ	η	x (Prismen) (x : y)	y	d $=\mathrm{tg}\,\varrho$
1	o	0	0001	—	0° 00	0° 00	0° 00	0° 00	0° 00	0	0	0
2	a	∞0	$10\bar{1}0$	0° 00	90 00	"	90 00	"	90 00	"	∞	∞
3	b	∞	$11\bar{2}0$	30 00	"	90 00	"	30 00	60 00	0·5773	"	"
4	p	10	$10\bar{1}1$	0 00	26 59	0 00	26 59	0 00	26 59	0	0·5092	0·5092

Cappelenit.

Hexagonal. Holoedrisch.

$c = 2{\cdot}2349$	$\lg c = 034926$	$\lg a_o = 988930$	$\lg p_o = 017317$	$a_o = 0{\cdot}7750$	$p_o = 1{\cdot}4900$	(G_I)

No.	Buch-staben	Symb.	Bravais	φ	ϱ	ξ_o	η_o	ξ	η	x (Prismen) (x : y)	y	d $=\operatorname{tg}\varrho$
1	c	0	0001	—	0° 00	0° 00	0° 00	0° 00	0° 00	0	0	0
2	m	∞0	10Ī0	0° 00	90 00	"	90 00	"	90 00	"	∞	∞
3	p	⅓0	10Ī3	"	26 25	"	26 25	"	26 25	"	0·4967	0·4967
4	o	10	10Ī1	"	56 08	"	56 08	"	56 08	"	1·4900	1·4900

Caracolit.

Rhombisch.

$a = 0{\cdot}5843$	$\lg a = 976664$	$\lg a_o = 014205$	$\lg p_o = 985795$	$a_o = 1{\cdot}3869$	$p_o = 0{\cdot}7210$
$c = 0{\cdot}4213$	$\lg c = 962459$	$\lg b_o = 037541$	$\lg q_o = 962459$	$b_o = 2{\cdot}3736$	$q_o = 0{\cdot}4213$

No.	Buch-staben	Symb.	Miller	φ	ϱ	ξ_o	η_o	ξ	η	x (Prismen) (x : y)	y	d $=\operatorname{tg}\varrho$
1	o	1	111	59° 42	39° 52	35° 47·	22° 51	33° 36	18° 52	0·7210	0·4213	0·8351

Carnallit.

Rhombisch.

$a = 0{\cdot}5952$	$\lg a = 977466$	$\lg a_o = 963208$	$\lg p_o = 036792$	$a_o = 0{\cdot}4286$	$p_o = 2.3330$
$c = 1{\cdot}3886$	$\lg c = 014258$	$\lg b_o = 985742$	$\lg q_o = 014258$	$b_o = 0{\cdot}7201$	$q_o = 1{\cdot}3886$

No.	Buch-staben	Symb.	Miller	φ	ϱ	ξ_o	η_o	ξ	η	x (Prismen) (x : y)	y	d $=\operatorname{tg}\varrho$
1	c	0	001	—	0° 00	0° 00	0° 00	0° 00	0° 00	0	0	0
2	a	0∞	010	0° 00	90 00	"	90 00	"	90 00	"	∞	∞
3	m	∞	110	59 14·	"	90 00	"	59 14·	30 45·	1·6801	"	"
4	d	0⅔	023	0 00	42 47·	0 00	42 47·	0 00	42 47·	0	0·9257·	0·9257·
5	e	01	011	"	54 14·	"	54 14·	"	54 14·	"	1·3886	1·3886
6	f	02	021	"	70 12	"	70 12	"	70 12	"	2·7772	2·7772
7	i	10	101	90 00	66 48	66 48	0 00	66 48	0 00	2·3330	0	2·3330
8	s	⅓	113	59 14·	42 08·	37 52·	24 50·	35 12·	20 04·	0·7777	0·4736·	0·9050
9	o	½	112	"	53 37·	49 23·	34 46·	43 46·	24 19	1·1140	0·6943	1·3575
10	k	1	111	"	69 47	66 48	54 14·	53 44·	28 41	2·3330	1·3886	2·7150

Carrolit.

Regulär.

No	Buch-staben	Symb.	Miller	φ	ϱ	ξ_0	η_0	ξ	η	x (Prismen) (x : y)	y	d $=\mathrm{tg}\,\varrho$
1	p	1	111	45°00	54°44	45°00	45°00	35°16	35°16	1·0000	1·0000	1·4142

Cerit.

Rhombisch.

a = 0·9988	lg a = 999948	lg a₀ = 008955	lg p₀ = 991045	a₀ = 1·2290	p₀ = 0·8137
c = 0·8127	lg c = 990993	lg b₀ = 009007	lg q₀ = 990993	b₀ = 1·2305	q₀ = 0·8127

No.	Buch-staben	Symb.	Miller	φ	ϱ	ξ_0	η_0	ξ	η	x (Prismen) (x : y)	y	d $=\mathrm{tg}\,\varrho$
1	c	0	001	—	0°00	0°00	0°00	0°00	0°00	0	0	0
2	a	0∞	010	0°00	90 00	„	90 00	„	90 00	0	∞	∞
3	b	∞0	100	90 00	„	90 00	0 00	90 00	0 00	∞	0	„
4	p	∞	110	45 02	„	„	90 00	45 02	44 58	1·0012	∞	„
5	q	∞3	130	18 27·	„	„	„	18 27·	71 32·	0·3337·	„	„
6	n	01	011	0 00	39 06	0 00	39 06	0 00	39 06	0	0·8127	0·8127
7	m	10	101	90 00	39 08	39 08	0 00	39 08	0 00	0·8137	0	0·8137
8	t	30	301	„	67 43·	67 43·	„	67 43·	„	2·4410	„	2·4410
9	r	32	321	56 20·	7 10·	„	58 24	51 59	31 38·	„	1 6254	2·9327
10	s	$\frac{1}{4}\frac{3}{4}$	134	18 27	32 43·	11 29·	31 22	9 51	30 51	0·2033·	0 6095	0·6426
11	o	$\frac{5}{3}\frac{2}{3}$	523	68 13·	55 36	53 36	28 27	50 01	17 49·	1·3561	0·5418	1·4603

Cerussit.

Rhombisch.

a = 0·6100	lg a = 978533	lg a₀ = 992619	lg p₀ = 007381	a₀ = 0·8437	p₀ = 1·1853
c = 0·7230	lg c = 985914	lg b₀ = 014086	lg q₀ = 985914	b₀ = 1·3831	q₀ = 0·7230

No.	Buch-staben	Symb.	Miller	φ	ϱ	ξ_0	η_0	ξ	η	x (Prismen) (x : y)	y	d $=\mathrm{tg}\,\varrho$
1	c	0	001	—	0°00	0°00	0°00	0°00	0°00	0	0	0
2	b	0∞	010	0°00	90 00	„	90 00	„	90 00	„	∞	∞
3	a	∞0	100	90 00	„	90 00	0 00	90 00	0 00	∞	0	„
4	f	$\frac{5}{3}\infty$	530	69 54	„	„	90 00	69 54	20 06	2·7322·	∞	„
5	m	∞	110	58 37	„	„	„	58 37	31 23	1·6393·	„	„
6	V	$\infty\frac{5}{3}$	350	44 31·	„	„	„	44 31·	45 28·	0·9836	„	„

No.	Buch-staben	Symb.	Miller	φ	ϱ	ξ_0	η_0	ξ	η	x (Prismen) $(x:y)$	y	$d = \mathrm{tg}\,\varrho$
7	χ	$\infty 2$	120	39°20·	90°00	90°00	90°00	39°20·	50°39·	0·8197	∞	∞
8	r	$\infty 3$	130	28 39	"	"	"	28 39	61 21	0·5464·	"	"
9	Γ	$\infty 8$	180	11 35	"	"	"	11 35_	78 25	0·2049	"	"
10	c	$0\frac{1}{6}$	016	0 00	6 52	0 00	6 52	0 00	6 52	0°00	0·1205	0·1205
11	γ	$0\frac{1}{3}$	013	"	13 33	"	13 33	"	13 33	"	0·2410	0·2410
12	x	$0\frac{1}{2}$	012	"	19 52·	"	19 52·	"	19 52·	"	0·3615	0·3615
13	q	$0\frac{2}{3}$	023	"	25 44	"	25 44	"	25 44	"	0·4820	0·4820
14	k	01	011	"	35 52	"	35 52	"	35 52	"	0·7230	0·7230
15	e	$0\frac{8}{7}$	087	"	39 34	"	39 34	"	39 34	"	0·8263	0·8263
16	f	$0\frac{7}{6}$	076	"	40 09	"	40 09	"	40 09	"	0·8435	0·8435
17	S	$0\frac{3}{2}$	032	"	47 19	"	47 19	"	47 19	"	1·0845	1·0845
18	i	02	021	"	55 20	"	55 20	"	55 20	"	1·4460	1·4460
19	R	$0\frac{5}{2}$	052	"	61 03	"	61 03	"	61 03	"	1·8075	1·8075
20	v	03	031	"	65 15	"	65 15	"	65 15	"	2·1690	2·1690
21	z	04	041	"	70 55·	"	70 55·	"	70 55·	"	2·8920	2·8920
22	n	05	051	"	74 32	"	74 32	"	74 32	"	3·6150	3·6150
23	t	06	061	"	77 01	"	77 01	"	77 01	"	4·3380	4·3380
24	u	07	071	"	78 49·	"	78 49·	"	78 49·	"	5·0610	5·0610
25	ζ	08	081	"	80 11·	"	80 11·	"	81 11·	"	5·7840	5·7840
26	η	09	091	"	81 16	"	81 16	"	81 16	"	6·5070	6·5070
27	g	0·10	0·10·1	"	82 07·	"	82 07·	"	82 07·	"	7·2300	7·2300
28	$\mathfrak{h}$	0·14	0·14·1	"	84 21·	"	84 21·	"	84 21·	"	10·122	10·122
29	α	$\frac{1}{5}0$	105	90 00	13 20	13 20	0 00	13 20	0 00	0·2370·	0	0·2370·
30	E	$\frac{1}{4}0$	104	"	16 30	16 30·	"	16 30·	"	0·2963	"	0·2963
31	d	$\frac{1}{3}0$	103	"	21 33·	21 33·	"	21 33·	"	0·3951	"	0·3951
32	y	$\frac{1}{2}0$	102	"	30 39	30 39	"	30 39	"	0·5926	"	0·5926
33	e	10	101	"	49 50·	49 50·	"	49 50·	"	1·1852	"	1·1852
34	π	$\frac{3}{2}0$	302	"	60 38·	60 38·	"	60 38·	"	1·7775	"	1·7775
35	l	20	201	"	67 07·	67 07·	"	67 07·	"	2·3705	"	2·3705
36	H	16	161	15 17	77 28	49 50·	77 01	14 54·	70 19·	1·1858·	4·3380	4·4970
37	φ	13	131	28 39	67 58·	"	65 15	26 23·	54 26	"	2·1690	2·4717
38	s	12	121	39 20·	61 51·	"	55 20	33 59	43 00	"	1·4460	1·8697
39	p	1	111	58 37	54 14	"	35 52	43 51	25 00	"	0·7230	1·3883
40	u	$1\frac{2}{3}$	323	67 52	51 59·	"	25 44	46 52·	17 16	"	0·4820	1·2795
41	ϑ	$1\frac{1}{3}$	313	78 30·	50 25	"	13 33	49 03	8 50	"	0·2410	1·2095
42	η	14·14	14·14·1	58 37	87 03·	86 33	84 21·	58 29·	31 20	16·594	10·122	19·437
43	ε	3	331	"	76 30	74 17·	65 15	56 06·	30 25·	3·5557·	2·1690	4·1650
44	τ	2	221	"	70 11·	67 08	55 20	53 26·	29 20	2·3705	1·4460	2·7767
45	o	$\frac{1}{2}$	112	"	34 46	30 39	19 52·	29 08	17 16·	0·6064·	0·3615	0·6942
46	g	$\frac{1}{3}$	113	"	24 50	21 33·	13 33	21 00·	12 38	0·3951	0·2410	0·4628
47	h	$\frac{1}{4}$	114	"	19 08·	16 30·	10 15	16 15·	9 50	0·2963	0·1807·	0·3471
48	β	$\frac{1}{3}1$	133	28 39	39 29	21 33·	35 52	17 45	33 55	0·3951	0·7230	0·8239
49	λ	$\frac{3}{7}1$	377	35 05·	41 28	26 55·	"	22 12·	32 48·	0·5079·	"	0·8836
50	a	$\frac{1}{2}1$	122	39 20·	43 04·	30 39	"	25 39	31 53	0·6064·	"	0·9348
51	$\mathfrak{g}$	$\frac{3}{2}1$	322	67 52	62 28·	60 38·	"	55 14	19 31	1·7779	"	1·9193

No.	Buchstaben	Symb.	Miller	φ	ϱ	ξ_0	η_0	ξ	η	x (Prismen) (x : y)	y	d = tgϱ
52	w	$2\,1$	211	73°02·	68°01·	67°08	35°52	62°30	15°42	2·3705	0·7230	2·4783
53	$\varDelta$	$3\,1$	311	78 30·	74 35·	74 17·	„	70 52	11 04·	3·5557·	„	3·6285
54	μ	$\frac{3}{4}\,\frac{1}{2}$	324	67 52	43 49	41 38	19 52·	39 53·	15 07	0·8889·	0·3615	0·9596
55	ϱ	$\frac{3}{2}\,2$	342	50 52·	66 25·	60 38·	55 20	45 19	35 20	1·7779	1·4460	2·2916
56	ξ	$\frac{3}{4}\,\frac{9}{4}$	394	28 39	61 39·	41 38	58 25	24 58	50 31	0·8889·	1·6267	1·8538
57	ψ	$\frac{1}{4}\,\frac{3}{4}$	134	„	31 43	16 30·	28 28	14 36	27 28	0·2963	0·5422·	0·6179
58	δ	$\frac{5}{2}\,3$	562	53 48	74 46	71 21	65 15	51 08	34 44·	2·9631	2·1690	3·6722
59	ω	$\frac{1}{4}\,\frac{5}{4}$	154	18 09	43 34	16 30·	42 06·	12 24	40 45·	0·2963	0·9037·	0·9511
60	$\varkappa$	$3\,5$	351	44 31·	78 50·	74 17·	74 32	43 28	44 23	3·5557	3·6150	5·0706
61	η	$\frac{3}{2}\,\frac{5}{2}$	352	„	68 28·	60 38·.	61 03	40 43	41 32·	1·7779	1·8075	2·5353
62	σ	$\frac{1}{3}\,\frac{7}{3}$	173	13 11	60 00·	21 33·	59 20·	11 33·	57 29	0·3951	1·6870	1·7326
63	N	11·13	11·13·1	54 12·	86 26·	85 36	83 55·	54 03·	35 42·	13·038	9·3990	16·072
64	?K	$\frac{3}{4}\,\frac{5}{4}$	354	44 31·	51 44	41 38	42 06·	33 24·	34 02	0·8889·	0·9037·	1·2676

Chabasit.

Hexagonal.   Rhomboedrisch-hemiedrisch.

c = 1·0860	lg c = 003583	lg a₀ = 020273	lg p₀ = 985974	a₀ = 1·5949	p₀ = 0·7240	(G₂)

No.	Buchstaben	Symb.	Bravais	φ	ϱ	ξ_0	η_0	ξ	η	x (Prismen) (x : y)	y	d = tgϱ
1	c	0	0001	—	0°00	0°00	0°00	0°00	0°00	0	0	0
2	b	$\infty0$	10$\bar{1}$0	0°00	90 00	„	90 00	„	90 00	„	∞	∞
3	t	10	10$\bar{1}$1	„	35 54	„	35 54	„	35 54	„	0·7240	0·7240
4	u	$\frac{3}{2}0$	30$\bar{3}$2	„	47 21·	„	47 21·	„	47 21·	„	1·0860	1·0860
5	v	20	20$\bar{2}$1	„	55 22	„	55 22	„	55 22	„	1·4480	1·4480
6	w	40	40$\bar{4}$1	„	65 16·	„	65 16·	„	65 16·	„	2·1720	2·1720
7	x	60	60$\bar{6}$1	„	77 02	„	77 02	„	77 02	„	4·3440	4·3440
8	e	$-\frac{1}{2}$	$\bar{1}\bar{1}$22	30 00	32 05·	17 24·	28 30	15 24	27 23·	0·3135	0.5430	0·6270
9	d f	$\pm\frac{2}{3}$	22$\bar{4}$3	„	39 54	22 41	35 54	18 42·	33 44·	0·4180	0·7240	0·8360
10	k	$+\frac{3}{4}$	33$\bar{6}$4	„	43 14·	25 11	39 10	20 02	36 23·	0·4703	0·8145	0·9405
11	r	$+1$	11$\bar{2}$1	„	51 25·	32 05·	47 21·	23 00·	42 37	0·6270	1·0860	1·2540
12	g	$-\frac{3}{2}$	33$\bar{6}$2	„	62 00	43 14·	58 27·	26 12	49 52·	0·9405	1.6290	1·8810
13	s	-2	$\bar{2}\bar{2}$41	„	68 15·	51 26	65 16·	27 40·	53 33·	1·2540	2·1720	2·5080
14	h	$-\frac{9}{4}$	9·9 18·4	„	70 29	54 40	67 44·	28 07	54 43	1·4107	2·4435	2·8215
15	o	$+1\frac{1}{4}$	41$\bar{5}$4	10 53·	39 39·	8 54·	39 09·	6 56	38 49·	0·1567	0·8145	0.8298
16	β	$+1\frac{10}{13}$	13·10·$\bar{2}$3·13	25 41·	48 03	25 45	45 04	18 48·	42 05	0·4823	1·0025	1.1125
17	i	$+1\frac{11}{14}$	14·11·$\bar{2}$5·14	26 02	48 18	26 13·	45 14·	19 08	42 08	0·4926	1·0084	1·1223

Chalcomenit.

Monoklin.

a $=$ 0·7222	lg a $=$ 985866	lg a$_0$ $=$ 986566	lg p$_0$ $=$ 013434	a$_0$ $=$ 0·7339	p$_0$ $=$ 1·3625
c $=$ 0·9840	lg c $=$ 999300	lg b$_0$ $=$ 999305	lg q$_0$ $=$ 999295	b$_0$ $=$ 0·9841	q$_0$ $=$ 0·9839
$\left.{\mu = \atop 180-\beta}\right\}$ 89°09	$\left.{\lg h = \atop \lg \sin \mu}\right\}$ 999995	$\left.{\lg e = \atop \lg \cos \mu}\right\}$ 817128	lg $\frac{p_0}{q_0}$ $=$ 014139	h $=$ 0·9999	e $=$ 0·0148

No.	Buch-staben	Symb.	Miller	φ	ϱ	ξ_0	η_0	ξ	η	x' (Prismen) (x : y)	y'	d' $=$ tgϱ
1	a	0	001	90°00	0°51	´0°51	0°00	0°51	0°00	0·0148	o	0·0148
2	c	∞0	100	„	90 00	90 00	„	90 00	„	∞	„	∞
3	m	∞	110	54 10	„	„	90 00	54 10	35 50	1·3848	∞	„
4	f	$+2$0	201	90 00	69 57	69 57	0 00	69 57	0 00	2·7401	o	2·7401
5	g	$-\frac{1}{4}$0	Ī04	$\bar{9}$0 00	18 03	$\bar{1}$8 03	„	$\bar{1}$8 03	„	$\bar{0}$·3258·	„	0·3258·
6	δ	$+1\frac{1}{2}$	212	70 20·	55 38·	54 01	26 12	51 01·	16 07·	1·3774	0·4920	1·4626
7	ε	$+\frac{1}{2}\frac{3}{2}$	132	25 15	58 30	34 50.	55 53	21 20	50 27·	0·6961·	1·4760	1·6319
8	β	$+\frac{1}{2}$3	162	13 16	71 45	„	71 17	12 35·	67 34·	„	2·9520	3·0330

Chalcomorphit.

Hexagonal.   Holoedrisch.

c $=$ 3·3067	lg c $=$ 051939	lg a$_0$ $=$ 971917	lg p$_0$ $=$ 034330	a$_0$ $=$ 0·5238	p$_0$ $=$ 2·2044 (G$_1$)

No.	Buch-staben	Symb.	Bravais	φ	ϱ	ξ_0	η_0	ξ	η	x (Prismen) (x : y)	y	d $=$ tgϱ
1	c	0	0001	—	0°00	0°00	0°00	0°00	0°00	o	o	o
2	a	∞0	10Ī0	0°00	90 00	„	90 00	„	90 00	„	∞	∞
3	p	10	10Ī1	„	65 36	„	65 36	„	65 36	„	2·2044	2·2044

Chalcophanit.

Hexagonal.   Rhomboedrisch - hemiedrisch.

c $=$ 3·5267	lg c $=$ 054737	lg a$_0$ $=$ 969119	lg p$_0$ $=$ 037128	a$_0$ $=$ 0·4911	p$_0$ $=$ 2·3511 (G$_2$)

No.	Buch-staben	Symb.	Bravais	φ	ϱ	ξ_0	η_0	ξ	η	x (Prismen) (x : y)	y	d $=$ tgϱ
1	o	0	0001	—	0°00	0°00	0°00	0°00	0°00	o	o	o
2	p	1	11Ī1	30°00	76 12	63 50·	74 10	29 03	57 15	2·0361	3·5266	4·0722

Chalcosiderit.

Triklin.

$p_0 = 0\cdot8018$	$\lambda = 85°47$	$a = 0\cdot7910$	$\alpha = 92°58$	$x_0 = 0\cdot0606$	$d = 0\cdot0954$
$q_0 = 0\cdot6339$	$\mu = 85°23$	$b = 1$	$\beta = 93°30$	$y_0 = 0\cdot0736$	$\delta = 39°29$
$r_0 = 1$	$\nu = 72°05$	$c = 0\cdot6051$	$\gamma = 107°41$	$h = 0\cdot9954$	

No.	Buchstaben	Symb.	Miller	φ	ϱ	ξ_0	η_0	ξ	η	x' (Prismen) $(x:y)$	y'	$d' = \mathrm{tg}\,\varrho$
1	a	0∞	010	0°00	90°00	0°00	90°00	0°00	90°00	0	∞	∞
2	b	$\infty0$	100	72 05	"	90 00	"	72 05	17 55	3·0930	"	"
3	m	∞	110	40 54·	"	"	"	40 54·	49 05·	0·8664	"	"
4	n	$\infty\overline{\infty}$	$1\overline{1}0$	116 54·	"	"	90 00	63 05·	$\overline{2}6$ 54·	$\overline{1}\cdot9704$	"	"
5	g	$2\overline{\infty}$	$2\overline{1}0$	95 15·	"	"	"	84 44·	$\overline{5}$ 15·	$\overline{1}0\cdot860$	"	"
6	π	$\tfrac{5}{2}\overline{\infty}$	$5\overline{2}0$	90 31	"	"	"	89 29	$\overline{0}$ 31	$\overline{1}11.38$	"	"
7	μ	$\tfrac{7}{2}\overline{\infty}$	$7\overline{2}0$	85 05	"	"	"	85 05	4 55	11·630	"	"
8	d	$5\overline{\infty}$	$5\overline{1}0$	81 04	"	"	"	81 04	8 56	6·3630	"	"
9	u	01	011	4 54	35 30	3 29	35 24	2 50·	35 21	0·0609	0·7107	0·7134
10	k	$0\overline{1}$	$0\overline{1}1$	173 49·	29 31	"	$\overline{2}9$ 22·	3 02·	$\overline{2}9$ 19·	"	$\overline{0}\cdot5629$	0·5662

Childrenit.

Rhombisch.

$a = 0\cdot7780$	$\lg a = 989098$	$\lg a_0 = 017024$	$\lg p_0 = 982976$	$a_0 = 1\cdot4799$	$p_0 = 0\cdot6757$
$c = 0\cdot5257$	$\lg c = 972074$	$\lg b_0 = 027926$	$\lg q_0 = 972074$	$b_0 = 1\cdot9022$	$q_0 = 0\cdot5257$

No.	Buchstaben	Symb.	Miller	φ	ϱ	ξ_0	η_0	ξ	η	x (Prismen) $(x:y)$	y	$d = \mathrm{tg}\,\varrho$
1	p	0∞	010	0°00	90°00	0°00	90°00	0°00	90°00	0	∞	∞
2	a	$\infty0$	100	90 00	"	90 00	0 00	90 00	0 00	∞	0	"
3	n	∞	110	52 07	"	"	90 00	52 07	37 53	1·2853·	∞	"
4	t	1	111	"	40 34	34 03	27 44	30 53	23 32	0·6757	0·5257	0·8561
5	s	12	121	32 43·	51 20	"	46 26	24 58	41 04	"	1·0275	1·2498
6	r	13	131	23 11·	59 46	"	57 37·	19 53·	52 34·	"	1·5771	1·7157

Chiolith.

Tetragonal.

$\left.\begin{array}{c} c \\ p_0 \end{array}\right\}$ = 1·0418	lg c = 001779	lg a₀ = 998221	a₀ = 0·9599

No.	Buch-staben	Symb.	Miller	φ	ϱ	ξ_0	η_0	ξ	η	x (Prismen) (x : y)	y	d = tgϱ
1	c	0	001	—	0°00	0°00	0°00	0°00	0°00	0	0	0
2	?n	0½	012	0°00	27 31	,,	27 31	,,	27 31	,,	0·5209	0·5209
3	?x	⅟₇	117	45 00	11 53	8 28	8 28	8 22·	8 22·	0·1488	0·1488	0·2105
4	o	1	111	,,	55 50	46 10·	46 10·	35 48·	35 48·	1·0418	1·0418	1·4733

Chloanthit-Smaltin.

Regulär.   Pentagonal-hemiedrisch.

No.	Buch-staben	Symb.	Miller	φ	ϱ	ξ_0	η_0	ξ	η	x (Prismen) (x : y)	y	d = tgϱ
1	c	0	001	—	0°00	0°00	0°00	0°00	0°00	0	0	0
		0∞	010	0°00	90 00	,,	90 00	,,	90 00	,,	∞	∞
2	B	0⅟₁₀	0·1·10	,,	5 42·	,,	5 42·	,,	5 42·	,,	0·1000	0·1000
		0·10	0·10·1	,,	84 17·	,,	84 17·	,,	84 17·	,,	10·000	10·000
		∞10	1·10·0	5 42·	90 00	90 00	90 00	5 42·	,,	0·1000	∞	∞
3	ε	0⅕	015	0 00	11 18·	0 00	11 18·	0 00	11 18·	0	0·2000	0·2000
		05	051	,,	78 41·	,,	78 41·	,,	78 41·	,,	5·0000	5·0000
		∞5	150	11 18·	90 00	90 00	90 00	11 18·	,,	0·2000	∞	∞
4	a	0⅓	013	0 00	18 26	0 00	18 26	0 00	18 26	0	0·3333	0 3333
		03	031	,,	71 34	,,	71 34	,,	71 34	,,	3·0000	3·0000
		∞3	130	18 26	90 00	90 00	90 00	18 26	,,	0·3333	∞	∞
5	e	0½	012	0 00	26 34	0 00	26 34	0 00	26 34	0	0·5000	0·5000
		02	021	,,	63 26	,,	63 26	,,	63 26	,,	2·0000	2·0000
		∞2	120	26 34	90 00	90 00	90 00	26 34	,,	0·5000	∞	∞
6	d	01	011	0 00	45 00	0 00	45 00	0 00	45 00	0	1·0000	1·0000
		∞	110	45 00	90 00	90 00	90 00	45 00	,,	1·0000	∞	∞
7	q	½	112	,,	35 16	26 34	26 34	24 05·	24 05·	0·5000	0·5000	0·7071
		12	121	26 34	65 54·	45 00	63 26	,,	54 44	1·0000	2·0000	2·2360
8	p	1	111	45 00	54 44	,,	45 00	35 16	35 16	,,	1·0000	1·4142
9	?D	⅛⅜	138	18 26	21 34	7 07·	20 33·	6 40·	20 24·	0·1250	0·3750	0·3953
		⅓⅘	183	7 07·	69 35·	18 26	69 26·	,,	68 26	0·3333	2·6667	2·6874
		38	381	20 33·	83 19·	71 34	82 53·	20 24·	,,	3·0000	8·0000	8·5440

Chloritgruppe.

(Klinochlor. Ripidolith. Pennin. Kämmererit. Cronstedtit.)

Hexagonal. Rhomboedrisch-hemiedrisch. (?)

[Monoklin?] [1]

$c = 3\cdot3890$	$\lg c = 0\cdot53007$	$\lg a_0 = 9\cdot70849$	$\lg p_0 = 0\cdot35398$	$a_0 = 0\cdot5111$	$p_0 = 2\cdot2593$

No.	Buch-staben	Symb.	Bravais	φ	ϱ	ξ_0	η_0	ξ	η	x (Prismen) (x : y)	y	d =tgϱ
1	c	0	0001	—	0°00	0°00	0°00	0°00	0°00	0	0	0
2	b	$\infty 0$	$10\bar10$	0°00	90 00	"	90 00	..	90 00	"	∞	∞
3	?β	$\frac{4}{9}0$	$40\bar49$	..	45 07	"	45 07	"	45 07	"	1·0042	1·0042
4	u	$\frac{4}{7}0$	$40\bar47$	"	52 14·	"	52 14·	"	52 14·	"	1·2910	1·2910
5	n	$\frac{4}{5}0$	$40\bar45$	"	61 03	"	61 03	"	61 03	"	1·8075	1·8075
6	m	10	$10\bar11$	..	66 06·	"	66 06·	"	66 06·	..	2·2593	2·2593
7	t	$\frac{4}{3}0$	$40\bar43$	..	71 38	"	71 38	"	71 38	"	3·0124	3·0124
8	o	20	$20\bar21$	"	77 31·	"	77 31·	"	77 31·	"	4·5187	4·5187
9	?x	$\frac{4}{11}$	$4\cdot4\cdot\bar8\cdot11$	30 00	54 54	35 26	50 56·	24 09	45 07	0·7115	1·2324	1·4230
10	?y	$\frac{2}{5}$	$22\bar45$	"	57 25·	38 03	53 35	24 55	46 52	0·7826	1·3556	1·5653
11	s	$\frac{1}{2}$	$11\bar22$	"	62 56	44 22·	59 27	26 26	50 27·	0·9783	1·6945	1·9566
12	w	$\frac{4}{7}$	$44\bar87$	"	65 54·	48 11·	62 41·	27 09·	52 14·	1·1181	1·9635	2·2361
13	z	$\frac{4}{5}$	$44\bar85$	"	72 17	57 25·	69 45	28 26·	55 35	1·5653	2·7112	3·1307
14	v	1	$11\bar21$	"	75 40	62 56	73 33·	28 58·	57 02·	1·9566	3·3890	3·9133
15	q	3	$33\bar61$	"	85 08	80 20	84 23	29 53	59 38·	5·8701	10·167	11·740
16	f	4	$44\bar81$	"	86 20·	82 43	85 47	29 56	59 48	7·8263	13·556	15·653

Chlorocalcit.

Regulär.

No.	Buch-staben	Symb.	Miller	φ	ϱ	ξ_0	η_0	ξ	η	x (Prismen) (x : y)	y	d =tgϱ
1	c	0 0∞	001 010	— 0°00	0°00 90 00	0°00 "	0°00 90 00	0°00 "	0°00 90 00	0 "	0 ∞	0 ∞
2	d	01 ∞	011 110	" 45 00	45 00 90 00	" 90 00	45 00 90 00	" 45 00	45 00 "	" 1·0000	1·0000 ∞	1·0000 ∞
3	p	1	111	"	54 44	45 00	45 00	35 16	35 16	"	1·0000	1·4142

[1] Ueber die **monokline** Deutung der Formen siehe die Bemerkungen am Schluss der Tabellen. Die Umdeutung ändert die Winkel nicht.

Chlorsilber.

Regulär.

No.	Buch-staben	Symb.	Miller	φ	ϱ	ξ_0	η_0	ξ	η	x (Prismen) (x : y)	y	d $= \mathrm{tg}\,\varrho$
1	c	0 / 0∞	001 / 010	— / 0° 00	0° 00 / 90 00	0° 00 / „	0° 00 / 90 00	0° 00 / „	0° 00 / 90 00	0 / „	0 / ∞	0 / ∞
2	d	01 / ∞	011 / 110	„ / 45 00	45 00 / 90 00	„ / 90 00	45 00 / 90 00	„ / 45 00	45 00 / „	„ / 1·0000	1·0000 / ∞	1·0000 / ∞
3	q	½ / 12	112 / 121	„ / 26 34	35 16 / 65 54·	26 34 / 45 00	26 34 / 63 26	24 05· / „	24 05· / 54 44	0·5000 / 1 0000	0·5000 / 2·0000	0·7071 / 2·2360
4	p	1	111	45 00	54 44	„	45 00	35 16	35 16	„	1·0000	1·4142
5	u	½1 / 2	122 / 221	26 34 / 45 00	48 11· / 70 31·	26 34 / 63 26	„ / 63 26	19 28 / 41 48·	41 48· / „	0·5000 / 2·0000	„ / 2·0000	1·1180 / 2·8284

Christobalit.

Regulär.

No.	Buch-staben	Symb.	Miller	φ	ϱ	ξ_0	η_0	ξ	η	x (Prismen) (x : y)	y	d $= \mathrm{tg}\,\varrho$
1	p	1	111	45° 00	54° 44	45° 00	45° 00	35° 16	35° 16	1·0000	1·0000	1·4142

Chromeisenerz.

Regulär.

No.	Buch-staben	Symb.	Miller	φ	ϱ	ξ_0	η_0	ξ	η	x (Prismen) (x : y)	y	d $= \mathrm{tg}\,\varrho$
1	d	01 / ∞	011 / 110	0° 00 / 45 00	45° 00 / 90 00	0° 00 / 90 00	45° 00 / 90 00	0° 00 / 45 00	45° 00 / „	0 / 1·0000	1·0000 / ∞	1·0000 / ∞
2	m	⅓ / 13	113 / 131	„ / 18 26	25 14· / 72 27	18 26 / 45 00	18 26 / 71 34	17 33 / „	17 33 / 64 45·	0·3333 / 1·0000	0·3333 / 3·0000	0·4714 / 3·1623
3	p	1	111	45 00	54 44	„	45 00	35 16	35 16	„	1·0000	1·4142
4	u	½1 / 2	122 / 221	26 34 / 45 00	48 11· / 70 31·	26 34 / 63 26	„ / 63 26	19 28 / 41 48·	41 48· / „	0·5000 / 2·0000	„ / 2·0000	1·1180 / 2·8284

Chrysoberyll.

Rhombisch.

a = 0·470	lg a = 967210	lg a_0 = 990867	lg p_0 = 009133	a_0 = 0·8103	p_0 = 1·2340
c = 0·580	lg c = 976343	lg b_0 = 023657	lg q_0 = 976343	b_0 = 1·7241	q_0 = 0·5800

No.	Buch-staben	Symb.	Miller	φ	ϱ	ξ_0	η_0	ξ	η	x (Prismen) (x : y)	y	d =tgϱ
1	b	0	001	—	0° 00	0° 00	0° 00	0° 00	0° 00	0	0	0
2	a	0∞	010	0° 00	90 00	”	90 00	”	90 00	”	∞	∞
3	c	∞0	100	90 00	”	90 00	0 00	90 00	0 00	∞	0	”
4	m	∞	110	64 49·	”	”	90 00	64 49·	25 10·	2·1276·	∞	”
5	u	∞$\frac{3}{2}$	230	54 49	”	”	”	54 49	35 11	1·4184·	”	”
6	s	∞2	120	46 46·	”	”	”	46 46·	43 13·	1·0638	”	”
7	r	∞3	130	35 20·	”	”	”	35 20·	54 39·	0·7092	”	”
8	f	∞$\frac{7}{2}$	270	31 17·	”	”	”	31 17·	58 42·	0·6079	”	”
9	d	∞6	160	19 31·	”	”	”	19 31·	70 28·	0·3546	”	”
10	i	01	011	0 00	30 07	0 00	30 07	0 00	30 07	0	0·5800	0·5800
11	k	02	021	”	49 14	”	49 14	”	49 14	”	1·1600	1·1600
12	ϱ	03	031	”	60 07	”	60 07	”	60 07	”	1·7400	1·7400
13	z	$\frac{2}{3}$0	203	90 00	39 26·	39 26·	0 00	39 26·	0 00	0·8227	0	0·8227
14	y	$\frac{1}{2}$0	102	”	31 40·	31 40·	”	31 40·	”	0·6170	”	0·6170
15	x	10	101	”	50 59	50 59	”	50 59	”	1·2340	”	1·2340
16	p	16	161	19 31·	74 51	”	73 58	18 49	65 28	”	3·4800	3·6923
17	n	12	121	46 46·	59 26·	”	49 14	38 51·	36 08·	”	1·1600	1·6938
18	o	1	111	64 49·	53 44·	”	30 07	46 52	20 03·	”	0·5800	1·3635
19	w	$\frac{1}{2}$1	122	46 46·	40 15·	31 40·	”	28 05·	26 16	0·6170	”	0·8468
20	v	21	211	76 46·	68 28·	67 56·	”	64 54	12 17	2·4680·	”	2·5353

Claudetit.

Monoklin.

a = 0·4040	lg a = 960638	lg a_0 = 006919	lg p_0 = 993081	a_0 = 1·1727	p_0 = 0·8527
c = 0·3445	lg c = 953719	lg b_0 = 046281	lg q_0 = 953616	b_0 = 2·9027	q_0 = 0·3437
$\genfrac{}{}{0pt}{}{\mu =}{180 - \beta}$ } 86°03	$\genfrac{}{}{0pt}{}{\lg h =}{\lg \sin \mu}$ } 999897	$\genfrac{}{}{0pt}{}{\lg e =}{\lg \cos \mu}$ } 883813	lg $\frac{p_0}{q_0}$ = 039465	h = 0·9976	e = 0·0689

No.	Buch-staben	Symb.	Miller	φ	ϱ	ξ_0	η_0	ξ	η	x' (Prismen) (x : y)	y'	d' =tgϱ
1	b	0∞	010	0° 00	90° 00	0° 00	90° 00	0° 00	90° 00	0	∞	∞
2	a	∞0	100	90 00	”	90 00	0 00	90 00	0 00	∞	0	”
3	p	∞	110	68 03	”	”	90 00	68 03	21 57	2·4811	∞	”

No.	Buchstaben	Symb.	Miller	φ	ϱ	ξ_0	η_0	ξ	η	x' (Prismen) (x : y)	y'	d' $=\mathrm{tg}\,\varrho$
4	r	$\infty 2$	120	51°07·	90°00	90°00	90°00	51°07·	38°52·	1·2405·	∞	∞
5	s	$\infty 3$	130	39 35·	"	"	"	39 35·	50 24·	0·8270	"	"
6	t	$\infty 10$	1·10·0	13 56	"	"	"	13 56	76 04	0.2481	"	"
7	γ	01	011	11 20	19 21·	3 57	19 00·	3 44	18 58	0·0690·	0·3445	0·3514
8	β	02	021	5 43·	34 42	"	34 34	3 15	34 30	"	0·6890	0·6925
9	d	$+10$	101	90 00	42 44	42 44	0 00	42 44	0 00	0·9238	0	0·9238
10	q	-10	$\overline{1}01$	90 00	38 09·	$\overline{3}8$ 09·	"	$\overline{3}8$ 09·	"	$\overline{0}$·7856	"	0·7856
11	o	$+1$	111	69 33	44 35·	42 44	19 00·	41 08	14 12	0·9238	0·3445	0·9859
12	g	-1	$\overline{1}11$	$\overline{6}6$ 19·	40 37·	$\overline{3}8$ 09·	"	$\overline{3}6$ 36·	15 09·	$\overline{0}$·7856	"	0·8579

Cölestin.

Rhombisch.

a = 0·7811	lg a = 989271	lg a$_0$ = 978448	lg p$_0$ = 021552	a$_0$ = 0·6088	p$_0$ = 1·6426
c = 1·2830	lg c = 010823	lg b$_0$ = 989177	lg q$_0$ = 010823	b$_0$ = 0·7794	q$_0$ = 1·2830

No.	Buchstaben	Symb.	Miller	φ	ϱ	ξ_0	η_0	ξ	η	x (Prismen) (x : y)	y	d $=\mathrm{tg}\,\varrho$
1	a	o	001	—	0°00	0°00	0°00	0°00	0°00	0	0	0
2	b	$o\infty$	010	0°00	90 00	"	90 00	"	90 00	0	∞	∞
3	c	∞o	100	90 00	"	90 00	0 00	90 00	0 00	∞	0	"
4	p	2∞	210	68 40	"	"	90 00	68 40	21 20	2·5604·	∞	"
5	t	$\frac{5}{3}\infty$	530	64 53·	"	"	"	64 53·	25 06·	2·1337·	"	"
6	u	$\frac{3}{2}\infty$	320	62 29·	"	"	"	62 29·	27 30·	1·9203·	"	"
7	ω	$\frac{7}{5}\infty$	750	60 50·	"	"	"	60 50·	29 09·	1·7923	"	"
8	γ	$\frac{6}{5}\infty$	650	56 56·	"	"	"	56 56·	33 03·	1·5363	"	"
9	m	∞	110	52 00·	"	"	"	52 00·	37 59·	1·2802·	"	"
10	n	$\infty 2$	120	32 37·	"	"	"	32 37·	57 22·	0·6401	"	"
11	a	$0\frac{1}{20}$	0·1·20	0 00	3 40	0 00	3 40	0 00	3 40	0	0·0641·	0·0641·
12	ξ	$0\frac{1}{12}$	0·1·12	"	6 06	"	6 06	"	6 06	"	0·1064·	0·1064·
13	ƀ	$0\frac{1}{10}$	0·1·10	"	7 18·	"	7 18·	"	7 18·	"	0·1283	0·1283
14	ϱ	$0\frac{1}{8}$	018	"	9 06·	"	9 06·	"	9 06·	"	0·1603·	0·1603·
15	r	$0\frac{1}{5}$	015	"	14 23·	"	14 23·	"	14 23·	"	0·2566	0·2566
16	i	$0\frac{1}{3}$	013	"	23 09·	"	23 09·	"	23 09·	"	0·4276·	0·4276·
17	h	$0\frac{1}{2}$	012	"	32 41	"	32 41	"	32 41	"	0.6415	0·6415
18	ζ	$0\frac{2}{3}$	023	"	40 32·	"	40 32·	"	40 32·	"	0·8553·	0·8553·
19	o	01	011	"	52 04	"	52 04	"	52 04	"	1·2830	1·2830
20	ε	02	021	"	68 42·	"	68 42·	"	68 42·	"	2.5660	2·5660
21	δ	$\frac{1}{8}0$	108	90 00	11 36	11 36	0 00	11 36	0 00	0·2053	0	0·2053

No.	Buch-staben	Symb.	Miller	φ	ϱ	ξ_0	η_0	ξ	η	x (Prismen) (x : y)	y	d =tgϱ
22	λ	$\frac{2}{11}$0	2·0·11	90°00	16°37·	16°37·	0°00	16°37·	0°00	0·2986	0	0·2986
23	c	$\frac{1}{5}$0	105	"	18 11	18 11	"	18 11	"	0·3285	"	0·3285
24	l	$\frac{1}{4}$0	104	"	22 19·	22 19·	"	22 19·	"	0·4106	"	0·4106
25	ν	$\frac{2}{7}$0	207	"	25 08·	25 08·	"	25 08·	"	0·4693	"	0·4693
26	g	$\frac{1}{3}$0	103	"	28 42	28 42	"	28 42	"	0·5475	"	0·5475
27	d	$\frac{1}{2}$0	102	"	39 23·	39 23·	"	39 23·	"	0·8213	"	0·8213
28	e	$\frac{3}{4}$0	304	"	50 56	50 56	"	50 56	"	1·2319	"	1·2319
29	k	10	101	"	58 40	58 40	"	58 40	"	1·6425	"	1·6425
30	?X	$\frac{9}{8}$0	908	"	61 34·	61 34·	"	61 34·	"	1·8478	"	1·8478
31	N	$\frac{7}{5}$0	705	"	66 30	66 30	"	66 30	"	2·2996	"	2·2996
32	α	$\frac{1}{5}$1	115	52 00·	22 37·	18 11	14 23·	17 39	13 42	0 3285	0·2566	0·4169
33	q	$\frac{1}{4}$1	114	"	27 31·	22 19·	17 47	21 21·	16 31·	0·4106·	0·3207·	0·5211
34	f	$\frac{1}{3}$1	113	"	34 47·	28 42	23 09·	26 43	20 33·	0 5475	0·4276·	0·6948
35	s	$\frac{1}{2}$1	112	"	46 11	39 23·	32 41	34 39	26 22	0·8213	0·6415	1·0421
36	z	1 1	111	"	64 22	58 40	52 04	45 16·	33 42·	1·6425	1·2830	2·0842
37	σ	2 1	221	"	76 30·	73 04	68 42·	50 01·	36 46	3·2851	2·5660	4·1685
38	β	1 2	121	32 37·	71 49·	58 40	"	30 48·	53 09	1·6425	"	3·0467
39	Θ	1 3	131	23 06·	76 33·	"	75 26	22 26·	63 27	"	3·8490	4·1848
40	R	$\frac{1}{19}$1	1·19·19	3 51·	52 07·	4 56·	52 04	3 02·	51 58	0·0864·	1·2830	1·2859
41	π	$\frac{1}{16}$1	1·16·16	4 34·	52 09·	5 51·	"	3 36·	51 55	0·1026·	"	1·2871
42	δ	$\frac{1}{10}$1	1·10·10	7 17·	52 17·	9 19·	"	5 46	51 41·	0·1642·	"	1·2934
43	φ	$\frac{1}{6}$1	166	12 02·	52 41	15 18·	"	9 33	51 03·	0·2737·	"	1·3119
44	L	$\frac{1}{5}$1	155	14 21·	52 56·	18 11	"	11 25	50 38	0·3285	"	1·3244
45	χ	$\frac{1}{4}$1	144	17 45	53 24·	22 19·	"	14 10	49 53	0·4106·	"	1·3471
46	η	$\frac{2}{7}$1	277	20 05·	53 47·	25 08·	"	16 05·	49 16·	0·4693	"	1·3661
47	ψ	$\frac{1}{3}$1	133	23 06·	54 22	28 42	"	18 36	48 22·	0·5475	"	1·3950
48	y	$\frac{1}{2}$1	122	32 37·	56 43	39 23·	"	26 47·	44 45·	0·8213	"	1·5233
49	f	$\frac{1}{2}\frac{1}{4}$	214	68 40	41 24	"	17 47	38 01·	13 55·	"	0·3207·	0·8817
50	e	$\frac{1}{2}\frac{1}{3}$	326	62 29·	42 48	"	23 09·	37 03·	18 17·	"	0·4277·	0·9260
51	w	$\frac{1}{2}\frac{6}{5}$	5·12·10	28 04·	60 11	"	56 59·	24 06	49 57	"	1·5396	1·7449
52	μ	$\frac{1}{2}\frac{3}{2}$	132	23 06·	64 27·	"	62 32·	20 44·	56 05	"	1·9245	2·0924
53	ι	$\frac{1}{2}$2	142	17 45	69 38	"	68 42·	16 36·	63 14	"	2·5660	2·6942
54	ϑ	$\frac{1}{4}\frac{1}{2}$	124	32 37·	37 17·	22 19·	32 41	19 04	30 41	0·4106·	0·6415	0·7616
55	v	$\frac{3}{4}\frac{1}{2}$	324	62 29·	54 15	50 56	"	46 02·	22 08	1·2319	"	1·3889
56	A	$\frac{1}{3}\frac{4}{3}$	143	17 45	60 53·	28 42	59 41·	15 26·	56 19	0·5475	1·7107	1·7961
57	B	$\frac{1}{3}\frac{5}{3}$	153	14 21·	65 37·	"	64 26	13 03·	61 56	"	2·1382·	2·2073
58	x	$\frac{1}{5}\frac{3}{5}$	135	23 06·	39 55·	18 11	37 35·	14 35·	36 11	0·3285	0·7698	0·8370
59	D	$\frac{2}{5}\frac{1}{5}$	215	68 40	33 12	33 18·	14 23·	32 28·	12 06·	0·6570	0·2566	0·7054
60	E	$\frac{1}{6}\frac{2}{3}$	146	17 45	41 55·	15 18·	40 32·	11 45	39 31·	0·2737·	0·8553·	0·8981
61	F	$\frac{1}{7}\frac{8}{7}$	187	9 05·	56 02·	13 12·	55 42·	7 32	54 59	0·2346	1·4663	1·4849
62	G	$\frac{1}{9}\frac{2}{9}$	129	32 37·	18 42	10 20·	15 55	9 57·	15 40	0·1825	0·2851	0·3385
63	H	$\frac{1}{23}\frac{24}{23}$	1·24·23	3 03	53 17	4 05	53 14·	2 27	53 10·	0·0714	1·3388	1·3407
64	I	$\frac{1}{24}\frac{2}{3}$	1·16·24	4 34·	40 38	3 55	40 32·	2 58·	40 28·	0·0684	0·8553·	0·8581
65	K	$\frac{2}{3}\frac{5}{3}$	253	27 07	67 24	47 36	64 26	24 53	55 15·	1·0950·	2·1382·	2·4024
66	?V	$\frac{5}{4}\frac{1}{2}$	524	72 39	65 04	64 02	32 41	59 56·	15 41·	2 0532	0·6415	2·1510

7*

Colemanit.

Monoklin.

a = 0·7755	lg a = 988958	lg a₀ = 015598	lg p₀ = 984402	a₀ = 1·4321	p₀ = 0·6983
c = 0·5415	lg c = 973360	lg b₀ = 026640	lg q₀ = 970598	b₀ = 1·8467	q₀ = 0·5081
$\left.\begin{matrix}\mu =\\180-\beta\end{matrix}\right\}$ 69°47	$\left.\begin{matrix}\text{lg h} =\\ \text{lg sin}\,\mu\end{matrix}\right\}$997238	$\left.\begin{matrix}\text{lg e} =\\ \text{lg cos}\,\mu\end{matrix}\right\}$953854	lg $\frac{p_0}{q_0}$ = 013804	h = 0·9384	e = 0·3456

No.	Buchstaben	Symb.	Miller	φ	ϱ	ξ_0	η_0	ξ	η	x′ (Prismen) (x : y)	y′	d′ =tg ϱ
1	g	o	001	90°00	20°13	20°13	0°00	20°13	0°00	0·3682·	0	0·3682·
2	m	o∞	010	0 00	90 00	0 00	90 00	0 00	90 00	0	∞	∞
3	n	∞0	100	90 00	"	90 00	0 00	90 00	0 00	∞	0	"
4	t	2∞	210	70 00·	"	"	90 00	70 00·	19 59·	2·7483	∞	"
5	s	∞·	110	53 57·	"	"	"	53 57·	36 02·	1·3741·	"	"
6	z	∞2	120	34 29·	"	"	"	34 29·	55 30·	0·6871	"	"
7	c	01	011	34 13	33 13	20 13	28 26	17 56·	26 56	0·3683	0·5415	0·6549
8	a	02	021	18 57	48 50·	"	47 17	14 01·	45 28	"	1·0830	1·1439
9	V	+10	101	90 00	48 03	48 03	0 00	48 03	0 00	1·1126	0	1·1126
10	λ	+20	201	"	61 41·	61 41·	"	61 41·	"	1·8566	"	1·8566
11	i	−10	$\overline{1}$01	90 00	20 36	$\overline{2}$0 36	"	$\overline{2}$0 36	"	0·3758·	"	0·3758·
12	h	−20	$\overline{2}$01	"	48 14·	$\overline{4}$8 14·	"	$\overline{4}$8 14·	"	$\overline{1}$·1200	"	1·1200
13	W	−30	$\overline{3}$01	"	61 47·	$\overline{6}$1 47·	"	$\overline{6}$1 47·	"	$\overline{1}$·8641	"	1·8641
14	Ψ	−40	$\overline{4}$01	"	69 01·	$\overline{6}$9 01·	"	$\overline{6}$9 01·	"	$\overline{2}$·6083·	"	2·6083·
15	U	−60	$\overline{6}$01	"	76 17	$\overline{7}$6 17	"	$\overline{7}$6 17	"	$\overline{4}$·0966	"	4·0966
16	G	+7	771	55 48	81 34	79 50	75 13·	54 54	33 47	5·5773	3·7905·	6·7434
17	σ	+3	331	58 00·	71 56·	68 58	58 23	53 44·	30 14·	2·6007·	1·6245	3·0664
18	b	+1	111	64 03	51 03	48 03	28 26	44 22	19 54	1·1124·	0·5670	1·2372
19	y	−1	$\overline{1}$11	$\overline{3}$4 46	33 23·	$\overline{2}$0 36	"	$\overline{1}$8 17	26 53	$\overline{0}$·3758	"	0·6592
20	v	−2	$\overline{2}$21	$\overline{4}$5 58	57 18·	$\overline{4}$8 14·	47 17	$\overline{3}$7 14	35 48	$\overline{1}$·1200	1·0830	1·5580
21	q	−3	$\overline{3}$31	$\overline{4}$8 56	67 59	$\overline{6}$1 47·	58 23	$\overline{4}$4 20·	37 31	$\overline{1}$·8642	1·6245	2·4726
22	ω	+13	131	34 24	63 04·	48 03	"	30 15	47 21·	1·1124	"	1·9689
23	e	+12	121	45 46	57 13	"	47 17	$\overline{3}$7 02·	35 54·	"	1·0830	1·5525
24	r	−1½	$\overline{2}$32	$\overline{2}$4 50	41 50	$\overline{2}$0 36	39 05	$\overline{1}$6 16	37 15	$\overline{0}$·3758·	0·8122·	0·8950
25	d	−12	$\overline{1}$21	$\overline{1}$9 08·	48 54	"	47 17	$\overline{1}$4 18	45 23·	"	1·0830	1·1464
26	x	−13	$\overline{1}$31	$\overline{1}$3 01·	59 03	"	58 23	$\overline{1}$1 09	56 40	"	1·6245	1·6673
27	k	+31	311	78 14·	69 22·	68 58	28 26	66 23	11 00	2·6008	0·5415	2·6565
28	Φ	+71	711	84 27	79 53	79 50	"	78 28·	5 27·	5·5772·	"	5·6035
29	C	+10·1	10·1·1	86 02	82 43	82 42	"	81 42·	3 56	7·8098	"	7·8285
30	o	−21	$\overline{2}$11	$\overline{6}$4 12	51 12·	$\overline{4}$8 14·	"	$\overline{4}$4 34	19 50	$\overline{1}$·1200	"	1·2440
31	Θ	−31	$\overline{3}$11	$\overline{7}$3 48	62 44·	$\overline{6}$1 47·	"	$\overline{5}$8 37	14 21·	$\overline{1}$·8641·	"	1·9412
32	B	−41	$\overline{4}$11	$\overline{7}$8 16·	69 25·	$\overline{6}$9 01·	"	$\overline{6}$6 26·	10 58	$\overline{2}$·6083	"	2·6639
33	ϱ	−2½	$\overline{4}$12	$\overline{7}$6 24·	49 03	$\overline{4}$8 14·	15 09	$\overline{4}$7 14	10 13·	$\overline{1}$·1200	0·2700	1·1523

No.	Buch-staben	Symb.	Miller	φ	ϱ	ξ_0	η_0	ξ	η	x' (Prismen) (x : y)	y'	d' =tgϱ
34	ε	−23	$\bar{2}31$	$\bar{3}4°35$	63°07·	$\bar{4}8°14·$	58°23	$\bar{3}0°25$	47°15	$\bar{1}·1200$	1·6245·	1·9731
35	Q	−24	$\bar{2}41$	$\bar{7}9\ 03$	48 45·	"	12 13·	$\bar{4}7\ 35$	8 12·	"	0·2166	1·1407
36	γ	−32	$\bar{3}21$	$\bar{5}9\ 50·$	65 07	$\bar{6}1\ 47·$	47 17	$\bar{5}1\ 40$	27 06·	$\bar{1}·8641·$	1·0830	2·1559
37	w	−72	$\bar{7}21$	$\bar{7}7\ 23·$	78 36	$\bar{7}8\ 19·$	"	$\bar{7}3\ 04$	12 21·	$\bar{4}·8407$	"	4·9604
38	D	+73	731	73 45·	80 14	79 50	58 23	71 07	16 00	5·5772·	1·6245	5·8090

Columbit.

Rhombisch.

a = 0·4023	lg a = 960455	lg a₀ = 005067	lg p₀ = 994933	a₀ = 1·1237	p₀ = 0·8899
c = 0·3580	lg c = 955388	lg b₀ = 044612	lg q₀ = 955388	b₀ = 2·7933	q₀ = 0·3580

No.	Buch-staben	Symb.	Miller	φ	ϱ	ξ_0	η_0	ξ	η	x (Prismen) (x : y)	y	d =tgϱ
1	c	0	001	—	0°00	0°00	0°00	0°00	0°00	0	0	0
2	b	0∞	010	0°00	90 00	"	90 00	"	90 00	"	∞	∞
3	a	∞0	100	90 00	"	90 00	0 00	90 00	0 00	∞	0	"
4	g	∞	110	68 05	"	"	90 00	68 05	21 55	2·4857	∞	"
5	m	∞3	130	39 38·	"	"	"	39 38·	50 21·	0·8286	"	"
6	z	∞5	150	26 26	"	"	"	26 26	63 34	0·4971·	"	"
7	y	∞6	160	22 30	"	"	"	22 30	67 30	0·4143	"	"
8	d	∞7	170	19 33	"	"	"	19 33	70 27	0·3551	"	"
9	l	$0\tfrac{1}{2}$	012	0 00	10 09	0 00	10 09	0 00	10 09	0	0·1790	0·1790
10	k	01	011	"	19 42	"	19 42	"	19 42	"	0·3580	0·3580
11	f	$0\tfrac{3}{2}$	032	"	28 14	"	28 14	"	28 14	"	0·5370	0·5370
12	μ	$0\tfrac{8}{5}$	085	"	29 48	"	29 48	"	29 48	"	0·5728	0·5728
13	h	02	021	"	35 36	"	35 36	"	35 36	"	0·7160	0·7160
14	λ	$0\tfrac{8}{3}$	083	"	43 40·	"	43 40·	"	43 40·	"	0·9546·	0·9546·
15	i	10	101	90 00	41 40	41 40	0 00	41 40	0 00	0·8899	0	0·8899
16	e	20	201	"	60 39	60 39	"	60 39	"	1·7785	"	1·7785
17	x	16	161	22 30	66 43·	41 40	65 02	20 35	58 04	0·8899	2·1480	2·3250
18	o	13	131	39 38·	54 21·	"	47 02·	31 14	38 44·	"	1·0740	1·3947
19	β	12	121	51 11	48 48	"	35 36	35 53	28 08·	"	0·7160	1·1422
20	u	1	111	68 05	43 48·	"	19 42	39 57·	14 58·	"	0·3580	0·9590
21	α	$\tfrac{1}{3}$1	133	39 38·	24 56	16 31·	"	15 36	18 56·	0·2966	"	0·4649
22	n	21	211	78 37·	61 09	60 40	"	59 10·	9 57	1·7798	"	1·8154
23	φ	41	411	84 15·	74 23	74 18·	"	73 23	5 32	3·5595	"	3·5774
24	r	9	991	68 05	83 23·	82 53	72 45·	67 09·	21 45·	8·0088	3·2219	8·6327
25	s	2	221	"	62 28	60 40	35 36	55 21	19 19·	1·7798	0·7160	1·9184
26	t	24	241	51 11	66 21·	"	55 04·	45 32·	35 03	"	1·4320	2·2843
27	σ	$\tfrac{1}{3}$2	163	22 30	37 46·	16 31·	35 36	13 33·	34 28	0·2966	0·7160	0·7750
28	π	23	231	58 53·	64 18·	60 40	47 02·	50 29·	27 45	1·7798	1·0740	2·0788

Connellit.

Hexagonal. Holoedrisch.

$c = 2\cdot0031$	$\lg c = 030170$	$\lg a_0 = 993686$	$\lg p_0 = 012561$	$a_0 = 0\cdot8647$	$p_0 = 1\cdot3354$	(G_1)

No.	Buch-staben	Symb.	Bravais	φ	ϱ	ξ_0	η_0	ξ	η	x (Prismen) (x : y)	y	d = tg ϱ
1	c	o	0001	—	0°00	0°00	0°00	0°00	0°00	0	0	0
2	a	∞0	10$\overline{1}$0	0°00	90 00	"	90 00	"	90 00	"	∞	∞
3	b	∞	11$\overline{2}$0	30 00	"	90 00	"	30 00	60 00	0·5773	"	"
4	r	10	10$\overline{1}$1	0 00	53 10	0 00	53 10	0 00	53 10	0	1·3354	1·3354
5	o	$\frac{11}{3}\frac{2}{3}$	11·2·$\overline{1}$3·3	8 13	79 30	37 38	79 24	8 04·	76 42	0·7710	5·3416	5·3970

Copiapit.

Monoklin.

$a = 0\cdot4791$	$\lg a = 968043$	$\lg a_0 = 969138$	$\lg p_0 = 030862$	$a_0 = 0\cdot4913$	$p_0 = 2\cdot0353$
$c = 0\cdot9751$	$\lg c = 998905$	$\lg b_0 = 001095$	$\lg q_0 = 996738$	$b_0 = 1\cdot0255$	$q_0 = 0\cdot9276$
$\left.\begin{matrix}\mu =\\180-\beta\end{matrix}\right\}72°03$	$\left.\begin{matrix}\lg h =\\\lg\sin\mu\end{matrix}\right\}997833$	$\left.\begin{matrix}\lg e =\\\lg\cos\mu\end{matrix}\right\}948881$	$\lg\frac{p_0}{q_0} = 034124$	$h = 0\cdot9513$	$e = 0\cdot3082$

No.	Buch-staben	Symb.	Miller	φ	ϱ	ξ_0	η_0	ξ	η	x' (Prismen) (x : y)	y'	d' = tg ϱ
1	b	0∞	010	0°00	90°00	0°00	90°00	0°00	90°00	0	∞	∞
2	m	∞	110	65 30	"	90 00	"	65 30	24 30	2·1940	"	"
3	p	∞2	120	47 39	"	"	"	47 39	42 21	1·0970	"	"
4	s	0$\frac{1}{5}$	015	58 57	20 43	17 57	11 02	17 38·	10 30·	0·3239·	0·1950	0·3781
5	r	0$\frac{2}{3}$	023	26 29·	35 59·	"	33 01·	15 12	31 44	"	0·6501	0·7263
6	q	01	011	18 23	45 46·	"	44 17	13 03·	42 51	"	0·9751	1·0275
7	d	$-\frac{4}{9}$0	$\overline{4}$09	$\overline{9}$0 00	32 05	$\overline{3}$2 05	0 00	$\overline{3}$2 05	0 00	$\overline{0}$·6269	0	0·6269
8	o	$-\frac{4}{9}$	$\overline{4}$49	$\overline{5}$5 21	37 19	"	23 26	$\overline{2}$9 59·	20 10	"	0·4334	0·7621
9	x	$+\frac{4}{7}\frac{2}{7}$	427	79 47	57 31·	57 07	15 34	56 08	8 36	1·5465	0·2786	1·5713
10	n	$-\frac{1}{4}\frac{1}{7}$	$\overline{7}$·4·28	$\overline{5}$6 33	14 11	$\overline{1}$1 54·	7 56	$\overline{1}$1 48	7 46	$\overline{0}$·2108·	0·1393	0·2527
11	y	$-\frac{5}{6}\frac{1}{9}$	$\overline{15}$·2·18	$\overline{8}$5 45	55 39	$\overline{5}$5 44·	6 11	$\overline{5}$5 25	3 30·	$\overline{1}$·4589	0·1083·	1·4629

Coquimbit.

Hexagonal. Rhomboedrisch-hemiedrisch.

$c = 2{\cdot}7098$	$\lg c = 043294$	$\lg a_0 = 980562$	$\lg p_0 = 025685$	$a_0 = 0{\cdot}6392$	$p_0 = 1{\cdot}8065$	(G_1)

No.	Buchstaben	Symb.	Bravais	φ	ϱ	ξ_0	η_0	ξ	η	x (Prismen) (x : y)	y	d $=\mathrm{tg}\,\varrho$
1	o	o	0001	—	0°00	0°00	0°00	0°00	0°00	o	o	o
2	a	∞	$10\bar10$	0°00	90 00	„	90 00	„	90 00	„	∞	∞
3	b	∞	$11\bar20$	30 00	„	90 00	„	30 00	60 00	0·5773	„	„
4	z	$\frac{1}{3}$0	$10\bar13$	0 00	31 03·	0 00	31 03·	0 00	31 03·	o	0·6022	0·6022
5	n	$-\frac{3}{7}$0	$\bar3037$	„	37 45	„	37 45	„	37 45	„	0·7742	0·7742
6	y	$\frac{1}{2}$0	$10\bar12$	„	42 05·	„	42 05·	„	42 05·	„	0·9033	0·9033
7	q	$\frac{3}{5}$0	$30\bar35$	„	47 18·	„	47 18·	„	47 18·	„	1·0839	1·0839
8	β	$-\frac{3}{4}$0	$30\bar34$	„	53 34	„	53 34	„	53 34	„	1·3549	1·3549
9	x η	±10	$10\bar11$	„	61 02	„	61 02	„	61 02	„	1·8065	1·8065
10	ω	$\frac{3}{2}$0	$30\bar32$	„	69 44·	„	69 44·	„	69 44·	„	2·7098	2·7098
11	α A	±30	$30\bar31$	„	79 33	„	79 33	„	79 33	„	5·4196	5·4196
12	d	$\frac{1}{2}$	$11\bar22$	30 00	57 25	38 02	53 34	24 55	46 51·	0·7822·	1·3549	1·5645
13	e	1	$11\bar21$	„	72 16·	57 25	69 44·	28 26·	55 34·	1·5645	2·7098	3·1290

Cordierit.

Rhombisch.

$a = 0{\cdot}5871$	$\lg a = 976871$	$\lg a_0 = 002176$	$\lg p_0 = 997824$	$a_0 = 1{\cdot}0514$	$p_0 = 0{\cdot}9511$
$c = 0{\cdot}5584$	$\lg c = 974695$	$\lg b_0 = 025305$	$\lg q_0 = 974695$	$b_0 = 1{\cdot}7908$	$q_0 = 0{\cdot}5584$

No.	Buchstaben	Symb.	Miller	φ	ϱ	ξ_0	η_0	ξ	η	x (Prismen) (x : y)	y	d $=\mathrm{tg}\,\varrho$
1	c	o	001	—	0°00	0°00	0°00	0°00	0°00	o	o	o
2	a	0∞	010	0°00	90 00	„	90 00	„	90 00	„	∞	∞
3	b	∞0	100	90 00	„	90 00	0 00	90 00	0 00	∞	o	„
4	m	∞	110	59 35	„	„	90 00	59 35	30 25	1·7033	∞	„
5	d	∞3	130	29 35	„	„	„	29 35	60 25	0·5677·	„	„
6	l	0½	012	0 00	15 36	0 00	15 36	0 00	15 36	o	0·2792	0·2792
7	n	01	011	„	29 11	„	29 11	„	29 11	„	0·5584	0·5584
8	p	02	021	„	48 10	„	48 10	„	48 10	„	1·1168	1·1168
9	q	04	041	„	65 53	„	65 53	„	65 53	„	2·2336·	2·2336·
10	f	$\frac{1}{2}$0	102	90 00	25 26	25 26	0 00	25 26	0 00	0·4755	o	0·4755
11	e	10	101	„	43 34	43 34	„	43 34	„	0·9511	„	0·9511
12	h	2	221	59 35	65 37	62 16	48 09·	51 45·	27 27·	1·9022	1·1168	2·2058

No.	Buch-staben	Symb.	Miller	φ	ϱ	ξ_0	η_0	ξ	η	x (Prismen) (x : y)	y	d =tgϱ
13	r	1	111	59° 35	47° 48	43° 34	29° 10'	39° 42'	22° 01'	0·9511	0·5584	1·1029
14	s	$\frac{1}{2}$	112	"	28 52'	25 26	15 36	24 36'	14 09	0·4755'	0·2792	0·5515
15	t	$\frac{1}{4}$	114	"	15 25	13 22'	7 57	13 15	7 44	0·2378	0·1396	0·2757
16	o	13	131	29 35	62 34	43 34	59 10	25 59'	50 31	0·9511	1·6752	1·9264
17	?π	$\frac{1}{2}\frac{3}{2}$	132	"	43 55'	25 26	39 57	20 02	37 06'	0·4755'	0·8376	0·9632
18	u	$\frac{1}{4}\frac{3}{4}$	134	"	25 43	13 22'	22 43'	12 22	22 10	0·2378	0·4188	0·4816

Corynit.

Regulär.

No.	Buch-staben	Symb.	Miller	φ	ϱ	ξ_0	η_0	ξ	η	x (Prismen) (x : y)	y	d =tgϱ
1	p	1	111	45° 00	54° 44	45° 00	45° 00	35° 16	35° 16	1·0000	1·0000	1·4142

Cosalith.

Rhombisch.

a = 0·9188	lg a = 996322	lg a₀ = 979881	lg p₀ = 020119	a₀ = 0·6292	p₀ = 1·5892
c = 1·4602	lg c = 016441	lg b₀ = 983559	lg q₀ = 016441	b₀ = 0·6848	q₀ = 1·4602

No.	Buch-staben	Symb.	Miller	φ	ϱ	ξ_0	η_0	ξ	η	x (Prismen) (x : y)	y	d =tgϱ
1	c	0	001	—	0° 00	0° 00	0° 00	0° 00	0° 00	0	0	0
2	b	0∞	010	0° 00	90 00	"	90 00	"	90 00	"	∞	∞
3	a	∞0	100	90 00	"	90 00	0 00	90 00	0 00	∞	0	"
4	i	∞4	140	15 13'	"	"	90 00	15 13'	74 46'	0·2721	∞	"
5	f	01	011	0 00	55 35'	0 00	55 35'	0 00	55 35'	0	1·4602	1·4602
6	d	$\frac{1}{4}$0	104	90 00	21 40	21 40	0 00	21 40	0 00	0·3973	0	0·3973
7	e	10	101	"	57 49	57 49	"	57 49	"	1·5892	"	1·5892
8	k	2	221	47 25'	76 57'	72 32	71 06	45 50	41 14	3·1784	2·9204	4·3164
9	g	$\frac{1}{4}$1	144	15 13	56 32'	21 40	55 35'	12 39	53 36'	0·3973	1·4636	1·5133
10	h	$\frac{1}{2}$2	142	"	71 43	35 28	71 06	14 26	66 22'	0·7946	2·9204	3·0266

Cotunnit.

Rhombisch.

$a = 0{\cdot}5937$	$\lg a = 977357$	$\lg a_0 = 969788$	$\lg p_0 = 030212$	$a_0 = 0{\cdot}4987$	$p_0 = 2{\cdot}0050$
$c = 1{\cdot}1904$	$\lg c = 007569$	$\lg b_0 = 992431$	$\lg q_0 = 007569$	$b_0 = 0{\cdot}8401$	$q_0 = 1{\cdot}1904$

No.	Buch-staben	Symb.	Miller	φ	ϱ	ξ_0	η_0	ξ	η	x (Prismen) (x : y)	y	d $=\mathrm{tg}\,\varrho$
1	a	0	001	—	0°00	0°00	0°00	0°00	0°00	0	0	0
2	b	0∞	010	0°00	90 00	”	90 00	”	90 00	”	∞	∞
3	c	∞0	100	90 00	”	90 00	0 00	90 00	0 00	∞	0	”
4	r	0½	012	0 00	30 45·	0 00	30 45·	0 00	30 45·	0	0·5952	0·5952
5	m	01	011	”	49 58	”	49 58	”	49 58	”	1·1904	1·1904
6	q	02	021	”	67 13	”	67 13	”	67 13	”	2·3807·	2·3807·
7	e	10	101	90 00	63 29·	63 29·	0 00	63 29·	0 00	2·0050	0	2·0050
8	p	½	112	59 18	49 23	45 04·	30 45·	40 44·	22 48	1·0025	0·5952	1·1659
9	s	1	111	”	66 47·	63 29·	49 58	52 12·	27 59	2·0050	1·1904	2·3318

Cuban.

Regulär.

No.	Buch-staben	Symb.	Miller	φ	ϱ	ξ_0	η_0	ξ	η	x (Prismen) (x : y)	y	d $=\mathrm{tg}\,\varrho$
1	c	0	001	—	0°00	0°00	0°00	0°00	0°00	0	0	0
		0∞	010	0°00	90 00	”	90 00	”	90 00	”	∞	∞
2	e	0½	012	”	26 34	”	26 34	”	26 34	”	0·5000	0·5000
		02	021	”	63 26	”	63 26	”	63 26	”	2·0000	2·0000
		∞2	120	26 34	90 00	90 00	90 00	26 34	”	0·5000	∞	∞

Cuspidin.

Monoklin.

$a = 0{\cdot}7196$	$\lg a = 985709$	$\lg a_0 = 956875$	$\lg p_0 = 043125$	$a_0 = 0{\cdot}3705$	$p_0 = 2{\cdot}6993$
$c = 1{\cdot}9424$	$\lg c = 028834$	$\lg b_0 = 971166$	$\lg q_0 = 028832$	$b_0 = 0{\cdot}5184$	$q_0 = 1{\cdot}9423$
$\left.{\mu = \atop 180-\beta}\right\} 89°31$	$\left.{\lg h = \atop \lg \sin\mu}\right\} 999998$	$\left.{\lg e = \atop \lg \cos\mu}\right\} 792612$	$\lg \dfrac{p_0}{q_0} = 014293$	$h = 0{\cdot}9999$	$e = 0{\cdot}0084·$

No.	Buch-staben	Symb.	Miller	φ	ϱ	ξ_0	η_0	ξ	η	x′ (Prismen) (x : y)	y′	d′ $=\mathrm{tg}\,\varrho$
1	c	0	001	90°00	0°29	0°29	0°00	0°29	0°00	0·0084·	0	0·0084·
2	b	0∞	010	0 00	90 00	0 00	90 00	0 00	90 00	0	∞	∞
3	l	∞	110	54 16	”	”	”	54 16	35 44	1·3997	”	”

No.	Buchstaben	Symb.	Miller	φ	ϱ	ξ_0	η_0	ξ	η	x' (Prismen) (x : y)	y'	d' $=$ tgϱ
4	k	$0\frac{1}{4}$	014	1°00	25°54	0°29	25°54	0°26	25°54	0·0084·	0·4856	0·4857
5	g	$0\frac{1}{2}$	012	0 30	44 10	„	44 10	0 21	44 10	„	0·9712	0·9713
6	d	0 1	011	0 15	62 45·	„	62 45·	0 13·	62 45·	„	1·9424	1·9424
7	e	$+$10	101	90 00	69 44	69 44	0 00	69 44	0 00	2·7078	0	2·7078
8	h	$+\frac{1}{3}$0	103	„	42 14·	42 14·	„	42 14·	„	0·9082	„	0·9082
9	f	$-$10	$\bar{1}$01	90 00	69 37	$\bar{6}$9 37	„	$\bar{6}$9 37	„	$\bar{2}$·6910	„	2·6910
10	n	$+$1	111	54 21	73 17·	69 44	62 45·	51 06	33 56	2·7078	1·9424	3·3325
11	p	$+\frac{1}{3}$	113	54 31	48 07·	42 15	32 55·	37 19·	25 36·	0·9082	0·6475	1·1154
12	π	$-\frac{1}{3}$	$\bar{1}$13	$\bar{5}$4 00·	47 46·	$\bar{4}$1 43	„	$\bar{3}$6 48·	25 47·	0·8914	„	1·1107
13	ν	$-$1	$\bar{1}$11	$\bar{5}$4 10·	73 14	$\bar{6}$9 37	62 45·	$\bar{5}$0 55·	34 05	$\bar{2}$·6910	1·9424	3·3188
14	s	$-$12	$\bar{1}$21	$\bar{3}$4 42·	78 03	„	75 34	$\bar{3}$3 51·	53 32	„	3·8848	4·7258
15	q	$+\frac{2}{3}$1	233	42 57	69 21	61 03	62 45·	39 36·	43 14	1·8081	1·9424	2·6537
16	t·	$+$21	211	70 14·	80 07·	79 31·	„	68 00·	19 27·	5·4072	„	5·7455
17	m	$-2\frac{3}{2}$	$\bar{4}$32	$\bar{6}$1 36·	80 44	$\bar{7}$9 29·	71 03·	$\bar{6}$0 15	27 59·	$\bar{5}$·3902	2·9136	6·1275

Cyanit.

Triklin.

$p_0 = 0·8062$	$\lambda = 86°36$	$a = 0·8991$	$\alpha = 90°23$	$x_0 = 0·1785$	$d = 0·1881$
$q_0 = 0·7132$	$\mu = 79°10$	$b = 1$	$\beta = 100°18$	$y_0 = 0·0593$	$\delta = 71°38$
$r_0 = 1$	$\nu = 73°38·$	$c = 0·6968$	$\gamma = 106°01$	$h = 0·9821$	

No.	Buchstaben	Symb.	Miller	φ	ϱ	ξ_0	η_0	ξ	η	x' (Prismen) (x : y)	y'	d' $=$ tgϱ
1	p	0	001	71°39	10°50·	10°18	3°27	10°17	3°24	0·1817	0·0603	0·1915
2	t	0∞	010	0 00	90 00	0 00	90 00	0 00	90 00	0	∞	∞
3	m	∞0	100	73 38·	„	90 00	„	73 38·	16 21·	3·4013	„	„
4	n	3∞	310	64 29	„	„	„	64 29	25 31	2·0954	„	„
5	e	2∞	210	52 58	„	„	„	52 58	37 02	1·3254	„	„
6	i	∞	110	46 00·	„	„	„	46 00·	43 59·	1·0358	„	„
7	b	∞2	120	30 30	„	„	„	30 30	59 30	0·5890	„	„
8	k	∞$\bar{\infty}$	1$\bar{1}$0	116 31·	„	„	„	63 28·	$\bar{2}$6 31·	$\bar{2}$·0035	„	„
9	s	∞$\bar{2}$	1$\bar{2}$0	140 55	„	„	90 00	39 05	$\bar{5}$0 55	$\bar{0}$·8121	„	„
10	q	01	011	13 00·	38 54·	10 18	38 11	8 08	37 44	0·1817	0·7865	0·8072
11	v	0$\bar{1}$	0$\bar{1}$1	164 44	34 36·	„	$\bar{3}$3 39·	8 36	$\bar{3}$3 13·	„	$\bar{0}$·6658	0·6902
12	f	0$\bar{2}$	0$\bar{2}$1	172 33·	54 32	„	$\bar{5}$4 18·	6 03	$\bar{5}$3 52	„	$\bar{1}$·3920	1·4038
13	h	$\frac{2}{3}$0	$\bar{2}$03	$\bar{1}$05 43·	19 05·	$\bar{1}$8 25·	$\bar{5}$ 21·	$\bar{1}$8 21	$\bar{5}$ 05	$\bar{0}$·3331	$\bar{0}$·0938	0·3461
14	l	$\frac{3}{4}$0	$\bar{3}$04	$\bar{1}$05 27	22 59·	$\bar{2}$2 14·	$\bar{6}$ 27	$\bar{2}$2 07	$\bar{5}$ 58·	$\bar{0}$·4090	$\bar{0}$·1130	0·4243
15	x	$\bar{1}$0	$\bar{1}$01	$\bar{1}$05 44·	32 11	$\bar{3}$1 12·	9 41·	$\bar{3}$0 50·	8 18·	$\bar{0}$·6058	$\bar{0}$·1707	0·6294

No.	Buch-staben	Symb.	Miller	φ	ϱ	ξ_0	η_0	ξ	η	x' (Prismen) (x : y)	y'	d' =tgϱ
16	d	2	221	41°39	69°16·	60°21	63°09	38°26	44°20	1·7570	1·9751	2·6434
17	o	$\bar{1}1$	$\bar{1}11$	$\bar{4}7$ 29	39 26	$\bar{3}1$ 12·	29 03	$\bar{2}7$ 54·	25 24·	$\bar{0}·6058$	0·5554	0·8219
18	u	$\bar{2}2$	$\bar{2}21$	$\bar{5}2$ 59·	60 11	$\bar{5}4$ 20	46 24·	$\bar{4}3$ 51·	31 29	$\bar{1}·3935$	1·0504	1·7450
19	r	$\bar{1}$	$\bar{1}\bar{1}1$	$\bar{1}45$ 58	47 16	$\bar{3}1$ 12·	$\bar{4}1$ 53·	$\bar{2}4$ 16·	$\bar{3}7$ 29·	$\bar{0}·6058$	$\bar{0}·8969$	1·0823
20	y	$\bar{1}2$	$\bar{1}21$	$\bar{2}5$ 18	54 48	„	52 02	$\bar{2}0$ 26·	47 37·	„	1·2816	1·4176
21	z	$\frac{\bar{1}}{2}1$	$\bar{1}22$	$\bar{1}7$ 32·	35 08	$\bar{1}1$ 58·	33 51·	9 59·	33 17	$\bar{0}·2121$	0·6710	0·7037
22	w	$\bar{2}1$	$\bar{2}11$	$\bar{7}0$ 54	55 03	$\bar{5}4$ 20	17 57·	$\bar{5}2$ 58	10 42	$\bar{1}·3935$	0·3242	1·4307
23	g	$\frac{\bar{3}}{2}\frac{\bar{1}}{2}$	$\bar{3}\bar{1}2$	$\bar{1}23$ 00·	50 00·	$\bar{4}4$ 59·	33 00	$\bar{3}9$ 58·	$\bar{2}4$ 40	$\bar{0}·9996$	$\bar{0}·6494$	1·1920

Cyanochroit.

Monoklin.

a $=$ 0·7589	lg a $=$ 988018	lg a_0 $=$ 018191	lg p_0 $=$ 981809	a_0 $=$ 1·5202	p_0 $=$ 0·6578
c $=$ 0·4992	lg c $=$ 969827	lg b_0 $=$ 030173	lg q_0 $=$ 968049	b_0 $=$ 2·0031	q_0 $=$ 0·4792
$\left.\begin{array}{l}\mu = \\ 180-\beta\end{array}\right\}$ 73°43	$\left.\begin{array}{l}\text{lg h} = \\ \text{lg sin }\mu\end{array}\right\}$ 998222	$\left.\begin{array}{l}\text{lg e} = \\ \text{lg cos }\mu\end{array}\right\}$ 944776	lg $\dfrac{p_0}{q_0}$ $=$ 013760	h $=$ 0·9599	e $=$ 0·2804

No.	Buch-staben	Symb.	Miller	φ	ϱ	ξ_0	η_0	ξ	η	x' (Prismen) (x : y)	y'	d' =tgϱ
1	c	0	001	90°00	16°17	16°17	0°00	16°17	0°00	0·2921	0	0·2921
2	b	0∞	010	0 00	90 00	0 00	90 00	0 00	90 00	0	∞	∞
3	a	∞0	100	90 00	„	90 00	0 00	90 00	0 00	∞	0	„
4	m	∞	110	53 55·	„	„	90 00	53 55·	36 04·	1·3728	∞	„
5	o	01	011	30 20	30 02·	16 17	26 31·	14 39	25 36	0·2921	0·4992	0·5784
6	η	—10	$\bar{1}01$	$\bar{9}0$ 00	21 28	$\bar{2}1$ 28	0 00	$\bar{2}1$ 28	0 00	$\bar{0}·3931$	0	0·3931
7	e	—20	$\bar{2}01$	„	47 10	$\bar{4}7$ 10	„	$\bar{4}7$ 10	„	$\bar{1}·0539$	„	1·0539
8	n	—1	$\bar{1}11$	$\bar{3}8$ 13·	32 26	$\bar{2}1$ 28	26 31·	$\bar{1}9$ 23	24 55	$\bar{0}·3931$	0·4992	0·6354
9	μ	—12	$\bar{1}21$	$\bar{2}1$ 30	47 01	„	44 57	$\bar{1}5$ 33	42 54	„	0·9984	1·0730

Danalith.

Regulär. Tetraedrisch-hemiedrisch.

No.	Buch-staben	Symb.	Miller	φ	ϱ	ξ_0	η_0	ξ	η	x (Prismen) (x : y)	y	d =tgϱ
1	d	01	011	0°00	45°00	0°00	45°00	0°00	45°00	0	1·0000	1·0000
		∞	110	45 00	90 00	90 00	90 00	45 00	„	1·0000	∞	∞
2	pπ	±1	111	„	54 44	45 00	45 00	35 16	35 16	„	1·0000	1·4142

Danburit.

Rhombisch.

$a = 0.9183$	$\lg a = 996298$	$\lg a_0 = 001766$	$\lg p_0 = 998234$	$a_0 = 1.0415$	$p_0 = 0.9602$
$c = 0.8817$	$\lg c = 994532$	$\lg b_0 = 005468$	$\lg q_0 = 994532$	$b_0 = 1.1342$	$q_0 = 0.8817$

No.	Buch-staben	Symb.	Miller	φ	ϱ	ξ_0	η_0	ξ	η	x (Prismen) (x : y)	y	d $= \mathrm{tg}\,\varrho$
1	c	0	001	—	0°00	0°00	0°00	0°00	0°00	0	0	0
2	a	0∞	010	0°00	90 00	″	90 00	″	90 00	″	∞	∞
3	b	∞0	100	90 00	″	90 00	0 00	90 00	0 00	∞	0	″
4	n	2∞	210	65 20·	″	″	90 00	65 20·	24 39·	2·1779·	∞	″
5	ι	$\frac{5}{3}\infty$	530	34 14·	″	″	″	34 14·	55 45·	0·6806	″	″
6	A	$\frac{8}{5}\infty$	850	60 09	″	″	″	60 09	29 51	1·7423·	″	″
7	ξ	$\frac{3}{2}\infty$	320	58 31·	″	″	″	58 31·	31 28·	1·6334·	″	″
8	B	$\frac{10}{7}\infty$	10·7·0	57 16	″	″	″	57 16	32 44	1·5556·	″	″
9	C	$\frac{7}{5}\infty$	750	56 44·	″	″	″	56 44·	33 15·	1·5246	″	″
10	D	$\frac{9}{7}\infty$	970	54 28	″	″	″	54 28	35 32	1·4001	″	″
11	E	$\frac{5}{4}\infty$	540	53 42	″	″	″	53 42	36 18	1·3612	″	″
12	F	$\frac{6}{5}\infty$	650	52 34·	″	″	″	52 34·	37 25·	1·3067·	″	″
13	ϱ	$\frac{7}{6}\infty$	760	51 47·	″	″	″	51 47·	38 12·	1·2705	″	″
14	G	$\frac{11}{10}\infty$	11·10·0	50 08·	″	″	″	50 08·	39 51·	1·1978·	″	″
15	H	$\frac{15}{14}\infty$	15·14·0	49 24	″	″	″	49 24	40 36	1·1667·	″	″
16	l	∞	110	47 26·	″	″	″	47 26·	42 33·	1·0887	″	··
17	K	$\infty\frac{20}{19}$	19·20·0	45 58·	″	″	″	45 58·	44 01·	1·0345	″	″
18	ν	$\infty\frac{10}{9}$	9·10·0	44 25·	″	″	″	44 25·	45 34·	0·9800·	″	″
19	m	$\infty\frac{4}{3}$	340	39 14·	″	″	″	39 14·	50 45·	0·8167·	″	″
20	μ	$\infty\frac{5}{3}$	350	33 09·	″	″	″	33 09·	56 50·	0·6534	″	″
21	J	∞2	120	28 34	″	″	″	28 34	61 26	0·5445	″	″
22	k	∞3	130	19 57	″	″	″	19 57	70 03	0·3630	″	″
23	z	$0\frac{1}{3}$	013	0 00	16 22·	0 00	16 22·	0 00	16 22·	0	0·2939	0.2939
24	ζ	$0\frac{2}{3}$	023	″	30 27	″	30 27	″	30 27	″	0·5878	0·5878
25	d	01	011	″	41 24	″	41 24	″	41 24	″	0·8817	0·8817
26	x	03	031	″	69 17·	″	69 17·	″	69 17·	″	2·6451	2·6451
27	t	10	101	90 00	43 50	43 50	0 00	43 50	0 00	0·9602	0	0·9602
28	w	20	201	″	62 29·	62 29·	″	62 29·	″	1·9203	″	1·9203
29	f	30	301	″	70 51·	70 51·	″	70 51·	″	2·8805	″	2·8805
30	g	$\frac{7}{2}0$	702	″	73 25·	73 25·	″	73 25·	″	3·3605	″	3·3605
31	p	40	401	″	75 24·	75 24·	″	75 24·	″	3·8406	″	3·8406
32	i	50	501	″	78 14	78 14	″	78 14	″	4·8008	″	4·8008
33	h	$\frac{11}{2}0$	11·0·2	″	79 16·	79 16·	″	79 16·	″	5·2808	″	5·2808

No.	Buchstaben	Symb.	Miller	φ	ϱ	ξ_0	η_0	ξ	η	x (Prismen) (x : y)	y	d $=\mathrm{tg}\,\varrho$
34	q	80	801	90° 00	82° 35	82° 35	0° 00	82° 35	0° 00	7·6812	0	7·6812
35	δ	21	211	65 20·	64 40·	62 29·	41 24	55 13·	22 09·	1·9230	0·8817	2·1130
36	r	1	111	47 26·	52 30·	43 50	„	35 45·	32 27·	0·9601·	„	1·3035
37	o	$\tfrac{1}{2}$1	122	28 34	45 06·	25 38·	„	19 48	38 29	0·4801	„	1·0039
38	λ	1$\tfrac{1}{2}$	212	65 20·	36 34·	43 50	23 47·	41 18	17 38·	0·9601·	0·4408·	1·0565
39	e	12	121	28 34	63 31·	„	60 26·	25 20·	51 49·	„	1·7634	2·0078
40	s	13	131	19 57	70 26	„	69 17·	18 45·	62 20·	„	2·7067	2·8140
41	v	$\tfrac{1}{2}$	112	47 26·	33 05·	25 38·	23 47·	23 43	21 40·	0·4801	0·4408·	0·6518
42	u	$\tfrac{1}{4}$	114	„	18 03	13 30	12 26	13 11·	12 06	0·2400·	0·2204	0·3259
43	σ	$\tfrac{7}{4}\tfrac{5}{2}$	7·10·4	36 41	70 00·	58 39·	65 36	34 09	48 54·	1·6420	2·2042·	2·7486

Darapskit.

Monoklin.

a $=$ 1·5258	lg a $=$ 018349	lg a₀ $=$ 030762	lg p₀ $=$ 969238	a₀ $=$ 2·0306	p₀ $=$ 0·4925
c $=$ 0·7514	lg c $=$ 987587	lg b₀ $=$ 012413	lg q₀ $=$ 986474	b₀ $=$ 1·3309	q₀ $=$ 0·7324
$\left.\begin{matrix}\mu=\\180-\beta\end{matrix}\right\}$ 77°05	$\left.\begin{matrix}\lg h=\\ \lg \sin\mu\end{matrix}\right\}$998887	$\left.\begin{matrix}\lg e=\\ \lg\cos\mu\end{matrix}\right\}$934934	$\lg\dfrac{p_0}{q_0}=982764$	h $=$ 0·9747	e $=$ 0·2235

No.	Buchstaben	Symb.	Miller	φ	ϱ	ξ_0	η_0	ξ	η	x' (Prismen) (x : y)	y'	d' $=\mathrm{tg}\,\varrho$
1	c	0	001	90° 00	12° 55	12° 55	0° 00	12° 55	0° 00	0·2293	0	0·2293
2	b	0∞	010	0 00	90 00	0 00	90 00	0 00	90 00	0	∞	∞
3	a	∞0	100	90 00	0 00	90 00	0 00	90 00	0 00	∞	0	„
4	m	∞	110	33 55	90 00	„	90 00	33 55	56 05	0·6724	∞	„
5	q	01	011	16 58·	38 09	12 55	36 55·	10 23·	36 13	0·2293	0·7514	0·7856
6	e	$+\tfrac{3}{2}$0	302	90 00	44 38	44 38	0 00	44 38	0 00	0·9872	0	0·9872
7	r	$+$10	101	„	36 18	36 18	„	36 18	„	0·7346	„	0·7346
8	n	$-$10	$\bar{1}$01	90 00	15 26	$\bar{1}$5 26	„	$\bar{1}$5 26	„	$\bar{0}$·2760	„	0·2760
9	d	$-$20	$\bar{2}$01	„	38 00	$\bar{3}$8 00	„	$\bar{3}$8 00	„	$\bar{0}$·7813	„	0.7813
10	o	$+$1	111	44 21	46 25	36 18	36 55·	30 25·	31 12	0 7346	0·7514	1·0508
11	s	$-$1	$\bar{1}$11	$\bar{2}$0 10	38 40·	$\bar{1}$5 25·	„	$\bar{1}$2 26·	35 55	$\bar{0}$·2760	„	0·8005
12	v	$+$12	121	26 03	59 07·	36 18	56 21·	22 08·	50 27·	0·7346	1·5028	1·6727

Datolith.

Monoklin.

$a = 0\cdot6329$	$\lg a = 980134$	$\lg a_0 = 999891$	$\lg p_0 = 000109$	$a_0 = 0\cdot9975$	$p_0 = 1\cdot0025$
$c = 0\cdot6345$	$\lg c = 980243$	$\lg b_0 = 019757$	$\lg q_0 = 980243$	$b_0 = 1\cdot5760$	$q_0 = 0\cdot6345$
$\left.{\mu = \atop 180-\beta}\right\}89°51$	$\left.{\lg h = \atop \lg\sin\mu}\right\}\ 0$	$\left.{\lg e = \atop \lg\cos\mu}\right\}741797$	$\lg\dfrac{p_0}{q_0} = 019866$	$h = 1\cdot000$	$e = 0\cdot0026$

No.	Buch-staben	Symb.	Miller	φ	ϱ	ξ_0	η_0	ξ	η	x' (Prismen) $(x:y)$	y'	$d' = \mathrm{tg}\,\varrho$
1	a	0	001	90° 00	0° 09	0° 09	0° 00	0° 09	0° 00	0·0026	0	0·0026
2	b	0∞	010	0 00	90 00	0 00	90 00	0 00	90 00	0	∞	∞
3	c	∞0	100	90 00	”	90 00	0 00	90 00	0 00	∞	0	”
4	Ω	4∞	410	81 00·	”	”	90 00	81 00·	8 59·	6·3200	∞	”
5	σ	2∞	210	72 26·	”	”	”	72 26·	17 33·	3·1600	”	”
6	t	$\tfrac{3}{2}$∞	320	67 07·	”	”	”	67 07·	22 52·	2·3700	”	”
7	g	∞	110	57 40	”	”	”	57 40	32 20	1·5800	”	”
8	h	∞$\tfrac{4}{3}$	340	49 50·	”	”	”	49 50·	40 09·	1·1850	”	”
9	m	∞2	120	38 18·	”	”	”	38 18·	51 41·	0·7900	”	”
10	S	∞4	140	21 33	”	”	”	21 33	68 27	0·3950	”	”
11	η	$0\tfrac{1}{4}$	014	0 56·	9 01	0 09	9 01	0 09	9 01	0·0026	0·1586	0·1586
12	$\varDelta$	$0\tfrac{1}{2}$	012	0 28·	17 36	”	17 36	0 08·	17 36	”	0·3172·	0·3173
13	e	$0\tfrac{2}{3}$	023	0 21·	22 55·	”	22 55·	”	22 55·	”	0·4230	0·4230
14	M	01	011	0 14	32 24	”	32 24	0 08	32 24	”	0·6345	0·6345
15	r	$0\tfrac{3}{2}$	032	0 10	43 35	”	43 35	0 06·	43 35	”	0·9517·	0·9517·
16	o	·02	021	0 07	51 45·	”	51 45·	0 05·	51 45·	”	1·2690	1·2690
17	l	03	031	0 04·	62 17	”	62 17	0 04	62 17	”	1·9035	1·9035
18	p	+30	301	90 00	71 37·	71 37·	0 00	71 37·	0 00	3·0100	0	3·0100
19	u	+20	201	”	63 31·	63 31·	”	63 31·	”	2·0076	”	2·0076
20	v	+$\tfrac{3}{2}$0	302	”	56 25	56 25	”	56 25	”	1·5063	”	1·5063
21	x	+10	101	”	45 09	45 09	”	45 09	”	1·0051	”	1·0051
22	f	+$\tfrac{2}{3}$0	203	”	33 51·	33 51·	”	33 51·	”	0·6709	” ·	0·6709
23	φ	+$\tfrac{1}{2}$0	102	”	26 44·	26 44·	”	26 44·	”	0·5038	”	0·5038
24	s	+$\tfrac{1}{3}$0	103	”	18 36·	18 36·	”	18 36·	”	0·3367	”	0·3367
25	ψ	+$\tfrac{1}{4}$0	104	”	14 12·	14 12·	”	14 12·	”	0·2532	”	0·2532
26	τ	−$\tfrac{1}{7}$0	$\bar{1}$07	90 00	8 00	8 00	”	8 00	”	$\bar{0}$·1406	”	0·1406
27	z	−$\tfrac{1}{4}$0	$\bar{1}$04	”	13 55·	$\bar{1}$3 55·	”	$\bar{1}$3·55·	”	$\bar{0}$·2480	”	0·2480
28	Σ	−$\tfrac{1}{3}$0	$\bar{1}$03	”	18 20·	$\bar{1}$8 20·	”	$\bar{1}$8 20·	”	$\bar{0}$·3315	”	0·3315
29	Π	−$\tfrac{1}{2}$0	$\bar{1}$02	”	26 30	$\bar{2}$6 30	”	$\bar{2}$6 30	”	$\bar{0}$·4986	”	0·4986
30	g	−$\tfrac{2}{3}$0	$\bar{2}$03	”	33 39	$\bar{3}$3 39	”	$\bar{3}$3 39	”	$\bar{0}$·6657	”	0·6657
31	ξ	−10	$\bar{1}$01	”	45 00	$\bar{4}$5 00	”	$\bar{4}$5 00	”	$\bar{0}$·9999	”	0·9999
32	α	−20	$\bar{2}$01	”	63 27·	$\bar{6}$3 27·	”	$\bar{6}$3 27·	”	$\bar{2}$·0024	”	2·0024
33	ϱ·	+4	441	57 41	78 06·	76 00·	68 30	55 47·	31 32·	4·0125·	2·5380	4·7478

No.	Buch-staben	Symb.	Miller	φ	ϱ	ξ_0	η_0	ξ	η	x' (Prismen) $(x:y)$	y'	$d' = \mathrm{tg}\,\varrho$
34	γ·	$+2$	221	57°42	67°10	63°31·	51°45·	51°10·	29°30	2·0076	1·2690	2·3750
35	$\varLambda$·	$+1$	111	57 44	49 55·	45 09	32 23·	40 19·	24 06·	1·0051	0·6345	1·1886
36	Ↄ	$+\frac{4}{5}$	445	57 45	43 34·	38 49	26 55	35 39·	21 34·	0·8046	0·5078	0·9513
37	w·	$+\frac{2}{3}$	223	57 46	38 25	33 51·	22 55·	31 42·	19 21·	0·6709	0·4230	0·7931
38	ϑ·	$+\frac{1}{2}$	112	57 48	30 46	26 44	17 36	25 39	15 49	0·5038	0·3172·	0·5954
39	q·	$+\frac{1}{3}$	113	57 52·	21 41	18 37	11 56·	18 14	11 20	0·3368	0·2115	0.3977
40	ι·	$-\frac{1}{2}$	$\bar{1}12$	$\bar{5}7$ 32	30 35	$\bar{2}6$ 30	17 36	$\bar{2}5$ 25	15 51	$\bar{0}$·4986	0·3172·	0·5910
41	Y·	$-\frac{2}{3}$	$\bar{2}23$	$\bar{5}7$ 34	38 16	$\bar{3}3$ 39	22 55·	$\bar{3}0$ 31	19 24	$\bar{0}$·6657	0·4230	0·7887
42	ε·	-1	$\bar{1}11$	$\bar{5}7$ 36	49 49·	45 00	32 23·	40 10·	24 10	$\bar{0}$·9999	0·6345	1·1842
43	a·	-2	$\bar{2}21$	$\bar{5}7$ 38	67 07·	63 27·	51 45·	$\bar{5}1$ 06	29 33	$\bar{2}$·0024	1·2690	2·3707
44	Q·	$+12$	121	38 23	58 17·	45 09	,,	31 53	41 50	1·0051	,,	1.6188
45	T·	$-1\frac{1}{2}$	$\bar{2}12$	$\bar{7}2$ 24	46 22	$\bar{4}5$ 00	17 36	43 37·	12 38·	$\bar{0}$·9999	0·3172·	1·0490
46	r·	-13	$\bar{1}31$	$\bar{2}7$ 50	65 05	$\bar{4}5$ 09	62 17	$\bar{2}5$ 03	53 19	1·0051	1·9035	2·1526
47	Z·	$+31$	311	78 06	71 59·	71 37·	32 23·	68 31·	11 18·	3·0101	0·6345	3·0762
48	ſ·	$+\frac{5}{2}1$	522	75 48·	68 52.	68 16	,,	64 43·	13 13	2·5088·	,,	2·5879
49	W·	$+21$	211	72 27·	64 35·	63 31·	,,	59 28	15 48	2·0076	,,	2·1054
50	L·	$+\frac{3}{2}1$	322	67 07·	58 32·	56 25.	,,	51 49·	19 20	1·5063·	,,	1·6345
51	n·	$+\frac{1}{2}1$	122	38 27	39 01	26 44·	,,	23 02·	29 32·	0·5038	,,	0·8102
52	δ·	$+\frac{1}{4}1$	144	71 45·	34 20·	14 12·	,,	12 04	31 36	0·2532	,,	0·6832
53	Ⓖ·	$-\frac{3}{14}1$	3·14·14	$\bar{1}8$ 29·	38 47	$\bar{1}1$ 59	,,	$\bar{1}0$ 09·	31 49·	$\bar{0}$·2122	,,	0·6690
54	v·	$-\frac{1}{2}1$	$\bar{1}22$	$\bar{3}8$ 10	38 54	$\bar{2}6$ 30	,,	$\bar{2}2$ 50	29 35·	$\bar{0}$·4986	,,	0·8070
55	ð·	$-\frac{3}{4}1$	$\bar{3}44$	49 44·	44 28·	$\bar{3}6$ 50·	,,	$\bar{3}2$ 19	26 55	$\bar{0}$·7493	,,	0·9819
56	λ·	$-\frac{3}{2}1$	$\bar{3}22$	$\bar{6}7$ 05	58 28	$\bar{5}6$ 20	,,	$\bar{5}1$ 43·	19 23	$\bar{1}$·5011·	,,	1·6297
57	μ·	-21	$\bar{2}11$	$\bar{7}2$ 25	64 32·	$\bar{6}3$ 27·	,,	$\bar{5}9$ 24	15 50	$\bar{2}$·0024	,,	2·1005
58	$\varkappa$·	$-\frac{5}{2}1$	$\bar{5}22$	$\bar{7}5$ 46·	68 50	68 13·	,,	64 41	13 14·	$\bar{2}$·5037	,,	2·5828
59	ω·	-31	$\bar{3}11$	$\bar{7}8$ 04·	71 58	$\bar{7}1$ 35·	,,	68 29	11 20	3·0050	,,	3·0711
60	†:	$+24$	241	38 20·	72 50	63 31·	68 30	36 21	48 32	2·0076	2·5380	3·2360
61	X:	-26	$\bar{2}61$	$\bar{2}7$ 44·	76 55	63 27·	75 17	$\bar{2}6$ 58	59 33	$\bar{2}$·0024	3·8070	4·3015
62	ħ:	$+32$	321	67 08·	72 59	71 37·	51 45·	61 46·	21 48·	3·0050	1·2690	3·2666
63	U:	$+\frac{3}{2}2$	342	49 53·	63 05	56 25·	,,	42 59·	35 04	1·5063·	,,	1·9696
64	β:	$+\frac{1}{2}2$	142	21 39	53 47	26 44·	,,	17 19	48 34·	0·5038	,,	1·3654
65	R:	$+\frac{1}{4}2$	184	11 17	52 18	14 12·	,,	8 54·	50 53·	0·2532	,,	1·2940
66	B:	$-\frac{1}{2}2$	$\bar{1}42$	$\bar{2}1$ 27	53 44·	$\bar{2}6$ 30	,,	$\bar{1}7$ 09	48 38	$\bar{0}$·4986	,,	1·3634
67	i:	$-\frac{3}{2}2$	$\bar{3}42$	$\bar{4}9$ 47·	63 02	$\bar{5}6$ 20	,,	$\bar{4}2$ 54	35 07·	$\bar{1}$·5011·	,,	1·9656
68	C:	$-\frac{5}{2}2$	$\bar{5}42$	$\bar{6}3$ 07·	70 23·	68 13·	,,	$\bar{5}7$ 10	25 12·	$\bar{2}$·5037	,,	2·8069
69	$\varPsi$:	$+\frac{1}{2}\frac{1}{4}$	214	72 31·	27 50·	26 44·	9 01	26 27	8 04	0·5038	0·1586	0·5282
70	H:	$-\frac{1}{2}3$	$\bar{1}62$	$\bar{1}4$ 41	63 03·	$\bar{2}6$ 30	62 17	$\bar{1}3$ 03·	59 35	$\bar{0}$·4986	1·9035	1·9677
71	V:	$-\frac{1}{4}4$	$\bar{1}82$	$\bar{1}1$ 07	68 52	,,	68 30	$\bar{1}0$ 21·	66 14	,,	2·5380	2·5865
72	𝔳:	$+\frac{3}{4}\frac{1}{2}$	324	67 12	39 18	37 02	17 36	35 43·	14 12·	0·7545	0·3172	0·8185
73	𝔴:	$+\frac{5}{4}\frac{1}{2}$	524	75 49·	52 19·	51 28	,,	50 07·	11 11	1·2557	,,	1·2951
74	A:	$+\frac{3}{2}\frac{1}{2}$	312	78 06·	56 59·	56 25·	,,	55 08·	9 57	1·5063·	,,	1·5393
75	𝔇:	$+\frac{1}{4}\frac{1}{2}$	124	38 35·	22 05·	14 12·	,,	13 34	17 05·	0·2532	,,	0·4059

No.	Buchstaben	Symb.	Miller	φ	ϱ	ξ_0	η_0	ξ	η	x' (Prismen) (x : y)	y'	d' = tg ϱ
76	$\mathfrak{B}$:	$+\frac{1}{8}\frac{1}{2}$	148	21°57'	18°53	7°17'	17°36	6°57	17°28	0·1279	0·3172	0·3421
77	D:	$+\frac{3}{2}3$	362	38 21'	67 36'	56 25	62 17	35 01	46 28'	1·5063	1·9035	2·4273
78	J:	$-\frac{1}{4}3$	$\bar{1}$·12·4	$\bar{7}$ 24'	62 29	$\bar{1}$3 55'	"	$\bar{6}$ 35	61 34'	$\bar{0}$·2480	"	1·9196
79	O:	$-\frac{9}{4}3$	$\bar{9}$·12·4	$\bar{4}$9 48'	71 16	$\bar{6}$6 04	"	$\bar{4}$6 20	37 40'	$\bar{2}$·2530	"	2·9495
80	F:	$-\frac{12}{5}3$	$\bar{1}$2·15·5	$\bar{5}$1 37	71 56	$\bar{6}$7 24'	"	$\bar{4}$8 11	36 10'	$\bar{2}$·4034	"	3·0659
81	E:	-43	$\bar{4}$31	$\bar{6}$4 35'	77 18	$\bar{7}$5 59'	"	$\bar{6}$1 47	24 44'	$\bar{4}$·0074	"	4·4365
82	N:	$+\frac{1}{3}\frac{2}{3}$	123	38 31	28 24	18 36'	22 55'	17 13'	21 51	0·3367	0·4230	0·5406
83	Γ:	$+\frac{2}{3}\frac{1}{3}$	213	72 30	35 07'	33 51'	11 56'	33 17	9 57'	0·6709'	0·2115	0·7035
84	ζ:	$-\frac{1}{12}\frac{1}{3}$	$\bar{1}$·4·12	$\bar{2}$0 56'	12 45'	$\bar{4}$ 37'	"	$\bar{4}$ 31'	11 54	$\bar{0}$·0809'	"	0·2265
85	K:	-45	$\bar{4}$51	$\bar{5}$1 38	78 56	$\bar{7}$5 59'	72 30.	$\bar{3}$9 18'	37 31'	$\bar{4}$·0074	3·1725	5·1111
86	π:	$-\frac{1}{4}\frac{3}{2}$	$\bar{1}$64	$\bar{1}$4 36'	44 31'	$\bar{1}$3 55'	43 35	$\bar{1}$0 11	42 43'	$\bar{0}$·2480	0·9517	0·9835
87	j:	$+\frac{2}{3}\frac{4}{3}$	243	38 25	47 05	33 51'	40 14	27 07'	35 05'	0·6709'	0·8460	1·0798
88	G:	-89	$\bar{8}$91	$\bar{5}$4 32'	84 11	$\bar{8}$2 53'	80 04	$\bar{5}$4 07'	35 15	$\bar{8}$·0173'	5·7104	9.8430
89	χ:	$+\frac{2}{5}\frac{3}{5}$	235	46 40'	29 01'	21 58'	20 40	21 10	19 26'	0·4036	0·3807	0·5548
90	$\mathfrak{A}$:	$+\frac{3}{14}\frac{6}{7}$	3·12·14	21 47'	30 21'	12 16	28 32'	10 49	27 59'	0·2174	0·5438'	0·5857

Daviesit.

Rhombisch.

a = 0·7940	lg a = 989982	lg a_0 = 022057	lg p_0 = 977943	a_0 = 1·6618	p_0 = 0.6018
c = 0·4778	lg c = 967925	lg b_0 = 032075	lg q_0 = 967925	b_0 = 2·0929	q_0 = 0·4778

No.	Buchstaben	Symb.	Miller	φ	ϱ	ξ_0	η_0	ξ	η	x (Prismen) (x : y)	y	d = tg ϱ
1	c	0	001	—	0°00	0°00	0°00	0°00	0°00	0	0	0
2	a	0∞	010	0°00	90 00	"	90 00	"	90 00	"	∞	∞
3	m	∞	110	51 33	"	90 00	"	51 33	38 27	1·2595	"	"
4	f	01	011	0	25 32'	0	25 32'	0	25 32'	0	0·4778	0·4778
5	g	03	031	"	55 06	"	55 06	"	55 06	"	1·4334	1·4334
6	h	05	051	"	67 17	"	67 17	"	67 17	"	2·3890	2.3890
7	d	10	101	90 00	31 02'	31 02'	0 00	31 02'	0 00	0·6018	0	0.6018
8	e	30	301	"	61 01	61 01	"	61 01	"	1·8053	"	1·8053
9	v	2	221	51 33	56 57	50 17	43 42	41 02	31 25	1·2036	0·9556	1.5368
10	s	12	121	32 12	48 28'	31 02'	"	23 31	39 18'	0·6018	"	1·1293
11	t	21	211	68 21	52 19'	50 17	25 32'	47 21'	16. 59	1·2036	0·4778	1·2949
12	r	25	251	26 44'	69 30	"	67 17	24 55'	56 46'	"	2·3890	2·6751

Descloizit.

Rhombisch.

a = 0·6367	lg a = 980393	lg a₀ = 989835	lg p₀ = 010165	a₀ = 0·7913	p₀ = 1·2637
c = 0·8046	lg c = 990558	lg b₀ = 009442	lg q₀ = 990558	b₀ = 1·2429	q₀ = 0·8046

No.	Buch-staben	Symb.	Miller	φ	ϱ	ξ_0	η_0	ξ	η	x (Prismen) (x : y)	y	d =tg ϱ
1	c	o	001	—	0°00	0°00	0°00	0°00	0°00	0	0	0
2	b	0∞	010	0°00	90 00	″	90 00	″	90 00	″	∞	∞
3	a	∞0	100	90 00	″	90 00	0 00	90 00	0 00	∞	0	″
4	n	5∞	510	82 44·	″	″	90 00	82 44·	7 15·	7·8530	∞	″
5	m	∞	110	57 31	″	″	″	57 31	32 29	1·5706	″	″
6	l	∞3	130	27 38	″	″	″	27 38	62 22	0·5235	″	″
7	d	0½	012	0 00	21 55	0 00	21 55	0 00	21 55	0	0·4023	0·4023
8	u	01	011	″	38 49	″	38 49	″	38 49	″	0·8046	0·8046
9	v	02	021	″	58 08·	″	58 08·	″	58 08·	″	1·6092	1·6092
10	e	½0	102	90 00	32 17	32 17	0 00	32 17	0 00	0·6318	0	0·6318
11	f	20	201	″	21 37	21 37	″	21 37	″	2·5274	″	2·5274
12	o	1	111	57 31	56 16·	51 38·	38 49	44 33·	26 32	1·2637	0·8046	1·4981
13	t	1/10	1·1·10	″	8 31	7 12	4 36	7 11	4 34	0·1264	0·0804·	0·1498
14	ε	21	211	72 20·	69 20·	68 25	38 49	63 05	16 29·	2·5274	0·8046	2·6524
15	h	½ 3⁄2	132	27 38	53 43	32 17	50 21·	21 57·	45 34·	0·6318·	1·2069	1·3623
16	w	¼ 3⁄4	134	″	34 15·	17 32	31 06·	15 08	29 55	0·3159	0·6034	0·6812
17	q	7⁄2 4	782	53 57·	79 38	77 15·	72 44·	52 41·	35 22	4·4230	3·2184	5·4700
18	i	64	641	67 00	83 05	82 29	″	66 02	22 49·	7·5823	″	8·2370
19	k	86	861	64 28·	84 54	84 21·	78 18	64 00·	25 25	10·110	4·8275·	1·1203

Desmin.

Rhombisch.

a = 0·928	lg a = 996755	lg a₀ = 008903	lg p₀ = 991097	a₀ = 1·2275	p₀ = 0·8146
c = 0·756	lg c = 987852	lg b₀ = 012148	lg q₀ = 987852	b₀ = 1·3228	q₀ = 0·756

No.	Buch-staben	Symb.	Miller	φ	ϱ	ξ_0	η_0	ξ	η	x (Prismen) (x : y)	y	d =tg ϱ
1	c	o	001	—	0°00	0°00	0°00	0°00	0°00	0	0	0
2	a	0∞	010	0°00	90 00	″	90 00	″	90 00	″	∞	∞
3	b	∞0	100	90 00	″	90 00	0 00	90 00	0 00	∞	0	″

$No.$	Buch-staben	Symb.	Miller	φ	ϱ	ξ_0	η_0	ξ	η	x (Prismen) (x : y)	y	d $=\mathrm{tg}\,\varrho$
4	m	∞	110	47°08·	90°00	90°00	90°00	47°08·	42°51·	1·0776	∞	∞
5	d	$0\frac{3}{2}$	032	0 00	48 35·	0 00	48 35·	0 00	48 35·	0	1·1340	1·1340
6	e	10	101	90 00	39 10	39 10	0 00	39 10	0 00	0·8146	0	0·8146
7	r	1	111	47 08·	48 01	„	37 05·	33 01	30 22·	„	0·7560	1·1114
8	s	$1\frac{5}{2}$	252	23 19	64 05	„	62 07	20 51·	55 41·	„	1·8900	2·0580
9	t	13	131	19 45·	67 27·	„	66 12·	18 11·	60 22	„	2·2680	2·4098

Diadelphit.

Hexagonal. Rhomboedrisch - hemiedrisch.

c $=$ 0·8885	lg c $=$ 994866	lg $a_0 =$ 028990	lg $p_0 =$ 977257	$a_0 =$ 1·9494	$p_0 =$ 0·5923	(G_2)

$No.$	Buch-staben	Symb.	Bravais	φ	ϱ	ξ_0	η_0	ξ	η	x (Prismen) (x : y)	y	d $=\mathrm{tg}\,\varrho$
1	c	0	0001	—	0°00	0°00	0°00	0°00	0°00	0	0	0
2	q	$+\frac{3}{4}$	33$\bar{6}$4	30°00	37 34·	21 02·	33 40·	17 45	31 52·	0·3847	0·6663	0·7694
3	r	$+1$	11$\bar{2}$1	„	45 44	27 09·	41 37	20 59	38 19·	0·5129	0·8884	1·0257
4	s	$+2$	22$\bar{4}$1	„	64 01	45 44	60 38	26 42·	51 07·	1·0259	1·7769	2·0519
5	t	$+\frac{7}{3}$	7·7·$\bar{14}$·3	„	67 19·	50 07	64 15	27 28·	53 02·	1·1969	2·0730	2·3938

Diamant.

Regulär.

$No.$	Buch-staben	Symb.	Miller	φ	ϱ	ξ_0	η_0	ξ	η	x (Prismen) (x : y)	y	d $=\mathrm{tg}\,\varrho$
1	c	0	001	—	0°00	0°00	0°00	0°00	0°00	0	0	0
		0∞	010	0°00	90 00	„	90 00	„	90 00	„	∞	∞
2	a	$0\frac{1}{3}$	013	„	18 26	„	18 26	„	18 26	„	0·3333	0·3333
		03	031	„	71 34	„	71 34	„	71 34	„	3·0000	3·0000
		$\infty3$	130	18 26	90 00	90 00	90 00	18 26	„	0·3333	∞	∞
3	e	$0\frac{1}{2}$	012	0 00	26 34	0 00	26 34	0 00	26 34	0	0·5000	0·5000
		02	021	„	63 26	„	63 26	„	63 26	„	2·0000	2·0000
		$\infty2$	120	26 34	90 00	90 00	90 00	26 34	„	0·5000	∞	∞
4	b	$0\frac{2}{3}$	023	0 00	33 41·	0 00	33 41·	0 00	33 41·	0	0·6667	0·6667
		$0\frac{3}{2}$	032	„	56 18·	„	56 18·	„	56 18·	„	1·5000	1·5000
		$\infty\frac{3}{2}$	230	33 41·	90 00	90 00	90 00	33 41·	„	0·6667	∞	∞
5	i	$0\frac{3}{4}$	034	0 00	36 52	0 00	36 52	0 00	36 52	0	0·7500	0·7500
		$0\frac{4}{3}$	043	„	53 08	„	53 08	„	53 08	„	1·3333	1·3333
		$\infty\frac{4}{3}$	340	36 52	90 00	90 00	90 00	36 52	„	0·7500	∞	∞

No.	Buchstaben	Symb.	Miller	φ	ϱ	ξ_0	η_0	ξ	η	x (Prismen) (x : y)	y	d = tg ϱ
6	A	$0\frac{10}{11}$	0.10.11	0° 00	42° 16·	0° 00	42° 16·	0° 00	42° 16·	0	0·9091	0·9091
		$0\frac{11}{10}$	0.11.10	″	47 43·	″	47 43·	″	47 43·	″	1·1000	1·1000
		$\infty\frac{11}{10}$	10.11.0	42 16·	90 00	90 00	90 00	42 16·	″	0·9091	∞	∞
7	d	01	011	0 00	45 00	0 00	45 00	0 00	45 00	0	1·0000	1·0000
		∞	110	45 00	90 00	90 00	90 00	45 00	″	1·0000	∞	∞
8	l	$\frac{1}{5}$	115	″	15 47·	11 18·	11 18·	11 06	11 06	0·2000	0·2000	0·2828
		15	151	11 18·	78 54	45 00	78 41·	″	74 12·	1·0000	5·0000	5·0989
9	q	$\frac{1}{2}$	112	45 00	35 16	26 34	26 34	24 05·	24 05·	0·5000	0·5000	0·7071
		12	121	26 34	65 54·	45 00	63 26	″	54 44	1·0000	2·0000	2·2360
10	p	1	111	45 00	54 44	″	45 00	35 16	35 16	″	1·0000	1·4142
11	u	$\frac{1}{2}1$	122	26 34	48 11·	26 34	″	19 28	41 48·	0·5000	″	1·1180
		2	221	45 00	70 31·	63 26	63 26	41 48·	″	2·0000	2·0000	2·8284
12	x	$\frac{1}{3}\frac{2}{3}$	123	26 34	36 42	18 26	33 41·	15 30	32 18·	0 3333	0·6667	0·7453
		$\frac{1}{2}\frac{3}{2}$	132	18 26	57 41·	26 34	56 18·	″	53 18	0·5000	1·5000	1·5811
		23	231	33 41·	74 30	63 26	71 34	32 18·	″	2·0000	3·0000	3·6055
13	ω	$\frac{1}{4}\frac{3}{4}$	134	18 26	38 19·	14 02	36 52	11 18·	36 02·	0·2500	0 7500	0·7906
		$\frac{1}{3}\frac{4}{3}$	143	14 02	53 57·	18 26	53 08	″	51 40	0·3333	1·3333	1·3743
		34	341	36 52	78 41·	71 34	75 58	36 02·	″	3·0000	4·0000	5·0000
14	Σ	$\frac{1}{5}\frac{4}{5}$	145	14 02	39 30·	11 18·	38 39·	8 52·	38 06·	0·2000	0·8000	0·8246
		$\frac{1}{4}\frac{5}{4}$	154	11 18·	51 53	14 02	51 20·	″	50 29·	0·2500	1·2500	1·2747
		45	451	38 39·	81 07·	75 58	78 41·	38 07	″	4·0000	5·0000	6·4031
15	Φ	$\frac{1}{6}\frac{5}{6}$	156	11 18·	40 21·	9 27·	39 48·	7 18	39 25	0·1667	0·8333	0·8498
		$\frac{1}{5}\frac{6}{5}$	165	9 27·	50 35	11 18·	50 11·	″	49 38·	0·2000	1·2000	1·2165
		56	561	39 48·	82 42	78 41·	80 32·	39 25	″	5·0000	6·0000	7·8102

Diaphorit.

Rhombisch.

a = 0·4919	lg a = 969188	lg a_0 = 982589	lg p_0 = 017411	a_0 = 0·6697	p_0 = 1·4932
c = 0·7345	lg c = 986599	lg b_0 = 013401	lg q_0 = 986599	b_0 = 1·3615	q_0 = 0·7345

No.	Buchstaben	Symb.	Miller	φ	ϱ	ξ_0	η_0	ξ	η	x (Prismen) (x : y)	y	d = tg ϱ
1	a	0∞	010	0° 00	90° 00	0° 00	90° 00	0° 00	90° 00	0	∞	∞
2	b	$\infty 0$	100	90 00	″	90 00	0 00	90 00	0 00	∞	0	″
3	t	3∞	310	80 41·	″	″	90 00	80 41·	9 18·	6·0987	∞	″

No.	Buch-staben	Symb.	Miller	φ	ϱ	ξ_0	η_0	ξ	η	x (Prismen) (x : y)	y	d $=\operatorname{tg}\varrho$
4	m	∞	110	63°48·	90°00	90°00	90°00	63°48·	26°11·	2·0329	∞	∞
5	n	$\infty 2$	120	45 28	"	"	"	45 28	44 32	1·0164·	"	"
6	k	$\infty\frac{12}{5}$	5·12·0	40 16	"	"	"	40 16	49 44	0·8470·	"	"
7	π	$\infty 3$	130	34 07·	"	"	"	34 07·	55 52·	0·6776·	"	"
8	ϱ	$\infty 5$	150	22 07·	"	"	"	22 07·	67 52·	0·4066	"	"
9	a	$\infty 11$	1·11·0	10 28	"	"	"	10 28	79 32	0·1848	"	"
10	u	$0\frac{1}{2}$	012	0 00	20 10	0 00	20 10	0 00	20 10	0	0·3672	0·3672
11	r	01	011	"	36 18	"	36 18	"	36 18	"	0·7345	0·7345
12	v	$0\frac{3}{2}$	032	"	47 46·	"	47 46·	"	47 46·	"	1·1017	1·1017
13	q	$0\frac{5}{3}$	053	"	50 45·	"	50 45·	"	50 45·	"	1·2242	1·2242
14	w	02	021	"	55 45·	"	55 45·	"	55 45·	"	1·4690	1·4690
15	ψ	$\frac{1}{2}0$	102	90 00	36 44·	90 00	36 44·	90 00	36 44·	0·7465	0	0·7465
16	x	10	101	"	56 11·	"	56 11·	"	56 11·	1·4931	"	1·4931
17	y	$\frac{1}{2}$	112	63 48·	39 36	36 44·	20 10	35 01·	16 24	0·7466	0·3672·	0·8320
18	i	$\frac{1}{4}$	·114	"	22 35·	20 28	10 24·	20 09·	9 45·	0·3733	0·1836	0·4160
19	d	$\frac{1}{4}1$	144	26 56·	39 29	"	36 18	16 45	34 32	"	0·7345	0·8239
20	ζ	$\frac{1}{2}1$	122	45 28	46 19·	36 44·	"	31 02	30 29	0·7466	"	1·0473
21	ω	$\frac{3}{4}\frac{1}{4}$	314	80 41·	48 37	48 14	10 24·	47 46	6 58·	1·1199	0·1836	1·1348
22	o	$\frac{1}{4}\frac{3}{4}$	134	34 07·	33 38·	20 28	28 51	18 06·	27 18	0·3733	0·5509	0·6654
23	e	$\frac{5}{4}\frac{3}{4}$	534	73 33·	62 48	61 49	"	58 33	14 35	1·8665	"	1·9460

Diaspor.

Rhombisch.

a = 0·9372	lg a = 997183	lg a₀ = 019086	lg p₀ = 980914	a₀ = 1·5519	p₀ = 0·6444
c = 0·6039	lg c = 978097	lg b₀ = 021903	lg q₀ = 978097	b₀ = 1·6559	q₀ = 0·6039

No.	Buch-staben	Symb.	Miller	φ	ϱ	ξ_0	η_0	ξ	η	x (Prismen) (x : y)	y	d $=\operatorname{tg}\varrho$
1	c	0	001	—	0°00	0°00	0°00	0°00	0°00	0	0	0
2	b	0∞	010	0°00	90 00	"	90 00	"	90 00	"	∞	∞
3	a	$\infty 0$	100	90 00	"	90 00	0 00	90 00	0 00	∞	0	"
4	M	2∞	210	64 53·	"	"	90 00	64 53·	25 06·	2·1340·	∞	"
5	y	∞	110	46 51·	"	"	"	46 51·	43 08·	1·0670	"	"
6	K	$\infty\frac{3}{2}$	230	35 25·	"	"	"	35 25·	54 34·	0·7113·	"	"
7	l	$\infty 2$	120	28 05	"	"	"	28 05	61 55	0·5335	"	"
8	z	$\infty 3$	130	19 35	"	"	"	19 35	70 25	0·3557	"	"
9	n	$\infty 5$	150	12 03	"	"	"	12 03	77 57	0·2134	"	"
10	f	$0\frac{1}{2}$	012	0 00	16 48	0 00	16 48	0 00	16 48	0	0·3019·	0·3019·
11	e	01	011	"	31 07·	"	31 07·	"	31 07·	"	0·6039	0·6039
12	m	$0\frac{9}{8}$	098	"	34 11·	"	34 11·	"	34 11·	"	0·6794	0·6794

No.	Buch-staben	Symb.	Miller	φ	ϱ	ξ_0	η_0	ξ	η	x (Prismen) (x : y)	y	d $=\mathrm{tg}\,\varrho$
13	w	10	101	90°00	32°48	32°48	0°00	32°48	0°00	0·6444	0	0·6444
14	p	1	111	46 51·	41 27	„	31 07·	28 53	26 55	„	0·6039	0·8831
15	s	$1\frac{1}{2}$	212	64 53·	35 26	„	16 48	31 40	14 14·	„	0·3019·	0·7116
16	q	$1\frac{3}{2}$	232	35 25·	48 01·	„	42 10·	25 31·	37 17	„	0·9058·	1.1117
17	x	$\frac{1}{3}1$	133	19 35	32 39·	12 07·	31 07·	10 25	30 33·	0·2099	0·6039	0·6410
18	v	$\frac{1}{2}1$	122	28 05	34 23·	17 51·	„	15 25	29 53·	0·3222	„	0·6845
19	u	$\frac{3}{4}1$	344	38 40	37 43	25 47·	„	22 28·	28 32	0·4833	„	0·7735
20	t	21	211	64 53·	54 54·	52 11·	„	47 48·	20 19	1·2887	„	1·4232
21	r	$\frac{5}{2}\frac{1}{4}$	10·1·4	84 38·	58 17	58 10	8 35	57 53	4 33	1·6109	0·1509·	1·6180

Dickinsonit.

Monoklin.

a = 1·7320	lg a = 023855	lg a_0 = 016005	lg p_0 = 983995	a_0 = 1·4455	p_0 = 0·6917
c = 1·1981	lg c = 007850	lg b_0 = 992150	lg q_0 = 002240	b_0 = 0·8346	q_0 = 1·0529
$\left.\begin{matrix}\mu =\\180-\beta\end{matrix}\right\}$ 61°30	$\left.\begin{matrix}\lg h =\\ \lg\sin\mu\end{matrix}\right\}$ 994390	$\left.\begin{matrix}\lg e =\\ \lg\cos\mu\end{matrix}\right\}$ 967866	$\lg\dfrac{p_0}{q_0}=981755$	h = 0·8788	e = 0·4772

No.	Buch-staben	Symb.	Miller	φ	ϱ	ξ_0	η_0	ξ	η	x′ (Prismen) (x : y)	y′	d′ $=\mathrm{tg}\,\varrho$
1	c	0	001	90°00	28°30	28°30	0°00	28°30	0°00	0·5429·	0	0·5429·
2	b	0∞	010	0 00	90 00	0 00	90 00	0 00	90 00	0	∞	∞
3	a	∞0	100	90 00	„	90 00	0 00	90 00	0 00	∞	0	„
4	n	05	051	5 10·	80 33·	28 30	80 31·	5 06·	79 14·	0·5429·	5·9906	6·0151
5	x	30	301	90 00	71 00	71 00	0 00	71 00	0 00	2·9042	0	2·9042
6	γ	$-\frac{1}{3}0$	$\overline{1}03$	„	15 40·	15 40·	„	15 40·	„	0·2806	„	0·2806
7	p	-1	$\overline{1}11$	$\overline{1}1$ 31	50 43·	$\overline{1}3$ 43	50 09	$\overline{8}$ 53·	49 20	$\overline{0}·2440·$	1·1981	1·2227
8	s	-2	$\overline{2}21$	$\overline{2}3$ 17	69 01·	$\overline{4}5$ 52·	67 21	$\overline{2}1$ 39·	59 03·	$\overline{1}·0311·$	2·3962	2·6087

Dietzeit.

Monoklin.

a = 1·3826	lg a = 014069	lg a_0 = 016228	lg p_0 = 983772	a_0 = 1·4530	p_0 = 0·6882
c = 0·9515	lg c = 997841	lg b_0 = 002159	lg q_0 = 996007	b_0 = 1·0510	q_0 = 0·9122
$\left.\begin{matrix}\mu =\\180-\beta\end{matrix}\right\}$ 73°28	$\left.\begin{matrix}\lg h =\\ \lg\sin\mu\end{matrix}\right\}$ 998166	$\left.\begin{matrix}\lg e =\\ \lg\cos\mu\end{matrix}\right\}$ 945419	$\lg\dfrac{p_0}{q_0}=987765$	h = 0·9587	e = 0·2846

No.	Buch-staben	Symb.	Miller	φ	ϱ	ξ_0	η_0	ξ	η	x′ (Prismen) (x : y)	y′	d′ $=\mathrm{tg}\,\varrho$
1	c	0	001	90°00	16°32	16°32	0°00	16°32	0°00	0·2969	0	0·2969
2	b	0∞	010	0 00	90 00	0 00	90 00	0 00	90 00	0	∞	∞
3	a	∞0	100	90 00	„	90 00	0 00	90 00	0 00	∞	0	„

No.	Buchstaben	Symb.	Miller	φ	ϱ	ξ_0	η_0	ξ	η	x' (Prismen) (x : y)	y'	d' $=\mathrm{tg}\,\varrho$
4	m	∞	110	37°02	90°00	90°00	90°00	37°02	52°58	0·7545	∞	∞
5	l	2∞	210	56 28	"	"	"	56 28	33 32	1·5091	"	"
6	r	—10	$\overline{1}01$	90 00	22 50	$\overline{2}2\ 50$	0 00	$\overline{2}2\ 50$	0 00	$\overline{0}$·4210	0	0·4210
7	s	$-\frac{2}{3}$	$\overline{2}23$	$\overline{1}5\ 59$	33 25	$\overline{1}0\ 18$	32 23·	8 43·	31 58	$\overline{0}$·1817	0·6343	0·6598
8	o	—2	$\overline{2}21$	30 54	65 44	$\overline{4}8\ 43$	62 17	$\overline{2}7\ 55$	51 28	$\overline{1}$·1398	1·9030	2·2178

Dioptas.

Hexagonal.   Rhomboedrisch-tetartoedrisch.

c = 1·0622	lg c = 002620	lg a₀ = 021236	lg p₀ = 985011	a₀ = 1·6307	p₀ = 0·7081

(G₂)

No.	Buchstaben	Symb.	Bravais	φ	ϱ	ξ_0	η_0	ξ	η	x (Prismen) (x : y)	y	d $=\mathrm{tg}\,\varrho$
1	a	$\infty0$	$10\overline{1}0$	0°00	90°00	0°00	90°00	0°00	90°00	0	∞	∞
2	ϑ	4∞	$41\overline{5}0$	10 53·	"	90 00	"	10 53·	79 06·	0·1924	"	"
3	ζ	$\frac{5}{2}\infty$	$52\overline{7}0$	16 06	"	"	"	16 06	73 54	0·2887	"	"
4	τ	$\frac{3}{2}\infty$	$32\overline{5}0$	23 25	"	"	"	23 25	66 35	0·4330	"	"
5	δ·	$-\frac{1}{2}$	$\overline{1}\overline{1}22$	30 00	31 31	17 03	27 58·	15 09	26 55	0·3066	0·5311	0·6132
6	p·$\varkappa$	±1	$11\overline{2}1$	"	50 48·	31 31	46 43·	22 48	42 09·	0·6132	1·0622	1·2265
7	μ:	$+1\frac{17}{20}$	$20\cdot17\cdot\overline{3}7\cdot20$	27 19	48 38	27 32	45 15·	20 09	41 49·	0·5212	1·0091	1·1357
8	λ:	$+\frac{19}{16}1$	$19\cdot16\cdot\overline{3}5\cdot16$	27 10	53 20	31 31	50 04·	21 29	45 31·	0·6133	1·1950	1·3431
9	A:	$+\frac{13}{10}1$	$13\cdot10\cdot\overline{2}3\cdot10$	25 41·	54 44·	"	51 53	20 44	47 22·	"	1·2746	1·4145
10	C:	$+\frac{3}{2}1$	$32\overline{5}2$	23 25	57 03·	"	54 46·	19 29	50 22	"	1·4163	1·5434
11	g:	—21	$\overline{2}131$	19 06·	61 54·	"	60 32·	16 47	56 28	"	1·7703	1·8735
12	H:$\varGamma$	$\pm\frac{5}{2}1$	$52\overline{7}2$	16 06	65 40	"	64 47·	14 38	61 05·	"	2·1244	2·2111
13	G:	$+\frac{11}{2}1$	$11\cdot2\cdot\overline{1}3\cdot2$	8 13	76 53	"	76 45·	8 00	74 34	"	4·2487	4·2926
14	Z:	$+\frac{23}{2}1$	$23\cdot2\cdot\overline{2}5\cdot2$	4 07·	83 18·	"	83 17·	4 06	82 08	"	8·4974	8·5196
15	e:	$-2\frac{1}{2}$	$\overline{4}1\overline{5}2$	10 53·	58 21	17 03	57 53	9 15·	56 43	0·3066	1·5932	1·6225
16	$\varDelta$	$+\frac{2}{3}\frac{1}{6}$	$41\overline{5}6$	"	28 24·	5 50	27 58·	5 09·	27 51	0·1022	0·5312	0·5408

Dolerophanit.

Monoklin.

a $=$ 1·3042	lg a $=$ 011533	lg a_0 $=$ 003255	lg p_0 $=$ 996745	a_0 $=$ 1·0778	p_0 $=$ 0·9278
c $=$ 1·2100	lg c $=$ 008278	lg b_0 $=$ 991722	lg q_0 $=$ 006043	b_0 $=$ 0·8265	q_0 $=$ 1·1493
$\left.\begin{array}{l}\mu = \\ 180-\beta\end{array}\right\}$ 71°46·	$\left.\begin{array}{l}\text{lg h} = \\ \text{lg sin }\mu\end{array}\right\}$997765	$\left.\begin{array}{l}\text{lg e} = \\ \text{lg cos }\mu\end{array}\right\}$949519	lg $\dfrac{p_0}{q_0}$ $=$ 990702	h $=$ 0·9498	e $=$ 0·3127

No.	Buch-staben	Symb.	Miller	φ	ϱ	ξ_0	η_0	ξ	η	x' (Prismen) (x : y)	y'	d' $=$ tg ϱ
1	d	0	001	90°00	18°13·	18°13·	0°00	18°13·	0°00	0·3292	0	0·3292
2	C	0∞	010	0 00	90 00	0 00	90 00	0 00	90 00	0	∞	∞
3	g	∞0	100	90 00	”	90 00	0 00	90 00	0 00	∞	0	”
4	t	∞	110	38 55	”	”	90 00	38 55	51 05	0·8073·	∞	”
5	s	01	011	15 13·	51 26	18 13·	50 26	11 51	48 48·	0·3292	1·2100	1·2540
6	B	$+\frac{1}{3}$0	103	90 00	33 13	33 13	0 00	33 13	0 00	0·6547·	0	0·6547·
7	e	$+$10	101	”	52 33·	52 33·	”	52 33·	”	1·3060	”	1·3060
8	f	$+$30	301	”	72 56·	72 56·	”	72 56·	”	3·2595·	”	3·2595·
9	A	$-$10	$\bar{1}$01	$\bar{9}$0 00	32 55·	$\bar{3}$2 55·	”	$\bar{3}$2 55·	”	$\bar{0}$·6476	”	0·6476
10	h	$-\frac{11}{3}$0	$\bar{1}$1·0·3	”	72 54·	$\bar{7}$2 54·	”	$\bar{7}$2 54·	”	$\bar{3}$·2523·	”	3·2523·
11	q	$+\frac{1}{2}$	112	53 30	45 29	39 16	31 10·	34 58·	25 06	0·8176	0·6050	1·0171
12	p	$-\frac{1}{4}$	$\bar{1}$14	$\bar{1}$5 42	17 26·	$\bar{4}$ 51·	16 50	$\bar{4}$ 39	16 46·	$\bar{0}$·0850	0·3025	0·3142
13	r	$-\frac{1}{2}$	$\bar{1}$12	$\bar{1}$4 44·	32 02	$\bar{9}$ 02·	31 10·	$\bar{7}$ 45·	30 51·	$\bar{0}$·1592	0·6050	0·6256
14	n	$-\frac{2}{3}$1	$\bar{2}$33	$\bar{1}$4 54	51 23	$\bar{1}$7 51	50 25·	$\bar{1}$1 35·	49 02	$\bar{0}$·3219	1·2100	1·2521
15	?τ	$-\frac{11}{3}\frac{8}{3}$	$\bar{1}$1·8·3	$\bar{4}$5 13·	77 39·	$\bar{7}$2 54·	72 47	$\bar{4}$3 55	43 28·	$\bar{3}$·2524	3·2266·	4·5813
16	?m	$-\frac{7}{9}\frac{2}{3}$	$\bar{7}$69	$\bar{3}$8 05·	42 26·	$\bar{2}$3 17·	38 53·	$\bar{1}$8 31·	36 32	$\bar{0}$·4305	0·8066·	0·9143

Dolomit.

Hexagonal.　　Rhomboedrisch - tetartoedrisch.

c $=$ 0·8322	lg c $=$ 992023	lg a_0 $=$ 031833	lg p_0 $=$ 974414	a_0 $=$ 2·0812	p_0 $=$ 0·5548	(G_2)

No.	Buch-staben	Symb.	Bravais	φ	ϱ	ξ_0	η_0	ξ	η	x (Prismen) (x : y)	y	d $=$ tg ϱ
1	o	0	0001	—	0°00	0°00	0°00	0°00	0°00	0	0	0
2	a	∞0	10$\bar{1}$0	0°00	90 00	”	90 00	”	90 00	”	∞	∞
3	b	∞	11$\bar{2}$0	30 00	”	90 00	”	30 00	60 00	0·5773	”	”
4	ϑ	4∞	41$\bar{5}$0	10 53·	”	”	”	10 53·	79 06·	0·1924	”	”
5	h	$\frac{4}{3}$0	40$\bar{4}$3	0 00	36 29·	0 00	36 29·	0 00	36 29·	0	0·7397	0·7397
6	α	40	40$\bar{4}$1	”	65 44·	”	65 44·	”	65 44·	”	2·2192	2·2192

No.	Buchstaben	Symb.	Bravais	φ	ϱ	ξ_0	η_0	ξ	η	x (Prismen) (x : y)	y	d =tg ϱ
7	γ	80	8081	0°00	77°18	0°00	77°18	0°00	77°18	0	4·4384	4·4384
8	δ	90	9091	"	78 40·	"	78 40·	"	78 40·	"	4·9932	4·9932
9	?r·	$-\frac{1}{10}$	$\overline{1}\cdot\overline{1}\cdot2\cdot10$	30 00	5 29·	2 37·	4 45·	2 44·	4 45	0·0480	0·0832	0·0961
10	e·	$+\frac{2}{5}$	$22\overline{4}5$	"	21 01·	10 53	18 24·	10 20	18 06	0·1922	0·3329	0·3844
11	δ·	$-\frac{1}{2}$	$\overline{1}\overline{1}22$	"	25 40	13 30·	22 35·	12 30·	22 01·	0·2402	0·4161	0·4805
12	g·	$+\frac{4}{7}$	$44\overline{8}7$	"	28 46·	15 21	25 26	13 55·	24 38	0·2745	0·4755	0·5491
13	η·	$-\frac{4}{5}$	$\overline{4}\overline{4}85$	"	37 33	21 01·	33 39	17 44·	31 51·	0·3844	0·6658	0·7688
14	p·	$+1$	$11\overline{2}1$	"	43 51·	25 40	39 46	20 16	36 52·	0·4805	0·8322	0·9610
15	?ϱ·	$-\frac{3}{2}$	$\overline{3}362$	"	55 15	35 47	51 18	24 15·	45 22	0·7207	1·2483	1·4414
16	φ·	-2	$\overline{2}\overline{2}41$	"	62 30·	43 51·	59 00	26 20	50 12	0·9609	1·6644	1·9219
17	?l·	$+3$	$33\overline{6}1$	"	70 52	55 15	68 10·	28 11·	54 54·	1·4414	2·4966	2·8829
18	m·	$+4$	$44\overline{8}1$	"	75 25	62 30·	73 17	28 56·	56 56·	1·9219	3·3288	3·8438
19	Π·	-8	$8\cdot8\cdot16\cdot1$	"	82 35·	75 25	81 27·	29 43·	59 11	3·8438	6·6577	7·6876
20	t·	$+16\cdot16$	$16\cdot16\cdot\overline{3}2\cdot1$	"	86 16·	82 35·	85 42·	29 56	59 47·	7·6876	13·315	15·375
21	F:	$+21$	$21\overline{3}1$	19 06·	55 44	25 40	54 12·	15 41·	51 20·	0·4805	1·3870	1·4679
22	K:	$+41$	$41\overline{5}1$	10 53·	68 32	"	68 10·	10 08	66 02·	"	2·4966	2·5424
23	N:	$+\frac{11}{2}1$	$11\cdot2\cdot\overline{1}3\cdot2$	8 13	73 26·	"	73 17	7 52	71 34	"	3·3288	3·3632
24	P:	$+71$	$71\overline{8}1$	6 35	76 34·	"	76 29	6 24·	75 44·	"	4·1610	4·1886
25	a:	$+\frac{8}{5}\frac{2}{5}$	$8\cdot2\cdot\overline{1}0\cdot5$	10 53·	45 29	10 53	44 57·	7 44·	44 26·	0·1922	0·9986	1·0170
26	q:	-82	$\overline{8}\cdot\overline{2}\cdot10\cdot1$	"	78 52·	43 51·	78 40·	10 41	74 28·	0·9610	4·9932	5·0849
27	$\mathfrak{M}$:	$+\frac{11}{2}4$	$11\cdot8\cdot\overline{1}9\cdot2$	24 47·	77 41·	62 30·	76 29	24 11	62 29·	1·9219	4·1610	4·5834
28	$\mathfrak{J}$:	$+74$	$7\cdot4\cdot\overline{1}1\cdot1$	21 03	79 25	"	78 40·	20 40	66 33	"	4·9932	5·3502
29	$\mathfrak{K}$:	$+16\cdot4$	$16\cdot4\cdot\overline{2}0\cdot1$	10 53·	84 23	"	84 17	10 50·	77 45·	"	9·9864	10·170
30	Γ:	$-20\cdot8$	$\overline{2}0\cdot8\cdot28\cdot1$	16 06	85 52·	75 25	85 42·	16 03·	73 23·	3·8438	13·315	13·859
31	I:	$-32\cdot8$	$\overline{3}2\cdot8\cdot40\cdot1$	10 53·	87 11	"	87 08	10 53	78 45·	"	19·973	20·340
32	?z:	$-20\cdot4$	$\overline{2}0\cdot4\cdot24\cdot1$	8 57	85 22·	62 30·	85 19	8 55	79 56	1·9219	12·205	12·356
33	d:	$-\frac{13}{2}\frac{1}{2}$	$\overline{1}3\cdot\overline{1}\cdot14\cdot2$	3 40	75 04·	13 30·	75 03	3 33	74 38·	0·2402	3·7449	3·7526
34	?i:	-61	$\overline{6}171$	7 35·	74 38	25 40	74 30	7 19	72 54	0·4805	3·6062	3·6381
35	Δ:	$-\frac{28}{5}\frac{4}{5}$	$\overline{2}8\cdot\overline{4}\cdot32\cdot5$	6 35	73 23	21 01·	73 17	6 21·	72 10	0·3843	3·3288	3·3509

Dufrenoysit.

Rhombisch.

a = 0·938	lg a = 997220	lg a_0 = 978722	lg p_0 = 021278	a_0 = 0·6127	p_0 = 1·6322
c = 1·531	lg c = 018498	lg b_0 = 981502	lg q_0 = 018498	b_0 = 0·6532	q_0 = 1·5310

No.	Buchstaben	Symb.	Miller	φ	ϱ	ξ_0	η_0	ξ	η	x (Prismen) (x : y)	y	d =tg ϱ
1	c	0	001	—	0°00	0°00	0°00	0°00	0°00	0	0	0
2	b	0∞	010	0°00	90 00	"	90 00	"	90 00	"	∞	∞
3	a	∞0	100	90 00	"	90 00	0 00	90 00	0 00	∞	0	"

No.	Buchstaben	Symb.	Miller	φ	ϱ	ξ_0	η_0	ξ	η	x (Prismen) (x : y)	y	d $=\mathrm{tg}\,\varrho$
4	m	∞	110	46°50	90°00	90°00	90°00	46°50	43°10	1·0661	∞	∞
5	l	$0\frac12$	012	0 00	37 26	0 00	37 26	0 00	37 26	0	0·7655	0·7655
6	k	$0\frac23$	023	"	45 35	"	45 35	"	45 35	"	1·0206·	1·0206·
7	i	01	011	"	56 51	"	56 51	"	56 51	"	1.5310	1·5310
8	h	$\frac14 0$	104	90 00	22 12	22 12	0 00	22 12	0 00	0·4080	0	0·4080
9	g	$\frac12 0$	102	"	39 13	39 13	"	39 13	"	0·8161	"	0·8161
10	f	$\frac23 0$	203	"	47 25	47 25	"	47 25	"	1·0881	"	1·0881
11	d	10	101	"	58 30·	58 30·	"	58 30·	"	1·6322	"	1·6322
12	e	20	201	"	72 58	72 58	"	72 58	"	3·2644	"	3·2644
13	n	$\frac23$	223	46 50	56 10	47 25	45 35	37 17·	34 38	1·0881	1·0206·	1·4919
14	q	1	111	"	65 55·	58 30·	56 51	41 45	38 39	1·6322	1·5310	2·2379
15	p	2	221	"	77 24·	72 58	71 55	45 23	41 53	3·2644·	3·0620	4·4758

Durangit.

Monoklin.

a $=$ 0·7715	lg a $=$ 988734	lg a$_0$ $=$ 997231	lg p$_0$ $=$ 002769	a$_0$ $=$ 0·9382	p$_0$ $=$ 1·0658
c $=$ 0·8223	lg c $=$ 991503	lg b$_0$ $=$ 008497	lg q$_0$ $=$ 987154	b$_0$ $=$ 1·2161	q$_0$ $=$ 0·7439
$\left.\begin{array}{l}\mu =\\ 180-\beta\end{array}\right\}$ 64°47	$\left.\begin{array}{l}\lg h =\\ \lg\sin\mu\end{array}\right\}$995651	$\left.\begin{array}{l}\lg e =\\ \lg\cos\mu\end{array}\right\}$962945	$\lg\frac{p_0}{q_0}=$015615	h $=$ 0·9047	e $=$ 0·4260

No.	Buchstaben	Symb.	Miller	φ	ϱ	ξ_0	η_0	ξ	η	x′ (Prismen) (x : y)	y′	d′ $=\mathrm{tg}\,\varrho$
1	b	0∞	010	0°00	90°00	0°00	90°00	0°00	90°00	0	∞	∞
2	a	$\infty 0$	100	90 00	"	90 00	0 00	90 00	0 00	∞	0	"
3	m	∞	110	55 05	"	"	90 00	55 05	34 55	1·4326	∞	"
4	e	02	021	15 58·	59 41·	25 13	58 42	13 45	56 06	0·4709	1·6446	1·7106
5	p	$+1$	111	63 30	61 30·	58 46	39 26	51 51·	23 05·	1·6489	0·8223	1·8426
6	k	$-\frac12$	$\bar{1}12$	$\bar{1}6$ 02	23 09·	$\bar{6}$ 44·	22 21	$\bar{6}$ 14	22 12·	$\bar{0}$·1181·	0·4111	0·4278
7	π	-1	$\bar{1}11$	$\bar{4}0$ 42	47 19·	$\bar{3}5$ 16	39 26	$\bar{2}8$ 38·	33 52·	$\bar{0}$·7072	0·8223	1·0846

Dysanalyt.

Regulär.

No.	Buchstaben	Symb.	Miller	φ	ϱ	ξ_0	η_0	ξ	η	x (Prismen) (x : y)	y	d $=\mathrm{tg}\,\varrho$
1	c	0	001	—	0°00	0°00	0°00	0°00	0°00	0	0	0
		0∞	010	0°00	90 00	"	90 00	"	90 00	"	∞	∞

Edingtonit.

Tetragonal. Domatisch-hemiedrisch.

$\left.\begin{array}{c}c\\p_0\end{array}\right\} = 0\cdot953$	$\lg c = 997909$	$\lg a_0 = 002091$	$a_0 = 1\cdot0493$

No.	Buch-staben	Symb.	Miller	φ	ϱ	ξ_0	η_0	ξ	η	x (Prismen) (x : y)	y	d $=\mathrm{tg}\,\varrho$
1	a	0∞	010	0°00	90°00	0°00	90°00	0°00	90°00	0	∞	∞
2	s	$0\frac{1}{3}$	013	,,	17 36	,,	17 36	,,	17 36	,,	0·3176	0·3176
3	n	$0\frac{1}{2}$	012	,,	25 28·	,,	25 28·	,,	25 28·	,,	0·4765	0·4765
4	e	0I	011	,,	43 37·	,,	43 37·	,,	43 37·	,,	0·9530	0·9530

Eis.

Hexagonal.

$c = 2\cdot4294$	$\lg c = 0\cdot38550$	$\lg a_0 = 985306$	$\lg p_0 = 020941$	$a_0 = 0\cdot7130$	$p_0 = 1\cdot6196$	(G_1)

No.	Buch-staben	Symb.	Bravais	φ	ϱ	ξ_0	η_0	ξ	η	x (Prismen) (x : y)	y	d $=\mathrm{tg}\,\varrho$
1	o	0	0001	—	0°00	0°00	0°00	0°00	0°00	0	0	0
2	m	∞0	10$\bar{1}$0	0°00	90 00	,,	90 00	,,	90 00	,,	∞	∞
3	n	∞	11$\bar{2}$0	30 00	,,	90 00	,,	30 00	60 00	0·5773	,,	,,
4	r	$\frac{1}{2}$0	10$\bar{1}$2	0 00	39 00	0 00	39 00	0 00	39 00	0	0·8098	0·8098
5	s	10	10$\bar{1}$1	,,	58 18·	,,	58 18·	,,	58 18·	,,	1·6196	1·6196
6	t	40	40$\bar{4}$1	,,	81 13·	,,	81 13·	,,	81 13·	,,	6·4784	6·4784

Eisen.

Regulär.

No.	Buch-staben	Symb.	Miller	φ	ϱ	ξ_0	η_0	ξ	η	x (Prismen) (x : y)	y	d $=\mathrm{tg}\,\varrho$
1	c	$\left\{\begin{array}{l}0\\0\infty\end{array}\right.$	001 010	— 0°00	0°00 90 00	0°00 ,,	0°00 90 00	0°00 ,,	0°00 90 00	0 ,,	0 ∞	0 ∞
2	p	I	·111	45 00	54 44	45 00	45 00	35 16	35 16	1·0000	1·0000	1·4142

Eisenglanz.

Hexagonal. Rhomboedrisch-hemiedrisch.

$c = 1\cdot3623$	$\lg c = 0\cdot13428$	$\lg a_0 = 0\cdot10428$	$\lg p_0 = 9\cdot95819$	$a_0 = 1\cdot2714$	$p_0 = 0\cdot9082$	(G_2)

No.	Buch-staben	Symb.	Bravais	φ	ϱ	ξ_0	η_0	ξ	η	x (Prismen) (x:y)	y	d =tgϱ
1	o	o	0001	—	0°00	0°00	0°00	0°00	0°00	o	o	o
2	a	∞	$10\bar10$	0°00	90 00	"	90 00	"	90 00	"	∞	∞
3	b	∞	$11\bar20$	30 00	"	90 00	"	30 00	60 00	0·5773	"	"
4	η	2∞	$21\bar30$	19 06·	"	"	"	19 06·	70 53·	0·3464	"	"
5	ϑ	4∞	$41\bar50$	10 53·	"	"	"	10 53·	79 06·	0·1924	"	"
6	q	½0	$10\bar12$	0 00	24 25·	0 00	24 25·	0 00	24 25·	o	0·4541	0·4541
7	π	10	$10\bar11$	"	42 14·	"	42 14·	"	42 14·	"	0·9082	0·9082
8	r	$\frac{6}{5}$0	$60\bar65$	"	47 27·	"	47 27·	"	47 27·	"	1·0898	1·0898
9	λ	20	$20\bar21$	"	61 10	"	61 10	"	61 10	"	1·8164	1·8164
10	α	40	$40\bar41$	"	74 36·	"	74 36·	"	74 36·	"	3·6328	3·6328
11	t	$\frac{9}{2}$0	$90\bar92$	"	76 15	"	76 15	"	76 15	"	4·0870	4·0870
12	u	50	$50\bar51$	"	77 35	"	77 35	"	77 35	"	4·5411	4·5411
13	ξ	60	$60\bar61$	"	79 36	"	79 36	"	79 36	"	5·4492	5·4492
14	β	70	$70\bar71$	"	81 03·	"	81 03·	"	81 03·	"	6·3576	6·3576
15	γ	80	$80\bar81$	"	82 10	"	82 10	"	82 10	"	7·2657	7·2657
16	δ	90	$90\bar91$	"	83 01·	"	83 01·	"	83 01·	"	8·1740	8·1740
17	G·	$-\frac{1}{23}$	$\bar1\cdot\bar1\cdot2\cdot23$	30 00	3 55	1 57·	3 23·	1 57·	3 23	0·0342	0·0592	0·0684
18	c·	$+\frac{1}{16}$	$1\cdot1\cdot\bar2\cdot16$	"	5 37	2 49	4 52	2 48	4 51·	0·0492	0·0851	0·0983
19	ι·	$-\frac{1}{8}$	$\bar1\bar128$	"	11 07·	5 37	9 40	5 24·	9 37	0·0983	0·1702	0·1966
20	α·	$-\frac{1}{5}$	$\bar1\bar125$	"	17 28	8 56·	15 14·	8 38	15 04	0·1573	0·2725	0·3146
21	d·E·	$\pm\frac{1}{4}$	$11\bar24$	"	21 28	11 07·	18 48·	10 32·	18 28·	0·1966	0·3406	0·3933
22	D·	$-\frac{2}{7}$	$\bar2\bar247$	"	24 12	12 40	21 16	11 49·	20 47·	0·2247	0·3892	0·4494
23	e·	$+\frac{2}{5}$	$22\bar45$	"	32 10·	17 28	28 35	15 26·	27 28	0·3146	0·5449	0·6292
24	f·δ·	$\pm\frac{1}{2}$	$11\bar22$	"	38 11	21 28	34 15·	18 03	32 22	0·3933	0·6811	0·7865
25	g·	$+\frac{4}{7}$	$44\bar87$	"	41 57	24 12	37 54	19 04	35 22·	0·4494	0·7785	0·8989
26	x·	$+\frac{5}{8}$	$5\cdot5\cdot\bar{10}\cdot8$	"	44 31	26 10·	40 25	20 31	37 23	0·4916	0·8515	0·9832
27	C·	$-\frac{5}{7}$	$\bar5\cdot\bar5\cdot10\cdot7$	"	48 20	29 19·	44 13	21 56	40 18·	0·5618	0·9731	1·1236
28	η·	$-\frac{4}{5}$	$\bar4\bar485$	"	51 32	32 11	47 27·	23 03	42 41·	0·6292	1·0898	1·2585
29	p·ϰ·	±1	$11\bar21$	"	57 33·	38 11	53 43	24 57·	46 57·	0·7865	1·3623	1·5731
30	b·ν·	$\pm\frac{5}{4}$	$5\cdot5\cdot\bar{10}\cdot4$	"	63 02·	44 31	59 34·	26 28	50 31·	0·9832	1·7025	1·9664
31	ϱ·	$-\frac{3}{2}$	$\bar3\bar362$	"	67 02	49 43	63 55·	27 24·	52 53	1·1825	2·0435	2·3596
32	a·φ·	±2	$22\bar41$	"	72 22	57 33·	69 51	28 27·	55 37·	1·5731	2·7246	3·1461
33	k·	$+\frac{5}{2}$	$5\cdot5\cdot\bar{10}\cdot2$	"	75 44	63 02·	73 38	28 59	57 04	1·9663	3·4058	3·9327
34	m·	$+4$	$44\bar81$	"	80 58	72 22	79 36	29 35·	58 47·	3·1461	5·4492	6·2923
35	Ξ·	-5	$\bar5\cdot\bar5\cdot10\cdot1$	"	82 45	75 44	81 39	29 44	59 13	3·9327	6·8117	7·8654

No.	Buch-staben	Symb.	Bravais	φ	ϱ	ξ_0	η_0	ξ	η	x (Prismen) (x : y)	y	d =tgϱ
36	z:	$-\frac{4}{5}\frac{1}{5}$	$\bar{4}155$	10°53'	39°46'	8°56'	39°15'	6°56'	38°55	0·1537	0·8174	0·8324
37	t:	$+1\frac{1}{4}$	$415\bar{4}$	"	46 08	11 07'	45 37	7 50	45 04'	0·1966	1·0217	1·0405
38	K:	$+41$	$415\bar{1}$	"	76 29'	38 11	76 15	10 35'	72 42'	0·7865	4·0870	4·1620
39	H:	$+\frac{37}{31}\frac{25}{31}$	$37{\cdot}25{\cdot}\bar{6}2{\cdot}31$	23 37'	57 43	32 23'	55 24'	19 48	50 46	0·6343	1·4502	1·5829
40	L:	$+\frac{4}{3}\frac{2}{3}$	$426\bar{3}$	19 06'	58 01'	27 40	56 33	16 07'	53 16'	0·5244	1·5137	1·6020
41	M:	$+\frac{11}{8}\frac{5}{8}$	$11{\cdot}5{\cdot}\bar{1}6{\cdot}8$	17 47	58 09	26 10'	56 52'	15 02	53 59	0·4916	1·5326	1·6095
42	N:	$+\frac{10}{7}\frac{4}{7}$	$10{\cdot}4{\cdot}\bar{1}4{\cdot}7$	16 06	58 19'	24 12	57 17'	13 39	54 51	0·4494	1·5569	1·6205
43	O:	$+\frac{3}{2}\frac{1}{2}$	$31\bar{4}2$	13 54	58 35	21 28	57 39'	11 49'	55 56'	0·3933	1·5894	1·6373
44	a:	$+\frac{8}{5}\frac{2}{5}$	$8{\cdot}2{\cdot}\bar{1}0{\cdot}5$	10 53'	59 00'	17 28	58 32'	9 19'	57 19'	0·3146	1·6348	1·6648
45	b:	$+\frac{7}{4}\frac{1}{4}$	7184	6 35	59 44'	11 07'	59 34'	5 41	59 06	0·1966	1·7029	1·7142
46	c:	$-2\frac{1}{5}$	$\bar{1}0{\cdot}\bar{1}{\cdot}11{\cdot}5$	4 43	62 24'	8 56'	62 20	4 10'	62 02'	0·1537	1·9073	1·9137
47	d:	$-2\frac{2}{7}$	$\bar{1}4{\cdot}\bar{2}{\cdot}16{\cdot}7$	6 35	62 57'	12 40	62 48	5 52	62 13'	0·2196	1·9462	1·9591
48	e:	$-2\frac{1}{2}$	$\bar{4}152$	10 53'	64 20	21 28	63 55'	9 48'	62 15'	0·3933	2·0435	2·0811
49	q:	-82	$8{\cdot}\bar{2}{\cdot}10{\cdot}1$	"	83 09	57 33'	83 01'	10 49	77 09'	1·5373	8·1740	8·3240
50	𝔊:	$-\frac{7}{2}\frac{1}{2}$	$\bar{7}182$	6 35	73 44'	21 28	73 38	6 19'	72 29'	0·3933	3·4058	3·4284
51	𝔓:	$+74$	$7{\cdot}4{\cdot}\bar{1}1{\cdot}1$	21 03	83 29	72 22	83 01'	20 54'	68 00'	3·1461	8·1740	8·7586
52	𝔍:	$+10{\cdot}4$	$10{\cdot}4{\cdot}\bar{1}4{\cdot}1$	16 06	84 58	"	84 45'	16 02'	73 09	"	10·650	11·344
53	𝔇:	$+\frac{29}{2}4$	$29{\cdot}8{\cdot}\bar{3}7{\cdot}2$	11 51'	86 16	"	86 11	11 50	77 34'	"	14·985	15·312
54	R:	-43	$\bar{4}371$	25 17	79 44'	67 02	78 41	24 51	62 50'	2·3596	4·9951	5·5245
55	g:	$-\frac{1}{2}\frac{1}{8}$	$\bar{4}158$	10 53'	27 29	5 37	27 03'	5 00	26 57	0·0983	0·5109	5·2025
56	Σ	$+\frac{14}{5}\frac{2}{5}$	$14{\cdot}2{\cdot}\bar{1}6{\cdot}5$	6 35	69 58	17 28	69 50'	6 11	68 57	0·3146	2·7246	2·7427
57	Φ	$-\frac{7}{5}\frac{7}{20}$	$\bar{2}8{\cdot}\bar{7}{\cdot}35{\cdot}20$	10 53'	55 32	15 23'	55 02'	8 58	54 03'	0·2753	1·4304	1·4567
58	Π	$-\frac{8}{7}\frac{2}{7}$	$8{\cdot}\bar{2}{\cdot}10{\cdot}7$	"	49 56'	12 40	49 25'	8 19	48 43.	0·2247	1·1677	1·1891
59	Ω	$-\frac{20}{13}\frac{2}{13}$	$\bar{2}0{\cdot}\bar{2}{\cdot}22{\cdot}13$	4 43	55 48'	6 54	55 43'	3 54	55 31'	0·1210	1·4671	1·4721

Eisenspath.

Hexagonal. Rhomboedrisch-hemiedrisch.

c = 0·8184	lg c = 9·91297	lg a₀ = 0·32559	lg p₀ = 9·73688	a₀ = 2·1163	p₀ = 0·5456	(G₂)

No.	Buch-staben	Symb.	Bravais	φ	ϱ	ξ_0	η_0	ξ	η	x (Prismen) (x : y)	y	d =tgϱ
1	o	0	0001	—	0°00	0°00	0°00	0°00	0°00	0	0	0
2	a	∞0	$10\bar{1}0$	0°00	90 00	"	90 00	"	90 00	"	∞	∞
3	b	∞	$11\bar{2}0$	30 00	"	90 00	"	30 00	60 00	0·5773	"	"
4	λ	20	$20\bar{2}1$	0 00	47 30	0 00	47 30	0 00	47 30	0	1·0912	1·0912
5	f· δ·	$+\frac{1}{2}$	$11\bar{2}2$	30 00	25 17'	13 17'	22 15'	12 20	21 43	0·2362	0·4092	0·4725
6	i·	$+\frac{3}{4}$	$33\bar{6}4$	"	35 19'	19 31	31 32'	16 48'	30 03	0·3544	0·6138	0·7088
7	p·	$+1$	$11\bar{2}1$	"	43 23	25 17'	39 18	20 05	36 30	0·4725	0·8184	0·9450
8	ϱ·	$-\frac{3}{2}$	$\bar{3}\bar{3}62$	"	54 48	35 19'	50 50	24 07	45 02'	0·7088	1·2276	1·4175
9	φ·	-2	$\bar{2}\bar{2}41$	"	62 07	43 23	58 34'	26 13'	49 57	0·9450	1·6368	1·8900

No.	Buch-staben	Symb.	Bravais	φ	ϱ	ξ_0	η_0	ξ	η	x (Prismen) (x : y)	y	d $=\operatorname{tg}\varrho$
10	$\Omega\cdot$	$-\frac{7}{3}$	$\bar{7}\cdot\bar{7}\cdot14\cdot3$	30°00	65°36·	47°47·	62°21·	27°05·	52°04	1·1025	1·9096	2·2050
11	m·	$+4$	$44\bar{8}1$	″	75 11	62 07	73 01	28 54·	56 51	1·8900	3·2736	3·7801
12	$\Phi\cdot$	-5	$\bar{5}\cdot\bar{5}\cdot10\cdot1$	″	78 03	67 03·	76 16	29 17	57 54·	2·3625	4·0920	4·7251
13	$\Pi\cdot$	-8	$8\cdot8\cdot16\cdot1$	″	82 28	75 11	81 19	29 43	59 09·	3·7801	6·5473	7·5602
14	K:	$+41$	$41\bar{5}1$	10 53·	68 12	25 17·	67 50·	10 06·	65 45	0·4725	2·4552	2·5003
15	q:	-82	$8\cdot\bar{2}\cdot10\cdot1$	″	78 41·	43 23	78 29·	10 41	74 21	0·9450	4·9104	5·0006

Eisenvitriol.

Monoklin.

a = 1·1828	lg a = 007291	lg a_0 = 988463	lg p_0 = 011537	a_0 = 0·7667	p_0 = 1·3043
c = 1·5427	lg c = 018828	lg b_0 = 981172	lg q_0 = 017468	b_0 = 0·6482	q_0 = 1·4951
$\left.\begin{matrix}\mu =\\180-\beta\end{matrix}\right\}$ 75°44	$\left.\begin{matrix}\lg h =\\ \lg \sin\mu\end{matrix}\right\}$998640	$\left.\begin{matrix}\lg e =\\ \lg\cos\mu\end{matrix}\right\}$939170	lg $\dfrac{p_0}{q_0}$ = 994069	h = 0·9692	e = 0·2464

No.	Buch-staben	Symb.	Miller	φ	ϱ	ξ_0	η_0	ξ	η	x' (Prismen) (x : y)	y'	d' $=\operatorname{tg}\varrho$
1	c	0	001	90°00	14°16	14°16	0°00	14°16	0°00	0·2542·	0	0·2542·
2	b	0∞	010	0 00	90 00	0 00	90 00	0 00	90 00	0	∞	∞
3	a	∞0	100	90 00	″	90 00	0 00	90 00	0 00	∞	0	″
4	m	∞	110	41 06	″	″	90 00	41 06	48 54	0·8723	∞	″
5	e	$0\frac{1}{3}$	013	26 18·	29 50·	14 16	27 13	12 44·	26 29·	0·2543	0·5142·	0·5737
6	o	0I	011	9 21·	57 24	″	57 03	7 52·	56 13·	″	1·5427	1·5635
7	u	$+30$	301	90 00	76 53	76 53	0 00	76 53	0 00	4·2916	0	4·2916
8	v	$+10$	101	″	58 00	58 00	″	58 00	″	1·6000	″	1·6000
9	w	$+\frac{1}{3}0$	103	″	35 06	35 06	″	35 06	″	0·7027·	″	0·7027·
10	s	$-\frac{1}{5}0$	$\bar{1}05$	90 00	0 51	$\bar{0}$ 51	″	$\bar{0}$ 51	″	$\bar{0}$·0148·	″	0·0148·
11	t	-10	$\bar{1}01$	″	47 30·	$\bar{4}7$ 30·	″	$\bar{4}7$ 30·	″	$\bar{1}$·0915·	″	1·0915·
12	r	$+1$	111	46 03	65 46·	58 00	57 03	41 02·	39 16	1·6005·	1·5427	2·2227
13	α	$+\frac{1}{2}$	112	50 14·	56 20	42 50	37 38·	36 17	29 29·	0·9271	0·7713·	1·2060
14	β	$+12$	121	27 25	73 57	58 00	72 02·	26 15·	58 33	1·6005·	3·0854	3·4756
15	γ	-12	$\bar{1}21$	$\bar{1}9$ 29	73 00·	47 30·	″	$\bar{1}8$ 36	64 22	$\bar{1}$·0917	″	3·2728
16	δ	$+21$	211	62 21·	73 15·	71 15	57 03	58 01·	26 22·	2·9454	1·5427	3·3250

Eleonorit.

Monoklin.

a = 2·755	lg a = 044012	lg a₀ = 983636	lg p₀ = 016364	a₀ = 0·6861	p₀ = 1·4576
c = 4·0157	lg c = 060376	lg b₀ = 939624	lg q₀ = 047855	b₀ = 0·2490	q₀ = 3·0099
$\left.\begin{array}{l}\mu =\\ 180-\beta\end{array}\right\}$ 48°33	$\left.\begin{array}{l}\lg h =\\ \lg\sin\mu\end{array}\right\}$987479	$\left.\begin{array}{l}\lg e =\\ \lg\cos\mu\end{array}\right\}$982084	$\lg\dfrac{p_0}{q_0}$ = 968509	h = 0·7495	e = 0·6620

No.	Buch-staben	Symb.	Miller	φ	ϱ	ξ_0	η_0	ξ	η	x' (Prismen) (x : y)	y'	d' = tg ϱ
1	c	O	001	90°00	41°27	41°27	0°00	41°27	0°00	0·8832	0	0·8832
2	a	∞O	100	„	90 00	90 00	„	90 00	„	∞	„	∞
3	f	+1	111	35 09	78 29·	70 31·	76 01	34 21	53 14·	2·8279	4·0157	4·9114
4	g	−1	1̄11	1̄4 38	76 27	4̄6 21	„	1̄4 13	70 .10	1·0481	„	4·1502

Embolit.

Regulär.

No.	Buch-staben	Symb.	Miller	φ	ϱ	ξ_0	η_0	ξ	η	x (Prismen) (x : y)	y	d = tg ϱ
1	c	O 0∞	001 010	— 0°00	0°00 90 00	0°00 „	0°00 90 00	0°00 „	0°00 90 00	0 „	0 ∞	0 ∞
2	e	0½ 02 ∞2	012 021 120	„ „ 26 34	26 34 63 26 90 00	„ „ 90 00	26 34 63 26 90 00	„ „ 26 34	26 34 63 26 „	„ „ 0·5000	0·5000 2·0000 ∞	0·5000 2·0000 ∞
3	d	01 ∞	011 110	0 00 45 00	45 00 90 00	0 00 90 00	45 00 90 00	0 00 45 00	45 00 „	0 1·0000	1·0000 ∞	1·0000 ∞
4	p	1	111	„	54 44	45 00	45 00	35 16	35 16	„	1·0000	1·4142

Emplektit.

Rhombisch.

a = 0·9601	lg a = 998232	lg a₀ = 009369	lg p₀ = 990631	a₀ = 1·2408	p₀ = 0·8059
c = 0·7738	lg c = 988863	lg b₀ = 011137	lg q₀ = 988863	b₀ = 1·2923	q₀ = 0·7738

No.	Buch-staben	Symb.	Miller	φ	ϱ	ξ_0	η_0	ξ	η	x (Prismen) (x : y)	y	d = tg ϱ
1	c	O	001	—	0°00	0°00	0°00	0°00	0°00	0	0	0
2	b	0∞	010	000	90 00	„	90 00	„	90 00	„	∞	∞
3	a	∞O	100	90 00	„	90 00	0 00	90 00	0 00	∞	0	„

No.	Buchstaben	Symb.	Miller	φ	ϱ	ξ_0	η_0	ξ	η	x (Prismen) (x : y)	y	d = tg ϱ
4	u	$\frac{3}{2}\infty$	320	57° 22·	90° 00	90° 00	90° 00	57° 22·	32° 37·	1·5623	∞	∞
5	g	$\frac{6}{5}\infty$	650	51 20	"	"	"	51 20	38 40	1·2498·	"	"
6	z	∞	110	46 10	"	"	"	46 10	43 50	1·0415·	"	"
7	y	$\infty 2$	120	27 30·	"	"	"	27 30·	62 29	0·5207·	"	"
8	x	$\infty 7$	170	8 27·	"	"	"	8 27·	81 32·	0·1488	"	"
9	d	10	101	90 00	38 52	38 52	0 00	38 52	0 00	0·8059	0	0·8059
10	k	$\frac{1}{3}0$	103	"	15 02	15 02	"	15 02	"	0·2686	"	0·2686

Enargit.

Rhombisch.

a = 0·8711	lg a = 994007	lg a$_0$ = 002372	lg p$_0$ = 997628	a$_0$ = 1·0562	p$_0$ = 0·9468
c = 0·8248	lg c = 991635	lg b$_0$ = 008365	lg q$_0$ = 991635	b$_0$ = 1·2124	q$_0$ = 0·8248

No.	Buchstaben	Symb.	Miller	φ	ϱ	ξ_0	η_0	ξ	η	x (Prismen) (x : y)	y	d = tg ϱ
1	c	0	001	—	0° 00	0° 00	0° 00	0° 00	0° 00	0	0	0
2	b	0∞	010	0° 00	90 00	"	90 00	"	90 00	"	∞	∞
3	a	$\infty 0$	100	90 00	"	90 00	0 00	90 00	0 00	∞	0	"
4	r	3∞	310	73 48·	"	"	90 00	73 48·	16 11·	3·4439	∞	"
5	d	2∞	210	66 28	"	"	"	66 28	23 32	2·2959·	"	"
6	x	$\frac{3}{2}\infty$	320	59 51	"	"	"	59 51	30 09	1·7219·	"	"
7	e	$\frac{4}{3}\infty$	430	56 50·	"	"	"	56 50·	33 09·	1·5306	"	"
8	g	∞	110	48 56·	"	"	"	48 56·	41 03·	1·1479·	"	"
9	h	$\infty 2$	120	29 51·	"	"	"	29 51·	60 08·	0·5740	"	"
10	l	$\infty 3$	130	20 56·	"	"	"	20 56·	69 03·	0·3826·	"	"
11	s	01	011	0 00	39 31	0 00	39 31	0 00	39 31	0	0·8248	0·8248
12	ϑ	05	051	"	76 22	"	76 22	"	76 22	"	4·1240	4·1240
13	λ	$\frac{1}{3}0$	103	90 00	17 31	17 31	0 00	17 31	0 00	0·3156	0	0·3156
14	n	$\frac{1}{2}0$	102	"	25 20	25 20	"	25 20	"	0·4734	"	0·4734
15	k	10	101	"	43 26	43 26	"	43 26	"	0·9468·	"	0·9468·
16	m	20	201	"	62 10	62 10	"	62 10	"	1·8937	"	1·8937
17	o	1	111	48 56·	51 28	43 26	39 31	36 08·	30 55	0·9468·	0·8248	1·2557
18	p	$\frac{1}{2}$	112	"	32 07·	25 20	22 24·	23 38	20 26·	0·4734	0·4124	0·6279
19	q	$\frac{1}{5}$	115	"	14 06	10 43·	9 22	10 35	9 12·	0·1893·	0·1649·	0·2511
20	L	$\frac{1}{2}\frac{3}{2}$	132	20 56·	52 57	25 20	51 03	16 34·	48 11·	0·4734	1·2375	1·3247
21	z	$\frac{1}{4}\frac{3}{4}$	134	"	33 31	13 19	31 44·	11 23	31 02·	0·2367	0·6186	0·6623

Eosit.

Tetragonal.

$\left.\begin{array}{c}c\\p_0\end{array}\right\}$ = 1·3778	lg c = 013919	lg a₀ = 986081	a₀ = 0·7258

No.	Buch-staben	Symb.	Miller	φ	ϱ	ξ_0	η_0	ξ	η	x (Prismen) (x : y)	y	d =tgϱ
1	c	·O	001	—	0°00	0°00	0°00	0°00	0°00	o	o	o
2	p	I	111	45°00	62 50	54 01·	54 01·	38 59	38 59	1·3778	1·3778	1·9485

Eosphorit.

Rhombisch.

a = 0·7768	lg a = 989031	lg a₀ = 017850	lg p₀ = 982150	a₀ = 1·5083	p₀ = 0·6630
c = 0·5150	lg c = 971181	lg b₀ = 028819	lg q₀ = 971181	b₀ = 1·9417	q₀ = 0·5150

No.	Buch-staben	Symb.	Miller	φ	ϱ	ξ_0	η_0	ξ	η	x (Prismen) (x : y)	y	d =tgϱ
1	p	0∞	010	0°00	90°00	0°00	90°00	0°00	90°00	o	∞	∞
2	a	$\infty0$	100	90 00	"	90 00	0 00	90 00	0 00	∞	o	"
3	n	∞	110	52 09·	"	"	90 00	52 09·	37 50·	1·2873	∞	"
4	g	$\infty2$	120	32 46	"	"	"	32 46	57 14	0·6436·	"	"
5	t	1	111	52 09·	40 01	33 32·	27 15	30 31	23 14	0·6630	0·5138	0·8395
6	q	1 3/2	232	40 38	45 30·	"	37 41	27 41	32 46·	"	0·7725	1·0179
7	s	12	121	32 46	50 46·	"	45 51	24 47·	40 38·	"	1·0300	1·2249

Epididymit.

Rhombisch.

a = 1·7367	lg a = 023979	lg a₀ = 997150	lg p₀ = 002850	a₀ = 0·9365	p₀ = 1·0678
c = 1·8548	lg c = 026829	lg b₀ = 973171	lg q₀ = 026829	b₀ = 0·5391	q₀ = 1.8548

No.	Buch-staben	Symb.	Miller	φ	ϱ	ξ_0	η_0	ξ	η	x (Prismen) (x : y)	y	d =tgϱ
1	c	o	001	—	0°00	0°00	0°00	0°00	0°00	o	o	o
2	b	0∞	010	0°00	90 00	"	90 00	"	90 00	"	∞	∞
3	a	$\infty0$	100	90 00	0 00	90 00	0 00	90 00	0 00	∞	o	"
4	l	3∞	310	59 56	90 00	"	90 00	59 56	30 04	1·7272	∞	"
5	n	2∞	210	49 01·	"	"	"	49 01·	40 58·	1·1514	"	"
6	m	∞	110	29 56	"	"	"	29 56	60 04	0·5757	"	"

No.	Buchstaben	Symb.	Miller	φ	ϱ	ξ_0	η_0	ξ	η	x (Prismen) (x : y)	y	d = tg ϱ
7	i	$\frac{1}{3}$0	103	90°00	19°36	19°36	0°00	19°36	0°00	0·3359	0	0·3359
8	h	$\frac{3}{8}$0	308	„	21 49·	21 49·	„	21 49·	„	0·4004	„	0·4004
9	g	$\frac{1}{2}$0	102	„	28 06	28 06	„	28 06	„	0·5339	„	0·5339
10	e	$\frac{2}{3}$0	203	„	35 23	35 23	„	35 23	„	0·7102	„	0·7102
11	d	10	101	„	46 52·	46 52·	„	46 52·	„	1·0678·	„	1·0678
12	f	20	201	„	64 54·	64 54·	„	64 54·	„	2·1356	„	2·1356
13	p	1	111	29 56	64 57·	46 52·	61 40	26 52·	51 44	1·0678	1·8548	2·1402

Epidot.

Monoklin.

a = 1·5807	lg a = 019885	lg a_0 = 994220	lg p_0 = 005780	a_0 = 0·8754	p_0 = 1·1423
c = 1·8057	lg c = 025665	lg b_0 = 974335	lg q_0 = 021250	b_0 = 0·5538	q_0 = 1·6312
$\left.\begin{array}{l}\mu = \\ 180-\beta\end{array}\right\}$ 64° 36	$\left.\begin{array}{l}\lg h = \\ \lg \sin \mu\end{array}\right\}$ 995585	$\left.\begin{array}{l}\lg e = \\ \lg \cos \mu\end{array}\right\}$ 963239	$\lg \dfrac{p_0}{q_0}$ = 984530	h = 0·9033	e = 0·4289

No.	Buchstaben	Symb.	Miller	φ	ϱ	ξ_0	η_0	ξ	η	x′ (Prismen) (x : y)	y′	d′ = tg ϱ
1	c	0	001	90°00	25°24	25°24	0°00	25°24	0°00	0·4748	0	0·4748
2	b	0∞	010	0 00	90 00	0 00	90 00	0 00	90 00	0	∞	∞
3	t	∞0	100	90 00	„	90 00	0 00	90 00	0 00	∞	0	„
4	y	3∞	310	64 33	„	„	90 00	64 33	25 27	2·1009	∞	„
5	u	2∞	210	54 28·	„	„	„	54 28·	35 31·	1·4006	„	„
6	τ	$\frac{3}{2}$∞	320	46 24·	„	„	„	46 24·	43 35·	1·0504·	„	„
7	z	∞	110	35 00·	„	„	„	35 00·	54 59·	0·7003	„	„
8	G	∞2	120	19 18	„	„	„	19 18·	70 42	0·3501·	„	„
9	Ξ	∞5	150	7 58·	„	„	„	7 58·	82 01·	0·1400	„	„
10	p	0$\frac{1}{6}$	016	57 38	29 20·	25 24	16 45	24 27	15 12·	0·4748·	0·3009·	0·5622
11	h	0$\frac{1}{5}$	015	52 44·	30 49	„	19 51·	24 04	18 04	„	0·3613	0·5966
12	Q	0$\frac{2}{9}$	029	49 48	31 52	„	21 52	23 47	19 55·	„	0·4013	0·6217
13	w	0$\frac{1}{4}$	014	46 27	33 14	„	24 18	23 24	22 11	„	0·4514·	0·6552
14	γ	0$\frac{1}{3}$	013	38 16	37 28·	„	31 02·	22 08·	28 32	„	0·6019	0·7666
15	k	0$\frac{1}{2}$	012	27 44·	45 34	„	42 04·	29 25	39 12	„	0·9028·	1·0201
16	D	0$\frac{2}{3}$	023	21 31·	52 18·	„	50 17	16 53	47 24	„	1·2038	1·2941
17	o	01	011	14 44	61 49·	„	61 01·	12 57·	58 29·	„	1·8057	1·8671
18	g	+30	301	90 00	76 49	76 49	0 00	76 49	0 00	4·2684	0	4·2684
19	Θ	+20	201	„	71 35	71 35	„	71 35	„	3·0038·	„	3·0038·
20	e	+10	101	„	60 06	60 06	„	60 06	„	1·7393	„	1·7393
21	l	+$\frac{3}{4}$0	304	„	54 54·	54 54·	„	54 54·	„	1·4231	„	1·4231
22	W	+$\frac{3}{5}$0	305	„	50 58	50 58	„	50 58	„	1·2334	„	1·2334
23	m	+$\frac{1}{2}$0	102	„	47 54·	47 54·	„	47 54·	„	1·1070	„	1·1070

No.	Buchstaben	Symb.	Miller	φ	ϱ	ξ_0	η_0	ξ	η	x' (Prismen) (x : y)	y'	d' =tg ϱ
24	A	$+\frac{1}{3}$0	103	90°00	41°52	41°52	0°00	41°52	0°00	0·8962	0	0·8962
25	Ω	$+\frac{1}{5}$0	105	„	36 02·	36 02·	„	36 02·	„	0·7276	„	0·7276
26	C	$-\frac{1}{5}$0	1̄05	90 00	12 31	1̄2 31	„	1̄2 31	„	0̄·2219·	„	0·2219·
27	S	$-\frac{1}{4}$0	1̄04	„	9 01	9̄ 01	„	9̄ 01	„	0̄·1587·	„	0·1587·
28	R	$-\frac{1}{3}$0	1̄03	„	3 03·	3̄ 03·	„	3̄ 03·	„	0̄·0533·	„	0·0533·
29	i	$-\frac{1}{2}$0	1̄02	„	8 57	8̄ 57	„	8̄ 57	„	0̄·1574	„	0·1574
30	σ	$-\frac{2}{3}$0	2̄03	„	20 13	2̄0 13	„	2̄0 13	„	0̄·3682	„	0·3682
31	N	$-\frac{3}{4}$0	3̄04	„	25 20·	2̄5 20·	„	2̄5 20·	„	0̄·4735·	„	0·4735·
32	r	$-1$0	1̄01	„	38 18	3̄8 18	„	3̄8 18	„	0̄·7897·	„	0·7897·
33	L	$-\frac{7}{6}$0	7̄06	„	45 06·	4̄5 06·	„	4̄5 06·	„	1̄·0004	„	1·0004
34	β	$-\frac{4}{3}$0	4̄03	„	50 27	5̄0 27	„	5̄0 27	„	1̄ 2109	„	1·2109
35	K	$-\frac{3}{2}$0	3̄02	„	54 53	5̄4 53	„	5̄4 53	„	1̄·4218	„	1·4218
36	a	$-2$0	2̄01	„	64 02·	6̄4 02·	„	6̄4 02·	„	2̄·0543	„	2·0543
37	f	$-3$0	3̄01	„	73 14	7̄3 14	„	7̄3 14	„	3̄·3187·	„	3·3187·
38	T	$-4$0	4̄01	„	77 41·	7̄7 41·	„	7̄7 41·	„	4̄·5833	„	4·5833
39	d	$+1$	111	43 55·	68 15·	60 06	61 01·	40 07	41 59·	1·7393	1·8057	2·5072
40	v	$+\frac{1}{2}$	112	50 48	55 00·	47 54·	42 05	39 24·	31 11	1·1070	0·9028·	1.4275
41	ε	$+\frac{1}{3}$	113	56 07	47 11·	41 52	31 02·	37 31·	24 08·	0·8963	0·6019	1·0797
42	ν	$+\frac{1}{6}$	116	66 18	36 50·	34 26	16 45	33 17	13 56·	0·6855·	0·3009·	0·7487
43	ι	$+\frac{1}{15}$	1·1·15	77 51	29 46	29 12·	6 52	29 02	6 00	0·5590	0·1204	0·5719
44	π	$-\frac{1}{4}$	1̄14	1̄9 22	25 34·	9 01	24 18	8 13·	24 02	0̄·1586·	0·4514	0·4785
45	ϱ	$-\frac{1}{3}$	1̄13	5̄ 03·	31 08·	3̄ 03	31 02·	2̄ 37	31 00·	0̄ 0533	0·6019	0·6043
46	x	$-\frac{1}{2}$	1̄12	9̄ 53·	42 30·	8̄ 57	42 05	6̄ 40	41 44	0̄·1574	0 9028·	0·9165
47	n	-1	1̄11	2̄3 37·	63 06	3̄8 18	61 01·	2̄0 56	54 47·	0̄·7897	1·8057	1·9709
48	q	-2	2̄21	2̄9 38	76 28	6̄4 02·	74 31·	2̄8 44	57 41	2̄·0543	3·6114	4·1548
49	ϑ	$+12$	121	25 43	75 59·	60 06	„	24 54	60 57	1.7393	„	4·0084
50	ξ	$-1\frac{1}{3}$	3̄13	5̄2 41	44 48	3̄8 18	31 02·	3̄4 05	25 17	0̄·7897	0·6019	0·9930
51	H	$-1\frac{1}{2}$	2̄12	4̄1 10·	50 11	„	42 05	3̄0 23	35 19		0·9028·	1·1995
52	s	$-1\frac{2}{3}$	3̄23	3̄3 16	55 13	„	50 17	2̄6 46·	43 22·		1·2038	1·4397
53	Z	$-1\frac{3}{2}$	2̄32	1̄6 15·	70 29	„	69 44	1̄5 18	64 48		2·7086	2·8214
54	Φ	$-1\frac{5}{3}$	3̄53	1̄4 42	72 11	„	71 37	1̄3 59	61 34·		3·0095·	3·1114
55	φ	-12	1̄21	1̄2 20	74 51	„	74 31·	1̄1 54	70 34		3·6114	3·6967
56	Λ	-13	1̄31	8̄ 17·	79 39	„	79 32·	8̄ 09·	76 46		5·4171	5·4744
57	δ	-14	1̄41	6̄ 14·	82 10	„	82 07	6̄ 11	80 00		7·2228	7·2660
58	E	-15	1̄51	5̄ 00	83 42	„	83 41	4̄ 58	81 57·		9·0286	9·0632
59	Δ	-16	1̄61	4̄ 10	84 44·	„	84 43·	4̄ 09	83 17·		10·8343	10·863
60	α	-17	1̄71	3̄ 34·	85 29	„	85 28·	3̄ 34	84 14·		12·6400	12·665
61	b	$+61$	611	77 22·	83 06	82 56	61 01·	75 35·	12 32	8·0620	1·8057	8·2615
62	w	$+21$	211	58 59·	74 04·	71 35	„	55 30·	29 42	3·0038·	„	3·5048
63	Σ	$+\frac{1}{2}1$	122	31 30·	64 43	47 54·	„	28 12·	50 26·	1·1070	„	2·1180
64	P	$+\frac{1}{4}1$	144	23 39·	63 06	38 20·	„	20 58	54 58	0·7909·	„	1·9714
65	ψ	$-\frac{1}{2}1$	1̄22	4̄ 59	61 07	8̄ 57	„	4̄ 21	60 43·	0̄·1574	„	1·8125
66	B	$-\frac{2}{3}1$	2̄33	1̄1 31·	61 31	2̄0 13	„	1̄0 07	59 27·	0̄·3682	„	1·8428
67	M	-21	2̄11	4̄8 41	69 55	6̄4 02·	„	4̄4 52	38 19·	2̄·0543	„	2·7351
68	χ	-31	3̄11	6̄1 27	75 11·	7̄3 14	„	5̄8 07	27 31	3̄·3188	„	3·7782

No.	Buch-staben	Symb.	Miller	φ	ϱ	ξ_0	η_0	ξ	η	x' (Prismen) (x : y)	y'	d' =tgϱ
69	b	−41	$\bar{4}$11	68°30	78°31·	$\bar{7}$7°41·	61°01·	$\bar{6}$5°45	21°05	$\bar{4}$·5833	1·8057	4·9263
70	a	+23	231	29 00·	80 50	71 35	79 32·	28 36	59 42	3·0038·	5·4171	6·1943
71	c	−2½	$\bar{4}$12	66 16·	65 59	64 02·	42 05	$\bar{5}$6 44·	21 34	$\bar{2}$·0543	0·9028	2·2439
72	ℑ	−2⅔	$\bar{6}$23	$\bar{5}$9 38	67 13	„	50 17	$\bar{5}$2 42	27 47	„	1·2038	2·3810
73	ϰ	+52	521	62 01	82 36	81 38	74 31·	61 08	27 44	6·7975	3·6114	7·6973
74	ζ	−52	$\bar{5}$21	$\bar{5}$8 18	81 43·	80 18	„	$\bar{5}$7 21	31 20	$\bar{5}$·8479	„	6·8732
75	Γ	$-\tfrac{5}{2}\tfrac{1}{2}$	$\bar{5}$12	$\bar{7}$1 25·	70 34	$\bar{6}$9 35	42 05	$\bar{6}$3 22	17 29	$\bar{2}$·6866	0·9028	2·8343
76	U	$-\tfrac{1}{2}\tfrac{3}{4}$	$\bar{2}$34	$\bar{6}$ 38	53 44·	8 57	53 33·	$\bar{5}$ 21	53 13·	$\bar{0}$·1575	1·3543	1·3634
77	ω	$-\tfrac{1}{3}\tfrac{2}{3}$	$\bar{1}$23	$\bar{2}$ 32	50 19	$\bar{3}$ 03	50 17	$\bar{1}$ 57	50 14·	$\bar{0}$·0533	1·2038	1·2050
78	λ	$+\tfrac{2}{3}\tfrac{1}{3}$	213	65 27	55 23	52 48·	31 02·	48 28	20 00	1·3177·	0·6019	1·4487
79	Ψ	$-\tfrac{4}{3}\tfrac{1}{3}$	413	$\bar{7}$4 26	65 58·	65 10	„	$\bar{6}$1 37·	14 11·	$\bar{2}$·1607·	„	2·2430
80	μ	$-\tfrac{4}{3}\tfrac{2}{3}$	423	$\bar{6}$0 52·	67 59·	„	50 17	$\bar{5}$4 05	26 49·	„	1·2038	2·4734
81	V	$-\tfrac{0}{4}\tfrac{1}{4}$	914	83 58	76 53	$\bar{7}$6 49	24 18	$\bar{7}$5 35	5 55	$\bar{4}$·2681	0·4514	4·2919
82	Y	$-\tfrac{7}{2}\tfrac{3}{2}$	$\bar{7}$32	66 59	81 47	81 06·	69 44	$\bar{6}$5 38·	22 46	6·3763	2·7085·	6·9277

Epigenit.

Rhombisch.

$$\lg \frac{p_0}{q_0} = 0·16151; \quad \frac{p_0}{q_0} = 1·4504; \quad \frac{a}{b} = 0·690$$

No.	Buch-staben	Symb.	Miller	φ	ϱ	ξ_0	η_0	ξ	η	x (Prismen) (x : y)	y	d =tgϱ
1	m	∞	110	55°25	90°00	90°00	90°00	55°25	34°35	1·4504·	∞	∞

Epistilbit.

Monoklin.

a = 0·5074	lg a = 970535	lg a₀ = 994432	lg p₀ = 005568	a₀ = 0·8797	p₀ = 1·1368
c = 0·5768	lg c = 976103	lg b₀ = 023897	lg q₀ = 967728	b₀ = 1·7337	q₀ = 0·4756
$\left.\begin{matrix}\mu =\\180-\beta\end{matrix}\right\}$ 55°33	$\left.\begin{matrix}\lg h =\\ \lg \sin\mu\end{matrix}\right\}$ 991625	$\left.\begin{matrix}\lg e =\\ \lg \cos\mu\end{matrix}\right\}$ 975258	$\lg \frac{p_0}{q_0} = 037840$	h = 0·8246	e = 0·5657

No.	Buch-staben	Symb.	Miller	φ	ϱ	ξ_0	η_0	ξ	η	x' (Prismen) (x : y)	y'	d' =tgϱ
1	t	0	001	90°00	34°27	34°27	0°00	34°27	0°00	0·6860	0	0·6860
2	r	0∞	010	0 00	90 00	0 00	90 00	0 00	90 00	0	∞	∞
3	m	∞	110	67 18	„	90 00	„	67 18	22 42	2·3900	„	„
4	u	01	011	49 56·	41 52	34 27	29 58·	30 43	25 26·	0·6860	0·5768	0·8963·
5	e	−10	$\bar{1}$01	$\bar{9}$0 00	34 42·	$\bar{3}$4 42·	0 00	$\bar{3}$4 42·	0 00	$\bar{0}$·6925·	0	0·6925·
6	s	−½	$\bar{1}$12	$\bar{0}$ 39	16 05·	$\bar{0}$ 11	16 05·	$\bar{0}$ 11	16 05·	$\bar{0}$·0032	0·2884	0·2884
7	p	−1	$\bar{1}$11	$\bar{5}$0 12·	42 02	$\bar{3}$4 42·	29 58·	$\bar{3}$0 57·	25 22	$\bar{0}$·6925·	0·5768	0·9013

Epsomit.

Rhombisch.

a = 0·9901	lg a = 999568	lg a₀ = 023912	lg p₀ = 976088	a₀ = 1·7343	p₀ = 0·5766
c = 0·5709	lg c = 975656	lg b₀ = 024344	lg q₀ = 975656	b₀ = 1·7516	q₀ = 0·5709

No.	Buch-staben	Symb.	Miller	φ	ϱ	ξ_0	η_0	ξ	η	x (Prismen) (x : y)	y	d $=\mathrm{tg}\,\varrho$
1	a	0∞	010	0° 00	90° 00	0° 00	90° 00	0° 00	90° 00	0	∞	∞
2	b	∞0	100	90 00	″	90 00	0 00	90 00	0 00	∞	0	″
3	m	∞	110	45 17	″	″	90 00	45 17	44 43	1·0100	∞	″
4	f	∞2	120	26 47·	″	″	″	26 47·	63 12·	0·5050	″	″
5	g	2∞	210	63 39·	″	″	″	63 39·	26 20·	2·0200	″	″
6	v	01	011	0 00	29 43·	0 00	29 43·	0 00	29 43·	0	0·5709	0·5709
7	r	02	021	″	48 47	″	48 47	″	48 47	″	1·1418	1·1418
8	n	10	101	90 00	29 58	29 58	0 00	29 58	0 00	0·5766	0	0·5766
9	x	20	201	″	49 04	49 04	″	″	″	1·1532	″	1·1532
10	z	1	111	45 17	39 03·	29 58	29 43·	26 36	26 19	0·5766	0·5709	0·8114
11	t	12	121	26 47·	51 59	″	48 47	20 48	44 41·	″	1·1418	1·2791
12	s	21	211	63 39·	52 09	49 04	29 43·	45 02·	20 30·	1·1532	0·5709	1·2868

Erythrosiderit.

Rhombisch.

a = 0·6911	lg a = 983954	lg a₀ = 998354	lg p₀ = 001646	a₀ = 0·9628	p₀ = 1·0386
c = 0·7178	lg c = 985600	lg b₀ = 014400	lg q₀ = 985600	b₀ = 1·3932	q₀ = 0·7178

No.	Buch-staben	Symb.	Miller	φ	ϱ	ξ_0	η_0	ξ	η	x (Prismen) (x : y)	y	d $=\mathrm{tg}\,\varrho$
1	b	∞0	100	90° 00	90° 00	90° 00	0° 00	90° 00	0° 00	∞	0	∞
2	n	∞	110	55 21	″	″	90 00	55 21	34 39	1·4469·	∞	″
3	d	½0	102	90 00	27 26·	27 26·	0 00	27 26·	0 00	0·5193	0	0·5193
4	e	10	101	″	46 05	46 05	″	46 05	″	1·0386	″	1·0386

Ettringit.

Hexagonal-holoedrisch.

| $c = 0\cdot817$ | $\lg c = 991222$ | $\lg a_o = 032634$ | $\lg p_o = 973613$ | $a_o = 2\cdot1200$ | $p_o = 0\cdot5447$ | (G_I) |

No.	Buch-staben	Symb.	Bravais	φ	ϱ	ξ_o	η_o	ξ	η	x (Prismen) (x : y)	y	d = tg ϱ
1	o	O	0001	—	0° 00	0° 00	0° 00	0° 00	0° 00	o	o	o
2	a	∞	10$\bar1$0	0° 00	90 00	„	90 00	„	90 00	„	∞	∞
3	p	10	10$\bar1$1	„	28 34·	„	28 34·	„	28 34·	„	0·5447	0·5447
4	q	20	20$\bar2$1	„	47 27	„	47 27	„	47 27	„	1·0893	1·0893

Euchlorin.

Rhombisch.

| $a = 0\cdot7616$ | $\lg a = 988173$ | $\lg a_o = 960862$ | $\lg p_o = 039138$ | $a_o = 0\cdot4061$ | $p_o = 2\cdot4625$ |
| $c = 1\cdot8755$ | $\lg c = 027311$ | $\lg b_o = 972689$ | $\lg q_o = 027311$ | $b_o = 0\cdot5332$ | $q_o = 1\cdot8755$ |

No	Buch-staben	Symb.	Miller	φ	ϱ	ξ_o	η_o	ξ	η	x (Prismen) (x : y)	y	d = tg ϱ
1	C	O	001	—	0° 00	0° 00	0° 00	0° 00	0° 00	o	o	o
2	B	o∞	010	0° 00	90 00	„	90 00	„	90 00	„	∞	∞
3	e	01	011	„	61 56	„	61 56	„	61 56	„	1·8755	1·8755
4	n	$\frac{1}{3}$0	103	90 00	39 23	39 23	0 00	39 23	0 00	0·8208	o	0·8208
5	m	10	101	„	67 54	67 54	„	67 54	„	2·4627	„	2·4627

Euchroit.

Rhombisch.

| $a = 0\cdot6088$ | $\lg a = 978447$ | $\lg a_o = 976831$ | $\lg p_o = 023169$ | $a_o = 0\cdot5866$ | $p_o = 1.7049$ |
| $c = 1\cdot0379$ | $\lg c = 001616$ | $\lg b_o = 998384$ | $\lg q_o = 001616$ | $b_o = 0\cdot9635$ | $q_o = 1\cdot0379$ |

No.	Buch-staben	Symb.	Miller	φ	ϱ	ξ_o	η_o	ξ	η	x (Prismen) (x : y)	y	d = tg ϱ
1	c	O	001	—	0° 00	0° 00	0° 00	0° 00	0° 00	o	o	o
2	a	o∞	010	0° 00	90 00	„	90 00	„	90 00	„	∞	∞
3	m	∞	110	58 40	„	90 00	„	58 40	31 20	1·6426	„	„
4	s	∞$\frac{3}{2}$	230	47 36	„	„	„	47 36	42 24	1·0950·	„	„
5	l	∞2	120	39 23·	„	„	„	39 23·	50 36·	0·8213	„	„
6	n	01	011	0 00	46 04	0 00	46 04	0 00	46 04	o	1·0379	1·0379
7	d	$\frac{1}{2}$0	102	90 00	40 26·	40 26·	0 00	40 26·	0 00	0·8524	o	0·8524
8	e	10	101	„	59 36·	59 36·	„	59 36·	„	1·7049	„	1·7049

Eudialyt.

Hexagonal.　Rhomboedrisch - hemiedrisch.

c = 2·1116	lg c = 032461	lg a₀ = 991395	lg p₀ = 014852	a₀ = 0·8203	p₀ = 1·4078	(G₂)

No.	Buch-staben	Symb.	Bravais	φ	ϱ	ξ_0	η_0	ξ	η	x (Prismen) (x : y)	y	d =tgϱ
1	o	0	0001	—	0°00	0°00	0°00	0°00	0°00	0	0	0
2	a	∞0	$10\bar{1}0$	0°00	90 00	"	90 00	"	90 00	"	∞	∞
3	b	∞	$11\bar{2}0$	30 00	"	90 00	"	30 00	60 00	0·5773	"	"
4	π	10	$10\bar{1}1$	0 00	54 36·	0 00	54 36·	0 00	54 36·	0	1·4077	1·4077
5	λ	20	$20\bar{2}1$	"	70 27	"	70 27	"	70 27	"	2·8155	2·8155
6	α·	$-\frac{1}{5}$	$\bar{1}\bar{1}25$	30 00	26 00	13 42	22 53·	12 39·	22 18·	0·2438	0·4223	0·4877
7	d·	$+\frac{1}{4}$	$11\bar{2}4$	"	31 22	16 57	27 50	15 05	26 47·	0·3048	0·5279	0·6096
8	f·δ·	$\pm\frac{1}{2}$	$11\bar{2}2$	"	50 38·	31 22	46 33·	22 44·	42 02	0·6096	1·0558	1·2191
9	x·	$+\frac{5}{8}$	$5·5·\bar{10}·8$	"	56 43·	37 18·	52 51	24 42·	46 23·	0·7620	1·3198	1·5239
10	p·	$+1$	$11\bar{2}1$	"	67 42	50 38·	64 39·	27 33·	53 15	1·2192	2·1116	2·4383
11	φ·	-2	$\bar{2}241$	"	78 24·	67 42	76 40·	29 19·	58 02	2·4383	4·2232	4·8765
12	H:	$+\frac{5}{2}1$	$52\bar{7}1$	16 06	77 11	50 38·	"	15 41·	69 31·	1·2191	"	4·3957
13	K:	$+41$	$41\bar{5}1$	10 53·	81 11·	"	81 02	10 46	76 01·	"	6·3347	6·4510

Eudidymit.

Monoklin.

a = 1·7107	lg a = 023318	lg a₀ = 018899	lg p₀ = 981101	a₀ = 1·5452	p₀ = 0·6472
c = 1·1071	lg c = 004419	lg b₀ = 995581	lg q₀ = 004325	b₀ = 0·9033	q₀ = 1·1047
$\left.\begin{matrix}\mu=\\180-\beta\end{matrix}\right\}$ 86°14	$\left.\begin{matrix}\lg h =\\ \lg \sin\mu\end{matrix}\right\}$ 999906	$\left.\begin{matrix}\lg e =\\ \lg \cos\mu\end{matrix}\right\}$ 881752	$\lg \dfrac{p_0}{q_0}$ = 976776	h = 0·9978	e = 0·0657

No.	Buch-staben	Symb.	Miller	φ	ϱ	ξ_0	η_0	ξ	η	x' (Prismen) (x : y)	y'	d' =tgϱ
1	c	0	001	90°00	3°46	3°46	0°00	3°46	0°00	0·0658·	0	0·0658·
2	b	0∞	010	0 00	90 00	0 00	90 00	0 00	90 00	0	∞	∞
3	l	3∞	310	60 21·	"	"	"	60 21·	29 38·	1·7574·	"	"
4	e	$0\frac{10}{3}$	0·10·3	1 01·	74 50·	3 46	74 50·	0 59	74 48·	0·0658·	3·6904	3·6910
5	x	$+10·0$	10·0·1	90 00	81 19·	81 19·	0 00	81 19·	0 00	6·5518	0	6·5518
6	d	$+\frac{5}{2}0$	502	"	59 21	59 21	"	59 21	"	1 6873	"	1·6873
7	q	-50	$\bar{5}01$	90 00	72 32	$\bar{7}2$ 32	"	$\bar{7}2$ 32	"	$\bar{3}·1771·$	"	3·1771·
8	s	$+\frac{5}{2}$	552	31 22	72 51·	59 21	70 08	29 49·	54 40·	1·6873	2·7677	3·2415
9	o	$+1$	111	32 50	52 48	35 32·	47 54·	25 35·	42 01	0·7144·	1·1071	1·3176
10	u	$+\frac{3}{5}$	335	34 24·	38 50·	24 28	33 36	20 45·	31 09·	0·4550	0·6642·	0·8051
11	v	$-\frac{3}{4}$	$\bar{3}34$	$\bar{2}6$ 52	42 57	$\bar{2}2$ 49	39 42	$\bar{1}7$ 56	37 26	$\bar{0}·4206$	0·8303	0·9308
12	t	-5	$\bar{5}51$	$\bar{2}9$ 51	81 06	$\bar{7}2$ 32	79 45·	$\bar{2}9$ 27·	58 58	$\bar{3}·1771·$	5·5355	6·3825

Euklas.

Monoklin.

a = 0·3237	lg a = 951014	lg a_0= 998744	lg p_0 =001256	a_0=0·9715	p_0= 1·0293
c = 0·3332	lg c = 952270	lg b_0= 047730	lg q_0 =951569	b_0=3·0012	q_0=0·3279
$\left.\begin{matrix}\mu =\\180-\beta\end{matrix}\right\}$79°44	$\left.\begin{matrix}\text{lg h}=\\\text{lg sin }\mu\end{matrix}\right\}$999299	$\left.\begin{matrix}\text{lg e}=\\\text{lg cos }\mu\end{matrix}\right\}$925098	lg $\frac{p_0}{q_0}$ =049687	h =0·9840	e =0·1782

No.	Buch-staben	Symb.	Miller	φ	ϱ	ξ_0	η_0	ξ	η	x' (Prismen) (x : y)	y'	d' ==tg ϱ
1	t	0	001	90°00	10°16	10°16	0°00	10°16	0°00	0·1811	0	0·1811
2	T	0∞	010	0 00	90 00	0 00	90 00	0 00	90 00	0	∞	∞
3	M	$\infty 0$	100	90 00	,,	90 00	0 00	90 00	0 00	∞	0	,,
4	ϑ	20∞	20·1·0	89 05	,,	,,	90 00	89 05	0 55	62·7914	∞	,,
5	η	16∞	16·1·0	88 51·	,,	,,	,,	88 51·	1 08·	50·2333	,,	,,
6	ζ	9∞	910	87 58·	,,	,,	,,	87 58·	2 01·	28·2560	,,	,,
7	ε	4∞	410	85 27	,,	,,	,,	85 27	4 33	12·8508	,,	,,
8	δ	$\frac{3}{2}\infty$	320	78 01	,,	,,	,,	78 01	11 59	4·7093	,,	,,
9	h	$\frac{6}{5}\infty$	650	75 08	,,	,,	,,	75 08	14 52	3·7674	,,	,,
10	N	∞	110	72 20	,,	,,	,,	72 20	17 40	3·1395·	,,	,,
11	Q	$\infty\frac{10}{9}$	9·10·0	70 30·	,,	,,	,,	70 30·	19 29·	2·8256	,,	,,
12	γ	$\infty\frac{7}{6}$	670	69 37	,,	,,	,,	69 37	20 23	2·6910·	,,	,,
13	l	$\infty\frac{4}{3}$	340	66 59·	,,	,,	,,	66 59·	23 00·	2·3546·	,,	,,
14	β	$\infty\frac{3}{2}$	230	64 28	,,	,,	,,	64 28	25 32	2·0930	,,	,,
15	a	$\infty\frac{9}{5}$	590	60 10·	,,	,,	,,	60 10·	29 49·	1·7442	,,	,,
16	s	$\infty 2$	120	57 30	,,	,,	,,	57 30	32 30	1·5697·	,,	,,
17	L	$\infty 3$	130	45 54·	,,	,,	,,	45 54·	44 05·	1·0465	,,	,,
18	n	01	011	28 32	20 46	10 16	18 26	9 45	18 09	0·1811	0·3332	0·3792
19	O	$0\frac{11}{6}$	0·11·6	16 31	32 30	,,	31 25	8 47	31 01	,,	0·6109	0·6371
20	o	02	021	15 12·	34 38	,,	33 41	8 34·	33 15	,,	0·6664	0·6906
21	F	$0\frac{11}{4}$	0·11·4	11 11	43 03	,,	42 30	7 36·	42 02	,,	0·9163	0·9340
22	q	03	031	10 16	45 27	,,	44 59·	7 18	44 31·	,,	0·9996	1·0158
23	R	04	041	7 44·	53 22	,,	53 07	6 12	52 40·	,,	1·3328	1·3451
24	H	06	061	5 10·	63 31	,,	63 25·	4 37	63 03·	,,	1·9992	2·0073
25	P	−10	$\overline{1}01$	90 00	40 51·	$\overline{4}0$ 51·	0 00	$\overline{4}0$ 51·	•0 00	$\overline{0}$·8649·	0	0·8649·
26	g	$-\frac{1}{2}0$	$\overline{1}02$	,,	18 52·	$\overline{1}8$ 52·	,,	$\overline{1}8$ 52·	,,	$\overline{0}$·3418·	,,	0·3418·
27	z	$-\frac{1}{4}0$	$\overline{1}04$	,,	4 36	$\overline{4}$ 36	,,	$\overline{4}$ 36	,,	$\overline{0}$·0804	,,	0·0804
28	σ	$+\frac{1}{5}1$	155	49 30·	27 10	21 19	18 26	20 19	17 15	0·3902	0·3332	0·5131
29	r	+1	111	74 48·	51 49	50 49·	,,	49 20·	11 53	1·2272	,,	1·2716
30	μ	−21	$\overline{2}11$	80 06·	62 44	$\overline{6}2$ 22·	,,	$\overline{6}1$ 07	8 47	$\overline{1}$·9110	,,	1·9398
31	d	−1	$\overline{1}11$	$\overline{6}8$ 56	42 49·	$\overline{4}0$ 51·	,,	$\overline{3}9$ 22·	14 08·	$\overline{0}$·8649	,,	0·9269
32	λ	+15	151	36 23	64 12	50 49·	59 01	32 17	46 27	1·2272	1·6653	2·0686

No.	Buch-staben	Symb.	Miller	φ	ϱ	ξ_0	η_0	ξ	η	x' (Prismen) $(x:y)$	y'	d' $=\mathrm{tg}\,\varrho$
33	i	+14	141	42°38	61°06	50°49	53°07	36°22	40°06	1·2272	1·3328	1·8117
34	u	+12	121	61 30	54 23·	"	33 41	45 36	22 50	"	0·6664	1·3964
35	v	+1⅔	323	79 44·	51 16·	"	12 31·	50 09	7 59	"	0·2221	1·2471
36	Θ	−12	121	52 23·	47 31	40 51·	33 41	35 45	26 45	0·8649	0·6664	1·0919
37	f	−13	131	40 52	52 53·	"	44 59·	31 27·	37 05·	"	0·9996	1·3218
38	U	+3/2	332	74 04	61 13	60 15·	26 33·	57 26	13 55·	1·7502	0·4998	1·8201
39	ϰ	−2	221	70 46·	63 42·	62 22·	33 41	57 50	17 10	1·9110	0·6664	2·0238
40	a	−½	112	64 01·	20 49·	18 52·	9 27·	18 38·	8 57·	0·3419	0·1666	0·3804
41	b	−½2	142	27 10	36 50	"	33 41	15 53	32 14	"	0·6664	0·6675
42	c	−½ 5/2	152	22 19	42 00	"	39 47·	14 43	38 15	"	0·8330	0·9004
43	D	−½ 3	162	18 53	46 34·	"	44 59·	13 36	43 24	"	0·9996	1·0564
44	k	−½ 13/4	2·13·4	17 31·	48 38	"	47 17	13 03·	45 42	"	1·0829	1·1355
45	x	−½ 4	182	14 23·	53 59·	"	53 07	11 36	51 35	"	1·3328	1·3760
46	A	+¼ ½	124	69 22·	25 18·	23 52·	9 27·	23 35	8 40	0·4426	0·1666	0·4729
47	e	−23	231	62 23	65 07·	62 22·	44 59·	53 30	24 52	1·9110	0·9996	2·1566
48	w	−⅓ 7/3	173	12 10	38 30	9 31	37 52	7 32	37 29	0·1676	0·7775	0·7953
49	Ξ	−12·3	12·3·1	85 22·	85 23	85 22·	44 59·	83 28·	4 37	12·351	0·9996	12·391
50	y	−6·10	6·10·1	61 18	81 48	80 40	73 17·	60 14·	28 23	6·0850	3·3320	6·9377
51	Ψ	−1/7 9/7	197	4 14·	23 15	1 49	23 11·	1 40·	23 11	0·0318	0·4284	0·4296
52	p	−2/5 13/5	2·13·5	15 19	41 56	13 21	40 54	10 10	40 07·	0·2373	0·8663	0·8982
53	m	−5/3 3	5·9·3	57 23	61 40	57 23	44 59·	47 51	28 19	1·5623	0·9996	1·8547

Eulytin.

Regulär.   Tetraedrisch-hemiedrisch.

No.	Buch-staben	Symb.	Miller	φ	ϱ	ξ_0	η_0	ξ	η	x (Prismen) $(x:y)$	y	d $=\mathrm{tg}\,\varrho$
1	c	0 0∞	001 010	— 0°00	0°00 90 00	0°00 "	0°00 90 00	0°00 "	0°00 90 00	0 "	0 ∞	0 ∞
2	d	01 ∞	011 110	" 45 00	45 00 90 00	" 90 00	45 00 90 00	" 45 00	45 00 "	" 1·0000	1·0000 ∞	1·0000 ∞
3	l	+⅕ +15	115 151	" 11 18·	15 47· 78 54	11 18· 45 00	11 18· 78 41·	11 06 "	11 06 74 12·	0·2000 1·0000	0·2000 5·0000	0·2828 5·0989
4	qq·	±½ ±12	112 121	45 00 26 34	35 16 65 54·	26 34 45 00	26 34 63 26	24 05· "	24 05· 54 44	0·5000 1·0000	0·5000 2·0000	0·7071 2·2360
5	p	1	111	45 00	54 44	"	45 00	35 16	35 16	"	1·0000	1·4142

Euxenit.

Rhombisch.

a = 0·364	lg a = 956110	lg a₀ = 007966	lg p₀ = 992034	a₀ = 1·2013	p₀ = 0·8324
c = 0·303	lg c = 948144	lg b₀ = 051856	lg q₀ = 948144	b₀ = 3·3003	q₀ = 0·3030

No.	Buchstaben	Symb.	Miller	φ	ϱ	ξ_0	η_0	ξ	η	x (Prismen) (x : y)	y	d =tgϱ
1	b	o∞	010	0°00	90°00	0°00	90°00	0°00	90°00	0	∞	∞
2	c	∞·0	100	90 00	"	90 00	0 00	90 00	0 00	∞	0	"
3	m	∞	110	70 00	"	"	90 00	70 00	20 00	2·7472·	∞	"
4	d	20	201	90 00	59 00·	59 00·	0 00	59 00·	0 00	1·6648	0	1·6648
5	p	1	111	70 00	41 32	39 46·	16 51·	38 32·	13 06·	0·8324	0·3030	0·8859

Fahlerz.

Regulär. Tetraedrisch-hemiedrisch.

No.	Buchstaben	Symb.	Miller	φ	ϱ	ξ_0	η_0	ξ	η	x (Prismen) (x : y)	y	d =tgϱ
1	c	0	001	—	0°00	0°00	0°00	0°00	0°00	0	0	0
		0∞	010	0°00	90 00	"	90 00	"	90 00	"	∞	∞
2	a	$0\frac{1}{3}$	013	"	18 26	"	18 26	"	18 26	"	0·3333	0·3333
		03	031	"	71 34	"	71 34	"	71 34	"	3·0000	3·0000
		∞3	130	18 26	90 00	90 00	90 00	18 26	"	0·3333	∞	∞
3	e	$0\frac{1}{2}$	012	0 00	26 34	0 00	26 34	0 00	26 34	0	0·5000	0·5000
		02	021	"	63 26	"	63 26	"	63 26	"	2·0000	2·0000
		∞2	120	26 34	90 00	90 00	90 00	26 34	"	0·5000	∞	∞
4	d	01	011	0 00	45 00	0 00	45 00	0 00	45 00	0	1·0000	1·0000
		∞	110	45 00	90 00	90 00	90 00	45 00	"	1·0000	∞	∞
5	r·	$-\frac{1}{6}$	116	"	13 15·	9 27·	9 27·	9 20	9 20	0·1667	0·1667	0·2357
		−16	161	9 27·	80 40	45 00	80 32	"	76 44	1·0000	6·0000	6·0827
6	k k·	$\pm\frac{1}{4}$	114	45 00	19 28	14 02	14 02	13 38	13 38	0·2500	0·2500	0·3535
		±14	141	14 02	76 22	45 00	75 58	"	70 32	1·0000	4·0000	4·1231
7	m	$+\frac{1}{3}$	113	45 00	25 14·	18 26	18 26	17 33	17 33	0·3333	0·3333	0·4714
		+13	131	18 26	72 27	45 00	71 34	"	64 45·	1·0000	3·0000	3·1623
8	q q·	$\pm\frac{1}{2}$	112	45 00	35 16	26 34	26 34	24 05·	24 05·	0·5000	0·5000	0·7071
		±12	121	26 34	65 54·	45 00	63 26	"	54 44	1·0000	2·0000	2·2360
9	A	$+\frac{5}{9}$	559	45 00	38 09·	29 03·	29 03·	25 54	25 54	0·5556	0·5556	0·7857
		$+1\frac{9}{5}$	595	29 03·	64 06	45 00	60 56·	"	51 50·	1·0000	1·8000	2·0591
10	n	$+\frac{2}{3}$	223	45 00	43 19	33 41·	33 41·	29 01	29 01	0·6667	0·6667	0·9428
		$+1\frac{3}{2}$	232	33 41·	60 59	45 00	56 18·	"	46 41	1·0000	1·5000	1·8028
11	p p·	±1	111	45 00	54 44	"	45 00	35 16	35 16	"	1·0000	1·4142

No.	Buch-staben	Symb.	Miller	φ	ϱ	ξ₀	η₀	ξ	η	x (Prismen) (x : y)	y	d =tgϱ
12	B	$+\frac{4}{7}1$	477	29°44'	49°02	29°48'	45°00	22°00	40°58	0·5714	1·0000	1·1517
		$+\frac{7}{4}$	774	45 00	68 00	60 15'	60 15'	40 58	"	1·7500	1·7500	2·4748
13	u	$+\frac{1}{2}1$	122	26 34	48 11'	26 34	45 00	19 28	41 48'	0·5000	1·0000	1·1180
		$+2$	221	45 00	70 31'	63 26	63 26	41 48'	"	2·0000	2·0000	2·8284
14	ww·	$\pm\frac{2}{3}1$	233	33 41'	50 14'	33 41'	45 00	25 14'	39 45'	0·6667	1·0000	1 2019
		$\pm\frac{3}{2}$	332	45 00	64 45'	56 18'	56 18'	39 45'	"	1·5000	1·5000	2·1213
15	xx·	$\pm\frac{1}{3}\frac{2}{3}$	123	26 34	36 42	18 26	33 41'	15 30	32 18'	0·3333	0·6667	0·7453
		$\pm\frac{1}{2}\frac{3}{2}$	132	18 26	57 41'	26 34	56 18'	"	53 18	0·5000	1·5000	1·5811
		±23	231	33 41'	74 30	63 26	71 34	32 18'	"	2·0000	3·0000	3·6055
16	ω	$+\frac{1}{4}\frac{3}{4}$	134	18 26	38 19'	14 02	36 52	11 18'	36 02'	0·2500	0·7500	0·7906
		$+\frac{1}{3}\frac{4}{3}$	143	14 02	53 57'	18 26	53 08	"	51 40'	0·3333	1·3333	1·3743
		$+34$	341	36 52	78 41'	71 34	75 58	36 02'	"	3·0000	4·0000	5·0000
17	Γ·	$-\frac{1}{5}\frac{2}{5}$	125	26 34	24 05'	11 18'	21 48	10 31'	21 25	0·2000	0·4000	0·4472
		$-\frac{1}{2}\frac{5}{2}$	152	11 18'	68 35	26 34	68 12	"	65 54'	0·5000	2·5000	2·5495
		-25	251	21 48	79 29	63 26	78 41'	21 25	"	2·0000	5·0000	5·3851
18	Θ·	$-\frac{1}{6}\frac{1}{2}$	136	18 26	27 47'	9 27'	26 34	8 28'	26 15	0·1667	0·5000	0·5271
		$-\frac{1}{3}2$	163	9 27'	63 45	18 26	63 26	"	62 12'	0·3333	2·0000	2·0276
		-36	361	26 34	81 31'	71 34	80 32	26 15	"	3·0000	6·0000	6·7081
19	Δ·	$-\frac{5}{12}\frac{7}{12}$	5·7·12	35 32'	35 38	22 37	30 15'	19 47'	28 18	0·4167	0·5833	0·7169
		$-\frac{5}{7}\frac{12}{7}$	5·12·7	22 37	61 42	35 32	59 44'	"	54 22	0·7143	1·7143	1·8571
		$-\frac{7}{5}\frac{12}{5}$	7·12·5	30 15'	70 12'	54 27'	67 23	28 18	"	1·4000	2·4000	2·7785

Fairfieldit.

Triklin.

$p_0 = 0·7079$	$\lambda = 78°33$	$a = 0·2797$	$\alpha = 102°09$	$x_0 = 0·0779$	$d = 0·2132$
$q_0 = 0·2019$	$\mu = 88°00$	$b = 1$	$\beta = 94°33$	$y_0 = 0·1985$	$\delta = 21°25$
$r_0 = 1$	$\nu = 102°00$	$c = 0·1976$	$\gamma = 77°20$	$h = 0·9770$	

No.	Buch-staben	Symb.	Miller	φ	ϱ	ξ₀	η₀	ξ	η	x' (Prismen) (x : y)	y'	d' =tgϱ
1	c	0	001	21°25'	12°18'	4°33'	11°29	4°28	11°27	0·0797	0·2032	0·2183
2	b	0∞	010	0 00	90 00	0 00	90 00	0 00	90 00	0	∞	∞
3	a	∞0	100	102 00	"	90 00	"	78 00	12 00	$\bar{4}$·7047	"	"
4	o	∞2	120	69 40	"	"	"	69 40	20 20	2·6978	"	"
5	n	∞$\frac{3}{2}$	230	77 33'	"	"	"	77 33'	12 26'	4·4280	"	"
6	m	∞	110	85 29	"	"	"	85 29	4 31	12·658	"	"

No.	Buchstaben	Symb.	Miller	φ	ϱ	ξ_0	η_0	ξ	η	x′ (Prismen) (x : y)	y′	d′ =tgϱ
7	g	$\frac{3}{2}\infty$	320	90° 13	90° 00	90° 00	90° 00	89° 47	$\bar{0}$° 13	$\bar{2}$66·31	∞	∞
8	μ	$\infty\bar{\infty}$	1$\bar{1}$0	116 45·	”	”	90 00	63 14·	$\bar{2}$6 45·	$\bar{1}$·9834	”	”
9	p	1	111	71 48	39 41·	38 15	14 31·	37 21	11 30	0·7884	0·2591	0·8299
10	q	$\frac{1}{2}$	112	62 31	26 36	23 57·	13 01	23 24·	11 55·	0·4547	0·2311	0·5008
11	r	$\frac{1}{3}$	113	54 56	21 06·	17 32	12 30·	17 08·	11 56·	0·3160	0·2218	0·3860
12	s	14	141	134 28·	47 51	38 15	$\bar{3}$7 44·	31 56·	$\bar{3}$1 17·	0·7884	$\bar{0}$·7741	1·1049

Faujasit.

Regulär.

No.	Buchstaben	Symb.	Miller	φ	ϱ	ξ_0	η_0	ξ	η	x (Prismen) (x : y)	y	d =tgϱ
1	c	$\begin{cases} 0 \\ 0\infty \end{cases}$	001 / 010	— / 0° 00	0° 00 / 90 00	0° 00 / ”	0° 00 / 90 00	0° 00 / ”	0° 00 / 90 00	0 / ”	0 / ∞	0 / ∞
2	p	1	111	45 00	54 44	45 00	45 00	35 16	35 16	1·0000	1·0000	1·4142

Feldspath-Gruppe

Albit.[1]

Triklin.[1]

Elemente nach Schuster.

$p_0 = 0·9099$	$\lambda = 86°20$	$a = 0·6187$	$\alpha = 93°42$	$x_0 = 0·4500$	$d = 0·4545$
$q_0 = 0·5035$	$\mu = 63°12$	$b = 1$	$\beta = 116°48$	$y_0 = 0·0639$	$\delta = 81°55$
$r_0 = 1$	$\nu = 89°11$	$c = 0·5641$	$\gamma = 89°04$	$h = 0·8907$	

No.	Buchstaben	Symb.	Miller	φ	ϱ	ξ_0	η_0	ξ	η	x′ (Prismen) (x : y)	y′	d′ =lgϱ
1	P	0	001	81° 55	27° 02	26° 48	4° 06	26° 44·	3° 40	0·5052	0·0717	0·5103
2	M	0∞	010	0 00	90 00	0 00	90 00	0 00	90 00	0	∞	∞
3	ζ	∞5	150	19 46·	”	90 00	”	19 46·	70 13·	0·3595	”	”
4	f	∞3	130	30 51	”	”	”	30 51	59 09	0·5972	”	”
5	μ	$\infty\frac{5}{4}$	450	54 46·	”	”	”	54 46·	35 13·	1·4163	”	”
6	T	∞	110	60 25	”	”	”	60 25	29 35	1·7615	”	”
7	l	$\infty\bar{\infty}$	1$\bar{1}$0	118 20	”	”	”	61 40	$\bar{2}$8 20	$\bar{1}$·8549	”	”
8	ν	$\infty\bar{\frac{5}{4}}$	4$\bar{5}$0	124 07	”	”	”	55 53	$\bar{3}$4 07	$\bar{1}$·4760	”	”

[1] Albit Winkeltabelle mit Brezinas Elementen siehe folgende Seite. Vgl. Bemerkungen.

No.	Buch-staben	Symb.	Miller	φ	ϱ	ξ_0	η_0	ξ	η	x' (Prismen) (x : y)	y'	d' =tgϱ
9	z	$\infty\bar{3}$	$1\bar{3}0$	148°43	90°00	90°00	90°00	31 17	$\bar{5}8$ 43	$\bar{0}$·6076	∞	∞
10	e	02	021	22 47·	52 31	26 48	50 15	17 54	47 01	0·5052	1·2023	1·3041
11	n	$0\bar{2}$	$0\bar{2}1$	154 29·	49 33·	„	46 38	19 08	$\bar{4}3$ 23	„	$\bar{1}$·0588	1·1732
12	ε	$\frac{4}{3}0$	403	87 12	61 51·	61 49·	5 12·	61 44	2 28	1·8671	0·0912	1·8694
13	x	$\bar{1}0$	$\bar{1}01$	83 41	27 26·	$\bar{2}7$ 18	3 16	$\bar{2}7$ 16	2 54·	$\bar{0}$·5162	0·0571	0·5194
14	r	$\frac{\bar{4}}{3}0$	$\bar{4}03$	86 30·	40 38·	$\bar{4}0$ 35	2 59·	$\bar{4}0$ 33	2 16·	$\bar{0}$·8567	0·0523	0·8582
15	y	$\bar{2}0$	$\bar{2}01$	88 25	56 58·	$\bar{5}6$ 57·	2 26	$\bar{5}6$ 56	1 19·	$\bar{1}$·5377	0·0425	1·5382
16	ψ	$\frac{5}{2}\frac{\bar{5}}{2}$	$5\bar{5}2$	113 06	73 16	71 54	$\bar{5}2$ 32	61 44·	$\bar{2}2$ 04·	3·0588	$\bar{1}$·3049	3·3255
17	γ	$\frac{1}{2}\frac{\bar{1}}{2}$	$\bar{1}12$	$\bar{0}$ 54·	19 08·	$\bar{0}$ 19	19 08·	$\bar{0}$ 18	19 08·	$\bar{0}$·0055	0·3471	0·3471
18	p	$\bar{1}1$	$\bar{1}11$	$\bar{3}9$ 40·	38 57·	$\bar{2}7$ 18	31 54	$\bar{2}3$ 40	28 56·	$\bar{0}$·5162	0·6224	0·8086
19	$\varDelta$	$\frac{\bar{4}}{3}\frac{4}{3}$	$\bar{4}43$	$\bar{4}6$ 45	49 38	$\bar{4}0$ 35	38 52	$\bar{3}3$ 42·	31 28	$\bar{0}$·8567	0·8060	1·1763
20	g	$\bar{2}2$	$\bar{2}21$	$\bar{5}2$ 39·	62 39·	$\bar{5}6$ 57·	49 33·	$\bar{4}4$ 55·	32 36	$\bar{1}$·5377	1.1731	1·9340
21	δ	$\frac{\bar{1}}{2}\bar{1}$	$\bar{1}\bar{1}2$	$\bar{1}78$ 33·	12 19	$\bar{0}$ 19	$\bar{1}2$ 18·	$\bar{0}$ 18·	$\bar{1}2$ 18·	$\bar{0}$·0055	$\bar{0}$·2182	0·2183
22	o	$\frac{\bar{1}}{\bar{1}}$	$\bar{1}\bar{1}1$	$\bar{1}34$ 33	35 55	$\bar{2}7$ 18	$\bar{2}6$ 56	$\bar{2}4$ 43	$\bar{2}4$ 18	$\bar{0}$·5162	$\bar{0}$·5081	0·7243
23	π	$\frac{6}{5}$	$\bar{6}\bar{6}5$	$\bar{1}30$ 54	43 37·	$\bar{3}5$ 46·	31 58	$\bar{3}1$ 26	$\bar{2}6$ 51·	$\bar{0}$·7205	$\bar{0}$·6241	0·9532
24	σ	$\frac{\bar{4}}{3}\frac{3}{2}$	$\bar{4}43$	$\bar{1}29$ 18·	47 54·	$\bar{4}0$ 35	$\bar{3}5$ 02·	$\bar{3}5$ 03	$\bar{2}8$ 02·	$\bar{0}$·8567	$\bar{0}$·7013	1·1072
25	λ	$\frac{\bar{3}}{2}\frac{3}{2}$	$\bar{3}\bar{3}2$	$\bar{1}27$ 51	52 26·	$\bar{4}5$ 45·	$\bar{3}8$ 35·	$\bar{3}8$ 45	$\bar{2}9$ 06·	$\bar{1}$·0269	$\bar{0}$·7981	1·3006
26	u	$\bar{2}2$	$\bar{2}\bar{2}1$	$\bar{1}25$ 17	62 02	$\bar{5}6$ 58	47 25	46 08	30 40·	$\bar{1}$·5377	$\bar{1}$·0880	1·8836
27	τ	$\frac{\bar{1}}{2}\frac{\bar{3}}{2}$	$\bar{1}32$	$\bar{1}79$ 36	38 04·	$\bar{0}$ 19	$\bar{3}8$ 04·	$\bar{0}$ 15	$\bar{3}8$ 04·	$\bar{0}$·0055	$\bar{0}$·7835	0·7835

Feldspath-Gruppe
Albit. [1]

Triklin.

Elemente nach Brezina.

$p_0 = 0·8750$	$\lambda = 86°19$	$a = 0·6366$	$\alpha = 94°15$	$x_0 = 0·4497$	$d = 0·4543$
$q_0 = 0·4987$	$\mu = 63°18$	$b = 1$	$\beta = 116°47$	$y_0 = 0·0643$	$\delta = 81°52$
$r_0 = 1$	$\nu = 90°15$	$c = 0·5582$	$\gamma = 87°52$	$h = 0·8909$	

No.	Buch-staben	Symb.	Miller	φ	ϱ	ξ_0	η_0	ξ	η	x' (Prismen) (x : y)	y'	d' =tgϱ
1	P	0	001	81°51·	27°01	26°47	4°07·	26°43·	3°40	0·5048	0·0722	0·5099
2	M	0∞	010	0 00	90 00	0 00	90 00	0 00	90 00	0	∞	∞
3	ζ	$\infty5$	150	19 22	„	90 00	„	19 22	70 38	0·3515	„	„
4	f	$\infty3$	130	30 23	„	„	„	30 23	59 37	0·5862	„	„
5	μ	$\infty\frac{5}{4}$	450	54 42·	„	„	„	54 42·	35 17·	1·4123	„	„
6	T	∞	110	60 30·	„	„	„	60 30·	29 29·	1·7681	„	„
7	l	$\infty\bar{\infty}$	$1\bar{1}0$	119 52	„	„	„	60 08	$\bar{2}9$ 52	$\bar{1}$·7413	„	„
8	ν	$\infty\frac{\bar{5}}{4}$	$4\bar{5}0$	125 38	„	„	„	54 22	$\bar{3}5$ 38	$\bar{1}$·3951	„	„
9	z	$\infty\bar{3}$	$1\bar{3}0$	149 44·	„	„	„	30 15·	$\bar{5}9$ 44·	$\bar{0}$·5834	„	„

1) Albit Winkeltabelle mit Schusters Elementen siehe vorhergehende Seite. Vgl. Bemerkungen.

No.	Buchstaben	Symb.	Miller	φ	ϱ	ξ_0	η_0	ξ	η	x' (Prismen) ($x:y$)	y'	$d' = \mathrm{tg}\,\varrho$
10	e	02	021	22° 57·	52° 18·	26° 47	50° 00	17° 58·	46° 46·	0·5048	1·1917	1·2942
11	n	$0\bar2$	$0\bar21$	154 16	49 18	"	46 19	19 13	$\bar43$ 04·	"	$\bar1$·0474	1·1627
12	ε	$\frac{4}{3}0$	403	87 54	61 09·	61 08·	3 48	61 05	1 50	1·8144	0·0664	1·8154
13	x	$\bar10$	$\bar101$	80 54	64 12	$\bar25$ 31	4 22·	$\bar25$ 27·	3 57	$\bar0$·4774	0·0764	0·4835
14	r	$\frac{4}{3}0$	403	84 28·	38 57·	38 49·	4 27	38 44·	3 28·	$\bar0$·8048	0·0779	0·8086
15	y	$\bar20$	$\bar201$	86 50	55 37·	$\bar55$ 35	4 37	$\bar55$ 30	2 36·	1·4595	0·0807	1·4618
16	ψ	$\frac{5}{2}\frac{\bar5}{2}$	$5\bar52$	114 19·	72 53·	71 20	$\bar53$ 13·	60 33·	$\bar23$ 11	2·9602	$\bar1$·3380	3·2485
17	γ	$\frac{\bar1}{2}\frac{1}{2}$	$\bar112$	2 13	19 31	0 47	19 30	0 44·	19 30	0·0137	0·3542	0·3545
18	p	$\bar11$	$\bar111$	$\bar36$ 53	38 30	$\bar25$ 31	32 28	$\bar21$ 56·	29 51·	$\bar0$·4774	0·6217	0·7954
19	Δ	$\frac{\bar4}{3}\frac{4}{3}$	$\bar443$	$\bar44$ 19	49 02·	$\bar38$ 49·	39 30	31 50·	32 42	$\bar0$·8048	0·8242	1·1520
20	g	$\bar22$	$\bar221$	$\bar50$ 34	62 07	$\bar55$ 35	50 12	43 03	34 09	1·4595	1·2003	1·8897
21	δ	$\frac{\bar1}{2}$	$\bar1\bar12$	176 11·	11 38·	0 47	11 37	0 46	$\bar1\bar1$ 37	0·0137	$\bar0$·2055	2·0604
22	o	1	$\bar1\bar11$	$\bar135$ 21	34 11·	$\bar25$ 31	$\bar25$ 48	$\bar23$ 15·	$\bar23$ 34	$\bar0$·4774	$\bar0$·4833	0·6793
23	π	$\frac{6}{5}\frac{\bar6}{5}$	$\bar6\bar65$	$\bar131$ 25	41 56·	33 58·	30 44	30 05	$\bar26$ 14·	$\bar0$·6739	$\bar0$·5945	0·8987
24	σ	$\frac{4}{3}\frac{\bar4}{3}$	$4\bar43$	$\bar129$ 42·	46 17·	$\bar38$ 49·	33 45·	33 47	27 30·	$\bar0$·8048	$\bar0$·6684	1·0462
25	λ	$\frac{\bar3}{2}$	$\bar3\bar32$	$\bar128$ 10	50 55·	$\bar44$ 05	$\bar37$ 16·	37 37	28 40	$\bar0$·9685	$\bar0$·7611	1·2317
26	u	$\bar22$	$\bar2\bar21$	$\bar125$ 26·	60 50	$\bar55$ 35	46 05·	45 21	30 25	1·4595	$\bar1$·0389	1·7915
27	τ	$\frac{\bar1}{2}\frac{\bar3}{2}$	$\bar132$	178 58·	37 26	0 47	$\bar37$ 26	0 37·	37 25·	0·0137	$\bar0$·7654	0·7655

Feldspath-Gruppe
Anorthit.

Triklin.

$p_0 = 0·8655$	$\lambda = 85° 50$	$a = 0·6347$	$\alpha = 93° 13$	$x_0 = 0·4362$	$d = 0·4422$
$q_0 = 0·4948$	$\mu = 63° 56$	$b = 1$	$\beta = 115° 56$	$y_0 = 0·0726$	$\delta = 80° 33$
$r_0 = 1$	$\gamma = 87° 06$	$c = 0·5501$	$\gamma = 91° 12$	$h = 0·8969$	

No.	Buchstaben	Symb.	Miller	φ	ϱ	ξ_0	η_0	ξ	η	x' (Prismen) ($x:y$)	y'	$d' = \mathrm{tg}\,\varrho$
1	P	0	001	80 33	26 14·	25 56	4 37	25 52	4 10	0·4863	0·0809	0·4930
2	M	0∞	010	0 00	90 00	0 00	90 00	0 00	90 00	0	∞	∞
3	h	∞0	100	87 06	"	90 00	"	87 06	2 54	19·740	"	"
4	l	∞	110	58 04	"	"	"	58 04	31 56	1·6046	"	"
5	φ	∞2	120	39 54·	"	"	"	39 54·	50 05·	0·8364	"	"
6	f	∞3	130	29 29·	"	"	"	29 29·	60 30·	0·5656	"	"
7	T	∞$\bar\infty$	$1\bar10$	117 33	"	"	90 00	62 27	$\bar27$ 33	$\bar1$·9171	"	"
8	ζ	∞$\bar2$	$1\bar20$	137 34	"	"	"	42 26	$\bar47$ 34	$\bar0$·9141	"	"
9	z	∞$\bar3$	$1\bar30$	149 02	"	"	"	30 58	$\bar59$ 02	$\bar0$·6001	"	"

Feldspath-Gruppe: Anorthit.

No.	Buch-staben	Symb.	Miller	φ	ϱ	ξ_0	η_0	ξ	η	x' (Prismen) (x:y)	y'	d' $=tg\varrho$
10	A	08	081	6°09'	77°33	25°56	77°29	6°01	76°08	0·4863	4·5045	4·5305
11	r	06	061	8 09'	73 43'	"	73 34	7 50	71 50'	"	3·3911	3·4258
12	e	02	021	22 19'	52 00'	"	49 49'	17 25	46 48	"	1·1843	1·2803
13	Θ	0$\frac{2}{3}$	023	47 18	33 29'	"	24 10	23 55'	21 58'	"	0·4487	0·6618
14	γ	0$\frac{1}{3}$	013	61 26	28 58'	"	14 50	25 11	13 23'	"	0·2648	0·5538
15	B	0$\frac{\bar{1}}{3}$	0$\bar{1}$3	101 57	26 26	"	$\bar{5}$ 52'	25 49	$\bar{5}$ 17'	"	$\bar{0}$·1029	0·4971
16	k	0$\frac{\bar{2}}{3}$	0$\bar{2}$3	120 32	29 27	"	$\bar{1}$6 00'	25 03'	$\bar{1}$4 27	"	$\bar{0}$·2868	0·5647
17	n	0$\bar{2}$	0$\bar{2}$1	154 33'	48 33	"	$\bar{4}$5 38	18 50	$\bar{4}$2 36	"	$\bar{1}$·0224	1·1322
18	C	0$\bar{3}$	0$\bar{3}$1	162 50	58 44'	"	$\bar{5}$7 34'	14 37	$\bar{5}$4 45'	"	$\bar{1}$·5741	1·6475
19	ϑ	0$\bar{4}$	0$\bar{4}$1	167 07	65 22	"	$\bar{6}$4 48'	11 42	$\bar{6}$2 23	"	$\bar{2}$·1258	2·1806
20	c	0$\bar{6}$	0$\bar{6}$1	171 26	72 58'	"	$\bar{7}$2 47'	8 11	$\bar{7}$1 00	"	$\bar{3}$·2291	3·2656
21	t	20	201	85 46	67 33	67 30	10 07'	67 10'	3 54'	2·4139	0·1786	2·4205
22	D	$\frac{2}{7}$0	207	82 54	37 30'	37 18	5 25	37 10'	4 19	0·7617	0·0948	0·7676
23	q	$\frac{\bar{2}}{3}$0	$\bar{2}$03	$\bar{7}$2 47'	9 17	$\bar{8}$ 52'	2 46	$\bar{8}$ 52	2 44	$\bar{0}$·1562	0·0495	0·1635
24	E	$\frac{\bar{3}}{4}$0	$\bar{3}$04	$\bar{7}$9 22'	13 31'	$\bar{1}$3 18'	2 32'	$\bar{1}$3 17'	2 28'	$\bar{0}$·2364	0·0443	0·2406
25	x	$\bar{1}$0	$\bar{1}$01	$\bar{8}$6 09	25 34'	$\bar{2}$5 31'	1 50'	$\bar{2}$5 30'	1 39'	$\bar{0}$·4774	0·0321	0·4785
26	y	$\bar{2}$0	$\bar{2}$01	89 20	55 15	$\bar{5}$5 14'	0 57'	$\bar{5}$5 14'	0 33	$\bar{1}$·4412	0·0167	1·4413
27	m	1	111	64 50	58 02	55 24'	34 16'	50 09'	21 09	1·4501	0·6814	1·6023
28	a	1$\bar{1}$	1$\bar{1}$1	106 13'	56 29'	"	$\bar{2}$2 52'	53 11	$\bar{1}$3 28	"	$\bar{0}$·4219	1·5102
29	ϱ	1$\bar{3}$	1$\bar{3}$1	136 27	64 35	"	$\bar{5}$6 45	38 29	$\bar{4}$0 53'	"	$\bar{1}$·5253	2·1046
30	p	$\bar{1}$1	$\bar{1}$11	$\bar{3}$9 16'	37 01'	$\bar{2}$5 31'	30 16'	$\bar{2}$2 24'	27 47	$\bar{0}$·4774	0·5838	0·7542
31	o	$\bar{1}$	$\bar{1}\bar{1}$1	$\bar{1}$37 25	35 12'	"	$\bar{2}$7 27'	$\bar{2}$2 57'	$\bar{2}$5 07	"	$\bar{0}$·5195	0·7056
32	π	$\bar{1}\bar{3}$	$\bar{1}\bar{3}$1	$\bar{1}$63 36'	59 24'	"	$\bar{5}$8 21'	$\bar{1}$4 03'	$\bar{5}$5 40'	"	$\bar{1}$·6229	1·6917
33	β	24	241	45 20'	73 35	67 30	67 15'	43 01'	42 23'	2·4139	2·3853	3·3936
34	b	2$\bar{4}$	2$\bar{4}$1	130 12	72 24	"	$\bar{6}$3 45	46 52	$\bar{3}$7 49	"	$\bar{2}$·0281	3·1528
35	w	$\bar{2}$4	$\bar{2}$41	$\bar{3}$3 21	69 07'	$\bar{5}$5 14'	65 27'	$\bar{3}$0 54'	51 18'	$\bar{1}$·4412	2·1901	2·6217
36	g	$\bar{2}$2	$\bar{2}$21	$\bar{5}$2 59	61 00'	"	47 22'	44 18	31 46'	"	1·0865	1·8049
37	u	$\bar{2}$	$\bar{2}\bar{2}$1	$\bar{1}$27 51'	61 17	"	$\bar{4}$8 14'	$\bar{4}$3 49'	$\bar{3}$2 33'	"	$\bar{1}$·1201	1·8253
38	v	$\bar{2}\bar{4}$	$\bar{2}\bar{4}$1	$\bar{1}$47 03	69 19'	"	$\bar{6}$5 17	$\bar{3}$0 35'	$\bar{5}$1 44	"	$\bar{2}$·2234	2·6497
39	μ	$\bar{4}$2	$\bar{4}$21	$\bar{7}$3 38'	74 06	$\bar{7}$3 28	44 41	$\bar{6}$7 20'	15 43	$\bar{3}$·3688	0·9889	3·5109
40	d	4$\bar{2}$	4$\bar{2}$1	$\bar{1}$09 52'	74 24	"	$\bar{5}$0 36'	$\bar{6}$4 56	$\bar{1}$9 07	"	$\bar{1}$·2178	3·5820
41	δ	$\frac{\bar{1}}{2}$	$\bar{1}$12	178 50	12 22'	0 15'	$\bar{1}$2 22	0 15	$\bar{1}$2 22	0·0044	$\bar{0}$·2193	0·2194
42	s	$\frac{\bar{4}}{3}\frac{2}{3}$	$\bar{4}\bar{2}$3	$\bar{6}$4 20'	41 32'	$\bar{3}$8 36'	20 59'	$\bar{3}$6 42'	16 41	$\bar{0}$·7986	0·3836	0·8860
43	i	$\frac{\bar{4}}{3}\frac{\bar{2}}{3}$	$\bar{4}\bar{2}$3	$\bar{1}$13 47	41 07	"	$\bar{1}$9 23'	36 59'	$\bar{1}$5 22'	"	$\bar{0}$·3520	0·8728

Feldspath-Gruppe
Hyalophan.

Monoklin.

$a = 0.6584$	$\lg a = 981849$	$\lg a_0 = 007718$	$\lg p_0 = 992282$	$a_0 = 1.1945$	$p_0 = 0.8372$
$c = 0.5512$	$\lg c = 974131$	$\lg b_0 = 025869$	$\lg q_0 = 969650$	$b_0 = 1.8142$	$q_0 = 0.4972$
$\left.\begin{array}{c}\mu = \\ 180-\beta\end{array}\right\} 64°25$	$\left.\begin{array}{c}\lg h = \\ \lg \sin\mu\end{array}\right\} 995519$	$\left.\begin{array}{c}\lg e = \\ \lg \cos\mu\end{array}\right\} 963531$	$\lg \dfrac{p_0}{q_0} = 022632$	$h = 0.9020$	$e = 0.4318$

No.	Buch-staben	Symb.	Miller	φ	ϱ	ξ_0	η_0	ξ	η	x' (Prismen) $(x:y)$	y'	$d' = \operatorname{tg}\varrho$
1	P	0	001	90°00	25°35	25°35	0°00	25°35	0°00	0.4787	0	0.4787
2	M	0∞	010	0 00	90 00	0 00	90 00	0 00	90 00	0	∞	∞
3	k	∞0	100	90 00	″	90 00	0 00	90 00	0 00	∞	0	″
4	T	∞	110	59 18	″	″	90 00	59 18	30 42	1.6839	∞	″
5	z	∞3	130	29 18·	″	″	″	29 18·	60 41·	0.5613	″	″
6	F	$-\frac{1}{2}0$	$\bar{1}02$	90 00	0 46·	0 46·	0 00	0 46·	0 00	0.0135	0	0.0135
7	x	-10	$\bar{1}01$	″	24 12	$\bar{2}4$ 12	″	$\bar{2}4$ 12	″	$\bar{0}.4494·$	″	0.4494·
8	ω	$-\frac{3}{2}0$	$\bar{3}02$	″	42 25	42 25	″	42 25	″	$\bar{0}.9135·$	″	0.9135·
9	o	-1	$\bar{1}11$	$\bar{3}9$ 11·	35 25·	$\bar{2}4$ 12	28 52	$\bar{2}1$ 29	26 41·	$\bar{0}.4494$	0.5512	0.7112
10	ψ	-14	$\bar{1}41$	$\bar{1}1$ 31·	66 02·	″	65 36	$\bar{1}0$ 31	63 33·	″	2.2048	2.2501

Feldspath-Gruppe
Orthoklas.

Monoklin.

$a = 0.6585$	$\lg a = 981856$	$\lg a_0 = 007395$	$\lg p_0 = 992605$	$a_0 = 1.1856$	$p_0 = 0.8434$
$c = 0.5554$	$\lg c = 974461$	$\lg b_0 = 025539$	$\lg q_0 = 969809$	$b_0 = 1.8005$	$q_0 = 0.4990$
$\left.\begin{array}{c}\mu = \\ 180-\beta\end{array}\right\} 63°57$	$\left.\begin{array}{c}\lg h = \\ \lg \sin\mu\end{array}\right\} 995348$	$\left.\begin{array}{c}\lg e = \\ \lg \cos\mu\end{array}\right\} 964262$	$\lg \dfrac{p_0}{q_0} = 022796$	$h = 0.8984$	$e = 0.4392$

No.	Buch-staben	Symb.	Miller	φ	ϱ	ξ_0	η_0	ξ	η	x' (Prismen) $(x:y)$	y'	$d' = \operatorname{tg}\varrho$
1	P	0	001	90°00	26°03	26°03	0°00	26°03	0°00	0.4888	0	0.4888
2	M	0∞	010	0 00	90 00	0 00	90 00	0 00	90 00	0	∞	∞
3	k	∞0	100	90 00	″	90 00	0 00	90 00	0 00	∞	0	″
4	ζ	2∞	210	73 31·	″	″	90 00	73 31·	16 28·	3.3884	∞	″
5	T	∞	110	59 23·	″	″	″	59 23·	30 36·	1.6902·	″	″

No.	Buch-staben	Symb.	Miller	φ	ϱ	ξ_0	η_0	ξ	η	x' (Prismen) (x : y)	y'	d' $=\operatorname{tg}\varrho$
6	L	$\infty 2$	120	40°12	90°00	90°00	90°00	40°12	49°48	0·8451·	∞	∞
7	z	$\infty 3$	130	29 24	"	"	"	29 24	60 36	0·5634·	"	"
8	p	$\infty 9$	190	10 38	"	"	"	10 38	79 22	0·1878	"	"
9	h	$0\frac{2}{3}$	023	52 51·	31 31	26 03	20 19	24 37·	18 24	0·4888	0·3703	0·6132
10	n	02	021	23 45	50 31	"	47 03	18 06·	44 56·	"	1·1108	1·2136
11	i	06	061	8 21	73 28	"	73 18	8 00	71 32	"	3·3324	3·3681
12	B	$+50$	501	90 00	79 06	79 06	0 00	79 06	0 00	5·1826	0	5·1826
13	t	$+20$	201	"	67 05·	67 05·	"	67 05·	"	2·3663·	"	2·3663·
14	q	$-\frac{2}{3}0$	$\bar{2}03$	90 00	7 48	$\bar{7}$ 48	"	$\bar{7}$ 48	"	$\bar{0}$·1370	"	0·1370
15	C	$-\frac{5}{6}0$	$\bar{5}06$	"	16 21	$\bar{1}6$ 21	"	$\bar{1}6$ 21	"	$\bar{0}$·2934	"	0·2934
16	x	-10	$\bar{1}01$	"	24 13·	$\bar{2}4$ 13·	"	$\bar{2}4$ 13·	"	$\bar{0}$·4499	"	0·4499
17	ϑ	$-\frac{9}{8}0$	$\bar{9}08$	"	29 34	$\bar{2}9$ 34	"	$\bar{2}9$ 34	"	$\bar{0}$·5672	"	0·5672
18	l	$-\frac{7}{6}0$	$\bar{7}06$	"	31 14	$\bar{3}1$ 14	"	$\bar{3}1$ 14	"	$\bar{0}$·6063	"	0·6063
19	Ω	$-\frac{5}{4}0$	$\bar{5}04$	"	34 23·	$\bar{3}4$ 23·	"	$\bar{3}4$ 23·	"	$\bar{0}$·6845	"	0·6845
20	r	$-\frac{4}{3}0$	$\bar{4}03$	"	37 20	$\bar{3}7$ 20	"	$\bar{3}7$ 20	"	$\bar{0}$·7627	"	0·7627
21	y	-20	$\bar{2}01$	"	54 14·	$\bar{5}4$ 14·	"	$\bar{5}4$ 14·	"	$\bar{1}$·3886	"	1·3886
22	H	-30	$\bar{3}01$	"	66 45	$\bar{6}6$ 45	"	$\bar{6}6$ 45	"	$\bar{2}$·3274	"	2·3274
23	m	$+1$	111	68 44·	56 52	54 59·	29 03	51 18	17 40·	1·4276	0·5554	1·5318
24	g	$-\frac{1}{2}$	$\bar{1}12$	4 01	15 33·	1 07	15 31	1 03·	15 31	0·0195	0·2777	0·2784
25	o	-1	$\bar{1}11$	$\bar{3}9$ 00·	35 33·	$\bar{2}4$ 13·	29 03	$\bar{2}1$ 28	26 52	$\bar{0}$·4499	0·5554	0·7148
26	σ	$-\frac{4}{3}$	$\bar{4}43$	$\bar{4}5$ 51	46 45	$\bar{3}7$ 20	36 31·	$\bar{3}1$ 30·	30 29·	$\bar{0}$·7628	0·7405·	1·0632
27	u	-2	$\bar{2}21$	$\bar{5}1$ 20·	60 39	$\bar{5}4$ 14·	48 00	42 54	32 59·	$\bar{1}$·3886	1·1108	1·7783
28	s	-13	$\bar{1}13$	$\bar{1}5$ 06·	59 55	$\bar{2}4$ 13·	59 02	$\bar{1}3$ 02	56 39	$\bar{0}$·4499	1·6662	1·7259
29	d	$+24$	241	46 48·	72 52·	67 05·	65 46	44 10	40 51	2·3664	2·2216	3·2458
30	v	-24	$\bar{2}41$	$\bar{3}2$ 00·	69 06·	$\bar{5}4$ 14·	"	$\bar{2}9$ 41	52 24	$\bar{1}$·3886	"	2·6199
31	e	-26	$\bar{2}61$	$\bar{2}2$ 37·	74 31	"	73 18	$\bar{2}1$ 45·	62 49	"	3·3324	3·6102
32	A	$-\frac{10}{9}\frac{1}{9}$	$\bar{1}0\cdot\bar{1}\cdot9$	83 39	29 09	$\bar{2}9$ 00	3 32	$\bar{2}8$ 57	3 05·	$\bar{0}$·5542	0·0617	0·5576
33	D	-98	981	$\bar{6}0$ 50	83 44·	$\bar{8}2$ 50·	77 19	$\bar{6}0$ 13·	28 59	$\bar{7}$·9600	4·4432	9·1162
34	?b	$-12\cdot10$	$12\cdot10\cdot1$	$\bar{6}2$ 45·	85 17·	$\bar{8}4$ 42	79 47·	$\bar{6}2$ 23	27 08·	$\bar{1}0$·7870	5·5540	12·133

Fergusonit.

Tetragonal. Pyramidal-hemiedrisch.

$$\left.\begin{array}{l} c \\ p_0 \end{array}\right\} = 1\cdot4641 \quad\bigg|\quad \lg c = 016557 \quad\bigg|\quad \lg a_0 = 983443 \quad\bigg|\quad a_0 = 0\cdot6830$$

No.	Buch-staben	Symb.	Miller	φ	ϱ	ξ_0	η_0	ξ	η	x (Prismen) (x : y)	y	d $=\operatorname{tg}\varrho$
1	i	0	001	—	0°00	0°00	0°00	0°00	0°00	0	0	0
2	r	$\infty\frac{3}{2}$	230	33°41·	90 00	90 00	90 00	33 41·	56 18·	0·6667	∞	∞
3	s	1	111	45 00	64 13	55 40	55 40	39 33	39 33	1·4640	1·4640	2·0704
4	z	23	231	33 41·	79 16·	71 08·	77 10·	33 01·	54 50	2·9280	4·3920	5·2785

Ferronatrit.

Hexagonal. Rhomboedrisch - hemiedrisch.

$c = 0\cdot5528$	$\lg c = 974257$	$\lg a_0 = 049599$	$\lg p_0 = 956648$	$a_0 = 3\cdot1332$	$p_0 = 0\cdot3685$	(G_2)

No.	Buch-staben	Symb.	Bravais	φ	ϱ	ξ_0	η_0	ξ	η	x (Prismen) (x : y)	y	d $=$ tg ϱ
1	c	0	0001	—	$0°00$	$0°00$	$0°00$	$0°00$	$0°00$	0	0	0
2	M	$\infty0$	$10\bar10$	$0°00$	90 00	”	90 00	”	90 00	”	∞	∞
3	m	∞	$11\bar30$	30 00	”	90 00	..	30 00	60 00	$0\cdot5773$	”	”
4	s	$+\tfrac{1}{2}$	$11\bar22$	”	17 42	9 04	15 27	8 44·	15 16	$0\cdot1596$	$0\cdot2764$	$0\cdot3191$
5	R r	±1	$11\bar21$	”	32 33	17 42	28 56	15 36·	27 46·	$0\cdot3191$	$0\cdot5527$	$0\cdot6383$

Feuerblende.

Rhombisch.

$a = 0\cdot5024$	$\lg a = 970105$	$\lg a_0 = 985305$	$\lg p_0 = 014695$	$a_0 = 0\cdot7129$	$p_0 = 1\cdot4026$
$c = 0\cdot7047$	$\lg c = 984800$	$\lg b_0 = 015200$	$\lg q_0 = 984800$	$b_0 = 1\cdot4191$	$q_0 = 0\cdot7047$

No.	Buch-staben	Symb.	Miller	φ	ϱ	ξ_0	η_0	ξ	η	x (Prismen) (x : y)	y	d $=$ tg ϱ
1	b	0	001	—	$0°00$	$0°00$	$0°00$	$0°00$	$0°00$	0	0	0
2	a	0∞	010	$0°00$	90 00	”	90 00	”	90 00	”	∞	∞
3	c	$\infty0$	100	90 00	..	90 00	0 00	90 00	0 00	∞	0	”
4	d	∞	110	63 19·	”	..	90 00	63 19·	26 40·	$1\cdot9904·$	∞	”
5	δ	01	011	0 00	35 10·	0 00	35 10·	0 00	35 10	0	$0\cdot7047$	$0\cdot7047$
6	s	02	021	”	54 38·	”	54 38·	”	54 38·	”	$1\cdot4094$	$1\cdot4094$
7	m	04	041	”	70 28	..	70 28	”	70 28	”	$2\cdot8187·$	$2\cdot8187·$
8	o	$\tfrac{4}{9}$	449	63 19·	34 54	31 56·	17 23·	30 45	14 53	$0\cdot6234$	$0\cdot3132$	$0\cdot6977$
9	p	1	111	”	57 30	54 01	35 10·	48 54·	22 15	$1\cdot4026$	$0\cdot7047$	$1\cdot5697$
10	π	2	221	”	72 20	70 23	54 38·	58 22	25 19·	$2\cdot8053$	$1\cdot4094$	$3\cdot1394$

Fichtelit.

Monoklin.

a = 1·415	lg a = 015076	lg a$_0$ = 991171	lg p$_0$ = 008829	a$_0$ = 0·8160	p$_0$ = 1·2257
c = 1·734	lg c = 023905	lg b$_0$ = 976095	lg q$_0$ = 014140	b$_0$ = 0·5767	q$_0$ = 1·3848
$\left.\begin{matrix}\mu=\\180-\beta\end{matrix}\right\}$ 53°00	$\left.\begin{matrix}\lg h=\\ \lg \sin\mu\end{matrix}\right\}$990235	$\left.\begin{matrix}\lg e=\\ \lg\cos\mu\end{matrix}\right\}$977946	lg $\frac{p_0}{q_0}$ = 994689	h = 0·7987	e = 0·6018

No.	Buch-staben	Symb.	Miller	φ	ϱ	ξ_0	η_0	ξ	η	x' (Prismen) (x : y)	y'	d' =tg ϱ
1	p	0	001	90°00	37°00	37°00	0°00	37°00	0°00	0·7535·	0	0·7535·
2	o	∞0	100	"	90 00	90 00	"	90 00	"	∞	"	∞
3	m	∞	110	41 30·	"	"	90 00	41 30·	48 29·	0·8849	∞	"
4	i	+10	101	90 00	66 23·	66 23··	0 00	66 23·	0 00	2·2882	0	2·2882

Fiedlerit.

Monoklin.

a = 0·6554	lg a = 981651	lg a$_0$ = 986639	lg p$_0$ = 013361	a$_0$ = 0·7021	p$_0$ = 1·3602
c = 0·8915	lg c = 995012	lg b$_0$ = 004988	lg q$_0$ = 993942	b$_0$ = 1·1217	q$_0$ = 0·8698
$\left.\begin{matrix}\mu=\\180-\beta\end{matrix}\right\}$ 77°20	$\left.\begin{matrix}\lg h=\\ \lg \sin\mu\end{matrix}\right\}$998930	$\left.\begin{matrix}\lg e=\\ \lg\cos\mu\end{matrix}\right\}$934100	lg $\frac{p_0}{q_0}$ = 019419	h = 0·9757	e = 0·2193

No.	Buch-staben	Symb.	Miller	φ	ϱ	ξ_0	η_0	ξ	η	x' (Prismen) (x : y)	y'	d' =tg ϱ
1	c	0	001	90°00	12°40	12°40	0°00	12°40	0°00	0·2247·	0	0·2247·
2	a	∞0	100	"	90 00	90 00	"	90 00	"	∞	"	∞
3	n	∞	110	57 24	"	"	90 00	57 24	32 36	1·5637·	∞	"
4	m	∞$\frac{5}{4}$	450	51 22	"	"	"	51 22	38 38	1·2510	"	"
5	y	−$\frac{4}{3}$0	$\bar{4}$03	90 00	58 32	$\bar{5}$8 32	0 00	$\bar{5}$8 32	0 00	$\bar{1}$·6340·	0	1·6340·
6	x	−$\frac{2}{3}$0	$\bar{2}$03	"	35 10	$\bar{3}$5 10	"	$\bar{3}$5 10	"	$\bar{0}$·7046·	"	0·7046·
7	e	+$\frac{1}{6}$1	166	27 09	45 03	24 34	41 43	18 50·	39 02	0·4571	0·8915	1·0019
8	i	+$\frac{4}{7}$1	477	48 53	53 35	45 36·	"	37 19·	31 57	1·0214	"	1·3557
9	o	+$\frac{4}{5}$1	455	56 22	58 09	53 16	"	45 00·	28 04	1·3401	"	1·6095
10	u	+1	111	61 09·	61 35	58 18	"	50 23·	25 06	1·6189	"	1·8482
11	p	−$\frac{1}{3}$1	$\bar{1}$33	$\bar{1}$5 04	42 43	$\bar{1}$3 29·	"	$\bar{1}$0 19	40 55	$\bar{0}$·2399·	"	0·9232

Fillowit.

Monoklin.

$a = 1{\cdot}7303$	$\lg a = 023812$	$\lg a_o = 008614$	$\lg p_o = 991386$	$a_o = 1{\cdot}2194$	$p_o = 0{\cdot}8201$
$c = 1{\cdot}4190$	$\lg c = 015198$	$\lg b_o = 934802$	$\lg q_o = 015198$	$b_o = 0{\cdot}7047$	$q_o = 1{\cdot}4190$
$\left.\begin{array}{l}\mu =\\ 180-\beta\end{array}\right\}\,89°51$	$\left.\begin{array}{l}\lg h =\\ \lg \sin\mu\end{array}\right\}\,0$	$\left.\begin{array}{l}\lg e =\\ \lg \cos\mu\end{array}\right\}746373$	$\lg \dfrac{p_o}{q_o} = 976188$	$h = 1$	$e = 0{\cdot}0029$

No.	Buch-staben	Symb.	Miller	φ	ϱ	ξ_o	η_o	ξ	η	x' (Prismen) (x : y)	y'	d' $=\operatorname{tg}\varrho$
1	c	o	001	90°00	0°09	0°09	0°00	0°09	0°00	0·0029	0	0·0029
2	d	$+$20	201	„	58 40·	58 40·	„	58 40·	„	1·6430·	„	1·6430·
3	p	$-$1	$\bar{1}$11	$\bar{2}$9 56	58 35·	$\bar{3}$9 15·	54 49·	$\bar{2}$5 12·	47 41·	$\bar{0}$·8172	1·4190	1·6375

Fischerit.

Rhombisch.

$$\lg \frac{p_o}{q_o} = 022582;\quad \frac{p_o}{q_o} = 1{\cdot}682;\quad \frac{a}{b} = 0{\cdot}594$$

No.	Buch-staben	Symb.	Miller	φ	ϱ	ξ_o	η_o	ξ	η	x (Prismen) (x : y)	y	d $=\operatorname{tg}\varrho$
1	b	o	001	—	0°00	0°00	0°00	0°00	0°00	0	0	0
2	t	o∞	010	0°00	90 00	„	90 00	„	90 00	„	∞	∞
3	m	∞	110	59 16	„	90 00	„	59 16	30 44	1·6820	„	„
4	g	∞2	120	40 04	„	„	„	40 04	49 56	0·8410	„	„

Flinkit.

Rhombisch.

$a = 0{\cdot}4131$	$\lg a = 961606$	$\lg a_o = 974765$	$\lg p_o = 025235$	$a_o = 0{\cdot}5593$	$p_o = 1{\cdot}7879$
$c = 0{\cdot}7386$	$\lg c = 986841$	$\lg b_o = 013159$	$\lg q_o = 986841$	$b_o = 1{\cdot}3539$	$q_o = 0{\cdot}7386$

No.	Buch-staben	Symb.	Miller	φ	ϱ	ξ_o	η_o	ξ	η	x (Prismen) (x : y)	y	d $=\operatorname{tg}\varrho$
1	a	o	001	—	0°00	0°00	0°00	0°00	0°00	0	0	0
2	b	o∞	010	0°00	90 00	„	90 00	„	90 00	„	∞	∞
3	l	∞	110	67 33	„	90 00	„	67 33	22 27	2·4207	„	„
4	e	10	101	90 00	60 47	60 47	0 00	60 47	0 00	1·7879	0	1·7879
5	k	1	111	67 33	62 40	„	36 27	55 11·	19 49·	„	0·7386	1·9345

Fluellit.

Rhombisch.

$a = 0\cdot770$	$\lg a = 988649$	$\lg a_0 = 961372$	$\lg p_0 = 038628$	$a_0 = 0\cdot4109$	$p_0 = 2\cdot434$
$c = 1\cdot874$	$\lg c = 027277$	$\lg b_0 = 972723$	$\lg q_0 = 027277$	$b_0 = 0\cdot5336$	$q_0 = 1\cdot874$

No.	Buch-staben	Symb.	Miller	φ	ϱ	ξ_0	η_0	ξ	η	x (Prismen) (x : y)	y	d $=\mathrm{tg}\,\varrho$
1	c	0	001	—	0°00	0°00	0°00	0°00	0°00	0	0	0
2	r	1	111	52 24	71 58	68 00	61 55	48 53	35 27·	2·4338	1·8740	3·0716

Fluocerit.

Hexagonal.

$c = 2\cdot6804$	$\lg c = 042820$	$\lg a_0 = 981036$	$\lg p_0 = 025211$	$a_0 = 0\cdot6462$	$p_0 = 1\cdot7870$	(G_I)

No.	Buch-staben	Symb.	Bravais	φ	ϱ	ξ_0	η_0	ξ	η	x (Prismen) (x : y)	y	d $=\mathrm{tg}\,\varrho$
1	o	0	0001	—	0°00	0°00	0°00	0°00	0°00	0	0	0
2	m	∞0	$10\bar{1}0$	0°00	90 00	"	90 00	"	90 00	"	∞	∞
3	p	∞	$11\bar{2}0$	30 00	"	90 00	"	30 00	60 00	0·5773	"	"
4	n	10	$10\bar{1}1$	0 00	60 46	0 00	60 46	0 00	60 46	0	1·7870	1·7870
5	r	$\tfrac{1}{2}$	$11\bar{2}2$	30 00	57 08	37 44	53 16·	24 50	46 40	0·7738	1·3402	1·5475

Flufsspath.

Regulär.

No.	Buch-staben	Symb.	Miller	φ	ϱ	ξ_0	η_0	ξ	η	x (Prismen) (x : y)	y	d $=\mathrm{tg}\,\varrho$
1	c	0	001	—	0°00	0°00	0°00	0°00	0°00	0	0	0
		10∞	010	0°00	90 00	"	90 00	"	90 00	"	∞	∞
2	C	0$\tfrac{1}{6}$	016	"	9 27·	"	9 27·	"	9 27·	"	0·1667	0·1667
		06	061	"	80 32·	"	80 32·	"	80 32·	"	6·0000	6·0000
		∞6	160	9 27·	90 00	90 00	90 00	9 27·	"	0·1667	∞	∞
3	ε	0$\tfrac{1}{5}$	015	0 00	11 18·	0 00	11 18·	0 00	11 18·	0	0·2000	0·2000
		05	051	"	78 41·	"	78 41·	"	78 41·	"	5·0000	5·0000
		∞5	150	11 18·	90 00	90 00	90 00	11 18·	"	0·2000	∞	∞

No.	Buchstaben	Symb.	Miller	φ	ϱ	ξ_0	η_0	ξ	η	x (Prismen) (x : y)	y	d =tg ϱ
4	A	$0\frac{2}{9}$	029	0°00	12°31·	0°00	12°31·	0°00	12°31·	0	0·2222	0·2222
		$0\frac{9}{2}$	092	"	77 28·	"	77 28·	"	77 28·	"	4·5000	4·5000
		$\infty\frac{9}{2}$	290	12 31·	90 00	90 00	90 00	12 31·	"	0·2222	∞	∞
5	f	$0\frac{1}{4}$	014	0 00	14 02	0 00	14 02	0 00	14 02	0	0·2500	0·2500
		04	041	"	75 58	"	75 58	"	75 58	"	4·0000	4·0000
		∞4	140	14 02	90 00	90 00	90 00	14 02	"	0·2500	∞	∞
6	a	$0\frac{1}{3}$	013	0 00	18 26	0 00	18 26	0 00	18 26	0	0·3333	0·3333
		03	031	"	71 34	"	71 34	"	71 34	"	3·0000	3·0000
		∞3	130	18 26	90 00	90 00	90 00	18 26	"	0·3333	∞	∞
7	g	$0\frac{2}{5}$	025	0 00	21 48	0 00	21 48	0 00	21 48	0	0·4000	0·4000
		$0\frac{5}{2}$	052	"	68 12	"	68 12	"	68 12	"	2·5000	2·5000
		$\infty\frac{5}{2}$	250	21 48	90 00	90 00	90 00	21 48	"	0·4000	∞	∞
8	B	$0\frac{3}{7}$	037	0 00	23 12	0 00	23 12	0 00	23 12	0	0·4286	0·4286
		$0\frac{7}{3}$	073	"	66 48	"	66 48	"	66 48	"	2·3333	2·3333
		$\infty\frac{7}{3}$	370	23 12	90 00	90 00	90 00	23 12	"	0·4286	∞	∞
9	e	$0\frac{1}{2}$	012	0 00	26 34	0 00	26 34	0 00	26 34	0	0·5000	0·5000
		02	021	"	63 26	"	63 26	"	63 26	"	2·0000	2·0000
		∞2	120	26 34	90 00	90 00	90 00	26 34	"	0·5000	∞	∞
10	l	$0\frac{3}{5}$	035	0 00	30 58	0 00	30 58	0 00	30 58	0	0·6000	0·6000
		$0\frac{5}{3}$	053	"	59 02	"	59 02	"	59 02	"	1·6667	1·6667
		$\infty\frac{5}{3}$	350	30 58	90 00	90 00	90 00	30 58	"	0·6000	∞	∞
11	d	01	011	0 00	45 00	0 00	45 00	0 00	45 00	0	1·0000	1·0000
		∞	110	45 00	90 00	90 00	90 00	45 00	"	1·0000	∞	∞
12	ν	$\frac{1}{12}$	1·1·12	"	6 43·	4 45·	4 45·	4 45	4 45	0·0833	0·0833	0·1179
		1·12	1·12·1	4 46	85 15	45 00	85 14	"	83 17	1·0000	12·000	12·041
13	D	$\frac{1}{8}$	118	45 00	10 01·	7 07	7 07	7 04	7 04	0·1250	0·1250	0·1768
		18	181	7 07·	82 56	45 00	82 52·	"	79 59	1·0000	8·0000	8·0622
14	k	$\frac{1}{4}$	114	45 00	19 28	14 02	14 02	13 38	13 38	0·2500	0·2500	0·3535
		14	141	14 02	76 22	45 00	75 58	"	70 32	1·0000	4·0000	4·1231
15	λ	$\frac{2}{7}$	227	45 00	22 00	15 57	15 57	15 21·	15 21·	0·2857	0·2857	0·4041
		$1\frac{7}{2}$	272	15 56·	74 38·	45 00	74 03·	"	68 00	1·0000	3·5000	3·6401
16	m	$\frac{1}{3}$	113	45 00	25 14·	18 26	18 26	17 33	17 33	0·3333	0·3333	0·4714
		13	131	18 26	72 27	45 00	71 34	"	64 45·	1·0000	3·0000	3·1623
17	M	$\frac{3}{8}$	338	45 00	27 56·	20 33·	20 33·	19 21	19 21	0·3750	0·3750	0·5303
		$1\frac{8}{3}$	383	20 33·	70 39	45 00	69 26·	"	62 03·	1·0000	2·6667	2·8480
18	q	$\frac{1}{2}$	112	45 00	35 16	26 34	26 34	24 05·	24 05·	0·5000	0·5000	0·7071
		12	121	26 34	65 54·	45 00	63 26	"	54 44	1·0000	2·0000	2·2360
19	n	$\frac{2}{3}$	223	45 00	43 19	33 41·	33 41·	29 01	29 01	0·6667	0·6667	0·9428
		$1\frac{3}{2}$	232	33 41·	60 59	45 00	56 18·	"	46 41	1·0000	1·5000	1·8028
20	p	1	111	45 00	54 44	"	45 00	35 16	35 16	"	1·0000	1·4142

No.	Buch-staben	Symb.	Miller	φ	ϱ	ξ_0	η_0	ξ	η	x (Prismen) (x : y)	y	d $=\operatorname{tg}\varrho$
21	φ	$\tfrac{1}{4}$ 1	144	14°02	45°52	14°02	45°00	10°01·	44°08	0·2500	1·0000	1·0308
		4	441	45 00	79 58·	75 58	75 58	44 08	,,	4·0000	4·0000	5·6567
22	v	$\tfrac{1}{3}$ 1	133	18 26	46 30·	18 26	45 00	13 16	43 29·	0·3333	1·0000	1·0541
		3	331	45 00	76 44	71 34	71 34	43 29·	,,	3·0000	3·0000	4·2426
23	u	$\tfrac{1}{2}$ 1	122	26 34	48 11·	26 34	45 00	19 28	41 48·	0·5000	1·0000	1·1180
		2	221	45 00	70 31·	63 26	63 26	41 48·	,,	2·0000	2·0000	2·8284
24	w	$\tfrac{2}{3}$ 1	233	33 41·	50 14·	33 41·	45 00	25 14·	39 45·	0·6667	1·0000	1·2019
		$\tfrac{3}{2}$	332	45 00	64 45·	56 18·	56 18·	39 45·	,,	1·5000	1·5000	2·1213
25	N	$\tfrac{3}{4}$ 1	344	36 52	51 20·	36 52	45 00	27 56·	38 39·	0·7500	1·0000	1·2500
		$\tfrac{4}{3}$	443	45 00	62 03·	53 08	53 08	38 39·	,,	1·3333	1·3333	1·8856
26	x	$\tfrac{1}{3}\,\tfrac{2}{3}$	123	26 34	36 42	18 26	33 41·	15 30	32 18·	0·3333	0·6667	0·7453
		$\tfrac{1}{2}\,\tfrac{3}{2}$	132	18 26	57 41·	26 34	56 18·	,,	53 18	0·5000	1·5000	1·5811
		23	231	33 41·	74 30	63 26	71 34	32 18·	,,	2·0000	3·0000	3·6055
27	ω	$\tfrac{1}{4}\,\tfrac{3}{4}$	134	18 26	38 19·	14 02	36 52	11 18·	36 02·	0·2500	0·7500	0·7906
		$\tfrac{1}{3}\,\tfrac{4}{3}$	143	14 02	53 57·	18 26	53 08	,,	51 40·	0·3333	1·3333	1·3744
		34	341	36 52	78 41·	71 34	75 58	36 02·	,,	3·0000	4·0000	5·0000
28	ψ	$\tfrac{1}{4}\,\tfrac{1}{2}$	124	26 34	29 12·	14 02	26 34	12 36·	25 52·	0·2500	0·5000	0·5590
		$\tfrac{1}{2}\,2$	142	14 02	64 07·	26 34	63 26	,,	60 47·	0·5000	2·0000	2·0615
		24	241	26 34	77 23·	63 26	75 58	25 52·	,,	2·0000	4·0000	4·4721
29	$\varPhi$	$\tfrac{1}{8}\,\tfrac{1}{4}$	128	,,	15 37	7 07·	14 02	6 55	13 56	0·1250	0·2500	0·2795
		$\tfrac{1}{2}\,4$	182	7 07·	76 04	26 34	75 58	,,	74 23	0·5000	4·0000	4·0311
		28	281	14 02	83 05	63 26	82 52·	13 56	,,	2·0000	8·0000	8·2462
30	$\varGamma$	$\tfrac{3}{20}\,\tfrac{7}{10}$	3·14·20	12 05·	35 36	8 32	34 59·	7 00·	34 41·	0·1500	0·7000	0·7159
		$\tfrac{3}{14}\,\tfrac{10}{7}$	3·20·14	8 32	55 18·	12 05·	55 00·	,,	54 24	0·2143	1·4286	1·4445
		$\tfrac{14}{3}\,\tfrac{20}{3}$	14·20·3	34 59·	82 59·	77 54·	81 28	34 41·	,,	4·6667	6·6667	8·1378
31	$\varDelta$	$\tfrac{3}{11}\,\tfrac{5}{11}$	3·5·11	30 58	27 55·	15 15·	24 26·	13 56·	23 40·	0·2727	0·4545	0·5301
		$\tfrac{3}{5}\,\tfrac{11}{5}$	3·11·5	15 15·	66 19·	30 58	65 33·	,,	62 04·	0·6000	2·2000	2·2804
		$\tfrac{5}{3}\,\tfrac{11}{3}$	5·11·3	24 26·	76 03·	59 02	74 44·	23 40·	,,	1·6667	3·6667	4·0277
32	$\varTheta$	$\tfrac{3}{10}\,\tfrac{2}{5}$	3·4·10	36 52	26 34	16 42	21 48	15 34	20 58	0·3000	0·4000	0·5000
		$\tfrac{3}{4}\,\tfrac{5}{2}$	3·10·4	16 42	69 02	36 52	68 12	,,	63 26	0·7500	2·5000	2·6100
		$\tfrac{4}{3}\,\tfrac{10}{3}$	4·10·3	21 48	74 26	53 08	73 18·	20 58	,,	1·3333	3·3333	3·5901
33	$\varLambda$	$\tfrac{2}{7}\,\tfrac{3}{7}$	237	33 41·	27 15	15 56·	23 12	14 43	22 23·	0·2857	0·4286	0·5151
		$\tfrac{2}{3}\,\tfrac{7}{3}$	273	15 56·	67 36·	33 41·	66 48	,,	62 45	0·6667	2·3333	2·4267
		$\tfrac{3}{2}\,\tfrac{7}{2}$	372	23 12	75 17	56 18·	74 03·	22 23·	,,	1·5000	3·5000	3·8079
34	$\varXi$	$\tfrac{1}{7}\,\tfrac{3}{7}$	137	18 26	24 18·	8 08	23 12	7 29	22 59	0·1429	0·4286	0·4518
		$\tfrac{1}{3}\,\tfrac{7}{3}$	173	8 08	67 00·	18 26	66 48	,,	65 41·	0·3333	2·3333	2·3570
		37	371	23 12	82 31	71 34	81 52	22 59·	,,	3·0000	7·0000	7·6157
35	T	$\tfrac{2}{15}\,\tfrac{2}{5}$	2·6·15	18 26	22 51·	7 35·	21 48	7 03·	21 37·	0·1333	0·4000	0·4216
		$\tfrac{1}{3}\,\tfrac{5}{2}$	2·15·6	7 35·	68 22·	18 26	68 12	,,	67 08·	0·3333	2·5000	2·5221
		$3\,\tfrac{15}{2}$	6·15·2	21 48	82 56·	71 34	82 24·	21 37·	,,	3·0000	7·5000	8·0762
36	$\varSigma$	$\tfrac{2}{25}\,\tfrac{6}{25}$	2·6·25	18 26	14 12	4 34·	13 29·	4 27	13 27	0·0800	0·2400	0·2530
		$\tfrac{1}{3}\,\tfrac{25}{6}$	2·25·6	4 34·	76 32·	18 26	76 30	,,	75 48	0·3333	4·1667	4·1799
		$3\,\tfrac{25}{2}$	6·25·2	13 29·	85 33	71 34	85 25·	13 27	,,	3·0000	12·500	12·855

Franklinit.

Regulär.

No.	Buch-staben	Symb.	Miller	φ	ϱ	ξ_0	η_0	ξ	η	x (Prismen) (x : y)	y	d $=$ tg ϱ
1	c	$\begin{cases} 0 \\ 0\infty \end{cases}$	001 010	— 0°00	0°00 90 00	0°00 "	0°00 90 00	0°00 "	0°00 90 00	0 "	0 ∞	0 ∞
2	d	$\begin{cases} 01 \\ \infty \end{cases}$	011 110	" 45 00	45 00 90 00	" 90 00	45 00 90 00	" 45 00	45 00 "	" 1·0000	1·0000 ∞	1·0000 ∞
3	m	$\begin{cases} \frac{1}{3} \\ 13 \end{cases}$	113 131	" 18 26	25 14· 72 27	18 26 45 00	18 26 71 34	17 33 "	17 33 64 45·	0·3333 1·0000	0·3333 3·0000	0·4714 3·1623
4	q	$\begin{cases} \frac{1}{2} \\ 12 \end{cases}$	112 121	45 00 26 34	35 16 65 54·	26 34 45 00	26 34 63 26	24 05· "	24 05· 54 44	0·5000 1·0000	0·5000 2·0000	0·7071 2·2360
5	p	1	111	45 00	54 44	"	45 00	35 16	35 16	"	1·0000	1·4142
6	u	$\begin{cases} \frac{1}{2}1 \\ 2 \end{cases}$	122 221	26 34 45 00	48 11· 70 31·	26 34 63 26	" 63 26	19 28 41 48·	41 48· "	0·5000 2·0000	" 2·0000	1·1180 2·8284

Freieslebenit.

Monoklin.

a	$=$ 0·5871	lg a $=$ 976871	lg a_0 $=$ 980130	lg p_0 $=$ 019870	a_c $=$ 0·6328	p_0 $=$ 1.5802
c	$=$ 0·9277	lg c $=$ 996741	lg b_0 $=$ 003259	lg q_0 $=$ 996708	b_0 $=$ 1·0779	q_0 $=$ 0·9270
$\begin{matrix} \mu = \\ 180 - \beta \end{matrix}\Big\}$ 87°46	$\begin{matrix} \text{lg h} = \\ \text{lg sin}\,\mu \end{matrix}\Big\}$ 999967	$\begin{matrix} \text{lg e} = \\ \text{lg cos}\,\mu \end{matrix}\Big\}$ 859072	lg $\dfrac{p_0}{q_0}$ $=$ 023162	h $=$ 0·9992	e $=$ 0·0390

No.	Buch-staben	Symb.	Miller	φ	ϱ	ξ_0	η_0	ξ	η	x' (Prismen) (x : y)	y'	d' $=$ tg ϱ
1	c	0	001	90°00	2°14	2°14	0°00	2°14	0°00	0·0390	0	0·0390
2	b	0∞	010	0 00	90 00	0 00	90 00	0 00	90 00	0	∞	∞
3	a	∞0	100	90 00	"	90 00	0 00	90 00	0 00	∞	0	"
4	q	8∞	810	85 48·	"	"	90 00	85 48·	4 11·	11·6370	∞	"
5	e	5∞	510	83 18·	"	"	"	83 18·	6 41·	8·5230	"	"
6	t	3∞	310	78 56	"	"	"	78 56	11 04	5·1137	"	"
7	β	2∞	210	73 39	"	"	"	73 39	16 21	3·4092	"	"
8	s	$\frac{4}{3}$∞	430	66 15	"	"	"	66 15	23 45	2·2727	"	"
9	m	∞	110	59 36	"	"	"	59 36	30 24	1·7046	"	"
10	l	∞$\frac{6}{5}$	560	54 51·	"	"	"	54 51·	35 08·	1·4205	"	"
11	σ	∞$\frac{5}{4}$	450	53 45	"	"	"	53 45	36 15	1·3637	"	"

No.	Buch-staben	Symb.	Miller	φ	ϱ	ξ_0	η_0	ξ	η	x' (Prismen) (x : y)	y'	d' $=$ tg ϱ
12	n	$\infty\frac{5}{3}$	350	45° 39	90° 00	90° 00	90° 00	45° 39	44° 21	1·0225	∞	∞
13	k	$\infty 2$	120	40 26·	,,	,,	,,	40 26·	49 33·	0·8523	,,	,,
14	π	$\infty\frac{5}{2}$	250	34 17	,,	,,	,,	34 17	55 43	0·6818	,,	,,
15	p	$\infty 3$	130	29 36·	,,	,,	,,	29 36·	60 23·	0·5682	,,	,,
16	i	$\infty 5$	150	18 49·	,,	,,	,,	18 49·	71 10·	0·3409	,,	,,
17	u	$0\frac{1}{2}$	012	4 48·	24 58	2 14	24 53	2 01·	24 52	0·0390	0·4638·	0·4655
18	E	$0\frac{3}{4}$	034	3 12·	34 52·	,,	34 50	1 50	34 48·	,,	0·6958	0·6969
19	r	$0 1$	011	2 24·	42 52·	,,	42 51	1 38·	42 50	,,	0·9277	0·9285
20	d	$0\frac{5}{4}$	054	1 55·	49 14·	,,	49 13·	1 27·	49 12·	,,	1·1596	1·1603
21	v	$0\frac{3}{2}$	032	1 36·	54 18·	,,	54 18	1 18·	54 17	,,	1·3915·	1·3921
22	w	$0 2$	021	1 12	61 41	,,	61 40·	1 03·	61 39·	,,	1·8554	1·8558
23	x	$+10$	101	90 00	58 19	58 19	0 00	58 19	0 00	1·6204·	0	1·6204·
24	ξ	-10	$\bar{1}01$	90 00	57 02·	$\bar{5}7$ 02·	,,	$\bar{5}7$ 02·	,,	$\bar{1}$·5423·	,,	1·5423
25	f	$+1$	111	60 12·	61 50	58 19	42 51	49 54·	25 58·	1·6204	0·9277	1·8672
26	G	-21	$\bar{2}11$	$\bar{7}3$ 27·	72 56·	$\bar{7}2$ 15	,,	66 24·	15 47·	$\bar{3}$·1237	,,	3·2585
27	y	$+\frac{1}{2}$	112	60 47·	43 33	39 41	24 53	36 58	19 38·	0·8297	0·4638·	0·9506
28	η	$-\frac{1}{2}$	$\bar{1}12$	$\bar{5}8$ 19·	41 27	$\bar{3}6$ 56	,,	$\bar{3}4$ 17·	20 21	$\bar{0}$·7517	,,	0·8833
29	h	$+1\frac{1}{4}$	414	81 5·1·	58 35	58 19	13 03·	57 39	6 56·	1·6204	0·2319	1·6369
30	z	$+1\frac{1}{2}$	212	74 01·	59 19	,,	24 53	55 46·	13 41·	,,	0·4638·	1·6855
31	g	$+\frac{3}{2}\frac{1}{2}$	312	79 06·	67 50·	67 28·	,,	65 26	10 04·	2·4111	,,	2·4553

Friedelit.

Hexagonal.   Rhomboedrisch - hemiedrisch.

$c = 0·5470$	$\lg c = 973799$	$\lg a_0 = 050057$	$\lg p_0 = 956190$	$a_0 = 3·1664$	$p_0 = 0·3647$	(G_2)

No.	Buch-staben	Symb.	Bravais	φ	ϱ	ξ_0	η_0	ξ	η	x (Prismen) (x : y)	y	d $=$ tg ϱ
1	o	0	0001	—	0° 00	0° 00	0° 00	0° 00	0° 00	0	0	0
2	b	∞	11$\bar{2}$0	30° 00	90 00	,,	90 00	30 00	60 00	,,	∞	∞
3	p	1	11$\bar{2}$1	,,	32 16·	17 31·	28 40·	15 29	27 33	0·3158	0·5470	0·6316
4	s	15·15	15·15·$\bar{3}$0·1	,,	83 58·	78 05	83 03	29 49	59 27·	4·7372	8·2050	0·9475

Frieseit.

Rhombisch.

$a = 0\cdot5969$	$\lg a = 977590$	$\lg a_0 = 990949$	$\lg p_0 = 009051$	$a_0 = 0\cdot8119$	$p_0 = 1\cdot2317$
$c = 0\cdot7352$	$\lg c = 986641$	$\lg b_0 = 013359$	$\lg q_0 = 986641$	$b_0 = 1\cdot3601$	$q_0 = 0\cdot7352$

No.	Buch-staben	Symb.	Miller	φ	ϱ	ξ_0	η_0	ξ	η	x (Prismen) (x : y)	y	d = tg ϱ
1	c	0	001	—	0°00	0°00	0°00	0°00	0°00	0	0	0
2	b	0∞	010	0°00	90 00	„	90 00	„	90 00	„	∞	∞
3	?q	$0\frac{4}{3}$	043	„	44 25·	„	44 25·	„	44 25·	„	0·9803	0·9803
4	r	$\frac{1}{2}0$	102	90 00	31 37·	31 37·	0 00	31 37·	· 0 00	0·6158·	0	0·6158·
5	y	10	101	„	50 55·	50 55·	„	50 55·	„	1·2317	„	1·2317
6	w	30	301	„	74 51·	74 51·	„	74 51·	„	3·6951	„	3·6951
7	t	13	131	29 11	68 24	50 55·	65 36·	26 57·	54 16·	1·2317	2·2056	2·5262

Gadolinit.

Monoklin.

$a = 0\cdot6261$	$\lg a = 979664$	$\lg a_0 = 967607$	$\lg p_0 = 032393$	$a_0 = 0\cdot4743$	$p_0 = 2\cdot1082$
$c = 1\cdot3200$	$\lg c = 012057$	$\lg b_0 = 987943$	$\lg q_0 = 012055$	$b_0 = 0\cdot7576$	$q_0 = 1\cdot3199$
$\left.\begin{array}{l}\mu =\\180-\beta\end{array}\right\}\,89°27$	$\left.\begin{array}{l}\lg h =\\\lg \sin\mu\end{array}\right\}999998$	$\left.\begin{array}{l}\lg e =\\\lg \cos\mu\end{array}\right\}798223$	$\lg \dfrac{p_0}{q_0} = 020338$	$h = 0\cdot9999$	$e = 0\cdot0096$

No.	Buch-staben	Symb.	Miller	φ	ϱ	ξ_0	η_0	ξ	η	x′ (Prismen) (x : y)	y′	d′ = tg ϱ
1	c	0	001	90°00	0°33	0°33	0°00	0°33	0°00	0·0096	0	0·0096
2	b	0∞	010	0 00	90 00	0 00	90 00	0 00	90 00	0	∞	∞
3	a	$\infty0$	100	90 00	„	90 00	0 00	90 00	0 00	∞	0	„
4	n	∞	110	57 57	„	„	90 00	57 57	32 03	1·5973	∞	„
5	l	$\infty2$	120	38 37	„	„	„	38 37	51 23	0·7986	„	„
6	e	$0\frac{1}{4}$	014	1 40	18 16	0 33	18 16	0 31·	18 16	0·0096	0·3300	0·3301
7	i	$0\frac{1}{3}$	013	1 15	23 45·	„	23 45	0 30	23 45	„	0·4400	0·4401
8	w	$0\frac{1}{2}$	012	0 50	33 25·	„	33 25·	0 27·	33 25·	„	0·6600	0·6601
9	x	$0\frac{2}{3}$	023	0 37·	41 21	„	41 21	0 25	41 21	„	0·8800	0·8801
10	q	01	011	0 25	52 51	„	52 51	0 20	52 51	„	1·3200	1·3200
11	y	02	021	0 12·	69 15	„	69 15·	0 12	69 15	„	2·6400	2·6400
12	t	$+\frac{1}{2}0$	102	90 00	46 46	46 46	0 00	46 46	0 00	1·0637·	0	1·0637·

No.	Buch-staben	Symb.	Miller	φ	ϱ	ξ_0	η_0	ξ	η	x' (Prismen) (x : y)	y'	d' =tgϱ
13	u	$-\frac{1}{4}0$	$\bar{1}04$	90°00	27°21·	$\bar{2}7$°21·	0°00	$\bar{2}7$°21·	0°00	$\bar{0}·5174$	0	0·5174
14	v	$-\frac{5}{12}0$	$\bar{5}·0·12$	"	40 59	$\bar{4}0$ 59	"	$\bar{4}0$ 59	"	$\bar{0}·8688·$	"	0·8688·
15	s	$-\frac{1}{2}0$	$\bar{1}02$	"	46 15	$\bar{4}6$ 15	"	$\bar{4}6$ 15	"	$\bar{1}·0445·$	"	1·0445·
16	r	-10	$\bar{1}01$	"	64 31·	$\bar{6}4$ 31·	"	$\bar{6}4$ 31·	"	$\bar{2}·0987$	"	2·0987
17	α	$+2$	221	58 01	28 39	76 41	69 15	56 15·	31 17·	4·2262	2·6400	4·9828
18	p	$+1$	111	58 04	68 10	64 43·	52 51	51 59	29 24	2·1179	1·3200	2·4955
19	?β	$+\frac{1}{2}$	112	58 11	51 23	46 46	33 25·	41 36	24 19·	1·0637	0·6600	1·2518
20	λ	$+\frac{2}{5}$	225	58 14·	45 05	40 27·	27 50	37 01·	53 21	0·8528	0·5280	1·0030
21	$\varkappa$	$+\frac{1}{3}$	113	58 18	39 56	35 28	23 45	33 06	19 43	0·7123	0·4400	0·8372
22	ϑ	$+\frac{1}{10}$	1·1·10	59 05	14 24·	12 26	7 31	12 19·	7 20·	0·2204	0·1320	0·2569
23	γ	$-\frac{1}{2}$	$\bar{1}12$	$\bar{5}7$ 43	51 01	$\bar{4}6$ 15	33 25	$\bar{4}1$ 05	24 32	$\bar{1}·0445$	0·6600	1·2355
24	o	-1	$\bar{1}11$	$\bar{5}7$ 50	68 02	$\bar{6}4$ 31·	52 51	$\bar{5}1$ 43·	29 35	$\bar{2}·0987$	1·3200	2·4792
25	δ	-2	$\bar{2}21$	$\bar{5}7$ 53:	78 37	$\bar{7}6$ 38	69 15	$\bar{5}6$ 08·	31 24	$\bar{4}·2070$	2·6400	4·9665
26	ε	$+1\frac{1}{2}$	212	72 41·	65 44	64 43·	33 25	60 30	15 44	2·1179	0·6600	2·2183
27	ζ	$+1\frac{3}{2}$	232	46 56	70 58	"	63 12	43 41	40 12·	"	1·9800	2·8991
28	?d	$+12$	121	38 44·	73 32·	"	69 15	36 53	48 25	"	2·6400	3·3842
29	η	$-1\frac{1}{2}$	$\bar{2}12$	$\bar{7}2$ 33	65 33·	$\bar{6}4$ 31·	33 25	$\bar{6}0$ 17	15 51	$\bar{2}·0987$	0·6600	2·2000
30	f	-12	$\bar{1}21$	$\bar{3}8$ 29	73 29	"	69 15	$\bar{3}6$ 38	48 38	"	2·6400	3·3722
31	μ	$-\frac{1}{2}1$	$\bar{1}22$	$\bar{3}8$ 21·	59 17	$\bar{4}6$ 15	52 51	$\bar{3}2$ 15	42 23	$\bar{1}·0445$	1·3200	1·6831
32	g	$+23$	231	46 52	80 12	76 41	75 49·	45 59	42 21·	4·2262	3·9600	5·7912
33	h	$+32$	321	67 23	81 42·	81 02	69 15	65 59	22 22·	6·3345	2·6400	6·8625
34	k	$-\frac{1}{3}\frac{2}{3}$	$\bar{1}23$	$\bar{3}8$ 14	48 14·	$\bar{3}4$ 43·	41 20·	$\bar{2}7$ 29·	35 52·	$\bar{0}·6931$	0·8800	1·1201
35	z	$+\frac{2}{3}\frac{4}{3}$	243	38 48	66 07	54 45	60 23·	34 57·	45 26·	1·4150·	1·7600	2·2581

Ganomalith.

Tetragonal.

$$\left.\begin{array}{c} c \\ p_0 \end{array}\right\} = 0·707 \quad \lg c = 984942 \quad \lg a_0 = 015058 \quad a_0 = 1·414$$

No.	Buch-staben	Symb.	Miller	φ	ϱ	ξ_0	η_0	ξ	η	x (Prismen) (x : y)	y	d =tgϱ
1	c	0	001	—	0°00	0°00	0°00	0°00	0°00	0	0	0
2	m	∞	110	45°00	90 00	90 00	90 00	45 00	45 00	1·0000	∞	∞
3	?n	$\infty4$	140	14 02	"	"	"	14 02	75 58	0·2500	"	"
4	p	1	111	45 00	44 59·	35 15·	35 15·	30 00	30 00	0·7070	0·7070	1·0000

Ganophyllit.
Monoklin.

a $=$ 0·413	lg a $=$ 961595	lg a$_0$ $=$ 935328	lg p$_0$ $=$ 064672	a$_0$ $=$ 0·2256	p$_0$ $=$ 4·4332
c $=$ 1·8309	lg c $=$ 026267	lg b$_0$ $=$ 973733	lg q$_0$ $=$ 026193	b$_0$ $=$ 0·5462	q$_0$ $=$ 1·8278
$\left.\begin{matrix}\mu =\\180-\beta\end{matrix}\right\}$ 86°39	$\left.\begin{matrix}\text{lg h} =\\ \text{lg sin }\mu\end{matrix}\right\}$999926	$\left.\begin{matrix}\text{lg e} =\\ \text{lg cos }\mu\end{matrix}\right\}$876667	lg $\frac{p_0}{q_0}$ $=$ 038479	h $=$ 0·9983	e $=$ 0·0584

No.	Buch-staben	Symb.	Miller	φ	ϱ	ξ_0	η_0	ξ	η	x' (Prismen) (x : y)	y'	d' $=$tgϱ
1	c	0	001	90°00	3°21	3°21	0°00	3°21	0°00	0·0585	0	0·0585
2	b	0∞	010	0 00	90 00	0 00	90 00	0 00	90 00	0	∞	∞
3	m	∞	110	67 35·	„	90 00	„	67 35·	22 24·	2·4254	„	„
4	e	0I	011	1 50	61 22	3 21	61 21·	1 36·	61 19	0·0585	1·8309	1·8319

Gaylussit.
Monoklin.

a $=$ 1·4896	lg a $=$ 017307	lg a$_0$ $=$ 001347	lg p$_0$ $=$ 998653	a$_0$ $=$ 1·0315	p$_0$ $=$ 0·9695
c $=$ 1·4441	lg c $=$ 015960	lg b$_0$ $=$ 984040	lg q$_0$ $=$ 015072	b$_0$ $=$ 0·6925	q$_0$ $=$ 1·4149
$\left.\begin{matrix}\mu =\\180-\beta\end{matrix}\right\}$ 78°27	$\left.\begin{matrix}\text{lg h} =\\ \text{lg sin }\mu\end{matrix}\right\}$999112	$\left.\begin{matrix}\text{lg e} =\\ \text{lg cos }\mu\end{matrix}\right\}$930151	lg $\frac{p_0}{q_0}$ $=$ 983581	h $=$ 0·9798	e $=$ 0·2002

No.	Buch-staben	Symb.	Miller	φ	ϱ	ξ_0	η_0	ξ	η	x' (Prismen) (x : y)	y'	d' $=$tgϱ
1	c	0	001	90°00	11°33	11°33	0°00	11°33	0°00	0·2043	0	0·2043
2	b	0∞	010	0 00	90 00	0 00	90 00	0 00	90 00	0	∞	∞
3	a	∞0	100	90 00	„	90 00	0 00	90 00	0 00	∞	0	„
4	m	∞	110	34 25	„	„	90 00	34 25	55 35	0·6852	∞	„
5	e	0I	011	8 03·	55 34	11 33	55 18	6 38	54 45	0·2043	1·4441	1·4585
6	s	—10	$\bar{1}$01	90 00	38 08·	$\bar{3}$8 08·	0 00	$\bar{3}$8 08·	0 00	$\bar{0}$·7852	0	0·7852
7	r	—½	$\bar{1}$12	$\bar{2}$1 55	37 53·	$\bar{1}$6 12	35 50	$\bar{1}$3 15	34 44	$\bar{0}$·2904	0·7220·	0·7783

Gehlenit.
Tetragonal.

$\left.\begin{matrix}\text{c}\\ \text{p}_0\end{matrix}\right\}$ $=$ 0·5658	lg c $=$ 975266	lg a$_0$ $=$ 024734	a$_0$ $=$ 1·7674

No.	Buch-staben	Symb.	Miller	φ	ϱ	ξ_0	η_0	ξ	η	x (Prismen) (x : y)	y	d $=$tgϱ
1	c	0	001	—	0°00	0°00	0°00	0°00	0°00	0	0	0
2	a	∞	110	45°00	90 00	90 00	90 00	45 00	45 00	1·0000	∞	∞
3	n	∞2	120	26 34	„	„	„	26 34	63 26	0·5000	„	„
4	e	0I	011	0 00	29 30	0 00	29 30	0 00	29 30	0	0·5658	0·5658
5	f	0$\frac{8}{7}$	087	„	32 53·	„	32 53·	„	32 53·	„	0·6466	0·6466
6	g	02	021	„	48 32	„	48 32	„	48 32	„	1·1316	1·1316

Geokronit.

Rhombisch.

a = 1·006	lg a = 000260	lg a₀ = 023917	lg p₀ = 976083	a₀ = 1·734	p₀ = 0·577
c = 0·58	lg c = 976343	lg b₀ = 023657	lg q₀ = 976343	b₀ = 1·724	q₀ = 0·58

No.	Buch-staben	Symb.	Miller	φ	ϱ	ξ_0	η_0	ξ	η	x (Prismen) (x : y)	y	d $=\mathrm{tg}\varrho$
1	b	0	001	—	0°00	0°00	0°00	0°00	0°00	0	0	0
2	n	01	011	0°00	30 07	„	30 07	„	30 07	„	0·5800	0·5800
3	r	$1\frac{1}{2}$	212	63 18	32 50	29 58	16 10·	28 58·	14 ·06	0·5765·	0·2900	0·6454

Gerhardtit.

Rhombisch.

a = 0·9217	lg a = 996459	lg a₀ = 990156	lg p₀ = 009844	a₀ = 0·7972	p₀ = 1·2544
c = 1·1562	lg c = 006303	lg b₀ = 993697	lg q₀ = 006303	b₀ = 0·8649	q₀ = 1·1562

No.	Buch-staben	Symb.	Miller	φ	ϱ	ξ_0	η_0	ξ	η	x (Prismen) (x : y)	y	d $=\mathrm{tg}\varrho$
1	c	0	001	—	0°00	0°00	0°00	0°00	0°00	0	0	0
2	m	∞	110	47°20	90 00	90 00	90 00	47 20	42 40	1·0849·	∞	1·0849·
3	z	20	201	90 00	68 16	68 16	0 00	68 16	0 00	2·5088·	0	2·5088·
4	y	$\frac{1}{2}$	112	47 20	40 28	32 06	30 02	28 30	26 05·	0·6272	0·5781	0·8530
5	w	$\frac{2}{3}$	223	„	48 40·	39 54·	37 37·	33 31	30 35·	0·83628	0·7708	1·1373
6	u	$\frac{3}{4}$	334	„	51 59·	43 15	40 56	35 24·	32 16·	0·9408	0·8671·	1·2794
7	t	$\frac{7}{8}$	778	„	56 11	47 40	45 21	37 39·	34 16	1·0976	1·0116	1·4927
8	p	1	111	„	59 37·	51 26·	49 08·	39 22·	35 47	1·2544	1·1562	1·7060
9	s	2	221	„	73 40	68 16	66 37	44 53	40 34	2·5088	2·3124	0·4119
10	r	5	551	„	83 19	80 56·	80 11	46 54·	42 18·	6·2720	5·7810	8·5298

Gersdorffit.

Regulär.

No.	Buch-staben	Symb.	Miller	φ	ϱ	ξ_0	η_0	ξ	η	x (Prismen) (x : y)	y	d $=\mathrm{tg}\,\varrho$
1	c	{ o	001	—	0°00	0°00	0°00	0°00	0°00	o	o	o
		{ o∞	010	0°00	90 00	”	90 00	”	90 00	”	∞	∞
2	e	{ o½	012	”	26 34	”	26 34	”	26 34	”	0·5000	0·5000
		{ o2	021	”	63 26	”	63 26	”	63 26	”	2·0000	2·0000
		{ ∞2	120	26 34	90 00	90 00	90 00	26 34	”	0·5000	∞	∞
3	p	1	111	45 00	54 44	45 00	45 00	35 16	35 16	1·0000	1·0000	1·4142

Gismondin.

Rhombisch.

a = 0·9856	lg a = 999370	lg a_0 = 002164	lg p_0 = 997836	a_0 = 1·0511	p_0 = 0·9514
c = 0·9377	lg c = 997206	lg b_0 = 002794	lg q_0 = 997206	b_0 = 1·0664	q_0 = 0·9377

No.	Buch-staben	Symb.	Miller	φ	ϱ	ξ_0	η_0	ξ	η	x (Prismen) (x : y)	y	d $=\mathrm{tg}\,\varrho$
1	c	o	001	—	0°00	0°00	0°00	0°00	0°00	o	o	o
2	b	o∞	010	0°00	90 00	”	90 00	”	90 00	”	∞	∞
3	a	∞o	100	90 00	”	90 00	0 00	90 00	0 00	∞	o	”
4	n	∞	110	45 25	”	”	90 00	45 25	44 35	1·0147·	∞	”
5	s	01	011	0 00	43 09·	0 00	43 09·	0 00	43 09·	o	0·9377	0·9377
6	o	10	101	90 00	43 34·	43 34·	0 00	43 34·	0 00	0·9514	o	0·9514

Glanzkobalt.

Regulär. Pentagonal-hemiedrisch.

No.	Buch-staben	Symb.	Miller	φ	ϱ	ξ_0	η_0	ξ	η	x (Prismen) (x : y)	y	d $=\mathrm{tg}\,\varrho$
1	c	{ o	001	—	0°00	0°00	0°00	0°00	0°00	o	o	o
		{ o∞	010	0°00	90 00	”	90 00	”	90 00	”	∞	∞
2	f	{ o¼	014	”	14 02	”	14 02	”	14 02	”	0·2500	0·2500
		{ o4	041	”	75 58	”	75 58	”	75 58	”	4·0000	4·0000
		{ ∞4	140	14 02	90 00	90 00	90 00	14 02	”	0·2500	∞	∞

No.	Buch-staben	Symb.	Miller	φ	ϱ	ξ_0	η_0	ξ	η	x (Prismen) (x : y)	y	d =tgϱ
3	e	$0\frac{1}{2}$	012	0°00	26°34	0°00	26°34	0°00	26°34	o	0·5000	0·5000
		02	021	"	63 26	"	63 26	"	63 26	"	2·0000	2·0000
		$\infty2$	120	26 34	90 00	90 00	90 00	26 34	"	0·5000	∞	∞
4	d	01	011	0 00	45 00	0 00	45 00	0 00	45 00	o	1·0000	1·0000
		∞	110	45 00	90 00	90 00	90 00	45 00	"	1·0000	∞	∞
5	o	$\frac{2}{5}$	225	"	29 29'	21 48	21 48	20 22	20 22'	0·4000	0·4000	0·5657
		$1\frac{5}{2}$	252	21 48	69 37'	45 00	68 12	"	60 30	1·0000	2·5000	2·6924
6	t	$\frac{3}{4}$	334	45 00	46 41	36 52	36 52	30 58	30 58	0·7500	0·7500	1·0606
		$1\frac{4}{3}$	343	36 52	59 02	45 00	53 08	"	43 19	1·0000	1·3333	1·6667
7	p	1	111	45 00	54 44	"	45 00	35 16	35 16	"	1·0000	1·4142
8	u	$\frac{1}{2}1$	122	26 34	48 11'	26 34	"	19 28	41 48'	0·5000	"	1·1180
		2	221	45 00	70 31'	63 26	63 26	41 48'	"	2·0000	2·0000	2·8284
9	x	$\frac{1}{3}\frac{2}{3}$	123	26 34	36 42	18 26	33 41'	15 30	32 18'	0·3333	0·6667	0·7453
		$\frac{1}{2}\frac{3}{2}$	132	18 26	57 41'	26 34	56 18'	"	53 18	0·5000	1·5000	1·5811
		23	231	33 41'	74 30	63 26	71 34	32 18'	"	2·0000	3·0000	3·6055
10	y	$\frac{1}{2}\frac{3}{4}$	234	"	42 02	26 34	36 52	21 48	33 51	0·5000	0·7500	0·9014
		$\frac{2}{3}\frac{4}{3}$	243	26 34	56 08'	33 41'	53 08	"	47 58	0·6667	1·3333	1·4907
		$\frac{3}{2}2$	342	36 52	68 12	56 18'	63 26	33 51	"	1·5000	2·0000	2·5000

Glaserit.

Hexagonal. Rhomboedrisch-hemiedrisch.

c = 1·2839	lg c = 010854	lg a₀ = 013002	lg p₀ = 993245	a₀ = 1·3490	p₀ = 0·8560

No.	Buch-staben	Symb.	Bravais	φ	ϱ	ξ_0	η_0	ξ	η	x (Prismen) (x : y)	y	d =tgϱ
1	c	o	0001	—	0°00	0°00	0°00	0°00	0°00	o	o	o
2	a	$\infty0$	$10\bar{1}0$	0°00	90 00	"	90 00	"	90 00	"	∞	∞
3	m	∞	$11\bar{2}0$	30 00	"	90 00	"	30 00	60 00	0·5773	"	"
4	δ	$+\frac{1}{4}$	$11\bar{2}4$	"	20 20	10 30	17 48	10 00'	17 31	0·1853	0·3210	0·3706
5	e ε	$\pm\frac{1}{2}$	$11\bar{2}2$	"	36 33	20 20	32 42	17 19'	31 03	0·3706	0·6420	0·7413
6	r y	±1	$11\bar{2}1$	"	56 00	36 33	52 05	24 29'	45 53	0·7413	1·2839	1·4826

Glauberit.

Monoklin.

a = 1·2199	lg a = 008632	lg a₀ = 007454	lg p₀ = 992546	a₀ = 1·1872	p₀ = 0·8423
c = 1·0275	lg c = 001178	lg b₀ = 998822	lg q₀ = 997838	b₀ = 0·9732	q₀ = 0·9514
$\left.\begin{array}{l}\mu =\\ 180-\beta\end{array}\right\}67°49$	$\left.\begin{array}{l}\lg h =\\ \lg\sin\mu\end{array}\right\}996660$	$\left.\begin{array}{l}\lg e =\\ \lg\cos\mu\end{array}\right\}957700$	$\lg\dfrac{p_0}{q_0} = 994706$	h = 0·9260	e = 0·3776

No.	Buchstaben	Symb.	Miller	φ	ϱ	ξ_0	η_0	ξ	η	x' (Prismen) (x : y)	y'	d' =tgϱ
1	c	0	001	90°00	22°11	22°11	0°00	22°11	0°00	0·4077·	0	0·4077·
2	b	0∞	010	0 00	90 00	0 00	90 00	0 00	90 00	0	∞	∞
3	a	∞	100	90 00	„	90 00	0 00	90 00	0 00	∞	0	„
4	m	∞	110	41 31	„	··	90 00	41 31	48 29	0·8852	∞	„
5	f	$0\frac{2}{3}$	023	30 46	38 34	22 11	34 25	18 35·	32 23	0·4077·	0·6850	0·7972
6	g	02	021	11 13·	64 29	„	64 03	10 07	62 16·	„	2·0550	2·0951
7	z	$-\frac{3}{2}0$	$\bar{3}$02	90 00	43 44	$\bar{4}$3 44	0 00	$\bar{4}$3 44	0 00	$\bar{0}$·9566	0	0·9566
8	t	−20	$\bar{2}$01	„	54 41	$\bar{5}$4 41	„	$\bar{5}$4 41	„	$\bar{1}$·4115	„	1·4115
9	r	+6	661	43 34·	83 18	80 19·	80 47	43 12	46 01	5·8656	6·1650	8·5094
10	s	+1	111	52 03	59 06	52 48	45 46·	42 35	31 51	1·3174	1·0275	1·6707
11	ε	$+\frac{4}{5}$	445	54 06	54 30	48 38	39 25	41 15·	28 31	1·1355	0·8220	1·4018
12	α	$+\frac{3}{4}$	334	54 44·	53 09·	47 30	37 37	40 48·	27 31	1·0900	0·7706	1·3349
13	u	$+\frac{1}{2}$	112	59 13·	45 07	40 47	27 11·	37 30	21 15·	0·8626	0·5137·	1·0040
14	β	$+\frac{1}{3}$	113	64 17	38 17	35 25	18 54·	33 55·	15 36	0·7109·	0·3425	0·7892
15	v	$-\frac{1}{3}$	$\bar{1}$13	$\bar{1}$6 59	19 42	$\bar{5}$ 58	„	$\bar{5}$ 39	18 48·	$\bar{0}$·1045·	„	0·3581
16	w	$-\frac{1}{2}$	$\bar{1}$12	$\bar{5}$ 14	27 17·	$\bar{2}$ 41·	27 11·	$\bar{2}$ 24	27 10	$\bar{0}$·0470·	0·5137·	0·5159
17	n	−1	$\bar{1}$11	$\bar{2}$6 02	48 50	$\bar{2}$6 39	45 46·	$\bar{1}$9 17·	42 34	$\bar{0}$·5018·	1·0275	1·1435
18	x	−3	$\bar{3}$31	$\bar{4}$8 29	72 07·	$\bar{6}$6 41·	64 03	45 26·	39 07	$\bar{2}$·3211	2·0550	3·1001
19	e	−31	$\bar{3}$11	$\bar{6}$6 07·	68 30	„	45 46·	$\bar{5}$8 18	22 07·	„	1·0275	2·5384

Glaubersalz.

Monoklin.

a = 1·116	lg a = 004766	lg a₀ = 995494	lg p₀ = 004506	a₀ = 0·9014	p₀ = 1·109
c = 1·238	lg c = 009272	lg b₀ = 990728	lg q₀ = 007154	b₀ = 0·8078	q₀ = 1·179
$\left.\begin{array}{l}\mu =\\ 180-\beta\end{array}\right\}72°15$	$\left.\begin{array}{l}\lg h =\\ \lg\sin\mu\end{array}\right\}997882$	$\left.\begin{array}{l}\lg e =\\ \lg\cos\mu\end{array}\right\}948411$	$\lg\dfrac{p_0}{q_0} = 997352$	h = 0·9524	e = 0·3049

No.	Buchstaben	Symb.	Miller	φ	ϱ	ξ_0	η_0	ξ	η	x' (Prismen) (x : y)	y'	d' =tgϱ
1	a	0	001	90°00	17°45	17°45	0°00	17°45	0°00	0·3201	0	0·3201
2	b	0∞	010	0 00	90 00	0 00	90 00	0 00	90 00	0	∞	∞
3	c	∞	100	90 00	„	90 00	0 00	90 00	0 00	∞	0	„

No.	Buch-staben	Symb.	Miller	φ	ϱ	ξ_0	η_0	ξ	η	x' (Prismen) (x : y)	y'	d' = tg ϱ
4	e	∞	110	43°15	90°00	90°00	90°00	43°15	46°45	0·9408·	∞	∞
5	f	∞2	120	25 11·	"	"	"	25 11·	64 48·	0·4704	"	1·2787
6	m	0I	011	14 30	51 58·	17 45	51 04	11 22·	49 42	0·3201	1·2380	1·2787
7	v	02	021	7 22	68 10·	..	68 00·	6 50	67 01	..	2·4760	2·4966
8	w	$+\frac{1}{2}$o	102	90 00	42 04	42 04	0 00	42 04	0 00	0·9023·	0	0·9023·
9	l	$-\frac{1}{2}$o	$\bar{1}$02	90 00	14 41	$\bar{1}$4 41	"	$\bar{1}$4 41	"	$\bar{0}$·2620·	"	0·2620·
10	r	−1o	$\bar{1}$0I	"	40 10·	$\bar{4}$0 10·	"	$\bar{4}$0 10·	"	$\bar{0}$·8443	"	0·8443
11	u	+2	221	46 56	74 35	69 19	68 00·	44 46	41 10	2·6490	2·4760	3·6259
12	d	+1	111	50 10·	62 39	56 02	51 04	43 00·	34 40·	1·4846	1·2380	1·9334
13	x	$+\frac{1}{2}$	112	55 33	47 34·	42 04	31 45·	37 30	24 41	0·6845	0·6190	1·0942
14	y	$-\frac{1}{2}$	$\bar{1}$12	$\bar{3}$2 56	33 54·	$\bar{1}$4 41	"	$\bar{1}$2 34	30 55	$\bar{3}$·6207	"	0·6722
15	n	−1	$\bar{1}$1I	$\bar{3}$4 17·	56 17	$\bar{4}$6 10·	51 04	$\bar{2}$7 57	43 24·	$\bar{0}$·8443	1·2380	1·4985

Glaukodot.

Rhombisch.

a = 0·6855	lg a = 983601	lg a₀ = 976017	lg p₀ = 023983	a₀ = 0·5757	p₀ = 1·7371
c = 1·1908	lg c = 007584	lg b₀ = 992416	lg q₀ = 007584	b₀ = 0·8398	q₀ = 1·1908

No.	Buch-staben	Symb.	Miller	φ	ϱ	ξ_0	η_0	ξ	η	x (Prismen) (x : y)	y	d = tg ϱ
1	c	o	001	—	0°00	0°00	0°00	0°00	0°00	0	0	0
2	a	0∞	010	0°00	90 00	"	90 00	"	90 00	"	∞	∞
3	b	∞0	100	90 00	"	90 00	0 00	90 00	0 00	∞	0	"
4	p	6∞	610	83 29	"	..	90 00	83 29	6 31	8·7526	∞	"
5	m	∞	110	55 34	"	"	"	55 34	34 26	1·4588	"	"
6	r	$0\frac{1}{4}$	014	0 00	16 34·	0 00	16 34·	0 00	16 34·	0	0·2977	0·2977
7	q	$0\frac{1}{3}$	013	"	21 39	"	21 39	"	21 39	"	0·3969·	0·3969·
8	s	$0\frac{1}{2}$	012	"	30 46	"	30 46	"	30 46	"	0·5954	0·5954
9	l	0I	011	"	49 58·	"	49 58·	"	49 58·	"	1·1908	1·1908
10	k	02	021	"	67 13·	"	67 13·	"	67 13·	"	2·3816	2·3816
11	t	03	031	"	74 21·	"	74 21·	"	74 21·	"	3·5724	3·5724
12	e	10	101	90 00	60 04·	60 04·	0 00	60 04·	0 00	1·7371	0	1·7371
13	α	$\frac{1}{2}$	112	55 34	46 29	40 58·	30 46	36 44	24 12·	0·8685	0·5954	1·0530
14	g	I	111	"	64 36	60 04·	49 58·	48 10	30 43	1·7371	1·1908	2·1060
15	v	$1\frac{1}{2}$	212	71 05	61 25·	"	30 46	56 10·	16 32·	"	0·5954	1·8363
16	β	21	211	"	74 46	73 56·	49 56·	65 53·	18 14	3·4743	1·1908	3·6727

Glimmer.[1]

Rhombisch. (?)

a = 0·5773	lg a = 976140	lg a₀ = 924381	lg p₀ = 075619	a₀ = 0·1753	p₀ = 5·704
c = 3·293	lg c = 051759	lg b₀ = 948241	lg q₀ = 051759	b₀ = 0·3037	q₀ = 3·293

No.	Buchstaben	Symb.	Miller	φ	ϱ	ξ_0	η_0	ξ	η	x (Prismen) (x : y)	y	d = tg ϱ
1	P	0	001	—	0°00	0°00	0°00	0°00	0°00	0	0	0
2	h	0∞	010	0°00	90 00	"	90 00	"	90 00	"	∞	∞
3	T	∞0	100	90 00	"	90 00	0 00	90 00	0 00	∞	0	"
4	G	∞	110	60 00	"	"	90 00	60 00	30 00	1·7322	∞	"
5	L	∞3	130	30 00	"	"	"	30 00	60 00	0·5774	"	"
6	J	$0\tfrac{1}{3}$	013	0 00	47 40	0 00	47 40	0 00	47 40	0	1·0976·	1·0976·
7	t	$0\tfrac{2}{3}$	023	"	65 30·	"	65 30·	"	63 30·	"	2·1953·	2·1953·
8	r	01	011	"	73 06·	"	73 06·	"	73 06·	"	3·2930	3·2930
9	Y	$0\tfrac{4}{3}$	043	"	77 10	"	77 10	"	77 10	"	4·3907	4·3907
10	s	$0\tfrac{3}{2}$	032	"	78 33·	"	78 33·	"	78 33·	"	4·9394·	4·9394·
11	ξ	$0\tfrac{12}{7}$	0·12·7	"	79 57	"	79 57	"	79 57	"	5·6451	5·6451
12	α	02	021	"	81 22	"	81 22	"	81 22	"	6·5860	6·5860
13	β	$0\tfrac{5}{2}$	052	"	83 04·	"	83 04·	"	83 04·	"	8·2324	8·2324
14	y	04	041	"	85 39·	"	85 39·	"	85 39·	"	13·172	13·172
15	q	06	061	"	87 10	"	87 10	"	87 10	"	19·758	19·758
16	x	$\tfrac{1}{2}0$	102	90 00	70 40·	70 40·	0 00	70 40·	0 00	2·8521	0	2·8521
17	g	10	101	"	80 03·	80 03·	"	80 03·	"	5·7041	"	5·7041
18	a	$-\tfrac{1}{12}$	1·1·12	60 00	28 45·	25 25·	15 20·	24 37·	13 55	0·4753·	0·2744	0·5489
19	W	$+\tfrac{1}{9}$	119	"	36 12	32 22	20 06	30 45·	17 10·	0·6338	0·3660	0·7318
20	k	$-\tfrac{1}{8}$	118	"	39 38	35 29·	22 22·	33 24	18 31·	0·7130	0·4116	0·8233
21	γ	$+\tfrac{1}{7}$	117	"	43 15·	39 10·	25 11·	36 24	20 02	0·8149	0·4704	0·9409
22	z	$+\tfrac{1}{6}$	116	"	47 40	43 33	28 45·	39 48·	21 41·	0·9507	0·5488·	1·0977
23	S	$+\tfrac{1}{5}$	115	"	52 48	48 46	33 22	43 37	23 28	1·1408	0·6586	1·3173
24	p	$+\tfrac{1}{4}$	114	"	58 43·	54 57·	39 27·	47 45	25 18	1·426	0·8232·	1·6466
25	ζ	$-\tfrac{1}{3}$	113	"	65 30·	62 15·	47 40	52 00·	27 04	1·9014	1·0976	2·1955
26	H	$-\tfrac{2}{5}$	225	"	69 13	66 20	52 47·	54 04	27 52	2·2816	1·3172	2·6346
27	o	$-\tfrac{1}{2}$	112	"	73 06·	70 40·	58 43·	55 58	28 35	2·8520·	1·6465	3·2933
28	l	$+\tfrac{5}{8}$	558	"	76 20·	74 20	64 05	57 18·	29 04	3·5651	2·0581	4·1165
29	N	$+\tfrac{2}{3}$	223	"	77 10	75 16	65 30·	57 36·	29 10·	3·8027	2·1953	4·3910
30	u	$-\tfrac{7}{10}$	7·7·10	"	77 45·	75 56·	66 33	57 49	29 15	3·9929	2·3051	4·6105
31	n	$-\tfrac{3}{4}$	334	"	78 33·	76 50·	67 57·	58 05	29 20·	4·2781	2·4697	4·9398
32	w	$-\tfrac{9}{10}$	9·9·10	"	80 25·	78 58·	71 21·	58 39	29 32	5·1336·	2·9636	5·9277
33	M	$+1$	111	"	81 22	80 03·	73 06·	58 53·	29 37·	5·7041	3·2930	6·5864

---

[1] ± Im Sinn der monoklinen Symbole.

Goldschmidt, Winkeltabellen.

No.	Buch-staben	Symb.	Miller	φ	ϱ	ξ_0	η_0	ξ	η	x (Prismen) (x : y)	y	d =tgϱ
34	i	$+\frac{9}{8}$	998	60°00	82°19	81°08·	74°53·	59°07·	29°42	6·4171	3·7047	7·4097
35	c	$+\frac{5}{4}$	554	··	83 04·	82 01	76 20·	59 17	29 45·	7·1301	4·1162	8·2330
36	e	$-\frac{3}{2}$	332	··	84 13	83 20	78 33·	59 30	29 49·	8·5562	4·9394	9·8796
37	m	-2	221	··	85 39·	84 59·	81 22	59 43·	29 54	11·408	6·586	13·173
38	f	-3	331	··	87 06	86 39·	84 13	59 52·	29 57·	17·1124	9·879	19·759
39	σ	$+5$	551	··	88 15·	87 59·	86 31·	59 57·	29 59	28·5206	16·465	32·932
40	d	$-\frac{1}{2}\frac{3}{2}$	132	30 00	80 03·	70 40·	78 33·	29 30·	58 32·	2·8520·	4·9394	5·7037
41	v	$-\frac{1}{4}\frac{3}{4}$	134	,,	70 40·	54 57·	67 57·	28 09·	54 48·	1·4260	2·4697	2·8519
42	b	$-\frac{5}{2}\frac{15}{2}$	5·15·2	,,	87 59·	85 59·	87 41	29 59	59 56	14·2600	24·6970	28·519

Göthit.

Rhombisch.

a=0·9185	lg a=996308	lg a₀=018003	lg p₀=981997	a₀=1·5136	p₀=0·6606
c=0·6068	lg c=978305	lg b₀=021695	lg q₀=978305	b₀=1·6480	q₀=0·6068

No.	Buch-staben	Symb.	Miller	φ	ϱ	ξ_0	η_0	ξ	η	x (Prismen) (x : y)	y	d =tgϱ
1	b	0∞	010	0°00	90°00	0°00	90°00	0°00	90°00	0	∞	∞
2	a	∞0	100	90 00	,,	90 00	0 00	90 00	0 00	∞	0	··
3	M	2∞	210	65 20	··	··	90 00	65 20	24 40	2·1777·	∞	,·
4	y	∞	110	47 26	,,	··	,,	47 26	42 34	1·0887	··	,,
5	l	∞2	120	28 33·	,,	,,	,,	28 33·	61 26·	0·5443·	,,	··
6	e	01	011	0 00	31 15	0 00	31 15	0 00	31 15	0	0·6068	0·6068
7	d	02	021	··	50 31	,,	50 31	,,	50 31	,,	1·2136	1·2136
8	i	0$\frac{5}{2}$	052	,,	56 36·	··	56 36·	,,	56 36·	··	1·5170	1·5170
9	u	10	101	90 00	33 27	33 27	0 00	33 27	0 00	0·6606·	0	0·6606·
10	N	40	401	··	69 16·	69 16·	,,	69 16·	,,	2·6426	,,	2·6426
11	Λ	1$\frac{5}{2}$	252	23 32	58 51	33 27	56 36·	19 59	51 41·	0·6606·	1·5170	1·6546
12	p	1	111	47 26	41 53·	,,	31 15	29 27·	26 51	··	0·6068	0·8970
13	s	1$\frac{1}{2}$	212	65 20	36 01	,,	16 52·	32 18	14 12·	,,	0·3034	0·7270
14	ϱ	31	311	72 58·	64 14·	63 13·	31 15	59 27	15 17·	1·9829	0·6068	2·0727

Gold.

Regulär.

No.	Buch-staben	Symb.	Miller	φ	ϱ	ξ_0	η_0	ξ	η	x (Prismen) (x : y)	y	d = tg ϱ
1	c	0	001	—	0°00	0°00	0°00	0°00	0°00	0	0	0
		0∞	010	0°00	90 00	„	90 00	„	90 00	„	∞	∞
2	f	0¼	014	„	14 02	„	14 02	„	14 02	„	0·2500	0·2500
		04	041	„	75 58	„	75 58	„	75 58	„	4·0000	4·0000
		∞4	140	14 02	90 00	90 00	90 00	14 02	„	0·2500	∞	∞
3	a	0⅓	013	0 00	18 26	0 00	18 26	„	18 26	„	0·3333	0·3333
		03	031	„	71 34	„	71 34	„	71 34	„	3·0000	3·0000
		∞3	130	18 26	90 00	90 00	90 00	18 26	„·	0·3333	∞	∞
4	g	0⅖	025	0 00	21 48	0 00	21 48	0 00	21 48	0	0·4000	0·4000
		0 5/2	052	„	68 12	„	68 12	„	68 12	„	2·5000	2·5000
		∞ 5/2	250	21 48	90 00	90 00	90 00	21 48	„	0·4000	∞	∞
5	e	0½	012	0 00	26 34	0 00	26 34	0 00	26 34	0	0·5000	0·5000
		02	021	„	63 26	„	63 26	„	63 26	„	2·0000	2·0000
		∞2	120	26 34	90 00	90 00	90 00	26 34	„	0·5000	∞	∞
6	d	0I	011	0 00	45 00	0 00	45 00	0 00	45 00	0	1·0000	1·0000
		∞	110	45 00	90 00	90 00	90 00	45 00	„	1·0000	∞	∞
7	A	⅛	118	„	10 01·	7 07	7 07	7 04	7 04	0·1250	0·1250	0·1768
		18	181	7 07·	82 56	45 00	82 52·	„	79 59	1·0000	8·0000	8·0622
8	k	¼	114	45 00	19 28	14 02	14 02	13 38	13 38	0·2500	0·2500	0·3535
		14	141	14 02	76 22	45 00	75 58	„	70 32	1·0000	4·0000	4·1231
9	m	⅓	113	45 00	25 14·	18 26	18 26	17 33	17 33	0·3333	0·3333	0·4714
		13	131	18 26	72 27	45 00	71 34	„	64 45·	1·0000	3·0000	3·1623
10	q	½	112	45 00	35 16	26 34	26 34	24 05·	24 05·	0·5000	0·5000	0·7071
		12	121	26 34	65 54·	45 00	63 26	„	54 44	1·0000	2·0000	2·2360
11	p	I	111	45 00	54 44	„	45 00	35 16	35 16	„	1·0000	1·4142
12	ψ	¼ ½	124	26 34	29 12·	14 02	26 34	12 36·	25 52·	0·2500	0·5000	0·5590
		½ 2	142	14 02	64 07·	26 34	63 26	„	60 47·	0·5000	2·0000	2·0615
		24	241	26 34	77 23·	63 26	75 58	25 52·	„	2·0000	4·0000	4·4721
13	x	⅓ ⅔	123	„	36 42	18 26	33 41·	15 30	32 18·	0·3333	0·6667	0·7453
		½ 3/2	132	18 26	57 41·	26 34	56 18·	„	53 18	0·5000	1·5000	1·5811
		23	231	33 41·	74 30	63 26	71 34	32 18·	„	2·0000	3·0000	3·6055
14	S	3/5 4/5	345	36 52	45 00	30 58	38 39·	25 06	34 27	0·6000	0·8000	1·0000
		3/4 4/5	354	30 58	55 33	36 52	51 20·	„	45 00	0·7500	1·2500	1·4577
		4/3 5/3	453	38 39·	64 54	53 08	59 02	34 27	„	1·3333	1·6667	2·1344
15	Ω	1/18 5/9	1.10.18	5 42·	29 10·	3 11	29 03·	2 47	29 01	0·0556	0·5556	0·5583
		1/10 9/5	1.18.10	3 11	60 59	5 42·	60 56·	„	60 49·	0·1000	1·8000	1·8028
		10.18	10.18.1	29 03·	87 13	84 17·	86 49	29 01	„	10.000	18·000	20·591

Granat.

Regulär.

No.	Buch-staben	Symb.	Miller	φ	ϱ	ξ_0	η_0	ξ	η	x (Prismen) (x : y)	y	d =tgϱ
1	c	0	001	—	0° 00	0° 00	0° 00	0° 00	0° 00	0	0	0
		0∞	010	0° 00	90 00	"	90 00	"	90 00	"	∞	∞
2	C	0⅙	016	"	9 27·	"	9 27·	"	9 27·	"	0·1667	0·1667
		06	061	"	80 32·	"	80 32·	"	80 32·	"	6·0000	6·0000
		∞6	160	9 27·	90 00	90 00	90 00	9 27·	"	0·1667	∞	∞
3	a	0⅓	013	0 00	18 26	0 00	18 26	0 00	18 26	0	0·3333	0·3333
		03	031	"	71 34	"	71 34	"	71 34	"	3·0000	3·0000
		∞3	130	18 26	90 00	90 00	90 00	18 26	"	0·3333	∞	∞
4	g	0⅖	025	0 00	21 48	0 00	21 48	0 00	21 48	0	0·4000	0·4000
		0⁵⁄₂	052	"	68 12	"	68 12	"	68 12	"	2·5000	2·5000
		∞⁵⁄₂	250	21 48	90 00	90 00	90 00	21 48	"	0·4000	∞	∞
5	e	0½	012	0 00	26 34	0 00	26 34	0 00	26 34	0	0·5000	0·5000
		02	021	"	63 26	"	63 26	"	63 26	"	2·0000	2·0000
		∞2	120	26 34	90 00	90 00	90 00	26 34	"	0·5000	∞	∞
6	h	0⅗	035	0 00	30 58	0 00	30 58	0 00	30 58	0	0·6000	0·6000
		0⁵⁄₃	053	"	59 02	"	59 02	"	59 02	"	1·6667	1·6667
		∞⁵⁄₃	350	30 58	90 00	90 00	90 00	30 58	"	0·6000	∞	∞
7	b	0⅔	023	0 00	33 41·	0 00	33 41·	0 00	33 41·	0	0·6667	0·6667
		0³⁄₂	032	"	56 18·	"	56 18·	"	56 18·	"	1·5000	1·5000
		∞³⁄₂	230	33 41·	90 00	90 00	90 00	33 41·	"	0·6667	∞	∞
8	δ	0⅘	045	0 00	38 39·	0 00	38 39·	0 00	38 39·	0	0·8000	0·8000
		0⁵⁄₄	054	"	51 20·	"	51 20·	"	51 20·	"	1·2500	1·2500
		∞⁵⁄₄	450	38 39·	90 00	90 00	90 00	38 39·	"	0·8000	∞	∞
9	d	01	011	0 00	45 00	0 00	45 00	0 00	45 00	0	1·0000	1·0000
		∞	110	45 00	90 00	90 00	90 00	45 00	"	1·0000	∞	∞
10	l	⅕	115	"	15 47·	11 18·	11 18·	11 06	11 06	0·2000	0·2000	0·2828
		15	151	11 18·	78 54	45 00	78 41·	"	74 12·	1·0000	5·0000	5·0989
11	λ	²⁄₇	227	45 00	22 00	15 57	15 57	15 21·	15 21·	0·2857	0·2857	0·4041
		1⁷⁄₂	272	15 56·	74 38·	45 00	74 03·	"	68 00	1·0000	3·5000	3·6401
12	m	⅓	113	45 00	25 14·	18 26	18 26	17 33	17 33	0·3333	0·3333	0·4714
		13	131	18 26	72 27	45 00	71 34	"	64 45·	1·0000	3·0000	3·1623
13	q	½	112	45 00	35 16	26 34	26 34	24 05·	24 05·	0·5000	0·5000	0·7071
		12	121	26 34	65 54·	45 00	63 26	"	54 44	1·0000	2·0000	2·2360
14	A	⁴⁄₇	447	45 00	38 56·	29 44·	29 44·	26 23	26 23	0·5714	0·5714	0·8081
		1⁷⁄₄	474	29 44·	63 36·	45 00	60 15·	"	51 03·	1·0000	1·7500	2·0155
15	B	⅗	335	45 00	40 19	30 58	30 58	27 13·	27 14	0·6000	0·6000	0·8485
		1⅗	353	30 58	62 46·	45 00	59 02	"	49 41	1·0000	1·6667	1·9437

No.	Buch-staben	Symb.	Miller	φ	ϱ	ξ_0	η_0	ξ	η	x (Prismen) (x : y)	y	d =tgϱ
16	t	$\frac{3}{4}$	334	45°.00	46°41	36°52	36°52	30°58	30°58	0·7500	0·7500	1·0606
		$1\frac{4}{3}$	343	36 52	59 02	45 00	53 08	"	43 19·	1·0000	1·3333	1·6667
17	p	1	111	45 00	54 44	"	45 00	35 16	35 16	"	1·0000	1·4142
18	v	$\frac{1}{3}$ 1	133	18 26	46 30·	18 26	"	13 16	43 29·	0·3333	"	1·0541
		3	331	45 00	76 44	71 34	71 34	43 29·	"	3·0000	3·0000	4·2426
19	u	$\frac{1}{2}$ 1	122	26 34	48 11·	26 34	45 00	19 28	41 48·	0·5000	1·0000	1·1180
		2	221	45 00	70 31·	63 26	63 26	41 48·	"	2·0000	2·0000	2·8284
20	w	$\frac{2}{3}$ 1	233	33 41·	50 14·	33 41·	45 00	25 14·	39 45·	0·6667	1·0000	1·2019
		$\frac{3}{2}$	332	45 00	64 45·	56 18·	56 18·	39 45·	"	1·5000	1·5000	2·1213
21	y	$\frac{1}{2}\frac{3}{4}$	234	33 41·	42 02	26 34	36 52	21 48	33 51	0·5000	0·7500	0·9014
		$\frac{2}{3}\frac{4}{3}$	243	26 34	56 08·	33 41·	53 08	"	47 58	0·6667	1·3333	1·4907
		$\frac{3}{2}$ 2	342	36 52	68 12	56 18·	63 26	33 51	"	1·5000	2·0000	2·5000
22	x	$\frac{1}{3}\frac{2}{3}$	123	26 34	36 42	18 26	33 41·	15 30	32 18·	0·3333	0·6667	0·7453
		$\frac{1}{2}\frac{3}{2}$	132	18 26	57 41·	26 34	56 18·	"	53 18	0·5000	1·5000	1·5811
		23	231	33 41·	74 30	63 26	71 34	32 18·	"	2·0000	3·0000	3·6055
23	ω	$\frac{1}{4}\frac{3}{4}$	134	18 26	38 19·	14 02	36 52	11 18·	36 02·	0·2500	0·7500	0·7906
		$\frac{1}{3}\frac{4}{3}$	143	14 02	53 57·	18 26	53 08	"	51 40	0·3333	1·3333	1·3743
		34	341	36 52	78 41·	71 34	75 58	36 02·	"	3·0000	4·0000	5·0000
24	Σ	$\frac{1}{5}\frac{4}{5}$	145	14 02	39 30·	11 18·	38 39·	8 52·	38 06·	0·2000	0·8000	0·8246
		$\frac{1}{4}\frac{5}{4}$	154	11 18·	51 53	14 02	51 20·	"	50 29·	0·2500	1·2500	1·2747
		45	451	38 39·	81 07·	75 58	78 41·	38 07	"	4·0000	5·0000	6·4031
25	E	$\frac{3}{8}\frac{5}{8}$	358	30 58	36 05	20 33·	32 00·	17 38·	30 22·	0·3750	0·6250	0·7289
		$\frac{3}{5}\frac{8}{5}$	385	20 33·	59 40	30 58	57 59·	"	53 55	0·6000	1·6000	1·7088
		$\frac{5}{3}\frac{8}{3}$	583	32 00·	72 21·	59 02	69 26·	30 20	"	1·6667	2·6667	3·1446
26	D	$\frac{3}{10}\frac{7}{10}$	3·7·10	23 12	37 17·	16 42	34 59·	13 48·	33 50·	0·3000	0·7000	0·7616
		$\frac{3}{7}\frac{10}{7}$	3·10·7	16 42	56 09·	23 12	55 00·	"	52 42·	0·4286	1·4286	1·4914
		$\frac{7}{3}\frac{10}{3}$	7·10·3	34 59·	76 11·	66 48	73 18	33 50·	"	2·3333	3·3333	4·0688

Graphit.

Hexagonal. Rhomboedrisch-hemiedrisch.

c = 1·386	lg c = 014176	lg a$_0$ = 009680	lg p$_0$ = 996569	a$_0$ = 1·250	p$_0$ = 0·924	(G$_2$)

No.	Buch-staben	Symb.	Bravais	φ	ϱ	ξ_0	η_0	ξ	η	x (Prismen) (x : y)	y	d =tgϱ
1	o	0	0001	—	0°00	0°00	0°00	0°00	0°00	0	0	0
2	a	∞	$10\bar{1}0$	0°00	90 00	"	90 00	"	90 00	"	∞	∞
3	π	10	$10\bar{1}1$	"	42 44·	"	42 44·	"	42 44·	"	0·9240	0·9240
4	ν	30	$30\bar{3}1$	"	70 10	"	70 10	"	70 10	"	2·7721	2·7721
5	p.	1	$11\bar{2}1$	30 00	58 00	38 40	54 11·	25 05·	47 15·	0·8002	1·3861	1·6005

Greenockit.

Hexagonal. Hemimorph.

c = 1·4061	lg c = 014802	lg a₀ = 009054	lg p₀ = 997193	a₀ = 1·2318	p₀ = 0·9374	(G_I)

No.	Buchstaben	Symb.	Bravais	φ	ϱ	ξ_0	η_0	ξ	η	x (Prismen) (x : y)	y	d =tg ϱ
1	o	0	0001	—	0°00	0°00	0°00	0°00	0°00	0	0	0
2	m	∞0	$10\bar{1}0$	0°00	90 00	"	90 00	"	90 00	"	∞	∞
3	n	∞	$11\bar{2}0$	30 00	"	90 00	"	30 00	60 00	0·5773	"	"
4	d	2∞	$21\bar{3}0$	19 06·	"	"	"	19 06·	70 53·	0·3464	"	"
5	e	$\frac{1}{7}$0	$10\bar{1}7$	0 00	7 37·	0 00	7 37·	0 00	7 37·	0	0·1339	0·1339
6	α	$\frac{3}{20}$0	$3{\cdot}0{\cdot}\bar{3}{\cdot}20$	"	8 00	"	8 00	"	8 00	"	0·1406	0·1406
7	f	$\frac{1}{5}$0	$10\bar{1}5$	"	10 37	"	10 37	"	10 37	"	0·1875	0·1875
8	i	$\frac{1}{2}$0	$10\bar{1}2$	"	25 07	"	25 07	"	25 07	"	0·4687	0·4687
9	k	$\frac{2}{3}$0	$20\bar{2}3$	"	32 00	"	32 00	"	32 00	"	0·6249	0·6249
10	l	$\frac{3}{4}$0	$30\bar{3}4$	"	35 06·	"	35 06·	"	35 06·	"	0·7030	0·7030
11	r	10	$10\bar{1}1$	"	43 09	"	43 09	"	43 09	"	0·9374	0·9374
12	y	$\frac{4}{3}$0	$40\bar{4}3$	"	51 20	"	51 20	"	51 20	"	1·2499	1·2499
13	p	$\frac{8}{5}$0	$80\bar{8}5$	"	56 18·	"	56 18·	"	56 18·	"	1·4999	1·4999
14	q	$\frac{5}{3}$0	$50\bar{5}3$	"	57 22·	"	57 22·	"	57 22·	"	1·5623	1·5623
15	u	$\frac{7}{4}$0	$70\bar{7}4$	"	58 38	"	58 38	"	58 38	"	1·6405	1·6405
16	s	20	$20\bar{2}1$	"	61 55·	"	61 55·	"	61 55·	"	1·8748	1·8748
17	t	30	$30\bar{3}1$	"	70 25·	"	70 25·	"	70 25·	"	2·8122	2·8122
18	B	$\frac{10}{3}$0	$10{\cdot}0{\cdot}\bar{10}{\cdot}3$	"	72 15	"	72 15	"	72 15	"	3·1247	3·1247
19	v	40	$40\bar{4}1$	"	75 04	"	75 04	"	75 04	"	3·7496	3·7496
20	C	50	$50\bar{5}1$	"	77 57·	"	77 57·	"	77 57·	"	4·6871	4·6871
21	D	60	$60\bar{6}1$	"	79 55	"	79 55	"	79 55	"	5·6244	5·6244
22	z	1	$11\bar{2}1$	30 00	58 22·	39 04	54 35	25 12	47 30·	0·8118	1·4061	1·6236

Guarinit.

Rhombisch.

a = 0·9892	lg a = 999528	lg a₀ = 012464	lg p₀ = 987536	a₀ = 1·3324	p₀ = 0·7505
c = 0·7424	lg c = 987064	lg b₀ = 012936	lg q₀ = 987064	b₀ = 1·3470	q₀ = 0·7424

No.	Buchstaben	Symb.	Miller	φ	ϱ	ξ_0	η_0	ξ	η	x (Prismen) (x : y)	y	d =tg ϱ
1	a	0	001	—	0°00	0°00	0°00	0°00	0°00	0	0	0
2	c	0∞	010	0°00	90 00	"	90 00	"	90 00	"	∞	∞
3	b	∞0	100	90 00	"	90 00	0 00	90 00	0 00	∞	0	"

No.	Buch-staben	Symb.	Miller	φ	ϱ	ξ_0	η_0	ξ	η	x (Prismen) (x : y)	y	d =tgϱ
4	g	3∞	310	71°45	90°00	90°00	90°00	71°45	18°15	3·0328	∞	∞
5	f	2∞	210	63 41	"	"	"	63 41	26 19·	2·0218·	"	"
6	e	∞	110	45 18·	"	"	"	45 18·	44 41·	1·0109·	"	"
7	d	$\infty2$	120	26 49	"	"	"	26 49	63 11	0·5054·	"	"
8	y	$0\tfrac{1}{2}$	012	0 00	20 22	0 00	20 22	0 00	20 22	0	0·3712	0·3712
9	x	$0\mathrm{I}$	011	"	36 35·	"	36 35·	"	36 35·	"	0·7424	0·7424

Gyps.

Monoklin.

a = 0·6895	lg a = 983853	lg a_0 = 022226	lg p_0 = 977774	a_0 = 1·6682	p_0 = 0·5994
c = 0·4133	lg c = 961627	lg b_0 = 038373	lg q_0 = 961093	b_0 = 2·4195	q_0 = 0·4083
$\left.\begin{matrix}\mu=\\180-\beta\end{matrix}\right\}$ 81°02	$\left.\begin{matrix}\lg h=\\ \lg\sin\mu\end{matrix}\right\}$ 999466	$\left.\begin{matrix}\lg e=\\ \lg\cos\mu\end{matrix}\right\}$ 919273	$\lg\dfrac{p_0}{q_0}$ = 016681	h = 0·9878	e = 0·1559

No.	Buch-staben	Symb.	Miller	φ	ϱ	ξ_0	η_0	ξ	η	x' (Prismen) (x : y)	y'	d' =tgϱ
1	c	0	001	90°00	8°58	8°58	0°00	8°58	0°00	0·1578	0	0·1578
2	b	0∞	010	0 00	90 00	0 00	9C 00	0 00	90 00	0	∞	∞
3	a	$\infty0$	100	90 00	"	90 00	0 00	90 00	0 00	∞	0	"
4	z	3∞	310	77 12·	..	..	90 00	77 12·	12 47·	4·4048	∞	"
5	a	2∞	210	71 11·	..	..	"	71 11·	18 48·	2·9365·	..	..
6	ψ	$\tfrac{3}{2}\infty$	320	65 35	..	..	"	65 35	24 25	2·2024	..	..
7	f	∞	110	55 44·	..	..	"	55 44·	34 15·	1·4683	..	"
8	g	$\infty\tfrac{3}{2}$	230	44 23·	"	"	..	44 23·	45 36·	0·9788·	..	"
9	δ	$\infty\tfrac{5}{3}$	350	41 22·	"	"	"	41 22·	48 37·	0·8810	..	"
10	h	$\infty2$	120	36 17	..	"	..	36 17	53 43	0·7341·	..	"
11	i	$\infty\tfrac{5}{2}$	250	30 25·	..	"	"	30 25·	59 34·	0·5873	..	"
12	k	$\infty3$	130	26 05	..	"	"	26 05	63 55	0·4894	..	"
13	r	$\infty4$	140	20 09·	"	"	"	20 09·	69 50·	0·3670·	"	"
14	γ	$0\tfrac{2}{3}$	023	29 48	17 37	8 58	15 24·	8 39	15 13·	0·1578	0·2755·	0·3175
15	v	$0\mathrm{I}$	011	20 54	23 52	"	22 27·	8 18	22 12·	"	0·4133	0·4424
16	d	$+\mathrm{I}0$	101	90 00	37 24	37 24	0 00	37 24	0 00	0·7646·	0	0·7646·
17	λ	$+\tfrac{1}{3}0$	103	"	19 48	19 48	"	19 48	"	0·3601	..	0·3601
18	e	$-\tfrac{1}{3}0$	$\bar{1}03$	90 00	2 32·	$\bar{2}$ 32·	"	$\bar{2}$ 32·	"	$\bar{0}$·0444·	"	0·0444·
19	β	$-\tfrac{5}{9}0$	$\bar{5}09$	"	10 10	$\bar{1}0$ 10	"	$\bar{1}0$ 10	"	$\bar{0}$·1793	..	0·1793
20	t	$-\mathrm{I}0$	$\bar{1}01$	"	24 11	$\bar{2}4$ 11	"	$\bar{2}4$ 11	"	$\bar{0}$·4490	"	0·4490
21	l	$+\mathrm{I}$	111	61 36·	41 00	37 24	22 27·	35 15	18 10·	0·7646	0·4133	0·8692

No.	Buchstaben	Symb.	Miller	φ	ϱ	ξ_0	η_0	ξ	η	x' (Prismen) (x : y)	y'	d' =tgϱ
22	n	-1	$\bar{1}11$	$\bar{4}7°22$	$31°23·$	$\bar{2}4°11$	$22°27$	$\bar{2}2°32$	$20°39·$	$\bar{0}·4489·$	$0·4133$	$0·6103$
23	u	$-\frac{1}{3}1$	$\bar{1}33$	$\bar{6}\ 06$	$22\ 34·$	$\bar{2}\ 32·$	"	$\bar{2}\ 21$	$22\ 26$	$\bar{0}·0444·$	"	$0·4157$
24	y	$+13$	131	$31\ 39·$	$55\ 32$	$37\ 24$	$51\ 07$	$25\ 38·$	$44\ 34$	$0·7646$	$1·2399$	$1·4567$
25	x	-12	$\bar{1}21$	$\bar{2}8\ 30·$	$43\ 15$	$\bar{2}4\ 11$	$39\ 34·$	$\bar{1}9\ 05·$	$37\ 01$	$\bar{0}·4489·$	$0·8266$	$0·9407$
26	s	-13	$\bar{1}31$	$\bar{1}9\ 54·$	$52\ 49·$	"	$51\ 07$	$\bar{1}5\ 44·$	$48\ 31$	"	$1·2399$	$1·3187$
27	μ	$+\frac{9}{5}$	995	$59\ 14·$	$55\ 29·$	$51\ 20·$	$36\ 39$	$45\ 05$	$24\ 55·$	$1·2501$	$0·7439·$	$1·4547$
28	w	$-\frac{1}{3}$	$\bar{1}13$	$\bar{1}7\ 53$	$8\ 14$	$\bar{2}\ 33$	$7\ 50·$	$\bar{2}\ 31$	$7\ 50$	$\bar{0}·0444·$	$0·1377·$	$0·1448$
29	σ	$-\frac{1}{2}\frac{3}{4}$	$\bar{2}34$	$\bar{2}5\ 09·$	$18\ 54$	$8\ 17$	$17\ 13·$	$\bar{7}\ 55$	$17\ 03$	$\bar{0}·1455·$	$0·3100$	$0·3425$
30	ξ	$+\frac{1}{3}\frac{2}{3}$	123	$52\ 34·$	$24\ 23·$	$19\ 48$	$15\ 24·$	$19\ 08·$	$14\ 32$	$0·3605$	$0·2755$	$0·4534$

Hämafibrit.

Rhombisch.

$a = 0·9142$	$\lg a = 996104$	$\lg a_0 = 972109$	$\lg p_0 = 027891$	$a_0 = 0·5261$	$p_0 = 1·9007$
$c = 1·7376$	$\lg c = 023995$	$\lg b_0 = 976005$	$\lg q_0 = 023995$	$b_0 = 0·5755$	$q_0 = 1·7376$

No.	Buchstaben	Symb.	Miller	φ	ϱ	ξ_0	η_0	ξ	η	x (Prismen) (x : y)	y	d =tgϱ
1	b	0	001	—	$0°00$	$0°00$	$0°00$	$0°00$	$0°00$	0	0	0
2	m	10	101	$90°00$	$62\ 15$	$62\ 15$	"	$62\ 15$	"	$1·9007$	"	$1·9007$
3	e	$\frac{1}{2}$	112	$47\ 34$	$52\ 10$	$43\ 32·$	$40\ 59$	$35\ 39·$	$32\ 12$	$0·9503$	$0·8689$	$1·2876$

Haidingerit.

Rhombisch.

$a = 0·8391$	$\lg a = 992381$	$\lg a_0 = 992503$	$\lg p_0 = 007497$	$a_0 = 0·8415$	$p_0 = 1·1884$
$c = 0·9972$	$\lg c = 999878$	$\lg b_0 = 000122$	$\lg q_0 = 999878$	$b_0 = 1·0028$	$q_0 = 0.9972$

No.	Buchstaben	Symb.	Miller	φ	ϱ	ξ_0	η_0	ξ	η	x (Prismen) (x : y)	y	d =tgϱ
1	d	0∞	010	$0°00$	$90°00$	$0°00$	$90°00$	$0°00$	$90°00$	0	∞	∞
2	f	$\infty0$	100	$90\ 00$	"	$90\ 00$	$0\ 00$	$90\ 00$	$0\ 00$	∞	0	"
3	e	∞	110	$50\ 00$	"	"	$90\ 00$	$50\ 00$	$40\ 00$	$1·1917·$	∞	"
4	a	$0\frac{1}{2}$	012	$0\ 00$	$26\ 30$	$0\ 00$	$26\ 30$	$0\ 00$	$26\ 30$	0	$0·4986$	$0·4986$
5	g	$\frac{1}{4}0$	104	$90\ 00$	$16\ 33$	$16\ 33$	$0\ 00$	$16\ 33$	$0\ 00$	$0·2971$	0	$0·2971$
6	h	10	101	"	$49\ 55$	$49\ 55$	"	$49\ 55$	"	$1·1884$	"	$1·1884$
7	i	20	201	"	$67\ 11$	$67\ 11$	"	$67\ 11$	"	$2·3768$	"	$2·3768$
8	n	$\frac{5}{4}1$	544	$56\ 08$	$60\ 48$	$56\ 03$	$44\ 55$	$46\ 27$	$29\ 07$	$1·4855$	$0·9972$	$1·7892$
9	m	21	211	$67\ 14·$	$68\ 47·$	$67\ 11$	"	$59\ 17$	$21\ 08·$	$2·3768$	"	$2·5776$

Hambergit.

Rhombisch.

a = 0·7988	lg a = 990244	lg a_o = 004103	lg p_o = 995897	a_o = 1·0991	p_o = 0·9098
c = 0·7268	lg c = 986141	lg b_o = 013859	lg q_o = 986141	b_o = 1·3759	q_o = 0·7268

No.	Buch-staben	Symb.	Miller	φ	ϱ	ξ_o	η_o	ξ	η	x (Prismen) (x : y)	y	d = tg ϱ
1	b	0∞	010	0° 00	90° 00	0° 00	90° 00	0° 00	90° 00	0	∞	∞
2	a	∞0	100	90 00	"	90 00	0 00	90 00	0 00	∞	0	"
3	m	∞	110	51 23	"	"	90 00	51 23	38 37	1·2519	∞	"
4	e	01	011	0 00	36 00·	0 00	36 00·	0 00	36 00·	0	0·7268	0·7268

Hamlinit.

Hexagonal. Rhomboedrisch-hemiedrisch.

c = 1·1353	lg c = 005511	lg a_o = 018345	lg p_o = 987902	a_o = 1·5256	p_o = 0·7569	(G_2)

No.	Buch-staben	Symb.	Bravais	φ	ϱ	ξ_o	η_o	ξ	η	x (Prismen) (x : y)	y	d = tg ϱ
1	c	0	0001	—	0° 00	0° 00	0° 00	0° 00	0° 00	0	0	0
2	r	+1	11$\bar{2}$1	30° 00	52 40	33 14·	48 37·	23 25·	43 31	0·6555	1·1353	1·3109
3	f	−2	$\bar{2}\bar{2}$41	"	69 07·	52 40	66 14	27 51	54 01	1·3109	2·2706	2·6219

Hanksit.

Hexagonal. Holoedrisch.

c = 1·7563	lg c = 024459	lg a_o = 999397	lg p_o = 006850	a_o = 0·9862	p_o = 1·1709	(G_1)

No.	Buch-staben	Symb.	Bravais	φ	ϱ	ξ_o	η_o	ξ	η	x (Prismen) (x : y)	y	d = tg ϱ
1	c	0	0001	—	0° 00	0° 00	0° 00	0° 00	0° 00	0	0	0
2	m	∞0	10$\bar{1}$0	0° 00	90 00	"	90 00	"	90 00	"	∞	∞
3	?p	$\tfrac{4}{5}$0	4045	"	43 07·	"	43 07·	"	43 07·	"	0·9367	0·9367
4	o	10	10$\bar{1}$1	"	49 30	"	49 30	"	49 30	"	1·1709	1·1709
5	s	20	20$\bar{2}$1	"	66 52·	"	66 52·	"	66 52·	"	2·3417	2·3417

Hannayit.

Triklin.

$p_0 = 1\cdot4497$	$\lambda = 73°15$	$a = 0\cdot6990$	$\alpha = 122°31$	$\dot{x}_0 = 0\cdot3288$	$d = 0\cdot4372$
$q_0 = 0\cdot9627$	$\mu = 65°28$	$b = 1$	$\beta = 126°46$	$y_0 = 0\cdot2882$	$\delta = 48°46$
$r_0 = 1$	$\nu = 112°58$	$c = 0\cdot9743$	$\gamma = 54°09$	$h = 0\cdot8994$	

No.	Buch-staben	Symb.	Miller	φ	ϱ	ξ_0	η_0	ξ	η	x' (Prismen) $(x:y)$	y'	d' $=\operatorname{tg}\varrho$
1	c	0	001	48°46	25°55·	20°05	17°46	19°12	16°45	0·3656	0·3204	0·4862
2	a	$\infty0$	100	112 58	90 00	90 00	90 00	67 02	$\bar{2}2$ 58	$\bar{2}$·3595	∞	∞
3	l	$\infty3$	130	29 53	"	"	90 00	29 53	60 07	0·5747	"	"
4	n	∞	110	73 26	"	"	"	73 26	16 34	3·3621	"	"
5	m	$\infty\bar{\infty}$	1$\bar{1}$0	138 52	"	"	90 00	41 08	$\bar{4}8$ 52	$\bar{0}$·8733	"	"
6	o	$\tfrac{1}{3}\bar{1}$	$\bar{1}33$	$\bar{1}66$ 49·	29 31	$\bar{7}$ 21	$\bar{2}8$ 52	$\bar{6}$ 27	$\bar{2}8$ 40	$\bar{0}$·1290	$\bar{0}$·5513	0·5662

Harmotom.

Monoklin.

$a = 0\cdot7031$	$\lg a = 984702$	$\lg a_0 = 975676$	$\lg p_0 = 024324$	$a_0 = 0\cdot5712$	$p_0 = 1\cdot7508$
$c = 1\cdot2310$	$\lg c = 009026$	$\lg b_0 = 990974$	$\lg q_0 = 000451$	$b_0 = 0\cdot8123$	$q_0 = 1\cdot0139$
$\left.\begin{array}{l}\mu =\\ 180-\beta\end{array}\right\} 55°10$	$\left.\begin{array}{l}\lg h =\\ \lg\sin\mu\end{array}\right\} 991425$	$\left.\begin{array}{l}\lg e =\\ \lg\cos\mu\end{array}\right\} 975678$	$\lg\dfrac{p_0}{q_0} = 023873$	$h = 0\cdot8208$	$e = 0\cdot5712$

No.	Buch-staben	Symb.	Miller	φ	ϱ	ξ_0	η_0	ξ	η	x' (Prismen) $(x:y)$	y'	d' $=\operatorname{tg}\varrho$
1	a	0	001	90°00	34°50	34°50	0°00	34°50	0°00	0·6959	0	0·6959
2	b	0∞	010	0 00	90 00	0 00	90 00	0 00	90 00	0	∞	∞
3	s	$\infty0$	100	90 00	"	90 00	0 00	90 00	0 00	∞	0	"
4	v	4∞	410	81 47·	"	"	90 00	81 47·	8 12·	6·9309	∞	"
5	w	$\tfrac{5}{2}\infty$	520	77 00	"	"	"	77 00	13 00	4·3318	"	"
6	p	∞	110	60 00·	"	"	"	60 00·	29 59·	1·7327	"	"
7	e	$+\tfrac{7}{2}0$	702	90 00	83 01	83 01	0 00	83 01	0 00	8·1613	0	8·1613
8	t	$+10$	101	"	70 32	70 32	"	70 32	"	2·8287	"	2·8287
9	f	-10	$\bar{1}01$	90 00	55 10	$\bar{5}5$ 10	"	$\bar{5}5$ 10	"	$\bar{1}$·4371	"	1·4371

Harstigit.

Rhombisch.

a = 0·7141	lg a = 985376	lg a₀ = 984733	lg p₀ = 015267	a₀ = 0·7036	p₀ = 1·4213
c = 1·0149	lg c = 000643	lg b₀ = 999357	lg q₀ = 000643	b₀ = 0·9853	q₀ = 1·0149

No.	Buch-staben	Symb.	Miller	φ	ϱ	ξ_0	η_0	ξ	η	x (Prismen) (x : y)	y	d =tg ϱ
1	b	0∞	010	0°00	90°00	0°00	90°00	0°00	90°00	0	∞	∞
2	a	∞0	100	90 00	„	90 00	0 00	90 00	0 00	∞	0	„
3	n	2∞	210	70 21	„	„	90 00	70 21	19 39	2·8008	∞	„
4	m	∞	110	54 28	„	„	„	54 28	35 32	1·4004	„	„
5	p	01	011	0 00	45 25·	0 00	45 25·	0 00	45 25·	0	1·0149	1·0149
6	s	½1	122	35 00	51 05·	35 24	„	26 30·	39 36	0·7106	„	1·2390

Hatchettolith.

Regulär.

No.	Buch-staben	Symb.	Miller	φ	ϱ	ξ_0	η_0	ξ	η	x (Prismen) (x : y)	y	d =tg ϱ
1	c	0	001	—	0°00	0°00	0°00	0°00	0°00	0	0	0
		0∞	010	0°00	90 00	„	90 00	„	90 00	„	∞	∞
2	m	⅓	113	45 00	25 14·	18 26	18 26	17 33	17 33	0·3333	0·3333	0·4714
		13	131	18 26	72 27	45 00	71 34	„	64 45·	1·0000	3 0000	3·1623
3	p	1	111	45 00	54 44	„	45 00	35 16	35 16	„	1·0000	1·4142

Hauchecornit.

Tetragonal.

c p₀ } = 1·0521	lg c = 002206	lg a₀ = 997794	a₀ = 0·9505

No.	Buch-staben	Symb.	Miller	φ	ϱ	ξ_0	η_0	ξ	η	x (Prismen) (x : y)	y	d =tg ϱ
1	c	0	001	—	0°00	0°00	0°00	0°00	0°00	0	0	0
2	a	0∞	010	0°00	90 00	„	90 00	„	90 00	„	∞	∞
3	m	∞	110	45 00	„	90 00	„	45 00	45 00	1·0000	„	„
4	e	01	011	0 00	46 27·	0 00	46 27·	0 00	46 27·	0	1·0521	1·0521
5	q	½	112	45 00	36 39	27 45	27 45	24 58	24 58	0·5260	0·5260	0·7439
6	p	1	111	„	56 05·	46 27·	46 27·	35 56	35 56	1·0521	1·0521	1·4879

Hauerit.

Regulär.

No.	Buchstaben	Symb.	Miller	φ	ϱ	ξ_0	η_0	ξ	η	x (Prismen) (x : y)	y	d $= \mathrm{tg}\,\varrho$
1	c	0	001	—	0° 00	0° 00	0° 00	0° 00	0° 00	0	0	0
		0∞	010	0° 00	90 00	”	90 00	”	90 00	”	∞	∞
2	a	0⅓	013	”	18 26	”	18 26	”	18 26	”	0·3333	0·3333
		03	031	”	71 34	”	71 34	”	71 34	”	3·0000	3·0000
		∞3	130	18 26	90 00	90 00	90 00	18 26	”	0·3333	∞	∞
3	e	0½	012	0 00	26 34	0 00	26 34	0 00	26 34	0	0·5000	0·5000
		02	021	”	63 26	”	63 26	”	63 26	”	2·0000	2·0000
		∞2	120	26 34	90 00	90 00	90 00	26 34	”	0·5000	∞	∞
4	d	01	011	0 00	45 00	0 00	45 00	0 00	45 00	0	1·0000	1·0000
		∞	110	45 00	90 00	90 00	90 00	45 00	”	1·0000	∞	∞
5	p	1	111	”	54 44	45 00	45 00	35 16	35 16	”	1·0000	1·4142
6	x	⅓⅔	123	26 34	36 42	18 26	33 41·	15 30	32 18·	0·3333	0·6667	0·7453
		½3/2	132	18 26	57 41·	26 34	56 18·	”	53 18	0·5000	1·5000	1·5811
		23	231	33 41·	74 30	63 26	71 34	32 18·	”	2·0000	3·0000	3·6055

Hausmannit.

Tetragonal.

$\left.\begin{array}{c} c \\ p_0 \end{array}\right\}$	$= 1\cdot1554$	$\lg c = 006273$	$\lg a_0 = 99\dot{3}727$	$a_0 = 0\cdot8655$

No.	Buchstaben	Symb.	Miller	φ	ϱ	ξ_0	η_0	ξ	η	x (Prismen) (x : y)	y	d $= \mathrm{tg}\,\varrho$
1	c	0	001	—	0° 00	0° 00	0° 00	0° 00	0° 00	0	0	0
2	m	∞	110	45° 00	90 00	90 00	90 00	45 00	45 00	1·0000	∞	∞
3	d	01	011	0 00	49 07·	0 00	49 07·	0 00	49 07·	0	1·1554	1·1554
4	f	02	021	”	66 36	”	66 36	”	66 36	”	2·3107	2·3107
5	s	⅓	113	45 00	28 34·	21 04	21 04	19 46	19 46	0·3851	0·3851	0·5446
6	?z	5/11	5·5·11	”	36 36	27 42·	27 42·	24 56	24 56	0·5252	0·5252	0·8170
7	σ	½	112	”	39 15	30 01	30 01	26 34·	26 34·	0·5777	0·5777	0·7742
8	v	⅗	335	”	44 26	34 44	34 44	29 40·	29 40·	0·6932	0·6932	0·9804
9	u	⅔	223	”	47 27	37 36·	37 36·	31 23·	31 23·	0·7702	0·7702	1·0893
10	e	1	111	”	58 32	49 07·	49 07·	37 05·	37 05·	1·1553	1·1553	1·6339
11	n	2	221	”	72 59	66 36	66 36	42 32·	42 32·	2·3108	2·3108	3·2679
12	r	⅓1	133	18 26	50 36·	21 04	49 07·	14 09	47 09·	0·3851	1·1554	1·2179
13	t	¼1	144	14 02	49 59	16 06·	”	10 42	47 59	0·2888	”	1·1909

Hauyn.

Regulär.

No.	Buchstaben	Symb.	Miller	φ	ϱ	ξ_0	η_0	ξ	η	x (Prismen) (x : y)	y	d = tg ϱ
1	c	$\begin{cases}0\\0\infty\end{cases}$	001 010	— 0° 00	0° 00 90 00	0° 00 „	0° 00 90 00	0° 00 „	0° 00 90 00	0 „	0 ∞	0 ∞
2	e	$\begin{cases}0\tfrac{1}{2}\\02\\\infty2\end{cases}$	012 021 120	„ „ 26 34	26 34 63 26 90 00	„ „ 90 00	26 34 63 26 90 00	„ „ 26 34	26 34 63 26 „	„ „ 0·5000	0·5000 2·0000 ∞	0·5000 2·0000 ∞
3	d	$\begin{cases}01\\\infty\end{cases}$	011 110	0 00 45 00	45 00 90 00	0 00 90 00	45 00 90 00	0 00 45 00	45 00 „	0 1·0000	1·0000 ∞	1·0000 ∞
4	q	$\begin{cases}\tfrac{1}{2}\\12\end{cases}$	112 121	„ 26 34	35 16 65 54·	26 34 45 00	26 34 63 26	24 05· „	24 05· 54 44	0·5000 1·0000	0·5000 2·0000	0·7071 2·2360
5	p	1	111	45 00	54 44	„	45 00	35 16	35 16	„	1·0000	1·4142

Hedyphan.

Hexagonal. Holoedrisch.

c = 1·2234	lg c = 008757	lg a₀ = 015099	lg p₀ = 991148	a₀ = 1·4125	p₀ = 0·8156	(G₁)

No.	Buchstaben	Symb.	Bravais	φ	ϱ	ξ_0	η_0	ξ	η	x (Prismen) (x : y)	y	d = tg ϱ
1	c	0	0001	—	0° 00	0° 00	0° 00	0° 00	0° 00	0	0	0
2	m	∞	10$\bar{1}$0	0° 00	90 00	„	90 00	„	90 00	„	∞	∞
3	r	$\tfrac{1}{2}$0	10$\bar{1}$2	„	22 11	„	22 11	„	22 11	„	0·4078	0·4078
4	x	10	10$\bar{1}$1	„	39 12	„	39 12	„	39 12	„	0·8156	0·8156
5	y	20	20$\bar{2}$1	„	58 29·	„	58 29·	„	58 29·	„	1·6312	1·6312
6	v	$\tfrac{1}{2}$	11$\bar{2}$2	30 00	35 14	19 27	31 27	16 46	29 58·	0·3532	0·6117	0·7063
7	s	1	11$\bar{2}$1	„	54 42·	35 14	50 44·	24 05	44 58·	0·7063	1·2234	1·4127

Heldburgit.

Tetragonal.

$\left.\begin{array}{c}c\\p_0\end{array}\right\}$ = 0·75	lg c = 987506	lg a₀ = 012494	a₀ = 1·3333

No.	Buchstaben	Symb.	Miller	φ	ϱ	ξ_0	η_0	ξ	η	x (Prismen) (x : y)	y	d = tg ϱ
1	m	0∞	010	0° 00	90° 00	0° 00	90° 00	0° 00	90° 00	0	∞	∞
2	a	∞	110	45 00	„	90 00	„	45 00	45 00	1·0000	„	„
3	u	1	111	„	46 41	36 52	36 52	30 58	30 58	0·7500	0·7500	1·0606

Helvin.

Regulär.   Tetraedrisch-hemiedrisch.

No.	Buch-staben	Symb.	Miller	φ	ϱ	ξ_0	η_0	ξ	η	x (Prismen) (x : y)	y	d $=$tg ϱ
1	c	o o∞	001 010	— 0°00	0°00 90 00	0°00 "	0°00 90 00	0°00 "	0°00 90 00	0 "	0 ∞	0 ∞
2	d	o1 ∞	011 110	" 45 00	45 00 90 00	" 90 00	45 00 90 00	" 45 00	45 00 "	" 1·0000	1·0000 ∞	1·0000 ∞
3	pp·	$+1$	111	"	54 44	45 00	45 00	35 16	35 16	"	1·0000	1·4142
4	q	$+\frac{1}{2}$ $+12$	112 121	" 26 34	35 16 65 54·	26 34 45 00	26 34 63 26	24 05· "	24 05· 54 44	0·5000 1·0000	0·5000 2·0000	0·7071 2·2360
5	w	$+\frac{2}{3}1$ $+\frac{3}{2}$	233 132	33 41· 45 00	50 14· 64 45·	33 41· 56 18·	45 00 56 18·	25 14· 39 45·	39 45· "	0·6667 1·5000	1·0000 1·5000	1·2019 2·1213

Herderit.

(Hydroherderit.)

Monoklin.

a $=$ 0·6307	lg a $=$ 979982	lg $a_0 =$ 999289	lg $p_0 =$ 000711	$a_0 =$ 0·9838	$p_0 =$ 1·0165
c $=$ 0·6411	lg c $=$ 980693	lg $b_0 =$ 019307	lg $q_0 =$ 980693	$b_0 =$ 1·5598	$q_0 =$ 0·6411
$\left.{\mu = \atop 180 - \beta}\right\}$ 89°54	$\left.{\lg h = \atop \lg \sin \mu}\right\}$ 0	$\left.{\lg e = \atop \lg \cos \mu}\right\}$ 724188	lg $\dfrac{p_0}{q_0} =$ 020018	h $=$ 1·0000	e $=$ 0·0017

No.	Buch-staben	Symb.	Miller	φ	ϱ	ξ_0	η_0	ξ	η	x' (Prismen) (x : y)	y'	d' $=$ tg ϱ
1	c	o	001	90°00	0°06	0°06	0°00	0°06	0°00	0·0017	0	0·0017
2	b	o∞	010	0 00	90 00	0 00	90 00	0 00	90 00	0	∞	∞
3	a	∞0	100	90 00	0 00	90 00	0 00	90 00	0 00	∞	0	"
4	m	∞	110	57 45·	90 00	"	90 00	57 45·	32 14·	1·5855	∞	"
5	l	∞2	120	38 24·	"	"	"	38 24·	51 35·	0·7928	"	"
6	μ	∞3	130	27 51·	"	"	"	27 51·	62 08·	0·5285	"	"
7	u	$0\frac{2}{3}$	023	0 14	23 08·	0 06	23 08·	0 05·	23 08·	0·0017	0·4274	0·4274
8	t	o1	011	0 09·	32 40	"	32 40	0 05	32 40	"	0·6411	0·6411
9	v	02	021	0 04·	52 03	"	52 03	0 03·	52 03	"	1·2822	1·2822
10	s	04	041	0 02·	68 42	"	68 42	0 02	68 42	"	2·5644	2·5644
11	d	$+\frac{3}{2}0$	203	90 00	34 11·	34 11·	0 00	34 11·	0 00	0·6794	0	0·6794
12	e	$+10$	101	"	45 31	45 31	"	45 31	"	1·0182	"	1·0182
13	e	-10	$\bar{1}01$	90 00	45 25	$\bar{4}5$ 25	"	$\bar{4}5$ 25	"	$\bar{1}$·0147	"	1·0147
14	b	-20	$\bar{2}01$	"	63 47·	$\bar{6}3$ 47·	"	$\bar{6}3$ 47·	"	$\bar{2}$·1312	"	2·1312

No.	Buchstaben	Symb.	Miller	φ	ϱ	ξ_0	η_0	ξ	η	x' (Prismen) (x : y)	y'	d' =tgϱ
15	r	$+\frac{1}{3}$	113	57°53·	21°54	18°48·	12°04	18°25	11°26	0·3405	0·2137	0·4020
16	p	$+\frac{2}{3}$	223	57 49·	38 45	34 11·	23 08·	31 59·	19 28	0·6794	0·4274	0·8027
17	q	$+1$	111	57 48	50 16	45 31	32 40	40 36	24 11·	1·0182	0·6411	1·2032
18	q	-1	$\bar{1}11$	$\bar{5}7$ 43	50 12	$\bar{4}5$ 25	„	$\bar{4}0$ 30·	24 13·	$\bar{1}·0147$	„	1·2003
19	n	$+2$	221	57 47	67 25·	63 49·	52 03	51 22	29 29·	2·0347	1·2822	2·4050
20	n	-2	$\bar{2}21$	$\bar{5}7$ 44·	67 24	$\bar{6}3$ 47·	„	$\bar{5}1$ 19	29 31·	$\bar{2}·0312$	„	2·4021
21	o	$+\frac{8}{3}$	883	57 46·	72 40·	69 45·	59 40·	53 52	30 36	2·7124	1·7096	3·2062
22	ʒ	$-\frac{1}{2}1$	$\bar{1}22$	$\bar{3}8$ 18·	39 15	$\bar{2}6$ 51·	32 40	$\bar{2}3$ 05·	29 46	$\bar{0}·5065$	0·6411	0·8170
23	x	-12	$\bar{1}21$	$\bar{3}8$ 21·	58 33	$\bar{4}5$ 25	52 03	$\bar{3}1$ 58	41 59·	$\bar{1}·0147$	1·2822	1·6352
24	w	$+\frac{1}{2}2$	142	21 41·	54 04	27 01·	„	17 25	48 48	0·5100	„	1·3799
25	z	$-\frac{1}{2}\frac{3}{2}$	$\bar{1}32$	$\bar{2}7$ 46·	47 23	$\bar{2}6$ 52	43 53	$\bar{2}0$ 03·	40 37·	$\bar{0}·5065$	0·9617	1·0869
26	p	-26	$\bar{2}61$	$\bar{2}7$ 50	77 03	$\bar{6}3$ 47·	75 25·	$\bar{2}7$ 04	59 31	$\bar{2}·0312$	3·8467	4·3500
27	k	$+\frac{1}{3}\frac{2}{3}$	123	38 33	28 39·	18 48·	23 08·	17 23	22 01·	0·3405	0·4274	0·5465
28	r	$-\frac{2}{3}\frac{4}{3}$	$\bar{2}43$	$\bar{3}8$ 20	47 27·	$\bar{3}4$ 03·	40 32	$\bar{2}7$ 11·	35 18·	$\bar{0}·6759$	0·8548	1·0897

Herrengrundit.

Monoklin.

a = 1·8161	lg a = 025914	lg a_0 = 011295	lg p_0 = 988705	a_0 = 1·2970	p_0 = 0·7710
c = 1·4002	lg c = 014619	lg b_0 = 985381	lg q_0 = 014610	b_0 = 0·7142	q_0 = 1·3999
μ = 180 − β } 88° 50	lg h = lg sin μ } 999991	lg e = lg cos μ } 830879	lg $\frac{p_0}{q_0}$ = 974095	h = 0·9998	e = 0·0204

No.	Buchstaben	Symb.	Miller	φ	ϱ	ξ_0	η_0	ξ	η	x' (Prismen) (x : y)	y'	d' =tgϱ
1	c	0	001	90°00	1°10	1°10	0°00	1°10	0°00	0·0204	0	0·0204
2	m	∞	110	28 50·	90 00	90 00	90 00	28 50·	61 09·	0·5507	∞	∞
3	ʒ	$\infty\frac{5}{4}$	450	34 33	„	„	„	34 33	55 27	0·6884	„	„
4	η	$\infty\frac{5}{3}$	350	42 33	„	„	„	42 33	47 27	0·9179	„	„
5	ε	$+10$	101	90 00	38 22	38 22	0 00	38 22	0 00	0·7916	0	0·7916
6	e	-10	$\bar{1}01$	90 00	36 54	$\bar{3}6$ 54	„	$\bar{3}6$ 54	„	$\bar{0}·7508$	„	0·7508
7	q	-2	$\bar{2}21$	$\bar{2}8$ 31·	72 35	$\bar{5}6$ 41·	70 21	$\bar{2}7$ 06	56 58	$\bar{1}·5219$	2·8004	3·1872

Hessenbergit.

Hexagonal (?)

$c = 2\cdot707$	$\lg c = 0\,43249$	$\lg a_0 = 9\,80607$	$\lg p_0 = 0\,25640$	$a_0 = 0\cdot6398$	$p_0 = 1\cdot8047$	(G_I)

No.	Buch-staben	Symb.	Bravais	φ	ϱ	ξ_0	η_0	ξ	η	x (Prismen) (x : y)	y	d $= \mathrm{tg}\,\varrho$
1	c	0	0001	—	0°00	0°00	0°00	0°00	0°00	0	0	0
2	a	$\infty 0$	10$\bar{1}$0	0°00	90 00	"	90 00	"	90 00	"	∞	∞
3	b	∞	11$\bar{2}$0	30 00	"	90 00	"	30 00	60 00	0·5773	"	"
4	i	4∞	41$\bar{5}$0	10 53·	"	"	"	10 53·	79 06·	0·1924	"	"
5	p	$\frac{1}{3}$0	10$\bar{1}$3	0 00	31 01	0 00	31 01	0 00	31 01	0	0·6014	0·6014
6	n	10	10$\bar{1}$1	"	61 00	"	61 00	"	61 00	"	1·8040	1·8040
7	e	$\frac{1}{6}$	11$\bar{2}$6	30 00	27 30·	14 35·	24 16·	13 21	23 35	0·2604	0·4510	0·5208

Hessit.

Regulär.

No.	Buch-staben	Symb.	Miller	φ	ϱ	ξ_0	η_0	ξ	η	x (Prismen) (x : y)	y	d $= \mathrm{tg}\,\varrho$
1	c	0	001	—	0°00	0°00	0°00	0°00	0°00	0	0	0
		0∞	010	0°00	90 00	"	90 00	"	90 00	"	∞	∞
2	a	0$\frac{1}{3}$	013	"	18 26	"	18 26	"	18 26	"	0·3333	0·3333
		03	031	"	71 34	"	71 34	"	71 34	"	3·0000	3·0000
		$\infty 3$	130	18 26	90 00	90 00	90 00	18 26	"	0·3333	∞	∞
3	e	0$\frac{1}{2}$	012	0 00	26 34	0 00	26 34	0 00	26 34	0	0·5000	0·5000
		02	021	"	63 26	"	63 26	"	63 26	"	2·0000	2·0000
		$\infty 2$	120	26 34	90 00	90 00	90 00	26 34	"	0·5000	∞	∞
4	d	01	011	0 00	45 00	0 00	45 00	0 00	45 00	0	1·0000	1·0000
		∞	110	45 00	90 00	90 00	90 00	45 00	"	1·0000	∞	∞
5	m	$\frac{1}{3}$	113	"	25 14·	18 26	18 26	17 33	17 33·	0·3333	0·3333	0·4714
		13	131	18 26	72 27	45 00	71 34	"	64 45·	1·0000	3·0000	3·1623
6	q	$\frac{1}{2}$	112	45 00	35 16	26 34	26 34	24 05·	24 05·	0·5000	0·5000	0·7071
		12	121	26 34	65 54·	45 00	63 26	"	54 44	1·0000	2·0000	2·2360
7	n	$\frac{2}{3}$	223	45 00	43 19	33 41·	33 41·	29 01	29 01	0·6667	0·6667	0·9428
		1$\frac{3}{2}$	232	33 41·	60 59	45 00	56 18·	"	46 41	1·0000	1·5000	1·8028
8	p	1	111	45 00	54 44	"	45 00	35 16	35 16	"	1·0000	1·4142
9	v	$\frac{1}{3}$1	133	18 26	46 30·	18 26	"	13 16	43 29·	0·3333	"	1·0541
		3	331	45 00	76 44	71 34	71 34	43 29·	"	3·0000	3·0000	4·2426
10	u	$\frac{1}{2}$1	122	26 34	48 11·	26 34	45 00	19 28	41 48·	0·5000	1·0000	1·1180
		2	221	45 00	70 31·	63 26	63 26	41 48·	"	2·0000	2·0000	2·8284

Heulandit.

Monoklin.

a = 0·4035	lga = 960584	lga₀ = 967210	lg p₀ = 032790	a₀ = 0·4700	p₀ = 2·1276
c = 0·8585	lgc = 993374	lgb₀ = 006626	lg q₀ = 993361	b₀ = 1·1648	q₀ = 0·8582
$\left.{\mu \atop 180-\beta}\right\}$ 88°35	$\left.{\lg h= \atop \lg \sin\mu}\right\}$999987	$\left.{\lg e= \atop \lg\cos\mu}\right\}$839310	lg $\frac{p_0}{q_0}$ = 039429	h = 0·9997	e = 0·0247

No.	Buch-staben	Symb.	Miller	φ	ϱ	ξ_0	η_0	ξ	η	x' (Prismen) (x : y)	y'	d' $=$ tg ϱ
1	c	0	001	90°00	1°25	1°25	0°00	1°25	0°00	0·0247	0	0·0247
2	b	0∞	010	0 00	90 00	0 00	90 00	0 00	90 00	0	∞	∞
3	a	∞0	100	90 00	„	90 00	0 00	90 00	0 00	∞	0	„
4	m	∞	110	68 02	„	„	90 00	68 02	21 58	2·4790·	∞	„
5	x	01	011	1 39	40 39·	1 25	40 39	1 04·	40 38	0·0857·	0·8585	0·8589
6	t	$+$10	101	90 00	65 05	65 05	0 00	65 05	0 00	2·1530	0	2·1530
7	s	$-$10	$\bar{1}$01	$\bar{9}$0 00	64 34	$\bar{6}$4 34	„	$\bar{6}$4 34	„	$\bar{2}$·1035	„	2·1035
8	u	$-\frac{1}{2}$	$\bar{1}$12	$\bar{6}$7 33·	48 21·	$\bar{4}$6 06·	23 14	$\bar{4}$3 41	16 34·	$\bar{1}$·0393	0·4292·	1·1246
9	p	$-$1	$\bar{1}$11	$\bar{6}$7 48	66 14·	$\bar{6}$4 34·	40 39	$\bar{5}$7 56	20 14	$\bar{2}$·1035	0·8585	2·2720

Hjelmit.

Rhombisch.

a = 0·4645	lga = 966699	lga₀ = 965567	lg p₀ = 034433	a₀ = 0·4526	p₀ = 2·2097
c = 1·0264	lgc = 001132	lgb₀ = 998868	lg q₀ = 001132	b₀ = 0·9743	q₀ = 1·0264

No.	Buch-staben	Symb.	Miller	φ	ϱ	ξ_0	η_0	ξ	η	x (Prismen) (x : y)	y	d $=$ tg ϱ
1	m	∞	110	65°05	90°00	90°00	90°00	65°05	24°55	2·1529	∞	∞
2	p	∞$\frac{3}{2}$	230	55 08	„	„	„	55 08	34 52	1·4352	„	„
3	r	10	101	90 00	65 39	65 39	0 00	65 39	0 00	2·2097	0	2·2097
4	q	20	201	„	77 15	77 15	„	77 15	„	4·4194	„	4·4194

Hieratit.

Regulär.

No.	Buch-staben	Symb.	Miller	φ	ϱ	ξ_0	η_0	ξ	η	x (Prismen) (x : y)	y	d $=$ tg ϱ
1	c	$\left\{{0 \atop 0\infty}\right.$	001 / 010	— / 0°00	0°00 / 90 00	0°00 / „	0°00 / 90 00	0°00 / „	0°00 / 90 00	0 / „	0 / ∞	0 / ∞
2	p	1	111	45 00	54 44	45 00	45 00	35 16	35 16	1·0000	1·0000	1·4142

Hintzeit.

Monoklin.

a $=$ 2·1937	lg a $=$ 034120	lg a$_0$ $=$ 010220	lg p$_0$ $=$ 989780	a$_0$ $=$ 1·2653	p$_0$ $=$ 0·7903
c $=$ 1·7338	lg c $=$ 023900	lg b$_0$ $=$ 976100	lg q$_0$ $=$ 023262	b$_0$ $=$ 0·5768	q$_0$ $=$ 1·7085
$\left.\mu = \atop 180-\beta\right\}$ 80°12	$\left.\text{lg h} = \atop \text{lg sin}\,\mu\right\}$ 999362	$\left.\text{lg e} = \atop \text{lg cos}\,\mu\right\}$ 923098	lg $\dfrac{p_0}{q_0}$ $=$ 966518	h $=$ 0·9854	e $=$ 0·1702

No.	Buch-staben	Symb.	Miller	φ	ϱ	ξ_0	η_0	ξ	η	x' (Prismen) (x : y)	y'	d' $=$ tg ϱ
1	c	0	001	90°00	9·48	9·48	0°00	9·48	0°00	0·1727	0	0·1727
2	a	∞0	100	"	90 00	90 00	"	90 00	"	∞	"	∞
3	m	∞	110	24 49·	"	"	90 00	24 49·	65 10·	0·4625·	∞	"
4	x	−10	$\bar{1}$01	$\bar{9}$0 00	32 11	$\bar{3}$2 11	0 00	$\bar{3}$2 11	0 00	$\bar{0}$·6292	0	0·6292
5	n	+1	111	29 20·	63 18·	44 16	60 01·	25 58	51 09	0·9747	1·7338	1·9890
6	r	+31	311	56 05	72 10	68 48·	"	52 11	32 05	2·5786·	"	3·1073
7	o	−½	$\bar{1}$12	$\bar{1}$4 45	41 52·	$\bar{1}$2 51·	40 55·	9 47	40 12	$\bar{0}$·2283	0·8669	0·8964

Hiortdahlit.

Triklin.

p$_0$ $=$ 0·3518	$\lambda =$ 90° 37	a $=$ 0·9983	$\alpha =$ 89° 22	x$_0$ $=$ 0·0109	d $=$ 0·0152
q$_0$ $=$ 0·3512	$\mu =$ 89° 23	b $=$ 1	$\beta =$ 90° 37	y$_0$ $=$ 0·0106	$\delta =$ 44° 15
r$_0$ $=$ 1	$\nu =$ 89° 53	c $=$ 0·3512	$\gamma =$ 90° 06	h $=$ 0·9999	

No.	Buch-staben	Symb.	Miller	φ	ϱ	ξ_0	η_0	ξ	η	x' (Prismen) (x : y)	y'	d' $=$ tg ϱ
1	b	0∞	010	0°00	90°00	0°00	90°00	0°00	90°00	0	∞	∞
2	a	∞0	100	89 53	"	90 00	"	89 53	0 07	491.1	"	"
3	g	∞2	120	26 35	"	"	"	26 35	63 25	0·5003	"	"
4	m	∞	110	44 59·	"	"	"	44 59·	45 00·	0·9997	"	"
5	l	2∞	210	63 23	"	"	"	63 23	26 37	1·9955	"	"
6	h	2$\bar{\infty}$	2$\bar{1}$0	116 26	"	"	90 00	63 34	$\bar{3}$6 26	$\bar{2}$·0115	"	"
7	M	∞$\bar{\infty}$	1$\bar{1}$0	134 53·	"	"	"	45 06·	$\bar{6}$4 53·	$\bar{1}$·0037	"	"
8	k	∞$\bar{2}$	1$\bar{2}$0	153 22·	"	"	"	26 37·	$\bar{6}$3 22·	$\bar{0}$·5013	"	"
9	v	10	101	88 14	19 57	19.56·	0 38·	19 56	0 36	0·3627	0·0112	0·3629
10	p	1	111	45 01·	27 09	"	19 55·	18 50	18 49	"	0·3624	0·5128
11	e	1$\bar{1}$	1$\bar{1}$1	133 09	26 26	"	$\bar{1}$8 47	18 57	$\bar{1}$7 43·	"	$\bar{0}$·3400	0·4972
12	g	$\bar{1}$	$\bar{1}\bar{1}$1	$\bar{1}$35 01·	25 45	$\bar{1}$8 49·	$\bar{1}$8 50·	$\bar{1}$7 53	$\bar{1}$7 54	$\bar{0}$·3409	$\bar{0}$·3412	0·4824
13	x	31	311	71 10·	48 24·	46 50·	19 59	45 04	13 58	1·0664	0·3636	1·1267
14	z	3$\bar{1}$	3$\bar{1}$1	107 37·	48 13	"	$\bar{1}$8 43	45 17	$\bar{1}$3 03	"	$\bar{0}$·3388	1·1190
15	y	$\bar{3}\bar{1}$	$\bar{3}\bar{1}$1	$\bar{1}$08 09	47 42·	$\bar{4}$6 15	$\bar{1}$8 54	$\bar{4}$4 40	$\bar{1}$3 19·	$\bar{1}$·0446	$\bar{0}$·3424	1·0993

Homilit.

Monoklin.

a $=$ 0·6249	lg a $=$ 979581	lg a₀ $=$ 968778	lg p₀ $=$ 031222	a₀ $=$ 0·4873	p₀ $=$ 2·0522
c $=$ 1·2824	lg c $=$ 010803	lg b₀ $=$ 989197	lg q₀ $=$ 010800	b₀ $=$ 0·7798	q₀ $=$ 1·2823
$\left.\begin{matrix}\mu=\\180-\beta\end{matrix}\right\}$ 89°21	$\left.\begin{matrix}\text{lg h}=\\ \text{lg sin}\,\mu\end{matrix}\right\}$999997	$\left.\begin{matrix}\text{lg e}=\\ \text{lg cos}\,\mu\end{matrix}\right\}$805478	lg $\dfrac{p_0}{q_0}$ $=$ 020422	h $=$ 0·9999	e $=$ 0·0113

No.	Buchstaben	Symb.	Miller	φ	ϱ	ξ_0	η_0	ξ	η	x' (Prismen) (x : y)	y'	d' $=$tg ϱ
1	c	0	001	90°00	0°39	0°39	0°00	0°39	0°00	0·0113	0	0·0113
2	b	0∞	010	0 00	90 00	0 00	90 00	0 00	90 00	0	∞	∞
3	a	∞0	100	90 00	„	90 00	0 00	90 00	0 00	∞	0	„
4	n	∞	110	58 00	„	„	90 00	58 00	32 00	1·6003·	∞	„
5	l	∞2	120	38 40	„	„	„	38 40	51 20	0·8002	„	„
6	?π	0$\frac{2}{7}$	027	1 46·	20 08	0 39	20 07·	0 36·	20 07·	0·0113	0·3664	0·3666
7	e	0$\frac{1}{3}$	013	1 31	23 09	„	23 09	0 36	23 08·	„	0·4275	0·4276
8	w	0$\frac{1}{2}$	012	1 01	32 40·	„	32 40	0 33	32 40	„	0·6412	0·6413
9	g	0$\frac{3}{4}$	034	0 40·	43 53	„	43 53	0 28	43 53	„	0·9618	0·9619
10	q	01	011	0 30·	52 03·	„	52 03	0 24	52 03	„	1·2824	1·2825
11	ϱ	0$\frac{9}{8}$	098	0 27	55 16·	„	55 16·	0 22	55 16·	„	1·4427	1·4427
12	y	02	021	0 15	68 42	„	68 42	0 14	68 42	„	2·5648	2·5648
13	x	$\frac{1}{2}$0	102	90 00	46 03	46 03	0 00	46 03	0 00	1·0375	0	1·0375
14	p	$+$1	111	58 08·	67 38	64 09	52 03	51 45·	29 13	2·0636	1·2824	2·4296
15	β	$+\frac{1}{2}$	112	58 17	50 39	46 03	32 40	41 08	23 59·	1·0375	0·6412	1·2196
16	δ	$-\frac{1}{4}$	$\bar{1}$14	$\bar{5}$7 25	30 46	$\bar{2}$6 38·	17 46·	$\bar{2}$5 32	15 59·	$\bar{0}$·5017	0·3206	0·5954
17	o	$-$1	$\bar{1}$11	$\bar{5}$7 51·	67 28	$\bar{6}$3 54	52 03	$\bar{5}$1 27	29 26	$\bar{2}$·0410·	1·2824	2·4104
18	Y	$+\frac{1}{2}$1	122	38 58··	58 46·	46 03	„	32 32	41 40	1·0375	„	1·6495
19	n	$+\frac{1}{4}\frac{1}{2}$	124	39 16·	39 38	27 40·	32 40	23 49	29 35·	0·5244	0·6412	0·8283
20	?τ	$+\frac{1}{6}\frac{1}{2}$	2·5·10	33 20	37 30·	22 52	„	19 33	30 34·	0·4217·	„	0·7675
21	v	$+\frac{1}{12}\frac{1}{2}$	1·6·12	15 52·	33 41·	10 20	„	8 43·	32 14·	0·1841	„	0·6666
22	γ	$+$42	421	72 40·	83 22·	83 04	68 42	71 29	17 12·	8·2207	2·5648	8·6114
23	a	$-$42	$\bar{4}$21	$\bar{7}$2 37·	83 21·	$\bar{8}$3 03	„	$\bar{7}$1 26	17 15	8·1980	„	8·5900

Hopeit.

Rhombisch.

a $=$ 0·5723	lg a $=$ 975762	lg a_0 $=$ 008386	lg p_0 $=$ 991614	a_0 $=$ 1·2130	p_0 $=$ 0.8244
c $=$ 0·4718	lg c $=$ 967376	lg b_0 $=$ 032624	lg q_0 $=$ 967376	b_0 $=$ 2·1195	q_0 $=$ 0·4718

No.	Buch-staben	Symb.	Miller	φ	ϱ	ξ_0	η_0	ξ	η	x (Prismen) (x : y)	y	d $=$tgϱ
1	c	0	001	—	0°00	0°00	0°00	0°00	0°00	0	0	0
2	a	0∞	010	0°00	90 00	„	90 00	„	90 00	„	∞	∞
3	b	∞0	100	90 00	„	90 00	0 00	90 00	0 00	∞	0	„
4	?y	3∞	310	79 12	„	„	90 00	79 12	10 48	5·2420	∞	„
5	x	$\frac{3}{2}$∞	320	69 07	„	„	„	69 07	20 53	2·6210	„	„
6	m	∞	110	60 13	„	„	„	60 13	29 47	1·7473·	„	„
7	s	∞2	120	41 08·	„	„	„	41 08·	48 51·	0·8737	„	„
8	u	$\frac{1}{3}$0	103	90 00	15 22	15 22	0 00	15 22	0 00	0·2748	0	0·2748
9	e	10	101	„	39 30	39 30	„	39 30	„	0·8244	„	0·8244
10	?d	20	201	„	58 46	58 46	„	58 46	„	1·6488	„	1·6488
11	r	1	111	60 13	43 31·	30 30	25 15·	36 42·	20 00	0·8244	0·4718	0·9499

Humboldtilith.

Tetragonal.

$\left.\begin{array}{l} c \\ p_0 \end{array}\right\}$ $=$ 0·4548	lg c $=$ 965782	lg a_0 $=$ 034218	a_0 $=$ 2·1987

No.	Buch-staben	Symb.	Miller	φ	ϱ	ξ_0	η_0	ξ	η	x (Prismen) (x : y)	y	d $=$tgϱ
1	c	0	001	—	0°00	0°00	0°00	0°00	0°00	0	0	0
2	a	0∞	010	0°00	90 00	„	90 00	„	90 00	„	∞	∞
3	m	∞	110	45 00	„	90 00	„	45 00	45 00	1·0000	„	„
4	f	∞2	120	26 34	„	„	„	26 34	63 26	0·5000	„	„
5	e	01	011	0 00	24 27·	0 00	24 27·	0 00	24 27·	0	0·4548	0·4548
6	r	1	111	45 00	32 45	24 27·	„	22 29·	22 29·	0·4548	„	0·6432

Humit.

Rhombisch.

a = 2·2007	lg a = 034256	lg a$_0$ = 030902	lg p$_0$ = 969098	a$_0$ = 2·0371	p$_0$ = 0·4909
c = 1·0803	lg c = 003354	lg b$_0$ = 996646	lg q$_0$ = 003354	b$_0$ = 0·9257	q$_0$ = 1·0803

No.	Buch-staben	Symb.	Miller	φ	ϱ	ξ_0	η_0	ξ	η	x (Prismen) (x : y)	y	d =tgϱ
1	c	0	001	—	0° 00	0° 00	0° 00	0° 00	0° 00	0	0	0
2	b	0∞	010	0° 00	90 00	″	90 00	″	90 00	″	∞	∞
3	a	∞0	100	90 00	″	90 00	0 00	90 00	0 00	∞	0	″
4	B	$\frac{5}{2}$∞	520	48 38·	″	″	90 00	48 38·	51 21·	1·1360	∞	″
5	C	$\frac{3}{2}$∞	320	34 16·	″	″	″	34 16·	55 43·	0·6816	″	″
6	E	∞2	120	12 48	″	″	″	12 48	77 12	0·2272	″	″
7	L	0$\frac{2}{3}$	023	0 00	35 45·	0 00	35 45·	0 00	35 45·	0	0·7202	0·7202
8	M	01	011	″	47 12·	″	47 12·	″	47 12·	″	1·0803	1·0803
9	N	02	021	″	65 10	″	65 10	″	65 10	″	2·1606	2·1606
10	R	$\frac{1}{4}$0	104	90 00	7 00	7 00	0 00	7 00	0 00	0·1227	0	0·1227
11	RW	$\frac{1}{2}$0	102	″	13 47·	13 47·	″	13 47·	″	0·2454	″	0·2454
12	P	10	101	″	26 08	26 08	″	26 08	″	0·4909	″	0·4909
13	?a	$\frac{7}{6}$0	706	″	29 48	29 48	″	29 48	″	0·5727	″	0·5727
14	Y	$\frac{3}{2}$0	302	″	36 22	36 22	″	36 22	″	0·7363·	″	0·7363·
15	O	20	201	″	44 28·	44 28·	″	44 28·	″	0·9818	″	0·9818
16	K	$\frac{5}{2}$0	502	″	50 49·	50 49·	″	50 49·	″	1·2272	″	1·2272
17	G	30	301	″	55 49·	55 49·	″	55 49·	″	1·4726·	″	1·4726·
18	?b	$\frac{7}{2}$0	702	″	59 48	59 48	″	59 48	″	1·7181	″	1·7181
19	e	1	111	24 26	49 52·	26 08·	47 20·	18 26·	44 07	0·4909	1·0803	1·1866
20	d	2	221	″	67 09	44 28·	65 10	22 24·	57 02	0·9817·	2·1606	2·3732
21	n	$\frac{1}{2}$1	122	12 48	47 55·	13 47·	47 20·	9 28	46 22·	0·2454·	1·0803	1·1078
22	r	$\frac{3}{2}$1	322	34 16·	52 35	36 22	″	26 34·	41 01	0·7363·	″	1·3073
23	k	12	121	12 48	65 42·	26 08·	65 10	11 39	62 43·	0·4909	2·1606	2·2156
24	a	32	321	34 16·	69 04	55 49·	″	31 44·	50 31	1·4726·	″	2·6147
25	ε	42	421	42 16	71 05·	63 06	″	39 31	44 26	1·9635·	″	2·9195
26	ϑ	52	521	48 38·	72 59·	67 50	″	45 52·	39 11·	2·4544	″	3·2698

Humit-Gruppe
Chondrodit.

Monoklin.

$a = 1\cdot6624$	$\lg a = 022073$	$\lg a_0 = 018602$	$\lg p_0 = 981398$	$a_0 = 1\cdot5343$	$p_0 = 0\cdot6516$
$c = 1\cdot0832$	$\lg c = 003471$	$\lg b_0 = 996529$	$\lg q_0 = 001034$	$b_0 = 0\cdot9232$	$q_0 = 1\cdot0241$
$\left.\begin{array}{l}\mu = \\ 180-\beta\end{array}\right\} 70°59$	$\left.\begin{array}{l}\lg h = \\ \lg \sin \mu\end{array}\right\} 997563$	$\left.\begin{array}{l}\lg e = \\ \lg \cos \mu\end{array}\right\} 951301$	$\lg \dfrac{p_0}{q_0} = 980364$	$h = 0\cdot9454$	$e = 0\cdot3259$

No.	Buch-staben	Symb.	Miller	φ	ϱ	ξ_0	η_0	ξ	η	x' (Prismen) $(x:y)$	y'	$d' = \operatorname{tg}\varrho$
1	c	0	001	90°00	19°01	19°01	0°00	19°01	0°00	0·3446·	0	0·3446·
2	b	0∞	010	0 00	90 00	0 00	90 00	0 00	90 00	0	∞	∞
3	a	∞0	100	90 00	"	90 00	0 00	90 00	0 00	∞	0	"
4	B	2∞	210	51 50·	"	"	90 00	51 50·	38 09·	1·2725	∞	"
5	D	∞	110	32 28	"	"	"	32 28	57 32	0·6363	"	"
6	E	∞2	120	17 39	"	"	"	17 39	72 21	0·3181	"	"
7	L	$0\frac{2}{3}$	023	15 31	38 40	19 11	35 50	15 36·	34 19·	0·3446·	0·7221	0·8002
8	M	01	011	17 39	48 40	"	47 17	13 09·	45 41	"	1·0832	1·1367
9	N	02	021	9 02·	65 29·	"	65 13·	8 13	63 58·	"	2·1664	2·1936
10	O	$+20$	201	90 00	59 52·	59 52·	0 00	59 52·	0 00	1·7231	0	1·7231
11	P	$+10$	101	"	45 57·	45 57·	"	45 57·	"	1·0339	"	1·0339
12	X	$+\frac{1}{2}0$	102	"	34 35	34 35	"	34 35	"	0·6893	"	0·6893
13	Q	$+\frac{1}{3}0$	103	"	29 52·	29 52·	"	29 52·	"	0·5744·	"	0·5744·
14	$\varDelta$	$-\frac{1}{8}0$	$\bar{1}08$	"	14 29·	14 29·	"	14 29·	"	0·2585	"	0·2585
15	R	$-\frac{1}{4}0$	$\bar{1}04$	"	9 47	9 47	"	9 47	"	0·1724	"	0·1724
16	W	$-\frac{1}{2}0$	$\bar{1}02$	"	0 00	0 00	"	0 00	"	0·0001	"	0·0001
17	S	-10	$\bar{1}01$	90 00	19 00·	$\bar{1}9$ 00·	"	$\bar{1}9$ 00·	"	$\bar{0}$·3445	"	0·3445
18	T	$-\frac{4}{3}0$	$\bar{4}03$	"	29 52	$\bar{2}9$ 52	"	$\bar{2}9$ 52	"	$\bar{0}$·5742	"	0·5742
19	U	-20	$\bar{2}01$	"	45 57	$\bar{4}5$ 57	"	$\bar{4}5$ 57	"	$\bar{1}$·0337	"	1·0337
20	d	$+2$	221	38 30	70 08	59 52	65 13·	35 50	47 24	1·7230·	2·1664	2·7681
21	e	$+1$	111	43 40	56 16	45 57·	47 17	35 02·	36 59	1·0339	1·0832	1·4974
22	w	$+\frac{2}{3}$	223	48 04·	47 13·	38 48·	35 50	33 06	29 22	0·8042	0·7221	1·0808
23	f	$-\frac{1}{2}$	$\bar{1}12$	0 00	28 26·	0 00	28 26·	0 00	28 26·	0·0001	0·5416	0·5416
24	g	$-\frac{2}{3}$	$\bar{2}23$	$\bar{9}$ 02	36 10·	$\bar{6}$ 33	35 50	$\bar{5}$ 19	35 39·	$\bar{0}$·1147	0·7221·	0·7312
25	h	-1	$\bar{1}11$	$\bar{1}2$ 26	47 58	$\bar{1}3$ 25·	47 17	$\bar{9}$ 12	46 30	$\bar{0}$·2387	1·0832	1·1092
26	i	-2	$\bar{2}21$	$\bar{2}5$ 30·	67 23	$\bar{4}5$ 57	65 13·	$\bar{2}3$ 25·	56 25	$\bar{1}$·0337	2·1664	2·4004
27	k	$+12$	121	25 31	"	45 57·	"	23 25·	"	1·0339	"	2·4005
28	t	-12	$\bar{1}21$	$\bar{9}$ 02	65 29·	$\bar{1}9$ 00·	"	8 14	63 58	$\bar{0}$·3445	"	2·1936
29	?φ	$-1\frac{1}{2}$	$\bar{2}12$	$\bar{3}2$ 27·	32 41·	$\bar{1}9$ 00·	28 26·	$\bar{1}6$ 51	27 07	"	0·5416	0·6419
30	ι	$+21$	211	57 50·	63 50	59 52·	47 17	49 27	28 32	1·7231	1·0832	2·0353
31	?τ	$-\frac{3}{2}1$	$\bar{3}22$	$\bar{3}2$ 28	52 05	$\bar{3}4$ 34	"	$\bar{2}5$ 03	41 44	$\bar{0}$·6891	"	1·2838
32	m	$+\frac{1}{4}1$	144	25 31	50 12	27 20·	"	19 19·	43 54	0·5170	"	1·2002
33	n	$-\frac{1}{2}1$	$\bar{1}22$	0 00	47 17	0 00	"	0 00	47 17	0·0001	"	1·0832

No.	Buchstaben	Symb.	Miller	φ	ϱ	ξ_0	η_0	ξ	η	x' (Prismen) (x : y)	y'	d' =tg ϱ
34	p	-21	$\overline{2}11$	$\overline{4}3°39'$	56°16	$\overline{4}5°57$	47°17	$\overline{3}5°02'$	36°59	$\overline{1}·0337$	1·0832	1·4973
35	β	-31	$\overline{3}11$	$\overline{5}7\ 50'$	63 50	$\overline{5}9\ 52$	„	$\overline{4}9\ 27$	28 32	$\overline{1}·7229$	„	2·0351
36	α	$+32$	321	48 04'	72 51'	67 29	65 13'	45 19	39 41	2·4123	2·1664	3·2423
37	γ	$+\frac{5}{4}2$	584	29 06'	68 02	50 20'	„	26 49	54 07'	1·2062	„	2·4795
38	μ	$-\frac{1}{2}2$	$\overline{1}42$	0 00	65 13'	0 00	„	0 00	65 13'	0·0001	„	2·1664
39	δ	-32	$\overline{3}21$	$\overline{3}8\ 29'$	70 08	$\overline{5}9\ 52$	„	$\overline{3}5\ 50$	47 24	$\overline{1}·7229$	„	2·7679
40	ε	-42	$\overline{4}21$	$\overline{4}8\ 04'$	72 51'	$\overline{6}7\ 29$	„	$\overline{4}5\ 19$	39 41	$\overline{2}·4121$	„	3·2421
41	ζ	$-\frac{1}{3}\frac{2}{3}$	$\overline{1}23$	9 03	36 10'	6 33'	35 50	5 19'	35 39'	0·1149'	0·7221'	0·7312
42	η	$-\frac{4}{3}\frac{2}{3}$	$\overline{4}23$	$\overline{3}8\ 29'$	42 42	$\overline{2}9\ 52$	„	$\overline{2}4\ 58$	32 03'	$\overline{0}·5742'$	„	0·9226
43	ω	$+\frac{4}{3}\frac{2}{3}$	423	60 15	55 30'	51 38'	„	45 41'	24 08	1·2637	„	1·4554

Humit-Gruppe

Klinohumit.

Monoklin.

a $=$ 1·4387	lg a $=$ 015797	lg a_0 $=$ 012483	lg p_0 $=$ 987517	a_0 $=$ 1·3330	p_0 $=$ 0·7502
c $=$ 1·0793	lg c $=$ 003314	lg b_0 $=$ 996686	lg q_0 $=$ 002538	b_0 $=$ 0·9265	q_0 $=$ 1·0602
$\left.\begin{array}{l}\mu =\\ 180-\beta\end{array}\right\}$ 79°12	$\left.\begin{array}{l}\text{lg h} =\\ \text{lg sin }\mu\end{array}\right\}$ 999224	$\left.\begin{array}{l}\text{lg e} =\\ \text{lg cos }\mu\end{array}\right\}$ 927273	lg $\frac{p_0}{q_0}$ $=$ 984979	h $=$ 0·9823	e $=$ 0·1874

No.	Buchstaben	Symb.	Miller	φ	ϱ	ξ_0	η_0	ξ	η	x' (Prismen) (x : y)	y'	d' =tg ϱ
1	c	0	001	90°00	10°48	10°48	0°00	10°48	0°00	0·1907'	0	0·1907'
2	b	0∞	010	0 00	90 00	0 00	90 00	0 00	90 00	0	∞	∞
3	a	∞0	100	90 00	„	90 00	0 00	90 00	0 00	∞	0	„
4	C	$\frac{3}{2}∞$	320	46 42'	„	„	90 00	46 42'	43 17'	1·0614	∞	„
5	D	∞	110	35 17	„	„	„	35 17	54 43	0·7076	„	„
6	E	∞2	120	19 29	„	„	„	19 29	70 31	0·3538	„	„
7	F	∞4	140	10 02	„	„	„	10 02	79 58	0·1769	„	„
8	L	$0\frac{2}{3}$	023	14 51	36 40	10 48	35 44	8 48	35 15	0·1907'	0·7195	0·7444
9	M	01	011	10 01'	47 37'	„	47 11	7 23	46 40	„	1·0793	1·0960
10	N	02	021	5 03	65 14	„	65 08'	4 35	64 45	„	2·1586	2·1670
11	A	$+50$	501	90 00	76 00	76 00	0 00	76 00	0 00	4·0094	0	4·0094
12	H	$+\frac{7}{2}0$	702	„	70 45	70 45	„	70 45	„	2·8638	„	2·8638
13	I	$+\frac{11}{4}0$	11·0·4	„	66 25	66 25	„	66 25	„	2·2910	„	2·2910
14	O	$+20$	201	„	59 48	59 48	„	59 48	„	1·7182	„	1·7182
15	Y	$+\frac{3}{2}0$	302	„	53 11'	53 11'	„	53 11'	„	1·3364	„	1·3364
16	P	$+10$	101	„	43 40	43 40	„	43 40	„	0·9545	„	0·9545
17	X	$+\frac{1}{2}0$	102	„	29 48	29 48	„	29 48	„	0·5726'	„	0·5726'

No.	Buch-staben	Symb.	Miller	φ	ϱ	ξ_0	η_0	ξ	η	x' (Prismen) (x : y)	y'	d' =tg ϱ
18	R	$-\frac{1}{4}0$	$\overline{1}04$	—	0°00	0°00	0°00	0°00	0°00	0	0	0
19	W	$-\frac{1}{2}0$	$\overline{1}02$	90°00	10 49	$\overline{1}0$ 49	„	$\overline{1}0$ 49	„	$\overline{0}$·1911	„	0·1911
20	S	-10	$\overline{1}01$	„	29 48·	$\overline{2}9$ 48·	„	$\overline{2}9$ 48·	„	$\overline{0}$·5729·	„	0·5729·
21	V	$-\frac{3}{2}0$	$\overline{3}02$	„	43 40·	$\overline{4}3$ 40·	„	$\overline{4}3$ 40·	„	$\overline{0}$·9548	„	0·9548
22	U	-20	$\overline{2}01$	„	53 12	$\overline{5}3$ 12	„	$\overline{5}3$ 12	„	$\overline{1}$·3367	„	1·3367
23	Z	$-\frac{5}{2}0$	$\overline{5}02$	„	59 48·	$\overline{5}9$ 48·	„	$\overline{5}9$ 48·	„	$\overline{1}$·7185	„	1·7185
24	d	$+2$	221	38 31	70 04·	59 48	65 08·	35 50·	47 21	1·7182	2·1586	2·7589
25	e	$+1$	111	41 29·	55 14	43 40	47 11	32 58·	37 59	0·9545	1·0793	1·4408
26	h	-1	$\overline{1}11$	$\overline{2}7$ 58	50 42	$\overline{2}9$ 48·	„	$\overline{2}1$ 16·	43 07·	$\overline{0}$·5729·	„	1·2219
27	i	-2	$\overline{2}21$	$\overline{3}1$ 46	68 30	$\overline{5}3$ 12	65 08·	$\overline{2}9$ 20	52 17	$\overline{1}$·3366	2·1586	2·5389
28	k	$+12$	121	23 51	67 02·	43 40	„	21 52	57 22	0·9545	„	2·3603
29	q	$-1\frac{2}{3}$	$\overline{3}23$	$\overline{3}8$ 32	42 36·	$\overline{2}9$ 48·	35 44	$\overline{2}4$ 56·	31 58·	$\overline{0}$·5729·	0·7195·	0·9198
30	l	-12	$\overline{1}21$	$\overline{1}4$ 52	65 53·	„	65 08·	$\overline{1}3$ 32·	61 54	„	2·1586	2·2333
31	ι	$+21$	211	57 52	63 46	59 48	47 11	49 25·	28 30	1·7182	1·0793	2·0291
32	r	$+\frac{3}{2}1$	322	51 04·	59 47·	53 11·	„	42 15	32 53·	1·3363	„	1·7178
33	s	$+\frac{1}{2}1$	122	27 57	50 42	29 48	„	21 16	43 07·	0·5726	„	1·2218
34	$\varkappa$	$-\frac{1}{4}1$	$\overline{1}44$	0 00	47 11	0 00	„	0 00	47 11	0	„	1·0793
35	n	$-\frac{1}{2}1$	122	$\overline{1}0$ 02·	47 37·	$\overline{1}0$ 49	„	$\overline{7}$ 24	46 40	$\overline{0}$·1911	„	1·0961
36	t	$-\frac{3}{2}1$	$\overline{3}22$	$\overline{4}1$ 30	55 14·	$\overline{4}3$ 40·	„	$\overline{3}2$ 59	37 58·	$\overline{0}$·9548	„	1·4410
37	p	-21	$\overline{2}11$	$\overline{5}1$ 05	59 48	$\overline{5}3$ 12	„	$\overline{4}2$ 15	32 53	$\overline{1}$·3366	„	1·7180
38	a	$+32$	321	48 59	73 05·	68 03·	65 08·	46 13	38 53·	2·4819·	2·1586	3·2893
39	λ	$-\frac{1}{4}2$	$\overline{1}84$	0 00	65 08·	$\overline{0}$ 00	„	0 00	65 08·	0	„	2·1586
40	δ	-32	$\overline{3}21$	$\overline{4}4$ 13	71 38	$\overline{6}4$ 32·	„	$\overline{4}1$ 26·	42 51·	$\overline{2}$·1004	„	3·0118
41	ε	-42	$\overline{4}21$	$\overline{5}3$ 11·	74 29	$\overline{7}0$ 53	„	$\overline{5}0$ 29	35 16	$\overline{2}$·8844·	„	3·6027
42	σ	$+\frac{1}{2}\frac{3}{2}$	132	19 29	59 47	29 48	58 18	16 45	54 33·	0·5726	1·6189	1·7172
43	ζ	$-\frac{1}{3}\frac{2}{3}$	$\overline{1}23$	$\overline{5}$ 04	35 50·	$\overline{3}$ 39	35 44	$\overline{2}$ 58	35 41	$\overline{0}$·0638	0·7195·	0·7224

Hureaulit.[1]

Monoklin.

a = 2·0889	lg a = 031992	lg a_0 = 029914	lg p_0 = 970086	a_0 = 1·9913	p_0 = 0·5022
c = 1·0490	lg c = 002078	lg b_0 = 997922	lg q_0 = 998162	b_0 = 0·9533	q_0 = 0·9586
$\left.\begin{matrix}\mu =\\180-\beta\end{matrix}\right\}$ 66°02	$\left.\begin{matrix}\lg h =\\ \lg \sin\mu\end{matrix}\right\}$ 996084	$\left.\begin{matrix}\lg e =\\ \lg \cos\mu\end{matrix}\right\}$ 960875	$\lg \dfrac{p_0}{q_0}$ = 971924	h = 0·9138	e = 0·4062

No.	Buch-staben	Symb.	Miller	φ	ϱ	ξ_0	η_0	ξ	η	x' (Prismen) (x : y)	y'	d' =tg ϱ
1	b	0∞	010	0°00	90°00	0°00	90°00	0°00	90°00	0	∞	∞
2	a	$\infty 0$	100	90 00	„	90 00	0 00	90 00	0 00	∞	0·	„
3	m	∞	110	27 39	„	„	90 00	27 39	62 21	0·5239	∞	„

[1] Ueber Deutung der Formen des Hureaulit vergl. Bemerkungen am Ende des Buches.

No.	Buch-staben	Symb.	Miller	φ	ϱ	ξ_0	η_0	ξ	η	x' (Prismen) (x : y)	y'	d' $=$ tg ϱ
4	ε	0I	0II	22°58	48°43'	23°58	46°22	17°03	43°47'	0·4445	1·0490	1·1393
5	β	+3/2 0	302	90 00	51 45·	51 45·	0 00	51 45·	0 00	1·2689	0	1·2869
6	α	+ 10	101	"	44 50	44 50	"	44 50	"	0·9941	"	0·9941
7	c	— 10	$\bar{1}$0I	$\bar{9}$0 00	6 00	$\bar{6}$ 00	"	$\bar{6}$ 00	"	$\bar{0}$·1050·	"	0·1050·
8	z	+ 21	211	55 48	61 49	57 04	46 22	46 48·	29 42	1·5402	1·0490	1·8664
9	l	+ 32	321	44 56	71 21·	64 28	64 31	42 00·	42 07·	2·0933	2·0980	2·9637
10	k	+3/2 1/2	312	67 32·	53 56	51 45·	27 40·	48 20	17 59	1·2689	0·5245	1·3730
11	δ	—3/2 1/2	$\bar{3}$12	$\bar{3}$5 55	32 55·	$\bar{2}$0 48	"	$\bar{1}$8 35·	26 07	$\bar{0}$·3798·	"	0·6476
12	p	—4/3 1/3	$\bar{4}$13	$\bar{3}$9 30	24 23	$\bar{1}$6 05	19 16·	$\bar{1}$5 13·	18 34·	$\bar{0}$·2882	0·3497	0·4532
13	?q	+1/4 3/4	134	36 29·	44 23	30 12	38 12	24 34·	34 13	0·5818	0·7867·	0·9786

Hydrargillit.

Monoklin.

a = 1·7089	lg a = 023272	lg a$_0$ = 994996	lg p$_0$ = 005004	a$_0$ = 0·8912	p$_0$ = 1·1221
c = 1·9184	lg c = 028276	lg b$_0$ = 971724	lg q$_0$ = 028141	b$_0$ = 0·5215	q$_0$ = 1·9116
μ = 180−β } 85°29	lg h = lg sin μ } 999865	lg e = lg cos μ } 889625	lg $\frac{p_0}{q_0}$ = 976863	h = 0·9969	e = 0·0787·

No.	Buch-staben	Symb.	Miller	φ	ϱ	ξ_0	η_0	ξ	η	x' (Prismen) (x : y)	y'	d' $=$ tg ϱ
1	c	0	001	90°00	4°31	4°31	0°00	4°31	0°00	0·0790	0	0·0790
2	b	0∞	010	0 00	90 00	0 00	90 00	0 00	90 00	0	∞	∞
3	a	∞0	100	90 00	"	90 00	0 00	90 00	0 00	∞	0	"
4	t	9/2∞	920	69 16	"	"	90 00	69 16	20 44	2·6414	∞	"
5	l	4∞	410	66 56	"	"	"	66 56	23 04	2·3479	"	"
6	?k	3∞	310	60 24·	"	"	"	60 24·	29 35·	1·7609	"	"
7	?ν	5/2∞	520	55 43·	"	"	"	55 43·	34 16·	1·4674	"	"
8	μ	2∞	210	49 34·	"	"	"	49 34·	40 25·	1·1739	"	"
9	n	8/7∞	870	33 51·	"	"	"	33 51·	56 08·	0·6708	"	"
10	m	∞	110	30 25	"	"	"	30 25	59 35	0·5870	"	"
11	d	— 10	$\bar{1}$0I	$\bar{9}$0 00	46 18	$\bar{4}$6 18	0 00	$\bar{4}$6 18	0 00	1·0465·	0	1·0465·
12	?o	— 21	$\bar{2}$11	$\bar{4}$8 34	70 57·	$\bar{6}$5 17	62 27·	$\bar{4}$5 07·	38 43	$\bar{2}$·1722	1·9176	2·8975
13	s	—3/2 1/2	$\bar{3}$12	$\bar{5}$9 13	61 54·	$\bar{5}$8 09	43 48	$\bar{4}$9 17	26 25·	1·6094	0·9588	1·8734
14	u	—2 2/3	$\bar{6}$23	$\bar{5}$9 31·	68 21·	$\bar{6}$5 17	51 58	$\bar{5}$3 14	28 08	$\bar{2}$·0745	1·2784	2·5205

Hydrocyanit.

Rhombisch.

$a = 0\cdot7091$	$\lg a = 985071$	$\lg a_0 = 975207$	$\lg p_0 = 024793$	$a_0 = 0\cdot5650$	$p_0 = 1\cdot7698$
$c = 1\cdot2550$	$\lg c = 009864$	$\lg b_0 = 990136$	$\lg q_0 = 009864$	$b_0 = 0\cdot7968$	$q_0 = 1\cdot2550$

No.	Buch-staben	Symb.	Miller	φ	ϱ	ξ_0	η_0	ξ	η	x (Prismen) (x : y)	y	d =tgϱ
1	A	0	001	—	0°00	0°00	0°00	0°00	0°00	0	0	0
2	u	∞	110	54°39·	90 00	90 00	"	54 39·	45 20·	1·4102	∞	∞
3	k	$0\tfrac{1}{2}$	012	0 00	32 06·	0 00	32 06·	0 00	32 06·	0	0·6275	0·6275
4	l	01	011	"	51 27	"	51 27	"	51 27	"	1·2550	1·2550
5	d	$\tfrac{1}{2}0$	102	90 00	41 30·	41 30·	0 00	41 30·	0 00	0·8849	0	0·8849
6	e	10	101	"	60 32	60 32	"	60 32	"	1·7698	"	1·7698
7	m	1	111	54 39·	65 15·	"	51 27	47 48	31 41·	"	1·2550	2·1696
8	n	12	121	35 11·	71 58	"	68 16·	33 13·	51 00	"	2·5100	3·0711

Hydromagnesit.

Rhombisch.

$a = 1\cdot0379$	$\lg a = 001616$	$\lg a_0 = 034852$	$\lg p_0 = 965148$	$a_0 = 2\cdot2311$	$p_0 = 0\cdot4482$
$c = 0\cdot4652$	$\lg c = 966764$	$\lg b_0 = 033236$	$\lg q_0 = 966764$	$b_0 = 2\cdot1496$	$q_0 = 0\cdot4652$

No.	Buch-staben	Symb.	Miller	φ	ϱ	ξ_0	η_0	ξ	η	x (Prismen) (x : y)	y	d =tgϱ
1	a	$\infty\infty$	100	90°00	90°00	90°00	0°00	90°00	0°00	∞	0	∞
2	m	∞	110	43 56	"	"	90 00	43 56	46 04	0·9635	∞	"
3	y	12	121	25 43·	45 55·	24 08·	42 56	18 10	40 20	0·4482	0·9304	1·0327

Jacobsit.

Regulär.

No.	Buch-staben	Symb.	Miller	φ	ϱ	ξ_0	η_0	ξ	η	x (Prismen) (x : y)	y	d =tgϱ
1	p	1	111	45°00	54°44	45°00	45°00	35°16	35°16	1·0000	1·0000	1·4142

Jamesonit.

Rhombisch.

$$\lg\frac{p_0}{q_0} = 008645; \quad \frac{p_0}{q_0} = 1{\cdot}2203; \quad \frac{a}{b} = 0{\cdot}8195$$

No.	Buchstaben	Symb.	Miller	φ	ϱ	ξ_0	η_0	ξ	η	x (Prismen) (x : y)	y	d =tgϱ
1	c	o	001	—	0° 00	0° 00	0° 00	0° 00	0° 00	o	o	o
2	a	o∞	010	0° 00	90 00	,,	90 00	,,	90 00	,,	∞	∞
3	m	∞	110	50 40	,,	90 00	,,	50 40	39 20	1·2203	,,	,,

Jarosit.

Hexagonal. Rhomboedrisch-hemiedrisch

$$c = 1{\cdot}250 \quad \lg c = 009691 \quad \lg a_0 = 014165 \quad \lg p_0 = 992082 \quad a_0 = 1{\cdot}3856 \quad p_0 = 0{\cdot}8333 \quad (G_2)$$

No.	Buchstaben	Symb.	Bravais	φ	ϱ	ξ_0	η_0	ξ	η	x (Prismen) (x : y)	y	d =tgϱ
1	o	o	0001	—	0° 00	0° 00	0° 00	0° 00	0° 00	o	o	o
2	a·	$+\frac{6}{5}$	6·6·$\bar{12}$·5	30° 00	60 00	40 53·	56 18·	25 39·	48 35·	0·8660	1·5000	1·7320
3	p·	$+1$	11$\bar{2}$1	,,	55 17	35 49	51 20·	24 16	45 23	0·7217	1·2500	1·4434
4	b·	$+\frac{6}{7}$	6·6·$\bar{12}$·7	,,	51 03	31 44·	46 58·	22 53	42 20·	0·6186	1·0714	1·2372
5	φ·	-1	$\bar{2}\bar{2}$41	,,	70 53·	55 17	68 12	28 11·	54 55	1·1443	2·5000	2·8867

Idokras.

Tetragonal.

$$\left.\begin{array}{c}c\\p_0\end{array}\right\} = 0{\cdot}5376 \quad \lg c = 973046 \quad \lg a_0 = 026954 \quad a_0 = 1{\cdot}860$$

No.	Buchstaben	Symb.	Miller	φ	ϱ	ξ_0	η_0	ξ	η	x (Prismen) (x : y)	y	d =tgϱ
1	c	o	001	—	0° 00	0° 00	0° 00	0° 00	0° 00	o	o	o
2	a	o∞	010	0° 00	90 00	,,	90 00	,,	90 00	,,	∞	∞
3	m	∞	110	45 00	,,	90 00	,,	45 00	45 00	1·0000	,,	,,
4	φ	$\infty\frac{5}{3}$	350	30 58	,,	,,	,,	30 58	59 02	0·6000	,,	,,
5	ψ	$\infty\frac{7}{4}$	470	29 44·	,,	,,	,,	29 44·	60 15·	0·5714	,,	,,
6	f	∞2	120	26 34	,,	,,	,,	26 34	63 26	0·5000	,,	,,
7	h	∞3	130	18 26	,,	,,	,,	18 26	71 34	0·3333	,,	,,
8	ν	$0\frac{1}{2}$	012	0 00	15 02·	0 00	15 02·	0 00	15 02·	o	0·2688	0·2688
9	A	$0\frac{2}{3}$	023	,,	19 43·	,,	19 43·	,,	19 43·	,,	0·3584	0·3584

No.	Buchstaben	Symb.	Miller	φ	ϱ	ξ_0	η_0	ξ	η	x (Prismen) (x : y)	y	d $=\mathrm{tg}\,\varrho$
10	o	01	011	0°00	28°15'	0°00	28°15'	0°00	28°15'	0	0·5376	0·5376
11	B	$0\frac{3}{2}$	032	"	38 53	"	38 53	"	38 53	"	0·8064	0·8064
12	u	02	021	"	47 04'	"	47 04'	"	47 04'	"	1·0752	1·0752
13	π	03	031	"	58 12	"	58 12	"	58 12	"	1·6128	1·6128
14	α	$\frac{1}{20}$	1·1·20	45 00	2 10'	1 32'	1 32'	1 32'	1 32'	0·0269	0·0269	0·0380
15	β	$\frac{1}{10}$	1·1·10	"	4 21	3 04'	3 04'	3 04'	3 04'	0·0538	0·0538	0·0760
16	χ	$\frac{1}{9}$	1·1·9	"	4 49'	3 25	3 25	3 24'	3 24'	0·0597	0·0597	0·0844
17	γ	$\frac{1}{8}$	118	"	5 25'	3 50'	3 50'	3 50	3 50	0·0672	0·0672	0·0950
18	δ	$\frac{1}{7}$	117	"	6 12	4 23'	4 23'	4 22'	4 22'	0·0768	0·0768	0·1086
19	ε	$\frac{1}{6}$	116	"	7 13'	5 07	5 07	5 06	5 06	0·0896	0·0896	0·1267
20	ζ	$\frac{1}{5}$	115	"	8 38'	6 08	6 08	6 06	6 06	0·1075	0·1075	0·1521
21	η	$\frac{1}{4}$	114	"	10 45'	7 39'	7 39'	7 35'	7 35'	0·1344	0·1344	0·1901
22	ϑ	$\frac{1}{3}$	113	"	14 13	10 09'	10 09'	10 00	10 00	0·1792	0·1792	0·2534
23	?J	$\frac{5}{13}$	5·5·13	"	16 18	11 41	11 41	11 26'	11 26'	0·2068	0·2068	0·2924
24	ι	$\frac{1}{2}$	112	"	20 49	15 02'	15 02'	14 33	14 33	0·2688	0·2688	0·3801
25	$\varkappa$	$\frac{3}{5}$	335	"	24 31'	17 52'	17 52'	17 04	17 04	0·3225	0·3225	0·4562
26	λ	$\frac{4}{5}$	445	"	31 18'	23 16'	23 16'	21 33'	21 33'	0·4301	0·4301	0·6082
27	L	$\frac{7}{8}$	778	"	33 38	25 11'	25 11'	23 03'	23 03'	0·4704	0·4704	0·6652
28	p	1	111	"	37 14'	28 15'	28 15'	25 20'	25 20'	0·5376	0·5376	0·7603
29	μ	$\frac{8}{5}$	885	"	50 34'	40 42	40 42	33 06'	33 06'	0·8616	0·8616	1·2164
30	b	2	221	"	56 40	47 04'	47 04'	36 12'	36 12'	1·0752	1·0752	1·5205
31	t	3	331	"	66 19'	58 12	58 12	40 21'	40 21'	1·6128	1·6128	2·2808
32	N	4	441	"	71 48	65 03'	65 03'	42 12	42 12	2·1504	2·1504	3·0411
33	O	5	551	"	75 15'	69 35'	69 35'	43 08'	43 08'	2·6880	2·6880	3·8014
34	x	$\frac{1}{3}1$	133	18 26	29 32'	10 09'	28 15'	8 58	27 53'	0·1792	0·5376	0·5667
35	ω	$\frac{3}{7}1$	377	23 12	30 19'	12 58'	"	11 28'	27 39	0·2304	"	0·5849
36	n	$\frac{1}{2}1$	122	26 34	31 00'	15 02'	"	13 19	27 26	0·2688	"	0·6011
37	P	$\frac{4}{7}1$	477	29 44'	31 46	17 04'	"	15 08'	27 12	0·3072	"	0·6192
38	z	12	121	26 34	50 14'	28 15'	47 04'	20 06'	43 26'	0·5376	1·0752	1·2021
39	q	$1\frac{8}{3}$	383	20 33'	56 51	"	55 06	17 06	51 37'	"	1·4369	1·5310
40	s	13	131	18 26	59 32	"	58 12	15 49	54 51'	"	1·6128	1·7000
41	y	14	141	14 02	65 43	"	65 03'	12 46'	62 10	"	2·1504	2·2166
42	v	15	151	11 18'	69 57'	"	69 35'	10 37	67 06	"	2·6880	2·7412
43	w	17	171	8 08	75 15'	"	75 07	7 51'	73 13	"	3·7632	3·8014
44	d	24	241	26 34	67 25	47 04'	65 03'	24 23'	55 40'	1·0752	2·1504	2·4042
45	i	$\frac{1}{2}\frac{3}{2}$	132	18 26	40 22	15 02'	38 53	11 49	37 54'	0·2688	0·8064	0·8500
46	X	$\frac{1}{2}\frac{5}{2}$	152	11 18'	53 53	"	53 21	9 07	52 23	"	1·3440	1·3706
47	ϱ	$\frac{1}{9}\frac{1}{3}$	139	18 26	10 42	3 25	10 09'	3 22	10 08'	0·0597	0·1792	0·1889
48	σ	$\frac{1}{5}\frac{3}{5}$	135	"	18 46'	6 08	17 52'	5 50'	17 47	0·1075	0·3225	0·3400
49	τ	$\frac{2}{9}\frac{2}{3}$	269	"	20 42	6 49	19 43	6 25	19 35'	0·1195	0·3584	0·3778
50	l	$\frac{2}{3}\frac{4}{3}$	243	26 34	38 42'	19 43	35 38	16 14'	34 00'	0·3584	0·7162	0·8014
51	?e	35	351	30 58	72 18'	58 12	69 35'	29 21	54 46'	1·6128	2·6880	3·1347
52	?r	46	461	33 41'	75 32	65 03'	72 46'	32 29'	53 40'	2·1504	3·2256	3·8767
53	?g	$\frac{5}{2}$·10	5·20·2	14 02	79 46'	53 21	79 28	13 48'	72 41'	1·3440	5·3760	5·5415
54	?F	7·13	7·13·1	28 18	82 49	75 07	81 51'	28 03'	60 52'	3·7632	6·9887	7·9374

Jeremejewit.

Hexagonal.

$c = 1{\cdot}1840$	$\lg c = 007335$	$\lg a_0 = 016521$	$\lg p_0 = 989726$	$a_0 = 1{\cdot}4629$	$p_0 = 0{\cdot}7893$	(G_1)

No.	Buch-staben	Symb.	Bravais	φ	ϱ	ξ_0	η_0	ξ	η	x (Prismen) (x : y)	y	d $=\mathrm{tg}\,\varrho$
1	a	∞	$11\bar2\bar0$	30°00	90°00	90°00	90°00	30°00	60°00	0·5773	∞	∞
2	e	2∞	$21\bar3\bar0$	19 06·	"	"	"	19 06·	70 53·	0·3464	"	"
3	n	$\tfrac{1}{4}0$	$10\bar14$	0 00	11 10	0 00	11 10	0 00	11 10	0	0·1973	0·1973
4	f	$\tfrac{1}{3}0$	$10\bar13$	"	14 44·	"	14 44·	"	14 44·	"	0·2631	0·2631
5	d	10	$10\bar11$	"	38 17	"	38 17	"	38 17	"	0·7893	0·7893
6	q	$\tfrac{7}{5}0$	$70\bar75$	"	47 51·	"	47 51·	"	47 51·	"	1·1050	1·1050
7	g	$\tfrac{4}{3}\tfrac{1}{3}$	$41\bar5\bar3$	10 53·	50 19·	12 50	49 49	8 22	49 06	0·2278	1·1839	1·2057

Inesit.

Triklin.

$p_0 = 1{\cdot}3562$	$\lambda = 83°15$	$a = 0{\cdot}9753$	$\alpha = 92°18$	$x_0 = 0{\cdot}6763$	$d = 0{\cdot}6865$
$q_0 = 0{\cdot}9692$	$\mu = 46°42$	$b = 1$	$\beta = 132°56$	$y_0 = 0{\cdot}1175$	$\delta = 80°08$
$r_0 = 1$	$\nu = 82°35$	$c = 1{\cdot}3208$	$\gamma = 93°51$	$h = 0{\cdot}7271$	

No.	Buch-staben	Symb.	Miller	φ	ϱ	ξ_0	η_0	ξ	η	x' (Prismen) (x : y)	y'	d' $=\mathrm{tg}\,\varrho$
1	c	0	001	50°08·	43°21	42°55·	9°11	42°33·	6°45	0·9302	0·1616	0·9441
2	b	0∞	010	0 00	90 00	0 00	90 00	0 00	90 00	0	∞	∞
3	a	$\infty0$	100	82 35	"	90 00	"	82 35	7 25	7·8622	"	"
4	m	$\infty\bar\infty$	$1\bar10$	120 34	"	"	$\bar9$0 00	59 26	$\bar3$0 34	$\bar1$·6934	"	"
5	d	$0\bar1$	$0\bar11$	141 32·	56 14	42 55·	$\bar4$9 30·	31 08	$\bar4$0 37	0·9302	$\bar1$·1712	1·4956
6	g	20	201	82 05·	77 55·	77 48·	32 44·	75 36	7 44	4·6292	0·6431	4·6735
7	l	10	101	81 46	70 24	70 13	21 55	68 48	7 45·	2·7798	0·4024	2·8088
8	e	$\bar1$0	$\bar1$01	$\bar9$4 55	42 42	$\bar4$2 35·	$\bar4$ 31·	$\bar4$2 30·	$\bar3$ 20	$\bar0$·9194	$\bar0$·0791	0·9228
9	o	$\tfrac{\bar5}{2}\tfrac{3}{2}$	$\bar5$32	$\bar7$5 28	75 19	$\bar7$4 51	43 45	$\bar6$9 27·	14 02·	$\bar3$·6939	0·9573	3·8159
10	?i	$\bar1\tfrac{4}{7}$	$\bar7$47	$\bar5$3 29	48 50·	$\bar4$2 36	34 14·	$\bar3$7 14	26 37	$\bar0$·9194	0·6806	1·1439

Jodobromit.

Regulär.

No.	Buch-staben	Symb.	Miller	φ	ϱ	ξ_0	η_0	ξ	η	x (Prismen) (x : y)	y	d $=\mathrm{tg}\,\varrho$
1	c	$\begin{cases}0\\0\infty\end{cases}$	001 / 010	— / 0°00	0°00 / 90 00	0°00 / "	0°00 / 90 00	0°00 / "	0°00 / 90 00	0 / "	0 / ∞	0 / ∞
2	p	. 1	111	45 00	54 44	45 00	45 00	35 16	35 16	1·0000	1·0000	1·4142

Jodsilber.

Hexagonal-Hemimorph.

$c = 1{\cdot}4196$	$\lg c = 015217$	$\lg a_0 = 008639$	$\lg p_0 = 997608$	$a_0 = 1{\cdot}2201$	$p_0 = 0{\cdot}9464$	(G_1)

No.	Buch-staben	Symb.	Bravais	φ	ϱ	ξ_0	η_0	ξ	η	x (Prismen) (x : y)	y	d $= \operatorname{tg}\varrho$
1	c	0	0001	—	0°00	0°00	0°00	0°00	0°00	0	0	0
2	b	∞0	10Ī0	0°00	90 00	,,	90 00	,,	90 00	,,	∞	∞
3	a	∞	11Ž0	30 00	,,	90 00	,,	30°00	60 00	0·5773	,,	,,
4	μ	$\tfrac{1}{2}$0	10Ī2	0 00	25 19·	0 00	25 19·	0 00	25 19·	0	0·4732	0·4732
5	?ν	$\tfrac{2}{3}$0	20Ž3	,,	32 15	,,	32 15	,,	32 15	,,	0·6310	0·6310
6	e	$\tfrac{3}{4}$0	30Ž4	,,	35 22	,,	35 22	,,	35 22	,,	0·7098	0·7098
7	?π	$\tfrac{4}{5}$0	40Ā5	,,	37 08	,,	37 08	,,	37 08	,,	0·7571	0·7571
8	o	10	10Ī1	,,	43 25·	,,	43 25·	,,	43 25·	,,	0·9464	0·9464
9	h	$\tfrac{3}{2}$0	30Ž2	,,	54 50·	,,	54 50·	,,	54 50·	,,	1·4196	1·4196
10	i	20	20Ž1	,,	62 09	,,	62 09	,,	62 09	,,	1·8928	1·8928
11	k	30	30Ž1	,,	70 36	,,	70 36	,,	70 36	,,	2·8392	2·8392
12	u	40	40Ā1	,,	75 12	,,	75 12	,,	75 12	,,	3·7856	3·7856

Johannit.

Monoklin.

$a = 2{\cdot}04$	$\lg a = 030963$	$\lg a_0 = 014528$	$\lg p_0 = 985472$	$a_0 = 1{\cdot}397$	$p_0 = 0{\cdot}716$
$c = 1{\cdot}46$	$\lg c = 016435$	$\lg b_0 = 983565$	$\lg q_0 = 016300$	$b_0 = 0{\cdot}685$	$q_0 = 1{\cdot}456$
$\left.\begin{array}{l}\mu = \\ 180 - \beta\end{array}\right\}\, 85°29$	$\left.\begin{array}{l}\lg h = \\ \lg \sin \mu\end{array}\right\}999865$	$\left.\begin{array}{l}\lg e = \\ \lg \cos \mu\end{array}\right\}889625$	$\lg \dfrac{p_0}{q_0} = 969172$	$h = 0{\cdot}9969$	$e = 0{\cdot}0787$

No.	Buch-staben	Symb.	Miller	φ	ϱ	ξ_0	η_0	ξ	η	x' (Prismen) (x : y)	y'	d' $= \operatorname{tg}\varrho$
1	b	0∞	010	0°00	90°00	0°00	90°00	0°00	90°00	0	∞	∞
2	c	∞0	100	90 00	,,	90 00	0 00	90 00	0 00	∞	0	,,
3	m	01	011	3 05·	55 38	4 31	55 35·	2 33·	55 30·	0·0790	1·4600	1·4621
4	e	+10	101	90 00	38 34	38 34	0 00	38 34	0 00	0·7971	0	0·7971

Johnstrupit-Mosandrit.

Monoklin.

$a = 1.6229$	$\lg a = 021029$	$\lg a_0 = 007694$	$\lg p_0 = 992306$	$a_0 = 1.1938$	$p_0 = 0.8376$
$c = 1.3594$	$\lg c = 013335$	$\lg b_0 = 986665$	$\lg q_0 = 013272$	$b_0 = 0.7356$	$q_0 = 1.3574$
$\left.\begin{matrix}\mu =\\ 180-\beta\end{matrix}\right\} 86°55$	$\left.\begin{matrix}\lg h =\\ \lg \sin\mu\end{matrix}\right\} 999937$	$\left.\begin{matrix}\lg c =\\ \lg \cos\mu\end{matrix}\right\} 873069$	$\lg \dfrac{p_0}{q_0} = 979034$	$h = 0.9985\cdot$	$e = 0.0538$

No.	Buch-staben	Symb.	Miller	φ	ϱ	ξ_0	η_0	ξ	η	x' (Prismen) (x : y)	y'	d' $=\mathrm{tg}\,\varrho$
1	b	0∞	010	0°00	90°00	0°00	90°00	0°00	90°00	0	∞	∞
2	a	$\infty 0$	100	90 00	„	90 00	0 00	90 00	0 00	∞	0	„
3	t	7∞	710	76 58	„	„	90 00	76 58	13 02	4.3196	∞	„
4	k	4∞	410	67 57	„	„	„	67 57	22 03	2.4683	„	„
5	n	3∞	310	61 37·	„	„	„	61 37·	28 22·	1.8512	„	„
6	l	$\tfrac{5}{2}\infty$	520	57 03	„	„	„	57 03	32 57	1.5427	„	„
7	f	2∞	210	50 59	„	„	„	50 59	39 01	1.2341	„	„
8	m	∞	110	31 40·	„	„	„	31 40·	58 19·	0.6171	„	„
9	z	$\infty 2$	120	17 09	„	„	„	17 09	72 51	0.3085·	„	„
10	h	$\infty 6$	160	5 52·	„	„	„	5 52·	84 07·	0.1028·	„	„
11	e	$+30$	301	90 00	68 44·	68 44·	0 00	68 44·	0 00	2.5703·	0	2.5703·
12	x	$+20$	201	„	59 59·	59 59·	„	59 59·	„	1.7315	„	1.7315
13	d	$+10$	101	„	41 45·	41 45·	„	41 45·	„	0.8927	„	0.8927
14	?δ	-10	$\bar{1}01$	90 00	38 08	$\bar{3}8\ 08$	„	$\bar{3}8\ 08$	„	$\bar{0}.7849$	„	0.7849
15	ξ	-20	$\bar{2}01$	„	58 22·	$\bar{5}8\ 22·$	„	$\bar{5}8\ 22·$	„	$\bar{1}.6237$	„	1.6237
16	ε	-30	$\bar{3}01$	„	67 54	$\bar{6}7\ 54$	„	$\bar{6}7\ 54$	„	$\bar{2}.4626$	„	2.4626

Jordanit.

Rhombisch.

$a = 0.5375$	$\lg a = 973038$	$\lg a_0 = 972374$	$\lg p_0 = 027626$	$a_0 = 0.5293$	$p_0 = 1.8891$
$c = 1.0154$	$\lg c = 000664$	$\lg b_0 = 999336$	$\lg q_0 = 000664$	$b_0 = 0.9848$	$.q_0 = 1.0154$

No.	Buch-staben	Symb.	Miller	φ	ϱ	ξ_0	η_0	ξ	η	x (Prismen) (x : y)	y	d $=\mathrm{tg}\,\varrho$
1	c	0	001	—	0°00	0°00	0°00	0°00	0°00	0	0	0
2	m	∞	110	61°44·	90 00	90 00	90 00	61 44·	28 15·	1.8605	∞	∞
3	n	$\infty 3$	130	31 48·	„	„	„	31 48·	58 11·	0.6201·	„	„

No.	Buchstaben	Symb.	Miller	φ	ϱ	ξ_o	η_o	ξ	η	x (Prismen) (x : y)	y	d =tgϱ
4	d	0 4/9	049	0°00	24°17'	0°00	24°17'	0°00	24°17'	0	0·4513	0·4513
5	e	0 1/2	012	"	26 55	"	26 55	"	26 55	"	0·5077	0·5077
6	f	0 4/7	047	"	30 07'	"	30 07'	"	30 07'	"	0·5802	0·5802
7	g	0 2/3	023	"	34 05'	"	34 05'	"	34 05'	"	0·6769	0·6769
8	h	0 4/5	045	"	39 05'	"	39 05'	"	39 05'	"	0·8123	0·8123
9	i	0I	011	"	45 26'	"	45 26'	"	45 26'	"	1·0154	1·0154
10	k	0 8/7	087	"	49 15	"	49 15	"	49 15	"	1·1604	1·1604
11	l	0 4/3	043	"	53 33	"	53 33	"	53 33	"	1·3539	1·3539
12	p	02	021	"	63 47	"	63 47	"	63 47	"	2·0308	2·0308
13	q	04	041	"	76 10	"	76 10	"	76 10	"	4·0616	4·0616
14	u	2/3 0	203	90 00	51 33	51 33	0 00	51 33	0 00	1·2594	0	1·2594
15	v	4/5 0	405	"	56 30'	56 30'	"	56 30'	"	1·5113	"	1·5113
16	w	I0	101	"	62 06'	62 06'	"	62 06'	"	1·8891	"	1·8891
17	x	4/3 0	403	"	68 21	68 21	"	68 21	"	2·5188	"	2·5188
18	y	20	201	"	75 10'	75 10'	"	75 10'	"	3·7782	"	3·7782
19	α	2/9	229	61 44'	25 29	22 46'	12 43	22 16	11 45	0·4198	0·2256	0·4766
20	β	1/4	114	"	28 12	25 17	14 14'	24 36	12 55'	0·4723	0·2538	0·5362
21	γ	2/7	227	"	31 30	28 21'	16 10'	27 24	14 19'	0·5397	0·2901	0·6128
22	δ	1/3	113	"	35 33'	32 12	18 42	30 49	15 59	0·6297	0·3385	0·7149
23	ε	2/5	225	"	40 37'	37 04'	22 06'	35 00	17 57'	0·7556'	0·4061	0·8579
24	ζ	1/2	112	"	47 00	43 22	26 55	40 06'	20 15'	0·9445	0·5077	1·0724
25	η	4/7	447	"	50 47	47 11'	30 07'	43 02	21 31	1·0795	0·5802	1·2255
26	ϑ	2/3	223	"	55 02	51 33	34 05'	46 12	22 49'	1·2594	0·6769	1·4298
27	ι	4/5	445	"	59 46	56 30'	39 05'	49 33	24 08'	1·5113	0·8123	1·7158
28	ϰ	I	111	"	65 00	62 06'	45 26'	52 58	25 24'	1·8891	1·0153	2·1447
29	λ	2	221	"	76 52'	75 10'	63 47	59 04'	27 27'	3·7782	2·0308	4·2894
30	μ	3	331	"	81 10	79 59'	71 49'	60 30	27 53'	5·6674	3·0462	6·4341
31	ν	8	881	"	86 40	86 13	82 59	61 33'	28 12'	15·1131	8·1232	17·158
32	A	2/7 6/7	267	31 48'	45 41	28 21'	41 02	22 09	37 27	0·5397'	0·8703'	1·0241
33	B	1/3 I	133	"	50 04'	32 12	45 26'	23 50'	40 40	0·6297	1·0153	1·1948
34	C	1/2 3/2	132	"	60 50'	43 22	56 43	27 24	47 55	0·9445'	1·5231	1·7922
35	D	2/3 2	263	"	67 17'	51 33	63 47	29 05'	51 37'	1·2594	2·0308	2·3896
36	E	13	131	"	74 24'	62 06'	71 49'	30 30'	54 56'	1·8891	3·0462	3·5844
37	F	26	261	"	82 03'	75 10'	80 40'	31 28	57 19	3·7782'	6·0924	7·1688

Iridium.
Regulär.

No.	Buchstaben	Symb.	Miller	φ	ϱ	ξ_0	η_0	ξ	η	x (Prismen) (x : y)	y	d = tg ϱ
1	c	0	001	—	0°00	0°00	0°00	0°00	0°00	0	0	0
		0∞	010	0°00	90 00	"	90 00	"	90 00	"	∞	∞
2	a	$0\frac{1}{3}$	013	"	18 26	"	18 26	"	18 26	"	0·3333	0·3333
		03	031	"	71 34	"	71 34	"	71 34	"	3·0000	3·0000
		∞3	130	18 26	90 00	90 00	90 00	18 26	"	0·3333	∞	∞
3	i	$0\frac{3}{4}$	034	0 00	36 52	0 00	36 52	0 00	36 52	0	0·7500	0·7500
		$0\frac{4}{3}$	043	"	53 08	"	53 08	"	53 08	"	1·3333	1·3333
		$\infty\frac{4}{3}$	340	36 52	90 00	90 00	90 00	36 52	"	0·7500	∞	∞
4	d	01	011	0 00	45 00	0 00	45 00	0 00	45 00	0	1·0000	1·0000
		∞	110	45 00	90 00	90 00	90 00	45 00	"	1·0000	∞	∞
5	p	1	111	"	54 44	45 00	45 00	35 16	35 16	"	1·0000	1·4142

Kainit.
Monoklin.

a = 1·2186	lg a = 008586	lg a$_0$ = 031774	lg p$_0$ = 968226	a$_0$ = 2·0784	p$_0$ = 0·4811
c = 0·5863	lg c = 976812	lg b$_0$ = 023188	lg q$_0$ = 976653	b$_0$ = 1·7056	q$_0$ = 0·5842
$\left.\begin{array}{l}\mu=\\180-\beta\end{array}\right\}$ 85°06	$\left.\begin{array}{l}\lg h=\\ \lg\sin\mu\end{array}\right\}$ 999841	$\left.\begin{array}{l}\lg e=\\ \lg\cos\mu\end{array}\right\}$ 893154	$\lg\frac{p_0}{q_0}$ = 991573	h = 0·9963	e = 0·0854

No.	Buchstaben	Symb.	Miller	φ	ϱ	ξ_0	η_0	ξ	η	x' (Prismen) (x : y)	y'	d' = tg ϱ
1	c	o	001	90°00	4°54	4°54	0°00	4°54	0°00	0·0857	0	0·0857
2	b	0∞	010	0 00	90 00	0 00	90 00	0 00	90 00	0	∞	∞
3	a	∞0	100	90 00	"	90 00	0 00	90 00	0 00	∞	0	"
4	l	3∞	310	67 58	"	"	90 00	67 58	22 02	2·4765·	∞	"
5	e	2∞	210	58 44·	"	"	"	58 44·	31 15·	1·6472·	"	"
6	p	∞	110	39 28·	"	"	"	39 28·	50 31·	0·8236	"	"
7	d	02	021	4 11	49 37	4 54	49 32·	3 11	49 26·	0·0857	1·1726	1·1757
8	n	+40	401	90 00	63 38	63 38	0 00	63 38	0 00	2·0171	0	2·0171
9	r	+20	201	"	46 26	46 26	"	46 26	"	1·0514	"	1·0514
10	t	+10	101	"	29 37·	29 37·	"	29 37·	"	0·5818	"	0·5818
11	q	+1	111	44 07	39 14·	"	30 23	26 07·	27 00·	0·5685	0·5863	0·8167
12	w	+31	311	69 05	58 40	56 54·	"	52 56	17 45	1·5343	"	1·6425
13	s	−1	$\bar{1}11$	34 07	35 18	$\bar{2}1$ 39·	"	$\bar{1}8$ 55	28 35	$\bar{0}$·3971·	"	0·7081
14	u	+$\frac{3}{4}$	334	46 47	32 42	25 04·	23 44	23 11	21 43	0·4679	0·4397	0·6421
15	v	+2	221	41 53	57 35	46 26	49 32·	34 18	38 56·	1·0514	1·1726	1·5750
16	z	$-\frac{2}{3}$	$\bar{2}23$	$\bar{3}1$ 08·	24 32·	$\bar{1}3$ 17	21 21	$\bar{1}2$ 24·	20 49·	$\bar{0}$·2361·	0·3908·	0·4567
17	x	+13	131	17 35	61 35	29 37·	60 23	15 42	56 49	0·5685	1·7589	1·8485
18	y	−13	$\bar{1}31$	$\bar{1}2$ 43·	60 59·	$\bar{2}1$ 39·	"	$\bar{1}1$ 06·	58 33	$\bar{0}$·3971·	"	1·8031

Kalisalpeter.

Rhombisch.

$a = 0.5910$	$\lg a = 977159$	$\lg a_0 = 992587$	$\lg p_0 = 007413$	$a_0 = 0.8430$	$p_0 = 1.1861$
$c = 0.7010$	$\lg c = 984572$	$\lg b_0 = 015428$	$\lg q_0 = 984572$	$b_0 = 1.4265$	$q_0 = 0.7010$

No.	Buch-staben	Symb.	Miller	φ	ϱ	ξ_0	η_0	ξ	η	x (Prismen) (x : y)	y	d $=\mathrm{tg}\,\varrho$
1	c	0	001	—	0° 00	0° 00	0° 00	0° 00	0° 00	0	0	0
2	a	0∞	010	0° 00	90 00	"	90 00	"	90 00	"	∞	∞
3	b	∞0	100	90 00	"	90 00	0 00	90 00	0 00	∞	0	"
4	m	∞	110	59 25	"	"	90 00	59 25	30 35	1.6920·	∞	"
5	x	0½	012	0 00	19 19	0 00	19 19	0 00	19 19	0	0.3505	0.3505
6	k	01	011	"	35 02	"	35 02	"	35 02	"	0.7010	0.7010
7	i	02	021	"	54 30	"	54 30	"	54 30	"	1.4020	1.4020
8	p	1	111	59 25	54 01·	49 52	35 02	44 10	24 19	1.1861·	0.7010	1.3778

Kalkuranit.

Monoklin.

$a = 0.3463$	$\lg a = 953945$	$\lg a_0 = 999229$	$\lg p_0 = 000771$	$a_0 = 0.9824$	$p_0 = 1.0179$
$c = 0.3525$	$\lg c = 954716$	$\lg b_0 = 045284$	$\lg q_0 = 954714$	$b_0 = 2.8369$	$q_0 = 0.3525$
$\begin{matrix}\mu =\\ 180-\beta\end{matrix}\Big\} 89° 30$	$\begin{matrix}\lg h =\\ \lg \sin \mu\end{matrix}\Big\} 999998$	$\begin{matrix}\lg c =\\ \lg \cos \mu\end{matrix}\Big\} 794084$	$\lg \dfrac{p_0}{q_0} = 046057$	$h = 0.9999$	$e = 0.0087$

No.	Buch-staben	Symb.	Miller	φ	ϱ	ξ_0	η_0	ξ	η	x′ (Prismen) (x : y)	y′	d′ $=\mathrm{tg}\,\varrho$
1	c	0	001	90° 00	0° 30	0° 30	0° 00	0° 30	0° 00	0.0087	0	0.0087
2	b	0∞	010	0 00	90 00	0 00	90 00	0 00	90 00	0	∞	∞
3	a	∞0	100	90 00	"	90 00	0 00	90 00	0 00	∞	0	"
4	m	∞	110	70 54	"	"	90 00	70 54	19 06	2.8878	∞	"
5	q	01	011	1 25	19 25·	0 30	19 25	0 28·	19 25	0.0087	0.3525	0.3526
6	d	+10	101	90 00	45 45	45 45	0 00	45 45	0 00	1.0266	0	1.0266
7	p	+12	121	55 31·	51 14	45 55	35 11	40 00	26 11·	"	0.7050	1.2454
8	π	−12	ꟷ121	ꟷ55 04	50 55	ꟷ45 16	"	ꟷ39 31	26 23·	ꟷ1.0092	"	1.2310

Kalomel.

Tetragonal.

$$\left.\begin{array}{c} c \\ p_0 \end{array}\right\} = 1\text{·}7229 \qquad \lg c = 023626 \qquad \lg a_0 = 976374 \qquad a_0 = 0\text{·}5804$$

No.	Buch-staben	Symb.	Miller	φ	ϱ	ξ_0	η_0	ξ	η	x (Prismen) (x : y)	y	d = tg ϱ
1	c	O	001	—	0°00	0°00	0°00	0°00	0°00	0	0	0
2	A	O∞	010	0°00	90 00	"	90 00	"	90 00	"	∞	∞
3	m	∞	110	45 00	"	90 00	"	45 00	45 00	1·0000	"	"
4	ξ	$\infty\frac{9}{2}$	290	12 31·	"	"	"	12 31·	77 28·	0·2222	"	"
5	g	∞6	160	9 27·	"	"	"	9 27·	80 32·	0·1667	"	"
6	μ	∞7	170	8 08	"	"	"	8 08	81 52	0·1429	"	"
7	q	$0\frac{1}{5}$	015	0 00	19 01	0 00	19 01	0 00	19 01	0	0·3445	0·3445
8	γ	$0\frac{1}{4}$	014	"	23 18	"	23 18	"	23 18	"	0·4307	0·4307
9	z	$0\frac{1}{3}$	013	"	29 52·	"	29 52·	"	29 52·	"	0·5743	0·5743
10	t	$0\frac{1}{2}$	012	"	40 40·	"	40 40·	"	40 40·	"	0·8594	0·8594
11	e	01	011	"	59 52	"	59 52	"	59 52	"	1·7229	1·7229
12	β	$0\frac{5}{4}$	054	"	65 05·	"	65 05·	"	65 05·	"	2·1536	2·1536
13	s	02	021	"	73 49	"	73 49	"	73 49	"	3·4457	3·4457
14	k	04	041	"	81 44·	"	81 44·	"	81 44·	"	6·8915	6·8915
15	ζ	$\frac{1}{9}$	119	45 00	15 09	10 50·	10 50·	10 39	10 39	0·1914	0·1914	0·2707
16	h	$\frac{1}{4}$	114	"	31 21	23 18	23 18	21 35	21 35	0·4307	0·4307	0·6091
17	a	$\frac{1}{3}$	113	"	39 05	29 52	29 52	26 29·	26 29·	0·5743	0·5743	0·8122
18	i	$\frac{1}{2}$	112	"	50 37	40 44·	40 44·	33 08	33 08	0·8614	0·8614	1·2182
19	y	$\frac{5}{9}$	559	"	53 32·	43 44·	43 44·	34 39·	34 39·	0·9572	0·9572	1·3536
20	x	$\frac{5}{8}$	558	"	56 42·	47 07	47 07	36 14	36 14	1·0768	1·0768	1·5228
21	r	1	111	"	67 41	59 52	59 52	40 51·	40 51·	1·7229	1·7229	2·4365
22	o	2	221	"	78 24	73 49	73 49	43 50·	43 50·	3·4457	3·4457	4·8730
23	β	$\frac{5}{2}$	552	"	80 40·	76 55·	76 55·	44 15	44 15	4·3072	4·3072	6·0913
24	p	3	331	"	82 12·	79 03	79 03	44 28·	44 28·	5·1686	5·1686	7·3095
25	?B	$\frac{1}{3}$ 1	133	18 26	61 09·	59 52	59 52	16 05	56 12·	0·5743	1.7229	1·8161
26	ψ	13	131	"	79 36	"	79 03	18 07·	68 55·	1·7229	5·1686	5·4482
27	π	$\frac{1}{4}\frac{1}{2}$	124	26 34	43 55·	23 18	40 44·	18 04·	38 21	0·4307	0·8614	0·9631
28	λ	$\frac{1}{2}\frac{7}{5}$	5·14·10	19 39	68 40·	40 44·	67 29	18 15·	61 18·	0·8614	2·4120	2·5631
29	n	$\frac{1}{2}\frac{3}{2}$	132	18 26	69 50·	"	68 51	17 16	62 57	"	2·5843	2·7241
30	D	$\frac{4}{9}$ 2	4·18·9	12 31·	74 11	37 26·	73 49	12 03	69 55·	0·7657	3·4453	3·5299
31	φ	$\frac{1}{2}$ 2	142	14 02	74 16·	40 44·	"	13 30	69 02·	0·8614	3·4458	3·5519
32	v	$\frac{1}{3}\frac{5}{3}$	153	11 18·	71 08·	29 52	70 48	10 42	68 07·	0·5743	2·8716	2·9283
33	f	$\frac{1}{4}\frac{3}{2}$	164	9 27·	69 06·	23 18	68 51	8 50	67 09	0·4307	2·5843	2·6200
34	ϱ	$\frac{1}{5}\frac{3}{5}$	135	18 26	47 27·	19 01	45 57	13 28·	44 20·	0·3446	1·0337	1·0896
35	σ	$\frac{1}{10}\frac{4}{5}$	1·8·10	7 07·	54 15	9 46·	54 02·	5 46·	53 38·	0·1723	1·3783	1·3891

Kaolin.

Monoklin.

a = 0·5748	$\lg a$ = 975952	$\lg a_0$ = 955549	$\lg p_0$ = 044451	a_0 = 0·3593	p_0 = 2·7830
c = 1·5997	$\lg c$ = 020403	$\lg b_0$ = 979597	$\lg q_0$ = 020095	b_0 = 0·6251	q_0 = 1·5883
$\left.\begin{array}{l}\mu =\\ 180 -\beta\end{array}\right\}$ 83°11	$\left.\begin{array}{l}\lg h =\\ \lg \sin \mu\end{array}\right\}$999692	$\left.\begin{array}{l}\lg c =\\ \lg \cos \mu\end{array}\right\}$907442	$\lg \dfrac{p_0}{q_0}$ = 024356	h = 0·9929	e = 0·1187

No.	Buchstaben	Symb.	Miller	φ	ϱ	ξ_0	η_0	ξ	η	x' (Prismen) (x : y)	y'	d' = tg ϱ
1	c	o	001	90°00	6°49	6°49	0°00	6°49	0°00	0·1195	0	0·1195
2	b	o∞	010	0 00	90 00	0 00	90 00	0 00	90 00	0	∞	∞
3	m	∞	110	60 17	,,	90 00	,,	60 17	29 43	1·7521	,,	,,
4	n	—1	$\bar{1}$11	$\bar{5}$9 12	72 15	$\bar{6}$9 34	57 59·	$\bar{5}$4 53·	29 11·	$\bar{2}$·6832	1·5997	3·1239

Karyocerit.

Hexagonal. Rhomboedrisch-hemiedrisch.

c = 1·1845	$\lg c$ = 007353	$\lg a_0$ = 016503	$\lg p_0$ = 989744	a_0 = 1·4623	p_0 = 0·7897	(G_I)

No.	Buchstaben	Symb.	Bravais	φ	ϱ	ξ_0	η_0	ξ	η	x (Prismen) (x : y)	y	d = tg ϱ
1	c	o	0001	—	0°00	0°00	0°00	0°00	0°00	0	0	0
2	q	$-\tfrac{1}{4}$	$\bar{1}\bar{1}$24	30°00	18 53	9 29	16 30	9 18·	16 16·	0·1710	0·2962	0·3420
3	ϱ	$-\tfrac{1}{2}$	$\bar{1}\bar{1}$22	,,	34 22·	18 53	30 38·	16 24	29 16	0·3420	0·5923	0·6840

Katapleit.

Hexagonal-holoedrisch.

c = 2·3605	$\lg c$ = 037300	$\lg a_0$ = 986556	$\lg p_0$ = 019691	a_0 = 0·7338	p_0 = 1·5737	(G_I)

No.	Buchstaben	Symb.	Bravais	φ	ϱ	ξ_0	η_0	ξ	η	x (Prismen) (x : y)	y	d = tg ϱ
1	c	o	0001	—	0°00	0°00	0°00	0°00	0°00	0	0	0
2	a	∞0	10$\bar{1}$0	0°00	90 00	,,	90 00	,,	90 00	,,	∞	∞
3	y	$\tfrac{1}{3}$0	10$\bar{1}$3	,,	27 41	,,	27 41	,,	27 41	,,	0·5245	0·5245
4	o	$\tfrac{1}{2}$0	10$\bar{1}$2	,,	38 12	,,	38 12	,,	38 12	,,	0·7868	0·7868
5	p	10	10$\bar{1}$1	,,	57 34	,,	57 34	,,	57 34	,,	1·5737	1·5737
6	x	20	20$\bar{2}$1	,,	72 22·	,,	72 22·	,,	72 22·	,,	3·1473	3·1473

Kentrolith.

Rhombisch.

a = 0·6328	lg a = 980127	lg a₀ = 984761	lg p₀ = 015239	a₀ = 0·7041	p₀ = 1·4203
c = 0·8988	lg c = 995366	lg b₀ = 004634	lg q₀ = 995366	b₀ = 1·1126	q₀ = 0·8988

No.	Buchstaben	Symb.	Miller	φ	ϱ	ξ_0	η_0	ξ	η	x (Prismen) (x : y)	y	d =tgϱ
1	b	0∞	010	0° 00	90° 00	0° 00	90° 00	0° 00	90° 00	0	∞	∞
2	a	∞0	100	90 00	,,	90 00	0 00	90 00	0 00	∞	0	,,
3	m	∞	110	57 40·	,,	,,	90 00	57 40·	32 19·	1·5803	∞	,,
4	o	1	111	,,	59 15	54 51	41 57	46 34	27 21·	1·4203	0·8988	1·6808
5	p	2	221	,,	73 26	70 36·	60 55	54 05·	30 50	2·8407	1·7976	3·3616

Kieselzinkerz.

Rhombisch.

a = 0·7835	lg a = 989404	lg a₀ = 021479	lg p₀ = 978521	a₀ = 1·6398	p₀ = 0·6098
c = 0·4778	lg c = 967925	lg b₀ = 032075	lg q₀ = 967925	b₀ = 2·0929	q₀ = 0·4778

No.	Buchstaben	Symb.	Miller	φ	ϱ	ξ_0	η_0	ξ	η	x (Prismen) (x : y)	y	d =tgϱ
1	c	0	001	—	0° 00	0° 00	0° 00	0° 00	0° 00	0	0	0
2	a	0∞	010	0° 00	90 00	,,	90 00	,,	90 00	,,	∞	∞
3	b	∞0	100	90 00	,,	90 00	0 00	90 00	0 00	∞	0	,,
4	m	∞	110	51 55	,,	,,	90 00	51 55	38 05	1·2763	∞	,,
5	p	∞$\tfrac{3}{2}$	230	40 23·	,,	,,	,,	40 23·	49 36·	0·8509	,,	,,
6	n	∞2	120	32 32·	,,	,,	,,	32 32·	57 27·	0·6381·	,,	,,
7	o	∞3	130	23 03	,,	,,	,,	23 03	66 57	0·4254·	,,	,,
8	?A	∞$\tfrac{9}{2}$	290	15 50	,,	,,	,,	15 50	74 10	0·2836·	,,	,,
9	q	∞5	150	14 19	,,	,,	,,	14 19	75 41	0·2552·	,,	,,
10	?δ	0$\tfrac{1}{8}$	018	0 00	3 25	0 00	3 25	0 00	3 25	0	0·0597	0·0597
11	ε	0$\tfrac{1}{3}$	013	,,	9 03	,,	9 03	,,	9 03	,,	0·1592·	0·1592·
12	d	0$\tfrac{1}{2}$	012	,,	13 26	,,	13 26	,,	13 26	,,	0·2389	0·2389
13	e	01	011	,,	25 32·	,,	25 32·	,,	25 32·	,,	0·4778	0·4778
14	ϰ	0$\tfrac{4}{3}$	043	,,	32 30	,,	32 30	,,	32 30	,,	0·6370·	0·6370·
15	f	0$\tfrac{3}{2}$	032	,,	35 38	,,	35 38	,,	35 38	,,	0·7167	0·7167
16	g	0$\tfrac{5}{3}$	053	,,	38 32	,,	38 32	,,	38 32	,,	0·7963·	0·7963·
17	?B	0$\tfrac{7}{4}$	074	,,	39 54	,,	39 54	,,	39 54	,,	0·8361·	0·8361·
18	h	02	021	,,	43 42	,,	43 42	,,	43 42	,,	0·9556	0·9556

No.	Buch-staben	Symb.	Miller	φ	ϱ	ξ_0	η_0	ξ	η	x (Prismen) (x : y)	y	d =tgϱ
19	i	03	031	0°00	55°06	0°00	55°06	0°00	55°06	0	1·4334	1·4334
20	k	05	051	”	67 17	”	67 17	”	67 17	”	2·3890	2·3890
21	l	07	071	”	73 21	”	73 21	”	73 21	”	3·3446	3·3446
22	η	$\frac{1}{6}0$	106	90 00	5 48	5 48	0 00	5 48	0 00	0·1016·	0	0·1016·
23	ν	$\frac{1}{5}0$	105	”	6 57	6 57	”	6 57	”	0·1219·	”	0·1219·
24	r	$\frac{1}{3}0$	103	”	11 29·	11 29·	”	11 29·	”	0·2032·	”	0·2032·
25	χ	$\frac{2}{5}0$	205	”	13 42·	13 42·	”	13 42·	”	0·2439·	”	0·2439·
26	ϑ	$\frac{1}{2}0$	102	”	16 57·	16 57·	”	16 57·	”	0·3049	”	0·3049
27	s	10	101	”	31 22·	31 22·	”	31 22·	”	0·6098·	”	0·6098·
28	ι	$\frac{4}{3}0$	403	”	39 07	39 07	”	39 07	”	0·8131	”	0·8131
29	μ	20	201	”	50 39	50 39	”	50 39	”	1·2196·	”	1·2196·
30	t	30	301	”	61 20·	61 20·	”	61 20·	”	1·8295	”	1·8295
31	γ	$\frac{1}{2}$	112	51 55	21 10·	16 57·	13 26	16 31	12 52·	0·3049	0·2389	0·3874
32	ζ	$\frac{3}{4}$	334	”	30 09·	24 34·	19 43	23 17·	18 03	0·4573·	0·3583·	0·5810
33	π	1	111	”	37 46	31 22·	25 32·	28 49·	22 11·	0·6098·	0·4778	0·7747
34	x	$\frac{3}{2}$	332	”	49 17	42 27	35 37·	36 38	27 52·	0·9147·	0·7167	1·1620
35	v	12	121	32 32·	48 35	31 22·	43 42	23 47·	39 12·	0·6098·	0·9556	1·1336
36	λ	14	141	17 42	63 30·	”	62 22·	15 47	58 30	”	1·9112	2·0061
37	u	21	211	68 36·	52 38·	50 39	25 32·	47 44·	16 51	1·2196·	0·4778	1·3099
38	w	$\frac{13}{22}$	132	23 03	37 55	16 57·	35 37·	13 55	34 26	0·3049	0·7167	0·7789
39	σ	$\frac{17}{22}$	172	10 20	59 32	”	59 07·	8 53·	57 59·	”	1·6723	1·6999
40	z	$\frac{1}{3}2$	163	12 00·	44 20	11 29·	43 42	8 21·	43 07	0·2032·	0·9556	0·9770
41	β	32	321	62 25	64 09	61 20·	”	52 54·	24 37·	1·8295	”	2·0640
42	ϱ	23	231	40 23·	62 01	50 39	55 06	34 54·	42 16	1·2196·	1·4334	1·8820
43	y	43	431	59 33·	70 32	67 42·	”	54 23	28 32	2.4393·	”	2·8293
44	ξ	$\frac{14}{33}$	143	17 42	33 46·	11 29·	32 30	9 43·	31 58·	0·2032·	0·6370·	0·6687
45	φ	$\frac{17}{44}$	174	10 20	40 21·	8 40	39 54	6 40	39 34·	0·1524·	0·8361·	0·8499
46	τ	47	471	36 06	76 25	67 42·	73 21	34 56·	51 45·	2·4393	3·3446	4·1396
47	Φ	3·10	3·10·1	20 57	78 56·	61 20·	78 10·	20 32·	66 25·	1·8295	4·7780	5·1162

Kieserit.

Monoklin.

a = 0·9097	lg a = 995890	lg a₀ = 971204	lg p₀ = 028796	a₀ = 0·5153	p₀ = 1·9407
c = 1·7655	lg c = 024686	lg b₀ = 975314	lg q₀ = 024679	b₀ = 0·5664	q₀ = 1·7652
$\left.\begin{array}{l}\mu =\\180-\beta\end{array}\right\}$ 88°59	$\left.\begin{array}{l}\lg h =\\ \lg \sin\mu\end{array}\right\}$ 999993	$\left.\begin{array}{l}\lg c =\\ \lg\cos\mu\end{array}\right\}$ 824903	$\lg\frac{p_0}{q_0}$ = 004117	h = 0·9998	e = 0·0174

No.	Buch-staben	Symb.	Miller	φ	ϱ	ξ_0	η_0	ξ	η	x' (Prismen) (x : y)	y'	d' =tgϱ
1	c	0	001	90°00	1°01	1°01	0°00	1°01	0°00	0·0177	0	0·0177
2	u	$0\frac{1}{2}$	012	1 09	41 26·	”	41 26	0 46	41 26	”	0·8827·	0·8829
3	t	10	101	90 00	62 57	62 57	0 00	62 57	0 00	1·9584	0	1·9584

No.	Buchstaben	Symb.	Miller	φ	ϱ	ξ_0	η_0	ξ	η	x' (Prismen) (x : y)	y'	d' =tgϱ
4	p	$+1$	111	47°43	69°08	62°44·	60°28·	43°44	38°57·	1·9410	1·7655	2·6238
5	y	$+\frac{3}{5}$	335	48 08	57 47	49 46	46 39	39 03·	34 23	1·1820	1·0592	1·5872
6	x	$+\frac{1}{3}$	113	48 28	41 35·	33 36	30 28·	29 48	26 07	0·6644	0·5885	0·8875
7	?h	$-\frac{2}{9}$	$\overline{2}$29	$\overline{4}$6 32	29 42	$\overline{2}$2 29	21 25·	$\overline{2}$1 04·	19 55·	$\overline{0}$·4139	0·3923	0·5703
8	v	$-\frac{1}{3}$	$\overline{1}$13	$\overline{4}$6 56	40 45·	$\overline{3}$2 12	30 28·	$\overline{2}$8 29	26 28·	$\overline{0}$·6296	0·5885	0·8618
9	e	-1	$\overline{1}$11	$\overline{4}$7 27·	69 02·	$\overline{6}$2 32	60 28·	$\overline{4}$3 28·	39 09·	$\overline{1}$·9236	1·7655	2·6109

Klaprothit.

Rhombisch.

$$\lg\frac{p_0}{q_0} = 013077; \quad \frac{p_0}{q_0} = 1·3513; \quad \frac{a}{b} = 0·74$$

No.	Buchstaben	Symb.	Miller	φ	ϱ	ξ_0	η_0	ξ	η	x (Prismen) (x : y)	y	d =tgϱ
1	a	∞	100	90°00	90°00	90°00	0°00	90°00	0°00	∞	0	∞
2	m	∞	110	53 30	„	„	90 00	53 30	36 30	1·3513	∞	„

Kobaltblüthe.

Monoklin.

a $=$ 0·75	lg a $=$ 987506	lg $a_0 =$ 002996	lg $p_0 =$ 997004	$a_0 =$ 1·0714	$p_0 =$ 0·9333
c $=$ 0·70	lg c $=$ 984510	lg $b_0 =$ 015490	lg $q_0 =$ 983004	$b_0 =$ 1·4286	$q_0 =$ 0·6761
$\left.\begin{matrix}\mu =\\180-\beta\end{matrix}\right\}$ 75°00	$\left.\begin{matrix}\lg h =\\ \lg\sin\mu\end{matrix}\right\}$998494	$\left.\begin{matrix}\lg c =\\ \lg\cos\mu\end{matrix}\right\}$941300	$\lg\frac{p_0}{q_0} =$ 014000	h $=$ 0·9659	e $=$ 0·2588

No.	Buchstaben	Symb.	Miller	φ	ϱ	ξ_0	η_0	ξ	η	x' (Prismen) (x : y)	y'	d' =tgϱ
1	b	0∞	010	0°00	90°00	0°00	90°00	0°00	90°00	0	∞	∞
2	m	∞	110	54 05	„	90 00	„	54 05	35 55	1·3804	„	„
3	w	-10	$\overline{1}$01	90 00	34 55·	$\overline{3}$4 55·	0 00	$\overline{3}$4 55·	0 00	$\overline{0}$·6983	0	0·6983
4	r	$-\frac{1}{2}$	$\overline{1}$12	$\overline{3}$1 35	22 20	$\overline{1}$2 08·	19 17·	$\overline{1}$1 29	18 53·	$\overline{0}$·2151·	0·3500	0·4108
5	v	-1	$\overline{1}$11	$\overline{4}$4 56	44 40·	$\overline{3}$4 55·	34 59·	$\overline{2}$9 46·	29 51	$\overline{0}$·6983	0·7000	0·9887

Koppit.

Regulär.

No.	Buchstaben	Symb.	Miller	φ	ϱ	ξ_0	η_0	ξ	η	x (Prismen) (x : y)	y	d $=\mathrm{tg}\,\varrho$
1	c	$\begin{cases}0\\0\infty\end{cases}$	001 010	— 0°00	0°00 90 00	0°00 "	0°00 90 00	0°00 "	0°00 90 00	0 "	0 ∞	0 ∞
2	p	1	111	45 00	54 44	45 00	45 00	35 16	35 16	1·0000	1·0000	1·4142

Kornerupin.

Rhombisch.

$$\lg\frac{p_0}{q_0} = 006850; \quad \frac{p_0}{q_0} = 1·1708; \quad \frac{a}{b} = 0·854$$

No.	Buchstaben	Symb.	Miller	φ	ϱ	ξ_0	η_0	ξ	η	x (Prismen) (x : y)	y	d $=\mathrm{tg}\,\varrho$
1	b	0∞	010	0°00	90°00	0°00	90°00	0°00	90°00	0	∞	∞
2	a	$\infty 0$	100	90 00	"	90 00	0 00	90 00	0 00	∞	0	"
3	m	∞	110	49 30	"	"	90 00	49 30	40 30	1·1708	∞	"

Korund.

Hexagonal.   Rhomboedrisch - hemiedrisch.

$$c = 1·3636 \quad \lg c = 013468 \quad \lg a_0 = 010387 \quad \lg p_0 = 995859 \quad a_0 = 1·2702 \quad p_0 = 0·9091 \quad (G_2)$$

No.	Buchstaben	Symb.	Bravais	φ	ϱ	ξ_0	η_0	ξ	η	x (Prismen) (x : y)	y	d $=\mathrm{tg}\,\varrho$
1	o	0	0001	—	0°00	0°00	0°00	0°00	0°00	0	0	0
2	a	$\infty 0$	$10\bar{1}0$	0°00	90 00	"	90 00	"	90 00	"	∞	∞
3	b	∞	$11\bar{2}0$	30 00	"	90 00	"	30 00	60 00	0·5773	"	"
4	τ	$\frac{3}{2}\infty$	$32\bar{5}0$	23 25	"	"	"	23 25	66 35	0·4330	"	"
5	r	$\frac{6}{5}0$	$60\bar{6}5$	0 00	47 29·	0 00	47 29·	0 00	47 29·	0	1·0909	1·0909
6	λ	20	$20\bar{2}1$	"	61 11·	"	61 11·	"	61 11·	"	1·8181	1·8181
7	μ	$\frac{7}{3}0$	$70\bar{7}3$	"	64 45·	"	64 45·	"	64 45·	"	2·1211	2·1211
8	ν	30	$30\bar{3}1$	"	69 52	"	69 52	"	69 52	"	2·7271	2·7271
9	ϱ	$\frac{7}{2}0$	$70\bar{7}2$	"	72 33	"	72 33	"	72 33	"	3·1817	3·1817
10	a	40	$40\bar{4}1$	"	74 37·	"	74 37·	"	74 37·	"	3·6362	3·6362
11	A	$\frac{11}{2}0$	$11\cdot0\cdot\bar{11}\cdot2$	"	78 41·	"	78 41·	"	78 41·	"	4·9998	4·9998

No.	Buch-staben	Symb.	Bravais	φ	ρ	ξ₀	η₀	ξ	η	x (Prismen) (x : y)	y	d =tgρ
12	ξ	60	606̄1	0°00	79°36·	0°00	79°36·	0°00	79°36	0	5.4543	5·4543
13	β	70	707̄1	"	81 04	"	81 04	"	81 04	"	6·3634	6·3634
14	γ	80	808̄1	"	82 10	"	82 10	"	82 10	"	7·2725	7·2725
15	ε	12·0	12·0·1̄2·1	"	84 46	"	84 46	"	84 46	"	10·909	10·909
16	ι	14·0	14·0·1̄4·1	"	85 30·	"	85 30·	"	85 30·	"	12·727	12·727
17	T·	+$\frac{1}{5}$	112̄5	30 00	17 29	8 57	15 15·	8 38·	15 04·	0·1574	0·2727	0·3149
18	S·	+$\frac{1}{3}$	112̄3	"	27 41·	14 42	24 26·	13 26	23 44	0.2624	0·4545	0·5249
19	f·	+$\frac{1}{2}$	112̄2	"	38 12·	21 29	34 17	18 01	32 32·	0·3936	0·6818	0·7873
20	p· ϰ·	±1	112̄1	"	57 35	38 12·	53 44·	24 58	46 58·	0·7873	1·3636	1·5745
21	φ·	—2	2̄2̄41	"	72 23	57 35	69 52	28 27·	55 38	1·5745	2·7271	3·1491
22	j· Δ·	±$\frac{7}{2}$	7·7·1̄4̄·2	"	79 43	70 03	78 10	29 28	58 26·	2·7555	4·7706	5·5109
23	q·	+7	7·7·1̄4·1	"	84 49	79 43	84 01	29 52	59 36	5·5109	9·5450	11·022
24	a:	+$\frac{8}{5}\frac{2}{5}$	8·2·1̄0̄·5	10 53·	59 02	17 29	58 34	9 19·	57 21	0·3149	1·6363	1·6663
25	b:	+$\frac{7}{4}\frac{1}{4}$	718̄4	6 35	59 46	11 08	59 36	5 41	59 07	0·1968	1·7045	1·7158
26	Ω:	—$\frac{4}{3}\frac{2}{3}$	4̄2̄63	19 06·	58 03	27 41·	56 34·	16 07·	53 18	0·5248	1·5151	1·6034

Kraurit.

Rhombisch.

a = 0·8734	lg a = 994121	lg a₀ = 031160	lg p₀ = 968840	a₀ = 2·0493	p₀ = 0·4880
c = 0·4262	lg c = 962961	lg b₀ = 037039	lg q₀ = 962961	b₀ = 2·3462	q₀ = 0·4262

No.	Buch-staben	Symb.	Miller	φ	ρ	ξ₀	η₀	ξ	η	x (Prismen) (x : y)	y	d =tgρ
1	c	0∞	010	0°00	90°00	0°00	90°00	0°00	90°00	0	∞	∞
2	b	∞0	100	90 00	"	90 00	0 00	90 00	0 00	∞	0	"
3	e	∞	110	48 52	"	"	90 00	48 52	41 08	1·1449	∞	"
4	?f	∞2	120	29 47·	"	"	"	29 47·	60 12·	0·5724·	"	"
5	h	01	011	0 00	23 05	0 00	23 05	0 00	23 05	0	0·4262	0·4262

Kremersit.

Regulär.

No.	Buch-staben	Symb.	Miller	φ	ρ	ξ₀	η₀	ξ	η	x (Prismen) (x : y)	y	d =lgρ
1	p	1	111	45°00	54 44	45°00	45°00	35°16	35°16	1·0000	1·0000	1·4142

Krennerit.

Rhombisch.

$a = 0{\cdot}9392$	$\lg a = 997276$	$\lg a_0 = 026775$	$\lg p_0 = 973225$	$a_0 = 1{\cdot}8525$	$p_0 = 0{\cdot}5398$
$c = 0{\cdot}5070$	$\lg c = 970501$	$\lg b_0 = 029499$	$\lg q_0 = 970501$	$b_0 = 1{\cdot}9724$	$q_0 = 0{\cdot}5070$

No.	Buchstaben	Symb.	Miller	φ	ϱ	ξ_0	η_0	ξ	η	x (Prismen) (x : y)	y	d =tgϱ
1	c	0	001	—	0°00	0°00	0°00	0°00	0°00	0	0	0
2	b	0∞	010	0°00	90 00	„	90 00	„	90 00	„	∞	∞
3	a	∞0	100	90 00	„	90 00	0 00	90 00	0 00	∞	0	„
4	f	3∞	310	72 37	„	„	90 00	72 37	17 23	3·1942	∞	„
5	k	2∞	210	64 50·	„	„	„	64 50·	25 09·	2.1294·	„	„
6	l	$\frac{3}{2}$∞	320	57 57	„	„	„	57 57	32 03	1·5971	„	„
7	m	∞	110	46 47·	„	„	„	46 47·	43 12·	1·0647·	„	„
8	σ	∞$\frac{3}{2}$	230	35 22	„	„	„	35 22	54 38	0·7098	„	„
9	n	∞2	120	28 02	„	„	„	28 02	61 58	0·5323·	„	„
10	S	∞3	130	19 32·	„	„	„	19 32·	70 27·	0·3549	„	„
11	e	01	011	0 00	26 53	0 00	26 53	0 00	26 53	0	0·5070	0·5070
12	d	02	021	„	45 24	„	45 24	„	45 24	„	1·0140	1·0140
13	q	03	031	„	56 40·	„	56 40·	„	56 40·	„	1·5210	1·5210
14	s	04	041	„	63 45	„	63 45	„	63 45	„	2·0280	2·0280
15	g	$\frac{1}{2}$0	102	90 00	15 06·	15 06·	0 00	15 06·	0 00	0·2699	0	0·2699
16	h	10	101	„	28 21·	28 21·	„	28 21·	„	0·5398	„	0·5398
17	ϱ	20	201	„	47 07·	47 07·	„	47 07·	„	1·0796·	„	1·0796·
18	τ	30	301	„	58 18·	58 18·	„	58 18·	„	1·6195·	„	1·6195
19	p	21	211	64 50·	50 01·	47 11·	26 53	43 56	19 00·	1·0796·	0·5070	1·1928
20	i	$\frac{3}{2}$1	322	57 57	43 41·	39 00	„	35 50	21 30·	0·8096·	„	0·9554
21	o	1	111	46 47·	36 31·	28 21·	„	25 42·	24 02·	0·5398	„	0·7406
22	u	$\frac{1}{2}$1	122	28 02	29 52·	15 06·	„	13 32	26 05	0·2699	„	0·5744
23	t	12	121	„	48 57·	28 21·	45 24	20 45·	41 44·	0·5398	1·0140	1.1487
24	w	$\frac{1}{4}\frac{1}{2}$	124	„	16 01·	7 41	14 13·	7 27	14 06	0·1349·	0·2535	0·2872
25	v	$\frac{3}{2}$3	362	„	·59 52·	39 00	56 40·	23 59	49 46	0·8096·	1·5210	1·7231

Kröhnkit.

Monoklin.

$a = 0{\cdot}4462$	$\lg a = 964953$	$\lg a_0 = 001084$	$\lg p_0 = 998916$	$a_0 = 1{\cdot}0253$	$p_0 = 0{\cdot}9753$
$c = 0{\cdot}4352$	$\lg c = 963869$	$\lg b_0 = 036131$	$\lg q_0 = 961855$	$b_0 = 2{\cdot}2978$	$q_0 = 0{\cdot}4155$
$\left.\begin{array}{l}\mu = \\ 180-\beta\end{array}\right\}\,72°41$	$\left.\begin{array}{l}\lg h = \\ \lg\sin\mu\end{array}\right\}997986$	$\left.\begin{array}{l}\lg c = \\ \lg\cos\mu\end{array}\right\}947371$	$\lg\dfrac{p_0}{q_0} = 037061$	$h = 0{\cdot}9547$	$e = 0{\cdot}2977$

No.	Buch-staben	Symb.	Miller	φ	ϱ	ξ_0	η_0	ξ	η	x' (Prismen) $(x:y)$	y'	$d' =\mathrm{tg}\,\varrho$
1	b	0∞	010	0°00	90°00	0°00	90°00	0°00	90°00	0	∞	∞
2	m	∞	110	66 55·	"	90 00	"	66 55·	23 04·	2·3475	0	"
3	e	01	011	35 37	28 10	17 19	23 31	15 57·	22 34	0·3118	0·4352	0·5354
4	p	1	111	71 55·	54 31	53 08	"	50 43·	14 38	1·3334	"	1·4026

Kryolith.

Monoklin.

$a = 0{\cdot}9662$	$\lg a = 998507$	$\lg a_0 = 984259$	$\lg p_0 = 015741$	$a_0 = 0{\cdot}6960$	$p_0 = 1{\cdot}4368$
$c = 1{\cdot}3883$	$\lg c = 014248$	$\lg b_0 = 985752$	$\lg q_0 = 014248$	$b_0 = 0{\cdot}7203$	$q_0 = 1{\cdot}3883$
$\left.\begin{array}{l}\mu = \\ 180-\beta\end{array}\right\}\,89°49$	$\left.\begin{array}{l}\lg h = \\ \lg\sin\mu\end{array}\right\}\,0$	$\left.\begin{array}{l}\lg c = \\ \lg\cos\mu\end{array}\right\}750512$	$\lg\dfrac{p_0}{q^0} = 001493$	$h = 1$	$e = 0{\cdot}0032$

No.	Buch-staben	Symb.	Miller	φ	ϱ	ξ_0	η_0	ξ	η	x' (Prismen) $(x:y)$	y'	$d' =\mathrm{tg}\,\varrho$
1	c	0	001	90°00	0°11	0°11	0°00	0°11	0°00	0·0032	0	0·0032
2	a	$\infty 0$	100	"	90 00	90 00	"	90 00	"	∞	"	∞
3	m	∞	110	45 59	"	"	90 00	45 59	44 01	1·0349	∞	"
4	r	$0\bar{1}$	011	0 08	54 14	0 11	54 14	0 06·	54 14	0·0032	1·3883	1·3883
5	v	$+10$	101	90 00	55 13·	55 13·	0 00	55 13·	0 00	1·4400	0	1·4400
6	k	-10	$\bar{1}01$	$\bar{9}0$ 00	55 06	$\bar{5}5$ 06	"	$\bar{5}5$ 06	"	$\bar{1}$·4336	"	1·4336
7	p	$+1$	111	46 03	63 26	55 13·	54 14	40 05	38 22·	1·4400	1·3883	2·0002
8	z	$+\tfrac{1}{2}$	112	46 07	45 02	35 49	34 46	30 39·	29 22·	0·7216	0·6941·	1·0013
9	q	-1	$\bar{1}11$	$\bar{4}5$ 55	63 23	$\bar{5}5$ 06	54 14	$\bar{3}9$ 57·	38 27·	$\bar{1}$·3691	1·3883	1·9956
10	s	$+12$	121	27 25	72 16	55 13·	70 11·	26 00·	57 44	1·4400	2·7765·	3·1277
11	e	$+1\tfrac{2}{3}$	323	57 16	59 42·	"	42 47	46 35	27 50	"	0·9255	1·7118
12	t	-12	$\bar{1}21$	$\bar{2}7$ 18·	72 15	$\bar{5}5$ 06	70 11·	$\bar{2}5$ 54·	57 48·	$\bar{1}$·3691	2·7765·	3·1248
13	x	$+\tfrac{1}{6}\tfrac{7}{6}$	176	8 31	58 35·	13 48·	58 18·	7 16	57 34	0·2426·	1·6196·	1·6378

Kupfer.

Regulär.

No.	Buch-staben	Symb.	Miller	φ	ϱ	ξ_0	η_0	ξ	η	x (Prismen) (x : y)	y	d =tgϱ
1	c	{ 0	001	—	0°00	0°00	0°00	0°00	0°00	0	0	0
		{ 0∞	010	0°00	90 00	"	90 00	"	90 00	"	∞	∞
2	f	{ 0¼	014	"	14 02	"	14 02	"	14 02	"	0·2500	0·2500
		{ 04	041	"	75 58	"	75 58	"	75 58	"	4·0000	4·0000
		{ ∞4	140	14 02	90 00	90 00	90 00	14 02	"	0·2500	∞	∞
3	a	{ 0⅓	013	0 00	18 26	0 00	18 26	0 00	18 26	0	0·3333	0·3333
		{ 03	031	"	71 34	"	71 34	"	71 34	"	3·0000	3·0000
		{ ∞3	130	18 26	90 00	90 00	90 00	18 26	"	0·3333	∞	∞
4	g	{ 0⅖	025	0 00	21 48	0 00	21 48	0 00	21 48	0	0·4000	0·4000
		{ 0 5/2	052	"	68 12	"	68 12	"	68 12	"	2·5000	2·5000
		{ ∞ 5/2	250	21 48	90 00	90 00	90 00	21 48	"	0·4000	∞	∞
5	D	{ 0 3/7	037	0 00	23 12	0 00	23 12	0 00	23 12	0	0·4286	0·4286
		{ 0 7/3	073	"	66 48	"	66 48	"	66 48	"	2·3333	2·3333
		{ ∞ 7/3	370	23 12	90 00	90 00	90 00	23 12	"	0·4286	∞	∞
6	e	{ 0½	012	0 00	26 34	0 00	26 34	0 00	26 34	0	0·5000	0·5000
		{ 02	021	"	63 26	"	63 26	"	63 26	"	2·0000	2·0000
		{ ∞2	120	26 34	90 00	90 00	90 00	26 34	"	0·5000	∞	∞
7	α	{ 0 4/7	047	0 00	29 44·	0 00	29 44·	0 00	29 44·	0	0·5714	0·5714
		{ 0 7/4	074	"	60 15·	"	60 15·	"	60 15·	"	1·7500	1·7500
		{ ∞ 7/4	470	29 44·	90 00	90 00	90 00	29 44·	"	0·5714	∞	∞
8	h	{ 0 3/5	035	0 00	30 58	0 00	30 58	0 00	30 58	0	0·6000	0·6000
		{ 0 5/3	053	"	59 02	"	59 02	"	59 02	"	1·6667	1·6667
		{ ∞ 5/3	350	30 58	90 00	90 00	90 00	30 58	"	0·6000	∞	∞
9	d	{ 01	011	0 00	45 00	0 00	45 00	0 00	45 00	0	1·0000	1·0000
		{ 1∞	110	45 00	90 00	90 00	90 00	45 00	"	1·0000	∞	∞
10	r	{ ⅙	116	"	13 15·	9 27·	9 27·	9 20	9 20	0·1667	0·1667	0·2357
		{ 16	161	9 27·	80 40	45 00	80 32	"	76 44	1·0000	6·0000	6·0827
11	l	{ ⅕	115	45 00	15 47·	11 18·	11 18·	11 06	11 06	0·2000	0·2000	0·2828
		{ 15	151	11 18·	78 54	45 00	78 41·	"	74 12·	1·0000	5·0000	5·0989
12	k	{ ¼	114	45 00	19 28	14 02	14 02	13 38	13 38	0·2500	0·2500	0·3535
		{ 14	141	14 02	76 22	45 00	75 58	"	70 32	1·0000	4·0000	4·1231
13	m	{ ⅓	113	45 00	25 14·	18 26	18 26	17 33	17 33	0·3333	0·3333	0·4714
		{ 13	131	18 26	72 27	45 00	71 34	"	64 45·	1·0000	3·0000	3·1623
14	q	{ ½	112	45 00	35 16	26 34	26 34	24 05·	24 05·	0·5000	0·5000	0·7071
		{ 12	121	26 34	65 54·	45 00	63 26	"	54 44	1·0000	2·0000	2·2360
15	p	1	111	45 00	54 44	"	45 00	35 16	35 16	"	1·0000	1·4142
16	ψ	{ ¼ ½	124	26 34	29 12·	14 02	26 34	12 36·	25 52·	0·2500	0·5000	0·5590
		{ ½ 2	142	14 02	64 07·	26 34	63 26	"	60 47·	0·5000	2·0000	2·0615
		{ 24	241	26 34	77 23·	63 26	75 58	25 52·	"	2·0000	4·0000	4·4721

No.	Buch-staben	Symb.	Miller	φ	ϱ	ξ_0	η_0	ξ	η	x (Prismen) (x : y)	y	d $=\operatorname{tg}\varrho$
17	z	$\frac{1}{5}\,\frac{3}{5}$	135	18°26	32°18·	11°18·	30°58	9°44	30°28	0·2000	0·6000	0·6325
		$\frac{1}{3}\,\frac{5}{3}$	153	11 18·	59 32	18 26	59 02	„	57 41·	0·3333	1·6667	1·6996
		35	351	30 58	80 16	71 34	78 41·	30 28	„	3·0000	5·0000	5·8310
18	η	$\frac{1}{6}\,\frac{1}{4}$	2·3·12	33 41·	16 43·	9 27·	14 02	9 11	13 51	0·1667	0·2500	0·3005
		$\frac{2}{3}\,4$	2·12·3	9 27·	76 09	33 41·	75 58	„	73 16·	0·6667	4·0000	4·0552
		$\frac{3}{2}\,6$	3·12·2	14 02	80 49	56 18·	80 32	13 51	„	1·5000	6·0000	6·1846
19	ϑ	$\frac{1}{11}\,\frac{6}{11}$	1·6·11	9 27·	28 56·	5 11·	28 36·	4 34	28 30·	0·0909	0·5455	0·5530
		$\frac{1}{6}\,\frac{1}{6}$	1·11·6	5 11·	61 29·	9 27·	61 23·	„	61 03·	0·1667	1·8333	1·8409
		6.11	6·11·1	28 37·	85 26	80 32	84 48·	28 30·	„	6·0000	11·000	12·530
20	ι	$\frac{5}{18}\,\frac{5}{9}$	5·10·18	26 34	31 51·	15 31·	29 03·	13 39	28 09·	0·2778	0·5556	0·6211
		$\frac{1}{2}\,\frac{9}{5}$	5·18·10	15 31·	61 50·	26 34	60 56·	„	58 09	0·5000	1·8000	1·8681
		$2\,\frac{18}{5}$	10·18·5	29 03·	76 21	63 26	74 28·	28 09·	„	2·0000	3·6000	4·1182

Kupferglanz.

Rhombisch.

a $=$ 0·5822	lg a $=$ 976507	lg $a_0 =$ 977825	lg $p_0 =$ 022175	$a_0 =$ 0·6001	$p_0 =$ 1·6663
c $=$ 0·9701	lg c $=$ 998682	lg $b_0 =$ 001318	lg $q_0 =$ 998682	$b_0 =$ 1·0308	$q_0 =$ 0·9701

No.	Buch-staben	Symb.	Miller	φ	ϱ	ξ_0	η_0	ξ	η	x (Prismen) (x : y)	y	d $=\operatorname{tg}\varrho$
1	c	0	001	—	0°00	0°00	0°00	0°00	0°00	0	0	0
2	a	0∞	010	0°00	90 00	„	90 00	„	90 00	„	∞	∞
3	b	$\infty 0$	100	90 00	„	90 00	0 00	90 00	0 00	∞	0	„
4	m	∞	110	59 47·	„	„	90 00	59 47·	30 12·	1·7176	∞	„
5	n	$\infty\frac{3}{2}$	230	48 52	„	„	„	„	48 52	41 08	1·1451	„	„
6	l	$\infty 3$	130	29 47·	„	„	„	29 47·	60 12·	0·5725	„	„
7	f	$0\frac{1}{2}$	012	0 00	25 52·	0 00	25 52·	0 00	25 52·	0	0·4851	0·4851
8	e	$0\frac{2}{3}$	023	„	32 53·	„	32 53·	„	32 53·	„	0·6467	0·6467
9	g	01	011	„	44 08	„	44 08	„	44 08	„	0·9701	0·9701
10	h	$0\frac{5}{3}$	053	„	58 16	„	58 16	„	58 16	„	1·6172	1·6172
11	d	02	021	„	62 44	„	62 44	„	62 44	„	1·9402	1·9402
12	i	$0\frac{5}{2}$	052	„	67 35·	„	67 35·	„	67 35·	„	2·4253	2·4253
13	x	$\frac{1}{4}$	114	59 47·	25 44	22 37	13 38	22 02·	12 37	0·4166	0·2425	0·4820
14	z	$\frac{1}{3}$	113	„	32 43·	29 03	17 55	27 51·	15 47	0·5554	0·3234	0·6427
15	v	$\frac{1}{2}$	112	„	43 57	39 48	25 52·	36 51·	20 26·	0·8331	0·4850	0·9641
16	p	1	111	„	62 35	59 02	44 08	50 06	26 31·	1·6663	0·9701	1·9281
17	w	4	441	„	82 36·	81 28	75 33	58 59	29 56	6·6651	3·8804	7·7124
18	q	12	121	40 40·	68 38·	59 02	62 44	37 21·	44 57	1·6663	1·9402	2·5575

Kupferglimmer.

Hexagonal. Rhomboedrisch-hemiedrisch.

$c = 2{\cdot}554$	$\lg c = 040722$	$\lg a_o = 983134$	$\lg p_o = 023113$	$a_o = 0{\cdot}6782$	$p_o = 1{\cdot}702$	(G_2)

No.	Buch-staben	Symb.	Bravais	φ	ϱ	ξ_o	η_o	ξ	η	x (Prismen) (x : y)	y	d $=\mathrm{tg}\,\varrho$
1	o	0	0001	—	$0°00$	$0°00$	$0°00$	$0°00$	$0°00$	0	0	0
2	b	∞	$11\bar20$	$30°00$	90 00	90 00	90 00	30 00	60 00	$0{\cdot}5773$	∞	∞
3	w	$+\frac{1}{6}$	$11\bar26$	„	26 10·	13 48·	23 03·	12 44·	22 27·	$0{\cdot}2458$	$0{\cdot}4257$	$0{\cdot}4915$
4	d	$-\frac{1}{3}$	$1\bar123$	„	44 30·	26 10·	40 24·	20 31	37 23	$0{\cdot}4915$	$0{\cdot}8513$	$0{\cdot}9830$
5	f· δ·	$\pm\frac{1}{2}$	$11\bar22$	„	55 51·	36 24	51 56	24 26·	45 47	$0{\cdot}7373$	$1{\cdot}2770$	$1{\cdot}4746$
6	p·	$+1$	$11\bar21$	„	71 16	55 51·	68 37	28 16	55 06	$1{\cdot}4745$	$2{\cdot}5540$	$2{\cdot}9491$
7	a·	$+2$	$22\bar41$	„	80 22·	71 16	78 55·	29 32	58 38	$2{\cdot}9491$	$5{\cdot}1080$	$5{\cdot}8982$

Kupferindig.

Hexagonal.

$c = 1{\cdot}720$	$\lg c = 023553$	$\lg a_o = 000303$	$\lg p_o = 005944$	$a_o = 1{\cdot}0070$	$p_o = 1{\cdot}1467$	(G_1)

No.	Buch-staben	Symb.	Bravais	φ	ϱ	ξ_o	η_o	ξ	η	x (Prismen) (x : y)	y	d $=\mathrm{tg}\,\varrho$
1	o	0	0001	—	$0°00$	$0°00$	$0°00$	$0°00$	$0°00$	0	0	0
2	b	∞	$10\bar10$	$0°00$	90 00	„	90 00	„	90 00	„	∞	∞
3	r	10	$10\bar11$	„	48 54·	„	48 54·	„	48 54·	„	$1{\cdot}1468$	$1{\cdot}1468$
4	f	40	$40\bar41$	„	77 42	„	77 42	„	77 42	„	$4{\cdot}5867$	$4{\cdot}5867$

Kupferkies.

Tetragonal. Domatisch-hemiedrisch.

$\left.{c \atop p_o}\right\} = 1{\cdot}3933$	$\lg c = 014404$	$\lg a_o = 985596$	$a_o = 0{.}7177$

No.	Buch-staben	Symb.	Miller	φ	ϱ	ξ_o	η_o	ξ	η	x (Prismen) (x : y)	y	d $=\mathrm{tg}\,\varrho$
1	c	0	001	—	$0°00$	$0°00$	$0°00$	$0°00$	$0°00$	0	0	0
2	m	0∞	010	$0°00$	90 00	„	90 00	„	90 00	„	∞	∞
3	a	∞	110	$45°00$	„	„	„	45 00	45 00	$1{\cdot}0000$	„	„
4	w	$\infty2$	120	26 34	„	„	„	26 34	63 26	$0{\cdot}5000$	„	„
5	d	$-0\frac{1}{4}$	014	0 00	19 12·	„	19 12·	0 00	19 12·	0	$0{\cdot}3483$	$0{\cdot}3483$

No.	Buch-staben	Symb.	Miller	φ	ϱ	ξ_0	η_0	ξ	η	x (Prisme.) (x : y)	y	d =tgϱ
6	x	$-0\frac{1}{3}$	013	0°00	24°54'	0°00	24°54'	0°00	24°54'	0	0·4644	0·4644
7	n	$+0\frac{1}{2}$	012	"	34 52	"	34 52	"	34 52	"	0·6966	0·6966
8	p	± 0I	011	"	54 20	"	54 20	"	54 20	"	1·3933	1·3933
9	r	$+0\frac{3}{2}$	032	"	64 26	"	64 26	"	64 26	"	2·0899	2·0899
10	t	$\pm 0$2	021	"	70 15'	"	70 15'	"	70 15'	"	2·7866	2·7866
11	u	$+0$4	041	"	79 49'	"	79 49'	"	79 49'	"	5·5731	5·5731
12	g	$\frac{1}{3}$	113	45 00	33 18	24 54'	24 54'	22 50'	22 50'	0·4644	0·4644	0·6568
13	e	$\frac{1}{2}$	112	"	44 34'	34 51'	34 51.	29 45	29 45	0·6966	0·6966	0·9852
14	h	$\frac{3}{4}$	334	"	55 55	46 15'	46 15'	35 51	35 51	1·0449	1·0449	1·4778
15	z	I	111	"	63 05'	54 20	54 20	39 05'	39 05'	1·3933	1·3933	1·9704
16	φ	$\frac{1}{4}$I	144	14 02	55 09	19 12	"	11 29	52 46	0·3483	"	1·4362
17	A	$\frac{1}{3}$I	133	18 26	55 45	24 54'	"	15 09	51 38'	0·4644	"	1·4686
18	τ	$\frac{1}{2}$I	122	26 34	57 18	34 52	"	22 06'	48 49'	0·6966	"	1·5577
19	ξ	$\frac{3}{5}$I	355	30 58	58 23'	39 53'	"	25 59	46 54'	0·8359	"	1·6248
20	s	$\frac{2}{3}$I	233	33 41'	59 09'	42 53'	"	28 26'	45 35'	0·9288	"	1·6745
21	χ	$\frac{1}{8}\frac{1}{2}$	148	14 02	35 41	9 53	34 52	8 08	34 27'	0·1741	0·6966	0·7181
22	y	$\frac{1}{3}\frac{2}{3}$	123	26 34	46 05	24 54'	42 53'	18 47'	40 06'	0·4644	0·9288	1·0385
23	C	$\frac{1}{7}\frac{5}{7}$	157	11 18'	45 25'	11 15	44 51'	8 02	44 18'	0·1990	0·9952	1·0149
24	D	$\frac{1}{11}\frac{9}{11}$	1·9·11	6 20'	48 55	7 13	48 44'	4 46'	48 31	0·1266	1·1400	1·1469
25	k	23	231	33 41'	78 44'	70 15'	76 32'	32 57'	54 41'	2·6006	4·1798	5·0235
26	f	$\frac{1}{6}\frac{1}{3}$	126	26 34	27 26'	13 04'	24 54'	11 53'	24 20'	0·2322	0·4644	0·5192
27	σ	$-\frac{3}{10}\frac{7}{10}$	3·7·10	23 12	46 42	22 41	44 17	16 39'	41 59	0·4180	0·9753	1·0611
28	B	$\frac{9}{5}\frac{13}{5}$	9·13·5	34 41'	77 12'	68 15'	74 34	33 43	53 18	2·5079	3·6225	4·4059

Kupferlasur.

Monoklin.

a = 0·8502	lg a = 992952	lg a_0 = 998479	lg p_0 = 001521	a_0 = 0·9656	p_0 = 1·0357
c = 0·8805	lg c = 994473	lg b_0 = 005527	lg q_0 = 994435	b_0 = 1·1357	q_0 = 0·8797
$\left.{\mu = \atop 180-\beta}\right\}$ 87°36	$\left.{\lg h = \atop \lg \sin\mu}\right\}$ 999962	$\left.{\lg e = \atop \lg \cos\mu}\right\}$ 862196	$\lg\frac{p_0}{q_0}$ = 007086	h = 0·9991	e = 0·0419

No.	Buch-staben	Symb.	Miller	φ	ϱ	ξ_0	η_0	ξ	η	x' (Prismen) (x : y)	y'	d' =tgϱ
1	c	0	001	90°00	2°24	2°24	0°00	2°24	0°00	0·0419	0	0·0419
2	b	0∞	010	0 00	90 00	0 00	90 00	0 00	90 00	0	∞	∞
3	a	∞0	100	90 00	"	90 00	0 00	90 00	0 00	∞	0	"
4	g	2∞	210	66 59'	"	"	90 00	66 59'	23 00'	2·3544	∞	"
5	i	$\frac{3}{2}\infty$	320	60 28'	"	"	"	60 28'	29 31'	1·7658	"	"

No.	Buch-staben	Symb.	Miller	φ	ϱ	ξ_0	η_0	ξ	η	x' (Prismen) (x : y)	y'	d' = tg ϱ
6	m	∞	110	49°39	90°00	90°00	90°00	49°39	40°21	1·1772	∞	∞
7	w	$\infty 2$	120	30 29	„	„	„	30 29	59 31	0·5886	„	„
8	C	$0\tfrac{1}{8}$	018	20 51	6 43	2 24	6 17	2 23	6 16·	0·0419	0·1100·	0·1178
9	G	$0\tfrac{1}{6}$	016	15 58·	8 40·	„	8 21	2 22·	8 20·	„	0·1467·	0·1526
10	S	$0\tfrac{1}{4}$	014	10 47	12 38	„	12 25	2 20·	12 24	„	0·2201	0·2241
11	q	$0\tfrac{2}{5}$	025	6 47	19 32	„	19 24	2 16	19 23	„	0·3522	0·3547
12	E	$0\tfrac{1}{2}$	012	5 26·	23 51·	„	23 46	2 12	23 44·	„	0·4402·	0·4422
13	l	$0\tfrac{2}{3}$	023	4 05	30 28·	„	30 25	2 04	30 23·	„	0·5870	0·5885
14	f	01	011	2 43·	41 23·	„	41 22	1 48	41 20	„	0·8805	0·8815
15	K	$0\tfrac{3}{2}$	032	1 49	52 53	„	52 52	1 27	52 50·	„	1·3207·	1·3214
16	p	02	021	1 22	60 25	„	60 24·	1 11	60 23	„	1·7610	1·7615
17	L	03	031	0 54·	69 16	„	69 16	0 51	69 15	„	2·6415	2·6418
18	φ	$+20$	201	90 00	64 42	64 42	0 00	64 42	0 00	2·1151	0	2·1151
19	σ	$+10$	101	„	47 10	47 10	„	47 10	„	1·0785·	„	1·0785·
20	ζ	$+\tfrac{1}{2}0$	102	„	29 15·	29 15·	„	29 15·	„	0·5602	„	0·5602
21	c	$+\tfrac{3}{7}0$	307	„	25 55·	25 55·	„	25 55·	„	0·4862	„	0·4862
22	M	$+\tfrac{1}{4}0$	104	„	16 45·	16 45·	„	16 45·	„	0·3010·	„	0·3010·
23	r	$-\tfrac{1}{8}0$	$\bar{1}08$	90 00	5 00·	$\bar{5}$ 00·	„	$\bar{5}$ 00·	„	$\bar{0}$·0875·	„	0·0875·
24	μ	$-\tfrac{1}{5}0$	$\bar{1}05$	„	9 23·	$\bar{9}$ 23·	„	$\bar{9}$ 23·	„	$\bar{0}$·1653	„	0·1653
25	D	$-\tfrac{1}{4}0$	$\bar{1}04$	„	12 15	$\bar{1}2$ 15	„	$\bar{1}2$ 15	„	$\bar{0}$·2171·	„	0·2171·
26	F	$-\tfrac{2}{7}0$	$\bar{2}07$	„	14 16	$\bar{1}4$ 16	„	$\bar{1}4$ 16	„	$\bar{0}$·2542	„	0·2542
27	A	$-\tfrac{1}{3}0$	103	„	16 53	$\bar{1}6$ 53	„	$\bar{1}6$ 53	„	$\bar{0}$·3035·	„	0·3035·
28	a	$-\tfrac{2}{5}0$	$\bar{2}05$	„	20 26·	$\bar{2}0$ 26·	„	$\bar{2}0$ 26·	„	$\bar{0}$·3727	„	0·3727
29	n	$-\tfrac{1}{2}0$	$\bar{1}02$	„	25 28	$\bar{2}5$ 28	„	$\bar{2}5$ 28	„	$\bar{0}$·4763	„	0·4763
30	N	$-\tfrac{5}{7}0$	$\bar{5}07$	„	34 56	$\bar{3}4$ 56	„	34 56	„	$\bar{0}$·6985	„	0·6985
31	b	$-\tfrac{2}{3}0$	$\bar{2}03$	„	32 59·	$\bar{3}2$ 59·	„	$\bar{3}2$ 59·	„	$\bar{0}$·6492	„	0·6492
32	T	$-\tfrac{4}{5}0$	405	„	38 13	$\bar{3}8$ 13	„	$\bar{3}8$ 13	„	$\bar{0}$·7874	„	0·7874
33	Θ	-10	$\bar{1}01$	„	44 51	$\bar{4}4$ 51	„	$\bar{4}4$ 51	„	$\bar{0}$·9947	„	0·9947
34	W	$-\tfrac{6}{5}0$	$\bar{6}05$	„	50 14·	$\bar{5}0$ 14·	„	$\bar{5}0$ 14·	„	$\bar{1}$·2020	„	1·2020
35	B	$-\tfrac{5}{4}0$	$\bar{5}04$	„	51 25·	$\bar{5}1$ 25·	„	$\bar{5}1$ 25·	„	$\bar{1}$·2538	„	1·2538
36	η	$-\tfrac{3}{2}0$	$\bar{3}02$	„	56 32	$\bar{5}6$ 32	„	$\bar{5}6$ 32	„	$\bar{1}$·5129	„	1·5129
37	v	-20	$\bar{2}01$	„	63 47·	$\bar{6}3$ 47·	„	$\bar{6}3$ 47·	„	$\bar{2}$·0313	„	2·0313
38	ψ	-30	301	„	71 57	$\bar{7}1$ 57	„	$\bar{7}1$ 57	„	$\bar{3}$·0678	„	3·0678
39	h	$+2$	221	50 13·	70 02	64 42	60 24·	46 15	36 58	2·1151·	1·7610	2·7522
40	s	$+1$	111	50 46·	54 19	47 10	41 22	38 59·	30 54·	1·0785·	0·8805	1·3923
41	P	$+\tfrac{2}{3}$	223	51 19	43 12	36 14·	30 25	32 18	25 20	0·7330·	0·5870	0·9391
42	t	$-\tfrac{2}{5}$	$\bar{2}25$	$\bar{4}6$ 37·	27 09	$\bar{2}0$ 26·	19 24	$\bar{1}9$ 22	18 16	$\bar{0}$·3727	0·3522	0·5128
43	Q	$-\tfrac{1}{2}$	112	$\bar{4}7$ 14	32 58	$\bar{2}5$ 27	23 46	$\bar{2}3$ 32	21 41	$\bar{0}$·4759	0·4402·	0·6483
44	Z	$-\tfrac{4}{7}$	447	$\bar{4}7$ 34	36 42·	$\bar{2}8$ 49·	26 42·	$\bar{2}6$ 11	23 47	$\bar{0}$·5504	0·5032	0·7457
45	u	$-\tfrac{2}{3}$	$\bar{2}23$	$\bar{4}7$ 53	41 11·	$\bar{3}2$ 59·	30 25	$\bar{2}9$ 14·	24 13	$\bar{0}$·6492	0·5870	0·8752
46	x	-1	$\bar{1}11$	$\bar{4}8$ 29	53 02	$\bar{4}4$ 51	41 22	$\bar{3}6$ 44·	31 58·	$\bar{0}$·9947	0·8805	1·3284
47	k	-2	$\bar{2}21$	$\bar{4}9$ 04·	69 36	$\bar{6}3$ 47·	60 24·	$\bar{4}5$ 05·	37 52·	$\bar{2}$·0313	1·7610	2·6883

No.	Buchstaben	Symb.	Miller	φ	ϱ	ξ_0	η_0	ξ	η	x′ (Prismen) (x : y)	y′	d′ =tgϱ
48	π	—4	$\bar{4}$41	49°22	29°31·	$\bar{7}$6°18·	74°09	48°16	39°49	$\bar{4}$·1045	3·5220	5·4085
49	γ	+12	121	31 29	64 10	47 10	60 24·	28 02·	50 08	1·0785·	1·7610	2·0650
50	Σ	—1$\frac{3}{2}$	$\bar{2}$32	$\bar{3}$6 59	58 50	$\bar{4}$4 51	52 52	$\bar{3}$0 59	43 07	$\bar{0}$·9947	1·3208	1·6534
51	ν	—1$\frac{5}{3}$	$\bar{3}$53	$\bar{3}$4 08	60 34·	″	55 44	$\bar{2}$9 15·	46 08	″	1·4675	1·7728
52	α	—12	$\bar{1}$21	$\bar{2}$9 27·	63 41·	″	60 24·	$\bar{2}$6 09·	51 18·	″	1·7610	2·0225
53	y	—21	$\bar{2}$11	$\bar{6}$6 34	65 41·	$\bar{6}$3 47·	41 22	$\bar{5}$6 44	21 15	$\bar{2}$·0313	0·8805	2·2139
54	z	—41	$\bar{4}$11	77 53·	76 36	$\bar{7}$6 18·	″	$\bar{7}$2 01	11 46	$\bar{4}$·1055	″	4·1989
55	ω	+24	241	30 59	76 19	64 42	74 09	30 01	56 24·	2·1151	3·5220	4·1084
56	τ	—2$\frac{8}{3}$	$\bar{6}$83	$\bar{4}$0 52	72 09	$\bar{6}$3 47·	66 56	$\bar{3}$8 31	46 02·	$\bar{2}$·0313	2·3480	3·1047
57	R	—24	$\bar{2}$41	$\bar{2}$9 58·	76 11	″	74 09	$\bar{2}$9 01·	57 16	″	3·5220	4·0658
58	ξ	+32	321	60 48·	74 31	72 24	60 24·	57 16·	28 02	3·1517	1·7610	3·6103
59	G	—32	$\bar{3}$21	$\bar{6}$0 08·	74 13	$\bar{7}$1 57	″	$\bar{5}$6 34	28 37·	$\bar{3}$·0679	″	3·5373
60	K	—1$\frac{2}{5}$2	$\bar{1}$2·10·5	$\bar{5}$4 15	71 39	$\bar{6}$7 46	″	$\bar{5}$0 22·	33 41	$\bar{2}$·4459	″	3·0141
61	J	+$\frac{1}{2}\frac{3}{2}$	132	22 59	55 07·	29 15·	52 52	18 41	49 03	0·5602·	1·3208	1·4347
62	χ	+$\frac{1}{2}\frac{11}{2}$	1·11·2	6 36	78 24·	″	78 20	6 28	76 41	″	4·8428	4·8751
63	β	—$\frac{3}{2}$3	$\bar{3}$62	$\bar{2}$4 48	71 49	$\bar{5}$6 32	69 16	$\bar{2}$8 10·	55 32	$\bar{1}$·5130·	2·6415	3·0442
64	ϱ	—$\frac{1}{4}\frac{3}{4}$	$\bar{1}$34	$\bar{1}$8 11·	38 48	$\bar{1}$2 14·	33 26·	$\bar{1}$0 16	32 50	$\bar{0}$·2170	0·6604	0·6951
65	S	—$\frac{1}{5}\frac{2}{5}$	$\bar{1}$25	$\bar{2}$5 09	21 16	$\bar{9}$ 23·	19 24	8 52	19 10	$\bar{0}$·1654	0·3522	0·3891
66	λ	—$\frac{2}{3}$6	$\bar{2}$·18·3	$\bar{7}$ 00·	79 21·	$\bar{3}$2 59·	79 17	$\bar{6}$ 53	77 17	$\bar{0}$·6492	5·2830	5·3228
67	δ	+$\frac{2}{3}\frac{4}{3}$	243	31 59	54 09	36 14·	49 34·	25 25·	43 26·	0·7330·	1·1740	1·3841
68	d	—$\frac{2}{3}\frac{4}{3}$	$\bar{2}$43	$\bar{2}$8 57	53 18	$\bar{3}$2 59·	″	$\bar{2}$2 50	44 34·	$\bar{0}$·6492	″	1·3415
69	Δ	—$\frac{2}{3}\frac{10}{3}$	$\bar{2}$·10·3	$\bar{1}$2 28·	71 36	″	71 11	$\bar{1}$1 49·	67 53·	″	2·9350	3·0199
70	e	—$\frac{2}{5}\frac{4}{5}$	$\bar{2}$·4·5	$\bar{2}$7 53	38 33	$\bar{2}$0 26·	35 09·	$\bar{1}$6 57	33 25·	$\bar{0}$·3727	0·7044	0·7970
71	H	$\pm\frac{4}{7}\frac{10}{7}$	4·10·7	26 45·	54 38	32 23	51 31	21 32·	46 44	0·6342	1·2579	1·4087

Kupferuranit.

Tetragonal.

$\left.\begin{array}{c} c \\ p_0 \end{array}\right\}$ = 1·4691	lg c = 0·16705	lg a$_0$ = 9·83295	a$_0$ = 0·6807

No.	Buchstaben	Symb.	Miller	φ	ϱ	ξ_0	η_0	ξ	η	x (Prismen) (x : y)	y	d =tgϱ
1	o	0	001	—	0°00	0°00	0°00	0°00	0°00	0	0	0
2	n	0∞	010	0°00	90 00	″	90 00	″	90 00	″	∞	∞
3	m	∞	110	45 00	″	90 00	″	45 00	45 00	1·0000	″	″
4	d	0$\frac{2}{5}$	025	0 00	30 26·	0 00	30 26·	0 00	30 26·	0	0·5876	0·5876
5	g	0$\frac{1}{2}$	012	″	36 18	″	36 18	″	36 18	″	0·7345	0·7345
6	E	0$\frac{4}{7}$	047	″	40 01	″	40 01	″	40 01	″	0·8395	0·8395
7	e	0$\frac{2}{3}$	023	″	44 24	″	44 24	″	44 24	″	0·9794	0·9794
8	z	0$\frac{3}{5}$	035	″	41 23·	″	41 23·	″	41 23·	″	0·8814	0·8814
9	ε	0$\frac{6}{7}$	067	″	51 32·	″	51 32·	″	51 32·	″	1·2592	1·2592

No.	Buch-staben	Symb.	Miller	φ	ϱ	ξ_0	η_0	ξ	η	x (Prismen) (x : y)	y	d $=\mathrm{tg}\,\varrho$
10	y	01	011	0°00	55°45'	0°00	55°45'	0°00	55°45'	0	1·4691	1·4691
11	f	$0\frac{4}{3}$	043	"	62 57'	"	62 57'	"	62 57'	"	1·9588	1·9588
12	P	02	021	"	71 12	"	71 12	"	71 12	"	2·9382	2·9382
13	c	$\frac{1}{2}$	112	45 00	46 05'	36 18	36 18	30 37'	30 37'	0·7345	0·7345	1·0388
14	p	1	111	"	64 18	55 45'	55 45'	39 34'	39 34'	1·4691	1·4691	2·0776
15	v	$\frac{3}{2}$	332	"	72 12'	65 35'	65 35'	42 19	42 19	2·2036	2·2036	3·1163

Kupfervitriol.

Triklin.

$p_0 = 0\cdot8982$	$\lambda = 65°04$	$a = 0\cdot5329$	$\alpha = 112°50$	$x_0 = 0\cdot2624$	$d = 0\cdot4965$
$q_0 = 0\cdot4974$	$\mu = 70°22$	$b = 1$	$\beta = 106°49$	$y_0 = 0\cdot4215$	$\delta = 31°54$
$r_0 = 1$	$\nu = 79°19$	$c = 0\cdot5187$	$\gamma = 92°56$	$h = 0\cdot8680$	

No.	Buch-staben	Symb.	Miller	φ	ϱ	ξ_0	η_0	ξ	η	x' (Prismen) (x : y)	y'	d' $=\mathrm{tg}\,\varrho$
1	k	0	001	31°54	29°46	16°49	25°54	15°13	24°56	0·3023	0·4856	0·5720
2	r	0∞	010	0 00	90 00	0 00	90 00	0 00	90 00	0	∞	∞
3	n	$\infty0$	100	79 19	"	90 00	"	79 19	10 41	5·3008	"	"
4	m	∞	110	53 03	"	"	"	53 03	36 57	1·3295	"	"
5	t	2∞	210	64 48'	"	"	"	64 48'	25 11'	2·1258	"	"
6	f	3∞	310	69 22	"	"	"	69 22	20 38	2·5957	"	"
7	d	$2\bar{\infty}$	$2\bar{1}0$	95 19	"	"	90 00	84 41	$\bar{5}$ 19	$\bar{1}0$·738	"	"
8	e	$\infty\bar{\infty}$	$1\bar{1}0$	110 33	"	"	"	69 27	$\bar{3}0$ 33	$\bar{2}$·6674	"	"
9	h	$\infty\bar{2}$	$1\bar{2}0$	133 11	"	"	"	46 49	$\bar{4}3$ 11	$\bar{1}$·0656	"	"
10	a	$\infty\bar{3}$	$1\bar{3}0$	146 20'	"	"	"	33 39'	56 20'	$\bar{0}$·6658	"	"
11	v	01	011	15 56	47 45	16 49	46 38	11 43'	45 23	0·3023	1·0586	1·1010
12	o	$0\bar{1}$	$0\bar{1}1$	106 07	17 28	"	$\bar{4}$ 59'	16 45'	$\bar{4}$ 46'	"	$\bar{0}$·0873	3·1466
13	q	$0\bar{2}$	$0\bar{2}1$	155 24	35 59'	"	$\bar{3}3$ 26'	14 09'	$\bar{3}2$ 18	"	$\bar{0}$·6604	7·2627
14	w	$0\bar{3}$	$0\bar{3}1$	166 13'	51 47	"	$\bar{5}0$ 58	10 46'	$\bar{4}9$ 44	"	$\bar{1}$·2334	1·2699
15	p	$\bar{1}0$	$\bar{1}01$	$\bar{6}7$ 39	37 41'	$\bar{3}5$ 33	16 22'	$\bar{3}4$ 26	13 26'	$\bar{0}$·7145	0·2938	0·7726
16	s	$\bar{1}1$	$\bar{1}11$	$\bar{3}9$ 30	48 19'	"	40 55	$\bar{2}8$ 22	35 11'	"	0·8668	1·1233
17	x	$\bar{1}2$	$\bar{1}21$	$\bar{2}6$ 23'	58 07	"	55 13	$\bar{2}2$ 10'	49 31	"	1·4399	1·6074
18	z	$\bar{1}3$	$\bar{1}31$	$\bar{1}53$ 22'	57 54	"	$\bar{5}4$ 57	$\bar{2}2$ 19	$\bar{4}9$ 14	"	$\bar{1}$·4253	1·5944

Lanarkit.

Monoklin.

a = 1·4934	lg a = 017418	lg a₀ = 003317	lg p₀ = 996683	a₀ = 1·0794	p₀ = 0·9264
c = 1·3836	lg c = 014101	lg b₀ = 985899	lg q₀ = 008121	b₀ = 0·7227	q₀ = 1·2056
$\left.\begin{array}{l}\mu =\\180-\beta\end{array}\right\}60°37$	$\left.\begin{array}{l}\lg h =\\ \lg \sin\mu\end{array}\right\}994020$	$\left.\begin{array}{l}\lg e =\\ \lg \cos\mu\end{array}\right\}969077$	$\lg\dfrac{p_0}{q_0}=988562$	h = 0·8714	e = 0·4906

No.	Buch-staben	Symb.	Miller	φ	ϱ	ξ_0	η_0	ξ	η	x′ (Prismen) (x : y)	y′	d′ = tg ϱ
1	u	0	001	90°00	29°23	29°23	0°00	29°23	0°00	0·5630	0	0·5630
2	a	∞0	100	″	90 00	90 00	″	90 00	″	∞	″	∞
3	c	$-\frac{1}{2}$0	$\bar{1}$02	″	1 48	1 48	″	1 48	″	0·0314·	″	0·0314
4	σ	$-\frac{11}{4}$0	11·0·4	90 00	67 02·	$\bar{6}$7 02	″	$\bar{6}$7 02	″	$\bar{2}$·3606	″	2·3606
5	z	+13	131	21 23·	77 21·	58 25	76 27	20 51	65 18	1·6262	4·1508	4·4579
6	s	$-\frac{1}{5}$2	$\bar{1}$·10·5	7 14	70 16·	19 18·	70 08	6 47·	69 03	0·3504	2·7672	2·7893

Langbanit.

Hexagonal-holoedrisch.

c = 1·6437	lg c = 021582	lg a₀ = 002274	lg p₀ = 003973	a₀ = 1·0538	p₀ = 1·0958	(G₁)

No.	Buch-staben	Symb.	Bravais	φ	ϱ	ξ_0	η_0	ξ	η	x (Prismen) (x : y)	y	d = tg ϱ
1	c	0	0001	—	0°00	0°00	0°00	0°00	0°00	0	0	0
2	n	∞0	10$\bar{1}$0	0°00	90 00	″	90 00	″	90 00	″	∞	∞
3	m	∞	11$\bar{2}$0	30 00	″	90 00	″	30 00	60 00	0·5773	″	″
4	l	2∞	21$\bar{3}$0	19 06·	″	″	″	19 06·	70 53·	0·3464	″	″
5	e	$\frac{1}{2}$0	10$\bar{1}$2	0 00	28 43	0 00	28 43	0 00	28 43	0	0·5479	0·5479
6	f	10	10$\bar{1}$1	″	47 37	″	47 37	″	47 37	″	1·0957	1·0957
7	g	20	20$\bar{2}$1	″	65 28·	″	65 28·	″	65 28·	″	2·1914	2·1914
8	p	$\frac{1}{2}$	11$\bar{2}$2	30 00	43 30	25 23	39 25	20 08	36 35·	0·4744	0·8218	0·9489
9	o	1	11$\bar{2}$1	″	62 13	43 30	58 41	26 15	50 00·	0.9489	1·6435	1·8978
10	d	2	22$\bar{4}$1	″	75 14·	62 13	73 05	28 55	56 52	1·8978	3·2871	3·7956
11	i	1$\frac{1}{2}$	21$\bar{3}$2	19 06·	55 24	55 23	53 52	15 38	51 03·	0·4744	1·3696	1·4495
12	h	41	41$\bar{5}$1	10 53·	78 44	43 30	78 32	10 41	74 23	0·9489	4·9305	5·0211

Langit.

Rhombisch.

a = 0·7879	lg a = 989647	lg a₀ = 027188	lg p₀ = 972812	a₀ = 1·8702	p₀ = 0·5347
c = 0·4213	lg c = 962459	lg b₀ = 037541	lg q₀ = 962459	b₀ = 2·3736	q₀ = 0·4213

No.	Buchstaben	Symb.	Miller	φ	ϱ	ξ_0	η_0	ξ	η	x (Prismen) (x : y)	y	d = tg ϱ
1	a	0	001	—	0°00	0°00	0°00	0°00	0°00	0	0	0
2	b	0∞	010	0°00	90 00	„	90 00	„	90 00	„	∞	∞
3	c	∞0	100	90 00	„	90 00	0 00	90 00	0 00	∞	0	„
4	e	∞	110	51 46	„	„	90 00	51 46	38 14	1·2692	∞	„
5	f	10	101	90 00	28 08	28 08	0 00	28 08	0 00	0·5347	0	0·5347

Lansfordit.

Triklin.

p₀ = 1·0259	λ = 84°06	a = 0·5493	α = 95°22	x₀ = 0·1770	d = 0·2047
q₀ = 0·5570	μ = 79°28	b = 1	β = 100°15	y₀ = 0·1028	δ = 59°51
r₀ = 1	ν = 86°31	c = 0·5655	γ = 92°28	h = 0·9788·	

No.	Buchstaben	Symb.	Miller	φ	ϱ	ξ_0	η_0	ξ	η	x' (Prismen) (x : y)	y'	d' = tg ϱ
1	c	0	001	59°51	11°48·	10°15	5°59·	10°11·	5°54	0·1808	0·1050	0·2091
2	b	0∞	010	0 00	90 00	0 00	90 00	0 00	90 00	0	∞	∞
3	h	∞5	150	19 47	„	90 00	„	19 47	70 13	0·3596	„	„
4	m	∞	110	58 50	„	„	„	58 50	31 10	1·6535	„	„
5	k	$3\bar{\infty}$	$3\bar{1}0$	97 03	„	„	90 00	82 57	$\bar{7}$ 03	$\bar{8}$·0822	„	„
6	M	$\infty\bar{\infty}$	$1\bar{1}0$	115 47	„	„	„	64 13	$\bar{2}5$ 47	$\bar{2}$·0700	„	„
7	l	$\infty\bar{7}$	$1\bar{7}0$	165 03·	„	„	„	14 56·	$\bar{7}5$ 03·	$\bar{0}$·2669	„	„
8	d	02	021	8 16·	51 28·	10 15	51 11	6 28	50 44	0·1808	1·2431	1·2562
9	e	$0\bar{2}$	$0\bar{2}1$	170 04·	46 22	„	$\bar{4}5$ 56	7 10	$\bar{4}5$ 28·	„	$\bar{1}$·0330	1·0488
10	·f	$\bar{2}0$	$\bar{2}01$	$\bar{9}0$ 40	62 23	$\bar{6}2$ 23	$\bar{1}$ 16·	$\bar{6}2$ 22·	$\bar{0}$ 35·	$\bar{1}$·9114	$\bar{0}$·0223	1·9116
11	P	1	111	58 59	55 04	50 49	36 25	44 38	24 59·	1·2270	0·7377	1·4317
12	p	$1\bar{1}$	$1\bar{1}1$	108 04·	52 14	„	$\bar{2}1$ 49	48 43	$\bar{1}4$ 11·	„	$\bar{0}$·4004	1·2906
13	y	$\bar{1}1$	$\bar{1}11$	$\bar{5}4$ 48	46 38·	$\bar{4}0$ 52	31 24	$\bar{3}6$ 27	24 46·	$\bar{0}$·8653	0·6104	1·0589
14	n	$\bar{1}$	$\bar{1}\bar{1}1$	$\bar{1}21$ 22·	45 23	„	$\bar{2}7$ 49	$\bar{3}7$ 25·	$\bar{2}1$ 45	„	$\bar{0}$·5276	1·0135
15	ϱ	$\bar{1}\bar{3}$	$\bar{1}\bar{3}1$	$\bar{1}52$ 33	61 57	„	$\bar{5}9$ 01·	$\bar{2}4$ 00·	$\bar{5}1$ 33	„	$\bar{1}$·6658	1·8771
16	o	$\frac{\bar{1}}{2}$	$\bar{1}\bar{1}2$	$\bar{1}21$ 41·	21 54·	$\bar{1}8$ 53·	$\bar{1}1$ 56	$\bar{1}8$ 31	$\bar{1}1$ 18	$\bar{0}$·3422	$\bar{0}$·2112	0·4022
17	x	$\frac{\bar{1}}{2}\frac{3}{2}$	$\bar{1}32$	$\bar{2}0$ 16	44 39	„	42 49·	$\bar{1}4$ 05·	41 14·	„	0·9267	0·9879
18	π	$\frac{\bar{1}}{2}\frac{\bar{5}}{2}$	$\bar{1}\bar{5}2$	$\bar{1}65$ 46	54 18·	„	$\bar{5}3$ 27·	$\bar{1}1$ 31	$\bar{5}1$ 55·	„	$\bar{1}$·3494	1·3921

No.	Buch-staben	Symb.	Miller	φ	ϱ	ξ_0	η_0	ξ	η	x' (Prismen) (x:y)	y'	d' =tgϱ
19	r	$\frac{1}{2}\frac{\bar{3}}{2}$	$1\bar{3}2$	135°31	45°08	35°08·	35°37·	29°46·	30°22·	0·7039	$\bar{0}$·7166	1·0045
20	s	$\frac{1}{2}\frac{\bar{7}}{2}$	$1\bar{7}2$	159 13	63 15	"	$\bar{6}1$ 40	18 28·	$\bar{5}6$ 36	"	1·8548	1·9839
21	q	$\frac{3}{2}\frac{\bar{1}}{2}$	$3\bar{1}2$	92 45	60 17	60 15·	$\bar{4}$ 48·	60 10	$\bar{2}$ 30	1·7500	$\bar{0}$·0841	1·7521
22	z	$\frac{\bar{3}}{2}\frac{1}{2}$	$\bar{3}12$	$\bar{7}8$ 02·	54 50	$\bar{5}4$ 14	16 23·	$\bar{5}3$ 06	9 45	$\bar{1}$·3884	0·2941	1·4192
23	w	$\bar{5}\cdot15$	$\bar{5}\cdot15\cdot1$	$\bar{3}1$ 15	84 08	$\bar{7}8$ 48	83 09	$\bar{3}1$ 04	58 15·	$\bar{5}$·0499	8·3224	9·7346
24	τ	$\frac{10}{11}\frac{\bar{12}}{11}$	$10\cdot\bar{12}\cdot11$	111 34·	50 35·	48 32·	$\bar{2}4$ 06·	45 56	$\bar{1}6$ 30·	1·1319	$\bar{0}$·4476	1·2172

Lanthanit.

Rhombisch.

a = 0·9528	lg a = 997900	lg a₀ = 002365	lg p₀ = 997635	a₀ = 1·0560	p₀ = 0·9470
c = 0·9023	lg c = 995535	lg b₀ = 004465	lg q₀ = 995535	b₀ = 1·1083	q₀ = 0·9023

No.	Buch-staben	Symb.	Miller	φ	ϱ	ξ_0	η_0	ξ	η	x (Prismen) (x:y)	y	d =tgϱ
1	c	0	001	—	0°00	0°00	0°00	0°00	0°00	0	0	0
2	b	∞0	100	90°00	90 00	90 00	"	90 00	"	∞	"	∞
3	m	∞	110	46 23	"	"	90 00	46 23	43 37	1·0495	∞	"
4	o	1	111	"	52 36	43 26·	42 03·	35 06·	33 14	0·9470	0·9023	1·3080

Laumontit.

Monoklin.

a = 1·1451	lg a = 005885	lg a₀ = 998656	lg p₀ = 001344	a₀ = 0·9695	p₀ = 1·0314
c = 1·1811	lg c = 007229	lg b₀ = 992771	lg q₀ = 004176	b₀ = 0·8467	q₀ = 1·1009
$\left.\begin{array}{l}\mu =\\ 180-\beta\end{array}\right\}68°46$	$\left.\begin{array}{l}\lg h =\\ \lg \sin\mu\end{array}\right\}996947$	$\left.\begin{array}{l}\lg e =\\ \lg \cos\mu\end{array}\right\}955891$	$\lg\dfrac{p_0}{q_0}=997168$	h = 0·9321	e = 0·3622

No.	Buch-staben	Symb.	Miller	φ	ϱ	ξ_0	η_0	ξ	η	x' (Prismen) (x:y)	y'	d' =tgϱ
1	x	0	001	90°00	21°14	21°14	0°00	21°14	0°00	0·3885	0	0·3885
2	b	0∞	010	0 00	90 00	0 00	90 00	0 00	90 00	0	∞	∞
3	a	∞0	100	90 00	"	90 00	0 00	90 00	0 00	∞	0	"
4	m	∞	110	43 08	"	"	90 00	43 08	46 52	0·3969	∞	"
5	d	+10	101	90 00	56 13·	56 13·	0 00	56 13·	0 00	1·4950·	0	1·4950·
6	e	−10	$\bar{1}01$	90 00	35 40·	$\bar{3}5$ 40·	"	$\bar{3}5$ 40·	"	$\bar{0}$·7179	"	0·7179
7	f	−30	$\bar{3}01$	"	71 09·	$\bar{7}1$ 09·	"	$\bar{7}1$ 09·	"	$\bar{2}$·9309	"	2·9309
8	r	+½	112	57 55	48 01·	43 17	30 34	39 02·	23 16	0·9418·	0·5905·	1·1117
9	u	−½	$\bar{1}12$	$\bar{1}5$ 35	31 30·	$\bar{9}$ 21	"	$\bar{8}$ 03	30 14	$\bar{0}$·1647	"	0·6131

Laurionit.

Rhombisch.

$a = 0{\cdot}7328$	$\lg a = 986499$	$\lg a_0 = 994513$	$\lg p_0 = 005487$	$a_0 = 0{\cdot}8813$	$p_0 = 1{\cdot}1347$
$c = 0{\cdot}8315$	$\lg c = 991986$	$\lg b_0 = 008014$	$\lg q_0 = 991986$	$b_0 = 1{\cdot}2027$	$q_0 = 0{\cdot}8315$

No.	Buch-staben	Symb.	Miller	φ	ϱ	ξ_0	η_0	ξ	η	x (Prismen) (x : y)	y	d $= \mathrm{tg}\,\varrho$
1	c	0	001	—	0° 00	0° 00	0° 00	0° 00	0° 00	0	0	0
2	b	0∞	010	0° 00	90 00	„	90 00	„	90 00	„	∞	∞
3	a	∞0	100	90 00	„	90 00	0 00	90 00	0 00	∞	0	„
4	l	2∞	210	69 52·	„	„	90 00	69 52·	20 07·	2·7292·	∞	„
5	m	∞	110	53 46	„	„	„	53 46	36 14	1·3646	„	„
6	n	∞2	120	34 18·	„	„	„	34 18·	55 41·	0·6823	„	„
7	d	0½	012	0 00	22 34·	0 00	22 34·	0 00	22 34·	0	0·4157·	0·4157·

Laurit.

Regulär.

No.	Buch-staben	Symb.	Miller	φ	ϱ	ξ_0	η_0	ξ	η	x (Prismen) (x : y)	y	d $= \mathrm{tg}\,\varrho$
1	c	0	001	—	0° 00	0° 00	0° 00	0° 00	0° 00	0	0	0
		0∞	010	0° 00	90 00	„	90 00	„	90 00	„	∞	∞
2	e	0½	012	„	26 34	„	26 34	„	26 34	„	0·5000	0·5000
		02	021	„	63 26	„	63 26	„	63 26	„	2·0000	2·0000
		∞2	120	26 34	90 00	90 00	90 00	26 34	„	0·5000	∞	∞
3	m	⅓	113	45 00	25 14·	18 26	18 26	17 33	17 33	0·3333	0·3333	0·4714
		13	131	18 26	72 27	45 00	71 34	„	64 45·	1·0000	3·0000	3·1623
4	p	1	111	45 00	54 44	„	45 00	35 16	35 16	„	1·0000	1·4142

Lautarit.

Monoklin.

$a = 0.6331$	$\lg a = 980147$	$\lg a_0 = 999110$	$\lg p_0 = 000890$	$a_0 = 0.9797$	$p_0 = 1.0207$
$c = 0.6462$	$\lg c = 981037$	$\lg b_0 = 018963$	$\lg q_0 = 979241$	$b_0 = 1.5475$	$q_0 = 0.6200$
$\left.\begin{array}{l}\mu =\\180-\beta\end{array}\right\} 73°38$	$\left.\begin{array}{l}\lg h =\\ \lg \sin \mu\end{array}\right\} 998204$	$\left.\begin{array}{l}\lg e =\\ \lg \cos \mu\end{array}\right\} 944992$	$\lg \dfrac{p_0}{q_0} = 021649$	$h = 0.9595$	$e = 0.2818$

No.	Buch-staben	Symb.	Miller	φ	ϱ	ξ_0	η_0	ξ	η	x' (Prismen) $(x:y)$	y'	d' $=\mathrm{tg}\,\varrho$
1	c	0	001	90°00	16°22	16°22	0°00	16°22	0°00	0.2937	0	0.2937
2	b	0∞	010	0 00	90 00	0 00	90 00	0 00	90 00	0	∞	∞
3	m	∞	110	58 43·	"	90 00	"	58 43·	31 16·	1.6462	"	"
4	l	∞2	120	39 27·	"	"	"	39 27·	50 32·	0.8231	"	"
5	q	01	011	24 26·	35 22	16 22	32 52	13 51·	31 48	0.2937	0.6462	0.7098
6	r	+10	101	90 00	53 37·	53 37·	0 00	53 37·	0 00	1.3575	0	1.3575
7	n	−10	$\bar{1}$01	90 00	37 58·	$\bar{3}$7 58·	"	$\bar{3}$7 58·	"	$\bar{0}$.7805	"	0.7805

Lavenit.

Monoklin.

$a = 1.0963$	$\lg a = 003993$	$\lg a_0 = 018556$	$\lg p_0 = 981444$	$a_0 = 1.5331$	$p_0 = 0.6523$
$c = 0.7151$	$\lg c = 985437$	$\lg b_0 = 014563$	$\lg q_0 = 982652$	$b_0 = 1.3984$	$q_0 = 0.6707$
$\left.\begin{array}{l}\mu =\\180-\beta\end{array}\right\} 69°42$	$\left.\begin{array}{l}\lg h =\\ \lg \sin \mu\end{array}\right\} 997215$	$\left.\begin{array}{l}\lg e =\\ \lg \cos \mu\end{array}\right\} 954025$	$\lg \dfrac{p_0}{q_0} = 998792$	$h = 0.9379$	$e = 0.3469$

No.	Buch-staben	Symb.	Miller	φ	ϱ	ξ_0	η_0	ξ	η	x' (Prismen) $(x:y)$	y'	d' $=\mathrm{tg}\,\varrho$
1	b	0∞	010	0°00	90°00	0°00	90°00	0°00	90°00	0	∞	∞
2	a	∞0	100	90 00	"	90 00	0 00	90 00	0 00	∞	0	"
3	m	∞	110	44 12	"	"	90 00	44 12	45 48	0.9726	∞	"
4	n	2∞	210	62 47·	"	"	"	62 47·	27 12·	1.9451	"	"
5	l	3∞	310	71 05	"	"	"	71 05	18 55	2.9176·	"	"
6	r	01	011	27 21	38 50·	20 18	35 34	16 45	33 51	0.3699	0.7151	0.8051
7	q	+10	101	90 00	46 49	46 49	0 00	46 49	0 00	1.0653·	0	1.0653·
8	e	1	111	56 08	52 04	"	35 34	40 54·	26 04·	"	0.7151	1.2831

Lawsonit.

Rhombisch.

$a = 0\text{·}6652$	$\lg a = 982295$	$\lg a_0 = 995460$	$\lg p_0 = 004540$	$a_0 = 0\text{·}9007$	$p_0 = 1\text{·}1102$
$c = 0\text{·}7385$	$\lg c = 986835$	$\lg b_0 = 013165$	$\lg q_0 = 986835$	$b_0 = 1\text{·}3541$	$q_0 = 0\text{·}7385$

No.	Buch-staben	Symb.	Miller	φ	ϱ	ξ_0	η_0	ξ	η	x (Prismen) (x : y)	y	d $=\mathrm{tg}\,\varrho$
1	o	o	001	—	0°00	0°00	0°00	0°00	0°00	0	0	0
2	b	0∞	010	0°00	90 00	"	90 00	"	90 00	"	∞	∞
	m	∞	110	56 22	"	90 00	"	56 22	33 38	1·5033	"	"
3												
4	d	01	011	0 00	36 27	0 00	36 27	0 00	36 27	0	0·7385	0·7385
5	e	04	041	"	71 18	"	71 18	"	71 18	"	2·9540	2·9540

Lazulith.

Monoklin.

$a = 0\text{·}9750$	$\lg a = 998900$	$\lg a_0 = 977196$	$\lg p_0 = 022804$	$a_0 = 0\text{·}5915$	$p_0 = 1\text{·}6906$
$c = 1\text{·}6483$	$\lg c = 021704$	$\lg b_0 = 978296$	$\lg q_0 = 021700$	$b_0 = 0\text{·}6067$	$q_0 = 1\text{·}6482$
$\left.\begin{array}{l}\mu = \\ 180-\beta\end{array}\right\}\,89°14$	$\left.\begin{array}{l}\lg h = \\ \lg \sin\mu\end{array}\right\}999996$	$\left.\begin{array}{l}\lg e = \\ \lg \cos\mu\end{array}\right\}812647$	$\lg \dfrac{p_0}{q_0} = 001104$	$h = 0\text{·}9999$	$e = 0\text{·}0134$

No.	Buch-staben	Symb.	Miller	φ	ϱ	ξ_0	η_0	ξ	η	x′ (Prismen) (x : y)	y′	d′ $=\mathrm{tg}\,\varrho$
1	c	o	001	90°00	0°46	0°46	0°00	0°46	0°00	0·0134	0	0·0134
2	b	0∞	010	0 00	90 00	0 00	90 00	0 00	90 00	0	∞	∞
3	a	∞0	100	90 00	"	90 00	0 00	90 00	0 00	∞	0	"
4	m	∞	110	45 44	"	"	90 00	45 44	44 16	1·0257	∞	"
5	u	0½	012	0 56	39 30	0 46	39 29·	0 35·	39 29·	0·0134	0·8241·	0·8243
6	d	01	011	0 28	58 45·	"	58 45·	0 24	58 45	"	1·6483	1·6483
7	t	+10	101	90 00	59 36	59 36	0 00	59 36	0 00	1·7041·	0	1·7041·
8	y	+⅓0	103	"	29 59	29 59	"	29 59	"	0·5769·	"	0·5769·
9	s	−10	$\bar{1}$01·	90 00	59 12	$\bar{5}$9 12	"	$\bar{5}$9 12	"	1·6773·	"	1·6773·
10	r	+2	221	45 50·	78 04	73 35	73 07·	44 35	42 58	3·3949	3·2966	4·7322
11	p	+1	111	45 57	67 08	59 36	58 45·	41 28·	39 50	1·7041·	1·6483	2·3709
12	z	+½	112	46 10·	49 58	40 39·	39 29·	33 32	32 01·	0·8588	0·8241·	1·1904
13	x	+⅓	113	46 24	38 33	29 59	28 47	26 49·	25 27	0·5769·	0·5494·	0·7967
14	v	−⅓	$\bar{1}$13	$\bar{4}$5 02	37 52	$\bar{3}$8 49	"	$\bar{3}$5 44·	25 42·	0·5501·	"	0·7775
15	e	−1	$\bar{1}$11	$\bar{4}$5 30	66 58	$\bar{5}$9 12	58 45·	$\bar{4}$1 01·	40 10	1·6773	1·6483	2·3517
16	q	+1½	212	64 11·	62 09	59 36	39 29·	52 45	22 38·	1·7041·	0·8241·	1·8929

Leadhillit.

Monoklin.

$a = 0·8738$	$\lg a = 994141$	$\lg a_0 = 989695$	$\lg p_0 = 010305$	$a_0 = 0·7888$	$p_0 = 1.2678$
$c = 1·1078$	$\lg c = 004446$	$\lg b_0 = 995554$	$\lg q_0 = 004446$	$b_0 = 0·9027$	$q_0 = 1·1078$
$\left.\begin{matrix}\mu =\\180-\beta\end{matrix}\right\}\ 89°48$	$\left.\begin{matrix}\lg h =\\\lg \sin\mu\end{matrix}\right\}\ 0$	$\left.\begin{matrix}\lg e =\\\lg \cos\mu\end{matrix}\right\}754291$	$\lg \dfrac{p_0}{q_0} = 005859$	$h = 1$	$e = 0·0035$

No.	Buchstaben	Symb.	Miller	φ	ϱ	ξ_0	η_0	ξ	η	x' (Prismen) (x : y)	y'	d' $=\mathrm{tg}\varrho$
1	c	0	001	90°00	0°12	0°12	0°00	0°12	0°00	0·0035	0	0·0035
2	b	0∞	010	0 00	90 00	0 00	90 00	0 00	90 00	0	∞	∞
3	a	$\infty 0$	100	90 00	„	90 00	0 00	90 00	0 00	∞	0	„
4	d	2∞	210	66 24	„	„	90 00	66 24	23 36	2·2888	∞	„
5	F	$\tfrac{3}{2}\infty$	320	59 47	„	„	„	59 47	30 13	1·7166·	„ ·	„
6	l	∞	110	48 51	„	„	„	48 51	41 09	1·1444	„	„
7	L	$\infty\tfrac{3}{2}$	230	37 20·	„	„	„	37 20·	52 39·	0·7629·	„	„
8	m	$\infty 2$	120	29 47	„	„	„	29 47	60 13	0·5722	„	„
9	β	$0\tfrac{1}{2}$	012	0 21·	28 59	0 12	28 59	0 10·	28 59	0·0035	0·5539	0·5539
10	g	01	011	0 11	47 55·	„	47 55·	0 08	47 55·	„	1·1078	1·1078
11	h	$0\tfrac{3}{2}$	032	0 07	58 57·	„	58 57·	0 06	58 57·	„	1·6617	1·6617
12	y	$+40$	401	90 00	78 51	78 51	0 00	78 51	0 00	5·0746	0	5·0746
13	u	$+20$	201	„	68 30	68 30	„	68 30	„	2·5391	„	2·5391
14	z	$+\tfrac{3}{2}0$	302	„	62 18·	62 18·	„	62 18·	„	1·9052	„	1·9052
15	w	$+10$	101	„	51 49	51 49	„	51 49	„	1·2713	„	1·2713
16	i	$+\tfrac{2}{3}0$	203	„	40 19·	40 19·	„	40 19·	„	0·8487	„	0·8487
17	λ	$+\tfrac{1}{2}0$	102	„	32 31	32 31	„	32 31	„	0·6374	„	0·6374
18	f	-10	$\overline{1}01$	90 00	51 39·	$\overline{5}1$ 39·	„	$\overline{5}1$ 39·	„	$\overline{1}·2643$	„	1·2643
19	e	-20	$\overline{2}01$	„	68 27	$\overline{6}8$ 27	„	68 27	„	$\overline{2}·5321$	„	2·5321
20	k	$+1$	111	48 56	59 20	51 49	47 55·	40 25·	34 24·	1·2713	1·1078	1·6862
21	p	-1	$\overline{1}11$	$\overline{4}8$ 46·	59 15	$\overline{5}1$ 39·	„	40 16	34 30	$\overline{1}·2643$	„	1·6809
22	x	$+12$	121	29 51	68 37	51 49	65 42·	27 36·	53 52	1·2713	2·2156	2·5544
23	s	$+1\tfrac{1}{2}$	212	66 27·	54 12	„	28 59	48 02·	18 54	„	0·5539	1·3867
24	q	$-1\tfrac{1}{2}$	$\overline{2}12$	$\overline{6}6$ 20·	54 04·	$\overline{5}1$ 39·	„	47 53	18 58	$\overline{1}·2643$	„	1·3803
25	o	$-1\tfrac{3}{2}$	$\overline{2}\overline{3}2$	$\overline{3}7$ 16	64 24·	„	58 57·	$\overline{3}3$ 06	45 52	„	1·6617	2·0880
26	r	-12	$\overline{1}21$	$\overline{2}9$ 42·	68 35·	„	65 42·	$\overline{2}7$ 29	53 58	„	2·2156	2·5509
27	n	$-1\tfrac{7}{2}$	$\overline{2}72$	$\overline{1}8$ 03·	76 13·	„	75 32·	$\overline{1}7$ 31·	67 25·	„	3·8773	4·0782
28	γ	$+31$	311	73 46·	75 50·	75 17	47 55·	68 35·	15 43	3·8069	1·1078	3·9648
29	ζ	$+21$	211	66 26	70 09	68 30	„	59 33	22 05·	2·5391	„	2·7702
30	t	$+\tfrac{1}{2}1$	122	29 55	51 57·	32 31	„	23 07·	43 03	0·6374	„	1·2781
31	v	$-\tfrac{1}{2}1$	$\overline{1}22$	$\overline{2}9$ 38·	51 53	$\overline{3}2$ 13·	„	$\overline{2}2$ 54	43 08·	$\overline{0}·6304$	„	1·2746
32	?σ	$-\tfrac{2}{3}1$	$\overline{2}33$	37 13·	54 17·	$\overline{4}0$ 05	„	$\overline{2}9$ 25·	40 17	$\overline{0}·8417$	„	1·3913
33	ω	$+2\tfrac{1}{2}$	412	77 41·	68 57	68 30	28 59	65 46	11 28·	2·5391	0·5539	2·5988

No.	Buchstaben	Symb.	Miller	φ	ϱ	ξ_0	η_0	ξ	η	x′ (Prismen) (x : y)	y′	d′ =tgϱ
34	ψ	$-2\frac{1}{2}$	$\bar{4}12$	$77°39\cdot$	$68°54$	$\bar{6}8°27$	$28°59$	$\bar{6}5°42$	$11°30$	$\bar{2}\cdot5321$	$0\cdot5539$	$2\cdot5920$
35	τ	$-\frac{4}{7}2$	$\bar{4}\cdot14\cdot7$	$\bar{1}8\ 01\cdot$	$66\ 46\cdot$	$\bar{3}5\ 47\cdot$	$65\ 42\cdot$	$\bar{1}6\ 31$	$60\ 54\cdot$	$\bar{0}\cdot7209$	$2\cdot2156$	2.3299
36	δ	$+\frac{1}{2}\frac{1}{4}$	214	$66\ 31$	$34\ 48$	$32\ 31$	$15\ 29$	$31\ 34$	$13\ 09$	$0\cdot6374$	$0\cdot2769$	$0\cdot6950$
37	μ	$-\frac{1}{2}\frac{1}{4}$	$\bar{2}14$	$\bar{6}6\ 17$	$34\ 33$	$\bar{3}2\ 13\cdot$	„	$\bar{3}1\ 17$	$13\ 11$	$\bar{0}\cdot6304$	„	$0\cdot6886$
38	β	$+\frac{1}{3}\frac{2}{3}$	123	$29\ 59$	$40\ 27$	$23\ 04\cdot$	$36\ 27$	$18\ 55$	$34\ 11\cdot$	$0\cdot4261$	$0\cdot7385\cdot$	$0\cdot8527$
39	λ	$-\frac{1}{3}\frac{1}{6}$	$\bar{2}16$	$\bar{6}6\ 14$	$24\ 36\cdot$	$\bar{2}2\ 44\cdot$	$10\ 27\cdot$	$\bar{2}2\ 24$	$9\ 40$	$\bar{0}\cdot4191$	$0\cdot1846\cdot$	$0\cdot4580$

Lecontit.

Rhombisch.

a = 0·7848	lg a = 989476	lg a₀ = 970958	lg p₀ = 029042	a₀ = 0·5124	p₀ = 1·9517
c = 1·5317	lg c = 018518	lg b₀ = 981482	lg q₀ = 018518	b₀ = 0·6529	q₀ = 1·5317

No.	Buchstaben	Symb.	Miller	φ	ϱ	ξ_0	η_0	ξ	η	x (Prismen) (x : y)	y	d =tgϱ
1	c	0	001	—	$0°00$	$0°00$	$0°00$	$0°00$	$0°00$	0	0	0
2	m	∞	110	$51°52\cdot$	$90\ 00$	$90\ 00$	$90\ 00$	$51\ 52\cdot$	$38\ 07\cdot$	$1\cdot2742$	∞	∞
3	g	$\infty2$	120	$32\ 30$	„	„	„	$32\ 30$	$57\ 30$	$0\cdot6371$	„	„
4	d	$\frac{1}{4}0$	104	$90\ 00$	$26\ 01\cdot$	$26\ 01\cdot$	$0\ 00$	$26\ 01\cdot$	$0\ 00$	$0\cdot4879$	0	$0\cdot4879$
5	e	10	101	„	$62\ 53$	$62\ 53$	„	$62\ 53$	„	$1\cdot9517$	„	$1\cdot9517$

Leucit.

Regulär. (?)

No.	Buchstaben	Symb.	Miller	φ	ϱ	ξ_0	η_0	ξ	η	x (Prismen) (x : y)	y	d =tgϱ
1	c	0	001	—	$0°00$	$0°00$	$0°00$	$0°00$	$0°00$	0	0	0
		0∞	010	$0°00$	$90\ 00$	„	$90\ 00$	„	$90\ 00$	„	∞	∞
2	d	01	011	„	$45\ 00$	„	$45\ 00$	„	$45\ 00$	„	$1\cdot0000$	$1\cdot0000$
		∞	110	$45\ 00$	$90\ 00$	$90\ 00$	$90\ 00$	$45\ 00$	„	$1\cdot0000$	∞	∞
3	q	$\frac{1}{2}$	112	„	$35\ 16$	$26\ 34$	$26\ 34$	$24\ 05\cdot$	$24\ 05\cdot$	$0\cdot5000$	$0\cdot5000$	$0\cdot7071$
		12	121	$26\ 34$	$65\ 54\cdot$	$45\ 00$	$63\ 26$	„	$54\ 44$	$1\cdot0000$	$2\cdot0000$	$2\cdot2360$

Leukophan.

Rhombisch. Sphenoidisch-hemiedrisch.

a = 0·9939	lg a = 999734	lg a_0 = 016984	lg p_0 = 983016	a_0 = 1·4786	p_0 = 0·6763
c = 0·6722	lg c = 982750	lg b_0 = 017250	lg q_0 = 982750	b_0 = 1·4877	q_0 = 0·6722

No.	Buchstaben	Symb.	Miller	φ	ϱ	ξ_0	η_0	ξ	η	x (Prismen) (x : y)	y	d = tgϱ
1	c	0	001	—	0°00	0°00	0°00	0°00	0°00	0	0	,,
2	b	0∞	010	0°00	90 00	,,	90 00	,,	90 00	,,	∞	∞
3	a	∞0	100	90 00	,,	90 00	0 00	90 00	0 00	∞	0	,,
4	n	3∞	310	71 40	,,	,,	90 00	71 40	18 20	3·0184·	∞	,,
5	m	∞	110	45 10·	,,	,,	,,	45 10·	44 49·	1·0061	,,	,,
6	z	0⅚	056	0 00	29 15·	0 00	29 15·	0 00	29 15·	0	0·5601·	0·5601·
7	y	0⅝	054	,,	40 02·	,,	40 02·	,,	40 02·	,,	0·8402·	0·8402·
8	x	02	021	,,	53 21·	,,	53 21·	,,	53 21·	,,	1·3444	1·3444
9	I	⅙0	106	90 00	6 26	6 26	0 00	6 26	0 00	0·1127	0	0·1127
10	k	⅕0	105	,,	7 42	7 42	,,	7 42	,,	0·1352·	,,	0·1352·
11	i	¼0	104	,,	9 36	9 36	,,	9 36	,,	0·1691	,,	0·1691
12	h	⅓0	103	,,	12 42·	12 42·	,,	12 42·	,,	0·2254·	,,	0·2254·
13	e	10	101	,,	34 04·	34 04·	,,	34 04·	,,	0·6763·	,,	0·6763·
14	f	20	201	,,	53 31·	53 31·	,,	53 31·	,,	1·3526·	,,	1·3526·
15	g	40	401	,,	69 43	69 43	,,	69 43	,,	2·7053	,,	2·7053
16	α	⅑	119	45 10·	6 03	4 18	4 16·	4 17	4 15·	0·0751·	0·0747	0·1060
17	β	⅛	118	,,	6 48	4 50	4 48	4 49	4 47	0·0845·	0·0840·	0·1192
18	γ	⅐	117	,,	7 45·	5 31	5 29	5 29·	5 27·	0·0966	0·0960·	0·1362
19	δ	⅙	116	,,	9 02	6 26	6 23·	6 23·	6 21	0·1127	0·1120	0·1589
20	ε	⅖	225	,,	20 52·	15 08·	15 03	14 38·	14 33	0·2705·	0·2689	0·3814
21	ζ	⅔	223	,,	32 26·	24 16	24 08·	22 22	22 13·	0·4509	0·4481·	0·6357
22	v	⅘	445	,,	37 20·	28 25	28 16	25 29	25 19	0·5410·	0·5377	0·7629
23	p	1	111	,,	43 38·	34 04·	33 54·	29 18·	29 06·	0·6763·	0·6715	0·9536
24	q	2	221	,,	62 20	53 31·	53 21·	38 55	38 38	1·3527	1·3444	1·9071
25	λ	1½	212	63 34·	37 03·	34 04·	18 34·	32 40	15 33·	0·6763	0·3361	0·7552
26	μ	½1	122	26 42·	36 57·	18 41	33 54·	15 40·	32 29·	0·3381·	0·6715	0·7525
27	A	⅔⁷⁄₁₂	8·7·12	48 59·	30 51·	24 16	21 14·	22 46·	19 40	0·4509	0·3921	0·5975

Libethenit.

Rhombisch.

$a = 0.9601$	$\lg a = 998232$	$\lg a_0 = 013604$	$\lg p_0 = 986396$	$a_0 = 1.3679$	$p_0 = 0.7311$
$c = 0.7019$	$\lg c = 984628$	$\lg b_0 = 015372$	$\lg q_0 = 984628$	$b_0 = 1.4247$	$q_0 = 0.7019$

$No.$	Buch-staben	Symb.	Miller	φ	ϱ	ξ_0	η_0	ξ	η	x (Prismen) (x : y)	y	d $= \mathrm{tg}\,\varrho$
1	b	0	001	—	0°00	0°00	0°00	0°00	0°00	0	0	0
2	a	0∞	010	0°00	90 00	″	90 00	″	90 00	″	∞	∞
3	c	$\infty 0$	100	90 00	″	90 00	0 00	90 00	0 00	∞	0	″
4	m	∞	110	46 10	″	″	90 00	46 10	43 50	1.0415	∞	″
5	t	2∞	210	64 21·	″	″	″	64 21·	25 38·	2.0831	″	″
6	δ	3∞	310	72 15	″	″	″	72 15	17 45	3.1246	″	″
7	e	01	011	0 00	35 04	0 00	35 04	0 00	35 04	0	0.7019	0.7019
8	s	1	111	46 10	45 23	36 10	″	30 53·	29 32	0.7311	″	1.0135

Lievrit.

Rhombisch.

$a = 0.6665$	$\lg a = 982380$	$\lg a_0 = 017769$	$\lg p_0 = 982231$	$a_0 = 1.5055$	$p_0 = 0.6642$
$c = 0.4427$	$\lg c = 964611$	$\lg b_0 = 035389$	$\lg q_0 = 964611$	$b_0 = 2.2589$	$q_0 = 0.4427$

$No.$	Buch-staben	Symb.	Miller	φ	ϱ	ξ_0	η_0	ξ	η	x (Prismen) (x : y)	y	d $= \mathrm{tg}\,\varrho$
1	c	0	001	—	0°00	0°00	0°00	0°00	0°00	0	0	0
2	b	0∞	010	0°00	90 00	″	90 00	″	90 00	″	∞	∞
3	a	$\infty 0$	100	90 00	″	90 00	0 00	90 00	0 00	∞	0	″
4	η	$\frac{7}{3}\infty$	730	74 03·	″	″	90 00	74 03·	15 56·	3.5009	∞	″
5	h	2∞	210	71 34	″	″	″	71 34	18 26	3.0007·	″	″
6	ϑ	$\frac{5}{3}\infty$	530	68 12	″	″	″	68 12	21 48	2.5006·	″	″
7	μ	$\frac{5}{4}\infty$	540	61 56	″	″	″	61 56	28 04	1.8755	″	″
8	M	∞	110	56 19	″	″	″	56 19	33 41	1.5004	″	″
9	ν	$\infty\frac{4}{3}$	340	48 22·	″	″	″	48 22·	41 37·	1.1253	″	″
10	r	$\infty\frac{3}{2}$	230	45 00·	″	″	″	45 00·	44 59·	1.0002·	″	″
11	N	$\infty\frac{11}{7}$	7·11·0	41 11·	″	″	″	41 11·	48 48·	0.8752	″	″
12	s	$\infty 2$	120	36 52·	″	″	″	36 52·	53 07·	0.7502	″	″
13	t	$\infty 3$	130	26 34	″	″	″	26 34	63 26	0.5001	″	″
14	d	$\infty 4$	140	20 33·	″	″	″	20 33·	69 26·	0.3751	″	″
15	n	$0\frac{1}{2}$	012	0 00	12 29	0 00	12 29	0 00	12 29	0	0.2213·	0.2213·

$No.$	Buchstaben	Symb.	Miller	φ	ϱ	ξ_0	η_0	ξ	η	x (Prismen) (x : y)	y	d =tgϱ
16	φ	.01	011	0°00	23°52·	0°00	23°52	0°00	23°52	0	0·4427	0·4427
17	e	02	021	„	41 31·	„	41 31·	„	41 31·	„	0·8854	0·8854
18	$\varkappa$	$\frac{1}{6}$0	106	90 00	6 19	6 19	0 00	6 19	0 00	0·1107	0	0·1107
19	P	10	101	„	33 35·	33 35·	„	33 35·	„	0·6642	„	0·6642
20	w	30	301	„	63 21	63 21	„	63 21	„	1·9926·	„	1·9926·
21	o	1	111	56 19	38 36	33 35·	23 53	31 16·	20 14·	0·6642	0·4427	0·7982
22	x	21	211	71 34	54 28	53 01·	„	50 32·	14 54·	1·3284·	„	1·4002
23	y	31	311	77 28·	63 54	63 21	„	61 14·	11 14	1·9926·	„	2·0412
24	k	41	411	80 32·	69 38	69 22·	„	67 37·	8 52	2·6569	„	2·6935
25	i	12	121	36 52·	47 54	33 35·	41 31·	26 26·	36 24·	0·6642	0·8854	1·1068
26	u	13	131	26 34	56 02·	„	53 01·	21 46·	47 53·	„	1·3281	1·4849
27	l	42	421	71 34	70 21	69 22·	41 31·	63 18.	17 19·	2·6569	0·8854	2·8005

Linarit.

Monoklin.

a = 1·7352	lg a = 023935	lg a₀ = 032048	lg p₀ = 967952	a₀ = 2·0916	p₀ = 0·4781
c = 0·8296	lg c = 991887	lg b₀ = 008113	lg q₀ = 990344	b₀ = 1·2054	q₀ = 0·8006
$\left.\begin{smallmatrix}\mu\\180-\beta\end{smallmatrix}\right\}$ 74°49	$\left.\begin{smallmatrix}\lg h =\\ \lg \sin\mu\end{smallmatrix}\right\}$ 998457	$\left.\begin{smallmatrix}\lg e =\\ \lg \cos\mu\end{smallmatrix}\right\}$ 941815	lg $\frac{p_0}{q_0}$ = 977608	h = 0·9651	e = 0·2619

$No.$	Buchstaben	Symb.	Miller	φ	ϱ	ξ_0	η_0	ξ	η	x' (Prismen) (x : y)	y'	d' =tgϱ
1	s	0	001	90°00	15°11	15°11	0°00	15°11	0°00	0·2714	0	0·2714
2	b	0∞	010	0 00	90 00	0 00	90 00	0 00	90 00	0	∞	∞
3	a	∞0	100	90 00	„	90 00	0 00	90 00	0 00	∞	0	„
4	l	2∞	210	50 03·	„	„	90 00	50 03·	39 56·	1·1943	∞	„
5	m	∞	110	30 50·	„	„	„	30 50·	59 09·	0·5971	„	„
6	α	$0\frac{1}{13}$	0·1·13	76 46	15 34·	15 11	3 34	15 09	3 31·	0·2714	0·0638	0·2788
7	δ	$0\frac{1}{9}$	019	71 14·	15 59·	„	5 16	15 07·	5 05	„	0·0921·	0·2866
8	e	01	011	18 07	41 07	„	39 41	11 48	38 41	„	0·8296	0·8729
9	σ	02	021	9 17·	59 15·	„	58 55·	7 58·	58 01	„	1·6592	1·6813
10	p	+60	601	90 00	72 52	72 52	0 00	72 52	0 00	3·2437	0	3·2437
11	β	$+\frac{7}{5}$0	705	„	43 58·	43 58·	„	43 58·	„	0·9649	„	0·9649
12	π	$+\frac{4}{3}$0	403	„	42 59	42 59	„	42 59	„	0·9319	„	0.9319
13	u	+10	101	„	37 29	37 29	„	37 29	„	0·7667·	„	0·7667·
14	ϱ	$+\frac{10}{20}$0	19·0·20	„	36 34·	36 34·	„	36 34·	„	0·7420	„	0·7420
15	x	$+\frac{1}{2}$0	102	„	27 26	27 26	„	27 26	„	0·5190	„	0·5190
16	t	$-\frac{1}{6}$0	$\bar{1}$06	„	10 41·	10 41·	„	10 41·	„	0·1888	„	0·1888
17	o	$-\frac{1}{3}$0	$\bar{1}$03	„	6 04	6 04	„	6 04	„	0·0261	„	0·0261
18	d	$-\frac{7}{8}$0	$\bar{7}$08	90 00	9 12·	$\bar{9}$ 12·	„	$\bar{9}$ 12·	„	$\bar{0}$·1621·	„	0.1621·

No.	Buchstaben	Symb.	Miller	φ	ϱ	ξ_0	η_0	ξ	η	x' (Prismen) (x : y)	y'	d' $= \mathrm{tg}\,\varrho$
19	c	-10	$\bar{1}01$	$90°\,00$	$12°\,37·$	$\bar{1}2°\,37·$	$0°\,00$	$\bar{1}2°\,37·$	$0°\,00$	$\bar{0}·2240$	$0°\,00$	$0·2240$
20	y	-20	$\bar{3}01$	„	$35\ 44$	$\bar{3}5\ 44$	„	$\bar{3}5\ 44$	„	$\bar{0}·7194$	„	$0·7194$
21	η	-60	$\bar{6}01$	„	$69\ 41$	$\bar{6}9\ 41$	„	$\bar{6}9\ 41$	„	$\bar{2}·7010$	„	$2·7010$
22	g	$+1$	111	$42\ 45$	$48\ 29$	$37\ 29$	$39\ 41$	$30\ 33$	$33\ 21·$	$0·7667·$	$0·8296$	$1·1297$
23	z	$+\frac{1}{7}$	117	$70\ 54$	$19\ 54·$	$18\ 53·$	$6\ 45·$	$18\ 46$	$6\ 24$	$0·3421·$	$0·1185$	$0·3621$
24	γ	$+\frac{1}{10}$	$1·1·10$	$75\ 30·$	$18\ 20·$	$17\ 48$	$4\ 44·$	$17\ 44·$	$4\ 31$	$0·3210$	$0·0829·$	$0·3315$
25	q	$-\frac{1}{2}$	$\bar{1}12$	$3\ 16·$	$22\ 34$	$1\ 21·$	$22\ 32$	$1\ 15·$	$22\ 31·$	$0·0237$	$0·4148$	$0·4155$
26	r	-1	$\bar{1}11$	$\bar{1}5\ 07$	$40\ 44·$	$\bar{1}2\ 37·$	$39\ 41$	$\bar{9}\ 47$	$38\ 59·$	$\bar{0}·2240$	$0·8296$	$0·8593$
27	n	$+12$	121	$24\ 48$	$28\ 19$	$37\ 29$	$58\ 55·$	$21\ 35·$	$52\ 47$	$0·7667·$	$1·6592$	$1·8278$
28	w	$-1\frac{1}{2}$	$\bar{2}12$	$\bar{3}8\ 22·$	$25\ 14·$	$\bar{1}2\ 37·$	$22\ 32$	$\bar{1}1\ 41·$	$22\ 02$	$\bar{0}·2240$	$0·4148$	$0·4714$
29	v	$+\frac{4}{7}\frac{1}{14}$	$8·1·14$	$83\ 54$	$29\ 08·$	$29\ 00·$	$3\ 23·$	$28\ 58$	$2\ 58$	$0·5544·$	$0·0592·$	$0·5576$

Linneit.

Regulär.

No.	Buchstaben	Symb.	Miller	φ	ϱ	ξ_0	η_0	ξ	η	x (Prismen) (x : y)	y	d $= \mathrm{tg}\,\varrho$
1	c	$\left\{\begin{array}{l}0\\0\infty\end{array}\right.$	001 010	— $0°\,00$	$0°\,00$ $90\ 00$	$0°\,00$ „	$0°\,00$ $90\ 00$	$0°\,00$ „	$0°\,00$ $90\ 00$	0 „	0 ∞	0 ∞
2	p	1	111	$45\ 00$	$54\ 44$	$45\ 00$	$45\ 00$	$35\ 16$	$35\ 16$	$1·0000$	$1·0000$	$1·4142$
3	y	$\left\{\begin{array}{l}\frac{1}{2}\frac{3}{4}\\\frac{2}{3}\frac{4}{3}\\\frac{3}{2}2\end{array}\right.$	234 243 342	$33\ 41·$ $26\ 34$ $36\ 52$	$42\ 02$ $56\ 08·$ $68\ 12$	$26\ 34$ $33\ 41·$ $56\ 18·$	$36\ 52$ $53\ 08$ $63\ 26$	$21\ 48$ „ $33\ 51$	$33\ 51$ $47\ 58$ „	$0·5000$ $0·6667$ $1·5000$	$0·7500$ $1·3333$ $2·0000$	$0·9014$ $1·4907$ $2·5000$

Liroconit.

Monoklin.

$a = 1·6809$	$\lg a = 022554$	$\lg a_0 = 010530$	$\lg p_0 = 989470$	$a_0 = 1·2744$	$p_0 = 0·7847$
$c = 1·3190$	$\lg c = 012024$	$\lg b_0 = 987976$	$\lg q_0 = 012010$	$b_0 = 0·7582$	$q_0 = 1·3186$
$\left.\begin{array}{l}\mu =\\180-\beta\end{array}\right\}\,88°\,33$	$\left.\begin{array}{l}\lg h =\\\lg\sin\mu\end{array}\right\}\,999986$	$\left.\begin{array}{l}\lg e =\\\lg\cos\mu\end{array}\right\}\,840320$	$\lg \frac{p_0}{q_0} = 977460$	$h = 0·9997$	$e = 0·0253$

No.	Buchstaben	Symb.	Miller	φ	ϱ	ξ_0	η_0	ξ	η	x' (Prismen) (x : y)	y'	d' $= \mathrm{tg}\,\varrho$
1	o	∞	110	$30°\,45·$	$90°\,00$	$90°\,00$	$90°\,00$	$30°\,45·$	$59°\,14·$	$0·5951·$	∞	∞
2	m	01	011	$1\ 06$	$52\ 50$	$1\ 27$	$52\ 50$	$0\ 52·$	$52\ 49·$	$0·0253$	$1·3190$	$1·3192$

Löllingit.
Rhombisch.

$a = 0\text{·}6689$	$\lg a = 982536$	$\lg a_0 = 973436$	$\lg p_0 = 026564$	$a_0 = 0\text{·}5424$	$p_0 = 1\text{·}8435$
$c = 1\text{·}2331$	$\lg c = 009100$	$\lg b_0 = 990900$	$\lg q_0 = 009100$	$b_0 = 1\text{·}2331$	$q_0 = 1\text{·}2331$

No.	Buch-staben	Symb.	Miller	φ	ϱ	ξ_0	η_0	ξ	η	x (Prismen) (x : y)	y	d $= \mathrm{tg}\,\varrho$
1	a	0∞	010	0°00	90°00	0°00	90°00	0°00	90°00	0	∞	∞
2	m	∞	110	56 13·	”	90 00	”	56 13·	33 46·	1.4950	”	”
3	u	$0\tfrac{1}{4}$	014	0 00	17 08	0 00	17 08	0 00	17 08	0	0·3083	0·3083
4	q	$0\tfrac{1}{3}$	013	”	22 20·	”	22 20·	”	22 20·	”	0·4110	0·4110
5	l	01	011	”	50 57·	”	50 57·	”	50 57·	”	1·2331	1·2331
6	e	10	101	90 00	61 31·	61 31·	0 00	61 31·	0 00	1·8435	0	1·8435
7	α	$\tfrac{1}{2}$	112	56 13·	47 57·	42 40	31 39·	38 07	24 23	0·9217·	0·6165·	1·1089

Löweit.
Tetragonal.

$\left.\begin{array}{l}c\\p_0\end{array}\right\} = 1\text{·}304$	$\lg c = 011528$	$\lg a_0 = 988472$	$a_0 = 0\text{·}7668\text{·}$

No.	Buch-staben	Symb.	Miller	φ	ϱ	ξ_0	η_0	ξ	η	x (Prismen) (x : y)	y	d $= \mathrm{tg}\,\varrho$
1	p	01	011	0°00	52°31	0°00	52°31	0°00	52°31	0	1·3040	1·3040

Ludlamit.
Monoklin.

$a = 2\text{·}2527$	$\lg a = 035270$	$\lg a_0 = 005560$	$\lg p_0 = 994440$	$a_0 = 1\text{·}1366$	$p_0 = 0\text{·}8798$
$c = 1\text{·}9820$	$\lg c = 029710$	$\lg b_0 = 970290$	$\lg q_0 = 028970$	$b_0 = 0\text{·}5045$	$q_0 = 1\text{·}9485$
$\left.\begin{array}{l}\mu =\\180-\beta\end{array}\right\} 79°27$	$\left.\begin{array}{l}\lg h =\\\lg \sin\mu\end{array}\right\} 999260$	$\left.\begin{array}{l}\lg e =\\\lg \cos\mu\end{array}\right\} 926267$	$\lg \dfrac{p_0}{q_0} = 965470$	$h = 0\text{·}9831$	$e = 0\text{·}1831$

No.	Buch-staben	Symb.	Miller	φ	ϱ	ξ_0	η_0	ξ	η	x' (Prismen) (x : y)	y'	d' $= \mathrm{tg}\,\varrho$
1	c	0	001	90°00	10°33	10°33	0°00	10°33	0°00	0·1862·	0	0·1862·
2	a	$\infty 0$	100	”	90 00	90 00	”	90 00	”	∞	”	∞
3	m	∞	110	24 18	”	”	90 00	24 18	65 42	0·4515·	∞	”
4	l	01	011	5 22	63 20	10 33	63 13·	4 48	62 50	0·1862·	1·9820	1·9907
5	t	$+20$	201	90 00	63 09·	63 09·	0 00	63 09·	0 00	1·9760·	0	1·9760·
6	d	-10	$\bar{1}01$	90 00	35 19·	$\bar{3}5$ 19·	”	$\bar{3}5$ 19·	”	$\bar{0}\text{·}7087$	”	0·7087
7	k	-20	$\bar{2}01$	”	58 03	$\bar{5}8$ 03	”	$\bar{5}8$ 03	”	1·6036	”	1·6036
8	p	$+1$	111	28 37	66 06·	47 14	63 13·	25 58	53 23	1·0811·	1·9820	2·2577
9	r	$+\tfrac{1}{2}$	112	32 36	49 38	32 22	44 44·	24 14	39 56	0·6337	0·9910	1·1763
10	q	-1	$\bar{1}11$	$\bar{1}9$ 40·	64 35·	$\bar{3}5$ 19·	63 13·	$\bar{1}7$ 42·	58 16	$\bar{0}\text{·}7087$	1·9820	2·1049

Ludwigit.

Rhombisch.

$$\lg \frac{p_0}{q_0} = \overline{000524}; \quad \frac{p_0}{q_0} = 1{·}0121; \quad \frac{a}{b} = 0.988$$

No.	Buch-staben	Symb.	Miller	φ	ϱ	ξ_0	η_0	ξ	η	x (Prismen) (x : y)	y	d =tgϱ
1	k	4∞	410	76°07·	90°00	90°00	90°00	76°07·	13°52·	4·0485	∞	∞
2	l	3∞	310	71 46·	"	"	"	71 46·	18 13·	3·0364	"	"
3	m	∞	110	45 20·	"	"	"	45 20·	44 39·	1·0121	"	"
4	n	$\infty2$	120	26 50·	"	"	"	26 50·	63 09·	0·5061	"	"

Lunnit.

Triklin.

$p_0 = 0{·}5430$	$\lambda = 90°29$	$a = 2{·}8252$	$\alpha = 89°29$	$x_0 = 0{·}0175$	$d = 0{·}0195$
$q_0 = 1{·}5339$	$\mu = 89°00$	$b = 1$	$\beta = 91°00$	$y_0 = \overline{0}{·}0084$	$\delta = 115°40$
$r_0 = 1$	$\nu = 89°21$	$c = 1{·}5339$	$\gamma = 90°39$	$h = 0{·}9998$	

No.	Buch-staben	Symb.	Miller	φ	ϱ	ξ_0	η_0	ξ	η	x' (Prismen) (x : y)	y'	d' =tgϱ
1	c	0	001	115°34·	1°07	1°00·	$\overline{0}$°29	1°00·	$\overline{0}$°29	0·0175	$\overline{0}$·0083	0·0195
2	b	0∞	010	0 00	90 00	0 00	90 00	0 00	90 00	0	∞	∞
3	a	$\infty0$	100	89 21	"	90 00	"	89 21	0 39	88·290	"	"
4	m	∞	110	19 25·	"	"	"	19 25·	70 34·	0·3526	"	"
5	n	$\frac{5}{4}\infty$	540	23 46	"	"	"	23 46	66 14	0·4403	"	"
6	l	$\frac{4}{3}\infty$	430	25 09	"	"	"	25 09	64 51	0·4695	"	"
7	L	$\frac{4}{3}\overline{\infty}$	$\overline{4}30$	154 37	"	"	90 00	25 23	$\overline{6}4$ 37	$\overline{0}$·4745	"	"
8	N	$\frac{5}{4}\overline{\infty}$	$\overline{5}40$	156 01·	"	"	"	23 58·	$\overline{6}6$ 01·	$\overline{0}$·4447	"	"
9	M	$\infty\overline{\infty}$	$1\overline{1}0$	160 26	"	"	"	19 34	$\overline{7}0$ 26	$\overline{0}$·3554	"	"
10	$\varkappa$	$0\overline{\frac{4}{5}}$	$0\overline{4}5$	179 11	51 01·	1 00·	$\overline{5}1$ 01	0 38	$\overline{5}1$ 01	0·0175	$\overline{1}$·2357	1·2358
11	z	$\frac{3}{2}0$	302	89 57	39 46	39 46	0 02·	39 46	0 02	0·8321	0·0007	0·8321
12	t	10	101	90 14	29 16·	29 16·	$\overline{0}$ 08	29 16·	$\overline{0}$ 07	0.5606	$\overline{0}$·0023	0·5606
13	q	$\frac{1}{2}0$	102	91 03	16 07·	16 07·	$\overline{0}$ 18	16 07·	$\overline{0}$ 17·	0·2890	$\overline{0}$·0053	0·2891
14	τ	$\overline{1}0$	$\overline{1}01$	$\overline{9}1$ 35	27 44	$\overline{2}7$ 43·	$\overline{0}$ 50	$\overline{2}7$ 43·	$\overline{0}$ 44	$\overline{0}$·5256	$\overline{0}$·0145	0·5258
15	ζ	$\overline{\frac{3}{2}}0$	$\overline{3}02$	$\overline{9}1$ 15·	38 34	$\overline{3}8$ 33·	$\overline{1}$ 00	$\overline{3}8$ 33·	$\overline{0}$ 47	$\overline{0}$·7971	$\overline{0}$·0175	0·7974
16	W	$\overline{5}0$	$\overline{5}01$	90 28	69 40	$\overline{6}9$ 40	$\overline{1}$ 16	$\overline{6}9$ 40	$\overline{0}$ 26·	$\overline{2}$·6980	$\overline{0}$·0221	2·6981
17	h	$1\frac{3}{4}$	434	26 01·	51 57·	29 16·	48 57	20 12·	45 03	0·5606	1·1483	1·2778
18	H	$1\overline{\frac{3}{4}}$	$4\overline{3}4$	154 04	52 02·	"	$\overline{4}9$ 03·	20 10	$\overline{4}5$ 10	"	$\overline{1}$·1529	1·2819
19	γ	$1\overline{\frac{4}{5}}$	$\overline{5}\overline{4}5$	$\overline{1}57$ 03·	53 26·	$\overline{2}7$ 43·	$\overline{5}1$ 09·	$\overline{1}8$ 14·	$\overline{4}7$ 42·	$\overline{0}$·5256	$\overline{1}$·2418	1·3485

No.	Buch-staben	Symb.	Miller	φ	ϱ	ξ_0	η_0	ξ	η	x' (Prismen) (x : y)	y'	d' $=\mathrm{tg}\varrho$
20	χ	$\bar{1}\tfrac{3}{4}$	$\bar{4}\bar{3}4$	$\bar{1}55°43$	$51°57·$	$\bar{2}7°43·$	$\bar{4}9°21.$	$\bar{1}8°54$	$\bar{4}5°53$	$\bar{0}·5256$	$\bar{1}·1651$	$1·2782$
21	X	$\bar{1}\tfrac{3}{4}$	$\bar{4}34$	$\bar{2}4\ 49·$	$51\ 23$	"	$48\ 39$	$\bar{1}9°09$	$45\ 09·$	"	$1·1103$	$1·2518$
22	Γ	$\bar{1}\tfrac{4}{5}$	$\bar{5}45$	$\bar{2}3\ 26$	$52\ 53·$	"	$50\ 29·$	$\bar{1}8\ 29·$	$47\ 02$	"	$1·2128$	$1·3218$
23	f	$\tfrac{3}{4}$	334	$20\ 19·$	$50\ 43·$	$23\ 01$	$48\ 54·$	$15\ 36$	$46\ 33$	$0·4248$	$1·1468$	$1·2229$
24	d	$\tfrac{4}{5}$	445	$20\ 16$	$52\ 32$	$24\ 19·$	$50\ 45$	$15\ 57·$	$48\ 07$	$0·4520$	$1·2238$	$1·3046$
25	D	$\tfrac{4}{5}\tfrac{4}{5}$	$4\bar{4}5$	$159\ 50$	$52\ 40$	"	$\bar{5}0\ 54·$	$15\ 54·$	$\bar{4}8\ 16·$	"	$\bar{1}·2308$	$1·3112$
26	ω	$\tfrac{3}{2}\tfrac{1}{2}$	$\bar{3}\bar{1}2$	$\bar{1}34\ 33$	$48\ 12$	$\bar{3}8\ 33·$	$\bar{3}8\ 07$	$\bar{3}2\ 05·$	$\bar{3}1\ 32$	$\bar{0}·7971$	$\bar{0}·7846$	$1·1185$
27	Ω	$\tfrac{3}{2}\tfrac{1}{2}$	$\bar{3}12$	$\bar{4}6\ 46$	$47\ 34·$	"	$36\ 51$	$\bar{3}2\ 32$	$30\ 22·$	"	$0·7495$	$1·0941$
28	r	$\tfrac{5}{3}\tfrac{2}{3}$	523	$42\ 00$	$54\ 03$	$42\ 41·$	$45\ 41·$	$32\ 48$	$36\ 58·$	$0·9227$	$1·0246$	$1·3788$

Magnesit.

Hexagonal.   Rhomboedrisch - hemiedrisch.

$c = 0·8095$	$\lg c = 990822$	$\lg a_0 = 033034$	$\lg p_0 = 973213$	$a_0 = 2·1397$	$p_0 = 0·5397$	(G_2)

No.	Buch-staben	Symb.	Bravais	φ	ϱ	ξ_0	η_0	ξ	η	x (Prismen) (x : y)	y	d $=\mathrm{tg}\varrho$
1	o	o	0001	—	$0°00$	$0°00$	$0°00$	$0°00$	$0°00$	0	0	0
2	a	$\infty 0$	$10\bar{1}0$	$0°00$	$90\ 00$	"	$90\ 00$	"	$90\ 00$	"	∞	∞
3	b	∞	$11\bar{2}0$	$30\ 00$	"	$90\ 00$	"	$30\ 00$	$60\ 00$	$0·5773$	"	"
4	p	$+1$	$11\bar{2}1$	"	$43\ 04$	$25\ 03$	$38\ 59·$	$19\ 58$	$36\ 15·$	$0·4674$	$0·8095$	$0·9347$
5	?φ'	-2	$\bar{2}\bar{2}41$	"	$61\ 51·$	$43\ 04$	$58\ 18$	$26\ 09·$	$49\ 47$	$0·9347$	$1·6190$	$1·8695$
6	?K:	$+41$	$41\bar{5}1$	$10\ 53·$	$67\ 59$	$25\ 03$	$67\ 37$	$10\ 05·$	$65\ 33$	$0·4674$	$2·4285$	$2·4731$

Magneteisenerz.

Regulär.

No.	Buch-staben	Symb.	Miller	φ	ϱ	ξ_0	η_0	ξ	η	x (Prismen) (x : y)	y	d $=\mathrm{tg}\varrho$
1	c	0	001	—	$0°00$	$0°00$	$0°00$	$0°00$	$0°00$	0	0	0
		0∞	010	$0°00$	$90\ 00$	"	$90\ 00$	"	$90\ 00$	"	∞	∞
2	B	$0\tfrac{1}{15}$	$0·1·15$	"	$3\ 49$	"	$3\ 49$	"	$3\ 49$	"	$0·0667$	$0·0667$
		$0·15$	$0·15·1$	"	$86\ 11$	"	$86\ 11$	"	$86\ 11$	"	$15·000$	$15·000$
		$\infty 15$	$1·15·0$	$3\ 49$	$90\ 00$	$90\ 00$	$90\ 00$	$3\ 49$	"	$0·0667$	∞	∞
3	ε	$0\tfrac{1}{5}$	015	$0\ 00$	$11\ 18·$	$0\ 00$	$11\ 18·$	$0\ 00$	$11\ 18·$	0	$0·2000$	$0·2000$
		05	051	"	$78\ 41·$	"	$78\ 41·$	"	$78\ 41·$	"	$5·0000$	$5·0000$
		$\infty 5$	150	$11\ 18·$	$90\ 00$	$90\ 00$	$90\ 00$	$11\ 18·$	"	$0·2000$	∞	∞

No.	Buch-staben	Symb.	Miller	φ	ϱ	ξ_0	η_0	ξ	η	x (Prismen) (x : y)	y	d = tgϱ
4	a	$0\frac{1}{3}$ / 03 / $\infty 3$	013 / 031 / 130	0° 00 / " / 18 26	18° 26 / 71 34 / 90 00	0° 00 / " / 90 00	18° 26 / 71 34 / 90 00	0° 00 / " / 18 26	18° 26 / 71 34 / "	0 / " / 0·3333	0·3333 / 3·0000 / ∞	0·3333 / 3·0000 / ∞
5	e	$0\frac{1}{2}$ / 02 / $\infty 2$	012 / 021 / 120	0 00 / " / 26 34	26 34 / 63 26 / 90 00	0 00 / " / 90 00	26 34 / 63 26 / 90 00	0 00 / " / 26 34	26 34 / 63 26 / "	0 / " / 0·5000	0·5000 / 2·0000 / ∞	0·5000 / 2·0000 / ∞
6	L	$0\frac{5}{9}$ / $0\frac{9}{5}$ / $\infty\frac{9}{5}$	059 / 095 / 590	0 00 / " / 29 03	29 03 / 60 57 / 90 00	0 00 / " / 90 00	29 03 / 60 57 / 90 00	0 00 / " / 29 03	29 03 / 60 57 / "	0 / " / 0·5556	0·5556 / 1·8000 / ∞	0·5556 / 1·8000 / ∞
7	h	$0\frac{3}{5}$ / $0\frac{5}{3}$ / $\infty\frac{5}{3}$	035 / 053 / 350	0 00 / " / 30 58	30 58 / 59 02 / 90 00	0 00 / " / 90 00	30 58 / 59 02 / 90 00	0 00 / " / 30 58	30 58 / 59 02 / "	0 / " / 0·6000	0·6000 / 1·6667 / ∞	0·6000 / 1·6667 / ∞
8	A	$0\frac{7}{9}$ / $0\frac{9}{7}$ / $\infty\frac{9}{7}$	079 / 097 / 790	0 00 / " / 37 52·	37 52· / 52 07· / 90 00	0 00 / " / 90 00	37 52· / 52 07· / 90 00	0 00 / " / 37 52·	37 52· / 52 07· / "	0 / " / 0·7778	0·7778 / 1·2857 / ∞	0·7778 / 1·2857 / ∞
9	d	01 / ∞	011 / 110	0 00 / 45 00	45 00 / 90 00	0 00 / 90 00	45 00 / 90 00	0 00 / 45 00	45 00 / "	0 / 1·0000	1·0000 / ∞	1·0000 / ∞
10	N	$\frac{1}{16}$ / $1·16$	1·1·16 / 1·16·1	" / 3 34·	5 03 / 86 26	3 34· / 45 00	3 34· / 86 26	3 34 / "	3 34 / 84 57	0·0625 / 1·0000	0·0625 / 16·000	0·0884 / 16·031
11	μ	$\frac{1}{10}$ / $1·10$	1·1·10 / 1·10·1	45 00 / 5 42·	8 03 / 84 19	5 42· / 45 00	5 42· / 84 17·	5 41 / "	5 41 / 81 57	0·1000 / 1·0000	0·1000 / 10·000	0·1414 / 10·050
12	r	$\frac{1}{6}$ / 16	116 / 161	45 00 / 9 27·	13 15· / 80 40	9 27· / 45 00	9 27· / 80 32·	9 20 / "	9 20 / 76 44	0·1667 / 1·0000	0·1667 / 6·0000	0·2357 / 6·0827
13	l	$\frac{1}{5}$ / 15	115 / 151	45 00 / 11 18·	15 47· / 78 54	11 18· / 45 00	11 18· / 78 41·	11 06 / "	11 06 / 74 12·	0·2000 / 1·0000	0·2000 / 5·0000	0·2828 / 5·0989
14	λ	$\frac{2}{7}$ / $1\frac{7}{2}$	227 / 272	45 00 / 15 57	22 00 / 74 38·	15 57 / 45 00	15 57 / 74 03·	15 21· / "	15 21· / 68 00	0·2857 / 1·0000	0·2857 / 3·5000	0·4041 / 3·6401
15	m	$\frac{1}{3}$ / 13	113 / 131	45 00 / 18 26	25 14· / 72 27	18 26 / 45 00	18 26 / 71 34	17 33 / "	17 33 / 64 45·	0·3333 / 1·0000	0·3333 / 3·0000	0·4714 / 3·1623
16	o	$\frac{2}{5}$ / $1\frac{5}{2}$	225 / 252	45 00 / 21 48	29 29· / 69 37·	21 48 / 45 00	21 48 / 68 12	20 22· / "	20 22· / 60 30	0·4000 / 1·0000	0·4000 / 2·5000	0·5657 / 2·6924
17	ϱ	$\frac{4}{9}$ / $1\frac{9}{4}$	449 / 494	45 00 / 23 58	32 09 / 67 53·	23 58 / 45 00	23 58 / 66 02	22 06 / "	22 06 / 57 51	0·4444 / 1·0000	0·4444 / 2·2500	0·6285 / 2·4622
18	q	$\frac{1}{2}$ / 12	112 / 121	45 00 / 26 34	35 16 / 65 54·	26 34 / 45 00	26 34 / 63 26	24 05· / "	24 05· / 54 44	0·5000 / 1·0000	0·5000 / 2·0000	0·7071 / 2·2360
19	p	1	111	45 00	54 44	"	45 00	35 16	35 16	"	1·0000	1·4142
20	v	$\frac{1}{3}1$ / 3	133 / 331	18 26 / 45 00	46 30· / 76 44	18 26 / 71 34	" / 71 34	13 16 / 43 29·	43 29· / "	0·3333 / 3·0000	" / 3·0000	1·0541 / 4·2426
21	u	$\frac{1}{2}1$ / 2	122 / 221	26 34 / 45 00	48 11· / 70 31·	26 34 / 63 26	45 00 / 63 26	19 28 / 41 48·	41 48· / "	0·5000 / 2·0000	1·0000 / 2·0000	1·1180 / 2·8284

No.	Buch-staben	Symb.	Miller	φ	ϱ	ξ_0	η_0	ξ	η	x (Prismen) (x : y)	y	d $=\operatorname{tg}\varrho$
22	P	$\frac{3}{5}$ 1	355	30°58	49°23	30°58	45°00	22°59·	40°37	0·6000	1·0000	1·1662
		$\frac{5}{3}$	553	45 00	67 00·	59 02	59 02	40 37	"	1·6667	1·6667	2·3570
23	z	$\frac{1}{5}$ $\frac{3}{5}$	135	18 26	32 18·	11 18·	30 58	9 44	30 28	0·2000	0·6000	0·6325
		$\frac{1}{3}$ $\frac{5}{3}$	153	11 18·	59 32	18 26	59 02	"	57 41·	0·3333	1·6667	1·6996
		35	351	30 58	80 16	71 34	78 41·	30 28	"	3·0000	5·0000	5·8310
24	x	$\frac{1}{3}$ $\frac{2}{3}$	123	26 34	36 42	18 26	33 41·	15 30	32 18·	0·3333	0·6667	0·7453
		$\frac{1}{2}$ $\frac{3}{2}$	132	18 26	57 41·	26 34	56 18·	"	53 18	0·5000	1·5000	1·5811
		23	231	33 41·	74 30	63 26	71 34	32 18·	"	2·0000	3·0000	3·6055
25	y	$\frac{1}{2}$ $\frac{3}{4}$	234	"	42 02	26 34	36 52	21 48	33 51	0·5000	0·7500	0·9014
		$\frac{2}{3}$ $\frac{4}{3}$	243	26 34	56 08·	33 41·	53 08	"	47 58	0·6667	1·3333	1·4907
		$\frac{3}{2}$ 2	342	36 52	68 12	56 18·	63 26	33 51	"	1·5000	2·0000	2·5000
26	D	$\frac{9}{13}$ $\frac{11}{13}$	9·11·13	39 17·	47 33	34 41·	40 14	27 51·	34 49·	0·6923	0·8462	1·0933
		$\frac{9}{11}$ $\frac{13}{11}$	9·13·11	34 41·	55 10·	39 17·	49 46	"	42 27	0·8182	1·1818	1·4374
		$\frac{11}{9}$ $\frac{13}{9}$	11·13·9	40 14	62 08·	50 42·	55 18·	34 49·	"	1·2222	1·4444	1·8921
27	V	$\frac{3}{5}$ $\frac{4}{5}$	345	36 52	45 00	30 58	38 39·	25 06	34 27	0·6000	0·8000	1·0000
		$\frac{3}{4}$ $\frac{5}{4}$	354	30 58	55 33	36 52	51 20·	"	45 00	0·7500	1·2500	1·4577
		$\frac{4}{3}$ $\frac{5}{3}$	453	38 39·	64 54	53 08	59 02	34 27	"	1·3333	1·6667	2·1344
28	Γ	$\frac{2}{3}$ $\frac{5}{6}$	456	"	46 51·	33 41·	39 48·	27 07	34 44	0·6667	0·8333	1·0672
		$\frac{4}{5}$ $\frac{6}{5}$	465	33 41·	55 16	38 39·	50 11·	"	43 08·	0·8000	1·2000	1·4422
		$\frac{5}{4}$ $\frac{3}{2}$	564	39 48·	62 53	51 20·	56 18·	34 44	"	1·2500	1·5000	1·9525
29	Θ	$\frac{1}{9}$ $\frac{7}{9}$	179	8 08	38 09·	6 20·	37 52·	5 00·	37 42	0·1111	0·7778	0·7857
		$\frac{1}{7}$ $\frac{9}{7}$	197	6 20·	52 17·	8 08	52 07·	"	51 50·	0·1429	1·2857	1·2936
		79	791	37 52·	84 59·	81 52	83 39·	37 42·	"	7·0000	9·0000	11·402
30	Δ	$\frac{5}{21}$ $\frac{1}{3}$	5·7·21	35 32·	22 16·	13 23·	18 26	12 43·	17 58	0·2381	0·3333	0·4096
		$\frac{5}{7}$ 3	5·21·7	13 23·	72 02	35 32	71 34	"	67 43·	0·7113	3·0000	3·0838
		$\frac{7}{5}$ $\frac{21}{5}$	7·21·5	18 26	77 16·	54 27·	76 36·	17 58	"	1·4000	4·2000	4·4272

Magnetkies.

Hexagonal.

$c = 1\text{·}4291$	$\lg c = 0\text{·}15506$	$\lg a_0 = 0\text{·}08350$	$\lg p_0 = 9\text{·}97897$	$a_0 = 1\text{·}2120$	$p_0 = 0\text{·}9527$	(G_1)

No.	Buch-staben	Symb.	Bravais	φ	ϱ	ξ_0	η_0	ξ	η	x (Prismen) (x : y)	y	d $=\operatorname{tg}\varrho$
1	o	0	0001	—	0°00	0°00	0°00	0°00	0°00	0	0	0
2	m	∞0	10$\bar{1}$0	0°00	90 00	"	90 00	"	90 00	"	∞	∞
3	n	∞	11$\bar{2}$0	30 00	"	90 00	"	30 00	60 00	0·5773	"	"
4	t	$\frac{1}{2}$0	10$\bar{1}$2	0 00	25 28·	0 00	25 28·	0 00	25 28·	0	0·4764	0·4764
5	r	10	10$\bar{1}$1	"	43 37	"	43 37	"	43 37	"	0·9527	0·9527

No.	Buch-staben	Symb.	Bravais	φ	ϱ	ξ_0	η_0	ξ	η	x (Prismen) (x : y)	y	d =tgϱ
6	s	20	202̄1	0°00	62°18·	0°00	62°18·	0°00	62°18·	0	1·9055	1·9055
7	v	40	404̄1	„	75 18	„	75 18	„	75 18	„	3·8109	3·8109
8	?D	60	606̄1	„	80 04·	„	80 04·	„	80 04·	„	5·7164	5·7164
9	y	70	707̄1	„	81 28·	„	81 28·	„	81 28·	„	6·6691	6·6691
10	ξ	½	112̄2	30 00	39 31·	22 25	35 33	18 33·	33 27	0·4125	0·7145	0·8251
11	z	1	112̄1	„	58 47	39 31·	55 01	25 19	47 47	0·8251	1·4291	1·6502

Malachit.

Mönoklin.

a = 0·7823	lg a = 989337	lg a$_0$ = 028742	lg p$_0$ = 971258	a$_0$ = 1·9383	p$_0$ = 0·5159
c = 0·4036	lg c = 960595	lg b$_0$ = 039405	lg q$_0$ = 960588	b$_0$ = 2·4777	q$_0$ = 0·4035
$\left.\begin{array}{l}\mu = \\ 180 -\beta\end{array}\right\}$ 88° 57	$\left.\begin{array}{l}\text{lg h} = \\ \text{lg sin }\mu\end{array}\right\}$ 999993	$\left.\begin{array}{l}\text{lg e} = \\ \text{lg cos}\mu\end{array}\right\}$ 826304	lg $\dfrac{p_0}{q_0}$ = 010670	h = 0·9998	e = 0·0183

No.	Buch-staben	Symb.	Miller	φ	ϱ	ξ_0	η_0	ξ	η	x′ (Prismen) (x : y)	y′	d′ =tgϱ
1	x	0	001	90°00	1°03	1°03	0°00	1°03	0°00	0·0183	0	0·0183
2	b	0∞	010	0 00	90 00	0 00	90 00	0 00	90 00	0	∞	∞
3	a	∞0	100	90 00	„	90 00	0 00	90 00	0 00	∞	0	„
4	m	∞	110	51 58	„	„	90 00	51 58	38 02	1·2785	∞	„
5	φ	0⅝	058	4 09·	14 11·	1 03	14 09·	1 01	14 09·	0·0183	0·2522·	0·2529
6	d	0⅔	023	3 54	15 05·	„	15 03·	„	15 03·	„	0·2690·	0·2697
7	c	+10	101	90 00	28 07	28 07	0 00	28 07	0 00	0·5343	0	0·5343
8	u	+¼0	104	„	8 23	8 23	„	8 23·	„	0·1473	„	0·1473
9	f	−¼0	1̄04	90 00	6 19	6̄ 19	„	6̄ 19	„	0̄·1107	„	0·1107
10	g	−⅓0	1̄03	„	8 44	8̄ 44	„	8̄ 44	„	0̄·1536	„	0·1536
11	h	−½0	1̄02	„	13 28·	1̄3 28·	„	1̄3 28·	„	0̄·2396·	„	0·2396·
12	y	−10	1̄01	„	26 27·	2̄6 27·	„	2̄6 27·	„	0̄·4977	„	0·4977
13	n	−½	1̄12	4̄9 54·	17 24	1̄3 28·	11 24·	1̄3 13·	11 06	0̄·2397	0·2018	0·3133
14	e	−1	1̄11	5̄0 57·	32 39	2̄6 27·	21 59	2̄4 46·	19 52	0̄·4977	0·4226	0·6408
15	p	−2	2̄21	5̄1 28	52 20·	4̄5 23·	38 54·	3̄8 16	29 33	1̄·0137	0·8072	1·2958
16	ε	−1⅔	3̄23	6̄1 36	29 30	2̄6 27·	15 03·	2̄5 40	13 32·	0̄·4977	0·2690·	0·5658
17	α	−¼½	1̄24	2̄8 45	12 58	6̄ 19	11 24·	6̄ 11·	11 20·	0̄·1107	0·2018	0·2302
18	β	−¼¾	1̄34	2̄0 05·	17 52	„	16 50·	6̄ 03	16 45	„	0·3027	0·3223
19	γ	−⅓⅔	1̄23	2̄9 44	17 13	8̄ 44	15 03·	8̄ 26·	14 53·	0̄·1536·	0·2690·	0·3099

Manganblende.

Regulär. Tetraedrisch-hemiedrisch.

No.	Buch-staben	Symb.	Miller	φ	ϱ	ξ_0	η_0	ξ	η	x (Prismen) (x : y)	y	d $=\mathrm{tg}\,\varrho$
1	c	$\{$ o	001	—	0°00	0°00	0°00	0°00	0°00	0	0	0
		$\{$ o∞	010	0°00	90 00	„	90 00	„	90 00	„	∞	∞
2	d	$\{$ 01	011	„	45 00	„	45 00	„	45 00	„	1·0000	1·0000
		$\{$ ∞	110	45 00	90 00	90 00	90 00	45 00	„	1·0000	∞	∞
3	q	$\{$ $\frac{1}{2}$	112	„	35 16	26 34	26 34	24 05·	24 05·	0·5000	0·5000	0·7071
		$\{$ 12	121	26 34	65 54·	45 00	63 26	„	54 44	1·0000	2·0000	2·2360
4	pp·	$\pm$ 1	111	45 00	54 44	„	45 00	35 16	35 16	„	1·0000	1·4142

Manganepidot.

Monoklin.

a $=$ 1·6100	lg a $=$ 020683	lg a$_0$ $=$ 994376	lg p$_0$ $=$ 005624	a$_0$ $=$ 0·8785	p$_0$ $=$ 1·1383
c $=$ 1·8326	lg c $=$ 026307	lg b$_0$ $=$ 973693	lg q$_0$ $=$ 021910	b$_0$ $=$ 0·5457	q$_0$ $=$ 1·6562
$\left.{\mu \atop 180-\beta}\right\}$ 64° 39	$\left.{\lg h \atop \lg \sin\mu}\right\}$ 995603	$\left.{\lg e \atop \lg \cos\mu}\right\}$ 963159	lg $\frac{p_0}{q_0}$ $=$ 983714	h $=$ 0·9037	e $=$ 0·4281

No.	Buch-staben	Symb.	Miller	φ	ϱ	ξ_0	η_0	ξ	η	x′ (Prismen) (x : y)	y′	d′ $=\mathrm{tg}\,\varrho$
1	c	o	001	90°00	25°21	25°21	0°00	25°21	0°00	0·4737	0	0·4737
2	b	o∞	010	0 00	90 00	0 00	90 00	0 00	90 00	0	∞	∞
3	t	∞o	100	90 00	„	90 00	0 00	90 00	0 00	∞	0	„
4	m	∞	110	34 30	„	„	90 00	34 30	55 30	0·6873	∞	„
5	e	$+$ 10	101	90 00	60 01	60 01	0 00	60 01	0 00	1·7333	0	1·7333
6	i	$-\frac{1}{2}$o	$\bar{1}$02	$\bar{9}$0 00	8 52·	$\bar{8}$ 52·	„	$\bar{8}$ 52·	„	$\bar{0}$·1561	„	0·1561
7	n	$-$ 1	$\bar{1}$11	$\bar{2}$3 13	63 22	$\bar{3}$8 10	61. 23	$\bar{2}$0 38	55 14·	$\bar{0}$·7859	1·8326	1·9939

Manganit.

Rhombisch.

a = 0·8441	lg a = 992639	lg a₀ = 019015	lg p₀ = 980985	a₀ = 1·5493	p₀ = 0·6454
c = 0·5448	lg c = 973624	lg b₀ = 026376	lg q₀ = 973624	b₀ = 1·8353	q₀ = 0·5448

No.	Buch-staben	Symb.	Miller	φ	ϱ	ξ_0	η_0	ξ	η	x (Prismen) (x : y)	y	d =tgϱ
1	c	O	001	—	0°00	0°00	0°00	0°00	0°00	0	0	0
2	b	O∞	O1O	0°00	90 00	"	90 00	"	90 00	"	∞	∞
3	a	∞O	100	90 00	"	90 00	0 00	90 00	0 00	∞	0	"
4	α	30∞	30·1·0	88 23·	"	"	90 00	88 23·	1 36·	35·5408	∞	"
5	β	16∞	16·1·0	86 59	"	"	"	86 59	3 01	18·9552	"	"
6	ψ	12∞	12·1·0	85 58·	"	"	"	85 58·	4 01·	14·2164	"	"
7	ν	10∞	10·1·0	85 10·	"	"	"	85 10·	4 49·	11·8470	"	"
8	μ	6∞	6·1·0	81 59·	"	"	"	81 59·	8 00·	7·1082	"	"
9	h	4∞	410	78 05	"	"	"	78 05	11 55	4·7388	"	"
10	λ	3∞	310	74 16·	"	"	"	74 16·	15 43·	3·5541	"	"
11	π	$\frac{5}{2}$∞	520	71 20·	"	"	"	71 20·	18 39·	2·9617·	"	"
12	d	2∞	210	67 07	"	"	"	67 07	22 53	2·3694	"	"
13	i	$\frac{4}{3}$∞	430	57 40	"	"	"	57 40	32 20	1·5796	"	"
14	δ	$\frac{6}{5}$∞	650	54 52·	"	"	"	54 52·	35 07·	1·4216·	"	"
15	q	$\frac{10}{9}$∞	10·9·0	52 46·	"	"	"	52 46·	37 13·	1·3163	"	"
16	m	∞	110	49 50	"	"	"	49 50	40 10	1·1847	"	"
17	$\varkappa$	∞$\frac{13}{12}$	12·13·0	47 33·	"	"	"	47 33·	42 26·	1·0935·	"	"
18	k	∞$\frac{3}{2}$	230	38 18	"	"	"	38 18	51 42	0·7898	"	"
19	z	∞$\frac{5}{3}$	350	35 24·	"	"	"	35 24·	54 35·	0·7108	"	"
20	l	∞2	120	30 38·	"	"	"	30 38·	59 21·	0·5923·	"	"
21	t	∞$\frac{5}{2}$	250	25 21·	"	"	"	25 21·	64 38·	0·4739	"	"
22	y	∞3	130	21 33	"	"	"	21 33	68 27	0·3949	"	"
23	r	∞5	150	13 20	"	"	"	13 20	76 40	0·2369·	"	"
24	e	O1	O11	0 00	28 35	0 00	28 35	0 00	28 35	0	0·5448	0·5448
25	f	O2	O21	"	47 27·	"	47 27·	"	47 27·	"	1·0896	1·0896
26	ι	$\frac{1}{15}$O	1·0·15	90 00	2 28	2 28	0 00	2 28	0 00	0·0430	0	0·0430
27	ϑ	$\frac{2}{15}$O	2·0·15	"	4 55	4 55	"	4 55	"	0·0860·	"	0·0860·
28	η	$\frac{1}{5}$O	105	"	7 21·	7 21·	"	7 21·	"	0·1291	"	0·1291
29	ε	$\frac{2}{5}$O	205	"	14 28·	14 28·	"	14 28·	"	0·2581·	"	0·2581·
30	u	1O	1O1	"	32 50·	32 50·	"	32 50·	"	0·6454·	"	0·6454·
31	w	2O	2O1	"	52 14	52 14	"	52 14	"	1·2908·	"	1·2908·
32	n	12	121	30 48·	51 42	32 50·	47 27·	23 34·	42 28·	0·6454·	1·0896	1·2664
33	p	1	111	49 50	40 11	"	28 35	29 32·	24 35·	"	0·5448	0·8446
34	γ	1$\frac{2}{3}$	323	60 38	36 31·	"	19 57·	31 14·	16 58	"	0·3632	0·7406
35	s	1$\frac{1}{2}$	212	67 07	35 01	"	15 14	31 55	12 53·	"	0·2724	0·7006
36	σ	1$\frac{2}{5}$	525	71 20·	34 16	"	12 17·	32 14·	10 22·	"	0·2179	0·6812

No.	Buchstaben	Symb.	Miller	φ	ϱ	ξ_0	η_0	ξ	η	x (Prismen) (x : y)	y	d =tgϱ
37	g	$1\frac{1}{3}$	313	74°17	33°50·	32°50·	10°17·	32°25	8°40·	0·6454·	0·1816	0·6705
38	χ	$1\frac{1}{4}$	414	78 05	33 24·	„	7 45·	32 36	6 31·	„	0·1362	0·6596
39	ϱ	$1\frac{1}{5}$	515	80 25	33 12·	„	6 13	32 41	5 14	„	0·1089·	0·6546
40	τ	$1\frac{1}{6}$	616	81 59·	33 06	„	5 11·	32 44	4 21	„	0·0908	0·6518
41	o	$1\frac{1}{10}$	10·1·10	85 10·	32 56	„	3 07	32 48	2 37	„	0·0545	0·6477
42	ξ	$1\frac{1}{20}$	20·1·20	87 38·	32 52	„	1 33·	32 49·	1 18·	„	0·0272·	0·6460
43	φ	$\frac{1}{7}1$	177	9 36	28 55·	5 16	28 35	4 37·	28 29	0·0922	0·5448	0·5526
44	v	2	221	49 50	59 22·	52 14	47 27·	41 07	33 43	1·2908·	1·0896	1·6892
45	ω	$\frac{4}{3}$	443	„	48 24	40 43	35 59·	34 51	28 50	0·8606	0·7264	1·1265
46	x	$\frac{3}{5}\frac{6}{5}$	365	30 38·	37 13·	21 10	33 10·	17 57·	31 22	0·3872·	0·6537·	0·7599

Manganosit.

Regulär.

No.	Buchstaben	Symb.	Miller	φ	ϱ	ξ_0	η_0	ξ	η	x (Prismen) (x : y)	y	d =tgϱ
1	c	0	001	—	0°00	0°00	0°00	0°00	0°00	0	0	0
		0∞	010	0°00	90 00	„	90 00	„	90 00	„	∞	∞
2	d	01	011	„	45 00	„	45 00	„	45 00	„	1·0000	1·0000
		∞	110	45 00	90 00	90 00	90 00	45 00	„	1·0000	∞	∞
3	p	1	111	„	54 44	45 00	45 00	35 16	35 16	„	1·0000	1·4142

Manganspath.

Hexagonal.   Rhomboedrisch-hemiedrisch.

c $= 0·8183$	lg c $= 991291$	lg a$_0 = 032565$	lg p$_0 = 973682$	a$_0 = 2·1166$	p$_0 = 0·5455$	(G$_2$)

No.	Buchstaben	Symb.	Bravais	φ	ϱ	ξ_0	η_0	ξ	η	x (Prismen) (x : y)	y	d =tgϱ
1	o	0	0001	—	0°00	0°00	0°00	0°00	0°00	0	0	0
2	a	∞0	101̄0	0°00	90 00	„	90 00	„	90 00	„	∞	∞
3	δ·	$-\frac{1}{2}$	1̄1̄22	30 00	25 17·	13 17·	22 15	12 20	21 42·	0·2362	0·4091	0·4724
4	p·	$+1$	112̄1	„	43 22·	25 17·	39 17·	20 05	36 30	0·4724	0·8183	0·9449
5	φ·	-2	2̄2̄41	„	62 07	43 22·	58 34·	26 13·	49 57	0·9449	1·6366	1·8898
6	Δ·	$-\frac{7}{2}$	7̄·7̄·14·2	„	73 10·	58 50	70 45	28 35·	55 59·	1·6536	2·8641	3·3071
7	t:	$+1\frac{1}{4}$	415̄4	10 53·	32 00·	6 44	31 32·	5 45	31 21·	0·1181	0·6137	0·6250
8	K:	$+41$	415̄1	„	68 12	25 17·	67 50	10 06·	65 45	0·4724	2·4549	2·5000
9	P:	$+71$	71̄81	6 35	76 21	„	76 16	6 24	74 52·	„	4·0915	4·1186

Markasit.
Rhombisch.

a = 0·7580	lg a = 987967	lg a₀ = 979610	lg p₀ = 020390	a₀ = 0·6253	p₀ = 1·5992
c = 1·2122	lg c = 008357	lg b₀ = 991643	lg q₀ = 008357	b₀ = 0·8250	q₀ = 1·2122

No.	Buch-staben	Symb.	Miller	φ	ϱ	ξ_0	η_0	ξ	η	x (Prismen) (x : y)	y	d =tgϱ
1	p	0	001	—	0°00	0°00	0°00	0°00	0°00	0	0	0
2	q	0∞	010	0°00	90 00	"	90 00	"	90 00	"	∞	∞
3	a	∞0	100	90 00	"	90 00	0 00	90 00	0 00	∞	0	"
4	m	∞	110	52 50	"	"	90 00	52 50	37 10	1·3192	∞	"
5	r	0¼	014	0 00	16 51·	0 00	16 51·	0 00	16 51·	0	0·3030·	0·3030·
6	b	0⅓	013	"	22 00	"	22 00	"	22 00	"	0·4040·	0·4040·
7	y	0⅖	025	"	25 52	"	25 52	"	25 52	"	0·4849	0·4849
8	z	0½	012	"	31 13	"	31 13	"	31 13	"	0·6061	0·6061
9	l	01	011	"	50 29	"	50 29	"	50 29	"	1·2122	1·2122
10	g	10	101	90 00	57 59	57 59	0 00	57 59	0 00	1·5992	0	1·5992
11	h	1	111	52 50	63 30·	"	50 29	45 30	32 43·	"	1·2122	2·0067

Martinit.
Hexagonal.   Rhomboedrisch-hemiedrisch.

c = 0·8559	lg c = 993242	lg a₀ = 030614	lg p₀ = 975633	a₀ = 2·0237	p₀ = 0·5706	(G₂)

No.	Buch-staben	Symb.	Bravais	φ	ϱ	ξ_0	η_0	ξ	η	x (Prismen) (x : y)	y	d =tgϱ
1	p	1	11$\bar{2}$1	30°00	44°38	26°16	40°31	20°36	37°30	0·4941	0·8559	0·9872

Mascagnin.
Rhombisch.

a = 0·5642	lg a = 975143	lg a₀ = 988757	lg p₀ = 011243	a₀ = 0·7719	p₀ = 1·2955
c = 0·7309	lg c = 986386	lg b₀ = 013614	lg q₀ = 986386	b₀ = 1·3682	q₀ = 0·7309

No.	Buch-staben	Symb.	Miller	φ	ϱ	ξ_0	η_0	ξ	η	x (Prismen) (x : y)	y	d =tgϱ
1	c	0	001	—	0°00	0°00	0°00	0°00	0°00	0	0	0
2	a	0∞	010	0°00	90 00	"	90 00	"	90 00	"	∞	∞
3	b	∞0	100	90 00	"	90 00	0 00	90 00	0 00	∞	0	"
4	m	∞	110	60 34	"	"	90 00	60 34	29 26	1·7724	∞	"
5	f	∞3	130	30 34·	"	"	"	30 34·	59 25·	0·5908	"	"
6	u	01	011	0 00	36 10	0 00	36 10	0 00	36 10	0	0·7309	0·7309
7	v	02	021	"	55 37·	"	55 37·	"	55 37·	"	1·4958·	1·4958·
8	o	1	111	60 34	56 05	52 20	36 10	46 17	24 04	1·2951·	0·7309	1·4875

Matlockit.

Tetragonal.

$\left.\begin{array}{c} c \\ p_0 \end{array}\right\} = 1.763$	$\lg c = 024625$	$\lg a_0 = 975375$	$a_0 = 0.5672$

No.	Buch-staben	Symb.	Miller	φ	ϱ	ξ_0	η_0	ξ	η	x (Prismen) (x : y)	y	d $=\mathrm{tg}\,\varrho$
1	c	O	001	—	0°00	0°00	0°00	0°00	0°00	0	0	0
2	m	∞	110	45°00	90 00	90 00	90 00	45 00	45 00	1.0000	∞	∞
3	e	O1	011	0 00	60 26	0 00	60 26	0 00	60 26	0	1.7630	1.7630
4	r	1	111	45 00	68 09	60 26	”	41 01	41 01	1.7630	”	2.4932

Mazapilit.

Rhombisch.

$a = 0.864$	$\lg a = 993651$	$\lg a_0 = 994175$	$\lg p_0 = 005825$	$a_0 = 0.8745$	$p_0 = 1.1435$
$c = 0.988$	$\lg c = 999476$	$\lg b_0 = 000524$	$\lg q_0 = 999476$	$b_0 = 1.0121$	$q_0 = 0.9880$

No.	Buch-staben	Symb.	Miller	φ	ϱ	ξ_0	η_0	ξ	η	x (Prismen) (x : y)	y	d $=\mathrm{tg}\,\varrho$
1	n	∞2	120	30°03'	90°00	90°00	90°00	30°03'	59°56'	0.5787	∞	∞
2	d	$0\frac{1}{2}$	012	0 00	26 17'	0 00	26 17'	0 00	26 17'	0	0.4940	0.4940
3	r	20	201	90 00	66 23	66 23	0 00	66 23	0 00	2.2870	0	2.2870
4	o	1	111	49 10'	56 30'	48 50	44 39	39 07'	33 02'	1.1435	0.9880	1.5112

Melanglanz.

Rhombisch.

$a = 0.6291$	$\lg a = 979872$	$\lg a_0 = 996297$	$\lg p_0 = 003703$	$a_0 = 0.9183$	$p_0 = 1.0890$
$c = 0.6851$	$\lg c = 983575$	$\lg b_0 = 016425$	$\lg q_0 = 983575$	$b_0 = 1.4597$	$q_0 = 0.6851$

No.	Buch-staben	Symb.	Miller	φ	ϱ	ξ_0	η_0	ξ	η	x (Prismen) (x : y)	y	d $=\mathrm{tg}\,\varrho$
1	c	O	001	—	0°00	0°00	0°00	0°00	0°00	0	0	0
2	b	0∞	010	0°00	90 00	”	90 00	”	90 00	”	∞	∞
3	a	∞0	100	90 00	”	90 00	0 00	90 00	0 00	∞	0	”
4	λ	3∞	310	78 09'	”	”	90 00	78 09'	11 50'	4.7686	∞	”
5	L	2∞	210	72 32'	”	”	”	72 32'	17 27'	3.1791	”	”
6	o	∞	110	57 49'	”	”	”	57 49'	32 10'	1.5895	”	”

No.	Buch-staben	Symb.	Miller	φ	ϱ	ξ_0	η_0	ξ	η	x (Prismen) (x : y)	y	d $=\mathrm{tg}\,\varrho$
7	O	$\infty\frac{3}{2}$	230	46° 39·	90° 00	90° 00	90° 00	46° 39·	43° 20·	1·0597	∞	∞
8	u	$\infty\frac{5}{3}$	350	43 38·	”	”	”	43 38·	46 21·	0·9537	”	”
9	U	$\infty 2$	120	38 28·	”	”	”	38 28·	51 31·	0·7947	”	”
10	E	$\infty\frac{11}{5}$	5·11·0	35 51	”	”	”	35 51	54 09	0·7225	”	”
11	π	$\infty 3$	130	27 55	”	”	”	27 55	62 05	0·5298	”	”
12	I	$\infty 5$	150	17 38	”	”	”	17 38	72 22	0·3179	”	”
13	i	$\infty 11$	1·11·0	8 13·	”	”	”	8 13·	81 46·	0·1445	”	”
14	a	$0\frac{1}{3}$	013	0 00	12 52	0 00	12 52	0 00	12 52	0	0·2283·	0·2283·
15	s	$0\frac{1}{2}$	012	”	18 54·	”	18 54·	”	18 54·	”	0·3425·	0·3425·
16	i	$0\frac{5}{9}$	059	”	20 50	”	20 50	”	20 50	”	0·3806	0·3806
17	t	$0\frac{2}{3}$	023	”	24 33	”	24 33	”	24 33	”	0·4567·	0·4567·
18	a	$0\frac{4}{5}$	045	”	28 43·	”	28 43·	”	28 43·	”	0·5480·	0·5480·
19	k	01	011	”	34 25	”	34 25	”	34 25	”	0·6851	0·6851
20	ι	$0\frac{6}{5}$	065	”	39 25·	”	39 25·	”	39 25·	”	0·8221	0·8221
21	×	$0\frac{4}{3}$	043	”	42 24·	”	42 24·	”	42 24·	”	0·9134·	0·9134·
22	j	$0\frac{3}{2}$	032	”	45 47	”	45 47	”	45 47	”	1·0276·	1·0276·
23	d	02	021	”	53 52·	”	53 52·	”	53 52·	”	1·3702	1·3702
24	e	04	041	”	69 57	”	69 57	”	69 57	”	2·7403·	2·7403·
25	E	06	061	”	76 19·	”	76 19·	”	76 19·	”	4·1105·	4·1105·
26	δ	07	071	”	78 13	”	78 13	”	78 13	”	4·7956·	4·7956·
27	f	$0\frac{15}{2}$	0·15·2	”	78 59	”	78 59	”	78 59	”	5·1382	5·1382
28	e	08	081	”	79 39·	”	79 39·	”	79 39·	”	5·4807·	5·4807·
29	b	0·14	0·14·1	”	84 03	”	84 03	”	84 03	”	9·5914	9·5914
30	c	$\frac{1}{2}0$	102	90 00	28 34	28 34	0 00	28 34	0 00	0·5445	0	0·5445
31	b	$\frac{2}{3}0$	203	”	35 59	35 59	”	35 59	”	0·7260	”	0·7260
32	β	10	101	”	47 26·	47 26·	”	47 26·	”	1·0890	”	1·0890
33	g	20	201	”	65 20·	65 20·	”	64 20·	”	2·1780	”	2·1780
34	G	30	301	”	72 59	72 59	”	72 59	”	3·2670	”	3·2670
35	C	16	161	14 50·	76 46	47 26·	76 19·	14 26	70 13	1·0890	4·1105	4·2524
36	γ	15	151	17 38	74 27	”	73 43·	16 58	66 39·	”	3·4254	3·5943
37	D·	14	141	21 40·	71 16	”	69 56	20 28	61 39	”	2·7404	2·9488
38	W·	$1\frac{11}{3}$	3·11·3	23 26	69 56	”	68 17·	21 56·	59 31	”	2·5120	2·7379
39	w·	13	131	27 55	66 44	”	64 03·	25 28·	54 16	”	2·0553	2·3259
40	R·	12	121	38 28·	60 15·	”	53 52·	32 42	42 49·	”	1·3702	1·7502
41	P·	1	111	57 49·	52 08·	”	34 25	41 56	24 51·	”	0·6851	1·2865
42	φ·	$1\frac{3}{5}$	535	69 19	49 20	”	22 20·	45 12·	15 32	”	0·4110·	1·1640
43	A·	$1\frac{1}{3}$	313	78 09·	48 03	”	12 52	46 43	8 47	”	0·2283·	1·1127
44	M·	$1\frac{1}{8}$	818	85 30	47 31·	”	4 53·	47 20	3 19	”	0·0856	1·0924
45	N·	3	331	57 49·	75 28·	72 59	64 03·	55 01·	31 01·	3·2670	2·0553	3·8597
46	Q·	$\frac{7}{3}$	773	”	71 34·	68 31	57 58·	53 25·	30 20·	2·5410·	1·5985	3·0020
47	r·	2	221	”	68 46	65 20·	53 52·	52 05·	29 45·	2·1780	1·3702	2·5731
48	p·	$\frac{3}{2}$	332	”	62 36·	58 31·	45 47	48 43·	28 13	1·6335	1·0276	1·9298
49	S·	$\frac{4}{3}$	443	”	59 45·	55 26·	42 42·	46 59·	27 23·	1·4520	0·9134·	1·7154
50	X·	$\frac{5}{4}$	554	”	58 07·	53 42	40 34·	45 57·	26 53	1·3622·	0·8563·	1·6082
51	l·	$\frac{2}{3}$	223	”	40 37	35 59	24 33	33 26·	20 17	0·7260	0·4567·	0·8577

No.	Buch-staben	Symb.	Miller	φ	ϱ	ξ_0	η_0	ξ	η	x (Prismen) (x : y)	y	d $=\mathrm{tg}\,\varrho$
52	h·	$\frac{1}{2}$	112	57°49·	32°45	28°34	18°54·	27°15	16°44	0·5445	0·3425·	0·6433
53	m·	$\frac{1}{3}1$	113	"	23 13	19 57	12 52	19 29·	12 07	0·3630	0·2283·	0·4289
54	q·	$\frac{1}{4}$	114	"	17 50	15 14	9 43	15 01	9 23	0·2722·	0·1712·	0·3216
55	Y·	$\frac{1}{5}$	115	"	14 26	12 17	7 48	12 10·	7 37·	0·2178	0·1370	0·2573
56	K·	$\frac{1}{5}1$	155	17 38	35 42·	"	34 25	10 11	33 48	"	0·6851	0·7189
57	f	$\frac{1}{3}1$	133	27 55	37 47	19 57	" .	16 40·	32 47	0·3630	"	0·7753
58	H·	$\frac{1}{2}1$	122	38 28·	41 11·	28 34	"	24 11·	31 02	0·5445	"	0·8751
59	Σ·	21	211	72 32·	66 21	65 20·	"	60 54	15 57	2·1780	"	2.2832
60	ζ·	31	311	78 09·	73 19·	72 59	"	69 38·	11 20·	3·2670	"	3·3381
61	$\mathfrak{A}$·	$\frac{13}{4}1$	13·4·4	79 02·	74 30	74 13·	"	71 05·	10 33	3·5392	"	3·6050
62	$\mathfrak{B}$·	$\frac{18}{5}1$	18·5·5	80 05	75 54	75 41·	"	72 49	9 36·	3·9204	"	3·9798
63	$\varLambda$:	$\frac{2}{3}\frac{1}{3}$	213	72 32·	37 16·	35 59	12 52	35 17·	10 28	0·7260	0·2283·	0·7611
64	ξ:	$\frac{3}{2}\frac{1}{2}$	312	78 09·	59 04·	58 31·	18 54·	57 05·	10 08·	1·6335	0·3425·	1·6690
65	τ:	$\frac{5}{2}\frac{1}{2}$	512	82 49·	69 58·	69 50	"	68 47	6 44	2·7225	"	2·7440
66	ϱ:	24	241	38 28·	74 03·	65 20·	69 57	36 45	48 50	2·1780	2·7404	3·5005
67	u:	$\frac{2}{3}\frac{4}{3}$	243	"	49 24	35 59	42 24·	28 11·	36 28·	0·7260	0·9134	1·1668
68	T:	$\frac{1}{2}2$	142	21 40·	55 51	28 34	53 52·	17 48	50 16·	0·5445	1·3702	1·4744
69	Θ:	$\frac{1}{2}\frac{1}{6}$	316	78 09·	29 05·	"	6 31	28 25	5 43·	"	0·1116	0.5564
70	v:	$\frac{1}{2}\frac{3}{2}$	132	27 55	49 18·	"	45 47	20 47·	42 04	"	1·0276	1·1630
71	$\mathfrak{h}$:	$\frac{13}{40}\frac{39}{40}$	13·39·40	"	37 05	19 29·	33 44·	16 24	32 12	0·3539	0·6679·	0·7559
72	$\mathfrak{k}$:	$\frac{3}{10}\frac{9}{10}$	3·9·10	"	34 54·	18 05·	31 39·	15 32.	30 22·	0·3267	0·6166	0·6978
73	$\mathfrak{l}$:	$\frac{2}{7}\frac{6}{7}$	267	"	33 36·	17 17	30 25·	15 01	29 17	0·3111·	0·5872	0·6646
74	m:	$\frac{3}{11}\frac{9}{11}$	3·9·11	"	32 23·	16 32·	29 16·	14 31·	28 15	0·2970	0·5605	0·6344
75	ω:	$\frac{1}{4}\frac{3}{4}$	134	"	30 10·	15 14	27 11·	13 37	26 22·	0·2722·	0·5138	0·5815
76	$\mathfrak{n}$:	$\frac{1}{5}\frac{3}{5}$	135	"	24 57	12 17	22 20·	11 23·	21 53	0·2178	0·4110·	0·4652
77	$\mathfrak{p}$:	$\frac{5}{27}\frac{5}{9}$	5·15·27	"	23 18	11 24	20 50	10 40·	20 27·	0·2016·	0·3806	0·4307
78	$\mathfrak{q}$:	$\frac{1}{3}3$	193	10 01	64 24	19 57	64 03·	9 01·	62 38	0.3630	2·0553	2·0871
79	μ:	28	281	21 40·	80 22·	65 20·	79 39·	21 21	66 22	2·1780	5·4807·	5·8977
80	$\mathfrak{C}$:	2·10	2·10·1	17 38	82 05	"	81 41·	17 28	70 43	"	6·8510	7·1887
81	η:	3·15	3·15·1	"	84 41	72 59	84 26·	17 33·	71 36·	3·2670	10·2764	10·783
82	ϑ:	$\frac{1}{2}\frac{5}{2}$	152	"	60 54·	28 34	59 43·	15 21	56 23	0·5445	1·7127	1·7972
83	n:	$\frac{1}{3}\frac{5}{3}$	153	"	50 09	19 57	48 47·	13 27	47 01·	0·3630	1·1418	1·1981
84	$\mathfrak{r}$:	$\frac{1}{6}\frac{5}{6}$	156	"	30 55·	10 17	29 43·	8 57·	29 19·	0·1815	0·5709	0·5991
85	y:	35	351	43 38·	78 04·	72 59	73 43·	42 28·	45 04·	3·2670	3·4254·	4·7337
86	B:	$\frac{3}{2}\frac{1}{6}$	916	86 00	58 35·	58 31·	6 31	58 21·	3 24·	1·6335	0·1116	1·6375
87	x:	46	461	46 39·	80 31	77 04	76 19·	45 50	42 36·	4·3560	4·1105	5·9892
88	$\mathfrak{j}$:	$\frac{1}{2}\frac{7}{2}$	172	12 47·	67 52	28 34	67 21·	11 50	64 36	0·5445	2·3978	2·4589
89	$\varGamma$:	37	371	34 16	80 13·	72 59	78 13·	33 42	54 32	3·2670	4·7957	5·8028
90	ν:	$\frac{1}{2}\frac{9}{2}$	192	10 01	72 17	28 34	72 01·	9 32	69 44	0·5445	3·0829	3·1306
91	F:	59	591	41 27	83 04	79 35·	80 47	41 04·	48 04·	5·4450	6·1659	8·2258
92	ε:	$\frac{2}{7}\frac{22}{7}$	2·22·7	8 13·	65 19	17 17	65 05·	7 28	64 04	0·3111·	2·1531·	2·1759
93	ψ:	$\frac{5}{2}\frac{3}{2}$	532	69 19	71 02	69 50	45 47	62 13·	19 30·	2·7225	1·0276·	2·9100

No.	Buchstaben	Symb.	Miller	φ	ϱ	ξ_0	η_0	ξ	η	x (Prismen) (x : y)	y	d =tgϱ
94	Ξ:	$\frac{3}{4}\frac{5}{4}$	354	43° 38·	49° 48	39° 14·	40° 34·	31° 49	33° 33·	0·8167·	0·8563·	1·1834
95	$\varDelta$:	$\frac{1}{2}\frac{5}{6}$	356	„	38 16·	28 34	29 43·	25 18·	26 38	0·5445	0·5709	0·7890
96	χ:	$\frac{3}{2}\frac{5}{2}$	352	„	67 06	58 31·	59 43·	39 28·	41 48·	1·6335	1·7127	2·3668
97	Π:	$\frac{3}{2}\frac{7}{2}$	372	34 16	70 59	„	67 21·	32 09·	51 23	„	2·3978	2·9013
98	σ:	$\frac{1}{4}\frac{5}{8}$	258	32 27	26 54	15 14	23 11	14 03	22 27	0·2722·	0·4282	0·5074
99	t:	$\frac{1}{2}\frac{11}{6}$	3·11·6	23 26·	53 51	28 34	51 28·	18 44	47 48·	0·5445	1·2560	1·3689
100	$\mathfrak{v}$:	$\frac{1}{2}\frac{13}{6}$	3·13·6	57 50	32 45	„	18 54	27 15	16 44	„	0·3424	0·6432
101	z:	$\frac{7}{3}\frac{13}{3}$	7·13·3	40 33·	75 39	68 31	71 23	39 03	47 23·	2·5410·	2.9687	3·9076
102	$\mathfrak{D}$:	$\frac{7}{9}\frac{11}{9}$	7·11·9	45 20	49 59	40 16	39 56·	33 00	32 34·	0·8470	0·8373	1·1910

Melanocerit.

Hexagonal.   Rhomboedrisch-hemiedrisch.

c = 1·2554	lg c = 009878	lg a₀ = 013978	lg p₀ = 992269	a₀ = 1·3797	p₀ = 0·8369	(G₂)

No.	Buchstaben	Symb.	Miller	φ	ϱ	ξ_0	η_0	ξ	η	x (Prismen) (x : y)	y	d =tgϱ
1	o	o	0001	—	0° 00	0° 00	0° 00	0° 00	0° 00	0	0	0
2	E·	$-\frac{1}{4}$	$\bar{1}\bar{1}24$	30 00	19 55	10 16	17 25·	9 48·	17 09·	0·1812	0·3139	0·3624
3	f· d·	$\pm\frac{1}{2}$	$11\bar{2}2$	„	35 56	19 55	32 07	17 04	30 33	0·3624	0·6277	0·7248
4	p·	$+1$	$11\bar{2}1$	„	55 24	35 56	51 27·	24 18·	45 28·	0·7248	1·2554	1·4496
5	φ·	-2	$\bar{2}\bar{2}41$	„	70 58	55 24	68 17	28 12·	54 57	1·4496	2·5108	2·8992
6	m	$+4$	$44\bar{8}1$	„	80 13	70 58	78 44	29 31	58 35	2·8992	5·0216	5·7984

Melanophlogit.

Regulär.

No.	Buchstaben	Symb.	Miller	φ	ϱ	ξ_0	η_0	ξ	η	x (Prismen) (x : y)	y	d =tgϱ
1	c	o	001	—	0° 00	0° 00	0° 00	0° 00	0° 00	0	0	0
		o∞	010	0° 00	90 00	„	90 00	„	90 00	„	∞	∞
2	e	$0\frac{1}{2}$	012	„	26 34	„	26 34	„	26 34	„	0·5000	0·5000
		02	021	„	63 26	„	63 26	„	63 26	„	2·0000	2·0000
		∞2	120	26 34	90 00	90 00	90 00	26 34	„	0·5000	∞	∞

Melinophan.

Tetragonal.

$$\left.\begin{array}{c} c \\ p_0 \end{array}\right\} = 0{\cdot}6584 \qquad \lg c = 9{\cdot}81849 \qquad \lg a_0 = 0{\cdot}18151 \qquad a_0 = 1{\cdot}5188$$

No.	Buchstaben	Symb.	Miller	φ	ϱ	ξ_0	η_0	ξ	η	x (Prismen) (x : y)	y	d = tgϱ
1	c	0	001	—	0°00	0°00	0°00	0°00	0°00	0	0	0
2	a	0∞	010	0°00	90 00	"	90 00	"	90 00	"	∞	∞
3	n	$\infty 3$	130	18 26	"	90 00	"	18 26	71 34	0·3333	"	"
4	d	$0\frac{2}{3}$	023	0 00	23 42	0 00	23 42	0 00	23 42	0	0·4389	0·4389
5	e	01	011	"	33 21·	"	33 21·	"	33 21·	"	0·6584	0·6584
6	f	02	021	"	52 47	"	52 47	"	52 47	"	1·3167	1·3167
7	p	1	111	45 00	42 57·	33 21·	33 21·	28 48·	28 48·	0·6584	0·6584	0·9311
8	B	$\frac{1}{4}\frac{1}{2}$	124	26 34	20 12·	9 21	18 13·	8 51	17 55	0·1646	0·3292	0·3680

Mellit.

Tetragonal.

$$\left.\begin{array}{c} c \\ p_0 \end{array}\right\} = 0{\cdot}7463 \qquad \lg c = 9{\cdot}87291 \qquad \lg a_0 = 0{\cdot}12709 \qquad a_0 = 1{\cdot}340$$

No.	Buchstaben	Symb.	Miller	φ	ϱ	ξ_0	η_0	ξ	η	x (Prismen) (x : y)	y	d = tgϱ
1	c	0	001	—	0°00	0°00	0°00	0°00	0°00	0	0	0
2	a	0∞	010	0°00	90 00	"	90 00	"	90 00	"	∞	∞
3	m	∞	110	45 00	"	90 00	"	45 00	45 00	1·0000	"	"
4	e	01	011	0 00	36 44	0 00	36 44	0 00	36 44	0	0·7463	0·7463
5	r	1	111	45 00	46 32·	36 44	"	30 53	30 53	0·7463	"	1·0554

Mendipit.

Rhombisch.

$$\frac{p_0}{q_0} = 1{\cdot}2482; \qquad \lg\frac{p_0}{q_0} = 0{\cdot}09629; \qquad \frac{a}{b} = 0{\cdot}8012$$

No.	Buchstaben	Symb.	Miller	φ	ϱ	ξ_0	η_0	ξ	η	x (Prismen) (x : y)	y	d = tgϱ
1	c	0	001	—	0°00	0°00	0°00	0°00	0°00	0	0	0
2	b	0∞	010	0°00	90 00	"	90 00	"	90 00	"	∞	∞
3	a	$\infty 0$	100	90 00	"	90 00	0 00	90 00	0 00	∞	0	"
4	m	∞	110	51 18	"	"	90 00	51 18	38 42	1·2482	∞	"

Meneghinit.

Rhombisch.

a = 0·9473	lg a = 997649	lg a₀ = 014010	lg p₀ = 985990	a₀ = 1·3807	p₀ = 0·7243
c = 0·6861	lg c = 983639	lg b₀ = 016361	lg q₀ = 983639	b₀ = 1·4575	q₀ = 0·6861

No.	Buchstaben	Symb.	Miller	φ	ϱ	ξ_0	η_0	ξ	η	x (Prismen) (x : y)	y	d = tg ϱ
1	c	0	001	—	0° 00	0° 00	0° 00	0° 00	0° 00	0	0	0
2	b	0∞	010	0° 00	90 00	″	90 00	″	90 00	″	∞	∞
3	a	∞0	100	90 00	″	90 00	0 00	90 00	0 00	∞	0	″
4	k	6∞	610	81 01·	″	″	90 00	81 01·	8 58·	6·3337	∞	″
5	h	5∞	510	79 16·	″	″	″	79 16·	10 43·	5·2781	″	″
6	U	2∞	210	64 39·	″	″	″	64 39·	25 20·	2·1112	″	″
7	i	$\tfrac{7}{4}$∞	740	61 34·	″	″	″	61 34·	28 25·	1·8473	″	″
8	g	$\tfrac{3}{2}$∞	320	57 43	″	″	″	57 43	32 17	1·5830	″	″
9	T	∞	110	46 33	″	″	″	46 33	43 27	1·0556	″	″
10	f	∞$\tfrac{6}{5}$	560	41 20	″	″	″	41 20	48 40	0·8797	″	″
11	l	∞$\tfrac{4}{3}$	340	38 22	″	″	″	38 22	51 38	0·7917	″	″
12	S	∞$\tfrac{3}{2}$	230	35 08	″	″	″	35 08	54 52	0·7037	″	″
13	m	∞2	120	27 49·	″	″	″	27 49·	62 10·	0·5278	″	″
14	N	∞3	130	19 23	″	″	″	19 23	70 37	0·3518	″	″
15	y	0$\tfrac{3}{8}$	038	0 00	14 25·	0 00	14 25·	0 00	14 25·	0	0·2573	0·2573
16	δ	0$\tfrac{6}{13}$	0·6·13	″	17 34	″	17 34	″	17 34	″	0·3166	0·3166
17	d	0$\tfrac{1}{2}$	012	″	18 56	″	18 56	″	18 56	″	0·3430	0·3430
18	o	0$\tfrac{2}{3}$	023	″	24 35	″	24 35	″	24 35	″	0·4574	0·4574
19	ϑ	0$\tfrac{4}{5}$	045	″	28 45·	″	28 45·	″	28 45·	″	0·5489	0·5489
20	v	01	011	″	34 27·	″	34 27·	″	34 27·	″	0·6861	0·6861
21	w	05	051	″	73 45	″	73 45	″	73 45	″	3·4305·	3·4305·
22	n	$\tfrac{1}{2}$0	102	90 00	19 52	19 52	0 00	19 52	0 00	0·3613	0	0·3613
23	W	$\tfrac{2}{3}$0	203	″	25 46·	25 46·	″	25 46·	″	0·4828	″	0·4828
24	V	10	101	″	35 55	35 55	″	35 55	″	0·7242	″	0·7242
25	q	$\tfrac{12}{11}$0	12·0·11	″	38 19	38 19	″	38 19	″	0·7901	″	0·7901
26	p	1	111	46 33	44 56	35 55	34 27	30 51	29 03·	0·7242	0·6861	0·9977
27	β	1$\tfrac{1}{2}$	212	64 39·	38 42·	″	18 56	34 25	15 31·	″	0·3430	0·8014
28	μ	1$\tfrac{1}{4}$	414	76 40·	36 39·	″	9 44	35 31	7 54·	″	0·1715	0·7443
29	r	$\tfrac{1}{2}$1	122	27 49·	37 48·	19 54·	34 27	16 37·	32 49·	0·3621	0·6861	0·7758
30	ϱ	$\tfrac{12}{11}$1	12·12·11	46 33	47 25·	38 19	36 49	32 19	30 25·	0·7901	0·7484	1·0883
31	ψ	$\tfrac{12}{13}$	12·12·13	·″	42 38·	33 46	32 21	29 27·	27 46	0·6685	0·6333	0·9209
32	t	$\tfrac{1}{2}$	112	″	26 30·	19 54·	18 56	18 54·	17 52·	0·3621	0·3430	0·4988
33	σ	$\tfrac{12}{11}\tfrac{6}{11}$	12·6·11	64 39·	41 09·	38 19	20 31	36 30	16 22	0·7901	0·3742	0·8743
34	λ	$\tfrac{12}{13}\tfrac{6}{13}$	12·6·13	″.	36 29·	33 46	17 34·	32 30·	14 45	0·6685	0·3166	0·7398
35	u	$\tfrac{1}{2}\tfrac{1}{4}$	214	″	21 50	19 54·	9 44	19 38·	9 09·	0·3621	0·1715	0·4007
36	π	$\tfrac{12}{13}\tfrac{24}{13}$	12·24·13	27 49·	55 04·	33 46	51 42·	22 30	46 29	0·6685	1·2667	1·4322
37	x	$\tfrac{12}{13}\tfrac{18}{13}$	12·18·13	35 08	49 16·	″	43 32	25 51·	38 18	″	0·9500	1·1616
38	s	$\tfrac{1}{2}\tfrac{3}{4}$	234	″	32 11	19 54·	27 14	17 51	25 49	0·3621	0·5145	0·6292

Metacinnabarit.

Regulär. Tetraedrisch-hemiedrisch.

No.	Buch-staben	Symb.	Miller	φ	ϱ	ξ_0	η_0	ξ	η	x (Prismen) (x : y)	y	d $=$tgϱ
1	c	0	001	—	0°00	0°00	0°00	0°00	0°00	0	0	0
		0∞	010	0°00	90 00	„	90 00	„	90 00	„	∞	∞
2	q	$+\frac{1}{2}$	112	45 00	35 16	26 34	26 34	24 05·	24 05·	0·5000	0·5000	0·7071
		$+12$	121	26 34	65 54·	45 00	63 26	„	54 44	1·0000	2·0000	2·2360
3	n	$+\frac{2}{3}$	223	45 00	43 19	33 41·	33 41·	29 01	29 01	0·6667	0·6667	0·9428
		$+1\frac{1}{2}$	232	33 41·	60 59	45 00	56 18·	„	46 41	1·0000	1·5000	1·8028
4	pp·	$+1$	111	45 00	54 44	„	45 00	35 16	35 16	„	1·0000	1·4142

Miargyrit.

Monoklin.

a = 2·9945	lg a = 047632	lg a₀ = 001251	lg p₀ = 998749	a₀ = 1·0292	p₀ = 0·9716
c = 2·9095	lg c = 046381	lg b₀ = 953618	lg q₀ = 045887	b₀ = 0·3437	q₀ = 2·8767
$\left.\begin{matrix}\mu =\\180-\beta\end{matrix}\right\}$ 81°22'	$\left.\begin{matrix}\lg h =\\\lg\sin\mu\end{matrix}\right\}$999506	$\left.\begin{matrix}\lg c =\\\lg\cos\mu\end{matrix}\right\}$917691	lg $\frac{p_0}{q_0}$ = 952861	h = 0·9887	e = 0·1503

No.	Buch-staben	Symb.	Miller	φ	ϱ	ξ_0	η_0	ξ	η	x' (Prismen) (x : y)	y'	d' $=$tgϱ
1	c	0	001	90°00	8°37·	8°37·	0°00	8°37·	0°00	0·1515·	0	0·1515·
2	b	0∞	010	0 00	90 00	0 00	90 00	0 00	90 00	0	∞	∞
3	a	∞0	100	90 00	„	90 00	0 00	90 00	0 00	∞	0	„
4	$\varDelta$	2∞	210	34 02·	„	„	90 00	34 02·	55 57·	0·6755	∞	„
5	β	0$\frac{1}{3}$	013	8 51·	44 32·	8 37·	44 12	6 12	43 52·	0·1515·	0·9723·	0·9841
6	ω	01	011	2 59·	71 06	„	71 04·	2 49	70 52·	„	2·9170	2·9210
7	n	$+30$	301	90 00	72 07·	72 07·	0 00	72 07·	0 00	3·1001	0	3·1001
8	L	$+\frac{7}{3}0$	703	„	67 45·	67 45·	„	67 45·	„	2·4450·	„	2·4450·
9	m	$+10$	101	„	48 37	48 37	„	48 37	„	1·1347	„	1·1347
10	λ	$+\frac{1}{2}0$	102	„	32 45·	32 45·	„	32 45·	„	0·6434	„	0·6434
11	ϑ	$+\frac{1}{3}0$	103	„	25 37·	25 37·	„	25 37·	„	0·4796	„	0·4796
12	$\varkappa$	$+\frac{1}{4}0$	104	„	21 41·	21 41·	„	21 41·	„	0·3977	„	0·3977
13	G	$+\frac{1}{5}0$	105	„	19 13	19 13	„	19 13	„	0·3485	„	0·3485
14	M	$-\frac{1}{3}0$	$\bar{1}$03	90 00	9 57·	$\bar{9}$ 57·	„	$\bar{9}$ 57·	„	$\bar{0}$·1755·	„	0·1755·
15	u	$-\frac{2}{3}0$	$\bar{2}$03	„	26 42·	$\bar{2}$6 42·	„	$\bar{2}$6 42·	„	$\bar{0}$·5031	„	0·5031
16	o	-10	$\bar{1}$01	„	39 43	$\bar{3}$9 43	„	$\bar{3}$9 43	„	$\bar{0}$·8307	„	0·8307
17	R	-20	$\bar{2}$01	„	61 07·	$\bar{6}$1 07·	„	$\bar{6}$1 07·	„	$\bar{1}$·8134	„	1·8134
18	N	-30	$\bar{3}$01	„	70 19·	$\bar{7}$0 19·	„	$\bar{7}$0 19·	„	$\bar{2}$·7961	„	2·7961

No.	Buch-staben	Symb.	Miller	φ	ϱ	ξ_0	η_0	ξ	η	x' (Prismen) (x : y)	y'	d' =tgϱ
19	μ	$-\frac{7}{2}$0	$\bar{7}$02	90°00	73°05	$\bar{7}$3°05	0°00	$\bar{7}$3°05	0°00	$\bar{3}$·2875	0	3·2875
20	t	$+$1	111	21 18·	72 15	48 37	71 02	20 15	62 32	1·1347	2·9095	3·1229
21	h	$+\frac{1}{3}$	113	26 19	47 15	25 37·	44 07·	19 00	41 10	0·4796	0·9698	1·0819
22	l	$-\frac{1}{3}$	$\bar{1}$13	$\bar{1}$0 16	44 35	9 57·	"	$\bar{7}$ 11	43 41·	$\bar{0}$·1756	"	0·9856
23	A	$-$1	$\bar{1}$11	$\bar{1}$5 56	71 43	$\bar{3}$9 43	71 02	$\bar{1}$5 06·	65 55·	$\bar{0}$·8307	2·9095	3·0256
24	E	$+1\frac{1}{2}$	212	37 57·	61 32·	48 37	55 30	32 44	43 53	1·1347	1·4547	1·8449
25	r	$+12$	121	11 02	80 25·	"	80 15	10 53	75 26	"	5·8189	5·9284
26	ν	$+18$	181	2 47·	87 32·	"	87 32·	2 47·	86 17	"	23·2756	23·303
27	p	$-1\frac{1}{6}$	$\bar{6}$16	$\bar{5}$9 43·	43 53	$\bar{3}$9 43	25 52	$\bar{3}$6 46·	20 27·	$\bar{0}$·8307	0·4849	0·9619
28	π	$-1\frac{1}{5}$	$\bar{5}$15	$\bar{5}$4 59·	45 25	"	30 12	$\bar{3}$5 41	24 07	"	0·5819	1·0142
29	γ	$-1\frac{1}{4}$	$\bar{4}$14	$\bar{4}$8 48	47 50	"	36 02	$\bar{3}$3 53·	29 13·	"	0.7274	1·1041
30	g	$-1\frac{1}{3}$	$\bar{3}$13	$\bar{4}$0 35	51 56	"	44 07·	$\bar{3}$0 48·	36 43·	"	0·9698	1·2770
31	χ	$-1\frac{1}{2}$	$\bar{2}$12	$\bar{2}$9 44	59 10	"	55 30	$\bar{2}$5 12	48 13	"	1·4547	1·6752
32	J	$-1\frac{7}{6}$	$\bar{6}$76	$\bar{1}$3 45	74 02	"	73 35	$\bar{1}$3 13	69 02·	"	3·3944	3·4945
33	B	$+15·1$	15·1·1	78 57	86 14	86 09·	71 02	78 20	11 02	14·8930	2·9095	15·175
34	C	$+81$	811	70 03	83 18·	82 53	"	69 00	19 49	8·0138	"	8·5257
35	D	$+71$	711	67 31	82 31	81 54·	"	66 22	22 17	7·0310	"	7·6094
36	η	$+61$	611	64 18·	81 32	80 37	"	63 02·	25 23·	6·0483	"	6·7117
37	F	$+51$	511	60 08	80 17	78 50	"	58 43·	29 24	5·0655·	"	5·8417
38	f	$+\frac{9}{2}1$	922	57 32·	79 33	77 40	"	56 05	31 51·	4·5742	"	5·4211
39	φ	$+41$	411	54 31·	78 43	76 14·	"	53 00	34 41·	4·0829	"	5·0135
40	d	$+31$	311	46 49	76 46	72 07·	"	45 13	41 46	3·1001·	"	4·2515
41	ε	$+\frac{5}{2}1$	522	41 53	75 39	69 01·	"	40 18	46 09·	2·6088	"	3·9078
42	s	$+21$	211	36 03	74 28	64 43·	"	34 32·	51 10	2·1175	"	3·5985
43	X	$+\frac{1}{2}1$	122	19 48·	72 05	46 20·	"	18 48·	63 32	1·0494	"	3·0924
44	x	$-\frac{1}{2}1$	$\bar{1}$22	$\bar{6}$ 39	71 09	$\bar{1}$8 44·	"	$\bar{6}$ 17·	70 03	$\bar{0}$·3393·	"	2·9292
45	σ	-21	$\bar{2}$11	$\bar{3}$1 55·	73 44	$\bar{6}$1 07	"	$\bar{3}$0 30	54 34	$\bar{1}$·8124	"	3·4278
46	i	-31	$\bar{3}$11	$\bar{4}$3 52	76 05	$\bar{7}$0 19·	"	$\bar{4}$2 16	44 25	$\bar{2}$·7961·	"	4·0353
47	k	$+\frac{1}{4}\frac{1}{2}$	124	15 19·	56 27	21 41	55 29·	12 42	53 30·	0·3977	1·4547	1·5081
48	ξ	$-\frac{2}{3}\frac{1}{3}$	$\bar{2}$13	$\bar{2}$7 25	47 32	$\bar{2}$6 42·	44 07·	$\bar{1}$9 51·	40 54·	$\bar{0}$·5031	0·9698	1·0925
49	S	$-\frac{12}{13}\frac{1}{13}$	$\bar{3}$6·13·39	$\bar{3}$7 54·	50 52	$\bar{3}$7 03·	"	$\bar{2}$8 27·	37 44	$\bar{0}$·7551	"	1·2291
50	ψ	$-\frac{4}{3}\frac{1}{3}$	$\bar{4}$13	$\bar{5}$0 03·	56 30	$\bar{4}$9 12	"	$\bar{3}$9 44·	32 22	$\bar{1}$·1583	"	1·5106
51	q	$-4\frac{1}{3}$	$\bar{1}$2·1·3	$\bar{7}$5 36·	75 37·	$\bar{7}$5 30	"	$\bar{6}$9 46	13 56	$\bar{3}$·7812	"	3·9013
52	e	$-\frac{3}{5}\frac{1}{4}$	$\bar{1}$2·5·20	$\bar{3}$1 02	40 19·	$\bar{2}$3 38	36 02	$\bar{1}$9 29	33 40·	$\bar{0}$·4375	0·7273·	0·8488
53	ζ	$-\frac{2}{5}\frac{1}{5}$	$\bar{2}$15	$\bar{2}$2 30	32 12	$\bar{1}$3 33	30 12	$\bar{1}$1 46	29 30	$\bar{0}$·2410	0·5819	0·6298
54	z	$+\frac{1}{7}\frac{3}{7}$	137	13 08	52 00·	16 13·	51 16	10 19	50 08	0·2910	1·2469	1·2804
55	w	$-\frac{4}{5}\frac{1}{15}$	$\bar{1}$2·1·15	$\bar{7}$2 59·	33 33	$\bar{3}$2 23	10 58·	$\bar{3}$1 54	9 18	$\bar{0}$·6342	0·1939·	0·6632

Mikrolith.

Regulär.

No.	Buch-staben	Symb.	Miller	φ	ϱ	ξ_0	η_0	ξ	η	x (Prismen) (x : y)	y	d $=\mathrm{tg}\varrho$
1	c	0 0∞	001 010	— 0°00	0°00 90 00	0°00 "	0°00 90 00	0°00 "	0°00 90 00	0 "	0 ∞	0 ∞
2	d	01 ∞	011 110	" 45 00	45 00 90 00	" 90 00	45 00 90 00	" 45 00	45 00 "	" 1·0000	1·0000 ∞	1·0000 ∞
3	m	$\frac{1}{3}$ 13	113 131	" 18 26	25 14· 72 27	18 26 45 00	18 26 71 34	17 33 "	17 33 64 45·	0·3333 1·0000	0·3333 3·0000	0·4714 3·1623
4	p	1	111	45 00	54 44	"	45 00	35 16	35 16	"	1·0000	1·4142
5	u	$\frac{1}{2}$1 2	122 221	26 34 45 00	48 11· 70 31·	26 34 63 26	" 63 26	19 28 41 48·	41 48· "	0·5000 2·0000	" 2·0000	1·1180 2·8284

Mikrosommit.

Hexagonal. Holoedrisch.

$c = 1\text{·}449$	$\lg c = 0\overline{1}6107$	$\lg a_0 = 0\overline{0}7749$	$\lg p_0 = 9\overline{9}8498$	$a_0 = 1\text{·}1953$	$p_0 = 0\text{·}9660$	(G_1)

No.	Buch-staben	Symb.	Bravais	φ	ϱ	ξ_0	η_0	ξ	η	x (Prismen) (x : y)	y	d $=\mathrm{tg}\varrho$
1	o	0	0001	—	0°00	0°00	0°00	0°00	0°00	0	0	0
2	a	∞0	$10\bar{1}0$	0°00	90 00	"	90 00	"	90 00	"	∞	∞
3	b	∞	$11\bar{2}0$	30 00	"	90 00	"	30 00	60 00	0·5773	"	"
4	t	2∞	$21\bar{3}0$	19 06·	"	"	"	19 06·	70 53·	0·3464	"	"
5	h	$\frac{2}{5}$0	$20\bar{2}5$	0 00	21 07·	0 00	21 07·	0 00	21 07·	0	0·3864	0·3864
6	i	$\frac{1}{2}$0	$10\bar{1}2$	"	25 47	"	25 47	"	25 47	"	0·4830	0·4830
7	x	10	$10\bar{1}1$	"	44 00·	"	44 00·	"	44 00·	"	0·9660	0·9660
8	z	20	$20\bar{2}1$	"	62 38	"	62 38	"	62 38	"	1·9320	1·9320

Milarit.

Hexagonal. Holoedrisch.

$c = 1\text{·}1466$	$\lg c = 0\overline{0}5940$	$\lg a_0 = 0\overline{1}7916$	$\lg p_0 = 9\overline{8}8331$	$a_0 = 1\text{·}5106$	$p_0 = 0\text{·}7644$	(G_1)

No.	Buch-staben	Symb.	Bravais	φ	ϱ	ξ_0	η_0	ξ	η	x (Prismen) (x : y)	y	d $=\mathrm{tg}\varrho$
1	o	0	0001	—	0°00	0°00	0°00	0°00	0°00	0	0	0
2	a	∞0	$10\bar{1}0$	0°00	90 00	"	90 00	"	90 00	"	∞	∞
3	b	∞	$11\bar{2}0$	30 00	"	90 00	"	30 00	60 00	0·5773	"	"
4	r	10	$10\bar{1}1$	0 00	37 23·	0 00	37 23·	0 00	37 23·	0	0·7644	0·7644
5	ξ	$\frac{1}{2}$	$11\bar{2}2$	30 00	33 30	18 19	29 49·	16 01·	28 33·	0·3310	0·5733	0·6620

Millerit.

Hexagonal. Rhomboedrisch - hemiedrisch.

$c = 0{\cdot}3295$	$\lg c = 951786$	$\lg a_0 = 072070$	$\lg p_0 = 934177$	$a_0 = 5{\cdot}2565$	$p_0 = 0{\cdot}2197$	(G_2)

No.	Buch-staben	Symb.	Bravais	φ	ϱ	ξ_0	η_0	ξ	η	x (Prismen) (x : y)	y	d $=\mathrm{tg}\,\varrho$
1	o	0	0001	—	0°00	0°00	0°00	0°00	0°00	0	0	0
2	a	$\infty 0$	$10\bar{1}0$	0°00	90 00	"	90 00	"	90 00	"	∞	∞
3	b	∞	$11\bar{2}0$	30 00	"	90 00	"	30 00	60 00	0·5773	"	"
4	k	4∞	$41\bar{5}0$	10 53·	"	"	"	10 53·	79 06·	0·1924	"	"
5	e	$-\tfrac{1}{2}$	$\bar{1}\bar{1}22$	30 00	10 46·	5 26	9 21·	5 21·	9 19	0·0951	0·1647	0·1902
6	r r₁	± 1	$11\bar{2}1$	"	20 50	10 46	18 14	10 14·	17 56	0·1902	0·3295	0·3805
7	t	-3	$33\bar{6}1$	"	48 46·	29 43	44 40	22 05·	40 39	0·5707	0.9885	1·1414

Mimetesit.

Hexagonal. Pyramidal - hemiedrisch.

$c = 1{\cdot}260$	$\lg c = 010037$	$\lg a_0 = 013819$	$\lg p_0 = 992428$	$a_0 = 1{\cdot}3746$	$p_0 = 0{\cdot}8400$	(G_1)

No.	Buch-staben	Symb.	Bravais	φ	ϱ	ξ_0	η_0	ξ	η	x (Prismen) (x : y)	y	d $=\mathrm{tg}\,\varrho$
1	c	0	0001	—	0°00	0°00	0°00	0°00	0°00	0	0	0
2	a	$\infty 0$	$10\bar{1}0$	0°00	90 00	"	90 00	"	90 00	"	∞	∞
3	b	∞	$11\bar{2}0$	30 00	"	90 00	"	30 00	60 00	0·5773	"	"
4	h	2∞	$21\bar{3}0$	19 06·	"	"	"	19 06·	70 53·	0·3464	"	"
5	x	10	$10\bar{1}1$	0 00	40 02	0 00	40 02	0 00	40 02	0	0·8400	0·8400
6	y	20	$20\bar{2}1$	"	59 14	"	59 14	"	59 14	"	1·6800	1·6800
7	π	40	$40\bar{4}1$	"	73 25·	"	73 25·	"	73 25·	"	3·3600	3·3600
8	s	1	$11\bar{2}1$	30 00	55 30	36 02	51 34	24 20	45 32	0·7275	1·2600	1·4549
9	m	21	$21\bar{3}1$	19 06·	65 46·	"	64 32	17 22	59 30·	"	2·1000	2·2224

Molybdänglanz.

Hexagonal. Holoedrisch. (?)

$c = 1{\cdot}54$	$\lg c = 018752$	$\lg a_0 = 005104$	$\lg p_0 = 001143$	$a_0 = 1{\cdot}1247$	$p_0 = 1{\cdot}0267$	(G_1)

No.	Buch-staben	Symb.	Bravais	φ	ϱ	ξ_0	η_0	ξ	η	x (Prismen) (x : y)	y	d $=\mathrm{tg}\,\varrho$
1	o	0	0001	—	0°00	0°00	0°00	0°00	0°00	0	0	0
2	a	$\infty 0$	$10\bar{1}0$	0°00	90 00	"	90 00	"	90 00	"	∞	∞
3	b	∞	$11\bar{2}0$	30 00	"	90 00	"	30 00	60 00	0·5773	"	"
4	x	30	$30\bar{3}1$	0 00	72 00	0 00	72 00	0 00	72 00	0	3·0776	3·0776

Molybdit.

Rhombisch.

$a = 0·3874$	$\lg a = 958816$	$\lg a_0 = 991174$	$\lg p_0 = 008826$	$a_0 = 0·8161$	$p_0 = 1·2253$
$c = 0·4747$	$\lg c = 967642$	$\lg b_0 = 032358$	$\lg q_0 = 967642$	$b_0 = 2·1066$	$q_0 = 0·4747$

No.	Buch-staben	Symb.	Miller	φ	ϱ	ξ_0	η_0	ξ	η	x (Prismen) (x : y)	y	d $=\operatorname{tg}\varrho$
1	c	0	001	—	0°00	0°00	0°00	0°00	0°00	0	0	0
2	b	0∞	010	0°00	90 00	″	90 00	″	90 00	″	∞	∞
3	a	$\infty 0$	100	90 00	0 00	90 00	0 00	90 00	0 00	∞	0	″
4	μ	$\tfrac{4}{3}\infty$	430	73 48	90 00	″	90 00	73 48	16 12	3·4417	∞	″
5	m	∞	110	68 49·	″	″	″	68 49·	21 10·	2·5813	″	″
6	t	$\tfrac{1}{3}0$	103	90 00	22 13	22 13	0 00	22 13	0 00	0·4084	0	0·4084
7	s	$\tfrac{1}{2}0$	102	″	31 29·	31 29·	″	31 29·	″	0·6127	″	0·6127
8	r	$\tfrac{2}{3}0$	203	″	39 14·	39 14·	″	39 14·	″	0·8169	″	0·8169

Monazit.

Monoklin.

$a = 0·9693$	$\lg a = 998646$	$\lg a_0 = 002004$	$\lg p_0 = 997996$	$a_0 = 1·0472$	$p_0 = 0·9549$
$c = 0·9256$	$\lg c = 996642$	$\lg b_0 = 003358$	$\lg q_0 = 995395$	$b_0 = 1·0804$	$q_0 = 0·8994$
$\left.\begin{array}{l}\mu =\\ 180-\beta\end{array}\right\}\,76°20$	$\left.\begin{array}{l}\lg h =\\ \lg\sin\mu\end{array}\right\}998753$	$\left.\begin{array}{l}\lg e =\\ \lg\cos\mu\end{array}\right\}937341$	$\lg\dfrac{p_0}{q_0} = 002601$	$h = 0·9717$	$e = 0·2363$

No.	Buch-staben	Symb.	Miller	φ	ϱ	ξ_0	η_0	ξ	η	x′ (Prismen) (x : y)	y′	d′ $=\operatorname{tg}\varrho$
1	c	0	001	90°00	13°40	13°40	0°00	13°40	0°00	0·2431	0	0·2431
2	b	0∞	010	0 00	90 00	0 00	90 00	0 00	90 00	0	∞	∞
3	a	$\infty 0$	100	90 00	″	90 00	0 00	90 00	0 00	∞	0	″
4	y	3∞	310	72 34	″	″	90 00	72 34	17 26	3·1851	∞	″
5	l	2∞	210	64 47	″	″	″	64 47	25 13	2·1234·	″	″
6	m	∞	110	46 43	″	″	″	46 43	43 17	1·0617	″	″
7	n	$\infty 2$	120	27 58	″	″	″	27 58	62 02	0·5308·	″	″
8	g	$0\tfrac{1}{2}$	012	27 43	27 36	13 40	24 50	12 26·	24 13	0·2431·	0·4628	0·5228
9	e	01	011	14 43	43 44·	″	42 47	10 07	41 58	″	0·9256	0·9570
10	u	02	021	7 29	61 49·	″	61 37·	6 35·	60 56	″	1·8515	1·8671
11	q	$+70$	701	90 00	82 00·	82 00·	0 00	82 00·	0 00	7·1222	0	7·1222
12	w	$+10$	101	″	50 48	50 48	″	50 48	″	1·2258·	″	1·2258·

No.	Buch-staben	Symb.	Miller	φ	ϱ	ξ_0	η_0	ξ	η	x' (Prismen) (x : y)	y'	d' $=\mathrm{tg}\,\varrho$
13	?h	$+\frac{3}{5}0$	305	90°00	39°47	39°47	0°00	39 47	0°00	0·8328	0	0·8328
14	x	-10	$\bar{1}01$	90 00	36 29	$\bar{3}6$ 29	"	$\bar{3}6$ 29	"	$\bar{0}·7395$	"	0·7395
15	r	$+1$	111	52 57	56 56	50 48	42 47	41 58·	30 20	1·2259	0·9256	1·5361
16	p	$+21$	211	67 16	67 20	65 38·	"	58 19·	20 54	2·2086	"	2·3947
17	z	-31	$\bar{3}11$	$\bar{7}1$ 06·	70 43·	$\bar{6}9$ 43	"	$\bar{6}3$ 16	17 48	$\bar{2}·7049$	"	2·8590
18	i	-21	$\bar{2}11$	$\bar{6}1$ 45	62 55	$\bar{5}9$ 51·	"	$\bar{5}1$ 39	24 55·	$\bar{1}·7222$	"	1·9552
19	v	-1	$\bar{1}11$	$\bar{3}8$ 37·	49 50	$\bar{3}6$ 29	"	$\bar{2}8$ 29·	36 39·	$\bar{0}·7395·$	"	1·1847
20	s	$+12$	121	33 31	65 45	50 48	61 37·	30 13·	49 29	1·2259	1·8512	2·2203
21	t	$-1\frac{1}{2}$	$\bar{2}12$	$\bar{5}7$ 58	41 06	$\bar{3}6$ 29	24 50	$\bar{3}3$ 52	20 24·	$\bar{0}·7395·$	0·4628	0·8724
22	o	-12	$\bar{1}21$	$\bar{2}1$ 46·	63 21·	"	61 37·	$\bar{1}9$ 22	56 06·	"	1·8512	1·9934
23	f	$+\frac{1}{2}$	112	57 47	40 58	36 18	24 50·	33 41·	20 27·	0·7345·	0·4628	0·8682
24	d	$-\frac{1}{2}$	$\bar{1}12$	$\bar{3}8$ 12	27 42·	$\bar{1}3$ 56·	"	$\bar{1}2$ 41·	24 11·	$\bar{0}·2481·$	"	0·5251

Monimolit.
Regulär.

No.	Buch-staben	Symb.	Miller	φ	ϱ	ξ_0	η_0	ξ	η	x (Prismen) (x : y)	y	d $=\mathrm{tg}\,\varrho$
1	c	{ 0 0∞	001 010	— 0°00	0°00 90 00	0°00 "	0°00 90 00	0°00 "	0°00 90 00	0 "	0 ∞	0 ∞
2	d	{ 01 ∞	011 110	" 45 00	45 00 90 00	" 90 00	45 00 90 00	" 45 00	45 00 "	" 1·0000	1·0000 ∞	1·0000 ∞
3	m	{ $\frac{1}{3}$ 13	113 131	" 18 26	25 14· 72 27	18 26 45 00	18 26 71 34	17 33 "	17 33 64 45·	0·3333 1·0000	0·3333 3·0000	0·4714 3·1623
4	p	1	111	45 00	54 44	"	45 00	35 16	35 16	"	1·0000	1·4142

Mordenit.
Monoklin.

a $= 0·5013$	lg a $= 970010$	lg a$_0 = 967080$	lg p$_0 = 032920$	a$_0 = 0·4686$	p$_0 = 2·1340$
c $= 1·0698$	lg c $= 002930$	lg b$_0 = 997070$	lg q$_0 = 002915$	b$_0 = 0·9347$	q$_0 = 1·0694$
$\left.\begin{matrix}\mu =\\180-\beta\end{matrix}\right\}$ 88°30	$\left.\begin{matrix}\lg h =\\ \lg\sin\mu\end{matrix}\right\}$999985	$\left.\begin{matrix}\lg e =\\ \lg\cos\mu\end{matrix}\right\}$841792	$\lg\dfrac{p_0}{q_0} = 030005$	h $= 0·9996$	e $= 0·0262$

No.	Buch-staben	Symb.	Miller	φ	ϱ	ξ_0	η_0	ξ	η	x' (Prismen) (x : y)	y'	d' $=\mathrm{tg}\,\varrho$
1	c	0	001	90°00	1°30	1°30	0°00	1°30	0°00	0·0262	0	0·0262
2	b	0∞	010	0 00	90 00	0 00	90 00	0 00	90 00	0	∞	∞
3	l	∞	110	63 23	"	90 00	"	63 23	26 37	1·9955	"	"
4	t	$+10$	101	90 00	65 10	65 10	0 00	65 10	0 00	2·1610	0	2·1610
5	s	-10	$\bar{1}01$	90 00	64 37·	$\bar{6}4$ 37·	"	$\bar{6}4$ 37·	"	$\bar{2}·1085$	"	2·1085

Nadorit.

Rhombisch.

a = 0·8881	lg a = 994846	lg a_0 = 980523	lg p_0 = 019478	a_0 = 0·6386	p_0 = 1·9660
c = 1·3907	lg c = 014323	lg b_0 = 985677	lg q_0 = 014323	b_0 = 0·7191	q_0 = 1·3907

No.	Buch-staben	Symb.	Miller	φ	ϱ	ξ_0	η_0	ξ	η	x (Prismen) (x : y)	y	d = tg ϱ
1	o	0∞	010	0°00	90°00	0°00	90°00	0°00	90°00	0	∞	∞
2	a	∞0	100	90 00	"	90 00	0 00	90 00	0 00	∞	0	"
3	r	2∞	210	66 03·	"	"	90 00	66 03·	23 56·	2·2520	∞	"
4	q	∞	110	48 23·	"	"	"	48 23·	41 36·	1·1260	"	"
5	p	∞2	120	29 23	"	"	"	29 23	60 37	0·5630	"	"
6	ϑ	0⅓	013	0 00	24 52	0 00	24 52	0 00	24 52	0	0·4635	0·4635
7	η	01	011	"	54 17	"	54 17	"	54 17	"	1·3906	1·3906
8	e	0⅗	053	"	66 40	"	66 40	"	66 40	"	2·3178	2·3178
9	ζ	02	021	"	70 13·	"	70 13·	"	70 13·	"	2·7813	2·7813
10	ε	0⅞	073	"	72 52·	"	72 52·	"	72 52·	"	3·2450	3·2450
11	δ	0$\tfrac{11}{3}$	0·11·3	"	78 54	"	78 54	"	78 54	"	5·0991	5·0991
12	?x	13	131	20 34·	77 21	57 26·	76 31·	20 03	66 00	1·5660	4·1721	4·4562
13	?y	1$\tfrac{9}{2}$	292	14 03	81 11·	"	80 55·	13 53	73 28	"	6·2580	6·4510
14	s	⅔1	233	36 53·	60 06	46 14	54 17	31 22	43 53·	1·0440	1·3907	1·7390

Nagyagit.

Rhombisch.

a = 0·9836	lg a = 999282	lg a_0 = 974211	lg p_0 = 025789	a_0 = 0·5522	p_0 = 1·8109
c = 1·7812	lg c = 025071	lg b_0 = 974929	lg q_0 = 025071	b_0 = 0·5614	q_0 = 1·7812

No.	Buch-staben	Symb.	Miller	φ	ϱ	ξ_0	η_0	ξ	η	x (Prismen) (x : y)	y	d = tg ϱ
1	B	0	001	—	0°00	0°00	0°00	0°00	0°00	0	0	0
2	m	∞	110	45°28·	90 00	90 00	90 00	45 28·	44 31·	1·0166	∞	∞
3	o	0⅓	013	0 00	30 42	0 00	30 42	0 00	30 42	0	0·5937	0·5937
4	i	0⅔	023	"	49 54	"	49 54	"	49 54	"	1·1876	1·1876
5	e	01	011	"	60 41·	"	60 41·	"	60 41·	"	1·7812	1·7812
6	h	02	021	"	74 19	"	74 19	"	74 19	"	3·5624	3·5624
7	g	⅖0	205	90 00	35 55	35 55	0 00	35 55	0 00	0·7243	0	0·7243
8	f	⅔0	203	"	50 22	50 22	"	50 22	"	1·2073	"	1·2073
9	d	20	201	"	74 34	74 34	"	74 34	"	3·6217	"	3·6217

No.	Buch-staben	Symb.	Miller	φ	ϱ	ξ_0	η_0	ξ	η	x (Prismen) (x : y)	y	d =tg ϱ
10	u	$\frac{1}{2}$	112	45°28'	51°47	42°09'	41°41'	34°04	33°26	0·9054	0·8906	1·2700
11	q	$\frac{2}{3}$	223	"	59 26	50 22	49 54	37 52	37 08'	1·2072	1·1875	1·6934
12	p	$\frac{4}{5}$	445	"	63 48	55 23	54 56'	39 46	38 59'	1·4487	1·4250	2·0320
13	r	1	111	"	68 30'	61 05'	60 41'	41 33'	40 44	1·8109	1·7812	2·5400
14	s	$\frac{3}{2}$	332	"	75 17'	69 47'	69 29	43 36	42 42'	2·7163	2·6717	3·8101
15	t	2	221	"	78 52	74 34	74 19	44 23	43 28'	3·6165	3·5624	5·0801

Nantokit.

Regulär.

No.	Buch-staben	Symb.	Miller	φ	ϱ	ξ_0	η_0	ξ	η	x (Prismen) (x : y)	y	d =tg ϱ
1	c	0 0∞	001 010	— 0°00	0°00 90 00	0°00 "	0°00 90 00	0°00 "	0°00 90 00	0 "	0 ∞	0 ∞
2	p	1	111	45 00	54 44	45 00	45 00	35 16	35 16	1·0000	1·0000	1·4142

Natrolith.

Rhombisch.

a = 0·9811	lg a = 999171	lg a_0 = 044480	lg p_0 = 955520	a_0 = 2·7848	p_0 = 0·3591
c = 0·3523	lg c = 954691	lg b_0 = 045309	lg q_0 = 954691	b_0 = 2·8385	q_0 = 0·3525

No.	Buch-staben	Symb.	Miller	φ	ϱ	ξ_0	η_0	ξ	η·	x (Prismen) (x : y)	y	d =tg ϱ
1	c	0	001	—	0°00	0°00	0°00	0°00	0°00	0	0	0
2	b	0∞	010	0°00	90 00	"	90 00	"	90 00	"	∞	∞
3	a	∞0	100	90 00	"	90 00	0 00	90 00	0 00	∞	0	"
4	l	6∞	610	80 43	"	"	90 00	80 43	9 17	6·1155	∞	"
5	δ	3∞	310	71 53'	"	"	"	71 53'	18 06'	3·0577	"	"
6	i	$\frac{7}{4}$∞	740	60 43'	"	"	"	60 43'	29 16'	1·7837	"	"
7	m	∞	110	45 33	"	"	"	45 33	44 27	1·0192	"	"
8	k	∞$\frac{9}{5}$	590	29 31	"	"	"	29 31	60 29	0·5662	"	"
9	n	∞2	120	27 00	"	"	"	27 00	63 00	0·5096	"	"
10	g	01	011	0 00	19 24'	0 00	19 24'	0 00	19 24'	0	0·3523	0·3523
11	h	03	031	"	46 35	"	46 35	"	46 35	"	1·0569	1·0569
12	D	10	101	90 00	19 24'	19 24'	0 00	19 24'	0 00	0·3523	0	0·3523
13	u	30	301	"	46 39	46 39	"	46 39	"	1·0569	"	1·0569
14	v	60	601	"	64 41	64 41	"	64 41	"	2·1138	"	2·1138
15	p	1	111	45 33	26 42'	19 45	19 24'	18 42'	18 20'	0·3591	0·3523	0·5031

No.	Buch-staben	Symb.	Miller	φ	ϱ	ξ_0	$\bar\eta_0$	ξ	η	x (Prismen) (x : y)	y	d $=\mathrm{tg}\,\varrho$
16	w	2	221	45°33	45°10·	35°41	35°10	30°25	29°47	0·7182	0·7046	1·0061
17	z	3	331	„	56 28	47 08	46 35	36 31	35 43	1·0772·	1·0569	1·5091
18	s	5	551	„	68 19	60 53	60 25	41 33	40 36	1·7954	1·7615	2·5152
19	y	13	131	18 46	48 06·	21 02·	46 35	13 52	44 51	0·3590	1·0569	1·1162
20	β	31	311	71 53·	48 34·	47 08	19 24·	45 27·	13 28·	1·0772	0·3523	1·1334
21	α	51	511	78 54	61 20·	60 53	„	59 26	9 43·	1·7954	„	1·8297
22	f	39	391	18 46	73 22·	47 08	72 29·	17 57	65 07·	1·0772	3·1707	3·3487

Natronsalpeter.

Hexagonal.   Rhomboedrisch-hemiedrisch.

$c = 0·8266$	$\lg c = 991730$	$\lg a_0 = 032126$	$\lg p_0 = 974121$	$a_0 = 2·0954$	$p_0 = 0·5511$	(G_2)

No.	Buch-staben	Symb.	Bravais	φ	ϱ	ξ_0	η_0	ξ	η	x (Prismen) (x : y)	y	d $=\mathrm{tg}\,\varrho$
I	p·	I	$11\bar21$	30°00	43°40	25°31	39°34·	20°12	36°43·	0·4772	0·8266	0·9545

Nephelin.

Hexagonal.   Holoedrisch.

$c = 1·453$	$\lg c = 016227$	$\lg a_0 = 007629$	$\lg p_0 = 998618$	$a_0 = 1·1920$	$p_0 = 0·9687$	(G_1)

No.	Buch-staben	Symb.	Bravais	φ	ϱ	ξ_0	η_0	ξ	η	x (Prismen) (x : y)	y	d $=\mathrm{tg}\,\varrho$
I	o	0	0001	—	0°00	0°00	0°00	0°00	0°00	0	0	0
2	a	$\infty 0$	$10\bar10$	0°00	90 00	„	90 00	„	90 00	„	∞	∞
3	b	∞	$11\bar20$	30 00	„	90 00	„	30 00	60 00	0·5773	„	„
4	t	2∞	$21\bar30$	19 06·	„	„	„	19 06·	70 53·	0·3464	„	„
5	h	$\frac{2}{5}0$	$20\bar25$	0 00	21 16	0 00	21 16	0 00	21 16	0	0·3893	0·3893
6	i	$\frac{1}{2}0$	$10\bar12$	„	25 50·	„	25 50·	„	25 50·	„	0·4843	0·4843
7	k	$\frac{2}{3}0$	$20\bar23$	„	32 51	„	32 51	„	32 51	„	0·6458	0·6458
8	x	10	$10\bar11$	„	44 05·	„	44 05·	„	44 05·	„	0·9687	0·9687
9	z	20	$20\bar21$	„	62 42	„	62 42	„	62 42	„	1·9374	1·9374
10	l	40	$40\bar41$	„	75 31·	„	75 31·	„	75 31·	„	3·8747	3·8747
11	n	60	$60\bar61$	„	80 14	„	80 14	„	80 14	„	5·8120	5·8120
12	e	I	$11\bar21$	30 00	59 12	39 59·	55 28	25 26	48 04	0·8389	1·4530	1·6778
13	f	2	$22\bar41$	„	73 24·	59 12	71 00·	28 38	56 05·	1·6778	2·9060	3·3556

Neptunit.

Monoklin.

a $=$ 1·3164	lg a $=$ 011939	lg a$_0 =$ 021225	lg p$_0 =$ 978775	a$_0 =$ 1·6302	p$_0 =$ 0·6134
c $=$ 0·8075	lg c $=$ 990714	lg b$_0 =$ 009286	lg q$_0 =$ 986214	b$_0 =$ 1·2384	q$_0 =$ 0·7280
$\left.\begin{array}{l}\mu = \\ 180 - \beta\end{array}\right\}$ 64°22	$\left.\begin{array}{l}\text{lg h} = \\ \text{lg sin}\,\mu\end{array}\right\}$ 995500	$\left.\begin{array}{l}\text{lg e} = \\ \text{lg cos}\,\mu\end{array}\right\}$ 963610	lg $\dfrac{p_0}{q_0} =$ 992561	h $=$ 0·9016	e $=$ 0·4326

No.	Buch-staben	Symb.	Miller	φ	ϱ	ξ_0	η_0	ξ	η	x' (Prismen) (x : y)	y'	d' $=$ tg ϱ
1	c	o	001	90° 00	25° 38	25° 38	0° 00	25° 38	0° 00	0·4798	0	0·4798
2	b	0∞	010	0 00	90 00	0 00	90 00	0 00	90 00	0	∞	∞
3	a	∞0	100	90 00	0 00	90 00	0 00	90 00	0 00	∞	0	"
4	m	∞	110	40 07	90 00	"	90 00	40 07	49 53	0·8426	∞	"
5	e	—20	$\bar{2}$01	90 00	41 22·	$\bar{4}$1 22·	0 00	$\bar{4}$1 22·	0 00	$\bar{0}$·8809	0	0·8809
6	d	—30	$\bar{3}$01	"	57 21·	$\bar{5}$7 21·	"	$\bar{5}$7 21·	"	$\bar{1}$·5613	"	1·5613
7	s	+1	111	55 10	54 43·	49 14·	38 55	42 04·	27 48	1·1602	0·8075	1·4135
8	o	—1	$\bar{1}$11	$\bar{1}$3 57	39 45·	$\bar{1}$1 20·	"	8 52	38 22	$\bar{0}$·2005	"	0·8320
9	v	+2	221	48 44	67 47	61 29	58 14	44 06	37 38	1·8405	1·6150	2·4487
10	u	$-\frac{5}{2}\frac{1}{2}$	$\bar{5}$12	$\bar{7}$1 42	52 08	$\bar{5}$0 41	21 59	$\bar{4}$8 33	14 21	$\bar{1}$·2211	0·4037	1·2861

Nesquehonit.

Rhombisch.

a $=$ 0·645	lg a $=$ 980956	lg a$_0 =$ 014983	lg p$_0 =$ 985017	a$_0 =$ 1·4120	p$_0 =$ 0·7082
c $=$ 0·4568	lg c $=$ 965973	lg b$_0 =$ 034027	lg q$_0 =$ 965973	b$_0 =$ 2·1891	q$_0 =$ 0·4568

No.	Buch-staben	Symb.	Miller	φ	ϱ	ξ_0	η_0	ξ	η	x (Prismen) (x : y)	y	d $=$ tg ϱ
1	c	o	001	—	0° 00	0° 00	0° 00	0° 00	0° 00	0	0	0
2	b	0∞	010	0° 00	90 00	"	90 00	"	90 00	"	∞	∞
3	m	∞	110	57 11	"	90 00	"	57 11	32 49	1·5503·	"	"
4	d	01	011	0 00	24 33	0 00	24 33	0 00	24 33	0	0·4568	0·4568

Newberyit.

Rhombisch.

$a = 0\cdot9548$	$\lg a = 997991$	$\lg a_0 = 000863$	$\lg p_0 = 999137$	$a_0 = 1\cdot0201$	$p_0 = 0\cdot9803$
$c = 0\cdot9360$	$\lg c = 997128$	$\lg b_0 = 002872$	$\lg q_0 = 997128$	$b_0 = 1\cdot0684$	$q_0 = 0\cdot9360$

No.	Buch-staben	Symb.	Miller	φ	ϱ	ξ_0	η_0	ξ	η	x (Prismen) (x : y)	y	d $= \mathrm{tg}\,\varrho$
1	c	0	001	—	0° 00	0° 00	0° 00	0° 00	0° 00	0	0	0
2	b	0∞	010	0° 00	90 00	"	90 00	"	90 00	"	∞	∞
3	a	∞0	100	90 00	"	90 00	0 00	90 00	0 00	∞	0	"
4	l	2∞	210	64 29	"	"	90 00	64 29	25 31	2·0947	∞	"
5	v	$\tfrac{3}{2}\infty$	320	57 31·	"	"	"	57 31·	32 28·	1·5710	"	"
6	n	$\tfrac{7}{5}\infty$	750	55 42·	"	"	"	55 42·	34 17·	1·4663	"	"
7	t	$\tfrac{4}{3}\infty$	430	54 23·	"	"	"	54 23·	35 36·	1·3964	"	"
8	m	∞	110	46 19·	"	"	"	46 19·	43 40·	1·0473	"	"
9	g	01	011	0 00	43 06·	0 00	43 06·	0 00	43 06·	0	0·9360	0·9360
10	f	02	021	"	61 53·	"	61 53·	"	61 53·	"	1·8720	1·8720
11	e	$\tfrac{1}{2}$0	102	90 00	26 07	26 07	0 00	26 07	0 00	0·4901	0	0·4901
12	d	10	101	"	44 26	44 26	"	44 26	"	0·9803	"	0·9803
13	q	$\tfrac{3}{2}$0	302	"	55 47	55 47	"	55 47	"	1·4705	"	1·4705
14	s	$\tfrac{7}{2}$1	722	74 44·	74 17·	73 45	43 06·	68 14	14 40·	3·4312	0·9360	3·5566
15	r	21	211	64 29	65 17	62 58·	"	55 03·	23 02·	1·9606	"	2·1726
16	o	1	111	46 19·	53 35	44 26	"	35 35·	33 45·	0·9803	"	1·3554
17	h	$\tfrac{2}{3}$	223	"	42 06	33 10	31 58	29 00·	27 35	0·6535	0·6240	0·9036
18	p	$\tfrac{1}{2}$	112	"	34 07·	26 07	25 05	23 56·	22 47·	0·4901	0·4680	0·6777

Nickelvitriol.

Rhombisch.

$a = 0\cdot9817$	$\lg a = 999201$	$\lg a_0 = 023950$	$\lg p_0 = 976050$	$a_0 = 1\cdot7358$	$p_0 = 0\cdot5761$
$c = 0\cdot5656$	$\lg c = 975251$	$\lg b_0 = 024749$	$\lg q_0 = 975251$	$b_0 = 1\cdot7680$	$q_0 = 0\cdot5656$

No.	Buch-staben	Symb.	Miller	φ	ϱ	ξ_0	η_0	ξ	η	x (Prismen) (x : y)	y	d $= \mathrm{tg}\,\varrho$
1	b	0∞	010	0° 00	90° 00	0° 00	90° 00	0° 00	90° 00	0	∞	∞
2	m	∞	110	45 31·	"	90 00	"	45 31·	44 28·	1·0186	"	"
3	f	∞2	120	26 29·	"	"	"	26 29·	63 30·	0·5093	"	"
4	v	01	011	0 00	29 29·	0 00	29 29·	0 00	29 29·	0	0·5656	0·5656
5	r	02	021	"	48 31·	"	48 31·	"	48 31·	"	1·1312	1·1312
6	n	10	101	90 00	29 57	29 57	0 00	29 57	0 00	0·5761	0	0·5761
7	x	20	201	"	49 02·	49 02·	"	49 02·	"	1·1522	"	1·1522
8	z	1	111	45 31·	38 55	29 57	29 29·	26 38	26 06·	0·5761	0·5656	0·8074
9	t	12	121	26 59·	51 46	"	48 31·	20 53	44 25·	"	1·1312	1·2694
10	s	21	211	63 51·	52 05	49 03	29 29·	45 05	20 21	1·1522	0·5656	1·2835

Nordenskjöldin.

Hexagonal. Rhomboedrisch-hemiedrisch

$c = 0{\cdot}8221$	$\lg c = 991492$	$\lg a_0 = 032364$	$\lg p_0 = 973883$	$a_0 = 2{\cdot}1069$	$p_0 = 0{\cdot}5481$	(G_2)

No.	Buch-staben	Symb.	Bravais	φ	ϱ	ξ_0	η_0	ξ	η	x (Prismen) (x : y)	y	d $=\mathrm{tg}\,\varrho$
1	o	o	0001	—	0° 00	0° 00	0° 00	0° 00	0° 00	0	0	0
2	a	∞0	1010	0° 00	90 00	"	90 00	"	90 00	"	∞	∞
3	p	1	1121	30 00	43 31·	25 23·	39 25·	20 08	36 36	0·4746	0·8221	0·9493

Nosean.

Regulär.

No.	Buch-staben	Symb.	Miller	φ	ϱ	ξ_0	η_0	ξ	η	x (Prismen) (x : y)	y	d $=\mathrm{tg}\,\varrho$
1	c	{ o	001	—	0° 00	0° 00	0° 00	0° 00	0° 00	0	0	0
		{ 0∞	010	0° 00	90 00	"	90 00	"	90 00	"	∞	∞
2	d	{ 01	011	"	45 00	"	45 00	"	45 00	"	1·0000	1·0000
		{ ∞	110	45 00	90 00	90 00	90 00	45 00	"	1·0000	∞	∞

Ochrolith.

Rhombisch.

$a = 0{\cdot}9050$	$\lg a = 995665$	$\lg a_0 = 965264$	$\lg p_0 = 034736$	$a_0 = 0{\cdot}4494$	$p_0 = 2{\cdot}2251$
$c = 2{\cdot}0138$	$\lg c = 030401$	$\lg b_0 = 969599$	$\lg q_0 = 030401$	$b_0 = 0{\cdot}4966$	$q_0 = 2{\cdot}0138$

No.	Buch-staben	Symb.	Miller	φ	ϱ	ξ_0	η_0	ξ	η	x (Prismen) (x : y)	y	d $=\mathrm{tg}\,\varrho$
1	c	o	001	—	0° 00	0° 00	0° 00	0° 00	0° 00	0	0	0
2	e	01	011	0° 00	63 35·	"	63 35·	"	63 35·	"	2·0138	2·0138
3	d	10	101	90 00	65 48	65 48	0 00	65 48	0 00	2·2251	0	2·2251

Oldhamit.

Regulär.

No.	Buch-staben	Symb.	Miller	φ	ϱ	ξ_0	η_0	ξ	η	x (Prismen) (x : y)	y	d $=$ tg ϱ
1	c	$\{\begin{smallmatrix}0\\0\infty\end{smallmatrix}$	001 010	— 0° 00	0° 00 90 00	0° 00 „	0° 00 90 00	0° 00 „	0° 00 90 00	0 „	0 ∞	0 ∞

Olivenit.

Rhombisch.

$a = 0\cdot9485$	$\lg a = 997704$	$\lg a_0 = 014389$	$\lg p_0 = 985610$	$a_0 = 1\cdot3928$	$p_0 = 0\cdot7180$
$c = 0\cdot6810$	$\lg c = 983315$	$\lg b_0 = 016685$	$\lg q_0 = 983315$	$b_0 = 1\cdot4684$	$q_0 = 0\cdot6810$

No.	Buch-staben	Symb.	Miller	φ	ϱ	ξ_0	η_0	ξ	η	x (Prismen) (x : y)	y	d $=$ tg ϱ
1	a	0∞	010	0° 00	90° 00	0° 00	90° 00	0° 00	90° 00	0	∞	∞
2	b	$\infty 0$	100	90 00	„	90 00	0 00	90 00	0 00	∞	0	„
3	m	∞	110	46 31	„	„	90 00	46 31	43 29	1·0542	∞	„
4	f	$0\tfrac{1}{3}$	013	0 00	12 47˙	0 00	12 47˙	0 00	12 47˙	0	0·2270	0·2270
5	e	01	011	„	34 15˙	„	34 15˙	„	34 15˙	„	0·6810	0·6810
6	v	10	101	90 00	35 40˙	35 40˙	0 00	35 40˙	0 00	0·7179	0	0·7179

Olivin-Gruppe[1)]

Olivin. Chrysolith. Forsterit. Hyalosiderit. Titanolivin.

Rhombisch.

$a = 0\cdot4658$	$\lg a = 966820$	$\lg a_0 = 989993$	$\lg p_0 = 010007$	$a_0 = 0\cdot7942$	$p_0 = 1\cdot2591$
$c = 0\cdot5865$	$\lg c = 976827$	$\lg b_0 = 023173$	$\lg q_0 = 976827$	$b_0 = 1\cdot7050$	$q_0 = 0\cdot5865$

No.	Buch-staben	Symb.	Miller	φ	ϱ	ξ_0	η_0	ξ	η	x (Prismen) (x : y)	y	d $=$ tg ϱ
1	b	0	001	—	0° 00	0° 00	0° 00	0° 00	0° 00	0	0	0
2	a	0∞	010	0° 00	90 00	„	90 00	„	90 00	„	∞	∞
3	c	$\infty 0$	100	90 00	„	90 00	0 00	90 00	0 00	∞	0	„
4	(m)	2∞	210	76 53˙	„	„	90 00	76 53˙	13 06˙	4·2937	∞	„
5	u	$\tfrac{5}{4}\infty$	540	69 34	„	„	„	69 34	20 26	2·6835	„	„
6	(v)	$\tfrac{10}{9}\infty$	10·9·0	67 15˙	„	„	„	67 15˙	22 44˙	2·3853	„	„

[1)] Die Formen mit Buchstaben in Klammern ( ) sind nicht bei dieser, wohl aber bei anderen Olivin-Arten beobachtet.

No.	Buchstaben	Symb.	Miller	φ	ϱ	ξ_0	η_0	ξ	η	x (Prismen) (x : y)	y	d $=\operatorname{tg}\varrho$
7	n	∞	110	65°01·	90°00	90°00	90°00	65°01·	24°58·	2·1468	∞	∞
8	(x)	$\infty\frac{3}{2}$	230	55 03·	”	”	”	55 03·	34 56·	1·4312	”	”
9	s	∞2	120	47 01·	”	”	”	47 01·	42 58·	1·0734	”	”
10	r	∞3	130	35 35·	”	”	”	35 35·	54 24·	0·7156	”	”
11	z	∞4	140	28 13·	”	”	”	28 13·	61 46·	0·5345	”	”
12	(y)	∞5	150	23 14	”	”	”	23 14	66 46	0·4293	”	”
13	w	$0\frac{1}{2}$	012	0 00	16 20·	0 00	16 20·	0 00	16 20·	0	0·2932	0·2932
14	h	01	011	”	30 23·	”	30 23·	”	30 23·	”	0·5865	0·5865
15	(p)	$0\frac{3}{2}$	032	”	41 20·	”	41 20·	”	41 20·	”	0·8797	0·8797
16	k	02	021	”	49 33	”	49 33	”	49 33	”	1·1730	1·1730
17	i	04	041	”	66 55	”	66 55	”	66 55	”	2·3460	2·3460
18	β	$\frac{1}{6}$0	106	90 00	11 51	11 51	0 00	11 51	”	0·2098	0	0·2098
19	v	$\frac{1}{2}$0	102	”	32 11·	32 11·	”	32 11·	”	0·6295	”	0·6295
20	γ	$\frac{2}{3}$0	203	”	40 00·	40 00·	”	40 00·	”	0·8392	”	0·8392
21	d	10	101	”	51 32·	51 32·	”	51 32·	”	1·2591	”	1·2591
22	l	13	131	35 35·	65 12	”	60 23·	31 53·	47 34·	”	1·7595	2·1636
23	f	12	121	47 01·	59 50·	”	49 33	39 14·	36 06·	”	1·1730	1·7204
24	e	1	111	65 01·	54 15	”	30 23·	47 22	20 02·	”	0·5865	1·3890
25	g	$1\frac{1}{2}$	212	67 53·	52 16·	”	16 20·	50 23	10 20	”	0·2932	1·2928
26	o	$\frac{1}{2}$	112	65 01·	34 47	32 11·	”	31 08	13 56	0·6295	”	0·6945
27	q	$\frac{1}{6}$	116	”	13 02	11 51	5 35	11 48	5 28	0·2098	0·0977	0·2315
28	α	$\frac{2}{3}\frac{1}{3}$	213	67 53·	40 45·	40 00·	11 03·	39 29	8 31	0·8394	0·1955	0·8619

Olivin-Gruppe[1]

Fayalit.

Rhombisch.

a = 0·460	lg a = 966276	lg a_0 = 990008	lg p_0 = 009992	a_0 = 0·7945	p_0 = 1·2587
c = 0·579	lg c = 976268	lg b_0 = 023732	lg q_0 = 976268	b_0 = 1·7271	q_0 = 0·5790

No.	Buchstaben	Symb.	Miller	φ	ϱ	ξ_0	η_0	ξ	η	x (Prismen) (x : y)	y	d $=\operatorname{tg}\varrho$
1	b	0	001	—	0°00	0°00	0°00	0°00	0°00	0	0	0
2	a	0∞	010	0°00	90 00	”	90 00	”	90 00	”	∞	∞
3	c	∞0	100	90 00	”	90 00	0 00	90 00	0 00	∞	0	”
4	(m)	2∞	210	77 03	”	”	90 00	77 03	12 57	4·3478	∞	”
5	(u)	$\frac{5}{4}\infty$	540	69 48	”	”	”	69 48	20 12	2·7173	”	”
6	(ν)	$\frac{10}{9}\infty$	10·9·0	67 30·	”	”	”	67 30·	22 29·	2·4154	”	”

[1] Vgl. Fußnote S. 251.

No.	Buch-staben	Symb.	Miller	φ	ϱ	ξ_0	η_0	ξ	η	x (Prismen) (x : y)	y	d =tgϱ
7	n	∞	110	65°18	90°00	90°00	90°00	65°18	24°42	2·1739	∞	∞
8	x	$\infty\frac{3}{2}$	230	55 23·	"	"	"	55 23·	34 36·	1·4492	"	"
9	s	∞2	120	47 23	"	"	"	47 23	42 37	1·0869	"	"
10	r	∞3	130	35 55·	"	"	"	35 55·	54 04·	0·7246	"	"
11	(z)	∞4	140	28 31·	"	"	"	28 31·	61 28·	0·5434	"	"
12	y	∞5	150	23 30	"	"	"	23 30	66 30	0·4348	"	"
13	(w)	0$\frac{1}{2}$	012	0 00	16 09	0 00	16 09	0 00	16 09	0	0·2895	0·2895
14	h	01	011	"	30 04	"	30 04	"	30 04	"	0·5790	0·5790
15	(p)	0$\frac{3}{2}$	032	"	40 58·	"	40 58·	"	40 58·	"	0·8685	0·8685
16	k	02	021	"	49 11	"	49 11	"	49 11	"	1·1580	1·1580
17	(i)	04	041	"	66 39	"	66 39	"	66 39	"	2·3160	2·3160
18	(β)	$\frac{1}{6}$0	106	90 00	11 51	11 51	0 00	11 51	0 00	0·2098	0	0·2098
19	(v)	$\frac{1}{2}$0	102	"	32 11	32 11	"	32 11	"	0·6293	"	0·6293
20	(γ)	$\frac{2}{3}$0	203	"	40 00	40 00	"	40 00	"	0·8391	"	0·8391
21	d	10	101	"	51 32	51 32	"	51 32	"	1·2587	"	1·2587
22	l	13	131	35 55·	65 00·	"	60 04	32 08	47 13	"	1·7370	2·1451
23	f	12	121	47 23	59 41	"	49 11·	39 26·	35 46	"	1·1580	1·7103
24	e	1	111	65 18	54 11	"	30 04	47 27	19 48·	"	0·5790	1·3855
25	(g)	1$\frac{1}{2}$	212	77 03	52 15	"	16 08·	50 24·	10 12·	"	0·2895	1·2915
26	(o)	$\frac{1}{2}$	112	65 18	34 42·	32 11	"	31 09	13 46	0·6293	"	0·6927
27	(q)	$\frac{1}{6}$	116	"	13 00	11 50·	5 30·	11 47·	5 24	0·2098	0·0965	0·2309
28	(α)	$\frac{2}{3}\frac{1}{3}$	213	77 03	40 44	40 00	10 55·	39 29	8 24·	0·8391	0·1930	0·8610

<h1 align="center">Olivin-Gruppe[1]</h1>

<h1 align="center">Monticellit.</h1>

Rhombisch.

a = 0·4337	lg a = 963719	lg a_0 = 987699	lg p_0 = 012301	a_0 = 0·7533	p_0 = 1·3274
c = 0·5757	lg c = 976020	lg b_0 = 023980	lg q_0 = 976020	b_0 = 1·7370	q_0 = 0·5757

No.	Buch-staben	Symb.	Miller	φ	ϱ	ξ_0	η_0	ξ	η	x (Prismen) (x : y)	y	d =tgϱ
1	(b)	0	001	—	0°00	0°00,	0°00	0°00	0°00	0	0	0
2	a	0∞	010	0°00	90 00	"	90 00	"	90 00	"	∞	∞
3	c	∞0	100	90 00	"	90 00	0 00	90 00	0 00	∞	0	"
4	(m)	2∞	210	77 46	"	"	90 00	77 46	12 14	4·6114	∞	"
5	(u)	$\frac{5}{4}\infty$	540	70 52	"	"	"	70 52	19 08	2·8822	"	"
6	(r)	$\frac{10}{9}\infty$	10·9·0	68 40·	"	"	"	68 40·	21 19·	2·5619	"	"

[1] Vgl. Fufsnote S. 251.

No.	Buchstaben	Symb.	Miller	φ	ϱ	ξ_0	η_0	ξ	η	x (Prismen) (x : y)	y	d =tgϱ
7	n	∞	110	66° 33	90° 00	90° 00	90° 00	66° 33	23° 27	2·3057	∞	∞
8	(x)	$\infty\tfrac{3}{2}$	230	56 57	"	"	"	56 57	33 03	1·5371	"	"
9	s	∞2	120	49 03·	"	"	"	49 03·	40 56·	1·1528	"	"
10	(r)	∞3	130	37 32·	"	"	"	37 32·	52 27·	0·7685	"	"
11	(z)	∞4	140	29 57·	"	"	"	29 57·	60 02·	0·5764	"	"
12	(y)	∞5	150	24 45·	"	0 00	"	24 45·	65 14·	0·4611	"	"
13	(w)	0$\tfrac{1}{2}$	012	0 00	16 03·	"	16 03·	0 00	16 03·	0	0·2878	0·2878
14	h	0$\bar{1}$	011	"	29 56	"	29 56	"	29 56	"	0·5757	0·5757
15	(p)	0$\tfrac{3}{2}$	032	"	40 49	"	40 49	"	40 49	"	0·8635	0·8635
16	k	02	021	"	49 01·	"	49 01·	"	49 01·	"	1·1514	1·1514
17	(i)	04	041	"	66 31·	"	66 31·	"	66 31·	"	2·3028	2·3028
18	(β)	$\tfrac{1}{6}$0	106	90 00	12 28·	12 28·	0 00	12 28·	0 00	0·2212	0	0·2212
19	(v)	$\tfrac{1}{2}$0	102	"	33 34·	33 34·	"	33 34·	"	0·6637	"	0·6637
20	(γ)	$\tfrac{2}{3}$0	203	"	41 30·	41 30·	"	41 30·	"	0·8849	"	0·8849
21	d	10	101	"	53 00·	53 00·	"	53 00·	"	1·3274	"	1·3274
22	(l)	13	131	37 32·	65 20·	"	59 56	33 37·	46 14·	"	1·7271	2·1782
23	f	12	121	49 03·	60 21·	"	49 01·	41 02·	34 43	"	1·1514	1·7572
24	e	1	111	66 33	55 21	"	29 56	49 00	19 06·	"	0·5757	1·4469
25	(g)	1$\tfrac{1}{2}$	212	77 46	53 38·	"	16 03·	51 54·	9 49·	"	0·2878	1·3583
26	(o)	$\tfrac{1}{2}$	112	66 33	35 53	33 34·	"	32 32	13 29	0·6637	"	0·7234
27	(q)	$\tfrac{1}{6}$	116	"	13 33·	12 28·	5 29	12 52	5 21	0·2212	0·0959	0·2411
28	(α)	$\tfrac{2}{3}\tfrac{1}{3}$	213	77 46	42 09·	41 30·	10 52	40 59·	8 10	0·8849	0·1919	0·9055

Olivin-Gruppe[1]

Tephroit.

Rhombisch.

a = 0·4600	lg a = 966276	lg a_0 = 988905	lg p_0 = 011095	a_0 = 0·7745	p_0 = 1·2911
c = 0·5939	lg c = 977371	lg b_0 = 022629	lg q_0 = 977371	b_0 = 1·6838	q_0 = 0·5939

No.	Buchstaben	Symb.	Miller	φ	ϱ	ξ_0	η_0	ξ	η	x (Prismen) (x : y)	y	d =tgϱ
1	(b)	0	001	—	0° 00	0° 00	0° 00	0° 00	0° 00	0	0	0
2	(a)	0∞	010	0° 00	90 00	"	90 00	"	90 00	"	∞	∞
3	c	∞0	100	90 00	"	90 00	0 00	90 00	0 00	∞	0	"
4	(m)	2∞	210	77 03	"	"	90 00	77 03	12 57	4·3478	∞	"
5	(u)	$\tfrac{5}{4}\infty$	540	69 47·	"	"	"	69 47·	20 12·	2·7173	"	"
6	v	$\tfrac{10}{9}\infty$	10·9·0	67 30·	"	"	"	67 30·	22 29·	2·4154	"	"

[1] Vergl. Fussnote S. 251.

No.	Buchstaben	Symb.	Miller	φ	ϱ	ξ_0	η_0	ξ	η	x (Prismen) (x : y)	y	d $=\lg\varrho$
7	n	∞	110	65° 18	90° 00	90° 00	90° 00	65° 18	24° 42	2·1739	∞	∞
8	(x)	$\infty\frac{3}{2}$	230	55 23·	″	″	″	55 23·	34 36·	1·4492	″	″
9	s	$\infty2$	120	47 23	″	″	″	47 23	42 37	1·0869	″	″
10	(r)	$\infty3$	130	35 55·	″	″	″	35 55·	54 04·	0·7246	″	″
11	(z)	$\infty4$	140	28 31·	″	″	″	28 31·	61 28·	0.5434	″	″
12	(y)	$\infty5$	150	23 30	″	″	″	23 30	66 30	0·4348	″	″
13	(w)	$0\frac{1}{2}$	012	0 00	16 32·	0 00	16 32·	0 00	16 32·	0	0·2969	0·2969
14	h	01	011	″	30 42·	″	30 42·	″	30 42·	″	0·5939	0·5939
15	(p)	$0\frac{3}{2}$	032	″	41 42	″	41 42	″	41 42	″	0·8908	0·8908
16	(k)	02	021	″	49 54·	″	49 54·	″	49 54·	″	1·1878	1·1878
17	(i)	04	041	″	67 10	″	67 10	″	67 10	″	2·3756	2·3756
18	(β)	$\frac{1}{6}0$	106	90 00	12 08·	12 08·	0 00	12 08·	0 00	0·2152	0	0·2152
19	(v)	$\frac{1}{2}0$	102	″	32 50·	32 50·	″	32 50·	″	0·6455	″	0·6455
20	(γ)	$\frac{2}{3}0$	203	″	40 43	40 43	″	40 43	″	0·8607	″	0·8607
21	(d)	10	101	″	52 14·	52 14·	″	52 14·	″	1·2911	″	1·2911
22	l	13	131	35 55·	65 33·	″	60 42	32 17·	47 29·	″	1·7817	2·2003
23	f	12	121	47 23	60 19	″	49 54·	39 44·	36 02	″	1·1878	1·7543
24	e	1	111	65 18	·54 52	″	30 42·	47 59	19 59	″	0·5939	1·4211
25	(g)	$1\frac{1}{2}$	212	77 03	52 57	″	16 32·	51 03·	10 18·	″	0·2969	1·3247
26	(o)	$1\frac{1}{2}$	112	65 18	35 24	32 50·	″	31 45	14 00·	0·6455	″	0·7106
27	(q)	$1\frac{1}{6}$	116	″	13 19·	12 08·	5 39	12 05	5 31·	0·2152	0·0990	0·2369
28	(a)	$\frac{2}{3}\frac{1}{3}$	213	77 03	41 27	40 43	11 12	40 10·	8 32	0·8607	0·1980	0·8832

Orthit.

Monoklin.

a = 1·5527	lg a = 019109	lg a_0 = 994116	lg p_0 = 005884	a_0 = 0·8733	p_0 = 1·1451
c = 1·7780	lg c = 024993	lg b_0 = 975007	lg q_0 = 020721	b_0 = 0·5624	q_0 = 1·6114
$\mu = \atop 180-\beta$ } 65° 00	lg h = $\atop$ lg sin μ } 995728	lg e = $\atop$ lg cos μ } 962595	lg $\frac{p_0}{q_0}$ = 985163	h = 0·9063	e = 0·4226

No.	Buchstaben	Symb.	Miller	φ	ϱ	ξ_0	η_0	ξ	η	x′ (Prismen) (x : y)	y′	d′ $=\mathrm{tg}\,\varrho$
1	c	0	001	90° 00	25° 00	25° 00	0° 00	25° 00	0° 00	0·4663	0	0·4663
2	t	$\infty0$	100	″	90 00	90 00	″	90 00	″	∞	″	∞
3	Π	10∞	10·1·0	81 59·	″	″	90 00	81 59·	8 00·	7·1060	∞	″
4	U	6∞	610	76 48	″	″	″	76 48	13 12	4·2633	″	″
5	u	2∞	210	54 52	″	″	″	54 52	35 08	1·4212	″	″
6	z	∞	110	35 24	″	″	″	35 24	54 36	0·7106	″	″

No.	Buchstaben	Symb.	Miller	φ	ϱ	ξ_0	η_0	ξ	η	x′ (Prismen) (x:y)	y′	d′ =tgϱ
7	k	$0\frac{1}{2}$	012	27°41	45°06·	25°00	41°38	19°13	38°51·	0·4663	0·8890	1·0039
8	o	01	011	14 42	61 27	„	60 39	12 52·	58 10·	„	1·7780	1·8381
9	Θ	+20	201	90 00	71 31·	71 31·	0 00	71 31·	0 00	2·9932	0	2·9932
10	e	+10	101	„	59 58	59 58	„	59 58	„	1·7297	„	1·7297
11	m	$+\frac{1}{2}0$	102	„	47 40·	47 40·	„	47 40·	„	1·0979	„	1·0979
12	S	$-\frac{1}{4}0$	$\bar{1}$04	„	8 33	8 33	„	8 33	„	0·1503·	„	0·1503·
13	R	$-\frac{1}{3}0$	$\bar{1}$03	„	2 35	2 35	„	2 35	„	0·0451	„	0·0451
14	i	$-\frac{1}{2}0$	$\bar{1}$02	90 00	9 23·	9 23·	„	9 23·	„	$\bar{0}$·1654	„	0·1654
15	σ	$-\frac{2}{3}0$	$\bar{2}$03	„	20 36·	$\bar{2}$0 36·	„	$\bar{2}$0 36·	„	$\bar{0}$·3760	„	0·3760
16	r	−10	$\bar{1}$01	„	38 34	$\bar{3}$8 34	„	$\bar{3}$8 34	„	$\bar{0}$·7972	„	0·7972
17	K	$-\frac{3}{2}0$	$\bar{3}$02	„	55 01	$\bar{5}$5 01	„	$\bar{5}$5 01	„	$\bar{1}$·4289	„	1·4289
18	a	−20	$\bar{2}$01	„	64 07	$\bar{6}$4 07	„	$\bar{6}$4 07	„	$\bar{2}$·0606	„	2·0606
19	f	−30	$\bar{3}$01	„	73 15·	$\bar{7}$3 15·	„	$\bar{7}$3 15·	„	$\bar{3}$·3241	„	3·3241
20	λ	−50	$\bar{5}$01	„	80 18	80 18	„	80 18	„	$\bar{5}$·8510	„	5·8510
21	d	+1	111	44 13	68 02·	59 58	60 39	40 18	41 40	1·7297	„	2·4805
22	v	$+\frac{1}{2}$	112	51 00·	54 42·	47 40·	41 38·	39 22·	30 54	1·0980	0·8890	1·4128
23	V	$+\frac{1}{5}$	115	63 41	38 44	35 43	19 34·	34 07·	16 06·	0·7189·	0·3556	0·8021
24	π	$-\frac{1}{4}$	$\bar{1}$14	18 41·	25 08·	8 33	23 58	7 49·	23 44	0·1503·	0·4445	0·4692
25	x	$-\frac{1}{2}$	$\bar{1}$12	$\bar{1}$0 32·	42 07·	$\bar{9}$ 23·	41 38·	$\bar{7}$ 03	41 15	$\bar{0}$·1654	0·8890	0·9043
26	n	−1	$\bar{1}$11	$\bar{2}$4 09	62 50	$\bar{3}$8 34	60 39	$\bar{2}$1 21	54 16·	$\bar{0}$·7972	1·7780	1·9485
27	q	−2	$\bar{2}$21	30 06	76 19·	$\bar{6}$4 07	74 17·	$\bar{2}$9 19·	57 13	$\bar{2}$·0609	3·5560	4·1101
28	w	+21	211	59 17·	73 58·	71 31·	60 39	55 43·	29 24	2·9931	1·7780	3·4815
29	M	−21	$\bar{2}$11	$\bar{4}$9 13	69 49·	$\bar{6}$4 07	„	$\bar{4}$5 17·	37 49	$\bar{2}$·0609	„	2·7219
30	η	$-\frac{1}{4}\frac{1}{2}$	$\bar{1}$24	9 36	42 02·	8 33	41 38	6 25	41 19	0·1503·	0·8890	0·9016

Osmiridium.

Hexagonal.   Rhomboedrisch-hemiedrisch.

c = 1·4105	lg c = 014937	lg a₀ = 008919	lg p₀ = 997328	a₀ = 1·2280	p₀ = 0·9403	(G₂)

No.	Buchstaben	Symb.	Bravais	φ	ϱ	ξ_0	η_0	ξ	η	x (Prismen) (x:y)	y	d =tgϱ
1	c	0	0001	—	0°00	0°00	0°00	0°00	0°00	0	0	0
2	g	∞	10$\bar{1}$0	0°00	90 00	„	90 00	„	90 00	„	∞	∞
3	h	∞	11$\bar{2}$0	30 00	„	90 00	„	30 00	60 00	0·5773	„	„
4	r	20	20$\bar{2}$1	0 00	62 00	0 00	62 00	0 00	62 00	0	1·8806	1·8806
5	d e	±1	11$\bar{2}$1	30 00	58 27	39 09·	54 40	25 13	67 33·	0·8143	1·4105	1·6287

Pachnolith.

Monoklin.

$a = 1\cdot1634$	$\lg a = 006573$	$\lg a_o = 988041$	$\lg p_o = 011958$	$a_o = 0\cdot7593$	$p_o = 1\cdot3170$
$c = 1\cdot5322$	$\lg c = 018531$	$\lg b_o = 981469$	$\lg q_o = 018530$	$b_o = 0\cdot6527$	$q_o = 1\cdot5321$
$\left.\begin{array}{l}\mu = \\ 180-\beta\end{array}\right\} 89°42$	$\left.\begin{array}{l}\lg h = \\ \lg \sin\mu\end{array}\right\} 999999$	$\left.\begin{array}{l}\lg e = \\ \lg \cos\mu\end{array}\right\} 771900$	$\lg \dfrac{p_o}{q_o} = 993424$	$h = 1$	$e = 0\cdot0052$

No.	Buch-staben	Symb.	Miller	φ	ϱ	ξ_o	η_o	ξ	η	x' (Prismen) (x : y)	y'	d' $=\operatorname{tg}\varrho$
1	c	0	001	90°00	0°18	0°18	0°00	0°18	0°00	0·0052	0	0·0052
2	m	∞	110	40 41	90 00	90 00	90 00	40 41	49 19	0·8595	∞	∞
3	p	$+1$	111	48 39·	60 25	52 54	49 19	40 45·	35 03·	1·3222	1·1634	1·7612
4	f	$+31$	311	73 37	76 22	75 49	"	68 48·	15 55	3·9562·	"	4·1238
5	r	-1	$\bar{1}11$	48 26	60 18	$\bar{5}2$ 41	"	$\bar{4}0$ 32	35 12	$\bar{1}$.3118	"	1·7534
6	x	$+5$	551	48 34	83 30·	81 22·	80 15	48 09	41 06·	6·5903·	5·8170	8·7904
7	v	$+3$	331	48 35	79 16	75 49	74 01·	47 27·	40 32·	3·9562·	3·4901·	5·2759
8	q	$+2$	221	48 36	74 08	69 15	66 44·	46 11	39 30	2·6392	2·3258	3·5184
9	t	$+\tfrac{5}{3}$	553	48 37	71 10·	65 33·	62 43	45 14·	38 44·	2·2002	1·9390	2·9327
10	s	$+\tfrac{5}{4}$	554	48 38	65 33·	58 48·	55 29	43 06	36 39·	1·6515	1·4542·	2·2005

Palladium.

Regulär.

No.	Buch-staben	Symb.	Miller	φ	ϱ	ξ_o	η_o	ξ	η	x (Prismen) (x : y)	y	d $=\operatorname{tg}\varrho$
1	c	$\left\{\begin{array}{l}0\\0\infty\end{array}\right.$	001 / 010	— / 0°00	0°00 / 90 00	0°00 / "	0°00 / 90 00	0°00 / "	0°00 / 90 00	0 / "	0 / ∞	0 / ∞
2	p	1	111	45 00	54 44	45 00	45 00	35 16	35 16	1·0000	1·0000	1·4142

Parisit.

Hexagonal-holoedrisch.

$c = 1\cdot6822$	$\lg c = 022588$	$\lg a_o = 001268$	$\lg p_o = 004979$	$a_o = 1\cdot0296$	$p_o = 1\cdot1214$	(G_1)

No.	Buch-staben	Symb.	Bravais	φ	ϱ	ξ_o	η_o	ξ	η	x (Prismen) (x : y)	y	d $=\operatorname{tg}\varrho$
1	c	0	0001	—	0°00	0°00	0°00	0°00	0°00	0	0	0
2	b	∞	$11\bar{2}0$	30°00	90 00	90 00	90 00	30 00	60 00	0·5773	∞	∞
3	ε	$\tfrac{3}{4}0$	$30\bar{3}4$	0 00	40 04	0 00	40 04	0 00	40 04	0	0·8411	0·8411
4	x	10	$10\bar{1}1$	"	48 16·	"	48 16·	"	·48 16·	"	1·1215	1·1215
5	α	$\tfrac{3}{2}0$	$30\bar{3}2$	"	59 16	"	59 16	"	59 16	"	1·6822	1·6822

No.	Buch-staben	Symb.	Bravais	φ	ϱ	ξ_0	η_0	ξ	η	x (Prismen) (x : y)	y	d $=\operatorname{tg}\varrho$
6	y	20	$20\bar{2}1$	0° 00	65° 58	0° 00	65° 58	0° 00	65° 58	0	2·2430	2·2430
7	z	30	$30\bar{3}1$	"	73 27	"	73 27	"	73 27	"	3·3644	3·3644
8	π	40	$40\bar{4}1$	"	77 26	"	77 26	"	77 26	"	4·4859	4·4859
9	f	60	$60\bar{6}1$	"	81 33	"	81 33	"	81 33	"	6·7288	6·7288
10	s	1	$11\bar{2}1$	30 00	62 45·	44 10	59 16	26 23·	50 21	0·9712	1·6822	1·9425
11	e	$\tfrac{4}{3}$	$44\bar{8}3$	"	68 53·	52 19·	65 58	27 48	53 53·	1·2950	2·2430	2·5900
12	d	2	$22\bar{4}1$	"	75 34	62 45·	73 27	28 57·	57 00	1·9424	3·3644	3·8849
13	p	4	$44\bar{8}1$	"	82 40	75 34	81 33	29 44	59 12	3·8849	6·7288	7·7698
14	?ξ	51	$51\bar{6}1$	8 57	80 54	44 10	80 47·	8 50	77 15·	0·9712	6·1681	6·2441

Partschin.

Monoklin.

a $=$ 1·2239	lg a $=$ 008774	lg a$_0$ $=$ 019000	lg p$_0$ $=$ 981000	a$_0$ $=$ 1·5488	p$_0$ $=$ 0·6457
c $=$ 0·7902	lg c $=$ 989774	lg b$_0$ $=$ 010226	lg q$_0$ $=$ 979584	b$_0$ $=$ 1·2655	q$_0$ $=$ 0·6249
$\left.\begin{array}{l}\mu =\\ 180-\beta\end{array}\right\}$ 52° 16	$\left.\begin{array}{l}\lg h =\\ \lg\sin\mu\end{array}\right\}$ 989810	$\left.\begin{array}{l}\lg e =\\ \lg\cos\mu\end{array}\right\}$ 978674	$\lg\dfrac{p_0}{q_0} =$ 001416	h $=$ 0·7909	e $=$ 0·6120

No.	Buch-staben	Symb.	Miller	φ	ϱ	ξ_0	η_0	ξ	η	x' (Prismen) (x : y)	y'	d' $=\operatorname{tg}\varrho$
1	c	0	001	90° 00	37° 44	37° 44	0° 00	37° 44	0° 00	0·7738	0	0·7738
2	b	0∞	010	0 00	90 00	0 00	90 00	0 00	90 00	0	∞	∞
3	a	∞0	100	90 00	"	90 00	0 00	90 00	0 00	∞	0	"
4	m	∞	110	45 56	"	"	90 00	45 56	44 04	1·0331	∞	"
5	e	01	011	44 24	47 53	37 44	38 19	31 16	32 00	0·7738	0·7902	1·1060
6	p	— 1	$\bar{1}11$	$\bar{3}$ 05	38 21·	$\bar{2}$ 26·	"	$\bar{1}$ 55	38 17·	$\bar{0}$·0426	"	0·7914

Patrinit.

Rhombisch.

$$\lg\frac{p_0}{q_0} = 001238; \quad \frac{p_0}{q_0} = 1·0289; \quad \frac{a}{b} = 0·9719$$

No.	Buch-staben	Symb.	Miller	φ	ϱ	ξ_0	η_0	ξ	η	x (Prismen) (x : y)	y	d $=\operatorname{tg}\varrho$
1	b	0∞	010	0° 00	90° 00	0° 00	90° 00	0° 00	90° 00	0	∞	∞
2	e	2∞	210	64 05	"	90 00	"	64 05	25 55	2·0578	"	"
3	m	∞	110	45 49	"	"	"	45 49	44 11	1·0289	"	"
4	f	∞2	120	27 13·	"	"	"	27 13·	62 46·	0·5144·	"	"
5	i	∞3	130	18 56	"	"	"	18 56	71 04	0·3430	"	"

Pearcit.

Monoklin.

a = 1·7309	lga = 023827	lga₀ = 002878	lg p₀ = 997122	a₀ = 1·0685	p₀ = 0·9359
c = 1·6199	lgc = 020949	lgb₀ = 979051	lg q₀ = 020949	b₀ = 0·6173	q₀ = 1·6199
$\left.{\mu = \atop 180-\beta}\right\}$ 89°51	$\left.{\lg h = \atop \lg \sin \mu}\right\}$ 0	$\left.{\lg e = \atop \lg \cos \mu}\right\}$ 741797	$\lg \dfrac{p_0}{q_0} = 976173$	h = 1·0000	e = 0·0026

No.	Buchstaben	Symb.	Miller	φ	ϱ	ξ_0	η_0	ξ	η	x' (Prismen) (x : y)	y'	d' = tg ϱ
1	c	0	001	90°00	0°09	0°09	0°00	0°09	0°00	0·0026	0	0·0026
2	b	0∞	010	0 00	90 00	0 00	90 00	0 00	90 00	0	∞	∞
3	a	∞0	100	90 00	0 00	90 00	0 00	90 00	0 00	∞	0	"
4	l	3∞	310	60 01	90 00	"	90 00	60 01	29 59	1·7332	∞	"
5	m	∞	110	30 01	"	"	"	30 01	59 59	0·5777	"	"
6	h	∞3	130	10 54	"	"	"	10 54	79 06	0·1926	"	"
7	k	02	021	0 03	72 51	0 09	72 51	0 02·	72 51	0·0026	3·2398	3·2398
8	$\varDelta$	$-\frac{2}{3}$0	$\bar{2}$03	$\bar{9}$0 00	31 51	$\bar{3}$1 51	0 00	$\bar{3}$1 51	0 00	$\bar{0}$·6213	0	0·6213
9	d	$+\frac{1}{2}$0	102	90 00	25 12	25 12	"	25 12	"	0·4705	"	0·4705
10	n	$+$10	101	"	43 11	43 11	"	43 11	"	0·9385	"	0·9385
11	n·	$-$10	$\bar{1}$01	$\bar{9}$0 00	43 01·	$\bar{4}$3 01·	"	$\bar{4}$3 01·	"	$\bar{0}$·9333	"	0·9333
12	t	$+$20	201	90 00	61 55	61 55	"	61 55	"	1·8744	"	1·8744
13	t·	$-$20	$\bar{2}$01	$\bar{9}$0 00	61 51	$\bar{6}$1 51	"	$\bar{6}$1 51	"	$\bar{1}$·8692	"	1·8692
14	e	$+$40	401	90 00	75 03	75 03	"	75 03	"	3·7462	"	3·7462
15	e·	$-$40	$\bar{4}$01	$\bar{9}$0 00	75 02	$\bar{7}$5 02	"	$\bar{7}$5 02	"	$\bar{3}$·7410	"	3·7410
16	f	$+$60	601	90 00	79 54·	79 54·	"	79 54·	"	5·6180	"	5·6180
17	f·	$-$60	$\bar{6}$01	$\bar{9}$0 00	79 54	$\bar{7}$9 54	"	$\bar{7}$9 54	"	$\bar{5}$·6128	"	5·6128
18	o	$+\frac{1}{4}$	114	30 17·	25 07·	13 18·	22 03	12 22	21 30·	0·2366	0·4050	0·4690
19	o·	$-\frac{1}{4}$	$\bar{1}$14	$\bar{3}$9 44·	25 00·	$\bar{1}$3 01·	"	12 06·	21 32	$\bar{0}$·2314	"	0·4664
20	q·	$-\frac{1}{3}$	$\bar{1}$13	$\bar{3}$9 49	31 53·	$\bar{1}$7 11·	28 22	$\bar{1}$5 14	27 17	$\bar{0}$·3094	0·5400	0·6223
21	r	$+\frac{1}{2}$	112	30 09·	43 07·	25 12	39 00·	20 05	36 14	0·4705	0·8100	0·9367
22	r.	$-\frac{1}{2}$	$\bar{1}$12	$\bar{3}$9 53	43 03	$\bar{2}$4 57·	"	$\bar{1}$9 53	36 17·	$\bar{0}$·4653	"	0·9341
23	p	$+$1	111	30 05	61 53·	43 11	58 19	26 14·	49 45	0·9385	1·6200	1·8721
24	p·	$-$1	$\bar{1}$11	$\bar{3}$9 57	61 51·	$\bar{4}$3 01·	"	$\bar{2}$6 07	49 49·	$\bar{0}$·9333	"	1·8695
25	v	$+\frac{3}{2}$	332	30 04	70 23·	54 35	67 38	28 09·	54 37	1·4064	2·4300	2·8075
26	v·	$-\frac{3}{2}$	$\bar{3}$32	$\bar{3}$9 58	70 22·	$\bar{5}$4 29	"	$\bar{2}$8 04	54 41	$\bar{1}$·4012	"	2·8050
27	s	$+$2	221	30 03	75 02·	61 55	72 51	28 56	56 45	1·8744	3·2400	3·7429
28	s·	$-$2	$\bar{2}$21	$\bar{3}$9 59	75 02	$\bar{6}$1 51	"	$\bar{2}$8 52	56 48	$\bar{1}$·8692	"	3·7404
29	u	$+$3	331	30 02·	79 54	70 25	78 22·	29 31·	58 27·	2·8103	4·8600	5·6137
30	u·	$-$3	$\bar{3}$31	$\bar{3}$9 59·	"	$\bar{7}$0 23	"	$\bar{3}$9 29	58 30	$\bar{2}$·8051	"	5·6111
31	x	$+$31	311	60 02·	72 52	70 25	58 18·	55 53	28 30·	2·8103	1·6200	3·2438
32	y	$+1\frac{1}{3}$	313	60 05	47 16·	43 11	28 22	39 33	21 29·	0·9385	0·5400	1·0827
33	z	$+\frac{1}{4}\frac{1}{12}$	3·1·12	60 17·	15 14	13 18·	7 41·	13 11·	7 29	0·2366	0·1350	0·2724

Penfieldit.

Hexagonal. Holoedrisch.

$c = 1{\cdot}3450$	$\lg c = 012872$	$\lg a_0 = 010984$	$\lg p_0 = 995263$	$a_0 = 1{\cdot}2878$	$p_0 = 0{\cdot}8967$	(G_I)

No.	Buchstaben	Symb.	Bravais	φ	ϱ	ξ_0	η_0	ξ	η	x (Prismen) (x : y)	y	$d = \mathrm{tg}\,\varrho$
1	c	0	0001	—	0° 00	0° 00	0° 00	0° 00	0° 00	0	0	0
2	b	∞	11$\bar{2}$0	30° 00	90 00	90 00	90 00	30 00	60 00	0·5773	∞	∞
3	x	10	10$\bar{1}$1	0 00	41 53	0 00	41 53	0 00	41 53	0	0·8966	0·8966

Pentlandit.

Regulär.

No.	Buchstaben	Symb.	Miller	φ	ϱ	ξ_0	η_0	ξ	η	x (Prismen) (x : y)	y	$d = \mathrm{tg}\,\varrho$
1	p	1	111	45° 00	54° 44	45° 00	45° 00	35° 16	35° 16	1·0000	1·0000	1·4142

Percylith.

Regulär.

No.	Buchstaben	Symb.	Miller	φ	ϱ	ξ_0	η_0	ξ	η	x (Prismen) (x : y)	y	$d = \mathrm{tg}\,\varrho$
1	c	0	001	—	0° 00	0° 00	0° 00	0° 00	0° 00	0	0	0
		0∞	010	0° 00	90 00	„	90 00	„	90 00	„	∞	∞
2	e	0$\frac{1}{2}$	012	„	26 34	„	26 34	„	26 34	„	0·5000	0·5000
		02	021	„	63 26	„	63 26	„	63 26	„	2·0000	2·0000
		∞2	120	26 34	90 00	90 00	90 00	26 34	„	0·5000	∞	∞
3	d	01	011	0 00	45 00	0 00	45 00	0 00	45 00	0	1·0000	1·0000
		∞	110	45 00	90 00	90 00	90 00	45 00	„	1·0000	∞	∞
4	p	1	111	„	54 44	45 00	45 00	35 16	35 16	„	1·0000	1·4142

Periklas.

Regulär.

No.	Buchstaben	Symb.	Miller	φ	ϱ	ξ_0	η_0	ξ	η	x (Prismen) (x : y)	y	$d = \mathrm{tg}\,\varrho$
1	c	0	001	—	0° 00	0° 00	0° 00	0° 00	0° 00	0	0	0
		0∞	010	0° 00	90 00	„	90 00	„	90 00	„	∞	∞
2	p	1	111	45 00	54 44	45 00	45 00	35 16	35 16	1·0000	1·0000	1·4142

Perowskit.

Regulär.

No.	Buchstaben	Symb.	Miller	φ	ϱ	ξ_0	η_0	ξ	η	x (Prismen) (x : y)	y	d =tgϱ
I	c	0	001	—	0°00	0°00	0°00	0°00	0°00	. 0	0	0
		0∞	010	0°00	90 00	"	90 00	"	90 00	"	∞	∞
2	g	$0\frac{2}{5}$	025	"	21 48	"	21 48	"	21 48	"	0·4000	0·4000
		$0\frac{5}{2}$	052	"	68 12	"	68 12	"	68 12	"	2·5000	2·5000
		$\infty\frac{5}{2}$	250	21 48	90 00	90 00	90 00	21 48	"	0·4000	∞	∞
3	e	$0\frac{1}{2}$	012	0 00	26 34	0 00	26 34	0 00	26 34	0	0·5000	0·5000
		02	021	"	63 26	"	63 26	"	63 26	"	2·0000	2·0000
		∞2	120	26 34	90 00	90 00	90 00	26 34	"	0·5000	∞	∞
4	b	$0\frac{2}{3}$	023	0 00	33 41·	0 00	33 41·	0 00	33 41·	0	0·6667	0·6667
		$0\frac{3}{2}$	032	"	56 18·	"	56 18·	"	56 18·	"	1·5000	1·5000
		$\infty\frac{3}{2}$	230	33 41·	90 00	90 00	90 00	33 41·	"	0·6667	∞	∞
5	Δ	$0\frac{8}{11}$	0·8·11	0 00	36 01·	0 00	36 01·	0 00	36 01·	0	0·7273	0·7273
		$0\frac{11}{8}$	0·11·8	"	53 58·	"	53 58·	"	53 58·	"	1·3750	1·3750
		$\infty\frac{11}{8}$	8·11·0	36 01·	90 00	90 00	90 00	36 01·	"	0·7273	∞	∞
6	i	$0\frac{3}{4}$	034	0 00	36 52	0 00	36 52	0 00	36 52	0	0·7500	0·7500
		$0\frac{4}{3}$	043	"	53 08	"	53 08	"	53 08	"	1·3333	1·3333
		$\infty\frac{4}{3}$	340	36 52	90 00	90 00	90 00	36 52	"	0·7500	∞	∞
7	δ	$0\frac{4}{5}$	045	0 00	38 39·	0 00	38 39·	0 00	38 39·	0	0·8000	0·8000
		$0\frac{5}{4}$	054	"	51 20·	"	51 20·	"	51 20·	"	1·2500	1·2500
		$\infty\frac{5}{4}$	450	38 39·	90 00	90 00	90 00	38 39·	"	0·8000	∞	∞
8	d	01	011	0 00	45 00	0 00	45 00	0 00	45 00	0	1·0000	1·0000
		∞	110	45 00	90 00	90 00	90 00	45 00	"	1·0000	∞	∞
9	m	$\frac{1}{3}$	113	"	25 14·	18 26	18 26	17 33	17 33	0·3333	0·3333	0·4714
		13	131	18 26	72 27	45 00	71 34	"	64 45·	1·0000	3·0000	3·1623
10	ϱ	$\frac{4}{9}$	449	45 00	32 09	23 58	23 58	22 06	22 06	0·4444	0·4444	0·6285
		$1\frac{9}{4}$	494	23 58	67 54	45 00	66 02	"	57 51	1·0000	2·2500	2·4622
11	q	$\frac{1}{2}$	112	45 00	35 16	26 34	26 34	24 05·	24 05·	0·5000	0·5000	0·7071
		12	121	26 34	65 54·	45 00	63 26	"	54 44	1·0000	2·0000	2·2360
12	n	$\frac{2}{3}$	223	45 00	43 19	33 41·	33 41·	29 01	29 01	0·6667	0·6667	0·9428
		$1\frac{3}{2}$	232	33 41·	60 59	45 00	56 18·	"	46 41	1·0000	1·5000	1·8028
13	p	I	111	45 00	54 44	"	45 00	35 16	35 16	"	1·0000	1·4142
14	u	$\frac{1}{2}1$	122	26 34	48 11·	26 34	"	19 28·	41 48·	0·5000	"	1·1180
		2	221	45 00	70 31·	63 26	63 26	41 48·	"	2·0000	2·0000	2·8284
15	F	$\frac{1}{2}\frac{2}{3}$	346	36 52	39 48·	26 34	33 41·	22 35·	30 48·	0·5000	0·6667	0·8333
		$\frac{3}{4}\frac{3}{2}$	364	26 34	59 11·	36 52	56 18·	"	50 11·	0·7500	1·5000	1·6770
		$\frac{4}{3}2$	463	33 14·	67 24·	53 08	63 26	30 48·	"	1·3333	2·0000	2·4037

No.	Buchstaben	Symb.	Miller	φ	ϱ	ξ_0	η_0	ξ	η	x (Prismen) (x : y)	y	d =tgϱ
16	y	$\frac{1}{2}\,\frac{3}{4}$	234	33°41·	42°02	26°34	36°52	21°48	33°51	0·5000	0·7500	0·9014
		$\frac{2}{3}\,\frac{4}{3}$	243	26 34	56 08·	33 41·	53 08	"	47 58	0·6667	1·3333	1·4907
		$\frac{3}{2}\,2$	342	36 52	68 12	56 13·	63 26	33 51	"	1·5000	2·0000	2·5000
17	Γ	$\frac{1}{4}\,\frac{3}{8}$	238	33 41·	24 15·	14 02	20 33·	13 10·	19 59·	0·2500	0·3750	0·4507
		$\frac{2}{3}\,\frac{8}{3}$	283	14 02	70 00.	33 41·	69 26·	"	65 44·	0·6667	2·6667	2·7487
		$\frac{3}{2}\,4$	382	20 33·	76 49·	56 18·	75 58	19 59·	"	1·5000	4·0000	4·2720
18	H	$\frac{2}{9}\,\frac{4}{9}$	249	26 34	26 25·	12 31·	23 58	11 29	23 27·	0·2222	0·4444	0·4969
		$\frac{1}{2}\,\frac{9}{4}$	294	12 31·	66 32·	26 34	66 02	"	63 34·	0·5000	2·2500	2·3049
		$2\,\frac{9}{2}$	492	23 58	78 31	63 26	77 28·	23 27·	"	2·0000	4·5000	4·9243
19	Θ	$\frac{3}{10}\,\frac{2}{5}$	3·4·10	36 52	26 34	16 42	21 48	15 34	20 58	0·3000	0·4000	0·5000
		$\frac{3}{4}\,\frac{5}{2}$	3·10·4	16 42	69 02	36 52	68 12	"	63 26	0·7500	2·5000	2·6100
		$\frac{4}{3}\,\frac{10}{3}$	4·10·3	21 48	74 26	53 08	73 18·	20 58	"	1·3333	3·3333	3·5901

Petalit.

Monoklin.

a $=$ 1·1534	lg a $=$ 006198	lg a$_0$ $=$ 988961	lg p$_0$ $=$ 011039	a$_0$ $=$ 0·7755	p$_0$ $=$ 1·2894
c $=$ 1·4872	lg c $=$ 017237	lg b$_0$ $=$ 982763	lg q$_0$ $=$ 013819	b$_0$ $=$ 0·6724	q$_0$ $=$ 1·3746
$\left.\begin{matrix}\mu =\\ 180-\beta\end{matrix}\right\}$ 67°34	$\left.\begin{matrix}\lg h =\\ \lg\sin\mu\end{matrix}\right\}$ 996582	$\left.\begin{matrix}\lg e =\\ \lg\cos\mu\end{matrix}\right\}$ 958162	$\lg\frac{p_0}{q_0} =$ 997220	h $=$ 0·9243	e $=$ 0·3816

No.	Buchstaben	Symb.	Miller	φ	ϱ	ξ_0	η_0	ξ	η	x' (Prismen) (x : y)	y'	d' =tgϱ
1	c	0	001	90°00	22°26	22°26	0°00	22°26	0°00	0·4128	0	0·4128
2	b	0∞	010	0 00	90 00	0 00	90 00	0 00	90 00	0	∞	∞
3	a	∞0	100	90 00	"	90 00	0 00	90 00	0 00	∞	0	"
4	m	∞	110	43 10	"	"	90 00	43 10	46 50	0·9380	∞	"
5	n	∞2	120	25 07·	"	"	"	25 07·	64 52·	0·4690	"	"
6	e	0I	011	15 31	57 03·	22 26	56 05	12 58·	53 58	0·4128	1·4872	1·5434
7	y	$+$10	101	90 00	61 03	61 03	0 00	61 03	0 00	1·8078	0	1·8078
8	q	$+\frac{2}{3}$0	203	"	53 19·	53 19·	"	53 19·	"	1·3428	"	1·3428
9	p	$+\frac{1}{2}$0	102	"	47 59·	47 59·	"	47 59·	"	1·1103	"	1·1103
10	?z	$-\frac{9}{10}$0	$\overline{9}$·0·10	90 00	40 07	$\overline{4}$0 07	"	$\overline{4}$0 07	"	$\overline{0}$·8426	"	0·8426
11	x	$-$20	$\overline{2}$01	"	67 11	$\overline{6}$7 11	"	$\dot{6}$7 11	"	$\overline{2}$·3771	"	2·3771
12	ε	$-$12	$\overline{1}$21	$\overline{1}$8 16·	72 17·	$\overline{4}$4 29	71 25	$\overline{1}$7 23	64 46	$\overline{0}$·9821	2·9744	3·1323

Pharmakolith.

Monoklin.

$a = 0\cdot6137$	$\lg a = 978796$	$\lg a_0 = 022901$	$\lg p_0 = 977099$	$a_0 = 1\cdot6944$	$p_0 = 0\cdot5902$
$c = 0\cdot3622$	$\lg c = 955895$	$\lg b_0 = 044105$	$\lg q_0 = 955590$	$b_0 = 2\cdot7609$	$q_0 = 0\cdot3597$
$\genfrac{}{}{0pt}{}{\mu =}{180-\beta}\Big\} 83°13$	$\genfrac{}{}{0pt}{}{\lg h =}{\lg \sin\mu}\Big\} 999695$	$\genfrac{}{}{0pt}{}{\lg e =}{\lg \cos\mu}\Big\} 907231$	$\lg \dfrac{p_0}{q_0} = 021509$	$h = 0\cdot9930$	$e = 0\cdot1181$

No.	Buchstaben	Symb.	Miller	φ	ϱ	ξ_0	η_0	ξ	η	x' (Prismen) $(x:y)$	y'	d' $=\mathrm{tg}\,\varrho$
1	c	0	001	90°00	6°47	6°47	0°00	6°47	0°00	0·1189	0	0·1189
2	b	0∞	010	0 00	90 00	0 00	90 00	0 00	90 00	0	∞	∞
3	s	3∞	310	78 31	"	90 00	"	78 31	11 29	4·9228	"	"
4	m	∞	110	58 38·	"	"	"	58 38·	31 21·	1·6409	"	"
5	n	01	011	18 11	20 52	6 47	19 55	6 23	19 47	0·1189	0·3622	0·3812
6	π	—1	ī11	5̄2 42	30 52	2̄5 25·	19 54·	2̄4 05	18 07	0̄·4754	"	0·5977
7	d	+3	331	60 15·	65 27·	62 16	47 22·	52 10·	26 49·	1·9020	1·0865	2·1905
8	x	--32	3̄21	6̄6 28·	61 09	5̄9 00	35 55	5̄3 25·	20 27·	1̄·6641	0·7244	1·8149

Pharmakosiderit.

Regulär.

No.	Buchstaben	Symb.	Miller	φ	ϱ	ξ_0	η_0	ξ	η	x (Prismen) $(x:y)$	y	d $=\mathrm{tg}\,\varrho$
1	c	{ 0	001	—	0°00	0°00	0°00	0°00	0°00	0	0	0
		0∞	010	0°00	90 00	"	90 00	"	90 00	"	∞	∞
2	d	{ 01	011	"	45 00	"	45 00	"	45 00	"	1·0000	1·0000
		∞	110	45 00	90 00	90 00	90 00	45 00	"	1·0000	∞	∞
3	p	1	111	"	54 44	45 00	45 00	35 16	35 16	"	1·0000	1·4142
4	u	{ ½1	122	26 34	48 11·	26 34	"	19 28·	41 48·	0·5000	"	1·1180
		2	221	45 00	70 31·	63 26	63 26	41 48·	"	2·0000	2·0000	2·8284

Phenakit.

Hexagonal.   Rhomboedrisch - tetartoedrisch.

$c = 0\cdot6611$	$\lg c = 982027$	$\lg a_0 = 041829$	$\lg p_0 = 964418$	$a_0 = 2\cdot6200$	$p_0 = 0\cdot4407$	(G_2)

No.	Buch-staben	Symb.	Bravais	φ	ϱ	ξ_0	η_0	ξ	η	x (Prismen) (x : y)	y	d $=\mathrm{tg}\,\varrho$
1	a	∞0	$10\bar{1}0$	0°00	90°00	0°00	90°00	0°00	90°00	0	∞	∞
2	b	∞	$11\bar{2}0$	30 00	"	90 00	"	30 00	60 00	0·5773	"	"
3	η	2∞	$21\bar{3}0$	19 06·	"	"	"	19 06·	70 53·	0·3464	"	"
4	π	10	$10\bar{1}1$	0 00	23 47	0 00	23 47	0 00	23 47	0	0·4407	0·4407
5	λ	20	$20\bar{2}1$	"	41 23·	"	41 23·	"	41 23·	"	0·8815	0·8815
6	δ·	$-\frac{1}{2}$	$\bar{1}\bar{1}22$	30 00	20 53·	10 48·	18 17·	10 16	17 59·	0·1908	0·3305	0·3817
7	p·κ·	± 1	$11\bar{2}1$	"	37 21·	20 53·	33 28	17 39·	31 42	0·3917	0·6611	0·7634
8	φ·	-2	$\bar{2}\bar{2}41$	"	56 46·	37 21·	52 54	24 43·	46 25·	0·7634	1·3222	1·5268
9	t:	$+1\frac{1}{4}$	$41\bar{5}4$	10 53·	26 47·	5 27	26 22·	4 53	26 16	0·0954	0·4958	0·5049
10	H:	$+\frac{5}{2}1$	$52\bar{7}2$	16 06	54 00	20 53·	52 54	12 58	51 00·	0·3817	1·3222	1·3762
11	K:	$+41$	$41\bar{5}1$	10 53·	63 39·	"	63 14·	9 45	61 39	"	1·9833	2·0197
12	P:	$+71$	$71\bar{8}1$	6 35	73 16·	"	73 10	6 18·	72 03·	"	3·3055	3·3275
13	e:	$-2\frac{1}{2}$	$4\bar{1}52$	10 53·	45 17	10 48·	44 45·	7 43	44 15	0·1908	0·9916	1·0099
14	p:	-52	$5\bar{2}71$	16 06	70 02	37 21·	69 17	15 06·	64 33·	0·7634	2·6444	2·7524
15	[:	$-1\frac{1}{2}$	$\bar{2}\bar{1}32$	19 06·	30 14·	10 48·	28 51	9 29·	28 25	0·1908	0·5509	0·5830
16	t:	$-\frac{5}{4}\frac{1}{2}$	$\bar{5}\bar{2}74$	16 06	34 32	"	33 28	9 03	33 00	"	0·6611	0·6881

Phillipsit.

Monoklin.

$a = 0\cdot7035$	$\lg a = 984726$	$\lg a_0 = 976775$	$\lg p_0 = 023225$	$a_0 = 0\cdot5858$	$p_0 = 1\cdot7071$
$c = 1\cdot2289$	$\lg c = 008951$	$\lg b_0 = 991049$	$\lg q_0 = 000559$	$b_0 = 0\cdot8137$	$q_0 = 1\cdot0130$
$\left.\begin{array}{l}\mu =\\180-\beta\end{array}\right\}55°31$	$\left.\begin{array}{l}\lg h =\\\lg \sin\mu\end{array}\right\}991608$	$\left.\begin{array}{l}\lg e =\\\lg \cos\mu\end{array}\right\}975294$	$\lg \dfrac{p_0}{q_0} = 022666$	$h = 0\cdot8242$	$e = 0\cdot5662$

No.	Buch-staben	Symb.	Miller	φ	ϱ	ξ_0	η_0	ξ	η	x' (Prismen) (x : y)	y'	d' $=\mathrm{tg}\,\varrho$
1	a	0	001	90°00	34°29	34°29	0°00	34°29	0°00	0·6868·	0	0·6868·
2	b	0∞	010	0 00	90 00	0 00	90 00	0 00	90 00	0	∞	∞
3	s	∞0	100	90 00	"	90 00	0 00	90 00	0 00	∞	0	"
4	p	∞	110	59 19	"	"	90 00	59 19	30 41	1·6852	∞	"
5	q	∞2	120	40 07	"	"	"	40 07	49 53	0·8426	"	"
6	e	01	011	29 12	54 37	34 29	50 52	23 26·	45 22	0·6868·	1·2289	1·4078
7	d	$+50$	501	90 00	84 49·	84 49·	0 00	84 49·	0 00	11·042	0	11·042
8	f	-10	$\bar{1}01$	90 00	54 09	$\bar{5}4$ 09	"	$\bar{5}4$ 09	"	$\bar{1}\cdot3841$	"	1·3841

Phosgenit.

Tetragonal.   Trapezoedrisch-hemiedrisch.

$$\left.\begin{array}{l} c \\ p_0 \end{array}\right\} = 1{\cdot}0889 \quad \lg c = 003700 \quad \lg a_0 = 996300 \quad a_0 = 0{\cdot}9183$$

No.	Buch-staben	Symb.	Miller	φ	ϱ	ξ_0	η_0	ξ	η	x (Prismen) (x : y)	y	d = tgϱ
1	c	0	001	—	0° 00	0° 00	0° 00	0° 00	0° 00	0	0	0
2	b	0∞	010	0° 00	90 00	,,	90 00	,,	90 00	,,	∞	∞
3	m	∞	110	45 00	,,	90 00	,,	45 00	45 00	1·0000	,,	,,
4	l	∞$\frac{3}{2}$	230	33 41·	,,	,,	,,	33 41·	56 18·	0·6667	,,	,,
5	k	∞$\frac{8}{5}$	580	32 00·	,,	,,	,,	32 00·	57 59·	0·6250	,,	,,
6	u	∞2	120	26 34	,,	,,	,,	26 34	63 26	0·5000	,,	,,
7	L	∞3	130	18 26	,,	,,	,,	18 26	71 34	0·3333	,,	,,
8	ϑ	∞5	150	11 18·	,,	,,	,,	11 18·	78 41·	0·2000	,,	,,
9	d	0$\frac{1}{3}$	013	0 00	19 57	0 00	19 57	0 00	19 57	0	0·3629	0·3629
10	f	0$\frac{2}{3}$	023	,,	35 58·	,,	35 58·	,,	35 58·	,,	0·7259	0·7259
11	e	01	011	,,	47 26	,,	47 26	,,	47 26	,,	1·0889	1·0889
12	o	02	021	,,	65 20	,,	65 20	,,	65 20	,,	2·1778	2·1778
13	z	$\frac{1}{6}$	116	45 00	14 23·	10 17	10 17	10 07·	10 07·	0·1815	0·1815	0·2567
14	?β	$\frac{1}{4}$	114	,,	21 03·	15 13·	15 13·	14 43	14 43	0·2722	0·2722	0·3850
15	y	$\frac{1}{3}$	113	,,	27 10·	19 57	19 57	18 50·	18 50·	0·3630	0·3630	0·5133
16	x	1	111	,,	57 00	47 26	47 26	36 22·	36 22·	1·0889	1·0889	1·5399
17	r	$\frac{3}{2}$	332	,,	66 35·	58 31·	58 31·	40 27·	40 27·	1·6334	1·6334	2·3099
18	w	2	221	,,	72 00·	65 20	65 20	42 16	42 16	2·1778	2·1778	3·0799
19	t	$\frac{5}{2}$	552	,,	75 26·	69 50	69 50	43 11·	43 11·	2·7223	2·7223	3·8499
20	n	8	881	,,	85 21·	83 27	83 27	44 49	44 49	8·7114	8·7114	12·3197
21	?γ	$\frac{1}{9}\frac{2}{9}$	129	26 34	15 08·	6 54	13 36	6 42·	13 30·	0·1211	0·2419	0·2705
22	?δ	$\frac{1}{7}\frac{2}{7}$	127	,,	19 11	8 50·	17 17	8 27	17 05·	0·1555	0·3111	0·3478
23	α	$\frac{1}{5}\frac{2}{5}$	125	,,	25 58	12 17	23 32	11 17·	23 03	0·2177	0·4355	0·4870
24	?ε	$\frac{1}{2}$1	122	,,	50 36	28 34	47 26·	20 13	43 43·	0·5444	1·0889	1·2174
25	s	12	121	,,	67 40·	47 26·	65 20	24 26	55 41·	1·0889	2·1776	2·4349
26	p	$\frac{3}{2}$3	362	,,	74 41·	58 31·	72 59	25 33	59 37	1·6334	3·2668	3·6523
27	?ζ	24	241	,,	78 24	65 20	77 04	25 59	61 11	2·1776	4·3557	4·8698
28	q	1$\frac{3}{2}$	232	33 41·	63 00·	47 26·	58 31·	29 37·	47 51	1·0889	1·6334	1·9631
29	h	14	141	14 02	77 26·	,,	77 04	13 41·	71 15	,,	4·3557	4·4898
30	g	$\frac{1}{2}$3	162	9 27·	73 12	28 34	72 59	9 03·	70 47·	0·5444	3·2668	3·3118
31	v	13	131	18 26	73 48·	47 26	,,	17 40·	65 39	1·0889	,,	3·4435

Phosphosiderit.

Rhombisch.

$a = 0.5330$	$\lg a = 972673$	$\lg a_0 = 978363$	$\lg p_0 = 021637$	$a_0 = 0.6076$	$p_0 = 1.6458$
$c = 0.8772$	$\lg c = 994310$	$\lg b_0 = 005690$	$\lg q_0 = 994310$	$b_0 = 1.1400$	$q_0 = 0.8772$

No.	Buchstaben	Symb.	Miller	φ	ϱ	ξ_0	η_0	ξ	η	x (Prismen) (x : y)	y	d $=\operatorname{tg}\varrho$
1	c	0	001	—	0°00	0°00	0°00	0°00	0°00	0	0	0
2	b	0∞	010	0°00	90 00	″	90 00	″	90 00	″	∞	∞
3	a	∞0	100	90 00	″	90 00	0 00	90 00	0 00	∞	0	″
4	p	7∞	710	85 38·	″	″	90 00	85 38·	4 21·	13·1330	∞	″
5	o	4∞	410	82 24·	″	″	″	82 24·	7 35·	7·5033	″	″
6	n	2∞	210	75 04·	″	″	″	75 04·	14 55·	3·7523·	″	″
7	m	∞	110	61 56·	″	″	″	61 56·	28 03·	1·8762	″	″
8	g	$0\frac{3}{4}$	034	0 00	33 20·	0 00	33 20·	0 00	33 20·	0	0·6579	0·6579
9	h	01	011	″	41 15·	″	41 15·	″	41 15·	″	0·8772	0·8772
10	t	04	041	″	74 05·	″	74 05·	″	74 05·	″	3·5088	3·5088
11	e	10	101	90 00	58 43	58 43	0 00	58 43	0 00	1·6458	0	1·6458
12	d	1	111	61 56·	61 48	″	41 15·	51 03	24 29·	″	0·8772	1·8649
13	i	7	771	″	85 37	85 02·	80 45	61 37·	27 58	11·5200	6·1404	13·055

Pikromerit.

Monoklin.

$a = 0.7370$	$\lg a = 986747$	$\lg a_0 = 017234$	$\lg p_0 = 982766$	$a_0 = 1.4871$	$p_0 = 0.6724$
$c = 0.4956$	$\lg c = 969513$	$\lg b_0 = 030487$	$\lg q_0 = 968018$	$b_0 = 2.0178$	$q_0 = 0.4788$
$\left.\begin{array}{l}\mu =\\180-\beta\end{array}\right\} 75°03$	$\left.\begin{array}{l}\lg h =\\ \lg\sin\mu\end{array}\right\} 998505$	$\left.\begin{array}{l}\lg e =\\ \lg\cos\mu\end{array}\right\} 941158$	$\lg\dfrac{p_0}{q^0} = 014748$	$h = 0.9662$	$e = 0.2580$

No.	Buchstaben	Symb.	Miller	φ	ϱ	ξ_0	η_0	ξ	η	x′ (Prismen) (x : y)	y′	d′ $=\operatorname{tg}\varrho$
1	c	0	001	90°00	14°57	14°57	0°00	14°57	0°00	0·2670	0	0·2670
2	b	0∞	010	0 00	90 00	0 00	90 00	0 00	90 00	0	∞	∞
3	a	∞0	100	90 00	″	90 00	0 00	90 00	0 00	∞	0	″
4	p	∞	110	54 33	″	″	90 00	54 33	35 27	1·4043·	∞	″
5	m	$∞\frac{3}{2}$	230	43 07	″	″	″	43 07	46 53	0·9362	″	″
6	n	∞2	120	35 04·	″	″	″	35 04·	54 55·	0·7023	″	″
7	s	∞3	130	25 05	″	″	″	25 05	64 55	0·4681	″	″
8	q	01	011	28 19	29 22·	14 57	26 22	13 27·	25 35	0·2670	0·4956	0·5630
9	r	−20	3̄01	90 00	48 22	4̄8 22	0 00	4̄8 22	0 00	1·1249	0	1·1249
10	o	+1	111	62 46	47 17	43 55	26 22	40 47·	19 39	0·9631	0·4956	1·0830
11	u	−1	1̄11	4̄0 25·	33 14·	2̄3 13	″	2̄1 01·	24 29	0̄·4289	″	0·6554

Pinakiolith.

Rhombisch.

a = 0·8338	lg a = 992106	lg a₀ = 015161	lg p₀ = 984839	a₀ = 1·4178	p₀ = 0·7053
c = 0·5881	lg c = 976945	lg b₀ = 023055	lg q₀ = 976945	b₀ = 1·7004	q₀ = 0·5881

No.	Buchstaben	Symb.	Miller	φ	ϱ	ξ_0	η_0	ξ	η	x (Prismen) (x : y)	y	d = tg ϱ
1	b	0∞	010	0°00	90°00	0°00	90°00	0°00	90°00	0	∞	∞
2	l	3∞	310	74 28	"	90 00	"	74 28	15 32	3·5978	"	"
3	e	01	011	0 00	30 27·	0 00	30 27·	0 00	30 27·	0	0·5881	0·5881

Pinnoit.

Tetragonal.   Pyramidal - hemiedrisch.

$\left.\begin{array}{l}c\\p_0\end{array}\right\}$ = 1·0761	lg c = 003185	lg a₀ = 996815	a₀ = 0·9293

No.	Buchstaben	Symb.	Miller	φ	ϱ	ξ_0	η_0	ξ	η	x (Prismen) (x : y)	y	d = tg ϱ
1	a	∞	110	45°00	90°00	90°00	90°00	45°00	45°00	1	∞	∞
2	o	01	011	0 00	47 06	0 00	47 06	0 00	47 06	0	1·0761	1·0761
3	d	½	112	45 00	37 16·	28 17	28 17	25 21	25 21	0·5380	0·5380	0·7609
4	z	½1	122	26 34	50 16	"	47 06	20 07	43 27·	"	1·0761	1·2031

Pisanit.

Monoklin.

a = 1·161	lg a = 006483	lg a₀ = 988557	lg p₀ = 011443	a₀ = 0·7684	p₀ = 1·3014
c = 1·511	lg c = 017926	lg b₀ = 982074	lg q₀ = 016345	b₀ = 0·6618	q₀ = 1·4570
$\left.\begin{array}{l}\mu =\\180-\beta\end{array}\right\}$ 74°38	$\left.\begin{array}{l}\lg h =\\\lg \sin\mu\end{array}\right\}$ 998419	$\left.\begin{array}{l}\lg e =\\\lg \cos\mu\end{array}\right\}$ 942324	lg $\dfrac{p_0}{q_0}$ = 995098	h = 0·9642	e = 0·2650

No.	Buchstaben	Symb.	Miller	φ	ϱ	ξ_0	η_0	ξ	η	x' (Prismen) (x : y)	y'	d' = tg ϱ
1	c	0	001	90°00	15°22	15°22	0°00	15°22	0°00	0·2748	0	0·2748
2	b	0∞	010	0 00	90 00	0 00	90 00	0 00	90 00	0	∞	∞
3	m	∞	110	41 46·	"	90 00	"	41 46·	48 13·	0·8923·	"	"
4	o	01	011	10 18·	56 56	15 22	56 30	8 37·	55 32	0·2748	1·5110	1·5358
5	w	⅓0	103	90 00	35 56	35 56	0 00	35 56	0 00	0·7247	0	0·7247
6	t	—10	$\bar{1}$01	$\bar{9}$0 00	47 04	$\bar{4}$7 04	"	$\bar{4}$7 04	"	$\bar{1}$·0748	"	1·0748
7	ϱ	—½	$\bar{1}$12	$\bar{2}$7 54	40 31·	$\bar{2}$1 48	37 04	$\bar{1}$7 42	35 03	$\bar{0}$·4000	0·7555	0·8549

Plagionit.

Monoklin.

a = 1·1331	lg a = 005427	lg a₀ = 012711	lg p₀ = 987289	a₀ = 1·3400	p₀ = 0·7463
c = 0·8456	lg c = 992716	lg b₀ = 007284	lg q₀ = 990735	b₀ = 1·1826	q₀ = 0·8079
$\left.\begin{array}{l}\mu = \\ 180-\beta\end{array}\right\}$ 72°49·	$\left.\begin{array}{l}\lg h = \\ \lg \sin \mu\end{array}\right\}$998019	$\left.\begin{array}{l}\lg e = \\ \lg \cos \mu\end{array}\right\}$947025	$\lg \dfrac{p_0}{q_0}$ = 996554	h = 0·9554	e = 0·2953

No.	Buch-staben	Symb.	Miller	φ	ϱ	ξ_0	η_0	ξ	η	x′ (Prismen) (x : y)	y′	d′ = tg ϱ
1	c	o	001	90°00	17°10·	17°10·	0°00	17°10·	0°00	0·3091	0	0·3091
2	a	∞o	100	″	90 00	90 00	″	90 00	″	∞	″	∞
3	d	o4	041	5 13·	73 35·	17 10·	73 32	5 00·	72 48	0·3091	3·3824	3·3964
4	y	+3	331	46 16·	74 45·	69 20·	68 29	44 12·	41 49·	2·6525	2·5367	3·6702
5	x	+2	221	47 54	68 22·	61 53	59 24	43 36·	38 33·	1·8713	1·6912	2·5223
6	n	+1	111	52 12	54 04	47 28·	40 13	39 46·	29 45	1·0902	0·8456	1·3797
7	e	+½	112	58 51·	39 16	34 59	22 55	32 48	19 06·	0·6996·	0·4228	0·8175
8	p	+¼	114	67 17	28 40	26 46	11 55·	26 16	10 40·	0·5044	0·2112	0·5468
9	s	−½	1̄12	1̄0 54·	23 18	4̄ 39·	22 55	4̄ 17·	22 51	0̄·0815	0·4228	0·4306

Platin.

Regulär.

No.	Buch-staben	Symb.	Miller	φ	ϱ	ξ_0	η_0	ξ	η	x (Prismen) (x : y)	y	d = tg ϱ
1	c	$\left\{\begin{array}{l} \text{o} \\ \text{o}\infty \end{array}\right.$ o o∞	001 010	— 0°00	0°00 90 00	0°00 ″	0°00 90 00	0°00 ″	0°00 90 00	0 ″	0 ∞	0 ∞
2	a	o⅓ o3 ∞3	013 031 130	″ ″ 18 26	18 26 71 34 90 00	″ ″ 90 00	18 26 71 34 90 00	″ ″ 18 26	18 26 71 34 ″	″ ″ 0·3333	0·3333 3·0000 ∞	0·3333 3·0000 ∞
3	e	o½ o2 ∞2	012 021 120	0 00 ″ 26 34	26 34 63 26 90 00	0 00 ″ 90 00	26 34 63 26 90 00	0 00 ″ 26 34	26 34 63 26 ″	0 ″ 0·5000	0·5000 2·0000 ∞	0·5000 2·0000 ∞
4	h	o⅗ o⅗ ∞⅗	035 053 350	0 00 ″ 30 58	30 58 59 02 90 00	0 00 ″ 90 00	30 58 59 02 90 00	0 00 ″ 30 58	30 58 59 02 ″	0 ″ 0·6000	0·6000 1·6667 ∞	0·6000 1·6667 ∞
5	b	o⅔ o3/2 ∞3/2	023 032 230	0 00 ″ 33 41·	33 41· 56 18· 90 00	0 00 ″ 90 00	33 41· 56 18· 90 00	0 00 ″ 33 41·	33 41· 56 18· ″	0 ″ 0·6667	0·6667 1·5000 ∞	0·6667 1·5000 ∞
6	d	o1 ∞	011 110	0 00 45 00	45 00 90 00	0 00 90 00	45 00 90 00	0 00 45 00	45 00 ″	0 1·0000	1·0000 ∞	1·0000 ∞
7	p	1	111	″	54 44	45 00	45 00	35 16	35 16	″	1·0000	1·4142

Polianit.

Tetragonal.

$\left.\begin{array}{c}c\\p_o\end{array}\right\}=0{\cdot}6647$	$\lg c=982263$	$\lg a_o=017737$	$a_o=1{\cdot}5044$

No.	Buch-staben	Symb.	Miller	φ	ϱ	ξ_o	η_o	ξ	η	x (Prismen) (x : y)	y	d $=\mathrm{tg}\,\varrho$
1	a	$o\infty$	010	0°00	90°00	0°00	90°00	0°00	90°00	0	∞	∞
2	m	∞	110	45 00	„	90 00	„	45 00	45 00	1·0000	„	„
3	h	$\infty 2$	120	26 34	„	„	„	26 34	63 26	0·5000	„	„
4	e	01	011	0 00	33 37	0 00	33 37	0 00	33 37	0	0·6647	0·6647
5	λ	02	021	„	53 03	„	53 03	„	53 03	„	1·3294	1·3294
6	s	1	111	45 00	43 14	33 36·	33 36·	28 58	28 58	0·6647	0·6647	0·9400
7	ϱ	2	221	„	61 59·	53 03	53 03	38 38	38 38	1·3294	1·3294	1·8800
8	z	23	231	33 41·	67 21	„	63 22	30 47·	50 09·	„	1·9941	2·3966

Pollucit.

Regulär.

No.	Buch-staben	Symb.	Miller	φ	ϱ	ξ_o	η_o	ξ	η	x (Prismen) (x : y)	y	d $=\mathrm{tg}\,\varrho$
1	c	0	001	—	0°00	0°00	0°00	0°00	0°00	0	0	0
		$o\infty$	010	0°00	90 00	„	90 00	„	90 00	„	∞	∞
2	e	$0\tfrac{1}{2}$	012	„	26 34	„	26 34	„	26 34	„	0·5000	0·5000
		02	021	„	63 26	„	63 26	„	63 26	„	2·0000	2·0000
		$\infty 2$	120	26 34	90 00	90 00	90 00	26 34	„	0·5000	∞	∞
3	d	01	011	0 00	45 00	0 00	45 00	0 00	45 00	0	1·0000	1·0000
		∞	110	45 00	90 00	90 00	90 00	45 00	„	1·0000	∞	∞
4	q	$\tfrac{1}{2}$	112	„	35 16	26 34	26 34	24 05·	24 05·	0·5000	0·5000	0·7071
		12	121	26 34	65 54·	45 00	63 26	„	54 44	1·0000	2·0000	2·2360

Polyargyrit.

Regulär.

No.	Buch-staben	Symb.	Miller	φ	ϱ	ξ_o	η_o	ξ	η	x (Prismen) (x : y)	y	d $=\mathrm{tg}\,\varrho$
1	c	0	001	—	0°00	0°00	0°00	0°00	0°00	0	0	0
		$o\infty$	010	0°00	90 00	„	90 00	„	90 00	„	∞	∞
2	d	01	011	„	45 00	„	45 00	„	45 00	„	1·0000	1·0000
		∞	110	45 00	90 00	90 00	90 00	45 00	„	1·0000	∞	∞
3	p	1	111	„	54 44	45 00	45 00	35 16	35 16	„	1·0000	1·4142

Polybasit.

Rhombisch? [Monoklin?]

$a = 1\!\cdot\!7309$	$\lg a = 023828$	$\lg a_0 = 003973$	$\lg p_0 = 996027$	$a_0 = 1\!\cdot\!0958$	$p_0 = 0\!\cdot\!9126$
$c = 1\!\cdot\!5796$	$\lg c = 019855$	$\lg b_0 = 980145$	$\lg q_0 = 019855$	$b_0 = 0\!\cdot\!6331$	$q_0 = 1\!\cdot\!5796$

No.	Buchstaben	Symb.	Miller	φ	ϱ	ξ_0	η_0	ξ	η	x (Prismen) (x : y)	y	d =tgϱ
1	c	0	001	—	$0°00$	$0°00$	$0°00$	$0°00$	$0°00$	0	0	0
2	l	3∞	310	$60°01$	90 00	90 00	90 00	60 01	29 59	1·7332	∞	∞
3	m	∞	110	30 01	"	"	"	30 01	59 59	0·5777	"	"
4	w	$\frac{1}{9}0$	109	90 00	5 47·	5 47·	0 00	5 47·	0 00	0·1014	0	0·1014
5	$\varDelta$·	$-\frac{2}{3}0$	203	"	31 19	31 19	"	31 19	"	0·6084	"	0·6084
6	nn·	± 10	101	"	42 23	42 23	"	42 23	"	0·9126	"	0·9126
7	π·	$-\frac{4}{3}0$	403	"	50 35	50 35	"	50 35	"	1·2168	"	1·2168
8	t·	-20	201	"	61 17	61 17	"	61 17	"	1·8252	"	1·8252
9	o o·	$\pm\frac{1}{4}$	114	30 01	24 31	12 51	21 33	11 59	21 03·	0·2281	0·3949	0·4561
10	rr·	$\pm\frac{1}{2}$	112	"	42 22	24 31·	38 18	19 42	35 42	0·4563	0·7898	0·9121
11	pp·	± 1	111	"	61 16	42 23	57 40	26 01	49 24	0·9126	1·5796	1·8243
12	s	± 2	221	"	74 40·	61 17	72 26	28 51	56 37·	1·8252	3·1592	3·6486
13	u	$+3$	331	"	79 38·	69 56	78 05	29 28·	58 24·	2·7378	4·7388	5·4727

Polydymit.

Regulär.

No.	Buchstaben	Symb.	Miller	φ	ϱ	ξ_0	η_0	ξ	η	x (Prismen) (x : y)	y	=tgϱ d
1	c	$\begin{cases} 0 \\ 0\infty \end{cases}$	001 010	— 0°00	0°00 90 00	0°00 "	0°00 90 00	0°00 "	0°00 90 00	0 "	0 ∞	0 ∞
2	p	1	111	45 00	54 44	45 00	45 00	35 16	35 16	1·0000	1·0000	1·4142

Polyhalit.

Rhombisch. (?)

$\lg\dfrac{p_0}{q_0} = 019579; \quad \dfrac{p_0}{q_0} = 1\!\cdot\!5696; \quad \dfrac{a}{b} = 0\!\cdot\!6371$	

No.	Buchstaben	Symb.	Miller	φ	ϱ	ξ_0	η_0	ξ	η	x (Prismen) (x : y)	y	d =tgϱ
1	c	0	001	—	0°00	0°00	0°00	0°00	0°00	0	0	0
2	a	0∞	010	0°00	90 00	"	90 00	"	90 00	"	∞	∞
3	m	∞	110	57 30	"	90 00	"	57 30	32 30	1·5696	"	"

Polykras.

Rhombisch.

$a = 0{\cdot}3462$	$\lg a = 953933$	$\lg a_0 = 004462$	$\lg p_0 = 995538$	$a_0 = 1{\cdot}1082$	$p_0 = 0{\cdot}9024$
$c = 0{\cdot}3124$	$\lg c = 949471$	$\lg b_0 = 050529$	$\lg q_0 = 949471$	$b_0 = 3{\cdot}2010$	$q_0 = 0{\cdot}3124$

No.	Buch-staben	Symb.	Miller	φ	ϱ	ξ_0	η_0	ξ	η	x (Prismen) (x : y)	y	d =tg ϱ
1	c	0	001	—	0°00	0°00	0°00	0°00	0°00	0	0	0
2	a	0∞	010	0°00	90 00	„	90 00	„	90 00	„	∞	∞
3	b	∞0	100	90 00	„	90 00	0 00	90 00	0 00	∞	0	„
4	m	∞	110	70 54	„	„	90 00	70 54	19 06	2·8884	∞	„
5	l	01	011	0 00	17 21	0 00	17 21	0 00	17 21	0	0·3124	0·3124
6	u	10	101	90 00	42 03·	42 03·	0 00	42 03·	0 00	0·9023	0	0·9023
7	x	20	201	„	61 00·	61 00·	„	61 00·	„	1·8047	„	1·8047
8	q	30	301	„	69 43·	69 43·	„	69 43·	„	2·7070	„	2·7070
9	s	1	111	70 54	43 40·	42 03·	17 21	40 44	13 03·	0·9023	0·3124	0·9549
10	z	12	121	55 18	47 40	„	32 00	37 25·	24 53	„	0·6248	1·0975
11	r	13	131	43 55	52 27	„	43 08·	33 21·	34 50	„	0·9372	1·3010

Polymignyt.

Rhombisch.

$a = 0{\cdot}7121$	$\lg a = 985254$	$\lg a_0 = 014319$	$\lg p_0 = 985681$	$a_0 = 1{\cdot}3906$	$p_0 = 0{\cdot}7191$
$c = 0{\cdot}5121$	$\lg c = 970935$	$\lg b_0 = 029065$	$\lg q_0 = 970935$	$b_0 = 1{\cdot}9528$	$q_0 = 0{\cdot}5121$

No.	Buch-staben	Symb.	Miller	φ	ϱ	ξ_0	η_0	ξ	η	x (Prismen) (x : y)	y	d =tg ϱ
1	c	0	001	—	0°00	0°00	0°00	0°00	0°00	0	0	0
2	b	0∞	010	0°00	90 00	„	90 00	„	90 00	„	∞	∞
3	a	∞0	100	90 00	„	90 00	0 00	90 00	0 00	∞	0	„
4	l	2∞	210	70 24	„	„	90 00	70 24	19 36	2·8086	∞	„
5	m	∞	110	54 32·	„	„	„	54 32·	35 27·	1·4043	„	„
6	s	∞2	120	35 04·	„	„	„	35 04·	54 55·	0·7021	„	„
7	t	∞4	140	19 20·	„	„	„	19 20·	70 39·	0·3511	„	„
8	p	1	111	54 33	41 26·	35 43	27 07	32 37·	22 34·	0·7191	0·5121	0·8828
9	q	1$\frac{3}{2}$	232	43 07	46 27·	„	37 32	29 41·	31 57	„	0·7681	1·0522
10	r	13	131	25 05·	59 29	„	56 56·	21 25	51 17	„	1·5363	1·6962

Powellit.

Tetragonal.

$\left.\begin{matrix} c \\ p_0 \end{matrix}\right\}$ = 1·5445	lg c = 018879	lg a₀ = 981121	a₀ = 0.6475

No.	Buch-staben	Symb.	Miller	φ	ϱ	ξ_0	η_0	ξ	η	x (Prismen) (x : y)	y	d =tgϱ
1	c	o	001	—	0°00	0°00	0°00	0°00	0°00	o	o	o
2	e	01	011	0°00	57 04·	"	57 04·	"	57 04·	"	1·5445	1·5445
3	p	1	111	45 00	65 24	57 04·	"	40 00·	40 00·	1·5445	"	2·1842

Prehnit.

Rhombisch.

a = 0·8405	lg a = 992454	lg a₀ = 987505	lg p₀ = 012495	a₀ = 0·7500	p₀ = 1·3334
c = 1·1207	lg c = 004949	lg b₀ = 995051	lg q₀ = 004949	b₀ = 0·8923	q₀ = 1·1207

No.	Buch-staben	Symb.	Miller	φ	ϱ	ξ_0	η_0	ξ	η	x (Prismen) (x : y)	y	d =tgϱ
1	c	o	001	—	0°00	0°00	0°00	0°00	0°00	o	o	o
2	a	0∞	010	0°00	90 00	"	90 00	"	90 00	"	∞	∞
3	b	∞0	100	90 00	"	90 00	0 00	90 00	0 00	∞	o	"
4	m	∞	110	49 57	"	"	90 00	49 57	40 03	1·1897	∞	"
5	?p	∞3	130	21 38	"	"	"	21 38	68 22	0·3966	"	"
6	o	03	031	0 00	73 26	0 00	73 26	0 00	73 26	o	3·3620	3·3620
7	v	$\frac{3}{8}$0	308	90 00	26 34	26 34	0 00	26 34	0 00	0·5000	o	0·5000
8	n	$\frac{3}{4}$0	304	"	45 00	45 00	"	45 00	"	1·0000	"	1·0000
9	q	10	101	"	53 08	53 08	"	53 08	"	1·3333	"	1·3333
10	t	$\frac{3}{2}$0	302	"	63 26	63 26	"	63 26	"	2·0000	"	2·0000
11	u	30	301	"	75 58	75 58	"	75 58	"	4·0000	"	4·0000
12	w	50	501	"	81 28	81 28	"	81 28	"	6·6668	"	6·6668
13	r	1	111	49 57	60 08·	53 08	48 15·	41 36	33 55	1·3333	1·1207	1·7418
14	s	3	331	"	79 10	75 58	73 26	48 45	39 11·	4·0001	3·3621	5·2252
15	x	4	441	"	81 50	79 23	77 25·	49 16	39 33·	5·3335	4·4828	6·9670
16	?y	13	131	21 38	74 32·	53 08	73 26	20 49	63 38	1·3333	3·3621	3·6168

Prismatin.

Rhombisch.

a = 0·862	lg a = 993551	lg a₀ = 001643	lg p₀ = 998357	a₀ = 1·0385	p₀ = 0·9629
c = 0·83	lg c = 991908	lg b₀ = 008092	lg q₀ = 991908	b₀ = 1·2048	q₀ = 0·8300

No.	Buch-staben	Symb.	Miller	φ	ϱ	ξ_0	η_0	ξ	η	x (Prismen) (x : y)	y	d =tg ϱ
1	b	0∞	010	0°00	90°00	0°00	90°00	0°00	90°00	0	∞	∞
2	c	∞0	100	90 00	,,	90 00	0 00	90 00	0 00	∞	0	,,
3	e	∞	110	49 14·	,,	,,	90 00	49 14·	40 45·	1·1600	∞	,,
4	m	10	101	90 00	43 55	43 55	0 00	43 55	0 00	0·9628	0	0·9628
5	n	½0	102	,,	25 42·	25 42·	,,	25 42·	,,	0·4814	,,	0·4814

Prosopit.

Monoklin.

a = 1·3188	lg a = 012018	lg a₀ = 034566	lg p₀ = 965434	a₀ = 2·2160	p₀ = 0·4512
c = 0·5950	lg c = 977452	lg b₀ = 022548	lg q₀ = 977328	b₀ = 1·6807	q₀ = 0·5933
μ = } 180 − β} 85°40	lg h = } lg sin μ} 999876	lg e = } lg cos μ} 887829	lg $\frac{p_0}{q_0}$ = 988106	h = 0·9971	e = 0·0755

No.	Buch-staben	Symb.	Miller	φ	ϱ	ξ_0	η_0	ξ	η	x' (Prismen) (x : y)	y'	d' =tg ϱ
1	l	0∞	010	0°00	90°00	0°00	90°00	0°00	90°00	0	∞	∞
2	d	∞	110	37 15	,,	90 00	,,	37 15	52 45	0·7604	,,	,,
3	o	01	011	7 15·	30 57·	4 20	30 45	3 43·	30 41	0·0758	0·5950	0·5998
4	x	03	031	2 26	60 46	,,	60 44·	2 07·	60 40·	,,	1·7850	1·7866
5	t	−1	$\bar{1}$11	$\bar{3}$2 20·	35 09·	$\bar{2}$0 39	30 45	$\bar{1}$7 56·	29 06·	$\bar{0}$·3768	0·5950	0·7043
6	z	+21	211	58 45·	48 55	44 26·	,,	40 07·	23 01	0·9807	,,	1·1471
7	y	+23	231	28 47	63 51	,,	60 44·	25 36·	51 53	,,	1·7850	2·0367

Pseudobrookit.

Rhombisch.

a = 0·8738	lg a = 994141	lg a₀ = 999407	lg p₀ = 000593	a₀ = 0·9864	p₀ = 1·0137·
c = 0·8858	lg c = 994734	lg b₀ = 005266	lg q₀ = 994734	b₀ = 1·1289	q₀ = 0·8858

No.	Buch-staben	Symb.	Miller	φ	ϱ	ξ_0	η_0	ξ	η	x (Prismen) (x : y)	y	d = tg ϱ
1	b	0	001	—	0° 00	0° 00	0° 00	0° 00	0° 00	0	0	0
2	c	0∞	010	0° 00	90 00	,,	90 00	,,	90 00	,,	∞	∞
3	a	∞0	100	90 00	0 00	90 00	0 00	90 00	0 00	∞	0	,,
4	d	∞	110	48 51	90 00	,,	90 00	48 51	41 09	1·1444	∞	,,
5	e	∞3	130	20 53	,,	,,	,,	20 53	69 07	0·3815	,,	,,
6	y	01	011	0 00	41 32	0 00	41 32	0 00	41 32	0	0·8858	0·8858
7	n	½0	102	90 00	26 53	26 53	0 00	26 53	0 00	0·5069	0	0·5069
8	l	10	101	,,	45 23·	45 23·	,,	45 23·	,,	1·0137	,,	1·0137
9	m	20	201	,,	63 45	63 45	,,	63 45	,,	2·0275	,,	2·0275
10	p	⅓1	133	20 53	43 28·	18 40	41 32	14 11·	40 00	0·3379	0·8858	0·9481
11	q	13	131	,,	70 37·	45 23·	69 22·	19 39	61 49	1·0137	2·6574	2·8442
12	?s	½3⁄2	132	,,	54 53	26 53	53 02	16 57	49 50·	0·5069	1·3287	1·4221

Pucherit.

Rhombisch.

a = 0·5327	lg a = 972648	lg a₀ = 965911	lg p₀ = 034089	a₀ = 0·4561	p₀ = 2·1922
c = 1·1678	lg c = 006737	lg b₀ = 993263	lg q₀ = 006737	b₀ = 5·8563	q₀ = 1·1678

No.	Buch-staben	Symb.	Miller	φ	ϱ	ξ_0	η_0	ξ	η	x (Prismen) (x : y)	y	d = tg ϱ
1	b	0	001	—	0° 00	0° 00	0° 00	0° 00	0° 00	0	0	0
2	a	∞0	100	90° 00	90 00	90 00	,,	90 00	,,	∞	,,	∞
3	t	∞	110	61 57·	,,	,,	90 00	61 57·	28 02·	1·8772	∞	,,
4	w	01	011	0 00	49 25·	0 00	49 25·	0 00	49 25·	0	1·1678	1·1678
5	x	02	021	,,	66 49·	,,	66 49·	,,	66 49·	,,	2·3356	2·3356
6	n	1	111	61 57·	68 04	65 29	49 25·	54 57·	25 51·	2.1922	1·1678	2·4839
7	e	12	121	43 11	72 40	,,	66 49·	40 47·	44 07	,,	2·3356	3·2032

Pyrit.

Regulär. Pentagonal - hemiedrisch.

No.	Buchstaben	Symb.	Miller	φ	ϱ	ξ_0	η_0	ξ	η	x (Prismen) (x : y)	y	d = tg ϱ
I	c	0	001	—	0°00	0°00	0°00	0°00	0°00	0	0	0
		0∞	010	0°00	90 00	”	90 00	”	90 00	”	∞	∞
2	a	$0\frac{1}{9}$	019	”	6 20·	”	6 20·	”	6 20·	”	0·1111	0·1111
		09	091	”	83 39·	”	83 39·	”	83 39·	”	9·0000	9·0000
		$\infty 9$	190	6 20·	90 00	90 00	90 00	6 20·	”	0·1111	∞	∞
3	b	$0\frac{1}{8}$	018	0 00	7 07·	0 00	7 07·	0 00	7 07·	0	0·1250	0·1250
		08	081	”	82 52·	”	82 52·	”	82 52·	”	8·0000	8·0000
		$\infty 8$	180	7 07·	90 00	90 00	90 00	7 07·	”	0·1250	∞	∞
4	?τ	$0\frac{1}{7}$	017	0 00	8 08	0 00	8 08	0 00	8 08	0	0·1429	0·1429
		07	071	”	81 52	”	81 52	”	81 52	”	7·0000	7·0000
		$\infty 7$	170	8 08	90 00	90 00	90 00	8 08	”	0·1429	∞	∞
5	p	$0\frac{1}{6}$	016	0 00	9 27·	0 00	9 27·	0 00	9 27·	0	0·1667	0·1667
		06	061	”	80 32·	”	80 32·	”	80 32·	”	6·0000	6·0000
		$\infty 6$	160	9 27·	90 00	90 00	90 00	9 27·	”	0·1667	∞	∞
6	b	$0\frac{2}{9}$	029	0 00	12 31·	0 00	12 31·	0 00	12 31·	0	0·2222	0·2222
		$0\frac{9}{2}$	092	”	77 28·	”	77 28·	”	77 28·	”	4·5000	4·5000
		$\infty\frac{9}{2}$	290	12 31·	90 00	90 00	90 00	12 31·	”	0·2222	∞	∞
7	f	$0\frac{1}{4}$	014	0 00	14 02	0 00	14 02	0 00	14 02	0	0·2500	0·2500
		04	041	”	75 58	”	75 58	”	75 58	”	4·0000	4·0000
		$\infty 4$	140	14 02	90 00	90 00	90 00	14 02	”	0·2500	∞	∞
8	e	$0\frac{2}{7}$	027	0 00	15 56·	0 00	15 56·	0 00	15 56·	0	0·2857	0·2857
		$0\frac{7}{2}$	072	”	74 03·	”	74 03·	”	74 03·	”	3·5000	3·5000
		$\infty\frac{7}{2}$	270	15 56·	90 00	90 00	90 00	15 56·	”	0·2857	∞	∞
9	f	$0\frac{3}{10}$	0·3·10	0 00	16 42	0 00	16 42	0 00	16 42	0	0·3000	0·3000
		$0\frac{10}{3}$	0·10·3	”	73 18	”	73 18	”	73 18	”	3·3333	3·3333
		$\infty\frac{10}{3}$	3·10·0	16 42	90 00	90 00	90 00	16 42	”	0·3000	∞	∞
10	a	$0\frac{1}{3}$	013	0 00	18 26	0 00	18 26	0 00	18 26	0	0·3333	0·3333
		03	031	”	71 34	”	71 34	”	71 34	”	3·0000	3·0000
		$\infty 3$	130	18 26	90 00	90 00	90 00	18 26	”	0·3333	∞	∞
11	g	$0\frac{4}{11}$	0·4·11	0 00	19 59	0 00	19 59	0 00	19 59	0	0·3636	0·3636
		$0\frac{11}{4}$	0·11·4	”	70 01	”	70 01	”	70 01	”	2·7500	2·7500
		$\infty\frac{11}{4}$	4·11·0	19 59	90 00	90 00	90 00	19 59	”	0·3636	∞	∞
12	g	$0\frac{2}{5}$	025	0 00	21 48	0 00	21 48	0 00	21 48	0	0·4000	0·4000
		$0\frac{5}{2}$	052	”	68 12	”	68 12	”	68 12	”	2·5000	2·5000
		$\infty\frac{5}{2}$	250	21 48	90 00	90 00	90 00	21 48	”	0·4000	∞	∞
13	ħ	$0\frac{4}{9}$	049	0 00	23 58	0 00	23 58	0 00	23 58	0	0·4444	0·4444
		$0\frac{9}{4}$	094	”	66 02	”	66 02	”	66 02	”	2·2500	2·2500
		$\infty\frac{9}{4}$	490	23 58	90 00	90 00	90 00	23 58	”	0·4444	∞	∞
14	e	$0\frac{1}{2}$	012	0 00	26 34	0 00	26 34	0 00	26 34	0	0·5000	0·5000
		02	021	”	63 26	”	63 26	”	63 26	”	2·0000	2·0000
		$\infty 2$	120	26 34	90 00	90 00	90 00	26 34	”	0·5000	∞	∞

No.	Buch-staben	Symb.	Miller	φ	ϱ	ξ_0	η_0	ξ	η	x (Prismen) (x : y)	y	d $=\mathrm{tg}\,\varrho$
15	α	$0\ \frac{4}{7}$	047	0°00	29°44·	0°00	29°44·	0°00	29°44·	0	0·5714	0·5714
		$0\ \frac{7}{4}$	074	"	60 15·	"	60 15·	"	60 15·	"	1·7500	1·7500
		$\infty\ \frac{7}{4}$	470	29 44·	90 00	90 00	90 00	29 44·	"	0·5714	∞	∞
16	$\varLambda$	$0\ \frac{7}{12}$	0·7·12	0 00	30 15·	0 00	30 15·	0 00	30 15.	0	0·5833	0·5833
		$0\ \frac{12}{7}$	0·12·7	"	59 44·	"	59 44·	"	59 44·	"	1·7143	1·7143
		$\infty\ \frac{12}{7}$	7·12·0	30 15·	90 00	90 00	90 00	30 15·	"	0·5833	∞	∞
17	h	$0\ \frac{3}{5}$	035	0 00	30 58	0 00	30 58	0 00	30 58	0	0·6000	0·6000
		$0\ \frac{5}{3}$	053	"	59 02	"	59 02	"	59 02	"	1·6667	1·6667
		$\infty\ \frac{5}{3}$	350	30 58	90 00	90 00	90 00	30 58	"	0·6000	∞	∞
18	b	$0\ \frac{2}{3}$	023	0 00	33 41·	0 00	33 41·	0 00	33 41·	0	0·6667	0·6667
		$0\ \frac{3}{2}$	032	"	56 18·	"	56 18·	"	56 18·	"	1·5000	1·5000
		$\infty\ \frac{3}{2}$	230	33 41·	90 00	90 00	90 00	33 41·	"	0·6667	∞	∞
19	i	$0\ \frac{3}{4}$	034	0 00	36 52	0 00	36 52	0 00	36 52	0	0·7500	0·7500
		$0\ \frac{4}{3}$	043	"	53 08	"	53 08	"	53 08	"	1·3333	1·3333
		$\infty\ \frac{4}{3}$	340	36 52	90 00	90 00	90 00	36 52	"	0·7500	∞	∞
20	δ	$0\ \frac{4}{5}$	045	0 00	38 39·	0 00	38 39·	0 00	38 39·	0	0·8000	0·8000
		$0\ \frac{5}{4}$	054	"	51 20·	"	51 20·	"	51 20·	"	1·2500	1·2500
		$\infty\ \frac{5}{4}$	450	38 39·	90 00	90 00	90 00	38 39·	"	0·8000	∞	∞
21	η	$0\ \frac{9}{11}$	0·9·11	0 00	39 17·	0 00	39 17·	0 00	39 17·	0	0·8182	0·8182
		$0\ \frac{11}{9}$	0·11·9	"	50 42·	"	50 42·	"	50 42·	"	1·2222	1·2222
		$\infty\ \frac{11}{9}$	9·11·0	39 17·	90 00	90 00	90 00	39 17·	"	0·8182	∞	∞
22	ζ	$0\ \frac{5}{6}$	056	0 00	39 48·	0 00	39 48·	0 00	39 48·	0	0·8333	0·8333
		$0\ \frac{6}{5}$	065	"	50 11·	"	50 11·	"	50 11·	"	1·2000	1·2000
		$\infty\ \frac{6}{5}$	560	39 48·	90 00	90 00	90 00	39 48·	"	0·8333	∞	∞
23	γ	$0\ \frac{6}{7}$	067	0 00	40 36	0 00	40 36	0 00	40 36	0	0·8572	0·8572
		$0\ \frac{7}{6}$	076	"	49 24	"	49 24	"	49 24	"	1·1667	1·1667
		$\infty\ \frac{7}{6}$	670	40 36	90 00	90 00	90 00	40 36	"	0·8572	∞	∞
24	$\varGamma$	$0\ \frac{7}{8}$	078	0 00	41 11·	0 00	41 11·	0 00	41 11·	0	0·8750	0·8750
		$0\ \frac{8}{7}$	087	"	48 48·	"	48 48·	"	48 48·	"	1·1429	1·1429
		$\infty\ \frac{8}{7}$	780	41 11·	90 00	90 00	90 00	41 11·	"	0·8750	∞	∞
25	d	$0\ 1$	011	0 00	45 00	0 00	45 00	0 00	45 00	0	1·0000	1·0000
		∞	110	45 00	90 00	90 00	90 00	45 00	"	1·0000	∞	∞
26	ξ	$\frac{1}{9}$	119	"	8 56	6 20·	6 20·	6 18	6 18	0·1111	0·1111	0·1571
		19	191	6 20·	83 42	45 00	83 39·	"	81 04	1·0000	9·0000	9·0552
27	l	$\frac{1}{5}$	115	45 00	15 47·	11 18·	11 18·	11 06	11 06	0·2000	0·2000	0·2828
		15	151	11 18·	78 54	45 00	78 41·	"	74 12·	1·0000	5·0000	5·0989
28	k	$\frac{1}{4}$	114	45 00	19 28	14 02	14 02	13 38	13 38	0·2500	0·2500	0·3535
		14	141	14 02	76 22	45 00	75 58	"	70 32	1·0000	4·0000	4·1231
29	m	$\frac{1}{3}$	113	45 00	25 14·	18 26	18 26	17 33	17 33	0·3333	0·3333	0·4714
		13	131	18 26	72 27	45 00	71 34	"	64 45·	1·0000	3·0000	3·1623
30	o	$\frac{2}{5}$	225	45 00	29 30	21 48	21 48	20 22·	20 22·	0·4000	0·4000	0·5657
		$1\ \frac{5}{2}$	252	21 48	69 37·	45 00	68 12	"	60 30	1·0000	2·5000	2·6924

No.	Buch-staben	Symb.	Miller	φ	ϱ	ξ_0	η_0	ξ	η	x (Prismen) (x : y)	y	d =tgϱ
31	ϱ	$\frac{4}{9}$	449	45°00	32°09	23°58	23°58	22°06	22°06	0·4444	0·4444	0·6285
		$1\frac{9}{4}$	494	23 58	67 54	45 00	66 02	,,	57 51	1·0000	2·2500	2·4622
32	π	$\frac{5}{11}$	5·5·11	45 00	32 44	24 26·	24 26·	22 29	22 29	0·4545	0·4545	0·6428
		$1\frac{11}{5}$	5·11·5	24 26·	67 31	45 00	65 33·	,,	57 16	1·0000	2·2000	2·4166
33	q	$\frac{1}{2}$	112	45 00	35 16	26 34	26 34	24 05·	24 05·	0·5000	0·5000	0·7071
		12	121	26 34	65 54·	45 00	63 26	,,	54 44	1·0000	2·0000	2·2360
34	n	$\frac{2}{3}$	223	45 00	43 19	33 41·	33 41·	29 01	29 01	0·6667	0·6667	0·9428
		$1\frac{3}{2}$	232	33 41·	60 59	45 00	56 18·	,,	46 41	1·0000	1·5000	1·8028
35	t	$\frac{3}{4}$	334	45 00	46 41	36 52	36 52	30 58	30 58	0·7500	0·7500	1·0606
		$1\frac{4}{3}$	343	36 52	59 02	45 00	53 08	,,	43 19	1·0000	1·3333	1·6667
36	p	1	111	45 00	54 44	,,	45 00	35 16	35 16	,,	1·0000	1·4142
37	Ω	$\frac{1}{6}1$	166	9 27·	45 23·	9 27·	,,	6 43	44 36·	0·1667	,,	1·0138
		6	661	45 00	83 17	80 32·	80 32·	44 36·	,,	6·0000	6·0000	8·4852
38	v	$\frac{1}{3}1$	133	18 26	46 30·	18 26	45 00	13 16	43 29·	0·3333	1·0000	1·0541
		3	331	45 00	76 44	71 34	71 34	43 29·	,,	3·0000	3·0000	4·2426
39	u	$\frac{1}{2}1$	122	26 34	48 11·	26 34	45 00	19 28	41 48·	0·5000	1·0000	1·1180
		2	221	45 00	70 31·	63 26	63 26	41 48·	,,	2·0000	2·0000	2·8284
40	w	$\frac{2}{3}1$	233	33 41·	50 14·	33 41·	45 00	25 14·	39 45·	0·6667	1·0000	1·2019
		$\frac{3}{2}$	332	45 00	64 45·	56 18·	56 18·	39 45·	,,	1·5000	1·5000	2·1213
41	A	$\frac{1}{12}\frac{1}{2}$	1·6·12	9 27·	26 53	4 46	26 34	4 16	26 29	0·0833	0·5000	0·5069
		$\frac{1}{6}2$	1·12·6	4 46	63 31	9 27·	63 26	,,	63 07	0·1667	2·0000	2·0069
		6·12	6·12·1	26 34	85 44	80 32·	85 14	26 29	,,	6·0000	12·000	13·416
42	B	$\frac{1}{10}\frac{1}{2}$	1·5·10	11 18·	27 01	5 42·	26 34	5 06·	26 27	0·1000	0·5000	0·5099
		$\frac{1}{5}2$	1·10·5	5 42·	63 33	11 18·	63 26	,,	62 59	0·2000	2·0000	2·0099
		5·10	5·10·1	26 34	84 53·	78 41·	84 17·	26 27	,,	5·0000	10·000	11·180
43	C	$\frac{1}{8}\frac{1}{2}$	148	14 02	27 16	7 07·	26 34	6 22·	26 23·	0·1250	0·5000	0·5154
		$\frac{1}{4}2$	184	7 07·	63 36·	14 02	63 26	,,	62 44	0·2500	2·0000	2·0155
		48	481	26 34	83 37	75 58	82 52·	26 23·	,,	4·0000	8·0000	8·9442
44	ψ	$\frac{1}{4}\frac{1}{2}$	124	,,	29 12·	14 02	26 34	12 36·	25 52·	0·2500	0·5000	0·5590
		$\frac{1}{2}2$	142	14 02	64 07·	26 34	63 26	,,	60 47·	0·5000	2·0000	2·0615
		24	241	26 34	77 23·	63 26	75 58	25 52·	,,	2·0000	4·0000	4·4721
45	D	$\frac{1}{3}\frac{1}{2}$	236	33 41·	31 00	18 26	26 34	16 36	25 22·	0·3333	0·5000	0·6009
		$\frac{2}{3}2$	263	18 26	64 37·	33 41·	63 26	,,	59 00	0·6667	2·0000	2·1130
		$\frac{3}{2}3$	362	26 34	73 24	56 18·	71 34	25 22·	,,	1·5000	3·0000	3·3541
46	y	$\frac{1}{3}\frac{3}{4}$	234	33 41·	42 02	26 34	36 52	21 48	33 51	0·5000	0·7500	0·9014
		$\frac{2}{3}\frac{4}{3}$	243	26 34	56 08·	33 41·	53 08	,,	47 58	0·6667	1·3333	1·4907
		$\frac{3}{2}2$	342	36 52	68 12	56 18·	63 26	33 51	,,	1·5000	2·0000	2·5000
47	x	$\frac{1}{3}\frac{2}{3}$	123	26 34	36 42	18 26	33 41·	15 30	32 18·	0·3333	0·6667	0·7453
		$\frac{1}{2}\frac{3}{2}$	132	18 26	57 41·	26 34	56 18·	,,	53 18	0·5000	1·5000	1·5811
		23	231	33 41·	74 30	63 26	71 34	32 18·	,,	2·0000	3·0000	3·6055

No.	Buchstaben	Symb.	Miller	φ	ϱ	ξ_0	η_0	ξ	η	x (Prismen) (x : y)	y	d $=\mathrm{tg}\,\varrho$
48	K	$\frac{7}{22}\ \frac{7}{11}$	7·14·22	26° 34	35° 26	17° 39	32° 28·	15° 01·	31° 14	0·3182	0·6364	0·7115
		$\frac{1}{2}\ \frac{11}{7}$	7·22·14	17 39	58 46	26 34	57 31·	„	54 34	0·5000	1·5714	1·6490
		$2\ \frac{22}{7}$	14·22·7	32 28·	74 58·	63 26	72 21	31 14	„	2·0000	3·1429	3·7252
49	I	$\frac{2}{7}\ \frac{4}{7}$	247	26 34	32 34	15 56·	29 44·	13 56	28 47	0.2857	0·5714	0·6389
		$\frac{1}{2}\ \frac{7}{4}$	274	15 56·	61 13	26 34	60 15·	„	57 26	0·5000	1·7500	1·8200
		$2\ \frac{7}{2}$	472	29 44·	76 04	63 26	74 03·	28 47	„	2·0000	3·5000	4·0312
50	H	$\frac{2}{9}\ \frac{4}{9}$	249	26 34	26 25·	12 32	23 58	11 29	23 27·	0·2222	0·4444	0·4969
		$\frac{1}{2}\ \frac{9}{4}$	294	12 32	66 32·	26 34	66 02	„	63 34·	0·5000	2·2500	2·3049
		$2\ \frac{9}{2}$	492	23 58	78 31	63 26	77 28	23 27·	„	2·0000	4·5000	4·9243
51	G	$\frac{3}{16}\ \frac{3}{8}$	3·6·16	26 34	22 45	10 37	20 33·	9 57·	20 14	0·1875	0·3750	0·4193
		$\frac{1}{2}\ \frac{8}{3}$	3·16·6	10 37	69 46	26 34	69 26·	„	67 15	0·5000	2·6667	2·7131
		$2\ \frac{16}{3}$	6·16·3	20 33·	80 02·	63 26	79 23	20 14	„	2·0000	5·3333	5·6959
52	Y	$\frac{1}{6}\ \frac{1}{3}$	126	26 34	20 26·	9 27·	18 26	8 59	18 12	0·1667	0·3333	0·3727
		$\frac{1}{2}\ 3$	162	9 27·	71 48	26 34	71 34	„	69 33·	0·5000	3·0000	3·0413
		$2\ 6$	261	18 26	81 01	63 26	80 32·	18 12	„	2·0000	6·0000	6·3246
53	F	$\frac{1}{7}\ \frac{2}{7}$	127	26 34	17 43	8 08	15 56·	7 49·	15 47·	0·1429	0·2857	0·3194
		$\frac{1}{2}\ \frac{7}{2}$	172	8 08	74 12·	26 34	74 03·	„	72 17	0·5000	3·5000	3·5355
		$2\ 7$	271	15 56·	82 10·	63 26	81 52	15 47·	„	2·0000	7·0000	7·2802
54	L	$\frac{2}{9}\ \frac{1}{3}$	239	33 41·	21 50	12 32	18 26	11 54·	18 01·	0·2222	0·3333	0·4006
		$\frac{2}{3}\ 3$	293	12 32	71 58·	33 41·	71 34	„	68 10	0·6667	3·0000	3·0732
		$\frac{3}{2}\ \frac{9}{2}$	392	18 26	78 05·	56 18·	77 28	18 01·	„	1·5000	4·5000	4·7434
55	N	$\frac{2}{9}\ \frac{2}{3}$	269	„	35 06	12 32	33 41·	10 28·	33 03·	0·2222	0·6667	0·7027
		$\frac{1}{3}\ \frac{3}{2}$	296	12 32	56 56·	18 26	56 18·	„	54 54	0·3333	1·5000	1·5366
		$3\ \frac{9}{2}$	692	33 41·	79 31·	71 34	77 28	33 03·	„	3·0000	4·5000	5·4082
56	z	$\frac{1}{5}\ \frac{3}{5}$	135	18 26	32 18·	11 18·	30 58	9 44·	30 28	0·2000	0·6000	0·6325
		$\frac{1}{3}\ \frac{5}{3}$	153	11 18·	59 32	18 26	59 02	„	57 41·	0·3333	1·6667	1·6996
		$3\ 5$	351	30 58	80 16	71 34	78 41·	30 28	„	3·0000	5·0000	5·8310
57	ω	$\frac{1}{4}\ \frac{3}{4}$	134	18 26	38 19·	14 02	36 52	11 18·	36 02·	0·2500	0·7500	0·7906
		$\frac{1}{3}\ \frac{4}{3}$	143	14 02	53 57·	18 26	53 08	„	51 40·	0·3333	1·3333	1·3743
		$3\ 4$	341	36 52	78 41·	71 34	75 58	36 02·	„	3·0000	4·0000	5·0000
58	R	$\frac{1}{7}\ \frac{5}{7}$	157	11 18·	36 04	8 08	35 32·	6 38	35 16	0·1429	0·7143	0·7284
		$\frac{1}{5}\ \frac{7}{5}$	175	8 08	54 44	11 18·	54 27·	„	53 56	0·2000	1·4000	1·4142
		$5\ 7$	571	35 32·	83 22	78 41·	81 52	35 16	„	5·0000	7·0000	8·6022
59	T	$\frac{1}{8}\ \frac{5}{8}$	158	11 18·	32 30·	7 07·	32 00·	6 03	31 48·	0·1250	0·6250	0·6374
		$\frac{1}{5}\ \frac{8}{5}$	185	7 07·	58 11·	11 18·	57 59·	„	57 29·	0·2000	1·6000	1·6124
		$5\ 8$	581	32 00·	83 57	78 41·	82 52·	31 48·	„	5·0000	8·0000	9·4338
60	S	$\frac{1}{10}\ \frac{3}{5}$	1·6·10	9 27·	31 18·	5 42·	30 58	4 54	30 50·	0·1000	0·6000	0·6083
		$\frac{1}{6}\ \frac{5}{3}$	1·10·6	5 42·	59 09·	9 27·	59 02	„	58 41·	0·1667	1·6667	1·6750
		$6\ 10$	6·10·1	30 58	85 06	80 32·	84 17·	30 50·	„	6·0000	10·000	11·662
61	O	$\frac{2}{5}\ \frac{3}{5}$	235	33 41·	35 48	21 48	30 58	18 56	29 07·	0·4000	0·6000	0·7211
		$\frac{2}{3}\ \frac{5}{3}$	253	21 48	60 52·	33 41·	59 02	„	54 12	0·6667	1·6667	1·7951
		$\frac{3}{2}\ \frac{5}{2}$	352	30 58	71 04	56 18·	68 12	29 07·	„	1·5000	2·5000	2·9155

No.	Buch-staben	Symb.	Miller	φ	ϱ	ξ_0	η_0	ξ	η	x (Prismen) (x : y)	y	d =tg ϱ
62	P	$\frac{6}{13}\,\frac{9}{13}$	6·9·13	33°41·	39°45·	24°46·	34°41·	20°47	32°09	0·4615	0·6923	0·8321
		$\frac{2}{3}\,\frac{13}{9}$	6·13·9	24 46·	57 51	33 41·	55 18·	„	50 14·	0·6667	1·4444	1·5908
		$\frac{3}{2}\,\frac{13}{6}$	9·13·6	34 41·	69 13	56 18·	65 13·	32 09	„	1·5000	2·1667	2·6352
63	X	$\frac{3}{5}\,\frac{4}{5}$	345	36 52	45 00	30 58	38 39·	25 06	34 27	0·6000	0·8000	1·0000
		$\frac{3}{4}\,\frac{5}{4}$	354	30 58	55 33	36 52	51 20·	„	45 00	0·7500	1·2500	1·4577
		$\frac{4}{3}\,\frac{5}{3}$	453	38 39·	64 54	53 08	59 02	34 27	„	1·3333	1·6667	2·1344
64	V	$\frac{7}{10}\,\frac{4}{5}$	7·8·10	41 11	46 45	34 59·	38 39·	28 39·	33 14·	0·7000	0·8000	1·0630
		$\frac{7}{8}\,\frac{5}{4}$	7·10·8	34 59·	56 45·	41 11	51 20·	„	43 15	0·8750	1·2500	1·5258
		$\frac{8}{7}\,\frac{10}{7}$	8·10·7	38 39·	61 20·	48 49	55 00·	33 14·	„	1·1429	1·4286	1·8294
65	W	$\frac{5}{7}\,\frac{11}{14}$	10·11·14	42 16·	46 43	35 32	38 09·	29 19	32 35·	0·7143	0·7857	1·0619
		$\frac{10}{11}\,\frac{14}{11}$	10·14·11	35 32·	57 24·	42 16·	51 50·	„	43 17	0·9091	1·2727	1·5640
		$\frac{11}{10}\,\frac{7}{5}$	11·14·10	38 09·	60 41	47 43·	54 27·	32 35·	„	1·1000	1·4000	1·7805
66	U	$\frac{2}{11}\,\frac{5}{11}$	2·5·11	21 48	26 05	10 18·	24 26·	9 24	24 05·	0·1818	0·4545	0·4896
		$\frac{2}{5}\,\frac{11}{5}$	2·11·5	10 18·	65 54·	21 48	65 33·	„	63 55	0·4000	2·2000	2·2360
		$\frac{5}{2}\,\frac{11}{2}$	5·11·2	24 26·	80 36	68 12	79 41·	24 05·	„	2·5000	5·5000	6·0416
67	Q	$\frac{3}{13}\,\frac{7}{13}$	3·7·13	23 12	30 22	12 59·	28 18	11 29	27 41	0·2308	0·5385	0·5858
		$\frac{3}{7}\,\frac{13}{7}$	3·13·7	12 59·	62 19	23 12	61 42	„	59 38	0·4286	1·8572	1·9059
		$\frac{7}{3}\,\frac{13}{3}$	7·13·3	28 18	78 31	66 48	77 00·	27 41	„	2·3333	4·3333	4·9216

Pyrochlor.

Regulär.

No.	Buch-staben	Symb.	Miller	φ	ϱ	ξ_0	η_0	ξ	η	x (Prismen) (x : y)	y	d =tg ϱ
1	c	0	001	—	0°00	0°00	0°00	0°00	0°00	0	0	0
		0∞	010	0°00	90 00	„	90 00	„	90 00	„	∞	∞
2	d	01	011	„	45 00	„	45 00	„	45 00	„	1·0000	1·0000
		∞	110	45 00	90 00	90 00	90 00	45 00	„	1·0000	∞	∞
3	m	$\frac{1}{3}$	113	„	25 14·	18 26	18 26	17 33	17 33	0·3333	0·3333	0·4714
		13	131	18 26	72 27	45 00	71 34	„	64 45·	1·0000	3·0000	3·1623
4	q	$\frac{1}{2}$	112	45 00	35 16	26 34	26 34	24 05·	24 05·	0·5000	0·5000	0·7071
		12	121	26 34	65 54·	45 00	63 26	„	54 44	1·0000	2·0000	2·2360
5	p	1	111	45 00	54 44	„	45 00	35 16	35 16	„	1·0000	1·4142

Pyrochroit.

Hexagonal.   Rhomboedrisch-hemiedrisch.

$c = 1.4002$	$\lg c = 014619$	$\lg a_0 = 009237$	$\lg p_0 = 997010$	$a_0 = 1.2370$	$p_0 = 0.9355$	(G_2)

No.	Buch-staben	Symb.	Bravais	φ	ϱ	ξ_0	η_0	ξ	η	x (Prismen) (x : y)	y	d $= \mathrm{tg}\,\varrho$
1	o	0	0001	—	0° 00	0° 00	0° 00	0° 00	0° 00	0	0	0
2	p·	$+1$	$11\bar{2}1$	30° 00	58 16	38 57	54 28	25 10	47 26	0.8084	1.4002	1.6168

Pyromorphit.

Hexagonal.   Pyramidal-hemiedrisch.

$c = 1.275$	$\lg c = 010551$	$\lg a_0 = 013305$	$\lg p_0 = 992942$	$a_0 = 1.3585$	$p_0 = 0.8500$	(G_1)

No.	Buch-staben	Symb.	Bravais	φ	ϱ	ξ_0	η_0	ξ	η	x (Prismen) (x : y)	y	d $= \mathrm{tg}\,\varrho$
1	o	0	0001	—	0° 00	0° 00	0° 00	0° 00	0° 00	0	0	0
2	a	∞	$10\bar{1}0$	0° 00	90 00	”	90 00	”	90 00	”	∞	∞
3	b	∞	$11\bar{2}0$	30 00	”	90 00	”	30 00	60 00	0.5773	”	”
4	x	10	$10\bar{1}1$	0 00	40 22	0 00	40 22	0 00	40 22	0	0.8500	0.8500
5	z	20	$20\bar{2}1$	”	59 32	”	59 32	”	59 32	”	1.7000	1.7000
6	v	40	$40\bar{4}1$	”	73 36·	”	73 36·	”	73 36·	”	3.4000	3.4000
7.	r	1	$11\bar{2}1$	30 00	55 49	36 21·	51 53·	24 26	45 45·	0.7361	1.2750	1.4722

Pyrosmalith.

Hexagonal.   Holoedrisch.

$c = 1.838$	$\lg c = 026435$	$\lg a_0 = 997421$	$\lg p_0 = 008826$	$a_0 = 0.9423$	$p_0 = 1.2253$	(G_1)

No.	Buch-staben	Symb.	Bravais	φ	ϱ	ξ_0	η_0	ξ	η	x (Prismen) (x : y)	y	d $= \mathrm{tg}\,\varrho$
1	o	0	0001	—	0° 00	0° 00	0° 00	0° 00	0° 00	0	0	0
2	a	∞	$10\bar{1}0$	0° 00	90 00	”	90 00	”	90 00	”	∞	∞
3	x	$\tfrac{1}{2}0$	$10\bar{1}2$	”	31 29·	”	31 29·	”	31 29·	”	0.6127	0.6127
4	z	10	$10\bar{1}1$	”	50 47	”	50 47	”	50 47	”	1.2253	1.2253

Pyroxen-Gruppe
Enstatit. Bronzit. Hypersthen.

Rhombisch.

$a = 1{\cdot}0308$	$\lg a = 001322$	$\lg a_0 = 024347$	$\lg p_0 = 975653$	$a_0 = 1{\cdot}7517$	$p_0 = 0{\cdot}5709$
$c = 0{\cdot}5885$	$\lg c = 976975$	$\lg b_0 = 023025$	$\lg q_0 = 976975$	$b_0 = 1{\cdot}6992$	$q_0 = 0{\cdot}5885$

No.	Buch-staben	Symb.	Miller	φ	ϱ	ξ_0	η_0	ξ	η	x (Prismen) (x : y)	y	d $=\mathrm{tg}\,\varrho$
1	c	0	001	—	0° 00	0° 00	0° 00	0° 00	0° 00	0	0	0
2	b	0∞	010	0° 00	90 00	"	90 00	"	90 00	"	∞	∞
3	a	$\infty0$	100	90 00	"	90 00	0 00	90 00	0 00	∞	0	"
4	η	4∞	410	75 33	"	"	90 00	75 33	14 27	3·8800	∞	"
5	ϱ	$\tfrac{5}{2}\infty$	520	67 35·	"	"	"	67 35·	22 24·	2·4250	"	"
6	n	2∞	210	62 44	"	"	"	62 44	27 16	1·9400	"	"
7	ζ	$\tfrac{5}{3}\infty$	530	58 15·	"	"	"	58 15·	31 44·	1·6167	"	"
8	α	$\tfrac{3}{2}\infty$	320	55 30	"	"	"	55 30	34 30	1·4550	"	"
9	m	∞	110	44 07·	"	"	"	44 07·	35 52·	0·9700	"	"
10	β	$\infty\tfrac{3}{2}$	230	32 53·	"	"	"	32 53·	57 06·	0·6467	"	"
11	z	$\infty2$	120	25 52·	"	"	"	25 52·	64 07·	0·4850	"	"
12	δ	$\infty\tfrac{5}{2}$	250	21 12·	"	"	"	21 12·	68 47·	0·3880	"	"
13	λ	$\infty3$	130	17 55	"	"	"	17 55	72 05	0·3233	"	"
14	d	02	021	0 00	49 39	0 00	49 39	0 00	49 39	0	1·1770	1·1770
15	f	$0\tfrac{5}{2}$	052	"	55 48	"	55 48	"	55 48	"	1·4712	1·4712
16	φ	$\tfrac{1}{6}0$	106	90 00	5 26	5 26	0 00	5 26	0 00	0·0951	0	0·0951
17	h	$\tfrac{1}{4}0$	104	"	8 07	8 07	"	8 07	"	0·1426	"	0·1426
18	γ	$\tfrac{2}{7}0$	207	"	9 16	9 16	"	9 16	"	0·1631	"	0·1631
19	k	$\tfrac{1}{2}0$	102	"	15 56	15 56	"	15 56	"	0·2854	"	0·2854
20	q	$\tfrac{2}{3}0$	203	"	20 50	20 50	"	20 50	"	0·3806	"	0·3806
21	l	$\tfrac{3}{4}0$	304	"	23 10·	23 10·	"	23 10·	"	0·4281	"	0·4281
22	χ	$\tfrac{4}{5}0$	405	"	24 33	24 33	"	24 33	"	0·4459	"	0·4459
23	t	10	101	"	29 43	29 43	"	29 43	"	0·5841	"	0·5841
24	g	20	201	"	48 47	48 47	"	48 47	"	1·1409	"	1·1409
25	v	30	301	"	59 43	59 43	"	59 43	"	1·7126	"	1·7126
26	r	$\tfrac{5}{2}1$	522	67 35·	57 04	54 59	30 28·	55 53·	18 39·	1·4271	0·5885	1·5437
27	p	21	211	62 44	52 06	48 47	"	44 32	21 11·	1·1417	"	1·2844
28	u	$\tfrac{3}{2}1$	322	55 30	46 06	40 34·	"	36 25·	24 05	0·8563	"	1·0390
29	ε	$\tfrac{4}{3}1$	433	52 17·	43 53·	37 16·	"	33 16	25 05·	0·7611	"	0·9621
30	o	1	111	44 07·	39 21	29 43	"	26 12	27 04	0·5708	"	0·8199
31	σ	$\tfrac{2}{3}1$	233	32 53·	35 01·	20 50	"	18 09·	28 48·	0·3806	"	0·7008
32	e	$\tfrac{1}{2}1$	122	25 52·	33 11	15 56	"	13 49	29 30·	0·2854	"	0·6541
33	i	12	121	"	52 36	29 43	49 39	20 17	45 37·	0·5708	1·1770	1·3081

No.	Buchstaben	Symb.	Miller	φ	ϱ	ξ_0	η_0	ξ	η	x (Prismen) (x : y)	y	d =tgϱ
34	x	2	221	44°07'	58°37'	48°47	49°39	36°28'	37°47'	1·1417	1·1770	1·6398
35	τ	$\frac{2}{3}$	223	"	28 39'	20 50	21 25'	19 30'	20 08	0·3806	0·3923	0·5466
36	ξ	$\frac{1}{2}2$	142	13 18	50 27'	15 56	49 39	10 28	48 32'	0·2854	1·1770	1·2111
37	ψ	24	241	25 52'	69 05	48 47	66 59	24 03'	57 11	1·1417	2·3540	2·6162
38	π	23	231	32 53'	64 34	"	60 28'	29 22	49 19	"	1·7655	2·1025
39	s	$\frac{2}{3}2$	263	17 55	51 03	20 50	49 39	13 50'	47 43'	0·3806	1·1770	1·2370
40	y	$\frac{3}{2}2$	342	36 02	55 30'	40 34'	"	29 00'	41 48	0·8563	"	1·4555

Pyroxen-Gruppe

Akmit.

Monoklin.

a = 1·0998	lg a = 004131	lg a_0 = 026229	lg p_0 = 973771	a_0 = 1·8293	p_0 = 0·5467
c = 0·6012	lg c = 977902	lg b_0 = 022098	lg q_0 = 975996	b_0 = 1·6633	q_0 = 0·5754
$\left.\begin{array}{l}\mu = \\ 180-\beta\end{array}\right\}$ 73°09	$\left.\begin{array}{l}\lg h = \\ \lg \sin\mu\end{array}\right\}$998094	$\left.\begin{array}{l}\lg e = \\ \lg \cos\mu\end{array}\right\}$946220	lg $\frac{p_0}{q_0}$ = 997775	h = 0·9571	e = 0·2899

No.	Buchstaben	Symb.	Miller	φ	ϱ	ξ_0	η_0	ξ	η	x' (Prismen) (x : y)	y'	d' =tgϱ
1	b	0∞	010	0°00	90°00	0°00	90°00	0°00	90°00	0	∞	∞
2	a	$\infty 0$	100	90 00	"	90 00	0 00	90 00	0 00	∞	0	"
3	χ	5∞	510	78 06'	"	"	90 00	78 06'	11 53'	4·7503	∞	"
4	f	3∞	310	70 40	"	"	"	70 40	19 20	2·8502	"	"
5	L	$\frac{7}{3}\infty$	730	65 43	"	"	"	65 43	24 17	2·2168	"	"
6	m	∞	110	44 51	"	"	"	44 51	45 09	0·9500'	"	"
7	p	-10	$\overline{1}$01	90 00	15 01	$\overline{1}$5 01	0 00	$\overline{1}$5 01	0 00	$\overline{0}$·2683	0	0·2683
8	H	$-\frac{3}{2}0$	$\overline{3}$02	"	28 59	$\overline{2}$8 59	"	$\overline{2}$8 59	"	$\overline{0}$·5539	"	0·5539
9	s	-1	$\overline{1}$11	$\overline{2}$4 03	33 21'	$\overline{1}$5 01	31 01	$\overline{1}$2 57	30 08'	$\overline{0}$·2683	0·6012	0·6584
10	λ	-3	$\overline{3}$31	$\overline{3}$8 02	66 24'	$\overline{5}$4 40	60 59'	$\overline{3}$4 22'	46 12'	$\overline{1}$·4107'	1·8036	2·2898
11	O	-6	$\overline{6}$61	$\overline{4}$0 54	78 10	$\overline{7}$2 15	74 30'	$\overline{3}$9 51	47 43	$\overline{3}$·1245	3·6072	4·7722
12	Ω	-8	881	$\overline{4}$1 34'	81 09'	$\overline{7}$6 48'	78 15	$\overline{4}$0 58'	47 39'	$\overline{4}$·2670	4·8096	6·4296
13	Q	-16	$\overline{1}$61	$\overline{4}$ 15	74 33	$\overline{1}$5 01	74 30'	$\overline{4}$ 06	73 59	$\overline{0}$·2683	3·6072	3·6172
14	K	-19	$\overline{1}$91	$\overline{2}$ 50'	79 32'	"	79 31'	$\overline{2}$ 47'	79 10	"	5·4107'	5·4174
15	S	-31	$\overline{3}$11	$\overline{6}$6 55	56 53'	$\overline{5}$4 40	31 01	$\overline{5}$0 24'	19 10	$\overline{1}$·4107'	0·6012	1·5335
16	P	$+26$	261	21 50	75 34	55 19'	74 30'	21 07	64 01	1·4454	3·6072	3·8860

Pyroxen-Gruppe
Diopsid.

Monoklin.

a $=$ 1·0934	lg a $=$ 003878	lg a₀ $=$ 026837	lg p₀ $=$ 973163	a₀ $=$ 1·8551	p₀ $=$ 0·5390·
c $=$ 0·5894	lg c $=$ 977041	lg b₀ $=$ 022959	lg q₀ $=$ 975358	b₀ $=$ 1·6966	q₀ $=$ 0·5670
$\mu=\atop 180-\beta\}$ 74°09	$\lg h=\atop \lg\sin\mu\}$ 998317	$\lg e=\atop \lg\cos\mu\}$ 943635	$\lg\frac{p_0}{q_0}=$ 997805	h $=$ 0·9620	e $=$ 0·2731

No.	Buch-staben	Symb.	Miller	φ	ϱ	ξ_0	η_0	ξ	η	x' (Prismen) (x : y)	y'	d' $=$ tg ϱ
1	c	0	001	90°00	15°51	15°51	0°00	15°51	0°00	0·2839	0	0·2839
2	b	0∞	010	0 00	90 00	0 00	90 00	0 00	90 00	0	∞	∞
3	a	∞0	100	90 00	"	90 00	0 00	90 00	0 00	∞	0	"
4	χ	5∞	510	78 07	"	"	90 00	78 07	11 53	4·7535	∞	"
5	f	3∞	310	70 41	"	"	"	70 41	19 19	2·8521	"	"
6	g	2∞	210	62 15·	"	"	"	62 15·	27 44·	1·9014	"	"
7	m	∞	110	43 33	"	"	"	43 33	46 27	0·9507	"	"
8	ω	∞2	120	25 25·	"	"	"	25 25·	64 34·	0·4753·	"	"
9	i	∞3	130	17 35	"	"	"	17 35	72 25	0·3169	"	"
10	Δ	∞5	150	10 46	"	"	"	10 46	79 14	0·1901·	"	"
11	Λ	∞7	170	7 44	"	"	"	7 44	82 16	0·1358	"	"
12	X	0⅕	015	67 27	17 05·	15 51	6 43·	15 45	6 28	0·2839	0·1178·	0·3074
13	e	01	011	25 43	33 11·	"	30 31	13 44·	29 33	"	0·5894	0·6542
14	z	02	021	13 32·	50 29	"	49 41·	10 14·	48 35·	"	1·1785	1·2125
15	π	04	041	6 52	67 10	"	67 01	6 19·	66 12·	"	2·3576	2·3747
16	y	+10	101	90 00	40 10	40 10	0 00	40 10	0 00	0·8442	0	0·8442
17	A	+20	201	"	54 33	54 33	"	54 33	"	1·4046	"	1·4046
18	F	+30	301	"	63 01·	63 01·	"	63 01·	"	1·9649	"	1·9649
19	I	+⁷⁄₂0	702	"	65 59·	65 59·	"	65 59·	"	2·2450	"	2·2450
20	M	+40	401	"	68 26·	68 26·	"	68 26·	"	2·5253	"	2·5253
21	ψ	+50	501	"	72 02·	72 02·	"	72 02·	"	3·0856	"	3·0856
22	q	−30	3̄01	90 00	54 24·	5̄4 24·	"	5̄4 24·	"	1̄·3972	"	1·3972
23	G	−20	2̄01	"	39 55·	3̄9 55·	"	3̄9 55·	"	0̄·8368	"	0·8368
24	H	−³⁄₂0	3̄02	"	29 06	2̄9 06	"	2̄9 06	"	0̄·5565	"	0·5565
25	B	−⁴⁄₃0	4̄03	"	24 51	2̄4 51	"	24 51	"	0̄·4632	"	0·4632
26	p	−10	1̄01	"	15 27	1̄5 27	"	1̄5 27	"	0̄·2764	"	0·2764
27	n	−½0	1̄02	90 00	0 13	0 13	"	0 13	"	0·0037	"	0·0037
28	u	+1	111	55 04·	45 50	40 10	30 31	36 01·	24 15	0·8442	0·5894	1·0296
29	Γ	+31	311	73 18	64 00·	63 01·	"	59 25·	14 58	1·9647·	"	2·0512
30	ϰ	+71	711	82 01·	76 45	76 37·	"	74 34	7 46	4·2060	"	4·2471
31	V	−31	3̄11	6̄7 07·	56 35·	5̄4 24	"	5̄0 16·	18 56	1̄·3970	"	1·5163
32	ι	−21	2̄11	5̄4 50	45 40	3̄9 55	"	3̄5 47	24 19·	0̄·8367	"	1·0234
33	s	−1	1̄11	2̄5 07·	33 04	1̄5 27	"	1̄3 23·	29 36	0̄·2764	"	0·6510

No.	Buch-staben	Symb.	Miller	φ	ϱ	ξ_0	η_0	ξ	η	x' (Prismen) (x : y)	y'	d' = tg ϱ
34	x	-2	$\bar{2}$21	35°22	55°19·	39°55	49°41·	$\bar{2}$8°25·	42°07	$\bar{0}$·8367	1·1788	1·4455
35	d	$+13$	131	25 31	62 58	40 10	60 30·	22 34	53 29·	0·8442	1·7682	1·9594
36	φ	$+1\frac{1}{2}$	252	29 48·	59 30·	"	55 50	25 22	48 23·	"	1·4735	1·6982
37	μ	$+12$	121	35 36·	55 24·	"	49 41·	28 38·	42 00·	"	1·1788	1·4499
38	K	$-1\frac{1}{4}$	$\bar{4}$14	$\bar{6}$1 56·	17 23·	$\bar{1}$5 27	8 23	$\bar{1}$5 17·	8 05	$\bar{0}$·2764	0·1473·	0·3132
39	Θ	$-1\frac{1}{3}$	$\bar{3}$13	$\bar{5}$4 36	18 44	"	11 07	$\bar{1}$5 10·	10 43·	"	0·1964·	0·3391
40	ε	-12	$\bar{1}$21	$\bar{1}$3 12	50 27	"	49 41·	$\bar{1}$0 08·	48 39	"	1·1788	1·2108
41	L	-13	$\bar{1}$31	8 53	60 48·	"	60 30·	$\bar{7}$ 45	59 36	"	1·7682	1·7897
42	γ	-15	$\bar{1}$51	$\bar{5}$ 21·	71 20	"	71 15·	$\bar{5}$ 04·	70 36·	"	2·9470	2·9599
43	S	$+\frac{1}{9}$	119	79 17	19 24·	19 05·	3 45	19 03·	3 32·	0·3461·	0·0655	0·3523
44	T	$+\frac{1}{7}$	117	76 58·	20 29	20 00	4 49	19 56	4 31·	0·3639·	0·0842	0·3735
45	σ	$+\frac{1}{2}$	112	62 25	32 28·	29 25·	16 25	28 25	14 24	0·5640·	0·2947	0·6364
46	v	$+2$	221	49 59·	61 23·	54 33	49 41·	42 15·	34 22	1·4045	1·1788	1·8336
47	r	$+\frac{5}{2}$	552	48 49·	65 55·	59 18·	55 50	43 24·	36 57	1·6846	1·4735	2·2381
48	w	$+3$	331	48 01	69 16·	63 01·	60 30·	44 03	38 44	1·9647·	1·7682	2·6432
49	h	$+4$	441	46 58	73 51·	68 24	67 01	44 36	40 57·	2·5251	2·3576	3·4547
50	δ	$+5$	551	46 19	76 48·	72 02·	71 15·	44 45	42 15·	3·0853	2·9470	4·2666
51	λ	-3	$\bar{3}$31	$\bar{3}$8 19	66 04	$\bar{5}$0 24	60 30·	$\bar{3}$4 31	45 49·	$\bar{1}$·3970	1·7682	2·2535
52	o	-2	$\bar{2}$21	$\bar{4}$1 47	57 41	$\bar{4}$6 29·	49 41·	$\bar{3}$4 16	39 04	$\bar{1}$·0533	1·1788	1·5808
53	β	$-\frac{8}{5}$	$\bar{8}$85	$\bar{3}$3 00·	48 21·	$\bar{3}$1 29·	43 19	$\bar{2}$4 01	38 48·	$\bar{0}$·6126	0·9430·	1·1245
54	ϱ	$-\frac{3}{2}$	$\bar{3}$32	$\bar{3}$2 11·	46 15	$\bar{2}$9 06	41 29	$\bar{2}$2 38	37 41	$\bar{0}$·5565·	0·8841	1·0447
55	ν	$-\frac{2}{3}$	$\bar{2}$23	$\bar{1}$0 16	26 41·	$\bar{5}$ 07	26 19	$\bar{4}$ 35·	26 14	$\bar{0}$·0896	0·4947	0·5027
56	ξ	$-\frac{3}{5}$	$\bar{3}$35	8 24·	19 40·	$\bar{2}$ 58·	19 28·	$\bar{2}$ 49·	19 27	$\bar{0}$·0523	0·3536	0·3575
57	τ	$-\frac{1}{2}$	$\bar{1}$12	0 44	16 25·	0 13	16 25	0 12·	16 25	0·0037·	0·2947	0·2947
58	O	$-\frac{1}{3}$	$\bar{1}$13	26 18	12 21·	5 32·	11 07	5 26·	11 04	0·0971	0·1964·	0·2192
59	Φ	$+\frac{15}{22}$	152	20 57	57 38	29 26	55 50	17 34·	52 04·	0·5640·	1·4735	1·5777
60	N	$+\frac{13}{22}$	132	32 32·	46 22	29 25·	41 29	22 54·	37 36	"	0·8841	1·0484
61	R	$-\frac{13}{22}$	$\bar{1}$32	0 14·	41 29	0 13	"	0 10	41 29	0·0037·	"	0·8841
62	ϑ	$-\frac{12}{22}$	$\bar{1}$42	0 11	49 41·	"	49 41·	0 08·	49 41·	"	1·1788	1·1788
63	U	$-\frac{15}{22}$	$\bar{1}$52	0 08·	55 50	"	55 50	0 07	55 50	"	1·4735	1·4735
64	l	$+24$	241	30 47	69 58·	54 33	67 01	28 44·	35 49·	1·4045	2·3576	2·7442
65	ζ	$-\frac{48}{33}$	$\bar{4}$83	$\bar{1}$6 25·	58 36·	$\bar{2}$4 51	57 32	$\bar{1}$3 58	54 58	$\bar{0}$·4632	1·5718	1·6386
66	Ξ	$-\frac{11}{10\,5}$	$\bar{1}$·2·10	62 39	14 23·	12 50	6 43·	$\bar{1}$2 45·	6 33·	0·2278·	0·1179	0·2566
67	η	$+42$	421	64 58·	70 15·	68 24	49 41·	58 31·	23 28	2·5251	1·1788	2·7867
68	P	$+\frac{13}{44}$	134	43 48	31 29	22 58·	23 51	21 12	22 09	0·4239·	0·4420·	0·6125
69	Q	$+\frac{11}{62}$	136	52 00	25 35	20 40	16 25	19 53·	15 25	0·3772·	0·2947	0·4787
70	t	$+35$	351	33 41·	74 14	$\bar{6}$3 01·	71 15·	32 16	53 12	1·9647·	2·9470	3·5419
71	a	$+\frac{31}{22}$	312	75 19	49 17·	48 21	16 25	47 10	11 05	1·1243·	0·2947	1·1623
72	k	$-\frac{31}{22}$	$\bar{3}$12	$\bar{6}$2 06	32 12	$\bar{2}$9 06	"	$\bar{3}$8 06	14 26·	$\bar{0}$·5565·	"	0·6298
73	a	$-\frac{46}{55}$	$\bar{4}$65	$\bar{3}$7 45·	38 38	$\bar{3}$0 25	35 16·	$\bar{1}$6 54·	33 32·	$\bar{0}$·3722·	0·7073	0·7992
74	b	$-\frac{23}{35}$	$\bar{2}$35	34 29	23 28·	$\bar{1}$4 09	19 28·	$\bar{1}$3 22	18 55·	0·2521	0·3536·	0·4343
75	c	$-\frac{35}{44}$	$\bar{3}$54	$\bar{1}$0 29	36 50·	$\bar{5}$ 45·	36 23	$\bar{6}$ 16	36 07·	$\bar{0}$·1363	0·7367·	0·7492
76	b	$-\frac{68}{77}$	$\bar{6}$87	$\bar{1}$6 15	35 03·	$\bar{1}$1 06·	38 58	$\bar{9}$ 15	33 28	$\bar{0}$·1963·	0·6736	0·7017
77	e	$-\frac{34}{77}$	$\bar{3}$47	7 24	18 45·	2 30·	18 37	2 22·	18 36	0·0437·	0·3368	0·3396
78	g	$+\frac{73}{22}$	732	4 15	42 22	$\bar{1}$2 39	41 29	9 33	40 47	0·2245	0·8841	0·9121

Pyroxen-Gruppe
Pektolith.

Monoklin.

a = 1·1140	lg a = 004689	lg a_0 = 005284	lg p_0 = 994716	a_0 = 1·1294	p_0 = 0·8854
c = 0·9864	lg c = 999405	lg b_0 = 000595	lg q_0 = 999217	b_0 = 1·0138	q_0 = 0·9821
μ = 180−β } 84° 40	lg h = lg sin μ } 999812	lg e = lg cos μ } 896825	lg $\dfrac{p_0}{q_0}$ = 995499	h = 0·9957	e = 0·0929

No.	Buch-staben	Symb.	Miller	φ	ϱ	ξ_0	η_0	ξ	η	x′ (Prismen) (x : y)	y′	d′ =tgϱ
1	c	0	001	90°00	5°20	5°20	0°00	5°20	0°00	0·0933	0	0·0933
2	a	∞0	100	”	90 00	90 00	”	90 00	”	∞	”	∞
3	k	$\frac{5}{4}$∞	540	48 25	”	”	90 00	48 25	41 35	1·1270	∞	”
4	l	∞$\frac{4}{3}$	340	34 04	”	”	”	34 04	55 56	0·6761·	”	”
5	ω	∞4	140	12 42	”	”	”	12 42	77 18	0·2254	”	”
6	v	+10	101	90 00	44 30	44 30	0 00	44 30	0 00	0·9826	0	0·9826
7	α	−$\frac{1}{2}$0	$\bar{1}$02	90 00	19 21	$\bar{1}$9 21	”	$\bar{1}$9 21	”	$\bar{0}$·3512	”	0·3512
8	t	−10	$\bar{1}$01	”	38 31	$\bar{3}$8 31	”	$\bar{3}$8 31	”	$\bar{0}$·7959	”	0·7959
9	r	−30	$\bar{3}$01	”	68 46·	$\bar{6}$8 46·	”	$\bar{6}$8 46·	”	$\bar{2}$·5746	”	2·5746
10	n	−$\frac{3}{2}$1	$\bar{3}$22	$\bar{5}$1 31·	57 45	$\bar{5}$1 08	44 36·	$\bar{4}$1 27	31 45·	$\bar{1}$·2406	0·9864	1·5849

Pyroxen-Gruppe
Wollastonit.

Monoklin.

a = 1·0531	lg a = 002247	lg a_0 = 003677	lg p_0 = 996323	a_0 = 1·0884	p_0 = 0·9188
c = 0·9676	lg c = 998570	lg b_0 = 001430	lg q_0 = 998370	b_0 = 1·0335	q_0 = 0·9632
μ = 180−β } 84° 30	lg h = lg sin μ } 999800	lg e = lg cos μ } 898157	lg $\dfrac{p_0}{q_0}$ = 997953	h = 0·9954	e = 0·0958·

No.	Buch-staben	Symb.	Miller	φ	ϱ	ξ_0	η_0	ξ	η	x (Prismen) (x : y)	y	d =tgϱ
1	u	0	001	90°00	5°30	5°30	0°00	5°30	0°00	0·0963	0	0·0963
2	c	∞0	100	”	90 00	90 00	90 00	90 00	”	∞	”	∞
3	d	$\frac{8}{3}$∞	830	68 32·	”	”	”	68 32·	21 27·	2·5439	∞	”
4	z	$\frac{3}{2}$∞	320	55 03	”	”	”	55 03	34 57	1·4310	”	”
5	k	$\frac{5}{4}$∞	540	50 01	”	”	”	50 01	39 59	1·1924	”	”
6	e	∞	110	43 39	”	”	”	43 39	46 21	0·9539·	”	”

No.	Buchstaben	Symb.	Miller	φ	ϱ	ξ_0	η_0	ξ	η	x' (Prismen) (x : y)	y'	d' =tgϱ
7	l	$\infty\tfrac{4}{3}$	340	35°35	90°00	90°00	90°00	35°35	54°25	0·7154·	∞	∞
8	x	∞2	120	25 30	"	"	"	25 30	64 30	0·4770	"	"
9	g	o1	o11	5 41	44 12	5 30	44 03·	3 57·	43 55·	0·0963	0·9676	0·9724
10	v	+10	101	90 00	45 33	45 33	0 00	45 33	0 00	1·0193	0	1·0193
11	w	+½0	102	"	29 09	29 09	"	29 09	"	0·5577	"	0·5577
12	q	−⅓0	$\bar{1}$03	90 00	11 56	$\bar{1}$1 56	"	$\bar{1}$1 56	"	$\bar{0}$·2114	"	0·2114
13	a	−½0	$\bar{1}$02	"	20 03·	$\bar{2}$0 03·	"	$\bar{2}$0 03·	"	$\bar{0}$·3652	"	0·3652
14	α	−⅗0	$\bar{3}$05	"	24 35	$\bar{2}$4 35	"	$\bar{2}$4 35	"	$\bar{0}$·4575	"	0·4575
15	t	−10	$\bar{1}$01	"	39 35	$\bar{3}$9 35	"	$\bar{3}$9 35	"	$\bar{0}$·8267	"	0·8267
16	s	−20	$\bar{2}$01	"	60 15	$\bar{6}$0 15	"	$\bar{6}$0 15	"	$\bar{1}$·7498	"	1·7498
17	r	−30	$\bar{3}$01	"	69 29	$\bar{6}$9 29	"	$\bar{6}$9 29	"	$\bar{2}$·6727	"	2·6727
18	i	−1½0	$\bar{11}$·0·2	"	78 23·	$\bar{7}$8 23·	"	$\bar{7}$8 23·	"	$\bar{4}$·9804	"	4·9804
19	f	−1	$\bar{1}$11	$\bar{4}$0 31	51 50·	$\bar{3}$9 35	44 03·	$\bar{3}$0 43	36 43	$\bar{0}$·8268	0·9676	1·2727
20	h	+½1	122	29 57·	48 09·	29 09	"	21 50·	40 12	0·5577·	"	1·1169
21	m	−½1	$\bar{1}$22	20 41	45 58	$\bar{2}$0 04	"	$\bar{1}$4 42·	42 16	$\bar{0}$·3653	"	1·0342
22	n	−½1	$\bar{3}$22	$\bar{5}$3 05·	58 10·	$\bar{5}$2 11	"	$\bar{4}$2 48	30 41	$\bar{1}$·2883·	"	1·6112

Pyroxen-Gruppe

Babingtonit.

Triklin.

$p_0 = 1·6350$	$\lambda = 87°28$	$a = 1·1167$	$\alpha = 93°48$	$x_0 = 0·3802$	$d = 0·3827$
$q_0 = 1·6921$	$\mu = 67°48$	$b = 1$	$\beta = 112°22$	$y_0 = 0·0442$	$\delta = 83°22$
$r_0 = 1$	$\nu = 92°36$	$c = 1·8257$	$\gamma = 86°09$	$h = 0·9239$	

No.	Buchstaben	Symb.	Miller	φ	ϱ	ξ_0	η_0	ξ	η	x' (Prismen) (x : y)	y'	d' =tgϱ
1	a	0	001	83°22	22°30	22°22	2°44·	22°20·	2°32	0·4115	0·0478	0·4143
2	c	0∞	010	0 00	90 00	0 00	90 00	0 00	90 00	0	∞	∞
3	b	∞0	100	92 36	"	90 00	$\bar{9}$0 00	87 24	$\bar{2}$ 36	$\bar{2}$2·022	"	"
4	o	∞	110	45 16·	"	"	90 00	45 16·	44 43·	1·0096	"	"
5	s	∞$\bar{\infty}$	1$\bar{1}$0	137 53·	"	"	$\bar{9}$0 00	42 06·	$\bar{4}$7 53·	$\bar{0}$·9247	"	"
6	δ	01	011	12 21	61 32	22 22	28 61·	10 56·	60 05	0·4115	1·8790	1·9235
7	q	10	101	90 52	65 21·	65 21	$\bar{1}$ 53·	65 20·	$\bar{0}$ 47·	2·1794	$\bar{0}$·0330	2·1796
8	r	$\tfrac{\bar{1}}{2}$0	$\bar{1}$02	$\bar{7}$9 27	25 40	$\bar{2}$5 17	5 02	$\bar{2}$5 12	4 33	$\bar{0}$·4723	0·0880	0·4805
9	l	$\tfrac{\bar{2}}{3}$0	$\bar{2}$03	82 28	37 44	$\bar{3}$7 29·	5 47·	$\bar{3}$7 21	4 36	$\bar{0}$·7671	0·1014	0·7738

Pyroxen-Gruppe
Rhodonit.

Triklin.

$p_0 = 1{\cdot}5843$	$\lambda = 86°29$	$a = 1{\cdot}1550$	$\alpha = 94°42$	$x_0 = 0{\cdot}3650$	$d = 0{\cdot}3701$
$q_0 = 1{\cdot}7089$	$\mu = 68°46$	$b = 1$	$\beta = 111°27$	$y_0 = 0{\cdot}0614$	$\delta = 80°26$
$r_0 = 1$	$\nu = 92°21$	$c = 1{\cdot}8317$	$\gamma = 86°06$	$h = 0{\cdot}9290$	

No.	Buch-staben	Symb.	Miller	φ	ϱ	ξ_0	η_0	ξ	η	x (Prismen) (x : y)	y	d =tgϱ
1	a	0	001	80°27	21°43·	21°27	3°47	21°24·	3°31	0·3929	0·0661	0·3984
2	c	0∞	010	0 00	90 00	0 00	90 00	0 00	90 00	0	∞	∞
3	b	$\infty 0$	100	92 21	"	90 00	$\bar{9}0$ 00	87 39	$\bar{2}$ 21	$\bar{2}4{\cdot}367$	"	"
4	d	$\infty 3$	130	17 22	"	"	90 00	17 22	72 38	0·3127	"	"
5	t	$\infty 2$	120	25 16·	"	"	"	25 16·	64 43·	0·4721	"	"
6	o	∞	110	43 55	"	"	"	43 55	46 05	0·9629	"	"
7	f	$2\bar{\infty}$	2$\bar{1}$0	120 08·	"	"	$\bar{9}0$ 00	59 51·	$\bar{3}0$ 08·	$\bar{1}{\cdot}7220$	"	"
8	g	$\tfrac{3}{2}\bar{\infty}$	3$\bar{2}$0	127 15·	"	"	"	52 44·	$\bar{3}7$ 15·	$\bar{1}{\cdot}3145$	"	"
9	s	$\infty\bar{\infty}$	1$\bar{1}$0	138 15	"	"	"	41 45	$\bar{4}8$ 15	$\bar{0}{\cdot}8924$	"	"
10	e	$\infty\bar{2}$	1$\bar{2}$0	155 33·	"	"	"	24 26·	$\bar{6}5$ 33·	$\bar{0}{\cdot}4545$	"	"
11	ϰ	01	011	11 39	62 48	21 27	62 18·	10 21	60 35	0·3929	1·9056	1·9457
12	π	$0\tfrac{1}{2}$	012	21 44	46 42	"	44 35·	15 38	42 32	"	0·9858	1·0612
13	m	$0\bar{\tfrac{1}{2}}$	0$\bar{1}$2	155 17	43 13	"	$\bar{4}0$ 29	16 38·	$\bar{3}8$ 28	"	$\bar{0}{\cdot}8536$	0·9397
14	k	$0\bar{1}$	0$\bar{1}$1	167 30·	61 10	"	$\bar{6}0$ 35	10 55·	$\bar{5}8$ 47·	"	$\bar{1}{\cdot}7734$	1·8164
15	i	$0\bar{2}$	0$\bar{2}$1	173 47·	74 37	"	$\bar{7}4$ 31·	5 59	$\bar{7}3$ 26	"	$\bar{3}{\cdot}6130$	3·6343
16	q	10	101	90 06·	64 30	64 30	$\bar{0}$ 13	64 30	$\bar{0}$ 05	2·0968	$\bar{0}{\cdot}0038$	2·0969
17	p	$\tfrac{1}{2}0$	102	88 34	51 14	51 13·	1 47	51. 12·	1 07	1·2449	0·0311	1·2453
18	u	$\tfrac{\bar{1}}{3}0$	$\bar{1}$03	$\bar{6}2$ 57·	11 07·	$\bar{9}$ 56	5 06·	$\bar{9}$ 53·	5 02	$\bar{0}{\cdot}1751$	0.0894	0·1966
19	r	$\tfrac{\bar{1}}{2}0$	$\bar{1}$02	$\bar{7}7$ 35	25 10·	$\bar{2}4$ 39·	5 46·	$\bar{2}4$ 33	5 15	$\bar{0}{\cdot}9160$	0·1011	0·4701
20	l	$\tfrac{\bar{2}}{3}0$	$\bar{2}$03	$\bar{8}1$ 22·	36 55·	$\bar{3}6$ 37	6 26	$\bar{3}6$ 26·	5 10	$\bar{0}{\cdot}7430$	0·1127	0·7516
21	n	$\bar{1}0$	$\bar{1}$01	84 04·	52 49	$\bar{5}2$ 40	7 44·	$\bar{5}2$ 25	4 43	$\bar{1}{\cdot}2813$	0·1360	1·3181
22	μ	1	111	48 48	70 15·	64 30	61 25	45 05·	38 19	$\bar{2}{\cdot}0968$	1·8356	2·7868
23	γ	$1\bar{1}$	1$\bar{1}$1	131 19	70 17·	"	$\bar{6}1$ 31	45 00	$\bar{3}8$ 26	"	1·8433	2·7919
24	φ	$\bar{1}$	$\bar{1}\bar{1}$1	$\bar{1}42$ 25	65 03	$\bar{5}2$ 40	$\bar{5}9$ 35	33 34·	$\bar{4}5$ 56	$\bar{1}{\cdot}2813$	$\bar{1}{\cdot}7036$	2·1496
25	ϑ	$\tfrac{1}{3}$	113	55 41	49 19	43 51·	33 15·	38 47	25 18·	0·9609	0·6559	1·1635
26	ϱ	$\tfrac{1}{2}$	112	52 37·	57 27	51 13·	43 33·	42 03·	30 46·	1·2449	0·9508	1·5665
27	δ	$1\tfrac{\bar{3}}{4}$	$\bar{4}$34	$\bar{1}33$ 29·	61 02·	$\bar{5}2$ 40	$\bar{5}1$ 12	39 24·	$\bar{3}7$ 01·	1·3111	1·2437	1·8071
28	w	$\tfrac{1}{3}\tfrac{5}{3}$	$\bar{1}$53	$\bar{3}$ 10·	72 26·	$\bar{9}$ 56	72 25	$\bar{3}$ 01·	72 10	$\bar{0}{\cdot}1751$	3·1553	3·1601

Quarz.

Hexagonal. Trapezoedrisch - tetartoedrisch.

$$c = 1\text{·}9051 \quad\big|\quad \lg c = 027991 \quad\big|\quad \lg a_0 = 995865 \quad\big|\quad \lg p_0 = 010382 \quad\big|\quad a_0 = 0\text{·}9092 \quad\big|\quad p_0 = 1\text{·}2701 \quad (G_1)$$

No.	Buchstaben	Symb.	Bravais	φ	ϱ	ξ_0	η_0	ξ	η	x (Prismen) (x : y)	y	d = tg ϱ
1	o	0	0001	—	0°00	0°00	0°00	0°00	0°00	0	0	0
2	b	∞	$10\bar{1}0$	0°00	90 00	"	90 00	"	90 00	"	∞	∞
3	a	∞	$11\bar{2}0$	30 00	"	90 00	"	30 00	60 00	0·5773	"	"
4	A:	$\frac{11}{8}\infty$	$11\text{·}8\text{·}\overline{19}\text{·}0$	24 47·	"	"	"	24 47·	65 12·	0·4619	"	"
5	B:	$\frac{3}{2}\infty$	$32\bar{5}0$	23 25	"	"	"	23 25	66 35	0·4330	"	"
6	C:	$\frac{8}{5}\infty$	$8\text{·}5\text{·}\overline{13}\text{·}0$	22 24·	"	"	"	22 24·	67 35·	0·4123	"	"
7	D:	$\frac{7}{4}\infty$	$7\text{·}4\text{·}\overline{11}\text{·}0$	21 03	"	"	"	21 03	68 57	0·3849	"	"
8	E:	2∞	$21\bar{3}0$	19 06·	"	"	"	19 06·	70 53·	0·3464	"	"
9	F:	$\frac{5}{2}\infty$	$52\bar{7}0$	16 06	"	"	"	16 06	73 54	0·2887	"	"
10	G:	3∞	$31\bar{4}0$	13 54	"	"	"	13 54	76 06	0·2474	"	"
11	H:	5∞	$51\bar{6}0$	8 57	"	"	"	8 57	81 03	0·1575	"	"
12	M	$+\frac{1}{9}0$	$10\bar{1}9$	0 00	8 02	0 00	8 02	0 00	8 02	0	0·1411	0·1411
13	ν	$-\frac{2}{13}0$	$\bar{2}\text{·}0\text{·}2\text{·}13$	"	11 03·	"	11 03·	"	11 03·	"	0·1954	0·1954
14	ξ	$-\frac{1}{3}0$	$\bar{1}013$	"	22 56·	"	22 56·	"	22 56·	"	0·4233	0·4233
15	p π	$\pm\frac{1}{2}0$	$10\bar{1}2$	"	32 25	"	32 25	"	32 25	"	0·6350	0·6350
16	r ϱ	± 10	$10\bar{1}1$	"	51 47	"	51 47	"	51 47	"	1·2701	1·2701
17	q	$+\frac{11}{10}0$	$11\text{·}0\text{·}\overline{11}\text{·}10$	"	54 24·	"	54 24·	"	54 24·	"	1·3970	1·3970
18	n	$+\frac{9}{8}0$	$90\bar{9}8$	"	55 01	"	55 01	"	55 01	"	1·4288	1·4288
19	m μ	$\pm\frac{6}{5}0$	$60\bar{6}5$	"	56 44	"	56 44	"	56 44	"	1·5241	1·5241
20	l λ	$\pm\frac{5}{4}0$	$50\bar{5}4$	"	57 47·	"	57 47·	"	57 47·	"	1·5876	1·5876
21	k τ	$\pm\frac{4}{3}0$	$40\bar{4}3$	"	59 26	"	59 26	"	59 26	"	1·6934	1·6934
22	G	$+\frac{13}{9}0$	$13\text{·}0\text{·}\overline{13}\text{·}9$	"	61 24·	"	61 24·	"	61 24·	"	1·8345	1·8345
23	t	$+\frac{7}{5}0$	$70\bar{7}5$	"	60 39	"	60 39	"	60 39	"	1·7781	1·7781
24	j σ	$\pm\frac{3}{2}0$	$30\bar{3}2$	"	62 18	"	62 18	"	62 18	"	1·9051	1·9051
25	i	$+\frac{5}{3}0$	$50\bar{5}3$	"	64 43	"	64 43	"	64 43	"	2·1168	2·1168
26	F	$+\frac{7}{4}0$	$70\bar{7}4$	"	65 46·	"	65 46.	"	65 46·	"	2·2226	2·2226
27	E	$+\frac{13}{7}0$	$13\text{·}0\text{·}\overline{13}\text{·}7$	"	67 01·	"	67 01·	"	67 01·	"	2·3586	2·3586
28	h $\varkappa$	$+20$	$20\bar{2}1$	"	68 30·	"	68 30·	"	68 30·	"	2·5401	2·5401
29	χ	$-\frac{13}{6}0$	$\overline{13}\text{·}0\text{·}13\text{·}6$	"	70 01·	"	70 01·	"	70 01·	"	2·7518	2·7518
30	ψ	$-\frac{7}{3}0$	$\bar{7}073$	"	71 21	"	71 21	"	71 21	"	2·9635	2·9635
31	ω	$-\frac{5}{2}0$	$\bar{5}052$	"	72 31	"	72 31	"	72 31	"	3·1751	3·1751
32	ι	$-\frac{11}{4}0$	$\overline{11}\text{·}0\text{·}11\text{·}4$	"	74 01·	"	74 01·	"	74 01·	"	3·4926	3·4926
33	g ϑ	± 30	$30\bar{3}1$	"	75 17·	"	75 17·	"	75 17·	"	3·8102	3·8102
34	Γ	$-\frac{23}{7}0$	$\overline{23}\text{·}0\text{·}23\text{·}7$	"	76 31·	"	76 31·	"	76 31·	"	4·1730	4·1730
35	η	$-\frac{7}{2}0$	$\bar{7}072$	"	77 19·	"	77 19·	"	77 19·	"	4·4452	4·4452

No.	Buchstaben	Symb.	Bravais	φ	ϱ	ξ_0	η_0	ξ	η	x (Prismen) (x : y)	y	d $=\mathrm{tg}\,\varrho$
36	D	$+\frac{15}{4}0$	$15\cdot0\cdot\overline{15}\cdot4$	0°00	78°08·	0°00	78°08·	0°00	78°08·	0	4·7627	4·7627
37	f ζ	±40	$40\bar{4}1$	"	78 52	"	78 52	"	78 52	"	5·0802	5·0802
38	Δ	$-\frac{14}{3}0$	$\overline{14}\cdot0\cdot14\cdot3$	"	80 25·	"	80 25·	"	80 25·	"	5·9270	5·9270
39	e ε	±50	$50\bar{5}1$	"	81 03	"	81 03	"	81 03	"	6·3503	6·3503
40	d	$+\frac{11}{2}0$	$11\cdot0\cdot\overline{11}\cdot2$	"	81 51	"	81 51	"	81 51	"	6·9852	6·9852
41	c δ	±60	$60\bar{6}1$	"	82 31·	"	82 31·	"	82 31·	"	7·6203	7·6203
42	γ	$-\frac{13}{2}0$	$\overline{13}\cdot0\cdot13\cdot2$	"	83 05·	"	83 05·	"	83 05·	"	8.2552	8·2552
43	C β	±70	$70\bar{7}1$	"	83 35	"	83 35	"	83 35	"	8·8904	8·8904
44	B α	±80	$80\bar{8}1$	"	84 23	"	84 23	"	84 23	"	10·160	10·160
45	A	$+90$	$90\bar{9}1$	"	85 00	"	85 00	"	85 00	"	11·430	11·430
46	T	$+10\cdot0$	$10\cdot0\cdot\overline{10}\cdot1$	"	85 30	"	85 30	"	85 30	"	12·701	12·701
47	Ψ	$-11\cdot0$	$\overline{11}\cdot0\cdot11\cdot1$	"	85 54·	"	85 54·	"	85 54·	"	13·970	13·970
48	U	$+12\cdot0$	$12\cdot0\cdot\overline{12}\cdot1$	"	86 15	"	86 15	"	86 15	"	15·241	15·241
49	V	$+13\cdot0$	$13\cdot0\cdot\overline{13}\cdot1$	"	86 32	"	86 32	"	86 32	"	16·510	16·510
50	W	$+15\cdot0$	$15\cdot0\cdot\overline{15}\cdot1$	"	86 59·	"	86 59·	"	86 59·	"	19·051	19·051
51	X	$+16\cdot0$	$16\cdot0\cdot\overline{16}\cdot1$	"	87 15	"	87 15	"	87 15	"	20·794	20·794
52	Ω	$-17\cdot0$	$\overline{17}\cdot0\cdot17\cdot1$	"	87 21	"	87 21	"	87 21	"	21·591	21·591
53	Y	$+18\cdot0$	$18\cdot0\cdot\overline{18}\cdot1$	"	87 29·	"	87 29·	"	87 29·	"	22·860	22·860
54	Z	$+28\cdot0$	$28\cdot0\cdot\overline{28}\cdot1$	"	88 23·	"	88 23·	"	88 23·	"	35·562	35·562
55	μ:	$\frac{1}{3}$	$11\bar{2}3$	30 00	36 15	20 08	32 25	17 12	30 48	0·3666	0·6350	0·7333
56	ξ:	$\frac{1}{2}$	$11\bar{2}2$	"	47 43·	28 48·	43 36·	21 43	39 51	0·5499	0·9525	1·0999
57	σ:	$\frac{2}{3}$	$22\bar{4}3$	"	55 42·	36 15	51 47	24 24	45 41	0·7333	1·2701	1·4664
58	s	1	$11\bar{2}1$	"	65 33	47 43·	62 18	27 04·	52 02	1·0999	1·9051	2·1998
59	$\mathfrak{a}$·R·	$\pm\frac{2}{3}\frac{1}{3}$	$21\bar{3}3$	19 06·	48 14·	20 08	46 37·	14 08	44 49	0·3666	1·0584	1·1201
60	$\mathfrak{b}$·	$+\frac{8}{11}\frac{3}{11}$	$8\cdot3\cdot\overline{11}\cdot11$	15 17·	48 40·	16 42	47 38·	11 25·	46 25	0·3000	1·0968	1·1371
61	Q·	$-\frac{3}{4}\frac{1}{4}$	$\bar{3}\bar{1}44$	13 54	48 51·	15 22·	48 01	10 25·	46 58·	0·2750	1·1113	1·1448
62	P·	$-\frac{7}{9}\frac{2}{9}$	$\bar{7}\bar{2}99$	12 13	49 07	13 44	48 28	9 12·	47 38·	0·2444	1·1289	1·1551
63	S·	$-\frac{9}{10}\frac{1}{10}$	$\bar{9}\cdot\bar{1}\cdot10\cdot10$	5 12·	50 29	6 16·	50 21	4 01	50 10·	0·1100	1·2065	1·2116
64	$\mathfrak{m}$·M·	$\pm\frac{11}{12}\frac{1}{12}$	$11\cdot1\cdot\overline{12}\cdot12$	4 18·	50 40·	5 14	50 35·	3 20	50 28·	0·0917	1·2171	1·2206
65	$\mathfrak{d}$·	$-1\frac{1}{9}$	$\bar{9}\cdot\bar{1}\cdot10\cdot9$	5 12·	53 23·	6 58	53 17	4 11	53 04·	0·1222	1·3406	1·3461
66	$\mathfrak{e}$·	$-1\frac{1}{7}$	$\bar{7}\bar{1}87$	6 35	53 52	8 56	53 41·	5 19	53 21	0·1571	1·3608	1·3698
67	$\mathfrak{f}$·	$-1\frac{1}{6}$	$\bar{6}\bar{1}76$	7 35·	54 13·	10 23	53 59·	6 09	53 32	0·1833	1·3759	1·3880
68	$\mathfrak{g}$·	$-1\frac{1}{5}$	$\bar{5}\bar{1}65$	8 57	54 44	12 24·	54 24·	7 18	53 45·	0·2200	1·3970	1·4142
69	$\mathfrak{h}$·	$-1\frac{1}{4}$	$\bar{4}\bar{1}54$	10 53·	55 30	15 57·	55 00·	8 57·	54 01·	0·2750	1·4288	1·4550
70	$\mathfrak{i}$·	$-1\frac{1}{3}$	$\bar{3}\bar{1}43$	13 54	56 46	20 08	55 59	11 35·	54 17·	0·3666	1·4817	1·5264
71	N·$\mathfrak{k}$·	$\pm1\frac{1}{2}$	$21\bar{3}2$	19 06·	59 14·	28 48·	57 47·	16 20	"	0·5499	1·5875	1·6801
72	L·	$+1\frac{2}{3}$	$32\bar{5}3$	23 25	61 33	36 15	59 26	20 27	53 47	0·7333	1·6934	1·8453
73	K·	$+1\frac{3}{4}$	$43\bar{7}4$	25 17	62 37·	39 31	60 12	22 17·	53 25	0·8249	1·7463	1·9313
74	$\mathfrak{l}$·	$-1\frac{4}{5}$	$\bar{5}\bar{4}95$	26 20	63 15	41 20·	60 38·	23 20	53 10	0·8799	1·7781	1·9839
75	J·	$+1\frac{5}{6}$	$6\cdot5\cdot\overline{11}\cdot6$	27 00	63 39	42 30·	60 56	24 00	52 59	0·9166	1·7992	2·0192
76	$\mathfrak{N}$·	$-\frac{12}{11}1$	$\overline{12}\cdot\overline{11}\cdot23\cdot11$	28 33·	66 30·	47 43·	63 40	26 00·	53 39·	1·0999	2·0205	2·3005
77	$\mathfrak{O}$·	$-\frac{7}{5}1$	$\bar{7}\cdot\bar{5}\cdot12\cdot5$	24 30	69 20·	"	67 29·	22 50	55 22	"	2·4131	2·6519
78	$\mathfrak{s}$·	$-\frac{3}{2}1$	$\bar{3}\bar{2}52$	23 25	70 08	"	68 30·	21 56·	59 39·	"	2·5459	2·7680
79	H·	$+\frac{8}{5}1$	$8\cdot5\cdot\overline{13}\cdot5$	22 24·	70 53	"	69 27	21 06·	60 52	"	2·6671	2·8849
80	G·$\mathfrak{P}$·	$\pm\frac{5}{3}1$	$53\bar{8}3$	21 47	71 21	"	70 01·	20 35·	61 37·	"	2·7518	2·9634

No.	Buch-staben	Symb.	Bravais	φ	ϱ	ξ_0	η_0	ξ	η	x (Prismen) (x : y)	y	d $=$tgϱ
81	F· t·	$\pm$21	21$\bar{3}$1	19°06·	73°25·	47°43·	72°31	18°17	64°55	1·0999	3·1751	3·3602
82	𝔔·	$-\frac{13}{6}$1	$\bar{1}$3·$\bar{6}$·19·6	17 59·	74 19	„	73 33	17 18	66 18	„	3·3868	3·5609
83	ℜ·	$-\frac{7}{3}$1	$\bar{7}$·$\bar{3}$·10·3	17 00	75 07	„	74 28	16 24	67 33·	„	3·5985	3·7628
84	𝔖·	$-\frac{8}{3}$1	8·$\bar{3}$·11·3	15 17·	76 31	„	76 02	14 52	69 43	„	4·0218	4·1695
85	u· u·	$\pm$31	31$\bar{4}$1	13 54	77 41	„	77 19·	13 34·	71 30·	„	4·4452	4·5792
86	𝔗·	$-\frac{7}{2}$1	$\bar{7}$$\bar{2}$92	12 13	79 06·	„	78 52	11 59·	73 41	„	5·0802	5·1979
87	y· 𝔶·	$\pm$41	41$\bar{5}$1	10 53·	80 15	„	80 04·	10 44	75 25	„	5·7152	5·8201
88	x· 𝔵·	$\pm$51	51$\bar{6}$1	8 57	81 57	„	81 51	8 51·	77 59·	„	6·9852	7·0729
89	v·	$+$71	71$\bar{8}$1	6 35	84 03	„	84 00·	6 33	81 08	„	9·5254	9·5885
90	𝔛·	$-$12·1	$\bar{1}$2·$\bar{1}$·13·1	3 58	86 24	„	86 24	3 57·	84 39	„	15·875	15·913
91	𝔷·	$-$21·1	$\bar{2}$1·$\bar{1}$·22·1	2 18·	87 54·	„	87 54	2 18·	86 52·	„	27·306	27·328
92	𝔄:	$+\frac{2}{3}\frac{1}{6}$	41$\bar{5}$6	10 53·	44 07·	10 24	43 36·	7 33·	43 08	0·1833	0·9525	0·9700
93	𝔅:	$+\frac{1}{2}\frac{1}{4}$	21$\bar{3}$4	19 06·	40 03	15 22·	38 26·	12 09	37 26	0·2749	0·7938	0·8401
94	𝔥:	$-\frac{2}{5}\frac{1}{5}$	$\bar{2}$1$\bar{3}$5	„	33 54	12 24·	32 25	10 31	31 48·	0·2200	0·6350	0·6720
95	Y:	$+2\frac{1}{3}$	61$\bar{7}$3	7 35·	70 11·	20 08	70 01·	7 08	68 50·	0·3666	2·7517	2·7761
96	Z:	$+2\frac{1}{2}$	41$\bar{5}$2	10 53·	71 02	28 48·	70 42	10 17·	68 13·	0·5499	2·8576	2·9101
97	Q:	$+3\frac{5}{7}$	21·5·$\bar{2}$6·7	10 26·	77 00·	38 09	76 48	10 10	73 23·	0·7856	4·2637	4·3355
98	Σ:	$-\frac{19}{5}$3	19·$\bar{1}$5·34·5	26 07	82 24	73 08·	81 33	25 52	62 52·	3·2997	6·7312	7·4965
99	Π:	$-$38·3	$\bar{3}$8·$\bar{3}$·41·1	3 46	88 51·	„	88 51	3 46	86 04	„	50·167	50·275
100	Φ:	$-$47·3	$\bar{4}$7·$\bar{3}$·50·1	3 04	89 04	„	89 04	3 04	86 48	„	61·597	61·686
101	Ξ:	$-$56·3	$\bar{5}$6·$\bar{3}$·59·1	2 35	89 13	„	89 13	2 35	87 18	„	73·028	73·102
102	Λ:	$-$92·3	$\bar{9}$2·$\bar{3}$·95·1	1 33·	89 31	„	89 31	1 33·	88 22·	„	118·75	118·79
103	P:	$+9\frac{1}{2}$	18·1·$\bar{1}$9·2	2 41	85 08·	28 48·	85 08	2 40	84 26·	0·5499	11·748	11·761
104	O:	$+\frac{21}{2}\frac{1}{2}$	21·1·$\bar{2}$2·2	2 18·	85 49	„	85 48·	2 18	85 13	„	13·653	13·664
105	F:	$+\frac{41}{37}\frac{1}{37}$	41·1·$\bar{4}$2·37	1 12	54 56	1 42	54 56	0 58·	54 55	0·0297	1·4245	1·4245
106	H:	$+\frac{21}{17}\frac{1}{17}$	21·1·$\bar{2}$2·17	2 18·	58 07	3 42	58 05·	1 57·	58 02·	0·0647	1·6062	1·6075
107	J:	$+\frac{19}{15}\frac{1}{15}$	19·1·$\bar{2}$0·15	2 32·	58 49·	4 11·	58 48	2 10·	58 44	0·0733	1·6510	1·6527
108	M:	$+\frac{11}{7}\frac{1}{7}$	11·1·$\bar{1}$2·7	4 18·	64 27·	8 56	64 23·	3 53	64 07	0·1571	2·0865	2·0924
109	E:	$+\frac{23}{11}\frac{3}{11}$	23·3·$\bar{2}$6·11	6 03	70 38	16 42	70 32	5 42·	69 44·	0·3000	2·8288	2·8447
110	N:	$+\frac{7}{2}\frac{1}{4}$	14·1·$\bar{1}$5·4	3 25	77 46	15 22·	77 44·	3 20·	77 18·	0·2749	4·6039	4·6122
111	L:	$+\frac{1}{8}\frac{1}{8}$	11·1·$\bar{1}$2·8	4 18·	61 21·	7 50	61 17·	3 48	61 04	0·1375	1·8257	1·8308
112	K:	$+\frac{4}{3}\frac{1}{9}$	12·1·$\bar{1}$3·9	3 58	60 30·	6 58	60 27	3 28	60 16	0·1222	1·7640	1·7674
113	R:	$+\frac{4}{5}\frac{1}{10}$	8·1·$\bar{9}$·10	5 49	47 20·	6 16·	47 11·	4 16·	47 01	0·1115	1·0795	1·0851
114	S:	$+\frac{7}{8}\frac{1}{4}$	72$\bar{9}$8	12 13	52 25	15 22·	41 47	9 39	50 46	0·2749	1·2701	1·2995
115	I:	$+5\frac{5}{2}$	10·5·$\bar{1}$5·2	19 06·	83 12·	70 01	82 49	18 58	69 46	2·7494	7·9378	8·4006
116	G:	$+6\frac{10}{11}$	66·10·$\bar{7}$6·11	6 57·	83 06	45 00	83 02·	6 54	80 12·	0·9999	8·1973	8·2583
117	Θ:	$-8\frac{15}{2}$	$\bar{1}$6·$\bar{1}$5·31·2	28 56	86 38·	83 05·	86 10	28 52·	60 53·	8·2492	14·923	17·051
118	D:	$+\frac{61}{4}\frac{3}{4}$	61·3·$\bar{6}$4·4	2 23	87 07	39 31	87 07	2 22·	86 15	0·8249	19·844	19·861
119	Λ:	$-\frac{8}{9}\frac{2}{9}$	8·$\bar{2}$·10·9	10 53·	52 17·	13 44	41 47	8 36	50 58·	0·2444	1·2701	1·2934
120	Γ:	$-\frac{17}{18}\frac{5}{18}$	$\bar{1}$7·$\bar{5}$·22·18	12 31	54 38·	16 59·	53 59·	10 11	52 46	0·3055	1·3758	1·4094
121	B:	$+\frac{13}{7}\frac{3}{7}$	13·3·$\bar{1}$6·7	10 09·	69 29	25 14·	69 11	9 30·	67 12·	0·4714	2·6307	2·6726
122	C:	$+\frac{23}{14}\frac{3}{14}$	23·3·$\bar{2}$6·14	6 03	65 54	13 15·	65 46·	5 31·	65 11·	0·2357	2·2226	2·2351
123	A:	$+\frac{37}{31}\frac{3}{31}$	37·3·$\bar{4}$0·31	3 51·	57 41	6 04·	57 37·	3 15·	57 28·	0·1064	1·5773	1·5809

Quenstedtit.

Monoklin.

$a = 0.6661$	$\lg a = 982354$	$\lg a_0 = 000578$	$\lg p_0 = 999422$	$a_0 = 1.0134$	$p_0 = 0.9869$
$c = 0.6573$	$\lg c = 981776$	$\lg b_0 = 018224$	$\lg q_0 = 980835$	$b_0 = 1.5214$	$q_0 = 0.6432$
$\left.\begin{matrix}\mu = \\ 180-\beta\end{matrix}\right\} 78°07$	$\left.\begin{matrix}\lg h = \\ \lg \sin\mu\end{matrix}\right\} 999059$	$\left.\begin{matrix}\lg e = \\ \lg \cos\mu\end{matrix}\right\} 931370$	$\lg\dfrac{p_0}{q_0} = 018587$	$h = 0.9786$	$e = 0.2059$

No.	Buchstaben	Symb.	Miller	φ	ϱ	ξ_0	η_0	ξ	η	x' (Prismen) $(x : y)$	y'	d' $= \mathrm{tg}\,\varrho$
1	b	0∞	010	0°00	90°00	0°00	90°00	0°00	90°00	0	∞	∞
2	q	$\frac{5}{3}\infty$	530	68 38·	,,	90 00	,,	68 38·	21 21·	2·5569	,,	,,
3	r	$\frac{3}{2}\infty$	320	66 29	,,	,,	,,	66 29	23 31	2·3012	,,	,,
4	s	∞	110	56 54	,,	,,	,,	56 54	33 06	1·5341·	,,	,,
5	u	$\infty\frac{8}{7}$	780	53 19	,,	,,	,,	53 19	36 41	1·3424	,,	,,
6	v	$\infty\frac{4}{3}$	340	49 00·	,,	,,	,,	49 00·	40 59·	1·1506	,,	··
7	w	$\infty\frac{3}{2}$	230	45 39	,,	,,	,,	45 39	44 21	1·0227·	,,	,,
8	m	$0\frac{3}{5}$	035	28 05	24 05	11 53	21 31·	11 04·	21 06	0·2104·	0·3944	0·4470
9	p	$0\,1$	011	17 45	34 37	,,	33 19	9 58·	32 45	,,	0·6573	0·6902

Ralstonit.

Regulär.

No.	Buchstaben	Symb.	Miller	φ	ϱ	ξ_0	η_0	ξ	η	x (Prismen) $(x : y)$	y	d $= \mathrm{tg}\,\varrho$
1	c	$\left\{\begin{matrix}0\\0\infty\end{matrix}\right.$	$\begin{matrix}001\\010\end{matrix}$	$\begin{matrix}-\\0°00\end{matrix}$	$\begin{matrix}0°00\\90\ 00\end{matrix}$	$\begin{matrix}0°00\\,,\end{matrix}$	$\begin{matrix}0°00\\90\ 00\end{matrix}$	$\begin{matrix}0°00\\,,\end{matrix}$	$\begin{matrix}0°00\\90\ 00\end{matrix}$	$\begin{matrix}0\\,,\end{matrix}$	$\begin{matrix}0\\\infty\end{matrix}$	$\begin{matrix}0\\\infty\end{matrix}$
2	p	1	111	45 00	54 44	45 00	45 00	35 16	35 16	1·0000	1·0000	1·4142

Rammelsbergit.

Rhombisch.

$$\lg\frac{p_0}{q_0} = 026977; \quad \frac{p_0}{q_0} = 1.8611; \quad \frac{a}{b} = 0.5373$$

No.	Buchstaben	Symb.	Miller	φ	ϱ	ξ_0	η_0	ξ	η	x (Prismen) $(x : y)$	y	d $= \mathrm{tg}\,\varrho$
1	m	∞	110	61°45	90°00	90°00	90°00	61°45	28°15	1·8611	∞	∞

Raspit.

Monoklin.

$a = 1{\cdot}3493$	$\lg a = 013010$	$\lg a_0 = 008430$	$\lg p_0 = 991570$	$a_0 = 1{\cdot}2142$	$p_0 = 0.8235{\cdot}$
$c = 1{\cdot}1112$	$\lg c = 004580$	$\lg b_0 = 995420$	$\lg q_0 = 002478$	$b_0 = 0{\cdot}8999$	$q_0 = 1{\cdot}0587$
$\left.{\mu = \atop 180 - \beta}\right\} 72°19$	$\left.{\lg h = \atop \lg \sin \mu}\right\} 997898$	$\left.{\lg e = \atop \lg \cos \mu}\right\} 948252$	$\lg \dfrac{p_0}{q_0} = 989092$	$h = 0{\cdot}9527$	$e = 0{\cdot}3037{\cdot}$

No.	Buch-staben	Symb.	Miller	φ	ϱ	ξ_0	η_0	ξ	η	x′ (Prismen) (x : y)	y′	d′ =tgϱ
1	c	0	001	90°00	17°41	17°41	0°00	17°41	0°00	0·3188	0	0·3188
2	b	0∞	010	0 00	90 00	0 00	90 00	0 00	90 00	0	∞	∞
3	a	∞0	100	90 00	,,	90 00	0 00	90 00	0 00	∞	0	,,
4	d	01	011	16 00·	49 08·	17 41	48 01	12 02·	46 38	0·3188	1·1112	1·1561
5	e	1̄0	1̄01	90 00	28 37	2̄8 37	0 00	2̄8 37	0 00	0̄·5456	0	0·5456

Realgar.

Monoklin.

$a = 0{\cdot}7202$	$\lg a = 985745$	$\lg a_0 = 017046$	$\lg p_0 = 982954$	$a_0 = 1{\cdot}4807$	$p_0 = 0{\cdot}6754$
$c = 0{\cdot}4864$	$\lg c = 968699$	$\lg b_0 = 031301$	$\lg q_0 = 964800$	$b_0 = 2{\cdot}0560$	$q_0 = 0{\cdot}4446$
$\left.{\mu = \atop 180 - \beta}\right\} 66°05$	$\left.{\lg h = \atop \lg \sin \mu}\right\} 996101$	$\left.{\lg e = \atop \lg \cos \mu}\right\} 960789$	$\lg \dfrac{p_0}{q_0} = 018154$	$h = 0{\cdot}9141{\cdot}$	$e = 0{\cdot}4054$

No.	Buch-staben	Symb.	Miller	φ	ϱ	ξ_0	η_0	ξ	η	x′ (Prismen) (x : y)	y′	d′ =tgϱ
1	.c	0	001	90°00	23°55	23°55	0°00	23°55	0°00	0·4435	0	0·4435
2	b	0∞	010	0 00	90 00	0 00	90 00	0 00	90 00	0	∞	∞
3	a	∞0	100	90 00	,,	90 00	0 00	90 00	0 00	∞	0	,,
4	χ	3∞	310	77 37·	,,	,,	90 00	77 37·	12 22·	4·5568	∞	,,
5	i	2∞	210	71 47	,,	,,	,,	71 47	18 13	3·0379	,,	,,
6	α	$\tfrac{3}{2}$∞	320	66 18	,,	,,	,,	66 18	23 42	2·2784	,,	,,
7	g	$\tfrac{5}{4}$∞	540	62 13·	,,	,,	,,	62 13·	27 46·	1·8987	,,	,,
8	l	∞	110	56 38·	,,	,,	,,	56 38·	33 21·	1·5189	,,	,,
9	β	∞$\tfrac{4}{3}$	340	48 43·	,,	,,	,,	48 43·	41 16·	1·1392	,,	,,
10	w	∞$\tfrac{3}{2}$	230	45 21·	,,	,,	,,	45 21·	44 38·	1·0126	,,	,,
11	γ	∞$\tfrac{5}{3}$	350	42 21	,,	,,	,,	42 21.	47 39	0·9113·	,,	,,
12	m	∞2	120	37 13	,,	,,	,,	37 13	52 47	0·7595	,,	,,
13	h	∞$\tfrac{7}{3}$	370	33 04	,,	,,	,,	33 04	56 56	0·6510	,,	,,
14	ζ	∞$\tfrac{5}{2}$	250	31 17	,,	,,	,,	31 17	58 43	0·6076	,,	,,

No.	Buchstaben	Symb.	Miller	φ	ϱ	ξ_0	η_0	ξ	η	x' (Prismen) (x : y)	y'	d' =tgϱ
15	v	∞3	130	26°51	90°00	90°00	90°00	26°51	63°09	0·5063	∞	∞
16	μ	∞4	140	20 47·	"	"	"	20 47·	69 12·	0·3797·	"	"
17	δ	∞5	150	16 54	"	"	"	16 54	73 06	0·3038	"	"
18	r	01	011	42 21·	33 21	23 55	25 56·	21 44·	23 58·	0·4435	0·4864	0·6582
19	s	0 3/2	032	31 17·	40 29·	"	36 07	19 42·	33 42	"	0·7296	0·8538
20	q	02	021	24 30·	46 55	"	44 12·	17 38	41 39	"	0·9728	1·0691
21	y	03	031	16 54·	56 45	"	54 34·	14 04·	53 08·	"	1·4592	1·5251
22	X	05	051	10 20	67 58·	"	67 39	9 34·	65 47	"	2·4320	2·4720
23	ε	+10	101	90 00	49 46·	49 46·	0 00	49 46·	0 00	1·1823	0	1·1823
24	x	−10	$\bar{1}$01	90 00	16 28	$\bar{1}$6 28	"	$\bar{1}$6 28	"	$\bar{0}$·2953·	"	0·2953·
25	z	−20	$\bar{2}$01	"	45 58	$\bar{4}$5 58	"	$\bar{4}$5 58	"	$\bar{1}$·0342	"	1·0342
26	f	+1	111	67 38·	51 58	49 46·	25 56·	46 45·	17 26·	1·1823	0·4864	1·2785
27	G	+1/2	112	73 20·	40 19	39 06·	13 40	$\bar{3}$8 18·	10 41	0·8129	0·2432	0·8485
28	J	−1/2	$\bar{1}$12	16 56	14 16	4 14	"	4 07	13 38	0·0740·	"	0·2542
29	n	−1	$\bar{1}$11	$\bar{3}$1 16	29 38·	$\bar{1}$6 27·	25 56·	$\bar{1}$4 52·	25 00·	$\bar{0}$·2953·	0·4864	0·5691
30	H	−2	$\bar{2}$21	$\bar{4}$6 45	54 50·	$\bar{4}$5 58	44 12·	$\bar{3}$6 33	34 04	$\bar{1}$·0341	0·9728	1·4198
31	B	+1 2/15	15·2·15	86 51·	49 49	49 46·	3 42·	49 43	2 24	1·1823	0·0648·	1·1841
32	C	−1 1/3	$\bar{3}$13	$\bar{6}$1 14	18 37	$\bar{1}$6 27·	9 12·	$\bar{1}$6 15·	8 50·	$\bar{0}$·2953·	0·1621·	0·3369
33	D	−1 1/2	$\bar{2}$12	$\bar{5}$0 32	20 56	"	13 40	$\bar{1}$6 01	13 08	"	0·2432	0·3826
34	E	−1 3/2	$\bar{2}$32	$\bar{2}$2 02·	38 12·	"	36 07	$\bar{1}$3 25	34 59	"	0·7296	0·7871
35	e	−12	$\bar{1}$21	$\bar{1}$6 53·	45 28·	"	44 12·	$\bar{1}$1 57	43 01	"	0·9728	1·0166
36	k	−13	$\bar{1}$31	$\bar{1}$1 26·	56 07	"	55 34·	$\bar{9}$ 29	54 27	"	1·4592	1·4888
37	F	−14	$\bar{1}$41	$\bar{8}$ 38	63 04	"	62 48	$\bar{7}$ 41·	61 49	"	1·9456	1·9679
38	Φ	−18	$\bar{1}$81	$\bar{4}$ 20·	75 37·	"	75 35	$\bar{4}$ 12·	75 00	"	3·8912	3·9023
39	A	−1/2 1	$\bar{1}$22	8 39·	26 12	4 14	25 56·	3 48·	25 52·	0·0740·	0·4864	0·4920
40	d	−21	$\bar{2}$11	$\bar{6}$4 49	48 49	$\bar{4}$5 58	"	$\bar{4}$2 55·	18 41	$\bar{1}$·0341	"	1·1429
41	t	−31	$\bar{3}$11	$\bar{7}$4 39·	61 27·	$\bar{6}$0 34·	"	$\bar{5}$7 54	13 26·	$\bar{1}$·7730	"	1·8386
42	p	−41	$\bar{4}$11	$\bar{7}$9 02·	68 39	$\bar{6}$8 17·	"	$\bar{6}$6 07·	10 12	$\bar{2}$·5119	"	2·5585
43	π	−1/2 2	$\bar{1}$42	4 21	44 17·	4 14	44 12·	3 02·	44 08	0·0740·	0·9728	0·9756
44	K	−23	$\bar{2}$31	$\bar{3}$5 19·	60 47·	$\bar{4}$5 58	55 34·	$\bar{3}$0 19	45 24·	$\bar{1}$·0341	1·4592	1·7885

Reddingit.

Rhombisch.

a = 0·9148	lg a = 996134	lg a$_0$ = 993842	lg p$_0$ = 006158	a$_0$ = 0.8678	p$_0$ = 1.1523
c = 1·0542	lg c = 002292	lg b$_0$ = 997708	lg q$_0$ = 002292	b$_0$ = 0·9486	q$_0$ = 1·0542

No.	Buchstaben	Symb.	Miller	φ	ϱ	ξ_0	η_0	ξ	η	x (Prismen) (x : y)	y	d =tgϱ
1	b	0	001	—	0°00	0°00	0°00	0°00	0°00	0	0	0
2	p	1	111	47°33	57 22	49 03	46 30·	38 25	34 38·	1·1523	1·0542	1·5618
3	q	2	221	"	72 15	66 32·	64 37·	44 39·	40 00·	2·3047	2·1084	3·1236
4	r	12	121	28 39·	67 24	49 03	"	26 17	54 06·	1·1523	"	2·4028
5	s	1 3/2	232	36 05	62 56	"	57 41·	31 38	46 01·	"	1·5813	1·9566
6	t	1 1/2	212	65 25	51 43·	"	27 47·	45 33	19 03·	"	0·5271	1·2672

Reinit.

Tetragonal.

$\left.\begin{matrix}c\\p_o\end{matrix}\right\} = 1\cdot279$	$\lg c = 010687$	$\lg a_o = 989313$	$a_o = 0\cdot7819$

No.	Buchstaben	Symb.	Miller	φ	ϱ	ξ_o	η_o	ξ	η	x (Prismen) (x : y)	y	d $= \operatorname{tg}\varrho$
1	e	01	011	0° 00	51° 59	0° 00	51° 59	0° 00	51° 59	0	1·2790	1·2790
2	p	1	111	45 00	61 04	51 59	"	38 14	38 14	1·2790	"	1·8087

Rhodizit.

Regulär.   Tetraedrisch - hemiedrisch.

No.	Buchstaben	Symb.	Miller	φ	ϱ	ξ_o	η_o	ξ	η	x (Prismen) (x : y)	y	d $= \operatorname{tg}\varrho$
1	d	$\left\{\begin{matrix}01\\\infty\end{matrix}\right.$	011 110	0° 00 45 00	45° 00 90 00	0° 00 90 00	45° 00 90 00	0° 00 45 00	45° 00 "	0 1·0000	1·0000 ∞	1·0000 ∞
2	p p'	± 1	111	"	54 44	45 00	45 00	35 16	35 16	"	1·0000	1·4142

Rinkit.

Monoklin.

$a = 1\cdot5688$	$\lg a = 019556$	$\lg a_o = 072988$	$\lg p_o = 927012$	$a_o = 5\cdot3689$	$p_o = 0\cdot1863$
$c = 0\cdot2922$	$\lg c = 946568$	$\lg b_o = 053432$	$\lg q_o = 946568$	$b_o = 3\cdot4223$	$q_o = 0\cdot2921$
$\left.\begin{matrix}\mu =\\180-\beta\end{matrix}\right\} 88°47$	$\left.\begin{matrix}\lg h =\\\lg\sin\mu\end{matrix}\right\} 999990$	$\left.\begin{matrix}\lg e =\\\lg\cos\mu\end{matrix}\right\} 832702$	$\lg\dfrac{p_o}{q_o} = 980454$	$h = 0\cdot9998$	$e = 0\cdot0212$

No.	Buchstaben	Symb.	Miller	φ	ϱ	ξ_o	η_o	ξ	η	x' (Prismen) (x : y)	y'	d' $= \operatorname{tg}\varrho$
1	r	$\infty 0$	100	90° 00	90° 00	90° 00	0° 00	90° 00	0° 00	∞	0	∞
2	s	$\tfrac{3}{2}\infty$	320	43 43·	"	"	90 00	43 43·	46 16·	0·9563·	∞	"
3	M	∞	110	32 31	"	"	"	32 31	57 29	0·6376	"	"
4	h	$\infty 2$	120	17 41	"	"	"	17 41	72 19	0·3188	"	"
5	n	$+10$	101	90 00	11 43·	11 43·	0 00	11 43·	0 00	0·2075	0	0·2075
6	m	-10	$\overline{1}01$	90 00	9 23	9 23	"	9 23	"	0·1651	"	0·1651
7	o	$+34$	341	26 23·	52 32	30 07	49 27	20 39·	45 19	0·5800·	1·1688	1·3048

Römerit.

Triklin.

$p_0 = 0\cdot4018$	$\lambda = 81°17$	$a = 2\cdot6425$	$\alpha = 99°53$	$x_0 = 0\cdot0805$	$d = 0\cdot1716$
$q_0 = 1\cdot0746$	$\mu = 89°36$	$b = 1$	$\beta = 94°30$	$y_0 = 0\cdot1515$	$\delta = 28°00$
$r_0 = 1$	$\nu = 115°40$	$c = 0\cdot9684$	$\gamma = 63°57$	$h = 0\cdot9852$	

No.	Buch-staben	Symb.	Miller	φ	ϱ	ξ_0	η_0	ξ	η	x' (Prismen) (x : y)	y'	d' =tgϱ
1	a	0	001	28°00·	9°53	4°40·	8°44·	4°37·	8°43	0·0818	0·1538	0·1742
2	b	0∞	010	0 00	90 00	0 00	90 00	0 00	90 00	0	∞	∞
3	c	∞0	100	115 40	„	90 00	90 00	64 20	$\bar{2}5$ 40	$\bar{2}$·0810	„	„
4	q	∞	110	21 54·	„	„	90 00	21 54·	68 05·	0·4021	„	„
5	n	2∞	210	44 54·	„	„	„	44 54·	45 05·	0·9968	„	„
6	s	3∞	310	63 02·	„	„	„	63 02·	26 57·	1·9661	„	„
7	t	$\tfrac{18}{5}∞$	18·5·0	71 01·	„	„	„	71 01·	18 58·	2·9089	„	„
8	l	4∞	410	75 21·	„	„	„	75 21·	14 38·	3·8282	„	„
9	e	∞$\bar{∞}$	1$\bar{1}$0	163 49·	„	„	90 00	16 10·	$\bar{7}3$ 49·	$\bar{0}$·2900	„	„
10	μ	0$\tfrac{2}{3}$	023	5 18	41 30	4 40·	41 23	3 30·	41 17	0·0818	0·8809	0·8847
11	m	0$\bar{1}$	0$\bar{1}$1	175 00·	43 14·	„	$\bar{4}3$ 08	3 25	$\bar{4}3$ 02·	„	$\bar{0}$·9370	0·9406
12	y	$\tfrac{8}{5}$0	805	100 53	34 18	33 49	$\bar{7}$ 20·	33 36	$\bar{6}$ 06·	0·6699	$\bar{0}$·1288	0·6822
13	x	$\bar{1}$0	$\bar{1}$01	$\bar{4}0$ 52·	23 36	$\bar{1}5$ 57·	18 17	$\bar{1}5$ 11·	17 37·	$\bar{0}$·2859	0·3304	0·4370

Roméit.

Tetragonal.

$\left.\begin{array}{c} c \\ p_0 \end{array}\right\} = 1\cdot0257$	lg c $= 001102$	lg $a_0 = 998898$	$a_0 = 0\cdot9749$

No.	Buch-staben	Symb.	Miller	φ	ϱ	ξ_0	η_0	ξ	η	x (Prismen) (x : y)	y	d =tgϱ
1	e	1	111	45°00	55°25	45°43·	45°43·	35°36	35°36	1·0257	1·0257	1·4505

Roselith.

Triklin.

$p_0 = 0\cdot6914$	$\lambda = 89°20$	$a = 1\cdot3121$	$\alpha = 90°40$	$x_0 = 0\cdot0176$	$d = 0\cdot0211$
$q_0 = 0\cdot9092$	$\mu = 89°00$	$b = 1$	$\beta = 91°00$	$y_0 = 0\cdot0116$	$\delta = 56°29$
$r_0 = 1$	$\nu = 90°35$	$c = 0\cdot9072$	$\gamma = 89°26$	$h = 0\cdot9998$	

No.	Buchstaben	Symb.	Miller	φ	ϱ	ξ_0	η_0	ξ	η	x' (Prismen) $(x:y)$	y'	$d' = \mathrm{tg}\,\varrho$
1	A	0∞	010	0°00	90°00	0°00	90°00	0°00	90°00	0	∞	∞
2	C	$\infty0$	100	90 35	"	90 00	$\overline{9}$0 00	89 25	$\overline{0}$ 25	$\overline{1}$37·51	"	"
3	ζ	$\infty\tfrac{4}{3}$	340	29 50·	"	"	90 00	29 .50·	60 09·	0·5737	"	"
4	v	∞	110	37 27·	"	"	"	37 27·	52 32·	0·7663	"	"
5	φ	$\tfrac{3}{2}\infty$	320	49 05	"	"	"	49 05	40 55	1·1538	"	"
6	η	3∞	310	66 49	"	"	"	66 49	23 11	2·3352	"	"
7	e	$3\overline{\infty}$	$\overline{3}$10	114 09·	"	"	$\overline{9}$0 00	65 50·	$\overline{2}$4 09·	$\overline{2}$·2294	"	"
8	f	$\tfrac{3}{2}\overline{\infty}$	$\overline{3}$20	131 34	"	"	"	48 26	$\overline{4}$1 34	$\overline{1}$·1275	"	"
9	i	$\infty\overline{\infty}$	$\overline{1}$10	142 58	"	"	"	37 02	$\overline{5}$2 58	$\overline{0}$·7545	"	"
10	z	$\infty\overline{\tfrac{4}{3}}$	$\overline{3}$40	150 27	"	"	"	29 33	$\overline{6}$0 27	$\overline{0}$·5670	"	"
11	?m	$0\,\tfrac{1}{2}$	012	2 09·	25 01	1 00·	25 00	0 54·	25 00	0·0176	0·4663	0·4666
12	?M	$0\,\overline{\tfrac{1}{2}}$	$\overline{0}$12	177 43·	23 55	"	$\overline{2}$3 54	0 55	$\overline{2}$3 53·	"	$\overline{0}$·4431	0·4434
13	d	$\tfrac{1}{4}\,0$	104	87 01·	10 48	10 47	0 34	10 47	0 33·	0·1905	0·0099	0·1907
14	$\varDelta$	$\overline{\tfrac{1}{4}}\,0$	$\overline{1}$04	85 06	8 51·	$\overline{8}$ 49·	0 46	$\overline{8}$ 49·	0 45	$\overline{0}$·1552	0·0133	0·1558
15	L	$1\,\tfrac{2}{3}$	323	49 15·	45 06·	35 20·	31 25	31 11	26 29	0·6930	0·6108	0·9360
16	S	$1\,\tfrac{1}{2}$	212	57 04	40 11·	"	24 40	32 48	20 32·	"	0·4593	0·8449
17	σ	$1\,\overline{\tfrac{1}{2}}$	2$\overline{1}$2	122 24	40 01·	"	$\overline{2}$4 14	32 53·	$\overline{2}$0 09·	"	$\overline{0}$·4501	0·8399
18	λ	$1\,\overline{\tfrac{2}{3}}$	3$\overline{2}$3	130 18·	42 55·	. "	$\overline{3}$1 02	31 17	$\overline{2}$6 08·	"	$\overline{0}$·6016	0·9300
19	s	$\overline{1}\,\tfrac{1}{2}$	$\overline{2}$12	$\overline{5}$4 55	39 28·	$\overline{3}$3 58·	25 19·	$\overline{3}$1 21	21 25·	$\overline{0}$·6739	0·4733	0·8236
20	$\varSigma$	$\overline{1}\,\overline{\tfrac{1}{2}}$	$\overline{2}\overline{1}$2	$\overline{1}$22 54·	38 45·	"	$\overline{2}$3 33·	$\overline{3}$1 42·	$\overline{1}$9 53	"	$\overline{0}$·4361	0·8028
21	$\varLambda$	$\overline{1}\,\overline{\tfrac{2}{3}}$	$\overline{3}\overline{2}$3	$\overline{1}$30 05	41 48	"	$\overline{3}$0 26·	$\overline{3}$0 09·	$\overline{2}$5 59	"	$\overline{0}$·5876	0·8942
22	$\varOmega$	$\overline{\tfrac{1}{2}}$	$\overline{1}\overline{1}$2	$\overline{1}$43 15·	28 45	$\overline{1}$8 10	$\overline{2}$3 44	$\overline{1}$6 43·	$\overline{2}$2 40	$\overline{0}$·3282	$\overline{0}$·4396	0·5486
23	o	$\overline{\tfrac{1}{2}}\,\tfrac{1}{2}$	$\overline{1}$12	$\overline{3}$4 56	29 49	"	25 10	$\overline{1}$6 32·	24 03·	"	0·4698	0·5731
24	?G	$\tfrac{1}{4}$	114	38 46	16 55·	10 47	13 20·	10 30	13 07	0·1905	0·2372	0·3042
25	g	$\overline{\tfrac{1}{4}}\,\tfrac{1}{4}$	$\overline{1}$14	$\overline{3}$2 49·	16 00	$\overline{8}$ 49·	13 32	$\overline{8}$ 35	13 22·	$\overline{0}$·1552	0·2406	0·2864
26	$\varPi$	$4\,\overline{\tfrac{1}{2}}$	8$\overline{1}$2	$\overline{9}$8 35·	70 13	$\overline{7}$0 00·	$\overline{2}$2 32·	$\overline{6}$8 30	8 04·	$\overline{2}$·7487	$\overline{0}$·4151	2·7798
27	p	$\overline{4}\,\tfrac{1}{2}$	$\overline{8}$12	$\overline{7}$9 48·	70 18	"	26 18	$\overline{6}$7 54·	9 35·	"	0·4943	2·7928

Rosenbuschit.

Monoklin.

$a = 1{\cdot}1687$	$\lg a = 006770$	$\lg a_0 = 008218$	$\lg p_0 = 991782$	$a_0 = 1{\cdot}2083$	$p_0 = 0{\cdot}8276$
$c = 0{\cdot}9672$	$\lg c = 998552$	$\lg b_0 = 001448$	$\lg q_0 = 997627$	$b_0 = 1{\cdot}0339$	$q_0 = 0{\cdot}9468$
$\left.\begin{matrix}\mu =\\180-\beta\end{matrix}\right\}\,78°13$	$\left.\begin{matrix}\lg h =\\\lg\sin\mu\end{matrix}\right\}999075$	$\left.\begin{matrix}\lg e =\\\lg\cos\mu\end{matrix}\right\}931008$	$\lg \dfrac{p_0}{q_0} = 994155$	$h = 0{\cdot}9789$	$e = 0{\cdot}2042$

No.	Buchstaben	Symb.	Miller	φ	ϱ	ξ_0	η_0	ξ	η	x' (Prismen) $(x:y)$	y'	$d' =\mathrm{tg}\,\varrho$
1	c	0	001	90°00	11°47	11°47	0°00	11°47	0°00	0·2086	0	0·2086
2	a	$\infty 0$	100	"	90 00	90 00	"	90 00	"	∞	"	∞
3	h	$\tfrac{5}{4}\infty$	540	47 32	"	"	90 00	47 32	42 28	1·0926	∞	"
4	s	$\bar{2}0$	$\bar{2}01$	90 00	55 59·	$\bar{5}5$ 59·	0 00	$\bar{5}5$ 59·	0 00	$\bar{1}{\cdot}4822$	0	1·4822

Rothbleierz.

Monoklin.

$a = 0{\cdot}9602$	$\lg a = 998236$	$\lg a_0 = 001994$	$\lg p_0 = 998006$	$a_0 = 1{\cdot}0470$	$p_0 = 0{\cdot}9551$
$c = 0{\cdot}9171$	$\lg c = 996242$	$\lg b_0 = 003758$	$\lg q_0 = 995192$	$b_0 = 1{\cdot}0904$	$q_0 = 0{\cdot}8952$
$\left.\begin{matrix}\mu =\\180-\beta\end{matrix}\right\}\,77°27$	$\left.\begin{matrix}\lg h =\\\lg\sin\mu\end{matrix}\right\}998950$	$\left.\begin{matrix}\lg e =\\\lg\cos\mu\end{matrix}\right\}933704$	$\lg \dfrac{p_0}{q_0} = 002814$	$h = 0{\cdot}9761$	$e = 0{\cdot}2173$

No.	Buchstaben	Symb.	Miller	φ	ϱ	ξ_0	η_0	ξ	η	x' (Prismen) $(x:y)$	y'	$d' =\mathrm{tg}\,\varrho$
1	c	0	001	90°00	12°33	12°33	0°00	12°33	0°00	0·2226	0	0·2226
2	b	0∞	010	0 00	90 00	0 00	90 00	0 00	90 00	0	∞	∞
3	a	$\infty 0$	100	90 00	"	90 00	0 00	90 00	0 00	∞	0	"
4	α	3∞	310	72 39	"	"	90 00	72 39	17 21	3·2008	∞	"
5	d	2∞	210	64 53·	"	"	"	64 53·	25 06·	2·1339	"	"
6	m	∞	110	46 51·	"	"	"	46 51·	43 08·	1·0670	"	"
7	ζ	$\infty\tfrac{5}{3}$	350	32 37·	"	"	"	32 37·	57 22·	0·6401·	"	"
8	f	$\infty 2$	120	28 05	"	"	"	28 05	61 55	0·5335	"	"
9	w	$0\tfrac{1}{2}$	012	25 54	27 00·	12 33	24 38	11 26·	24 07	0·2226	0·4585·	0·5097
10	z	$0\bar{1}$	011	13 38·	43 20·	"	42 31·	9 19	41 50	"	0·9171	0·9437
11	y	02	021	6 55	61 34·	"	61 24	6 05	60 49	"	1·8342	1·8476
12	h	$+10$	101	90 00	50 13	50 13	0 00	50 13	0 00	1·2011	0	1·2011
13	ϱ	$+\tfrac{5}{2}0$	502	"	69 25	69 25	"	69 25	"	2·6627	"	2·6627
14	n	$+40$	401	"	76 24·	76 24·	"	76 24·	"	4·1365	"	4·1365
15	χ	$+80$	801	"	82 55	82 55	"	82 55	"	8·0503	"	8·0503

No.	Buch-staben	Symb.	Miller	φ	ϱ	ξ_0	η_0	ξ	η	x' (Prismen) (x:y)	y'	d' $=\operatorname{tg}\varrho$
16	Θ	−60	$\overline{6}$01	90°00	79°57·	$\overline{7}$9°57·	0°00	$\overline{7}$9°57·	0°00	$\overline{5}$·6483	0	5·6483
17	ε	−50	$\overline{5}$01	”	77 55	$\overline{7}$7 55	”	$\overline{7}$7 55	”	$\overline{4}$·6697	”	4·6697
18	l	−40	$\overline{4}$01	”	74 50·	$\overline{7}$4 50·	”	$\overline{7}$4 50·	”	$\overline{3}$·6912	”	3·6912
19	x	−30	$\overline{3}$01	”	69 46	$\overline{6}$9 46	”	$\overline{6}$9 46	”	$\overline{2}$·7128	”	2·7128
20	k	−10	$\overline{1}$01	”	37 05	$\overline{3}$7 05	”	$\overline{3}$7 05	”	$\overline{0}$·7558	”	0·7558
21	t	+1	111	52 38	56 30·	50 13	42 31·	41 31	30 24·	1·2011	0·9171	1·5112
22	N	+71	711	82 36·	82 01	81 57	”	79 08·	7 19	7·0720	”	7·1312
23	ψ	+91	911	84 12	83 43	83 41	”	81 27	5 46	9·0288	”	9·0752
24	e	+11·1	11·1·1	85 14	84 49	84 48	”	82 57·	4 45	10·9855	”	11·024
25	τ	−91	$\overline{9}$11	83 54	83 23·	$\overline{8}$3 21·	”	81 01	6 03·	8·5836	”	8·6324
26	A	−51	$\overline{5}$11	$\overline{7}$8 53·	78 08	$\overline{7}$7 55	”	$\overline{7}$3 48	10 52	$\overline{4}$·6697	”	4·7589
27	ξ	−41	$\overline{4}$11	$\overline{7}$6 03	75 16	$\overline{7}$4 50·	”	$\overline{6}$9 49	13 29	$\overline{3}$·6912	”	3·8034
28	φ	−31	$\overline{3}$11	$\overline{7}$1 19·	70 45	$\overline{6}$9 46	”	$\overline{6}$3 25·	17 36	$\overline{2}$·7128	”	2·8637
29	u	−21	$\overline{2}$11	$\overline{6}$2 08	62 59·	$\overline{6}$0 02	”	$\overline{5}$1 58	24 37	$\overline{1}$·7343	”	1·9619
30	π	+2	221	49 55	70 39·	65 21	61 24	46•13	37 24·	2·1795	1·8342	2·8487
31	ϑ	+3	331	48 56	76 34·	72 26	70 01·	47 10	39 43	3·1580	2·7513	4·1884
32	s	+4	441	48 26	79 45	76 24·	74 45	47 24·	40 45·	4·1365	3·6684	5·5288
33	λ	$-\frac{1}{2}$	$\overline{1}$12	$\overline{3}$0 10·	27 56·	$\overline{1}$4 55·	24 38	$\overline{1}$3 37·	23 54	$\overline{0}$·2666	0·4586	0·5304
34	γ	$-\frac{2}{3}$	$\overline{2}$23	$\overline{3}$5 06	36 46	$\overline{2}$3 15	31 26·	$\overline{2}$0 08	29 19·	$\overline{0}$·4297	0·6114	0·7473
35	v	−1	$\overline{1}$11	$\overline{3}$9 30	49 55·	$\overline{3}$7 05	42 31·	$\overline{2}$9 07	36 11·	$\overline{0}$·7559	0·9171	1·1609
36	η	$+2\frac{1}{2}$	412	78 07	65 49	65 21	24 38	63 13	10 49·	2·1795·	0·4585·	2·2272
37	L	$+\frac{1}{5}\frac{1}{10}$	2·1·10	77 38	23 11	22 42	5 14·	22 37	4 50	0·4183	0·0917	0·4282
38	g	+84	841	65 30	83 33	82 55	74 45	64 43	24 20	8·0504	3·6684	8·8466
39	i	$+1\frac{2}{3}$	123	41 54·	39 24	28 45	31 26·	25 05	28 11·	0·5487	0·6114	0·8215
40	D	$-\frac{2}{5}\frac{6}{5}$	$\overline{2}$65	8 43	48 04·	$\overline{9}$ 34·	47 44·	$\overline{6}$ 28·	47 20·	$\overline{1}$·6873	1·1005	1·1134
41	Q	$+3\frac{5}{3}$	953	64 12	74 06	72 27	56 48·	59 59	24 45	3·1611·	1·5285	3·5112
42	r	$-3\frac{1}{2}$	$\overline{6}$12	$\overline{8}$0 24·	70 01·	$\overline{6}$9 46	24 38	$\overline{6}$7 56	9 01	$\overline{2}$·7128	0·4585·	2·7512
43	q	+12·4	12·4·1	72 57	85 26	85 13·	74 45	72 22·	16 59·	11·9640	3·6684	12·513
44	Y	−93	$\overline{9}$·3·1	$\overline{7}$2 13·	83 40	$\overline{8}$3 21·	70 01·	$\overline{7}$1 10	17 39·	8·5836	2·7513	9·0136
45	F	−62	$\overline{6}$·2·1	$\overline{7}$2 00·	80 26·	$\overline{7}$9 57·	61 24	$\overline{6}$9 42	17 44	$\overline{5}$·6483	1·8342	5·9386
46	β	$-\frac{3}{2}\frac{1}{2}$	$\overline{3}$12	$\overline{6}$9 47	52 59·	$\overline{5}$1 14	24 38	$\overline{4}$8 32	16 01·	$\overline{1}$·2450	0·4585·	1·3268
47	μ	$+\frac{1}{4}\frac{5}{4}$	154	22 10·	51 04	25 03	48 54	17 04·	46 05	0·4672·	1·1464	1·2380
48	G	$+4\frac{1}{2}$	812	83 40·	76 29	76 24·	24 38	75 06	6 09	4·1356	0·4585·	4·1609
49	B	−52	$\overline{5}$21	$\overline{6}$8 33·	78 43·	$\overline{7}$7 55	61 24	$\overline{6}$5 54	21 00·	$\overline{4}$·6697	1·8342	5·0170
50	δ	+11·10	11·10·1	50 08·	86 00	82 57·	83 46·	49 58·	39 44·	10·9855	9·1710	14·311
51	p	$-\frac{13}{5}\frac{1}{5}$	$\overline{1}$3·1·5	$\overline{8}$5 29	66 45·	$\overline{6}$6 41·	10 23·	$\overline{6}$6 21	4 09	$\overline{2}$·3213	0·1834	2·3286
52	R	−18·4	$\overline{1}$8·4·1	$\overline{7}$8 05·	86 47	$\overline{8}$6 42·	74 45	$\overline{7}$7.40	11 53·	$\overline{1}$7·3900	3·6684	17·773
53	σ	$+\frac{3}{2}\frac{5}{2}$	352	36 24	70 39·	59 23·	66 26	34 03	49 25	1·6902·	2·2928	2·8485
54	E	$-\frac{3}{8}\frac{1}{4}$	$\overline{3}$28	$\overline{3}$2 10·	15 09·	$\overline{8}$ 12·	12 55	$\overline{8}$ 00·	12 47	$\overline{0}$·1442·	0·2293	0·2709
55	M	$+\frac{2}{3}\frac{10}{9}$	6·10·9	40 37	53 19	41 09	45 32·	31 28	37 30	0·8739	1·0190	1·3424
56	H	$+\frac{4}{5}\frac{3}{5}$	435	61 18·	48 54	45 09·	28 49·	41 22·	21 12·	1·0054	0·5502·	1·1462
57	o	$-\frac{4}{5}\frac{7}{10}$	8·7·10	$\overline{4}$1 06·	40 26	$\overline{2}$9 15·	32 42	$\overline{2}$5 14·	29 15	$\overline{0}$·5602	0·6420	0·8520

Rothgiltigerz.
Proustit.

Hexagonal. Rhomboedrisch-hemiedrisch. Hemimorph.

$$c = 0{\cdot}8034 \quad \lg c = 990493 \quad \lg a_0 = 033363 \quad \lg p_0 = 972884 \quad a_0 = 2{\cdot}1559 \quad p_0 = 0{\cdot}5356 \quad (G_2)$$

No.	Buch-staben	Symb.	Bravais	φ	ϱ	ξ_0	η_0	ξ	η	x (Prismen) (x : y)	y	d $=\mathrm{tg}\,\varrho$
1	o	O	0001	—	0°00	0°00	0°00	0°00	0°00	0	0	0
2	a	$\infty 0$	$10\bar{1}0$	0°00	90 00	"	90 00	"	90 00	"	∞	∞
3	b	∞	$11\bar{2}0$	30 00	"	90 00	"	30 00	60 00	0·5773	"	"
4	σ	$\frac{9}{8}\infty$	$9.8.\bar{1}7.0$	28 03·	"	"	"	28 03·	61 56·	0·5329	"	"
5	η	2∞	$21\bar{3}0$	19 06·	"	"	"	19 06·	70 53·	0·3464	"	"
6	ζ	$\frac{5}{2}\infty$	$52\bar{7}0$	16 06	"	"	"	16 06	73 54	0·2887	"	"
7	ϑ	4∞	$41\bar{5}0$	10 53·	"	"	"	10 53·	79 06·	0·1924	"	"
8	q	$\frac{1}{2}0$	$10\bar{1}2$	0 00	14 59·	0 00	14 59·	0 00	14 59·	0	0·2678	0·2678
9	π	10	$10\bar{1}1$	"	28 10·	"	28 10·	"	28 10·	"	0·5356	0·5356
10	?λ	20	$20\bar{2}1$	"	46 58	"	46 58	"	46 58	"	1·0712	1·0712
11	?α	40	$40\bar{4}1$	"	58 06	"	58 06	"	58 06	"	1·6068	1·6068
12	ι	$-\frac{1}{8}$	$\bar{1}\bar{1}28$	30 00	6 37	3 19	5 44	3 18	5 43·	0·0580	0·1004	0·1160
13	?α·	$-\frac{1}{5}$	$\bar{1}\bar{1}25$	"	10 30·	5 18	9 07·	5 14	9 05·	0·0928	0·1607	0·1855
14	d·	$+\frac{1}{4}$	$11\bar{2}4$	"	13 03·	6 37	11 21·	6 29	11 17	0·1160	0·2008	0·2319
15	?f·δ·	$\pm\frac{1}{2}$	$11\bar{2}2$	"	24 53	13 03·	21 53	12 08·	21 22·	0·2319	0·4017	0·4638
16	x·	$+\frac{5}{8}$	$5.5.\bar{1}0.8$	"	30 06·	16 10	26 39·	14 31·	25 45	0·2899	0·5021	0·5798
17	w·	$+\frac{7}{10}$	$7.7.\bar{1}4.10$	"	32 59	17 59·	29 21	15 48	28 08·	0·3247	0·5624	0·6494
18	v·	$+\frac{5}{6}$	$5.5.\bar{1}0.6$	"	37 42·	21 08	33 48	17 48·	31 59	0·3865	0·6695	0·7731
19	p·?$\varkappa$·	± 1	$11\bar{2}1$	"	42 51	24 53	38 46·	19 53	36 05	0·4638	0·8034	0·9277
20	z· ?ϱ·	$\pm\frac{3}{2}$	$33\bar{6}2$	"	54 18	34 49·	50 19	23 57·	44 41·	0·6958	1·2051	1·3915
21	φ·	-2	$\bar{2}\bar{2}41$	"	61 40·	42 51	58 06	26 07	49 40·	0·9277	1·6068	1·8554
22	k·	$+\frac{5}{2}$	$5.5.\bar{1}0.2$	"	66 40·	49 13·	63 32	27 20	52 40·	1·1596	2·0085	2·3192
23	Δ·	$-\frac{7}{2}$	$\bar{7}.\bar{7}.14.2$	"	72 53	58 22	70 25·	28 32·	55 51·	1·6235	2·8119	3·2469
24	?m·	$+4$	$44\bar{8}1$	"	74 55	61 40·	72 43	28 52	56 44·	1·8554	3·2136	3·7108
25	Ξ·	-5	$\bar{5}.\bar{5}.10.1$	"	77 50	66 40·	76 01	29 15·	57 50·	2·3192	4·0170	4·6384
26	?Φ·	-14.14	$\bar{1}4.\bar{1}4.28.1$	"	85 36	81 15	84 55	29 54	59 42·	6·4938	11·248	12·988
27	h:	$-\frac{2}{3}\frac{1}{3}$	$\bar{2}\bar{1}33$	19 06·	25 17	8 47·	24 03	8 02	23 48	0·1546	0·4463	0·4724
28	i:	$-\frac{5}{7}\frac{2}{7}$	$\bar{5}\bar{2}77$	16 06	25 32·	7 34	24 33·	6 52	24 28	0·1325	0·4591	0·4778
29	z:	$-\frac{4}{5}\frac{1}{5}$	$\bar{4}\bar{1}55$	10 53·	26 08·	5 18	25 44	4 46·	25 38·	0·0928	0·4820	0·4909
30	j:	$-\frac{7}{8}\frac{1}{8}$	$\bar{7}\bar{1}88$	6 35	26 49	3 19	26 39·	2 58	26 37·	0·0580	0·5021	0·5055
31	k:	$-\frac{19}{20}\frac{1}{20}$	$\bar{1}9.\bar{1}.20.20$	2 32·	27 36	1 20	27 35	1 10·	27 34	0·0232	0·5222	0·5227
32	o:	$+1\frac{1}{19}$	$19.\bar{1}.\bar{2}0.19$	"	28 49	1 24	28 48	1 13·	28 46·	0·0244	0·5497	0·5502
33	x:	$+1\frac{1}{10}$	$10.\bar{1}.\bar{1}1.10$	4 43	29 26	2 39·	29 21	2 19	29 20	0·0464	0·5624	0·5643
34	l:	$+1\frac{1}{7}$	$71\bar{8}7$	6 35	30 08	3 47·	29 51	3 17·	29 48	0·0662	0·5738	0·5777
35	m:	$+1\frac{2}{11}$	$11.2.\bar{1}3.11$	8 13	30 33·	4 49	30 18	4 10	30 12·	0·0843	0·5843	0·5903
36	v:	$+1\frac{1}{5}$	$51\bar{6}5$	8 57	30 49	5 18	30 30·	4 34	30 24	0·0928	0·5892	0·5964

No.	Buch-staben	Symb.	Bravais	φ	ϱ	ξ_0	η_0	ξ	η	x (Prismen) (x : y)	y	d $=\mathrm{tg}\,\varrho$
37	t:	$+1\frac{1}{4}$	41̄54	10° 53·	31° 32	6° 37	31° 04	3° 40·	30° 54	0·1160	0·6025	0.6136
38	n:	$+1\frac{4}{13}$	13·4·1̄7·13	13 00	32 33	8 07·	31 43	6 55·	31 27·	0·1427	0·6180	0·6343
39	g:	$+1\frac{1}{3}$	31̄4̄3	13 54	32 46	8 47·	32 00	7 28	31 42	0·1546	0·6249	0·6437
40	w:	$+1\frac{2}{5}$	52̄7̄3	16 06	33 47	10 30·	32 44	8 52	32 17·	0·1855	0·6427	0·6690
41	e:	$+1\frac{1}{2}$	21̄3̄2	19 06·	35 19	13 03·	33 48	10 54·	33 06·	0·2319	0·6695	0·7085
42	q:	$+1\frac{4}{7}$	7·4·1̄1·7	21 03	36 25·	14 50·	34 33	12 19	33 39	0·2650	0·6886	0·7379
43	b:	$+1\frac{2}{3}$	32̄5̄3	23 25	37 53·	17 11	35 32	14 07·	34 18	0·3092	0·7141	0·7782
44	E:	$+\frac{7}{4}1$	7·4·1̄1·4	21 03	52 14·	24 53	50 19	16 30	47 33	0·4638	1·2051	1·2912
45	F:	$+21$	21̄3̄1	19 06·	54 47·	„	53 14·	15 30·	50 32	„	1·3390	1·4171
46	H:	$+\frac{5}{2}1$	52̄7̄2	16 06	59 07·	„	58 06	13 46	55 34	„	1·6067	1·6724
47	π:	$+\frac{13}{4}1$	13·4·1̄7·4	13 00	64 07·	„	63 33	11 41	61 14·	„	2·0085	2·0613
48	K:	$+41$	41̄5̄1	10 53·	67 50	„	67 28	10 05	65 25·	„	2·4102	2·4544
49	ε:	$+\frac{19}{4}1$	19·4·2̄3·4	9 22	70 40	„	70 25·	8 50	68 35·	„	2·8119	2·8499
50	N:	$+\frac{11}{2}1$	11·2·1̄3·2	8 13	72 53	„	72 42	7 51	71 04	„	3·2136	3·2469
51	I:	$+\frac{13}{2}1$	13·2·1̄5·2	7 03	75 10·	„	75 04	6 49	73 37	„	3·7492	3·7787
52	P:	$+71$	71̄8̄1	6 35	76 06·	„	76 01	6 23·	74 39	„	4·0170	4·0437
53	Q:	$+\frac{15}{2}1$	15·2·1̄7·2	6 10·	76 56	„	76 52	6 01	75 34·	„	4·2848	4·3098
54	R:	$+81$	81̄9̄1	5 49	77 40·	„	77 36·	5 41	76 23·	„	4·5526	4·5761
55	ζ:	$+\frac{17}{2}1$	17·2·1̄9·2	5 30	78 20	„	78 17	5 23	77 07	„	4·8203	4·8427
56	T:	$+10\cdot1$	10·1·1̄1·1	4 43	79 57	„	79 55	4 38·	78 54·	„	5·6237	5·6429
57	ν:	$+\frac{43}{4}1$	43·4·4̄7·4	4 24	80 36	„	80 34·	4 20·	79 38	„	6·0254	6·0433
58	?Z:	$+\frac{23}{2}1$	23·2·2̄5·2	4 07·	81 11	„	81 09·	4 05	80 16·	„	6·4271	6·4437
59	U:	$+13\cdot1$	13·1·1̄4·1	3 40	82 08·	„	82 07·	3 38	81 20	„	7·2305	7·2455
60	κ:	$+\frac{47}{2}1$	47·2·4̄9·2	2 04	85 33	„	85 33	2 03·	85 06	„	12·854	12·863
61	a:	$+\frac{8}{5}\frac{2}{5}$	8·2·1̄0·5	10 53·	44 28·	10 30·	43 57	7 36·	43 28	0·1855	0·9641	0·9818
62	b:	$+\frac{7}{4}\frac{1}{4}$	71̄8̄4	6 35	45 18·	6 37	45 07·	4 41	44 55·	0·1160	1·0042	1·0109
63	?c:	$-2\frac{1}{5}$	1̄0·1̄·11·5	4 43	48 27·	5 18	48 21·	3 32·	48 14·	0·0928	1·1248	1·1286
64	n:	$-\frac{7}{2}2$	7̄·4̄·11·2	21 03	68 50	42 51	67 28	19 34	60 29·	0·9277	2·4102	2·5826
65	ſ:	-62	6̄2̄81	13 54	75 29	„	75 04	13 27	70 00·	„	3·7492	3·8623
66	?q:	-82	8·2̄·10·1	10 53·	78 29	„	78 17	10 40·	74 12	„	4·8203	4·9079
67	u:	$-\frac{7}{5}\frac{1}{2}$	1̄4·5̄·19·10	14 42·	42 25	13 03·	41 28	9 51·	40 43·	0·2319	0·8837	0·9136
68	r:	$-\frac{17}{7}\frac{11}{7}$	1̄7·1̄1·28·7	22 57	61 51·	36 05	59 51	20 06·	54 17·	0·7289	1·7216	1·8695
69	ℭ:	-31	31̄4̄1	13 54	62 37·	24 53	61 55·	12 19	59 32·	0·4638	1.8743	1·9311
70	?ℑ:	$-\frac{16}{5}\frac{4}{5}$	1̄6·4̄·20·5	10 53·	63 00·	20 21·	62 35	9 41·	61 03	0·3711	1·9281	1·9635
71	ℌ:	$+\frac{17}{8}\frac{1}{4}$	17·2·1̄9·8	5 30	50 26·	6 37	50 19	4 14	50 07·	0·1160	1·2051	1·2101
72	𝔇:	$+\frac{29}{5}\frac{11}{5}$	29·11·4̄0·5	15 26	75 23	45 35	74 51·	14 55·	68 52	1·0205	3·6957	3·8340
73	𝔗:	$+\frac{11}{2}\frac{5}{2}$	11·5·1̄6·2	17 47	75 14·	49 13·	74 32·	17 11	67 03	1·1596	3·6152	3·7966
74	β:	$+19\cdot16$	19·16·3̄5·1	27 10	86 29	82 19·	86 02·	27 06·	62 37·	7·4215	14·461	16·254
75	W:	$+13\cdot10$	13·10·2̄3·1	25 41·	84 39·	77 50	84 04·	25 34·	63 47·	4·6384	9·6407	10·699
76	Σ	$-\frac{13}{5}\frac{1}{5}$	1̄3·1̄·14·5	3 40	55 23·	5 18	55 20	3 02	55 13·	0·0928	1·4461	1·4491
77	e:	$-2\frac{1}{2}$	4̄1̄52	10 53·	50 49·	13 03·	50 19	8 25·	49 34·	0·2319	1·2051	1·2272
78	γ:	$-\frac{11}{7}\frac{7}{7}$	1̄1·5̄·16·7	17 47	47 19·	18 20	45 55·	12 58·	44 26	0·3313	1·0329	1·0847

No.	Buchstaben	Symb.	Bravais	φ	ϱ	$\xi_\circ$	$\eta_\circ$	ξ	η	x (Prismen) (x : y)	y	d $=\mathrm{tg}\,\varrho$
79	t:	$-\frac{5}{4}\frac{1}{2}$	$\bar{5}\bar{2}74$	16°06	39°54	13°03·	38°46·	10°15	38°03	0·2319	0·8034	0·8362
80	?Λ	$+\frac{7}{5}\frac{1}{5}$	$71\bar{8}5$	6 35	38 58	5 18	„	4 08	38 39·	0·0928	„	0·8087
81	ξ:	$+\frac{10}{7}\frac{1}{7}$	$10\cdot1\cdot\bar{1}1\cdot7$	4 43	38 52·	3 47·	„	2 57·	38 43	0·0663	„	0·8061
82	Γ	$+\frac{11}{8}\frac{1}{4}$	$11\cdot2\cdot\bar{1}3\cdot8$	8 13	39 04	6 37	„	5 10	38 35·	0·1160	„	0·8117
83	Ξ	$+\frac{4}{3}\frac{1}{3}$	$41\bar{5}3$	10 53·	39 17·	8 47·	„	6 52·	38 27	0·1546	„	0·8181
84	Π	$+\frac{19}{16}\frac{5}{8}$	$19\cdot10\cdot\bar{2}9\cdot16$	19 50·	40 30	16 10	„	12 44	37 39	0·2899	„	0·8541
85	Θ	$+\frac{7}{4}\frac{5}{8}$	$14\cdot5\cdot\bar{1}9\cdot8$	14 42·	48 47·	„	47 51	11 00·	46 41·	„	1·1047	1·1421
86	C:	$+2\frac{1}{2}$	$41\bar{5}2$	10 53·	50 49·	13 03·	50 19	8 25·	49 34·	0·2319	1·2051	1·2272
87	G	$+\frac{11}{5}\frac{2}{5}$	$11\cdot2\cdot\bar{1}3\cdot5$	8 13	52 24·	10 30·	52 07	6 30	51 39	0·1855	1·2854	1·2988
88	v:	$+\frac{5}{2}\frac{1}{4}$	$10\cdot1\cdot\bar{1}1\cdot4$	4 43	54 40	6 37	54 34·	3 50·	54 24	0·1160	1·4059	1·4107
89	p:	-52	$\bar{5}\bar{2}71$	16 06	73 21·	42 51	72 42	15 24·	67 00	0·9277	3·2136	3·3448
90	Φ	$-\frac{11}{2}\frac{5}{2}$	$\bar{1}1\cdot\bar{5}\cdot16\cdot2$	17 47	75 14·	49 13·	74 32·	17 10·	67 03	1·1596	3·6152	3·7966
91	Ψ	$-\frac{23}{4}\frac{11}{4}$	$\bar{2}3\cdot\bar{1}1\cdot34\cdot4$	18 29	76 02·	51 54	75 20	17 55	66 59	1·2755	3·8161	4·0236
92	ε:	-63	$6\bar{3}91$	19 06·	76 46	54 18	76 01	18 35	66 54	1·3915	4·0170	4·2512
93	V:	$-\frac{13}{2}\frac{7}{2}$	$\bar{1}3\cdot\bar{7}\cdot20\cdot2$	20 10·	78 00·	58 22	77 15	19 43	66 39·	1·6234	4·4187	4·7074
94	Ω	-74	$\bar{7}\cdot\bar{4}\cdot11\cdot1$	21 03	79 02·	61 40·	78 17	20 39	66 23	1·8554	4·8203	5·1651
95	$\mathcal{L}$	-85	$8\cdot\bar{5}\cdot13\cdot1$	22 24·	80 40	66 40·	79 55	22 06	65 49	2·3192	5·6237	6·0833
96	$\mathfrak{Z}$:	$-11\cdot8$	$\bar{1}1\cdot\bar{8}\cdot19\cdot1$	24 47·	83 33	74 55	82 54	24 37·	64 26	1·7108	8·0340	8·8496
97	δ:	$-14\cdot11$	$\bar{1}4\cdot\bar{1}1\cdot25\cdot1$	26 02	85 05	78 54·	84 32	25 56	63 32	5·1022	10·444	11·624
98	D:	$+82$	$8\cdot2\cdot\bar{1}0\cdot1$	10 53·	78 29	42 51	78 17	10 40·	74 12	0·9277	4·8203	4·9089
99	ψ:	$+\frac{5}{3}\frac{1}{6}$	$10\cdot1\cdot\bar{1}1\cdot6$	4 43	43 14·	4 25	43 09	3 13·	43 03·	0·0773	0·9373	0·9405
100	φ:	$+\frac{37}{22}\frac{2}{11}$	$37\cdot4\cdot\bar{4}1\cdot22$	5 04·	43 37·	4 49	43 31	3 30	43 25	0·0843	0·9495	0·9532
101	ϱ:	$+\frac{47}{26}\frac{4}{13}$	$47\cdot8\cdot\bar{5}5\cdot26$	7 44	46 40·	8 07·	46 25	5 37	46 07·	0·1427	1·0506	1·0603
102	χ:	$+\frac{11}{6}\frac{1}{3}$	$11\cdot2\cdot\bar{1}3\cdot6$	8 13	47 16	8 47·	46 58	6 01·	46 38	0·1546	1·0712	1·0823
103	S	$+\frac{13}{7}\frac{5}{14}$	$26\cdot5\cdot\bar{3}1\cdot14$	8 38·	47 48	9 24·	47 28·	6 23·	47 05	0·1657	1·0903	1·1028
104	τ:	$+\frac{15}{8}\frac{3}{8}$	$15\cdot3\cdot\bar{1}8\cdot8$	8 57	48 12	9 52·	47 51	6 39·	47 25	0·1739	1·1047	1·1183
105	ω:	$+\frac{23}{12}\frac{5}{12}$	$23\cdot5\cdot\bar{2}8\cdot12$	9 38	49 06	10 56·	48 42	7 16	48 10·	0·1933	1·1382	1·1544
106	σ:	$+\frac{11}{5}\frac{7}{10}$	$22\cdot7\cdot\bar{2}9\cdot10$	13 22	54 32	17 59·	53 47·	10 51·	52 24·	0·3247	1·3658	1·4038
107	P:	$+7\frac{5}{2}$	$14\cdot5\cdot\bar{1}9\cdot1$	14 42·	77 39	49 13·	77 15	14 21·	70 53	1·1596	4·4187	4·5682
108	$\mathfrak{R}$:	$-17\cdot5$	$\bar{1}7\cdot\bar{5}\cdot22\cdot1$	12 31	84 39·	66 40·	84 32	12 28	76 24·	2·3192	10·444	10·698
109	ϑ:	$-\frac{19}{8}\frac{13}{8}$	$19\cdot\bar{1}3\cdot32\cdot8$	23 49·	61 49	37 00·	59 38·	20 51	53 44	0·7537	1·7072	1·8662
110	$\mathfrak{S}$:	$-\frac{43}{8}5$	$43\cdot\bar{4}0\cdot83\cdot1$	28 48	78 16	66 40·	76 40	28 09	59 05	2·3192	4·2178	4·8133
111	$\mathfrak{M}$:	$-14\cdot5$	$\bar{1}4\cdot\bar{5}\cdot19\cdot1$	14 42·	83 45	„	83 32·	14 37	74 03	„	8·8374	9·1365
112	w:	$+\frac{5}{2}\frac{1}{2}$	$51\bar{6}2$	8 57	56 09	13 03·	55 49·	7 25·	55 07·	„	1·4729	1·4910
113	r:O	$+\frac{5}{2}\frac{5}{8}$	$20\cdot5\cdot\bar{2}5\cdot8$	10 53·	56 54	16 10	56 25·	9 06·	55 21	0·2899	1·5064	1·5340
114	η:	$+\frac{5}{2}\frac{11}{8}$	$20\cdot11\cdot\bar{3}1\cdot8$	20 29	61 15	32 32	59 38·	17 52	55 12·	0·6378	1·7072	1·8225
115	A:	$-\frac{5}{3}\frac{1}{3}$	$\bar{5}\bar{1}61$	8 57	44 49·	8 47·	44 28·	6 17·	44 08·	0·1546	0·9819	0·9940
116	?B:	$+2\frac{1}{5}$	$10\cdot1\cdot\bar{1}1\cdot5$	4 43	48 27·	5 18	48 21·	3 31·	48 14·	0·0927	1·1258	1·1286
117	$\mathfrak{z}$:	$+\frac{7}{4}\frac{1}{2}$	$72\bar{9}4$	12 13	47 37·	13 03·	46 58	8 59·	46 13	0·2319	1·0712	1·0960
118	H	$+\frac{7}{3}\frac{2}{3}$	$72\bar{9}3$	„	55 37	17 11	55 00	10 03·	53 46	0·3092	1·4283	1·4614
119	C	$+\frac{19}{10}\frac{7}{10}$	$19\cdot7\cdot\bar{2}6\cdot10$	15 04·	51 18	17 59·	50 19	11 43	48 54	0·3247	1·2051	1·2481
120	D	$+\frac{22}{13}\frac{10}{13}$	$22\cdot10\cdot\bar{3}2\cdot13$	17 47	49 26	19 38	48 03	13 25	46 20	0·3568	1·1124	1·1682

No.	Buch-staben	Symb.	Bravais	φ	ϱ	ξ₀	η₀	ξ	η	x (Prismen) (x : y)	y	d =tgϱ
121	F	$-\frac{13}{6}\frac{5}{6}$	1̄3·5̄·18·6	15°36·	55°09·	21°08	54°08·	12°45·	52°14	0·3865	1·3836	1·4366
122	Δ	$+\frac{8}{3}\frac{1}{3}$	8193	5 49	56 45	8 47·	56 37	4 52	56 18·	0·1546	1·5176	1·5254
123	I	$-\frac{31}{8}\frac{5}{4}$	31·1̄0·41·8	13 31·	68 02	30 06·	67 28	12 31·	64 22·	0·5798	2·4102	2·4789
124	J	$-\frac{3}{2}\frac{3}{8}$	1̄2·3̄·15·8	10 53·	42 37·	9 52	42 06·	7 21	41 41	0·1739	0·9038	0·9204
125	L	$-\frac{11}{7}\frac{2}{7}$	1̄1·2̄·13·7	8 13	42 51	7 33	42 33·	5 34·	42 18·	0·1325	0·9182	0·9277
126	A	$+\frac{16}{7}\frac{1}{7}$	16·1·1̄7·7	3 00	51 39·	3 47·	51 37	2 21·	51 33·	0·0663	1·2625	1·2642
127	B	$+\frac{12}{5}\frac{1}{5}$	12·1·1̄3·5	3 57·	53 18·	5 18	53 15	3 10·	53 08	0·0928	1·3390	1·3422
128	E	$-\frac{28}{11}\frac{16}{11}$	28·1̄6·44·11	21 03	61 58	34 00·	60 18	18 29	55 28	0·6747	1·7529	1·8782

Rothgiltigerz.

Pyrargyrit.

Hexagonal.   Rhomboedrisch-hemiedrisch.   Hemimorph.

c = 0·7880	lg c = 989653	lg a₀ = 034203	lg p₀ = 972044	a₀ = 2·1980	p₀ = 0·5253	(G₂)

No.	Buch-staben	Symb.	Bravais	φ	ϱ	ξ₀	η₀	ξ	η	x (Prismen) (x : y)	y	d =tgϱ
1	o	0	0001	—	0°00	0°00	0°00	0°00	0°00	0	0	0
2	a	∞0	101̄0	0°00	90 00	"	90 00	"	90 00	"	∞	∞
3	b	∞	112̄0	30 00	"	90 00	"	30 00	60 00	0·5773	"	"
4	σ	$\frac{9}{8}\infty$	9·8·1̄7·0	28 03·	"	"	"	28 03·	61 56·	0·5329	"	"
5	η	2∞	213̄0	19 06·	"	"	"	19 06·	70 53·	0·3464	"	"
6	ζ	$\frac{5}{2}\infty$	527̄0	16 06	"	"	"	16 06	73 54	0·2887	"	"
7	ϑ	4∞	415̄0	10 53·	"	"	"	10 53·	79 06·	0·1924	"	"
8	q	$\frac{1}{2}0$	101̄2	0 00	14 43	0 00	14 43	0 00	14 43	0	0·2627	0·2627
9	π	10	101̄1	"	27 43	"	27 43	"	27 43	"	0·5253	0·5253
10	?λ	20	202̄1	"	46 25	"	46 25	"	46 25	"	1·0507	1·0507
11	?a	40	404̄1	"	57 36	"	57 36	"	57 36	"	1·5760	1·5760
12	ι·	$-\frac{1}{8}$	1̄1̄28	30 00	6 29·	3 15·	5 37·	3 14·	5 37	0·0569	0·0985	0·1137
13	?a·	$-\frac{1}{5}$	1̄1̄25	"	10 19	5 12	8 57·	5 08	8 55	0·0909	0·1576	0·1820
14	d·	$+\frac{1}{4}$	11̄2̄4	"	12 49	6 29·	11 08·	6 22	11 04·	0·1137	0·1970	0·2275
15	?f δ·	$+\frac{1}{2}$	11̄2̄2	"	24 28	12 49	21 30·	11 40·	21 01	0·2275	0·3940	0·4550
16	x·	$+\frac{5}{8}$	5·5·1̄0·8	"	29 37·	15 52·	26 13	14 18·	25 21	0·2843	0·4925	0·5687
17	w·	$+\frac{7}{10}$	7·7·1̄4·10	"	32 29·	17 40	28 53	15 35	27 43·	0·3185	0·5516	0·6369
18	v·	$+\frac{5}{6}$	5·5·1̄0·6	"	37 10·	20 46	33 17·	17 35	31 33	0·3791	0·6567	0·7583
19	p· ?ϰ·	$+1$	112̄1	"	42 18	24 28	38 14·	19 40	35 39	0·4546	0·7880	0·9099
20	z· ?ϱ·	$\pm\frac{3}{2}$	336̄2	"	53 46	34 18·	49 46	23 47	44 19	0·6824	1·1820	1·3649
21	φ· ·	-2	2̄2̄41	"	61 12·	42 18	57 36	25 59·	49 22·	0·9099	1·5760	1·8198

No.	Buch-staben	Symb.	Bravais	φ	ϱ	ξ_0	η_0	ξ	η	x (Prismen) (x : y)	y	d $=\mathrm{tg}\,\varrho$
22	k·	$+\frac{5}{2}$	$5\cdot5\cdot10\cdot2$	30°00	66°16	48°40·	63°05	27°14·	52°27	1·1374	1·9700	2·2748
23	Δ·	$-\frac{7}{2}$	$\overline{7}\cdot\overline{7}\cdot14\cdot2$	"	72 34	57 52·	70 04	28 29·	55 43	1·5924	2·7580	3·1847
24	?m·	$+4$	4481	"	74 38	61 12·	72 24	28 49·	56 37·	1·8198	3·1520	3·6397
25	Ξ·	-5	$5\cdot5\cdot10\cdot1$	"	77 36	66 16	75 45·	29 14	57 45·	2·2748	3·9400	4·5496
26	?Φ	$-14\cdot14$	$14\cdot14\cdot28\cdot1$	"	85 30·	81 04·	84 49	29 54	59 42	6·3703	11·032	12·741
27	h:	$-\frac{2}{3}\frac{1}{3}$	$\overline{2}\overline{1}33$	19 06·	24 51·	8 37·	23 38·	7 54·	23 24·	0·1517	0·4378	0·4633
28	i:	$-\frac{5}{7}\frac{2}{7}$	$\overline{5}\overline{2}77$	16 06	25 06·	7 24·	24 14·	6 45·	24 03·	0·1300	0·4503	0·4687
29	z:	$-\frac{4}{5}\frac{1}{5}$	$\overline{4}155$	10 53·	25 42·	5 12	25 18·	4 42	25 13	0·0910	0·4728	0·4815
30	j:	$-\frac{7}{8}\frac{1}{8}$	$\overline{7}188$	6 35	26 22·	3 15·	26 13	2 55	26 11	0·0569	0·4925	0·4958
31	k:	$-\frac{19}{20}\frac{1}{20}$	$\overline{19}\cdot\overline{1}\cdot20\cdot20$	2 32·	27 08·	1 18	27 07·	1 09·	27 07	0·0227	0·5122	0·5127
32	o:	$+1\frac{1}{19}$	$19\cdot1\cdot\overline{20}\cdot19$	"	28 21·	1 22·	28 20	1 12·	28 19·	0·0240	0·5392	0·5397
33	x:	$+1\frac{1}{10}$	$10\cdot1\cdot\overline{11}\cdot10$	4 43	28 58	2 36·	28 53	2 17	28 51·	0·0455	0·5516	0·5535
34	l:	$+1\frac{1}{7}$	$71\overline{8}7$	6 35	29 32	3 43	29 22·	3 14·	29 19·	0·0650	0·5629	0·5666
35	m:	$+1\frac{2}{11}$	$11\cdot2\cdot\overline{13}\cdot11$	8 13	30 04·	4 43·	29 49	4 06·	29 44	0·0827	0·5731	0·5790
36	v:	$+1\frac{1}{5}$	$51\overline{6}5$	8 57	30 19·	5 12	30 01·	4 30	29 55	0·0910	0·5779	0·5850
37	t:	$+1\frac{1}{4}$	$41\overline{5}4$	10 53·	31 02·	6 29·	30 35	5 35·	30 25·	0·1137	0·5910	0·6018
38	n:	$+1\frac{4}{13}$	$13\cdot4\cdot\overline{17}\cdot13$	13 00·	31 53	7 58	31 13·	6 49·	30 58·	0·1400	0·6062	0·6221
39	g:	$+1\frac{1}{3}$	$31\overline{4}3$	13 54	32 16	8 37·	31 30	7 22	31 13	0·1517	0·6129	0·6314
40	w:	$+1\frac{2}{5}$	$52\overline{7}5$	16 06	33 16.	10 19	32 13·	8 45	31 48·	0·1820	0·6304	0·6562
41	e:	$+1\frac{1}{2}$	$21\overline{3}2$	19 06·	34 48	12 49	33 17·	10 45·	32 38	0·2275	0·6567	0·6950
42	q:	$+1\frac{4}{7}$	$7\cdot4\cdot\overline{11}\cdot7$	21 03	35 53·	14 34·	34 02	12 09·	33 10·	0·2600	0·6754	0·7237
43	b:	$+1\frac{2}{3}$	$32\overline{5}3$	23 25	37 21·	16 52·	35 00·	13 57	33 50	0·3033	0·7004	0·7633
44	E:	$+\frac{7}{4}1$	$7\cdot4\cdot\overline{11}\cdot4$	21 03	51 42·	24 28	49 46	16 22·	47 05·	0·4550	1·1820	1·2665
45	F:	$+2\,1$	$21\overline{3}1$	19 06·	54 16	"	52 43	15 24·	50 05	"	1·3134	1·3899
46	H:	$+\frac{5}{2}1$	$52\overline{7}2$	16 06	58 38	"	57 36	13 42	55 07	"	1·5760	1·6404
47	π:	$+\frac{13}{4}1$	$13\cdot4\cdot\overline{17}\cdot4$	13 00	63 41	"	63 05	11 38	60 51	"	1·9700	2·0219
48	K:	$+4\,1$	$41\overline{5}1$	10 53·	67 26·	"	67 04·	10 03	65 04·	"	2·3640	2·4074
49	ε:	$+\frac{12}{4}1$	$19\cdot4\cdot\overline{23}\cdot4$	9 22	70 19	"	70 04	8 49	68 17	"	2·7581	2·7953
50	N:	$+\frac{11}{2}1$	$11\cdot2\cdot\overline{13}\cdot2$	8 13	72 34·	"	72 24	7 50	70 47	"	3·1520	3·1846
51	J:	$+\frac{13}{2}1$	$13\cdot2\cdot\overline{15}\cdot2$	7 03	74 54	"	74 47	6 48·	73 22	"	3·6774	3·7054
52	P:	$+7\,1$	7181	6 35	75 51	"	75 45·	6 23	74 25.	"	3·9400	3·9662
53	Q:	$+\frac{15}{2}1$	$15\cdot2\cdot17\cdot2$	6 10·	76 41·	"	76 37	6 00·	75 21	"	4·2027	4·2273
54	R:	$+8\,1$	8191	5 49	77 26·	"	77 22·	5 40·	76 10·	"	4·4654	4·4885
55	ζ:	$+\frac{17}{2}1$	$17\cdot2\cdot19\cdot2$	5 30	78 06·	"	78 03·	5 22·	76 55·	"	4·7280	4·7498
56	T:	$+10\cdot1$	$10\cdot1\cdot\overline{11}\cdot1$	4 43	79 45·	"	79 43·	4 38·	78 44·	"	5·5161	5·5348
57	ν:	$+\frac{43}{4}1$	$43\cdot4\cdot\overline{47}\cdot4$	4 24	80 25·	"	80 24	4 20·	79 28·	"	5·9100	5·9275
58	?Z:	$+\frac{23}{2}1$	$23\cdot2\cdot\overline{25}\cdot2$	4 07·	81 00·	"	80 59	4 04·	80 07·	"	6·3040	6·3204
59	U:	$+13\cdot1$	$13\cdot1\cdot\overline{14}\cdot1$	3 40	81 59·	"	81 58·	3 38	81 12	"	7·0920	7·1065
60	ϰ:	$+\frac{47}{2}1$	$47\cdot2\cdot\overline{49}\cdot2$	2 04	85 28	"	85 28	2 03·	85 01	"	12·608	12·616
61	α:	$+\frac{8}{5}\frac{2}{5}$	$8\cdot2\cdot\overline{10}\cdot1$	10 53·	43 55	10 19	43 24	7 32	42 56	0·1820	0·9456	0·9630
62	b:	$+\frac{7}{4}\frac{1}{4}$	$71\overline{8}4$	6 35	44 45·	6 29·	44 34	4 38	44 23	0·1137	0·9850	0·9916
63	?c:	$-2\frac{1}{5}$	$10\cdot1\cdot\overline{11}\cdot5$	4 43	47 54·	5 12	47 48·	3 30	47 41·	0·0910	1·1032	1·1069

No.	Buch-staben	Symb.	Bravais	φ	ϱ	ξ_0	η_0	ξ	η	x (Prismen) (x : y)	y	d $= \mathrm{tg}\,\varrho$
64	n:	$-\frac{7}{2}2$	$\bar{7}\cdot\bar{4}\cdot11\cdot2$	21°03	68°27·	42°18	67°04·	19°31	60°14	0·9099	2·3640	2·5331
65	ſ:	-62	$\bar{6}\bar{2}81$	13 54	75 13	"	74 47	13 25·	69 49	"	3·6774	3·7884
66	?q:	-82	$8\cdot\bar{2}\cdot10\cdot1$	10 53·	78 16	"	78 03·	10 40	74 02·	"	4·7280	4·8148
67	u:	$-\frac{7}{5}\frac{1}{2}$	$\bar{1}4\cdot\bar{5}\cdot19\cdot10$	14 42·	41 52	12 49	40 55	9 45	40 12·	0·2275	0·8668	0·8961
68	r:	$-\frac{17}{7}\frac{11}{7}$	$\bar{1}7\cdot\bar{1}1\cdot28\cdot7$	22 57	61 23·	35 33·	59 22	20 01	53 56·	0·7149	1·6886	1·8337
69	ℭ:	-31	$\bar{3}\bar{1}41$	13 54	62 10	24 28	61 27·	12 16	59 08·	0·4550	1·8387	1·8942
70	?𝔍:	$-\frac{16}{5}\frac{4}{5}$	$\bar{1}6\cdot\bar{4}\cdot20\cdot5$	10 53·	62 33·	20 00	62 08	9 39·	60 38	0·3640	1·8912	1·9259
71	ℌ:	$+\frac{17}{8}\frac{1}{4}$	$17\cdot2\cdot\bar{1}9\cdot8$	5 30	49 54	6 29·	49 46	4 12	49 35	0·1137	1·1820	1·1874
72	𝔇:	$+\frac{29}{5}\frac{11}{5}$	$29\cdot11\cdot\overline{4}0\cdot5$	15 26	75 06·	45 01·	74 34·	14 54·	68 40·	1·0010	3.6248	3·7605
73	𝔗:	$+\frac{11}{2}\frac{5}{2}$	$11\cdot5\cdot\bar{1}6\cdot2$	17 47	74 58	48 40·	74 15	17 09·	66 52·	1·1374	3·5460	3·7239
74	β:	$+19\cdot16$	$19\cdot16\cdot\bar{3}5\cdot1$	27 10	86 24·	82 10·	85 58	27 06·	62 37	7·2793	14·184	15·943
75	W:	$+13\cdot10$	$13\cdot10\cdot\bar{2}3\cdot1$	25 41·	84 33·	77 36	83 58	25 34	63 46·	4·5496	9·4560	10·494
76	Σ	$-\frac{13}{5}\frac{1}{5}$	$\bar{1}3\cdot\bar{1}\cdot14\cdot5$	3 40	54 52	5 12	54 49	3 00	54 42·	0·0910	1·4184	1·4213
77	e:	$-2\frac{1}{2}$	$\bar{4}\bar{1}52$	10 53·	50 17	12 49	49 46	8 21·	49 03·	0·2275	1·1820	1·2037
78	γ:	$-\frac{11}{7}\frac{5}{7}$	$\bar{1}1\cdot\bar{5}\cdot16\cdot7$	17 47	46 46·	18 00	45 22·	12 51·	43 56	0·3250	1·0131	1·0640
79	t:	$-\frac{5}{4}\frac{1}{2}$	$\bar{5}\bar{2}74$	16 06	39 21·	12 49	38 14·	10 08	37 32	0·2275	0·7880	0·8202
80	?$\varLambda$	$+\frac{7}{5}\frac{1}{5}$	$7\bar{1}85$	6 35	38 25·	5 12	"	4 05	38 07·	0·0910	"	0·7932
81	ξ:	$+\frac{10}{7}\frac{1}{7}$	$10\cdot1\cdot\bar{1}1\cdot7$	4 43	38 20	3 43	"	2 55·	38 11	0·0650	"	0·7907
82	Γ	$+\frac{11}{8}\frac{1}{4}$	$11\cdot2\cdot\bar{1}3\cdot8$	8 13	38 31·	6 29·	"	5 06·	38 03.	0·1137	"	0·7962
83	Ξ	$+\frac{4}{3}\frac{1}{3}$	$4\bar{1}53$	10 53·	38 45	8 37·	"	6 47·	37 55·	0·1517	"	0·8025
84	Π	$+\frac{19}{16}\frac{5}{8}$	$19\cdot10\cdot\bar{2}9\cdot16$	19 50·	39 57	15 52·	"	12 35·	37 09·	0·2844	"	0·8377
85	Θ	$+\frac{7}{4}\frac{5}{8}$	$14\cdot5\cdot\bar{1}9\cdot8$	14 42·	48 14·	"	47 17·	10 55	46 11	"	1·0835	1·1202
86	C:	$+2\frac{1}{2}$	$4\bar{1}5\bar{1}$	10 53·	50 17	12 49	49 46	8 21·	49 03·	0·2275	1·1820	1·2037
87	G	$+\frac{11}{5}\frac{2}{5}$	$11\cdot2\cdot\bar{1}3\cdot5$	8 13	51 52	10 19	51 35	6 27	51 07·	0·1820	1·2608	1·2739
88	v:	$+\frac{5}{2}\frac{1}{4}$	$10\cdot1\cdot\bar{1}1\cdot4$	4 43	54 08·	6 29·	54 03	3 49	53 52·	0·1137	1·3790	1·3837
89	p:	-52	$\bar{5}\bar{2}71$	16 06	73 03	42 18	72 24	15 23	66 47	0·9099	3·1520	3·2807
90	Φ	$-\frac{11}{2}\frac{5}{2}$	$\bar{1}1\cdot\bar{5}\cdot16\cdot2$	17 47	74 58	48 40·	74 15	17 09·	66 52·	1·1374	3·5460	3·7239
91	Ψ	$-\frac{23}{4}\frac{11}{4}$	$\bar{2}3\cdot\bar{1}1\cdot34\cdot4$	22 49·	76 10	57 35·	75 02·	22 07·	63 30·	1·5751	3·7430	4·0609
92	ε:	-63	$\bar{6}\bar{3}91$	19 06·	76 31	53 46	75 45·	18 33·	66 45·	1·3649	3·9430	4·1697
93	V:	$-\frac{13}{2}\frac{7}{2}$	$\bar{1}3\cdot\bar{7}\cdot20\cdot2$	20 10·	77 47	57 52·	77 00·	19 42	66 33	1·5924	4·3340	4·6172
94	Ω	-74	$\bar{7}\cdot\bar{4}\cdot11\cdot1$	21 03	78 50	61 12·	78 03·	20 38	66 17·	1·8198	4·7280	5·0661
95	Ω:	-85	$8\cdot\bar{5}\cdot13\cdot1$	22 24·	80 29	66 16	79 43·	22 05	65 45	2·2748	5·5161	5·9668
96	𝔅:	$-11\cdot8$	$11\cdot8\cdot19\cdot1$	24 47·	83 25·	74 38	82 46	24 37	64 24	3·6397	7·8800	8·6800
97	δ:	$-14\cdot11$	$\bar{1}4\cdot\bar{1}1\cdot25\cdot1$	26 02	84 59	78 42	84 25·	25 56	63 31	5·0045	10·244	11·401
98	D:	$+82$	$8\cdot2\cdot\bar{1}0\cdot1$	10 53·	78 16	42 18	78 03·	10 40	74 02·	0·9099	4·7280	4·8148
99	ψ:	$+\frac{5}{3}\frac{1}{6}$	$10\cdot1\cdot\bar{1}1\cdot6$	4 43	42 41·	4 20	42 35·	3 11·	42 31	0·0758	0·9193	0·9225
100	φ:	$+\frac{37}{22}\frac{2}{11}$	$37\cdot4\cdot\overline{4}1\cdot22$	5 04·	43 04·	4 44	42 57·	3 28	42 52	0·0827	0·9313	0·9349
101	ϱ:	$+\frac{47}{26}\frac{4}{13}$	$47\cdot8\cdot\overline{5}5\cdot26$	7 44	46 07·	7 58	45 51·	5 34	45 35	0·1400	1·0305	1·0400
102	χ:	$+\frac{11}{6}\frac{1}{3}$	$11\cdot2\cdot\bar{1}3\cdot6$	8 13	46 42·	8 37·	46 25	5 58	46 05·	0·1517	1·0507	1·0616
103	S	$+\frac{13}{7}\frac{5}{14}$	$26\cdot5\cdot\overline{3}1\cdot14$	8 38·	47 15	9 14	46 55	6 20	46 33	0·1625	1·0694	1·0817
104	τ:	$+\frac{15}{8}\frac{3}{8}$	$15\cdot3\cdot\bar{1}8\cdot8$	8 57	47 38·	9 41	47 17·	6 36	46 53	0·1706	1·0835	1·0968
105	ω:	$+\frac{23}{12}\frac{5}{12}$	$23\cdot5\cdot\overline{2}8\cdot12$	9 38	48 33	10 44	48 09	7 12·	47 38·	0·1896	1·1164	1·1323

No.	Buch-staben	Symb.	Bravais	φ	ϱ	ξ_0	η_0	ξ	η	x (Prismen) (x : y)	y	d =tgϱ
106	σ:	$+\frac{11}{5}\frac{7}{10}$	$22\cdot7\cdot\overline{2}9\cdot10$	$13°22\cdot$	$54°00\cdot$	$17°40$	$53°15\cdot$	$10°47$	$51°55\cdot$	$0\cdot3185$	$1\cdot3396$	$1\cdot3770$
107	P:	$+7\frac{5}{2}$	$14\,5\cdot\overline{1}9\cdot2$	$14\ 42\cdot$	$77\ 25$	$48\ 40\cdot$	$77\ 00\cdot$	$14\ 20\cdot$	$70\ 44\cdot$	$1\cdot1374$	4.3340	$4\cdot4808$
108	$\mathfrak{N}$:	$-17\cdot5$	$\overline{1}7\cdot\overline{5}\cdot22\cdot1$	$12\ 31$	$84\ 33\cdot$	$66\ 16$	$84\ 25\cdot$	$12\ 28$	$76\ 22$	$2\cdot2748$	$10\cdot244$	$10\cdot493$
109	ϑ:	$-\frac{19}{8}\frac{13}{8}$	$\overline{1}9\cdot\overline{1}3\cdot32\cdot8$	$23\ 49\cdot$	$61\ 21$	$36\ 28\cdot$	$59\ 09\cdot$	$20\ 45\cdot$	$53\ 24$	0.7393	$1\cdot6745$	$1\cdot8305$
110	$\mathfrak{S}$:	$-\frac{43}{8}\,5$	$43\cdot\overline{4}0\cdot83\cdot8$	$28\ 48$	$78\ 02\cdot$	$66\ 16$	$76\ 24\cdot$	$28\ 07\cdot$	$59\ 00\cdot$	$2\cdot2748$	$4\cdot1370$	$4\cdot7212$
111	$\mathfrak{M}$:	$-14\cdot5$	$\overline{1}4\cdot\overline{5}\cdot19\cdot1$	$14\ 42\cdot$	$83\ 38$	„	$83\ 25$	$14\ 37$	$74\ 00$	„	$8\cdot6680$	$8\cdot9615$
112	$\mathfrak{w}$:	$+\frac{5}{2}\frac{1}{2}$	$5\overline{1}62$	$8\ 57$	$55\ 38$	$12\ 49$	$55\ 18\cdot$	$7\ 22\cdot$	$54\ 38$	$0\cdot2275$	$1\cdot4447$	$1\cdot4625$
113	$\mathfrak{r}$:O	$\pm\frac{5}{2}\frac{5}{8}$	$20\cdot5\cdot\overline{2}5\cdot8$	$10\ 53\cdot$	$56\ 23\cdot$	$15\ 52\cdot$	$55\ 54\cdot$	$9\ 03\cdot$	$54\ 52$	$0\cdot2844$	$1\cdot4775$	$1\cdot5046$
114	$\mathfrak{y}$:	$+\frac{5}{2}\frac{11}{8}$	$20\cdot11\cdot\overline{3}1\cdot8$	$20\ 29$	$60\ 46\cdot$	$32\ 01\cdot$	$59\ 09\cdot$	$17\ 47$	$54\ 50$	$0\cdot6256$	$1\cdot6746$	$1\cdot7876$
115	A:	$-\frac{5}{3}\frac{1}{3}$	$\overline{5}\overline{1}63$	$8\ 57$	$44\ 16\cdot$	$8\ 37\cdot$	$43\ 55\cdot$	$6\ 14$	$43\ 36$	$0\cdot1517$	$0\cdot9631$	$0\cdot9750$
116	?B:	$+2\frac{1}{5}$	$10\cdot1\cdot\overline{1}1\cdot5$	$4\ 43$	$47\ 54\cdot$	$5\ 12$	$47\ 48\cdot$	$3\ 30$	$47\ 41\cdot$	$0\cdot0910$	$1\cdot1032$	$1\cdot1070$
117	$\mathfrak{z}$:	$+\frac{7}{4}\frac{1}{2}$	7294	$12\ 13$	$47\ 04$	$12\ 49$	$46\ 25$	$8\ 55$	$45\ 41\cdot$	$0\cdot2275$	$1\cdot0507$	$1\cdot0750$
118	H	$+\frac{7}{3}\frac{2}{3}$	7293	„	$55\ 06$	$16\ 52\cdot$	$54\ 29$	$9\ 59\cdot$	$53\ 16\cdot$	$0\cdot3033$	$1\cdot4009$	$1\cdot4334$
119	C	$+\frac{19}{10}\frac{7}{10}$	$19\cdot7\cdot\overline{2}6\cdot10$	$15\ 05$	$50\ 45$	$17\ 40$	$49\ 46$	$11\ 37\cdot$	$48\ 24$	$0\cdot3185$	$1\cdot1820$	$1\cdot2241$
120	D	$+\frac{22}{13}\frac{10}{13}$	$22\cdot10\cdot\overline{3}2\cdot13$	$17\ 47$	$48\ 53$	$19\ 17\cdot$	$47\ 29\cdot$	$13\ 18$	$45\ 50\cdot$	$0\cdot3500$	$1\cdot0911$	$1\cdot1458$
121	F	$-\frac{13}{6}\frac{5}{6}$	$\overline{1}3\cdot\overline{5}\cdot18\cdot6$	$15\ 36\cdot$	$54\ 38$	$20\ 46$	$53\ 37$	$12\ 40\cdot$	$51\ 45\cdot$	$0\cdot3791$	1.3571	$1\cdot4091$
122	$\varDelta$	$+\frac{8}{3}\frac{1}{3}$	$8\overline{1}93$	$5\ 49$	$56\ 14\cdot$	$8\ 37\cdot$	$56\ 06\cdot$	$4\ 50$	$55\ 48$	$0\cdot1517$	$1\cdot4885$	$1\cdot4962$
123	I	$-\frac{3}{8}\frac{5}{4}$	$\overline{3}1\cdot\overline{1}0\cdot41\cdot8$	$13\ 31\cdot$	$67\ 38\cdot$	$29\ 37\cdot$	$67\ 04\cdot$	$12\ 29\cdot$	$64\ 03$	$0\cdot5687$	$2\cdot3640$	$2\cdot4315$
124	J	$-\frac{3}{2}\frac{3}{8}$	$\overline{1}2\cdot\overline{3}\cdot15\cdot8$	$10\ 53\cdot$	$42\ 04\cdot$	$9\ 41$	$41\ 33\cdot$	$7\ 16\cdot$	$41\ 09$	$0\cdot1706$	$0\cdot8865$	$0\cdot9028$
125	L	$-\frac{11}{7}\frac{2}{7}$	$\overline{1}1\cdot\overline{2}\cdot13\cdot7$	$8\ 13$	$42\ 18$	$7\ 24\cdot$	$42\ 00\cdot$	$5\ 31$	$41\ 46$	$0\cdot1300$	$0\cdot9006$	$0\cdot9099$
126	A	$+\frac{16}{7}\frac{1}{7}$	$16\cdot1\cdot\overline{1}7.7$	$3\ 00$	$51\ 07$	$3\ 43$	$51\ 04\cdot$	$2\ 20\cdot$	$51\ 01$	$0\cdot0650$	$1\cdot2383$	$1\cdot2400$
127	B	$+\frac{12}{5}\frac{1}{5}$	$12\cdot1\cdot\overline{1}3\cdot5$	$3\ 57\cdot$	$52\ 47$	$5\ 12$	$52\ 43$	$3\ 09\cdot$	$52\ 36$	$0\cdot0910$	$1\cdot3133$	$1\cdot3165$
128	E	$-\frac{28}{11}\frac{16}{11}$	$\overline{2}8\cdot\overline{1}6\cdot44\cdot11$	$21\ 03$	$61\ 30\cdot$	$33\ 29\cdot$	$59\ 49$	$18\ 24$	$55\ 06\cdot$	$0\cdot6618$	$1\cdot7193$	$1\cdot8422$

Rothkupfererz.

Regulär.   Plagiedrisch - hemiedrisch.

No.	Buch-staben	Symb.	Miller	φ	ϱ	ξ_0	η_0	ξ	η	x (Prismen) (x : y)	y	d =tgϱ
1	c	$\begin{cases} 0 \\ 0\infty \end{cases}$	001 / 010	— / $0°00$	$0°00$ / $90\ 00$	$0°00$ / „	$0°00$ / $90\ 00$	$0°00$ / „	$0°00$ / $90\ 00$	0 / „	0 / ∞	0 / ∞
2	ε	$\begin{cases} 0\frac{1}{5} \\ 05 \\ \infty5 \end{cases}$	015 / 051 / 150	„ / „ / $11\ 18\cdot$	$11\ 18\cdot$ / $78\ 41\cdot$ / $90\ 00$	„ / „ / $90\ 00$	$11\ 18\cdot$ / $78\ 41\cdot$ / $90\ 00$	„ / „ / $11\ 18\cdot$	$11\ 18\cdot$ / $78\ 41\cdot$ / „	„ / „ / $0\cdot2000$	$0\cdot2000$ / $5\cdot0000$ / ∞	$0\cdot2000$ / $5\cdot0000$ / ∞
3	e	$\begin{cases} 0\frac{1}{2} \\ 02 \\ \infty2 \end{cases}$	012 / 021 / 120	$0\ 00$ / „ / $26\ 34$	$26\ 34$ / $63\ 26$ / $90\ 00$	$0\ 00$ / „ / $90\ 00$	$26\ 34$ / $63\ 26$ / $90\ 00$	$0\ 00$ / „ / $26\ 34$	$26\ 34$ / $63\ 26$ / „	0 / „ / $0\cdot5000$	$0\cdot5000$ / $2\cdot0000$ / ∞	$0\cdot5000$ / $2\cdot0000$ / ∞

No.	Buch-staben	Symb.	Miller	φ	ϱ	ξ_0	η_0	ξ	η	x (Prismen) (x : y)	y	d $=\mathrm{tg}\,\varrho$
4	d	01	011	0°00	45°00	0°00	45°00	0°00	45°00	0	1·0000	1·0000
		∞	110	45 00	90 00	90 00	90 00	45 00	"	1·0000	∞	∞
5	q	$\frac{1}{2}$	112	"	35 16	26 34	26 34	24 05·	24 05.	0·5000	0·5000	0·7071
		12	121	26 34	65 54·	45 00	63 26	"	54 44	1·0000	2·0000	2·2360
6	A	$\frac{3}{5}$	335	45 00	40 19	30 58	30 58	27 13·	27 13·	0·6000	0·6000	0·8485
		$1\frac{3}{5}$	353	30 58	62 46·	45 00	59 02	"	49 41	1·0000	1·6667	1·9437
7	n	$\frac{2}{3}$	223	45 00	43 19	33 41·	33 41·	29 01	29 01	0·6667	0·6667	0·9428
		$1\frac{3}{2}$	232	33 41·	60 59	45 00	56 18·	"	46 41	1·0000	1·5000	1·8028
8	p	1	111	45 00	54 44	"	45 00	35 16	35 16	"	1·0000	1·4142
9	v	$\frac{1}{3}1$	133	18 26	46 30·	18 26	"	13 16	43 29·	0·3333	"	1·0541
		3	331	45 00	76 44	71 34	71 34	43 29·	"	3·0000	3·0000	4·2426
10	u	$\frac{1}{2}1$	122	26 34	48 11·	26 34	45 00	19 28	41 48·	0·5000	1·0000	1·1180
		2	221	45 00	70 32	63 26	63 26	41 48·	"	2·0000	2·0000	2·8284
11	w	$\frac{2}{3}1$	233	33 41·	50 14·	33 41·	45 00	25 14·	39 45·	0·6667	1·0000	1·2019
		$\frac{3}{2}$	332	45 00	64 45·	56 18·	56 18·	39 45·	"	1·5000	1·5000	2·1213
12	x	$\frac{1}{3}\frac{2}{3}$	123	26 34	36 42	18 26	33 41·	15 30	32 18·	0·3333	0·6667	0·7453
		$\frac{1}{2}\frac{3}{2}$	132	18 26	57 41·	26 34	56 18·	"	53 18	0·5000	1·5000	1·5811
		23	231	33 41·	74 30	63 26	71 34	32 18·	"	2·0000	3·0000	3·6055
13	Z	$\frac{2}{3}\frac{8}{9}$	689	36 53	48 01	33 41·	41 38	26 29	36 29	0·6667	0·8889	1·1111
		$\frac{3}{4}\frac{9}{8}$	698	33 41·	53 31	36 52	48 22	"	41 59	0·7500	1·1250	1·3521
		$\frac{4}{3}\frac{3}{2}$	896	41 38	63 31	53 08	56 18·	36 29	"	1·3333	1·5000	2·0069

Rothnickelkies.

Hexagonal.

$c = 1\cdot4193$	$\lg c = 0\cdot15207$	$\lg a_0 = 0\cdot08649$	$\lg p_0 = \overline{9}\cdot97598$	$a_0 = 1\cdot2204$	$p_0 = 0\cdot9462$	(G_I)

No.	Buch-staben	Symb.	Bravais	φ	ϱ	ξ_0	η_0	ξ	η	x (Prismen) (x : y)	y	d $=\mathrm{tg}\,\varrho$
1	o	0	0001	—	0°00	0°00	0°00	0°00	0°00	0	0	0
2	a	$\infty 0$	$10\bar{1}0$	0°00	90 00	"	90 00	"	90 00	"	∞	∞
3	x	10	$10\bar{1}1$	"	43 25	"	43 25	"	43 25	"	0·9462	0·9462

Rothzinkerz.

Hexagonal.

$c = 2\cdot7846$	$\lg c = 0\overline{4}4477$	$\lg a_0 = \overline{9}79379$	$\lg p_0 = 0\overline{2}6868$	$a_0 = 0\cdot6220$	$p_0 = 1\cdot8564$	(G_I)

No.	Buch-staben	Symb.	Bravais	φ	ϱ	ξ_0	η_0	ξ	η	x (Prismen) (x : y)	y	d =tgϱ
1	c	0	0001	—	0°00	0°00	0°00	0°00	0°00	0	0	0
2	a	∞0	10$\overline{1}$0	0°00	90 00	″	90 00	″	90 00	″	∞	∞
3	b	∞	11$\overline{2}$0	30 00	″	90 00	″	30 00	60 00	0·5773	″	″
4	e	$\tfrac{1}{8}$0	10$\overline{1}$8	0 00	13 04	0 00	13 04	0 00	13 04	0	0·2320	0·2320
5	s	$\tfrac{1}{3}$0	10$\overline{1}$3	″	31 45	″	31 45	″	31 45	″	0·6188	0·6188
6	o	$\tfrac{2}{5}$0	20$\overline{2}$5	″	36 36	″	36 36	″	36 36	″	0·7426	0·7426
7	n	$\tfrac{1}{2}$0	10$\overline{1}$2	″	42 52	″	42 52	″	42 52	″	0·9282	0·9282
8	ω	$\tfrac{3}{5}$0	30$\overline{3}$5	″	48 05	″	48 05	″	48 05	″	1·1138	1·1138
9	q	$\tfrac{2}{3}$0	20$\overline{2}$3	″	51 03·	″	51 03·	″	51 03·	″	1·2376	1·2376
10	?a	$\tfrac{4}{5}$0	40$\overline{4}$5	″	56 03	″	56 03	″	56 03	″	1·4851	1·4851
11	p	10	10$\overline{1}$1	″	61 41·	″	61 41·	″	61 41·	″	1·8564	1·8564
12	?β	$\tfrac{5}{4}$0	50$\overline{5}$4	″	66 41	″	66 41	″	66 41	″	2·3204	2·3204
13	v	$\tfrac{8}{5}$0	80$\overline{8}$5	″	71 23·	″	71 23·	″	71 23·	″	2·9703	2·9703
14	y	20	20$\overline{2}$1	″	74 55·	″	74 55·	″	74 55·	″	3·7129	3·7129
15	t	$\tfrac{1}{4}$	11$\overline{2}$4	30 00	38 47·	21 54	34 50·	18 15·	32 51·	0·4019	0·6962	0·8039
16	h	$\tfrac{1}{3}$	11$\overline{2}$3	″	46 59	28 11	42 52	21 26·	39 17·	0·5359	0·9282	1·0718
17	f	$\tfrac{1}{2}$	11$\overline{2}$2	″	58 07	38 47·	54 19	25 07·	47 20·	0·8039	1·3923	1·6077
18	d	1	11$\overline{2}$1	″	72 43·	58 07	70 15	28 31	55 47	1·6077	2·7846	3·2154
19	m	$\tfrac{2}{3}\tfrac{1}{3}$	21$\overline{3}$3	19 06·	58 35	28 11	57 07·	16 13	53 44·	0·5359	1·5470	1·6372

Rutil.

Tetragonal.

$\left.\begin{array}{c} c \\ p_0 \end{array}\right\} = 0\cdot6442$	$\lg c = \overline{9}80902$	$\lg a_0 = 0\overline{1}9098$	$a_0 = 1\cdot5523$

No.	Buch-staben	Symb.	Miller	φ	ϱ	ξ_0	η_0	ξ	η	x (Prismen) (x : y)	y	d =tgϱ
1	c	0	001	—	0°00	0°00	0°00	0°00	0°00	0	0	0
2	a	0∞	010	0°00	90 00	″	90 00	″	90 00	″	∞	∞
3	m	∞	110	45 00	″	90 00	″	45 00	45 00	1·0000	″	″
4	k	$\infty\tfrac{4}{3}$	340	36 52	″	″	″	36 52	53 08	0·7500	″	″
5	r	$\infty\tfrac{3}{2}$	230	33 41·	″	″	″	33 41·	56 18·	0·6667	″	″
6	Q	$\infty\tfrac{5}{3}$	350	30 58	″	″	″	30 58	59 02	0·6000	″	″
7	h	∞2	120	26 34	″	″	″	26 34	63 26	0·5000	″	″
8	ψ	$\infty\tfrac{9}{4}$	490	23 57·	″	″	″	23 57·	66 02·	0·4444	″	″
9	l	∞3	130	18 26	″	″	″	18 26	71 34	0·3333	″	″

No.	Buch-staben	Symb.	Miller	φ	ϱ	ξ_0	η_0	ξ	η	x (Prismen) (x : y)	y	d $=\mathrm{tg}\,\varrho$
10	x	$\infty 4$	140	14°02	90°00	90°00	90°00	14°02	75°58	0·2500	∞	∞
11	u	$\infty 7$	170	8 08	„	„	„	8 08	81 52	0·1429	„	„
12	i	$\infty 8$	180	7 07·	„	„	„	7 07·	82 52·	0·1250	„	„
13	d	$0\frac{5}{8}$	058	0 00	21 55·	0 00	21 55·	0 00	21 55·	0	0·4025	0·4025
14	e	01	011	„	32 47	„	32 47	„	32 47	„	0·6440	0·6440
15	v	03	031	„	62 38	„	62 38	„	62 38	„	1·9320	1·9320
16	φ	$0\frac{9}{2}$	092	„	70 57·	„	70 57·	„	70 57·	„	2·8980	2·8980
17	w	05	051	„	72 45	„	72 45	„	72 45	„	3·2200	3·2200
18	a	$\frac{2}{7}$	227	45 00	14 35	10 25·	10 25·	10 15·	10 15·	0·1840	0·1840	0·2602
19	β	$\frac{1}{2}$	112	„	24 29	17 51	17 51	17 02·	17 02·	0·3220	0·3220	0·4554
20	δ	$\frac{2}{3}$	223	„	31 16	23 14	23 14	21 32	21 32	0·4293	0·4293	0·6072
21	ε	$\frac{3}{4}$	334	„	34 20	25 47	25 47	23 30·	23 30·	0·4830	0·4830	0·6831
22	s	1	111	„	42 19·	32 47	32 47	28 26	28 26	0·6440	0·6440	0·9108
23	μ	$\frac{9}{8}$	998	„	45 42	35 55·	35 55·	30 24	30 24	0·7245	0·7245	1·0246
24	ϱ	2	221	„	61 14	52 10·	52 10·	38 18·	38 18·	1·2880	1·2880	1·8215
25	? ω	3	331	„	69 54	62 38	62 38	41 36·	41 36·	1·9320	1·9320	2·7322
26	σ	4	441	„	74 39	68 47	68 47	42 59·	42 59·	2·5760	2·5760	3·6430
27	n	$\frac{1}{5}$1	155	11°18·	33 18	7 20·	32 47	6 11	32 34	0·1288	0·6440	0·6568
28	t	$\frac{1}{3}$1	133	18 26	34 10	12 07	„	10 14	32 12	0·2146	„	0·6788
29	ν	$\frac{2}{5}$1	255	21 48	34 44·	14 26·	„	12 13	31 57	0·2576	„	0·6936
30	g	$\frac{1}{2}$1	122	26 34	35 45·	17 51	„	15 09	31 30·	0·3220	„	0·7200
31	f	$\frac{2}{3}$1	233	33 41·	37 44·	23 14	„	19 51	30 37	0·4293	„	0·7740
32	γ	$\frac{8}{9}$1	899	41 38	40 45	29 47·	„	25 42	29 12	0·5724	„	0·8616
33	z	23	231	33 41·	66 42	52 10·	62 38	30 37·	49 50	1·2880	1·9320	2·3220
34	ζ	35	351	30 58	75 05·	62 38	72 45	29 49	55 57·	1·9320	3·2200	3·7552
35	τ	56	561	39 48·	78 45·	72 45	75 29·	38 53·	48 53·	3·2200	6·1240	5·0299
36	η	$\frac{1}{8}\frac{5}{8}$	158	11 18·	22 19	4 36	21 55·	4 16·	21 51·	0·0805	0·4025	0·4105

Salmiak.

Regulär. Plagiedrisch-hemiedrisch.

No.	Buch-staben	Symb.	Miller	φ	ϱ	ξ_0	η_0	ξ	η	x (Prismen) (x : y)	y	d $=\mathrm{tg}\,\varrho$
1	c	$\begin{cases} 0 \\ 0\infty \end{cases}$	001 010	— 0°00	0°00 90 00	0°00 „	0°00 90 00	0°00 „	0°00 90 00	0 „	0 ∞	0 ∞
2	a	$\begin{cases} 0\frac{1}{3} \\ 03 \\ \infty 3 \end{cases}$	013 031 130	„ „ 18 26	18 26 71 34 90 00	„ „ 90 00	18 26 71 34 90 00	„ „ 18 26	18 26 71 34 „	„ „ 0·3333	0·3333 3·0000 ∞	0·3333 3·0000 ∞

No.	Buch-staben	Symb.	Miller	φ	ϱ	ξ_0	η_0	ξ	η	x (Prismen) (x : y)	y	d = tg ϱ
3	d	01	011	0°00	45°00	0°00	45°00	0°00	45°00	0	1·0000	1·0000
		∞	110	45 00	90 00	90 00	90 00	45 00	„	1·0000	∞	∞
4	k	¼	114	„	19 28	14 02	14 02	13 38	13 38	0·2500	0·2500	0·3535
		14	141	14 02	76 22	45 00	75 58	„	70 32	1·0000	4·0000	4·1231
5	m	⅓	113	45 00	25 14·	18 26	18 26	17 33	17 33	0·3333	0·3333	0·4714
		13	131	18 26	72 27	45 00	71 34	„	64 45·	1·0000	3·0000	3·1623
6	o	⅖	225	45 00	29 30	21 48	21 48	20 22·	20 22·	0·4000	0·4000	0·5657
		1⅘	252	21 48	69 37·	45 00	68 12	„	60 30	1·0000	2·5000	2·6924
7	q	½	112	45 00	35 16	26 34	26 34	24 05·	24 05·	0·5000	0·5000	0·7071
		12	121	26 34	65 54·	45 00	63 26	„	54 44	1·0000	2·0000	2·2360
8	p	1	111	45 00	54 44	„	45 00	35 16	35 16	„	1·0000	1·4142
9	x	⅓ ⅔	123	26 34	36 42	18 26	33 41·	15 30	32 18·	0·3333	0·6667	0·7453
		½ 3⁄2	132	18 26	57 41·	26 34	56 18·	„	53 18	0·5000	1·5000	1·5811
		23	231	33 41·	74 30	63 26	71 34	32 18·	„	2·0000	3·0000	3·6055

Samarskit.

Rhombisch.

a = 0·5456	lg a = 973687	lg a₀ = 002271	lg p₀ = 997729	a₀ = 1·0537	p₀ = 0·9490
c = 0·5178	lg c = 971416	lg b₀ = 028584	lg q₀ = 971416	b₀ = 1·9313	q₀ = 0·5178

No.	Buch-staben	Symb.	Miller	φ	ϱ	ξ_0	η_0	ξ	η	x (Prismen) (x : y)	y	d = tg ϱ
1	b	0∞	010	0°00	90°00	0°00	90°00	0°00	90°00	0	∞	∞
2	c	∞0	100	90 00	„	90 00	0 00	90 00	0 00	∞	0	„
3	e	∞	110	61 23	„	„	90 00	61 23	28 37	1·8328	∞	„
4	f	∞2	120	42 30	„	„	„	42 30	47 30	0·9164	„	„
5	l	10	101	90 00	43 30	43 30	0 00	43 30	0 00	0·9490	0	0·9490
6	p	1	111	61 23	47 14	„	27 22·	40 07·	20 35	„	0·5178	1·0811
7	x	23	231	50 42	67 49	62 13	57 13·	45 46·	35 54·	1·8981	1·5533	2·4527

Sapphirin.

Mönoklin.

$a = 0.65$	$\lg a = 981291$	$\lg a_0 = 984443$	$\lg p_0 = 015557$	$a_0 = 0.6989$	$p_0 = 1.4308$
$c = 0.93$	$\lg c = 996848$	$\lg b_0 = 003152$	$\lg q_0 = 996115$	$b_0 = 1.0753$	$q_0 = 0.9144$
$\left.\begin{matrix}\mu = \\ 180 - \beta\end{matrix}\right\} 79°30$	$\left.\begin{matrix}\lg h = \\ \lg \sin\mu\end{matrix}\right\} 999267$	$\left.\begin{matrix}\lg e = \\ \lg \cos\mu\end{matrix}\right\} 926063$	$\lg \dfrac{p_0}{q_0} = 019442$	$h = 0.9833$	$e = 0.1822$

No.	Buch-staben	Symb.	Miller	φ	ϱ	ξ_0	η_0	ξ	η	x' (Prismen) $(x:y)$	y'	$d' = \operatorname{tg}\varrho$
1	b	0∞	010	0°00	90°00	0°00	90°00	0°00	90°00	0	∞	∞
2	a	$\infty0$	100	90 00	”	90 00	0 00	90 00	0 00	∞	0	”
3	n	∞	110	57 25	”	”	90 00	57 25	32 35	1.5646·	∞	”
4	q	01	011	11 16	43 29	10 30	42 55·	7 44	42 26·	0.1853	0.9300	0.9483

Sarkinit.

Monoklin.

$a = 2.0017$	$\lg a = 030140$	$\lg a_0 = 012087$	$\lg p_0 = 987913$	$a_0 = 1.3209$	$p_0 = 0.7570$
$c = 1.5154$	$\lg c = 018053$	$\lg b_0 = 981947$	$\lg q_0 = 012733$	$b_0 = 0.6599$	$q_0 = 1.3407$
$\left.\begin{matrix}\mu = \\ 180 - \beta\end{matrix}\right\} 62°13$	$\left.\begin{matrix}\lg h = \\ \lg \sin\mu\end{matrix}\right\} 994680$	$\left.\begin{matrix}\lg e = \\ \lg \cos\mu\end{matrix}\right\} 966851$	$\lg \dfrac{p_0}{q_0} = 975180$	$h = 0.8847$	$e = 0.4661$

No.	Buch-staben	Symb.	Miller	φ	ϱ	ξ_0	η_0	ξ	η	x' (Prismen) $(x:y)$	y'	$d' = \operatorname{tg}\varrho$
1	c	0	001	90°00	27°47	27°47	0°00	27°47	0°00	0.5268	0	0.5268
2	a	$\infty0$	100	”	90 00	90 00	”	90 00	”	∞	”	∞
3	m	∞	110	29 27	”	”	90 00	29 27	60 33	0.5646·	∞	”
4	p	02	021	9 52	71 59·	27 47	71 44·	9 22·	69 33	0.5268	3.0308	3.0762
5	o	-1	$\bar{1}11$	$\bar{1}2$ 14·	57 11	$\bar{1}8$ 12	56 35	10 16	55 13	0.3288	1.5154	1.5507

Sarkolith.

Tetragonal.

$\left.\begin{array}{c}c\\p_0\end{array}\right\}= 0{\cdot}8872$	lg c $= 994802$	lg a$_0$ $= 005198$	a$_0$ $= 1{\cdot}1272$

No.	Buchstaben	Symb.	Miller	φ	ϱ	ξ_0	η_0	ξ	η	x (Prismen) (x : y)	y	d = tg ϱ
1	c	0	001	—	0°00	0°00	0°00	0°00	0°00	0	0	0
2	a	0∞	010	0°00	90 00	"	90 00	"	90 00	"	∞	∞
3	m	∞	110	45 00	"	90 00	"	45 00	45 00	1·0000	"	"
4	h	∞2	120	26 34	"	"	"	26 34	63 26	0·5000	"	"
5	e	0I	011	0 00	41 34'	0 00	41 34'	0 00	41 34'	0	0·8870	0·8870
6	f	⅓	113	45 00	22 41'	16 28	16 28	15 50	15 50	0·2956	0·2956	0·4181
7	r	1	111	"	51 26'	41 34'	41 34'	33 34	33 34	0·8849	0·8849	1·2544
8	z	3	331	"	75 07	69 24	69 24	43 06'	43 06'	2·6610	2·6610	3·7632
9	v	⅓1	133	18 26	43 04'	16 28'	41 34'	12 28'	40 23	0·2956	0·8870	0·9350
10	s	13	131	"	70 22'	41 34'	69 24	17 20	63 19'	0·8870	2·6610	2·8049

Sassolin.

Triklin.

p$_0$ = 0·8882	λ = 75°42	a = 0·5765	α = 104°18	x$_0$ = 0·0432	d = 0·2507
q$_0$ = 0·5279	μ = 87°26	b = 1	β = 92°33	y$_0$ = 0·2470	δ = 9°55
r$_0$ = 1	ν = 89°38	c = 0·5284	γ = 89°44	h = 0·9681	

No.	Buchstaben	Symb.	Miller	φ	ϱ	ξ_0	η_0	ξ	η	x (Prismen) (x : y)	y	d = tg ϱ
1	c	0	001	9°55	14°31'	2°33	14°19	2°28'	14°18	0·0446	0·2551	0·2590
2	a	0∞	010	0 00	90 00	0 00	90 00	0 00	90 00	0	∞	∞
3	m	∞	110	59 00	"	90 00	"	59 00	31 00	1·6645	"	"
4	t	$\infty\bar{\infty}$	$1\bar{1}0$	120 27	"	"	$\bar{9}0$ 00	59 33	$\bar{3}0$ 27	$\bar{1}$·7008	"	"
5	y	0I	011	3 11'	38 43	2 33	38 40'	1 59'	38 39	0·0446	0·8005	0·8017
6	x	$0\bar{1}$	$0\bar{1}1$	171 15'	16 21'	"	$\bar{1}6$ 11	2 27	$\bar{1}6$ 10	"	$\bar{0}$·2901	0·2936
7	v	1	111	50 02	51 27'	43 53'	38 53	36 50	30 09'	0·9621	0·8063	1·2553
8	r	$1\bar{1}$	$1\bar{1}1$	106 27'	45 05'	"	$\bar{1}5$ 52	42 47	$\bar{1}1$ 34'	"	$\bar{0}$·2843	1·0032
9	s	$\bar{1}\bar{1}$	$\bar{1}\bar{1}1$	47 33	49 39'	$\bar{4}0$ 59	38 28	$\bar{3}4$ 13'	30 57'	$\bar{0}$·8687	0·7946	1·1773
10	u	$\bar{1}$	$\bar{1}\bar{1}1$	$\bar{1}08$ 49	42 33	"	$\bar{1}6$ 29'	$\bar{3}9$ 48	$\bar{1}2$ 36	"	$\bar{0}$·2960	0·9178

Scheelit.

Tetragonal.   Pyramidal - hemiedrisch.

$\left.\begin{array}{l} c \\ p_0 \end{array}\right\} = 1{\cdot}5360$	$\lg c = 018639$	$\lg a_0 = 981361$	$a_0 = 0{\cdot}6510$

No.	Buch-staben	Symb.	Miller	φ	ϱ	ξ_0	η_0	ξ	η	x (Prismen) (x : y)	y	d $=\mathrm{tg}\,\varrho$
1	c	0	001	—	0°00	0°00	0°00	0°00	0°00	0	0	0
2	n	0∞	010	0°00	90 00	„	90 00	„	90 00	„	∞	∞
3	m	∞	110	45 00	„	90 00	„	45 00	45 00	1·0000	„	„
4	r	∞$\frac{4}{3}$	340	36 52	„	„	„	36 52	53 08	0·7500	„	„
5	q	∞2	120	26 34	„	„	„	26 34	63 26	0·5000	„	„
6	d	0$\frac{1}{5}$	015	0 00	17 04·	0 00	17 04·	0 00	17 04·	0	0·3072	0·3072
7	z	0$\frac{2}{5}$	025	„	31 34	„	31 34	„	31 34	„	0·6144	0·6144
8	o	0$\frac{1}{2}$	012	„	37 31·	„	37 31·	„	37 31·	„	0·7680	0·7680
9	ε	0$\frac{7}{8}$	078	„	53 21	„	53 21	„	53 21	„	1·3440	1·3440
10	e	01	011	„	56 56	„	56 56	„	56 56	„	1·5360	1·5360
11	f	$\frac{1}{4}$	114	45 00	28 30	21 00·	21 00·	19 43·	19 43·	0·3840	0·3840	0·5430
12	b	$\frac{1}{3}$	113	„	35 54·	27 06·	27 06·	24 30	24 30	0·5120	0·5120	0·7241
13	v	$\frac{1}{2}$	112	„	47 22	37 31·	37 31·	31 20·	31 20·	0·7680	0·7680	1·0861
14	p	1	111	„	65 17	56 56	56 56	39 58	39 58	1·5360	1·5360	2·1722
15	l	$\frac{1}{12}$1	1·12·12	4 46	57 01·	7 17·	„	3 59·	56 43·	0·1280	„	1·5413
16	k	$\frac{1}{5}$1	155	11 18·	57 26·	17 04·	„	9 31	55 44·	0·3072	„	1·5664
17	i	$\frac{1}{4}$1	144	14 02	57 43·	21 00·	„	11 50	55 06·	0·3840	„	1·5832
18	h	$\frac{1}{3}$1	133	18 26	58 18	27 06·	„	15 36·	53 49	0·5120	„	1·6191
19	g	$\frac{1}{2}$1	122	26 34	59 47	37 31·	„	22 44	50 37	0·7680	„	1·7173
20	δ	12	121	„	73 46	56 56	71 58	25 25·	59 10·	1·5360	3·0720	3·4345
21	s	13	131	18 26	78 22	„	77 45·	18 02·	68 18·	„	4·6080	4·8572
22	t	1$\frac{1}{2}$2	142	14 02	72 28·	37 31·	71 58	13 22·	67 41	0·7680	3·0720	3·1665
23	w	1$\frac{5}{3}$$\frac{5}{3}$	153	11 18·	69 02·	27 06·	68 40	10 33	66 18·	0·5120	2·5600	2·6107
24	y	1$\frac{3}{5}$$\frac{3}{5}$	135	18 26	44 10	17 04·	42 40	12 44	41 23	0·3072	0·9216	0·9714
25	x	1$\frac{2}{6}$$\frac{2}{3}$	146	14 02	46 33	14 21·	45 40·	10 08·	44 46	0·2560	1·0240	1·0555

Schneebergit.

Regulär.

No.	Buch-staben	Symb.	Miller	φ	ϱ	ξ_0	η_0	ξ	η	x (Prismen) (x : y)	y	d $=\mathrm{tg}\,\varrho$
1	p	1	111	45°00	54°44	45°00	45°00	35°16	35°16	1·0000	1·0000	1·4142

Schröckingerit.

Rhombisch.

$$\lg\frac{p_0}{q_0}=0.21268; \quad \frac{p_0}{q_0}=1.6319; \quad \frac{a}{b}=0.6128$$

No.	Buch-staben	Symb.	Miller	φ	ϱ	ξ_0	η_0	ξ	η	x (Prismen) (x : y)	y	d $=\mathrm{tg}\,\varrho$
1	a	0∞	010	0°00	90°00	0°00	90°00	0°00	90°00	0	∞	∞
2	m	∞	110	58 30	,,	90 00	,,	58 30	31 30	1.6319	,,	,,

Schwefel.

Rhombisch.

a $=0.8138$	lg a $=9.91052$	lg a_0 $=9.63052$	lg p_0 $=0.36948$	a_0 $=0.4271$	p_0 $=2.3414$
c $=1.9055$	lg c $=0.28000$	lg b_0 $=9.72000$	lg q_0 $=0.28000$	b_0 $=0.5248$	q_0 $=1.9055$

No.	Buch-staben	Symb.	Miller	φ	ϱ	ξ_0	η_0	ξ	η	x (Prismen) (x : y)	y	d $=\mathrm{tg}\,\varrho$
1	c	0	001	—	0°00	0°00	0°00	0°00	0°00	0	0	0
2	a	0∞	010	0°00	90 00	,,	90 00	,,	90 00	,,	∞	∞
3	b	$\infty 0$	100	90 00	,,	90 00	0 00	90 00	0 00	∞	0	,,
4	λ	2∞	210	67 51·	,,	,,	90 00	67 51·	22 08·	2.4576	∞	,,
5	m	∞	110	50 51·	,,	,,	,,	50 51·	39 08·	1.2288	,,	,,
6	k	$\infty 2$	120	31 34	,,	,,	,,	31 34	58 26	0.6144	,,	,,
7	v	$0\frac{1}{3}$	013	0 00	32 25·	0 00	32 25·	0 00	32 25·	0	0.6351	0.6351
8	w	$0\frac{2}{3}$	023	,,	51 47·	,,	51 74·	,,	51 74·	,,	1.2703	1.2703
9	n	01	011	,,	62 18·	,,	62 18·	,,	62 18·	,,	1.9054	1.9054
10	ϑ	03	031	,,	80 04·	,,	80 04·	,,	80 04·	,,	5.7164	5.7164
11	u	$\frac{1}{3}0$	103	90 00	37 58·	37 58·	0 00	37 58·	0 00	0.7805	0	0.7805
12	e	10	101	,,	66 52·	66 52·	,,	66 52·	,,	2.3414	,,	2.3414
13	ψ	$\frac{1}{9}$	119	50 51·	18 32·	14 35	11 57	14 17	11 35	0.2602	0.2117	0.3354
14	ω	$\frac{1}{7}$	117	,,	23 19·	18 29·	15 13·	17 53	14 28·	0.3345	0.2722	0.4313
15	t	$\frac{1}{5}$	115	,,	31 07·	25 05·	20 51·	23 38	19 02·	0.4683	0.3811	0.6038
16	o	$\frac{1}{4}$	114	,,	37 02·	30 20·	25 28·	27 51·	22 21	0.5853	0.4763	0.7547
17	s	$\frac{1}{3}$	113	,,	45 10·	37 58·	32 25·	33 22·	26 36	0.7805	0.6351	1.0062
18	g	$\frac{3}{7}$	337	,,	52 18	45 06	39 14	37 51·	29 57·	1.0035	0.8166	1.2937

No.	Buch-staben	Symb.	Miller	φ	ϱ	ξ_0	η_0	ξ	η	x (Prismen) (x : y)	y	d $=\mathrm{tg}\varrho$
19	y	$\frac{1}{2}$	112	50° 51·	56° 28·	49° 30	43° 37	40° 17	31° 45	1·1707	0·9527	1·5094
20	f	$\frac{3}{5}$	335	"	61 06	54 33·	48 49·	42 46	33 32·	1·4048	1·1432	1·8112
21	p	1	111	"	71 40·	66 52·	62 18·	47 25	36 48·	2·3414	1·9055	3·0188
22	η	$\frac{5}{3}$	553	"	78 45·	75 37·	72 31·	49 31·	38 15	3·9024	3·1758	5·0313
23	δ	2	221	"	80 35·	77 57	75 18	49 55·	38 31	4·6829	3·8110	6·0376
24	γ	3	331	"	83 42	81 54	80 04·	50 26	38 51·	7·0243	5·7164	9·0562
25	ε	5	551	"	86 12·	85 07	84 00·	50 42·	39 02	11·7070	9·5272	15·094
26	a	$1\frac{1}{3}$	313	74 39·	67 36	66 52·	32 25·	63 10	14 00·	2·3414	0·6351	2·4260
27	q	13	131	22 16·	80 48·	"	80 04·	21 58·	65 59·	"	5·7164	6·1773
28	F	15	151	13 48·	84 11	"	84 00·	13 44	75 02·	"	9·5272	9·8120
29	x	$\frac{1}{3}$1	133	22 16·	64 06	37 58·	62 18·	19 56	56 21	0·7805	1·9055	2·0591
30	$\varkappa$	$\frac{1}{2}$1	122	31 34	65 54·	49 30	"	28 33	51 03·	1·1707	"	2·2363
31	l	$\frac{3}{4}$1	344	42 40	68 54	60 20·	"	39 13	43 19	1·7563	"	2·5914
32	r	31	311	74 39·	82 10·	81 54	"	72 58	15 02	7·0243	"	7·2782
33	z	$\frac{1}{5}\frac{3}{5}$	135	22 16·	51 01	25 05·	48 49·	17 08	46 00	0·4683	1·1432	1·2340
34	β	$\frac{3}{5}\frac{1}{5}$	315	74 39·	55 30·	54 33·	20 51·	52 42	12 27·	1·4048	0·3811	1·4556

Selenblei.

Regulär.

No.	Buch-staben	Symb.	Miller	φ	ϱ	ξ_0	η_0	ξ	η	x (Prismen) (x : y)	y	d $=\mathrm{tg}\varrho$
1	c	$\begin{cases} 0 \\ 0\infty \end{cases}$	001 010	— 0°00	0°00 90 00	0°00 "	0°00 90 00	0°00 "	0°00 90 00	0 "	0 ∞	0 ∞

Selensilber.

Regulär.

No.	Buch-staben	Symb.	Miller	φ	ϱ	ξ_0	η_0	ξ	η	x (Prismen) (x : y)	y	d $=\mathrm{tg}\varrho$
1	c	$\begin{cases} 0 \\ 0\infty \end{cases}$	001 010	— 0°00	0°00 90 00	0°00 "	0°00 90 00	0°00 "	0°00 90 00	0 "	0 ∞	0 ∞

Sellait.

Tetragonal.

$\frac{c}{p_0}$ = 0·6596	lg c = 981928	lg a₀ = 018072	a₀ = 1·5161

No.	Buch-staben	Symb.	Miller	φ	ϱ	ξ_0	η_0	ξ	η	x (Prismen) (x : y)	y	d =tgϱ
1	a	0∞	010	0°00	90°00	0°00	90°00	0°00	90°00	0	∞	∞
2	m	∞	110	45 00	"	90 00	"	45 00	45 00	1·0000	"	"
3	r	$\infty\frac{3}{2}$	230	33 41·	"	"	"	33 41·	56 18·	0·6667	"	"
4	n	$\infty2$	120	26 34	"	"	"	26 34	63 26	0·5000	"	"
5	e	0I	011	0 00	33 24·	0 00	33 24·	0 00	33 24·	0	0·6596	0·6596
6	f	$0\frac{6}{5}$	065	"	38 21·	"	38 21·	"	38 21·	"	0·7915	0·7915
7	g	$0\frac{5}{2}$	052	"	58 46	"	58 46	"	58 46	"	1·6490	1·6490
8	h	03	031	"	63 11·	"	63 11·	"	63 11·	"	1·9787	1·9787
9	s	$\frac{1}{2}$	112	45 00	25 00	18 15	18 15	17 23·	17 23·	0·3298	0·3298	0·4664
10	u	$\frac{5}{8}$	558	"	30 14·	22 24	22 24	20 51·	20 51·	0·4122	0·4122	0·5830
11	v	$\frac{3}{4}$	334	"	34 58·	26 19·	26 19·	23 55	23 55	0·4947	0·4947	0·6996
12	p	I	111	"	43 00·	33 24·	33 24·	28 50	28 50	0·6596	0·6596	0·9328
13	q	2	221	"	61 48·	52 50	52 50	38 33	38 33	1·3292	1·3292	1·8656
14	w	5	551	"	77 54	73 08	73 08	43 44·	43 44·	3·2980	3·2980	4·6639
15	α	$\frac{2}{5}$I	255	21 48	35 23·	14 47	33 24·	12 25	32 31·	0·2638	0·6596	0·7104
16	β	$\frac{1}{2}$I	122	26 34	36 24·	18 15	"	15 23·	32 03·	0·3298	"	0·7374
17	γ	$\frac{2}{3}$I	233	33 41·	38 24·	23 44	"	20 09·	31 07·	0·4397	"	0·7927
18	δ	$1\frac{9}{4}$	494	23 57·	58 22·	33 24·	56 01·	20 14	51 05·	0·6596	1·4841	1·6240
19	ε	$1\frac{7}{3}$	373	23 12	59 09	"	56 59	19 46	52 06·	"	1·5391	1·6744
20	A	$\frac{7}{2}\frac{9}{2}$	792	37 52·	75 06·	66 35	71 23	36 23·	49 43	2·3080	2·9682	3·7603

Semseyit.

Monoklin.

a = 1·1442·	lg a = 005851	lg a₀ = 001509	lg p₀ = 998491	a₀ = 1·0354	p₀ = 0·9658·
c = 1·1051·	lg c = 004342	lg b₀ = 995658	lg q₀ = 001926	b₀ = 0·9049	q₀ = 1·0453·
$\left.\begin{array}{l}\mu =\\180-\beta\end{array}\right\}$ 71°04	$\left.\begin{array}{l}\text{lg h} =\\\text{lg sin}\,\mu\end{array}\right\}$997584	$\left.\begin{array}{l}\text{lg e} =\\\text{lg cos}\,\mu\end{array}\right\}$951117	lg $\frac{p_0}{q_0}$ = 996565	h = 0·9459	e = 0·3245

No.	Buch-staben	Symb.	Miller	φ	ϱ	ξ_0	η_0	ξ	η	x' (Prismen) (x : y)	y'	d' =tgϱ
1	c	0	001	90°00	18°56	18°56	0°00	18°56	0°00	0·3430	0	0·3430
2	a	$\infty0$	100	"	90 00	90 00	"	90 00	"	∞	"	∞
3	q	$+2$	221	47 11	72 54·	67 15	65 39·	44 31	40 31	2·3851·	2·2103	3·2518
4	p	$+$I	111	50 59	60 20	53 45·	47 51·	42 28	33 09·	1·3641	1·1051·	1·7556
5	s	$+\frac{1}{3}$	113	61 40·	37 49·	34 21	20 13·	32 40	16 55	0·6834	0·3684	0·7763
6	t	$-\frac{1}{3}$	$\overline{1}13$	0 25·	20 13·	0 09·	"	0 09	20 13·	0·0027·	"	0·3684

Senarmontit.

Regulär.

No.	Buch-staben	Symb.	Miller	φ	ϱ	ξ_0	η_0	ξ	η	x (Prismen) (x : y)	y	d =tgϱ
1	p	1	111	45°00	54°44	45°00	45°00	35°16	35°16	1·0000	1·0000	1.4142

Serpierit.

Rhombisch.

$a = 0·8586$	$\lg a = 993379$	$\lg a_0 = 979907$	$\lg p_0 = 020093$	$a_0 = 0·6296$	$p_0 = 1·5883$
$c = 1·3637$	$\lg c = 013472$	$\lg b_0 = 986528$	$\lg q_0 = 013472$	$b_0 = 0·7333$	$q_0 = 1·3637$

No.	Buch-staben	Symb.	Miller	φ	ϱ	ξ_0	η_0	ξ	η	x (Prismen) (x : y)	y	d =tgϱ
1	c	0	001	—	0°00	0°00	0°00	0°00	0°00	0	0	0
2	?b	0∞	010	0°00	90 00	”	90 00	”	90 00	”	∞	∞
3	m	∞	110	49 21	”	90 00	”	49 21	40 39	1·1647	”	”
4	?d	0¾	034	0 00	45 39	0 00	45 39	0 00	45 39	0	1·0227	1·0227
5	?e	01	011	”	53 45	”	53 45	”	53 45	”	1·3637	1·3637
6	p	1	111	49 21	64 28	57 48·	”	43 12·	36 00	1.5883	”	2·0910

Silber.

Regulär.

No.	Buch-staben	Symb.	Miller	φ	ϱ	ξ_0	η_0	ξ	η	x (Prismen) (x : y)	y	d =tgϱ
1	c	0	001	—	0°00	0°00	0°00	0°00	0°00	0	0	0
		0∞	010	0°00	90 00	”	90 00	”	90 00	”	∞	∞
2	f	0¼	014	”	14 02	”	14 02	”	14 02	”	0·2500	0·2500
		04	041	”	75 58	”	75 58	”	75 58	”	4·0000	4·0000
		∞4	140	14 02	90 00	90 00	90 00	14 02	”	0·2500	∞	∞
3	a	0⅓	013	0 00	18 26	0 00	18 26	0 00	18 26	0	0·3333	0·3333
		03	031	”	71 34	”	71 34	”	71 34	”.	3·0000	3·0000
		∞3	130	18 26	90 00	90 00	90 00	18 26	”	0·3333	∞	∞
4	g	0⅖	025	0 00	21 48	0 00	21 48	0 00	21 48	0	0·4000	0·4000
		0⁵⁄₂	052	”	68 12	”	68 12	”	68 12	”	2·5000	2·5000
		∞⁵⁄₂	250	21 48	90 00	90 00	90 00	21 48	”	0·4000	∞	∞
5	e	0½	012	0 00	26 34	0 00	26 34	0 00	26 34	0	0·5000	0·5000
		02	021	”	63 26	”	63 26	”	63 26	”	2·0000	2·0000
		∞2	120	26 34	90 00	90 00	90 00	26 34	”	0.5000	∞	∞

No.	Buch-staben	Symb.	Miller	φ	ϱ	ξ₀	η₀	ξ	η	x (Prismen) (x : y)	y	d =tgϱ
6	a	$0\frac{4}{7}$	047	0°00	29°44·	0°00	29°44·	0°00	29°44·	0	0·5714	0·5714
		$0\frac{7}{4}$	074	"	60 15·	"	60 15·	"	60 15·	"	1·7500	1·7500
		$\infty\frac{7}{4}$	470	29 44·	90 00	90 00	90 00	29 44·	"	0·5714	∞	∞
7	d	01	011	0 00	45 00	0 00	45 00	0 00	45 00	0	1·0000	1·0000
		∞	110	45 00	90 00	90 00	90 00	45 00	"	1·0000	∞	∞
8	m	$\frac{1}{3}$	113	"	25 14·	18 26	18 26	17 33	17 33	0·3333	0·3333	0·4717
		13	131	18 26	72 27	45 00	71 34	"	64 45·	1·0000	3.0000	3·1623
9	q	$\frac{1}{2}$	112	45 00	35 16	26 34	26 34	24 05·	24 05·	0·5000	0·5000	0·7071
		12	121	26 34	65 54·	45 00	63 26	"	54 44	1·0000	2·0000	2·2360
10	p	1	111	45 00	54 44	"	45 00	35 16	35 16	"	1·0000	1·4142
11	v	$\frac{1}{3}1$	133	18 26	46 30·	18 26	"	13 16	43 29·	0·3333	"	1·0541
		3	331	45 00	76 44	71 34	71 34	43 29·	"	3·0000	3·0000	4·2426
12	β	$\frac{2}{5}1$	255	21 48	47 07·	21 48	45 00	15 47·	42 52·	0·4000	1·0000	1·0771
		$\frac{5}{2}$	552	45 00	74 12·	68 12	68 12	42 52·	"	2·5000	2·5000	3·5355
13	w	$\frac{2}{3}1$	233	33 41·	50 14·	33 41·	45 00	25 14·	39 45·	0·6667	1·0000	1·2019
		$\frac{3}{2}$	332	45 00	64 45·	56 18·	56 18·	39 45·	"	1·5000	1·5000	2·1213
14	Δ	$\frac{1}{7}\frac{5}{7}$	157	11 18·	36 04	8 08	35 32	6 38	35 16	0·1429	0·7143	0·7284
		$\frac{1}{5}\frac{7}{5}$	175	8 08	54 44	11 18·	54 28	"	53 56	0·2000	1·4000	1·4142
		57	571	35 32·	83 22	78 41·	81 52	35 16	"	5·0000	7·0000	8·6022

Silberglanz.

Regulär.

No.	Buch-staben	Symb.	Miller	φ	ϱ	ξ₀	η₀	ξ	η	x (Prismen) (x : y)	y	d =tgϱ
1	c	0	001	—	0°00	0°00	0°00	0°00	0°00	0	0	0
		0∞	010	0°00	90 00	"	90 00	"	90 00	"	∞	∞
2	a	$0\frac{1}{3}$	013	"	18 26	"	18 26	"	18 26	"	0·3333	0·3333
		03	031	"	71 34	"	71 34	"	71 34	"	3·0000	3·0000
		$\infty3$	130	18 26	90 00	90 00	90 00	18 26	"	0·3333	∞	∞
3	e	$0\frac{1}{2}$	012	0 00	26 34	0 00	26 34	0 00	26 34	0	0·5000	0·5000
		02	021	"	63 26	"	63 26	"	63 26	"	2·0000	2·0000
		$\infty2$	120	26 34	90 00	90 00	90 00	26 34	"	0·5000	∞	∞
4	b	$0\frac{2}{3}$	023	0 00	33 41·	0 00	33 41·	0 00	33 41·	0	0·6667	0·6667
		$0\frac{3}{2}$	032	"	56 18·	"	56 18·	"	56 18·	"	1·5000	1·5000
		$\infty\frac{3}{2}$	230	33 41·	90 00	90 00	90 00	33 41·	"	0·6667	∞	∞
5	d	01	011	0 00	45 00	0 00	45 00	0 00	45 00	0	1·0000	1·0000
		∞	110	45 00	90 00	90 00	90 00	45 00	"	1·0000	∞	∞

No.	Buch-staben	Symb.	Miller	φ	ϱ	ξ_0	η_0	ξ	η	x (Prismen) (x : y)	y	d $=\mathrm{tg}\,\varrho$
6	m	$\frac{1}{3}$	113	45°00	25°14·	18°26	18°26	17°33	17°33	0·3333	0·3333	0·4714
		13	131	18 26	72 27	45 00	71 34	"	64 45·	1·0000	3·0000	3·1623
7	q	$\frac{1}{2}$	112	45 00	35 16	26 34	26 34	24 05·	24 05·	0·5000	0·5000	0·7071
		12	121	26 34	65 54·	45 00	63 26	"	54 44	1·0000	2·0000	2·2360
8	σ	$\frac{3}{5}$	335	45 00	40 19	30 58	30 58	27 13·	27 13·	0·6000	0·6000	0·8485
		$1\frac{5}{3}$	353	30 58	62 46·	45 00	59 02	"	49 41	1·0000	1·6667	1·9437
9	n	$\frac{2}{3}$	223	45 00	43 19	33 41·	33 41·	29 01	29 01	0·6667	0·6667	0·9428
		$1\frac{3}{2}$	232	33 41·	60 59	45 00	56 18·	"	46 41	1·0000	1·5000	1·8028
10	t	$\frac{3}{4}$	334	45 00	46 41	36 52	36 52	30 58	30 58	0·7500	0·7500	1·0606
		$1\frac{4}{3}$	343	36 52	59 02	45 00	53 08	"	43 19	1·0000	1·3333	1·6667
11	p	1	111	45 00	54 44	"	45 00	35 16	35 16	"	1·0000	1·4142
12	u	$\frac{1}{2}1$	122	26 34	48 11·	26 34	"	19 28	41 48·	0·5000	"	1·1180
		2	221	45 00	70 32	63 26	63 26	41 48·	"	2·0000	2·0000	2·8284

Silberkies.

Rhombisch.

a = 0·5811	lg a = 976418	lg a₀ = 002548	lg p₀ = 997452	a₀ = 1·0604	p₀ = 0·9430
c = 0·5479	lg c = 973870	lg b₀ = 026130	lg q₀ = 973870	b₀ = 1·8252	q₀ = 0·5479

No.	Buch-staben	Symb.	Miller	φ	ϱ	ξ_0	η_0	ξ	η	x (Prismen) (x : y)	y	d $=\mathrm{tg}\,\varrho$
1	c	0	001	—	0°00	0°00	0°00	0°00	0°00	0	0	0
2	a	0∞	010	0°00	90 00	"	90 00	"	90 00	"	∞	∞
3	n	3∞	310	79 02·	"	90 00	"	79 02·	10 57·	5·1634	"	"
4	m	∞	110	59 50·	"	"	"	59 50·	30 09·	1·7211	"	"
5	l	∞3	130	29 50·	"	"	"	29 50·	60 09·	0·5737	"	"
6	μ	∞12	1·12·0	8 10	"	"	"	8 10	81 50	0·1434	"	"
7	y	$0\frac{1}{2}$	012	0 00	15 19	0 00	15 19	0 00	15 19	0	0·2739	0·2739
8	x	01	011	"	28 43	"	28 43	"	28 43	"	0·5479	0·5479
9	p	$\frac{1}{2}$	112	59 50·	28 36·	25 14·	15 19	24 27	13 55	0·4715	0·2739	0·5453
10	π	21	211	73 48	63 01	62 04	28 43	58 50·	14 23·	1·8860	0·5479	1·9640

Sillimanit.

Rhombisch.

$$\lg \frac{p_0}{q_0} = 001323; \quad \frac{p_0}{q_0} = 1{\cdot}0309; \quad \frac{a}{b} = 0{\cdot}970$$

No.	Buch-staben	Symb.	Miller	φ	ϱ	ξ_0	η_0	ξ	η	x (Prismen) (x : y)	y	d = tg ϱ
1	b	0∞	010	0°00	90°00	0°00	90°00	0°00	90°00	0	∞	∞
2	e	∞	110	45 52·	"	90 00	"	45 52·	44 07·	1·0309	"	"
3	f	$\infty\tfrac{3}{2}$	230	34 30	"	"	"	34 30	55 30	0·6873	"	"
4	g	$\infty 2$	120	27 16	"	"	"	27 16	62 44	0·5154	"	"

Sipylit.

Tetragonal.

$$\left.\begin{matrix} c \\ p_0 \end{matrix}\right\} = 1{\cdot}45 \quad \lg c = 016137 \quad \lg a_0 = 983863 \quad a_0 = 0{\cdot}690$$

No.	Buch-staben	Symb.	Miller	φ	ϱ	ξ_0	η_0	ξ	η	x (Prismen) (x : y)	y	d = tg ϱ
1	p	1	111	45°00	64°00	55°24·	55°24·	39°27·	39°27·	1·4500	1·4500	2·0505

Skapolith-Gruppe
Wernerit.

Tetragonal.

$$\left.\begin{matrix} c \\ p_0 \end{matrix}\right\} = 0{\cdot}440 \quad \lg c = 964345 \quad \lg a_0 = 035655 \quad a_0 = 2{\cdot}273$$

No.	Buch-staben	Symb.	Miller	φ	ϱ	ξ_0	η_0	ξ	η	x (Prismen) (x : y)	y	d = tg ϱ
1	c	0	001	—	0°00	0°00	0°00	0°00	0°00	0	0	0
2	a	0∞	010	0°00	90 00	"	90 00	"	90 00	"	∞	∞
3	m	∞	110	45 00	"	90 00	"	45 00	45 00	1·0000	"	"
4	f	$\infty 2$	120	26 34	"	"	"	26 34	63 26	0·5000	"	"
5	e	01	011	0 00	23 45	0 00	23 45	0 00	23 45	0	0·4400	0·4400
6	r	1	111	45 00	31 53·	23 45	"	21 56	21 56	0·4400	"	0·6222
7	w	3	331	"	61 49·	52 51	52 51	38 33·	38 33·	1·3200	1·3200	1·8667
8	z	13	131	18 26	54 17·	23 45	"	14 52·	50 23	0·4400	"	1·3914

Skleroklas.

Rhombisch.

$a = 0{\cdot}9561$	$\lg a = 998050$	$\lg a_0 = 009361$	$\lg p_0 = 990639$	$a_0 = 1{\cdot}2405$	$p_0 = 0{\cdot}8061$
$c = 0{\cdot}7707$	$\lg c = 988689$	$\lg b_0 = 011311$	$\lg q_0 = 988689$	$b_0 = 1{\cdot}2975$	$q_0 = 0{\cdot}7707$

No.	Buch-staben	Symb.	Miller	φ	ϱ	ξ_0	η_0	ξ	η	x (Prismen) (x : y)	y	d =tgϱ
1	a	0	001	—	0°00	0°00	0°00	0°00	0°00	0	0	0
2	b	0∞	010	0°00	90 00	"	90 00	"	90 00	"	∞	∞
3	c	∞0	100	90 00	"	90 00	0 00	90 00	0 00	∞	0	"
4	u	$\tfrac{3}{2}$∞	320	57 29	"	"	90 00	57 29	32 31	1·5689	∞	"
5	z	∞	110	46 17	"	"	"	46 17	43 43	1·0459	"	"
6	s	∞$\tfrac{6}{5}$	560	41 04·	"	"	"	41 04·	48 55	0·8716	"	"
7	v	∞$\tfrac{3}{2}$	230	34 53	"	"	"	34 53	55 07	0·6973	"	"
8	y	∞2	120	27 36·	"	"	"	27 36·	62 23·	0·5229·	"	"
9	w	∞12	1·12·0	4 59	"	"	"	4 59	85 01	0·0871·	"	"
10	h	$\tfrac{1}{2}$0	102	90 00	21 57	21 57	0 00	21 57	0 00	0·4030	0	0·4030
11	d	10	101	"	38 52·	38 52·	"	38 52·	"	0·8061	"	0.8061
12	e	$\tfrac{3}{2}$0	302	"	50 24·	50 24·	"	50 24·	"	1·2091	"	1·2091
13	f	20	201	"	58 11·	58 11·	"	58 11·	"	1·6122	"	1·6122

Skolezit.

Monoklin.

$a = 0{\cdot}9758$	$\lg a = 998936$	$\lg a_0 = 045356$	$\lg p_0 = 954644$	$a_0 = 2{\cdot}8416$	$p_0 = 0{\cdot}3519$
$c = 0{\cdot}3434$	$\lg c = 953580$	$\lg b_0 = 046420$	$\lg q_0 = 953575$	$b_0 = 2{\cdot}9120$	$q_0 = 0{\cdot}3434$
$\left.\begin{array}{c}\mu =\\ 180-\beta\end{array}\right\}\,89°09$	$\left.\begin{array}{c}\lg h =\\ \lg\sin\mu\end{array}\right\}\,999995$	$\left.\begin{array}{c}\lg e =\\ \lg\cos\mu\end{array}\right\}\,817128$	$\lg\dfrac{p_0}{q_0} = 001069$	$h = 0{\cdot}9999$	$e = 0{\cdot}0148$

No.	Buch-staben	Symb.	Miller	φ	ϱ	ξ_0	η_0	ξ	η	x' (Prismen) (x : y)	y'	d' =tgϱ
1	b	0∞	010	0°00	90°00	0°00	90°00	0°00	90°00	0	∞	∞
2	a	∞0	100	90 00	"	90 00	0 00	90 00	0 00	∞	0	"
3	n	5∞	510	78 57·	"	"	90 00	78 57·	11 02·	5·1246	∞	"
4	l	2∞	210	63 59·	"	"	"	63 59·	26 00·	2·0498·	"	"
5	m	∞	110	45 42·	"	"	"	45 42·	44 17·	1·0249	"	"
6	h	∞$\tfrac{7}{4}$	470	30 21·	"	"	"	30 21·	59 38·	0·5856·	"	"
7	k	∞2	120	27 08	"	"	"	27 08	62 52	0·5124·	"	"
8	d	+10	101	90 00	20 08·	20 08·	0 00	20 08·	0 00	0·3667	0	0·3667
9	o	+·1	111	46 53	26 40·	"	18 57	19 08	17 52·	"	0·3434	0·5024

No.	Buch-staben	Symb.	Miller	φ	ϱ	ξ_0	η_0	ξ	η	x' (Prismen) $(x:y)$	y'	d' $=\mathrm{tg}\,\varrho$
10	s	$+31$	311	72° 13	48° 21	46° 57	18° 57	45° 21·	13° 11·	1·0706	0·3434	1·1243
11	e	-1	$\bar{1}11$	$\bar{4}4$ 28·	25 42	$\bar{1}8$ 38	„	$\bar{1}7$ 41	18 01·	$\bar{0}$·3371·	„	0·4812
12	q	$+1\frac{7}{4}$	474	31 23·	35 09	20 08·	31 00	17 27	29 26	0·3667·	0·6009·	0·7040
13	p	$+13$	131	19 36	47 33·	„	45 51	14 20	44 03	„	1·0302	1·0935
14	w	$+5$	551	45 56·	67 57	60 36	59 47	41 46	40 08	1·7745	1·7170	2·4692
15	x	$+4$	441	46 00	63 10.	54 53·	53 57	39 56·	38 18·	1·4226	1·3736	1·9774
16	v	$+3$	331	46 06	56 03·	46 57	45 5·1	36 42·	35 07	1·0706	1·0302	1·4858
17	y	$+\frac{12}{5}$	12·12·5	46 12	49 58·	40 40·	39 29·	33 33	32 00·	0·8594	0·8241·	1·1907
18	z	$+\frac{3}{2}$	332	46 29·	36 48	28 29	27 15	25 45	24 21·	0·5427	0·5151	0·7482
19	r	-5	$\bar{5}51$	$\bar{4}5$ 28	67 47	$\bar{6}0$ 11	59 47	$\bar{4}1$ 17·	40 29·	$\bar{1}$·7449	1·7170	2·4480
20	t	$+53$	531	59 52	64 01	60 36	45 51	51 01·	26 50	1·7745	1·0302	2·0518
21	u	$+13·11$	13·11·1	50 34·	80 27·	77 43	75 10·	49 37	38 47	4·5942·	3·7774	5·9477

Skorodit.

Rhombisch.

$a = 0·8680$	$\lg a = 993852$	$\lg a_0 = 995571$	$\lg p_0 = 004429$	$a_0 = 0·9031$	$p_0 = 1·1074$
$c = 0·9612$	$\lg c = 998281$	$\lg b_0 = 001719$	$\lg q_0 = 998281$	$b_0 = 1·0404$	$q_0 = 0·9612$

No.	Buch-staben	Symb.	Miller	φ	ϱ	ξ_0	η_0	ξ	η	x (Prismen) $(x:y)$	y	d $=\mathrm{tg}\,\varrho$
1	c	0	001	—	0° 00	0° 00	0° 00	0° 00	0° 00	0	0	0
2	b	0∞	010	0° 00	90 00	„	90 00	„	90 00	„	∞	∞
3	a	∞0	100	90 00	„	90 00	0 00	90 00	0 00	∞	0	„
4	n	∞	110	49 02·	„	„	90 00	49 02·	40 57·	1·1520	∞	„
5	k	∞$\frac{4}{3}$	340	40 49·	„	„	„	40 49·	49 10·	0·8640	„	„
6	d	∞2	120	29 56·	„	„	„	29 56·	60 03·	0·5760	„	„
7	e	0$\frac{1}{2}$	012	0 00	25 40	0 00	25 40	0 00	25 40	0	0·4806	0·4806
8	f	01	011	„	43 52	„	43 52	„	43 52	„	0·9612	0·9612
9	h	10	101	90 00	47 55	47 55	0 00	47 55	0 00	1·1073	0	1·1073
10	m	20	201	„	65 42	65 42	„	65 42	„	2·2148	„	2·2148
11	i	$\frac{1}{2}$	112	49 02·	36 15	28 58·	25 40	26 31	22 48	0·5537	0·4806	0.7332
12	p	1	111	„	55 42·	47 55	43 52	38 36	32 47·	1·1073	0·9612	1·4663
13	s	12	121	29 56·	65 44	„	62 31	27 04	52 11	„	1·9224	2·2185

Skutterudit.
Regulär.

No.	Buchstaben	Symb.	Miller	φ	ϱ	ξ_0	η_0	ξ	η	x (Prismen) (x : y)	y	d $=\mathrm{tg}\,\varrho$
1	c	0	001	—	0°00	0°00	0°00	0°00	0°00	0	0	0
		0∞	010	0°00	90 00	"	90 00	"	90 00	"	∞	∞
2	a	$0\frac{1}{3}$	013	"	18 26	"	18 26	"	18 26	"	0·3333	0·3333
		03	031	"	71 34	"	71 34	"	71 34	"	3·0000	3·0000
		∞3	130	18 26	90 00	90 00	90 00	18 26	"	0·3333	∞	∞
3	d	01	011	0 00	45 00	0 00	45 00	0 00	45 00	0	1·0000	1·0000
		∞	110	45 00	90 00	90 00	90 00	45 00	"	1·0000	∞	∞
4	q	$\frac{1}{2}$	112	"	35 16	26 34	26 34	24 05·	24 05·	0·5000	0·5000	0·7071
		12	121	26 34	65 54·	45 00	63 26	"	54 44	1·0000	2·0000	2·2360
5	p	I	111	45 00	54 44	"	45 00	35 16	35 16	"	1·0000	1·4142
6	u	$\frac{1}{2}$I	122	26 34	48 11·	26 34	"	19 28	41 48·	0·5000	"	1·1180
		2	221	45 00	70 32	63 26	63 26	41 48·	"	2·0000	2·0000	2·8284
7	w	$\frac{2}{3}$I	233	33 41·	50 14·	33 41·	45 00	25 14·	39 45·	0·6667	1·0000	1·2019
		$\frac{3}{2}$	332	45 00	64 45·	56 18·	56 18·	39 45·	"	1·5000	1·5000	2·1213
8	x	$\frac{1}{3}\frac{2}{3}$	123	26 34	36 42	18 26	33 41·	15 30	32 18·	0·3333	0·6667	0·7453
		$\frac{1}{2}\frac{3}{2}$	132	18 26	57 41·	26 34	56 18·	"	53 18	0·5000	1·5000	1·5811
		23	231	33 41·	74 30	63 26	71 34	32 18·	"	2·0000	3·0000	3·6055
9	F·	$\frac{1}{2}\frac{2}{3}$	346	36 52	39 48·	26 34	33 41·	22 35·	30 48·	0·5000	0·6667	0·8333
		$\frac{3}{4}\frac{3}{2}$	364	26 34	59 11·	36 52	56 18·	"	50 11·	0·7500	1·5000	1·6770
		$\frac{4}{3}2$	463	33 41·	67 24·	53 08	63 26	30 48·	"	1·3333	2·0000	2·4037

Soda.
Monoklin.

$a = 1·4828$	$\lg a = 017106$	$\lg a_0 = 002481$	$\lg p_0 = 997519$	$a_0 = 1·0588$	$p_0 = 0·9445$
$c = 1·4004$	$\lg c = 014625$	$\lg b_0 = 985375$	$\lg q_0 = 007871$	$b_0 = 0·7141$	$q_0 = 1·1987$
$\left.\begin{matrix}\mu =\\ 180-\beta\end{matrix}\right\}58°52$	$\left.\begin{matrix}\lg h =\\ \lg\sin\mu\end{matrix}\right\}993246$	$\left.\begin{matrix}\lg e =\\ \lg\cos\mu\end{matrix}\right\}971352$	$\lg \dfrac{p_0}{q_0} = 989648$	$h = 0·8560$	$e = 0·5170$

No.	Buchstaben	Symb.	Miller	φ	ϱ	ξ_0	η_0	ξ	η	x' (Prismen) (x : y)	y'	d' $=\mathrm{tg}\,\varrho$
1	p	0	001	90°00	31°08	31°08	0°00	31°08	0°00	0·6040	0	0·6040
2	b	0∞	010	0 00	90 00	0 00	90 00	0 00	90 00	0	∞	∞
3	a	∞0	100	90 00	"	90 00	0 00	90 00	0 00	∞	0	"
4	m	∞	110	38 14	"	"	90 00	38 14	51 46	0·7878	∞	"
5	e	01	011	23 20	56 45	31 08	54 28	19 20·	50 10	0·6040	1·4004	1·5251
6	s	−10	$\bar{1}$01	90 00	26 32·	$\bar{1}$6 32·	0 00	$\bar{1}$6 32·	0 00	0·4994	0	0·4994
7	u	$-\frac{1}{2}$	$\bar{1}$12	4 16	35 04·	3 00	35 00	2 27	34 58	0·0522	0·7002	0·7021

Sodalith.

Regulär.

No.	Buch-staben	Symb.	Miller	φ	ϱ	ξ_0	η_0	ξ	η	x (Prismen) (x : y)	y	d $=\mathrm{tg}\,\varrho$
1	c	0	001	—	0° 00	0° 00	0° 00	0° 00	0° 00	0	0	0
		0∞	010	0° 00	90 00	„	90 00	„	90 00	„	∞	∞
2	d	01	011	„	45 00	„	45 00	„	45 00	„	1·0000	1·0000
		∞	110	45 00	90 00	90 00	90 00	45 00	„	1·0000	∞	∞
3	k	$\frac{1}{4}$	114	„	19 28	14 02	14 02	13 38	13 38	0·2500	0·2500	0·3535
		14	141	14 02	76 22	45 00	75 58	„	70 32	1·0000	4·0000	4·1231
4	q	$\frac{1}{2}$	112	45 00	35 16	26 34	26 34	24 05·	24 05·	0·5000	0·5000	0·7071
		12	121	26 34	65 54·	45 00	63 26	„	54 44	1·0000	2·0000	2·2360
5	p	1	111	45 00	54 44	„	45 00	35 16	35 16	„	1·0000	1·4142

Spangolith.

Hexagonal.

$c = 3·0162$	$\lg c = 047946$	$\lg a_0 = 975910$	$\lg p_0 = 030337$	$a_0 = 0·5742$	$p_0 = 2·0108$	(G_I)

No.	Buch-staben	Symb.	Bravais	φ	ϱ	ξ_0	η_0	ξ	η	x (Prismen) (x : y)	y	d $=\mathrm{tg}\,\varrho$
1	c	0	0001	—	0° 00	0° 00	0° 00	0° 00	0° 00	0	0	0
2	a	∞0	$10\bar{1}0$	0° 00	90 00	„	90 00	„	90 00	„	∞	∞
3	m	∞	$11\bar{2}0$	30 00	„	90 00	„	30 00	60 00	0·5773	„	„
4	k	$\frac{1}{4}$0	$10\bar{1}4$	0 00	26 41·	0 00	26 41·	0 00	26 41·	0	0·5027	0·5027
5	n	$\frac{1}{3}$0	$10\bar{1}3$	„	33 50	„	33 50	„	33 50	„	0·6703	0·6703
6	o	$\frac{1}{2}$0	$10\bar{1}2$	„	45 09·	„	45 09·	„	45 09·	„	1·0054	1·0054
7	ϱ	$\frac{3}{4}$0	$30\bar{3}4$	„	56 27	„	56 27	„	56 27	„	1·5081	1·5081
8	l	$\frac{6}{7}$0	$60\bar{6}7$	„	59 52·	„	59 52·	„	59 52·	„	1·7235	1·7235
9	p	10	$10\bar{1}1$	„	63 33·	„	63 33·	„	63 33·	„	2·0108	2·0108
10	x	$\frac{3}{2}$0	$30\bar{3}2$	„	71 39·	„	71 39·	„	71 39·	„	3·0162	3·0162
11	y	20	$20\bar{2}1$	„	76 02	„	76 02	„	76 02	„	4·0216	4·0216
12	z	30	$30\bar{3}1$	„	80 35	„	80 35	„	80 35	„	6·0324	6·0324

Speisskobalt.

Regulär.

(Mit Chloanthit vereinigt.)

Sperrylith.

Regulär. Pentagonal-hemiedrisch.

No.	Buch-staben	Symb.	Miller	φ	ϱ	ξ_0	η_0	ξ	η	x (Prismen) (x : y)	y	d $=\mathrm{tg}\,\varrho$
1	c	{ o	001	—	0°00	0°00	0°00	0°00	0°00	0	0	0
		o∞	010	0°00	90 00	,,	90 00	,,	90 00	,,	∞	∞
2	e	{ 0½	012	,,	26 34	,,	26 34	,,	26 34	,,	0·5000	0·5000
		02	021	,,	63 26	,,	63 26	,,	63 26	,,	2·0000	2·0000
		∞2	120	26 34	90 00	90 00	90 00	26 34	,,	0·5000	∞	∞
3	d	{ 01	011	0 00	45 00	0 00	45 00	0 00	45 00	0	1·0000	1·0000
		∞	110	45 00	90 00	90 00	90 00	45 00	,,	1·0000	∞	∞
4	p	1	111	,,	54 44	45 00	45 00	35 16	35 16	,,	1·0000	1·4142
5	?A	{ ⅕½	2·5·10	21 48	28 18	11 18·	26 34	10 08·	26 07	0·2000	0·5000	0·5385
		⅖2	2·10·5	11 18·	63 53	21 48	63 26	,,	61 42	0·4000	2·0000	2·0396
		⅖5	5·10·2	26 34	79 51·	68 12	78 41·	26 07	,,	2·5000	5·0000	5·5901

Spinell.

Regulär.

No.	Buch-staben	Symb.	Miller	φ	ϱ	ξ_0	η_0	ξ	η	x (Prismen) (x : y)	y	d $=\mathrm{tg}\,\varrho$
1	c	{ o	001	—	0°00	0°00	0°00	0°00	0°00	0	0	0
		o∞	010	0°00	90 00	,,	90 00	,,	90 00	,,	∞	∞
2	a	{ 0⅓	013	,,	18 26	,,	18 26	,,	18 26	,,	0·3333	0·3333
		03	031	,,	71 34	,,	71 34	,,	71 34	,,	3·0000	3·0000
		∞3	130	18 26	90 00	90 00	90 00	18 26	,,	0·3333	∞	∞
3	d	{ 01	011	0 00	45 00	0 00	45 00	0 00	45 00	0	1·0000	1·0000
		∞	110	45 00	90 00	90 00	90 00	45 00	,,	1·0000	∞	∞
4	r	{ ⅙	116	,,	13 16	9 27·	9 27·	9 20	9 20	0·1667	0·1667	0·2357
		16	161	9 27·	80 40	45 00	80 32	,,	76 44	1·0000	6·0000	6·0827
5	l	{ ⅕	115	45 00	15 47·	11 18·	11 18·	11 06	11 06	0·2000	0·2000	0·2828
		15	151	11 18·	78 54	45 00	78 41·	,,	74 12·	1·0000	5·0000	5·0989
6	m	{ ⅓	113	45 00	25 14·	18 26	18 26	17 33	17 33	0·3333	0·3333	0·4714
		13	131	18 26	72 27	45 00	71 34	,,	64 45·	1·0000	3·0000	3·1623
7	q	{ ½	112	45 00	35 16	26 34	26 34	24 05·	24 05·	0·5000	0·5000	0·7071
		12	121	26 34	65 54·	45 00	63 26	,,	54 44	1·0000	2·0000	2·2360

No.	Buch-staben	Symb.	Miller	φ	ϱ	ξ_0	η_0	ξ	η	x (Prismen) (x : y)	y	d $=\mathrm{tg}\,\varrho$
8	n	$\begin{cases}\frac{2}{3}\\ 1\frac{3}{2}\end{cases}$	223 232	45°00 33 41·	43°19 60 59	33°41· 45 00	33°41· 56 18·	29°01 "	29°01 46 41	0·6667 1·0000	0·6667 1·5000	0·9428 1·8028
9	p	I	111	45 00	54 44	"	45 00	35 16	35 16	"	1·0000	1·4142
10	A	$\begin{cases}\frac{1}{11}I\\ 11\cdot11\end{cases}$	1·11·11 11·11·1	5 11· 45 00	45 07 86 19·	5 11· 84 48·	" 84 48·	3 40· 44 53	44 53 "	0·0909 11·000	" 11·000	1·0041 15·556
11	B	$\begin{cases}\frac{1}{7}I\\ 7\end{cases}$	177 771	8 08 45 00	45 17· 84 14	8 08 81 52	45 00 81 52	5 46 44 42·	44 42· "	0·1429 7·0000	1·0000 7·0000	1·0101 9·8994
12	v	$\begin{cases}\frac{1}{3}I\\ 3\end{cases}$	133 331	18 26 45 00	46 30· 76 44	18 26 71 34	45 00 71 34	13 16 43 29·	43 29· "	0·3333 3·0000	1·0000 3·0000	1·0541 4·2426
13	u	$\begin{cases}\frac{1}{2}I\\ 2\end{cases}$	122 221	26 34 45 00	48 11· 70 32	26 34 63 26	45 00 63 26	19 28 41 48·	41 48· "	0·5000 2·0000	1·0000 2·0000	1·1180 2·8284
14	r	$\begin{cases}\frac{2}{3}I\\ \frac{3}{2}\end{cases}$	233 332	33 41· 45 00	50 14· 64 45·	33 41· 56 18·	45 00 56 18·	25 14· 39 45·	39 45· "	0·6667 1·5000	1·0000 1·5000	1·2019 2·1213
15	π	$\begin{cases}\frac{6}{7}I\\ \frac{7}{6}\end{cases}$	677 776	40 36 45 00	52 47· 58 47	40 36 49 24	45 00 49 24	31 13 37 12·	37 12· "	0·8572 1·1667	1·0000 1·1667	1·3170 1·6499
16	z	$\begin{cases}\frac{1}{5}\frac{3}{5}\\ \frac{1}{3}\frac{5}{3}\\ 35\end{cases}$	135 153 351	18 26 11 18· 30 58	32 18· 59 32 80 16	11 18· 18 26 71 34	30 58 59 02 78 41·	9 44 " 30 28	30 28 57 41· "	0·2000 0·3333 3·0000	0·6000 1·6667 5·0000	0·6325 1·6996 5·8310
17	Ω	$\begin{cases}\frac{5}{13}\frac{7}{13}\\ \frac{5}{7}\frac{13}{7}\\ \frac{7}{5}\frac{13}{5}\end{cases}$	5·7·13 5·13·7 7·13·5	35 32· 21 02· 28 18	33 29· 63 19 71 17·	21 02· 35 32· 54 27·	28 18 61 42 68 57·	18 42· " 26 41	26 41 56 30· "	0·3846 0·7143 1·4000	0·5385 1·8572 2·6000	0·6617 1·9898 2·9530

Spodiosit.

Rhombisch.

a = 0·8944	lg a = 995153	lg a_0 = 975188	lg p_0 = 024812	a_0 = 0·5648	p_0 = 1·7706
c = 1·5836	lg c = 019965	lg b_0 = 980035	lg q_0 = 019965	b_0 = 0·6315	q_0 = 1·5836

No.	Buch-staben	Symb.	Miller	φ	ϱ	ξ_0	η_0	ξ	η	x' (Prismen) (x : y)	y'	d' $=\mathrm{tg}\,\varrho$
1	c	0	001	—	0°00	0°00	0°00	0°00	0°00	0	0	0
2	b	0∞	010	0°00	90 00	"	90 00	"	90 00	"	∞	∞
3	a	∞0	100	90 00	"	90 00	0 00	90 00	0 00	∞	0	"
4	m	∞	110	48 11·	"	"	90 00	48 11·	41 48·	1·1181	∞	"
5	e	02	021	0 00	72 28·	0 00	72 28·	0 00	72 28·	0	3·1672	3·1672
6	d	$\frac{1}{2}$0	102	90 00	41 31	41 31	0 00	41 31	0 00	0·8853	0	0·8853
7	p	I	111	48 11·	67 10	60 32·	57 44	43 23·	37 54·	1·7706	1·5836	2·3755

Spodumen.

Monoklin.

a = 1·3727	lg a = 013757	lg a₀ = 003377	lg p₀ = 996623	a₀ = 1·0809	p₀ = 0·9252
c = 1·270	lg c = 010380	lg b₀ = 989620	lg q₀ = 998901	b₀ = 0·7874	q₀ = 0·9750
μ, 180−β} = 50°09	lg h =} lg sin μ} 988521	lg e =} lg cos μ} 980671	lg $\frac{p_0}{q_0}$ = 997722	h = 0·7677	e = 0·6408

No.	Buch-staben	Symb.	Miller	φ	ρ	ξ₀	η₀	ξ	η	x' (Prismen) (x':y)	y'	d' =tgρ
1	b	0∞	010	0° 00	90° 00	0° 00	90° 00	0° 00	90° 00	0	∞	∞
2	a	$\infty 0$	100	90 00	"	90 00	0 00	90 00	0 00	∞	0	"
3	l	$\frac{3}{2}\infty$	320	54 54·	"	"	90 00	54 54·	35 05·	1·4233	∞	"
4	J	∞	110	43 30	·"	"	"	43 30	46 30	0·9489	"	"
5	k	$\infty\frac{3}{2}$	230	32 19	"	"	"	32 19	57 41	0·6326	"	"
6	m	$\infty 2$	120	25 23	"	"	"	25 23	64 37	0·4744·	"	"
7	n	$\infty 3$	130	17 33	"	"	"	17 33	72 27	0·3163	"	"
8	z	$\infty 5$	150	10 45	"	"	"	10 45	79 15	0·1897·	"	"
9	o	$0\frac{1}{2}$	012	52 44	46 22	39 51	32 25	35 10	25 59·	0·8346·	0·6350	1·0487
10	r	01	011	33 19	56 39	"	51 47	27 18·	44 16·	"	1·2700	1·5197
11	x	$0\frac{3}{2}$	032	23 39·	64 19	"	62 18	21 12	55 38·	"	1·9050	2·0798
12	ε	02	021	18 11·	69 29·	"	68 30·	17 00	62 51	"	2·5400	2·6736
13	c	-10	$\bar{1}$01	90 00	20 19·	$\bar{2}$0 19·	0 00	$\bar{2}$0 19·	0 00	$\bar{0}$·3704	0	0·3704
14	d	$+1$	111	58 05·	67 24	63 53	51 47	51 36	29 12·	2·0398	1·2700	2·4028
15	φ	$-\frac{1}{4}$	$\bar{1}$14	59 14	31 50	28 04·	17 37	26 57	15 39	0·5458	0·3175	0·6207
16	p	$-\frac{1}{2}$	$\bar{1}$12	20 05	34 04	13 04	32 25	11 05	31 44·	0·2321	0·6350	0·6761
17	u	$-\frac{2}{3}$	$\bar{2}$23	2 07	40 16·	1 47·	40 15	1 22	40 14·	0·0313	0·8467	0·8472
18	t	-1	$\bar{1}$11	$\bar{1}$6 16	52 55	$\bar{2}$0 19·	51 47	$\bar{1}$2 54·	49 59	$\bar{0}$·3704	1·2700	1·3229
19	ξ	$-\frac{3}{2}$	$\bar{3}$32	$\bar{2}$7 03·	64 56·	$\bar{4}$4 13	62 18	$\bar{2}$4 20	53 47	$\bar{0}$·9730	1·9050	2·1390
20	e	-2	$\bar{2}$21	$\bar{3}$1 48·	71 30	$\bar{5}$7 36	68 30·	$\bar{2}$9 59·	53 42	$\bar{1}$·5755	2·5400	2·9889
21	g	-4	$\bar{4}$41	$\bar{3}$8 07·	81 12	$\bar{7}$5 55	78 52	$\bar{3}$7 36	51 01·	$\bar{3}$·9864	5·0800	6·4573
22	s	$+12$	121	38 46	72 56	63 53	68 30·	36 46	48 11·	2·0398	2·5400	3·2576
23	τ	$+14$	141	21 52·	79 39	"	78 52	21 30	65 54·	"	5·0800	5·4742
24	f	$-1\frac{1}{2}$	$\bar{2}$12	$\bar{3}$0 15·	36 19·	$\bar{2}$0 19·	32 25	$\bar{1}$7 22	30 46·	$\bar{0}$·3704	0·6350	0·7351
25	w	$+\frac{1}{2}1$	122	48 32	62 28	55 10	51 47	41 38·	35 37·	1·4372	1·2700	1·9179
26	z	-23	$\bar{2}$31	$\bar{2}$2 38	76 23	$\bar{5}$7 48·	75 17·	$\bar{2}$1 58	63 46·	$\bar{1}$·5885·	3·8100	4·1279
27	v	$+\frac{1}{2}2$	142	29 30	71 05	55 10	68 30·	27 46	55 25·	1·4372	2·5400	2·9184
28	q	$-1\frac{3}{4}$	$\bar{1}$34	29 15	47 30·	28 04·	43 36·	21 07	40 02·	0·5458	0·9525	1·0917
29	y	$+\frac{2}{3}3$	362	19 22·	76 05·	53 16	75 17·	18 47	66 18·	1·3398	3·8100	4·0387

Staurolith.

Rhombisch.

$a = 0\cdot6942$	$\lg a = 9\cdot84148$	$\lg a_0 = 9\cdot85048$	$\lg p_0 = 0\cdot14952$	$a_0 = 0\cdot7087$	$p_0 = 1\cdot4110$
$c = 0\cdot9795$	$\lg c = 9\cdot99100$	$\lg b_0 = 0\cdot00900$	$\lg q_0 = 9\cdot99100$	$b_0 = 1\cdot0209$	$q_0 = 0\cdot9795$

No.	Buch-staben	Symb.	Miller	φ	ϱ	ξ_0	η_0	ξ	η	x′ (Prismen) (x : y)	y′	d′ $=\mathrm{tg}\,\varrho$
1	a	0	001	—	0°00	0°00	0°00	0°00	0°00	0	0	0
2	c	0∞	010	0°00	90 00	″	90 00	″	90 00	″	∞	∞
3	r	∞	110	55 14	″	90 00	″	55 14	34 46	1·4405	″	″
4	x	01	011	0 00	44 24·	0 00	44 24·	0 00	44 24·	0	0·9795	0·9795
5	m	$\tfrac{3}{2}$0	302	90 00	64 42·	64 42·	0 00	64 42·	0 00	2·1164	0	2·1164
6	z	1	111	55 14	59 47·	54 40·	44 24·	45 13·	29 31·	1.4110	0·9795	1·7176

Steenstrupin.

Hexagonal.　Rhomboedrisch - hemiedrisch.

$c = 1\cdot11$	$\lg c = 0\cdot04532$	$\lg a_0 = 0\cdot19324$	$\lg p_0 = 9\cdot86923$	$a_0 = 1\cdot5604$	$p_0 = 0\cdot740$	(G_2)

No.	Buch-staben	Symb.	Bravais	φ	ϱ	ξ_0	η_0	ξ	η	x (Prismen) (x : y)	y	d $=\mathrm{tg}\,\varrho$
1	o	0	0001	—	0°00	0°00	0°00	0°00	0°00	0	0	0
2	p·	+1	11$\bar2$1	30°00	52 02·	32 39	47 59	23 13	43 04	0·6408	1·1100	1·2817

Steinsalz.

Regulär.

No.	Buch-staben	Symb.	Miller	φ	ϱ	ξ_0	η_0	ξ	η	x (Prismen) (x : y)	y	d $=\mathrm{tg}\,\varrho$
1	c	0	001	—	0°00	0°00	0°00	0°00	0°00	0	0	0
		0∞	010	0°00	90 00	″	90 00	″	90 00	″	∞	∞
2	f	0$\tfrac{1}{4}$	014	″	14 02	″	14 02	″	14 02	″	0·2500	0·2500
		04	041	″	75 58	″	75 58	″	75 58	″	4·0000	4·0000
		∞4	140	14 02	90 00	90 00	90 00	14 02	″	0·2500	∞	∞
3	e	0$\tfrac{1}{2}$	012	0 00	26 34	0 00	26 34	0 00	26 34	0	0·5000	0·5000
		02	021	″	63 26	″	63 26	″	63 26	″	2·0000	2·0000
		∞2	120	26 34	90 00	90 00	90 00	26 34	″	0·5000	∞	∞
4	h	0$\tfrac{3}{5}$	035	0 00	30 58	0 00	30 58	0 00	30 58	0	0·6000	0·6000
		0$\tfrac{5}{3}$	053	″	59 02	″	59 02	″	59 02	″	1·6667	1·6667
		∞$\tfrac{5}{3}$	350	30 58	90 00	90 00	90 00	30 58	″	0·6000	∞	∞

No.	Buch-staben	Symb.	Miller	φ	ϱ	ξ_0	η_0	ξ	η	x (Prismen) (x : y)	y	d =tgϱ
5	i	$0\frac{3}{4}$	034	0° 00	36° 52	0° 00	36° 52	0° 00	36° 52	0	0·7500	0·7500
		$0\frac{4}{3}$	043	"	53 08	"	53 08	"	53 08	"	1·3333	1·3333
		$\infty\frac{4}{3}$	340	36 52	90 00	90 00	90 00	36 52	"	0·7500	∞	∞
6	δ	$0\frac{4}{5}$	045	0 00	38 39·	0 00	38 39·	0 00	38 39·	0	0·8000	0·8000
		$0\frac{5}{4}$	054	"	51 20·	"	21 20·	"	51 20·	"	1·2500	1·2500
		$\infty\frac{5}{4}$	450	38 39·	90 00	90 00	90 00	38 39·	"	0·8000	∞	∞
7	d	01	011	0 00	45 00	0 00	45 00	0 00	45 00	0	1·0000	1·0000
		∞	110	45 00	90 00	90 00	90 00	45 00	"	1·0000	∞	∞
8	p	1	111	"	54 44	45 00	45 00	35 16	35 16	"	1·0000	1·4142
9	w	$\frac{2}{3}1$	233	33 41·	50 14·	33 41·	"	25 14·	39 45·	0·6667	"	1·2019
		$\frac{3}{2}$	332	45 00	64 45·	56 18·	56 18·	39 45·	"	1·5000	1·5000	2·1213
10	u	$\frac{1}{2}1$	122	26 34	48 11·	26 34	45 00	19 28	41 48·	0·5000	1·0000	1·1180
		2	221	45 00	70 32	63 26	63 26	41 48·	"	2·0000	2·0000	2·8284
11	x	$\frac{1}{3}\frac{2}{3}$	123	26 34	36 42	18 26	33 41·	15 30	32 18·	0·3333	0·6667	0·7453
		$\frac{1}{2}\frac{3}{2}$	132	18 26	57 41·	26 34	56 18·	"	53 18	0·5000	1·5000	1·5811
		23	231	33 41·	74 30	63 26	71 34	32 18·	"	2·0000	3·0000	3·6055

Stercorit.

Monoklin.

a = 2·8828	lg a = 045981	lg a_0 = 018992	lg p_0 = 981008	a_0 = 1·5486	p_0 = 0·6458
c = 1·8616	lg c = 026989	lg b_0 = 973011	lg q_0 = 026414	b_0 = 0·5372	q_0 = 1·8371
$\left.\begin{matrix}\mu =\\180-\beta\end{matrix}\right\}$ 80° 42	$\left.\begin{matrix}\lg h =\\\lg \sin\mu\end{matrix}\right\}$ 999425	$\left.\begin{matrix}\lg e =\\\lg \cos\mu\end{matrix}\right\}$ 920845	$\lg\frac{p_0}{q_0}$ = 954594	h = 0·9868	e = 0·1616

No.	Buch-staben	Symb.	Miller	φ	ϱ	ξ_0	η_0	ξ	η	x' (Prismen) (x : y)	y'	d' =tgϱ
1	c	0	001	90° 00	9° 18	9° 18·	0° 00	9° 18	0° 00	0·1637·	0	0·1637·
2	a	∞0	100	"	90 00	90 00	"	90 00	"	∞	"	∞
3	h	3∞	310	46 31	"	"	90 00	46 31	43 29	1·0545	∞	"
4	m	∞	110	19 22	"	"	"	19 22	70 38	0·3515	"	"
5	k	+20	201	90 00	55 49	55 49	0 00	55 49	0 00	1·4726	0	1·4726
6	r	+10	101	"	39 17·	39 17·	"	39 17·	"	0·8181·	"	0·8181·
7	f	−10	$\bar{1}$01	90 00	26 08	$\bar{2}$6 08	"	$\bar{2}$6 08	"	$\bar{0}$·4906	"	0·4906
8	x	−20	$\bar{2}$01	"	48 52	$\bar{4}$8 52	"	$\bar{4}$8 52	"	$\bar{1}$·1450·	"	1·1450·
9	n	$+\frac{1}{2}$	112	27 48·	46 28	26 09	42 57	19 46	39 53	0·4909·	0·9308	1·0524
10	t	$-\frac{1}{2}$	$\bar{1}$12	$\bar{9}$ 57·	43 23	$\bar{9}$ 17	"	$\bar{6}$ 49·	42 34·	$\bar{0}$·1634·	"	0·9450

Sternbergit.

Rhombisch.

$a = 0\text{·}5832$	$\lg a = 976582$	$\lg a_o = 984201$	$\lg p_o = 015799$	$a_o = 0\text{·}6950$	$p_o = 1\text{·}4388$
$c = 0\text{·}8391$	$\lg c = 992381$	$\lg b_o = 007619$	$\lg q_o = 992381$	$b_o = 1\text{·}1917$	$q_o = 0\text{·}8391$

No.	Buch-staben	Symb.	Miller	φ	ϱ	ξ_o	η_o	ξ	η	x (Prismen) (x : y)	y	d $=\mathrm{tg}\,\varrho$
1	c	0	001	—	0°00	0°00	0°00	0°00	0°00	0	0	0
2	a	0∞	010	0°00	90 00	"	90 00	"	90 00	"	∞	∞
3	m	∞	110	59 45	"	90 00	"	59 45	30 15	1·7147	"	"
4	e	02	021	0 00	59 12·	0 00	59 12·	0 00	59 12·	0	1·6781	1·6781
5	u	0·10	0·10·1	"	83 12	"	83 12	"	83 12	"	8·3910	8·3910
6	w	$\frac{1}{6}$0	106	90 00	13 29	13 29	0 00	13 29	0 00	0·2398	0	0·2398
7	s	1	111	59 45	59 01	55 12	40 00	47 47	25 35·	1·4388	0·8391	1·6656
8	v	2	221	"	73 17·	70 50	59 12·	55 49·	28 51	2·8775	1·6782	3·3311
9	. d	12	121	40 36·	65 40	55 12	"	36 22·	43 46	1·4388	"	2·2105

Stolzit.

Tetragonal.   Pyramidal - hemiedrisch.

$\left.\begin{array}{c} c \\ p_o \end{array}\right\} = 1\text{·}5606$	$\lg c = 019329$	$\lg a_o = 980671$	$a_o = 0.6408$

No.	Buch-staben	Symb.	Miller	φ	ϱ	ξ_o	η_o	ξ	η	x (Prismen) (x : y)	y	d $=\mathrm{tg}\,\varrho$
1	c	0	001	—	0°00	0°00	0°00	0°00	0°00	0	0	0
2	a	0∞	010	0°00	90 00	"	90 00	"	90 00	"	∞	∞
3	m	∞	110	45 00	"	90 00	"	45 00	45 00	1·0000	"	"
4	?Ω	0$\frac{1}{10}$	0·1·10	0 00	8 52	0 00	8 52	0 00	8 52	0	0·1561	0·1561
5	ω	0$\frac{1}{9}$	019	"	9 50	"	9 50	"	9 50	"	0·1734	0·1734
6	τ	0$\frac{1}{3}$	013	"	27 29	"	27 29	"	27 29	"	0·5202	0·5202
7	o	0$\frac{1}{2}$	012	"	37 58	"	37 58	"	37 58	"	0·7803	0·7803
8	η	0$\frac{2}{3}$	023	"	46 08	"	46 08	"	46 08	"	1·0404	1·0404
9	h	0$\frac{3}{4}$	034	"	49 29·	"	49 29·	"	49 29·	"	1·1704	1·1704
10	e	01	011	"	57 21	"	57 21	"	57 21	"	1·5606	1·5606
11	ε	02	021	"	72 14	"	72 14	"	72 14	"	3·1212	3·1212
12	v	$\frac{1}{2}$	112	45 00	47 49	37 58	37 58	31 36	31 36	0·7803	0·7803	1·1035
13	p	1	111	"	65 37·	57 21	57 21	40 06	40 06	1·5606	1·5606	2·2070
14	μ	2	221	"	77 14	72 14	72 14	43 36	43 36	3·1212	3·1212	4·4140
15	π	$\frac{1}{3}$1	133	18 26	58 42·	27 29	57 21	15 40·	54 09·	0·5202	1·5606	1·6450
16	A	15	151	11 18·	82 50	57 21	82 42	11 13	76 38	1·5606	7·8030	7·9574
17	s	13	131	18 26	78 32·	"	77 56·	18 03·	68 24	"	4·6818	4·9350
18	?B	$\frac{3}{2}$2	342	36 52	75 37·	66 52	72 14	35 32	50 48	2·3409	3·1212	3·9015

Strengit.

Rhombisch.

$a = 0.8652$	$\lg a = 993712$	$\lg a_0 = 994470$	$\lg p_0 = 005530$	$a_0 = 0.8805$	$p_0 = 1.1358$
$c = 0.9827$	$\lg c = 999242$	$\lg b_0 = 000758$	$\lg q_0 = 999242$	$b_0 = 1.0176$	$q_0 = 0.9827$

No.	Buch-staben	Symb.	Miller	φ	ϱ	ξ_0	η_0	ξ	η	x (Prismen) (x : y)	y	d $= \operatorname{tg}\varrho$
1	b	O	001	—	0°00	0°00	0°00	0°00	0°00	0	0	0
2	a	∞0	100	90°00	90 00	90 00	"	90 00	"	∞	"	∞
3	k	$\frac{4}{3}∞$	430	57 01	"	"	90 00	57 01	32 59	1.5411	∞	"
4	d	∞2	120	30 01·	"	"	"	30 01·	59 58·	0.5779	"	"
5	e	$0\frac{1}{2}$	012	0 00	26 10	0 00	26 10	0 00	26 10	0	0.4913	0.4913
6	f	$\frac{3}{2}0$	302	90 00	59 35·	59 35·	0 00	59 35·	0 00	1.7037	0	1.7037
7	g	$\frac{8}{5}0$	805	"	61 10·	61 10·	"	61 10·	"	1.8173	"	1.8173
8	p	1	111	49 08	56 20·	48 38·	44 30	39 01	33 00	1.1358	0.9827	1.5019

Stromeyerit.

Rhombisch.

$a = 0.5822$	$\lg a = 976507$	$\lg a_0 = 977973$	$\lg p_0 = 022027$	$a_0 = 0.6022$	$p_0 = 1.6606$
$c = 0.9668$	$\lg c = 998534$	$\lg b_0 = 001466$	$\lg q_0 = 998534$	$b_0 = 1.0343$	$q_0 = 0.9668$

No.	Buch-staben	Symb.	Miller	φ	ϱ	ξ_0	η_0	ξ	η	x (Prismen) (x : y)	y	d $= \operatorname{tg}\varrho$
1	c	O	001	—	0°00	0°00	0°00	0°00	0°00	0	0	0
2	a	0∞	010	0°00	90 00	"	90 00	"	90 00	"	∞	∞
3	m	∞	110	59 47·	"	90 00	"	59 47·	30 12·	1.7175	"	"
4	u	$0\frac{1}{2}$	012	0 00	25 48	0 00	25 48	0 00	25 48	0	0.4834	0.4834
5	e	02	021	"	62 39	"	62 39	"	62 39	"	1.9336	1.9336
6	w	$\frac{1}{4}$	114	59 47·	25 39·	22 33	13 35	21 58·	12 35	0.4151	0.2417	0.4804
7	v	$\frac{1}{2}$	112	"	43 51	39 42	25 48	36 47	20 24	0.8303	0.4834	0.9608
8	p	1	111	"	62 30·	58 56·	44 02	50 03	26 30·	1.6606	0.9668	1.9215

Strontianit.

Rhombisch.

a = 0·6090	lg a = 978462	lg a₀ = 992494	lg p₀ = 007506	a₀ = 0·8413	p₀ = 1·1887
c = 0·7239	lg c = 985968	lg b₀ = 014032	lg q₀ = 985968	b₀ = 1·3814	q₀ = 0·7239

No.	Buchstaben	Symb.	Miller	φ	ϱ	ξ_0	η_0	ξ	η	x (Prismen) (x : y)	y	d = tg ϱ
1	c	0	001	—	0°00	0°00	0°00	0°00	0°00	0	0	0
2	b	0∞	010	0°00	90 00	”	90 00	”	90 00	”	∞	∞
3	m	∞	110	58 39·	”	90 00	”	58 39·	31 20·	1·6420	”	”
4	e	0½	012	0 00	19 54	0 00	19 54	0 00	19 54	0	0·3619	0·3619
5	δ	0⅔	023	”	25 45·	”	25 45·	”	25 45·	”	0·4826	0·4826
6	k	01	011	”	35 54	”	35 54	”	35 54	”	0·7239	0·7239
7	l	0ᴈ⁄₂	032	”	47 21·	”	47 21·	”	47 21·	”	1·0858	1·0858
8	i	02	021	”	55 22	”	55 22	”	55 22	”	1·4478	1·4478
9	v	03	031	”	65 16·	”	65 16·	”	65 16·	”	2·1717	2·1717
10	z	04	041	”	70 57	”	70 57	”	70 57	”	2·8956	2·8956
11	q	06	061	”	77 02	”	77 02	”	77 02	”	4·3434	4·3434
12	ζ	08	081	”	80 12	”	80 12	”	80 12	”	5·7912	5·7912
13	χ	0·12	0·12·1	”	83 26	”	83 26	”	83 26	”	8·6868	8·6868
14	t	½0	102	90 00	30 43·	30 43·	0 00	30 43·	0 00	0·5943	0	0·5943
15	n	⅕	115	58 39·	15 33	13 22·	8 14	13 14·	8 01	0·2377	0·1448	0·2784
16	ε	⅓	113	”	24 53	21 37	13 34	21 04	12 38·	0·3962	0·2413	0·4639
17	o	½	112	”	34 50	30 43·	19 54	29 12	17 17	0·5943	0·3619	0·6959
18	ϱ	⅘	445	”	48 04·	43 33·	30 04·	39 27	22 46	0·9509	0·5791	1·1134
19	p	1	111	”	54 18	49 55·	35 54	43 55	24 59	1·1886	0·7239	1·3917
20	ϑ	ᴈ⁄₂	332	”	64 24·	60 43	47 21·	50 22·	27 58·	1·7830	1·0858	2·0876
21	h	2	221	”	70 14·	67 11	55 22	53 29·	29 18·	2·3773	1·4478	2·7835
22	φ	3	331	”	76 32	74 20	65 16·	56 09·	30 23	3·5660	2·1717	4·1752
23	λ	4	441	”	79 49	78 07·	70 57	57 12·	30 47·	4·7546	2·8956	5·5670
24	d	6	661	”	83 10	82 01	77 02	58 00	31 05·	7·1320	4·3434	8·3504
25	ξ	8	881	”	84 52	83 59	80 12	58 17	31 12	9·5094	5·7912	11·134

Struvit.

Rhombisch. Hemimorph.

$a = 0{\cdot}5481$	$\lg a = 973886$	$\lg a_0 = 994556$	$\lg p_0 = 005444$	$a_0 = 0{\cdot}8822$	$p_0 = 1{\cdot}1336$
$c = 0{\cdot}6213$	$\lg c = 979330$	$\lg b_0 = 020670$	$\lg q_0 = 979330$	$b_0 = 1{\cdot}6095$	$q_0 = 0{\cdot}6213$

No.	Buch-staben	Symb.	Miller	φ	ϱ	ξ_0	η_0	ξ	η	x (Prismen) (x : y)	y	d $=\mathrm{tg}\,\varrho$
1	c	0	001	—	0°00	0°00	0°00	0°00	0°00	0	0	0
2	a	0∞	010	0°00	90 00	"	90 00	"	90 00	"	∞	∞
3	b	∞0	100	90 00	"	90 00	0 00	90 00	0 00	∞	0	"
4	k	2∞	210	74 40·	"	"	90 00	74 40·	15 19·	3·6490	∞	"
5	m	∞	110	61 16·	"	"	"	61 16·	28 43·	1·8245	"	"
6	n	∞2	120	42 22·	"	"	"	42 22·	47 37·	0·9122	"	"
7	i	∞5	150	20 03	"	"	"	20 03	69 57	0·3566	"	"
8	s	01	011	0 00	31 51	0 00	31 51	0 00	31 51	0	0·6213	0·6213
9	x	$0\tfrac{7}{5}$	075	"	41 01	"	41 01	"	41 01	"	0·8698	0·8698
10	p	10	101	90 00	48 35	48 35	0 00	48 35	0 00	1·1335	0	1·1335
11	t	1	111	61 16·	52 16·	"	31 51	43 55	22 20·	"	0·6213	1·2926

Stylotyp.

Rhombisch.

$$\lg \frac{p_0}{q_0} = 002655; \quad \frac{p_0}{q_0} = 1{\cdot}0630; \quad \frac{a}{b} = 0{\cdot}941$$

No.	Buch-staben	Symb.	Miller	φ	ϱ	ξ_0	η_0	ξ	η	x (Prismen) (x : y)	y	d $=\mathrm{tg}\,\varrho$
1	m	∞	110	46°45	90°00	90°00	90°00	46°45·	43°15	1·0630·	∞	∞

Sulfohalit.

Regulär.

No.	Buch-staben	Symb.	Miller	φ	ϱ	ξ_0	η_0	ξ	η	x (Prismen) (x : y)	y	d $=\mathrm{tg}\,\varrho$
1	c	0	001	—	0°00	0°00	0°00	0°00	0°00	0	0	0
		0∞	010	0°00	90 00	"	90 00	"	90 00	"	∞	∞
2	d	01	011	"	45 00	"	45 00	"	45 00	"	1·0000	1·0000
		∞	110	45 00	90 00	90 00	90 00	45 00	"	1·0000	∞	∞
3	p	1	111	"	54 44	45 00	45 00	35 16	35 16	"	1·0000	1·4142

Sundtit.

Rhombisch.

a = 0·6771	lg a = 983065	lg a₀ = 018151	lg p₀ = 981849	a₀ = 1·5188	p₀ = 0·6584
c = 0·4458	lg c = 964914	lg b₀ = 035086	lg q₀ = 964914	b₀ = 2·2432	q₀ = 0·4458

No.	Buch-staben	Symb.	Miller	φ	ϱ	ξ_0	η_0	ξ	η	x (Prismen) (x : y)	y	d = tg ϱ
1	c	0	001	—	0°00	0°00	0°00	0°00	0°00	0	0	0
2	b	0∞	010	0°00	90 00	”	90 00	”	90 00	”	∞	∞
3	a	∞0	100	90 00	”	90 00	0 00	90 00	0 00	∞	0	”
4	n	2∞	210	71 18	”	”	90 00	71 18	18 42	2·9538	∞	”
5	m	∞	110	55 54	”	”	”	55 54	34 06	1·4769	”	”
6	l	∞$\frac{3}{2}$	230	44 33	”	”	”	44 33	45 27	0·9846	”	”
7	g	∞$\frac{5}{2}$	250	30 34·	”	”	”	30 34·	59 25·	0·5907	”	”
8	x	01	011	0 00	24 01·	0 00	24 01·	0 00	24 01·	0	0·4458	0·4458
9	γ	02	021	”	41 43	”	41 43	”	41 43	”	0·8916	0·8916
10	y	03	031	”	53 13	”	53 13	”	53 13	”	1·3374	1·3374
11	h	$\frac{1}{2}$0	102	90 00	18 13·	18 13·	0 00	18 13·	0 00	0·3292	0	0·3292
12	f	10	101	”	33 21·	33 21·	”	33 21·	”	0·6584	”	0·6584
13	e	$\frac{3}{2}$0	302	”	44 38·	44 38·	”	44 38·	”	0·9876	”	0·9876
14	d	60	601	”	75 47·	75 47·	”	75 47·	”	3·9504	”	3·9504
15	v	$\frac{1}{2}$	112	55 54	21 41	18 13·	12 34	17 49	11 57	0·3292	0·2229	0·3976
16	p	1	111	”	38 29·	33 21·	24 01·	31 01	20 25·	0·6584	0·4458	0·7951
17	z	$\frac{3}{2}$	332	”	50 01·	44 38·	33 46	39 23	25 26·	0·9876	0·6687	1·1927
18	q	2	221	”	57 50	52 47	41 43	44 30·	28 20	1·3168	0·8916	1·5903
19	r	12	121	36 26·	47 56·	33 21·	”	26 10	36 40·	0·6584	”	1·1084
20	s	21	211	71 18	54 16·	52 47	24 01·	50 15·	15 05·	1·3168	0·4458	1·3902
21	ω	$\frac{1}{2}\frac{3}{2}$	132	26 12·	36 42	18 13·	33 46	15 18	32 25·	0·3292	0·6687	0·7453

Svabit.

Hexagonal.

c = 1·2372	lg c = 009244	lg a₀ = 014612	lg p₀ = 991635	a₀ = 1·4000	p̄₀ = 0·8248	(G₁)

No.	Buch-staben	Symb.	Bravais	φ	ϱ	ξ_0	η_0	ξ	η	x (Prismen) (x : y)	y	d = tg ϱ
1	c	0	0001	—	0°00	0°00	0°00	0°00	0°00	0	0	0
2	a	∞0	101̄0	0°00	90 00	”	90 00	”	90 00	”	∞	∞
3	x	10	101̄1	”	39 31	”	39 31	”	39 31	”	0·8248	0·8248
4	s	1	112̄1	30 00	55 00·	35 32·	51 03	24 11	45 11·	0·7143	1·2372	1·4286

Svanbergit.

Hexagonal. Rhomboedrisch - hemiedrisch.

$c = 1{\cdot}2365$	$\lg c = 009218$	$\lg a_0 = 014638$	$\lg p_0 = 991609$	$a_0 = 1{\cdot}4008$	$p_0 = 0{\cdot}8243$	(G_2)

No.	Buch-staben	Symb.	Bravais	φ	ϱ	ξ_0	η_0	ξ	η	x (Prismen) (x : y)	y	d =tgϱ
1	c	0	0001	—	0°00	0°00	0°00	0°00	0°00	0	0	0
2	p·	+1	11$\bar2$1	30°00	54 59·	35 31·	51 02	24 10·	45 11	0·7139	1·2365	1·4277
3	φ·	−2	$\bar2\bar2$41	„	70 42	54 59·	67 59	28 09·	54 49	1·4277	2·4730	2·8555
4	m·	+4	44$\bar8$1	„	80 04	70 42	78 34	29 30·	58 32·	2·8555	4·9459	5·7110
5	n·	+5	5·5·$\bar{10}$·1	„	82 01·	74 21	80 48·	29 41	59 03	3·5693	6·1823	7·1386

Sylvanit.

Monoklin.

$a = 1{\cdot}6339$	$\lg a = 021322$	$\lg a_0 = 016149$	$\lg p_0 = 983851$	$a_0 = 1{\cdot}4504$	$p_0 = 0{\cdot}6895$
$c = 1{\cdot}1265$	$\lg c = 005173$	$\lg b_0 = 994827$	$\lg q_0 = 005172$	$b_0 = 0{\cdot}8877$	$q_0 = 1{\cdot}1265$
$\mu = {} \atop 180-\beta = {} \Big\}\,89°35$	$\lg h = {} \atop \lg\sin\mu = {}\Big\}999999$	$\lg e = {} \atop \lg\cos\mu = {}\Big\}786166$	$\lg\dfrac{p_0}{q_0} = 978679$	$h = 1$	$e = 0{\cdot}0073$

No.	Buch-staben	Symb.	Miller	φ	ϱ	ξ_0	η_0	ξ	η	x' (Prismen) (x : y)	y'	d' =tgϱ
1	c	0	001	90°00	0°25	0°25	0°00	0°25	0°00	0·0072·	0	0·0072·
2	b	0∞	010	0 00	90 00	0 00	90 00	0 00	90 00	0	∞	∞
3	a	∞0	100	90 00	„	90 00	0 00	90 00	0 00	∞	0	„
4	S	5∞	510	71 54	„	„	90 00	71 54	18 06	3·0602	∞	„
5	h	4∞	410	67 47	„	„	„	67 47	22 13	2·4482	„	„
6	g	3∞	310	61 25·	„	„	„	61 25·	28 34·	1·8361	„	„
7	f	2∞	210	50 45	„	„	„	50 45	39 15	1·2241	„	„
8	e	∞	110	31 28	„	„	„	31 28	58 32	0·6120·	„	„
9	R	∞2	120	17 01	„	„	„	17 01	72 59	0·3060·	„	„
10	x	0½	012	0 44·	29 23·	0·25	29 23·	0 22	29 23·	0·0072·	0·5632·	0·5633
11	z	0⅔	023	0 33·	36 54·	„	36 54·	0 20	36 54·	„	0·7510	0·7510
12	d	01	011	0 22	48 24·	„	48 24·	0 16·	48 24·	„	1·1265	1·1265
13	K	02	021	0 11	66 04	„	66 04	0 10	66 04	„	2·2530	2·2530
14	n	+20	201	90 00	54 12	54 12	0 00	54 12	0 00	1·3863	0	1·3863
15	m	+10	101	„	34 52	34 52	„	34 52	„	0·6968	„	0·6968
16	M	−10	$\bar1$01	90 00	34 18	$\bar3$4 18	„	$\bar3$4 18	„	$\bar0$·6822	„	0·6822
17	N	−20	$\bar2$01	„	53 56	$\bar5$3 56	„	$\bar5$3 56	„	$\bar1$·3727	„	1·3727
18	D	+2	221	31 36	69 17·	54 12	66 04	29 21	52 49	1·3863	2·2530	2·6454
19	r	+1	111	31 44·	52 57	34 52	48 24·	24 49·	42 45	0·6968	1·1265	1·3246
20	p	+½	112	32 00·	33 35·	19 24	29 23·	17 03	27 59	0·3520·	0·5632·	0·6642

No.	Buchstaben	Symb.	Miller	φ	ϱ	ξ_0	η_0	ξ	η	x' (Prismen) (x : y)	y'	d' $=$ tgϱ
21	k	$-\frac{1}{2}$	$\bar{1}$12	30°55'	33°17'	$\bar{1}$8°39	29°23'	$\bar{1}$6°23	28°05	$\bar{0}$·3374'	0·5632'	0·6566
22	ξ	$-\frac{2}{3}$	$\bar{2}$23	31 04	41 14'	$\bar{2}$4 20'	36 54'	$\bar{1}$9 53'	34 23	$\bar{0}$·4524	0·7510	0·8767
23	ϱ	-1	$\bar{1}$11	31 12	52 47'	$\bar{3}$4 18	48 24'	$\bar{2}$4 22	42 56'	$\bar{0}$·6822	1·1265	1·3170
24	$\varDelta$	-2	$\bar{2}$21	31 20	69 14'	$\bar{5}$3 54'	66 04	$\bar{2}$9 06	53 00	$\bar{1}$·3717	2·2530	2·6378
25	a	$+1\frac{1}{4}$	414	67 59'	36 56	34 52	15 44	33 51	13 00'	0·6968	0·2816	0·7516
26	β	$+1\frac{1}{3}$	313	61 41	38 22	"	20 35	33 07	17 07'	"	0·3755	0·7916
27	γ	$+1\frac{1}{2}$	212	51 07	41 50	"	29 20	31 16'	24 45	"	0·5619'	0·8952
28	t	$+1\frac{2}{3}$	323	42 51'	45 41'	"	36 54'	29 07'	31 38'	"	0·7510	1·0245
29	s	$+12$	121	17 11	67 01'	"	66 04	15 47	61 35'	"	2·2530	2·3587
30	τ	$-1\frac{2}{3}$	$\bar{3}$23	$\bar{4}$2 15	45 25	$\bar{3}$4 18	36. 54'	$\bar{2}$8 37	31 49	$\bar{0}$·6822	0·7510	1·0146
31	σ	-12	$\bar{1}$21	$\bar{1}$6 51	66 59	"	66 04	$\bar{1}$5 28	61 45	"	2·2530	2·3540
32	δ	$+31$	311	61 31	67 03	64 17	48 24'	54 02	26 03	2·0758'	1·1265	2·3618
33	I	$+21$	211	50 54	60 45'	54 12	48 24'	42 37'	33 23	1.3863	"	1·7863
34	P	$+\frac{1}{2}1$	122	17 21'	49 43'	19 24	"	13 09'	46 44'	0·3520'	"	1·1802
35	φ	$-\frac{5}{2}1$	$\bar{5}$22	$\bar{5}$6 43'	64 02	$\bar{5}$9 46'	"	$\bar{4}$8 44	29 33'	$\bar{1}$·7165	"	2·0531
36	ϑ	-23	$\bar{2}$31	$\bar{2}$2 05'	74 40	$\bar{5}$3 54'	73 31	$\bar{2}$1 16	63 20	$\bar{1}$·3717	3·3795	3·6473
37	i	$+32$	321	42 39'	71 55'	64 17	66 04	40 06	44 21'	2·0758'	2·2530	3·0635
38	F	$+\frac{5}{2}2$	542	37 32'	70 36'	59 59	"	35 05	48 25	1·7311	"	2·8413
39	$\varPhi$	$-\frac{5}{2}2$	$\bar{5}$42	$\bar{3}$7 18	70 33	$\bar{5}$9 46'	"	34 51	48 36	$\bar{1}$·7165	"	2·8324
40	J	-32	$\bar{3}$21	$\bar{4}$2 27'	71 52	$\bar{6}$4 07	"	$\bar{3}$9 54	44 31	$\bar{2}$·0621	"	3·0536
41	ι	-42	$\bar{4}$21	$\bar{5}$0 41	74 17'	$\bar{7}$0 01'	"	$\bar{4}$8 08	37 35	$\bar{2}$·7506'	"	3·5557
42	$\varkappa$	-52	$\bar{5}$21	$\bar{5}$6 47	76 20	$\bar{7}$3 47'	"	$\bar{5}$4 23	32 10	$\bar{3}$·4402'	"	4.1124
43	χ	-62	$\bar{6}$21	$\bar{6}$1 23	78 00	$\bar{7}$6 23'	"	$\bar{5}$9 10	27 56	$\bar{4}$·1298	"	4·7043
44	$\varGamma$	-72	$\bar{7}$21	$\bar{6}$4 57	79 21'	$\bar{7}$8 16'	"	62 55	24 36	$\bar{4}$·8193	"	5·3200
45	π	-34	$\bar{3}$41	$\bar{2}$4 35	78 35'	$\bar{6}$4 07	77 29	$\bar{2}$4 04	63 03	$\bar{2}$·0621	4·5060	4·9551
46	y	$+\frac{1}{3}\frac{2}{3}$	123	17 31'	38 13'	13 20'	36 54'	10 44	36 09'	0·2371	0·7510	0·7893
47	Y	$-\frac{1}{3}\frac{2}{3}$	$\bar{1}$23	$\bar{1}$6 30	38 04	$\bar{1}$2 32'	"	10 05'	36 15	$\bar{0}$·2225	"	0·7838
48	μ	$+\frac{2}{3}\frac{1}{3}$	213	51 12	30 56	25 02	20 35	23 37	18 47'	0·4670	0·3755	0·5993
49	ν	$-\frac{2}{3}\frac{1}{3}$	$\bar{2}$13	$\bar{5}$0 18'	30 27	$\bar{2}$4 20'	"	$\bar{2}$2 57'	18 35	$\bar{0}$·4524	"	0·5879
50	ψ	$+\frac{3}{4}\frac{1}{4}$	314	61 46	30 46	27 40'	15 44	26 47	14 00'	0·5244	0·2816	0·5953

Sylvin.

Regulär.

No.	Buchstaben	Symb.	Miller	φ	ϱ	ξ_0	η_0	ξ	η	x (Prismen) (x : y)	y	d $=$ tgϱ
1	c	0	001	—	0°00	0°00	0°00	0°00	0°00	0	0	0
		0∞	010	0°00	90 00	"	90 00	"	90 00	"	∞	∞
2	δ	0$\frac{4}{5}$	045	"	38 39'	"	38 39'	"	38 39'	"	0·8000	0·8000
		0$\frac{5}{4}$	054	"	51 20'	"	51 20'	"	51 20'	"	1·2500	1·2500
		∞$\frac{5}{4}$	450	38 39'	90 00	90 00	90 00	38 39'	"	0·8000	∞	∞

No.	Buch-staben	Symb.	Miller	φ	ϱ	ξ_0	η_0	ξ	η	x (Prismen) (x : y)	y	d $=\mathrm{tg}\,\varrho$
3	s	$\frac{1}{7}$	117	45°00	11°25ˑ	8°08	8°08	8°03	8°03	0·1429	0·1429	0·2020
		17	171	8 08	81 57	45 00	81 52	„	78 35ˑ	1·0000	7·0000	7·0710
4	A	$\frac{2}{7}$	227	45 00	22 00	15 57	15 57	15 21ˑ	15 21ˑ	0·2857	0·2857	0·4041
		$1\frac{7}{2}$	272	15 57	74 38ˑ	45 00	74 03ˑ	„	68 00	1·0000	·3·5000	3·6401
5	q	$\frac{1}{2}$	112	45 00	35 16	26 34	26 34	24 05ˑ	24 05ˑ	0·5000	0·5000	0·7071
		12	121	26 34	65 54ˑ	45 00	63 26	„	54 44	1·0000	2·0000	2·2360
6	n	$\frac{2}{3}$	223	45 00	43 19	33 41ˑ	33 41ˑ	29 01	29 01	0·6667	0·6667	0·9428
		$1\frac{3}{2}$	232	33 41ˑ	60 59	45 00	56 18ˑ	„	46 41	1·0000	1·5000	1·8028
7	p	1	111	45 00	54 44	„	45 00	35 16	35 16	„	1·0000	1·4142
8	ψ	$\frac{1}{4}\,\frac{1}{2}$	124	26 34	29 12ˑ	14 02	26 34	12 36ˑ	25 52ˑ	0·2500	0·5000	0·5590
		$\frac{1}{2}2$	142	14 02	64 07ˑ	26 34	63 26	„	60 47ˑ	0·5000	2·0000	2·0615
		24	241	26 34	77 23ˑ	63 26	75 58	25 52ˑ	„	2·0000	4·0000	4·4721
9	B	$\frac{1}{2}\,\frac{5}{8}$	458	38 39ˑ	38 40ˑ	26 34	32 00ˑ	22 58ˑ	29 12ˑ	0·5000	0·6250	0·8004
		$\frac{4}{5}\,\frac{8}{5}$	485	26 34	60 47ˑ	38 39ˑ	57 59ˑ	„	51 19ˑ	0·8000	1·6000	1·7888
		$\frac{5}{4}2$	584	32 00ˑ	67 01ˑ	51 20ˑ	63 26	29 12ˑ	„	1·2500	2·0000	2·3585

Symplesit.

Monoklin.

a = 0·7806	lg a = 989243	lg a₀ = 005916	lg p₀ = 994084	a₀ = 1·1459	p₀ = 0·8727
c = 0·6812	lg c = 983327	lg b₀ = 016673	lg q₀ = 981320	b₀ = 1·4680	q₀ = 0·6504
$\left.\begin{array}{l}\mu =\\ 180-\beta\end{array}\right\}$ 72°43	$\left.\begin{array}{l}\lg h =\\ \lg \sin\mu\end{array}\right\}$ 997993	$\left.\begin{array}{l}\lg e =\\ \lg \cos\mu\end{array}\right\}$ 947290	$\lg\dfrac{p_0}{q_0}$ = 012764	h = 0·9548	e = 0·2971

No.	Buch-staben	Symb.	Miller	φ	ϱ	ξ_0	η_0	ξ	η	x' (Prismen) (x : y)	y'	d' $=\mathrm{tg}\,\varrho$
1	c	0	001	90°00	17°17	17°17	0°00	17°17	0°00	0·3111ˑ	0	0·3111ˑ
2	b	0∞	010	0 00	90 00	0 00	90 00	0 00	90 00	0	∞	∞
3	a	∞0	100	90 00	„	90 00	0 00	90 00	0 00	∞	0	„
4	m	∞	110	53 18	„	„	90 00	53 18	36 42	1·3416ˑ	∞	„
5	r	$0\frac{1}{3}$	013	53 53	21 04	17 17	12 47ˑ	16 53	12 14	0·3111ˑ	0·2270ˑ	0·3852

Synadelphit.

Rhombisch.

$a = 0.9192$	$\lg a = 996341$	$\lg a_0 = 972884$	$\lg p_0 = 027116$	$a_0 = 0.5356$	$p_0 = 1.8671$
$c = 1.7162$	$\lg c = 023457$	$\lg b_0 = 976543$	$\lg q_0 = 023457$	$b_0 = 0.5827$	$q_0 = 1.7162$

No.	Buchstaben	Symb.	Miller	φ	ϱ	ξ_0	η_0	ξ	η	x (Prismen) (x : y)	y	d $=\operatorname{tg}\varrho$
1	a	0	001	—	0°00	0°00	0°00	0°00	0°00	0	0	0
2	u	$0\frac{3}{4}$	034	0°00	52 09·	"	52 09·	"	52 09·	"	1.2871	1.2871
3	o	01	011	"	59 46·	"	59 46·	"	59 46·	"	1.7162	1.7162
4	e	10	101	90 00	61 49·	61 49·	0 00	61 49·	0 00	1.8671	0	1.8671
5	d	$\frac{1}{2}$	112	47 20	51 46·	43 02	40 43	35 17	32 10	0.9335	0.8605	1.2696
6	h	$\frac{3}{7}\,\frac{4}{7}$	347	39 08	51 44	38 40	44 31·	29 42·	37 31	0.8001	0.9834	1.2678

Syngenit.

Monoklin.

$a \,'= 1.3699$	$\lg a = 013669$	$\lg a_0 = 019528$	$\lg p_0 = 980472$	$a_0 = 1.5677·$	$p_0 = 0.6378·$
$c = 0.8738$	$\lg c = 994141$	$\lg b_0 = 005859$	$\lg q_0 = 992831$	$b_0 = 1.1444$	$q_0 = 0.8478·$
$\left.\begin{matrix}\mu =\\ 180-\beta\end{matrix}\right\} 76°00$	$\left.\begin{matrix}\lg h =\\ \lg \sin\mu\end{matrix}\right\} 998690$	$\left.\begin{matrix}\lg e =\\ \lg \cos\mu\end{matrix}\right\} 938368$	$\lg \dfrac{p_0}{q_0} = 987641$	$h = 0.9703$	$e = 0.2419$

No.	Buchstaben	Symb.	Miller	φ	ϱ	ξ_0	η_0	ξ	η	x′ (Prismen) (x : y)	y′	d′ $=\operatorname{tg}\varrho$
1	c	0	001	90°00	14°00	14°00	0°00	14°00	0°00	0.2493	0	0.2493
2	b	0∞	010	0 00	90 00	0 00	90 00	0 00	90 00	0	∞	∞
3	a	$\infty 0$	100	90 00	"	90 00	0 00	90 00	0 00	∞	0	"
4	?η	8∞	810	80 34	"	"	90 00	80 34	9 26	6.0187	∞	"
5	?ϑ	6∞	610	77 30·	"	"	"	77 30·	12 29·	4.5140	"	"
6	?l	4∞	410	71 37	"	"	"	71 37	18 23	3.0093	"	"
7	d	3∞	310	66 06	"	"	"	66 06	23 54	2.2570	"	"
8	e	2∞	210	56 23·	"	"	"	56 23·	33 36·	1.5046	"	"
9	?ε	$\frac{6}{5}\infty$	650	42 04·	"	"	"	42 04·	47 55·	0.9025·	"	"
10	p	∞	110	36 57·	"	"	"	36 57·	53 02·	0.7523·	"	"
11	s	$\infty 2$	120	20 37	"	"	"	20 37	69 23	0.3761	"	"
12	q	01	011	15 55·	42 15·	14 00	41 09	10 38	40 17·	0.2493	0.8738	0.9087
13	?ϱ	$\frac{2}{3}0$	203	90 00	34 30·	34 30·	0 00	34 30·	0 00	0.6875	0	0.6875
14	r	$+10$	101	"	42 12	42 12	"	42 12	"	0.9066	"	0.9066
15	k	-10	$\bar{1}01$	90 00	22 12	$\bar{2}2$ 12	"	$\bar{2}2$ 12	"	0.4080	"	0.4080

No.	Buchstaben	Symb.	Miller	φ	ϱ	ξ_0	η_0	ξ	η	x' (Prismen) (x : y)	y'	d' =tgϱ
16	h	—20	$\bar{2}$01	90°00	46°49	$\bar{4}$6°49	0°00	$\bar{4}$6°49	0°00	$\bar{1}$·0653	0	1·0653
17	?o	+1	111	46 03·	51 32·	42 12	41 09	34 19·	32 55	0·9066	0·8738	1·2591
18	i	+41	411	73 07	71 37	70 50·	„	65 14	16 00	2·8786	„	3·0083
19	m	—21	$\bar{2}$11	$\bar{5}$0 38·	54 02	$\bar{4}$6 49	„	$\bar{3}$8 44·	30 53	$\bar{1}$·0653	„	1·3779
20	n	—1	$\bar{1}$11	$\bar{2}$5 02	43 57·	$\bar{2}$2 12	„	$\bar{1}$7 05	38 58·	$\bar{0}$·4080	„	0·9644
21	x	—2	$\bar{2}$21	$\bar{3}$1 22	63 57·	$\bar{4}$6 49	60 13	$\bar{2}$7 53	50 06	$\bar{1}$·0653	1·7476	2·0467

Tachyhydrit.

Hexagonal. Rhomboedrisch-hemiedrisch.

c = 1·900	lg c = 027875	lg a₀ = 995981	lg p₀ = 010266	a₀ = 0·9116	p₀ = 1·2666	(G₂)

No.	Buchstaben	Symb.	Bravais	φ	ϱ	ξ_0	η_0	ξ	η	x (Prismen) (x : y)	y	d =tgϱ
1	p·	+1	11$\bar{2}$1	30°00	63°33	47°43·	62°18	27°04·	52°02	1·0998	1·9050	2·1997

Tapiolit.

Tetragonal.

c / p₀ } = 0·6464	lg c = 981050	lg a₀ = 018950	a₀ = 1·5470

No.	Buchstaben	Symb.	Miller	φ	ϱ	ξ_0	η_0	ξ	η	x (Prismen) (x : y)	y	d =tgϱ
1	c	0	001	—	0°00	0°00	0°00	0°00	0°00	0	0	0
2	a	0∞	010	0°00	90 00	„	90 00	„	90 00	„	∞	∞
3	m	∞	110	45 00	„	90 00	„	45 00	45 00	1·0000	„	„
4	d	01	011	0 00	32 52·	0 00	32 52·	0 00	32 52·	0	0·6464	0·6464
5	z	1	111	45 00	42 26	32 52·	„	28 30	28 30	0·6464	„	0·9141

Tellur.

Hexagonal. Rhomboedrisch-hemiedrisch.

c = 1·330	lg c = 012385	lg a₀ = 011471	lg p₀ = 994776	a₀ = 1·3023	p₀ = 0·8867	(G₂)

No.	Buchstaben	Symb.	Bravais	φ	ϱ	ξ_0	η_0	ξ	η	x (Prismen) (x : y)	y	d =tgϱ
1	o	0	0001	—	0°00	0°00	0°00	0°00	0°00	0	0	0
2	b	∞	11$\bar{2}$0	30°00	90 00	90 00	90 00	30 00	60 00	0·5773	∞	∞
3	u	30	30$\bar{3}$1	0 00	79 49	0 00	79 49	0 00	79 49	0	5·5692	5·5692
4	r t	±1	11$\bar{2}$1	30 00	56 56	37 31	53 03·	24 46	46 32	0·7679	1·3300	1·5357

Tellurit.

Rhombisch.

a $=$ 0·916	lg a $=$ 996190	lg a_0 $=$ 999155	lg p_0 $=$ 000845	a_0 $=$ 0·9807	p_0 $=$ 1·0196
c $=$ 0·934	lg c $=$ 997035	lg b_0 $=$ 002965	lg q_0 $=$ 997035	b_0 $=$ 1·0707	q_0 $=$ 0·9340

No.	Buch-staben	Symb.	Miller	φ	ϱ	ξ_0	η_0	ξ	η	x (Prismen) (x : y)	y	d $=$ tg ϱ
1	b	0∞	010	0°00	90°00	0°00	90°00	0°00	90°00	0	∞	∞
2	m	2∞	210	65 23·	„	90 00	„	65 23·	24 36·	2·1834	„	„
3	r	∞	110	47 30·	„	„	„	47 30·	42 29·	1·0914	„	„
4	s	∞2	120	28 37·	„	„	„	28 37·	61 22·	0·5458	„	„
5	p	1½	212	65 23·	48 16·	45 33·	25 02	42 44	18 06·	1·0196	0·4670	1·1215

Tellursilberblende.

Hexagonal. Holoedrisch.

c $=$ 1·0851	lg c $=$ 003547	lg a_0 $=$ 020309	lg p_0 $=$ 985938	a_0 $=$ 1·5962	p_0 $=$ 0·7234	(G_I)

No.	Buch-staben	Symb.	Bravais	φ	ϱ	ξ_0	η_0	ξ	η	x (Prismen) (x : y)	y	d $=$ tg ϱ
1	c	0	0001	—	0°00	0°00	0°00	0°00	0°00	0	0	0
2	a	∞0	10$\bar{1}$0	0°00	90 00	„	90 00	„	90 00	„	∞	∞
3	b	∞	11$\bar{2}$0	30 00	„	90 00	„	30 00	60 00	0·5773	„	„
4	h	2∞	21$\bar{3}$0	19 06·	„	„	„	19 06·	70 53·	0·3464	„	„
5	l	3∞	31$\bar{4}$0	13 54	„	„	„	13 54	76 06	0·2474	„	„
6	d	½0	10$\bar{1}$2	0 00	19 53	0 00	19 53	0 00	19 53	0	0·3617	0·3617
7	f	10	10$\bar{1}$1	„	35 53	„	35 53	„	35 53	„	0·7234	0·7234
8	g	20	20$\bar{2}$1	„	55 21	„	55 21	„	55 21	„	1·4468	1·4468
9	s	30	30$\bar{3}$1	„	65 15·	„	65 15·	„	65 15·	„	2·1702	2·1702
10	m	⅓	11$\bar{2}$3	30 00	22 40	11 47·	19 53	11 06·	19 30	0·2088	0·3617	0·4177
11	z	½	11$\bar{2}$2	„	32 04	17 23·	28 29	15 23·	27 22·	0·3132	0·5425	0·6265
12	y	1	11$\bar{2}$1	„	51 24·	32 04	47 20	23 00	42 36	0·6266	1·0851	1·2530
13	x	2	22$\bar{4}$1	„	68 14·	51 24·	65 15·	27 40·	53 33	1·2530	2·1702	2·5060
14	i	21	21$\bar{3}$1	19 06·	62 25	32 04	61 03·	16 52	56 52·	0·6265	1·8085	1·9140
15	o	31	31$\bar{4}$1	13 54	69 01·	„	68 27	12 57·	65 00·	„	2·5319	2·6083

Tenorit.

Monoklin.

$a = 1{\cdot}4902$	$\lg a = 017325$	$\lg a_o = 003958$	$\lg p_o = 996042$	$a_o = 1{\cdot}0954$	$p_o = 0{\cdot}9129$
$c = 1{\cdot}3604$	$\lg c = 013367$	$\lg b_o = 986633$	$\lg q_o = 012763$	$b_o = 0{\cdot}7351$	$q_o = 1{\cdot}3416$
$\left.\begin{array}{l}\mu = \\ 180 - \beta\end{array}\right\} 80°28$	$\left.\begin{array}{l}\lg h = \\ \lg \sin \mu\end{array}\right\} 999396$	$\left.\begin{array}{l}\lg e = \\ \lg \cos \mu\end{array}\right\} 921912$	$\lg \dfrac{p_o}{q_o} = 983279$	$h = 0{\cdot}9862$	$e = 0{\cdot}1656$

No.	Buch-staben	Symb.	Miller	φ	ϱ	ξ_o	η_o	ξ	η	x' (Prismen) (x : y)	y'	d' $=$ tg ϱ
1	A	o	001	90°00	9°32	9°32	0°00	9°32	0°00	0·1679	o	0·1679
2	B	∞o	100	”	90 00	90 00	”	90 00	”	∞	”	∞
3	k	o1	011	7 02	53 53·	9 32	53 41	5 41	53 18	0·1679	1·3604	1·3707
4	ε	−10	$\bar{1}$01	90 00	37 09	$\bar{3}$7 09	0 00	$\bar{3}$7 09	0 00	$\bar{0}$·7577	o	0·7577
5	?x	+60	601	”	80 05	80 05	”	80 05	”	5·7220	”	5·7220
6	m	+1	111	38 48	60 11·	47 33·	53 41	32 56	42 33	1·0936	1·3604	1·7455
7	n	−1	$\bar{1}$11	$\bar{2}$9 07	57 17·	$\bar{3}$7 09	”	$\bar{2}$4 10·	47 19	$\bar{0}$·7577	”	1·5572
8	?z	+61	611	76 37·	80 21	80 05	”	73 33·	13 11	5·7220	”	5·8815

Tetradymit.

Hexagonal.   Rhomboedrisch - hemiedrisch.

$c = 3{\cdot}173$	$\lg c = 050147$	$\lg a_o = 973709$	$\lg p_o = 032538$	$a_o = 0{\cdot}5459$	$p_o = 2{\cdot}1153$

(G_2)

No.	Buch-staben	Symb.	Bravais	φ	ϱ	ξ_o	η_o	ξ	η	x (Prismen) (x : y)	y	d $=$ tg ϱ
1	o	o	0001	—	0°00	0°00	0°00	0°00	0°00	o	o	o
2	z	+¼	11$\bar{2}$4	30°00	42 29·	24 36·	52 25·	19 44·	35 48	0·4580	0·7932	0·9160
3	r	+1	11$\bar{2}$1	”	74 44	61 22	72 30·	28 50·	56 40	1·8319	3·1730	3·6638
4	s	−2	$\bar{2}\bar{2}$41	”	82 14	74 44	81 02·	29 42	59 06	3·6638	6·3460	7·3277

Thenardit.

Rhombisch.

a = 0·5977	lg a = 977648	lg a₀ = 967871	lg p₀ = 032129	a₀ = 0·4772	p₀ = 2·0955
c = 1·2525	lg c = 009777	lg b₀ = 990223	lg q₀ = 009777	b₀ = 0·7984	q₀ = 1·2525

No.	Buchstaben	Symb.	Miller	φ	ϱ	ξ_0	η_0	ξ	η	x (Prismen) (x : y)	y	d = tg ϱ
1	a	0	001	—	0°00	0°00	0°00	0°00	0°00	0	0	0
2	b	0∞	010	0°00	90 00	"	90 00	"	90 00	"	∞	∞
3	l	∞	110	59 08	"	90 00	"	59 08	30 52	1·6731	"	"
4	u	∞3	130	29 09	"	"	"	29 09	60 51	0·5577	"	"
5	e	01	011	0 00	51 23·	0 00	51 23·	0 00	51 23·	0	1·2524	1·2524
6	?t	$\frac{1}{6}$0	106	90 00	19 15	19 15	0 00	19 15	0 00	0·3492	0	0·3492
7	m	10	101	"	64 29·	64 29·	"	64 29·	"	2·0955	"	2·0955
8	v	$\frac{1}{3}$	113	59 08	39 08	34 26	22 39·	32 48·	18 53·	0·6985	0·4175	0·8138
9	r	1	111	"	67 43·	64 29·	51 23·	52 35·	28 20·	2·0955	1·2525	2·4413
10	s	13	131	29 09	76 55	"	75 06	28 19·	58 17·	"	3·7572	4·3021

Thermonatrit.

(Marignac.)

Rhombisch.

a = 0·8268	lg a = 991740	lg a₀ = 000956	lg p₀ = 999044	a₀ = 1·0223	p₀ = 0·9782
c = 0·8088	lg c = 990784	lg b₀ = 009216	lg q₀ = 990784	b₀ = 1·2362	q₀ = 0·8088

No.	Buchstaben	Symb.	Miller	φ	ϱ	ξ_0	η_0	ξ	η	x (Prismen) (x : y)	y	d = tg ϱ
1	c	0	001	—	0°00	0°00	0°00	0°00	0°00	0	0	0
2	b	0∞	010	0°00	90 00	"	90 00	"	90 00	"	∞	∞
3	a	∞0	100	90 00	"	90 00	0 00	90 00	0 00	∞	0	"
4	m	∞	110	50 25	"	"	90 00	50 25	39 35	1·2094·	∞	"
5	n	∞2	120	31 10	"	"	"	31 10	58 50	0·6047·	"	"
6	e	02	021	0 00	58 16·	0 00	58 16·	0 00	58 16·	0	1·6176	1·6176
7	g	$\frac{1}{2}$0	102	90 00	26 04	26 04	0 00	26 04	0 00	0·4891	0	0·4891
8	u	10	101	"	44 22	44 22	"	44 22	"	0·9782	"	0·9782
9	x	2	221	50 25	68 30	62 55·	58 16·	45 48·	36 21·	1·9564	1·6176	2·5386
10	y	13	131	21 57·	69 05	44 22	67 36	20 26·	60 02	0·9782	2·4264	2·6161
11	p	$\frac{1}{2}$1	122	31 10	43 23	26 04	38 58	20 49·	36 00	0·4891	0·8088	0·9452

Thomsenolith.

Monoklin.

$a = 0\cdot9973$	$\lg a = 999883$	$\lg a_0 = 998460$	$\lg p_0 = 001540$	$a_0 = 0\cdot9652$	$p_0 = 1\cdot0361$
$c = 1\cdot0333$	$\lg c = 001423$	$\lg b_0 = 998577$	$\lg q_0 = 001355$	$b_0 = 0\cdot9678$	$q_0 = 1\cdot0317$
$\left.\begin{array}{l}\mu =\\ 180-\beta\end{array}\right\}86°48$	$\left.\begin{array}{l}\lg h =\\ \lg\sin\mu\end{array}\right\}999932$	$\left.\begin{array}{l}\lg e =\\ \lg\cos\mu\end{array}\right\}874680$	$\lg\dfrac{p_0}{q_0} = 000185$	$h = 0\cdot9984$	$e = 0\cdot0558$

No.	Buch-staben	Symb.	Miller	φ	ϱ	ξ_0	η_0	ξ	η	x′ (Prismen) (x : y)	y′	d′ = tg ϱ
1	c	0	001	90°00	3°12	3°12	0°00	3°12	0°00	0·0559	0	0·0559
2	m	∞	110	45 07·	90 00	90 00	90 00	45 07·	44 52·	1·0042·	∞	∞
3	t	—10	$\bar{1}$01	$\bar{9}$0 00	44 28·	$\bar{4}$4 28·	0 00	$\bar{4}$4 28·	0 00	$\bar{0}$·9818	0	0·9818
4	x	$-\tfrac{3}{2}$0	$\bar{3}$02	,,	56 19·	$\bar{5}$6 19·	,,	$\bar{5}$6 19·	,,	$\bar{1}$·5007	,,	1·5007
5	v	$+$3	331	45 38	77 17·	72 29	72 07	44 13	43 00·	3·1691	3·1000	4·4331
6	q	— 1	$\bar{1}$11	$\bar{4}$3 32	45 57	$\bar{4}$4 28·	45 56·	$\bar{3}$4 19·	36 24	$\bar{0}$·9818·	1·0333	1·4254
7	r	— 2	$\bar{2}$21	$\bar{4}$4 20·	70 54·	$\bar{6}$3 39·	64 11	$\bar{4}$1 20	42 31·	$\bar{2}$·0196	2·0666	2·8895
8	s	— 3	$\bar{3}$31	$\bar{4}$4 36	77 04	$\bar{7}$1 53·	72 07	$\bar{4}$3 11	43 56·	$\bar{3}$·0572·	3·1000	4·3538

Thomsonit.

Rhombisch.

$a = 0\cdot9932$	$\lg a = 999704$	$\lg a_0 = 999418$	$\lg p_0 = 000582$	$a_0 = 0\cdot9867$	$p_0 = 1\cdot0135$
$c = 1\cdot0066$	$\lg c = 000286$	$\lg b_0 = 999714$	$\lg q_0 = 000286$	$b_0 = 0\cdot9934$	$q_0 = 1\cdot0066$

No.	Buch-staben	Symb.	Miller	φ	ϱ	ξ_0	η_0	ξ	η	x (Prismen) (x : y)	y	d = tg ϱ
1	c	0	001	—	0°00	0°00	0°00	0°00	0°00	0	0	0
2	b	0∞	010	0°00	90 00	,,	90 00	,,	90 00	,,	∞	∞
3	a	∞0	100	90 00	,,	90 00	0 00	90 00	0 00	∞	0	,,
4	m	∞	110	45 11·	,,	,,	90 00	45 11·	44 48·	1·0068	∞	,,
5	y	0½	012	0 00	26 43	0 00	26 43	0°00	26 43	0	0·5033	0·5033
6	r	10	101	90 00	45 23	45 23	0 00	45 23	0 00	1·0135	0	1·0135
7	p	1	111	45 11·	55 00·	,,	45 11·	35 32	35 15·	,,	1·0066	1·4284

Thorit.

Tetragonal.

$\left.\begin{array}{c}c\\p_0\end{array}\right\}= 0{\cdot}6405$	$\lg c = 980652$	$\lg a_0 = 019348$	$a_0 = 1{\cdot}561$

No.	Buch-staben	Symb.	Miller	φ	ϱ	ξ_0	η_0	ξ	η	x (Prismen) (x : y)	y	d $=\mathrm{tg}\,\varrho$
1	m	∞	110	45°00	90°00	90°00	90°00	45°00	45°00	1·0000	∞	∞
2	p	1	111	”	42 10	32 38·	32 38·	28 20·	28 20·	0·6405	0·6405	0·9070
3	z	13	131	18 26	63 43·	”	62 30·	16 28·	58 17	”	1·9215	2·0254

Tiemannit.

Regulär.   Tetraedrisch-hemiedrisch.

No.	Buch-staben	Symb.	Miller	φ	ϱ	ξ_0	η_0	ξ	η	x (Prismen) (x : y)	y	d $=\mathrm{tg}\,\varrho$
1	c	$\begin{cases}0\\0\infty\end{cases}$	001 010	— 0°00	0°00 90 00	0°00 ”	0°00 90 00	0°00 ”	0°00 90 00	0 ”	0 ∞	0 ∞
2	l	$\begin{cases}+\frac{1}{5}\\+15\end{cases}$	115 151	45 00 11 18·	15 47· 78 54	11 18· 45 00	11 18· 78 41·	11 06 ”	11 06 74 12·	0·2000 1·0000	0·2000 5·0000	0·2828 5·0989
3	$\varkappa$	$\begin{cases}+\frac{3}{7}\\+1\frac{7}{3}\end{cases}$	337 373	45 00 23 12	31 13 68 30	23 12 45 00	23 12 66 48	21 30 ”	21 30 58 47	0·4286 1·0000	0·4286 2·3333	0·6061 2·5386
4	p p·	± 1	111	45 00	54 44	”	45 00	35 16	35 16	”	1·0000	1·4142

Titaneisen.

Hexagonal.   Rhomboedrisch-hemiedrisch.

$c = 1{\cdot}3846$	$\lg c = 014132$	$\lg a_0 = 009723$	$\lg p_0 = 996523$	$a_0 = 1{\cdot}2509$	$p_0 = 0{\cdot}9231$	(G_2)

No.	Buch-staben	Symb.	Miller	φ	ϱ	ξ_0	η_0	ξ	η	x (Prismen) (x : y)	y	d $=\mathrm{tg}\,\varrho$
1	o	0	0001	—	0°00	0°00	0°00	0°00	0°00	0	0	0
2	a	$\infty 0$	10$\bar{1}$0	0°00	90 00	”	90 00	”	90 00	”	∞	∞
3	b	∞	11$\bar{2}$0	30 00	”	90 00	”	30 00	60 00	0·5773	”	”
4	η	2∞	21$\bar{3}$0	19 06·	”	”	”	19 06·	70 53·	0·3464	”	”
5	π	10	10$\bar{1}$1	0 00	42 42·	0 00	42 42·	0 00	42 42·	0	0·9231	0·9231
6	λ	20	20$\bar{2}$1	”	61 33·	”	61 33·	”	61 33·	”	1·8461	1·8461

No.	Buchstaben	Symb.	Bravais	φ	ϱ	ξ_0	η_0	ξ	η	x (Prismen) (x:y)	y	d =tgϱ
7	u	50	$50\bar51$	0°00	77°46·	0°00	77°46·	0°00	77°46·	0	4·6153	4·6153
8	d·	$+\frac14$	$11\bar24$	30 00	21 47	11 18	19 05·	10 41·	18 45	0·1998	0·3461	0·3997
9	e·	$+\frac25$	$22\bar45$	"	32 36	17 44	28 59	15 37·	27 48·	0·3198	0·5538	0·6395
10	δ·	$-\frac12$	$\bar1\bar122$	"	38 38·	21 47	34 41·	18 11	32 44	0·3997	0·6923	0·7994
11	p·	$+1$	$11\bar21$	"	57 58·	38 38·	54 09·	25 05	47 14·	0·7994	1·3846	1·5988
12	φ·	-2	$\bar2\bar241$	"	72 38	57 58·	70 08·	28 30	55 45	1·5988	2·7692	3·1976
13	k·	$+\frac52$	$5.5.\overline{10}.2$	"	75 57	63 25	73 53	29 01	57 09	1·9985	3·4615	3·9970
14	Ξ·	-5	$\bar5.\bar5.10.1$	"	82 52	75 57	81 47	29 44·	59 14·	3·9970	6·9230	7·7940
15	K:	$+41$	$41\bar51$	10 53·	76 42	38 38·	76 28	10 36	72 51	0·7994	4·1537	4·2300
16	Σ	$+\frac{14}{5}\frac{2}{5}$	$14.2.\overline{16}.5$	6 35	70 16	17 44	70 08·	6 12	69 14·	0·3197	2·7692	2·7876

Titanit.

Monoklin.

a = 0·7547	lg a = 987777	lg a$_0$ = 994631	lg p$_0$ = 005369	a$_0$ = 0·8837	p$_0$ = 1·1316
c = 0·8540	lg c = 993146	lg b$_0$ = 006854	lg q$_0$ = 987022	b$_0$ = 1·1709	q$_0$ = 0·7417
$\left.\begin{matrix}\mu =\\180-\beta\end{matrix}\right\}$ 60°17	$\left.\begin{matrix}\lg h =\\ \lg\sin\mu\end{matrix}\right\}$ 993876	$\left.\begin{matrix}\lg e =\\ \lg\cos\mu\end{matrix}\right\}$ 969523	lg $\frac{p_0}{q_0}$ = 018347	h = 0·8685	e = 0·4957

No.	Buchstaben	Symb.	Miller	φ	ϱ	ξ_0	η_0	ξ	η	x' (Prismen) (x:y)	y'	d' =tgϱ
1	y	0	001	90°00	29 43	29 43	0°00	29 43	0°00	0·5707	0	0·5707
2	q	0∞	010	0 00	90 00	0 00	90 00	0 00	90 00	0	∞	∞
3	P	∞0	100	90 00	"	90 00	0 00	90 00	0 00	∞	0	"
4	O	$\frac72$∞	720	79 23·	"	"	90 00	79 23·	10 36·	5·3400	∞	"
5	o	3∞	310	77 40·	"	"	"	77 40·	12 19·	4·5771	"	"
6	r	∞	110	56 45·	"	"	"	56 45·	33 14·	1·5257	"	"
7	τ	∞3	130	26 57·	"	"	"	26 57·	63 02·	0·5085·	"	"
8	ε	01	011	33 45·	45 46	29 43	40 30	23 28	36 34	0·5707	0·8540	1·0272
9	s	02	021	18 28·	60 57·	"	59 39	16 05	56 01	"	1·7080	1·8009
10	β	$0\frac83$	083	14 04	66 55·	"	66 17·	12 55·	63 10·	"	2·2773	2·3478
11	ζ	04	041	9 29	73 53·	"	73 41	9 06·	71 22·	"	3·4160	3·4634
12	π	$+20$	201	90 00	72 31·	72 31·	0 00	72 31·	0 00	3·1766	0	3·1766
13	f	$+10$	101	"	61 54·	61 54·	"	61 54·	"	1·8737	"	1·8737
14	a	$+\frac12 0$	102	"	50 43	50 43	"	50 43	"	1·2222	"	1·2222
15	x	$+\frac25 0$	205	"	47 31	47 31	"	47 31	"	1·0919	"	1·0919
16	X	$-\frac34 0$	$\bar304$	90 00	22 07	$\bar2$2 07	"	$\bar2$2 07	"	$\bar0$·4064·	"	0·4064·
17	v	-10	$\bar1$01	"	36 13	$\bar3$6 13	"	$\bar3$6 13	"	$\bar0$·7322	"	0·7322
18	e	$-\frac75 0$	$\bar705$	"	51 25	$\bar5$1 25	"	$\bar5$1 25	"	$\bar1$·2533	"	1·2533

No.	Buch-staben	Symb.	Miller	φ	ϱ	ξ_0	η_0	ξ	η	x' (Prismen) $(x:y)$	y'	$d' = \mathrm{tg}\,\varrho$
19	D	$+6$	661	58°35	84°11·	83°12	78°57·	58°06	31°14·	8·3886	5·1240	9·8298
20	ν	$+3$	331	60 14	79 02	77 25	68 41	58 27	29 10	4·4796·	2·5620	5·1606
21	η	$+2$	221	61 44	74 30	72 31·	59 39	58 04·	27 09	3·1767	1·7080	3·6068
22	n	$+1$	111	65 30	64 06	61 54·	40 30	54 56	21 54·	1·8737	0·8540	2·0591
23	z	$+\frac{1}{2}$	112	70 45·	52 19	50 43	23 07·	48 20·	15 08	1·2222·	0·4270	1·2947
24	k	$+\frac{1}{4}$	114	76 36·	42 40	41 52·	12 03	41 14·	9 02	0·8965	0·2135	0·9215
25	a	$+\frac{1}{5}$	115	78 23·	40 19·	39 44·	9 41·	39 20	7 29	0·8313·	0·1708	0·8487
26	l	$-\frac{1}{2}$	$\bar{1}12$	$\bar{1}0$ 42	23 29·	$\bar{4}$ 37	23 07·	$\bar{4}$ 15	23 03·	$\bar{0}$·0807	0·4270	0·4346
27	Γ	$-\frac{3}{5}$	$\bar{3}35$	$\bar{2}2$ 22·	28 59·	$\bar{1}1$ 55	27 08	$\bar{1}0$ 38	26 37·	$\bar{0}$·2109·	0·5124	0·5541
28	Θ	$-\frac{5}{8}$	$\bar{5}58$	$\bar{2}4$ 31·	30 24	$\bar{1}3$ 41	28 05·	$\bar{1}2$ 07·	27 25	$\bar{0}$·2435·	0·5337·	0·5867
29	Σ	$-\frac{2}{3}$	$\bar{2}23$	$\bar{2}7$ 37	32 43·	$\bar{1}6$ 35·	29 39·	$\bar{1}4$ 31	28 37	$\bar{0}$·2979	0·5693·	0·6426
30	Λ	$-\frac{7}{10}$	$\bar{7}7{\cdot}10$	$\bar{2}9$ 43·	34 32·	$\bar{1}8$ 50·	30 52·	$\bar{1}6$ 19·	29 30	$\bar{0}$·3413	0·5978	0·6884
31	Π	$-\frac{3}{4}$	$\bar{3}34$	$\bar{3}2$ 24	37 11	$\bar{2}2$ 07	32 38·	$\bar{1}8$ 53·	30 41	$\bar{0}$·4064·	0·6390	0·7586
32	Q	$-\frac{4}{5}$	$\bar{4}45$	$\bar{3}4$ 37	39 42	$\bar{2}5$ 15	34 20·	$\bar{2}1$ 16·	31 48	$\bar{0}$·4716·	0·6832	0·8302
33	t	-1	$\bar{1}11$	$\bar{4}0$ 36·	48 22	$\bar{3}6$ 12·	40 30	$\bar{2}9$ 06·	34 34	$\bar{0}$·7322	0·8540	1·1249
34	ξ	$-\frac{3}{2}$	$\bar{3}32$	$\bar{4}7$ 12	62 03·	$\bar{5}4$ 08	52 01·	$\bar{4}0$ 24·	36 53	$\bar{1}$·3834	1·2810	1·8854
35	w	-2	$\bar{2}21$	$\bar{4}9$ 59·	69 22·	$\bar{6}3$ 50	59 39	$\bar{4}5$ 48	36 59·	$\bar{2}$·0354	1·7080	2·6569
36	u	$+1\frac{1}{2}$	212	77 10	62 30·	61 54·	23 07·	59 52·	11 22	1·8737	0·4270	1·9218
37	B	$+1\ \frac{3}{2}$	232	55 38·	66 13·	”	52 01·	49 04	31 06	”	1·2810	2·2698
38	d	$+1\ 3$	131	36 11	72 31·	”	68 41	34 16	50 20·	”	2·5620	3·1741
39	ϱ	$+1\ 5$	151	23 41·	77 54	”	76 49	23 08	63 33·	”	4·2700	4·6630
40	ψ	$+\frac{1}{10}\ 1$	1·10·10	39 23	47 51	35 02	40 30	28 03·	34 58	0·7010	0·8540	1·1049
41	A	$+\frac{1}{2}\ 1$	122	55 03·	56 09	50 43	”	42 54·	28 24	1·2222·	”	1·4910
42	Ψ	$+\frac{7}{6}\ 1$	766	67 47	66 07	64 26·	”	57 50	20 04	2·0910	”	2·3112
43	U	$-\frac{2}{3}\ 1$	$\bar{2}33$	$\bar{1}9$ 14	42 08	$\bar{1}6$ 35	”	$\bar{1}2$ 46	39 18	$\bar{0}$·2979	”	0·9045
44	γ	$-2\ 1$	$\bar{2}11$	$\bar{6}7$ 14	65 37·	$\bar{6}3$ 50	”	$\bar{5}7$ 08	20 38	$\bar{2}$·0354	”	2·2071
45	ω	$-2\ 4$	$\bar{2}41$	$\bar{3}0$ 47	75 53	”	73 41	$\bar{2}9$ 45·	56 25·	”	3·4160	3·9764
46	N	$+\frac{1}{2}\ \frac{5}{2}$	152	29 47·	67 52·	50 42·	64 54	27 24·	53 30·	1·2222·	2·1350	2·4601
47	Z	$+\frac{1}{2}\ \frac{7}{4}$	274	39 16·	62 37	”	56 13	34 12	43 25·	”	1·4945	1·9307
48	χ	$+\frac{1}{2}\ \frac{3}{2}$	132	43 39·	60 32·	”	52 01·	36 57	39 03	”	1·2810	1·7706
49	p	$+\frac{1}{2}\ \frac{1}{4}$	214	80 05·	51 08	”	12 03	50 05	7 42	”	0·2135	1·2408
50	L	$+\frac{1}{2}\ \frac{1}{6}$	316	83 21·	50 54	”	8 06	50 26	5 09	”	0·1423·	1·2305
51	M	$-\frac{1}{2}\ \frac{3}{2}$	$\bar{1}32$	$\bar{3}$ 36·	52 05	$\bar{4}$ 37	52 01·	$\bar{2}$ 50·	51 56	$\bar{0}$·0807	1·2810	1·2835
52	φ	$-\frac{1}{2}\ 4$	$\bar{1}82$	$\bar{1}$ 21	73 41	”	73 41	$\bar{1}$ 18	73 38	”	3·4160	3·4170
53	μ	$+\frac{1}{8}\ \frac{1}{2}$	148	59 48	40 19·	36 16	23 07·	34 00·	19 00	0·7336	0·4270	0·8488
54	$\varkappa$	$+\frac{1}{4}\ \frac{1}{2}$	124	64 32	44 48	41 52·	”	39 30·	17 38	0·8965	”	0·9930
55	σ	$+\frac{7}{6}\ \frac{1}{2}$	736	78 27·	64 53·	64 26·	”	62 31·	10 26·	2·0910	”	2·1341
56	δ	$+\frac{5}{4}\ \frac{1}{2}$	524	79 01·	65 57	65 33	”	63 41·	10 01·	2·1995	”	2·2405
57	i	$-\frac{3}{2}\ \frac{1}{2}$	$\bar{3}12$	$\bar{7}2$ 51	55 22·	$\bar{5}4$ 08·	”	$\bar{5}1$ 50·	14 02·	$\bar{1}$·3837	”	1·4480
58	h	$+\frac{1}{3}\ \frac{7}{3}$	173	26 46	65 52	45 08·	63 21	24 16	54 34	1·0051	1·9881	2·2319
59	ϑ	$+\frac{1}{4}\ \frac{3}{8}$	238	70 20·	43 35·	41 52·	17 45·	40 29·	13 25	0·8965	0·3202·	0·9520
60	Y	$+\frac{1}{8}\ 1\frac{7}{8}$	1·17·8	22 00·	62 56·	36 16	61 08·	19 30	55 39	0·7336	1·8147	1·9574

No.	Buch-staben	Symb.	Miller	φ	ϱ	ξ_0	η_0	ξ	η	x' (Prismen) (x : y)	y'	d' $=\mathrm{tg}\,\varrho$
61	C	$-\frac{2}{3}\frac{4}{3}$	$\bar{2}43$	$\bar{1}4°39·$	$49°39$	$\bar{1}6°35$	$48°42·$	$\bar{1}1°07$	$47°30$	$\bar{0}·2979$	$1·1387$	$1·1770$
62	F	$-\frac{3}{4}\frac{5}{4}$	$\bar{3}54$	$\bar{2}0\ 50·$	$48\ 48$	$\bar{2}2\ 07$	$46\ 52$	$\bar{1}5\ 32$	$44\ 41$	$\bar{0}·4064·$	$1·0675$	$1·1432$
63	H	$-\frac{5}{4}\frac{3}{4}$	$\bar{5}34$	$\bar{5}8\ 48·$	$51\ 02·$	$\bar{4}6\ 36·$	$32\ 38·$	$\bar{4}1\ 42$	$23\ 45$	$\bar{1}·0579$	$0·6405$	$1·2368$
64	K	$-\frac{2}{5}\frac{8}{5}$	$\bar{2}85$	$2\ 04·$	$53\ 49$	$2\ 50$	$53\ 48$	$1\ 40·$	$53\ 46$	$0·0495·$	$1·3664$	$1·3673$
65	Φ	$+\frac{7}{9}\frac{5}{3}$	$7·15·9$	$48\ 05$	$64\ 51·$	$57\ 45·$	$54\ 54·$	$42\ 21$	$37\ 13$	$1·5854$	$1·4234$	$2·1307$

Topas.

Rhombisch.

a $= 0.5285$	lg a $= 972304$	lg a$_o = 974354$	lg p$_o = 025646$	a$_o = 0·5540$	p$_o = 1·8049$
c $= 0·9539$	lg c $= 997950$	lg b$_o = 002050$	lg q$_o = 997950$	b$_o = 1·0483$	q$_o = 0·9539$

No.	Buch-staben	Symb.	Miller	φ	ϱ	ξ_0	η_0	ξ	η	x (Prismen) (x : y)	y	d $=\mathrm{tg}\,\varrho$
1	c	0	001	—	$0°00$	$0°00$	$0°00$	$0°00$	$0°00$	o	o	o
2	b	0∞	010	$0°00$	$90\ 00$	″	$90\ 00$	″	$90\ 00$	″	∞	∞
3	a	$\infty 0$	100	$90\ 00$	″	$90\ 00$	$0\ 00$	$90\ 00$	$0\ 00$	∞	o	″
4	?ſ	6∞	610	$84\ 58$	″	″	$90\ 00$	$84\ 58$	$5\ 02$	$11·3530$	∞	″
5	ζ	4∞	410	$82\ 28·$	″	″	″	$82\ 28·$	$7\ 31·$	$7·5687$	″	″
6	N	2∞	210	$75\ 12$	″	″	″	$75\ 12$	$14\ 48$	$3·7843$	″	″
7	M	∞	110	$62\ 08·$	″	″	″	$62\ 08·$	$27\ 51·$	$1·8922$	″	″
8	?O	$\infty\frac{6}{5}$	560	$57\ 37$	″	″	″	$57\ 37$	$32\ 23$	$1·5768$	″	″
9	m	$\infty\frac{3}{2}$	230	$51\ 35·$	″	″	″	$51\ 35·$	$38\ 24·$	$1·2614$	″	″
10	λ	$\infty\frac{7}{4}$	470	$47\ 14$	″	″	″	$47\ 14$	$42\ 46$	$1·0812$	″	″
11	?r	$\infty\frac{13}{7}$	7·13·0	$45\ 32$	″	″	″	$45\ 32$	$44\ 28$	$1·0189$	″	″
12	?L	$\infty\frac{15}{8}$	8·15·0	$45\ 15·$	″	″	″	$45\ 15·$	$44\ 44·$	$1·0092$	″	″
13	l	$\infty 2$	120	$43\ 25$	″	″	″	$43\ 25$	$46\ 35$	$0·9461$	″	″
14	?u	$\infty\frac{11}{5}$	5·11·0	$40\ 42$	″	″	″	$40\ 42$	$49\ 18$	$0·8601$	″	″
15	π	$\infty\frac{5}{2}$	250	$37\ 07$	″	″	″	$37\ 07$	$52\ 53$	$0·7568$	″	″
16	g	$\infty 3$	130	$32\ 14·$	″	″	″	$32\ 14·$	$57\ 45·$	$0·6307$	″	″
17	n	$\infty 4$	140	$25\ 19$	″	″	″	$25\ 19$	$64\ 41$	$0·4730$	″	″
18	μ	$\infty 5$	150	$20\ 43·$	″	″	″	$20\ 43·$	$69\ 16·$	$0·3784$	″	″
19	D	$0\frac{1}{5}$	015	$0\ 00$	$10\ 48$	$0\ 00$	$10\ 48$	$0\ 00$	$10\ 48$	o	$0·1908$	$0·1908$
20	H	$0\frac{1}{3}$	013	″	$17\ 38·$	″	$17\ 38·$	″	$17\ 38·$	″	$0·3179$	$0·3179$
21	F	$0\frac{2}{5}$	025	″	$20\ 53$	″	$20\ 53$	″	$20\ 53$	″	$0·3815$	$0·3815$
22	β	$0\frac{1}{2}$	012	″	$25\ 30$	″	$25\ 30$	″	$25\ 30$	″	$0·4769$	$0·4769$
23	G	$0\frac{3}{5}$	035	″	$29\ 47$	″	$29\ 47$	″	$29\ 47$	″	$0·5723$	$0·5723$
24	X	$0\frac{2}{3}$	023	″	$32\ 27$	″	$32\ 27$	″	$32\ 27$	″	$0·6359$	$0·6359$
25	K	$0\frac{4}{5}$	045	″	$37\ 21$	″	$37\ 21$	″	$37\ 21$	″	$0·7631$	$0·7631$
26	J	$0\frac{5}{6}$	056	″	$38\ 29$	″	$38\ 29$	″	$38\ 29$	″	$0·7949$	$0·7949$
27	f	01	011	″	$43\ 39$	″	$43\ 39$	″	$43\ 39$	″	$0·9539$	$0·9539$

No.	Buch-staben	Symb.	Miller	φ	ϱ	ξ_0	η_0	ξ	η	x (Prismen) (x : y)	y	d = tg ϱ
28	γ	$0\frac{8}{7}$	087	0°00	47°29	0°00	47°29	0°00	47°29	0	1·0901	1·0901
29	k	$0\frac{3}{2}$	032	"	55 03	"	55 03	"	55 03	"	1·4308	1·4308
30	y	02	021	"	62 20	"	62 20	"	62 20	"	1·9078	1·9078
31	Δ	$0\frac{15}{4}$	0·15·4	"	74 23	"	74 23	"	74 23	"	3·5771	3·5771
32	w	04	041	"	75 19	"	75 19	"	75 19	"	3·8156	3·8156
33	ω	$\frac{1}{4}0$	104	90 00	24 17	24 17	0 00	24 17	0 00	0·4512	0	0·4512
34	h	$\frac{1}{3}0$	103	"	31 02	31 02	"	31 02	"	0·6016	"	0·6016
35	δ	$\frac{2}{5}0$	205	"	35 49·	35 49·	"	35 49·	"	0·7219	"	0·7219
36	p	$\frac{1}{2}0$	102	"	42 04	42 04	"	42 04	"	0·9024	"	0·9024
37	C	$\frac{3}{5}0$	305	"	47 17	47 17	"	47 17	"	1·0829	"	1·0829
38	V	$\frac{3}{4}0$	304	"	53 33	53 33	"	53 33	"	1·3537	"	1·3537
39	B	$\frac{4}{5}0$	405	"	55 18	55 18	"	55 18	"	1·4439	"	1·4439
40	$\varkappa$	$\frac{9}{10}0$	9·0·10	"	58 23	58 23	"	58 23	"	1·6244	"	1·6244
41	d	10	101	"	61 00·	61 00·	"	61 00·	"	1·8049	"	1·8049
42	ϱ	20	201	"	74 31	74 31	"	74 31	"	3·6098	"	3·6098
43	P	$\frac{7}{2}0$	702	"	81 00·	81 00·	"	81 00·	"	6·3173	"	6·3173
44	ε	$\frac{1}{4}$	114	62 08·	27 02·	24 17	13 25	23 42	12 16	0·4512	0·2385	0·5104
45	i	$\frac{1}{3}$	113	"	34 14	31 02	17 38·	29 49·	15 14·	0·6016	0·3179	0·6805
46	$\mathfrak{f}$	$\frac{2}{5}$	225	"	39 14	35 49·	20 53	34 00	17 11·	0·7219	0·3815	0·8166
47	u	$\frac{1}{2}$	112	"	45 35·	42 04	25 30	39 10	19 30	0·9024	0·4769	1·0207
48	S	$\frac{3}{5}$	335	"	50 46·	47 17	29 47	43 13·	21 13	1·0830	0·5723	1·2249
49	Z	$\frac{3}{4}$	334	"	56 51	53 33	35 35	47 45	23 02	1·3537	0·7154	1·5311
50	?g	$\frac{5}{6}$	556	"	59 33	56 23	38 29	49 39·	23 43·	1·5041	0·7949	1·7012
51	o	1	111	"	63 54	61 00·	43 39	52 33·	24 48·	1·8049	0·9593	2·0414
52	$\mathfrak{w}$	$\frac{9}{5}$	995	"	74 46·	72 53·	59 47	58 33	26 48	3·2498	1·7170	3·6746
53	e	2	221	"	76 14·	74 31	62 20·	59 10·	26 59·	3·6098	1·9078	4·0829
54	Q	7	771	"	86 00	85 28·	81 29	61 53	27 47	12·6350	6·6773	14·291
55	$\mathfrak{H}$	$1\frac{1}{4}$	414	82 28.	61 13·	61 00·	13 25	60 20	6 35·	1·5041	0·2385	1·8206
56	$\mathfrak{G}$	$1\frac{1}{3}$	313	80 00·	61 23	"	17 38·	59 49·	8 45·	"	0·3179	1·8327
57	Y	$1\frac{1}{2}$	212	75 12	61 49·	"	25 30	58 27·	13 01	"	0·4769	1·8669
58	$\mathfrak{E}$	$1\frac{4}{5}$	545	67 05	62 58	"	37 21	55 07·	20 18	"	0·7631	1·9596
59	r	12	121	43 25	69 09·	"	62 20·	39 57·	42 45·	"	1·9078	2·6263
60	ι	13	131	32 14·	73 32	"	70 44·	30 46	54 12·	"	2·8617	3·3833
61	R	14	141	25 19	76 40·	"	75 19	24 35·	61 35·	"	3·8156	4·2209
62	$\mathfrak{P}$	$\frac{1}{5}1$	155	20 43·	45 34	19 51	43 39	14 38·	41 54	0·3610	0·9593	1·0199
63	T	$\frac{1}{3}1$	133	32 14·	48 26	31 02	"	23 31·	39 15·	0·6016	"	1·1278
64	Ω	$\frac{2}{5}1$	255	37 07	50 06·	35 49·	"	27 35	37 43	0·7219	"	1·1963
65	v	$\frac{1}{2}1$	122	43 25	52 42·	42 04	"	33 08·	35 18	0·9024	"	1·3131
66	Σ	$\frac{4}{7}1$	477	47 14	54 33·	45 53	"	36 44	33 35	1·0314	"	1·4048
67	η	$\frac{2}{3}1$	233	51 35·	56 55·	50 16·	"	41 03	31 22	1·2033	"	1·5355
68	Λ	$\frac{5}{7}1$	577	53 30	58 03·	52 12	"	43 00·	30 19	1·2892	"	1·6037
69	Θ	$\frac{4}{5}1$	455	56 33	59 58·	55 18	"	46 15·	28 30·	1·4440	"	1·7306
70	U	26	261	32 14.	81 35·	74 31	80 05·	31 51	56 48	3·6098	5·7234	6·7666
71	Π	$\frac{3}{2}2$	342	54 50	73 12	69 43·	62 20·	51 30	33 28	2·7066	1·9078	3·3120
72	Ξ	32	321	70 35·	80 07	79 32	"	68 18·	19 06·	5·4147	"	5·7410

No.	Buch-staben	Symb.	Miller	φ	ϱ	ξ_0	η_0	ξ	η	x (Prismen) (x : y)	y	d =tgϱ
73	α	$\frac{1}{2}\,\frac{1}{4}$	214	75°12	43°01'	42°04	13°25	41°16'	10°02'	0·9024	0·2385	0·9335
74	Ψ	$\frac{1}{2}\,\frac{3}{2}$	132	32 14'	59 24'	"	55 03	27 20'	46 44	"	1·4308	1·6916
75	a	$\frac{1}{2}\,\frac{5}{2}$	152	20 43'	68 35	"	67 15	19 14'	60 32'	"	2·3848	2·5498
76	s	$\frac{1}{6}\,\frac{1}{2}$	136	32 14'	29 25	16 44'	25 30	15 11'	24 33	0·3008	0·4769	0·5639
77	ψ	$\frac{1}{4}\,\frac{1}{2}$	124	43 25	33 17	24 17	"	22 09'	23 29'	0·4512	"	0·6566
78	u	$\frac{3}{2}\,\frac{1}{2}$	312	80 00'	70 00'	69 43'	"	67 44'	9 23	2·7074	"	2·7491
79	χ	$\frac{1}{3}\,\frac{1}{6}$	216	75 12	31 53'	31 02	9 02	30 43	7 45'	0·6016	0·1589	0·6223
80	x	$\frac{1}{3}\,\frac{2}{3}$	123	43 25	41 12	"	32 27	26 55	28 35	"	0·6359	0·8754
81	φ	$\frac{1}{3}\,\frac{4}{3}$	143	25 19	54 36	"	51 49'	20 24	47 27'	"	1·2718	1·4070
82	b	$\frac{1}{3}\,\frac{5}{3}$	153	20 43'	59 32	"	57 50	17 46	53 43	"	1·5898	1·6998
83	q	$\frac{2}{3}\,\frac{1}{3}$	213	75 12	51 13	50 16'	17 38'	48 54'	11 29	1·2033	0·3179	1·2446
84	c	$\frac{4}{3}\,\frac{1}{3}$	413	82 28'	67 36'	67 26	"	66 26'	6 57'	2·4065	"	2·4275
85	b	4·10	4·10·1	37 07	85 13'	82 07	84 01	36 58	52 37	7·2192	9·5930	11·963
86	ϑ	$\frac{1}{4}\,\frac{3}{4}$	134	32 14'	40 13'	24 17	35 35	20 09	33 06'	0·4512	0·7154	0·8458
87	e	$\frac{1}{4}\,\frac{5}{4}$	154	20 43'	51 53'	"	50 01	16 10	47 23	"	1·1924	1·2749
88	h	$\frac{1}{4}\,\frac{7}{4}$	174	15 07'	59 57'	"	59 04'	13 03'	56 41	"	1·6693	1·7292
89	i	$\frac{1}{4}\,\frac{5}{2}$	1·10·4	10 43	67 36'	"	67 15	9 36	65 17'	"	2·3848	2·4270
90	τ	$\frac{3}{4}\,\frac{1}{4}$	314	80 00'	53 58	53 33	13 25	52 47	8 04	1·3537	0·2385	1·3745
91	i	$\frac{7}{8}\,\frac{1}{4}$	728	81 25	57 57	57 39'	"	56 56	7 16	1·5793	"	1·5972
92	t	$\frac{1}{5}\,\frac{3}{5}$	135	32 14'	34 05	19 51	29 47	17 24	28 18	0·3610	0·5723	0·6767
93	f	$\frac{7}{2}\,6$	7·12·2	47 49'	83 18'	81 00'	80 05'	47 23'	41 49'	6·3173	5·4658	8·5244
94	ℓ	$\frac{6}{7}\,\frac{1}{7}$	617	84 58	57 13'	57 07'	7 45'	56 53	4 14	1·5471	0·1363	1·5531
95	l	9·17	9·17·1	45 03	87 30'	86 28'	86 28'	44 59'	44 54	16·2441	16·2160	22·953
96	ν	$\frac{1}{10}\,\frac{9}{10}$	1·9·10	11 52'	41 15'	10 14	40 39	7 48	40 11'	0·1804	0·8585	0·8773
97	m	$\frac{2}{3}\,\frac{4}{3}$	243	43 25	60 16	50 16'	51 49'	36 38'	39 06'	1·2033	1·2721	1·7504
98	n	$\frac{2}{3}\,\frac{5}{3}$	253	37 07	63 22	"	57 50	32 39	45 27'	"	1·5898	1·9938
99	o	$\frac{2}{3}\,\frac{10}{3}$	2·10·3	20 43'	73 36'	"	72 32'	19 51	63 48	"	3·1796	3·3997
100	T	$\frac{5}{3}\,\frac{2}{3}$	523	78 04	71 59	71 36'	32 27	68 30	11 20'	3·0082	0·6359	3·0747
101	E	$\frac{3}{8}\,\frac{3}{4}$	368	43 25	44 34	34 05'	35 35	28 50	30 39	0·6785	0·7154	0·9849
102	q	$\frac{4}{5}\,\frac{6}{5}$	465	51 35'	61 30'	55 18	48 51'	43 32	33 05'	1·4439	1·1446	1·8426
103	A	$\frac{5}{6}\,\frac{7}{6}$	576	53 30	61 52'	56 23	48 03'	45 09	31 38'	1·5041	1·1129	1·8710
104	σ	$\frac{7}{8}\,\frac{7}{4}$	7·14·8	43 25	66 29	57 39'	59 04'	39 04	41 46	1·5793	1·6693	2·2980
105	ß	$\frac{2}{5}\,\frac{8}{5}$	285	25 19	59 22	35 49'	56 46	21 35	51 03'	0·7219	1·5262	1·6883
106	S	$\frac{3}{5}\,\frac{2}{5}$	325	70 35'	48 57	47 17	20 53	45 20	14 31	1·0829	0·3815	1·1482
107	v	$\frac{2}{7}\,\frac{9}{7}$	297	22 48'	53 04	27 17	50 48'	18 03	47 28	0·5157	1·2264	1·3304
108	η	$\frac{4}{7}\,\frac{10}{7}$	4·10·7	37 07	59 40	45 53	53 43'	31 23'	43 29'	1·0314	1·3627	1·7090
109	x	$\frac{5}{7}\,\frac{4}{7}$	547	67 05	54 27'	52 12	28 35'	48 32'	18 28'	1·2892	0·5451	1·3997
110	ξ	$\frac{5}{9}\,\frac{4}{9}$	549	"	47 26	45 04'	22 58'	42 43	16 40	1·0027	0·4239	1·0887
111	z	$\frac{7}{15}\,\frac{4}{15}$	7·4·15	73 12	41 20'	40 06'	14 16'	39 13'	11 00'	0·8423	0·2543	0·8799
112	p	$\frac{3}{4}\,\frac{5}{4}$	354	48 37'	61 00	53 33	50 01	41 01	35 19	1·3537	1·1924	1·8039
113	Φ	$\frac{8}{11}\,\frac{14}{11}$	8·14·11	47 14	60 47	52 42	50 31'	39 51	36 20'	1·3127	1·2140	1·7880

Tridymit.

Hexagonal-holoedrisch.

$c = 2{\cdot}8624$	$\lg c = 045673$	$\lg a_0 = 978183$	$\lg p_0 = 028064$	$a_0 = 0{\cdot}6051$	$p_0 = 1{\cdot}9083$	(G_1)

No.	Buch-staben	Symb.	Bravais	φ	ϱ	ξ_0	η_0	ξ	η	x (Prismen) (x : y)	y	d $=\operatorname{tg}\varrho$
1	c	0	0001	—	0°00	0°00	0°00	0°00	0°00	0	0	0
2	a	∞0	10$\bar1$0	0°00	90 00	,,	90 00	,,	90 00	,,	∞	∞
3	b	∞	11$\bar2$0	30 00	,,	90 00	,,	30 00	60 00	0·5773	,,	,,
4	l	$\frac{5}{4}$∞	54$\bar9$0	26 20	,,	,,	,,	26 20	63 40	0·4949	,,	,,
5	i	$\frac{3}{2}$∞	32$\bar5$0	23 25	,,	,,	,,	23 25	66 35	0·4330	,,	,,
6	w	$\frac{1}{6}$0	10$\bar1$6	0 00	17 38·	0 00	17 38·	0 00	17 38·	0	0·3180	0·3180
7	e	$\frac{1}{3}$0	10$\bar1$3	,,	32 27·	,,	32 27·	,,	32 27·	,,	0·6361	0·6361
8	f	$\frac{1}{2}$0	10$\bar1$2	,,	43 39·	,,	43 39·	,,	43 39·	,,	0·9541	0·9541
9	g	$\frac{2}{3}$0	20$\bar2$3	,,	51 50	,,	51 50	,,	51 50	,,	1·2722	1·2722
10	r	$\frac{3}{4}$0	30$\bar3$4	,,	55 03·	,,	55 03·	,,	55 03·	,,	1·4312	1·4312
11	p	10	10$\bar1$1	,,	62 20·	,,	62 20·	,,	62 20·	,,	1·9083	1·9083
12	q	$\frac{4}{3}$0	40$\bar4$3	,,	68 32·	,,	68 32·	,,	68 32·	,,	2·5444	2·5444
13	x	$1\frac{1}{8}$	81$\bar9$8	5 49	63 52	11 40·	63 45	5 13	63 16·	0·2067	2·0275	2·0380

Trimerit.

Hexagonal.

$c = 1{\cdot}6321$	$\lg c = 021275$	$\lg a_0 = 002581$	$\lg p_0 = 003666$	$a_0 = 1{\cdot}0612$	$p_0 = 1{\cdot}0881$	(G_1)

No.	Buch-staben	Symb.	Bravais	φ	ϱ	ξ_0	η_0	ξ	η	x (Prismen) (x : y)	y	d $=\operatorname{tg}\varrho$
1	c	0	0001	—	0°00	0°00	0°00	0°00	0°00	0	0	0
2	m	∞0	10$\bar1$0	0°00	90 00	,,	90 00	,,	90 00	,,	∞	∞
3	n	∞	11$\bar2$0	30 00	,,	90 00	,,	30 00	60 00	0·5773	,,	,,
4	s	$\frac{1}{2}$0	10$\bar1$2	0 00	28 33	0 00	28 33	0 00	28 33	0	0·5440	0·5440
5	p	10	10$\bar1$1	,,	47 25	,,	47 25	,,	47 25	,,	1·0881	1·0881
6	o	$1\frac{1}{2}$	21$\bar3$1	19 06·	55 12·	25 13·	53 40·	15 35·	50 54	0·4712	1·3601	1·4394

Triphylin.

Rhombisch.

a = 0·8696	lg a = 993932	lg a₀ = 991689	lg p₀ = 008311	a₀ = 0·8258	p₀ = 1·2109
c = 1·0530	lg c = 002243	lg b₀ = 997757	lg q₀ = 002243	b₀ = 0·9497	q₀ = 1·0530

No.	Buch-staben	Symb.	Miller	φ	ϱ	ξ_0	η_0	ξ	η	x (Prismen) (x : y)	y	d =tgϱ
1	P	0	001	—	0°00	0°00	0°00	0°00	0°00	0	0	0
2	M	0∞	010	0°00	90 00	”	90 00	”	90 00	”	∞	∞
3	T	2∞	210	66 30	”	90 00	”	66 30	23 30	2·2999	”	”
4	l	∞	110	48 59·	”	”	”	48 59·	41 00·	1·1490	”	”
5	o	01	011	0 00	46 28·	0 00	46 28·	0 00	46 28·	0	1·0530	1·0530
6	n	0$\frac{3}{2}$	032	”	57 39·	”	57 39·	”	57 39·	”	1·5795	1·5795
7	w	$\frac{1}{2}$0	102	90 00	31 11·	31 11·	0 00	31 11·	0 00	0·6054	0	0·6054
8	u	10	101	”	50 27	50 27	”	50 27	”	1·2109	”	1·2109
9	v	$\frac{3}{2}$0	302	”	61 10	61 10	”	61 10	”	1·8163	”	1·8163

Triploidit.

Monoklin.

a = 1·8571	lg a = 026882	lg a₀ = 009491	lg p₀ = 990509	a₀ = 1·2443	p₀ = 0·8037
c = 1·4925	lg c = 017391	lg b₀ = 982609	lg q₀ = 015154	b₀ = 0·6700	q₀ = 1·4176
μ = 180 −β⎫ 71°46	lg h = lg sin μ⎫ 997763	lg e = lg cos μ⎫ 949539	lg $\frac{p_0}{q_0}$ = 975355	h = 0·9498	e = 0·3129

No.	Buch-staben	Symb.	Miller	φ	ϱ	ξ_0	η_0	ξ	η	x′ (Prismen) (x : y)	y′	d′ =tgϱ
1	c	0	001	90°00	18°14	18°14	0°00	18°14	0°00	0·3294	0	0·3294
2	b	0∞	010	0 00	90 00	0 00	90 00	0 00	90 00	0	∞	∞
3	a	∞0	100	90 00	”	90 00	0 00	90 00	0 00	∞	0	”
4	J	∞	110	29 33	”	”	90 00	29 33	60 27	0·5669·	∞	”
5	e	01	011	12 27	56 48·	18 14	56 10·	10 23·	54 48	0·3294	1·4924	1·5285
6	p	−21	$\bar{2}$11	$\bar{4}$2 24	63 40·	$\bar{5}$3 44	”	$\bar{3}$7 11	41 26·	$\bar{1}$·3629	1·4925	2·0211

Trippkeit.

Tetragonal.

$$\left.\begin{array}{l}c\\p_0\end{array}\right\} = 0\text{·}6477 \quad \lg c = 981137 \quad \lg a_0 = 018863 \quad a_0 = 1\text{·}5439$$

No.	Buch-staben	Symb.	Miller	φ	ϱ	ξ_0	η_0	ξ	η	x (Prismen) (x : y)	y	d =tgϱ
1	c	0	001	—	0°00	0°00	0°00	0°00	0°00	0	0	0
2	a	0∞	010	0°00	90 00	„	90 00	„	90 00	„	∞	∞
3	b	∞	110	45 00	„	90 00	„	45 00	45 00	1·0000	„	„
4	u	01	011	0 00	32 56	0 00	32 56	0 00	32 56	0	0·6477	0·6477
5	o	02	021	„	52 20	„	52 20	„	52 20	„	1·2954	1·2954
6	e	06	061	„	75 34	„	75 34	„	75 34	„	3·8861	3·8861
7	y	$\frac{1}{2}$1	122	26 34	35 54·	17 56·	32 56	15 12·	31 38·	0·3238	0·6477	0·7241
8	?z	1$\frac{3}{2}$	232	33 41·	49 25·	32 56	44 10·	24 55	39 11·	0·6477	0·9715	1·1676
9	x	12	121	26 34	55 22·	„	52 20	21 35·	47 23·	„	1·2954	1·4483

Trona.

Monoklin.

a = 2·8459	$\lg a$ = 045422	$\lg a_0$ = 998152	$\lg p_0$ = 001848	a_0 = 0·9583	p_0 = 1·0435
c = 2·9696	$\lg c$ = 047270	$\lg b_0$ = 952730	$\lg q_0$ = 046208	b_0 = 0·3367	q_0 = 2·8979
$\left.\begin{array}{l}\mu =\\180-\beta\end{array}\right\}$ 77°23	$\left.\begin{array}{l}\lg h =\\ \lg\sin\mu\end{array}\right\}$998938	$\left.\begin{array}{l}\lg e =\\ \lg\cos\mu\end{array}\right\}$933931	$\lg\dfrac{p_0}{q_0}$ = 955640	h = 0·9758	e = 0·2184

No.	Buch-staben	Symb.	Miller	φ	ϱ	ξ_0	η_0	ξ	η	x' (Prismen) (x : y)	y'	d' =tgϱ
1	c	0	001	90°00	12°37	12°37	0°00	12°37	0°00	0·2238	0	0·2238
2	a	∞0	100	„	90 00	90 00	„	90 00	„	∞	„	∞
3	e	+10	101	„	52 17	52 17	„	52 17	„	1·2931	„	1·2931
4	ϱ	+$\frac{3}{4}$0	304	„	45 44	45 44	„	45 44	„	1·0258	„	1·0258
5	s	−$\frac{3}{2}$0	$\bar{3}$02	90 00	54 04·	$\bar{5}$4 04·	„	$\bar{5}$4 04·	„	$\bar{1}$·3801	„	1·3801
6	p	+1	111	23 32	72 50·	52 17	71 23·	22 25·	61 10	1·2931	2·9696	3·2389
7	o	−1	$\bar{1}$11	$\bar{1}$5 53·	72 03	$\bar{4}$0 13	„	$\bar{1}$5 06	66 12	$\bar{0}$·8455·	„	3·0876
8	r	+21	211	38 30	75 14	67 03·	„	37 01	49 10·	2·3625	„	3·7947

Tungstit.

Rhombisch.

a = 0·6966	lg a = 984298	lg a₀ = 963604	lg p₀ = 036396	a₀ = 0·4326	p₀ = 2·3118
c = 1·6104	lg c = 020694	lg b₀ = 979306	lg q₀ = 020694	b₀ = 0·6210	q₀ = 1·6104

No.	Buch-staben	Symb.	Miller	φ	ϱ	ξ_0	η_0	ξ	η	x (Prismen) (x : y)	y	d = tg ϱ
1	c	0	001	—	0°00	0°00	0°00	0°00	0°00	0	0	0
2	b	∞0	100	90°00	90 00	90 00	″	90 00	″	∞	″	∞
3	m	∞	110	55 08	″	″	90 00	55 08	34 52	1·4356	∞	″
4	n	∞2	120	35 40	″	″	″	35 40	54 20	0·7178	″	″
5	d	0½	012	0 00	38 50·	0 00	38 50·	0 00	38 50·	0	0·8052	0·8052
6	e	0¾	034	″	50 22·	″	50 22·	″	50 22·	″	1·2078	1·2078
7	f	01	011	″	58 09·	″	58 09·	″	58 09·	″	1·6104	1·6104
8	g	0⁵⁄₄	054	″	63 35	″	63 35	″	63 35	″	2·0130	2·0130
9	h	02	021	″	72 45	″	72 45	″	72 45	″	3·2208	3·2208

Turmalin.

Hexagonal.   Rhomboedrisch-hemiedrisch.

c = 0·4477	lg c = 965099	lg a₀ = 058757	lg p₀ = 947490	a₀ = 3·8687	p₀ = 0·2985	(G₂)

No.	Buch-staben	Symb.	Bravais	φ	ϱ	ξ_0	η_0	ξ	η	x (Prismen) (x : y)	y	d = tg ϱ
1	o	0	0001	—	0°00	0°00	0°00	0°00	0°00	0	0	0
2	a	∞0	10Ī0	0°00	90 00	″	90 00	″	90 00	″	∞	∞
3	b	∞	11Ī0	30 00	″	90 00	″	30 00	60 00	0·5773	″	″
4	φ	⁵⁄₄∞	54Ī0	26 20	″	″	″	26 20	63 40	0·4949	″	″
5	χ	⁴⁄₃∞	43Ī0	25 17	″	″	″	25 17	64 43	0·4724	″	″
6	ψ	³⁄₂∞	32Ī0	23 25	″	″	″	23 25	66 35	0·4330	″	″
7	η	2∞	21Ī0	19 06·	″	″	″	19 06·	70 53·	0·3464	″	″
8	ω	3∞	31Ī0	13 54	″	″	″	13 54	76 06	0·2474	″	″
9	?ϑ	4∞	41Ī0	10 53·	″	″	″	10 53·	79 06·	0·1924	″	″
10	ς	6∞	61Ī0	7 35·	″	″	″	7 35·	82 24·	0·1332	″	″
11	π	10	10Ī1	0 00	16 37	0 00	16 37	0 00	16 37	0	0·2985	0·2985
12	d·	+¼	11Ī4	30 00	7 22	3 42	6 23	3 40·	6 22·	0·0646	0·1119	0·1292
13	f·δ·	+½	11Ī2	″	14 29·	7 22	12 37	7 11·	12 31	0·1292	0·2238	0·2585
14	p·x·	+1	11Ī1	″	27 20	14 29·	24 07	13 16·	23 26	0·2585	0·4477	0·5170
15	ν·	−⁵⁄₄	5̄·5̄·10·4	″	32 52	17 54·	29 14	15 45	28 02	0·3231	0·5596	0·6462
16	α·	+⁷⁄₄	7·7·Ī4·4	″	42 08	24 20·	38 04·	19 36	35 31	0·4523	0·7835	0·9047
17	φ·	−2	2̄2̄41	″	45 47·	27 20	41 50·	21 04	38 30	0·5170	0·8954	1·0339

No.	Buch-staben	Symb.	Bravais	φ	ϱ	ξ_0	η_0	ξ	η	x (Prismen) (x : y)	y	d $=\mathrm{tg}\,\varrho$
18	k·	$+\frac{5}{2}$	$5\cdot5\cdot\overline{10}\cdot2$	30°00	52°16	32°52	48°13	23°17·	43°14	0·6462	1·1193	1·2924
19	$\varDelta$·	$-\frac{7}{2}$	$\overline{7}\cdot\overline{7}\cdot14\cdot2$	"	61 04·	42 08	57 27·	25 57	49 17	0·9047	1·6033	1·8094
20	y·	$-\frac{19}{5}$	$\overline{19}\cdot\overline{19}\cdot38\cdot5$	"	63 01·	44 29	59 33	26 27·	50 31	0·9822	1·7012	1·9645
21	m·	$+4$	448 I	"	64 11·	45 57·	60 49	26 45	51 13·	1·0339	1·7908	2·0679
22	δ·	$-\frac{22}{5}$	$\overline{2}2\cdot\overline{2}2\cdot44\cdot5$	"	66 16	48 40·	63 05	27 14·	52 26·	1·1373	1·9699	2·2746
23	$\varXi$·	-5	$\overline{5}\cdot\overline{5}\cdot10\cdot1$	"	68 51	52 16	65 55·	27 47·	53 52	1·2924	2·2385	2·5848
24	r·	$+10\cdot10$	$10\cdot10\cdot\overline{20}\cdot1$	"	79 03	68 51	77 24·	29 24	58 14·	2·5847	4·4770	5·1696
25	$\varSigma$·	$-11\cdot11$	$\overline{11}\cdot\overline{11}\cdot22\cdot1$	"	80 01·	70 37·	78 31·	29 30	58 32	2·8433	4·9247	5·6866
26	x:	$+1\frac{1}{10}$	$10\cdot1\cdot\overline{11}\cdot1$	4 43	17 27·	1 29	17 24	1 25	17 23·	0·0258	0·3134	0·3145
27	C:	$+\frac{3}{2}\,1$	$32\overline{5}2$	23 25	33 02·	14 29·	30 50	12 31	30 01·	0·2586	0·5969	0·6505
28	G:	$+\frac{11}{5}\,1$	$11\cdot5\cdot\overline{16}\cdot5$	17 47	40 14·	"	38 52	11 23	37 58	"	0·8059	0.8463
29	H:	$+\frac{5}{2}\,1$	$52\overline{7}2$	16 06	42 59	"	41 50·	10 54	40 55·	"	0·8954	0·9320
30	?o:	$+\frac{7}{2}\,1$	$72\overline{9}2$	12 13	50 41·	"	50 03	9 25·	49 08	"	1·1939	1·2215
31	K:	$+41$	$41\overline{5}1$	10 53·	53 50	"	53 20	8 46·	52 26·	"	1·3431	1·3681
32	P:	$+71$	$71\overline{8}1$	6 35	66 04	"	65 55·	6 01	65 14	"	2·2385	2·2534
33	$\mathfrak{a}$:	$+43\cdot1$	$43\cdot1\cdot\overline{44}\cdot1$	1 08·	85 36	"	85 36	1 08	85 25	"	12·9835	12·986
34	e:	$-2\frac{1}{2}$	$\overline{4}152$	10 53·	34 22	7 22	33 53	6 07·	33 40	0·1292	0·6715	0·6839
35	$\mathfrak{h}$:	$-2\frac{8}{7}$	$\overline{14}\cdot\overline{8}\cdot22\cdot7$	21 03	39 26	16 27·	37 30·	13 11·	36 21·	0·2954	0·7675	0·8224
36	I:	$-2\frac{25}{14}$	$\overline{28}\cdot\overline{25}\cdot53\cdot14$	28 07·	44 23·	24 46·	40 48·	19 15·	38 05·	0·4616	0·8634	0·9791
37	J:	$-\frac{13}{5}\,2$	$\overline{13}\cdot\overline{10}\cdot23\cdot5$	25 41·	50 01	27 20	47 03·	19 24	43 40	0·5170	1·0742	1·1924
38	K:	-32	$\overline{3}\overline{2}51$	23 25	52 27	"	50 03	18 22	46 41	"	1·1939	1·3011
39	$\mathfrak{p}$:	-52	$\overline{5}\overline{2}71$	16 06	61 47	"	60 49	14 09	57 50·	"	1·7908	1·8639
40	q:	-82	$8\cdot\overline{2}\cdot10\cdot1$	10 53·	69 55	"	69 35	10 13·	67 16	"	2·6862	2·7355
41	$\mathfrak{G}$:	$-\frac{7}{2}\,\frac{1}{2}$	$\overline{7}\overline{1}82$	6 35	48 24·	7 22	48 13	4 55·	47 59	0·1292	1·1192	1·1267
42	$\mathfrak{C}$:	$-\frac{11}{4}\,\frac{5}{4}$	$\overline{11}\cdot\overline{5}\cdot16\cdot4$	17 47	46 36·	17 54·	45 12·	12 49·	43 47	0·3231	1·0073	1·0579
43	?d:	$-\frac{13}{2}\,\frac{1}{2}$	$\overline{13}\cdot\overline{1}\cdot14\cdot2$	3 40	63 39	7 22	63 36	3 17·	63 24·	0·1292	2·0146	2·0188

Tysonit.

Hexagonal. Holoedrisch.

$c = 1\cdot1893$	$\lg c = 007529$	$\lg a_0 = 016327$	$\lg p_0 = 989920$	$a_0 = 1\cdot4564$	$p_0 = 0\cdot7929$	(G_1)

No.	Buch-staben	Symb.	Bravais	φ	ϱ	ξ_0	η_0	ξ	η	x (Prismen) (x : y)	y	d $=\mathrm{tg}\,\varrho$
1	c	0	0001	—	0°00	0°00	0°00	0°00	0°00	0	0	0
2	J	$\infty0$	$10\overline{1}0$	0°00	90 00	"	90 00	"	90 00	"	∞	∞
3	i	∞	$11\overline{2}0$	30 00	"	90 00	"	30 00	60 00	0·5773	"	"
4	p	10	$10\overline{1}1$	0 00	38 24·	0 00	38 24·	0 00	38 24·	0	0·7929	0·7929
5	q	20	$20\overline{2}1$	"	57 46	"	57 46	"	57 46	"	1·5858	1·5858
6	s	1	$11\overline{2}1$	30 00	53 56·	34 28·	49 56·	23 50·	44 26	0·6866	1·1893	1·3733

Ullmannit.

Regulär. Pentagonal-hemiedrisch.

No.	Buch-staben	Symb.	Miller	φ	ϱ	ξ_0	η_0	ξ	η	x (Prismen) (x : y)	y	d $=$ tg ϱ
1	c	$\begin{cases} 0 \\ 0\infty \end{cases}$	001 010	— 0° 00	0° 00 90 00	0° 00 „	0° 00 90 00	0° 00 „	0° 00 90 00	0 „	0 ∞	0 ∞
2	a	$\begin{cases} 0\frac{1}{3} \\ 03 \\ \infty 3 \end{cases}$	013 031 130	„ „ 18 26	18 26 71 34 90 00	„ „ 90 00	18 26 71 34 90 00	„ „ 18 26	18 26 71 34 „	„ „ 0·3333	0·3333 3·0000 ∞	0·3333 3·0000 ∞
3	e	$\begin{cases} 0\frac{1}{2} \\ 02 \\ \infty 2 \end{cases}$	012 021 120	0 00 „ 26 34	26 34 63 26 90 00	0 00 „ 90 00	26 34 63 26 90 00	0 00 „ 26 34	26 34 63 26 „	0 „ 0·5000	0·5000 2·0000 ∞	0·5000 2·0000 ∞
4	ϑ	$\begin{cases} 0\frac{5}{7} \\ 0\frac{7}{5} \\ \infty\frac{7}{5} \end{cases}$	057 075 570	0 00 „ 35 32·	35 32· 54 27· 90 00	0 00 „ 90 00	35 32· 54 27· 90 00	0 00 „ 35 32·	35 32· 54 27· „	0 „ 0·7143	0·7143 1·4000 ∞	0·7143 1·4000 ∞
5	d	$\begin{cases} 01 \\ \infty \end{cases}$	011 110	0 00 45 00	45 00 90 00	0 00 90 00	45 00 90 00	0 00 45 00	45 00 „	0 1·0000	1·0000 ∞	1·0000 ∞
6	q	$\begin{cases} \frac{1}{2} \\ 12 \end{cases}$	112 121	„ 26 34	35 16 65 54·	26 34 45 00	26 34 63 26	24 05· „	24 05· 54 44	0·5000 1·0000	0·5000 2·0000	0·7071 2·2360
7	n	$\begin{cases} \frac{2}{3} \\ 1\frac{3}{2} \end{cases}$	223 232	45 00 33 41·	43 19 60 59	33 41· 45 00	33 41· 56 18·	29 01 „	29 01 46 41	0·6667 1·0000	0·6667 1·5000	0·9428 1·8028
8	p	1	111	45 00	54 44	„	45 00	35 16	35 16	„	1·0000	1·4142
9	C	$\begin{cases} \frac{1}{8}1 \\ 8 \end{cases}$	188 881	7 07· 45 00	45 13· 84 57	7 07· 82 52·	„ 82 52·	5 03 44 46·	44 46· „	0·1250 8·0000	„ 8·0000	1·0078 11·314
10	v	$\begin{cases} \frac{1}{3}1 \\ 3 \end{cases}$	133 331	18 26 45 00	46 30· 76 44	18 26 71 34	45 00 71 34	13 16 43 29·	43 29· „	0·3333 3·0000	1·0000 3·0000	1·0541 4·2426
11	u	$\begin{cases} \frac{1}{2}1 \\ 2 \end{cases}$	122 221	26 34 45 00	48 11· 70 31·	26 34 63 26	45 00 63 26	19 28 41 48·	41 48· „	0·5000 2·0000	1·0000 2·0000	1·1180 2·8284
12	Y	$\begin{cases} \frac{1}{6}\frac{1}{3} \\ \frac{1}{2}3 \\ 26 \end{cases}$	126 162 261	26 34 9 27· 18 26	20 26· 71 48 81 01	9 27· 26 34 63 26	18 26 71 34 80 32·	8 59 „ 18 12	18 12 69 33· „	0·1667 0·5000 2·0000	0·3333 3·0000 6·0000	0·3727 3·0413 6·3246

Uranophan.

Rhombisch.

a = 0·3075	lg a = 948534	lg a₀ = 948534	lg p₀ = 051466	a₀ = 0·3075	p₀ = 3·271
c = 1·00	lg c = 0	lg b₀ = 0	lg q₀ = 0	b₀ = 1·00	q₀ = 1·00

No.	Buch-staben	Symb.	Miller	φ	ϱ	ξ_0	η_0	ξ	η	x (Prismen) (x : y)	y	d =tg ϱ
1	b	0∞	010	0°00	90°00	0°00	90°00	0°00	90°00	0	∞	∞
2	m	∞	110	73 00	„	90 00	„	73 00	17 00	3·2710	„	„
3	e	01	011	0 00	45 00	0 00	45 00	0 00	45 00	0	1·0000	1·0000

Uranospinit.

Rhombisch.

a = 1·00	lg a = 0	lg a₀ = 983681	lg p₀ = 016319	a₀ = 0·6868	p₀ = 1·4561
c = 1·4561	lg c = 016319	lg b₀ = 983681	lg q₀ = 016319	b₀ = 0·6868	q₀ = 1·4561

No.	Buch-staben	Symb.	Miller	φ	ϱ	ξ_0	η_0	ξ	η	x (Prismen) (x : y)	y	d =tg ϱ
1	c	0	001	—	0°00	0°00	0°00	0°00	0°00	0	0	0
2	x	01	011	0°00	55 31	„	55 31	„	55 31	„	1·4561	1·4561
3	q	$\frac{1}{5}$0	105	90 00	16 14	16 14	0 00	16 14	0 00	0·2912	0	0·2912
4	y	10	101	„	55 31	55 31	„	55 31	„	1·4561	„	1·4561
5	r	20	201	„	71 03	71 03	„	71 03	„	2·9122	„	2·9122

Uranothallit.

Rhombisch.

a = 0·9539	lg a = 997950	lg a₀ = 008596	lg p₀ = 991404	a₀ = 1·2189	p₀ = 0·8204
c = 0·7826	lg c = 989354	lg b₀ = 010646	lg q₀ = 989354	b₀ = 1·2778	q₀ = 0·7826

No.	Buch-staben	Symb.	Miller	φ	ϱ	ξ_0	η_0	ξ	η	x (Prismen) (x : y)	y	d =tg ϱ
1	c	0	001	—	0°00	0°00	0°00	0°00	0°00	0	0	0
2	b	0∞	010	0°00	90 00	„	90 00	„	90 00	„	∞	∞
3	a	∞0	100	90 00	„	90 00	0 00	90 00	0 00	∞	0	„

No.	Buch-staben	Symb.	Miller	φ	ϱ	ξ_0	η_0	ξ	η	x (Prismen) (x : y)	y	d $=\mathrm{tg}\,\varrho$
4	n	$\infty\frac{3}{2}$	230	34° 57	90° 00	90° 00	90° 00	34° 57	55° 03	0·6989	∞	∞
5	m	∞	110	46 21	"	"	"	46 21	43 39	1·0483	"	"
6	o	2∞	210	64 30	"	"	"	64 30	25 30	2·0967	"	"
7	d	01	011	0 00	38 03	0 00	38 03	0 00	38 03	0	0·7826	0·7826
8	p	1	111	46 21	48 35·	39 22	"	32 52	31 10·	0·8204	"	1·1338
9	?u	$1\frac{4}{3}$	343	38 10·	53 00·	"	46 13	29 35	38 53·	"	1·0435	1·3274
10	?s	$1\frac{3}{2}$	232	34 57	55 04·	"	49 34·	28 01	42 13·	"	1·1739	1·4322
11	r	12	121	27 40	60 30	"	57 25·	23 50	50 26	"	1·5652	1·7672
12	q	14	141	14 41	72 50	"	72 17	14 01	67 33	"	3·1304	3·2362
13	t	31	311	72 21·	68 50	67 53·	38 03	62 42·	16 25	2·4613	0·7826	2·5827

Uranpecherz.

Regulär.

No.	Buch-staben	Symb.	Miller	φ	ϱ	ξ_0	η_0	ξ	η	x (Prismen) (x : y)	y	d $=\mathrm{tg}\,\varrho$
1	c	{ 0 { 0∞	001 010	— 0° 00	0° 00 90 00	0° 00 "	0° 00 90 00	0° 00 "	0° 00 90 00	0 "	0 ∞	0 ∞
2	d	{ 01 { ∞	011 110	" 45 00	45 00 90 00	" 90 00	45 00 90 00	" 45 00	45 00 "	" 1·0000	1·0000 ∞	1·0000 ∞
3	p	1	111	"	54 44	45 00	45 00	35 16	35 16	"	1·0000	1·4142

Utahit.

Hexagonal. Rhomboedrisch - hemiedrisch.

c = 1·1389	lg c = 005648	lg a_0 = 018208	lg p_0 = 988039	a_0 = 1·5208	p_0 = 0·7593	(G_2)

No.	Buch-staben	Symb.	Bravais	φ	ϱ	ξ_0	η_0	ξ	η	x (Prismen) (x : y)	y	d $=\mathrm{tg}\,\varrho$
1	o	0	0001	—	0° 00	0° 00	0° 00	0° 00	0° 00	0	0	0
2	b	∞	11$\bar{2}$0	30° 00	90 00	90 00	90 00	30 00	60 00	0·5773	∞	∞
3	p·	1	11$\bar{2}$1	"	52 45	33 19·	48 43	23 27	43 34·	0·6575	1·1389	1·3151

Valentinit.

Rhombisch.

a = 0·785	lg a = 989487	lg a₀ = 974442	lg p₀ = 025558	a₀ = 0·5552	p₀ = 1·801
c = 1·414	lg c = 015045	lg b₀ = 984955	lg q₀ = 015045	b₀ = 0·7072	q₀ = 1·414

No.	Buch-staben	Symb.	Miller	φ	ϱ	ξ_0	η_0	ξ	η	x (Prismen) (x : y)	y	d =tgϱ
1	b	0∞	010	0°00	90°00	0°00	90°00	0°00	90°00	0	∞	∞
2	a	$\infty 0$	100	90 00	"	90 00	0 00	90 00	0 00	∞	0	"
3	π	6∞	610	82 33	"	"	90 00	82 33	7 27	7·6433	∞	"
4	m	4∞	410	78 54	"	"	"	78 54	11 06	5·0955	"	"
5	p	2∞	210	68 34	"	"	"	68 34	21 26	2·5478	"	"
6	t	04	041	0 00	79 58·	0 00	79 58·	0 00	79 58·	0	5·6560	5·6560
7	s	$0\frac{4}{3}$	043	"	62 03·	"	62 03·	"	62 03·	"	1·8853	1·8853
8	e	$0\frac{9}{8}$	098	"	57 51	"	57 51	"	57 51	"	1·5907	1·5907
9	r	01	011	"	54 44	"	54 44	"	54 44	"	1·4140	1·4140
10	q	$0\frac{1}{2}$	012	"	35 15·	"	35 15·	"	35 15·	"	0·7070	0·7070
11	k	$0\frac{1}{3}$	013	"	25 14	"	25 14	"	25 14	"	0·4713	0·4713
12	l	$0\frac{1}{4}$	014	"	19 28	"	19 28	"	19 28	"	0·3535	0·3535
13	?ξ	$\frac{1}{3}0$	103	90 00	30 59	30 59	0 00	30 59	0 00	0·6004	0	0·6004
14	ε	$\frac{1}{2}0$	102	"	42 00·	42 00·	"	42 00·	"	0·9006	"	0·9006
15	?v	$\frac{1}{3}$	113	51 52	37 21·	30 59	25 14	28 30·	22 00	0·6004	0·4713	0·7633
16	y	2	221	"	77 41	74 28	70 31·	50 13	37 06	3·6026	2·8280	4·5799

Vanadinit.

Hexagonal. Pyramidal - hemiedrisch.

c = 1·2335	lg c = 009114	lg a₀ = 014742	lg p₀ = 991505	a₀ = 1·4042	p₀ = 0·8223	(G_I)

No.	Buch-staben	Symb.	Bravais	φ	ϱ	ξ_0	η_0	ξ	η	x (Prismen) (x : y)	y	d =tgϱ
1	c	0	0001	—	0°00	0°00	0°00	0°00	0°00	0	0	0
2	a	$\infty 0$	10$\bar{1}$0	0°00	90 00	"	90 00	"	90 00	"	∞	∞
3	b	∞	11$\bar{2}$0	30 00	"	90 00	"	30 00	60 00	0·5773	"	"
4	h	2∞	21$\bar{3}$0	19 06·	"	"	"	19 06·	70 53·	0·3464	"	"
5	σ	$\frac{1}{3}0$	10$\bar{1}$3	0 00	15 20	0 00	15 20	0 00	15 20	0	0·2741	0·2741
6	r	$\frac{1}{2}0$	10$\bar{1}$2	"	22 21	"	22 21	"	22 21	"	0·4112	0·4112
7	x	10	10$\bar{1}$1	"	39 26	"	39 26	"	39 26	"	0·8223	0·8223
8	y	20	20$\bar{2}$1	"	58 42	"	58 42	"	58 42	"	1·6447	1·6447
9	?q	$\frac{5}{2}0$	50$\bar{5}$2	"	64 03·	"	64 03·	"	64 03·	"	2·0559	2·0559
10	z	30	30$\bar{3}$1	"	67 56	"	67 56	"	67 56	"	2·4670	2·4670
11	v	$\frac{1}{2}$	11$\bar{2}$2	30 00	35 27·	19 36	31 40	16 51·	30 09·	0·3561	0·6168	0·7122
12	s	1	11$\bar{2}$1	"	54 55·	35 27·	50 58	24 09·	45 08	0·7122	1·2335	1·4243
13	m	21	21$\bar{3}$1	19 06·	65 19	"	64 03·	17 18	59 09·	"	2·0558	2·1757

Variscit.

Rhombisch.

$$\lg \frac{p_o}{q_o} = 0{\cdot}18831; \quad \frac{p_o}{q_o} = 1{\cdot}5428; \quad \frac{a}{b} = 0{\cdot}648$$

No.	Buch-staben	Symb.	Miller	φ	ϱ	ξ_o	η_o	ξ	η	x (Prismen) (x : y)	y	d $=\mathrm{tg}\varrho$
1	c	0	001	—	0° 00	0° 00	0° 00	0° 00	0° 00	0	0	0
2	b	0∞	010	0° 00	90 00	"	90 00	"	90 00	"	∞	∞
3	a	∞0	100	90 00	"	90 00	0 00	90 00	0 00	∞	0	"
4	m	∞	110	57 03	"	"	90 00	57 03	32 57	1·5428	∞	"

Vauquelinit.

Monoklin.

$a = 1{\cdot}4918$	$\lg a = 0{\cdot}17371$	$\lg a_o = 0{\cdot}02671$	$\lg p_o = 9{\cdot}97329$	$a_o = 1{\cdot}0634$	$p_o = 0{\cdot}9403$
$c = 1{\cdot}4028$	$\lg c = 0{\cdot}14700$	$\lg b_o = 9{\cdot}85300$	$\lg q_o = 0{\cdot}11952$	$b_o = 0{\cdot}7128$	$q_o = 1{\cdot}3168$
$\left.\begin{array}{l}\mu = \\ 180 - \beta\end{array}\right\} 69°50$	$\left.\begin{array}{l}\lg h = \\ \lg \sin\mu\end{array}\right\} 9{\cdot}97252$	$\left.\begin{array}{l}\lg e = \\ \lg \cos\mu\end{array}\right\} 9{\cdot}53751$	$\lg \frac{p_o}{q_o} = 9{\cdot}85377$	$h = 0{\cdot}9387$	$e = 0{\cdot}3448$

No.	Buch-staben	Symb.	Miller	φ	ϱ	ξ_o	η_o	ξ	η	x' (Prismen) (x : y)	y'	d' $=\mathrm{tg}\varrho$
1	c	0	001	90° 00	20° 10	20° 10	0° 00	20° 10	0° 00	0·3672	0	0·3672
2	b	∞0	100	"	90 00	90 00	"	90 00	"	∞	"	∞
3	s	8∞	810	80 04·	"	"	90 00	80 04·	9 55·	5·7130	∞	"
4	z	3∞	310	64 58·	"	"	"	64 58·	25 01·	2·1423·	"	"
5	m	2∞	210	55 00	"	"	"	55 00	35 00	1·4282	"	"
6	f	∞	110	35 32	"	"	"	35 32	54 28	0·7141	"	"
7	d	0I	011	14 40·	55 24·	20 10	54 31	12 02	52 47	0·3672	1·4028	1·4501
8	x	$+\frac{3}{2}$0	302	90 00	61 52	61 52	0 00	61 52	0 00	1·8699	0	1·8699
9	e	$+$10	101	"	53 51	53 51	"	53 51	"	1·3690·	"	1·3690·
10	n	$-$10	$\bar{1}$01	90 00	32 23·	$\bar{3}$2 23·	"	$\bar{3}$2 23·	"	$\bar{0}$·6344	"	0·6344
11	p	$-\frac{3}{2}$0	$\bar{3}$02	"	48 37·	$\bar{4}$8 37·	"	$\bar{4}$8 37·	"	$\bar{1}$·1352	"	1·1352
12	h	$-$20	$\bar{2}$01	"	58 34	$\bar{5}$8 34	"	$\bar{5}$8 34	"	$\bar{1}$·6361	"	1·6361
13	y	$-\frac{1}{3}\frac{2}{3}$	$\bar{1}$23	2 03	43 06	1 55	43 05	1 24	43 04	0·0334	0·9352	0·9358

Veszelyit.

Triklin.

$p_0 = 1\cdot2863$	$\lambda = 89°24$	$a = 0\cdot7101$	$\alpha = 90°29$	$x_0 = 0\cdot2390$	$d = 0\cdot2392$
$q_0 = 0\cdot8871$	$\mu = 76°10$	$b = 1$	$\beta = 103°50$	$y_0 = 0\cdot0105$	$\delta = 87°30$
$r_0 = 1$	$\nu = 89°26$	$c = 0\cdot9134$	$\gamma = 90°26$	$h = 0\cdot9710$	

No.	Buch-staben	Symb.	Miller	φ	ϱ	ξ_0	η_0	ξ	η	x' (Prismen) $(x:y)$	y'	$d' = \mathrm{tg}\,\varrho$
1	c	0	001	87°29	13°50·	13°49·	0°37	13°49·	0°36	0·2461	0·0105	0·2464
2	b	0∞	010	0 00	90 00	0 00	90 00	0 00	90 00	0	∞	∞
3	a	∞0	100	89 26	„	90 00	„	89 26	0 34	101·11	„	„
4	e	∞	110	55 01·	„	„	„	55 01·	34 58·	1·4294	„	„
5	ε	∞$\overline{\infty}$	1$\overline{1}$0	124 12·	„	„	„	55 47·	$\overline{3}$4 12·	$\overline{1}$·4710	„	„
6	m	01	011	14 54·	43 44	13 49·	42 45	10 15	41 54·	0·2461	0·9244	0·9566
7	M	0$\overline{1}$	0$\overline{1}$1	164 45	43 06	„	$\overline{4}$2 04·	10 21·	$\overline{4}$1 14·	„	$\overline{0}$·9028	0·9358
8	δ	$\overline{3}$0	$\overline{3}$01	90 22	67 24·	$\overline{6}$7 24·	$\overline{0}$ 52·	$\overline{6}$7 24	$\overline{0}$ 20·	$\overline{2}$·4032	$\overline{0}$·0153	2·4032
9	σ	$\overline{1}$2	$\overline{1}$21	30 35	64 45	$\overline{4}$7 10	61 17	$\overline{2}$7 23·	51 08	$\overline{1}$·0785	1·8251	2·1199

Vivianit.

Monoklin.

$a = 0\cdot7498$	$\lg a = 987495$	$\lg a_0 = 002880$	$\lg p_0 = 997120$	$a_0 = 10\cdot686$	$p_0 = 0\cdot9358$
$c = 0\cdot7017$	$\lg c = 984615$	$\lg b_0 = 015385$	$\lg q_0 = 983222$	$b_0 = 1\cdot4251$	$q_0 = 0\cdot6795$
$\left.\begin{array}{l}\mu =\\180 - \beta\end{array}\right\}\,75°34$	$\left.\begin{array}{l}\lg h =\\ \lg \sin\mu\end{array}\right\}998607$	$\left.\begin{array}{l}\lg e =\\ \lg \cos\mu\end{array}\right\}939664$	$\lg\dfrac{p_0}{q^0} = 013898$	$h = 0\cdot9684$	$e = 0\cdot2493$

No.	Buch-staben	Symb	Miller	φ	ϱ	ξ_0	η_0	ξ	η	x' (Prismen) $(x:y)$	y'	$d' = \mathrm{tg}\,\varrho$
1	c	0	001	90°00	14°26	14°26	0°00	14°26	0°00	0·2573	0	0·2573
2	b	0∞	010	0 00	90 00	0 00	90 00	0 00	90 00	0	∞	∞
3	a	∞0	100	90 00	„	90 00	0 00	90 00	0 00	∞	0	„
4	y	3∞	310	76 23·	„	„	„	76 23·	13 36·	4·1314	∞	„
5	m	∞	110	54 01	„	„	„	54 01	35 59	1·3771	„	„
6	g	0$\frac{1}{2}$	012	36 16	23 31	14 26	19 20	13 39	18 46	0·2573	0·3508·	0·4351

No.	Buch-staben	Symb.	Miller	φ	ϱ	ξ_0	η_0	ξ	η	x' (Prismen) (x : y)	y'	d' =tgϱ
7	d	$0\frac{2}{3}$	023	28°49	28°06	14°26	25°04	13°07·	24°22·	0·2573	0·4678	0·5339
8	e	0I	011	20 08·	36 46·	”	35 03·	11 54	34 12	”	0·7017	0·7474
9	k	$+$40	401	90 00	76 22	76 22	0 00	76 22	0 00	4·1226·	0	4·1226·
10	n	$+$10	101	”	50 45	50 45	”	50 45	”	1·2237	”	1·2237
11	B	$+\frac{1}{2}$0	102	”	36 31·	36 31·	”	36 31·	”	0·7406	”	0·7406
12	A	$+\frac{1}{9}$0	109	”	20 02	20 02	”	20 02	”	0·3647	”	0·3647
13	o	$-\frac{1}{3}$0	$\bar{1}$03	90 00	3 42	$\bar{3}$ 42	”	$\bar{3}$ 42	”	$\bar{0}$·0646·	”	0·0646·
14	w	$-$10	$\bar{1}$01	”	35 20	$\bar{3}$5 20	”	$\bar{3}$5 20	”	$\bar{0}$·7089	”	0·7089
15	γ	$-\frac{7}{4}$0	$\bar{7}$04	”	55 06	$\bar{5}$5 06	”	$\bar{5}$5 06	”	$\bar{1}$·4336	”	1·4336
16	t	$-$20	$\bar{2}$01	”	59 10	$\bar{5}$9 10	”	$\bar{5}$9 10	”	$\bar{1}$·6752	”	1·6752
17	l	$-$40	$\bar{4}$01	”	74 31	$\bar{7}$4 31	”	$\bar{7}$4 31	”	$\bar{3}$·6086	”	3·6086
18	x	$+$1	111	60 10	54 40	50 45	35 03·	45 03	23 56·	1·2237	0·7017	1·4106
19	z	$+\frac{1}{2}$	112	64 39	39 20	36 31·	19 20	34 57	15 45	0·7406	0·3508·	0·8195
20	r	$-\frac{1}{2}$	$\bar{1}$12	$\bar{3}$2 45·	22 39	$\bar{1}$2 43	”	$\bar{1}$2 01·	18 53·	$\bar{0}$·2257	”	0·4172
21	v	$-$1	$\bar{1}$11	$\bar{4}$5 17·	44 55·	$\bar{3}$5 20	35 03·	$\bar{3}$0 07·	29 47·	$\bar{0}$·7089	0·7017	0·9974
22	s	$-$13	$\bar{1}$31	$\bar{1}$8 36·	65 46	”	64 35·	$\bar{1}$6 55	59 47·	”	2·1051	2·2263
23	i	$-\frac{8}{3}$1	$\bar{8}$33	$\bar{7}$3 10	67 34·	$\bar{6}$6 40·	35 03·	$\bar{6}$2 13·	15 31·	$\bar{2}$·2455	0·7017	2·4231
24	q	$-\frac{1}{2}\frac{3}{2}$	$\bar{1}$32	$\bar{1}$2 06	47 06·	$\bar{1}$2 43	46 28	8 50	45 45	$\bar{0}$·2257	1·0525·	1·0765
25	α	$+\frac{4}{3}\frac{1}{2}$	836	77 13	57 45	57 06	19 20	55 34	10 47·	1·5458	0·3508·	1·5851
26	β	$+\frac{3}{14}\frac{5}{14}$	3·5·14	61 39	27 49·	24 55	14 04	24 15	12 48·	0·4644·	0·2506	0·5278

Voltait.

Regulär.

No.	Buch-staben	Symb.	Miller	φ	ϱ	ξ_0	η_0	ξ	η	x (Prismen) (x : y)	y	d =tgϱ
1	c	0	001	—	0°00	0°00	0°00	0°00	0°00	0	0	0
		0∞	010	0°00	90 00	”	90 00	”	90 00	”	∞	∞
2	d	0I	011	”	45 00	”	45 00	”	45 00	”	1·0000	1·0000
		∞	110	45 00	90 00	90 00	90 00	45 00	”	1·0000	∞	∞
3	q	$\frac{1}{2}$	112	”	35 16	26 34	26 34	24 05·	24 05·	0·5000	0·5000	0·7071
		12	121	26 34	65 54	45 00	63 26	”	54 44	1·0000	2·0000	2·2360
4	p	1	111	45 00	54 44	”	45 00	35 16	35 16	”	1·0000	1·4142

Wagnerit-Kjerulfin.

Monoklin.

$a = 0\cdot9569$	$\lg a = 998087$	$\lg a_0 = 010425$	$\lg p_0 = 989575$	$a_0 = 1\cdot2713$	$p_0 = 0\cdot7866$
$c = 0\cdot7527$	$\lg c = 987662$	$\lg b_0 = 012338$	$\lg q_0 = 985454$	$b_0 = 1\cdot3286$	$q_0 = 0\cdot7154$
$\left.\begin{array}{l}\mu =\\180-\beta\end{array}\right\}\,71°53$	$\left.\begin{array}{l}\lg h =\\\lg\sin\mu\end{array}\right\}\,997792$	$\left.\begin{array}{l}\lg e =\\\lg\cos\mu\end{array}\right\}\,949269$	$\lg\dfrac{p_0}{q_0} = 004021$	$h = 0\cdot9504$	$e = 0\cdot3110$

No.	Buchstaben	Symb.	Miller	φ	ϱ	ξ_0	η_0	ξ	η	x' (Prismen) $(x:y)$	y'	$d' =\mathrm{tg}\,\varrho$
1	c	0	001	90°00	18°07	18°07	0°00	18°07	0°00	0·3272	0	0·3272
2	b	0∞	010	0 00	90 00	0 00	90 00	0 00	90 00	0	∞	∞
3	a	∞0	100	90 00	"	90 00	0 00	90 00	0 00	∞	0	"
4	l	2∞	210	65 30	"	"	90 00	65 30	24 30	2·1940	∞	"
5	h	$\tfrac{3}{2}\infty$	320	58 43	"	"	"	58 43	31 17	1·6455	"	"
6	m	∞	110	47 39	"	"	"	47 39	42 21	1·0970	"	"
7	λ	$\infty\tfrac{3}{2}$	230	36 11	"	"	"	36 11	53 49	0·7313	"	"
8	ν	$\infty\tfrac{7}{4}$	470	32 05	"	"	"	32 05	57 55	0·6268·	"	"
9	g	∞2	120	28 45	"	"	"	28 45	61 15	0·5485	"	"
10	δ	$\infty\tfrac{5}{2}$	250	23 41·	"	"	"	23 41·	66 18·	0·4388	"	"
11	γ	∞4	140	15 20	"	"	"	15 20	74 40	0·2742·	"	"
12	t	$0\tfrac{1}{2}$	012	41 00	26 30	18 07	20 37·	17 01·	19 41	0·3272	0·3763	0·4987
13	r	01	011	23 29·	39 22·	"	36 58	14 39	35 34·	"	0·7527	0·8207
14	f	$0\tfrac{3}{2}$	032	16 09·	49 36·	"	48 28	12 14·	47 01	"	1·1290	1·1755
15	e	02	021	12 15·	57 00·	"	56 24·	10 15·	55 03	"	1·5053·	1·5405
16	π	+10	101	90 00	49 06·	49 06·	0 00	49 06·	0 00	1·1548	0	1·1548
17	w	−10	$\bar{1}$01	90 00	26 35	$\bar{2}$6 35	"	$\bar{2}$6 35	"	$\bar{0}$·5004	"	0·5004
18	y	−20	$\bar{2}$01	"	53 01·	$\bar{5}$3 01·	"	$\bar{5}$3 01·	"	$\bar{1}$·3284	"	1·3284
19	q	−30	$\bar{3}$01	"	65 06·	$\bar{6}$5 06·	"	$\bar{6}$5 06·	"	$\bar{2}$·1556	"	2·1556
20	v·	$+\tfrac{1}{2}1$	122	44 33	46 34	36 32·	36 58	30 37·	31 10	0·7410	0·7527	1·0563
21	s	+1	111	56 54·	54 02·	49 06·	"	42 42	26 14	1·1548	"	1·3722
22	z	−1	$\bar{1}$11	$\bar{3}$3 37	42 06·	$\bar{2}$6 35	"	$\bar{2}$1 47·	33 56·	$\bar{0}$·5004	"	0·9039
23	i	$-\tfrac{1}{2}1$	$\bar{1}$22	$\bar{6}$ 34	37 09	$\bar{4}$ 57	"	$\bar{3}$ 58	36 52	$\bar{0}$·0866	"	0·7576
24	x	$-1\tfrac{1}{2}$	$\bar{2}$12	$\bar{5}$3 03	32 03	$\bar{2}$6 35	20 37·	$\bar{2}$5 06	18 36	$\bar{0}$·5004	0·3763·	0·6261
25	o	+2	221	52 47·	68 07	63 14	56 24·	47 39	34 08	1·9825	1·5054	2·4892
26	n	$-\tfrac{1}{2}$	$\bar{1}$12	$\bar{1}$2 57·	21 07	$\bar{4}$ 57	20 37·	$\bar{4}$ 38	20 33	$\bar{0}$·0866	0·3763·	0·3862
27	u	−2	$\bar{2}$21	$\bar{4}$1 25	63 31	$\bar{5}$3 01	56 24·	$\bar{3}$6 18·	42 09·	$\bar{1}$·3280	1·5054	2·0075
28	d	$-\tfrac{3}{4}\tfrac{1}{4}$	$\bar{3}$14	$\bar{5}$7 20·	19 13·	$\bar{1}$6 21·	10 39·	$\bar{1}$6 05·	10 14	$\bar{0}$·2935·	0·1881·	0·3487

Wapplerit.

Monoklin. (?)

$a = 0\cdot4562$	$\lg a = 965916$	$\lg a_o = 023428$	$\lg p_o = 976572$	$a_o = 1\cdot7151$	$p_o = 0\cdot5831$
$c = 0\cdot2660$	$\lg c = 942488$	$\lg b_o = 057512$	$\lg q_o = 942294$	$b_o = 3\cdot7594$	$q_o = 0\cdot2648$
$\left.{\mu = \atop 180-\beta}\right\}84°35$	$\left.{\lg h = \atop \lg \sin\mu}\right\}999806$	$\left.{\lg e = \atop \lg \cos\mu}\right\}897496$	$\lg \dfrac{p_o}{q_o} = 034278$	$h = 0\cdot9956$	$e = 0\cdot0944$

No.	Buchstaben	Symb.	Miller	φ	ϱ	ξ_o	η_o	ξ	η	x' (Prismen) (x : y)	y'	d' $=\mathrm{tg}\,\varrho$
1	b	0∞	010	0° 00	90° 00	0° 00	90° 00	0° 00	90° 00	0	∞	∞
2	a	$\infty 0$	100	90 00	,,	90 00	0 00	90 00	0 00	∞	0	,,
3	n	∞	110	65 34·	,,	,,	90 00	65 34·	24 25·	2·2018	∞	,,
4	m	$\infty 2$	120	47 45	,,	,,	,,	47 45	42 15	1·1009	,,	,,
5	l	$\infty 4$	140	28 50	,,	,,	,,	28 50	61 10	0·5505	,,	,,
6	d	01	011	19 37	15 46	5 25	14 54	5 14	14 50	0·0948	0·2660	0·2824
7	t	03	031	6 46·	38 47	,,	38 35·	4 14·	38 28	,,	0·7980	0·8036
8	p	$+1$	111	68 39	36 09	34 14	14 54	33 20	12 24	0·6805	0·2660	0·7307
9	π	-1	ī11	6̄1 33	29 10·	2̄6 09	,,	25 22·	13 26	6̄·4909	,,	0·5583
10	g	$+13$	131	40 27·	46 22	34 14	38 35·	28 00·	33 25	0·6805	0·7980	1·0488
11	e	$+15$	151	27 06	56 12	,,	53 03·	22 14·	47 43	,,	1·3300	1·4941
12	f	$+17$	171	20 04·	63 14	,,	61 45·	17 51	56 59·	,,	1·8620	1·9825
13	o	$+21$	211	78 08	52 18	51 42	14 54	50 44·	9 22	1·2663	0·2660	1·2939
14	ω	-21	2̄11	7̄6 07·	47 57·	4̄7 06·	,,	4̄6 08	10 15·	ī·0766	,,	1·1090

Wavellit.

Rhombisch.

$a = 0\cdot5049$	$\lg a = 970321$	$\lg a_o = 012906$	$\lg p_o = 987094$	$a_o = 1.3460$	$p_o = 0.7429$
$c = 0\cdot3751$	$\lg c = 957415$	$\lg b_o = 042585$	$\lg q_o = 957415$	$b_o = 2\cdot6660$	$q_o = 0\cdot3751$

No.	Buchstaben	Symb.	Miller	φ	ϱ	ξ_o	η_o	ξ	η	x (Prismen) (x : y)	y	d $=\mathrm{tg}\,\varrho$
1	a	0∞	010	0° 00	90° 00	0° 00	90° 00	0° 00	90° 00	0	∞	∞
2	m	∞	110	63 13	,,	90 00	,,	63 13	26 47	1·9806	,,	,,
3	n	$\infty\frac{4}{3}$	340	56 02·	,,	,,	,,	56 02·	33 57·	1·4854	,,	,,
4	p	10	101	90 00	36 36·	36 36·	0 00	36 36·	0 00	0·7429	0	0·7429
5	s	1	111	63 12·	39 46	,,	20 33·	34 49·	16 45·	,,	0·3751	0·8322
6	o	12	120	44 43	46 33·	,,	36 52·	30 43·	31 03·	,,	0·7502	1·0558

Whewellit.

Monoklin.

a $=$ 0·8696	lg a $=$ 993932	lg $a_0 =$ 980276	lg $p_0 =$ 019724	$a_0 =$ 0·6350	$p_0 =$ 1·5748
c $=$ 1·3695	lg c $=$ 013656	lg $b_0 =$ 986344	lg $q_0 =$ 011645	$b_0 =$ 0·7302	$q_0 =$ 1·3075
$\mu =$ } 180$-\beta$ } 72°42	lg h $=$ } lg sin μ } 997989	lg e $=$ } lg cos μ } 947330	lg $\dfrac{p_0}{q_0} =$ 008079	h $=$ 0·9547	e $=$ 0·2974

No.	Buch-staben	Symb.	Miller	φ	ϱ	ξ_0	η_0	ξ	η	x' (Prismen) (x : y)	y'	d' $=$tgϱ
1	c	0	001	90°00	17°18	17°18	0°00	17°18	0°00	0·3114	0	0·3114
2	b	0∞	010	0 00	90 00	0 00	90 00	0 00	90 00	0	∞	∞
3	m	∞	110	50 18	”	90 00	”	50 18	39 42	1·2044·	”	”
4	u	∞2	120	31 03·	”	”	”	31 03·	58 56·	0·6022	”	”
5	l	∞3	130	21 52·	”	”	”	21 52·	68 07·	0·4014·	”	”
6	z	0$\frac{1}{4}$	014	42 17·	24 50	17 18	18 54	16 25	18 06	0·3114	0·3423·	0·4628
7	y	0$\frac{1}{2}$	012	24 27·	36 57	”	34 24	14 24·	33 10·	”	0·6847·	0·7523
8	x	01	011	12 49	54 33	”	53 52	10 24·	52 35·	”	1·3695	1·4045
9	k	$+\frac{1}{2}$0	102	90 00	48 39	48 39	0 00	48 39	0 00	1·1362	0	1·1362
10	e	$-$10	$\bar{1}$01	90 00	53 51·	$\bar{5}$3 51·	”	$\bar{5}$3 51·	”	$\bar{1}$·3691	”	1·3691
11	f	$+\frac{1}{2}$	112	58 55·	52 59·	48 39	34 24	43 09	24 20·	1·1362	0·6847·	1·3266
12	s	$-\frac{1}{2}\frac{3}{2}$	$\bar{1}$32	$\bar{1}$4 01·	64 43	$\bar{2}$7 10	64 02·	$\bar{1}$2 39·	61 19	$\bar{0}$·5132	2·0542·	2·1175

Willemit (Troostit).

Hexagonal. Rhomboedrisch-hemiedrisch.

c $=$ 0·6695	lg c $=$ 982575	lg $a_0 =$ 041281	lg $p_0 =$ 964966	$a_0 =$ 2·5871	$p_0 =$ 0·4463 (G$_2$)

No.	Buch-staben	Symb.	Bravais	φ	ϱ	ξ_0	η_0	ξ	η	x (Prismen) (x : y)	y	d $=$tgϱ
1	c	0	0001	—	0°00	0°00	0°00	0°00	0°00	0	0	0
2	a	∞0	10$\bar{1}$0	0°00	90 00	”	90 00	”	90 00	”	∞	∞
3	ϑ	4∞	4$\bar{1}\bar{5}$0	10 53·	”	90 00	”	10 53·	79 06·	0·1924	”	”
4	π	10	10$\bar{1}$1	0 00	24 03	0 00	24 03	0 00	24 03	0	0·4463	0·4463
5	δ·	$-\frac{1}{2}$	$\bar{1}\bar{1}$22	30 00	21 08	10 56·	18 30·	10 23	18 11·	0·1933	0·3347	0·3865
6	P·	$+\frac{3}{4}$	33$\bar{6}$4	”	30 06·	16 10	26 39·	14 31·	25 45	0·2899	0·5021	0·5798
7	p· $\varkappa$·	$\pm$1	11$\bar{2}$1	”	37 42·	21 08	33 48	17 48·	31 59	0·3865	0·7731	0·7731
8	z:	$-\frac{4}{5}\frac{1}{5}$	$\bar{4}\bar{1}$55	10 53·	22 15	4 25	21 53	4 06	21 49·	0·0773	0·4017	4·0908
9	K:	$+$41	41$\bar{5}$1	”	63 56·	21 08	63 32	9 46·	61 54	0·3865	2·0085	2·0454

Wismuth.

Hexagonal.   Rhomboedrisch-hemiedrisch.

$c = 1{\cdot}3035$	$\lg c = 011511$	$\lg a_0 = 012345$	$\lg p_0 = 993902$	$a_0 = 1{\cdot}3288$	$p_0 = 0{\cdot}8690$	(G_2)

No.	Buchstaben	Symb.	Bravais	φ	ϱ	ξ_0	η_0	ξ	η	x (Prismen) (x : y)	y	d $=\mathrm{tg}\,\varrho$
1	o	o	0001	—	0° 00	0° 00	0° 00	0° 00	0° 00	0	0	0
2	$\delta\cdot$	$-\tfrac{1}{2}$	$\bar{1}\bar{1}22$	30° 00	36 58	20 37	33 05·	17 30	31 23	0·3763	0·6517	0·7526
3	$\eta\cdot$	$-\tfrac{4}{5}$	$\bar{4}\bar{4}85$	„	50 17·	31 03	46 12	22 37·	41 46·	0·6020	1·0428	1·2041
4	$p\cdot\varkappa\cdot$	$+1$	$11\bar{2}1$	„	56 24	36 58	52 30·	24 36·	46 10	0·7526	1·3035	1·5051
5	$\varphi\cdot$	-2	$\bar{2}\bar{2}41$	„	71 37·	56 24	69 01	28 19·	55 16	1·5051	2·6070	3·0103

Wismuthglanz.

Rhombisch.

$a = 0{\cdot}9679$	$\lg a = 998583$	$\lg a_0 = 999239$	$\lg p_0 = 000761$	$a_0 = 0{\cdot}9826$	$p_0 = 1{\cdot}0177$
$c = 0{\cdot}9850$	$\lg c = 999344$	$\lg b_0 = 000656$	$\lg q_0 = 999344$	$b_0 = 1{\cdot}0155$	$q_0 = 0{\cdot}9850$

No.	Buchstaben	Symb.	Miller	φ	ϱ	ξ_0	η_0	ξ	η	x (Prismen) (x : y)	y	d $=\mathrm{tg}\,\varrho$
1	c	o	001	—	0° 00	0° 00	0° 00	0° 00	0° 00	0	0	0
2	b	$o\infty$	010	0° 00	90 00	„	90 00	„	90 00	„	∞	∞
3	a	∞o	100	90 00	„	90 00	0 00	90 00	0 00	∞	0	„
4	d	$\infty 4$	140	14 29	„	„	90 00	14 29	75 31	0·2583	∞	„
5	e	$\infty 3$	130	19 00	„	„	„	19 00	71 00	0·3444	„	„
6	f	$\infty 2$	120	27 19	„	„	„	27 19	62 41	0·5166	„	„
7	m	∞	110	45 56	„	„	„	45 56	44 04	1·0332	„	„
8	n	4∞	410	76 24	„	„	„	76 24	13 36	4·1326	„	„
9	r	1o	101	90 00	45 30	45 30	0 00	45 30	0 00	1·0177	0	1·0177

Witherit.

Rhombisch.

$a = 0.6032$	$\lg a = 978046$	$\lg a_0 = 991702$	$\lg p_0 = 008298$	$a_0 = 0.8261$	$p_0 = 1.2105$
$c = 0.7302$	$\lg c = 986344$	$\lg b_0 = 013656$	$\lg q_0 = 986344$	$b_0 = 1.3695$	$q_0 = 0.7302$

No.	Buchstaben	Symb.	Miller	φ	ϱ	ξ_0	η_0	ξ	η	x (Prismen) (x : y)	y	d $=\mathrm{tg}\,\varrho$
1	c	0	001	—	0°00	0°00	0°00	0°00	0°00	0	0	0
2	a	0∞	010	0°00	90 00	,,	90 00	,,	90 00	,,	∞	∞
3	B	∞3	130	28 55·	,,	90 00	,,	28 55·	61 04·	0.5526	,,	,,
4	m	∞	110	58 54	,,	,,	,,	58 54	31 06	1.6578	,,	,,
5	A	$0\frac{1}{4}$	014	0 00	10 20·	0 00	10 20·	0 00	10 20·	0	0.1825	0.1825
6	x	$0\frac{1}{2}$	012	,,	20 03·	,,	20 03·	,,	20 03·	,,	0.3651	0.3651
7	k	01	011	,,	36 08	,,	36 08	,,	36 08	,,	0.7302	0.7302
8	i	02	021	,,	55 36	,,	55 36	,,	55 36	,,	1.4604	1.4604
9	v	03	031	,,	65 28	,,	65 28	,,	65 28	,,	2.1906	2.1906
10	h	04	041	,,	71 06	,,	71 06	,,	71 06	,,	2.9208	2.9208
11	G	$\frac{1}{8}$	118	58 54	10 01·	8 36·	5 13	8 34	5 09·	0.1478	0.0912	0.1767
12	F	$\frac{1}{4}$	114	,,	19 28	16 50	10 20·	16 35	9 54·	0.3026	0.1825	0.3534
13	o	$\frac{1}{2}$	112	,,	35 15·	31 11	20 03·	29 37·	17 21	0.6052	0.3651	0.7069
14	p	1	111	,,	54 43·	50 26·	36 08	44 21	24 56·	1.2105	0.7302	1.4137
15	D	$\frac{3}{2}$	332	,,	64 45	61 09·	47 36	50 45·	27 51	1.8158	1.0953	2.1205
16	C	2	221	,,	70 31·	67 33·	55 36	53 50	29 08·	2.4211	1.4604	2.8274

Wöhlerit.

Monoklin.

$a = 1.0544$	$\lg a = 002300$	$\lg a_0 = 017235$	$\lg p_0 = 982765$	$a_0 = 1.4871$	$p_0 = 0.6724$
$c = 0.7090$	$\lg c = 985065$	$\lg b_0 = 004935$	$\lg q_0 = 982606$	$b_0 = 1.1203$	$q_0 = 0.6700$
$\left.\begin{array}{l}\mu =\\ 180-\beta\end{array}\right\}\,70°54$	$\left.\begin{array}{l}\lg h =\\ \lg \sin\mu\end{array}\right\}997541$	$\left.\begin{array}{l}\lg e =\\ \lg \cos\mu\end{array}\right\}951484$	$\lg\dfrac{p_0}{q_0} = 000159$	$h = 0.9449·$	$e = 0.3272$

No.	Buchstaben	Symb.	Miller	φ	ϱ	ξ_0	η_0	ξ	η	x' (Prismen) (x : y)	y'	d' $=\mathrm{tg}\,\varrho$
1	c	0	001	90°00	19°06	19°06	0°00	19°06	0°00	0.3462	0	0.3462
2	b	0∞	010	0 00	90 00	0 00	90 00	0 00	90 00	0	∞	∞
3	a	∞0	100	90 00	,,	90 00	0 00	90 00	0 00	∞	0	,,
4	l	$\frac{7}{2}∞$	720	74 06·	,,	,,	90 00	74 06·	15 53·	3.5128	∞	,,
5	n	2∞	210	63 31	,,	,,	,,	63 31	26 29	2.0073	,,	,,
6	m	∞	110	45 06·	,,	,,	,,	45 06·	44 53·	1.0038·	,,	,,
7	g	∞2	120	26 39	,,	,,	,,	26 39	63 21	0.5018·	,,	,,
8	h	∞3	130	18 30	,,	,,	,,	18 30	71 30	0.3345·	,,	,,
9	x	$0\frac{1}{2}$	012	44 19·	26 21·	19 06	19 31	18 04·	18 31	0.3462	0.3545	0.4956

$No.$	Buch-staben	Symb.	Miller	φ	ϱ	ξ_0	η_0	ξ	η	x' (Prismen) $(x:y)$	y'	d' $=\mathrm{tg}\,\varrho$
10	o	01	011	26°02	38°16·	19°06	35°20	15°46·	33°49·	0·3462	0·7090	0·7890
11	f	02	021	13 43·	55 35	"	54 48·	11 17	53 16	"	1·4180	1·4595
12	d	+10	101	90 00	46 36·	46 36·	0 00	46 36·	0 00	1·0578	0	1·0578
13	k	—10	$\bar{1}$01	90 00	20 04	$\bar{2}$0 04	"	$\bar{2}$0 04	"	$\bar{0}$·3653	"	0·3653
14	δ	—20	$\bar{2}$01	"	47 07	$\bar{4}$7 07	"	$\bar{4}$7 07	"	$\bar{1}$·0768·	"	1·0768·
15	p	+1	111	56 10	51 51·	46 36·	35 20	40 47·	25 58	1·0578	0·7090	1·2735
16	u	+31	311	74 03	68 49	68 03	"	63 42·	14 51	2·4810	"	2·5803
17	π	—21	$\bar{2}$11	$\bar{5}$6 38·	52 12	$\bar{4}$7 07	"	$\bar{4}$1 18	25 45·	$\bar{1}$·0769	"	1·2894
18	s	— 1	$\bar{1}$11	$\bar{2}$7 15·	38 34·	$\bar{2}$0 04	"	$\bar{1}$6 35·	33 39·	$\bar{0}$·3653	"	0·7976
19	i	+12	121	36 43·	60 31·	46 36·	54 48·	31 22	44 15	1·0578	1·4180	1·7691
20	ξ	—1$\frac{1}{2}$	$\bar{2}$12	$\bar{4}$5 51·	26 59	$\bar{2}$0 04	19 31	$\bar{1}$9 00	18 25	$\bar{0}$·3653	0·3545	0·5090
21	φ	—12	$\bar{1}$21	$\bar{1}$4 27	55 40	"	54 48·	$\bar{1}$1 53·	53 06	"	1·4180	1·4643
22	ω	—16	$\bar{1}$61	$\bar{4}$ 54·	76 49	"	76 46·	$\bar{4}$ 46·	75 57	"	4·2540	4·2697
23	j	— 2	$\bar{2}$21	37 13	60 41	$\bar{4}$7 07	54 48·	$\bar{3}$1 49·	43 58·	$\bar{1}$·0769	1·4180	1·7806

Wolframit.

Monoklin.

a = 0·8255	$\lg a$ = 991672	$\lg a_0$ = 997900	$\lg p_0$ = 002100	a_0 = 0·9528	p_0 = 1·0495
c = 0·8664	$\lg c$ = 993772	$\lg b_0$ = 006228	$\lg q_0$ = 993771	b_0 = 1·1542	q_0 = 0·8664
$\left.\begin{array}{c}\mu =\\180-\beta\end{array}\right\}$ 89°32	$\left.\begin{array}{c}\lg h =\\ \lg\sin\mu\end{array}\right\}$999999	$\left.\begin{array}{c}\lg e =\\ \lg\cos\mu\end{array}\right\}$791088	$\lg\dfrac{p_0}{q_0}$ = 008329	h = 1·0000	e = 0·0081

$No.$	Buch-staben	Symb.	Miller	φ	ϱ	ξ_0	η_0	ξ	η	x' (Prismen) $(x:y)$	y'	d' $=\mathrm{tg}\,\varrho$
1	c	0	001	90°00	0°28	0°28	0°00	0°28	0°00	0·0081	0	0·0081
2	b	0∞	010	0 00	90 00	0 00	90 00	0 00	90 00	0	∞	∞
3	a	∞0	100	90 00	"	90 00	0 00	90 00	0 00	∞	0	"
4	n	8∞	810	84 06·	"	"	90 00	84 06·	5 53·	9·6912·	∞	"
5	d	3∞	310	74 37	"	"	"	74 37	15 23	3·6342·	"	"
6	Q	$\frac{8}{3}$∞	830	72 48	"	"	"	72 48	17 12	3·2304	"	"
7	l	2∞	210	67 34·	"	"	"	67 34·	22 25·	2·4228	"	"
8	m	∞	110	50 27·	"	"	"	50 27·	39 32·	1·2114	"	"
9	r	∞2	120	31 12	"	"	"	31 12	58 48	0·6057	"	"
10	K	0$\frac{2}{3}$	023	0 48·	30 01	0 28	30 00·	0 24·	30 00·	0·0081	0·5776	0·5777
11	f	01	011	0 32·	40 54·	"	40 54·	0 21	40 54·	"	0·8664	0·8664
12	g	0$\frac{9}{5}$	095	0 18	57 20	"	57 20	0 15	57 20	"	1·5595	1·5595
13	w	02	021	0 16	60 00·	"	60 00·	0 14	60 00·	"	1·7328	1·7328
14	h	+10	101	90 00	46 36	46 36	0 00	46 36	0 00	1·0576	0	1·0576

No.	Buch-staben	Symb.	Miller	φ	ϱ	ξ_0	η_0	ξ	η	x' (Prismen) (x : y)	y'	d' $=\operatorname{tg}\varrho$
15	y	$+\frac{1}{2}$0	102	90°00	28°03	28°03	0°00	28°03	0°00	0·5328	0	0·5328
16	q	$+\frac{1}{3}$0	103	"	19 41·	19 41·	"	19 41·	"	0·3579	"	0·3579
17	u	$+\frac{1}{4}$0	104	"	15 08	15 08	"	15 08	"	0·2704	"	0·2704
18	γ	$-\frac{1}{11}$0	$\bar{1}$·0·11	90 00	4 59·	$\bar{4}$ 59·	"	$\bar{4}$ 59·	"	$\bar{0}$·0873	"	0·0873
19	t	$-\frac{1}{2}$0	$\bar{1}$02	"	27 19·	$\bar{2}$7 19·	"	$\bar{2}$7 19·	"	$\bar{0}$·5166	"	0·5166
20	δ	$-\frac{3}{4}$0	$\bar{3}$04	"	37 55	$\bar{3}$7 55	"	$\bar{3}$7 55	"	$\bar{0}$·7790	"	0·7790
21	λ	$-$10	$\bar{1}$01	"	46 10	$\bar{4}$6 10	"	$\bar{4}$6 10	"	$\bar{1}$·0414	"	1·0414
22	i	$-\frac{4}{3}$0	$\bar{4}$03	"	54 17·	$\bar{5}$4 17·	"	$\bar{5}$4 17·	"	$\bar{1}$·3912	"	1·3912
23	k	$-\frac{5}{2}$0	$\bar{5}$02	"	69 04·	$\bar{6}$9 04·	"	$\bar{6}$9 04·	"	$\bar{2}$·6157	"	2·6157
24	?z	$+\frac{1}{3}$	113	51 06	24 42	19 41·	16 06·	18 58·	15 18	0·3579	0·2888	0·4599
25	$\varDelta$	$+\frac{1}{2}$	112	50 53·	34 29	28 03	23 25·	26 03·	20 55·	0·5329	0·4332	0·6868
26	ω	$+$1	111	50 40·	53 49	46 36	40 54·	38 38	30 46	1·0576	0·8664	1·3672
27	e	$-\frac{1}{2}$	$\bar{1}$12	$\bar{5}$0 01·	33 59·	$\bar{2}$7 19·	23 25·	$\bar{2}$5 22	21 03	$\bar{0}$·5167	0·4332	0·6743
28	o	$-$1	$\bar{1}$11	$\bar{5}$0 14·	53 34	$\bar{4}$6 10	40 54·	$\bar{3}$8 12·	30 58	$\bar{1}$·0414	0·8664	1·3544
29	v	$-\frac{5}{2}$	$\bar{5}$52	$\bar{5}$0 22·	73 35·	$\bar{6}$9 05	65 13	$\bar{4}$7 38	37 43	$\bar{2}$·6158	2·1660	3·3962
30	σ	$+$12	121	31 24	63 46·	46 36	60 01	27 52	49 58·	1·0576	1·7328	2·0300
31	s	$-$12	$\bar{1}$21	$\bar{3}$1 00·	63 41	$\bar{4}$6 10	"	$\bar{2}$7 30	50 12	$\bar{1}$·0414	"	2·0217
32	$\varkappa$	$+$21	211	67 39	66 18	64 37	40 54·	57 52·	20 23	2·1071	0·8664	2·2783
33	ε	$-$21	$\bar{2}$11	$\bar{6}$7 29·	66 10	$\bar{6}$4 26·	"	$\bar{5}$7 40·	20 30	$\bar{2}$·0910	"	2·2633
34	τ	$+$32	321	61 14	74 29	72 25·	60 01	57 38	27 37·	3·1567	1·7328	3·6010
35	ζ	$-\frac{1}{2}\,\frac{3}{2}$	$\bar{1}$32	$\bar{2}$1 41	54 26	$\bar{2}$7 19·	52 25·	$\bar{1}$7 29·	49 06·	$\bar{0}$·5167	1·2996	1·3986

Wolfsbergit.

Rhombisch.

a = 0·8026	lg a = 990450	lg a_0 = 010689	lg p_0 = 989311	a_0 = 1·2790	p_0 = 0·7818
c = 0·6275	lg c = 979761	lg b_0 = 020239	lg q_0 = 979761	b_0 = 1·5936	q_0 = 0·6275

No.	Buch-staben	Symb.	Miller	φ	ϱ	ξ_0	η_0	ξ	η	x (Prismen) (x : y)	y	d $=\operatorname{tg}\varrho$
1	b	0	001	—	0°00	0°00	0°00	0°00	0°00	0	0	0
2	c	∞0	100	90°00	90 00	90 00	"	90 00	"	∞	"	∞
3	$\varDelta$	3∞	310	75 01·	"	"	90 00	75 01·	14 58·	3·8378	∞	"
4	x	$\frac{5}{2}\infty$	520	72 12	"	"	"	72 12	17 48	3·1149	"	"
5	y	2∞	210	68 08	"	"	"	68 08	21 52	2·4919	"	"
6	z	$\frac{5}{3}\infty$	530	64 17	"	"	"	64 17	25 43	2·0766	"	"
7	?e	$\frac{3}{2}\infty$	320	61 51	"	"	"	61 51	28 09	1·8689	"	"
8	j	$\frac{4}{3}\infty$	430	58 57	"	"	"	58 57	31 03	1·6613	"	"
9	h	∞	110	51 15	"	"	"	51 15	38 45	1·2459·	"	"

No.	Buch-staben	Symb.	Miller	φ	ϱ	ξ_0	η_0	ξ	η	x (Prismen) (x : y)	y	d =tgϱ
10	d	$\infty\frac{3}{2}$	230	39°43	90°00	90°00	90°00	39 43	50°17	0·8306	∞	∞
11	i	$\infty2$	120	31 55·	"	"	"	31 55·	58 04·	0·6230	"	"
12	g	$\infty3$	130	22 33	"	"	"	22 33	67 27	0·4153	"	"
13	l	0I	011	0 00	32 06·	0 00	32 06·	0 00	32 06·	0	0·6275	0·6275
14	u	$\frac{1}{3}0$	103	90 00	14 36·	14 36·	0 00	14 36·	0 00	0·2606	0	0·2606
15	t	10	101	"	38 01	38 01	"	38 01	"	0·7818	"	0·7818
16	s	$\frac{5}{3}0$	503	"	52 30	52 30	"	52 30	"	1·3031	"	1·3031
17	f	20	201	"	57 24	57 24	"	57 24	"	1·5636	"	1·5636
18	ϱ	I	111	51 15	45 04·	38 01	32 06·	33 31	26 18·	0·7818	0·6275	1·0025
19	α	2	221	"	63 29·	57 24	51 27	44 15·	34 04	1·5636	1·2550	2·0050
20	τ	$\frac{1}{3}I$	133	22 33	34 11·	14 36·	32 06·	12 27	31 16	0·2606	0·6275	0·6795
21	σ	$\frac{5}{6}I$	566	46 04·	42 08	33 05·	"	28 53·	27 44	0·6515	"	0·9046
22	π	$\frac{5}{3}I$	533	64 17	55 20·	52 30	"	47 49·	20 54·	1·3031	"	1·4463
23	ν	2I	211	68 08	59 18·	57 24	"	52 57	18 41	1·5636	"	1·6849
24	μ	4I	411	78 39·	72 35·	72 16	"	69 19	10 49	3·1273	"	3·1896
25	q	14	141	17 18	69 10·	38 01	68 16·	16 08·	63 10·	0·7818	2·5100	2·6290
26	p	$\frac{7}{6}\frac{3}{2}$	796	44 06	52 39·	42 22	43 16	33 35·	34 49	0·9121	0·9412	0·9691

Wulfenit.

Tetragonal. Pyramidal - hemiedrisch.

$\left.\begin{array}{c} c \\ p_0 \end{array}\right\}$ = 1·5774	lg c = 019794	lg a₀ = 980206	a₀ = 0·6340

No.	Buch-staben	Symb.	Miller	φ	ϱ	ξ_0	η_0	ξ	η	x (Prismen) (x : y)	y	d =tgϱ
1	c	0	001	—	0°00	0°00	0°00	0°00	0°00	0	0	0
2	n	0∞	010	0°00	90 00	"	90 00	"	90 00	"	∞	∞
3	m	∞	110	45 00	"	90 00	"	45 00	45 00	1·0000	"	"
4	α	$\infty\frac{6}{5}$	560	39 48·	"	"	"	39 48·	50 11·	0·8333	"	"
5	r	$\infty\frac{4}{3}$	340	36 52	"	"	"	36 52	53 08	0·7500	"	"
6	β	$\infty\frac{3}{2}$	230	33 41·	"	"	"	33 41·	56 18·	0·6667	"	"
7	δ	$\infty\frac{5}{3}$	350	30 58	"	"	"	30 58	59 02	0·6000	"	"
8	ζ	$\infty\frac{7}{4}$	470	29 44·	"	"	"	29 44·	60 15·	0·5714	"	"
9	q	$\infty2$	120	26 34	"	"	"	26 34	63 26	0·5000	"	"
10	γ	$\infty3$	130	18 26	"	"	"	18 26	71 34	0·3333	"	"
11	ψ	$0\frac{1}{16}$	0·1·16	0 00	5 38	0 00	5 38	0 00	5 38	0	0·0986	0·0986
12	χ	$0\frac{1}{12}$	0·1·12	"	7 29·	"	7 29·	"	7 29·	"	0·1314	0·1314
13	τ	$0\frac{1}{3}$	013	"	27 44	"	27 44	"	27 44	"	0·5258	0·5258
14	o	$0\frac{1}{2}$	012	"	38 16	"	38 16	"	38 16	"	0·7887	0·7887
15	η	$0\frac{2}{3}$	023	"	46 26·	"	46 26·	"	46 26·	"	1·0516	1·0516

No.	Buchstaben	Symb.	Miller	φ	ϱ	ξ_0	η_0	ξ	η	x (Prismen) (x : y)	y	d $=\mathrm{tg}\,\varrho$
16	e	01	011	0°00	57°37·	0°00	57°37·	0°00	57°37·	0	1·5774	1·5774
17	ϑ	0$\frac{3}{2}$	032	„	67 05·	„	67 05·	„	67 05·	„	2·3661	2·3661
18	ε	02	021	„	72 24·	„	72 24·	„	72 24·	„	3·1548	3·1548
19	i	$\frac{1}{16}$	1·1·16	45 00	7 56	5 38	5 38	5 35·	5 35·	0·0986	0·0986	0·1394
20	$\varkappa$	$\frac{2}{9}$	229	„	26 22	19 19	19 19	18 18	18 18	0·3505	0·3505	0·4957
21	b	$\frac{1}{3}$	11$\bar{3}$	„	36 38	27 44	27 44	24 57·	24 57·	0·5258	0·5258	0·7436
22	p	1	111	„	65 51	57 37·	57 37·	40 10·	40 10·	1·5774	1·5774	2·2307
23	λ	$\frac{3}{2}$	332	„	73 21·	67 05·	67 05·	42 39	42 39	2·3661	2·3661	3·3460
24	μ	2	221	„	77 22	72 24·	72 24·	43 37·	43 37·	3·1548	3·1548	4·4614
25	π	$\frac{1}{3}$1	133	18 26	58 58·	27 44	57 37·	15 43·	54 23·	0·5258	1·5774	1·6627
26	s	13	131	„	78 40	57 37·	78 04	18 04	68 28	1·5774	4·7322	4·9881
27	B	$\frac{3}{2}$2	342	36 52	75 46	67 05·	72 24·	35 33·	50 51	2·3661	3·1548	3·9434

Wurtzit.

Hexagonal.

$c = 1·4163$	$\lg c = 015115$	$\lg a_0 = 008741$	$\lg p_0 = 997506$	$a_0 = 1·2230$	$p_0 = 0·9442$	(G_1)

No.	Buchstaben	Symb.	Bravais	φ	ϱ	ξ_0	η_0	ξ	η	x (Prismen) (x : y)	y	d $=\mathrm{tg}\,\varrho$
1	o	0	0001	—	0°00	0°00	0°00	0°00	0°00	0	0	0
2	m	∞0	10$\bar{1}$0	0°00	90 00	„	90 00	„	90 00	„	∞	∞
3	n	∞	11$\bar{2}$0	30 00	„	90 00	„	30 00	60 00	0·5773	„	„
4	x	$\frac{4}{5}$0	40$\bar{4}$5	0 00	37 04	0 00	37 04	0 00	37 04	0	0·7554	0·7554
5	r	10	10$\bar{1}$1	„	43 21·	„	43 21·	„	43 21·	„	0·9442	0·9442
6	t	$\frac{5}{3}$0	50$\bar{5}$3	„	57 34	„	57 34	„	57 34	„	1·5737	1·5737
7	s	20	20$\bar{2}$1	„	62 06	„	62 06	„	62 06	„	1·8884	1·8884
8	u	80	80$\bar{8}$1	„	82 27·	„	82 27·	„	82 27·	„	7·5535	7·5535

Xanthokon.
(Rittingertit.   Feuerblende.)
Monoklin. (?)

a $=$ 1·9187	lg a $=$ 028300	lg a₀$=$ 027645	lg p₀ $=$ 972355	a₀ $=$ 1·8900	p₀ $=$ 0·5291
c $=$ 1·0152	lg c $=$ 000655	lg b₀$=$ 999445	lg q₀ $=$ 000645	b₀ $=$ 0·9873	q₀ $=$ 1·0150
$\left.\begin{array}{l}\mu = \\ 180-\beta\end{array}\right\}$ 88°47	$\left.\begin{array}{l}\text{lg h} =\\ \text{lg sin}\,\mu\end{array}\right\}$999990	$\left.\begin{array}{l}\text{lg e} =\\ \text{lg cos}\,\mu\end{array}\right\}$832702	lg $\frac{p_0}{q_0}$ $=$ 971710	h $=$ 0·9998	e $=$ 0·0212

No.	Buch-staben	Symb.	Miller	φ	ϱ	ξ_0	η_0	ξ	η	x' (Prismen) (x : y)	y'	d' $=$tg ϱ
1	c	o	001	90°00	1°13	1°13	0°00	1°13	0°00	0·0212	o	0·0212
2	a	∞o	100	”	90 00	90 00	”	90 00	”	∞	”	∞
3	m	∞	110	27 32	”	”	90 00	27 32	62 28	0·5213	∞	”
4	n	o$\frac{5}{3}$	053	0 43	59 25	1 13	59 25	0 37	59 25	0·0212	1·6920	1·6921
5	d	$+$5o	501	90 00	69 27	69 27	0 00	69 27	0 00	2·6673	o	2·6673
6	D	$-$5o	$\bar{5}$01	$\bar{9}$0 00	69 08·	$\bar{6}$9 08·	”	$\bar{6}$9 08·	”	$\bar{2}$·6249	”	2·6249
7	r	$+\frac{1}{2}$	112	29 23	30 13·	15 57	26 55	14 18	26 01	0·2858	0·5076	0·5825
8	R	$-\frac{1}{2}$	$\bar{1}$12	$\bar{2}$5 37	29 22·	$\bar{1}$3 41	”	$\bar{1}$2 14·	26 15	$\bar{0}$·2434	”	0·5629
9	t	$+\frac{2}{3}$	223	28 55·	37 42·	20 30·	34 05·	17 12·	32 22	0·3740	0·6768	0·7732
10	T	$-\frac{2}{3}$	$\bar{2}$23	$\bar{2}$6 06	37 00·	$\bar{1}$8 20·	”	$\bar{1}$5 21·	32 43	$\bar{0}$·3316	”	0·7536
11	p	$+$1	111	28 28	49 06·	28 50	45 26	21 07	41 39	0·5504	1·0152	1·1548
12	P	$-$1	$\bar{1}$11	$\bar{2}$6 35	48 37·	$\bar{2}$6 56	”	$\bar{1}$9 37·	42 09	$\bar{0}$·5080	”	1·1352
13	y	$+\frac{4}{3}$	443	28 14	56 56·	36 00·	53 32·	23 21·	47 35·	0·7269	1·3536	1·5364
14	Y	$-\frac{4}{3}$	$\bar{4}$43	$\bar{2}$6 49·	56 36	$\bar{3}$4 23·	”	$\bar{2}$2 08	48 10	$\bar{0}$·6845	”	1·5168
15	q	$+$5	551	27 43	80 06·	69 27	78 51·	27 16·	60 42	2·6673	5·0760	5·7341
16	Q	$-$5	$\bar{5}$51	$\bar{2}$7 20·	80 04·	$\bar{6}$9 09	”	$\bar{3}$6 54	61 02·	$\bar{2}$·6249	”	5·7146

Xenotim.
Tetragonal.

$\left.\begin{array}{l}\text{c}\\ \text{p}_0\end{array}\right\} = 0·8757$	lg c $=$ 994236	lg a₀$=$005764	a₀ $=$ 1·1419

No.	Buch-staben	Symb.	Miller	φ	ϱ	ξ_0	η_0	ξ	η	x (Prismen) (x : y)	y	d $=$tg ϱ
1	c	o	001	—	0°00	0°00	0°00	0°00	0°00	o	o	o
2	m	o∞	010	0°00	90 00	”	90 00	”	90 00	”	∞	∞
3	a	∞	110	45 00	”	90 00	”	45 00	45 00	1·0000	”	”
4	z	01	011	0 00	41 12·	0 00	41 12·	0 00	41 12·	o	0·8757	0·8757
5	x	03	031	”	69 09·	”	69 09·	”	69 09·	”	2·6271	2·6271
6	e	$\frac{1}{2}$	112	45 00	31 46	23 38·	23 38·	21 51·	21 51·	0·4378	0·4378	0·6192
7	f	1	111	”	51 04·	41 12·	41 12·	33 22·	33 22·	0·8757	0·8757	1·2384
8	τ	12	121	26 34	62 57	”	60 16·	23 28	52 48	”	1·7514	1·9581

Yttrotantalit.

Rhombisch.

$a = 0·5412$	$\lg a = 973336$	$\lg a_0 = 967913$	$\lg p_0 = 032087$	$a_0 = 0·4777$	$p_0 = 2·0935$
$c = 1·1330$	$\lg c = 005423$	$\lg b_0 = 994577$	$\lg q_0 = 005423$	$b_0 = 0·8826$	$q_0 = 1·1330$

No.	Buch-staben	Symb.	Miller	φ	ϱ	ξ_0	η_0	ξ	η	x (Prismen) (x : y)	y	d $=\mathrm{tg}\,\varrho$
1	c	o	001	—	0°00	0°00	0°00	0°00	0°00	0	0	0
2	a	o∞	010	0°00	90 00	"	90 00	"	90 00	"	∞	∞
3	o	2∞	210	74 51·	"	90 00	"	74 51·	15 08·	3·6955	"	"
4	m	∞	110	61 34·	"	"	"	61 34·	28 25·	1·8477	"	"
5	p	∞2	120	42 44	"	"	"	42 44	47 16	0·9239	"	"
6	q	∞5	150	20 17	"	"	"	20 17	69 43	0·3695	"	"
7	b	01	011	0 00	48 34	0 00	48 34	0 00	48 34	0	1·1330	1·1330
8	s	20	201	90 00	76 34	76 34	0 00	76 34	0 00	4·1870	0	4·1870

Zeunerit.

Tetragonal.

$\left.\begin{array}{c} c \\ p_0 \end{array}\right\} = 1·288$	$\lg c = 010992$	$\lg a_0 = 989008$	$a_0 = 0·7764$

No.	Buch-staben	Symb.	Miller	φ	ϱ	ξ_0	η_0	ξ	η	x (Prismen) (x : y)	y	d $=\mathrm{tg}\,\varrho$
1	o	o	001	—	0°00	0°00	0°00	0°00	0°00	0	0	0
2	n	o∞	010	0°00	90 00	"	90 00	"	90 00	"	∞	∞
3	m	∞	110	45 00	"	90 00	"	45 00	45 00	1·0000	"	"
4	a	o⅓	013	0 00	22 37	0 00	22 37	0 00	22 37	0	0·4166	0·4166
5	?d	o⅖	025	"	26 34	"	26 34	"	26 34	"	0·5000	0·5000
6	?g	o½	012	"	32 00·	"	32 00·	"	32 00·	"	0·6250	0·6250
7	?s	o⅔	023	"	39 48·	"	39 48·	"	39 48·	"	0·8333	0·8333
8	?y	01	011	"	51 20·	"	51 20·	"	51 20·	"	1·2500	1·2500
9	k	o¼	054	"	57 23	"	57 23	"	57 23	"	1·5625	1·5625
10	P	02	021	"	68 12	"	68 12	"	68 12	"	2·5000	2·5000
11	i	04	041	"	78 41·	"	78 41·	"	78 41·	"	5·0000	5·0000

Zinckenit.
Rhombisch.

$a = 0\cdot8969$	$\lg a = 995274$	$\lg a_0 = 989584$	$\lg p_0 = 010416$	$a_0 = 0\cdot7868$	$p_0 = 1\cdot271$
$c = 1\cdot140$	$\lg c = 005690$	$\lg b_0 = 994310$	$\lg q_0 = 005690$	$b_0 = 0\cdot8772$	$q_0 = 1\cdot140$

No.	Buch-staben	Symb.	Miller	φ	ϱ	ξ_0	η_0	ξ	η	x (Prismen) (x : y)	y	d $= \mathrm{tg}\,\varrho$
1	m	$0\frac{1}{2}$	012	0°00	29 41	0°00	29 41	0°00	29 41	0	0·5700	0·5700
2	k	30	301	90 00	75 18·	75°18·	0 00	75 18·	0 00	3·8131	0	3·8131

Zinkblende.
Regulär.   Tetraedrisch - hemiedrisch.

No.	Buch-staben	Symb.	Miller	φ	ϱ	ξ_0	η_0	ξ	η	x (Prismen) (x : y)	y	d $= \mathrm{tg}\,\varrho$
1	c	0	001	—	0°00	0°00	0°00	0°00	0°00	0	0	0
		0∞	010	0°00	90 00	"	90 00	"	90 00	"	∞	∞
2	♭	$0\frac{1}{8}$	018	"	7 07·	"	7 07·	"	7 07·	"	0·1250	0·1250
		08	081	"	82 52·	"	82 52·	"	82 52·	"	8·0000	8·0000
		∞8	180	7 07·	90 00	90 00	90 00	7 07·	"	0·1250	∞	∞
3	f	$0\frac{1}{4}$	014	0 00	14 02	0 00	14 02	0 00	14 02	0	0·2500	0·2500
		04	041	"	75 58	"	75 58	"	75 58	"	4·0000	4·0000
		∞4	140	14 02	90 00	90 00	90 00	14 02	"	0·2500	∞	∞
4	e	$0\frac{1}{2}$	012	0 00	26 34	0 00	26 34	0°00	26 34	0	0·5000	0·5000
		02	021	"	63 26	"	63 26	"	63 26	"	2·0000	2·0000
		∞2	120	26 34	90 00	90 00	90 00	26 34	"	0·5000	∞	∞
5	b	$0\frac{2}{3}$	023	0 00	33 41·	0 00	33 41·	0 00	33 41·	0	0·6667	0·6667
		$0\frac{3}{2}$	032	"	56 18·	"	56 18·	"	56 18·	"	1·5000	1·5000
		$\infty\frac{3}{2}$	230	33 41·	90 00	90 00	90 00	33 41·	"	0·6667	∞	∞
6	d	01	011	0 00	45 00	0 00	45 00	0 00	45 00	0	1·0000	1·0000
		∞	110	45 00	90 00	90 00	90 00	45 00	"	1·0000	∞	∞
7	ν	$+\frac{1}{12}$	1·1·12	"	6 43	4 46	4 46	4 45	4 45	0·0833	0·0833	0·1179
		$+1\cdot12$	1·12·1	4 46	85 15	45 00	85 14	"	83 17	1·0000	12·000	12·041
8	r	$\frac{1}{6}$	116	45 00	13 16	9 27·	9 27·	9 20	9 20	0·1667	0·1667	0·2357
		16	161	9 27·	80 40	45 00	80 32·	"	76 44	1·0000	6·0000	6·0827
9	l	$-\frac{1}{5}$	115	45 00	15 47·	11 18·	11 18·	11 06	11 06	0·2000	0·2000	0·2828
		-15	151	11 18·	78 54	45 00	78 41·	"	74 12·	1·0000	5·0000	5·0989
10	k	$\pm\frac{1}{4}$	114	45 00	19 28	14 02	14 02	13 38	13 38	0·2500	0·2500	0·3535
		±14	141	14 02	76 22	45 00	75 58	"	70 32	1·0000	4·0000	4·1231
11	?λ	$\pm\frac{2}{7}$	227	45 00	22 00	15 56·	15 56·	15 21·	15 21·	0·2857	0·2857	0·4041
		$\pm1\frac{7}{2}$	272	15 56·	74 38·	45 00	74 03·	"	68 00	1·0000	3·5000	3·6401

No.	Buchstaben	Symb.	Miller	φ	ϱ	ξ_0	η_0	ξ	η	x (Prismen) (x:y)	y	d $=tg\varrho$
12	m	$\pm\frac{1}{3}$	113	45°00	25°14·	18°26	18°26	17°33	17°33	0·3333	0·3333	0·4714
		± 13	131	18 26	72 27	45 00	71 34	"	64 45·	1·0000	3·0000	3·1623
13	M	$-\frac{3}{8}$	338	45 00	27 56·	20 33·	20 33·	19 21	19 21	0·3750	0·3750	0·5303
		$-1\frac{8}{3}$	383	20 33·	70 39	45 00	69 26·	"	62 03·	1·0000	2·6667	2·8480
14	o	$-\frac{2}{5}$	225	45 00	29 30	21 48	21 48	20 22·	20 22·	0.4000	0·4000	0·5657
		$-1\frac{5}{2}$	252	21 48	69 37·	45 00	68 12	"	60 30	1·0000	2·5000	2·6924
15	ϱ	$-\frac{4}{9}$	449	45 00	32 09	23 58	23 58	22 06	22 06	0·4444	0·4444	0·6285
		$-1\frac{9}{4}$	494	23 58	67 54	45 00	66 02	"	57 51	1·0000	2·2500	2·4622
16	q	$\pm\frac{1}{2}$	112	45 00	35 16	26 34	26 34	24 05·	24 05·	0·5000	0·5000	0·7071
		± 12	121	26 34	65 54·	45 00	63 26	"	54 44	1·0000	2·0000	2·2360
17	A	$-\frac{4}{7}$	447	45 00	38 56·	29 44·	29 44·	26 23·	26 23·	0·5714	0·5714	0·8081
		$-1\frac{7}{4}$	474	29 44·	63 36·	45 00	60 15·	"	51 03·	1·0000	1·7500	2·0155
18	n	$\frac{2}{3}$	223	45 00	43 19	33 41·	33 41·	29 01	29 01	0·6667	0·6667	0·9428
		$1\frac{3}{2}$	232	33 41·	60 59	45 00	56 18·	"	46 41	1·0000	1·5000	1·8028
19	p	± 1	111	45 00	54 44	"	45 00	35 16	35 16	"	1·0000	1·4142
20	$\mathfrak{G}$	$-\frac{2}{15}1$	2·15·15	7 35·	45 15	7 35·	"	5 23	44 45	0·1333	"	1·0089
		$-\frac{15}{2}$	15·15·2	45 00	84 37	82 24·	82 24·	44 45	"	7·5000	7·5000	10·606
21	v	$\pm\frac{1}{3}1$	133	18 26	46 30·	18 26	45 00	13 16	43 29·	0·3333	1·0000	1·0541
		± 3	331	45 00	76 44	71 34	71 34	43 29·	"	3·0000	3·0000	4·2426
22	u	$-\frac{1}{2}1$	212	26 34	48 11·	26 34	45 00	19 28	41 48·	0·5000	1·0000	1·1180
		-2	221	45 00	70 32	63 26	63 26	41 48·	"	2·0000	2·0000	2·8284
23	P	$-\frac{3}{5}1$	355	30 58	49 23	30 58	45 00	22 59·	40 37	0·6000	1·0000	1·1662
		$-\frac{5}{3}$	553	45 00	67 00·	59 02	59 02	40 37	"	1·6667	1·6667	2·3570
24	Φ	$-\frac{5}{8}1$	588	32 00·	49 42	32 00·	45 00	23 50·	40 18	0·6250	1·0000	1·1792
		$-\frac{8}{5}$	885	45 00	66 09·	57 59·	57 59·	40 18	"	1·6000	1·6000	2·2627
25	x	$-\frac{1}{3}\frac{2}{3}$	123	26 34	36 42	18 26	33 41·	15 30	32 18·	0·3333	0·6667	0·7453
		$-\frac{1}{2}\frac{3}{2}$	132	18 26	57 41·	26 34	56 18·	"	53 18	0·5000	1·5000	1·5811
		-23	231	33 41·	74 30	63 26	71 34	32 18·	"	2·0000	3·0000	3·6055
26	w	$-\frac{1}{4}\frac{3}{4}$	134	18 26	38 19·	14 02	36 52	11 18·	36 02·	0·2500	0·7500	0·7906
		$-\frac{1}{3}\frac{4}{3}$	143	14 02	53 57·	18 26	53 08	"	51 40·	0·3333	1·3333	1·3743
		-34	341	36 52	78 41·	71 34	75 58	36 02·	"	3·0000	4·0000	5·0000
27	$\mathfrak{B}$	$-\frac{1}{11}\frac{10}{11}$	1·10·11	5 42·	42 25	5 11·	42 16·	3 51	42 09·	0·0909	0·9091	0·9136
		$-\frac{1}{10}\frac{11}{10}$	1·11·10	5 11·	47 50·	5 42·	47 43·	"	47 35	0·1000	1·1000	1·1046
		$-10·11$	10·11·1	42 16·	86 09	84 17·	84 48·	42 09·	"	10·000	11·000	14·866
28	$\mathfrak{C}$	$+\frac{1}{9}\frac{5}{9}$	159	11 18·	29 32	6 20·	29 03·	5 33	28 54·	0·1111	0·5556	0·5666
		$+\frac{1}{5}\frac{9}{5}$	195	6 20·	61 05·	11 18·	60 56·	"	60 28	0·2000	1·8000	1·8110
		$+59$	591	29 03·	84 27	78 41·	83 39·	28 54·	"	5·0000	9·0000	10·295
29	$\mathfrak{D}$	$-\frac{5}{9}\frac{7}{9}$	579	35 32·	43 42·	29 03·	37 52·	23 40·	34 12·	0·5556	0·7778	0·9558
		$-\frac{5}{7}\frac{9}{7}$	597	29 03·	55 47·	35 32·	52 07·	"	46 17·	0·7143	1·2857	1·4708
		$-\frac{7}{5}\frac{9}{5}$	795	37 52·	66 19·	54 27·	60 56·	34 12·	"	1·4000	1·8000	2·2803

No.	Buchstaben	Symb.	Miller	φ	ϱ	ξ_0	η_0	ξ	η	x (Prismen) (x:y)	y	d $=\mathrm{tg}\,\varrho$
30	y	$-\frac{1}{2}\ \frac{3}{4}$	234	33°41'	42°02	26°34	36°52	21°48	33°51'	0·5000	0·7500	0·9014
		$-\frac{2}{3}\ \frac{4}{3}$	243	26 34	56 08·	33 41·	53 08	"	47 58	0·6667	1·3333	1·4907
		$-\frac{3}{2}\ 2$	342	36 52	68 12	56 18·	63 26	33 51·	"	1·5000	2·0000	2·5000
31	H	$-\frac{1}{6}\ \frac{1}{2}$	136	18 26	27 47·	9 28	26 34	8 28·	26 15	0·1667	0·5000	0·5271
		$-\frac{1}{3}\ 2$	163	9 28	63 45	18 26	63 26	"	62 12·	0·3333	2·0000	2·0276
		$-3\ 6$	361	26 34	81 31·	71 34	80 32	26 15	"	3·0000	6·0000	6·7081
32	$\mathfrak{C}$	$-\frac{7}{15}\ \frac{11}{15}$	7·11·15	32 28·	41 00	25 01	36 15	20 37·	33 36·	0·4666	0·7333	0·8692
		$-\frac{7}{11}\ \frac{15}{11}$	7·15·11	25 01	56 23·	32 28·	53 45	"	49 00	0·6364	1·3636	1·5048
		$-\frac{11}{7}\ \frac{15}{7}$	11·15·7	36 15	69 22·	57 31·	64 59	33 36·	"	1·5714	2·1429	2·6573
33	$\mathfrak{F}$	$-\frac{3}{7}\ \frac{5}{7}$	357	30 58	39 47·	23 12	35 32·	19 13·	33 17	0·4286	0·7143	0·8330
		$-\frac{3}{5}\ \frac{7}{5}$	375	23 12	56 43	30 58	54 27·	"	50 12·	0·6000	1·4000	1·5232
		$-\frac{5}{3}\ \frac{7}{3}$	573	35 32·	70 46·	59 02	66 48	33 17	"	1·6667	2·3333	2·8674

Zinkspath.

Hexagonal.   Rhomboedrisch - hemiedrisch.

c = 0·8062	lg c = 990644	lg a₀ = 033212	lg p₀ = 973035	a₀ = 2·1484	p₀ = 0·5375	(G₂)

No.	Buchstaben	Symb.	Bravais	φ	ϱ	ξ_0	η_0	ξ	η	x (Prismen) (x:y)	y	d $=\mathrm{tg}\,\varrho$
1	o	0	0001	—	0°00	0°00	0°00	0°00	0°00	0	0	0
2	a	∞0	$10\bar{1}0$	0°00	90 00	"	90 00	"	90 00	"	∞	∞
3	δ·	$-\frac{1}{2}$	$\bar{1}1\bar{2}2$	30 00	24 57·	13 06	21 57	12 11	21 26	0·2327	0·4040	0·4655
4	p·	+1	$11\bar{2}1$	"	42 57	24 57·	38 52·	19 55	36 10	0·4654	0·8062	0·9309
5	φ·	−2	$\bar{2}\bar{2}41$	"	61 45·	42 57	58 11·	26 08	49 43·	0·9309	1·6124	1·8618
6	$\varDelta$·	$-\frac{7}{2}$	$\bar{7}·\bar{7}·14·2$	"	72 56	58 27·	70 29	28 33	55 53	1·6291	2·8217	3·2582
7	m·	+4	$44\bar{8}1$	"	74 58	61 45·	72 46·	28 52·	56 45·	1·8618	3·2248	3·7237
8	$\varXi$·	−5	$\bar{5}·\bar{5}·10·1$	"	77 52·	66 45	76 04	29 16	57 51·	2·3272	4·0310	4·6545
9	K:	+41	$41\bar{5}1$	10 53·	67 54	24 57·	67 32	10 05	65 29	0·4654	2·4186	2·4630

Zinkosit.

Rhombisch.

a = 0·8928	lg a = 995076	lg a₀ = 980028	lg p₀ = 019972	a₀ = 0·6314	p₀ = 1·5838
c = 1·4141	lg c = 015048	lg b₀ = 984952	lg q₀ = 015048	b₀ = 0·7072	q₀ = 1·4141

No.	Buchstaben	Symb.	Miller	φ	ϱ	ξ_0	η_0	ξ	η	x (Prismen) (x:y)	y	d $=\mathrm{tg}\,\varrho$
1	c	0	001	—	0°00	0°00	0°00	0°00	0°00	0	0	0
2	e	01	011	0°00	54 44	"	54 44	"	54 44	"	1·4141	1·4141
3	f	10	101	90 00	57 44	57 44	0 00	57 44	0 00	1·5838	0	1·5838

Zinkvitriol.
Rhombisch.

$a = 0\cdot9804$	$\lg a = 999140$	$\lg a_0 = 024081$	$\lg p_0 = 975919$	$a_0 = 1\cdot7410$	$p_0 = 0\cdot5744$
$c = 0\cdot5631$	$\lg c = 975059$	$\lg b_0 = 024941$	$\lg q_0 = 975059$	$b_0 = 1\cdot7759$	$q_0 = 0\cdot5631$

No.	Buch-staben	Symb.	Miller	φ	ϱ	ξ_0	η_0	ξ	η	x (Prismen) (x : y)	y	d $=\mathrm{tg}\,\varrho$
1	a	0∞	010	0°00	90°00	0°00	90°00	0°00	90°00	0	∞	∞
2	b	$\infty0$	100	90 00	„	90 00	0 00	90 00	0 00	∞	0	„
3	m	∞	110	45 34	„	„	90 00	45 34	44 26	1·0200	∞	„
4	f	$\infty2$	120	27 01·	90 00	90 00	90 00	27 01·	62 58·	0·5100	„	„
5	v	01	011	0 00	29 23	0 00	29 23	0 00	29 23	0	0·5631	0·5631
6	r	02	021	„	48 24	„	48 24	„	48 24	„	1·1261	1·1261
7	n	10	101	90 00	29 52·	29 52·	0 00	29 52·	0 00	0·5744	0	0·5744
8	x	20	201	„	48 57·	48 57·	„	48 57·	„	1·1487	„	1·1487
9	z	1	111	45 34	38 49	29 52·	29 23	26 35·	26 02	0·5744	0·5631	0·8043
10	t	12	121	27 01·	51 39·	„	48 24	20 52·	44 19·	„	1·1262	1·2642
11	s	21	211	63 53	51 59	48 57·	29 23	45 01·	20 17·	1·1487	0·5631	1·2793

Zinn.
Tetragonal.

$\left.\begin{array}{c} c \\ p_0 \end{array}\right\} = 0\cdot3857$	$\lg c = 958625$	$\lg a_0 = 041375$	$a_0 = 2\cdot5927$

No.	Buch-staben	Symb.	Miller	φ	ϱ	ξ_0	η_0	ξ	η	x (Prismen) (x : y)	y	d $=\mathrm{tg}\,\varrho$
1	a	0	001	—	0°00	0°00	0°00	0°00	0°00	0	0	0
2	m	∞	110	45°00	90 00	90 00	90 00	45 00	45 00	1·0000	∞	∞
3	s	01	011	0 00	21 05·	0 00	21 05·	0 00	21 05·	0	0·3857	0·3857
4	t	03	031	„	49 10	„	49 10	„	49 10	„	1·1571	1·1571
5	p	1	111	45 00	28 36·	21 05·	21 05·	19 47·	19 47·	0·3857	0·3857	0·5455
6	r	3	331	„	58 34	49 10	49 10	37 06·	37 06·	1·1571	1·1571	1·6364

Zinnerz.
Tetragonal.

$\left.\begin{array}{c} c \\ p_0 \end{array}\right\} = 0\cdot6723$	$\lg c = 982756$	$\lg a_0 = 017244$	$a_0 = 1\cdot4874$

No.	Buch-staben	Symb.	Miller	φ	ϱ	ξ_0	η_0	ξ	η	x (Prismen) (x : y)	y	d $=\mathrm{tg}\,\varrho$
1	c	0	001	—	0°00	0°00	0°00	0°00	0°00	0	0	0
2	a	0∞	010	0°00	90 00	„	90 00	„	90 00	„	∞	∞
3	m	∞	110	45 00	„	90 00	„	45 00	45 00	1·0000	„	„
4	λ	$\infty\frac{10}{9}$	9·10·0	41 59	„	„	„	41 59	48 01	0·9000	„	„
5	A	$\infty\frac{8}{7}$	780	41 11	„	„	„	41 11	48 49	0·8750	„	„
6	k	$\infty\frac{4}{3}$	340	36 52	„	„	„	36 52	53 08	0·7500	„	„

No.	Buchstaben	Symb.	Miller	φ	ϱ	ξ_0	η_0	ξ	η	x (Prismen) (x : y)	y	d =tgϱ
7	B	$\infty\frac{7}{5}$	570	35° 32	90° 00	90° 00	90° 00	35° 32	54° 28	0·7143	∞	∞
8	r	$\infty\frac{3}{2}$	230·	33 41·	"	"	"	33 41·	56 18·	0·6667	"	"
9	h	$\infty 2$	120	26 34	"	"	"	26 34	63 26	0·5000	"	"
10	e	01	011	0 00	33 54·	0 00	33 54·	0 00	33 54·	0	0·6723	0·6723
11	w	05	051	"	73 26	"	73 26	"	73 26	"	3·3614	3·3614
12	p	$\frac{1}{4}$	114	45 00	13 22	9 32·	9 32·	9 24·	9 24·	0·1680	0·1680	0·2377
13	y	$\frac{3}{5}$	335	"	29 42	21 58	21 58	20 30·	20 30·	0·4033	0·4033	0·5704
14	δ	$\frac{2}{3}$	223	"	32 22	24 08·	24 08·	22 14·	22 14·	0·4482	0·4482	0·6338
15	s	1	111	"	43 33	33 54·	33 54·	29 09·	29 09·	0·6723	0·6723	0·9507
16	q	$\frac{6}{5}$	665	"	48 46	38 53·	38 53·	32 07·	32 07·	0·8067	0·8067	1·1409
17	ϱ	2	221	"	62 15·	53 21·	53 21·	38 44·	38 44·	1·3446	1·3446	1·9015
18	ϑ	$\frac{5}{2}$	552	"	67 11	59 15	59 15	40 40·	40 40·	1·6807	1·6807	2·3768
19	ι	5	551	"	78 07	73 26	73 26	43 47	43 47	3·3614	3·3614	4·7537
20	n	6	661	"	80 03·	76 04·	76 04·	44 08·	44 08·	4·0337	4·0337	5·7044
21	ϰ	7	771	"	81 27	78 00	78 00	44 22	44 22	4·7060	4·7060	6·6552
22	σ	12·12	12·12·1	"	84 59·	82 56	82 56	44 47	44 47	8·0675	8·0675	11·409
23	ζ	18·18	18·18·1	"	86 39·	85 16·	85 16·	44 54	44 54	12·1011	12·1011	17.113
24	g	$\frac{1}{10}1$	1·10·10	5 42·	34 02·	3 51	33 55	3 11·	33 51	0·0672	0·6723	0·6756
25	t	$\frac{1}{3}1$	133	18 26	35 19·	12 38	"	10 32	33 16	0·2241	"	0·7087
26	b	$\frac{1}{2}1$	122	26 34	36 56	18 35	"	15 35	32 30·	0·3361	"	0·7516
27	μ	$1\frac{7}{6}$	676	40 36	45 56	33 55	38 06·	27 52·	33 03·	0·6723	0·7843	1·0330
28	λ	13	131	18 26	64 48·	"	63 37	16 37	59 08·	"	2·0169	2·1260
29	d	$\frac{3}{2}2$	342	"	54 47·	24 08·	53 21·	14 58·	50 49·	0·4482	1·3446	1·4173
30	z	23	231	33 41·	67 35	53 21·	63 37·	30 51	50 17	1·3446	2·0169	2·4240
31	C	$\frac{1}{12}\frac{1}{4}$	1·3·12	18 26	10 03	3 12·	9 32·	3 09·	9 31·	0·0560	0·1680	0·1772
32	ξ	67	671	40 36	80 50	76 04·	78 00	39 58·	48 33	4·0337	4·7061	6·1983
33	E	78	781	41 11	82 02	78 00	79 28	40 42·	48 11	4·7061	5·3784	7·1467
34	ν	$\frac{5}{2}\frac{7}{2}$	572	35 32	70 55·	59 15	66 58·	33 19	50 16	1·6807	2·3530	2·8917
35	Θ	$\frac{11}{2}\frac{13}{2}$	11·13·2	40 14	80 05·	74 52	77 06·	39 31	48 45·	3·6976	4·3699	5·7242
36	f	$\frac{3}{5}\frac{8}{5}$	385	20 33·	48 57·	21 58	47 05·	15 21·	44 56	0·4034	1·0757	1·1488
37	D	$\frac{7}{9}\frac{7}{6}$	14·21·18	33 41·	43 18·	27 36·	38 06·	22 22	34 48	0·5229	0·7843	0·9427

Zinnkies.

Regulär.

No.	Buchstaben	Symb.	Miller	φ	ϱ	ξ_0	η_0	ξ	η	x (Prismen) (x : y)	y	d =tgϱ
1	c	$\begin{cases} 0 \\ 0\infty \end{cases}$	001 / 010	— / 0° 00	0° 00 / 90 00	0° 00 / "	0° 00 / 90 00	0° 00 / "	0° 00 / 90 00	0 / "	0	0 / ∞
2	d	$\begin{cases} 01 \\ \infty \end{cases}$	011 / 110	" / 45 00	45 00 / 90 00	" / 90 00	45 00 / 90 00	" / 45 00	45 00 / "	" / 1·0000	1·0000 / ∞	1·0000 / ∞

Zinnober.

Hexagonal. Trapezoedrisch - tetartoedrisch.

$c = 1\cdot9837$	$\lg c = 029747$	$\lg a_0 = 994109$	$\lg p_0 = 012138$	$a_0 = 0\cdot8732$	$p_0 = 1\cdot3225$	(G_1)

$No.$	Buch-staben	Symb.	Bravais	φ	ϱ	ξ_0	η_0	ξ	η	x (Prismen) (x:y)	y	d $= \operatorname{tg}\varrho$
1	o	o	0001	—	0°00	0°00	0°00	0°00	0°00	0	0	0
2	M	∞0	10$\bar1$0	0°00	90 00	″	90 00	″	90 00	″	∞	∞
3	A	∞	11$\bar2$0	30 00	″	90 00	″	30 00	60 00	0·5773	″	″
4	$\mathfrak{a}$	$+\frac{1}{15}$o	1·0·$\bar1$·15	0 00	5 02·	0 00	5 02·	0 00	5 02·	0	0·0882	0·0882
5	$\mathfrak{b}\cdot$	$-\frac{1}{12}$o	$\bar1$·0·1·12	″	6 17·	″	6 17·	″	6 17·	″	0·1102	0·1102
6	ψ	$-\frac{1}{9}$o	$\bar1$019	″	8 21·	″	8 21·	″	8 21·	″	0·1469	0·1469
7	b b·	$\pm\frac{1}{8}$o	10$\bar1$8	″	9 23	″	9 23	″	9 23	″	0·1653	0·1653
8	$\mathfrak{b}\cdot$	$-\frac{1}{7}$o	$\bar1$017	″	10 42	″	10 42	″	10 42	″	0·1889	0·1889
9	e·	$-\frac{1}{5}$o	$\bar1$015	″	14 49	″	14 49	″	14 49	″	0·2645	0·2645
10	c c·	$\pm\frac{1}{4}$o	10$\bar1$4	″	18 17·	″	18 17·	″	18 17·	″	0·3306	0·3306
11	η $\mathfrak{y}\cdot$	$\pm\frac{3}{10}$o	3·0·$\bar3$·10	″	21 38·	″	21 38·	″	21 38·	″	0·3967	0·3967
12	d d·	$\pm\frac{1}{3}$o	10$\bar1$3	″	23 47·	″	23 47·	″	23 47·	″	0·4387	0·4387
13	$\mathfrak{f}\cdot$	$-\frac{5}{14}$o	$\bar5$·0·5·14	″	25 17	″	25 17	″	25 17	″	0·4723	0·4723
14	e·	$-\frac{3}{8}$o	$\bar3$038	″	26 22·	″	26 22·	″	26 22·	″	0·4959	0·4959
15	f f·	$\pm\frac{2}{5}$o	20$\bar2$5	″	27 52·	″	27 52·	″	27 52·	″	0·5290	0·5290
16	a	$+\frac{4}{9}$o	40$\bar4$9	″	30 26·	″	30 26·	″	30 26·	″	0·5878	0·5878
17	g g·	$\pm\frac{1}{2}$o	10$\bar1$2	″	33 28·	″	33 28·	″	33 28·	″	0·6612	0·6612
18	$\mathfrak{i}\cdot$	$-\frac{10}{19}$o	$\overline{10}$·0·10·19	″	34 50·	″	34 50·	″	34 50·	″	0·6960	0·6960
19	$\mathfrak{w}\cdot$	$-\frac{5}{9}$o	$\bar5$059	″	36 18·	″	36 18·	″	36 18·	″	0·7347	0·7347
20	β	$+\frac{3}{5}$o	30$\bar3$5	″	38 26	″	38 26	″	38 26	″	0·7935	0·7935
21	h h·	$\pm\frac{2}{3}$o	20$\bar2$3	″	41 24	″	41 24	″	41 24	″	0·8816	0·8816
22	γ	$+\frac{7}{9}$o	70$\bar7$9	″	45 48·	″	45 48·	″	45 48·	″	1·0286	1·0286
23	i i·	$\pm\frac{4}{5}$o	40$\bar4$5	″	46 37	″	46 37	″	46 37	″	1·0580	1·0580
24	a a·	$\pm$ 1o	10$\bar1$1	″	52 54	″	52 54	″	52 54	″	1·3225	1·3225
25	ε	$+\frac{10}{9}$o	10·0·$\overline{10}$·9	″	55 46	″	55 46	″	55 46	″	1·4694	1·4694
26	η	$+\frac{6}{5}$o	60$\bar6$5	″	57 47	″	57 47	″	57 47	″	1·5869	1·5869
27	k k·	$\pm\frac{5}{4}$o	50$\bar5$4	″	58 49·	″	58 49·	″	58 49·	″	1·6531	1·6531
28	l l·	$\pm\frac{4}{3}$o	40$\bar4$3	″	60 26·	″	60 26·	″	60 26·	″	1·7633	1·7633
29	ν $\mathfrak{f}\cdot$	$+\frac{13}{9}$o	13·0·$\overline{13}$·9	″	62 22	″	62 22	″	62 22	″	1·9102	1·9102
30	$\mathfrak{l}\cdot$	$-\frac{5}{3}$o	$\bar5$053	″	65 36	″	65 36	″	65 36	″	2·2041	2·2041
31	m m·	$\pm\frac{16}{9}$o	16·0·$\overline{16}$·9	″	66 57·	″	66 57·	″	66 57·	″	2·3511	2·3511
32	$\mathfrak{m}\cdot$	$-\frac{9}{5}$o	9095	″	67 13	″	67 13	″	67 13	″	2·3804	2·3804
33	n n·	$\pm$ 2o	20$\bar2$1	″	69 17·	″	69 17·	″	69 17·	″	2·6449	2·6449
34	$\mathfrak{q}\cdot$	$-\frac{5}{2}$o	$\bar5$052	″	73 10	″	73 10	″	73 10	″	3·3062	3·3062
35	ω $\omega\cdot$	$+$ 3o	30$\bar3$1	″	75 51	″	75 51	″	75 51	″	3·9674	3·9674
36	ϑ	$+\frac{10}{3}$o	10·0·$\overline{10}$·3	″	77 13	″	77 13	″	71 13	″	4·4082	4·4082

No.	Buchstaben	Symb.	Bravais	φ	ϱ	ξ_0	η_0	ξ	η	x (Prismen) (x : y)	y	d $=\mathrm{tg}\,\varrho$
37	n·	$-\tfrac{7}{2}0$	7̄072	0°00	77°48·	0°00	77°48·	0°00	77°48·	o	4·6286	4·6286
38	p·	$-\tfrac{32}{9}0$	3̄2·0·3̄2·9	"	77 59·	"	77 59·	"	77 59·	"	4·7021	4·7021
39	q q·	± 40	404̄1	"	79 17·	"	79 17·	"	79 17·	"	5·2898	5·2898
40	r r·	$\pm\tfrac{9}{2}0$	909̄2	"	80 27·	"	80 27·	"	80 27·	"	5·9510	5·9510
41	λ λ·	± 50	505̄1	"	81 24	"	81 24	"	81 24	"	6·6123	6·6123
42	s·	$-\tfrac{16}{3}0$	1̄6·0·16̄·3	"	81 56	"	81 56	"	81 56	"	7·0531	7·0531
43	π π·	± 60	606̄1	"	82 49	"	82 49	"	82 49	"	7·9308	7·9308
44	ϱ	$+70$	707̄1	"	83 50	"	83 50	"	83 50	"	9·2572	9·2572
45	t t·	± 80	808̄1	"	84 36	"	84 36	"	84 36	"	10·580	10·580
46	σ	$+10\cdot0$	10·0·1̄0·1	"	85 40·	"	85 40·	"	85 40·	"	13·225	13·225
47	τ·	$-11\cdot0$	1̄1·0·11̄·1	"	86 04	"	86 04	"	86 04	"	14·547	14·547
48	υ·	$-16\cdot0$	1̄6·0·16̄·1	"	87 17·	"	87 17·	"	87 17·	"	21·159	21·159
49	B	$\tfrac{1}{20}$	1·1·2̄·20	30 00	6 32	3 16·	5 40	3 15·	5 39·	0·0573	0·0992	0·1145
50	C	$\tfrac{1}{6}$	112̄6	"	20 53·	10 48·	18 17·	10 16·	17 59·	0·1909	0·3306	0·3817
51	N	$\tfrac{1}{4}$	112̄4	"	29 48	15 18·	26 22·	14 23	25 29·	0·2863	0·4959	0·5726
52	P	$\tfrac{1}{3}$	112̄3	"	37 22	20 53·	33 28·	17 40	31 42·	0·3818	0·6612	0·7635
53	G	$\tfrac{7}{18}$	7·7·1̄4·18	"	41 41·	24 00·	37 39	19 25·	35 10·	0·4455	0·7714	0·8908
54	x	$\tfrac{2}{5}$	224̄5	"	42 30	24 37	38 26	19 44·	35 48·	0·4581	0·7935	0·9162
55	J	$\tfrac{5}{8}$	5·5·1̄0·8	"	55 04	35 35·	51 06·	24 12	45 14	0·7158	1·2398	1·4316
56	y	$\tfrac{2}{3}$	224̄3	"	56 47	37 22	52 54	24 43·	46 25·	0·7635	1·3224	1·5270
57	u	1	112̄1	"	66 25	48 52·	63 15	27 16·	52 32	1·1453	1·9837	2·2905
58	ξ	2	224̄1	"	77 41	66 25	75 51	29 14·	57 47·	2·2905	3·9673	4·5811
59	w	$+1\tfrac{1}{2}$	213̄2	19 06·	60 15	29 48	58 49·	16 30·	55 07	0·5726	1·6531	1·7494
60	F	$+1\tfrac{3}{5}$	538̄5	21 47	61 37·	34 30	59 49	19 03·	54 47·	0·6872	1·7192	1·8514
61	R·	$-\tfrac{3}{2}\tfrac{1}{2}$	3̄142	13 54	67 14·	29 48	66 38	12 48	63 32	0·5726	2·3143	2·3841
62	S·	$-\tfrac{8}{5}\tfrac{2}{5}$	8·2̄·10·5	10 53·	67 35	24 37	67 13	10 03·	65 12	0·4581	2·3804	2·4241
63	ϰ	$+\tfrac{4}{3}\tfrac{2}{3}$	426̄3	19 06·	66 47·	37 22	65 36	17 30·	60 17	0·7635	2·2041	2·3326
64	ζ·	-42	4̄2̄61	"	81 52	66 25	81 24	18 54·	69 17·	2·2905	6·6124	6·9979
65	z	$+\tfrac{5}{7}\tfrac{1}{7}$	51̄67	8 57	46 27	9 17·	46 06	6 28·	45 43	0·1636	1·0390	1·0519
66	δ	$+\tfrac{5}{13}\tfrac{3}{13}$	5·3·8̄·13	21 47	35 27	14 48	33 28·	12 26	32 35·	0·2643	0·6612	0·7121
67	T·	$-\tfrac{1}{2}\tfrac{1}{3}$	3̄2̄51	23 25	43 51	20 53·	41 24	15 58·	39 28·	0·3816	0·8816	0·9608
68	D	$+\tfrac{2}{7}\tfrac{1}{7}$	213̄7	19 06·	26 33·	9 17·	25 17	8 25	24 59·	0·1636	0·4723	0·4998
69	H·	$-\tfrac{3}{10}\tfrac{1}{10}$	3̄·1̄·4·10	13 54	25 29·	6 32	24 50	5 56	24 41·	0·1145	0·4629	0·4768
70	E	$+1\tfrac{5}{13}\tfrac{1}{13}$	5·1·6̄·13	8 57	29 31·	5 02	29 13·	4 24	29 08	0·0881	0·5595	0·5664
71	μ·	$-\tfrac{12}{17}\tfrac{4}{17}$	1̄2·4̄·16·17	13 54	48 17·	15 05	47 26·	10 20	46 26·	0·2695	1·0891	1·1219
72	L	$+\tfrac{6}{23}\tfrac{4}{23}$	6·4·1̄0·23	23 25	26 37·	11 16	24 42	10 15·	24 17	0·1992	0·4600	0·5012

Zirkon.

Tetragonal.

$\dfrac{c}{p_0}\Big\}= 0\cdot6403$	$\lg c = 980638$	$\lg a_0 = 019362$	$a_0 = 1\cdot5618$

No.	Buchstaben	Symb.	Miller	φ	ϱ	ξ_0	η_0	ξ	η	x (Prismen) (x : y)	y	d $=\mathrm{tg}\,\varrho$
1	c	0	001	—	0° 00	0° 00	0° 00	0° 00	0° 00	0	0	0
2	a	0∞	010	0° 00	90 00	„	90 00	„	90 00	„	∞	∞
3	m	∞	110	45 00	„	90 00	„	45 00	45 00	1·0000	„	„
4	e	01	011	0 00	32 38	0 00	32 38	0 00	32 38	0	0·6403	0·6403
5	F	$\tfrac{1}{3}$	113	45 00	16 47·	12 03	12 03	11 47·	11 47·	0·2134	0·2134	0·3018
6	β	$\tfrac{1}{2}$	112	„	24 21·	17 45	17 45	16 57·	16 57·	0·3201	0·3201	0·4527
7	s	1	111	„	42 09·	32 38	32 38	28 20	28 20	0·6403	0·6403	0·9055
8	G	$\tfrac{5}{3}$	553	„	56 28	46 51·	46 51·	36 07	36 07	1·0672	1·0672	1·5092
9	φ	$\tfrac{7}{4}$	774	„	57 44·	48 15	48 15	36 43·	36 43·	1·1205	1·1205	1·5847
10	ϱ	2	221	„	61 05·	52 01	52 01	38 14·	38 14·	1·2806	1·2806	1·8110
11	π	3	331	„	69 47·	62 30	62 30	41 34·	41 34·	1·9209	1·9209	2·7165
12	ι	5	551	„	77 32·	72 39	72 39	43 40	43 40	3·2014	3·2014	4·5275
13	λ	13	131	18 26	63 43	32 38	62 30	16 28·	58 16·	0·6403	1·9209	2·0248
14	ψ	14	141	14 02	69 15	„	68 40·	13 06·	65 07·	„	2·5612	2·6400
15	ω	15	151	11 18·	72 58	„	72 39	10 48·	69 39	„	3·2015	3·2649

Zoisit.

Rhombisch.

$a = 0\cdot6196$	$\lg a = 979211$	$\lg a_0 = 025694$	$\lg p_0 = 974306$	$a_0 = 1\cdot8069$	$p_0 = 0\cdot5334$
$c = 0\cdot3429$	$\lg c = 953517$	$\lg b_0 = 046483$	$\lg q_0 = 953517$	$b_0 = 2\cdot9163$	$q_0 = 0\cdot3429$

No.	Buchstaben	Symb.	Miller	φ	ϱ	ξ_0	η_0	ξ	η	x (Prismen) (x : y)	y	d $=\mathrm{tg}\,\varrho$
1	b	0∞	010	0° 00	90° 00	0° 00	90° 00	0° 00	90° 00	0	∞	∞
2	a	∞0	100	90 00	„	90 00	0 00	90 00	0 00	∞	0	„
3	k	3∞	310	78 20	„	„	90 00	78 20	11 40	4·8419	∞	„
4	q	2∞	210	72 47	„	„	„	72 47	17 13	3·2279	„	„
5	n	$\tfrac{5}{3}\infty$	530	69 36·	„	„	„	69 36·	20 23·	2·6900	„	„
6	s	$\tfrac{3}{2}\infty$	320	67 33·	„	„	„	67 33·	22 26·	2·4210	„	„
7	m	∞	110	58 13	„	„	„	58 13	31 47	1·6140	„	„
8	r	∞2	120	38 54	„	„	„	38 54	51 06	0·8070	„	„

No.	Buch-staben	Symb.	Miller	φ	ϱ	ξ_0	η_0	ξ	η	x (Prismen) (x : y)	y	d =tgϱ
9	t	$\infty 3$	130	28° 17	90° 00	90° 00	90° 00	28° 17	61° 43	0·5380	∞	∞
10	l	$\infty 4$	140	21 58·	„	„	„	21 58·	68 01·	0·4035	„	„
11	f	01	011	0 00	18 55·	0 00	18 55·	0 00	18 55·	0	0·3429	0·3429
12	u	02	021	„	34 26·	„	34 26·	„	34 26·	„	0·6858	0·6858
13	x	04	041	„	53 54·	„	53 54·	„	53 54·	„	1·3716	1·3716
14	e	06	061	„	64 04·	„	64 04·	„	64 04·	„	2·0574	2·0574
15	d	10	101	90 00	28 57·	28 57·	0 00	28 57·	0 00	0·5534	0	0·5534
16	o	1	111	58 13	33 04	„	18 55·	27 38	16 42	„	0·3429	0·6510
17	v	12	121	38 54	41 23·	„	34 26·	24 32	30 58	„	0·6858	0·8813
18	p	13	131	28 17	49 26	„	45 48·	21 05·	41 59·	„	1·0287	1·1681
19	z	16	161	15 03·	64 51·	„	64 04·	13 36	60 56·	„	2·0574	2·1305

Zunyit.

Regulär.   Tetraedrisch - hemiedrisch.

No.	Buch-staben	Symb.	Miller	φ	ϱ	ξ_0	η_0	ξ	η	x (Prismen) (x : y)	y	d =tgϱ
1	c	$\begin{cases} 0 \\ 0\infty \end{cases}$	001 / 010	— / 0° 00	0° 00 / 90 00	0° 00 / „	0° 00 / 90 00	0° 00 / „	0° 00 / 90 00	0 / „	0 / ∞	0 / ∞
2	d	$\begin{cases} 01 \\ \infty \end{cases}$	011 / 110	„ / 45 00	45 00 / 90 00	„ / 90 00	45 00 / 90 00	„ / 45 00	45 00 / „	„ / 1·0000	1·0000 / ∞	1·0000 / ∞
3	pp·	± 1	111	„	54 44	45 00	45 00	35 16	35 16	„	1·0000	1·4142

Anhang.

Bemerkungen und Correcturen.

Bemerkungen und Correcturen.[1]

Allgemein.

Im Hexagonalen System sind die vierzahligen (Bravais) Symbole in directer Verknüpfung mit den Symbolen des Verf. in der gewählten Aufstellung. So z. B. mit den G_1 beim Quarz, Apatit ..., mit den G_2 bei Calcit, Rothgiltigerz ..., so zwar, dass p q (G_1 resp. G_2) $=$ p · q · $\bar{p}$ $+$ q · 1 ist. Im Index, wo die G_1 und G_2 jedesmal beide abgedruckt sind, wurde überall das zu p q (G_1) gehörige vierzahlige Symbol gegeben. Man wolle dies beachten, um Irrthümer zu vermeiden.

Berechnung des Winkels von Fläche zu Fläche mit Hilfe der Winkeltabelle.

(Zuzufügen S. 5.)

Aufgabe. **Gegeben** 2 Flächen a_1 a_2 durch ihre Positionswinkel $\varphi_1 \varrho_1$ und $\varphi_2 \varrho_2$.

Gesucht $\sphericalangle$ a_1 $a_2 = a$.

Auflösung. Es ist in dem sphärischen Dreieck Fig. 15 nach dem Cosinus-Satz:

$$\cos a = \cos \varrho_1 \cos \varrho_2 + \sin \varrho_1 \sin \varrho_2 \cos (\varphi_2 - \varphi_1)$$

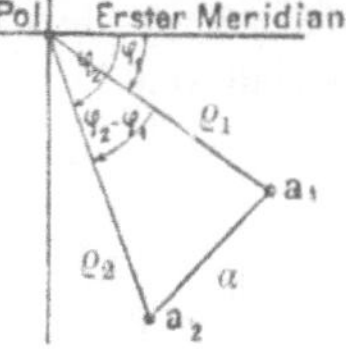

Fig. 15.

Diese Formel gilt für alle Fälle. In den meisten speciellen Fällen vereinfacht sich die Rechnung.

Specialfälle.

$\varphi_2 - \varphi_1 = 60°$ (häufig im hexagonalen System). $\quad \cos a = \cos \varrho_1 \cos \varrho_2 + \frac{1}{2} \sin \varrho_1 \sin \varrho_2$

$\varphi_2 - \varphi_1 = 90°$ (häufiger Fall). $\qquad\qquad\qquad \cos a = \cos \varrho_1 \cos \varrho_2.$

Vertauschung der Projectionsebene $\perp$ c mit der $\perp$ a oder $\perp$ b. (Zuzufügen S. 8.)

Berechnung von $\varphi' \varrho'$ **und** $\varphi'' \varrho''$ **aus** $\varphi \varrho$. Dazu dienen die Formeln:

I.
$$\begin{aligned} \cos \varrho' &= \sin \varphi \sin \varrho \\ \operatorname{tg} \varphi' &= \cos \varphi \operatorname{tg} \varrho \end{aligned}$$

II.
$$\begin{aligned} \cos \varrho'' &= \cos \varphi \sin \varrho \\ \operatorname{ctg} \varphi'' &= \sin \varphi \operatorname{tg} \varrho \end{aligned}$$

Die Formel II können wir auch schreiben: II'.
$$\begin{aligned} \cos \varrho'' &= \sin (90 - \varphi) \sin \varrho \\ \operatorname{tg}(90 - \varphi'') &= \cos (90 - \varphi) \operatorname{tg} \varrho \end{aligned}$$

II' sieht aus wie I, nur tritt $90 - \varphi$, $90 - \varphi''$ an Stelle aller $\varphi \varphi'$.

Beweis. Es ist in dem rechtwinkligen sphärischen Dreieck a m g (Fig. 11 und 16):

$$\cos \varrho' = \sin \varphi \sin \varrho$$
$$\sin (90 - \varphi) = \operatorname{tg} (90 - \varrho) \operatorname{ctg} (90 - \varphi')$$
oder $\cos \varphi = \operatorname{ctg} \varrho \operatorname{tg} \varphi'$
daher $\operatorname{tg} \varphi' = \cos \varphi \operatorname{tg} \varrho$

In $\triangle$ g b m (Fig. 11 und 16) ist:

$$\cos \varrho'' = \cos \varphi \sin \varrho$$
$$\sin \varphi = \operatorname{ctg} \varphi'' \operatorname{tg} (90 - \varrho)$$
$$= \operatorname{ctg} \varphi'' \operatorname{ctg} \varrho$$
$$\operatorname{tg} \varphi'' = \sin \varphi \operatorname{tg} \varrho$$

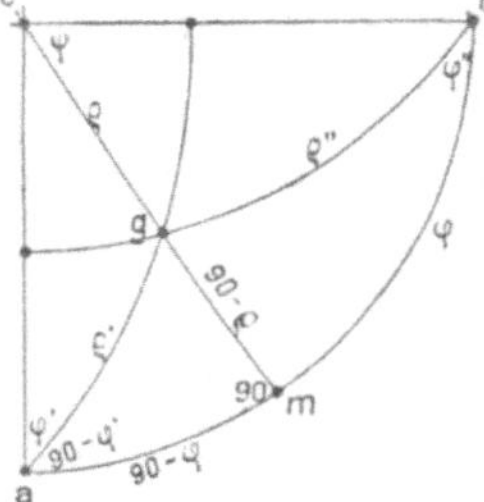

Fig. 16.

---

[1] Die Correcturen betreffen hauptsächlich die zwei am eingehendsten benutzten Bücher, den Index des Verf. und *E. S. Dana's* System. 1892.

Berechnung der Elemente. Triklines System. In der Schrift über das zweikreisige Goniometer (Zeitschr. Kryst. 1893. 22. 221) wurden zur Berechnung von $p_0\, q_0\, \nu$ keine unabhängigen Formeln gegeben. Dazu bieten sich folgende für $h = 1$.

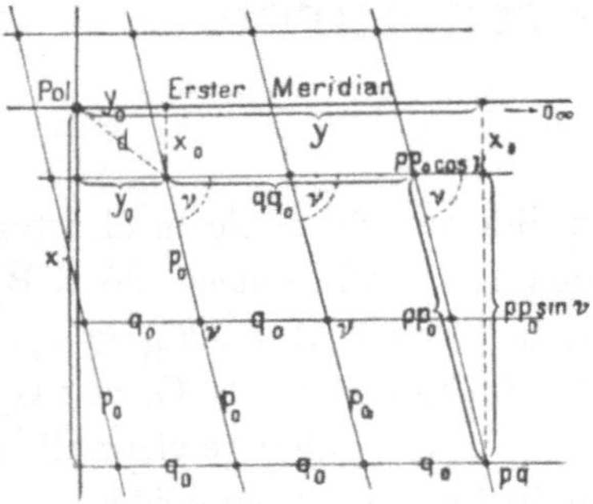

Fig. 17.

Wir hatten für drei Flächen $p_1\, q_1$; $p_2\, q_2$; $p_3\, q_3$ mit den rechtwinkligen Coordinaten $x_1\, y_1$; $x_2\, y_2$; $x_3\, y_3$ gefunden:

$$\left.\begin{array}{l} x_1 = x_0 + p_1\, p_0 \sin\nu \\ x_2 = x_0 + p_2\, p_0 \sin\nu \end{array}\right\} \text{ daraus: } \quad \boxed{\, p_0 \sin\nu = \dfrac{x_1 - x_2}{p_1 - p_2} \,}$$

Ferner hatten wir:

$$p_1\, p_0 \cos\nu + q_1\, q_0 + y_0 = y_1$$
$$p_2\, p_0 \cos\nu + q_2\, q_0 + y_0 = y_2$$
$$p_3\, p_0 \cos\nu + q_3\, q_0 + y_0 = y_3$$

Betrachten wir hierin $p_0 \cos\nu$, q_0, y_0 als Unbekannte, so lässt sich deren Werth, ausgedrückt in den Symbolzahlen $p_1\, q_1$, $p_2\, q_2$, $p_3\, q_3$ und den Messungsresultaten $y_1\, y_2\, y_3$ in Gestalt von Determinanten anschreiben:

$$q_0 = \frac{\begin{vmatrix} p_1 & y_1 & 1 \\ p_2 & y_2 & 1 \\ p_3 & y_3 & 1 \end{vmatrix}}{\begin{vmatrix} p_1 & q_1 & 1 \\ p_2 & q_2 & 1 \\ p_3 & q_3 & 1 \end{vmatrix}} = \frac{p_1(y_2 - y_3) + p_2(y_3 - y_1) + p_3(y_1 - y_2)}{p_1(q_2 - q_3) + p_2(q_3 - q_1) + p_3(q_1 - q_2)} = \frac{(p_1 - p_2)(y_1 - y_3) - (p_1 - p_3)(y_1 - y_2)}{(p_1 - p_2)(q_1 - q_3) - (p_1 - p_3)(q_1 - q_2)}$$

$$p_0 \cos\nu = \frac{\begin{vmatrix} y_1 & q_1 & 1 \\ y_2 & q_2 & 1 \\ y_3 & q_3 & 1 \end{vmatrix}}{\begin{vmatrix} p_1 & q_1 & 1 \\ p_2 & q_2 & 1 \\ p_3 & q_3 & 1 \end{vmatrix}} = \frac{y_1(q_2 - q_3) + y_2(q_3 - q_1) + y_3(q_1 - q_2)}{p_1(q_2 - q_3) + p_2(q_3 - q_1) + p_3(q_1 - q_2)} = \frac{(y_1 - y_2)(q_1 - q_3) - (y_1 - y_3)(q_1 - q_2)}{(p_1 - p_2)(q_1 - q_3) - (p_1 - p_3)(q_1 - q_2)}$$

$$y_0 = \frac{\begin{vmatrix} p_1 & q_1 & y_1 \\ p_2 & q_2 & y_2 \\ p_3 & q_3 & y_3 \end{vmatrix}}{\begin{vmatrix} p_1 & q_1 & 1 \\ p_2 & q_2 & 1 \\ p_3 & q_3 & 1 \end{vmatrix}} = \frac{p_1(q_2 y_3 - q_3 y_2) + p_2(q_3 y_1 - q_1 y_3) + p_3(q_1 y_2 - q_2 y_1)}{p_1(q_2 - q_3) + p_2(q_3 - q_1) + p_3(q_1 - q_3)}$$

daraus und aus obiger Formel für $p_0 \sin\nu$ folgt:

$$\operatorname{tg}\nu = \frac{p_0 \sin\nu}{p_0 \cos\nu}; \qquad \text{dann } p_0 \text{ oder } p_0 = \sqrt{(p_0 \sin\nu)^2 + (p_0 \cos\nu)^2}$$

Für die **Parallelzonen** vereinfachen sich die Formeln. Wir haben:

Quer-Parallelzone: $x_1 = x_2$ und $p_1 = p_2$. Daher: $q_0 = \dfrac{y_1 - y_2}{q_1 - q_2}$

Längs-Parallelzone: $q_1 = q_2$ Daher: $p_0 \cos\nu = \dfrac{y_1 - y_2}{p_1 - p_2}$

—————

Zeitschr. Kryst. 1893. 21. 222. Zeile 12 vu zuzufügen: $\cos\lambda = y_0$

Polarstellen am zweikreisigen Goniometer. Zeitschr. Kryst. 1895. 24. 612 nach Zeile 14 vo ist zuzufügen:

Anmerkung. Diese Art der Näherung gilt nur dann, wenn a_2 zwischen $a_1\, a_3$ liegt, d. h. im Winkel $a_1\, a_3 < 180°$. Liegt a_2 ausserhalb, d. h. im $\sphericalangle\, a_1\, a_3 > 180°$, so ist statt $h' = h_1 + h_3 - h_2$ zu bilden $h' = \frac{1}{3}(h_1 + h_2 + h_3)$. Im Uebrigen ist das Verfahren das gleiche.

Beweis. Fall I. a_2 zwischen $a_1\, a_3$. Es sei im stereographischen Bild Fig. 18 K der Grundkreis, R der Ring mit $a_1\, a_2\, a_3$. f sei der gesuchte Pol. Wir stellen mit den Wiegeschlitten $W_1\, W_2$ den Krystall so ein, dass $a_1\, a_3$ gleiche Ablesung am Horizontalkreis H haben. $h_1 = h_0 + \varrho_1 = h_3 = h_0 + \varrho_3$. $\varrho_1 = \varrho_3$ ist der Abstand von dem unrichtig eingestellten Pol f' oder f''. f' resp. f'' liegt auf mfn, der Symmetrielinie zu $a_1\, a_3$. Wir haben nun zwei Fälle:

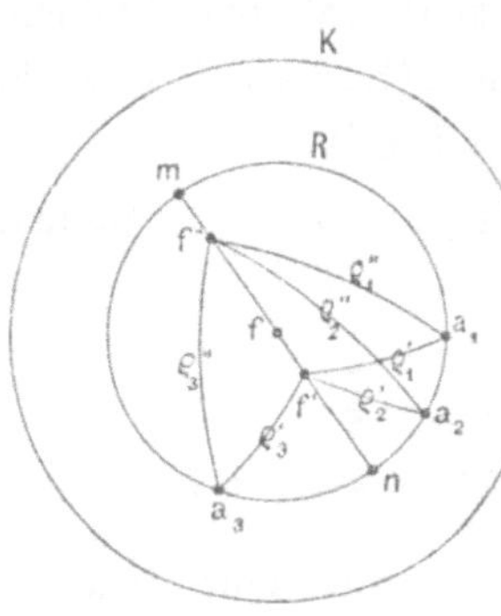

Fig. 18.

A. f' liege zu nahe an $a_1\, a_3$, dann ist $\varrho'_2 = f'\, a_2 < \varrho'_1$. Nun soll f' nach f rücken, d. h. das gemeinsame ϱ resp. $h = h_0 + \varrho$ soll grösser werden. Das ist der Fall, wenn wir für $h = h_0 + \varrho'_1$ bilden:

$h' = h_1 + h_3 - h_2 = h_0 + \varrho'_1 + \varrho'_3 - \varrho'_2$, denn $\varrho'_3 - \varrho'_2 > 0$, nicht aber durch $\frac{1}{3}(h_1 + h_2 + h_3) = h_0 + \frac{1}{3}(\varrho'_1 + \varrho'_2 + \varrho'_3)$, denn $\frac{1}{3}(\varrho'_1 + \varrho'_2 + \varrho'_3) < \varrho'_1$.

B. Der unrichtig eingestellte Pol liege in f''; zu weit von $a_1\, a_3$. Dann ist $\varrho''_1 = \varrho''_3 < \varrho''_2$. Damit f'' sich f nähere, soll $h_1 = h_0 + \varrho''_1$ kleiner werden. Das geschieht durch Bildung von:

$$h' = h_1 + h_3 - h_2 = h_0 + \varrho''_1 + \varrho''_3 - \varrho''_2, \text{ denn } \varrho''_3 - \varrho''_2 < 0,$$

nicht aber durch: $\frac{1}{3}(h_1 + h_2 + h_3) = h_0 + \frac{1}{3}(\varrho''_1 + \varrho''_2 + \varrho''_3)$, denn $\frac{1}{3}(\varrho''_1 + \varrho''_2 + \varrho''_3) > \varrho''_1$

Fall 2. a_2 ausserhalb $a_1\, a_3$ (Fig. 19). Wir stellen $a_1\, a_3$ auf gleiche Poldistanz $\varrho'_1 = \varrho'_3$ ein. Der hierbei unrichtig eingestellte Pol liegt auf mfn, der Symmetrielinie zu $a_1\, a_3$ und zwar in f' diesseits oder f'' jenseits des richtigen Pols f. Wir haben wieder zwei Fälle:

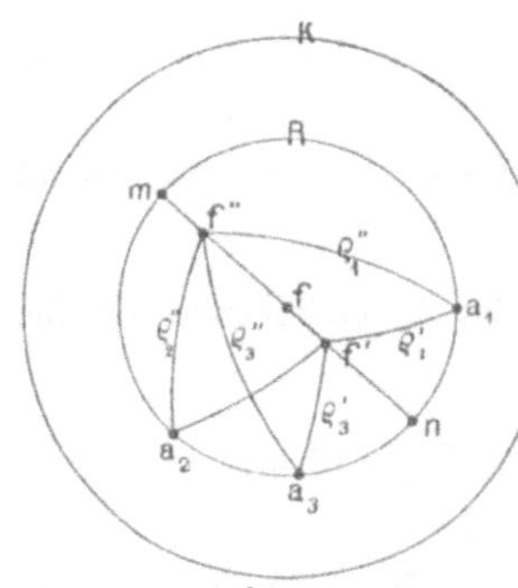

Fig. 19.

A. f' liege zu nahe an $a_1\, a_3$; dann ist $\varrho'_2 = f'\, a_2 > \varrho'_3$. f' soll sich f nähern, d. h. ϱ'_1 resp. $h_1 = h_0 + \varrho_1$ soll bei Verschiebung von f auf mn grösser werden. Das geschieht, indem wir für $h = h_0 + \varrho_1$ bilden:

$h' = \frac{1}{3}(h_1 + h_2 + h_3) = h_0 + \frac{1}{3}(\varrho'_1 + \varrho'_2 + \varrho'_3)$; denn es ist: $\frac{1}{3}(\varrho'_1 + \varrho'_2 + \varrho'_3) > \varrho'_3$; nicht aber durch $h_1 + h_2 - h_3 = h_0 + \varrho_1 + \varrho_3 - \varrho_2$; denn $\varrho_1 - \varrho_2 < 0$.

B. Der unrichtig eingestellte Pol liege in f'', zu weit von $a_1\, a_3$. Dann ist $\varrho''_1 = \varrho''_3 > \varrho''_2$. Damit f'' sich f nähere, soll $h_1 = h_0 + \varrho''_1$ kleiner werden. Dies geschieht durch Bildung von:

$h' = \frac{1}{3}(h_1 + h_2 + h_3) = h_0 + \frac{1}{3}(\varrho''_1 + \varrho''_2 + \varrho''_3)$; denn $\frac{1}{3}(\varrho_1 + \varrho_2 + \varrho_3) < \varrho''_1$

nicht aber durch: $h_1 + h_3 - h_2 = h_0 + \varrho_1 + \varrho_3 - \varrho_2$; denn $\varrho_3 - \varrho_2 > 0$

Zonengleichung. Index 1, 24 ist zuzufügen:

Die Gleichung einer Zone in Symbolen $p\,q$, d. h. in Coordinaten des gnomonischen Projectionspunktes, ist die Gleichung einer Geraden in der Ebene. Sie lässt sich in der Form schreiben:

$$Z = a\,p + b\,q = 1 \quad \text{oder} \quad A\,p + B\,q = C$$

Dabei sind $\frac{1}{a}$, $\frac{1}{b}$ die Parameter der Zone d. h. die Abschnitte auf den Coordinaten-Axen, gemessen in den Einheiten $p_0\,q_0$. $a\,b$ sind rationale Zahlen, $A\,B\,C$ ganze Zahlen. $\bar{a}\,\bar{b}$ sind die Coordinaten des Zonen-(Kanten-)Punktes in Linear-Projection. $[\bar{a}\,\bar{b}]$ nennen wir das lineare Zonensymbol.[1]

Eine Fläche $p_1\,q_1$ liegt in Zone Z, wenn die Zahlen $p_1\,q_1$, für $p\,q$ eingesetzt, der Gleichung genügen.

$$\text{Beisp.} \quad \tfrac{1}{4}\,\tfrac{3}{4} \text{ liegt in Zone: } p + q = 1 \text{ , denn es ist } \tfrac{1}{4} + \tfrac{3}{4} = 1$$
$$\text{ferner in Zone: } 7p - q = 1 \text{ , } \quad \text{» } \quad 7 \times \tfrac{1}{4} - \tfrac{3}{4} = 1$$
$$\text{und in Zone: } \tfrac{8}{5}p + \tfrac{4}{5}q = 1 \left.\right\}$$
$$\text{oder } 8p + 4q = 5 \left.\right\}\text{,} \quad \text{» } \quad 8 \times \tfrac{1}{4} + 4 \times \tfrac{3}{4} = 5$$

Jede Fläche liegt in ∞ vielen Zonen. Zwei Flächen bestimmen eine Zone.

Aufgabe. **Gegeben** Zwei Flächen $p_1\,q_1$ und $p_2\,q_2$.

Gesucht die Zonengleichung d. i. a und b.

Auflösung. Wir setzen in Gleichung $ap + bq = 1$ die Werthe $p_1\,q_1$ resp. $p_2\,q_2$ ein.

Wir erhalten: $\left.\begin{array}{l} ap_1 + bq_1 = 1 \\ ap_2 + bq_2 = 1 \end{array}\right\}$ und lösen nach a und b auf.

$$\text{Beisp.} \quad \begin{array}{l} p_1\,q_1 = \tfrac{1}{4}\,\tfrac{3}{4} \\ p_2\,q_2 = \tfrac{1}{5}\,\tfrac{2}{5} \end{array} \ \left|\ \begin{array}{l} a\cdot\tfrac{1}{4} + b\cdot\tfrac{3}{4} = 1 \\ a\cdot\tfrac{1}{5} + b\cdot\tfrac{2}{5} = 1 \end{array} \ \right|\ \left.\begin{array}{l} a + 3b = 4 \\ a + 2b = 5 \end{array}\right\}\begin{array}{l} a = 7 \\ b = -1 \end{array} \ \left|\ Z = 7p - q = 1\right.$$

Im Schnitt zweier Zonen liegt eine Fläche.

Aufgabe. **Gegeben** zwei Zonen: $\left.\begin{array}{l} a_1 p + b_1 q = 1 \\ a_2 p + b_2 q = 1 \end{array}\right\}$ **Gesucht** die beiden Zonen gemeinsame Fläche.

Auflösung. Wir berechnen p und q aus den zwei Gleichungen, so ist pq das Symbol der Fläche.

$$\text{Beisp.} \quad \left.\begin{array}{l} 7p - q = 1 \\ p + q = 1 \end{array}\right\}\begin{array}{l} p = \tfrac{1}{4} \\ q = \tfrac{3}{4} \end{array} \ \left|\ \tfrac{1}{4}\,\tfrac{3}{4} \text{ ist das Symbol der in beiden Zonen liegenden Fläche.}\right.$$

Lang's Regel der kreuzweisen Multiplication (*Lang*, Krystallogr. 1866. 26) ergiebt sich aus obigen Gleichungen in folgender Weise:

Unser Zonensymbol ist $[\bar{a}\,\bar{b}]$ oder dreiziffrig $\bar{a} : \bar{b} : 1$. Es berechnet sich:

$$\begin{array}{l} ap_1 + bq_1 = 1 \\ ap_2 + bq_2 = 1 \end{array} \ \left|\ \bar{a} : \bar{b} : 1 = (q_1 - q_2) : (p_2 - p_1) : (p_1 q_2 - q_1 p_2) = \ \right|\ \begin{array}{ccc} p_1\,q_1\,1 & p_1\,q_1\,1 \\ \times\times\times \\ p_2\,q_2\,1 & p_2\,q_2\,1 \end{array}$$

Umgekehrt berechnet sich unser Flächen-Symbol $pq = p : q : 1$ aus:

$$\begin{array}{l} a_1 p + b_1 q = 1 \\ a_2 p + b_2 q = 1 \end{array} \ \left|\ p : q : 1 = (b_2 - b_1) : (a_1 - a_2) : (a_1 b_2 - b_1 a_2) = \ \right|\ \begin{array}{ccc} \bar{a}_1\,\bar{b}_1\,1 & \bar{a}_1\,\bar{b}_1\,1 \\ \times\times\times \\ \bar{a}_2\,\bar{b}_2\,1 & \bar{a}_2\,\bar{b}_2\,1 \end{array}$$

---

[1] Vergl. Index 1. 18. und 24.

Hexagonales System. Ableitung der Transformation

$$\mathrm{h\,k\,l\ (Miller)} \doteq \frac{h-k}{h+k+l}\ \frac{k-l}{h+k+l}\ \ (G_I)\ \text{(Index I S. 45 zuzufügen):}$$

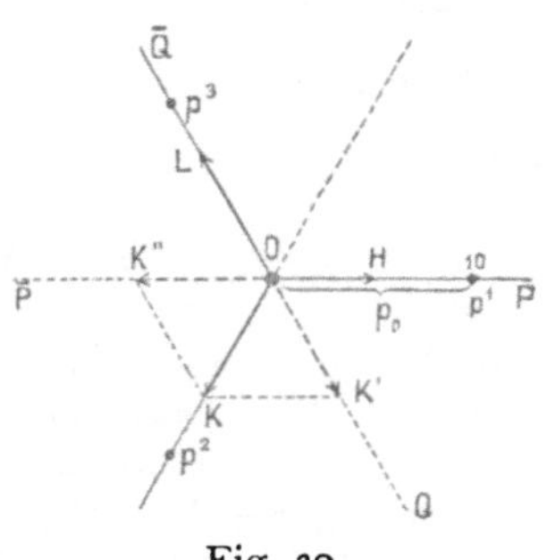

Fig. 20.   Fig. 21.

Das Symbol hkl bedeutet die Normale der damit bezeichneten Fläche. Es setzt sich als Resultante zusammen aus den drei Componenten $h:k:l$ in den Richtungen der Normalen auf die drei Flächen $p_1\,p_2\,p_3$ des Grundrhomboeders (Fig. 20 gnom. Proj.) ausgehend vom Krystallmittelpunkt M (Fig. 21 Aufriss).

Ist die Einheit in der Richtung $Mp_I = P_o$, so sind die drei Componenten $= hP_o$, kP_o, lP_o. Sie lassen sich in ihre horizontalen und verticalen Componenten zerlegen. Für die Poldistanz der Flächen $p_1\,p_2\,p_3 = \varrho$ sind diese

Horizontal-Componenten: oH in Richtung $op_I = hP_o \sin\varrho$
oK „ $op_2 = kP_o \sin\varrho$ $\left.\right\}$ in der Projektions-Ebene.
oL „ $op_3 = lP_o \sin\varrho$

Vertical-Componenten: $hP_o \cos\varrho$ $\left.\right\}$ Diese drei fallen in die gleiche Richtung und
$kP_o \cos\varrho$ bilden eine Vertical-Resultante
$lP_o \cos\varrho$ $= (h+k+l)\,P_o \cos\varrho$

Nehmen wir nun, wie immer im hexagonalen System, die Vertical-Intensität, hier $(h+k+l)\,P_o \cos\varrho$, zur Einheit, d. h. messen die Horizontalcomponenten durch diese aus, so haben wir:

$$oH = \frac{hP_o \sin\varrho}{h+k+l}; \quad oK = \frac{kP_o \sin\varrho}{h+k+l}; \quad oL = \frac{lP_o \sin\varrho}{h+k+l}.$$

Nun hat in den Symbolen G_I das Grundrhomboeder p_I das Zeichen 10. Daher ist die Länge $op_I = op_2 = op_3$ unsere Einheit p_o; d. h. $P_o \cos\varrho = p_o$. Danach ist:

$$oH = \frac{hp_o}{h+k+l}; \quad oK = \frac{kp_o}{h+k+l}; \quad oL = \frac{lp_o}{h+k+l}.$$

Wir wollen aber die Horizontal-Componenten nicht auf die Richtungen op_1, op_2, op_3 beziehen, sondern auf oP, oQ (Fig. 20) und diese pp_o, qp_o nennen. oH hat schon die Richtung oP; oL hat die Richtung oQ negativ; oK zerlegen wir in oK′ in Richtung oQ und oK″ in Richtung − P. oK′, oK″ sind der Grösse nach $=$ oK. Danach haben wir die Antheile:

In Richtung oP: $oH + oK'' = \dfrac{hp_o}{h+k+l} - \dfrac{kp_o}{h+k+l} = pp_o$

In Richtung oQ: $oK' + oL = \dfrac{kp_o}{h+k+l} - \dfrac{lp_o}{h+k+l} = qp_o$

Daher sind unsere Symbolzahlen pq (G_I): $p = \dfrac{h-k}{h+k+l}$; $q = \dfrac{k-l}{h+k+l}$.

25*

Index 1 Seite 110 ist zuzufügen:

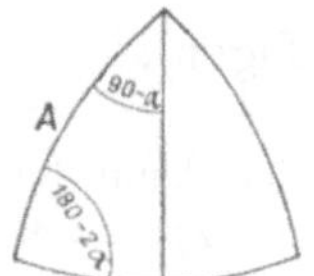

Fig. 22.

Gegeben für ein Rhomboeder der Polkanten-Winkel $2\,a$.

Gesucht der ebene Winkel A der Polkanten. (Fig. 22.)

$$\cos A = \operatorname{ctg}(180 - 2\,a)\,\operatorname{ctg}(90 - a) = -\operatorname{ctg} 2\,a\,\operatorname{tg} a$$

Für die Grenzfälle $2\,a =$ 60° ; 90°; 109°28

wird A = 109°28; 90°; 60°

Gdt. Winkeltabellen Seite 25 bei 5 : 13 lies 21 02·3 statt 21 04·9·

  „   „   „ 29 Fig. 13 im zweiten Quadrant links lies $+\,\xi$ statt $+\,\xi_0$.

  „ Index Bd. 1   „ 6 nach Zeile 11 zuzufügen: *Grassmann, I. G.*, Pogg. Ann. 1833. 30. 1 Combinator. Entwickl. d. Kryst. Gestalten.

  „ „ „ „   „ 84 Zeile 9   vo lies lg sin $(\sigma - \lambda)$ statt lg $(\sigma - \lambda)$

  „ „ „ „   „ „ „ 10   „   „ lg sin $(\sigma - \mu)$ „ lg $(\sigma - \mu)$

  „ „ „ „   „ „ „ 11   „   „ lg sin $(\sigma - \nu)$ „ lg $(\sigma - \nu)$

  „ „ „ „   „ 111 „ 8   „ nach Krystallmittelpunkt zuzufügen M

  „ „ „ „   „ 113 „ 10 u. 11 „ lies $\dfrac{\sin \lambda}{\sin \varkappa}$ statt $\dfrac{\sin \varepsilon}{\sin \delta}$

  „ „ „ „   „ 124 „ 15   vu „ $\dfrac{\operatorname{tg} \operatorname{d} \sin \sigma}{\sin \delta}$ „ $\operatorname{tg}\dfrac{\operatorname{d} \sin \sigma}{\sin \delta}$

  „ „ „ 3   „ IV „ 23   vo „ identificirten statt indentificirten.

Einzelne Mineralien.

Abichit.   Für die Winkeltabelle wurde die Aufstellung *Miller*   der des Index vorgezogen.

Adamin.   Für die Winkeltabelle wurde die Aufstellung *Descloizeaux* der des Index vorgezogen.

Aeschynit.   Für die Winkeltabelle wurde die Aufstellung *Rose*   der des Index vorgezogen.

Akanthit.   *Krenner* (Zeitschr. Kryst. 1884. 14. 390) gibt den Formen des Akanthit reguläre Deutung. Trotz der starken Gründe, die hierfür sprechen, wurde bis zur Abklärung der Frage die rhombische Deutung beibehalten.

    Zur Ueberführung der rhombischen Symbole in die regulären dient die *Transformation:*

$$\text{pq (Rhombisch)} = \frac{1+q}{2p}\;\frac{1-q}{2p}\text{ (Regulär);}$$

vgl. Zeitschr. Kryst. 1891. 19. 40.

Dana System 1892, Seite 58 Zeile 8 vu lies $\lambda(143)$ statt x(143).

Allaktit.   Für die Winkeltabelle wurde die Aufstellung *Sjögren* der des Index vorgezogen.

  Gdt. Index Bd. 1 Seite 171 Zeile 4, 5, 8 vo lies 0·6127   statt   0·6115

  „ „   „ 1   „ 171 Nr. 14   „ $252 - \tfrac{5}{2}P\tfrac{5}{2} + 1\tfrac{5}{2}$ „ $232 - \tfrac{3}{2}P\tfrac{3}{2} + 1\tfrac{3}{2}$

Alstonit.   Für die Winkeltabelle wurde die Aufstellung *Miller* der des Index vorgezogen.

Amblygonit.   Elemente und Symbole nach *Dana* System 1892. 781.

Amoibit wurde mit **Gersdorffit** vereinigt. Vgl. *Dana* System 1892. 90.

Amphibol - Gruppe.

Gdt. Index Bd. 1 Seite 189 Elemente   lies $p_0 = 0\text{·}5357$ statt $0\text{·}5350$
Dana System 1892   „   386 Zeile 3 u. 5 vu   „   Y(170)   „   y(170)
„   „   „   „   387   „   6   vo   „   YY′   „   yy′

Aenigmatit-Cossyrit. Krystallsystem nicht sicher. Die Winkel sprechen für das trikline. Die Angaben von *Förstner* wurden durch *E. S. Dana* revidirt (Syst. 1892. 404) und Cossyrit mit Aenigmatit vereinigt. Nach *Dana's* Angaben wurden die Elemente und Symbole in die Winkeltabelle aufgenommen.

Andalusit. Für die Winkeltabelle wurde die Aufstellung *Haidinger* der des Index vorgezogen.

Anglesit.

Dana Syst. 1892 Seite 908 Zeile 3 vu 146 streichen. u(146) steht Z. 15 als gesichert.
„   „   „   „   909   „   7 vo lies 101°33 statt 88°26
„   „   „   „   „   „   8 „   „   19°02   „   19°31
Lang Wien. Sitzb. 1859. 36. Seite 268 Zeile 13 vu lies 58°18·1 statt 59°17·1
„   „   „   „   „   „   „   „   9   „   „   67°27·4   „   77°27·4

Anhydrit.   *Dana* Syst. 1892   Seite 911 Zeile 2 vu lies $143°9\frac{1}{2}$ statt $142°9\frac{1}{2}$

Annerödit. Für die Winkeltabelle wurde die Aufstellung *Brögger* der des Index vorgezogen. *Dana's* Aufstellung (Syst. 1892. 741) giebt minder einfache Symbole.
Dana Syst. 1892 Seite 741 Zeile 7 vo lies 61°16 statt 62°36

Antimonblende.   *Piatnitzky* gibt (Zeitschr. Kryst. 1892. 20. 417) das Axen-Verhältniss $a:b:c = 4\text{·}6448 : 1\text{·}1717 : 1$. Die Symbole vereinfachen sich durch die für die Winkeltabelle angenommene *Transformation:*

$$pq\,(\text{Piat.}) = \frac{p}{3}\,q\,(\text{Gdt.}).$$

Folgende Formen sind angegeben:

$?\alpha$	$?\beta$	$?\gamma$	δ	u	$?\varepsilon$	s	$?\varkappa$	λ	ω	
$\frac{2}{5}$O	$\frac{1}{2}$O	$\frac{2}{3}$O	$\frac{3}{4}$O	1O	$\frac{9}{8}$O	$\frac{3}{2}$O	$\frac{7}{4}$O	2O	$\frac{9}{4}$O	Piat.
$\frac{2}{15}$O	$\frac{1}{6}$O	$\frac{2}{9}$O	$\frac{1}{4}$O	$\frac{1}{3}$O	$\frac{3}{8}$O	$\frac{1}{2}$O	$\frac{7}{12}$O	$\frac{2}{3}$O	$\frac{3}{4}$O	Gdt.

$?\mu$	ϱ	o	σ	$?\tau$	Σ	Θ	$\varDelta$	p		
$\frac{5}{2}$O	5O	6O	7O	8O	31	3	63	∞O	·	Piat.
$\frac{5}{6}$O	$\frac{5}{3}$O	2O	$\frac{7}{3}$O	$\frac{8}{3}$O	1	13	23	∞O	·	Gdt.

Als unsicher wurden von diesen angesehen und in die Winkeltabellen nicht aufgenommen: $\alpha\ \beta\ \gamma\ \varepsilon\ \varkappa\ \mu\ \tau$.

Vielleicht sind noch einige andere unsicher. Sie sind folgendermassen charakterisirt: $\varDelta$ bedeute Differenz zwischen Messung und Rechnung.

α Seite 423 $\varDelta = 9'$; $1°29'$ zeigt Längsstreifen und Querrisse.
  „   425 schmal giebt kein Signal.
β „   „   schlecht; Sign. fehlt. S. 427 schlecht; Sign. kaum merkbar. $\varDelta = 10'$; $1°$.
γ „   „   schmal; längsgestreift. S. 426 faserig; Sign. undeutlich Kr. geknickt.
ε „   424 gerieft; $\varDelta = 7'$; $50'$
$\varkappa$ „   425 Sign. gut. Statt $\frac{7}{20}$O wäre wohl $\frac{3}{5}$O zu setzen. $\frac{7}{20}$O : ∞O = 69°21; $\frac{3}{5}$O : ∞O
       = 68°49; beob. $\varkappa$p = 69°4′. $\varDelta = 17'$ resp. 15′.

μ Seite 424. 425. 427. 428. Sign. stets undeutlich. Messungen stimmen besser mit $\frac{4}{5}$o.
Beob. μp$=62°25$; $62°43$; $62°41$; $61°01$. Ber. $\frac{4}{5}$o : ∞o $62°40$; $\frac{5}{6}$o : ∞o $= 61°43$
τ „ 425 matt. Sign. fehlt.
Gdt. Index Bd. 1 Seite 220 nach Z. 2 zuzufügen: *Kenngott* Min. Unters. Breslau 1849. 1·1

Antimonglanz. Für die Winkeltabelle wurde die Aufstellung *Mohs* der des Index vorgezogen.

Antimonsilber. Für die Winkeltabelle wurde die Aufstellung *Lévy* der des Index vorgezogen.

Apatit. *Baumhauer* (Zeitschr. Kryst. 1891. 18. 40) stellt die Elementarwinkel zusammen. Sie entsprechen folgenden Elementen p_0 resp. c_{10} (G_1)

	p_0	c_{10}
Achmatowsk, Laacher See	$= 0·8422$	$= 0·7294$
Rothenkopf, Ala	$0·8444$	$0·7313$
Kirjabinsk	$0·8458$	0.7325
Jumilla	$0·8459$	$0·7326$
Knappenwand	$0·8468$	$0·7333$
Blakodat, Nordmarken	$0·8472$	$0·7337$
Gotthart, Tawetsch, Schwarzenstein, Floitenthal	$0·8476$	$0·7340$
Hiddenit-Grube	$0·8479$	$0·7343$
Turkistan	$0·8481$	$0·7345$
Smaragdgruben, Ehrenfriedersdorf, Pisek . .	$0·8486$	$0·7349$
Schlaggenwald	0.8491	$0·7353$

Die im Index aufgenommene Zahl $0·8453$ steht der unteren Grenze nahe, die von *Dana* gewählte (Syst. 1892. 763) $c = 0·7346$ *(Koksch)* der oberen Grenze. Für die Winkeltabelle wurde ein mittlerer Werth $p_0 = 0·8472$ genommen.
Dana Syst. 1892 Seite 763 Zeile 17 vo lies $10°54'$ statt $13°54'$

Apophyllit $t = \frac{9}{10}$; $u = \frac{24}{25}$; $w = \frac{51}{50}$ wurden als vicinal weggelassen.
Zeitschr. Kryst. Bd. 17 Seite 53 (Fussnote) lies: durch F ersetzt, statt durch H ersetzt.

Aragonit. Für die Winkeltabelle wurde die Aufstellung *Mohs* der des Index vorgezogen.
Gdt. Index Bd. 1 Seite 240 Zeile 12 vo lies *Schmid* statt *Schmidt.*

Ardennit. Für die Winkeltabelle wurde die Aufstellung *Rath* der des Index vorgezogen.

Arksutit ist vielleicht $=$ **Chiolith.** Bis zum sichern Nachweis wurde er für sich geführt.

Arquerit wurde mit **Amalgam** vereinigt (vgl. *Dana* Syst. 1892. 23).

Arsen. Statt des Elementes p_0 0.9350 (Index n. *Rose*) wurde $p_0 = 0·9342$ *(Zepharowich)* als genauer angenommen.
Gdt. Index Bd. 1 Seite 251 zuzufügen: $a : c = 1 : 1·4013$ *(Zepharowich).*
„   „   „   „   „ 252   „   *Zepharowich* Wien. Sitzb. 1875 (1) 71. 272
„   „   „   „   „   „   „   *Zenger*   „   1861 . 44 309

Arsenkies. Für die Winkeltabelle wurde das Mittel aus den Grenzwerthen der Elemente des Index eingesetzt.
$a = 0\frac{1}{24}$ $(0·1·24)$ *Schmidt* (Zeitschr. Kryst. 1888. 14. 574) ist unsicher. Besser mit der Messung stimmt $0\frac{1}{21}$ $(0·1·21)$

$$0\tfrac{1}{24} : 0\tfrac{1}{24} = 5°35 \left.\right\} \quad 0\tfrac{1}{21} : 0\tfrac{1}{21} = 6°20 \left.\right\} \quad \text{nach } Schmidt's \qquad \alpha\alpha = 6°22 \left.\right\}$$
$$0\tfrac{1}{24} : 0\tfrac{1}{6} = 8°15 \left.\right\} \quad 0\tfrac{1}{21} : 0\tfrac{1}{6} = 7°51 \left.\right\} \qquad \text{Elem.} \qquad\qquad \alpha\beta = 8°07 \left.\right\} \text{ beob.}$$

Astrophyllit. Die von *Brögger* 1878 vorgeschlagene im Index des Verfassers gegebene trikline Deutung wurde 1890 (ZK. 16. 200) von *Brögger* durch eine rhombische ersetzt; später a b vertauscht. Letztere Aufstellung, von *E. S. Dana* (Syst. 1892. 719) angenommen, wurde der Winkeltabelle zu Grunde gelegt. Krystallsystem, Elemente und Symbole sind noch immer unsicher. Die besonders unsicheren Formen $\beta = 0\frac{1}{50}\,(0\cdot1\cdot50)$; $\lambda = 1\frac{6}{7}\,(767)$; n $= 1\frac{6}{5}\,(565)$ wurden weggelassen.

Atakamit. Für die Winkeltabelle wurde die Aufstellung *Hausmann* der des Index vorgezogen.
Gdt. Index Bd. 1 Seite 261 Zeile 10 vo lies $0\cdot7515$ statt $0\cdot7545$

Atelestit. *Gdt.* Index Bd. 3 Seite 404 Zeile 21 vo lies $1\frac{1}{3}$ statt 31
„ „ „ „ „ „ „ 20 „ „ 313 „ 311

Auripigment. Für die Winkeltabelle wurde die Aufstellung *Mohs* der des Index vorgezogen.

Axinit. Für die Winkeltabelle wurde die Aufstellung *Miller* der des Index vorgezogen. Bei *Miller* ist der erste Quadrant oben links. Danach ist zu transformiren

$$\mathrm{pq\ (Index)} = \frac{\mathrm{p}}{\mathrm{q}}\,\frac{1}{\mathrm{q}}\ \text{(Winkeltabelle)}$$

Gdt. Index Bd. 1 Seite 271 Zeile 16 vo lies $x'_0 = -\,0\cdot2164$ statt $x'_0 = 0\cdot2164$
„ „ „ „ „ „ „ 17 „ „ $y'_0 = -\,0\cdot0317$ „ $y'_0 = 0\cdot0317$

Baddeleyit. *(Fletcher)* Min. Mag. 1893. 10. 148. Z. K. 1895. 25. 297 $=$ **Brazilit** *(Hussak.)* Jahrb. Min. 1892. 2. 141. Der Name Brazilit wurde von *Hussak* zu Gunsten des Namens Baddeleyit zurückgezogen. *Hussak's* Material war besser ausgebildet als das *Fletcher's*, dessen Messungen der Hauptwinkel bis 3° schwanken. *Hussak's* Elemente wurden desshalb der Tabelle zu Grunde gelegt.

$\mathrm{pq}\ (Fletcher) \doteq \dfrac{\mathrm{p}}{2}\,\dfrac{\mathrm{q}}{2}\ (Hussak).$ Welche Aufstellung vorzuziehen sei, lässt sich nicht bestimmt sagen.

Baryt. *Helmhacker*. Wien. Denkschr. 1872. 32. S. 49 Zeile 15 vo lies 121 21 statt 161 21
„ „ „ „ „ „ 50 „ 6 „ „ 151 45 „ 151 35
„ „ „ „ „ „ „ „ 11 „ „ 100 19 „ 100 24 51
„ „ „ „ „ „ „ „ 23 „ „ 110 00 „ 110 10 57
„ „ „ „ „ „ „ „ 16 vu „ 103 43 „ 102 24 31
„ „ „ „ „ „ „ „ 5 „ „ 106 46 „ 104 47 44
„ „ „ „ „ „ „ . „ 2 „ „ 102 39 „ 102 22 20
„ „ „ „ „ „ 51 „ 1 vo „ 105 59 „ 104 06 20

Barytocalcit. Index 1. 287 sind Axenverhältniss und Elemente unrichtig. Es ist zu setzen:
$$a:b:c = 1\cdot2507:1:0\cdot8476 \qquad \beta = 119°00\ (Gdt.)$$

Gdt. Index Bd. 1 Seite 287 Zeile 4 vo lies $1\cdot2507:1:0\cdot7413$ statt $1\cdot0939:1:0\cdot7413$
„ „ „ „ „ „ „ 9 „ „ $1\cdot2507;\ 009717$ statt $1\cdot0939;\ 003898$
„ „ „ „ „ „ „ 10 „ „ $0\cdot8476;\ 992819;\ 007181;\ 987001;\ 1\cdot1798;$
$0\cdot7413;$ statt $0\cdot7413;\ 986999;\ 013001;$
$981181;\ 1\cdot3490;\ 0\cdot6483$
„ „ „ „ „ „ „ 11 „ „ 996100 statt 001920.

Gdt. Index Bd. 1 Seite 287 Col. *Gdt.*   lies $-(p+1)q;$ $(p-1)q;$ $\dfrac{-2}{p+1}\dfrac{q}{p+1};$

$$\dfrac{-2}{2p+1}\dfrac{2q}{2p+1}\ \text{statt}\ (p+1)q;\ (1-p)q;$$

$$\dfrac{2}{p+1}\dfrac{q}{p+1};\ \dfrac{2}{2p+1}\dfrac{2q}{2p+1}$$

„   „   „   „   „   „ Zeile 18 vo   „ $-(p+1)q;$ $(p+1)q;$ $-\dfrac{2+p}{p}\dfrac{2q}{p};$

$$-\dfrac{2+p}{2p}\dfrac{q}{p}\ \text{statt}\ (p-1)q;\ (1-p)q;$$

$$\dfrac{2-p}{p}\dfrac{2q}{p};\ \dfrac{2-p}{2p}\dfrac{q}{p}$$

„   „   „   „   „   „   „ 2 vu   „ $\bar{1}01 + P\bar{\infty} - 10$ statt $101 - P\bar{\infty} + 10$

„   „   „   „   „   „   „ 1 „   „ $\bar{2}01 + 2P\bar{\infty} - 20$ „ $201 - 2P\bar{\infty} + 20.$

Belonesit.   *Scacchi A.* u. *E.* Zeitschr. Kryst. 1888. 14. 523
          Dana E. S.   Syst.   1892. — 992

Bertrandit.   Für die Winkeltabelle wurde die Aufstellung *Bertrand* der des Index vorgezogen.

Beryll.   *Gdt.*   Index Bd. 1 Seite 298 Zeile 11 vo zuzufügen: 1858. 3. 72
       Dana System 1892   „   405   „   18   „   lies m$(10\bar{1}0,\ I)$ statt m$(10\bar{1}1,\ I)$
       „   „   „   „   „   „ 20 „ zuzufügen: D$(22\bar{4}3,\ \tfrac{4}{3}-2)$
       „   „   „   „   „   „   „   „   „ $\chi\,(9\cdot7\cdot\bar{16}\cdot9,\ \tfrac{16}{9}-\tfrac{16}{7})$

Beryllonit.   *Gdt.*   Index Bd. 1 Seite 366 Zeile 17 vu lies $\dfrac{2}{q}\dfrac{2p}{q}$ statt $\dfrac{1}{2q}\dfrac{p}{2q}$
        Dana System 1892   „   759   „   10 vo   „   43°43   „   43°45
        Zeitschr. Kryst. Bd. 15 „   279   „   16   „   „   75°56   „   75°46
        „   „   „   „   „   „   27   „   „   48°50   „   43°50

Beudantit.   Die Form $+\,10\cdot10\,(G_2) = +\,10\,R$ nur *Dana* System 1873. 889 ohne nähere Angabe.   *E. S. Dana* (System 1892. 868) hat sie weggelassen.   Sie erscheint unsicher und ist bis zur Bestätigung zu löschen.
       Gdt. Index Bd. 1 Seite 301 No. 2 die ganze Zeile zu löschen
       „   „   „   „   „   302 zuzufügen: *Lévy* Ann. Phil. 1826. 11. 195
       „   „   „   „   „   „ Zeile 3 vo lies 611 statt 589
       „   „   „   „   „   „   „ 4 „   „ 589 „ 611

Beyrichit.   *Laspeyres* Zeitschr. Kryst. 1892. 20. 535

Bieberit steht durch Versehen ausser Index 1. 303 noch einmal als Kobaltvitriol 3. 376 und ist dort zu streichen.

Bismit.   *Nordenskjöld* Pogg. Ann. 1861. 114. 622 (Wismutoxyd). *Dana* System 1892. 200. *Nordenskjöld's* Symbole vereinfachen sich durch die *Transformation*:

$$pq\ \textit{(Nsk.)} \doteqdot \tfrac{2}{3}\,p \cdot \tfrac{2}{3}\,q\ \textit{(Gdt.)};\ pq\ \textit{(Gdt.)} \doteqdot \tfrac{3}{2}\,p \cdot \tfrac{3}{2}\,q\ \textit{(Nsk.)}$$

Diese *Transformation* wurde für die Winkeltabellen angenommen.   Aehnlichkeit mit Tungstit, Valentinit, vgl. Tungstit.

Blödit.   Für die Winkeltabelle wurde die Aufstellung *Rath* der des Index vorgezogen.

Bombiccit. Wurde weggelassen. Es ist eine CHO-Verbindung, deren Zusammensetzung unsicher ist und die schwerlich wieder zu mineralogischer Beobachtung kommen wird.

Borax. *Gdt.* Index Bd. 1 Seite 329 Zeile 14 vo lies: $\lg \cos \mu = 945547$, statt $\lg \sin \mu = 945547$.

Bournonit. Für die Winkeltabelle wurde die Aufstellung *Miller* der des Index vorgezogen. *Gdt.* Index Bd. 1 Seite 329 No. 4 lies $\varkappa$ statt k (vgl. *Schmidt* Z. K. 1892. 20. 153) *Dana* System 1892 „ 127 Buchst. $\pi\,\vartheta$ kommen zweimal vor. Es ist zu lesen $\varPi O$. r (134) ist unsicher, q (131) ganz unsicher (vgl. Index 1. 333).

Brandtit wurde mit Roselith vereinigt. Beob. Formen C A e f $\eta\,\varphi\,\zeta\,\sigma\,\lambda$ S (Buchst. Roselith) (*Dana E. S.* System 1892. 811). λ ist nur bei Brandtit beobachtet. Das unsichere $X = \frac{3}{4}\,\frac{3}{8}$ wurde weggelassen.

Braunit. Element nach *Flink* (Zeitschr. Kryst. 1892. 20. 368). Sein Material scheint das beste gewesen zu sein. Die Aufstellung *Miller* wurde der des Index vorgezogen.

Brazilit *(Hussak)* = **Baddeleyit** *(Fletcher)*.

Breithauptit. Statt des im Index gegebenen Elements wurde das genauere nach Messungen von *Busz* angenommen (Jahrb. Min. 1895. 1. 119). Vielleicht wäre wegen Analogie mit **Magnetkies, Wurtzit, Greenockit, Rothnickelkies** p_0 zu verdoppeln, doch werden die Symbole minder einfach. Spätere Beobachtungen können entscheiden. *Busz* giebt $s = 70$ entspr. 14·0 unserer Aufst. Beob. nur 1 Fl. Das Symbol ist auffallend. Beachtenswerth ist, dass *E. S. Dana* beim **Magnetkies** eine entsprechende Form fand. (Amer. J. 1876 (3) 11. 386; Syst. 1892. 73).

Breithauptit $sc = 81°39$ *(Busz)* Magnetkies $yc = 81°30$ *(Dana)*.

Brewsterit. Nach der Correctur des Druckfehlers bei *Descloizeaux* $ph^1 = 93°40$ statt $93°04$ durch *E. S. Dana* (Syst. 1892. 577) ändern sich die Elemente (Index 3. 407) ein wenig. *Gdt.* Index Bd. 1 Seite 407 Elemente lies:

a $= 0·4049$	$\lg a = 960735$	$\lg a_0 = 968266$	$\lg p_0 = 031734$	$a_0 = 0·4816$	$p_0 = 2·0765$
c $= 0·8408$	$\lg c = 992469$	$\lg b_0 = 007531$	$\lg q_0 = 992380$	$b_0 = 1·1893$	$q_0 = 0·8391$
$\left.\begin{array}{l}\mu = \\ 180 - \beta\end{array}\right\}\,86°20$	$\left.\begin{array}{l}\lg h = \\ \lg \sin \mu\end{array}\right\}\,999911$	$\left.\begin{array}{l}\lg e = \\ \lg \cos \mu\end{array}\right\}\,880585$	$\lg \dfrac{p_0}{q_0} = 039354$	$h = 0·9979·$	$e = 0·0639·$

Brochantit (Warringtonit). Durch Versehen wurde dies Mineral ausgelassen. Es ist Seite 79 zuzufügen. Wegen ungünstigen Materials sind Elemente und Krystallsystem nicht gesichert, trotz der eingehenden Untersuchungen von *Schrauf* (Wien, Sitzb. 1873. 67 (1) 275). Mit Rücksicht auf die bestehende Unsicherheit wurden nur die best bestimmten Formen aufgenommen. Der Winkelberechnung wurde das Mittel aus den rhombischen Elementen von *Miller, Kokscharow* und *Schrauf* untergelegt. Die Aufstellung *Schrauf* wurde der des Index vorgezogen.

Brochantit.

(Warringtonit.)

Rhombisch. (?)

$a = 0.7777$	$\lg a = 989081$	$\lg a_0 = 020008$	$\lg p_0 = 979992$	$a_0 = 1.5852$	$p_0 = 0.6308$
$c = 0.4906$	$\lg c = 969073$	$\lg b_0 = 030927$	$\lg q_0 = 969073$	$b_0 = 2.0383$	$q_0 = 0.4906$

No.	Buch-staben	Symb.	Miller	φ	ϱ	ξ_0	η_0	ξ	η	x (Prismen) (x : y)	y	d $= \operatorname{tg}\varrho$
1	c	0	001	—	0°00	0°00	0°00	0°00	0°00	0	0	0
2	b	0∞	010	0°00	90 00	„	90 00	„	90 00	„	∞	∞
3	a	∞0	100	90 00	„	90 00	0 00	90 00	0 00	∞	0	„
4	h	∞	110	52 07·	„	„	90 00	52 07·	37 52·	1.2859	∞	„
5	n	∞$\frac{4}{3}$	340	43 57·	„	„	„	43 57·	46 02·	0.9644	„	„
6	d	∞2	120	32 44·	„	„	„	32 44·	57 15·	0.6430	„	„
7	e	0$\frac{1}{2}$	012	0 00	13 47	0 00	13 47	0 00	13 47	0	0.2453	0.2453
8	i	01	011	„	26 08	„	26 08	„	26 08	„	0.4906	0.4906
9	v	10	101	90 00	32 14·	32 14·	0 00	32 14·	0 00	0.6308	0	0.6308
10	x	20	201	„	51 36	51 36	„	51 36	„	1.2617	„	1.2617
11	p	1$\frac{1}{2}$	212	68 45	34 05·	32 14·	13 47	31 29·	11 43	0.6308	0.2453	0.6768

Brookit. Für die Winkeltabelle wurde die Aufstellung *Miller* der des Index vorgezogen.

    Gdt. Index   Bd.   1 Seite 357 Zeile 12 vo lies 0.8416 statt 0.8443

    Zeitschr. Kryst. „   24   „   429   „   20 „   „   67°54   „   68°54

Brushit. Für die Winkeltabelle wurde *E. S. Dana's* Aufstellung (System 1892. 828) der des Index vorgezogen.

Calcit. Beim Calcit sind so viele Formen bekannt, dass die Grundzüge der Entwicklung klar liegen. Die Neubeobachtungen bringen meist Formen der feineren Differenzirung von hochzahligem Symbol. Für solche ist besondere Vorsicht in Ermittelung der Position nöthig; es ist eine Discussion der Zahlenreihen und des Projectionsbildes und oft auf Grund der hieraus gezogenen Schlüsse eine Nachrechnung oder Nachmessung erforderlich. Bei der Häufigkeit des Materials, bei der Neigung zu Rundungen und anderen Unregelmässigkeiten liegt die Gefahr vor, dass eine Menge unsicherer Formen gerade für den Calcit angegeben werden. (Vgl. Index 1. 148.) Auch unter den in den Index aufgenommenen Formen finden sich unsichere, deren Auffindung und Entfernung nöthig ist. Unsicher und zu entfernen sind u. A.: No. 105. 110. 111. Neue Formen finden sich in folgenden Publikationen, doch wagte ich nicht, sie ohne eingehendes Studium unter die Gesicherten aufzunehmen.

    1. *Sansoni* Zeitschr. Kryst. 1886. 11.   352

    2.   „   „   1891. 18.   82 Att. Ac. Torino 1888. 23

    3.   „   „   „   19.   321

    4.   „   „   1892. 20.   597 Giorn. Min. 1890. 1. 129

    5. *Thürling* Jahrb. Min.   1886 Bl. Bd. 4. 327 Inaug. Diss.

<table>
<tr><td>6. Morton Zeitschr. Kryst. 1886.</td><td>11. 319 Stockh. Vet. Ak. Förh. 1884. 8. 65</td></tr>
<tr><td>7. Cesaro „ 1888.</td><td>13. 431 Mem. Ac. Belg. 1886. 38. 1</td></tr>
<tr><td>8. Traube „ 1891.</td><td>18. 321 Jahrb. Min. 1888. 2. 252</td></tr>
<tr><td>9. Jeremejew „ 1890.</td><td>17. 625 Petersb. Min. Ges. 1889. 25. 353</td></tr>
<tr><td>10. Kemp „ 1892.</td><td>20. 416 Amer. Journ. 1890. 40. 62</td></tr>
<tr><td>11. Panebianco „ „</td><td>„ 178 Rivista 1889. 6. 21 (Kritik)</td></tr>
<tr><td>12. Gonnard „ „</td><td>„ „ Bull. soc. franc. 1897. 20. 18.</td></tr>
</table>

Folgende Uebersicht möge einer Discussion vorarbeiten. Die Nummern beziehen sich auf obiges Literaturcitat. Δ bedeute Differenz zwischen Messung und Rechnung.

Buchst.	G$_{\mathrm{I}}$	G$_2$	Naumann	Citat	Bemerkungen
☾	$-\frac{10}{3}\frac{4}{3}$	-62	$-2R\frac{7}{3}$	1	Etwas gerundet, daher nicht sicher
	$-\frac{40}{23}\frac{12}{23}$	$-\frac{64}{23}\frac{28}{23}$	$-\frac{28}{23}R\frac{13}{7}$	1	Wohl identisch $-\frac{11}{4}\frac{5}{4}$ (G$_2$), dem es nahe steht
	$+90$	$+9$	$+9R$	1·8	-9 im Text, $+9$ in Fig. Schmal
8	$-\frac{28}{17}\frac{12}{17}$	$-\frac{52}{17}\frac{16}{17}$	$-\frac{16}{17}R\frac{5}{2}$	1	Wohl vicinal zu -31 (G$_2$)
✕✕	$+\frac{5}{2}\frac{5}{4}$	$+5\frac{5}{4}$	$+\frac{5}{4}R3$	1	$\Delta=1°$
✕	$+\frac{15}{4}\frac{5}{4}$	$+\frac{25}{4}\frac{5}{2}$	$+\frac{5}{2}R^2$	1	$\Delta=1°30'$; 50'; Differenz der einzelnen Messungen 2°
♂	$+5\frac{5}{4}$	$+\frac{15}{2}\frac{15}{4}$	$+\frac{15}{4}R\frac{5}{3}$	1	$\Delta=59'$; 11'; Differenz d. einz. Messungen 1°6'; 1°40'
♀	$-\frac{11}{7}\frac{6}{7}$	$-\frac{23}{7}\frac{5}{7}$	$-\frac{5}{7}R\frac{17}{5}$	1	Messung annähernd.
	$+\frac{19}{8}\frac{11}{8}$	$+\frac{41}{8}1$	$+R\frac{15}{4}$	2	Wohl vicinal zu $+51=R\frac{11}{3}$
	$+\frac{9}{2}\frac{7}{2}$	$+\frac{23}{2}1$	$+R^8$	3·11	S. 322 von *Panebianco* zurückgewiesen
	$+22·0$	$+22·22$	$+22R$	3	S. 323 von *Cesaro* bestätigt
	$+\frac{17}{2}\frac{15}{2}$	$+\frac{47}{2}1$	$+R^{16}$	3	S. 325 breit, gewölbt
	$+20·0$	$+20·20$	$+20R$	3	S. 326 zu vermuthen $+19·19$
	$+18·0$	$+18·18$	$+18R$	3	S. 334
	$+\frac{41}{20}\frac{21}{20}$	$+\frac{83}{20}1$	$+R\frac{31}{10}$	3	S. 334 Wohl Vicinale zu $+41$
	$+\frac{25}{12}\frac{13}{12}$	$+\frac{17}{4}1$	$+R\frac{19}{6}$	3	„
	$-\frac{20}{13}\frac{6}{13}$	$-\frac{32}{13}\frac{14}{13}$	$-\frac{14}{13}R\frac{13}{7}$	4	S. 597 Wohl Vicinale zu $-\frac{5}{2}1$
	$+\frac{21}{2}\frac{19}{2}$	$+\frac{59}{2}1$	$+R20$	4	S. 597 Wohl Vicinale zu ∞0
	$-\frac{20}{17}\frac{4}{17}$	$-\frac{28}{17}\frac{16}{17}$	$-\frac{16}{17}R\frac{3}{2}$	4	S. 598 Wohl Vicinale zu $-\frac{5}{3}1$
	$-\frac{17}{11}\frac{7}{11}$	$-\frac{31}{11}\frac{10}{11}$	$-\frac{10}{11}R\frac{12}{5}$	4	S. 598
	$+11·0$	$+11·11$	$+11R$	5	S. 356 Zu erwarten $+10·10$ 11·11 : ∞ ber. 5°16 } gem. 10·10 : ∞ „ 5°47 } 5°20
	$-\frac{11}{6}0$	$-\frac{11}{6}$	$-\frac{11}{6}R$	5	S. 360
	$-28·0$	$-28·28$	$-28R$	5	S. 343 Fläche nicht ganz eben
	$+\frac{3}{7}\frac{2}{7}$	$+1\frac{1}{7}$	$+\frac{1}{7}R^5$	5·6	S. 351 Auch von *Morton* beob., erscheint gesichert
	$+\frac{13}{10}\frac{3}{10}$	$+\frac{19}{10}1$	$+R\frac{8}{5}$	5	S. 348 An Durchwachsungsgrenze, dah. viell. beeinfl.
	$+\frac{22}{37}\frac{8}{37}$	$+\frac{38}{37}\frac{14}{37}$	$+\frac{14}{37}R\frac{15}{7}$	5	S.371 Wohl vicinal zu $+1\frac{2}{3}$, beeinfl. d. Durchwachsung
	$-\frac{11}{7}\frac{3}{7}$	$-\frac{8}{7}\frac{5}{7}$	$-\frac{8}{7}R\frac{7}{4}$	5	S. 360 Etwas convex
	$+\frac{6}{5}\frac{4}{5}$	$+\frac{14}{5}\frac{2}{5}$	$+\frac{2}{5}R5$	6	
	$-\frac{6}{5}\frac{1}{5}$	$-\frac{8}{5}1$	$-R\frac{7}{5}$	6	

Buchst.	G_1	G_2	Naumann	Citat	Bemerkungen
	$-\frac{24}{7}\frac{3}{7}$	$-\frac{30}{7}3$	$-3R\frac{9}{7}$	6	
	$+\frac{7}{100}\frac{1}{50}$	$+\frac{11}{100}\frac{1}{20}$	$+\frac{1}{20}R\frac{9}{5}$	6	Wohl vicinal zur Basis
	$+\frac{49}{500}\frac{14}{500}$	$+\frac{67}{500}\frac{7}{100}$	$+\frac{7}{100}R\frac{9}{5}$	6	Wohl vicinal zur Basis
	$+\frac{20}{21}\frac{2}{21}$	$+\frac{8}{7}\frac{6}{7}$	$+\frac{6}{7}R\frac{11}{9}$	7	
	$+\frac{11}{8}\frac{3}{8}$	$+\frac{17}{8}1$	$+R\frac{7}{4}$	7	
	$-\frac{17}{6}\frac{5}{6}$	$-\frac{9}{2}2$	$-2R\frac{11}{6}$	7	Vom Beobachter nur als wahrscheinlich bezeichnet
	$\pm\frac{15}{4}\frac{5}{4}$	$\pm\frac{25}{4}\frac{5}{2}$	$\pm\frac{5}{2}R2$	9	
	$+\frac{3}{5}\frac{6}{35}$	$+\frac{33}{35}\frac{3}{7}$	$+\frac{3}{7}R\frac{9}{5}$	10	Daneben steht, wohl für dieselbe Form $\frac{2}{7}R\frac{9}{5}$. Material ungünstig
	$+\frac{104}{77}\frac{13}{77}$	$+\frac{130}{77}\frac{13}{11}$	$+\frac{13}{11}R\frac{9}{7}$	10	Material ungünstig. Wie die vorhergehende unsicher
$b\frac{7}{4}$	$-\frac{4}{11}\frac{3}{11}$	$-\frac{10}{11}\frac{1}{11}$	$-\frac{1}{11}R^7$	12	
$b\frac{13}{6}$	$+\frac{7}{19}\frac{6}{19}$	$+1\frac{1}{19}$	$+\frac{1}{19}R^{13}$	12	Glieder einer gestreiften Zone in einander übergehend nicht gesichert. $b\frac{9}{2}$ ist nicht neu
$b\frac{17}{6}$	$+\frac{11}{23}\frac{6}{23}$	$+1\frac{5}{23}$	$+\frac{5}{23}R\frac{17}{5}$	12	
$b\frac{10}{3}$	$+\frac{7}{13}\frac{3}{13}$	$+1\frac{4}{13}$	$+\frac{4}{13}R\frac{5}{2}$	12	
$b\frac{9}{2}$	$+\frac{7}{11}\frac{2}{11}$	$+1\frac{5}{11}$	$+\frac{5}{11}R\frac{9}{5}$	12	
$e\frac{3}{4}$	$-\frac{7}{3}\frac{1}{3}$	-32	$-2R\frac{4}{3}$	12	M. mehr Fl. a. d. Kr. Zone $[e_{\frac{1}{2}}e^1]$ $[e^2 b^2]=[-52:-2]$ $[10:\infty]$ Messung. u. Rechn. stimm. zieml. gut
K_1	$-2\frac{3}{2}$	$-5\frac{1}{2}$	$-\frac{1}{2}R^7$	12	Nicht neu
K	$-\frac{7}{3}\frac{4}{3}$	-51	$-R\frac{11}{3}$	12	An vielen Kr. gut ausgeb. Sicher
J	$-\frac{23}{10}\frac{9}{10}$	$-\frac{41}{10}\frac{7}{5}$	$-\frac{7}{5}R\frac{16}{7}$	12	
U	$-\frac{36}{13}\frac{19}{13}$	$-\frac{74}{13}\frac{17}{13}$	$-\frac{17}{13}R\frac{55}{17}$	12	
V	$-\frac{59}{17}\frac{16}{17}$	$-\frac{91}{17}\frac{43}{17}$	$-\frac{43}{17}R\frac{75}{43}$	12	

Folgende neue Formen von Lake Superior Calciten verdanke ich der brieflichen Mittheilung von *C. Palache* (Cambridge Mass.) vom 11. Juni und 20. October 1896. Eine eingehende Discussion dieser Formen im Projectionsbild wie in den Zahlenreihen, eine daran geknüpfte Correspondenz, sowie Nachmessungen *Palache's*, wo nöthig, führten zu einer Abklärung, sodass die Formen als gesichert gelten können. Eine ausführliche Publication *Palache's* folgt nach.

Buchstabe	G_2	Naumann	Bemerkungen von *Palache*
ψ	$\frac{4}{3}\infty$	$\infty P\frac{11}{10}$	An vielen Kr. m. all. Einzelfl. beob. An 3 gem. Fl. manchmal leicht gekrümmt, aber gewöhnl. m. scharfem Refl.
ω	$\frac{16}{3}0$	$\frac{32}{9}P2$	An 1 Kr. beob. 2 Fl. gem. vollk. Refl. Mess. u. Rechn. stimm. nahe
u:	$-\frac{11}{13}\frac{2}{13}$	$-\frac{2}{13}R4$	An 1 Kr. mit 4 Fl. beob. Schmal. Refl. schwach. Gut best. durch Zonenverband
Γ:	$+\frac{19}{4}4$	$+4R\frac{9}{8}$	Diese Zone sehr reich an Formen. Alle neuen Formen ausser Σ: Φ: an mehr als 1 Kr. Fl. schmal, öfters durch gestreifte Bänder verbunden. Refl. deutl. Messungen in vielen Zonen stimmen gut unter sich. Jede der neuen F. mindestens an 1 Kryst. für sich allein gef. Σ: Φ: nur an 1 Kr. zus. aber sehr gut ausgeb.
Δ:	$+54$	$+4R\frac{7}{6}$	
Σ:	$+\frac{26}{5}4$	$+4R\frac{6}{5}$	
Θ:	$+\frac{16}{3}4$	$+4R\frac{11}{9}$	
Φ:	$+\frac{11}{2}4$	$+4R\frac{5}{4}$	
Λ:	$+\frac{40}{7}4$	$+4R\frac{9}{7}$	
U	$+62$	$+2R\frac{7}{3}$	An sehr vielen Kr. mit voller Flächenzahl; ausgez. Refl.

Buchstabe	G_2	Naumann	Bemerkungen von *Palache*
Z	$+\frac{8}{5}\frac{4}{5}$	$+\frac{4}{5}R\frac{5}{3}$	An mehr. Kr. beob. An 10 mit allen Fl. An 2 gem. Refl. gut, obwohl Fläche manchmal theilweise geätzt
M	$+\frac{16}{5}\frac{4}{5}$	$+\frac{4}{5}R\,3$	An 1 Kr. mit 2 Fl. beob. Refl. ausgez. Messungen und Rechnungen stimmen gut
N	$+\frac{20}{11}\frac{8}{11}$	$+\frac{8}{11}R\,2$	An 3 Kr. mit allen Fl. an 1 Ende. Gute Refl.

Nach Druck der Tabellen theilt mir *Palache* (Juli 1897) folgende durch Messung und Discussion gesicherte Calcitformen von Lake Superior mit:

Buchstaben	G_2	Naumann	Bemerkungen von *Palache*
$\varPi$:	$+43$	$+3R\frac{11}{9}$	An mehr. Kr. An 1 Kr. scharfe Fl., gut Refl. An andern in Streifung nach Zone $+4\,q$
w:	$+\frac{5}{2}\frac{1}{2}$	$+\frac{1}{2}R\frac{11}{3}$	3 Fl. einer Zone an vielen Kr. Manchmal verbunden durch Zwischenformen. Aber jede auch allein gef. Fl. schmal, aber mit gut. Refl.
a	$+\frac{25}{7}\frac{6}{7}$	$+\frac{6}{7}R\frac{28}{9}$	
b	$+\frac{14}{5}\frac{3}{5}$	$+\frac{3}{5}R\frac{31}{9}$	
P	$+92$	$+2R\frac{10}{3}$	An 1 Kr. m. 2 Fl. Winkel und Zonenverband gut
D	$-\frac{7}{2}\frac{5}{4}$	$-\frac{5}{4}R\frac{11}{5}$	An 2 Kr. m. allen Fl., gut Refl.
E	$-\frac{7}{4}\frac{7}{22}$	$-\frac{7}{22}R\,4$	An 1 Kr. Refl. schwach, aber Position gut. Zonenverband gut
F	$-\frac{7}{2}1$	$-R\frac{8}{3}$	„ „ „ „ „ „ „ „ „ „
A	$-\frac{31}{8}\frac{5}{4}$	$-\frac{5}{4}R\frac{12}{5}$	An 1 Kr. mehr. Fl. Refl. gut. Zonenverband gut
B	$-\frac{64}{11}\frac{28}{11}$	$-\frac{28}{11}R\frac{13}{7}$	„ „ „ „ „ „ „ „ „
C	$-\frac{18}{7}\frac{4}{7}$	$-\frac{4}{7}R\frac{10}{3}$	Hauptform an mehr. Kr. Von dem nahen $-\frac{11}{4}\frac{1}{2}$ sicher geschieden. *Irby* giebt diese Form, doch war sie unsicher

Hierzu gehören folgende Winkel:

No.	Buchstaben	Symb.	Bravais	φ	ϱ	ξ_0	η_0	ξ	η	x (Prismen) (x : y)	y	d $=\mathrm{tg}\,\varrho$
165	$\varPi$:	$+43$	$43\bar{7}1$	$25°17$	$73°54$	$55°57$	$72°17\cdot$	$24°13\cdot$	$60°18\cdot$	$1\cdot4792$	$3\cdot1320$	$3\cdot4640$
166	w:	$+\frac{5}{2}\frac{1}{2}$	$51\bar{6}2$	$8\;57$	$57\;45\cdot$	$13\;51$	$57\;26\cdot$	$7\;33\cdot$	$56\;40$	$0\cdot2466$	$1\cdot5661$	$1\cdot5854$
167	a	$+\frac{25}{7}\frac{6}{7}$	$25\cdot6\cdot\bar{3}1\cdot7$	$10\;31$	$66\;39$	$22\;55$	$66\;18$	$9\;38\cdot$	$64\;31\cdot$	$0\cdot4227$	$2\cdot2780$	$2\cdot3170$
168	b	$+\frac{14}{5}\frac{3}{5}$	$14\cdot3\cdot\bar{1}7\cdot5$	$9\;31$	$60\;48\cdot$	$16\;29$	$60\;28\cdot$	$8\;18$	$59\;26$	$0\cdot2959$	$1\cdot7654$	$1\cdot7902$
169	P	$+92$	$9\cdot2\cdot\bar{1}1\cdot1$	$9\;49\cdot$	$80\;11$	$44\;36\cdot$	$80\;02\cdot$	$9\;41$	$76\;08\cdot$	$0\cdot9864$	$5\cdot6950$	$5\cdot7797$
170	D	$-\frac{7}{2}\frac{5}{4}$	$\bar{1}4\cdot\bar{5}\cdot19\cdot4$	$14\;42\cdot$	$67\;37$	$31\;39$	$66\;56\cdot$	$13\;34\cdot$	$63\;26$	$0\cdot6165$	$2\cdot3492$	$2\cdot4286$
171	E	$-\frac{7}{4}\frac{7}{22}$	$\bar{7}7\cdot\bar{1}4\cdot91\cdot44$	$8\;13$	$47\;41$	$8\;55$	$47\;23\cdot$	$6\;04$	$47\;03$	$0\cdot1569$	$1\cdot0872$	$1\cdot0985$
172	F	$-\frac{7}{2}1$	$\bar{7}\bar{2}92$	$12\;13$	$66\;46\cdot$	$26\;15$	$66\;18$	$11\;13$	$63\;55$	$0\cdot4932$	$2\cdot2780$	$2\cdot3307$
173	A	$-\frac{31}{8}\frac{5}{4}$	$31\cdot\bar{1}0\cdot41\cdot8$	$13\;31\cdot$	$69\;13\cdot$	$31\;39$	$68\;41$	$12\;38$	$65\;22\cdot$	$0\cdot6165$	$2\cdot5627$	$2\cdot6358$
174	B	$-\frac{64}{11}\frac{28}{11}$	$\bar{6}4\cdot\bar{2}8\cdot92\cdot11$	$17\;16\cdot$	$76\;41\cdot$	$51\;27\cdot$	$76\;05\cdot$	$16\;47\cdot$	$68\;19$	$1\cdot2554$	$4\cdot0383$	$4\cdot2285$
175	C	$-\frac{18}{7}\frac{4}{7}$	$\bar{1}8\cdot\bar{4}\cdot22\cdot7$	$9\;49\cdot$	$58\;48$	$15\;44\cdot$	$58\;25\cdot$	$8\;23\cdot$	$57\;26\cdot$	$0\cdot2818$	$1\cdot6271$	$1\cdot6513$

Gdt. Index Bd. 1 Seite 375 No. 82 lies: $(P)\frac{10}{15}$ statt (Zephar.)

  „   „   „   „   „ 379 nach No. 137 zuzufügen:

$$\varXi: -\,-\,-\;14\cdot2\cdot\bar{1}6\cdot3\;\;11\cdot\bar{3}\cdot\bar{5}\;+4R\frac{4}{3}\;-\,-\,-\;+\frac{14}{3}\frac{2}{3}\;+64\;+46\;+1\frac{5}{3}$$

  „   „   „ 1 Seite 380 Zeile 8 vo lies: -16 statt $-16\cdot16$

Dana Syst. 1892   „ 262   „ 7 vu   „ $8\cdot8\cdot\bar{1}6\cdot3$ „ $2\cdot2\cdot\bar{1}6\cdot3$

  „   „   „   „ 264   „ 1 vo   „ $13°51'$ „ $13°5'$

  „   „   „   „   „   „ 10   „   „ $76°08'$ „ $96°08'$

Zeitschr. Kr. Bd. 11 Seite 352 Zeile 6 vu lies: $-\frac{28}{23}R\frac{13}{7}$ statt $\frac{28}{23}R\frac{18}{7}$

„ „ „ „ „ „ „ 5 „ „ $-\frac{16}{17}R\frac{5}{2}$ „ $\frac{16}{17}R\frac{5}{2}$

„ „ „ „ „ 354 „ 5 „ „ $-\frac{28}{23}R\frac{13}{7}$ „ $\frac{28}{23}R\frac{15}{7}$

Calciostrontianit wurde mit Strontianit vereinigt.

Caledonit. *Schrauf* und *Jeremejew* betrachten den C. als monoklin. *E. S. Dana* (Syst. 924) und *Busz* (Jahrb. Min. 1895. 1. 111) halten am rhombischen System fest. Die gewählten Elemente entsprechen dem Mittel aus:

      Miller 0·9163 : 1 : 1·4032   *Rath* 0·9195 : 1 : 1·4062

      Koksch. 0·9175 : 1 : 1·4132   *Busz* 0·9187 : 1 : 1·4041

Möglich, dass der C. von *Leadhills* rhombisch ist, der von *Rezbanya* und *Beresowsk* monoklin? (*Busz* S. 115) $g=0\frac{1}{8}$, $\gamma=-0\frac{1}{10}$, $\omega=0\frac{1}{12}$, $\chi=-0\frac{1}{20}$, $H=0\frac{1}{24}$. Symb. unsicher, da Mess. in Zone ac ungünstig $\pm$ Seite nicht sicher untersch. (*Schrauf* Wien. Sitzb. 1871. 64 (1) 179). Es ist zu vermuthen, dass z. B. χH eine rhomb. Gesammtform bilden.

$$\text{Gemessen:}\ \left.\begin{array}{l} aH=86\tfrac{1}{2}\\ a\chi=86\tfrac{1}{2} \end{array}\right\}\ (\textit{Schrauf}\ \text{S. }188)$$

$\Sigma=\frac{3}{5}$ ist nicht ganz sicher. 1 Mess. Refl. ausser Zone (*Schrauf* S. 189).

Gdt. Index Bd. 1 Seite 391 Elemente lies $\mu=89°18$ statt $\mu=90°42$

Carnallit. Für die Winkeltabellen wurde das Mittel aus den Elementen von *Hessenberg* und *Descloizeaux* genommen.

    Gdt. Index Bd. 1 Seite 395 Zeile 4 vo lies 1.3891 statt 0.3891

Cerussit. Für die Winkeltabellen wurde die Aufstellung *Hausmann* der des Index vorgezogen. *Gdt.* Index Bd. 1 Seite 403 No. 39 lies v statt η

Chabasit. Die Formen des Gmelinit, Levyn, Phakolith, Herschelit sind unter die des Chabasit eingereiht (vgl. Herschelit diese Bemerkungen).

Chalcomenit. Für die Winkeltabellen wurde die Aufstellung *Descloizeaux* angenommen, jedoch pq durch 4 getheilt. Einfacher werden die Symbole durch die *Transformation*.

$$pq\ (\text{Winkeltabelle}) \doteqdot \frac{1-2p}{3}\ \frac{2q}{3}\ (II):$$

a	c	m	f	g	δ	ε	β	
0	∞0	∞	$+20$	$-\frac{1}{4}0$	$+1\frac{1}{2}$	$+\frac{1}{2}\frac{3}{2}$	$+\frac{1}{2}3$	(Winkeltabelle)
$-\frac{1}{3}0$	∞0	∞	-10	$+\frac{1}{2}0$	$-\frac{1}{3}$	01	02	(II.)

Gdt. Index Bd. 1 Seite 411 Zeile 7 vo lies 969197; 983331 statt 069197; 083331

Chalcomorphit. *Rath* giebt $a:c=1:1·8993$ aus $cp=65°36$ (Pogg. Ann. 1874 Ergz. 6.277). Das stimmt nicht und wurde von *Dana* (Syst. 1892. 570) verbessert in $1:1·9091$. Ersterer Werth wurde im Index aufgenommen und ist zu corrigiren. Für die Winkeltabellen wurden die verbesserten E l e m e n t e verwendet. Nämlich:

$$a:c_{10}=1:1·9091;\ a:c_1=:3·3067$$

Chalcosiderit. Für die Winkeltabellen wurde die Aufstellung *E. S. Dana* (Syst. 1892. 854) der des Index vorgezogen und *Dana's* Elemente angenommen. *Dana* System 1892 Seite 854 Zeile 26 vu lies $64°41$ statt $115°19$

Childrenit. Für die Winkeltabelle wurde die Aufstellung *E. S. Dana's* der des Index vorgezogen.

Chiolith. Elemente nach *Kokscharow* 1862.

Chloritgruppe (Klinochlor, Ripidolith, Pennin, Kämmererit, Cronstedtit).

Die krystallographischen Verhältnisse sind unklar. Trotz eingehender Vergleichung der Publikationen wurde es mir nicht möglich, klar zu sehen. Von den angegebenen Formen sind die meisten unsicher wegen mangelhafter Ausbildung, versteckter Zwillingsbildung und Aehnlichkeit der Winkel in verschiedenen Richtungen.

Ich halte für wahrscheinlich, dass die verschiedenen Chloritarten isomorph sind, dass sich ihre Formen hexagonal deuten und auf das gleiche (in den Grenzen isomorpher Gruppen schwankende) Axenverhältniss beziehen lassen.

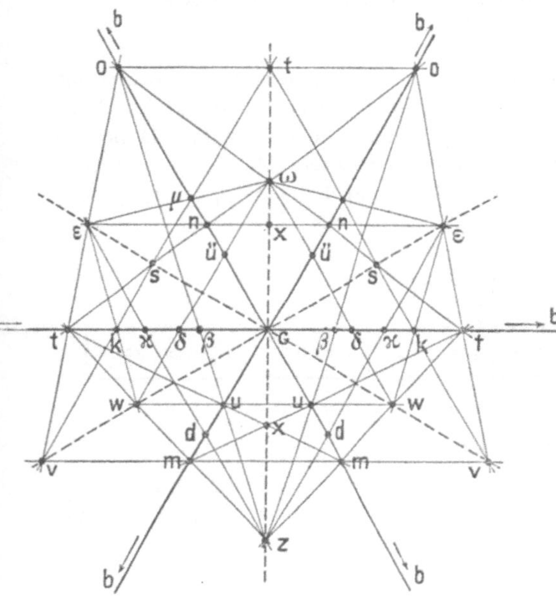

Fig. 23.

Für das hexagonale System sprechen:

1. Die sicher bestimmten Winkel von 60° der horizontalen Axen unter sich, von 90° dieser gegen die Vertical-Axe.
2. Die 60° Winkel der Schlagfigur.
3. Die Einfachheit der Symbole bei hexagonaler Deutung.
4. Die Vertheilung **aller** beobachteter Formen in sechs Radialzonen, von denen je drei sich unter 60° schneiden und auf den drei anderen senkrecht stehen.
5. Das in vielen Fällen einaxige optische Bild.

Gegen das hexagonale System sprechen:

1. Die Unvollzähligkeit der Flächen.
2. Das oft beobachtete zweiaxige optische Bild.
3. Die eigenartige Rolle der Flächen t im Formenverband.

Das Projectionsbild (Fig. 23) zeigt das Bekannte so weit abgeklärt, als es mir möglich war; die wahrscheinlichsten Punkte an ihren wahrscheinlichen Ort eingetragen. Die Punkte der steilen Flächen q h χ f sind des Raumes wegen weggelassen. Das Bild fordert zu mancherlei theoretischen Schlüssen heraus, die anzuführen ich unterlasse mit Rücksicht auf die Unsicherheit der Daten.

Nur zu der Form t möchte ich einiges bemerken[1]. t ist als ein wichtiger, vielleicht als primärer Knoten der Entwicklung anzusehen. Dafür spricht die Wichtigkeit und die normale Ausbildung der von t ausgehenden Zonenstücke. Wir erkennen das durch Verwandlung der Symbolzahlen in die Form o.... ∞; nämlich:

Zone:	t	s	n	ω	o
Monokl. Symb. pq $=$	o$\frac{4}{3}$	$\frac{\bar{1}}{4}$ $\frac{3}{4}$	$\frac{\bar{2}}{5}$ $\frac{2}{5}$	$\frac{\bar{4}}{7}$o	$\bar{1}$
$-$p $=$	o	$\frac{1}{4}$	$\frac{2}{5}$	$\frac{4}{7}$	1
p : (1 $-$ p) $=$	o	$\frac{1}{3}$	$\frac{2}{3}$	$\frac{4}{3}$	∞
$\frac{3}{2}$ v $=$	o	$\frac{1}{2}$	1	2	$\infty =$ Normalreihe 2.

---

[1] Vgl. Zeitschr. Kryst. 1897. 28. 32.

Zone:	t	k	$\varkappa$	δ	P
Monokl. Symb. $pq=$	$o\frac{4}{3}$	$o1$	$o\frac{4}{5}$	$o\frac{4}{7}$	o
$\frac{3}{4}q\quad=$	1	$\frac{3}{4}$	$\frac{3}{5}$	$\frac{3}{7}$	o
$v:(1-v)\ =$	∞	3	$\frac{3}{2}$	$\frac{3}{4}$	o
$\frac{2}{3}v\quad=$	∞	2	1	$\frac{1}{2}$	$o\ ==$ Normalreihe 2

$\beta = o\frac{4}{9}$ würde in die Reihe passen und sie zu $o\frac{1}{3}\,\frac{1}{2}\,1\,2\,\infty$ erweitern. Doch stimmt das Symbol nicht gut mit dem berechneten Winkel $o\frac{4}{9}:o$. Gemessen 46° 46 (*Descloizeaux*); 46° 16 (*Tschermak*); berechnet 45° 07.

Die übrigen von t ausgehenden Reihen führen auf folgende einfache Form:

$$t\,n\,x\,m = o\,1\,2\,\infty; \qquad t\,w\,m\,z = o\,1\,3\,\infty$$

Folgende Uebersicht giebt für die in die Winkeltabellen aufgenommenen Formen die monoklinen Symbole neben den hexagonalen und neben dem berechneten Winkel zur Basis (ϱ) den gemessenen resp. den als gerechnet vom Beobachter angegebenen (). Dabei bedeutet: K $==$ *Kokscharow* (Mat. Min. Russl. 1857. 2. 7), Dx $==$ *Descloizeaux* (Manuel 1862. 1. 442); H $==$ *Hessenberg* (Min. Not. 1866. 6. 28); T $=$ *Tschermak* (Wien. Sitzb. 1890. 99 (1) 174).

Hexagonale Elemente.

$c=3{\cdot}3890$	$\lg c=053007$	$\lg a_0=970849$	$\lg p_0=035398$	$a_0=0{\cdot}5111$	$p_0=2{\cdot}2593$

Monokline Elemente.

$a=0{\cdot}5773$	$\lg a=976144$	$\lg a_0=940746$	$\lg p_0=059254$	$a_0=0{\cdot}2555$	$p_0=3{\cdot}9133$
$c=2{\cdot}2593$	$\lg c=035398$	$\lg b_0=964602$	$\lg q_0=035398$	$b_0=0{\cdot}4426$	$q_0=2{\cdot}2593$
$\left.\begin{array}{l}\mu=\\180-\beta\end{array}\right\}90°00$	$\left.\begin{array}{l}\lg h=\\ \lg\sin\mu\end{array}\right\}o$	$\left.\begin{array}{l}\lg e=\\ \lg\cos\mu\end{array}\right\}-$	$\lg\dfrac{p_0}{q_0}=023856$	$h=1$	$e=o$

Hexagonal	Monoklin	Beobachtet	Berechnet
b $\infty0$	$o\infty\cdot\infty$	90°00 K	90°00
?β $\frac{4}{9}0$	$o\frac{4}{9}$	46 46 Dx 46 16 T	45 07
$\left.\begin{array}{l}u\\ ?\delta\\ ?\ddot{u}\end{array}\right\}\frac{4}{7}0$	$\left.\begin{array}{l}+\frac{2}{7}\\ o\frac{4}{7}\\ -\frac{2}{7}\end{array}\right\}$	$\left.\begin{array}{l}52\ 08\ K\\ 51\ 11\ Dx\\ 52\ 04\ T\end{array}\right\}$	52 14
$\left.\begin{array}{l}n\\ d\\ \varkappa\end{array}\right\}\frac{4}{5}0$	$\left.\begin{array}{l}-\frac{2}{5}\\ +\frac{2}{5}\\ o\frac{4}{5}\end{array}\right\}$	$\left.\begin{array}{l}61\ 32\ K\\ 60\ 55\ K\\ 59\ 30\ Dx\end{array}\right\}$	61 03
$\left.\begin{array}{l}m\\ k\\ \mu\end{array}\right\}10$	$\left.\begin{array}{l}+\frac{1}{2}\\ o1\\ -\frac{1}{2}\end{array}\right\}$	$\left.\begin{array}{l}66\ 03\ K\\ (66\ 18)Dx\\ 66\ 20\ T\end{array}\right\}$	66 07
t $\frac{4}{3}0$	$o\frac{4}{3}$	71 49 K 71 20 T	71 38

Hexagonal	Monoklin	Beobachtet	Berechnet
o 20	-1	77°54 K	77°31
?x $\frac{4}{11}$	$+\frac{4}{11}o$	54 56 K	54 54
?y $\frac{2}{5}$	$-\frac{2}{5}o$	(57 52)Dx	57°26
s $\frac{1}{2}$	$-\frac{1}{4}\,\frac{3}{4}$	(63 15)Dx	62 56
$\left.\begin{array}{l}\omega\\ w\end{array}\right\}\frac{4}{7}$	$\left.\begin{array}{l}-\frac{4}{7}o\\ +\frac{2}{7}\,\frac{6}{7}\end{array}\right\}$	$\left.\begin{array}{l}67\ \mathrm{ca}\ T\\ (65\ 56)Dx\end{array}\right\}$	65 54
$\left.\begin{array}{l}\varepsilon\\ z\end{array}\right\}\frac{4}{5}$	$\left.\begin{array}{l}-\frac{2}{5}\,\frac{6}{5}\\ +\frac{4}{5}o\end{array}\right\}$	$\left.\begin{array}{l}(72\ 34)Dx\\ (72\ 07)Dx\end{array}\right\}$	72 17
$\left.\begin{array}{l}i\\ v\end{array}\right\}1$	$\left.\begin{array}{l}-10\\ +\frac{1}{2}\,\frac{3}{2}\end{array}\right\}$	$\left.\begin{array}{l}75\ 34\ H\\ 75\ 39\ T\end{array}\right\}$	75 40
$\left.\begin{array}{l}q\\ h\,\chi\end{array}\right\}3$	$\left.\begin{array}{l}-30\\ +\frac{3}{2}\,\frac{9}{2}\end{array}\right\}$	$\left.\begin{array}{l}85\ 05\ T\\ 84\ 57\ T\end{array}\right\}$	85 08
$\left.\begin{array}{l}f\\ f\end{array}\right\}4$	$\left.\begin{array}{l}-40\\ +26\end{array}\right\}$	86 41 H	86 20

Die Verwandlung der hexagonalen Symbole und Elemente in die monoklinen geschieht nach folgenden Formeln:

$$p\,q\ (\text{Hexag.}) \doteq \begin{cases} \pm\ \dfrac{p+q}{2}\cdot\dfrac{p-q}{2} \\[2mm] \pm\ \dfrac{p}{2}\cdot\dfrac{p+2q}{2} \\[2mm] \pm\ \dfrac{q}{2}\cdot\dfrac{q+2p}{2} \end{cases}\ (\text{Monokl.}) \qquad \begin{aligned} p_0\ (\text{Mon.}) &= p_0\sqrt{3}\ (\text{Hex.}) \\ q_0\ (\text{Mon.}) &= p_0\ (\text{Hex.}) \\ \mu\ (\text{Mon.}) &= 90° \end{aligned}$$

Vgl. Zeitschr. Kryst. 1891. **19**. 43. 44. Gegen die dort gegebenen rhombischen sind die p q vertauscht und halbirt; entsprechend sind die Elemente $p_0\,q_0$ (Mon.) vertauscht und verdoppelt.

Gdt. Index Bd. 1 Seite 427 Zeile 5 vo lies: $3{\cdot}047\ (G_2)$ statt $3{\cdot}047\ (G_1)$
„   „   „ 1 „   428 zuzufüg.: *Kokscharow.* Mat. Min. Russl. 1862. 4. 134|(Kämme-
„   „   „ „ „   „   „   „   „   „   1866. 5. 55∫ rerit)
„   „   „ „ „   „   „   *Cooke*   Amer. Journ.   1867. 44. 201

Chrysoberyll. Für die Winkeltabellen wurde die Aufstellung *Mohs* der des Index vorgezogen.

Claudetit. Elemente und Symbole nach *Al. Schmidt* (Zeitschr. Kryst. 1888. 14. 575).

Cölestin. *Arzruni* und *Thadeeffs* Mittel (Zeitschr. Kryst. 1895. 25. 51.) das mit *Millers* Elementen übereinstimmt, wurde der Rechnung untergelegt.

Stübers neue Formen $v_1 = \tfrac{5}{4}\tfrac{1}{2}$ (524) und $\tfrac{9}{8}$ 0 (908) sind unsicher. Beide gehen durch Rundung in einander über.

Gdt. Index Bd. 1 Seite 449

No. 16 lies: $h --- e^2 --- h\,\varepsilon_1$ statt $h --- e^2 - h\,\varepsilon_1 -$
„ 17 „ $\zeta ------ \zeta\,\varepsilon$ „ $\zeta ---- \zeta\,\varepsilon -$

Miller Min. 1852 Seite 528 Zeile 9 vo lies 22° 20 statt 22 20
„   „   „   „   „   „   6 „   „   s c   „   s b
„   „   „   „   „   „   7 „   „   s b   „   s c
„   „   „   „   „   „   15 „   „   74 33   „   50 00
„   „   „   „   „   „   16 „   „   60 54   „   69 23

Colemanit. Von den gut übereinstimmenden Messungen von *Rath, Hjörtdahl, Jackson* wurde das Mittel in Rechnung eingeführt.

Columbit. Für die Winkeltabellen wurde die Aufstellung *Schrauf* der des Index vorgezogen. Die Elemente nach *E. S. Dana's* Messungen. Tantalit mit Columbit vereinigt.

Copiapit. Elemente und Symbole nach *Linck* (Z. K. 1889. 15. 14) mit der Revision *E. S. Dana* (Syst. 1892. 964). Die Symbole sind unnatürlich complicirt. Eine Vereinfachung giebt die *Transformation:* pq *(Linck)* $= \tfrac{3}{2}\,p \cdot \tfrac{3}{2}\,q$ (II). Immerhin bedarf die Formenreihe der Abklärung durch Neubeobachtung an günstigerem Material.

Cordierit. Für die Winkeltabellen wurde die Aufstellung *Mohs* der des Index vorgezogen.

Gdt. Index Bd. 1 Seite 468 zuzufügen:

Hausmann 1859 S. 9 No. 16 lies $a:\tfrac{1}{3}b:\tfrac{4}{15}c$ statt $a:\tfrac{1}{3}b:\tfrac{1}{5}c$
„   „   „ „ „ 17 „ $a:\tfrac{1}{3}b:\tfrac{1}{2}c$ „ $a:\tfrac{1}{3}b:\tfrac{3}{2}c$

Cotunnit. *Dana* System 1892 Seite 165 zuzufügen: Cleavage a perfect nach *Schabus.*

Cuspidin. Für die Elemente wurde das Mittel der Bestimmungen von *Rath* (Z. K. 1884. 8. 3 u. 9. 567) in die Rechnung eingeführt.

> *Gdt.* Index Bd. 1 Seite 475 Elemente lies: $\mu = 89°40$ statt $\mu = 90°20$

Cyanochroit. Für die Elemente wurde das Mittel aus den stark differirenden Angaben von *Brooke* und *A. Scacchi* genommen.

Danburit. Für die Winkeltabelle wurden die Axen PR resp. ac gegen Aufstellung des Index vertauscht.

> *Götz* neue Formen $\alpha = \frac{9}{4}0$ (904); $\beta = \frac{1}{5}\frac{9}{10}$ (2.9.10) wurden nicht als gesichert angesehen.
> *Dana* System 1892 Seite 490 Zeile 3 vu lies $165°11$ statt $166°11$

Darapskit. *Osann* Zeitschr. Kryst. 1894. 23. 584.

Datolith. *Dana* System 1892 Seite 502 Zeile 3 vu lies $\mathfrak{f}$ (115) statt s (115); (s sonst zweimal)

”	”	”	”	”	”	9	”	”	$\mathfrak{h}$ (126)	”	A (126); (A	”	”	)
”	”	”	”	503	”	16	”	”	WW'	”	ww'			
”	”	”	”	”	”	6	”	”	ii'	”	$\iota\iota'$			
”	”	”	”	”	”	1	”	”	$\Psi\Psi$	”	$\psi\psi$			
”	”	”	”	”	”	3	”	zu löschen: $\gamma\gamma' = 97°11$						
”	”	”	”	505	”	23	”	lies 280 statt 28·						

Zeitschr. Kryst. Bd. 18 ” 286 ” 9 ” ” $E : \left\{ \bar{4}31 \right\}$ statt $E : \left\{ \bar{4}21 \right\}$

Descloizit. Im Gegensatz zum Index wurde das Krystallsystem rhombisch und die Elemente nach *Rath* (Zeitschr. Kryst. 1885. 10. 464) angenommen.

Diaphorit. Für die Winkeltabellen wurde die Aufstellung *Zepharowich* der des Index vorgezogen.

> *Dana*   System 1892   Seite 124 Zeile 21 vo lies $71°54$ statt $66°58$
> *Zepharowich* Wien. Sitzb. 1871. 63 ” 139 ” 7 ” ” ” ” 66 58 18

Diaspor. Für die Winkeltabellen wurde die Aufstellung *Miller* der des Index vorgezogen.

> *Dana* System 1892 Seite 246 o(292) ist unsicher. Vgl. Index Bemerkungen.

Dickinsonit. Die Elemente des Index sind nach *E. S. Dana* (System 1892. 809) verbessert.

Dietzeit. *Osann* Zeitschr. Kryst. 1894. 23. 588.

Dioptas. Als Element zur Berechnung der Winkel wurde das Mittel der Angaben von *Miller-Descloizeaux* und *Breithaupt-Kokscharow* angenommen: $a : c_{10} = 1 : 1·0622$

Dolerophanit. Die Symbole vereinfachen sich durch die *Transformation*:

$$pq \text{ (Index)} = - (p + 1) q \text{ (G}_2)$$

Die Aufstellung G_2 wurde den Winkeltabellen untergelegt.

> *Gdt.* Index Bd. 1 Seite 511 *Transformation* lies $-\dfrac{4}{3(p+1)}\ \dfrac{4q}{3(p+1)}$ statt $-\dfrac{4}{3p+1}\ \dfrac{4q}{3p+1}$

Dolomit. *Dana* System 1892 Seite 272. Die Formen u z ϱ β sind zu streichen (vgl. *Becke* Min. petr. Mitth. 1890. 11. 24; *Gdt.* Index 3. 415).

Edingtonit. *O. Nordenskjöld* giebt einen Edingtonit von *Bohlet* in Schweden als rhombisch an. $a:b:c = 0.9872:1:0.6733$. Beob. Formen: $m = \infty$ (110), $p = o$ (001), $b\frac{1}{2} = 1$ (111), $a_3 = 12$ (121), doch ist die Identität des Minerals mit dem Edingtonit nicht gesichert. *Dana* System 1892 Seite 599 Zeile 19 vo lies 64°33 statt 49°07

Edisonit wurde mit Rutil vereinigt.

Eggonit ist kein selbständiges Mineral und wurde deshalb weggelassen.

Eis. *Gdt.* Index Bd. 1 Seite 527 die Elemente durch die in d. Winkeltabelle geg. zu ersetzen.
„ „ „ „ „ „ Zeile 4 vo lies 2.4294 statt 2.800

Eisenglanz.
Als Element wurde das Mittel von $a:c_{10} = 1:1.359$ (*Levy, Miller*) $\Big\}= 1:1.3623$ genommen.
und $= 1:1.3656$ (*Koksch.*)
Ueber *Bückings* neue Formen in *Dana* System 1892 Seite 214 vgl. *Gdt.* Index 1. 537
Unsicher sind ferner ϑ T π ε ω vgl. Index 1. 536; 3. 415

Eisenspath. *Dana* System 1892 Seite 276. Die Form a ist unsicher vgl. Index 1. 540 Bemerk.

Eisenvitriol. *Dana* System 1892 Seite 942 Zeile 3 vo lies β (121) statt s (121) [s schon $=$ (105)]
„ „ „ „ „ „ 9 „ „ $\beta\beta'$ „ ss'

Emplektit. Für die Winkeltabellen wurde die Aufstellung *Weisbach* der des Index vorgezogen. *Dana* System 1892 Seite 113. Die Symbole mit dem constanten Faktor $\frac{5}{6}$ sind unhaltbar.

Enargit. Für die Winkeltabelle wurde die Aufstellung *Dauber* der des Index vorgezogen.

Endlichit. Var. d. Vanadinit wurde nicht als selbständige Art angesehen.

Eosit. *Gdt.* Index Bd. 1 Seite 553 Elemente lies

$\left.\begin{array}{l} c \\ p_o \end{array}\right\} = 1.3778$	$\lg c = 013919$	$\lg a_o = 986081$	$a_o = 0.7258$

Schrauf Wien. Sitzb. 1871. 63. 1 Seite 182 Zeile 20 vo lies 1.3778 statt 1.3758

Eosphorit. Für die Winkeltabelle wurde die Aufstellung *E. S. Dana* der des Index vorgezogen. *Gdt.* Index Bd. 1 Seite 555 No. 2 lies 010 statt 001.

Epididymit. *Flink.* Zeitschr. Kryst. 1894. 23. 353. Zur Vereinfachung der Symbole wurden *Flinks* pq halbirt. $pq\,(Flink) \doteq \frac{p}{2}\frac{q}{2}\,(Gdt.)$; $pq\,(Gdt.) \doteq 2\,p \cdot 2\,q\,(Flink)$.

Flink Zeitschr. Kryst. 23 Seite 356 Zeile 19 vo lies (304) statt (403)
„ „ „ „ „ „ „ 20 u. 21 „ „ (403) „ (304)

Epidot. *Dana* System 1892 Seite 516 Zeile 19 vu lies Δ ($\bar{1}$31) statt Δ (131)
„ „ „ „ „ „ 5 „ „ a'y „ a'w
„ „ „ „ „ „ 2 „ „ 83°48$\frac{1}{2}$ „ 85°48$\frac{1}{2}$

Epistilbit. Für die Elemente wurde das Mittel der Bestimmungen von *Rose* (Tenne) *Trechmann, Lüdecke* in die Rechnung eingeführt.

Erythrosiderit. Für die Winkeltabelle wurde die Aufstellung *Scacchi* mit den Elementen *E. S. Dana's* (Syst. 1892. 176) den Annahmen des Index vorgezogen.

Euchroit. Für die Winkeltabelle wurde die Aufstellung *Haidinger* der des Index vorgezogen.

Eudialyt. *Dana* System 1892 Seite 409 Zeile 4 vo lies 67°42 statt 31°22 (NB. 31°22 ist $=$ zc).

Eudnophit ist nach *Brögger* (Z. Kr. 1890. 16. 565) Analcim und entfällt als eigne Art.

Euklas. Für die Winkeltabellen wurde die Aufstellung *Schabus* der des Index vorgezogen.

Gdt.	Index Bd. 1	Seite 583	Zeile 8 u. 9	vo	lies	91°42	statt	101°42		
Dana	System 1892	„ 508	„ 16	vu	„	$\delta\delta'''$	„	$\vartheta\vartheta'''$		
„	„ „	„ „	„ 13	„	„	$\Theta\Theta'$	„	$\theta\theta'$		
„	„ „	„ „	„ 12	„	„	ff'	„	$\varphi\varphi'$		

Euxenit. Für die Winkeltabelle wurde die Aufstellung *Brögger* der des Index vorgezogen.

Fahlerz. *Gdt.* Index Bd. 2 Seite 1 No. 2 lies $-\frac{5}{7}\frac{12}{7}$ statt $-\frac{7}{5}\frac{12}{5}$.

Fairfieldit. Für die Winkeltabelle wurde die Aufstellung *Brush u. Dana* der des Index vorgezogen.

Famatinit. Elemente $=$ Enargit.

Fauserit. Nicht sicher definirte Art wurde weggelassen.

Feldspath-Gruppe
Orthoklas. 10·8   (*Solly* Z. Kr. 1885. 10. 524) ist unsicher, Fläche rauh. Diff. d. Mess. 1°.
           12.10   (*Cathrein* Z. Kr. 1886. 11 115) gab keinen Reflex. Approx. Messg. unsicher.
           $\frac{9}{8}$o, $\frac{10}{9}$o (*Descloizeaux* Z. Kr. 1886. 11. 605). Unsicher. *Descloizeaux* kann nicht be-
                    stimmt angeben, ob die beob. Fl. $\frac{9}{8}$o oder $\frac{10}{9}$o sei.
      $-\frac{39}{38}$o   (*Cathrein* Z. Kr. 1891. 19. 189) ist wohl als Vicinale anzusehen.
          o$\frac{1}{7}$ („   ) gab keinen scharfen Reflex, nur ein Winkel gegeben. Die Form
                    erscheint unsicher.

Oligoklas — Andesin — Labradorit. Für diese Zwischenglieder wurden die Winkel nicht ausgerechnet. Die Elemente des Labradorit sind unsicher, und die Winkel des Oligoklas und Andesin unterscheiden sich nur um Minuten von denen des Albit und Anorthit. Man kann sie durch Interpoliren zwischen beide finden. Das ist ebenso zuverlässig, vielleicht noch mehr, als die Bestimmung aus den nicht sicheren Elementen.

Albit. Die Elemente von *Schuster* erschienen nach der kritischen Art ihrer Bestimmung (Min. petr. Mitth. 1886. 7. 391) unter Ausscheidung versteckter Zwillingsbildung als die sichersten, wurden deshalb im Index angenommen. Sie weichen aber von denen der anderen zuverlässigen Beobachter wesentlich ab. Wegen der Wichtigkeit des Minerals und der theoretischen Bedeutung der Frage wurde die Winkeltabelle sowohl für die Elemente von *Schuster* als für die von *Brezina*, denen die übrigen nahestehen, berechnet und abgedruckt (vgl. Index 2. 22).

Gdt.	Winkeltabelle	Seite 141	No. 13	lies	25 48	statt	64 12
„	Index Band 2	„ 27	„ 3	„	h———ah	„	k——qh—
„	„ „ „	„ 33	„ 23	„	η..... 112 $\frac{1}{2}$P'....		f¹ $\frac{1}{2}$ O
„	„ „ „	„ „	„ 24	„	ω..... 1$\bar{1}$2 $\frac{1}{2}$'P....		d¹ $\frac{1}{2}\frac{1}{2}$ O
Dana	System 1892	„ 327	Ref. Rhomb. Schnitt zuzufügen *Gdt.* Ueb. Proj. und				
			graph. Kr. Ber. 1887. 64				

Dana	System 1892	Seite 328	Zeile 4 vu	lies	316	statt	216
„	„ „	„ 338	„ 8 vo	„	$p(\bar{1}11)$	„	$p(\bar{2}11)$
„	„ „	„ „	„ 9 „	„	$g(\bar{2}21)$	„	$g(\bar{1}21)$
Glinka	Zeitschr. Kryst. 22	„ 63	„ 4 vu	„	$\{\bar{1}11\}$	„	$\{111\}$
Franck	„ „ 23	„ 477	„ 16 „	„	$\{\bar{4}03\}$	„	$\{403\}$

Feuerblende. Krystallsystem, Elemente und Symbole etwas unsicher. Bis auf bessere Kenntniss mit Xanthokon vereinigt (vgl. *Miers*, Zeitschr. Kryst. 1894. 22. 461).

Fiedlerit. *Rath's* Symbole sind ganz abnorm. Auch die Index 3. 371 sind nicht befriedigend. Zu einer Aufstellung G_2 mit etwas einfacheren Symbolen kommt man durch die *Transformation*:

$$pq\,(Rath) = \tfrac{4}{5}\,p \cdot q\,(G_2)$$

G_2	$\infty 0$	0	$\infty(?)$	$\infty\tfrac{5}{4}$	$-\tfrac{4}{3}0$	$-\tfrac{2}{3}0$	$\tfrac{1}{6}1$	$\tfrac{4}{7}1$	$\tfrac{4}{5}1$	1	$-\tfrac{1}{3}1$
Buchst.	a	c	n	m	y	x	e	i	o	u	p
Rath	$\infty 0$	0	$\tfrac{6}{5}\infty$	∞	$-\tfrac{5}{3}0$	$-\tfrac{5}{6}0$	$\tfrac{5}{24}1$	$\tfrac{5}{7}1$	1	$\tfrac{5}{4}1$	$\tfrac{5}{12}1$

Bei n ist ∞ gesetzt statt $\infty\tfrac{25}{24}$, wie es die *Transformation* giebt. na beob. $= 33°32$ ber. $= 32°36$. Die Differenz ist gross, doch vielleicht aus *Rath's* Erwähnung der Flächenstörungen erklärlich. Neubeobachtungen zur Aufklärung wären erwünscht.

Gdt. Index Bd. 3	Seite 371	Zeile 10 vu	lies:	0·8915	statt	0·8192
„	„ „ „	„ 9 „	„	0·8192:1:0·8915	„	0·8915:1:0·8192
„	„ „ „	„ 8 „	„	1·1026	„	1·200

Fillowit. *Gdt.* Index Bd. 2 Seite 43 Elemente lies: 976 188 statt 876 188

Fischerit. Für die Winkeltabelle wurde *Kokscharows* Aufstellung der des Index vorgezogen.

Flinkit. *Hamberg.* Geol. För. Förh. 1889. Zeitschr. Kryst. 1891. 19. 102.
$p = 0\tfrac{1}{10}$; $m = 0\tfrac{1}{4}$; $n = 0\tfrac{2}{7}$ wurden als unsicher weggelassen.
Hamberg. Zeitschr. Kryst. Bd. 19 Seite 103 Zeile 15 vo lies: 60°47 statt 60°27

Fluocerit. *Nordenskjöld.* Stockh. Ofvers. Ak. Förh. 1870 Seite 550 lies 119°14 statt 118°14

Flussspath. *Gdt.* Index Bd. 2 Seite 51 No. 7 . . . . lies e statt q

Freieslebenit. Für die Winkeltabellen wurde die Aufstellung *Miller* der des Index vorgezogen.
Gdt. Index Bd. 2 Seite 57 und 59 zuzufügen:

e	430	$\tfrac{4}{3}\infty$		o	032	$0\tfrac{3}{2}$
d	450	$\infty\tfrac{5}{4}$		i	051	05
q	018	$0\tfrac{1}{8}$		φ	$\bar{1}12$	$-\tfrac{1}{2}$
σ	054	$0\tfrac{5}{4}$				

„ „ „ 2 Seite 58 zuzufügen: *Bücking* Zeitschr. Kryst. 1878. 2. 425.

Friedelit. Die Elemente von *Bertrand* $c_{10} = 0·5624$ und von *Flink* $c_{10} = 0·5317$ differiren stark. Es wurde das Mittel mit 0·5470 in Rechnung gestellt.

Gadolinit. Für die Elemente wurde das Mittel der Angaben von *Descloizeaux* und *Eichstädt* (Zeitschr. Kryst. 1887. 12. 523) eingeführt. $\beta = +\tfrac{1}{2}$, d $= +12$ wurde nach *Eichstädt* als fraglich bezeichnet.

Ganophyllit. *Hamberg.* Geol. För. Förh. 1890. 12. 586. Zeitschr. Kryst. 1892. 20. 387.

Gerhardit. Die hochzahligen Symbole $\frac{7}{10}$ und $\frac{13}{20}$ erscheinen in Anbetracht der starken Winkelschwankungen als unsicher.

Glaserit. Ueber das hexagonale System des Glaserit vergleiche:
>   *Scacchi*, Att. Ac. Napoli (1870) 1873. 5. 29. (Aftalosa.)
>   *Bücking*, Zeitschr. Kryst. 1889. 13. 567. Anm.
>   *Strüver*, Rend. Ac. Linc. 5. 750. Zeitschr. Kryst. 1892. 20. 174. (Aphtalose.)

Glauberit. *Gdt.* Index Bd. 2 Seite 87 No. 10   lies $\varepsilon\,\varepsilon$ statt   e e

Glaubersalz. *Gdt.* Index Bd. 2 Seite 89 Elemente lies 99735^2 statt 99567^2

Glaukodot. In die Rechnung wurde der Mittelwerth der Elemente von *Lewis* und *Becke* eingeführt.

Glimmer. Das Krystallsystem ist unsicher. Wahrscheinlich monoklin oder hexagonal. Es wurden die Winkel mit Symbolen rhombischer Deutung (monoklin, $\beta = 90°$) angeschrieben. Die Positionswinkel sind davon nicht abhängig. Von allen Formen sind nach *Descloizeaux* nur P o m M p z γ d t x als sicher anzusehen. Alle anderen sind zweifelhaft.

Gmelinit. Die Formen des Gmelinit wurden unter die des Chabasit eingereiht.

Göthit. Für die Winkeltabelle wurde die Aufstellung *Mohs* der des Index vorgezogen.

Granat. *Gdt.* Index Bd. 2 Seite 107 nach No. 1 zuzufügen: F..... 106..... $\frac{1}{6}$o 6o 6∞.

Graphit. $a : c_{10} = 1 : 1386$ $p_0 = 996569$ entspricht besser *Kenngotts* p o $= 58°$ als das $1\cdot399$ des Index. Die Aenderung wurde für die Winkel angenommen. Sie ist nicht wesentlich in Betracht der Ungenauigkeit der Bestimmung.

Greenockit. Die Bestimmungen des Elements durch *Kokscharow* $c_{10} = 0\cdot8126$ und durch *Mügge* $c_{10} = 0\cdot8109$ erscheinen als die genauesten. Sie differiren wenig. Das Mittel $c_{10} = 0\cdot8118$; $c_1 = 1\cdot4061$ wurde der Rechnung untergelegt.

Die Formen g $= \frac{1}{4}$o (10$\bar{1}$4); h $= \frac{1}{3}$o (10$\bar{1}$3) sind zu löschen. *Groth* (Strassb. Samml. 1878. 30) giebt eine unsichere Form zwischen beiden, *Mügge* (Jahrb. Min. 1882. 2. 22. Fussn.) erwähnt einen äusserst schwachen Reflex von Lage $\frac{1}{3}$ P, nimmt aber die Form nicht auf.

Gdt. Index Bd. 2 Seite 115 sind die Zeilen No. 8 und 9 zu löschen.

Guarinit. Für die Winkeltabellen wurden gegen die Aufstellung des Index p q 1 in q 1 p vertauscht.

Guejarit ist nach *Penfield's* Untersuchungen identisch mit *Wolfsbergit* und wurde mit diesem vereinigt.

Gyps. Für die Winkeltabelle wurde die Aufstellung *Mohs* der des Index vorgezogen.

Die neue Form $\xi = +\frac{1}{3}\frac{2}{3}$ (123) wurde von *A. Nies* als Gleitfläche scharf und gross ausgebildet an Gyps von Girgenti beobachtet. Bestimmt durch die Zone λ b $= \frac{1}{3}$o : o∞ und den Winkel $\xi\,\lambda = 14°31$; berechnet $14°32$. (Ber. Oberrh. geol. Ver. 1896. 9. Apr.) $\delta = \infty\frac{5}{3}$ (350) von *Kraatz* beobachtet. (Zeitschr. Kryst. 1897. 27. 604.)

Dana Syst. 1892 Seite 934 Zeile 4 vo lies: a e $= 87°29$ statt d e $= 87°49$.

Hambergit. Für die Winkeltabelle wurde die Aufstellung *Brögger* der des Index vorgezogen.

Hamlinit. *Penfield* und *Hidden*. Am. Journ. 1890. 39. 511. Zeitschr. Kryst. 1892. 20. 415.

Hannayit. Für die Winkeltabelle wurde die Aufstellung *Rath* der des Index vorgezogen.

Harmotom. Für die Winkeltabelle wurde die Aufstellung *Descloizeaux* der des Index vorgezogen.

Harstigit. *Dana* Syst. 1892 Seite 532 Zeile 17 vu lies: an statt am.

Hausmannit. Für das Element wurde das Mittel aus den Angaben von *Dauber* und *Flink* (Zeitschr. Kryst. 1892. 20. 369) genommen.

Hauyn. *Gdt.* Index Bd. 2 Seite 141 No. 4 lies: $2O2$ statt $2O$.

Hedyphan. *Sjögren.* Bull. Geol. Inst. Upsala 1892. 1. 1. Zeitschr. Kryst. 1895. 24. 140.

Helvin. *Dana* Syst. 1892 Seite 434 Zeile 12 vo lies; $\beta(323)$ statt $\beta(322)$.

Herderit wurde nach *Penfield* (Z. Kr. 1894. 23. 118) monoklin gegeben. Der Rechnung wurden nach *Penfield's* brieflichem Vorschlag (5. Juni 1896) nur die Elemente des Hydro-herderit untergelegt, weil durch Wechsel von F mit OH die Zusammensetzung und damit die Elemente des Hydrofluor-Herderit schwanken. Das von *Penfield* als unsicher bezeichnete $y = \frac{2}{3}2$ uns. Aufst. wurde weggelassen.

Herrengrundit. Gegen die Aufstellung des Index wurden die Axen P R resp. A C vertauscht. An Stelle von $\delta = \frac{10}{7}o$, $d = -\frac{10}{7}o$ ist vielleicht $\pm\frac{3}{2}o$ zu setzen. Gem.: $\delta c = 46°44 - 48°01$; $d c = 47°42 - 49°04$. Berechn.: $+\frac{3}{2}o : o = 49°28$; $-\frac{3}{2}o : o = 49°50$. Jedenfalls ist $\pm\frac{10}{7}o$ in Anbetracht des complicirten Symbols und der starken Winkelschwankungen unsicher.

Herschelit. Die Formen des Herschelit wurden mit denen des Chabasit vereinigt. Sie sind, bezogen auf das Element des Chabasit (Aufst. G_2): $m = \infty$, $a = -\frac{1}{4}$, $\beta = -\frac{1}{2}$.

Bei *Descloizeaux* (Manuel 1862. 1. 398) stimmen die gerechneten Winkel nicht zu den Symbolen und dem angenommenen Element des Gmelinit. Es ist vielmehr zu setzen: a^{10} statt a^7; $a^{\frac{14}{5}}$ statt $a^{\frac{11}{5}}$. Messung und Rechnung differiren stark; die Messungen sind nur genähert. Trotzdem sind die Symbole wegen ihrer Einfachheit wahrscheinlich. $-\frac{1}{2}$ ist beim Chabasit bekannt.

Hjelmit. *Weibull* Geol. För. Förh. 1887. 9. 371. Zeitschr. Kryst. 1889. 15. 104.
Dana Syst. 1892. 741
Weibull Zeitschr. Kryst. 15 Seite 105 Zeile 1 vo lies: $\{201\}$ statt $\{102\}$

Hintzeit (Milch) = **Heintzit** (Lüdecke). Der Name *Hintzeit* wurde vorgezogen, da er einen bekannten Mineralogen ehrt, während *Dr. Heintz* der Mineralogie fern steht.

Gdt Index Bd. 3 Seite 373 Zeile 13, 14, 15 vo zuzufügen: $-\frac{1}{2}$, $\bar{1}12$, o
Dana Syst. 1892 " 885 " 17 " lies: $2\cdot1937$ statt $2\cdot9137$

Hjortdahlit. Elemente nach *Dana* Syst. 1892. 377. Die Winkel sprechen für das tetragonale System.

Vergleich.

Wöhlerit:	$p_o = 0\cdot338$	$q_o = 0\cdot357$	$r_o = 1$	$\lambda\mu\nu = 90°$ (Dauber)
Zirkon:	$p_o = 0\cdot640$	$q_o = 0\cdot640$	$r_o = 1$	$\lambda\mu\nu = 90°$ (Kupf.)
Tapiolit:	$p_o = 0\cdot646$	$q_o = 0\cdot646$	$r_o = 1$	$\lambda\mu\nu = 90°$ (Nsk.)
Fergusonit:	$p_o = 1\cdot464$	$q_o = 1\cdot464$	$r_o = 1$	$\lambda\mu\nu = 90°$ (Haid.)

Dana Syst. 1892 Seite 377 Zeile 26 vu lies: $M(1\bar{1}0)$ statt $M(110)$
" " " " " " 25 " " $g(\bar{1}11)$ " $g(111)$

Hopeit. Für die Winkeltabellen wurde die Aufstellung *Haidinger* der des Index vorgezogen.

Humit-Gruppe: Chondrodit. *Sjögren* (Upsala Geol. Inst. 1892. Zeitschr. Kryst. 1895. 24. 142) giebt die neuen Formen: $+\frac{1}{5}n = +21$; $-\frac{1}{5}n = -31$; $+\frac{1}{7}m = +\frac{2}{3}$; $+\frac{1}{11}m = +\frac{4}{3}\frac{2}{3}$; $-\frac{1}{2}n\,(?) = -\frac{3}{2}1$; $-\frac{1}{2}l\,(?) = -1\frac{1}{2}$.

Gdt. Index Bd. 2 Seite 167 zuzufügen: *Scacchi*, E. Rend. ac. Nap. 1883. Dec. Zeitschr. Kryst. 1884. 9. 585.

| „ | „ | „ | „ | „ | 169 Zeile 11 vo lies: | 5·6588 statt 3·1438 |

„	„	„	„	„	171 zuzufügen:	38 A — e^α — — 501 — 5 P$\overline{\infty}$ — — $+50$
„	„	„	„	„	„	„	39 H — e^β — — 702 — $\frac{7}{2}$ P$\overline{\infty}$ — — $+\frac{7}{2}0$
„	„	„	„	„	„	„	40 I — e^γ — — 11·0·4 — $\frac{11}{4}$ P$\overline{\infty}$ — — $+\frac{11}{4}0$
„	„	„	„	„	„	„	41 ι — n^α — — 211 — 2 P $\overline{2}$ — — $+21$
„	„	„	„	„	„	„	42 $\varkappa$ — o^α — — $\overline{1}44$ $+$ P $\overset{\text{\tiny$\backslash$}}{4}$ — — — $\frac{1}{4}1$
„	„	„	„	„	„	„	43 λ — o^2 — — $\overline{1}84$ $+2$ P $\overset{\text{\tiny$\backslash$}}{8}$ — — — $\frac{1}{4}2$
„	„	„	„	„	175	„	35 X — e^δ — — 102 — $\frac{1}{2}$ P$\overline{\infty}$ — — $+\frac{1}{2}0$
„	„	„	„	„	„	„	36 $\varDelta$ — e_γ — — $\overline{1}08$ $+\frac{1}{8}$ P$\overline{\infty}$ — — — $\frac{1}{8}0$
„	„	„	„	„	„	„	37 μ — o — — $\overline{1}42$ $+2$ P $\overset{\text{\tiny$\backslash$}}{4}$ — — — $\frac{1}{2}2$

Hureaulit. *Descloizeaux* gab ein Formenverzeichniss (Ann. Chim. 1858 (3) 53. 293). Die Symbolreihe war unnatürlich complicirt und wurde vom Verf. angezweifelt. (Index 1890. 2. 182.) *E. S. Dana* untersuchte neues besseres Material (Amer. Jour. 1890. 39. 207. Syst. 1892. 832.) Er giebt das Axenverhältniss:

$$a : b : c = 1·9192 : 1 : 0·5245 \qquad \beta = 95°59$$

und folgende Formen:

		E. S. Dana		Descloizeaux			Gdt.	
1	b	0∞	010	—	—	—	0∞	010
2	a	$\infty 0$	100	h^1	$\infty 0$	100	$\infty 0$	100
3	m	∞	110	m	∞	110	∞	110
4	ε	-2	$\overline{2}21$	ε	$-\frac{9}{10}\frac{11}{10}$	9·11·10	01	011
5	c	0	001	o^5	$+\frac{1}{5}0$	105	-10	$\overline{1}01$
6	α	-40	$\overline{4}01$	$a\overline{15}^{8}$	$-\frac{8}{15}0$	8·0·15	$+10$	101
7	β	-50	$\overline{5}01$	—	—	—	$+\frac{3}{2}0$	302
8	z	-62	$\overline{6}21$	—	—	—	$+21$	211
9	l	-84	$\overline{8}41$	—	—	—	$+32$	321
10	δ	$+1$	111	δ	$-\frac{4}{5}\frac{3}{5}$	$\overline{4}35$	$-\frac{3}{2}\frac{1}{2}$	$\overline{3}12$
11	k	-51	$\overline{5}11$	k	$-\frac{19}{8}\frac{5}{8}$	$\overline{1}9·5·8$	$+\frac{3}{2}\frac{1}{2}$	312
12	p	$+\frac{2}{3}$	223	—	—	—	$-\frac{4}{3}\frac{1}{3}$	$\overline{4}13$
13	?q	$-\frac{5}{2}\frac{3}{2}$	$\overline{5}32$	x	$-\frac{11}{10}\frac{9}{10}$	$\overline{1}1·9·10$	$+\frac{1}{4}\frac{3}{4}$	134

Dana's Deutung bringt noch immer hochzahlige Symbole. Die Zahlenreihe wird aber normal durch die *Transformation:*

$$p\,q\ (Dana) \doteq -\left(\frac{p}{2}+1\right)\frac{q}{2}\ (Gdt.)$$

Die so gewonnenen Symbole sind oben unter *(Gdt.)* gegeben. Zu ihnen gehören, berechnet aus *Dana's* Messungen, die Seite 184 angegebenen Elemente.

Dana konnte die Formen von *Descloizeaux's* Typus 2 mit den seinigen identificiren. Für die des Typus 1 gelang es ihm nicht. Auch mir ist es nicht gelungen, sie organisch dem Formensystem des Hureaulit einzureihen. Sollten sie einer anderen Krystallart angehören?

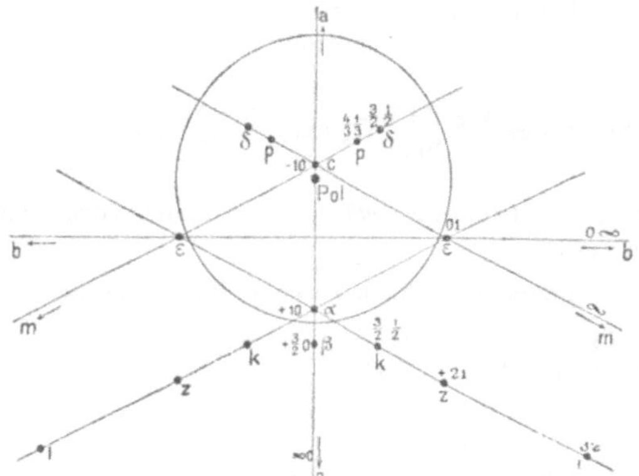

<table>
<tr><td>Fig. 24, Dana's Formen.</td><td>Fig. 25, Descloizeaux's Typ. 2.</td></tr>
</table>

Für die Wahl obiger Aufstellung *(Gdt.)* sprechen ausser der Einfachheit der Symbole die Projectionsbilder Fig. 24 *(Dana's* Formen) und Fig. 25 *(Descloizeaux's* Typ. 2). Sie zeigen die wichtigsten Punkte an den bevorzugten Stellen, $o\infty$, ∞o, ∞, $o1$, ± 10.

Ein Vergleich beider Figuren zeigt die Richtigkeit von *Dana's* Identification. Wir sehen *Descloizeaux's* Formen die gleichen Hauptpunkte einnehmen; die gleichen Zonen, nur schwächer besetzt. Auch das fragliche q reiht sich gut ein.

Dana Syst. 1892 Seite 832 Zeile 7 vu lies; $45°10$ statt $49°10$.

Hydromagnesit. Kryst. System unsicher. Mit *Dana* (System 1892. 304) rhombisch resp. monoklin $\mu = 90°$ angenommen.

Idokras. Specielle Discussion zeigt, dass die Aufstellung *Lévy* vorzuziehen ist. $p_0 = 0\cdot7603$. Für die Winkeltabellen wurde trotzdem die Aufstellung *Mohs-Zepharowich* beibehalten, da sie allgemein üblich ist.

e $= 35$, r $= 46$, g $= \frac{5}{2}10$, F $= 7\cdot13$ sind nicht sicher. *(Groth* und *Bücking*, Strassb. Samml. 1878. 199. 200) e, r gestatteten nur approx. Messung. g war stets uneben und gebrochen. F, schmal aber glänzend, dürfte als Vicinale zu $\infty2$ anzusehen sein.

Gdt. Index Bd. 2 Seite 198 zuzufügen:

Miller Min. 1852 Seite 327 Zeile 16 vu lies 101, 001 statt 010, 001

Dana Syst. 1892 Seite 478 Zeile 1 vo Q $=(10\cdot10\cdot1)$ ist unsicher ⎫
„ „ „ „ „ „ 5 „ Y $= (17\cdot4\cdot4)$ ⎱ *(Korn)* ganz ⎬ vgl. Index Bemerk.
„ „ „ „ „ „ 11 „ $\varDelta = (544)$ ⎰ unsicher ⎭

Johnstrupit wurde mit Mosandrit vereinigt. Für die Winkeltabelle wurde die Aufstellung *Brögger* der des Index vorgezogen.

Jordanit. *Dana* Syst. 1892 Seite 141 Zeile 8 vu lies $50°04$ statt $50°41$
„ „ „ „ „ „ 5 „ „ $127°34$ „ $152°20$

Kainit. Für die Winkeltabelle wurde die Aufstellung *Groth* der des Index vorgezogen.

Kalisalpeter. Für die Winkeltabelle wurde die Aufstellung *Mohs* der des Index vorgezogen.

Kalomel. *Dana* Syst. 1892 Seite 153 Buchst. β zweimal; $\beta = 1\tfrac{1}{3}$ (313) ist unsicher, vgl. Index 2·222
    „   „   „   „   „ Zeile 11 vu lies 27°03 statt 37°27
    „   „   „   „   „   „   „   66°16 „ 65°16

Kaolin. *Gdt.* Zeitschr. Kryst. 1890. 17. Seite 57 lies $\left.\dfrac{H_2 \quad Al}{Si_2}\right\} O_8$ statt $\left.\dfrac{K_2 \quad Al}{Si_2}\right\} O_8$

Kentrolith. Für die Winkeltabelle wurde die Aufstellung *Rath* der des Index vorgezogen. Elemente nach *Flink* Z. K. 1892. 20. 370.

    Gdt. Index Bd. 2 Seite 225. Statt der gegebenen Axen-Verh. u. Elemente lies:

$$a : b : c = 0·7173 : 1 : 1·1325 \quad (Gdt.)$$
$$[a : b : c = 0·6333 : 1 : 0·883] \quad (Rath)$$

Elemente.

a = 0·7173	lg a = 985570	lg a$_0$ = 980166	lg p$_0$ = 019834	a$_0$ = 0·6334	p$_0$ = 1·5792
c = 1·1325	lg c = 005404	lg b$_0$ = 994596	lg q$_0$ = 005404	b$_0$ = 0·8330	q$_0$ = 1·1325

    Gdt. Index Bd. 2 Seite 226 zuzufügen:
       Rath Zeitschr. Kryst. 1881. 5. 34 Zeile 6 vu lies 0·883 : 1 statt 0·784

    Der Fehler in *Rath's* Angabe wurde nicht bemerkt. Seine Berichtigung veranlasst obige Correcturen. *Panebianco* Rivista. 1891. 8. 68 hat ihn aufgefunden.

Kieserit. Für die Winkeltabellen wurde das Mittel aus den stark differirenden Elementen von *Tschermak* (corrig. durch *E. S. Dana* Syst. 1892. 932) und *Bücking* (Berl. Sitzber. 1895. 534) eingeführt.

Kobaltblüthe. Aufstellung und Elemente *Brezina* wurden angenommen (Index 3. 418).

Kobaltvitriol. *Gdt.* Index 3. 376 zu löschen und mit **Bieberit** Index 1. 303 zu vereinigen.

Koppit. *Gdt.* Index Bd. 2 Seite 242 Zeile 2 vo lies 1875 statt 1865.

Kornerupin ist wahrscheinlich = **Prismatin** (*E. S. Dana* Syst. 1892. 561).

Kraurit. Für die Winkeltabelle wurde die Aufstellung *Streng* der des Index vorgezogen.

Krennerit. Für die Winkeltabelle wurde die Aufstellung *Krenner* der des Index vorgezogen. Für die Elemente wurde das Mittel von *Krenner, Rath, Schrauf, Miers* eingeführt.

    Dana System 1892 Seite 105 Zeile 8 vo lies co statt cp
    „   „   „   „   „   „ „ „ oo''' „ pp'''
    „   „   „   „   „   9 „ „ oo' „ pp'

Kröhnkit. Die Elemente sind nach *Darapsky* mit der Correctur von *E. S. Dana* (System 1892. 958) angenommen.

    Gdt. Index Bd. 2 Seite 376 zuzufügen:
        0·4729 : 1 : 0·3072 $\beta = 115°52$ *(Darapsky)*
        0·4462 : 1 : 0·4325 $\beta = 107°19$ *(Darapsky corr. E. S. Dana)*

$$\begin{array}{cccc} 0\infty & \infty & 0\mathrm{I} & \mathrm{I} \\ 0\mathrm{I}0 & \mathrm{II}0 & 0\mathrm{II} & \mathrm{III} \\ \mathrm{b} & \mathrm{m} & \mathrm{e} & \mathrm{p} \end{array}$$

Darapsky   Jahrb. Min. 1889. 1. 192 Zeitschr. Kryst. 1891. 19. 307
Dana E. S. System 1892. 958.
   „   „   1892 Seite 958 Zeile 22 vu lies: m (110, I) statt m (100, I).

Kryolith.   *Gdt.* Index Bd. 2 Seite 253 Zeile 4 vo lies 1·3883 statt 1·3383
   „   „   „   „   „   „   Elemente   „ :

$a = 0{\cdot}9662$	$\lg a = 998507$	$\lg a_0 = 984259$	$\lg p_0 = 015741$	$a_0 = 0{\cdot}6960$	$p_0 = 1{\cdot}4368$
$c = 1{\cdot}3883$	$\lg c = 014248$	$\lg b_0 = 985752$	$\lg q_0 = 014248$	$b_0 = 0{\cdot}7203$	$q_0 = 1{\cdot}3883$
$\left.\begin{array}{l}\mu = \\ 180-\beta\end{array}\right\} 89°49$	$\left.\begin{array}{l}\lg h = \\ \lg \sin\mu\end{array}\right\}\ 0$	$\left.\begin{array}{l}\lg e = \\ \lg \cos\mu\end{array}\right\}750512$	$\lg\dfrac{p_0}{q_0}=001493$	$h = \quad 1$	$e = 0{\cdot}0032$

Kupferglanz.   Für die Winkeltabelle wurde die Aufstellung *Rose* der des Index vorgezogen.

Kupferindig.

Gdt. Index Bd. 2 Seite 263 *Transformation* lies $\tfrac{2}{3}(p+2q)\ \tfrac{2}{3}(p-q)$ statt $\dfrac{p+2q}{2}\ \dfrac{p-q}{2}$

„ „ „ „ „ „ „ „ $2p\cdot 2q$ „ $\tfrac{3}{2}p\ \tfrac{3}{2}q$

„ „ „ „ „ „ „ „ $2(p+2q)\ 2(p-q)$ „ $\tfrac{8}{3}(p+2q)\ \tfrac{8}{3}(p-q)$

„ „ „ „ „ „ „ „ $\dfrac{p+2q}{6}\ \dfrac{p-q}{6}$ „ $\dfrac{p+2q}{8}\ \dfrac{p-q}{8}$

„ „ „ „ „ „ „ „ $\tfrac{1}{2}(p+2q)\ \tfrac{1}{2}(p-q)$ „ $\tfrac{2}{3}(p+2q)\ \tfrac{2}{3}(p-q)$

„ „ „ „ „ „ „ „ $\tfrac{1}{2}p\cdot\tfrac{1}{2}q$ „ $\tfrac{2}{3}p\cdot\tfrac{2}{3}q$

Kupferkies.   *Dana* Syst. 1892 Seite 80 Buchst. u_{I} kommt zweimal vor. l i sind unsicher.

Kupferlasur.   *Zimanyi* Z. Kr. 1892. 21. 86 neue Formen: $-\tfrac{2}{5}0,\ -\tfrac{4}{5}0,\ -\tfrac{6}{5}0$
   Hobbs   „   1895. 25. 27   „ $+\tfrac{3}{7}0,\ -\tfrac{2}{3}0$

Kupfervitriol.   Für die Winkeltabelle wurden die Axen gegen die Aufstellung des Index vertauscht, so dass:

$$p\,q\,(\text{Index}) = \frac{q}{p}\,\frac{1}{p}\,(G_2)$$

Zu G_2 gehören die für die Winkeltabellen angenommenen Elemente.
Miller Min. 1852 Seite 556 Zeile 16 vo lies 36 4 statt 35 4

Lanarkit.   *Gdt.* Index Bd. 2 Seite 281 *Transformation*

lies $\dfrac{3p-1}{2}\,q$ statt $(3p-1)\,q$

„ $\dfrac{2p+1}{3}\,q$ „ $\dfrac{p+1}{3}\,q$

No. 6   „ $\bar{1}{\cdot}10{\cdot}5\ +2\,\mathrm{P}\,\grave{1}0\ -\tfrac{1}{5}2$ „ $1{\cdot}10{\cdot}5 - 2\,\mathrm{P}\,\grave{1}0 + \tfrac{1}{5}2$

Vic. Formen No. 1   „ $6\bar{9}{\cdot}1{\cdot}15 + \tfrac{23}{5}\,\mathrm{P}\,\bar{6}9 - \tfrac{23}{5}\tfrac{1}{15}$ „ $12{\cdot}1{\cdot}5\ \tfrac{12}{5}\,\mathrm{P}\,\bar{1}2\ -\tfrac{12}{5}\tfrac{1}{5}$

Langit.   Für die Winkeltabellen wurden die Axen PR resp. ac des Index vertauscht.

Lanthanit.   Für die Winkeltabelle wurde die Aufstellung *Lang* der des Index vorgezogen.

Laumontit. Für die Winkeltabelle wurde die Aufstellung *Lévy* der des Index vorgezogen.
Gdt. Index Bd. 2 Seite 289 No. 6 lies $\bar{1}03 + \frac{1}{3}P\overline{\infty} - \frac{1}{3}o$ statt $103 - \frac{1}{3}P\infty + \frac{1}{3}o$

Laurionit. Für die Winkeltabelle wurde *Köchlins* Aufstellung der des Index vorgezogen.

Lautarit. *Osann* Zeitschr. Kryst. 1894. 23. 586.

Lavenit. Elemente und Symbole nach *Brögger* (Zeitschr. Kryst. 1890. 16. 339). *Brögger* bezeichnet das von ihm früher gegebene Axenverhältniss (Index 2. 295) als ungenau.

Lawsonit. *Ransome* und *Palache* Zeitschr. Kryst. 1895. 25. 531.

Lazulith. Die Elemente sind nach *E. S. Dana* (Syst. 1892. 789) gegeben, der *Prüfer's* Angaben nachgerechnet hat.

Leadhillit. *Gdt.* Index Bd. 2 Seite 303 No. 4, 9, 26 die ganzen Zeilen zu löschen.

,,	,,	,,	,,	,,	,,	,, 20	lies	$p - p$	statt	$v - v$
,,	,,	,,	,,	,,	,,	,, 29	,,	$v - v$	,,	$\tau - -$
,,	,,	,,	,,	,,	,,	,, 30	,,	$\omega\, o -$	,,	$\omega - -$

,,　　,,　　,, 3　　,, 396 Zeile 11 vo ,, Susannit (s. Anh.) $=$ Leadhillit (?) statt
Susannit $=$ Leadhillit

Dana System 1892 ,, 921 ,, 24 vu ,, $86°6'$ statt $85°6'$
,, 　　　　,, 1875 ,, 625 Fig. 521 ,, $\frac{2}{3}\breve{2}$,, $\frac{2}{3}\bar{2}$

Lecontit. *Gdt.* Index Bd. 3 Seite 377 Zeile 9 vu lies: $0\cdot7848 : 1 : 1\cdot5317$ statt $0\cdot7926 : 1 : 1\cdot5477$
,, 　　 ,, 　　 ,, ,, ,, ,, ,, 8 ,, ,, $q_0 = 1\cdot5317$,, $q_0 = 1\cdot5477$

Leucit wurde als regulär angesehen.

Leukophan. *Gdt.* Index Bd. 2 Seite 309 No. 34 lies $8\cdot7\cdot12 \; \frac{2}{3}\bar{\ddot{P}}\frac{8}{7} \; \frac{2}{3}\frac{7}{12}$ statt $8\cdot7\cdot24 \; \frac{1}{3}\bar{P}\frac{8}{7} \; \frac{1}{3}\frac{7}{24}$
,, 　　 ,, 　　 ,, ,, ,, ,, ,, 33 ,, 445 $\frac{4}{5}P$ $\frac{4}{5}$,, 455 $\breve{P}\frac{5}{4}$ $\frac{4}{5}1$

Libethenit. Rhombisch. Mit *E. S. Dana* (Syst. 1892. 786) wurden *Rose's* Elemente angenommen.
Gdt. Index Bd. 2 Seite 313 zuzufügen: t t 201 $2P\overline{\infty}$ 20
Dana System 1892 ,, 786 Zeile 7 vo lies $\delta(310, i - \bar{3})$ statt $\delta(013, \frac{1}{3} - \breve{\tau})$

Lievrit. Für die Winkeltabelle wurde die Aufstellung *Mohs* der des Index vorgezogen.
Dana System 1892 Seite 542 Zeile 15 vu lies Z. K. 1883. 7. 609; 1885. 9. 243 statt
Z. K. 1883. 7. 243.

Löllingit. *Brögger's* Elemente wurden an Stelle der Elemente von *Schrauf* gesetzt, die vielleicht von Messungen an Arsenkies herrühren; vgl. *Groth* Münch. Ak. Ber. 1885. 384.
Dana Syst. 1892. 97.

Löweit. *Gdt.* Index Bd. 3 Seite 378 Zeile 4 vo lies 10 (101) statt 1 (111).

Ludwigit. *Mallard* Bull. soc. franç. 1888. 11. 310 Zeitschr. Kryst. 1889. 15. 650.

Lunnit. Für die Winkeltabellen wurde die Aufstellung *Schrauf* der des Index vorgezogen.
Gdt. Index Bd. 2 Seite 331 Zeile 5 vo lies $90°39 : 91°0 : 89°29$ statt $89°29 : 91°0 : 90°39$
,, 　　 ,, 　　 ,, ,, ,, ,, ,, 6 ,, ,, $89°29 : 91°0 : 90°39$,, $90°39 : 91°0 : 89°29$

Magnesit. *Gdt.* Index Bd. 2 Seite 335 No. 2 lies: a statt q.

Magnetkies. Statt des Elementes des Index wurde das von *Seligmann* angenommen, das *Busz* bestätigt (Jahrb. Min. 1895. 1. 124); umgerechnet in Aufstellung des Index. Für *Dana's* $\frac{2}{3}$0 setzt *Busz* 70. Die entsprechende Form fand *Busz* am Breithauptit (Jahrb. Min. 1895. 1. 119). Für die angenommenen Elemente stimmt 70 mit der Messung 70 : 0 = 81°28 cy = 81°30 *(Dana)*
Busz Jahrb. Min. 1895. 1 Seite 126 Zeile 4 vo lies 81°28 stat 80°37′ 59.

Malachit. *Dana* System 1892 Seite 294 Zeile 6 vu lies $\bar{2}$01 statt 201.

Manganit. Für die Winkeltabellen wurde die Aufstellung *Mohs* der des Index vorgezogen.

Manganspath. *Gdt.* Index Bd. 2 Seite 355   No. 2   lies a statt q
Dana System 1892   „   278 Zeile 25 vo „   43°26 „   42°26.

Marialit. Mit Wernerit vereinigt (Index 3. 130).

Markasit. Die Elemente differiren stark bei den verschiedenen Beobachtern. Es wurde das Mittel aus den Angaben von *Miller, Sadebeck, Gehmacher* eingeführt.

Marshit. Zeitschr. Kryst. 24 Seite 660 (Register) Zeile 2 vo lies 207 statt 205.

Mascagnin. Für die Winkeltabelle wurde die Aufstellung *Mitscherlich* der des Index vorgezogen.

Mazapilit. Das Mittel der Elemente von *Descloizeaux* (Bull. soc. franç. 1889. 12. 441) und . *König* (Z. Kr. 1890. 17. 85) wurde in Rechnung gestellt. *Descloizeaux* hält *König's* Messungen für falsch. *E. S. Dana* nimmt sie in sein System auf.

Meionit. Mit Wernerit vereinigt (Index 3. 130).

Melanglanz. Für die Winkeltabellen wurde die Aufstellung *Haidinger* der des Index vorgezogen
Dana System 1892   Seite 144 Zeile 22   vo lies UU′ statt uu′
Artini Zeitschr. Kryst. 23 „   184   „   18 u. 19 „ „ (101) „ 010

Mendipit. Für die Winkeltabellen wurde die Aufstellung *Haidinger* der des Index vorgezogen.
Dana System 1892 Seite 170 Zeile 27 vo lies 0·8012 statt 0·8005 (entspr. 38°42).

Meneghinit. Für die Winkeltabellen wurde die Aufstellung *Krenner* der des Index vorgezogen. Das Mittel der wenig differirenden Elemente von *Krenner* und *Miers* wurde eingesetzt. *Dana* System 1892 Seite 142. Die Formen i h k δ y q vielleicht auch ϑ sind nicht ganz sicher, vgl. Index Bemerkungen.

Miargyrit. Es wurden die von *E. S. Dana* (System 1892. 116) corrigirten Elemente von *Lewis* benutzt.
Dana System 1892 Seite 116 Zeile 11 vo lies $\mu\,(\bar{7}02, +\frac{7}{2} - \bar{\imath})$ statt $\mu\,(702, -\frac{7}{2} - \bar{\imath})$
$\delta = \frac{13}{4}\,1$ (13·4·4) ist nach *Weisbach's* brieflicher Mittheilung (3. Juni 1890) zu streichen.

Mikrosommit. Wegen der Wichtigkeit von i x ist *Rauff's* Aufstellung mit a : c = 1 : 0·8367, p_0 = 0·9660 vorzuziehen.

Millerit. *Gdt.* Index Bd. 2 Seite 395 Zeile 5 u. 6 vo lies 1 : 0·3295 statt 0·3295
„   „   „ „   „   „ No. 4   „   4∞   „   40
Dana System 1892 „   70 Zeile 16   vu „   10°43   „   10°35

Mizzonit mit Wernerit vereinigt (Index 3. 130).

Monazit. Für die Winkeltabellen wurde die Aufstellung *Miller-Dana* der des Index vorgezogen. *E. S. Dana's* Elemente angenommen. Sie differiren wenig von dem Mittel der von *E. S. Dana* (System 1892. 752) zusammengestellten Werthe. Dies ist mit Einschluss von *Dana's* A.-V.

$$a : b : c = 0{\cdot}9694 : 1 : 0{\cdot}9241 \qquad \beta = 103°38.$$

Dana System 1892 Seite 750 Zeile 4 vo lies 124°04 statt 124°42

  „   „   „   „   „ 8 „ „ gg′ „ kk′

  „   „   „   „   „ 9 „ „ ag „ ak

Monimolit. Regulär. *Flink* (Zeitschr. Kryst. 1888. 13. 403).

Monetit. Triklin. Elemente unvollständig. Messungen genähert. (*E. S. Dana*, Syst. 1892. 784.)

Mordenit. *Pirsson* (Amer. Journ. 1890. 40. 232) wählte die Elemente wegen Aehnlichkeit mit Heulandit. Doch werden die Symbole dabei complicirt. Auch deuten die chemischen Formeln nicht auf Isomorphie. Es wurden die den einfachsten Symbolen entsprechenden Elemente vorgezogen.

$$\mathrm{p\,q}\,(\textit{Pirsson}) \doteqdot \frac{\mathrm{p}}{2}\,\frac{2\,\mathrm{q}}{5}\,(\textit{Gdt.}); \quad \mathrm{p\,q}\,(\textit{Gdt.}) = 2\,\mathrm{p}\cdot\tfrac{5}{2}\mathrm{q}\,(\textit{Pirsson})$$

Mursinskit. Tetragonal. $a : c = 1 : 0{\cdot}5664$ mit den Formen: $o = 1\,(111)$; $x = 20\,(201)$; $y = \tfrac{5}{3}o\,(503)$; $z = 5\tfrac{5}{2}\,(10{\cdot}5{\cdot}2)$; $s = 84\,(841)$. Das Mineral wurde nicht aufgenommen, weil die Zusammensetzung unbekannt.

    Kokscharow Mat. Min. Russl. 1886. 9. 341. Zeitschr. Kryst. 1888. 13. 198.

Nadorit. Die Verhältnisse sind unklar. Die Messungen von *Descloizeaux* und *Cesaro* nicht in sicherer Uebereinstimmung; die Symbole complicirt. Ursache ist das ungünstige Material. Prüfung an besserem Material kann erst Klarheit geben.

    Folgende Zusammenstellung des wahrscheinlich Identischen möge zur Orientirung dienen.

Index	*E. S. Dana*	*Descl.*	*Cesaro*	*E. S. Dana* / *Cesaro*	Index	G_2
o	a	h^1	h^1	∞o	o	$o\infty$
a	b	p	—	$o\infty$	∞o	∞o
δ	δ	$h^{\frac{8}{3}}$	—	$\frac{\bar{1}\bar{1}}{3}o$	$o\frac{5}{\bar{1}\bar{1}}$	$o\frac{\bar{1}\bar{1}}{3}$
ε	ε	h^6	—	$\frac{7}{3}o$	$o\frac{5}{7}$	$o\frac{7}{3}$
ζ	ζ	h^{17}	—	$\frac{15}{8}o$	$o\frac{8}{9}$	$\left.\begin{array}{c}\\ \end{array}\right\}o2$
—	d	—	$a\frac{1}{2}$	$2o$	$o\frac{8}{9}$	
e	e	m	$a\frac{3}{5}$	$\frac{5}{3}o$	$o1$	$o\frac{5}{3}$
η	η	g^4	a^1	$1o$	$o\frac{5}{3}$	$o1$
ϑ	ϑ	$g^{\frac{3}{2}}$	—	$\frac{1}{3}o$	$o5$	$o\frac{1}{3}$
p	π	$a^{\frac{1}{2}}$	h^7	$\frac{4}{3}\infty$	$\frac{1}{2}o$	$\infty 2$
q	q	a^1	g^5	$\infty\frac{3}{2}$	$1o$	∞
r	r	a^2	g^2	$\infty 3$	$2o$	2∞
s	p	—	$b\frac{1}{2}$	1	$\frac{4}{13}\,\frac{7}{13}$	$\frac{2}{3}1$
x	—	x	x	$\frac{37}{12}\,\frac{17}{12}$	—	$?13$
y	—	y	y	$\frac{17}{4}\,\frac{5}{4}$	$\frac{4}{19}\,\frac{7}{19}$	$?1\frac{9}{2}$

Der Druckfehler a$\frac{8}{15}$ statt a$\frac{8}{5}$ bei *Cesaro* (Bull. soc. franc. 1888. 11. 48) ist in *E. S. Dana's* Syst. 863 übergegangen. Dort ist zu lesen ζ (15'0'8) statt (508). *Descloizeaux* h^{17} und *Cesaro's* a$\frac{1}{2}$ sind wahrscheinlich identisch. Gemessen h^1 h^{17} $(Dx) = 21°9'$; a$\frac{1}{2}$ h$^1 = 19°$ circa *(Cesaro)*.

Die Symbole G_2 erscheinen als die einfachsten. Die in der Winkeltabelle angenommenen Elemente sind in ungefährer Uebereinstimmung mit Messung und Symbolen.

Dana Syst. 1892 S. 683 Zeile 12 vo bis (15'0'8, $\frac{15}{8} - \bar{\iota}$) statt (508, $\frac{5}{8} - \bar{\iota}$)

Natrolith. Für die Winkeltabellen wurde die Aufstellung *Mohs* der des Index vorgezogen. Für die Elemente wurde das Mittel aus den Elementen von *Haidinger*, *Lang*, *Seligmann*, *Brögger*, *Palla*, *Artini* in Rechnung gestellt.

Dana Syst. 1892 Seite 600 Zeile 6 vo lies yy' statt gg'

Natrophilit. Steht dem Triphylin nahe. Elemente und Symbole nicht genügend gesichert.

Brush und *Dana* Am. J. 1890. 39. 205. *E. S. Dana* Syst. 1892. 758.

Nephelin. Wegen Wichtigkeit von i x ist *Haidinger's* Aufstellung mit a : c $= 1 : 0'8390$, p$_o = 0'9672$ vorzuziehen.

Neptunit. *Flink* Zeitschr. Kryst. 1894. 23. Seite 346 Zeile 15 vu lies $\{\bar{5}12\}$ statt $\{512\}$

Newberyit. Für die Winkeltabelle wurde die Aufstellung *Rath* der des Index vorgezogen.

Nickelvitriol. *Dana*, Syst. 1892 Seite 94 Zeile 13 vo lies $40°40\frac{1}{2}$ statt $41°40\frac{1}{2}$

Ochrolith. *Flink*, Stockh. Ofvers. Ak. 1890. 46. 5. Zeitschr. Kryst. 1891. 19. 96. *Dana* Syst. 1892. 864.

Olivenit. Für die Winkeltabelle wurde die Aufstellung *Mohs* der des Index vorgezogen. Die Elemente von *Washington* (Amer. Journ. 1888. 35. 298) sind wohl genauer als die von *Phillips* (Min. 1823. 319). Doch mussten bei *Washington*, um die Elemente zu completiren, Krystalle von zwei Fundorten zusammengefasst werden. Um die bestehende Unsicherheit möglichst zu reduciren, wurde das Mittel von *Phillips* und *Washington* in Rechnung gestellt.

Gdt. Index Bd. 2 Seite 429 Zeile 7 vo lies: 0'9396 : 1 : 0'6726 statt 0'9573 : 1 : 0'6894.

Olivingruppe. Es wurden für die verschiedenen Arten die Winkel ausgerechnet für alle in der Gruppe bekannten Formen. Die Buchstaben solcher Formen, die bei der speciellen Art nicht beobachtet sind, wurden in ( ) gesetzt. Für die Winkeltabellen wurde die Aufstellung *Rose* der des Index vorgezogen.

Gdt. Index Bd. 2 Seite 324 Zeile 1 vu lies: Tephroit statt Tephorit.

Oryzit. *Grattarola* Proc. verb. soc. Tosc. Mai 1890. Zeitschr. Kryst. 1894. 23. 171.

Monoklin. a : b : c $= 0'3705 : 1 : 0'1998$ $\beta = 95°22$. Die Messungen schwanken von $2 - 3'5°$. Daher die Elemente unsicher. Es wurde desshalb von Berechnung der Winkel abgesehen.

Pachnolith. Für die Winkeltabellen wurde die Aufstellung *Groth* der des Index vorgezogen.

Palladium. *Gdt.* Index Bd. 2 Seite 445 No. 2 lies: O statt ∞O

Parisit. Es lässt sich nicht mit Sicherheit sagen, ob die Aufstellung des Index oder die von *Descloizeaux* (*Vrba. E. S. Dana*) den Vorzug verdient oder eine solche, die *Descloizeaux's* Symbole verdoppelt. Neu gefundene Formen können Aufschluss geben. Bis dahin wurde die Aufstellung des Index beibehalten.

Partschin. *Gdt.* Index Bd. 2 Seite 449 Elemente lies: 001416 statt 011416.

Pearceit. *Penfield* Amer. Journ. 1896. 2. 17. Zeitschr. Kryst. 1897. 27. 65.

Pektolith. Für die Winkeltabelle wurde die Aufstellung *E. S. Dana* der des Index vorgezogen. Dazu wurden die Elemente von *E. S. Dana* eingeführt. (Syst. 1892. 373.)

Penfieldit. Zur Vereinfachung der Symbole wurde für *Penfield's* $\frac{1}{2}$ (11$\bar{2}$1) 10 (10$\bar{1}$1) gesetzt.

$$Transformation \quad pq\,(Penfield) \fallingdotseq \tfrac{2}{3}\,(p + 2q) \cdot \tfrac{2}{3}\,(p - q)\,(G_1)$$
$$pq\,(G_1) \qquad \fallingdotseq \tfrac{1}{2}\,(p + 2q) \cdot \tfrac{1}{2}\,(p - q)\,(Penfield)$$

Petalit. Für die Winkeltabelle wurden die Axen AC resp. PR des Index vertauscht. Für diese Aufstellung G_2 gilt die *Transformation:*

$$pq\,(\text{Index}) \fallingdotseq \frac{1}{p}\frac{q}{p}\,(G_2); \qquad pq\,(Descloiz.\,Dana) \fallingdotseq \frac{p}{2}\frac{q}{2}\,(G_2)$$

Phenakit. *Gdt.* Index Bd. 2 Seite 463 No. 1 lies a statt q.

Phillipsit. Für die Winkeltabelle wurde die Aufstellung *Fresenius* der des Index vorgezogen. Für die Elemente wurde das Mittel der Angaben von *Fresenius, Streng* und *Descloizeaux* eingeführt.

Phosgenit. Elemente nach *Gdt.* (Zeitschr. Kryst. 1894. 23. 147)

Gdt. Index Bd. 2			Seite 471 zuzufügen:	v 311 31						
"	"	" "	" " "	L 310 3∞						
"	"	" "	" 472 "	*Rath* Niederrh. Ges. 1887. 102, Zeitschr. Kryst. 1890. 17. 105						
" Zeitschr. Kryst. 23	"	139 Zeile 7 vo lies	Ferraris statt Ferrario							
"	"	" " " " 3 vu "	lg p$_0$	"	tg p$_0$					
"	"	" " 147 " 22 " "	73 12	"	71 40					
"	"	" " 141 " 1 " "	^{1}s ^{2}s	" .	s^1 s^2					
"	"	" " " " " " "	^{3}s ^{4}s	"	s^3 s^4					
"	"	" " 147 " 2 u. 1 " "	No. 12. 13. 14 Fig. 9. 10. 11 statt No. 11. 12. 13 Fig. 8. 9. 10							
"	"	" " " " 20 " "	sechs statt sieben							
"	"	" " " " 18 "	f $= \tfrac{2}{3}$ o $\left\{ 203 \right\}$ zu löschen.							

Phosphosiderit. Für die Winkeltabellen wurde die Aufstellung *Bruhns u. Busz* der des Index vorgezogen.

Piedmontit. *Dana* System 1892 Seite 521 Zeile 23 vo lies cn statt cx.

Pikromerit. Für die Winkeltabelle wurde die Aufstellung von *Rotter u. Murmann* der des Index vorgezogen. Für die Elemente wurde das Mittel aus den Angaben von *Scacchi* (*E. S. Dana* System 1892. 948), *Rotter u. Murmann* und *Brooke* eingeführt.

Dana System 1892 Seite 948 Zeile 4 vu flg. und Fig. ist n zugleich für 120 und 111 gesetzt. Es ist entspr. Index für 111 überall u zu setzen.

Pisanit. $\Delta = -\frac{5}{22}$ ($\bar{5}\cdot 5\cdot 22$) und $\sigma = -\frac{9}{8}$ (998) sind vermuthlich Vicinale. Sie wurden aus der Winkeltabelle weggelassen.

Gdt. Index Bd. 2 Seite 477 No. 3 lies 110 .... ∞ statt 100 .... ∞o.

Plattnerit. Durch Versehen wurde dieses Mineral ausgelassen. Es ist S. 269 zuzufügen.

Ayres Dana E. S. Syst. 1892. 240
" Amer. J. 1892. 43. 407. Z. K. 1894. 23. 522.

Plattnerit.

Tetragonal.

$\left.\begin{array}{c} c \\ p_0 \end{array}\right\} = 0\cdot6764$	lg c $= 983020$	lg $a_0 = 016980$	$a_0 = 1\cdot4784$

No.	Buch-staben	Symb.	Miller	φ	ϱ	ξ_0	η_0	ξ	η	x (Prismen) (x : y)	y	d $=$ tg ϱ
1	c	o	001	—	0° 00	0° 00	0° 00	0° 00	0° 00	0	0	0
2	a	o∞	010	0° 00	90 00	"	90 00	"	90 00	"	∞	∞
3	e	o1	011	"	34 04·	"	34 04·	"	34 04·	"	0·6764	0·6764
4	v	o3	031	"	63 46	"	63 46	"	63 46	"	2·0292	2·0292
5	x	$\frac{3}{2}$	332	45 00	55 07·	45 25	45 25	35 27·	35 27·	1·0146	1·0146	1·4349

Polybasit. Aufstellung und Elemente wurden nach *Penfield* (Amer. J. 1896. 2. 23) angenommen, der wegen Isomorphie mit Pearceit *Miers'* pq vertauschte. Der Fehler in *Miers'* Elementen, der in den Index des Verf. überging, wurde durch *E. S. Dana* (Syst. 1892. 146) berichtigt. *Penfield* hält den Polybasit für monoklin. Im Sinn des monoklinen Systems sind die Vorzeichen $\pm$ der Tabellen zu verstehen.

Gdt. Index Bd. 2 Seite 487 Zeile 4 vo lies 1·7262 statt 2·7210
" " " " " " " 5 " " 0·9131 " 0·3675
" " " " " " Elemente lies:

a $= 1\cdot5763$	lg a $= 019764$	lg $a_0 = 996055$	lg $p_0 = 003945$	$a_0 = 0\cdot9132$	$p_0 = 1\cdot0952$
c $= 1\cdot7262$	lg c $= 023709$	lg $b_0 = 976291$	lg $q_0 = 023709$	$b_0 = 0\cdot5793$	$q_0 = 1\cdot7262$

Gdt. Index Bd. 2 Seite 488 zuzufügen: Die folgenden Corr. bestätigt durch *Miers* (Brief v. 13. Aug. 95.)

" " " " " " " *Miers* Min. Mag. 1889. 8. 204 Zeile 2 vu ⎱ lies
" " " " " " " " Ztsch. Kr. 1891. 19. 413 " 3 " ⎰
1·5762 statt 0·6344

" " " " " " " " Min. Mag. 1889. 8. 204 " 1 " lies
$32°23\frac{1}{2}$ statt $57°36\frac{1}{2}$.

Polykras. Für die Winkeltabelle wurde die Aufstellung *Brögger* der des Index vorgezogen.

Polymignyt. Für die Winkeltabelle wurde die Aufstellung *Rose* der des Index vorgezogen.

Powellit. *Melville* Am. J. 1891. 41. 138. *Dana* System 1892. 989.

Prehnit. Für die Winkeltabellen wurde die Aufstellung *Mohs* der des Index vorgezogen. Für die Elemente wurde das Mittel der Angaben von *Naumann, Streng, Beutell* eingeführt.

Gdt. Index Bd. 2 Seite 493 Zeile 6 vo lies 1·1099 statt 1·099.

Prismatin ist nach *Ussing* = **Kornerupin** (*Dana* System 1892. 561). Für die Winkeltabelle wurde die Aufstellung *Sauer* der des Index vorgezogen.

Prosopit. Statt der im Index angenommenen Elemente wurden die von *E. S. Dana* (Syst. 1892. 178) aus *Descloizeaux's* Winkeln neu berechneten eingestellt.

Gdt. Index Bd. 2 Seite 497 Zeile 4 vo zuzufügen: $\beta = 93°58$.

Pseudobrookit. Für die Winkeltabellen wurde *E. S. Dana's* Aufstellung (Syst. 1892. 232) der des Index vorgezogen. Die Elemente von *A. Schmidt* (Z. K. 1882. 6. 100) und *Traube* (Z. K. 1892. 20. 327) differiren bedeutend. Es wurde das Mittel aus beiden in Rechnung gestellt. *Traube's* $o = 1\frac{2}{7}$ uns. Aufst. wurde als unsicher weggelassen.

Pucherit. Für die Winkeltabelle wurde eine Aufstellung G_2 der des Index vorgezogen, welche gleich der *Frenzels* ist, jedoch pq verdoppelt.

$$\text{pq} \ (\textit{Frenzel}) = 2\text{p} \cdot 2\text{q} \ (G_2) \qquad \text{pq} \ (\text{Index}) = \frac{\text{p}}{2\text{q}} \frac{\text{I}}{\text{q}} \ (G_2)$$

Pyrit. Die Vorzeichen $\pm$ wurden als unsicher und für die Winkeltabelle unwichtig weggelassen. Vgl. Index 2. 506.

Gdt. Index Bd. 2 Seite 505 No. 62 lies $\frac{9}{2}$ 2 statt $\frac{9}{4}$ 2.

Pyroxen-Gruppe

Enstatit. Bronzit. Hypersthen. Für die Winkeltabelle wurde die Aufstellung *Groth* der des Index vorgezogen.

Gdt. Index Bd. 2 Seite 517 Zeile 9 vo lies 1.2013 statt 0·6006

   "   "   " 2   "   " *Transformation: Blaas* in Col. *Lang* statt in Col. *Groth* zu stellen.

Blaas Min. Petr. Mitth. 3 Seite 481 Zeile 2 vo $\Big\}$ lies: 1·1574 statt 0·5787

   " Zeitschr. Kryst. 7   " 96   " 2 "

  "   "   "   "   "   "   "   "   " 1·2013   " 0·6007

Panebianco fand (Rivista 1891. 8. 72), dass bei *Blaas* Elemente und Symbole nicht zusammengehören. Die Beibehaltung der Symbole erfordert obige Correcturen.

Diopsid. Für die Winkeltabelle wurde die Aufstellung *Naumann* der des Index vorgezogen. Für die Elemente wurde das Mittel aus den neun ersten Axenverhältniss-Angaben des Index eingesetzt.

Gdt. Index Bd. 2 Seite 525 No. 28 lies: V statt U.

Wollastonit. Für die Winkeltabelle wurde die Aufstellung *Rath-Hessenberg* der des Index vorgezogen. Dazu wurden die Elemente nach *Rath* eingeführt.

Gdt. Index Bd. 2 Seite 536 zuzufügen:

    Rath Pogg. Ann. 1869. 138 Zeile 17 vu lies $o^{\frac{5}{2}}$ statt $o^{\frac{3}{2}}$

    "   "   "   "   "   " 16   "   " $o^{\frac{3}{2}}$ " $o^{\frac{5}{2}}$

Rhodonit. Für die Winkeltabelle wurden die Axen A C resp. P R gegen die des Index vertauscht. Die unsicheren Formen h ω z y β x α wurden weggelassen.

Hamberg (Zeitschr. Kryst. 1894. 23. 160) giebt 3 neue Formen.

$$p\,q\ (\textit{Hamberg}) \doteq \frac{P}{2}\ \frac{\bar{q}}{2}\ \text{(Winkeltabellen)}.$$

Gdt. Index Bd. 2 Seite 541 No. 14 lies: 201.2 $\breve{P}|\infty$ — 20 statt 401 4$\breve{P}\infty$ — 40
Dana Syst. 1892 „ 378 Die Formen z α β ω y x h sind unsicher. (Index, Bemerk.)

Babingtonit. Für die Winkeltabelle wurden die Axen A C resp. P R gegen die des Index vertauscht.

Gdt. Index Bd. 2 Seite 545 No. 9 lies: 1 f — — $\bar{3}02$ $\frac{3}{2}|\breve{P}|\infty$ — $\frac{3}{2}0$
„ „ „ „ „ „ „ statt: u f — — $\bar{3}01$ 3 $\breve{P}\infty$ — $\bar{3}0$
Dana Syst. 1892 „ 381 Zeile 6 vu lies: M ($1\bar{1}0$) statt M (110]

Akmit. Für die Winkeltabelle wurde die Aufstellung *Lévy* der des Index vorgezogen. Die Elemente wurden nach *Brögger* (Zeitschr. Kryst. 1890. 16. 300) eingestellt.

Gdt. Index Bd. 2 Seite 532 Zeile 14 vo lies: ($b^{I}\,d^{\frac{1}{\overline{1}2}}\,g^{I}$) statt ($b^{I}\,d^{\frac{1}{2}}\,g^{I}$)
„ „ „ „ „ „ „ „ „ „ ($d^{I}\,b^{\frac{1}{\overline{1}2}}\,g^{I}$) „ ($d^{I}\,b^{\frac{1}{\overline{1}2}}\,g^{I}$)
„ „ „ „ „ „ nach Zeile 1 zuzufügen:

Schrauf Atlas 1864 Text zu Taf. 2 Zeile 4—7 lies:

011	211	$\bar{3}61$	561
$\infty a:b:c$	$a:2b:2c$	$2a':b:6c$	$\frac{6}{5}a:b:6c$
$P\breve{\infty}$	$+2P\bar{2}$	$-6P\grave{2}$	$+6P\frac{6}{5}$
e^{I}	$d^{I}\,d^{\frac{1}{3}}\,h^{I}$	$b^{\frac{1}{3}}\,d^{\frac{1}{9}}\,g^{I}$	$d^{I}\,b^{\frac{1}{\overline{1}1}}\,g^{I}$

statt:

021	421	$\bar{4}\cdot12\cdot1$	$10\cdot12\cdot1$
$\infty a:b:2c$	$a:2b:4c$	$3a':b:12c$	$\frac{6}{5}a:b:12c$
$2P\breve{\infty}$	$+4P\bar{2}$	$-12P\grave{3}$	$+12P\frac{6}{5}$
$e^{\frac{1}{2}}$	$d^{\frac{1}{2}}\,d^{\frac{1}{6}}\,h^{I}$	$b^{\frac{1}{8}}\,d^{\frac{1}{\overline{1}6}}\,g^{I}$	$d^{\frac{1}{2}}\,b^{\frac{1}{\overline{2}2}}\,g^{I}$

Gdt. Index Bd. 2 Seite 531 Zeile 7 vo [.....] *(Schrauf-Dana)* die ganze Zeile zu löschen.
Dana Syst. 1873 „ 224 „ 23/24 vo lies: 0·5528 : 1 : 0·9111 statt: 0·5405 : 1 : 0·9135
„ „ „ „ „ „ 25 „ „ 1—$\grave{1}$, 2—1, — 6—2, 6—$\frac{6}{5}$. 2—1
statt: 2—$\grave{1}$, 4—2, —12—3, 12—$\frac{6}{5}$. 4—2
„ „ „ „ „ „ 26 „ lies: 1—$\grave{1}$, statt 2—$\grave{1}$
„ „ „ „ „ in Fig. 215 die gleichen Correcturen zu machen.

Quarz. *Gdt.* Index Bd. 3
Seite 5 No. 68 Col. *Hausm., Mohs, Hany* lies: D P—1 $E^{\frac{5}{2}}$ B^{2} D^{1} statt — — —
„ 10 zuzufügen: Die Seitenzahlen beziehen sich auf den Sep.-Abdr. in 4°.
„ „ „ Für die Mem. Sav. étrang. ist jeder Seitenzahl 403 zuzufügen.
„ 24 Col. 3 von hinten lies: ℌ: —$\frac{2}{5}\frac{1}{5}$ statt ℌ: 1$\frac{1}{5}$
„ „ letzte Col. „ „ „ $\varGamma$: —$\frac{17}{18}\frac{5}{18}$ „ $\varGamma$: —$\frac{17}{8}\frac{5}{8}$

Quenstedtit. Die Symbole *Linck* sind complicirt. Sie vereinfachen sich durch die *Transformation*

$$p\,q\,(\textit{Linck}) \doteq \frac{1}{p}\ \frac{3q}{5p}\,(\textit{Gdt.})$$

Identification	b	m	p	q	r	s	t	u	v	w
Linck:	0∞	∞	$\infty\tfrac{5}{3}$	01	$0\tfrac{11}{10}$	$0\tfrac{8}{5}$	$0\tfrac{7}{4}$	$0\tfrac{15}{8}.$	$0\tfrac{9}{4}$	$0\tfrac{5}{2}$
transformirt:	0∞	$0\tfrac{3}{5}$	01	$\tfrac{5}{3}\infty$	$\tfrac{50}{33}\infty$	$\tfrac{25}{24}\infty$	$\infty\tfrac{21}{20}$	$\infty\tfrac{9}{8}.$	$\infty\tfrac{27}{20}$	$\infty\tfrac{3}{2}$
abgeglichen *Gdt.:*	0∞	$0\tfrac{3}{5}$	01	$\tfrac{5}{3}\infty$	$\tfrac{3}{2}\infty$	∞		$\infty\tfrac{8}{7}$	$\infty\tfrac{4}{3}$	$\infty\tfrac{3}{2}$

s t sind wohl als vicinale Vertreter von ∞ anzusehen.

	gem.	ber.			gem.	ber.
b m	68° 55	68° 54		b s	57° 22	56° 54
b p	57° 15	57° 15		b t	55° 12	
				b u	53° 24	53° 19
b q	68° 35	68° 38		b v	48° 15	49° 00
b r	66° 39	66° 31		b w	45° 32	45° 38

In den Elementen *Gdt.* tritt eine interessante Beziehung zum Blödit hervor, der, abgesehen vom Wassergehalt, analog zusammengesetzt ist:

Blödit: $a:b:c = 1{\cdot}3494 : 1 : 0{\cdot}6705 \quad \beta = 100°38 \quad p_0 = 0{\cdot}4969 \quad q_0 = 0{\cdot}6590 \quad \mu = 79°22$

Qenstedtit: $a:b:c = 0{\cdot}6661 : 1 : 0{\cdot}6573 \quad \beta = 101°53 \quad p_0 = 0{\cdot}9869 \quad q_0 = 0{\cdot}6432 \quad \mu = 78°07$

Die Aufstellung *Gdt.* wurde für die Winkeltabellen angenommen.

Gdt. Index Bd. 3 Seite 382 Zeile 3 vu lies: $0\tfrac{15}{8}$ statt $0\tfrac{11}{8}$

„　„　„　„　„　„　„ 2 „　„　$0{\cdot}15{\cdot}8$　„　$0{\cdot}11{\cdot}8$

Realgar. Für die Winkeltabellen wurde die Aufstellung *Lévy* der des Index vorgezogen.

Gdt. Index Bd. 3 Seite 29 *Transformation* Col. *Lévy* lies: $-\tfrac{p+1}{2}q$ statt $-\tfrac{p+1}{2}p$

„　„　„　„　„　„ No. 23　　　　　„ x　　　„ ζ

Hackmann Z. Kr. „ 608 Zeile 2 vu　　　„ μ　　　„ u

Reddingit. *Dana* System 1892 Seite 813 Zeile 11 vo lies 55°22′ statt 57°22′

„　„　„　„　„　„ 12 „　„ cq „ bq

Rinkit. Für die Winkeltabelle wurde die Aufstellung *Lorenzen* der des Index vorgezogen. Die Elemente sind abnorm. Es ist zu erwarten, dass weitere Beobachtungen andere Elemente bringen werden.

Rittingerit wurde mit **Xanthokon** vereinigt (vgl. *Miers* Zeitschr. Kryst. 1894. 22. 457).

Römerit. Für die Winkeltabellen wurden die Axen A C resp. P Q der Aufstellung *Linck* (Zeitschr. Kryst. 1889. 25. 22, *Dana E. S.* System 1892. 959) vertauscht.

Identification	o	0∞	$\infty 0$	∞	2∞	3∞	$\tfrac{18}{5}\infty$	4∞	$\infty\overline{\infty}$	$0\tfrac{2}{3}$	01	$\tfrac{8}{0}0$	10
E. S. Dana	a	b	c	q	n	s	t	l	e	μ	m	y	x
Linck	a	b	c	q′	n	n′	t	t′	q	m	p	y	x
Index	c	t	b	a	s	m	—	—	n	—	p	—	e

Linck Zeitschr. Kryst. 15, Seite 23 Zeile 10 vu lies $\left\{3\overline{2}0\right\}$ statt $\left\{320\right\}$

Roselith. Für die Winkeltabelle wurden die Axen gegen Index vertauscht, so dass

$$\text{pq (Index)} = \frac{1}{q}\frac{p}{q}\,(G_2)$$

Gdt. Index Bd. 3 Seite 51 No. 7 lies ζ statt ξ

Dana System 1892 „ 810 „ „

Die Formen a n N h χ γ ω λ l Γ O sind nicht beobachtet; stehen nur in *Schraufs* Winkeltabelle (Min. Mitth. 1874. 4. 148) gerechnet. Beobachtet sind dagegen: $p = (1\overline{1}4)\ \Pi = (\overline{1}14)$ *Dana's* Aufstellung, die fehlen (*Schrauf* 145).

Rosenbuschit. Nach *Brögger's* (Z. K. 1890. 16. 339) Messungen haben *Brögger* und *E. S. Dana* (System 1892. 374) die Elemente etwas verschieden angenommen. Der Berechnung der Winkel wurde das Mittel zu Grund gelegt.

Rothbleierz. Für die Winkeltabellen wurde die Aufstellung *Dauber* der des Index vorgezogen. *Dana* System 1892 Seite 913 Zeile 21 vo lies g (841) statt q (841).

Rothgiltigerz. Für alle am Rothgiltigerz beobachteten Formen sind die Winkel sowohl für Proustit als für Pyrargyrit ausgerechnet.

Gdt. Index Bd. 3 Seite 67 No. 123   lies $\overline{2}3\cdot8\cdot31\cdot18$ statt $23\cdot8\cdot31\cdot18$

Dana System 1892   „ 132 Zeile 25 vo „ $\Sigma(6\cdot7\cdot13\cdot20)$ „ $\Sigma(6\cdot7\cdot13\cdot10)$

Rothzinkerz. Die Elemente des Rothzinkerz schwanken in weiten Grenzen:

a : c = 1 : 1·6034 *(Rammelsb.)*   1 : 1·6208 *(Rath, D.:na J. D.)*   1 : 1·6519 *(Lévy)*

1 : 1·6028 *(Grein)*   1 : 1·6219 *(Rinne, E. S. Dana)*   1 : 1·6683 *(Traube)*

1 : 1·6077 *(Traube)*   1 : 1·6402 *(Traube)*

1 : 1·6077 kommt nach *Traube* dem reinen ZnO zu. Es wurde deshalb den Winkeln untergelegt.

Rutil. *Gdt.* Index Bd. 3 Seite 81 No. 27 lies $1\frac{8}{9}$ statt $1\frac{9}{8}$

„ „ „ „ „ 80 zuzufügen: *Lévy* Descr. 1837. 3. 338.

Samarskit. Für die Winkeltabellen wurde *E. S. Dana's* Aufstellung der des Index vorgezogen.

Sarkinit. Die Elemente wurden von *E. S. Dana* (System 1892. 779) genommen.

Sartorit. *Dana* System 1892 Seite 112. Als unsicher sind anzusehen: α β γ ε g x l o, vielleicht auch ω, vgl. Index 3. 132.

Schröckingerit. *Dana* Syst. 1892 Seite 308 Zeile 5 vu lies Schröckingerite statt Schröckinergit

„ „ „ „ 1128 Register „ „ „ Schröckeringite.

Schwefel. *Gdt.* Index Bd. 3 S. 105 No. 7 die ganze Zeile zu löschen vgl. *Busz* Z. K. 1892. 20. 564

Dana Syst. 1892 „ 8 Zeile 5 vu h (130, i — $\overline{3}$) zu löschen „ „ „ „ „ „

„ „ „ „ 9 „ 4 vo dd′ = 60°40$\frac{1}{2}$ entspricht dem nicht angeführten, wohl auch nicht bekannten $\frac{1}{4}$o (104).

Sellait. *Dana* System 1892 Seite 164 Buchstabe β kommt zweimal vor.

Silberkies. Für die Winkeltabellen wurde QR resp. BC gegen die Aufstellung des Index vertauscht. Für diese Aufstellung G_2 gilt die *Transformation*:

$$\text{pq (Index)} = \frac{p}{q}\frac{1}{q}\,(G_2) \qquad \text{pq (Schrauf)} = \frac{p}{2}\frac{q}{2}\,(G_2)$$

Sillimanit. Für die Winkeltabellen wurde *Phillips* Aufstellung der des Index vorgezogen.

Sipylit. *Mallet* giebt für die Pyramide zwei Winkel: PP Basiskante = 53°; PP Polkante = 79$\frac{1}{4}$. Aus ersterem wurde das Element $p_0 = 1\cdot42$ (Index 3. 127) berechnet, aus letzterem $p_0 = 1\cdot48$ *(Dana E. S. Syst. 1892. 731)*. Das Mittel aus beiden wurde in Rechnung gestellt.

Skleroklas. Für die Winkeltabellen wurden die Axen PR resp. AC gegen die Aufstellung des Index vertauscht.

Gdt. Index Bd. 3 Seite 131 zuzufügen: s d   065 $\frac{6}{5}P\breve{\infty}$ $0\frac{6}{5}$.

Skolezit. Für die Winkeltabelle wurde die Aufstellung *Rose* der des Index vorgezogen.

Die Messungen am besten Material sind die von *Zepharovich* (Z. K. 1884. 8. 588) und *Flink* (Z. K. 1889. 15. 93). Die Elemente beider differiren wenig. Für die Winkelberechnung wurde das Mittel aus beiden eingeführt.

Skorodit. Für die Winkeltabellen wurde die Aufstellung *Mohs* der des Index vorgezogen.

Die Elemente schwanken bei den verschiedenen Beobachtern bedeutend. Es wurde das Mittel aus den Angaben von *Rath, Miller, Jeremejew, Busz* in Rechnung gebracht.

Spangolith. Zur Vereinfachung der Elemente wurde *Penfield's* p $= 10$ gesetzt.

$$\text{\textit{Transformation}:} \quad pq\,(\textit{Penfield}) \doteq \tfrac{2}{3}(p+2q)\cdot\tfrac{2}{3}(p-q)\,(G_I)$$
$$pq\,(G_I) \doteq \tfrac{1}{2}(p+2q)\cdot\tfrac{1}{2}(p-q)\,(\textit{Penfield})$$

Spodiosit. *Nordenskjöld G.* Geol. För. Förh. 1893. 15. 460. Zeitschr. Kryst. 1895. 25. 422.

Stercorit. Für die Winkeltabelle wurde die Aufstellung *Mitscherlich* der des Index vorgezogen.

Sternbergit. Für die Winkeltabelle wurde die Aufstellung *Haidinger* der des Index vorgezogen.

Dana Syst. 1892 Seite 57 Zeile 18 vo lies: $(106, \tfrac{1}{6}-\bar{\imath})$ statt $(301, 30\bar{1})$

"   "   "   "   "   " 21 "   " $26°58$ " $153°55$

NB. Winkel von *Miller* entnommen, dort von *Haidinger* falsch abgeschrieben. Vergl. Index 3. 156.

Stolzit. Das Element $p_0 = c = 1\cdot5606$ und die neuen Formen $\varepsilon = 02$, $h = 0\frac{3}{4}$, $\eta = 0\frac{2}{3}$, $0 = 0\frac{1}{2}$, $\tau = 0\frac{1}{3}$, $\omega = 0\frac{1}{9}$, $?\varOmega = 0\frac{1}{10}$, $\pi = \frac{1}{3}1$, $A = 15$ nach Messungen von *C. Hlawatsch* an gutem Material von Broken Hill, Australien. Die Elementbestimmung ist der von *Lévy* (Pogg. Ann. 1826. 8. 513) und *Kerndt* (Erdm. Journ. 1847. 42. 113) vorzuziehen, die neuen Formen sind sicher.

Gdt. Index Bd. 3 Seite 157 No. 4 $EA\frac{1}{2}$ $P+2$ in No. 6 zu schieben.

"   "   "   "   "   " zuzufügen: s   — 311 $3P3$ — — —   31

"   "   "   "   "   "   "   ?B — 432 $2P\frac{3}{2}$ — — — $2\frac{3}{2}$

"   "   "   "   "   158   "   *Naumann* Pogg. Ann. 1835. 34. 376.

Dana Syst. 1892   "   989 Zeile 11 vu zuzufügen: *Lévy* Pogg. Ann. 1826. 8. 513.

Fig. 2 stammt nicht von *Descloizeaux*, sondern von *Lévy* (Taf. 2 Fig. 8).

Strengit. Für die Winkeltabellen wurde die Aufstellung *Nies* der des Index vorgezogen.

Dana Syst. 1892 Seite 822 Zeile 20 vu lies: $50°59$ statt $50°49$.

Stromeyerit. Für die Winkeltabellen wurde die Aufstellung *Miller* der des Index vorgezogen.

Gdt. Index Bd. 3 Seite 161 zuzufügen: e   d   014 $\frac{1}{4}\bar{P}\infty$ — — $0\frac{1}{4}$

"   "   "   "   "   "   "   p   P   212 $\breve{P}2$ — — $1\frac{1}{2}$

Strontianit. Für die Winkeltabellen wurde die Aufstellung *Mohs* der des Index vorgezogen.

$\psi = 40\cdot40$, $\omega = 12\cdot12$ wurden weggelassen, da sie *Laspeyres* (Zeitschr. Kryst. 1877. 1. 305) als unsicher bezeichnet. Auch $\eta = 0\cdot24$ ist unsicher. Der von *Laspeyres* gemessene Winkel $\eta\,\delta = 61°40$ führt auf $0\cdot29$.

Struvit. Für die Winkeltabelle wurde die Aufstellung *Miller* der des Index vorgezogen. $\mu\,\beta$ in *E. S. Dana's* System sind von *Solly* genommen (Min. Mag. 1889. 8. 279). Dieser hat sie von *Naumann*. Sie sind unsicher.

Sundtit. *Brögger* Zeitschr. Kryst. 1893. 21. 193.

Symplesit. *Dana* Syst. 1892 Seite 816 Zeile 28 vo lies: 33°30 statt 33°2½ .

» » » » » » » » » 33°03 » 33°29½

» » » » » » 27 vu » b r » c r

Synadelphit. Rhombisch nach *Hamberg* Zeitschr. Kryst. 1891. 19. 104.

Syngenit. Für die Winkeltabelle wurde die Aufstellung *Zepharovich* der des Index vorgezogen. *Gdt.* Index Bd. 3 Seite 179 *Transformation* lies: Rumpf statt Rumpp.

Tapiolit. *Gdt.* Index Bd. 3 Seite 187 zuzufügen: m 110 ∞P ∞

Dana Syst. 1892 » 738 » c (001, O) *Nordenskjöld*

Tellurit. Für die Winkeltabelle wurden die Axen PR resp. AC gegen den Index vertauscht.

Thenardit. *Dana* Syst. 1892 Zeile 6 vu t (106, $\frac{1}{6} - \iota$) ist unsicher nach *Ayres* eigener Angabe.

Thermonatrit. *Mohs-Haidinger's* prismatisches Natronsalz wurde weggelassen, da seine chemische Natur nicht feststeht.

Gdt. Index Bd. 3 Seite 387 lies: $p_0 = 0\cdot9782$ statt $p_0 = 1\cdot0223$.

Thomsonit. *Dana* Syst. 1892 Seite 607 Zeile 12 vo lies: 45°23 statt 44°37.

Titaneisen. *Gdt.* Index Bd. 3 Seite 211 No. 10 lies: 311 statt 3$\overline{1}$1 (Corr. *Artini*. Giorn. Min. 1891. 2. 180).

Titanit. *Palache* (Zeitschr. Kryst. 1895. 24. 591) giebt die neuen Formen: $N = +\frac{1}{2}\frac{5}{2}$ (152); $h = +\frac{1}{3}\frac{7}{3}$ (173); $H = +\frac{1}{8}\frac{17}{8}$ (1·17·8); $F = +\frac{7}{9}\frac{5}{3}$ (7·15·9) unserer Aufstellung.

Topas. *Cesaro's* einzelne Fläche (Zeitschr. Kryst. 1892. 20. 274) $\frac{7}{16}$ dürfte als Vicinale anzusehen sein.

Trippkeit. *Dana* Syst. 1892 Seite 865 Zeile 6 vo lies: yy′ statt $\gamma\gamma'$

» » » » » wahrscheinlich $z = 514$ (Index 3 . 240)

Triploidit. Für die Winkeltabellen wurde die Aufstellung *Brush u. Dana* der des Index vorgezogen.

Trögerit. Elemente und Symbole unsicher.

Trona. *Dana* Syst. 1892 Seite 303 β ($\overline{1}\cdot0\cdot18$); γ ($\overline{2}\cdot0\cdot13$) sind unsichere Formen. (*Zepharovich.*)

Turmalin. *Dana* Syst. 1892 Seite 551 Zeile 33 vo lies: Ψ ($0\cdot19\cdot\overline{19}\cdot5$, $-\frac{12}{5}$) statt ($0\cdot15\cdot\overline{15}\cdot4$, $-\frac{15}{4}$)

» » » » » » 6 vu » β ($0\cdot22\cdot\overline{22}\cdot5 - \frac{22}{5}$) » β (0992, $-\frac{9}{2}$)

» » » » 552 » 5 vo » c $\Psi = 63°\,1'$ » c $\Psi = 62°\,43'$

» » » » » » 6 » » c $\beta = 66°\,16$ » c $\beta = 66°\,44$

Tungstit. *Nordenskjöld.* Pogg. Ann. 1861. 114. 623. *Dana* Syst. 1892. 202. *Nordenskjöld's* Symbole vereinfachen sich durch die *Transformation:*

$$p\,q\,(\mathit{Nsk.}) \doteqdot \tfrac{1}{4}\,p \cdot \tfrac{1}{4}\,q\,(\mathit{Gdt.}); \qquad p\,q\,(\mathit{Gdt.}) \doteqdot 4\,p \cdot 4\,q\,(\mathit{Nsk.})$$

Diese *Transformation* wurde für die Winkeltabelle angenommen. Es zeigt sich dabei eine Aehnlichkeit mit Bismit und Valentinit:

Valentinit a : b : c	$= 0.785 : 1 : 1.414;$	$p_0 = 1.801$	$q_0 = 1.414$
Bismit „	$= 0.817 : 1 : 1.597;$	$p_0 = 1.956$	$q_0 = 1.597$
Tungstit „	$= 0.697 : 1 : 1.610;$	$p_0 = 2.319$	$q_0 = 1.610$

Ullmannit. *Laspeyres* Zeitschr. Kryst. 1891. 19. 424 giebt die neuen Formen $+\tfrac{5}{7}o\,(507)$, $-\tfrac{1}{3}o\,(013)$, $\tfrac{2}{3}\,(223)$, $-\tfrac{1}{6}\tfrac{1}{3}\,(126)$.

Uranocircit. Formen und Winkel ähnlich Autunit. Nicht genau bestimmt.

Uranothallit. Die Index 3. 255 angenommenen Elemente und Symbole entsprechen einem Brief von *Brezina* (vgl. Index S. 256). In der Publikation (Ann. Wien. Mus. 1890. 5. 495) sind a c vertauscht. Für die Winkeltabelle sind die Elemente von *Brezina's* Publikation angenommen.

Zeitschr. Kryst. 1894. 23, Seite 628 Register lies 166 statt 167.

Valentinit. Ueber die Unsicherheit der Elemente und Symbole und dadurch der Winkel vgl. Index 3. 264.

Dana Syst. 1892 Seite 199 die unsicheren Formen $\sigma\,\varrho\,\xi\,i\,g\,f\,h\,d\,v\,u\,x\,(Q?)$ zu löschen.

Vauquelinit. Für die Winkeltabelle wurden die Axen AC resp. PR gegen die Aufstellung des Index vertauscht.

Gdt. Index Bd. 3 Seite 269 No. 8 bis 14 die Vorzeichen $\pm$ vertauschen.

Dana System 1892 „ 915. Das Axenverhältniss $a : b : c = 0.7459 : 1 : 1.4028$ $\beta = 110°10'$ ist wohl vorzuziehen, da sich *Kokscharow* dafür entscheidet (Mat. Min. Russl. 1882. 8. 377) der mit *Descloizeaux* das Mineral am genauesten studiert hat.

Veszelyit. Triklin, vielleicht monoklin? *Schrauf's* Elemente stimmen nicht genau mit den Winkeln, wie *Dana* (Syst. 1892. 841) hervorhebt.

Vivianit. *Dana* Syst. 1892 Seite 814 Zeile 4 vu lies $s(\bar{1}31, 3-\tfrac{1}{3})$ statt $s(\bar{3}11, 3-3)$. Die Form ist von *Rath* genommen (Pogg. Ann. 1869. 136. 406). Dort steht $3\,P\,3$ statt $(3\,P\,3)$. Das geht aus den Zonen S. 407 hervor. $(a':\tfrac{1}{3}b:c)$ daneben ist richtig.

  „ „ „ Seite 814 Zeile 3 vu lies $\psi(836, -\tfrac{4}{3}-\tfrac{\bar{8}}{3})$ statt $\psi(836, \tfrac{4}{3}-\tfrac{\bar{8}}{3})$ von *Descloizeaux* genommen. (Nouv. Rech. S. 695.) $x = (d\tfrac{1}{5}\,d\bar{1}\bar{1}\,h\tfrac{1}{6})$

Wagnerit-Kjerulfin. Für die Winkeltabellen wurden Wagnerit und Kjerulfin, die im Index getrennt gegeben sind, vereinigt. Beide in Aufstellung *Miller*.

Dana System 1892 Seite 776 Zeile 8 vo lies $cq = 83°14$ statt $cy = 83°14$.

Wavellit. Für die Winkeltabellen wurde die Aufstellung *Senff, Miller* der des Index vorgezogen.

Whewellit. Für die Winkeltabelle wurde die Aufstellung *Dana* der des Index vorgezogen.

Gdt. Index Bd. 3 Seite 293 No. 9 lies 110 ∞ P — ∞ statt 101 $+$ P $\overline{\infty}$ — — 10

„ „ „ „ „ „ „ 10 „ 210 ∞ P$\overline{2}$ — 2∞ „ $\overline{2}$01 $+$ 2P $\overline{\infty}$ — — 20

Willemit. Im Index wurden Willemit und Troostit getrennt, nach *Penfield* (Zeitschr. Kryst. 1894. 23. 77) wieder vereinigt.

Penfield Zeitschr. Kryst. 23 Seite 74 Zeile 10 vo lies $\dfrac{\frac{2}{3}\mathrm{P}\,2}{4}$ statt $\dfrac{\frac{3}{2}\mathrm{P}\,2}{4}$

Wismuthglanz. Für die Winkeltabelle wurde die Aufstellung von *Groth* der des Index vorgezogen.

Witherit. Für die Winkeltabellen wurde die Aufstellung *Mohs* der des Index vorgezogen.

Dana System 1892 Seite 284 zuzufügen: p C D o F G des Index.

Wöhlerit. Für die Winkeltabelle wurde die Aufstellung *Descloizeaux* der des Index vorgezogen. Für die Elemente wurde das Mittel der Angaben von *Descloizeaux* und *Brögger* eingesetzt, die wenig differiren.

Wolframit. Für die Elemente wurde das Mittel der Angaben von *Descloizeaux, Krenner, Seligmann* genommen.

Wolfsbergit. Elemente und Symbole wurden nach brieflich mitgetheilten Untersuchungen von *Penfield* (Brief vom 5. April 1897) gegeben. Auf Grund von *Penfield's* Mittheilung wurde G u e j a r i t mit W o l f s b e r g i t vereinigt.

Die Angaben der anderen Beobachter wurden, soweit sie sich mit denen von *Penfield* nicht in Uebereinstimmung bringen liessen, bis zur Abklärung weggelassen. Zur Vereinfachung der Symbole wurde *Laspeyres-Penfield's* Aufstellung geändert.

$$\textit{Transformation}: \quad \mathrm{pq}\,(\textit{Lasp.-Penf.}) \doteq \frac{2}{\mathrm{q}}\,\frac{3\,\mathrm{p}}{\mathrm{q}}\;(\textit{Gdt.})$$

Wulfenit. *Dana* Syst. 1892 Seite 990 *Koch's* $\omega\,z\,v\,\varrho\,\psi$ sind unsicher und wohl am besten zu löschen (Index 3. 318 Bemerk.); ebenso ist $\varphi = 7\cdot1\cdot75$ zu löschen.

Gdt. Index Bd. 3 Seite 316 Zeile 5 vo *Naumann* . . . . die ganze Zeile löschen.

Das Citat bezieht sich auf S t o l z i t.

Xanthokon. Elemente und Symbole nach *Miers* (Zeitschr. Kryst. 1894. 22. 459). Das Krystallsystem ist nicht sicher, und die Winkel schwanken in weiten Grenzen.

Xenotim. *Gdt.* Index Bd. 3 Seite 223 zuzufügen: e 112 $\frac{1}{2}$P $\frac{1}{2}$ 10

„ „ „ „ „ „ „ c 001 oP o o

„ „ „ „ „ „ „ f 111 P 1 20

Lasaulx Jahrb. Min. 1877. 175

Flink Stockh. Ak. H. 1886. 12. 41, Z. K. 1888. 13. 404

Hidden u. Washington Amer. J. 1888. 36. 380, Z. K. 1890. 17. 413

„ „ „ Zeitschr. Kryst. 17, Seite 413 Zeile 12 vo lies $\{201\}$ statt $\{210\}$

Yttrotantalit. Für die Winkeltabellen wurde die Aufstellung *Nordenskjöld* der des Index vorgezogen.

Yttrotitanit. Formen und Winkel wie beim Titanit.

Zinkosit. Elemente und Symbole nach *Schulten* (Compt. rend. 1888. 107. 405. *E. S. Dana* System 1892. 912).

Zinkvitriol. *Dana* System 1892 Seite 939 lies s (211, $2 - \bar{2}$) statt n (211, $2 - \bar{2}$). Buchst. n ist schon für 101 verwendet.

Zinnerz. *Dana* Syst. 1892 Seite 334. u u_1 u_2 u_3 sind unsicher (Index 3. 342).

Zinnober. *Gdt.* Index Bd. 3 Seite 348 Zeile 11 vu lies ersetzen statt setzen

				ersetzen		statt	setzen
Dana Syst. 1892	„	66	„ 12 „	„ b	$(0\cdot1\cdot\bar{1}\cdot12, -\frac{1}{12})$	„ b	$(1\cdot0\cdot\bar{1}\cdot12, \frac{1}{12})$
„ „ „	„	„	„ 11 „	„ b	$(01\bar{1}7, -\frac{1}{7})$	„ b	$(10\bar{1}7, \frac{1}{7})$
„ „ „	„	„	„ 10 „	„ e	$(01\bar{1}5, -\frac{1}{5})$	„ e	$(10\bar{1}5, \frac{1}{5})$
„ „ „	„	„	„ 8 „	„ $\hat{f}$	$(0\cdot5\cdot\bar{5}\cdot14, -\frac{5}{14})$	„ f	$(5\cdot0\cdot\bar{5}\cdot14, \frac{5}{14})$
„ „ „	„	„	„ 2 „	„ i	$(0\cdot10\cdot\bar{1}0\cdot19, -\frac{10}{19})$	„ i	$(10\cdot0\cdot\bar{1}0\cdot19, \frac{10}{19})$
„ „ „	„	„	„ 1 „	„ w	$(05\bar{5}9, -\frac{5}{9})$	„ w	$(50\bar{5}9, \frac{5}{9})$
„ „ „	„	„	„ 8 „	„ χ	$(05\vec{5}3, -\frac{5}{3})$	„ χ	$(50\bar{5}3, \frac{5}{3})$
„ „ „	„	„	„ 6 „	„ m	$(09\bar{9}5, -\frac{9}{5})$	„ m	$(90\bar{9}5, \frac{9}{5})$
„ „ „	„	„	„ 2 „	„ n	$(07\bar{7}2, -\frac{7}{2})$	„ n	$(70\bar{7}2, \frac{7}{2})$

Traube giebt diese Formen Zeitschr. Kryst. 1888. 14. Seite 565 ohne Berücksichtigung des Vorzeichens. Später im Text S. 567, 568, 569 negativ.

Zoisit. Für die Winkeltabellen wurde die Aufstellung *Descloizeaux* der des Index vorgezogen. *Dana* Syst. 1892 Seite 513 Zeile 26 vu lies Becke statt Tschermak and Sipöcz.

Synonyme.

Das Synonymen-Verzeichniss macht keinen Anspruch auf Vollständigkeit. Es soll nur dazu helfen, einige Mineralien in den Tabellen aufzufinden, die unter anderem Namen eingestellt sind, als der Leser erwartet.

Aannerödit	= Annerödit
Achmit	= Akmit (Pyroxengr.)
Aciculit	= Patrinit
Adular	= Orthoklas (Feldspath-Gruppe)
Aegirin	s. Akmit (Pyroxengr.)
Aftalosa	= Glaserit
Aikinit	= Patrinit
Aimafibrit	= Hämafibrit
Aimatolith	= Diadelphit
Akmit	s. Pyroxengruppe
Aktinolith	s. Amphibol
Alabandin	= Manganblende
Alaunstein	= Alunit
Albin	= Apophyllit
Albit	s. Feldspathgruppe
Allanit	= Orthit
Alexandrit	= Chrysoberyll
Almandin	s. Granat
Amblystegit	= Hypersthen (Pyroxen-Gruppe)
Amethyst	= Quarz
Anomit	s. Glimmergruppe
Anorthit	s. Feldspathgruppe
Anthophyllit	s. Amphibolgruppe
Antimonblüthe . . .	= Valentinit
Antimonnickel . . .	= Breithauptit
Antimonnickelkies .	= Ullmannit
Antimonsilberblende	s. Rothgiltigerz
Aphanesit	= Abichit
Aphtitalit	= Glaserit

Aplom	s. Granat
Arcanit	= Glaserit
Arfvedsonit	s. Amphibol
Argentit	= Silberglanz
Argentopyrit	= Silberkies
Arkansit	= Brookit
Arsenikalkies	= Löllingit
Arsennickel	= Rothnickelkies
Arsennickelglanz . .	= Gersdorffit
Arsenolith	= Arsenit
Arsenomelan	= Skleroklas
Arsenopyrit	= Arsenkies
Asmanit	= Tridymit
Astrakanit	= Blödit
Augit	s. Pyroxengruppe
Automolit	s. Spinell
Autunit	= Kalkuranit
Azurit	= Kupferlasur.
Babingtonit	s. Pyroxengruppe
Bagrationit	= Orthit
Barytfeldspath . . .	= Hyalophan (Feldspath-Gruppe)
Batrachit	s. Monticellit (Olivingr.)
Beraunit	s. Eleonorit
Bjelkit	= Cosalith
Binnit z. Th.	s. Dufrenoysit und Skleroklas
Biotit	s. Glimmergruppe
Bismuth	= Wismuth
Bittersalz	= Epsomit

Bitterspath . . . . . . = Dolomit
Bismuthin . . . . . = Wismuthglanz
Blättererz ⎫
Blättertellur ⎭ . . = Nagyagit
Bleiantimonglanz . . = Zinckenit
Bleichromat . . . . . = Rothbleierz
Bleiglätte . . . . . . = Bleioxyd
Bleihornerz . . . . . = Phosgenit
Bleilasur . . . . . . = Linarit
Bleimolybdat . . . . = Wulfenit
Blende . . . . = Zinkblende
Boltonit . . . . . . = Forsterit (Olivingr.)
Bornit . . . . = Buntkupfererz
Borsäure . . . . . . = Sassolin
Brandtit . . . . . . s. Roselith
Brevicit . . . . = Natrolith
Brochantit . . . . . . s. Seite 394
Bröggerit . . . . . . s. Uranpecherz
Bromargyrit . . . . . = Bromsilber
Bromlit . . . . = Alstonit
Bromyrit . . . . = Bromsilber
Bronzit . . . . s. Pyroxengruppe
Bucklandit . . . . . = Orthit
Bunsenin . . . . . . = Krennerit
Bustamit . . . . . . = Rhodonit (Pyroxen-
              Gruppe).

C siehe auch **K.**
Calamin . . . . = Kieselzinkerz
Callait . . . . = Variscit
Cancrinit . . . . . . s. Mikrosommit
Canfieldit . . . . . = Argyrodit
Caporcianit . . . . = Laumontit
Cassiterit . . . . . . = Zinnerz
Castor . . . . = Petalit
Celestit . . . . = Cölestin
Cerargyrit . . . . . = Chlorsilber
Cerin . . . . = Orthit
Ceylanit . . . . . . s. Spinell
Chalcanthit . . . . = Kupfervitriol
Chalcolith . . . . . = Kupferuranit
Chalcophyllit . . . = Kupferglimmer
Chalcopyrit . . . . = Kupferkies
Chalcosin . . . . . . = Kupferglanz
Chalcostibit . . . . = Wolfsbergit
Chalybit . . . . . . = Eisenspath
Chessylith . . . . . = Kupferlasur
Chiastolith . . . . . = Andalusit
Chilisalpeter . . . . = Natronsalpeter
Chlorcalcium . . . . = Chlorocalcit
Chlorblei . . . . . . = Cotunnit

Chlorbromsilber . . . = Embolit
Chlorkalium . . . . . = Sylvin
Chlorquecksilber . . = Kalomel
Chondrodit . . . . . . s. Humitgruppe
Christianit . . . . . . = Phillipsit
Chromit . . . . = Chromeisenerz
Chromspinell . . . . s. Spinell
Chrysolith . . . . . . = Olivin
Cinnabarit . . . . . . = Zinnober
Clausthalit . . . . . . = Selenblei
Cleavelandit . . . . . = Albit (Feldspathgr.)
Comptonit . . . . . . = Thomsonit
Cossyrit . . . . s. Amphibol
Couzeranit . . . . . . s. Skapolithgruppe
Covellin . . . . = Kupferindig
Crichtonit . . . . . . s. Titaneisenerz
Cronstedtit . . . . . . s. Chloritgruppe
Cuprit . . . . = Rothkupfererz
Cymophan . . . . . . s. Chrysoberyll.

Danait . . . . = Glaukodot
Davyn . . . . = Mikrosommit, Ne-
              phelin
Dechenit . . . . s. Descloizit
Diallag . . . . s. Pyroxengruppe
Dialogit . . . . = Manganspath
Dichroit . . . . = Cordierit
Dihydrit . . . . s. Lunnit
Diopsid . . . . s. Pyroxengruppe
Dipyr . . . . s. Skapolithgruppe
Discrasit . . . . = Antimonsilber
Disthen . . . . = Cyanit
Dufrenit . . . . = Kraurit
Dufrenoysit . . . . . = Binnit z. Th.
Dyscrasit . . . . = Antimonsilber
Dysluit . . . . s. Spinell.

Edisonit . . . . s. Rutil
Ehlit . . . . s. Lunnit
Eisenkies . . . . = Pyrit
Eläolith . . . . = Nephelin
Enstatit . . . . s. Pyroxengruppe
Erennit . . . . = Monazit
Erinit . . . . = Kupferglimmer
Erythrin . . . . = Kobaltblüthe
Eugenglanz . . . . . = Polybasit
Eukolit . . . . = Eudialyt.

Famatinit . . . . s. Enargit
Faröelith . . . . = Thomsonit

Fassait . . . . s. Pyroxengruppe
Fayalit . . . . s. Olivingruppe
Ferberit . . . . . . s. Wolframit
Feuerblende . . . . . s. Xanthokon
Fibrolit . . . . s. Sillimanit
Ficinit . . . . = Hypersthen(Pyroxen-
                Gruppe)
Fluorit . . . . = Flussspath
Foresit . . . . = Desmin
Forsterit . . . . . . s. Olivingruppe
Fowlerit . . . . . . s. Pyroxengruppe

Gahnit . . . . s. Spinell
Galenit . . . . = Bleiglanz
Galmei . . . . = Kieselzinkerz
Gelbbleierz . . . . . = Wulfenit
Gibbsit . . . . = Hydrargillit
Giobertit . . . . . . = Magnesit
Glanzeisenerz . . . . = Eisenglanz
Glaserz . . . . = Silberglanz
Glaukophan . . . . . s. Amphibolgruppe
Gmelinit . . . . . . s. Chabasit
Goslarit . . . . = Zinkvitriol
Grammatit . . . . . s. Amphibol
Greenovit . . . . . . s. Titanit
Grossular . . . . . . s. Granat
Grothit . . . . s. Titanit
Grünauit . . . . . . = Polydymit
Grüneisenerz . . . . . = Kraurit
Guanajuarit . . . . . = Selenwismuthglanz
Guejarit . . . . = Wolfsbergit

Haarkies . . . . . . = Millerit
Hämatit . . . . = Eisenglanz
Hämatolith . . . . . = Diadelphit
Halit . . . . = Steinsalz
Haytorit . . . . . . = Datolith
Hedenbergit . . . . . s. Pyroxengruppe
Heintzit . . . . = Hintzeit
Hemimorphit . . . . = Kieselzinkerz
Hercynit . . . . . . s. Spinell
Herschelit . . . . . s. Chabasit
Hessonit . . . . . . s. Granat
Hiddenit . . . . . . = Spodumen
Honigstein . . . . . = Mellit
Hornblei . . . . . . = Phosgenit
Hornblende . . . . . s. Amphibol
Hornquecksilber . . = Kalomel
Hornsilber . . . . . = Chlorsilber
Hortonolith . . . . . s. Olivingruppe

Hübnerit . . . . . . s. Wolframit
Hyalophan . . . . . s. Feldspathgruppe
Hyalosiderit . . . . s. Olivingruppe
Hypersthen . . . . . s. Pyroxengruppe

Jacobsit . . . . s. Spinell
Ilmenit . . . . = Titaneisen
Ilvait . . . . = Lievrit
Jodyrit . . . . = Jodsilber
Iolith . . . . = Cordierit
Irit . . . . = Chromeisenerz
Ixiolit . . . . = Tantalit.

K siehe auch C.
Kämmererit . . . . . s. Chloritgruppe
Kalamin . . . . = Kieselzinkerz
Kalialaun . . . . = Alaun
Kalkspath . . . . . . = Calcit
Kallochrom . . . . . = Rothbleierz
Kalkharmotom . . . = Phillipsit
Kaluszit . . . . = Syngenit
Kammkies . . . . . . = Markasit
Kampylit . . . . . . = Mimetesit
Karstenit . . . . . . = Anhydrit
Kassiterit . . . . . . = Zinnerz
Keilhauit . . . . . . = Yttrotitanit
Kerargyrit . . . . . = Chlorsilber
Kermesit . . . . . . = Antimonblende
Kjerulfin . . . . . . s. Wagnerit
Kieselwismuth . . . = Eulytin
Kimito-Tantalit . . . s. Tantalit
Klaprothit (Beudant) = Lazulith
Klinochlor . . . . . s. Chloritgruppe
Klinohumit . . . . . s. Humitgruppe
Klinoklas . . . . . . = Abichit
Knebelit . . . . s. Olivingruppe
Kobaltarsenkies . . = Glaukodot
Kobaltglanz }
Kobaltin   } . . = Glanzkobalt
Kobaltnickelkies . . = Linneit
Kobaltvitriol . . . . = Bieberit
Königin . . . . = Brochantit
Köttigit . . . . s. Vivianit
Kreittonit . . . . . . s. Spinell
Kreuzstein . . . . . = Phillipsit, Harmotom
Krokoit . . . . = Rothbleierz
Kupferantimonglanz = Wolfsbergit
Kupfereisenvitriol . . = Pisanit
Kupfernickel . . . . = Rothnickelkies
Kupferwismuthglanz = Emplektit.

Lapislazuli   } .... s. Nosean
Lasurstein   }
Laxmannit ..... = Vauquelinit
Lehmannit ..... = Rothbleierz
Lepidolith   } ... s. Glimmergruppe
Lepidomelan   }
Levyn........ s. Chabasit
Linsenerz...... = Liroconit.

Magnesioferrit .... s. Spinell
Magnetit ...... = Magneteisenerz
Magnetopyrit .... = Magnetkies
Magnoferrit ..... s Spinell
Malakon ...... = Zirkon
Mangankies .... = Hauerit
Manganotantalit .. s. Tantalit
Marialith...... s. Skapolithgruppe
Massicot ...... = Bleioxyd
Maxit........ = Leadhillit
Megabasit ..... s. Wolframit
Meionit....... s. Skapolithgruppe
Melaconit ..... = Tenorit
Melanit....... s. Granat
Melilith....... = Humboldtilith
Mengit .... = Monazit
Meroxen ...... s. Glimmergruppe
Mesolith   } .... s. Natrolith
Mesotyp   }
Mirabilit ...... = Glaubersalz
Mispickel ..... = Arsenkies
Mizzonit ...... s. Skapolithgruppe
Molybdänblei .... = Wulfenit
Molybdenit .... = Molybdänglanz
Montebrasit .... = Amblygonit
Monticellit ..... s. Olivingruppe
Morenosit ..... = Nickelvitriol
Morvenit ...... = Harmotom
Mosandrit ..... s. Johnstrupit
Muscowit...... s. Glimmergruppe
Musit; Mussit .... = Parisit.

Nadeleisenerz .... = Göthit
Nadelerz ...... = Patrinit
Natrocalcit..... = Gaylussit
Natron .... = Soda
Naumannit...... = Selensilber
Neochrysolith .... s. Olivingruppe
Niccolit   } ...... = Rothnickelkies
Nickelin   }
Niobit........ = Columbit

Nitratin........ = Natronsalpeter
Noselith ...... = Nosean.

Octaedrit ...... = Anatas
Operment ..... = Auripigment
Orangit....... s. Thorit
Orpiment....... = Auripigment
Orthoklas ..... = Feldspathgruppe
Orycit........ = Heulandit.

Pajsbergit ...... s. Rhodonit (Pyroxen-
                       Gruppe)
Paragonit....... s. Glimmergruppe
Pargasit ...... s. Amphibol
Peganit........ = Variscit
Pegmatolith .... = Orthoklas(Feldspath-
                       Gruppe)
Pektolith ...... s. Pyroxengruppe
Pennin .... = s. Chloritgruppe
Peridot .... = Olivin
Periklin....... = Albit (Feldspathgr.)
Petzit .... = Hessit
Phakolith....... s. Chabasit
Phlogopit...... s. Glimmergruppe
Phosphochalcit   } s. Lunnit
Phosphorkupfererz   }
Phosphorsalz..... = Stercorit
Picotit .... s. Spinell
Piemontit....., . = Manganepidot
Pistazit .... = Epidot
Plattnerit....... s. Seite 417
Pleonast ...... s. Spinell
Pollux......... = Pollucit
Polyarsenit..... = Sarkinit
Proustit........ s. Rothgiltigerz
Pseudomalachit ... s. Lunnit
Pyrargyrit ..... s. Rothgiltigerz
Pyrolusit ...... s. Manganit, Polianit
Pyrop......... s. Granat
Pyrostibit...... = Antimonblende
Pyrostilpnit .... = Feuerblende s. Xan-
                       thokon
Pyrrhotin....... = Magnetkies.

Quecksilberhornerz . = Kalomel.

Radiolith .... s. Natrolith
Redruthit....... = Kupferglanz
Rhätizit........ = Cyanit
Rhodochrosit .... = Manganspath

Rhodonit . . . . s. Pyroxengruppe
Rhodotilit . . . . . . s. Inesit
Richterit . . . . s. Amphibol
Ripidolith . . . . . . s. Chloritgruppe
Rittingerit . . . . . . s. Xanthokon
Röpperit . . . . s. Olivingruppe
Rösslerit . . . . s. Wapplerit
Rothspiessglanzerz . s. Antimonblende
Rubin . . . . = Korund
Ryakolith . . . . . . = Orthoklas(Feldspath-
                Gruppe)

Sahlit . . . . = Diopsid (Pyroxengr.)
Salpeter . . . . . . s. Kali-, Natron-Salpet.
Sanidin . . . . = Orthoklas(Feldspath-
                Gruppe)
Sapphir . . . . = Korund
Sartorit . . . . = Skleroklas
Savit . . . . = Natrolith
Saynit . . . . = Polydymit
Scheelbleierz . . . . = Stolzit
Scheelspath . . . . = Scheelit
Schefferit . . . . . . s. Pyroxengruppe
Schilfglaserz . . . . = Freieslebenit
Schörl . . . . = Turmalin
Schrifterz . . . . . . = Sylvanit
Schulzit . . . . = Geokronit
Schwefelkies . . . . = Pyrit
Schwerbleierz . . . = Plattnerit (Seite 417)
Schwerspath . . . . = Baryt
Selenit . . . . = Gyps
Selenquecksilber . . = Tiemannit
Siderit . . . . = Eisenspath
Sideroxen . . . . . = Hessenbergit
Silberhornerz . . . = Chlorsilber
Silberkupferglanz . . = Stromeyerit
Simonyit . . . . . . = Blödit
Smaltin . . . . = Speisskobalt s. Chlo-
                anthit
Smaragd . . . . . . = Beryll
Smithsonit . . . . . = Zinkspath
Sommit . . . . s. Nephelin
Spartalit . . . . . . = Rothzinkerz
Spatheisenstein . . . = Eisenspath
Specularit . . . . . = Eisenglanz
Speerkies . . . . . . = Markasit
Speisskobalt . . . . = Smaltin s. Chlo-
                anthit
Sphalerit . . . . . . = Zinkblende
Sphen . . . . = Titanit
Spiauterit . . . . . = Wurtzit

Sprödglaserz . . . . . = Melanglanz
Stannin . . . . = Zinnkies
Steinmannit . . . . . s. Bleiglanz
Stephanit . . . . . . = Melanglanz
Sterlingit . . . . . . s. Röpperit (Olivingr.)
Stibnit . . . . = Antimonglanz
Stilbit . . . . = Heulandit, Desmin
Strahlerz . . . . . . = Abichit
Strahlstein . . . . . s. Amphibol
Stützit . . . . = Tellursilberblende
Susannit . . . . . . = Leadhillit
Szaboit . . . . = Hypersthen(Pyroxen-
                Gruppe).

Tagilit . . . . s. Liroconit
Talkhydrat . . . . . = Brucit
Talkspath . . . . . = Magnesit
Tamarit . . . . = Kupferglimmer
Tankit . . . . = Anorthit (Feldspath-
                Gruppe)
Tantalit . . . . s. Columbit
Tellurblei . . . . . . = Altait
Tellursilber
Tellursilberglanz   } = Hessit
Tellurwismuth . . . . = Tetradymit
Tennantit . . . . . . = Fahlerz
Tephroit . . . . s. Olivingruppe
Tesseralkies . . . . . = Skutterudit
Tetartin . . . . = Albit (Feldspathgr.)
Tetraedrit . . . . . . = Fahlerz
Thulit . . . . s. Zoisit
Tinkal . . . . = Borax
Topazolith . . . . . . s. Granat
Torbernit . . . . . . = Kupferuranit
Tremolith . . . . . . s. Amphibol
Triphan . . . . = Spodumen
Troilit . . . . s. Magnetkies
Troostit . . . . s. Willemit
Tschermigit . . . . . = Ammoniak-Alaun
Tungstein . . . . . . = Scheelit
Turnerit . . . . = Monazit
Tyrit . . . . = Fergusonit

Urao . . . . = Trona
Uraninit . . . . = Uranpecherz
Uwarowit . . . . . . s. Granat

Vanadinbleierz . . . . = Vanadinit
Vanadit . . . . s. Descloizit

Vesuvian . . . . = Idokras
Voglit. . . . . s. Uranothallit

Warringtonit . . . . . s. Brochantit(Seite 394)
Weissbleierz . . . . . = Cerussit
Weissnickelkies . . . = Chloanthit oder Rammelsbergit
Weissspiessglanzerz . = Valentinit
Wernerit . . . . s. Skapolithgruppe
Wiluit. . . . . = Idokras
Wiserin . . . . = Anatas oder Xenotim

Wismuthkupfererz . = Wittichenit
Wollastonit . . . . . s. Pyroxengruppe
Würfelerz. . . . . . . = Pharmakosiderit.

Ytterspath . . . . . . = Xenotim.

Zinkit
Zinkoxyd } . . . . . = Rothzinkerz
Zinkspinell . . . . . . s. Spinell
Zinnwaldit . . . . . . s. Glimmergruppe
Zygadit . . . . = Albit (Feldspathgr.).

Druckfehler.

Seite 313 **Schwefel** No. 8 Col. η_0 u. Col. η lies: 51 47˙ statt   51 74˙
  ˮ   398 **Chalcomorphit** Zeile 5 vu   ˮ   1 : 3˙3069 ˮ   : 3˙3067